电子电工技术全图解

DIANZI DIANGONG JISHU QUANTUJIE QUANJI

全集

PLC技术·变频技术速成全图解

数码维修工程师鉴定指导中心 组织编写

韩雪涛 韩广兴 吴瑛 编著

·北京·

《PLC技术·变频技术速成全图解》一书集PLC技术与变频技术于一体，超大的知识容量、超值的学习套装，帮助读者快速而全面掌握PLC与变频技术的相关知识。

本书全程完全图解、全程技能演示、全程专家指导、全程高效学习，内容更加全面丰富，读者只需要学完本书就可以掌握PLC技术和变频技术。同时为了配合本书的学习，让读者学到更多的知识，本书还超值赠送50元的"学习卡"，读者凭卡号和密码到数码维修工程师官方网站上进行知识学习、技术交流与咨询、资料下载等拓展学习。

本书内容全面丰富、形式新颖，可供从事PLC与变频技术开发与应用的技术人员学习使用，也适合大中专院校相关专业的师生参考。

图书在版编目（CIP）数据

PLC技术·变频技术速成全图解/韩雪涛，韩广兴，吴瑛编著. —北京：化学工业出版社，2014.1（2020.11重印）
（电子电工技术全图解全集）
ISBN 978-7-122-18547-1

Ⅰ.①P… Ⅱ.①韩…②韩…③吴… Ⅲ.①PLC技术-图解②变频技术-图解 Ⅳ.①TM571.6-64②TN77-64

中国版本图书馆CIP数据核字（2013）第231063号

责任编辑：李军亮　　装帧设计：尹琳琳

出版发行：化学工业出版社（北京市东城区青年湖南街13号　邮政编码100011）
印　　装：三河市延风印装有限公司
787mm×1092mm　1/16　印张33¼　字数789千字　2020年11月北京第1版第9次印刷

购书咨询：010-64518888　　售后服务：010-64518899
网　　址：http://www.cip.com.cn
凡购买本书，如有缺损质量问题，本社销售中心负责调换。

定　　价：78.00元

随着科学技术的进一步发展，生产生活中的电气化程度越来越高，同时也有越来越多的人员从事与电子电工技术相关的工作。为了能跟上电子电工技术发展的潮流，对于那些从事或希望从事电子电工技术工作的人员来说，都需要不断学习与电子电工技术相关的知识和技能。比如说，电子电工识图技能、工具仪表的使用技能、电器维修技能以及PLC、变频等新技术应用技能等。这些知识与技能在实际应用中不仅相互交叉，而且技术发展日新月异，所以如何能够快速准确地学习电子电工技术，并能跟上时代的发展，是很多技术人员所面临的主要问题。

针对上述情况，为帮助广大电子与电工技术人员能够迅速掌握实用技术，我们于2011年出版了一套《电子电工技术全图解丛书》(以下简称《丛书》)，包括：《电工识图速成全图解》、《电工技能速成全图解》、《家装电工技能速成全图解》、《电子技术速成全图解》、《电子电路识图速成全图解》、《电子元器件检测技能速成全图解》、《示波器使用技能速成全图解》、《万用表使用技能速成全图解》、《家电维修技能速成全图解》、《PLC技术速成全图解》、《变频技术速成全图解》共11种图书。《丛书》出版后，深受读者的欢迎，每种图书都重印很多次，并有热心读者打来电话或发邮件与我们交流，很多读者希望我们能够把本丛书内容进行整合出版。我们经过慎重考虑，认为读者的意见非常好，把内容相近的图书内容整合到一块，这样不仅使内容更全面，读者学习和参考将更方便，而且书的价格相对更低，可以减轻读者的经济负担。针对这种情况，我们对本套丛书的内容进行了整合。其中本书是《PLC技术速成全图解》和《变频技术速成全图解》两书的合集。

本书内容突出技能特色，注重实用性，并将职业标准融入到知识与技能中，无论是在内容结构还是编写形式上都力求创新，使读者比较全面地学习PLC技术和变频技术相关内容，具体特点如下。

一、编写形式独特

本书突出“技能速成”和“全图解”两大特色。为方便读者学习，在书中都设置有【目标】、【图解】、【提示】、【扩展】四大模块。每讲解一项技能之前，都会通过【目标】告诉读者学习的内容、实现的目标、掌握的技能。在讲解过程中，会对内容关键点通过【提示】和【扩展】模块向读者传递相关的知识要点。【图解】模块则是将技能以“全图解”的形式表现出来，让读者非常直观地学习操作技能，达到最佳的学习效果。

二、内容新颖实用

本书以电子电工行业岗位的要求为目标设置内容，力求让读者能够在最短的时间内掌握相应的岗位操作技能。书中的理论知识完全以操作技能为依托，知识点以实用、够用为原则，所有的操作技能都来自于生产实践，并尽可能将各种技能以图解的方式表现出来，以达到“技能速成”的目的。

三、专家贴身指导

为确保图书内容的权威性、规范性和实用性，本书由数码维修工程师鉴定指导中心组织编写，由全国电子行业资深专家韩广兴教授亲自指导，编写人员由资深行业专家、一线教师和高级维修技师组成。此外，本书在编写过程中，还得到了SONY、松下、佳能、JVC等多家专业维修机构的大力支持。

四、技术服务到位

为了更好地满足读者的需求，达到最佳的学习效果，读者除可得到免费的专业技术咨询外，还可获得书中附赠的价值50元的数码维修工程师远程培训基金（培训基金以“学习卡”的形式提供）。读者可凭借此卡登录数码维修工程师的官方网站（www.chinadse.org）获得超值技术服务，随时了解最新的行业信息，获得大量的视频教学资源、电路图纸、技术手册等学习资料以及最新的数码维修工程师培训信息，实现远程在线视频学习，还可通过网站的技术论坛进行交流与咨询。读者也可以通过电话（022-83718162/83715667)、邮件（chinadse@163.com）或信件（天津市南开区榕苑路4号天发科技园8-1-401，邮编300384）的方式与我们进行联系。

本书由数码维修工程师鉴定指导中心组织编写，主要由韩雪涛、韩广兴、吴瑛编写，同时参加本书资料整理的还有张丽梅、张湘萍、孟雪梅、郭海滨、张明杰、马楠、李雪、韩雪冬、吴玮、刘秀东、陈捷、高瑞征、吴鹏飞、吴惠英、王新霞、宋永欣、宋明芳、张鸿玉、张雯乐、梁明、孙涛、韩菲、郭永斌等。

希望本书的出版能够帮助读者快速掌握电子电工技术，同时欢迎广大读者给我们提出宝贵建议！

编著者

第1篇 PLC技术速成全图解

第1章 PLC的基础知识 ▸▸▸2

第2章 PLC的编程语言 ▸▸▸32

第2篇 变频技术速成全图解

第6章 变频技术在电力拖动系统中的应用 ▸▸▸434

第1篇

PLC技术速成全图解

第1章 PLC的基础知识

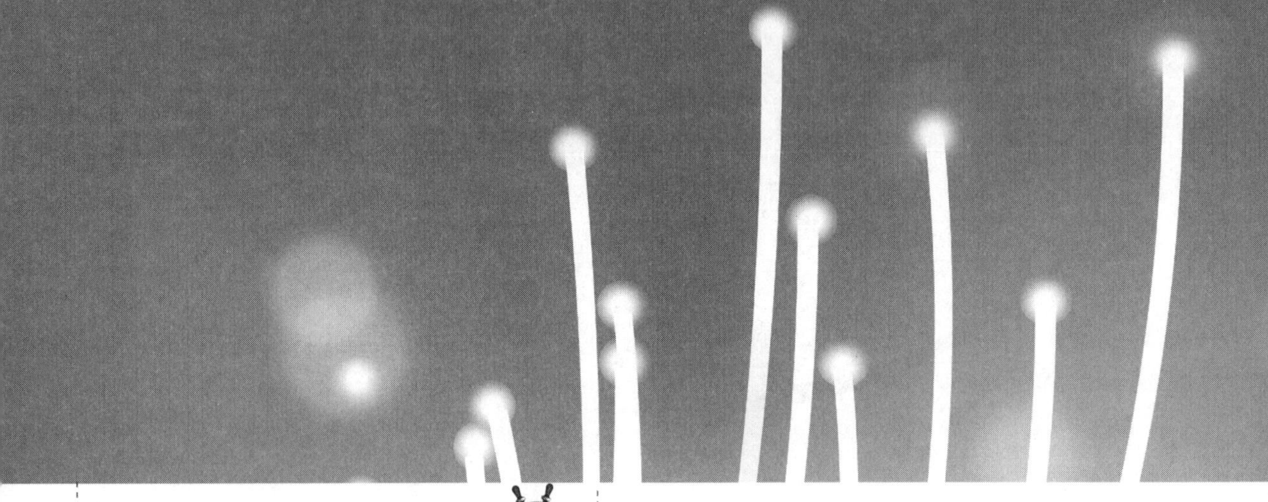

目标

本章主要的目标是让读者初步了解PLC的结构和种类特点，在电路中所实现的功能以及在各种领域中的具体应用，通过对PLC基本结构及原理的介绍，使读者了解PLC的工作过程，为进一步识读PLC控制电路奠定基础。

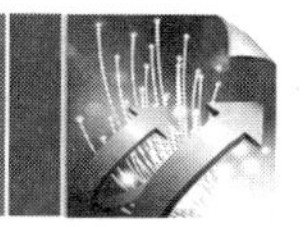

PLC的英文全称为Programmable Logic Controller，即可编程控制器。PLC是在继电器、接触器控制和计算机技术的基础上，逐渐发展起来的以微处理器为核心，集微电子技术、自动化技术、计算机技术、通信技术为一体，以工业自动化控制为目标的新型控制装置。PLC具有通用性强、使用方便、适用范围广、可靠性高、编程简单、抗干扰能力强、易于扩展等特点，在建材、电力、机械制造、化工、交通运输等行业有着广泛的应用。典型PLC实物外形见图1-1。

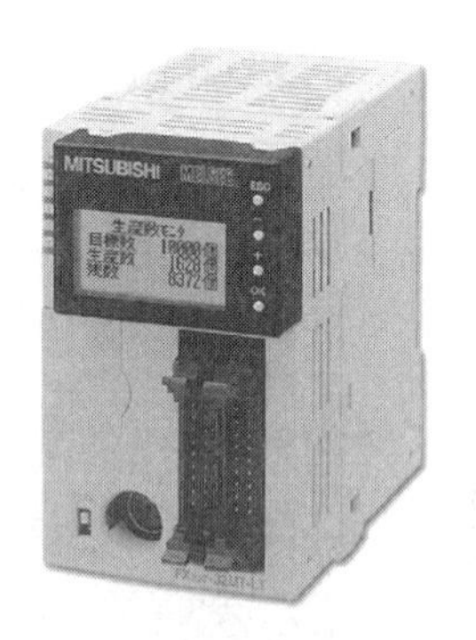

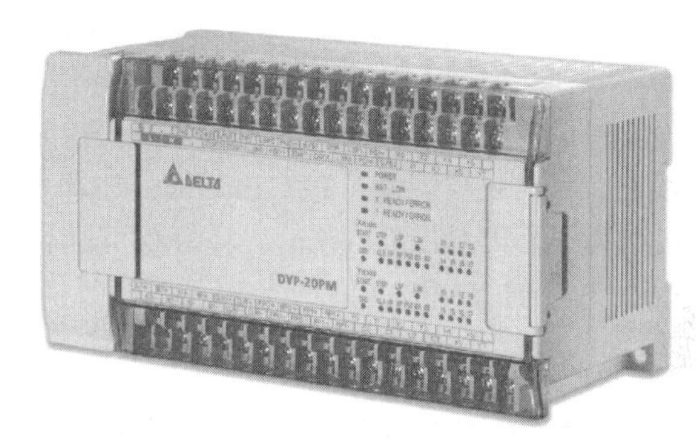

图1–1　典型PLC实物外形

1.1 PLC的优势

早在PLC问世以前，继电器控制是工业控制领域的主导方式，结构简单、价格低廉、容易操作。但是，该控制方式适应性差，变更调整不够灵活，一旦任务和工艺发生变化，必须重新设计，还必须改变硬件结构。

现代生产设备和流水线控制必须适应多变的市场需求，固定的工作模式，简单的控制逻辑已不能满足社会生产的需求。为了弥补继电器控制系统中的不足，同时降低成本，更加先进的自动控制装置——可编程控制器（PLC）应运而生。

PLC控制系统通过软件控制取代了硬件控制，用标准接口取代了硬件安装连接。用大规模集成电路与可靠元件的组合取代线圈和活动部件的搭配。不仅大大简化了整个控制系

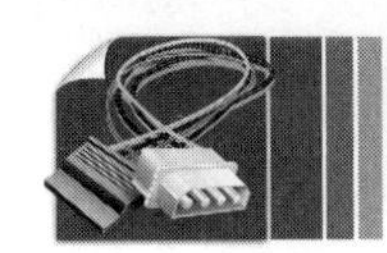

统，而且也使得控制系统的性能更加稳定，功能更加强大。而且在拓展性和抗干扰能力方面也有了显著的提高。如图1-2所示为工业控制中继电器-接触器控制系统与PLC控制系统的效果对比。

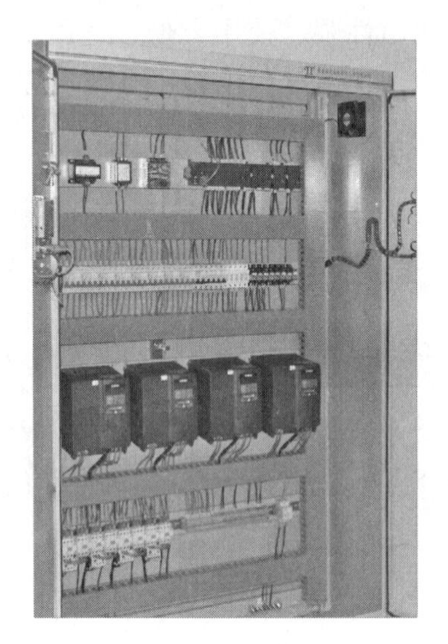

图1–2　继电器–接触器控制系统与PLC控制系统的效果对比

PLC不仅实现了控制系统的简化，而且在改变控制方式和效果时不需要改动电气部件的物理连接线路，只需要重现编写PLC内部的程序即可。下面通过不同控制方式的系统连接示意图的对比来了解PLC控制方式的优势特点和基本功能。

采用继电器-接触器的控制系统是通过许多开关、控制按钮、继电器和接触器的连接组合来实现对两个电动机的控制。单从连接的线路来看，虽然电路功能比较简单，但线路连接已经感觉比较复杂。如图1-3所示为十分典型的采用继电器-接触器的控制系统连接示意图。

相比较而言，采用PLC进行控制管理，省略掉了许多接触器和继电器，控制按钮也采用触摸屏方式，线路连接更加简化，各输入、输出设备都通过相应的I/O接口连接，如图1-4所示为十分典型的采用PLC的控制系统连接示意图。若整个控制过程需要改造，只需将编制程序重新输入到PLC内部，输入、输出部件直接通过I/O接口即可实现增减。无论是系统的连接、控制还是改造、维护，都十分简便。

下面通过不同控制方式的实用案例（三相交流感应电动机的控制）的对比来了解PLC控制方式的优势特点和基本功能。

例如，采用继电器进行控制的三相交流感应电动机控制电路见图1-5。

图中灰色阴影的部分即为控制电路部分，合上电源总开关，按下启动按钮SB1，交流接触器KM1线圈得电，其常开触点KM1-2接通实现自锁功能；同时常开触点KM1-1接通，电源经

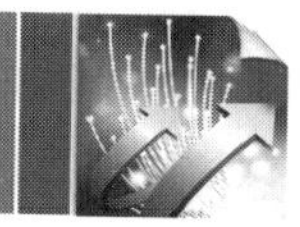

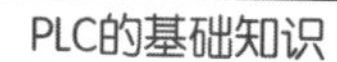

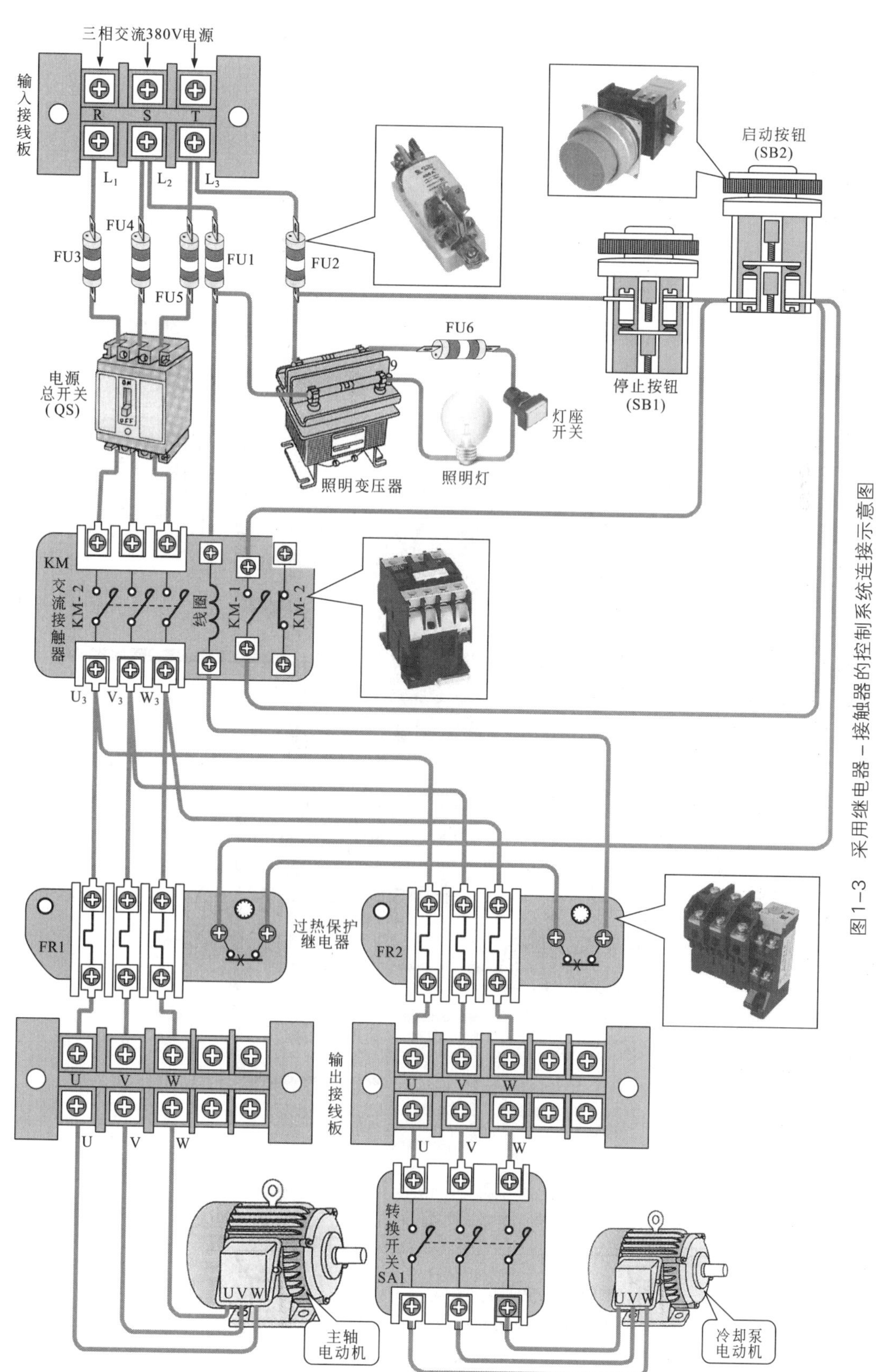

图1-3　采用继电器－接触器的控制系统连接示意图

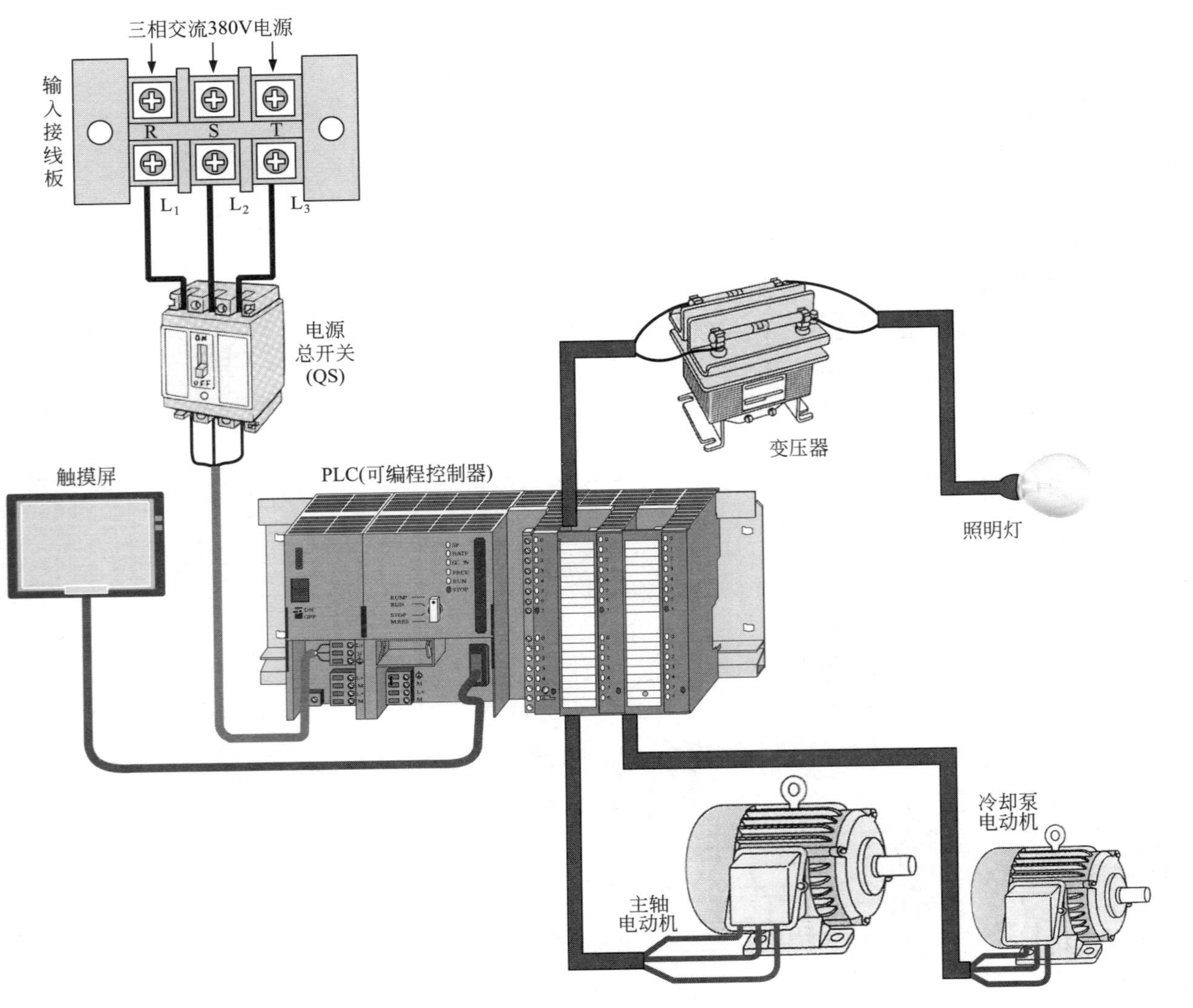

图1-4 采用PLC的控制系统连接示意图

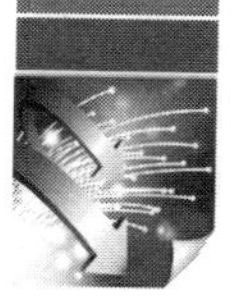

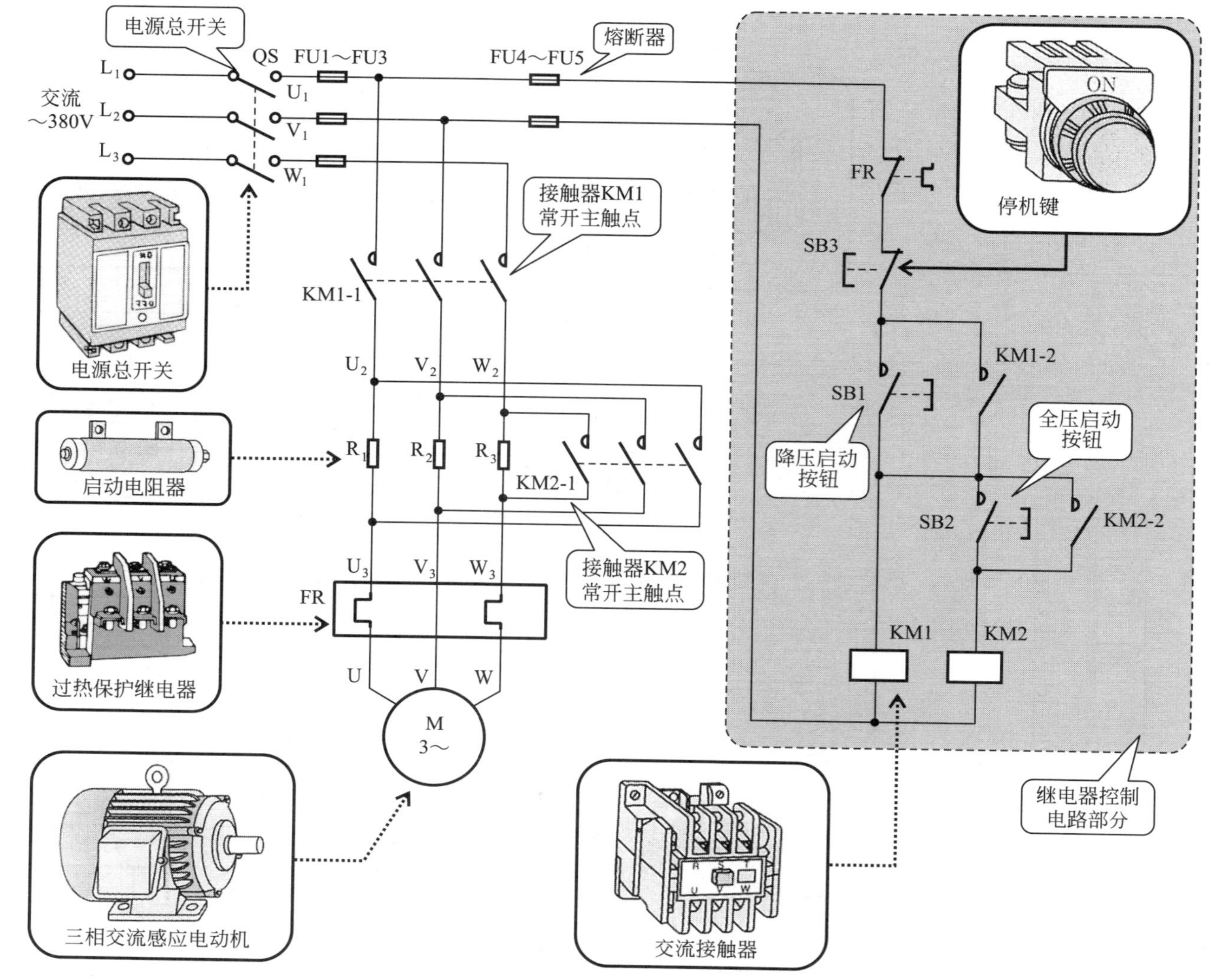

图1-5 采用继电器控制的三相交流感应电动机控制电路（电阻器式降压启动）

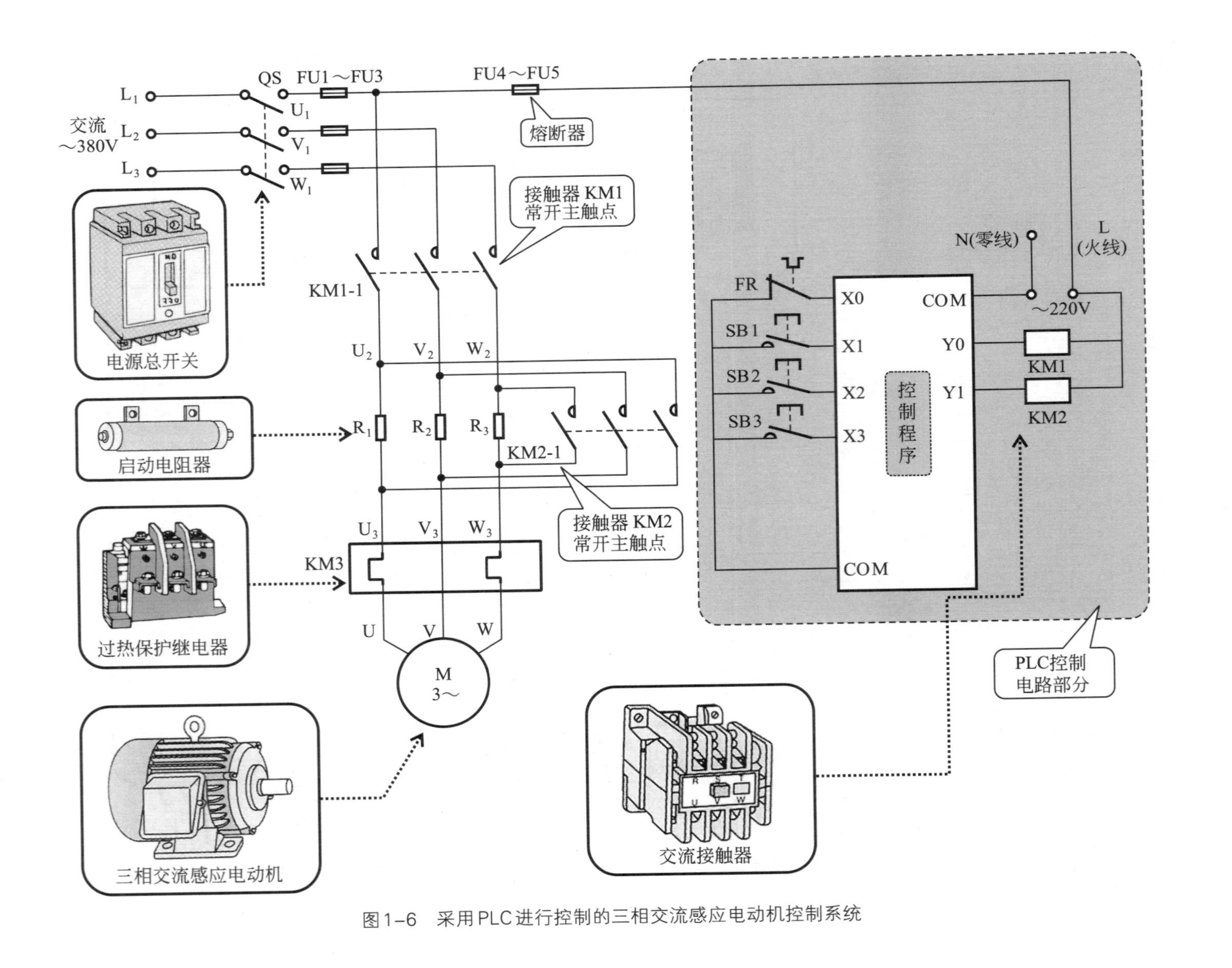

图1-6　采用PLC进行控制的三相交流感应电动机控制系统

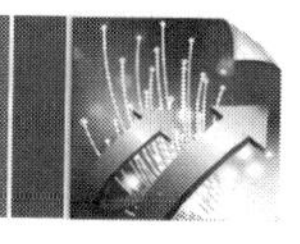

串联电阻器R_1、R_2、R_3为电动机供电，电动机降压启动开始。

当电动机转速接近额定转速时，按下全压启动按钮SB2，交流接触器KM2的线圈得电，常开触点KM2-2接通实现自锁功能；同时常开触点KM2-1接通，短接启动电阻器R_1、R_2、R_3，电动机在全压状态下开始运行。

当需要电动机停止工作时，按下停机按钮SB3，接触器KM1、KM2的线圈将同时失电断开，接着接触器的常开触点KM1-1、KM2-1同时断开，电动机停止运转。

如果需要改变电动机的启动和运行方式的时候，就必须将控制电路中的接线重新连接，再根据需要进行设计、连接和测试，由此引起的操作过程繁杂、耗时。

而对于PLC控制的系统来说，仅仅需要改变PLC中的应用程序即可，下面我们也通过图示进行说明。采用PLC进行控制的三相交流感应电动机控制系统见图1-6。

图中灰色阴影的部分即为控制电路部分，在该电路中，若需要对电动机的控制方式进行调整，无需改变电路中交流接触器、启动/停止开关以及接触器线圈的物理连接方式，只需要将PLC内部的控制程序重新编写，改变对外部物理器件的控制和启动顺序即可。

1.2 PLC及PLC控制系统的分类

1.2.1 PLC的种类

随着PLC的发展和应用领域的扩展，PLC的种类越来越多。根据其内部结构的不同，PLC主要可以分成整体式PLC和组合式PLC两大类。

（1）整体式PLC

整体式PLC是将CPU、I/O接口、存储器、电源等部分全部固定安装在一块或几块印制电路板上，使之成为统一的整体。如图1-7所示为整体式PLC的实物外形。这种PLC体积小巧，目前，小型、超小型PLC多采用整体式结构。

图1-7　整体式PLC的实物外形

（2）组合式PLC

如图1-8所示，组合式PLC的CPU、I/O接口、存储器、电源等部分都是以模块形式按一定规则组合配置而成（因此也称模块式PLC）。这种PLC可以根据实际需要进行灵活配置。中型或大型PLC多采用组合式结构。

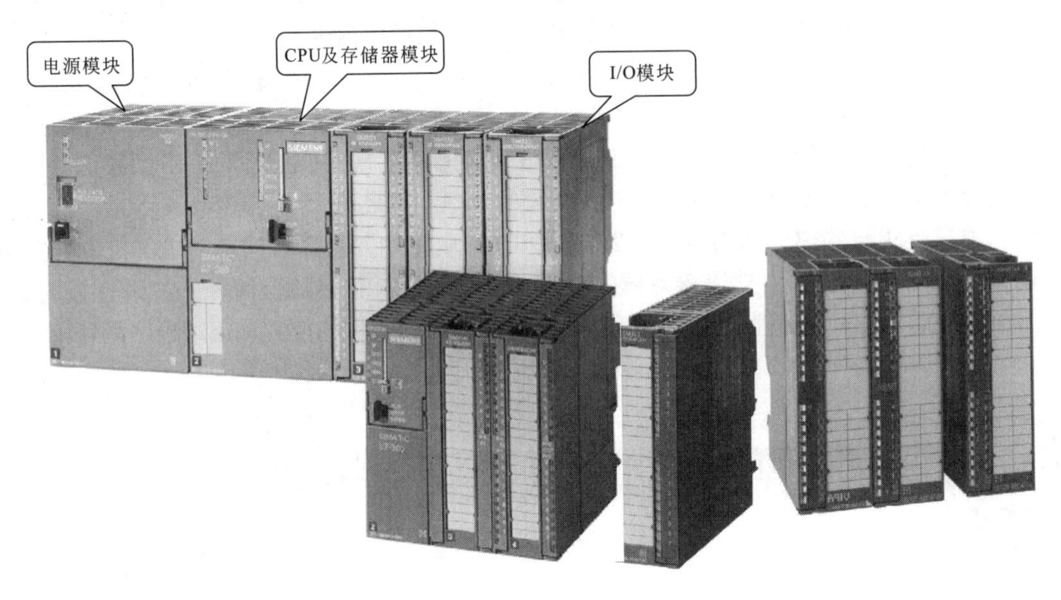

图1-8　组合式PLC的实物外形

1.2.2　PLC控制系统的类型

依托计算机及现代电子技术的发展，大规模和超大规模集成电路已经应用到了PLC中，使得PLC的功能不断提升，PLC控制系统的组合形式也更加灵活。特别是计算机技术和通信技术的融合应用，使得PLC不仅可以应对单机控制模式，而且也可以实现集中控制和网络分布控制。

（1）PLC单机控制模式

PLC单机控制模式是通过一台PLC只控制一部单独设备的控制方式。这种控制方式常应用于小型自动化生产加工设备中。

PLC单机控制模式连接示意图见图1-9。

（2）PLC集中控制模式

PLC集中控制模式是通过一台PLC可以控制多部设备。工作时，每部被控设备都与PLC的I/O接口相连，由PLC统一进行控制。这种控制方式常用于多台设备或多条流水线作业的生产加工系统。

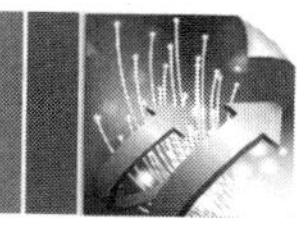

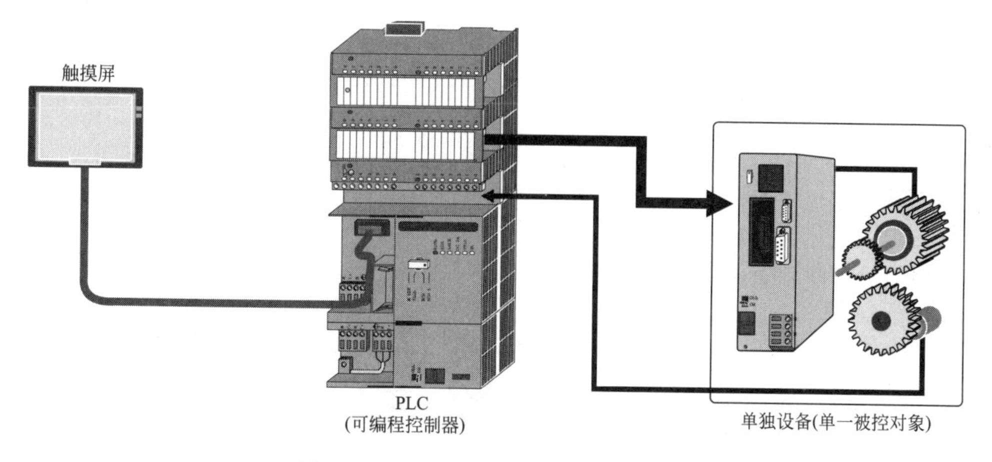

图1-9　PLC单机控制模式连接示意图

PLC集中控制模式连接示意图见图1-10。

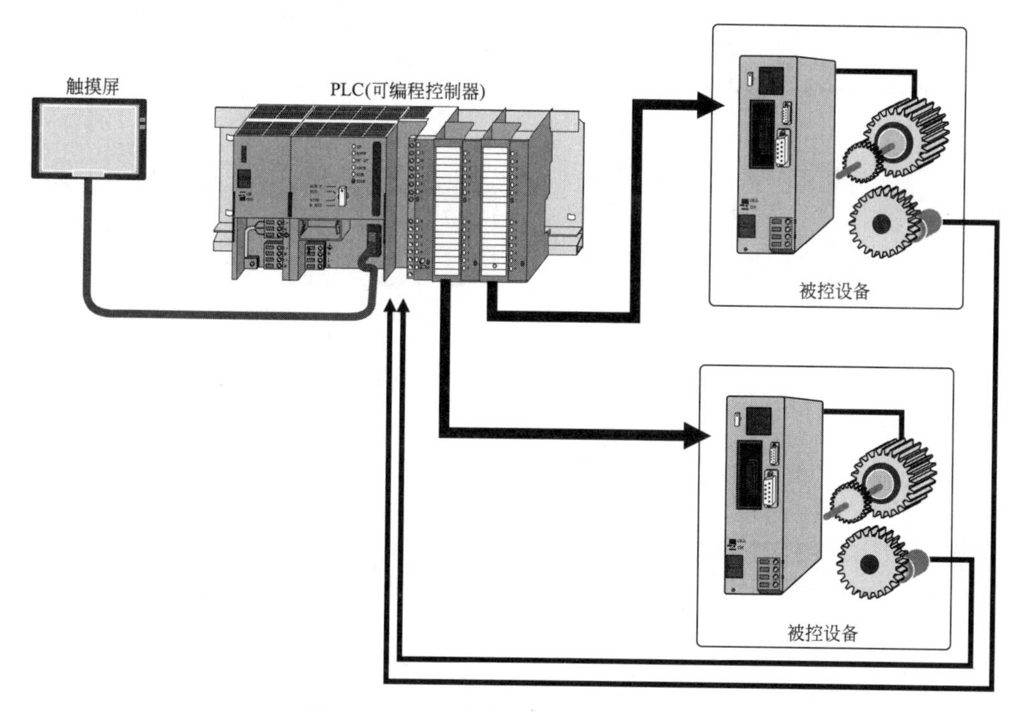

图1-10　PLC集中控制模式连接示意图

(3) PLC网络分布控制模式

PLC网络分布控制模式是通过网络互联系统，将多台具备网络通信功能的PLC进行连接，每台PLC都可控制多台被控设备。这种控制方式常用于大型的工业生产控制或监测管理系统。借助网络，PLC的控制范围可以无限扩大、延伸。同时，在整个网络控制系统中，上位计算机可以很好地完成监测数据的存储、处理和输出，并能够将控制过程以图形化的形式体现。如果用户需要，还可将实时结果通过打印机打印输出。为大型管理控制提供了非常人性化的技术支持。

PLC网络分布控制模式连接示意图见图1-11。

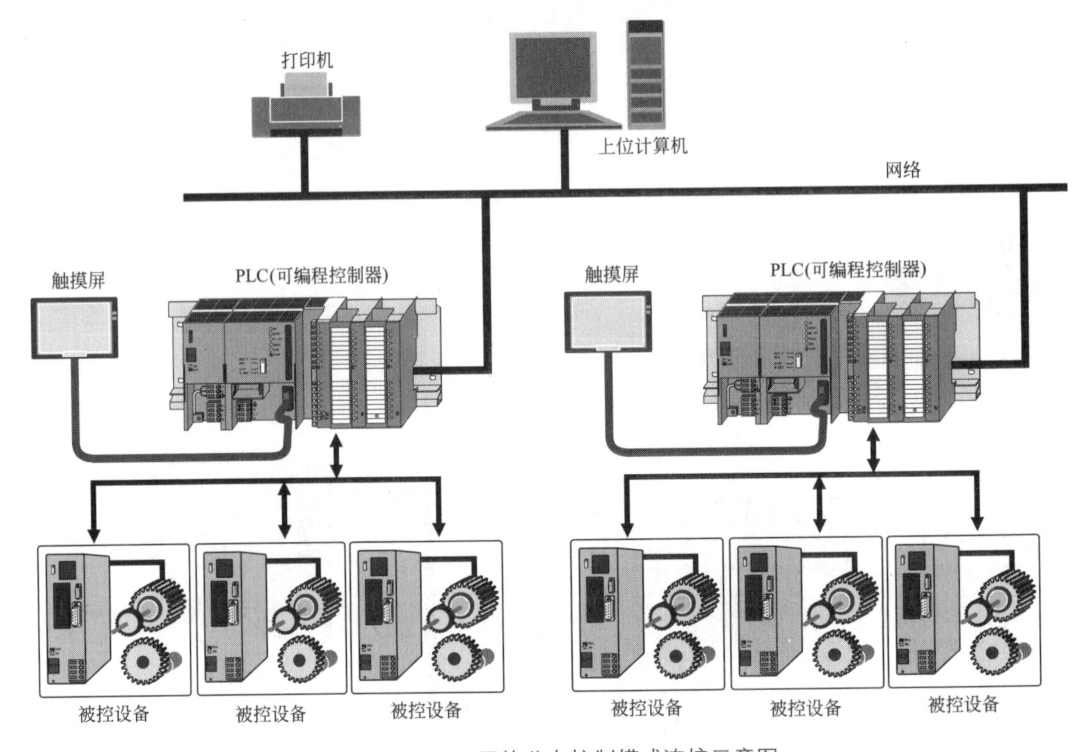

图1-11　PLC网络分布控制模式连接示意图

1.3 PLC的强大功能

PLC的发展如此迅速，主要是因为具备了很多其他控制系统没有的技术优势。计算机技术、网络技术、通信技术的飞速发展，并且与PLC控制系统的紧密融合，使得PLC的应用领域得到进一步的急速扩展。

（1）可编程、调试功能

PLC通过存储器中的程序对I/O接口外接的设备进行控制，存储器中的程序可根据实际情况和应用进行编写，一般可将PLC与计算机通过编程电缆进行连接，实现对其内部程序的编写、调试、监视、实验和记录。这也是区别于继电器等其他控制系统最大的功能优势。

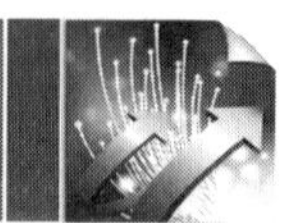

（2）通信联网功能

PLC具有通信联网功能，可以与远程I/O、与其他PLC之间、与计算机之间、与智能设备（如变频器、数控装置等）之间进行通信。

（3）数据采集、存储与处理功能

PLC具有数学运算、数据的传送、转换、排序、位操作等功能，可以完成数据的采集、分析、数据处理、模拟数据处理等。这些数据还可以与存储在存储器中的参考值进行比较，完成一定的控制操作，也可以将数据进行传输或直接打印输出。数据处理一般用于大型控制系统，如无人控制的柔性制造系统，如造纸、冶金、食品工业中的一些大型控制系统。

（4）开关逻辑和顺序控制功能

PLC的开关逻辑和顺序功能是其应用最为广泛的领域，是用以取代传统继电器的组合逻辑控制、定时、计数、顺序控制等。既可用于单台设备的控制，也可用于多机群控及自动化流水线。如注塑机、印刷机、订书机械、组合机床、磨床、包装生产线、电镀流水线等。

（5）运动控制功能

PLC使用专用的运动控制模块，对直线运动或圆周运动的位置、速度和加速度进行控制。例如机床、机器人、电梯等。

（6）过程控制功能

过程控制是指对温度、压力、流量、速度等模拟量的闭环控制。作为工业控制计算机，PLC能编制各种各样的控制算法程序，完成闭环控制。另外，为了使PLC能够完成加工过程中对模拟量的自动控制，还可以实现模拟量（Analog）和数字量（Digital）之间的A/D转换及D/A转换。过程控制一般在冶金、化工、热处理、锅炉控制等场合有非常广泛的应用。

1.4 PLC技术的应用案例

1968年，美国通用汽车公司（GM）为了在每次汽车改型或改变工艺流程时不改动原有继电器柜内的接线，降低成本，缩短开发周期，提出了研制新型逻辑顺序控制装置的设想。

1969年，美国数据设备公司（DEC）研制出世界上第一台可编程控制器，并成功地应用在GM公司的生产线上。这一时期PLC主要功能是实现顺序控制，只能进行逻辑运算，故被称为可编程序逻辑控制器（Programmable Logic Controller，PLC）。该控制系统用计算机代替继电器和控制盘；用程序代替硬件接线；输入/输出电平可与外部装置直接连接；结构易于扩展。

70年代后期，随着微电子、计算机和通信技术的迅猛发展，使PLC从开关量的逻辑控制扩展到数字控制及生产过程控制领域，真正成为计算机工业控制装置。

PLC控制系统器件体积小、耗能低、功能强大、适应性强、可靠性高，关键是系统的设计、安装、调试简单易行，后期检修和维护方便，已被广泛应用于钢铁、石化、机械制造、汽车装配、电力、轻纺等众多行业。

中国PLC工业控制的应用发展相对较晚，直到20世纪70年代才相续引进了PLC控制系统及生产线，但是后续普及应用还是比较迅速的，进入90年代，PLC的应用已经进入了社会生产的各个领域。

目前，PLC已经成为生产自动化、现代化的重要标志。众多电子器件生产厂商都投入到了PLC产品的研发中，PLC的品种越来越丰富，功能越来越强大，应用也越来越广泛，无论是生产、制造还是管理、检验，都可以看到PLC的身影。

（1）PLC在电子产品制造设备中的应用

PLC在电子产品制造设备中应用主要用来实现自动控制功能。PLC在电子元件加工、制造设备中作为控制中心，使元件的输送定位驱动电机、加工深度调整电机、旋转电机和输出电机能够协调运转，相互配合实现自动化工作。

PLC在电子产品制造设备中的应用见图1-12。

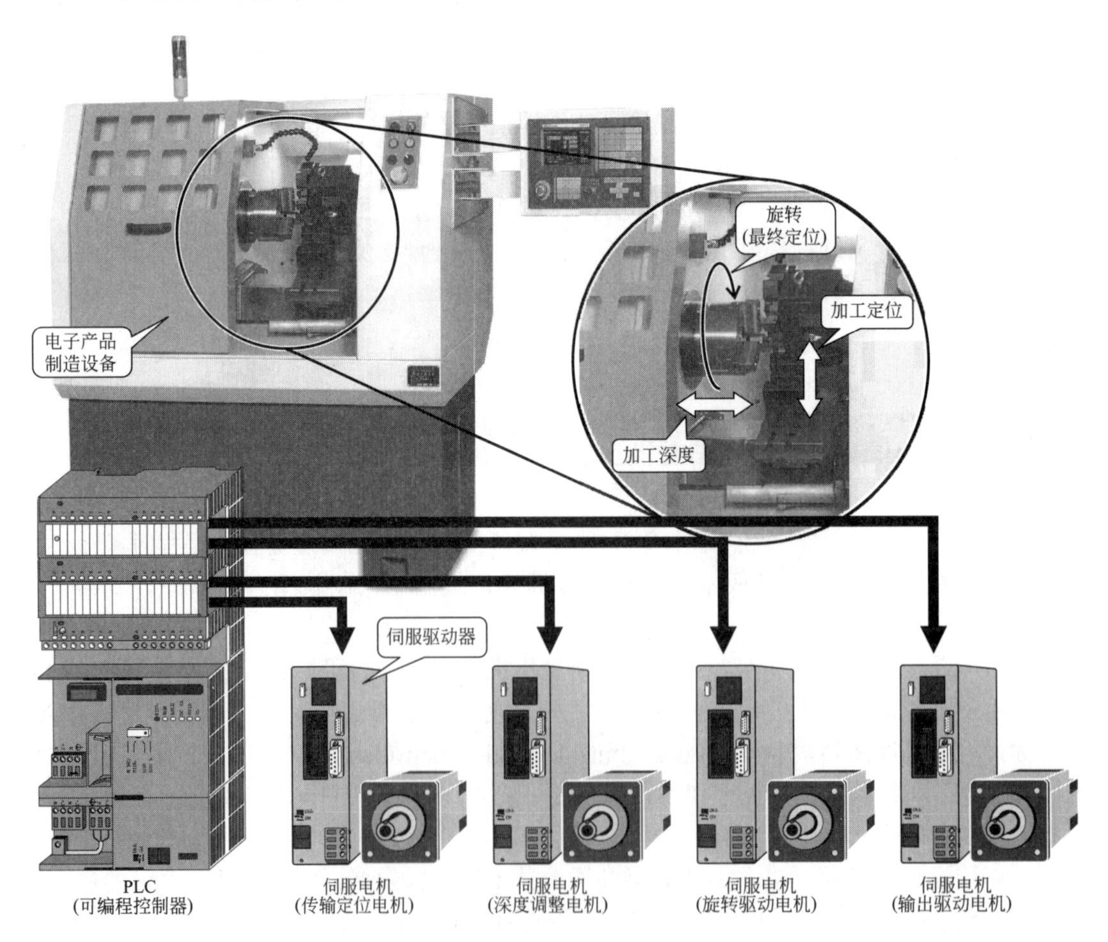

图1-12 PLC在电子产品制造设备中的应用

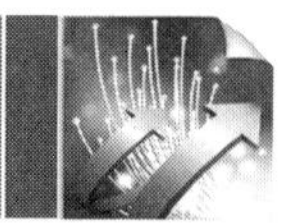

（2）PLC在自动包装系统中的应用

在自动包装控制系统中，产品的传送、定位、包装、输出等一系列都安一定的时序（程序）进行动作，PLC在预先编制的程序控制下，由检测电路或传感器实时监测包装生产线的运行状态，根据检测电路或传感器传输的信息，实现自动控制。

PLC在自动包装系统中的应用见图1-13。

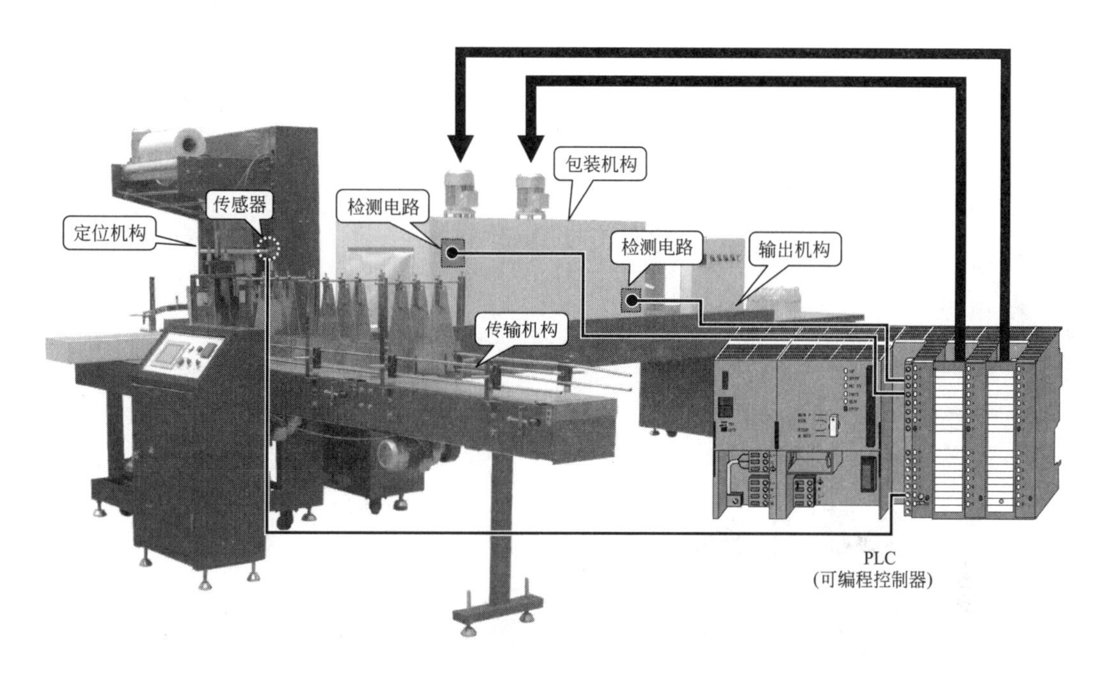

图1-13　PLC在自动包装系统中的应用

（3）PLC在自动检测装置中的应用

用以检测所生产零件弯曲度的自动检测系统中，检测流水线上设置有多个位移传感器，每个传感器将检测的数据送给PLC，PLC即会根据接收到的测量数据进行比较运算，得到零部件弯曲度的值，并与标准进行比对，从而自动完成对零部件是否合格的判定。

PLC在自动检测装置中的应用见图1-14。

（4）PLC在纺织机械中的应用

在纺织机械中有多个电机驱动的传动机构，互相之间的转动速度和相位都有一定的要求。通常，纺织机械系统中的电动机普遍采用通用变频器控制，所有的变频器则统一由PLC控制。工作时，每套传动系统将转速信号通过高速计数器反馈给PLC，PLC根据速度信号即可实现自动控制，使各部件协调一致工作。

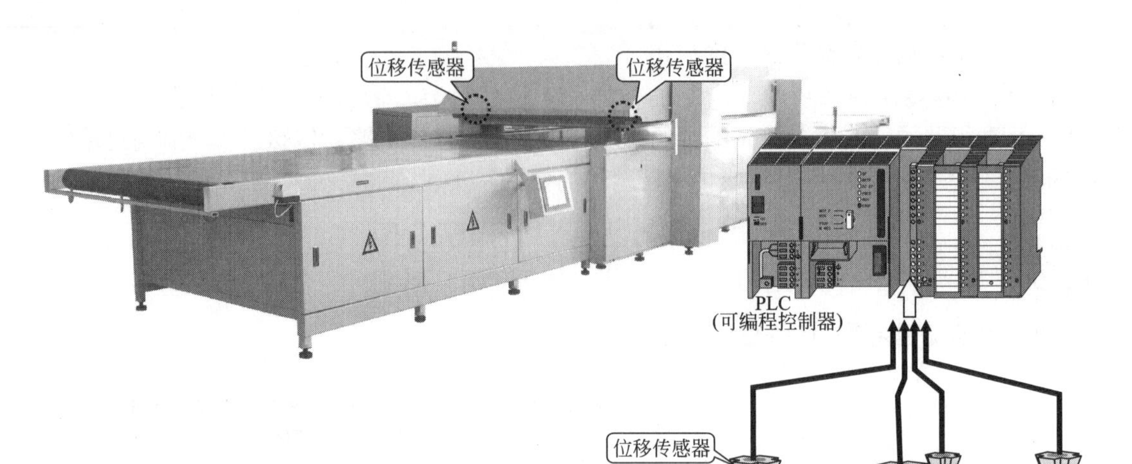

图1-14　PLC在自动检测装置中的应用

PLC在纺织机械中的应用见图1-15。

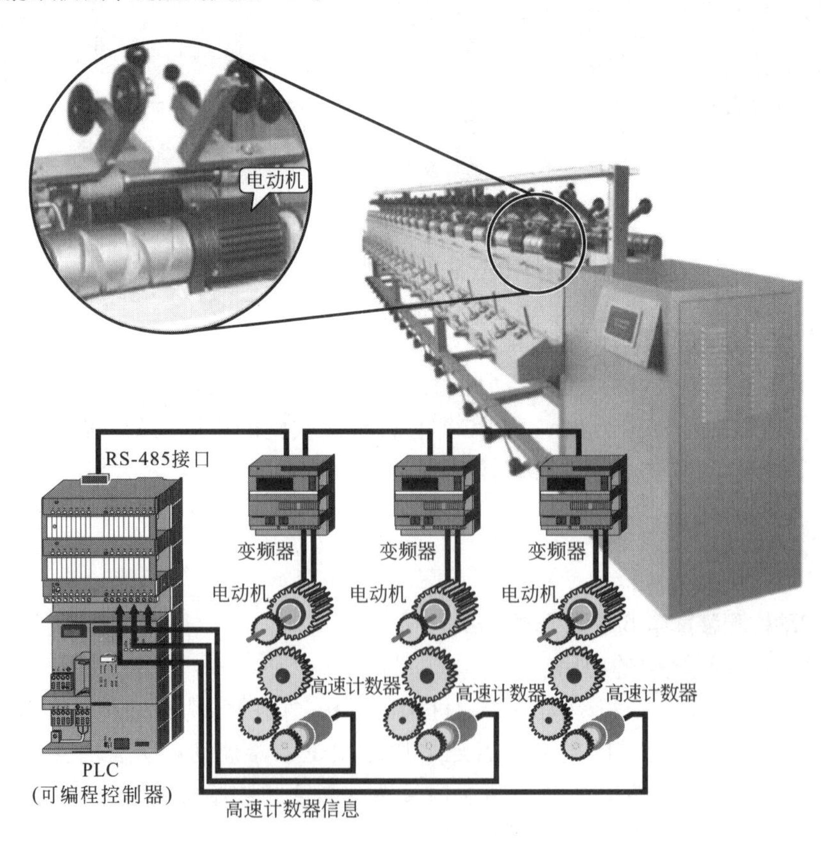

图1-15　PLC在纺织机械中的应用

1.5 PLC的基本组成和工作原理

1.5.1 PLC的基本组成

PLC属于精密的电子设备，从功能电路上讲，主要是由输入电路、运算控制电路、输出电路等构成的。输入电路的作用是将被控对象的各种控制信息及操作命令转换成PLC输入信号，然后送给运算控制电路分；运算控制电路以内部的CPU为核心，按照用户设定的程序对输入信息进行处理，然后由输出电路输出控制信号，这个过程实现算术运算和逻辑运算等多种处理功能；输出电路由PLC输出接口和外部被控负载构成，CPU完成的运算结果由PLC输出接口提供给被控负载。其中，输入部分和输出部分都具备人机对话功能。

不同的电路功能需要借助不同的电路和内部程序协作完成，如图1-16所示为典型PLC电路结构及协同工作原理示意图。

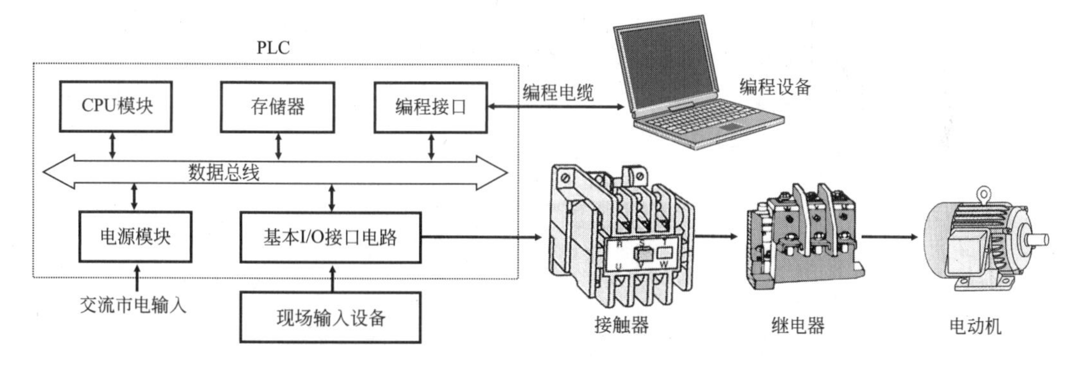

图1-16　典型PLC电路结构及协同工作原理示意图

PLC的硬件电路主要是由CPU模块、存储器、编程接口、电源模块、基本I/O接口电路五部分组成。

- CPU模块是PLC的核心，CPU的性能决定了PLC的整体性能。不同的PLC配有不同的CPU，主要承担着将外部输入信号的状态写入输入存储器中，然后将处理结果送到输出映像寄存器中。CPU常用的微处理器有通用微处理器、单片微处理器和位片式微处理器。
- 存储器主要是存储用户程序，由只读存储器（ROM）和随机存储器（RAM）两大部分构成。系统程序存放在ROM中，用户程序和中间运算数据存放在RAM中，
- 编程接口通过编程电缆与编程设备（计算机）连接，电脑通过编程电缆对PLC进行编程、调试、监视、试验和记录。

● 基本I/O接口电路可以分为PLC输入电路和PLC输出电路两种，现场输入设备将输入信号送入PLC输入电路，经PLC内部CPU处理后，由PLC输出电路输出送给外部设备。

● PLC内部配有一个专用开关式稳压电源，为PLC内部电路提供多路工作电压。

PLC软件系统和硬件电路共同构成PLC系统的整体。PLC软件系统又可分为系统程序和用户程序两大类。

● 系统程序是由PLC制造厂商设计编写的，用户不能直接读写和更改，一般包括系统诊断程序、输入处理程序、编译程序、信息传送程序、监控程序等。

● 用户程序是用户根据控制要求，按系统程序允许的编程规则，用厂家提供的编程语言编写的程序。

1.5.2 PLC的工作原理

PLC是一种以微处理器为核心的数字运算操作的电子系统装置，是专门为大中型工业用户现场的操作管理而设计，它采用可编程序的存储器，用以在其内部存储执行逻辑运算、顺序控制、定时/计数和算术运算等操作指令，并通过数字式或模拟式的输入、输出接口，控制各种类型的机械或生产过程。PLC的整机工作原理示意图如图1-17所示。

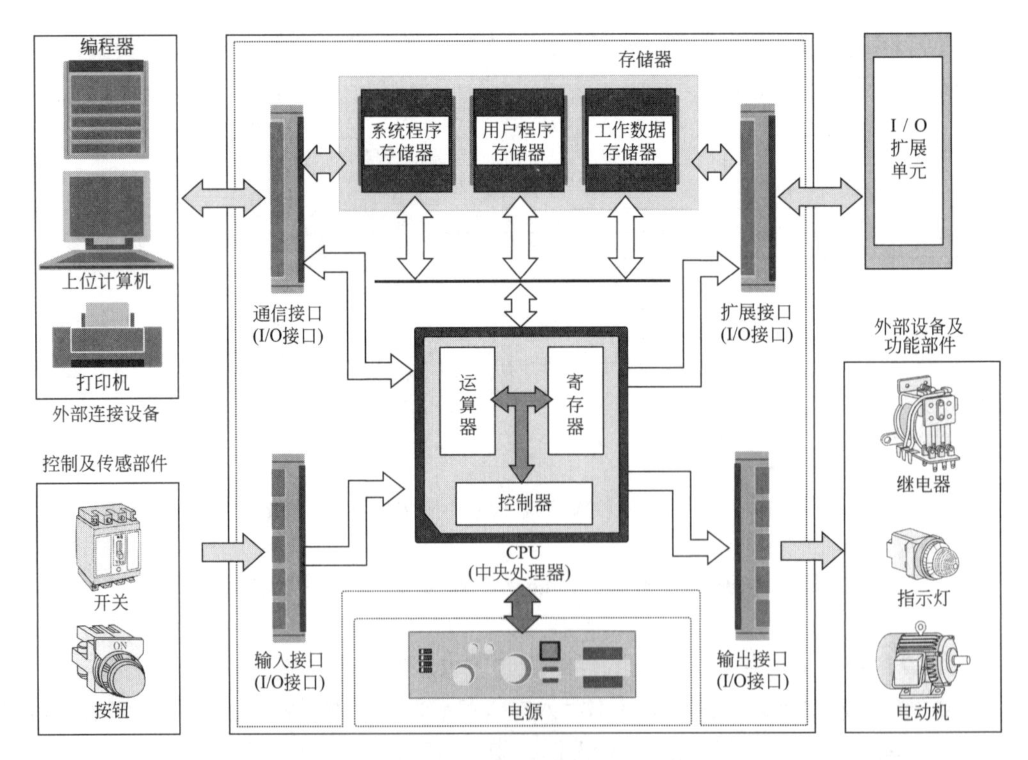

图1-17　PLC的整机工作原理示意图

其中，CPU（中央处理器）是PLC的控制核心，它主要由控制器、运算器和寄存器三部分构成。通过数据总线、控制总线和地址总线与I/O接口相连。

PLC的程序是由工程技术人员通过编程设备（简称编程器）输入的。目前，PLC的编

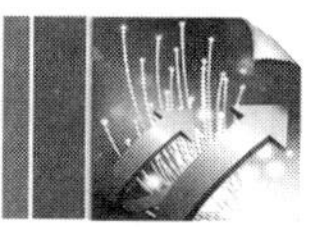

程有两种方式：一种是通过PLC手持式编程器编写程序，然后传送到PLC内。另一种是利用PLC通信接口（I/O接口）上的RS232串口与计算机相连，然后，通过计算机上专门的PLC编程软件向PLC内部输入程序。

编程器或计算机输入的程序输入到PLC内部，存放在PLC的存储器中。通常，PLC的存储器分为系统程序存储器、用户程序存储器和工作数据存储器。

用户编写的程序主要存放在用户程序存储器中，系统程序存储器中主要用于存放系统管理程序、系统监控程序以及对用户编制程序进行编译处理的解释程序。

当用户编写的程序存入后，CPU会向存储器发出控制指令，从系统程序存储器中调用解释程序将用户编写的程序进行进一步的编译，使之成为PLC认可的编译程序。

存储器中的工作数据存储器是用来存储工作过程中的指令信息和数据的。通过控制及传感部件发出的状态信息和控制指令通过输入接口（I/O接口）送入到存储器的工作数据存储器中。在CPU控制器的控制下，这些数据信息会从工作数据存储器中调入CPU的寄存器，与PLC认可的编译程序结合，由运算器进行数据分析、运算和处理。最终，将运算结果或控制指令通过输出接口传送给继电器、电磁阀、指示灯、蜂鸣器、电磁线圈、电动机等外部设备及功能部件。这些外部设备及功能部件即会执行相应的工作。

在整个工作过程中，PLC中的电源始终为各部分电路提供工作所需的电压。确保PLC工作的顺利进行。

由此可见，PLC作为全新型的工业控制装置，有效地将传感控制技术、计算机控制技术和通信技术融合在一起，用软件编程逻辑代替了硬件布线逻辑，拓展了功能、提升了效率、增强了系统的控制能力和抗干扰能力，并有效地降低了故障发生的几率。目前，以成为工业自动化发展不可缺少的实用技术核心。

1.5.3 PLC循环扫描的工作方式

PLC的工作方式采用不断循环的顺序扫描工作方式（串行工作方式）。CPU从第一条指令开始执行程序，按顺序逐条地执行用户程序直到用户程序结束，然后返回第一条指令开始新的一轮扫描。如此周而复始不断循环。当然，整个过程是在系统软件控制下进行的，顺次扫描各输入点的状态，按用户程序进行运算处理（用户程序按先后顺序存放），然后顺序向输出点发出相应的控制信号。整个过程可以大体分为以下多个阶段。

（1）初始化

PLC接通电源后，市电电压经内部电路处理后为PLC整机供电。系统首先执行自身的初始化操作，包括硬件、软件的初始化和其他设置的初始化处理。

（2）自诊断处理

自诊断处理的检查对象包括CPU、电池电压、程序存储器、I/O和通信等，若发现异常，马上传递出错代码，特别是出现致命错误时，CPU立刻进入“STOP”（停止）方式，所有的扫描停止。PLC每扫描一次，执行一次自诊断检查。

（3）通信处理

PLC自诊断处理完成后，先检查有无通信任务，如有则调用相应进程，完成PLC之间、或PLC与其他设备的通信处理，并对通信数据作相应处理。例如：PLC与外部编程器、显示器、打印机等是否有通信信息需要传递。PLC每扫描一次，执行一次通信处理。

（4）输入信息处理

将输入端子导入的外部输入信息存入映像寄存器中。PLC每扫描一次，执行一次输入信息处理。

（5）用户程序执行

用户程序由若干条指令组成，指令在存储器中按照序号顺序排列。从首地址开始按自上而下、从左到右的顺序逐条扫描执行，并从输入映像寄存器中“读入”输入端子状态，从元件映像寄存器“读入”对应元件（软继电器）的当前状态，然后，根据指令要求执行相应的运算，运算结果再存入元件映像寄存器中。

（6）输出信息处理

所有指令执行完毕后，进入输出信息处理阶段。将运算处理完毕的结果信息存入输出映像寄存器中，并进一步传输至外部被控设备。PLC每扫描一次，执行一次输出信息处理。

至此，一个扫描过程完毕，这整个工作周期称为扫描周期。为了确保控制能正确实时地进行，在每个扫描周期的作业时间必须被控制在一定范围内。通常用PLC执行1KB指令所需时间来说明其扫描速度，一般为零点几毫秒到上百毫秒。PLC运行正常时，程序扫描周期的长短与CPU的运算速度、与I/O点的情况、与用户应用程序的长短及编程情况等有关。

1.6 PLC典型产品介绍

目前，PLC在全世界的工业控制中被大范围采用。PLC的生产厂家不断涌现，推出的产品种类繁多，功能各具特色。其中，美国的AB公司、通用电气公司，德国的西门子公司，法国的TE公司，日本的欧姆龙、三菱、富士等公司，都是目前市场上非常主流且极具有代表性的生产厂家。目前国内也自行研制、开发、生产出许多小型PLC，应用于更多的有各类需求的自动化控制系统中。

目前，在世界范围内（包括国内市场），松下、西门子、欧姆龙、三菱的产品占有率较高、普及应用较广，下面大致介绍一下这些典型PLC的功能特点、相关参数以及系统配置。

1.6.1 松下PLC

松下PLC是目前国内比较常见的PLC产品之一，其功能完善，性价比较高，如图1-18所示为松下PLC不同系列产品的实物外形图。松下PLC可分为小型的FP-X、FP0、FP1、FPΣ、FP-e系列产品；中型的FP2、FP2SH、FP3系列；大型的EP5系列等。

下面具体介绍松下PLC的主要功能特点。

- 具有超高速处理功能，处理基本指令只需0.32μs，还可快速扫描。
- 程序容量大，容量可达到32k步。

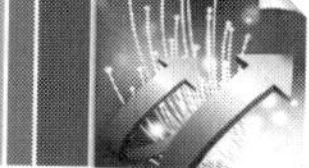

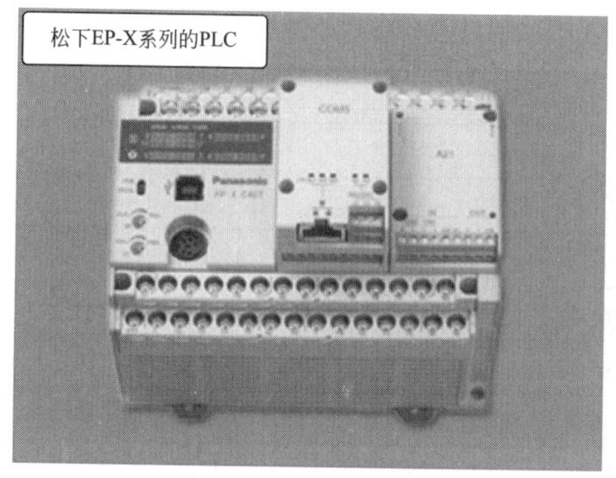

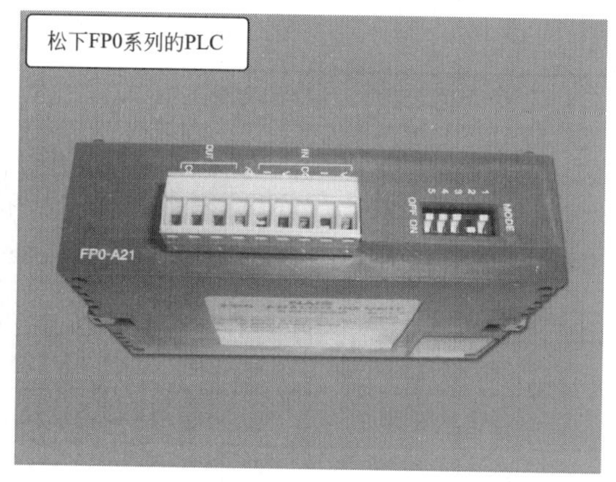

图1-18　松下系列的PLC实物外形图

● 具有广泛的扩展性，I/O最多为300点。还可通过功能扩展插件、扩展FP0适配器，使扩展范围更进一步扩大。

● 可靠性和安全性可以保证，8位密码保护和禁止上传功能，可以有效地保护系统程序。

● 通过普通USB电缆线（AB型）即可与计算机实现连接。

● 部分产品具有指令系统，功能十分强大。

● 部分产品采用了可以识别FP-BASIC语言的CPU及多种智能模块，可以设计十分复杂的控制系统。

● FP系列都配置通信机制，并且使用的应用层通信协议具有一致性，可以设计多级PLC网络控制系统。

下面以松下PLC典型几款产品为例，详细了解一下相关参数和系统配置。

（1）松下FP1系列PLC

松下FP1系列有C14、C16、C24、C40、C56、C72多种规格产品，虽然是小型机，但性价比却很高，该产品比较适合于中小型企业中。

FP1硬件配置除主机外，还可外加I/O扩展模块、A/D（模/数转换）、D/A（数/模转换）模块等智能单元。最多可配置几百点，机内有高速计数器，可输入频率高达10kHz的脉冲，并可同时输入两路脉冲，还可输出可调的频率脉冲信号（晶体管输出型）。

FP1有190多条功能指令，除基本逻辑运算外，还可进行+、–、×、÷四则运算。有8位、16位、32位数字处理功能，并能进行多种码制变换。FP1还有中断程序调用、凸轮控制、高速计数、字符打印、步进等特殊功能指令。

FP1监控功能很强，可实现梯形图监控、列表继电器监控、动态时序图监控（可同时监控16个I/O点的时序）等功能，具有几十条监控命令，多种监控方式。指令和监控结果可用日本、英国、德国、意大利四种文字显示。

FP1系列典型产品的主要性能参数见表1-1。

表1-1 FP1系列PLC典型产品的主要性能参数

项 目	FP1-C16	FP1-C40
I/O分配	8/8	24/16
最大I/O点数	32	120
程序容量	900步	2720步
指令数	126	154
内部继电器	256	1008
特殊继电器	64	64
定时/计数器	128	144
数据计数器	256	1660
串行通信	—	1HC RS232C
存储器类型	EEPOM RAM（备份电池）和EPROM	
运行速度	1.6μs/步	
高速计数	X0、X1为计数输入，可加可减	

（2）松下FPΣ系列PLC

FPΣ系列PLC保持机身小巧、使用简便的同时，加载了中型PLC的功能。采用通信模块插件大幅增强了通信功能，可以实现最大100 kHz的位置控制；具有数据备份结构，可以对数据寄存器区进行完全备份，日历、时钟的数据也能由电池备份，I/O注释可以与程序一同写入，大幅提高了系统保存性；具有高速、丰富的实数运算功能；FPΣ型的PLC实现了PID控制的指令，可以进行自整，实现简便、高性能的控制；为了防止出厂后的意外改写程序或保护原始程序不被窃取，FPΣ还可以设置密码功能。

（3）松下FP2/FP2SH系列PLC

FP2系列PLC有FP2-C1，FP2-C1D，FP2-C1SL，FP2-C1A等型号产品，外形结构紧凑，但保持了中规模PLC的功能，具有多种高功能单元，使得本系统能够从事诸如模拟量控制、联网和位置控制。FP2系列集多种功能于一体，具有优良的性能价格比，I/O点数基本结构最大768点，扩展结构最大1600点，使用远程I/O系统最大2048点。它的CPU单元配有一个RS232编程口，可直接与人机界面相连。此外还带有一个用于远程监控和通过调制解调器进行维护的高级通信接口。

FP2SH系列PLC的扫描时间为1ms/20k步，实现了超高速处理，它的程序容量最大为120k步，具有足够的程序容量。同时还配备了小PC卡，可用于程序备份或用作扩张数据内存，应用与大量数据进行处理的领域。此外，它内置注释和日历定时器功能。

（4）松下FP3/FP10SH系列PLC

FP10SH系列PLC的特点如下：高速CPU；最多可控制2048个I/O点；可利用中继功能执行高优先级的中断程序；编程器可在程序中插入注释，便于后期的检查与调试；具有高精度定时功能/日历功能；具备16k步的大程序容量；288条方便指令功能；EPPROM写入功能；还有就是网络的连接及安装十分简便。

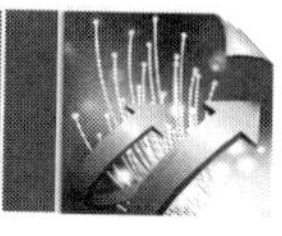

1.6.2　西门子PLC

德国西门子（SIEMENS）公司的可编程序控制器SIATIC S5系列产品在中国的推广较早，在很多的工业生产自动化控制领域，都曾有过经典的应用。并且西门子（SIEMENS）公司还开发了一些起标准示范作用的硬件和软件。从某种意义上说，西门子系列PLC决定了现代可编程序控制器发展的方向。如图1-19所示为1996年西门子公司推出的西门子S7系列产品实物外形图，S7系列PLC包括小型OLC S7-200、中型OLC S7-300和大型OLC S7-400。

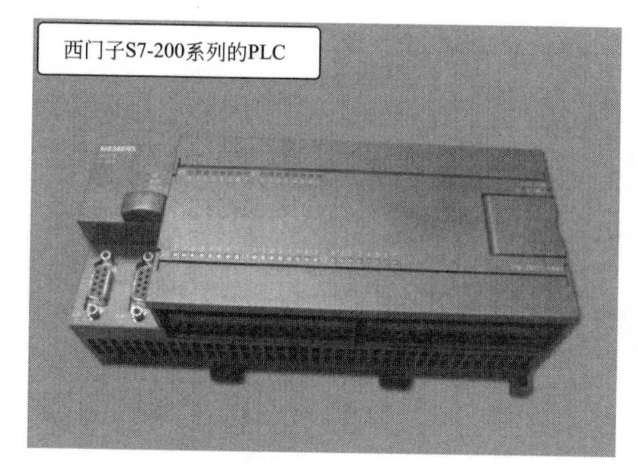

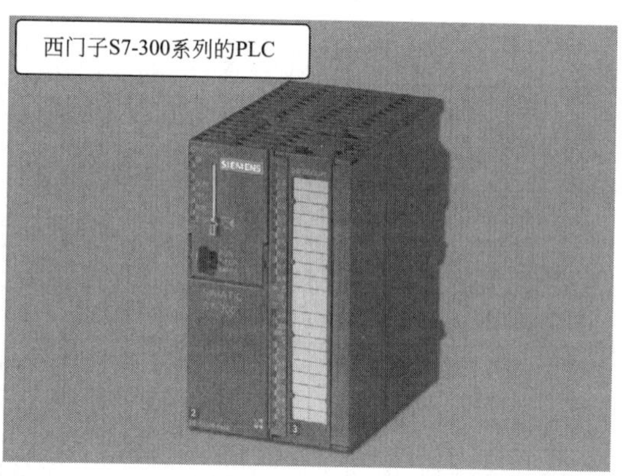

图1-19　西门子S7系列的PLC实物外形图

- 采用模块化紧凑设计，可按积木式结构进行系统配置，功能扩展非常灵活方便。
- 以极快的速度处理自动化控制任务，S7-200和S7-300的扫描速度为0.37 μs指令。
- 具有很强的网络功能，可以将多个PLC按照工艺或控制方式连接成工业网络，构成多级完整的生产过程控制系统，既可实现总线联网也可实现点到点通信。
- 在软件方面，允许在Windows操作平台下，使用相关的程序软件包、标准的办公室软件和工业通信网络软件，识别C++等高级语言环境。
- 编程工具更为开放，可使用普通计算机或笔记本电脑。

下面以典型西门子S-200系列、S-300系列为例，详细了解一下相关参数及性能配置。

（1）西门子S-200系列小型PLC

西门子S-200系列小型PLC主要性能参数见表1-2。

表1-2　西门子S-200系列小型PLC主要性能参数

项　目	技术指标	项　目	技术指标
用户存储器类型	EEPROM	10 ms定时器	16个
最大数字量I/O影响区	128点入，128点出	100 ms定时器	236个
最大模拟量I/O影响区	32点入，32点出	计数器总数（超级电容或电池保存）	256个
内部标志位（M寄存器）	256位	布尔量运算执行速度	0.37 μs/指令
掉电永久保存	112位	顺序控制继电器	256点

续表

项　目	技术指标	项　目	技术指标
超级电容或电池保存	256位	定时中断	2个，1 ms分辨率
定时器总数	256个	硬件输入边沿中断	4个
1 ms定时器	4个	可选滤波时间输入	0.2～12.8 ms

(2) 西门子S-300系列中型PLC

西门子S-300系列中型PLC主要性能参数见表1-3。

表1-3　西门子S-300系列小型PLC主要性能参数

CPU型号	CPU312IFM	CPU314
程序存储量语句/字节	2/6KB	8/24KB
程序存储量子模块	无	8/24KB
每1024语句处理时间，二进制	0.6 ms	03ms
每1024语句处理时间，混合	1.2 ms	0.8ms
数字输入/输出量/本机	102/6出	无
数字输入/输出量/最大	128	512
模拟输入/输出量/最大	32	64
机架组态	1排	4排
扩展模块最多	8块	32块
内部位存储器	1024/max，40000	1024/max，190000
计数器（保持型）	32（16）	32（64）
定时器（保持型）	64（0）	128（128）
MPI网络18.7Kbit/s	4主动节点	4主动节点
可编址的MPI结点	32	32
可组态的功能模块	有	有
指令集	位逻辑，扩号优先结果分配，存储计数，时间传送，比较，跳转，块调，特殊功能字逻辑，算术运算（定点32位浮点的+、–、*：）脉冲沿评估和环标志	
程序组织结构	线性或结构化的	
程序处理	循环时间控制/或中断控制	
系统电源（供电压）	DC 24V	
环境温度	0～60℃	
负载电源（进线）	AC 120/230	
负载电源（DC24 V输出）	2A/5A/10A	
数字输入	DC 16×24V，AC8×120/230V，AC16×120V	
数字输出	DC 8×继电器30V，0.5 A或AC 250V，3A	
模拟量输入10，12，14位（可设定参数）	8路模拟量输入；2路模拟量输入±10V；±50mV，±1V，±20mA，4～20 mA，Pt100、NI100，热电偶型E、N、J、K（线性化）	

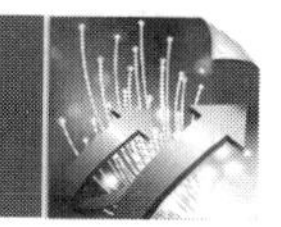

1.6.3 欧姆龙PLC

日本欧姆龙（OMRON）公司的PLC较早进入中国市场，开发了最大的I/O点数在140点以下的C20P、C20等微型PLC；最大I/O点数在2048点的C2000H等大型PLC，如图1-20所示为欧姆龙PLC系列产品的实物外形图。公司产品被广泛用于自动化系统设计的产品中。

欧姆龙公司对可编程控制器及其软件的开发有自己的特殊风格。例如：C2000H大型PLC是将系统存储器、用户存储器、数据存储器和实际的输入输出接口、功能模块等，统一按绝对地址形式组成系统。它把数据存储和电器控制使用的术语合二为一。命名数据区为I/O继电器、内部负载继电器、保持继电器、专用继电器、定时器/计数器。

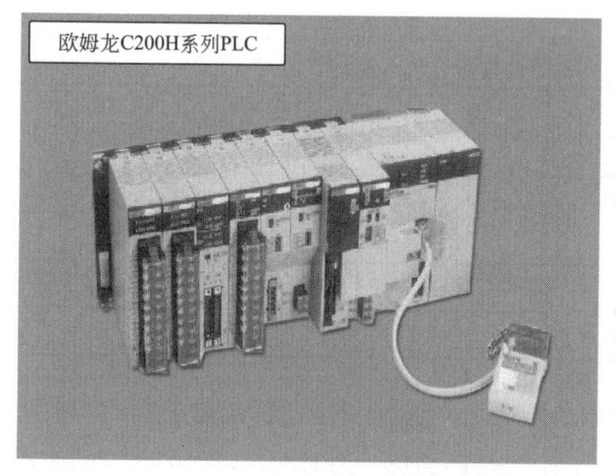

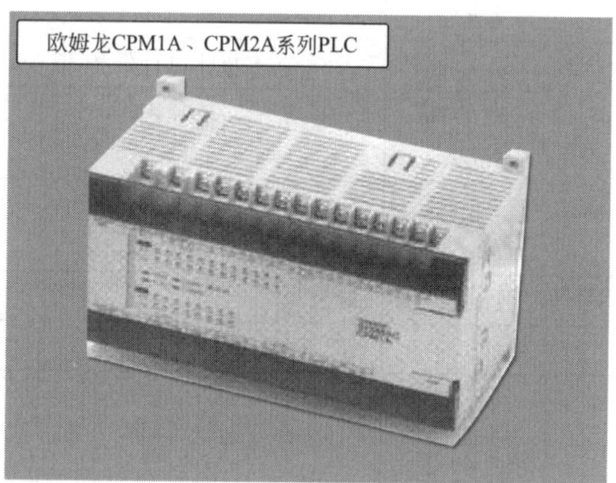

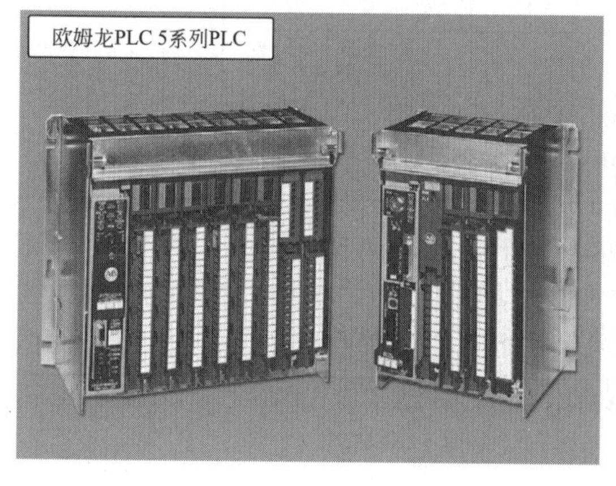

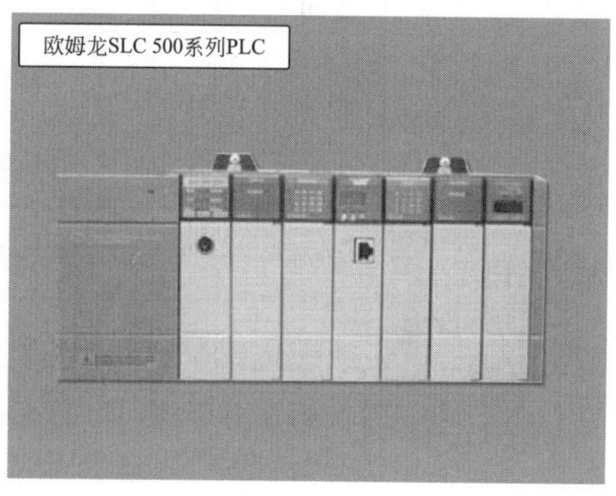

图1-20 欧姆龙的PLC实物外形

下面以典型欧姆龙CP1L型系列PLC为例，详细了解一下相关参数及性能配置。欧姆龙CP1L型系列PLC部分产品的主要性能参数见表1-4。

表1-4　欧姆龙CP1L型系列PLC主要性能参数

项目		产品类型型号			
		CP1L-M60	CP1L-M30	CP1L-L20	CP1L-L10
控制方式		存储程序方式			
输入输出控制方式		循环扫描方式和每次处理方式并用			
程序语言		梯形图方式			
功能块		功能块定义最大数128，瞬时最大数256 功能块定义内可以使用语言：梯形图、结构文本（ST）			
指令长度		1～7步/1指令			
指令种类		约500种类			
指令执行时间		基本指令：0.55μs应用指令：4.1μs			
共同处理时间		0.4ms			
程序容量		10k步		5k步	
任务数		288个（循环执行任务32个、中断任务256个）			
	定时中断任务	1个（No.2固定）			
	输入中断任务	6个（No.140～145）		2个（No.140～145）	
子程序数最大值		256个			
跨跳数最大值		256个			
通道区	输入继电器	36点 0.00～0.11 1.00～1.11、 2.00～2.11	18点 0.00～0.11、 1.00～1.05	12点 0.00～0.11	6点 0.00～0.05
	输出继电器	24点 100.00～100.07、 101.00～101.07、 102.00～102.07	12点 100.00～100.07、 101.00～101.03	8点 100.00～100.07	4点 100.00～100.03
	1比1链接继电器区域	1024点（64CH）3000.00～3063.15（3000～3063CH）			
	串行PLC连接续电器	1440点（90CH）3100.00～3189.15（3100～3189CH）			
内部辅助继电器		8192点（512CH）W0.00～W511.15通道I/O 37 504点（2344CH）3800.00～6143.15（3800～6143CH）			
暂时记忆继电器		16点TR0～TR15			
保持继电器		8192点（512CH）H0.00～H511.15（H0～H511）			
特殊辅助继电器		读出专用（写入禁止）7168位（448CH）A0.00～A447.15（A0～A447CH） 可读出/写入8192点（512CH）A448.00～A959.15（A448～A959CH）			
定时器		4096位T0～T4095			
计数器		4096位C0～C4095			

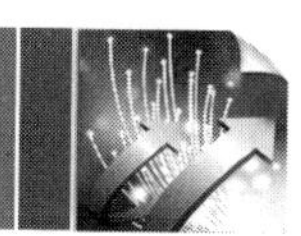

续表

项目	产品类型型号			
	CP1L-M60	CP1L-M30	CP1L-L20	CP1L-L10
数据存储	32K字D0～D32767		10K字D0～D9999、D32000～D32767	
数据寄存器	16个（16位）DR0～DR15			
索引寄存器	16个（32位）IR0～IR15			
任务标志区	32个TK0000～TK0031			
追踪存储	4000字			
内存盒	可以安装专用内存盒（CP1W-ME05M）			
时钟功能	有			
通信功能	内置并联端口（USB1.1）×1			
	2个串行通信端口		1个串行通信端口	不可
内存备份	闪存：用户程序、参数（PC系统设定等）、可将注释信息和数据存储器的全部区域保存到闪存中（数据存储器的初始值） 电池备份：保持继电器、DM区、计数器位			
电池寿命	25℃以下5年			
内置输入输出点数	60点（输入36点、输出24点）	30点（输入18点、输出12点）	20点（输入12点、输出8点）	10点（输入6点、输出4点）
可以连接的扩展I/O数	3台		1台	不可
最大输入输出点数	180点（内置60点+扩展40点×3台）	150点（内置30点+扩展40点×3台）	60点（内置20点+扩展40点×1台）	10点（内置）
输入中断	6点（响应时间：0.3ms）			2点（响应时间：0.3ms）
输入中断计数器模式	6点（总计最大5kHz） 数值范围：16位加法计算或减法计算			2点（总计最大计5kHz） 数值范围：16位加法计算或减法计算
脉冲捕捉输入	6点（最小脉冲输入：50μs以上）			2点（最小脉冲输入：50μs以上）
定时中断	1点			
高速计数器	4点/2轴（DC24V输入）相位差（4倍速）50kHz；单相（脉冲+方向、加/减、增量）100kHz；数值范围：32位线性模式/环形模式；中断：目标值一致比较/带域比较			
脉冲输出（仅限晶体管输出型） 脉冲输出	梯形加减速/S形加减速 2点1Hz～100kHz			
脉冲输出（仅限晶体管输出型） PWM输出	占空比0.0～100.0%可变 2点0.1～6553.5Hz与1～32800Hz			
模拟量容量	1点（设定范围：0～255）			
外部模拟量输入	1点（分辨率：1/256输入范围：0～10V）非绝缘			

1.6.4 三菱PLC

三菱PLC在中国市场常见的系列产品有FR-FX1N FR-FX1S FR-FX2N FR-FX3U FR-FX2NC、FR-A、FR-Q等，如图1-21所示为三菱系列的PLC实物外形图。

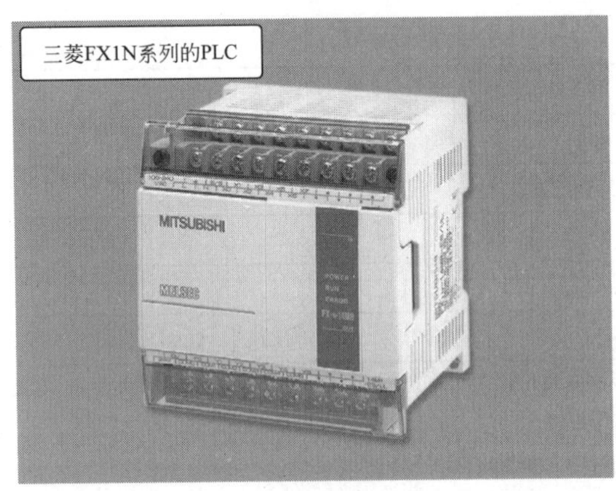

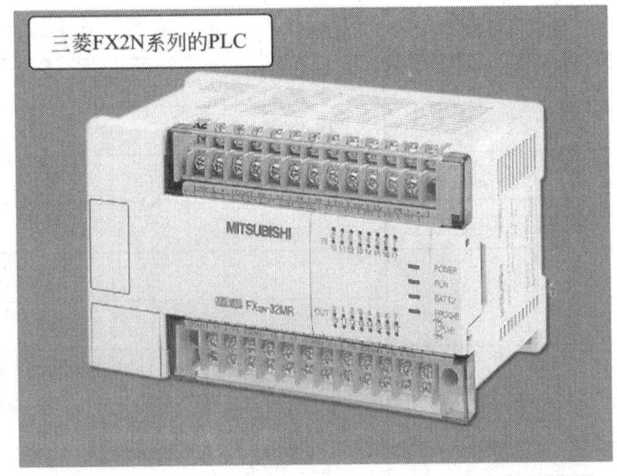

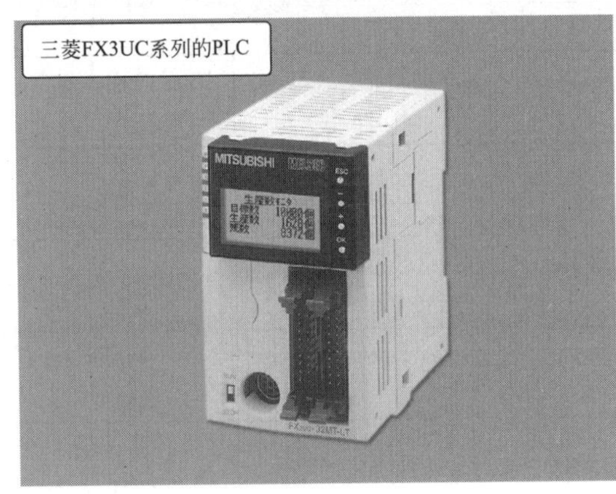

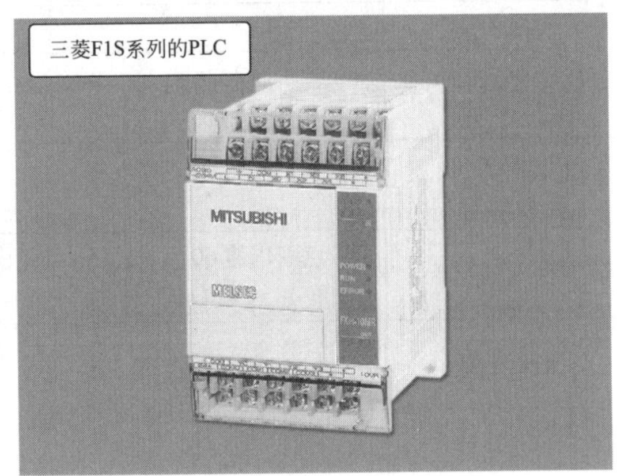

图1-21 三菱系列的PLC实物外形图

下面以部分典型系列为例，详细了解一下其功能特点、相关参数及性能配置。

（1）三菱FX0N、FX2N系列PLC

三菱FX0N系列PLC可进行24～1281点灵活输入输出组合。在24/40/60典型的基本单元上，可以采用最小8点的扩展模块进行扩展。利用模拟输入2点、输出1点的FX0N～3A型模拟输入输出模块（8BIT），还可以进行模拟输入输出处理。使用FX0N～16NT型MELSCNET/MINI用接口，作为A系列的子站，进行联网。

三菱FX2N系列PLC属于超小型程序装置，是FX家族中较先进的系列。具有高速的处理速度，在基本单元上连接扩展单元或扩展模块，可进行16～256点的灵活输入输出组合，为工厂自动化应用提供最大的灵活性和控制能力。还可在基本单元上连接单元或扩展，可进行16～256点的灵活输入输出组合。

主要性能参数见表1-5。

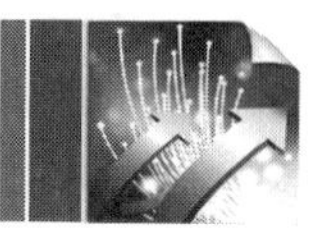

表1–5 三菱FX0N、FX2N系列PLC主要性能参数

项目			FX0N系列	FX2N系列
运算处理方式			存储程序反复运算方式（专用LSI）	存储程序反复运算方式（专用LSI）
输入/输出控制方式			批处理方式（在执行EXD指令时），但有输入输出刷新指令	批处理方式，但有输入输出刷新指令
程序语言			续电器符号语言+步进方式（用SPC表示）	（用SPC表示）
程序容量/存储器形式			内附2000步EEPROM、EPROM存储卡	内附8000步EEPROM最大为16k步
指令数	基本步进指令		基本（顺控）指令20个，步进指令2个	基本（顺控）指令27个，步进指令2个
	应用指令		35种50，36种51个	128种298个
输入继电器			84点X0～X127	184点X0～X267（合计256点）
输出继电器			64点Y0～Y77	184点Y0～Y267（合计256点）
辅助继电器	一般用		348点X0～X383	5008点M0～M499
	锁存用		128点M384～M511	2572点M500～M3700
	特殊用		57点M0000～M0254	256点M8000～M8256
状态继电器	初始化用		10点S0～S9	10点S0～S9
	一般化用		118点S10～S127	400点S10～S499
	锁存用			400点S500～S899
	报警用			100点S900～S999
定时器	100ms		63点T0～T63	56点T0～T55
	10ms			
	1ms		1点T63	4点T246～255
	100 ms（积算）			6点T250～255
计数器	增计数	一般用	16点C0～C15	100点（16bit）C0～C99
		锁存用	16点C16～C31	100点（16bit）C100～C199
	增/减计数	一般用		20点（32位）C200～C219
		锁存用		15点（32位）C220～C234
	高速用		1相5 kHz、4点或二相2 kHz、1点	1相5 kHz、2点，10 kHz、4点 或二相30 kHz、1点，50 kHz、1点
数据寄存器	通用数据寄存器	一般用	128点（16位）D0～D127	200点（16位）D0～D199
		锁存用	128点（16位）D120～D255	7800点（16位）D200～D7900
	特殊用		128点（16位）D0～D8255	256点（16位）D8000～D8255
	编址用		2点V0，Z0	16点V0～V7，Z0～Z7
	文件寄存器		MAX1500点（16位）D8255	普通寄存器的D1000以后在500个单位设定文件寄存
指针跳步	转移用		64点	128点P0～P127
	中断用		4点	4点
频率			8点	8点N0～N7
常数	十进制K		16位：32768～32767　32位	16位：32768～32767　32位
	十六进制H		16位：0000～FFFF 32位：00000000～FFFFFFFF	16位：0000～FFFF 32位：00000000～FFFFFFFF

（2）三菱FX1S系列PLC

三菱FX1S系列PLC属于集成型小型单元式PLC，主要性能参数详见表1-6。

表1-6 三菱FX1S系列PLC主要性能参数

项目		FX1S系列
运算处理方式		循环扫描，支持中断
输入输出控制方法		批处理方法（当执行END指令时）
运转处理时间		基本指令：0.55μs ～ 0.7μs
		应用指令：0.55μs ～几百微秒
编程语言		逻辑梯形图和指令清单
程序容量		内置2 k步EEPROM
指令数目		基本顺序指令：27 步进梯形指令：2 应用指令：85
I/O配置		最大硬件I/O由主处理单元设置
辅助继电器（M线圈）	一般	384点M0 ～ M383
	锁定	128点（子系统）M384 ～ M511
	特殊	256点M8000 ～ M8255
状态继电器（S线圈）	一般	128点S0 ～ S127
	初始	10点（子系统）S0 ～ S9
定时器（T）	100 ms	范围：0 ～ 3276.7 s　63点T0 ～ T55
	10 ms	范围：0 ～ 327.67 s　31点（当特殊M线圈工作时T32 ～ T62）
	1 ms	范围：0.001 ～ 32.767s　4点T63
计数器（C）	一般	范围：0 ～ 32767数16点C0 ～ C15（16位上计数器）
	锁定	184点C16 ～ C199子系统（16位上计数器）
	一般	范围：1 ～ 32767数20点C200 ～ C199（32位上计数器）
	锁定	15点C220 ～ C234子系统（32位上计数器）
高速计数器（C）	单相	范围：–2 147 483 648 ～ +2 147 483 647数4点　C235 ～ C238点
	单相C/W起始/停止输入	C241（锁定）、C242和C244（锁定）3点
	双相	C246、C247和C249（都锁定）3点
	A/B相	C251、C252和C254（都锁定）3点
数据寄存器（D）	一般	128点D0 ～ D127
	锁定	7872点D128 ～ D7999
	文件	7000点D1000 ～ D7999
	外部调节	2点　范围：0 ～ 255，模拟电位器间接近输入D8030、D8031
	特殊	256点D8000 ～ D8255
	变址	16点V和Z
指标（P）	用于CALL	128点P0 ～ P127
	用于中断	6点100* ～ 130*（上升触发*=1，下降触发*=0）
嵌套层次		用于MC和MRC时8点NO ～ N7
常数	十进制K	16位：–32768 ～ +32768
		32位：–2147483648 ～ +2147483647
	十六进制	16位：0000 ～ FFFF
		32位：00000000 ～ FFFFFFFF

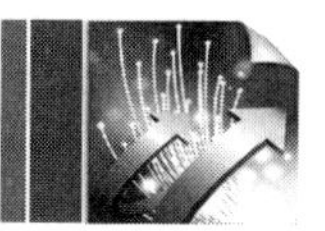

（3）三菱Q系列PLC

三菱Q系列PLC其实是三菱公司原先A系列的升级产品，属于中、大型PLC系列产品。Q系列PLC采用了模块化的结构形式，系列产品的组成与规模灵活可变，最大输入输出点数达到4096点；最大程序存储器容量可达252k步；采用扩展存储器后可以达到32M；基本指令的处理速度可以达到34ns；整个系统的处理速度得到很大的提升，多个CPU模块可以在同一基板上的安装，CPU模块间可以通过自动刷新来进行定期通信，或通过特殊指令进行瞬时通信。三菱Q系列PLC被广泛应用于各种中大型复杂机械、自动生产线的控制场合。

第2章 PLC的编程语言

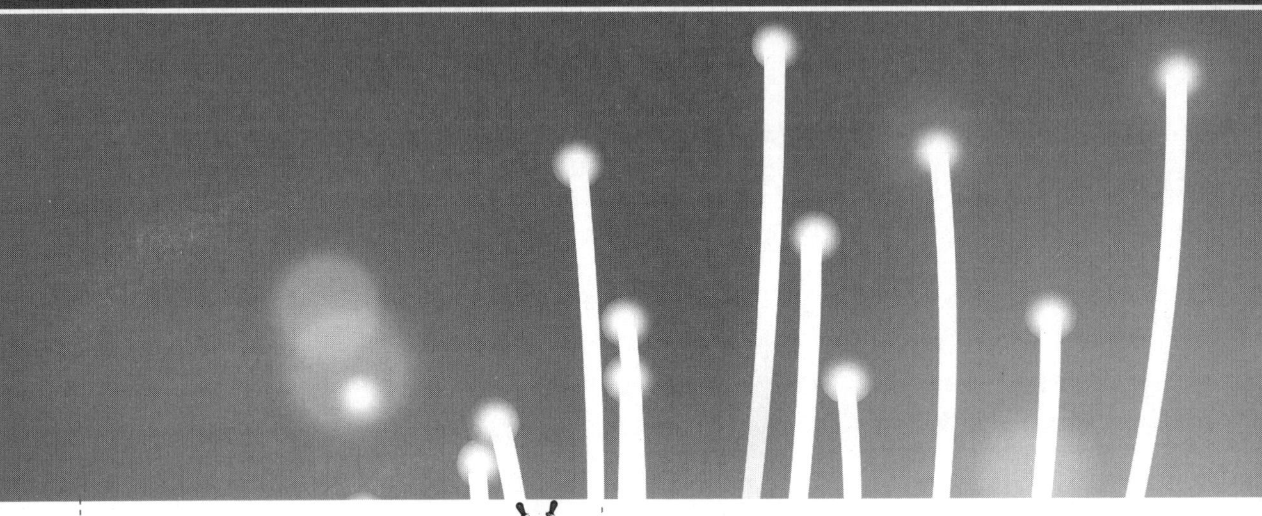

目标

本章的主要目标是让读者了解PLC基本编程语言的基本概念和识读方法。不同厂家、不同型号的PLC的编程语言只能适应自己的产品，但它们构成的基本元素及所表达程序实现功能是有一定通性的，因此，我们从三种最基本的编程语言：梯形图、指令语句表、顺序功能图的基本概念入手进行介绍，然后，在此基础上对每种编程语言所编写的程序进行识读介绍，让读者在了解什么是PLC编程语言的同时，掌握其识读方法，为进一步了解其设计和应用打好基础。

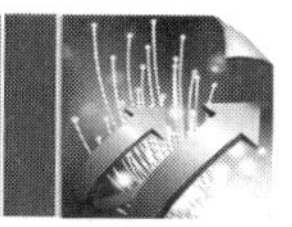

2.1 PLC的梯形图

2.1.1 梯形图的基本概念

梯形图（LAD）是一种目前用得最多的PLC编程语言。它是将原电气控制系统中常用的接触器、继电器变成简化了的符号而形成的，并与电气控制原理图相呼应。它具有形象、直观和实用的特点。

电气控制原理图与梯形图的关系见图2-1。

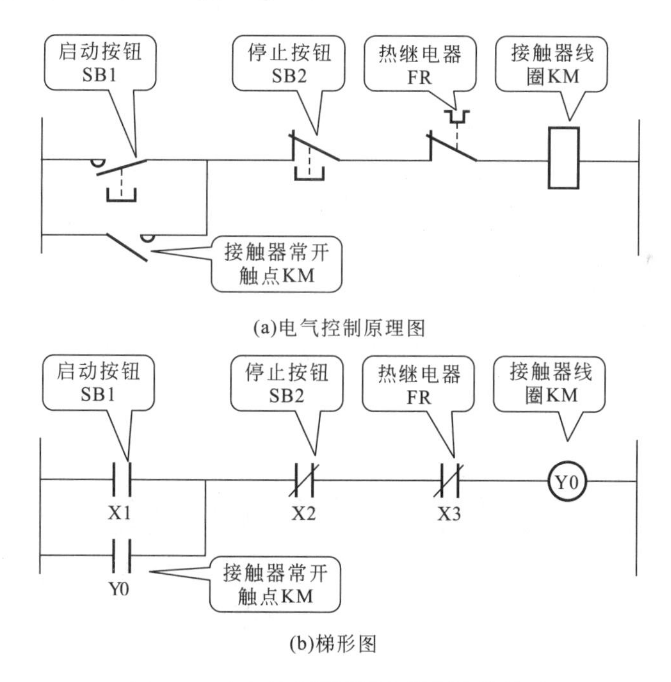

图2-1　电气控制原理图与梯形图的关系

梯形图中，用类似继电器控制电路中的触点符号及线圈符号来表示PLC的编程元件。

（1）梯形图构成符号的含义

梯形图主要是由母线、触点、线圈或功能方框构成的，其中图2-1中左、右的垂直线称为左、右母线；触点代表逻辑输入条件，对应电气控制原理图中的开关、按钮、继电器等电气部件；线圈通常代表逻辑输出结果，用来控制外部的指示灯、电动机接触器、中间继电器等。

梯形图中的符号含义见图2-2。

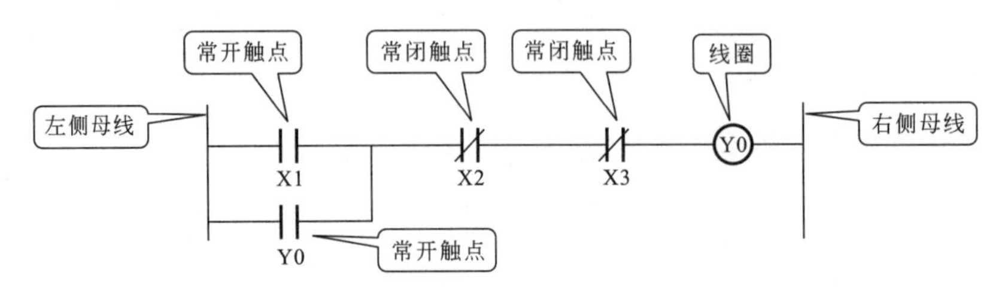

图2–2 梯形图中的符号含义

PLC梯形图符号的具体含义及对照关系见表2-1。

表2–1 PLC梯形图符号的具体含义及对照关系

名　称	物理继电器符号	PLC继电器梯形图含义
线圈	—□—	—○— 或 —( )
常开触点	—╱—	—┤├—
常闭触点	—┴╲—	—┤╱├— 或 —┤/├—

（2）梯形图中的软继电器

PLC梯形图中的一些编程元件沿用了继电器这一名称，如输入继电器、输出继电器、内部辅助继电器等，一般情况下：X代表输入继电器，用于直接输入给PLC的物理信号；Y代表输出继电器，用于从PLC直接输出物理信号；M代表辅助继电器，PLC内部运算标志；S代表状态继电器，PLC内部运算标志；T代表定时器；C代表计数器；D代表数据寄存器等。

提示

PLC梯形图中所说编程元件中的继电器并不是真的硬件物理继电器，而是一些存储单元（也叫软继电器），每一个软继电器与PLC存储器中映像寄存器的一个存储单元相对应。如果该存储单元为“1”状态，则表示梯形图中对应软继电器的线圈“通”，此时其常开触点接通，常闭触点断开，称这种状态是该软继电器的“1”或“ON”状态。如果该存储单元为“0”状态，则标识梯形图中对应软继电器的线圈“断”，此时其常开触点断开，常闭触点闭合，称这种状态是该软继电器的“0”或“OFF”状态。

（3）梯形图中母线和能流概念

梯形图中两侧的竖线称为母线，在分析梯形图的逻辑关系时，可参照继电器电路原理图的分析方式，假定两侧母线分别标识电源和地，母线之间有“能流”自左向右流动，通

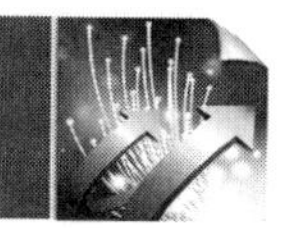

常右侧母线可以省略。

能流是一种假想的“能量流”或“电流”，在梯形图中从左向右流动，与执行用户程序时的逻辑运算的顺序一致。

梯形图中的能流见图2-3。

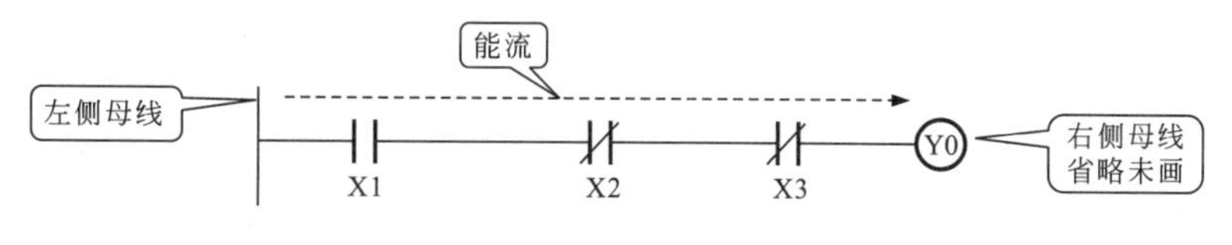

图2-3　梯形图中的能流

梯形图中的能流只能从左向右流动，根据该原则，不仅对理解和分析梯形图很有帮助，在进行设计时也起到关键的作用。

能流概念在梯形图设计中的作用见图2-4。

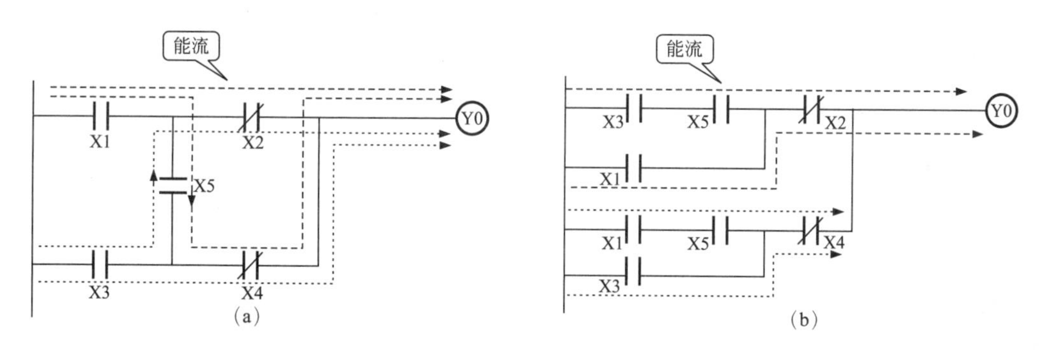

图2-4　能流概念在梯形图设计中的作用

图（a）中，根据从左向右的原则，能流的流动“线路”为：

① 经过触点X1、X2；

② 经过触点X1、X5、X4；

③ 经过触点X3、X4；

④ 经过触点X3、X5、X2，由此可知，触点5可能有两个方向的能流流过触点5，不符合能流只能自左向右流动的原则，因此在设计时一般不采用这种方式，可将其改为图（b）方式，此时能流的流动“线路”为：

① 经过触点X3、X5、X2

② 经过触点X1、X2；

③ 经过触点X1、X5、X4；

④ 经过触点X3、X4，均符合自左向右的原则。

提示

能流不是真实存在的物理量，它是为了理解、分析和设计梯形图而假象出来的类似“电流”的一种形象表示。

(4) 梯形图的特点和功能

梯形图由多个梯级组成，每个梯级表示一个因果关系，事件发生的条件表示在梯形的左面，事件发生的结果表示在梯级的右面。

● 梯形图每一行都是从左母线开始，线圈接在最右边。在继电器控制原理图中，继电器的触点可以放在线圈的右边，但在梯形图中触点不允许放在线圈的右边。

图解

梯形图中继电器与线圈的位置关系见图2-5。

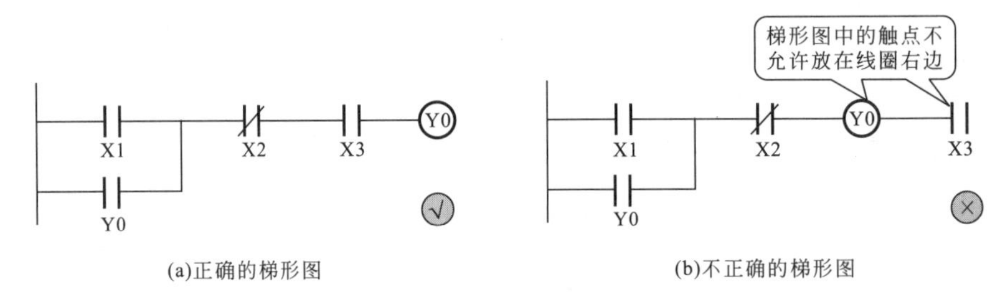

图2-5 梯形图中继电器与线圈的位置关系

● 线圈输出作为逻辑结果必须有条件，体现在梯形图中时，即线圈不能直接与左母线相连。

图解

梯形图中线圈的位置关系见图2-6。

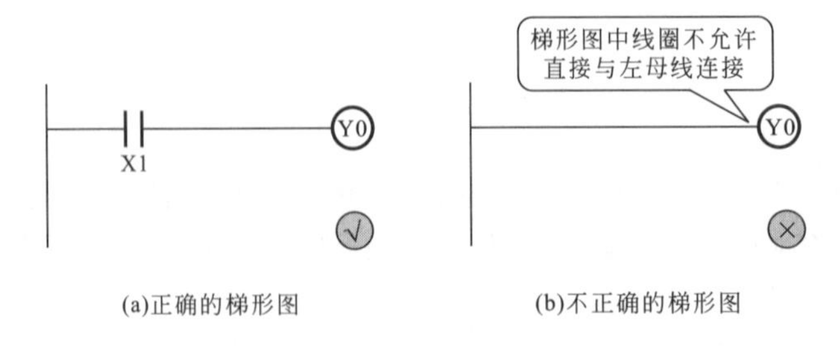

图2-6 梯形图中线圈的位置关系

● 两个或两个以上的线圈可以并联，但不能串联。

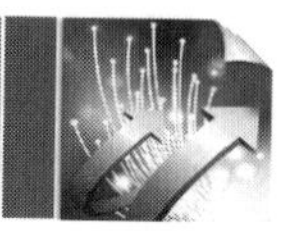

梯形图中对线圈串并联关系的要求见图2-7。

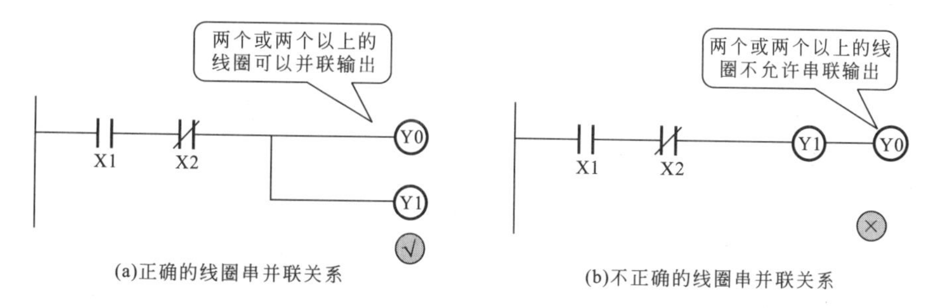

图2-7　梯形图中对线圈串并联关系的要求

● 梯形图中输出线圈只对应输出状态表的相应位，不能用该编程元素直接驱动实际物理执行元件，该位的状态必须通过I/O模块上对位的输出晶体管、继电器等，才能驱动物理执行元件。

● 外部输入/输出继电器、内部继电器、定时器、计数器等软元件的触点可重复使用，没有必要特意采用复杂程序结构来减少触点的使用次数。

梯形图中触点的使用原则见图2-8。

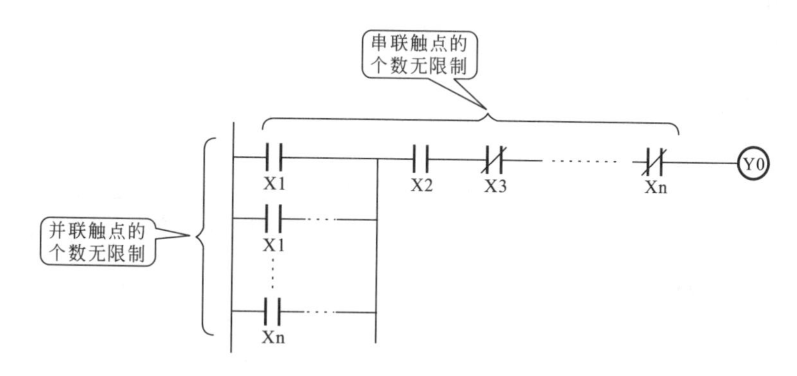

图2-8　梯形图中触点的使用原则

2.1.2　梯形图的识读方法

（1）梯形图识图的基本步骤

① 了解控制系统功能　对梯形图进行识读，首先要了解该语言程序系统所需完成的控制任务，即系统分析对控制对象的工作特点、功能等。

例如，典型电动机的启、停控制电路电气原理图见图2-9。

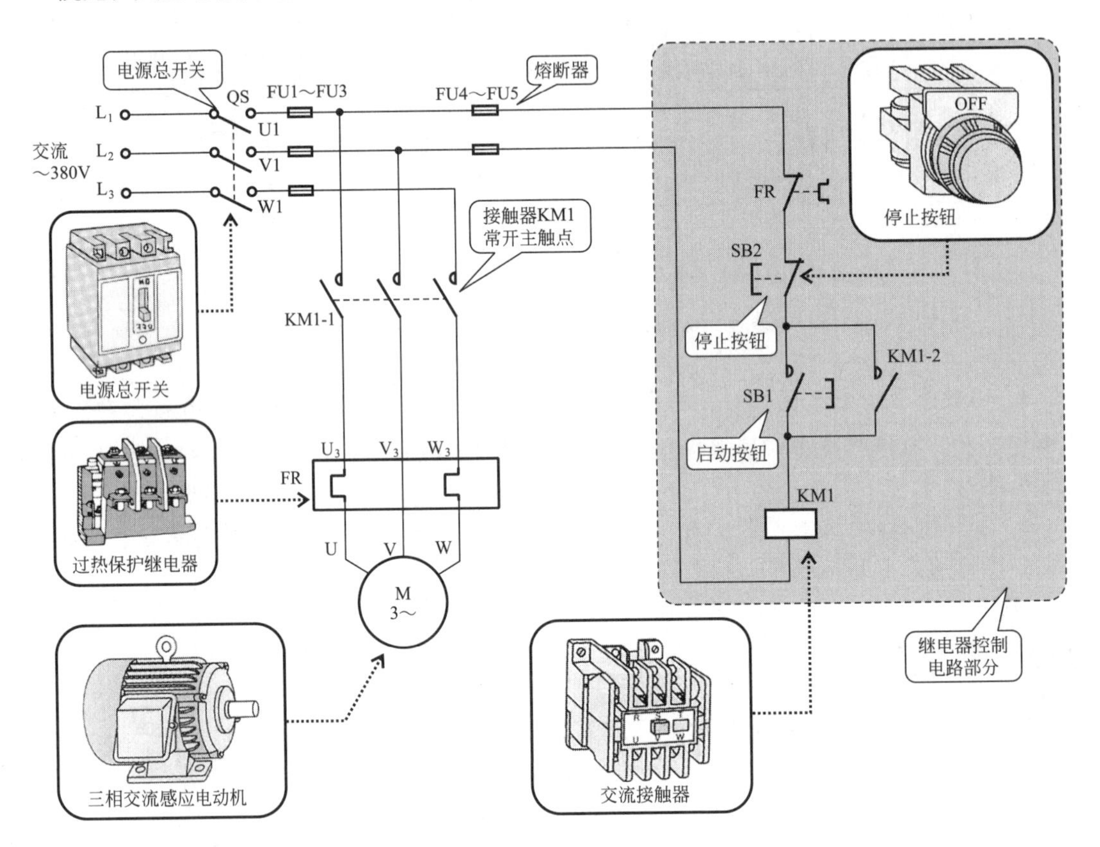

图2-9　典型电动机的启、停控制电路电气原理图（继电器—接触器控制电路图）

电路实现的是对三相交流电动机的启动和停止控制，当按下启动按钮SB1时，交流接触器KM1得电吸合，交流接触器的常开触点KM1-2闭合，实现自锁功能，同时交流接触器的主触点KM1-1闭合，电动机启动运转；

当按下停止按钮SB2时，控制电路断电，交流接触器线圈KM1失电，常开触点KM1-2断开，解除自锁，同时接触器主触点KM1-1断开，电动机停转。

那么由PLC的梯形图编写程序所实现的功能应与上述功能和工作过程相呼应，由此先了解对应梯形图的大体功能。

② 分析梯形图中编号及编程元件（继电器）所对应的负载　梯形图作为一种编程语言，在设计之初所应用的I/O分配表和PLC的I/O接线图十分重要，其标明了所有输入继电器和输出继电器对应的编程元件编号，了解该编号及编程元件所对应的负载对识读梯形图很有帮助。

梯形图编程中的I/O分配表见表2-2。

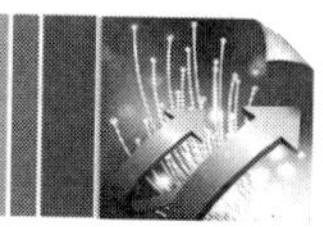

表2-2　I/O分配表（三菱FX2N系列）

输入信号			输出信号		
部件名称	代号	输入点编号	部件名称	代号	输出点编号
启动按钮	SB1	X1	接触器	KM	Y0
停止按钮	SB2	X2			
热继电器	FR	X0			

PLC控制的I/O接线图见图2-10。

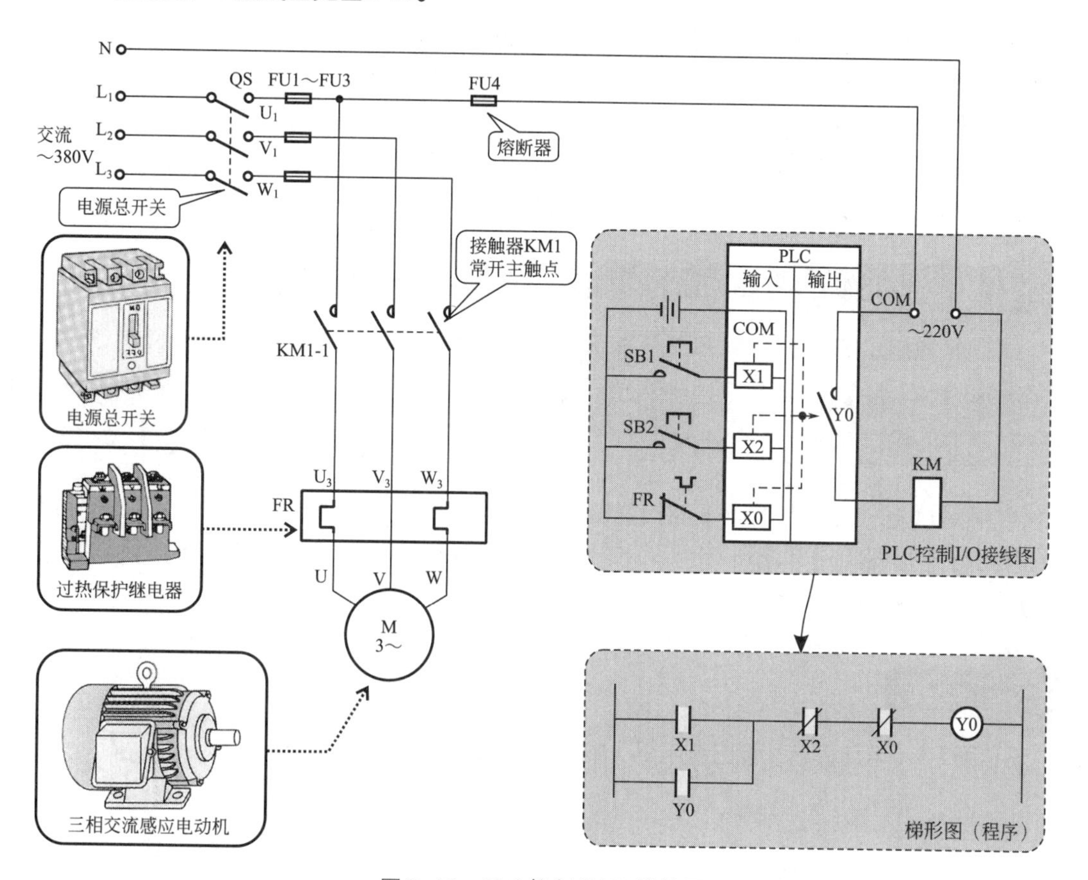

图2-10　PLC控制的I/O接线图

③ 对照I/O分配表和接线图在梯形图中标识编号所对应控制负载名称　根据I/O分配表和I/O接线图的信息内容，在梯形图中表示出编程元件所对应的负载器件。

标识梯形图中编程元件对应负载器件见图2-11。

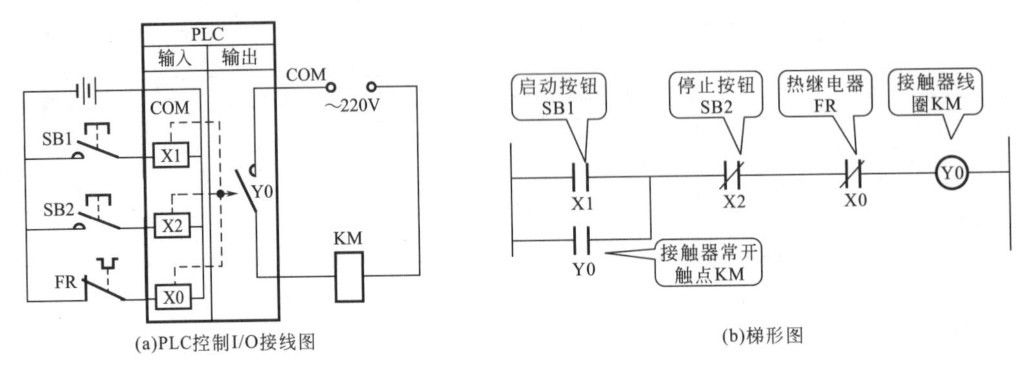

(a)PLC控制I/O接线图

(b)梯形图

图2-11　标识梯形图中编程元件对应负载器件

根据标识梯形图中各编程元件的“含义”，该梯形图中：

编程元件“X1”对应启动按钮SB1，该部件为一个常开触点；

编程元件“X2”对应停止按钮SB2，该部件为一个常闭触点；

编程元件“X0”对应热继电器FR，该部件为一个常闭触点；

编程元件“Y0”对应接触器KM的线圈和常开触点。

重要提示

进行PLC编程时，绘制PLC控制I/O接线图时，输入端控制元件，如SB1、SB2等若在电气原理图中使用常闭触头的，在接线图中都改用常开触头，而梯形图中与对应的继电器—接触器控制电路图中触点的常开、常闭类型完全相同。

④ 根据自左向右、自上而下的扫描顺序按梯级顺序逐级识图　通常，从第一个梯级第一行开始看梯形图。通常第一行为程序启动行，按启动按钮，接通某继电器，该输入继电器的所有常闭触点断开，常开触点闭合。

图解

识读图2-9（电动机启、停控制电路）的具体方法见图2-12。

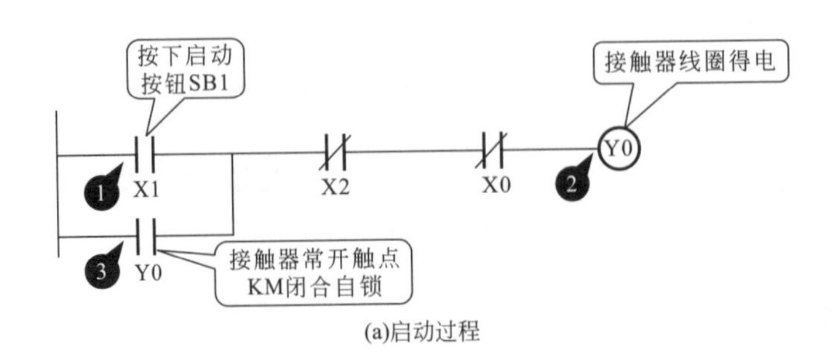

(a)启动过程

图2-12

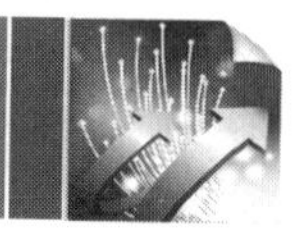

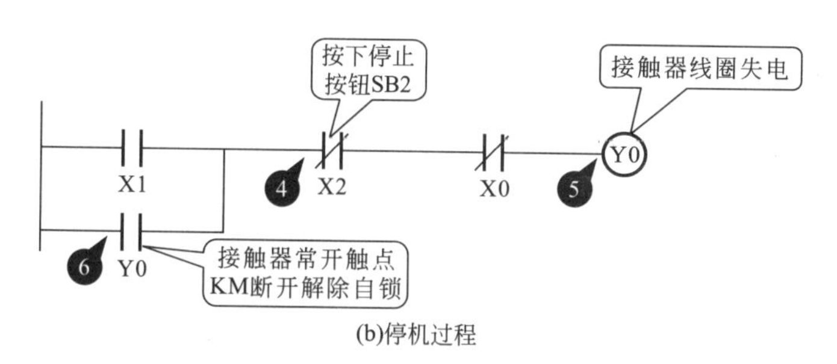

(b)停机过程

图2-12　电动机启、停控制PLC梯形图的具体识读方法

启动过程：当按下启动按钮SB1时，交流接触器KM1得电吸合，交流接触器的常开触点KM1-2闭合，实现自锁功能，同时交流接触器的主触点KM1-1闭合。

停机过程：当按下停止按钮SB2时，控制电路断电，交流接触器线圈KM失电，常开触点KM1-2断开，解除自锁，同时接触器主触点KM1-1断开。

提示

在PLC梯形图中，我们常常会看到编程元件上的编号有所不同，两种常见编号方式见图2-13。

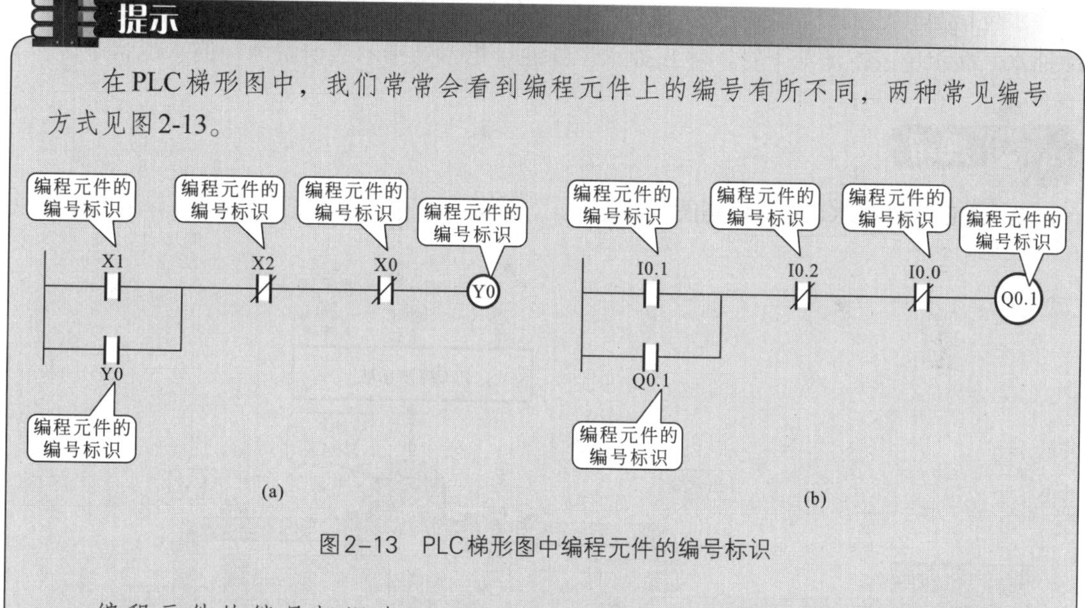

(a)　(b)

图2-13　PLC梯形图中编程元件的编号标识

编程元件的编号标识有X0、X1、X2、…、Y0、Y1等，还有I0.0、I0.1、…、Q0.0、Q0.1等，它们分别标识的是不同生产厂家的PLC所应用的元件编号，其中X0、Y0…是三菱的PLC常用元件编号方式；I0.1、Q0.1则是西门子的PLC常用元件编号方式。

（2）梯形图的识图案例

梯形图的识图过程即为具体实现可编程控制器控制的过程，下面我们以PLC控制的典型实例，具体介绍梯形图的识读方法。

图解

典型游泳池的自动抽水PLC梯形图见图2-14。

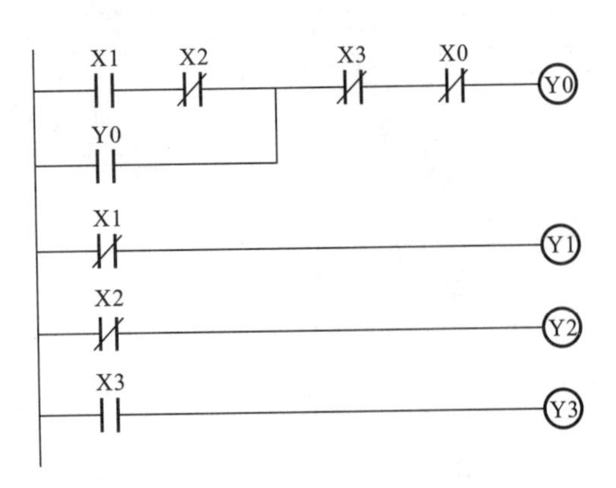

图2-14 典型游泳池的自动抽水PLC梯形图

① 根据前述的识图步骤，我们首先了解一下该控制系统的主体功能。游泳池的自动抽水控制电路主要是通过游泳池内部设置的不同水位的传感器感知水位的高低，并通过传感器将水位信息传递到控制电路中，通过控制电路实现对抽水机的自动控制，实现低水位自动抽水，高水位或游泳池干时，停止抽水，并通过指示灯指示当前游泳池的水位状态。

游泳池的自动抽水功能见示意图2-15。

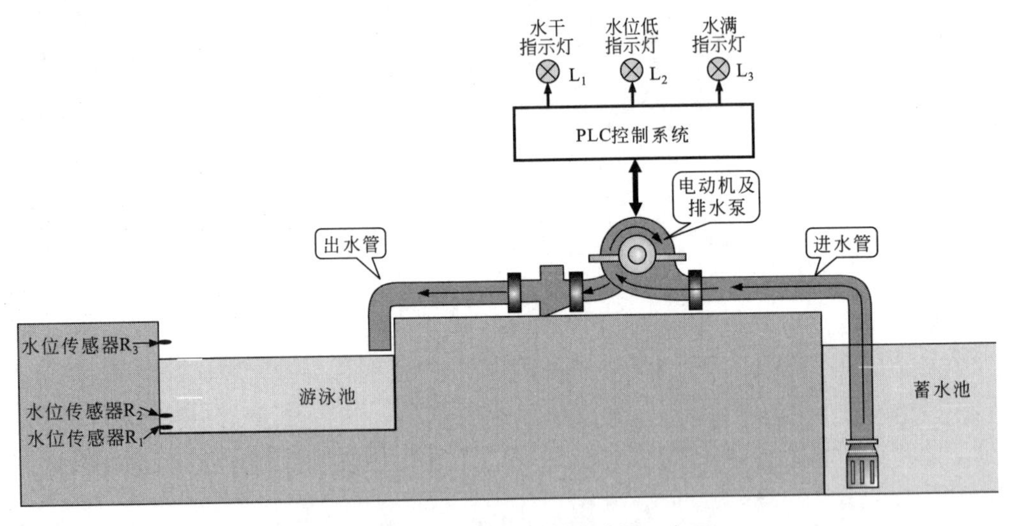

图2-15 游泳池的自动抽水功能示意图

图中，水位传感器R_1为游泳池中水干时检测传感器，R_2为游泳池水位偏低时检测传感器，R_3为游泳池水位满时检测传感器。相对应L_1为水干指示灯，L_2为水位偏低指示灯，L_3为水满指示灯。水位传感器均为检测到有水时动作，即常闭触点断开，常开触点闭合。

PLC控制系统则实现：

当水位低于R_2时，控制水泵抽水，偏低指示灯亮；

当水位高于R_3时，控制水泵停转停止抽水，水满指示灯亮；

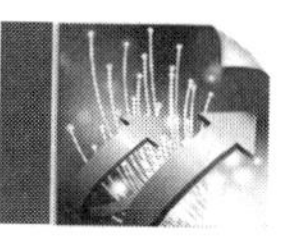

当水位低于R_1时，控制水泵停转停止抽水，水干指示灯亮。

② 根据PLC控制I/O分配表（见表2-3），了解梯形图中编程元件对应的电气部件。

表2-3 游泳池自动抽水PLC控制I/O分配表（三菱FX2N系列PLC）

输入信号			输出信号		
部件名称	代号	输入点编号	部件名称	代号	输出点编号
水位传感器	R_1	X1	接触器	KM	Y0
水位传感器	R_2	X2	水干指示灯	L_1	Y1
水位传感器	R_3	X3	水位低指示灯	L_2	Y2
过热保护继电器	FR	X0	水满指示灯	L_3	Y3

然后，根据I/O接线图，了解梯形图所对应的负载器件。

PLC控制I/O接线图见图2-16。

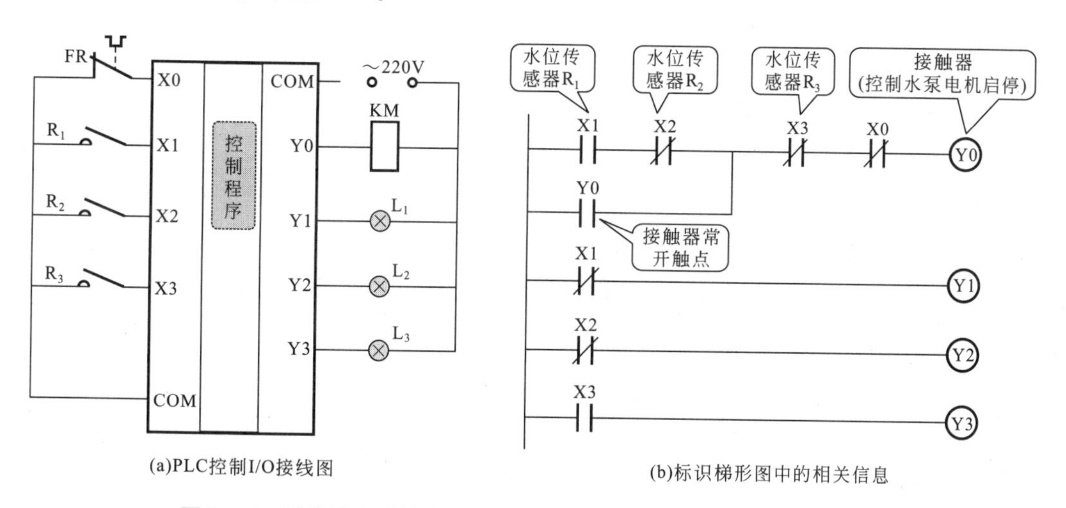

图2-16 游泳池自动抽水PLC控制I/O接线图（三菱FX2N系列PLC）

最后，根据识读的基本顺序，从梯形图的第一行开始，自左向右进行识读。

梯形图第一行的初始状态见图2-17。

X1对应水位传感器R_1，常开触点，无水时断开；

X2对应水位传感器R_2，常闭触点，无水时闭合；

X3对应水位传感器R_3，常闭触点，无水时闭合。

在该系统中，当传感器检测到有水时，相应触点动作。如当游泳池中的水位高于R_1、低于R_2时，触点X1动作。

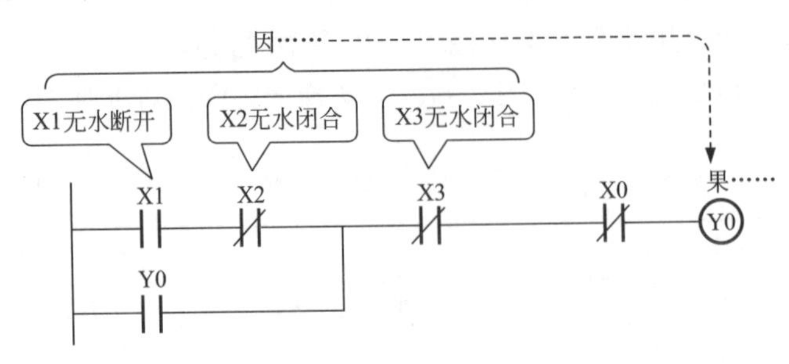

图2-17　梯形图第一行的初始状态

当游泳池中的水位高于R_1、低于R_2时控制过程见图2-18。

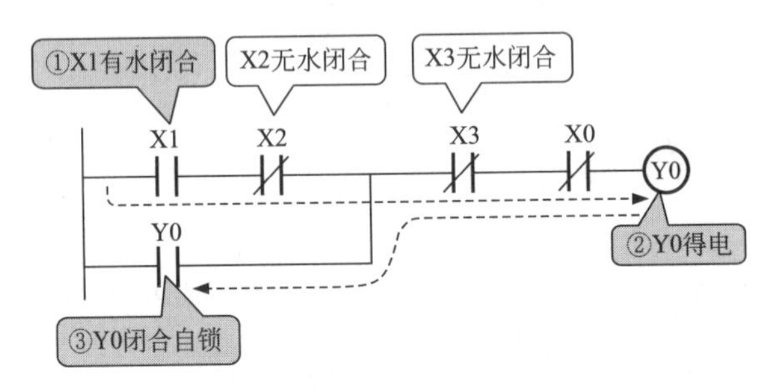

图2-18　当游泳池中的水位高于R_1、低于R_2时控制过程

也就是说，R_1检测到有水，R_2、R_3无水，那么当前R_1因检测到水，触点X1动作，由常开变为闭合（步骤①），此时电路接通，线圈Y0得电（步骤②），同时线圈常开触点闭合自锁（步骤③），带动水泵开始抽水。

当游泳池中的水位上升至R_2，低于R_3时，触点X2动作。

当游泳池中的水位高于R_2、低于R_3时控制过程见图2-19。

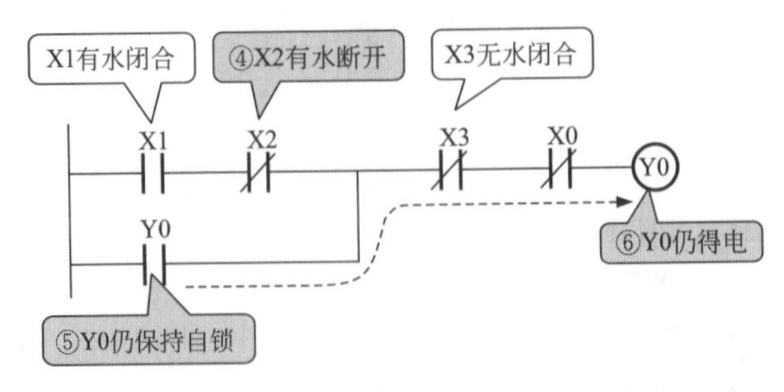

图2-19　当游泳池中的水位高于R_2、低于R_3时控制过程

也就是说，R_2检测到有水，R_3无水，那么当前R_2因检测到有水，触点X2动作：由常闭触

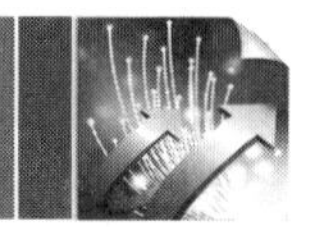

点变为断开（步骤④），此时触点X1合、X2断、X3合，但由于Y0触点保持自锁（步骤⑤），线路中触点Y0、触点X3、X0、线圈Y0仍保持电路通（步骤⑥），水泵仍带动电动机抽水。

当游泳池中的水位上升至R_3，触点X3动作。

当游泳池中的水位高于R_3时控制过程见图2-20。

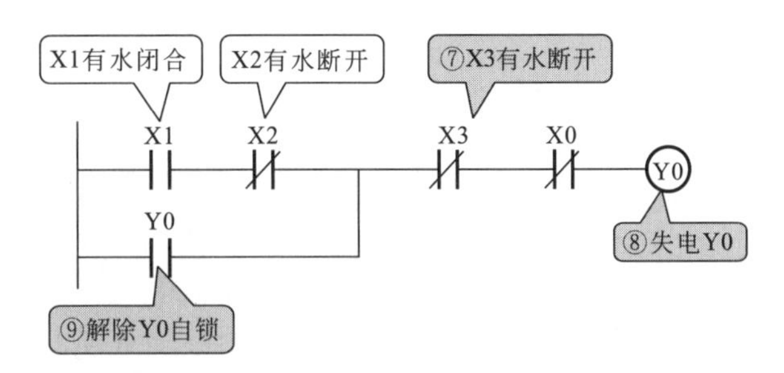

图2-20 当游泳池中的水位高于R_3时控制过程

也就是说，R_3检测到有水，触点X3动作：由常闭触点变为断开（步骤⑦），此时电路断开，线圈Y0失电，触点Y0断开（步骤⑧），水泵停转，停止抽水。

游泳池自动抽水的PLC梯形图第2行、第3行和第4行的识读方法与上述方法基本相同，也就是说，通过了解传感器是否检测到水，来判断触点的通电，以及相应控制负载的状态。

游泳池自动抽水的PLC梯形图第2行、第3行和第4行的识读方法见图2-21。

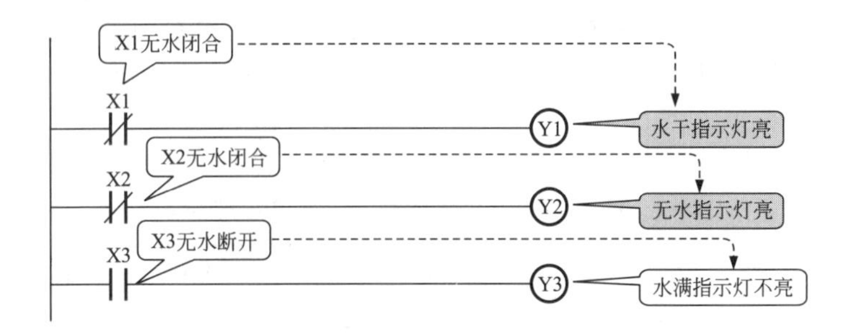

图2-21 梯形图第2行、第3行和第4行的识读方法

根据该程序所实现功能可知，水位传感器R_1检测无水时，触点为初始的闭合状态，水干指示灯Y1点亮；检测到有水时，触点动作，即由常闭转为断开，水干指示灯Y1熄灭。

同样，水位传感器R_2检测无水时，无水指示灯亮，那么对应看梯形图，其初始状态无水闭合，此时无水指示灯亮，符合实际要求；当R_2检测到水时，触点动作，由常闭触点转换为断开，此时无水指示灯熄灭。

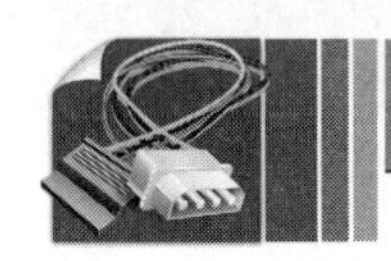

而对于水漫指示灯控制则与上述相反，初始状态，设置X3为常开触点，此时水满指示灯不亮，而当R_3检测到水时，触点X3动作，常开触点闭合，水满指示灯点亮，符合实际设计要求。

提示

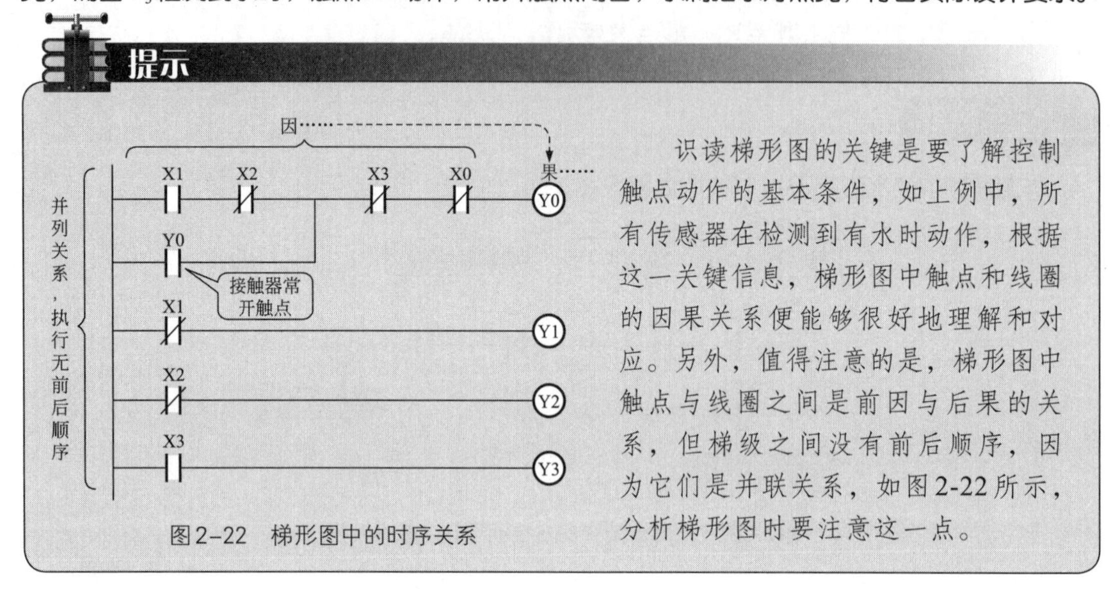

图2-22　梯形图中的时序关系

识读梯形图的关键是要了解控制触点动作的基本条件，如上例中，所有传感器在检测到有水时动作，根据这一关键信息，梯形图中触点和线圈的因果关系便能够很好地理解和对应。另外，值得注意的是，梯形图中触点与线圈之间是前因与后果的关系，但梯级之间没有前后顺序，因为它们是并联关系，如图2-22所示，分析梯形图时要注意这一点。

2.2 PLC指令语句表

2.2.1　指令语句表的基本概念

指令语句表（IL）是PLC另一种常见的编程语言，一般由梯形图转换而来。它是用一系列操作指令（助记符）组成的控制流程，通过编程器存入PLC中。需要注意的是，不同厂家的PLC指令语句表使用的助记符并不相同，例如，表2-4所列为几种不同厂家的PLC中常用的助记符。

表2-4　几种不同厂家的PLC中常用的助记符

功　　能	三菱FX系列	欧姆龙C系列	STEP5语言
读入指令（逻辑段开始-常开触点）	LD	LOAD	
“与”指令	AND	AND	U
“与非”指令	ANI	AND NOT	UN
“或”指令	OR	OR	O
“或非”指令	ORI	OR NOT	ON
输出指令（驱动线圈指令）	OUT	OUT	=

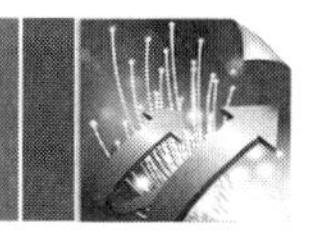

下面我们以三菱FX系列为例，具体介绍一下这些指令的具体概念和编写原则。

(1) 逻辑读及驱动指令的应用（LD、LDI、OUT）

逻辑读及驱动指令包括LD、LDI、OUT三个基本指令，含义如下。

LD：读指令，表示一个与输入母线相连的常开触点指令，即常开触点逻辑运算起始。

LDI：读反指令，表示一个与输入母线相连的常闭触点指令，即常闭触点逻辑运算起始。

OUT：输出指令，表示线圈驱动指令。

PLC指令语句表中逻辑读及驱动指令应用见图2-23。

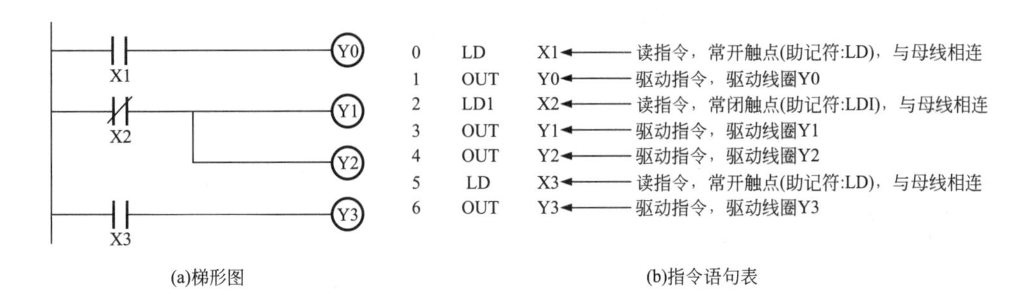

图2-23 PLC指令语句表中逻辑读及驱动指令的应用

也就是说，在简单的PLC中，每条电路的第一个触点用LD或LDI指令，用于将触点接到母线上；在具有串并联电路模块中，每块中的第一个触点使用LD或LDI指令。

OUT指令则是对输出继电器、辅助继电器、定时器、计数器等的线圈的驱动指令，不能对输入继电器使用。

提示

若使用OUT指令驱动定时器T、计数器C时，必须设置常数K，如图2-24所示。

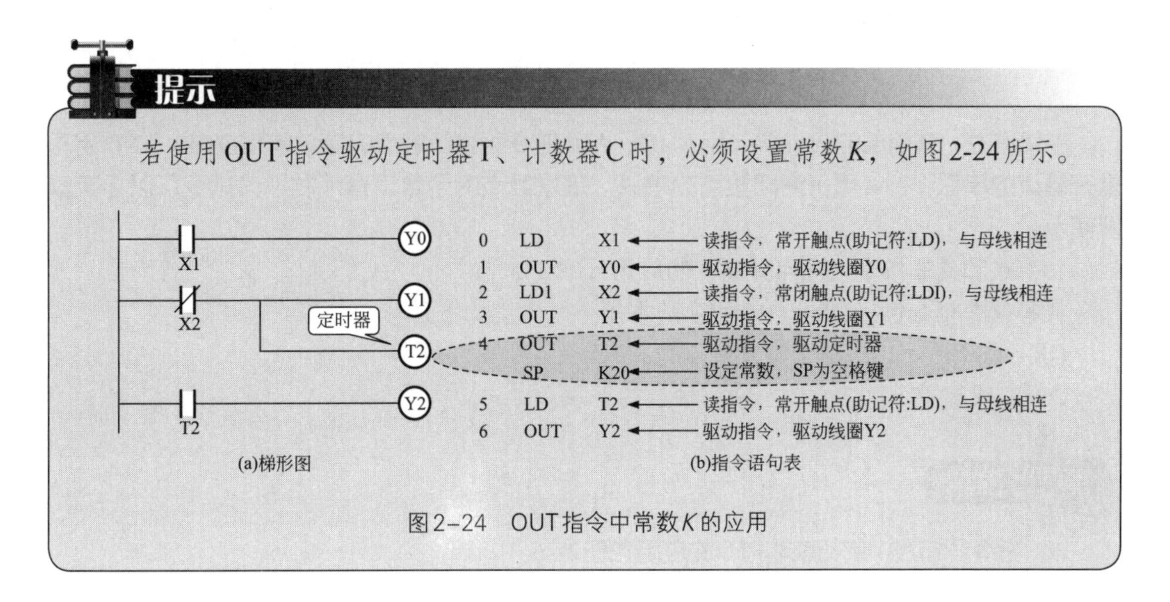

图2-24 OUT指令中常数K的应用

常数*K*值设定范围参见表2-5。

表2-5 *K*值设定范围

定时器，计数器	*K*的设定范围	实际的设定值	步数
1ms定时器	1 ～ 32767	0.001 ～ 32.767s	3
10ms定时器		0.01 ～ 327.67s	3
100ms定时器		0.1 ～ 3276.7s	3
16位计数器		1 ～ 32767s	3
32位计数器	–2147483648 ～ +2147483648	–2147483648 ～ +2147483648	5

（2）与和与非指令（非触点串联）的应用（AND、ANI）

与和与非指令包括AND、ANI两个基本指令，含义如下。

AND：与指令，用于单个常开触点的串联。

ANI：与非指令，用于单个常闭触点的串联。

PLC指令语句表中与和与非指令的应用见图2-25。

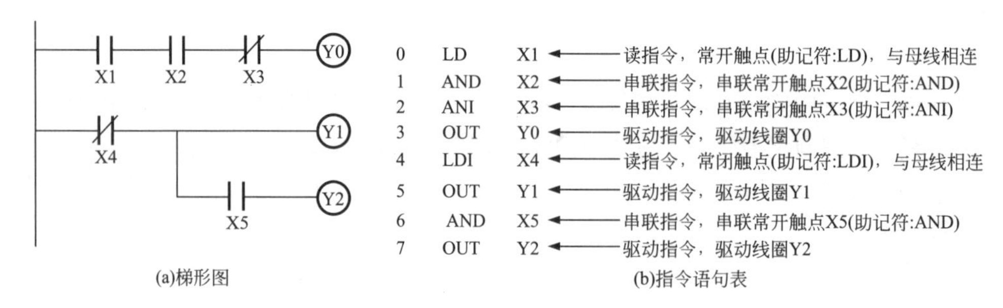

图2-25 PLC指令语句表中与和与非指令的应用

也就是说，在简单的PLC中，用AND、ANI指令可进行触点的简单串联连接。AND用于常开触点的串联，ANI用于常闭触点的串联。串联触点的个数没有限制，该指令可以多次重复使用。

（3）或和或非指令（触点并联）的应用（OR、ORI）

或和或非指令包括OR、ORI两个基本指令，含义如下。

OR：或指令，用于单个常开触点的并联。

ORI：或非指令，用于单个常闭触点的并联。

PLC指令语句表中或和或非指令的应用见图2-26。

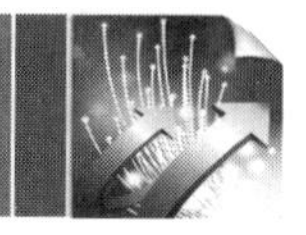

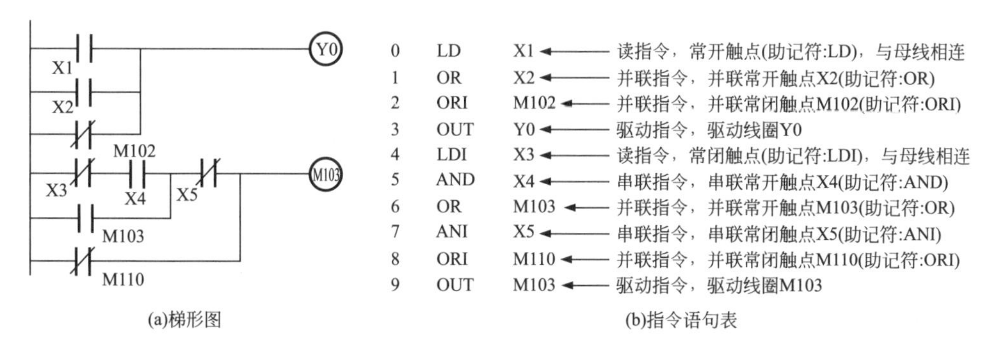

图2-26　PLC指令语句表中或和或非指令的应用

也就是说，在简单的PLC中，用OR、ORI指令可进行触点的简单并联连接。OR用于常开触点的并联，ORI用于常闭触点的并联。并联触点的个数没有限制，该指令可以多次重复使用。

（4）串联电路块或指令的应用（ORB）

串联电路块或指令是指，串联电路块再进行并联的指令。其中，串联电路块是指两个或两个以上的触点串联连接的电路模块，当这种电路模块之间进行并联连接时，分支的开始用LD、LDI指令，串联结束后分支的结果用ORB指令。

串联电路块的并联指令ORB是一种无操作元件号的指令。

PLC指令语句表中串联电路块或指令的应用见图2-27。

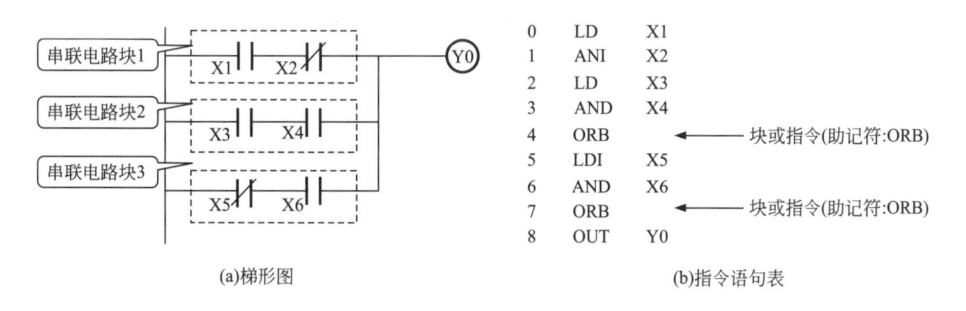

图2-27　PLC指令语句表中串联电路块或指令的应用

也就是说，在PLC中，用ORB表示电路块与电路块之间的并联，该指令可以连续使用，并联电路块的个数没有限制。但值得注意的是，该编程方法中，重复使用LD、LDI指令的次数不能超过8次。

（5）并联电路块与指令的应用（ANB）

并联电路块与指令是指，并联电路块再进行串联的指令。其中，并联电路块是指两个或两个以上的触点并联连接的电路模块，当这种电路模块之间进行串联连接时，分支的开始用LD、LDI指令，并联结束后分支的结果用ANB指令。

并联电路块的串联指令也是一种无操作元件号的指令。

PLC指令语句表中串联电路块与指令的应用见图2-28。

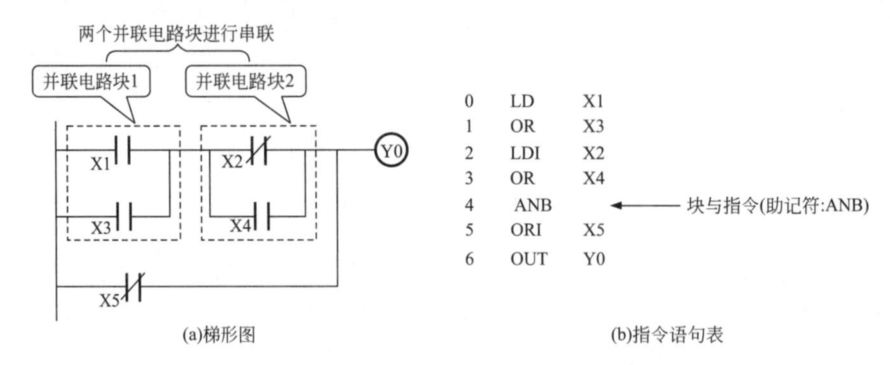

图2-28　PLC指令语句表中串联电路块与指令的应用

也就是说，在PLC中，用ANB表示电路块与电路块之间的串联，该指令可以连续使用，串联电路块的个数没有限制。但值得注意的是，该编程方法中，重复使用LD、LDI指令的次数不能超过8次。

（6）多重输出指令的应用（MPS、MRD、MPP）

多重输出指令包括三个指令，即进栈指令MPS、读栈指令MRD和出栈指令MPP。

扩展

这里我们提到了栈的概念，下面我们具体介绍PLC中栈表示的含义。三菱FX系列PLC中有11个存储运算中间结果的存储器，称其为栈存储器。这种存储器采用先进后出的数据存储方式。栈存储器见图2-29。

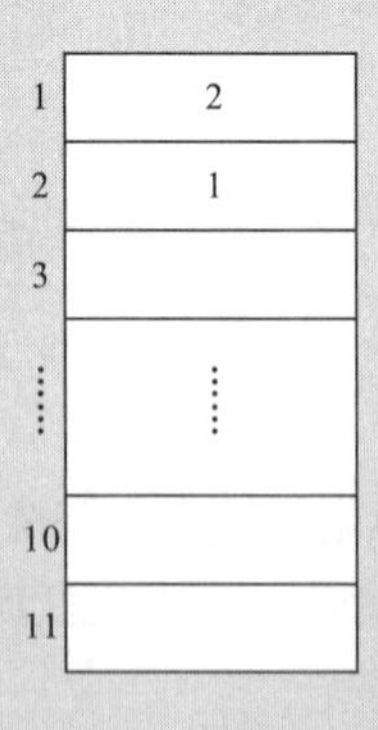

图2-29　栈存储器

MPS，进栈指令，是指将运算结果送入栈的第一个单元（栈顶），同时让栈中原有的数据顺序下移一个栈单元。MPS进栈指令操作见图2-30。

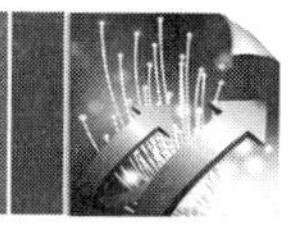

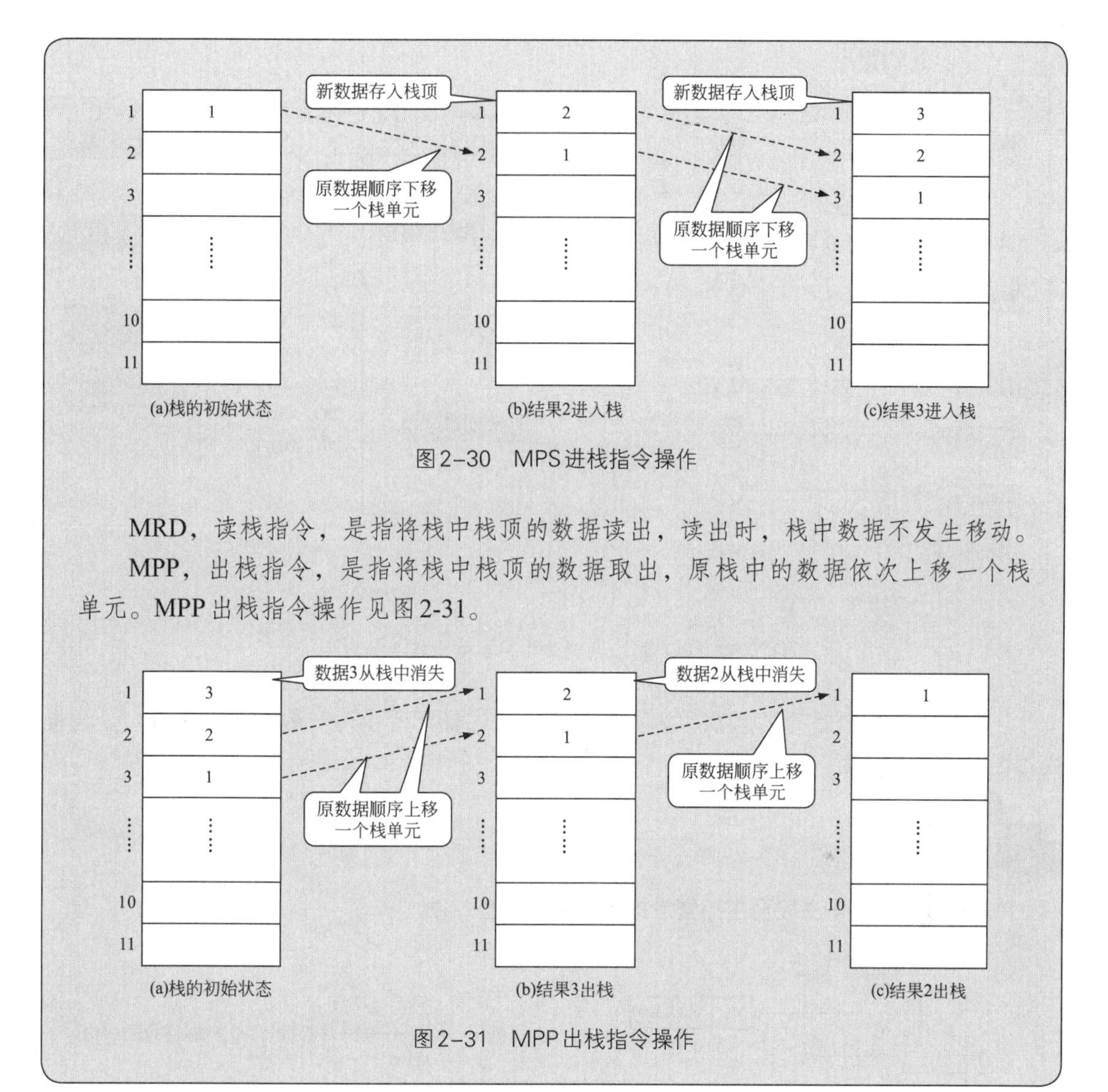

图2-30　MPS进栈指令操作

MRD，读栈指令，是指将栈中栈顶的数据读出，读出时，栈中数据不发生移动。

MPP，出栈指令，是指将栈中栈顶的数据取出，原栈中的数据依次上移一个栈单元。MPP出栈指令操作见图2-31。

图2-31　MPP出栈指令操作

多重输出指令中，MPS指令和MPP指令必须成对使用，而且连续使用次数应少于11。多重输出指令也是一种无操作元件号的指令。

PLC指令语句表中多重输出指令的应用见图2-32。

（7）主控及主控复位指令（MC、MCR）

主控及主控复位指令是指MC和MCR指令，其中MC为主控指令，用于公共串联接点的连接；MCR为主控复位指令，也就是对MC进行复位的指令。

使用主控及主控复位指令可以有效地实现多个线圈同时受一个或一组触点控制，节省存储器单元。

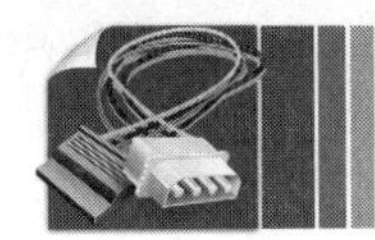

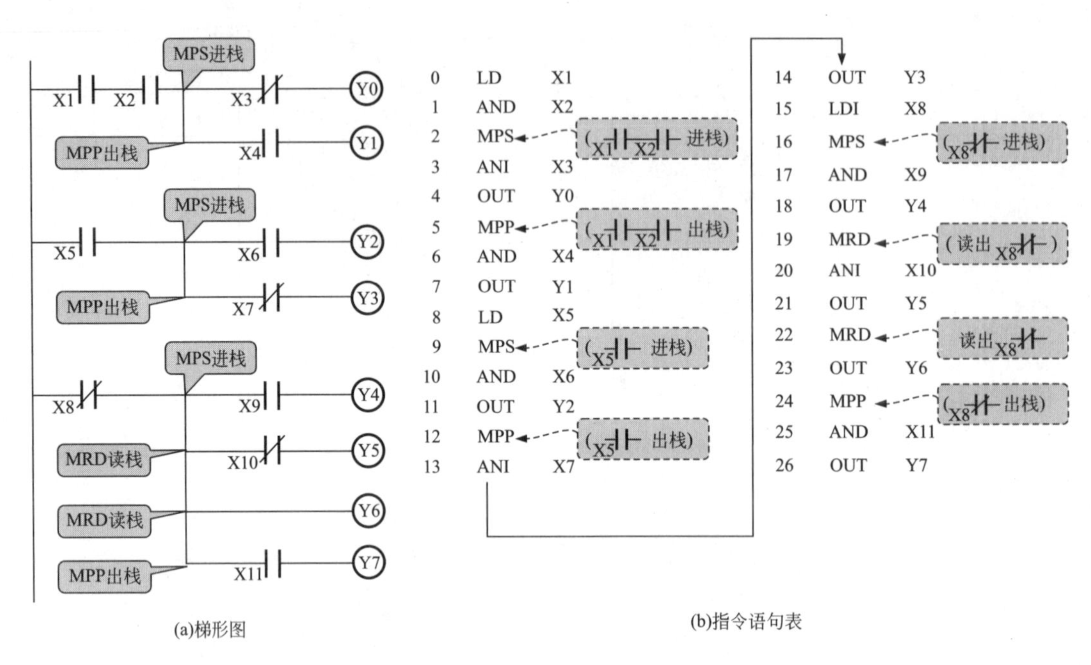

图2-32　PLC指令语句表中多重输出指令的应用

一般将使用主控指令的触点称为主控触点，它在梯形图中与一般的接点垂直，是与母线相连接的常开触点。

PLC指令语句表中主控及主控复位指令的应用见图2-33。

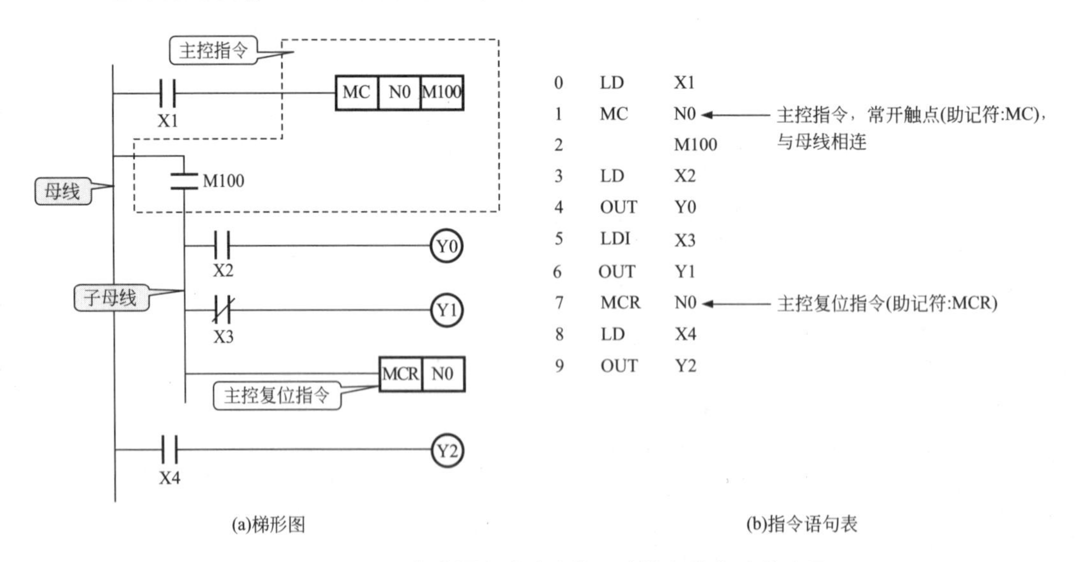

图2-33　PLC指令语句表中主控及主控复位指令的应用

主控指令即为借助辅助继电器M100，在其常开触点后新加了一条子母线，该母线后的所有触点与它之间都用LD（或LDI）连接，当M100控制的逻辑行执行结束后，应用主控复位指令

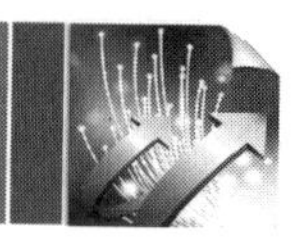

MCR结束子母线，后面的触点仍与母线进行连接。

在图2-33中，当X1接通后，执行MC与MCR之间的指令；当X1断开时，不执行MC与MCR之间的指令。

（8）置位与复位指令的应用（SET、RST）

置位与复位指令是指SET和RST指令，其中SET为置位指令，表示使操作对象置“1”，并使动作保持；RST为复位指令，表示使操作对象复位为“0”，使保持动作复位。

PLC指令语句表中置位与复位指令的应用见图2-34。

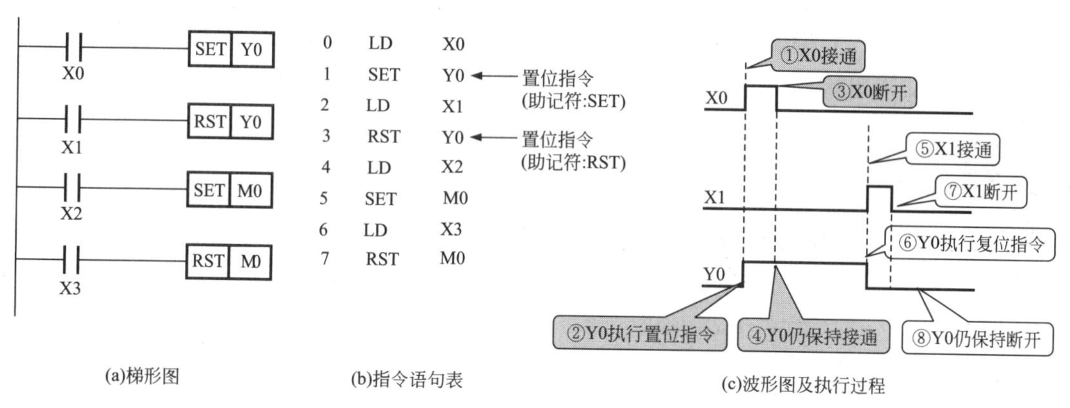

图2-34　PLC指令语句表中置位与复位指令的应用

也就是说，在PLC中，当X0接通后，驱动线圈Y0执行置位指令接通；当X0断开后，Y0仍保持接通状态。当X1接通后，线圈Y0执行复位指令，被复位断开；当X1断开后，线圈Y0仍保持复位断开状态。

PLC的置位与复位指令中，SET指令的操作目标元件为Y（输出继电器）、M（辅助继电器）、S（状态继电器）。RST指令的操作目标元件为Y（输出继电器）、M（辅助继电器）、S（状态继电器）、D（数据寄存器）、V、Z、T（定时器）、C（内部计数器）。

另外，用RST指令可以对计数器、定时器、数据存储器、变址寄存器的内容清零。

（9）脉冲输出指令的应用（PLS、PLF）

脉冲输出指令包括PLS和PLF指令，其中PLS指令在输入信号上升沿产生一个扫描脉冲输出；PLF指令则为在输入信号下降沿产生一个扫描脉冲输出。

PLC指令语句表中脉冲输出指令的应用见图2-35。

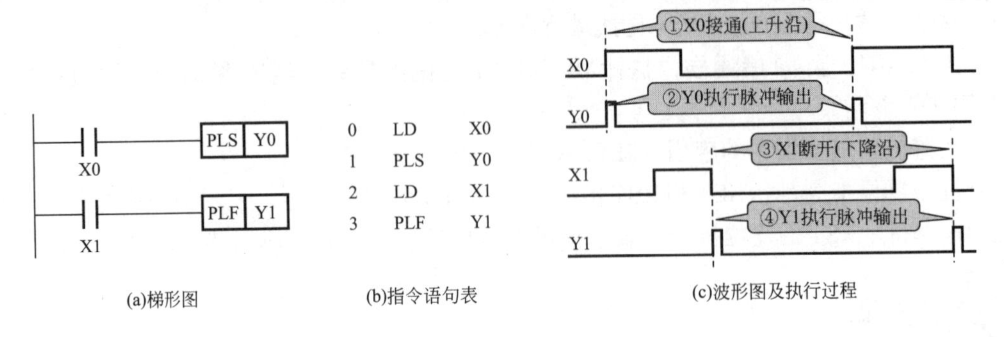

图2-35 PLC指令语句表中脉冲输出指令的应用

也就是说，在PLC中，使用PLS命令，元件Y仅在驱动输入接通后（上升沿）的一个扫描周期内动作。使用PLF命令，元件Y仅在驱动输入断开后（下降沿）的一个扫描周期动作。

PLC指令语句表中置位和复位指令与脉冲输出指令同时使用见图2-36。

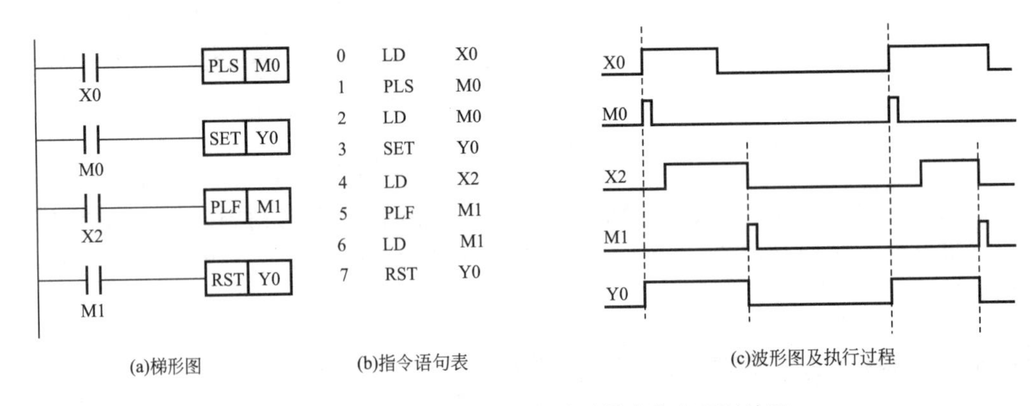

图2-36 置位和复位指令与脉冲输出指令同时使用

（10）空操作和程序结束指令的应用（NOP、END）

空操作指令NOP是一条无动作、无目标元件的指令，主要用于改动或追加程序时使用。

结束指令END也是一条无动作、无目标元件的指令，对于复杂的PLC程序若在一段程序后写入END指令，则END以后的程序不再执行，可将END前面的程序结果进行输出。

PLC指令语句表中空操作指令的应用见图2-37。

也就是说，在PLC中，使用空操作命令，可将程序中的触点短路、输出短路或将某点前部分的程序全部短路不再执行。

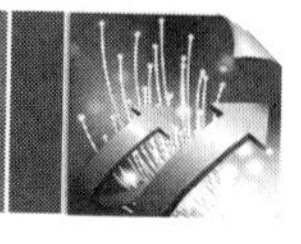

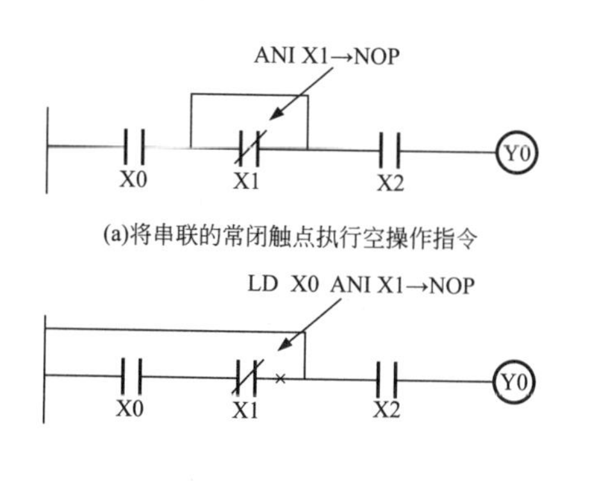

(a)将串联的常闭触点执行空操作指令

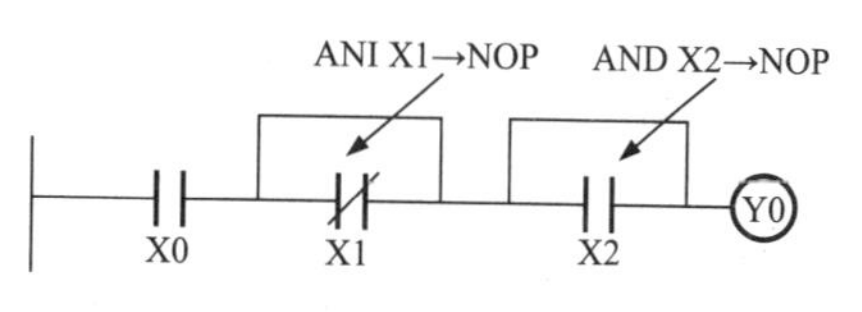

(b)将串联的常闭触点和常开触点执行空操作指令

(c)短路前面的全部电路

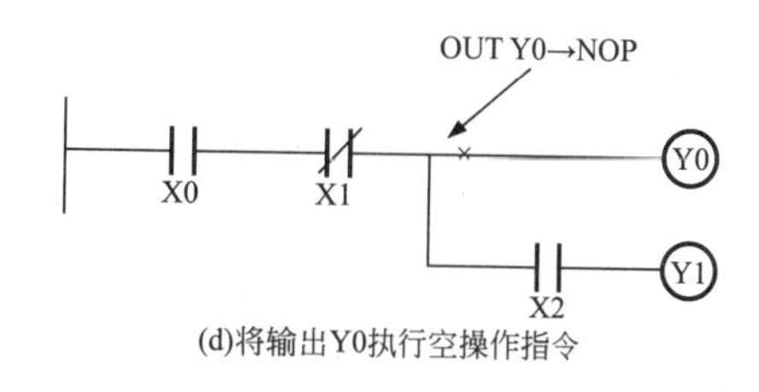

(d)将输出Y0执行空操作指令

图2-37　PLC指令语句表中空操作指令的应用

提示

程序结束指令多应用于复杂程序的调试中，我们将复杂程序划分为若干段，每段后写入END指令后，可分别检验程序执行是否正常，当所有程序段执行无误后再依次删除END指令即可。

2.2.2　指令语句表的识读方法

指令语句表的逻辑关系通常不容易看出，因此对该编程语言进行直接识读比较困难，下面我们对其具体的识读方法进行介绍。

（1）指令语句表识读的基本方法

① 结合梯形图进行识读　指令语句表通常直接由梯形图转化而来，因此识读时，可结合梯形图进行，更容易理清其中的逻辑关系。

② 对指令语句表划分段落

- 根据语句表中的基本指令特点划分段落

根据上节内容我们可以了解到，指令语句表中很多指令需要成对出现，如主控及主控复位指令MC、MCR，置位和复位指令SET、RST等，可根据该对应关系对指令语句表进行划分。

另外，指令语句表的基本指令中，块或和块与指令（ORB、ANB）没有操作目标元件，识读时根据各电路块从含有LD或LDI的指令开始，在下一条含有LD或LDI或ORB、ANB指令之前结束的原则，明确电路中各个电路块之间的串并联关系。

- 根据语句表中的一个输入点和一个输出点划分段落

划分段落一般可根据一个或几个梯级为一段，即根据输入继电器LD或LDI X指令与之最近的OUT Y作为分段的重要依据。

（2）指令语句表的识读实例

下面我们以典型指令语句表编程实例，介绍其识读方法。

典型的三相电动机的PLC正反转控制原理、梯形图及指令语句表见图2-38。

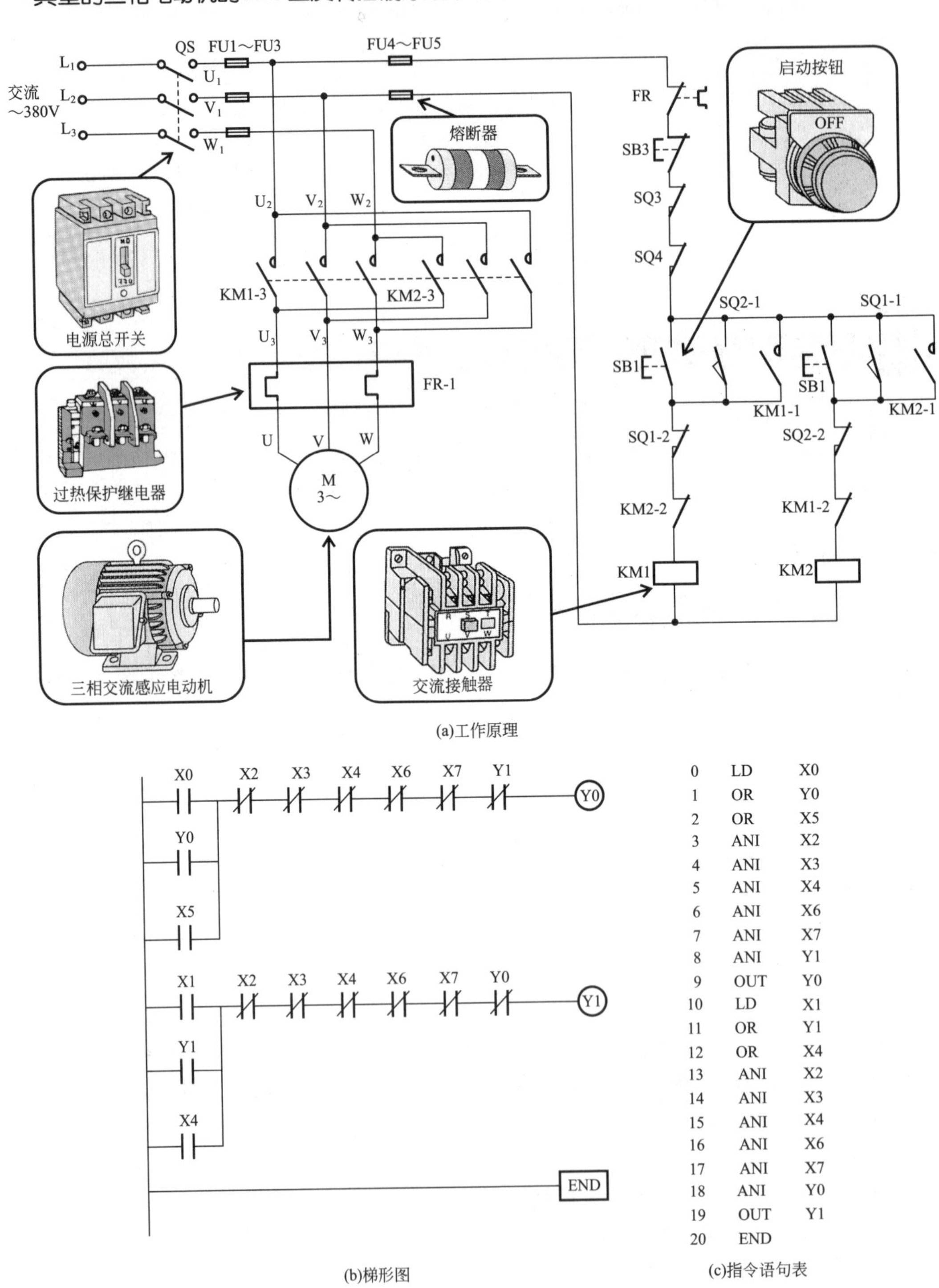

(a)工作原理

(b)梯形图

0	LD	X0
1	OR	Y0
2	OR	X5
3	ANI	X2
4	ANI	X3
5	ANI	X4
6	ANI	X6
7	ANI	X7
8	ANI	Y1
9	OUT	Y0
10	LD	X1
11	OR	Y1
12	OR	X4
13	ANI	X2
14	ANI	X3
15	ANI	X4
16	ANI	X6
17	ANI	X7
18	ANI	Y0
19	OUT	Y1
20	END	

(c)指令语句表

图2-38　典型的三相电动机的PLC正反转控制梯形图及指令语句表

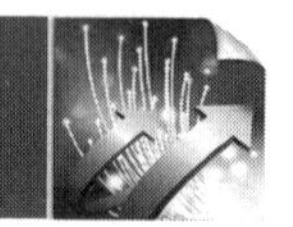

该控制电路的基本原理为：

当按下正向启动按钮SB1，接触器KM1得电吸合，其主触点KM1-3闭合，电动机接通电源正向启动；同时，接触器KM1的常开触点KM1-1闭合自锁，常闭触点KM1-2断开；当电动机运行到正向限位位置时，限位开关SQ1-1受压闭合，常闭触点SQ1-2断开，接触器线圈KM1失电释放，主触点断开，KM1-1断开、KM1-2闭合，电动机正向运行停止。

此时，SQ1-1闭合接通接触器KM2，该线圈得电吸合，其主触点KM2-3闭合，电动机电源接通，开始反向运转。同时，接触器的常开触点KM2-1闭合自锁，KM2-2断开。

根据前述的基本识读方法，我们首先将图2-38所示指令语句表进行段落划分。

对图2-38进行段落划分的依据和方法见图2-39。

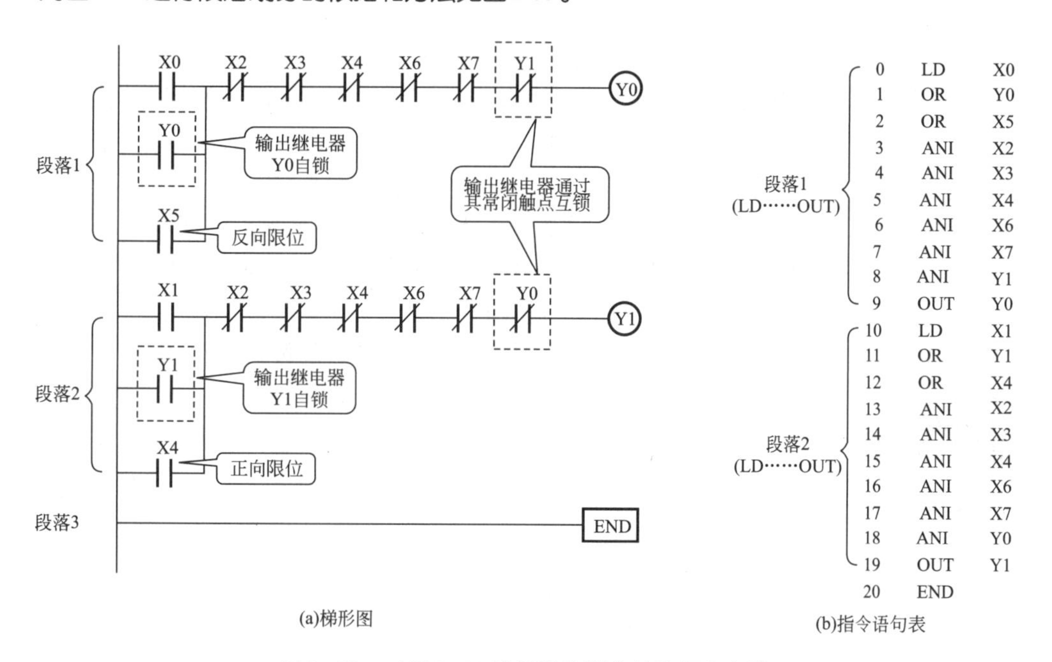

图2-39　对图2-38进行段落划分的依据和方法

参照梯形图，将指令语句表中第一组（LD……OUT）划分为一个段落；将第二组（LD……OUT）划分为第二个段落，对该编程语言进行识读时首先识读其第一个段落：LD　X0表示X0为起始触点（输入继电器）；OR　Y0和OR　X5则表示触点Y0和X5与起始触点并联；ANI表示与常闭触点的串联指令，由此可知，接下来即为X2、X3、X4、X6、X7、Y1与起始触点X0串联。

指令语句表第二个段落各触点关系及控制方式与第一个段落基本相同。了解了语句表各指令关系及含义后，查找该PLC中关于输入/输出设备的I/O分配表，了解程序中各指令目标元件的控制负载，即可完成对整个控制过程的识读。

提示

对指令语句表的识读关键是要掌握各基本指令的含义和应用，关于这部分的内容我们已在前一节进行具体的介绍，读者应重点理解和掌握。

2.3 PLC的顺序功能图

2.3.1 顺序功能图的基本概念

顺序功能图（SFC）是一种用来表达顺序控制过程的程序，特别是对于一个复杂的顺序控制系统编程，由于其内部的连锁关系极其复杂，直接用梯形图编写程序可能达数百行，可读性较差，这种情况下采用顺序功能图为顺序控制类程序的编制提供了很大方便。

（1）顺序功能图的基本构成

顺序控制功能图简称功能图，又叫状态功能图、状态流程图或状态转移图。它是专用于工业顺序控制程序设计的一种功能说明性语言，能完整地描述控制系统的工作过程、功能和特性，是分析、设计电气控制系统控制程序的重要工具。

顺序功能图主要由步、有向连线、转换、转换条件和动作组成。

图解

顺序功能图的一般形式见图2-40。

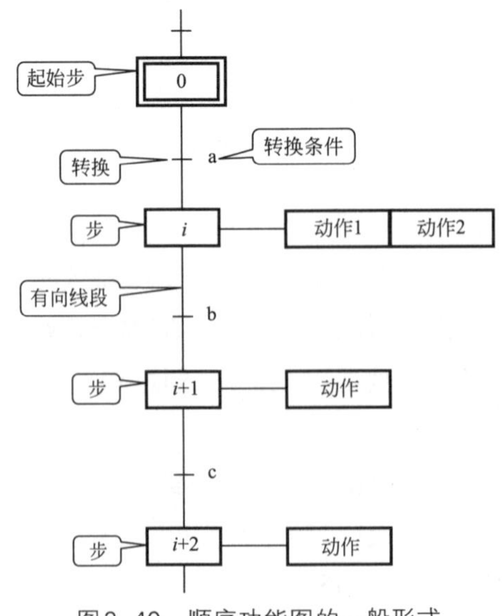

图2-40　顺序功能图的一般形式

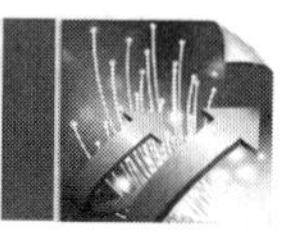

① 步　步是根据系统输出量的变化，将系统的一个工作循环过程分解成若干个顺序相连的阶段，步对应于系统的一个稳定的状态，并不是PLC的输出触点动作。

步用矩形框表示，框中的数字或符号是该步的编号，通常将控制系统的初始状态称为起始步，是系统运行的起点，用双线框表示。

步的表示方法见图2-41。

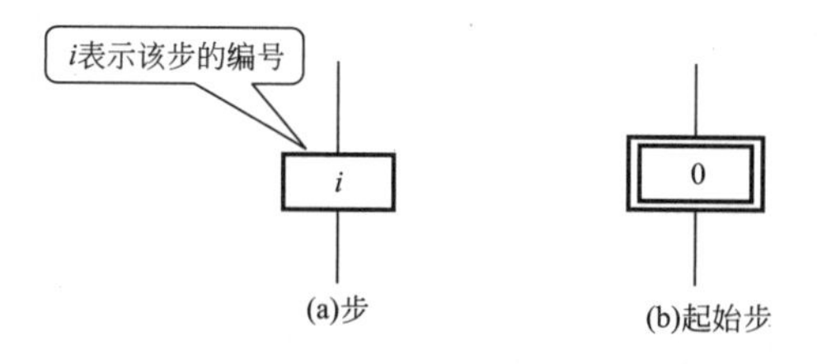

图2-41　步的表示方法

通常，我们将正在执行的步称为活动步，其他为不活动步，一个控制系统至少有一个初始步。

② 有向连线　带箭头的有向连线用来表示功能图中步和步之间执行的顺序关系。

PLC顺序功能图中的有向连线见图2-42。

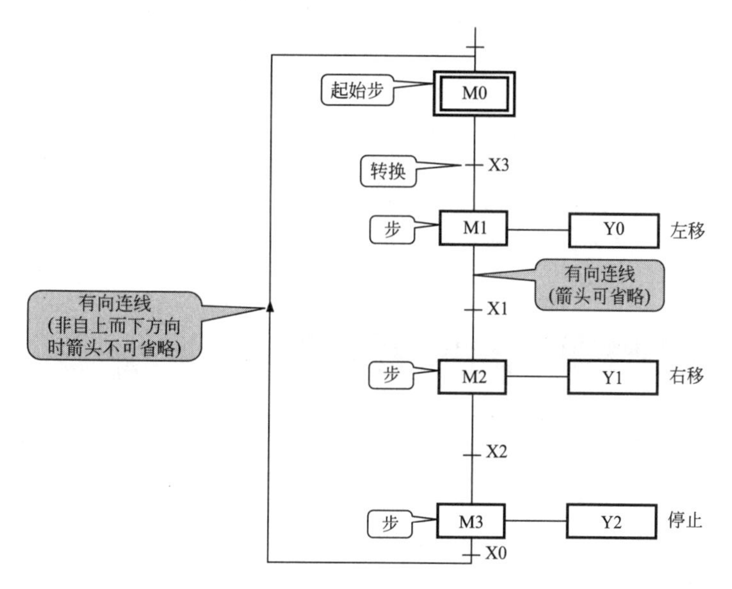

图2-42　PLC顺序功能图中的有向连线

提示

由于功能图中的步通常是按运行时工作的顺序排列的，其活动状态习惯的进展方向是从上到下从左到右，通常这两个方向上的有向连线的箭头可以省略，其他方向不可省略。

③ 转换和转换条件　转换一般用有向连线上的短划线表示，用于分隔两个相邻的步，实现步活动状态的转化。

转换条件是与转换相关的逻辑命题，可以用文字、布尔表达式、图形符号等标注在表示转换的短线旁边。

PLC顺序功能图中的转换和转换条件见图2-43。

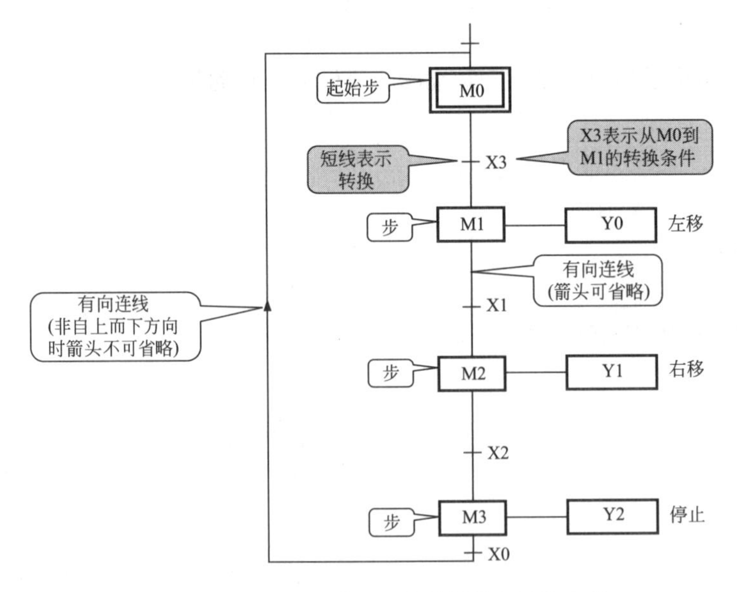

图2-43　PLC顺序功能图中的转换和转换条件

提示

步与步之间不允许直接相连，需用转换隔开；转换与转换之间也不允许直接相连，需用步隔开。

④ 动作　动作是指当某步处于活动步时，PLC向被控系统发出的命令，或被控系统应执行的动作。一个步表示控制过程中的稳定状态，它可以对应一个或多个动作。

步通常用带有文字说明或符号的矩形框表示，矩形框通过横线与相对应的步进行连接。

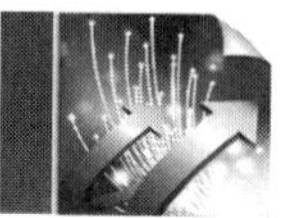

PLC顺序功能图中的动作见图2-44。

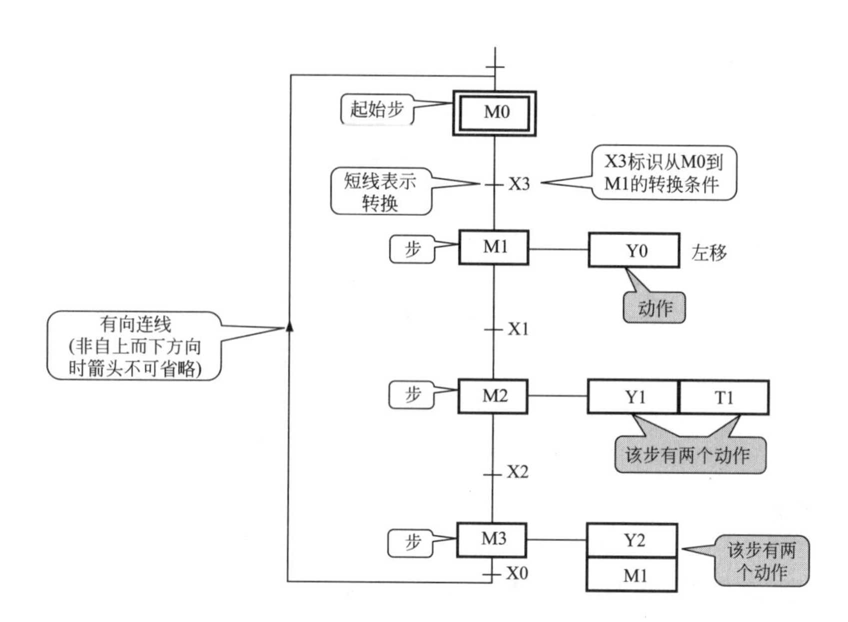

图2-44　PLC顺序功能图中的动作

一个步可对应多个动作，一步中的动作是同时进行的，动作之间没有顺序关系。在PLC中动作可分为保持型和不保持型两种，保持型是指其对应步为活动步时执行动作，当步为不活动步时，动作仍保持执行；不保持型是指其对应步为活动步时执行动作，当步为不活动步时，动作停止执行。

（2）顺序功能图的结构类型

顺序功能图按照步与步之间转换的不同情况，可分为三种结构类型：单序列结构、选择序列结构和并列序列结构。

① 单序列结构　顺序功能图的单序列结构由若干顺序激活的步组成，每步后面有一个转换，每个转换后也仅有一个步。

顺序功能图的单序列结构形式见图2-45。

顺序功能图的单序列结构即为一步步顺序执行的结构，一个步执行完接着执行下一步，无分支。

② 选择序列结构　顺序功能图的选择序列结构是指当一个步执行完后，其下面有两个或两个以上的分支步骤供选择，每次只能选择其中一个步执行。在选择列结构中，多个分支序列分支开始和结束处用水平连线将各分支连起来。

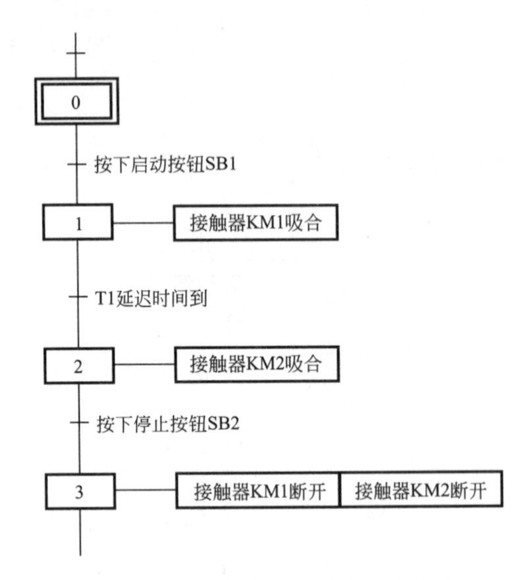

图2-45　顺序功能图的单序列结构

顺序功能图的选择序列结构形式见图2-46。

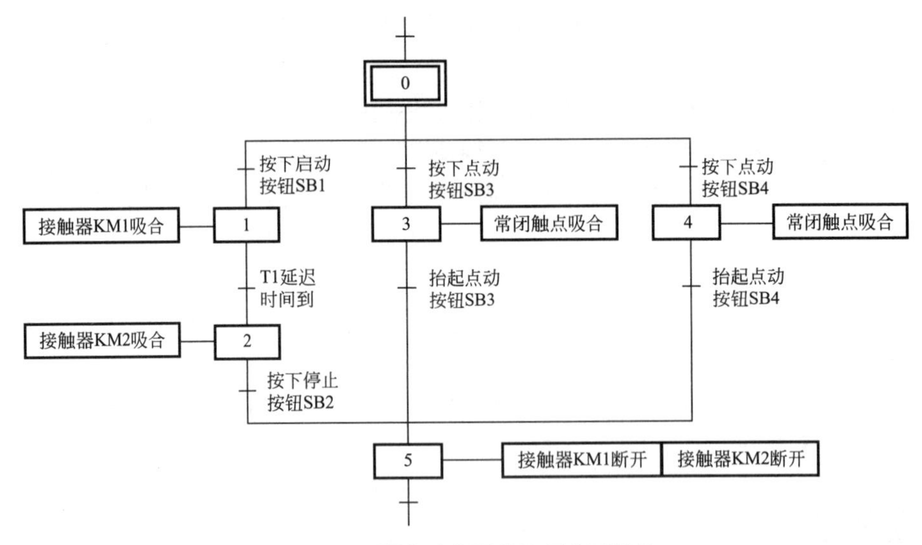

图2-46　顺序功能图的选择序列结构

在选择序列的开始，称为分支，转换符号（短横线）只能标注在水平连线之下；选择序列的结束称合并，合并处的转换符号只能标注在水平线之上，每个分支结束处都有自己的转换条件。

选择分支处，程序将转到满足转换条件的分支执行，一般只允许选择一个分支，两个分支条件同时满足时，优先选择左侧分支。

③ 并列序列结构　一个步执行后，当其转换条件实现时，其后面的几个步同时激活执

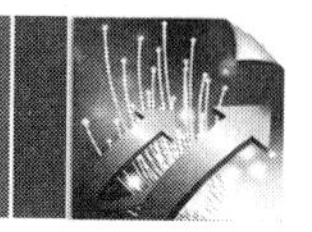

行，这些步称为并列序列。也就是说，当转换条件满足时，并列分支中的所有分支序列将同时激活，用于表示系统中的同时工作的独立部分。

顺序功能图的并列序列结构形式见图2-47。

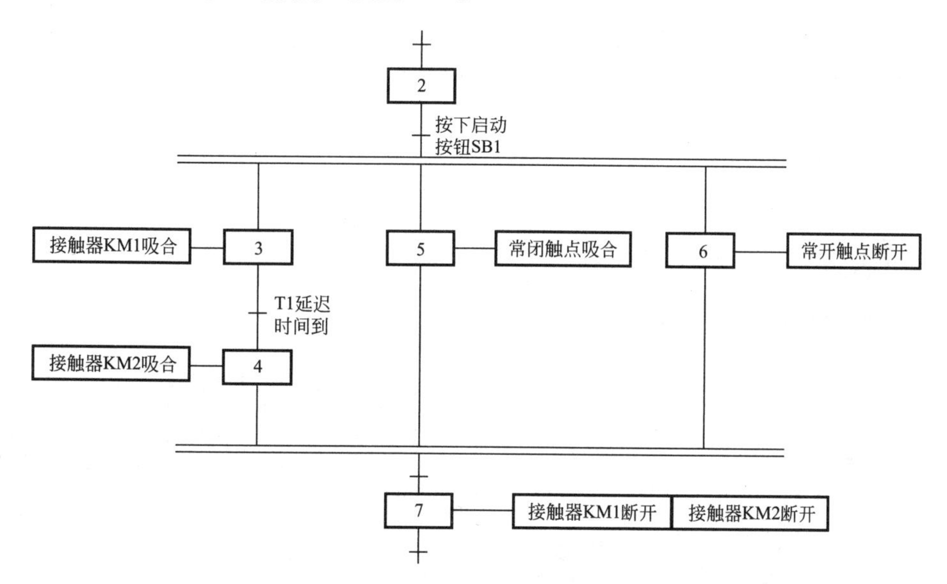

图2-47　顺序功能图的并列序列结构

并列序列中为强调转换的同步实现，并列分支用双水平线表示。在并列分支的入口处只有一个转换，转换符号必须画在双水平线的上面，当转换条件满足时，双线下面连接的所有步变为活动步。

并列序列的结束称为合并，合并处也仅有一个转换条件，必须画在双线的下面，当连接在双线上面的所有前级步都为活动步且转换条件满足时，才转移到双线下面的步。

（3）顺序功能图中转换实现的基本条件

在顺序功能图中，步的活动状态是由转换的实现来完成的。转换实现必须同时满足两个条件：

- 该转换所有的前级步都是活动步；
- 该步相应的转换条件得到满足。

转换实现后，使所有由有向连线与相应转换条件相连的后续步都变为活动步；使所有由有向连线与相应转换条件相连的前级步都变为不活动步。

2.3.2　顺序功能图的识读方法

对顺序功能图的识读，也就是将顺序功能图转换为梯形图并识读出该程序的具体控制过程。通常我们将根据顺序功能图转换为梯形图的过程称为顺序功能图的编程方法。下面我们仍以三菱系列PLC中常采用的编程方法进行讲解。

目前，将顺序功能图转换为梯形图的编程方法有三种：使用启停保电路的编程方法、使用STL指令的编程方法和以转换为中心的编程方法。

顺序功能图转换为梯形图时，一般用辅助继电器M代表步。

（1）使用启停保电路的编程方法

启停保电路编程是指，某步变为活动步的条件为前级步为活动步并且转换条件得到满足，因此：某步的启动条件=前级步的状态and转换条件；

也就是说，将顺序功能图转换为梯形图时，某步的启动回路应为前级步的常开触点和转换条件的常开触点串联，并与自身常开触点并联实现自保持。

当某步的下一步变为活动步时，该步就由活动变为不活动，因此可以用后续步的常闭触点作为该步的停止条件。

使用启停保电路的编程方法见图2-48。

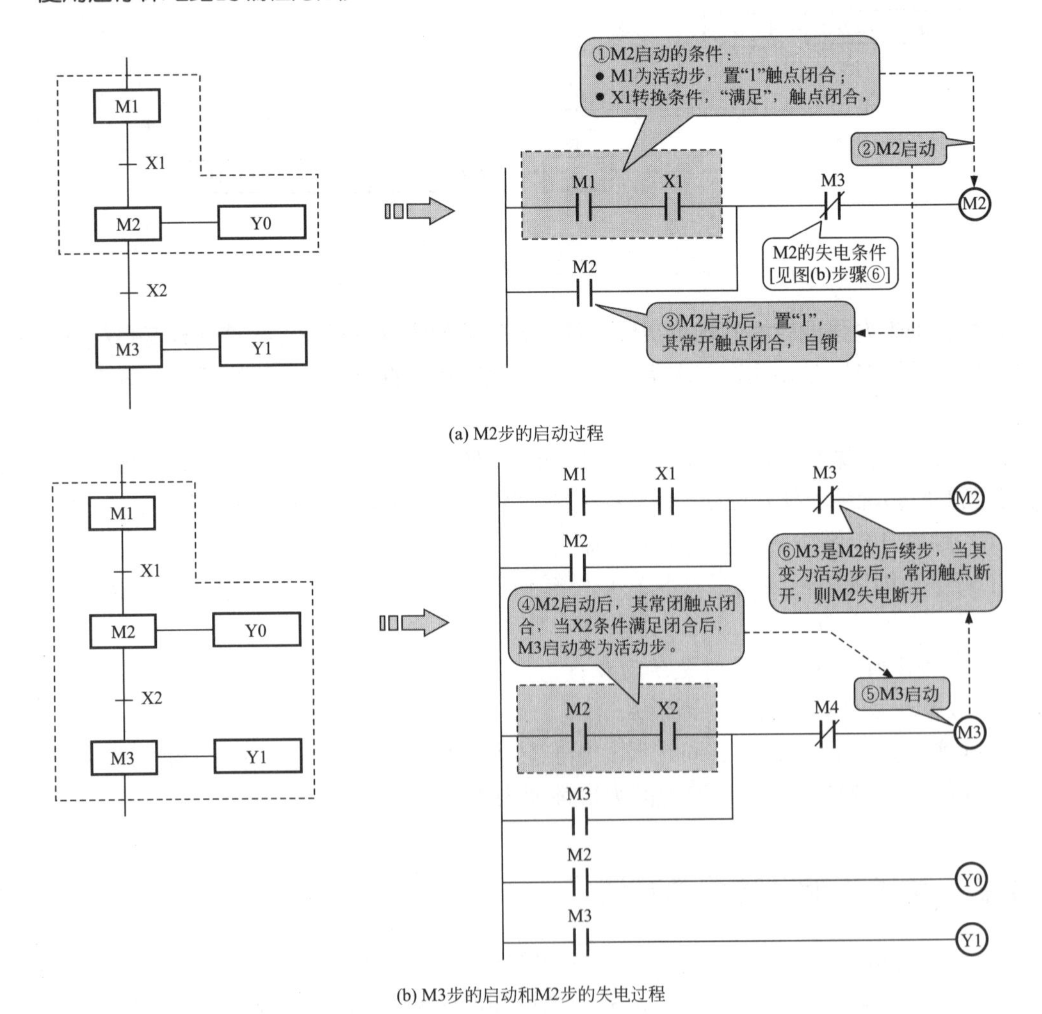

(a) M2步的启动过程

(b) M3步的启动和M2步的失电过程

图2-48　使用启停保电路的编程方法

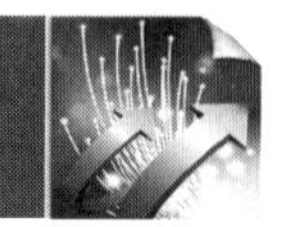

图（a）中，当M1为活动步时，又能够满足转换条件X1，则M1的常开触点闭合，X1转换条件常开触点闭合（步骤①），M2启动（步骤②）。

M2启动后其常开触点闭合，形成自锁（步骤③）。

图（b）中，经过上一步，M2变为活动步，满足了其后续步M3启动的条件之一，此时若又能满足转换条件X2（步骤④），则其使M3步启动（步骤⑤）。

M3步启动后，其常开触点闭合形成自锁，常闭触点断开，切断M2步，使其失电，继而M2转为非活动步（步骤⑥）。而此时由于M3步本身形成自锁，即使该启动回路中M2转换为非活动步，M3仍能够保持启动。

扩展

若图2-48中包含后续步M4，甚至后续步M5，其分析过程与上述过程和方法相同，见图2-49。

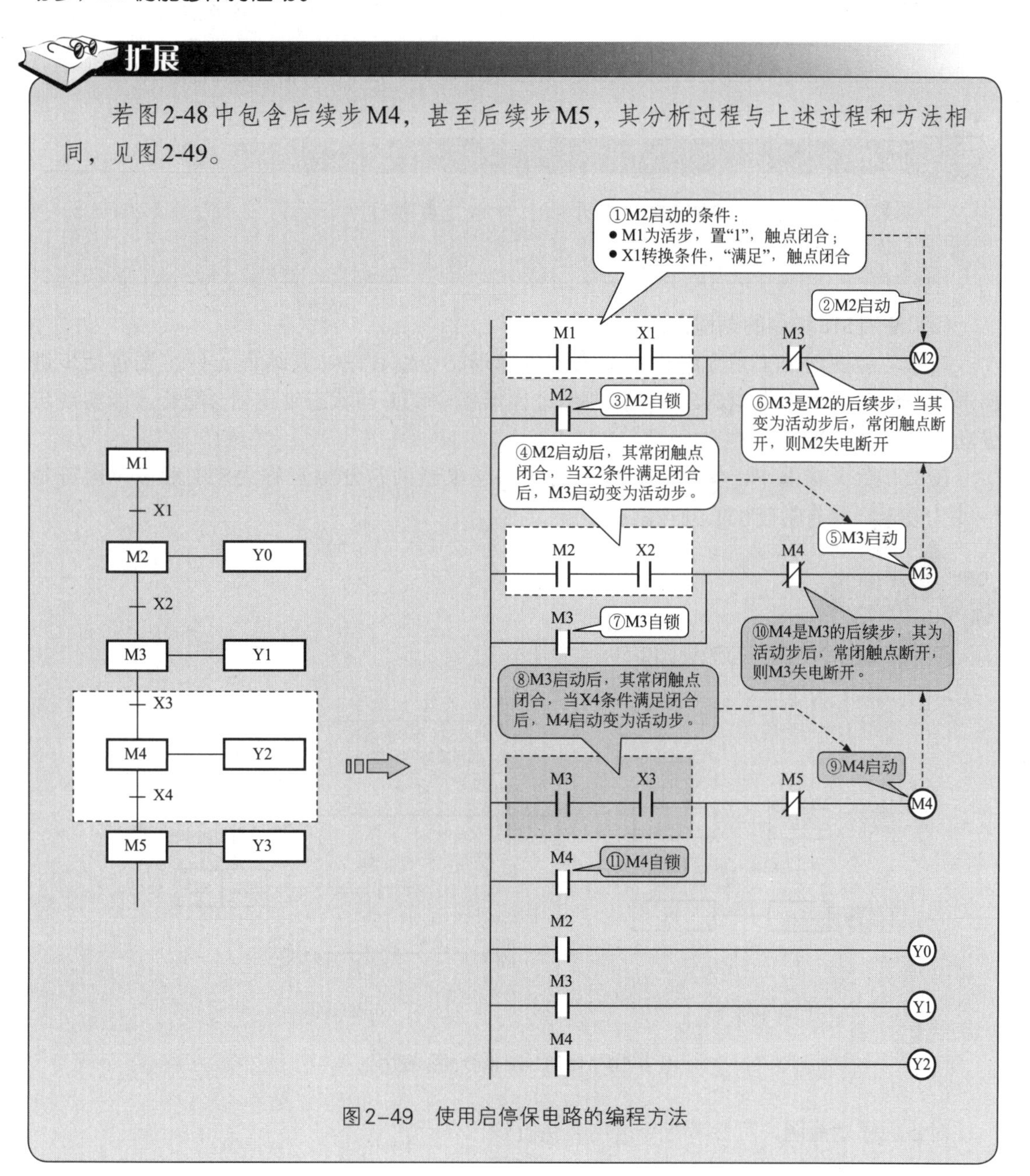

图2-49　使用启停保电路的编程方法

其控制过程为：

经过上一步，M3变为活动步，满足了其后续步M4启动的条件之一，此时若又能满足转换条件X3，则其使M4步启动。

M4步启动后，其常开触点闭合形成自锁，常闭触点断开，切断M3步，使其失电，继而M3转为非活动步。而此时由于M4步本身形成自锁，即使该启动回路中M3转换为了为非活动步，M4仍能够保持启动。

另外，当M2步启动的同时，其常开触点闭合，则Y0得电；当M3步启动的同时，其常开触点闭合，则Y1得电；当M4步启动的同时，其常开触点闭合，则Y2得电。

通常，初始化脉冲M8002的常开触点为起始步的转换条件，该条件将起始步预置为活动步。

（2）使用STL指令的编程方法

顺序功能图的STL指令编程法即为步进梯形指令编程法，其编程元件主要包括步进梯形指令STL和状态继电器S，只有当步进梯形指令STL与状态继电器S配合才能实现步进功能。

在STL指令编程中，使用STL指令的状态继电器的常开触点称为STL触点，用符号“┤|├”表示，没有常闭STL触点。

使用STL指令的编程方法见图2-50。

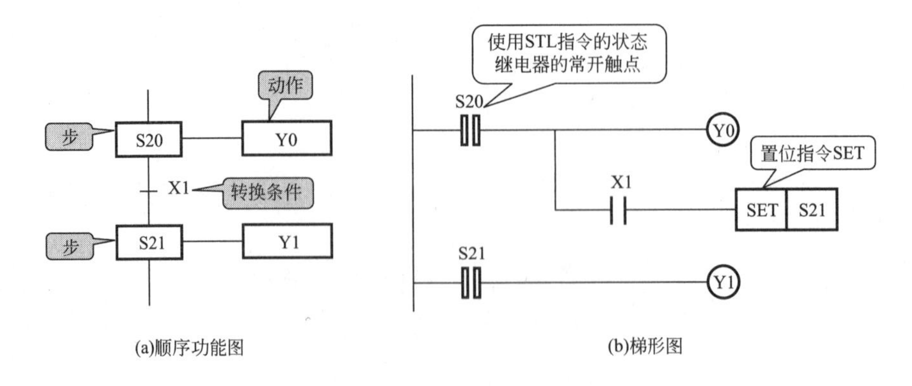

图2-50 使用STL指令的编程方法

对该顺序功能图，可参考指令语句表进行识读。

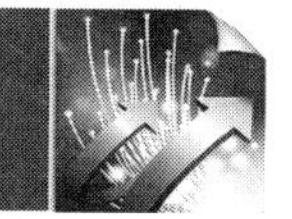

使用STL指令程序的识读方法见图2-51。

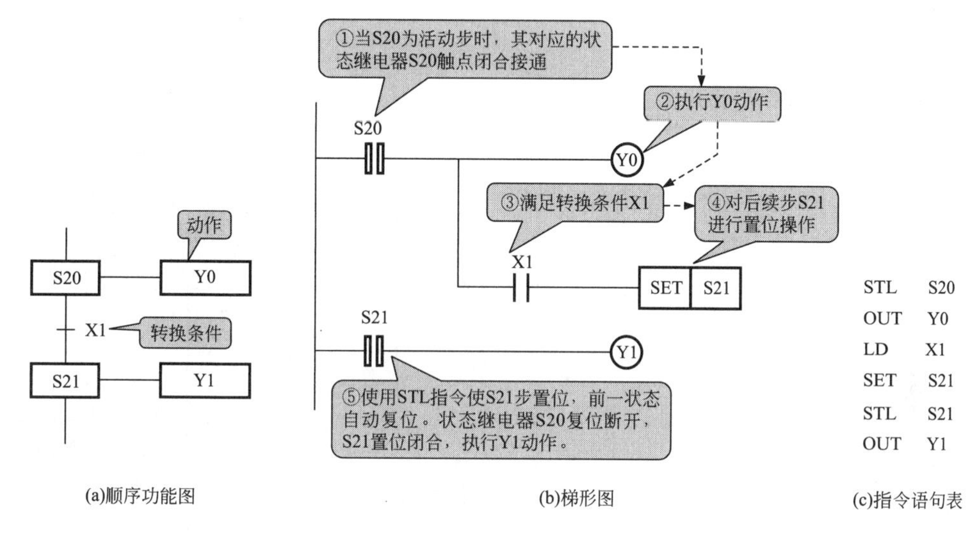

图2-51 使用STL指令程序的识读方法

STL指令的执行为：当S20为活动步时，其对应的状态继电器S20触点闭合接通（步骤①），执行Y0动作（步骤②）。

此时若转换条件X1能够实现（步骤③），则对后续步S21进行置位操作（SET指令，步骤④），同时前级步S20自动断开，动作Y0停止执行。

接着，使用STL指令使后续步S21状态置位，状态继电器S21常开触点闭合，执行Y1动作（步骤⑤），同时，前一状态继电器S20复位，常开触点断开。

提示

STL指令编程中，通常用编号为S0 ~ S9标识初始步，S10 ~ S19用于自动返回原点。且一般状态继电器的常开触点，即STL触点与母线相连接。

另外，在三菱FX系列PLC中，还有一条使STL指令复位的RET指令。

（3）以转换为中心的编程方法

根据前述内容我们了解到，在顺序功能图中，如果某一转换的前级步是活动步且相应的转换条件能够满足，则该转换可以实现。

以转换为中心的编程，则是指实现程序编写的过程和执行过程是以该步相应的转换为中心的。也就是说，用当前转换的前级步所对应的辅助继电器的常开触点和该转换的转换条件对应的触点串联构成启动回路，作为启动后续步对应继电器置位，前级步对应继电器复位的条件。

即该编程方法中，条件是：当前转换的前级步所对应的辅助继电器的常开触点和该转换的转换条件对应的触点串联构成启动回路。

执行结果是：当前转换的后续步对应继电器置位（使用SET指令）和当前转换的前级步对应继电器复位（使用RST）。

以转换为中心的编程方法见图2-52。

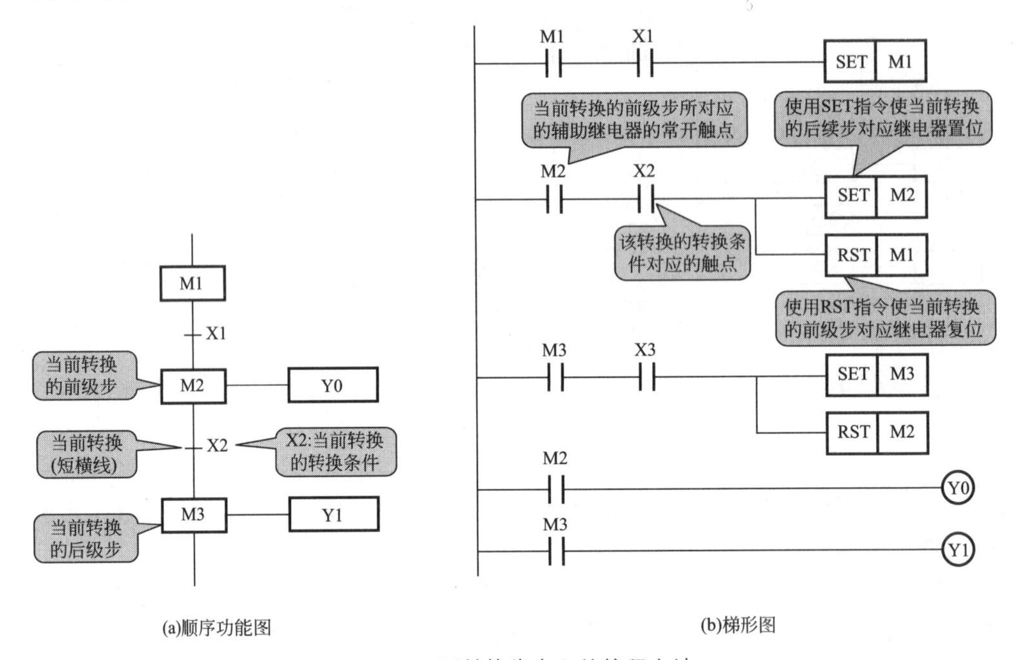

图2-52　以转换为中心的编程方法

以转换为中心的编程方法有很多规律，对于一些复杂的顺序功能图，采用该编程方法转换为梯形图时，很容易掌握。

需要注意的是，在这种编程方法中，不可将步所对应的动作（输出继电器线圈Y0、Y1等）与置位指令（SET）和复位指令（RST）并联，只需根据顺序功能图中的执行顺序，用其对应步的辅助继电器的常开触点进行驱动［参照图2-52（b）中Y0、Y1的编程方法］。

在识读与转换为中心编程方法编写的程序时，按照识读的一般规则，即从左到右，从上到下的顺序即可。

采用以转换为中心的编程方法编写的程序的执行过程见图2-53。

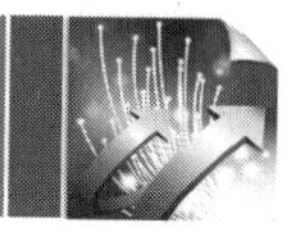

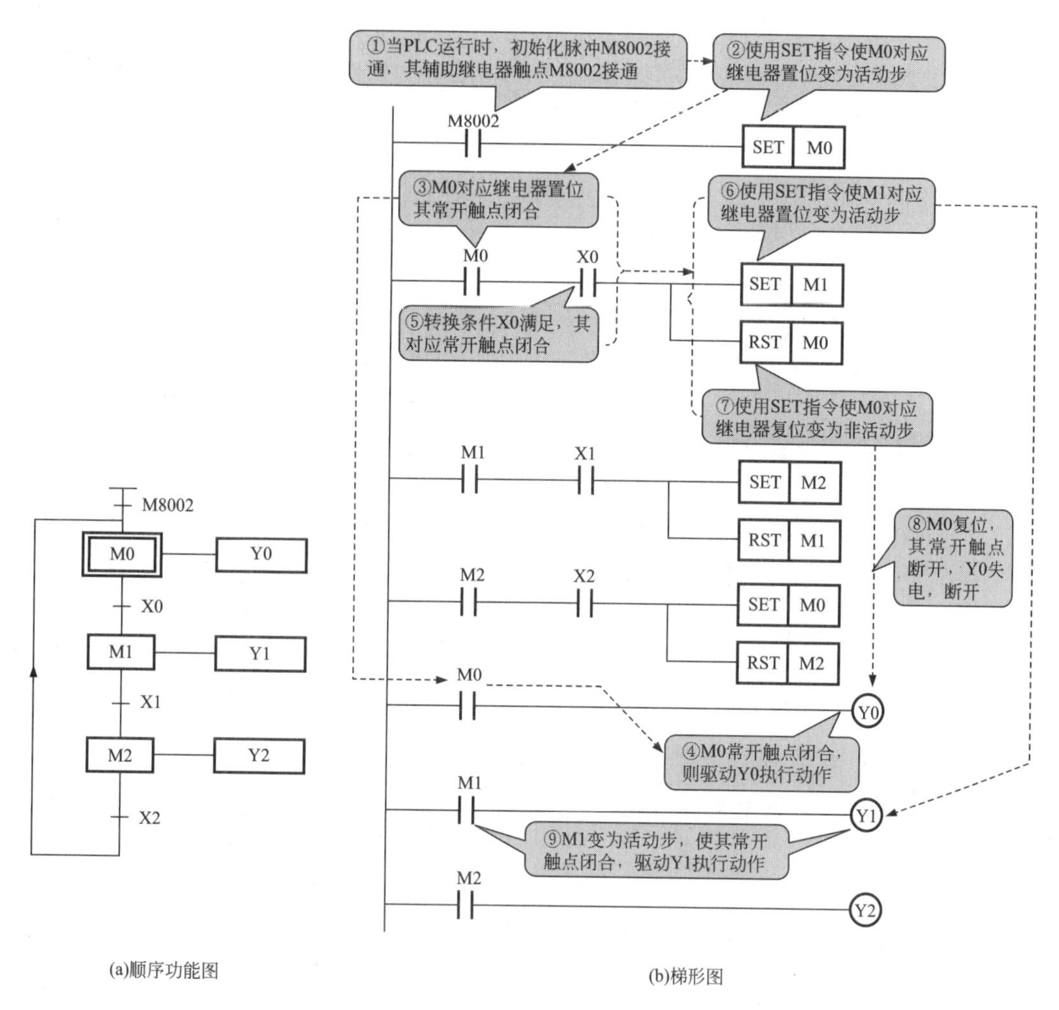

图2–53　采用以转换为中心的编程方法编写的程序的执行过程

具体执行过程为：

当PLC运行时，初始化脉冲M8002条件满足，其辅助继电器触点M8002接通（步骤①），满足M0启动回路接通，此时使用SET指令时M0对应继电器置位变为活动步（步骤②）。

当M0变为活动步后，其对应辅助继电器的常开触点闭合（步骤③），则驱动Y0执行动作（步骤④）。

当M0处于活动步时，又能满足转换条件X0，转换条件对应的继电器常开触点闭合（即步骤④和步骤⑤同时满足），则使用SET指令使该转换的后级步M1置位，变为活动步（步骤⑥），同时用RST指令使该转换前级步M0复位，变为非活动步（步骤⑦）。

M0复位后，其继电器常开触点也复位断开，则Y0失电，断开（步骤⑧）。

而M1置位后，变为活动步，其常开触点闭合，则驱动Y1执行动作（步骤⑨）。

那么，接下来，M2步的执行过程则与M1步相同，参考上述分析过程即可很容易完成识读过程，这里不再重复。

提示

对于西门子的顺序功能图的编写方法及指令语句与三菱系列的PLC编程方法有所不同，如：

① 步开始指令为LSCR（Load Sequence Control Relay） 步开始指令的功能是标记某一个步的开始，当该状态继电器（S）为1时，该步变为活动步。

② 步转移指令为SCRT（Sequence Control Relay Transition） 步转移指令的功能是将当前的活动步切换到下一步。当输入有效时进行活动步的转换，即停止当前的活动步，启动下一个活动步。

③ 步结束指令为SCRE（Sequence Control Relay End） 步结束指令的功能是标记一个SCR步的结束，每个SCR步必须使用步结束指令来表示该步的结束。

具体的编程和识读方法可以参考西门子PLC编程指南进行学习，值得注意的是，不管其形式和编码标识如何变换，它们的理论基础是相通的，每一个指令和动作的形成都需要条件的满足，了解这一点后，学习其他PLC的编程和识读方法也就容易多了。

扩展

在一般采用顺序控制设计而成的控制电路时，一般首先根据生产工艺过程画出顺序功能图，该图使程序的调试、修改和阅读都比较容易，能够大大提高程序设计的效率，该图是一种描述控制系统具体工作流程和图形的一种图形。

通过编程软件可以将顺序功能图转换成梯形图或指令语句表。例如，三菱系列编程软件中，可先根据企业需要或生产工艺画出顺序功能图，再用该软件转化为相应的梯形图或指令语句表，见图2-54。

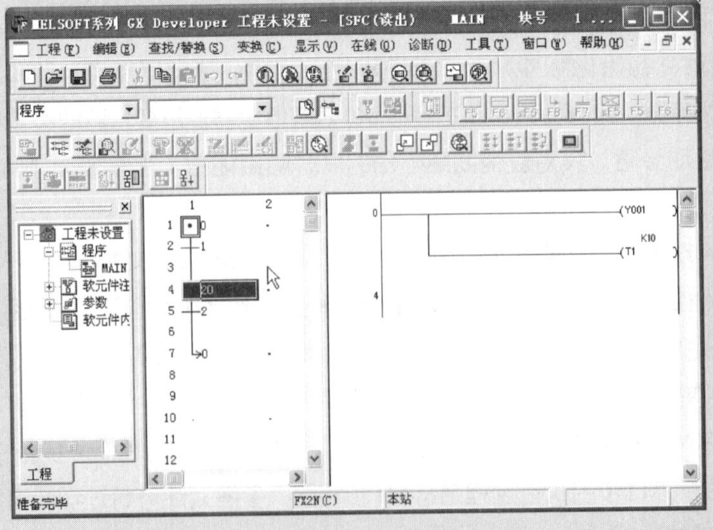

（a）编写好的SFC（顺序功能图）程序

图2-54

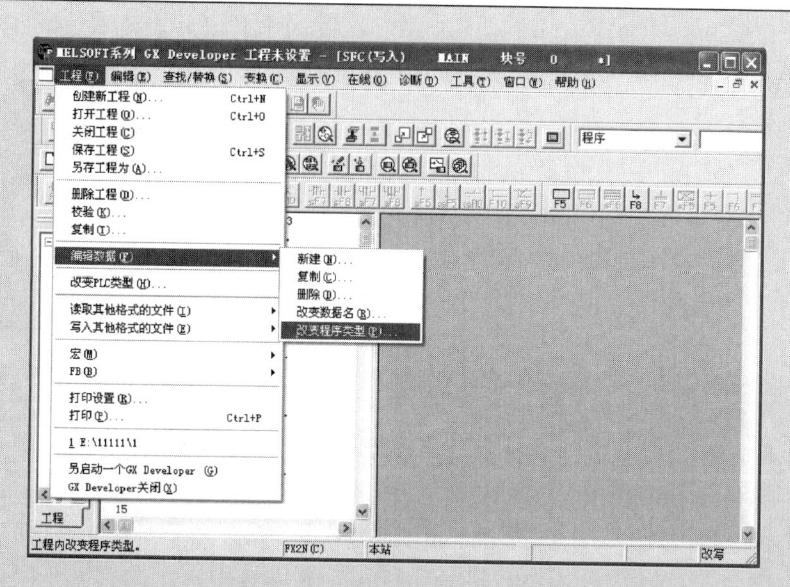

(b) 将顺序功能图进行程序类型的转换

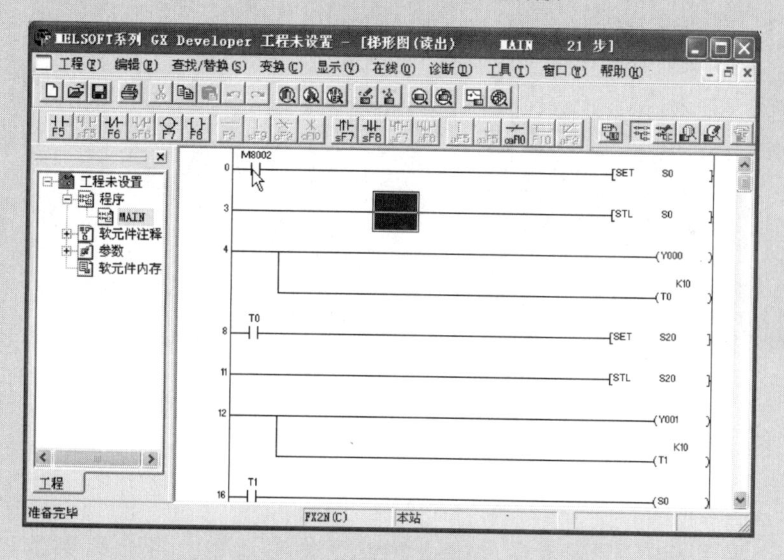

(c) 转换后的梯形图

图2-54 使用编程软件将顺序功能图转换为梯形图的过程

第3章 PLC系统的设计与维护

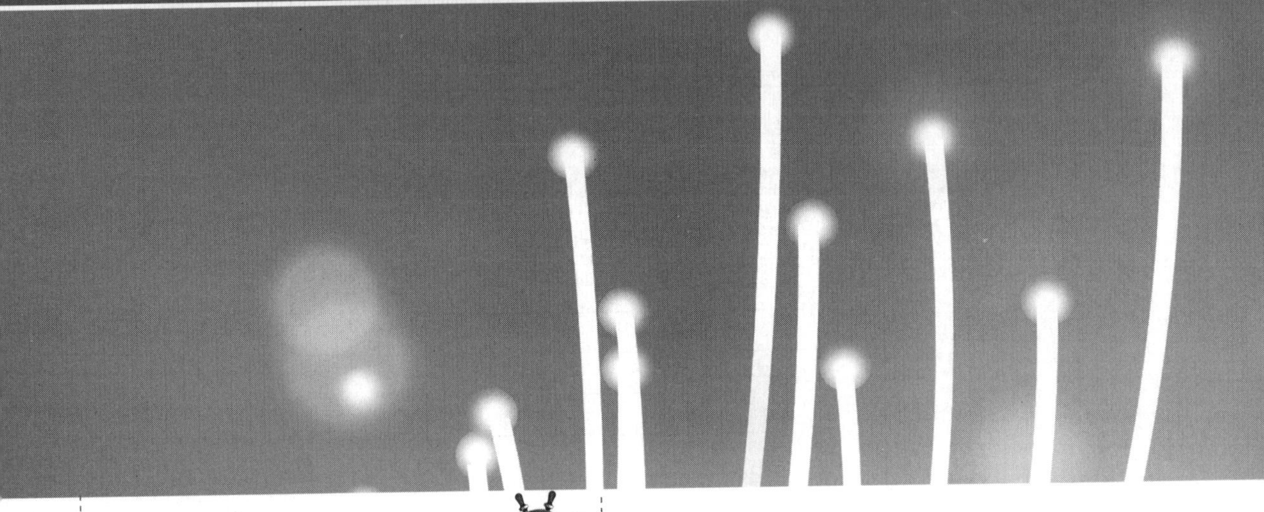

目标

本章的主要目标是让读者了解PLC系统的设计与维护的方法，PLC是一种新型的自动化电气控制设备，在前面的章节中已经介绍，PLC系统是由软件和硬件两部分组成的，因此在进行PLC系统的设计时，应从这两个方面入手。

本章从PLC系统的设计流程和注意事项入手，再介绍典型PLC硬件系统和软件系统的设计方法，让读者对PLC系统的设计有一定的了解后，再进行PLC系统安装方法的介绍，从实际操作的角度，让读者了解PLC系统的连接方法。最后再介绍PLC系统的维护方法。最终让读者单独地进行PLC系统的设计与维护工作。

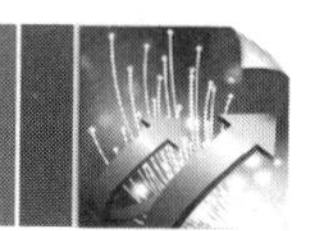

3.1 PLC系统的设计流程与注意事项

设计是建造一个成功的PLC控制系统的第一步，科学合理地设计PLC系统，可以满足系统的生产要求，并长期稳定的工作，在进行PLC系统的设计前，应首先了解PLC系统的设计流程以及设计注意事项。

3.1.1 PLC系统的设计流程

PLC系统的设计主要分为两个部分，即原理设计和施工设计，原理设计是指通过设计出符合要求的控制系统电气原理图，并进行电气元件的选择。施工设计是指在原理设计完成后，依据电气控制原理图和电气元件明细表，进行电气设备的安装设计。

PLC系统的设计流程见图3-1。

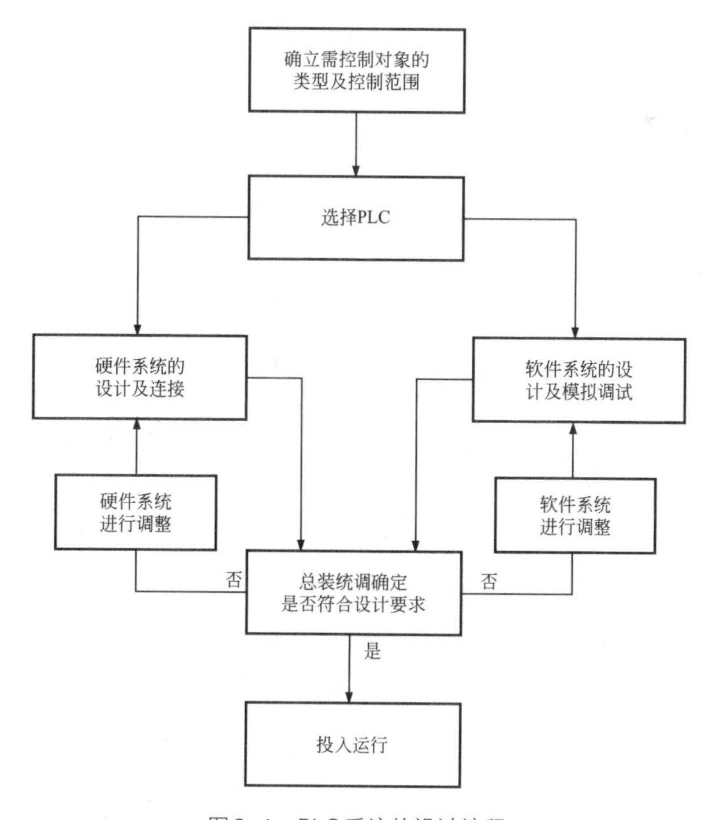

图3-1 PLC系统的设计流程

总体来说，PLC系统的设计主要可以分为确立需控制对象、选择PLC、硬件系统的设计及连接、软件系统的设计及模拟调试、总装及调试、投入运行等部分。

（1）确立需控制对象

在进行PLC系统设计时，首先要了解被控制对象的类型，需要使用何种方式对其进行控制，以及对PLC的控制范围进行进一步的确定。一般来说，一些不容易使用人工进行控制的场合，例如工作量大、操作复杂的场合，利用人工操作容易出现错误，或者由于操作过于复杂，人工操作无法达到工艺要求的场合，往往会使用PLC进行控制。

此外还需根据生产工艺过程的需要，来选择控制方式，来控制需完成的动作，例如动作条件、动作顺序、保护和连锁等，以及操作方式，例如手动、自动、半自动、连续、单周期、单步等。

（2）选择PLC

确立了需控制的对象，以及对控制方式选择完毕后，进行PLC设备的选择，对机型、输入及输出的类型进行选择，尽量选择机型及输入输出满足控制对象的要求，并能够长期稳定地对设备进行控制。

① PLC类型的选择　随着PLC的普及，PLC的类型也越来越多，不同类型的PLC控制的范围和对象也有所差异，而且其结构、性能、价格、编程方式、指令系统等也可不相同。因此在考虑PLC能够满足要求的情况下，还应能够正常、稳定的工作，并使其具有维护方便以及性价比高等特点。

● 结构形式的选择：PLC从结构上可以分为整体式和模块式PLC，在一些使用环境比较固定和维修量较少、控制规模不大的场合，可以选择整体式的PLC；而在一些使用环境比较恶劣、维修较多、控制规模较大的场合，可以选择模块式的PLC设备。

模块式和整体式PLC的实物外形见图3-2。

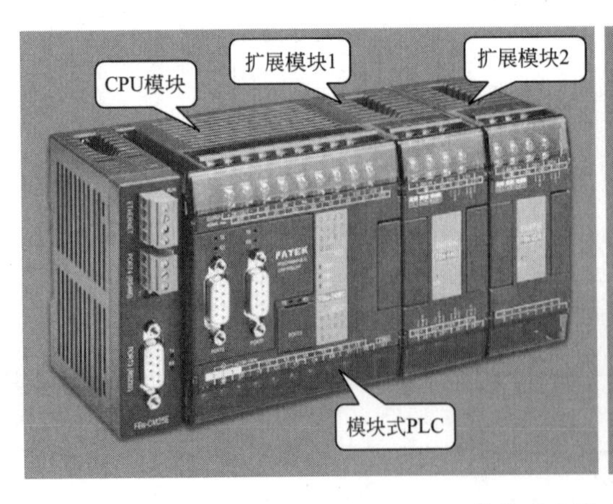

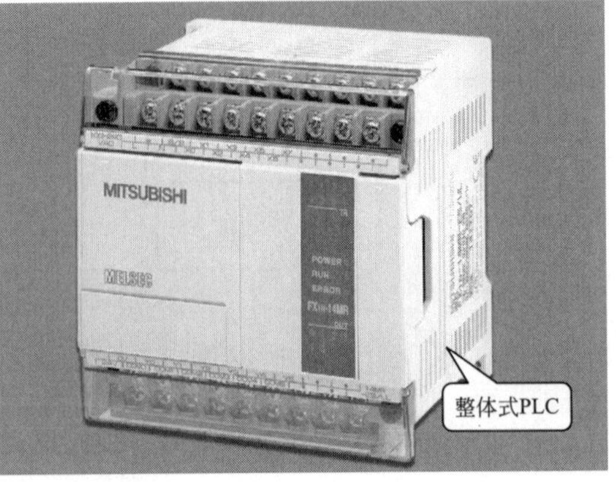

图3-2　模块式和整体式PLC的实物外形

● 功能的选择：对PLC功能的要求主要是合理，即对PLC的控制速度和控制量进行选择。PLC根据其功能主要可以分为低档机、中档机和高档机。

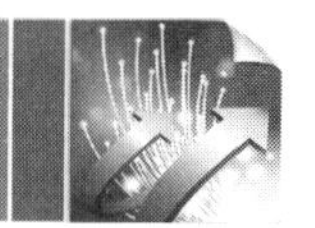

对于一些采用开关量进行控制的线路中，若无须考虑控制的速度，则采用低档机便可以满足要求。对于一些控制比较复杂、控制功能要求较高的控制线路中，例如要求实现PID运算、电动机闭环控制、联网通信等场合，则应视其规模及复杂程度，选择指令功能强大、具有较高运算速度的中档机或高档机进行控制。

● 机型选择应统一：由于相同机型的PLC，其功能和编程方法也相同，因此使用相同机型组成的PLC系统，不仅仅便于设备的采购与管理，也有助于技术人员的培训以及对技术水平进行提高和开发。还由于PLC设备的通用性，其资源可以共享，使用一台计算机就可以将多台PLC设备连接成一个控制系统，进行集中的管理。因此在进行PLC机型的选择时，尽可能选择同一机型的PLC设备。

多台相同的PLC设备组成的PLC系统见图3-3。

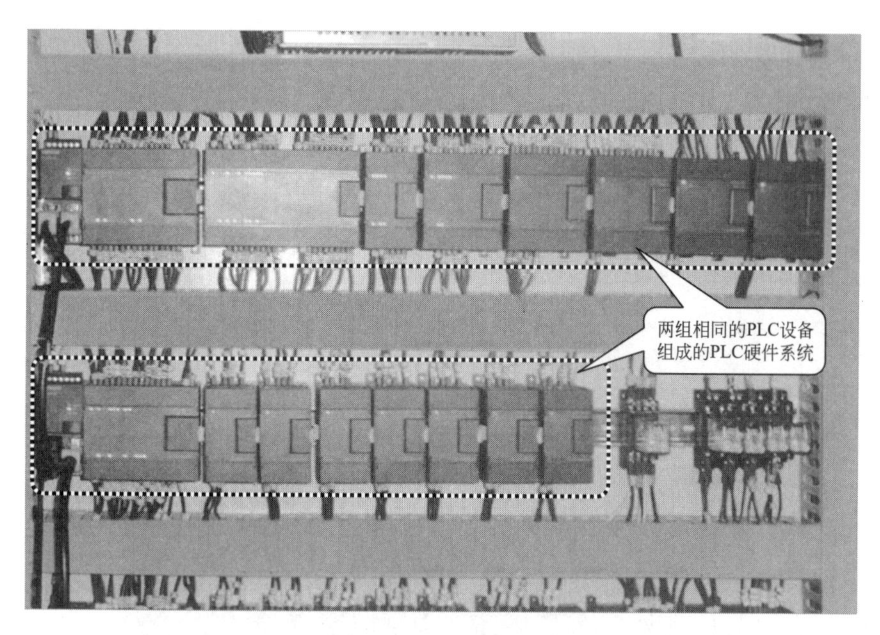

图3–3　多台相同的PLC设备组成的PLC系统

● 编程方式的选择：PLC的编程方式主要可以分为离线编程和在线编程两种，PLC的最大特点就是可以根据被控设备工艺的要求，只需对程序进行修改，便可以满足新的控制要求，给生产带来了极大的便利。因此可以根据被控制设备的要求，对PLC的编程方式进行选择。

扩展

离线编程是PLC的主机和编程器共用一个微处理器（CPU），通过编程器上设置有“编程/运行”的开关或按钮，就可以对两种状态进行切换。切换到编程状态时，编程器对CPU进行控制，可以对PLC进行编程，此时PLC无法对设备进行控制。在程序编写完毕后，再选择运行状态，此时CPU按照所设定的程序，对需控制的设备进行控制。由于该类PLC中的编程器和主机共用一个CPU，因此节省了硬件和软件设备，造价也比较便宜，适用于一些中、小型的PLC设备中。

在线编程是指PLC的主机拥有一个CPU，用来对设备进行控制。编程器用一个CPU可以随时对程序进行编写，输入各种指令信号，再通过连接线送往PLC的CPU中。由于目前计算机PLC编程软件的流行，用户可以通过编程软件设计所需要的程序，并通过数据线直接送入PLC主机的CPU和存储器中，从而实现设备的控制。该方式具有操作简便、应用领域较宽等特点，广泛用于大型PLC设备中。

② 输入输出的选择　在进行PLC的选择时，应对PLC输入和输出接口的数量进行估算和选择，输入和输出接口的选择与接入的输入输出设备有关，估算出所需的I/O点数（输入输出接口的个数）后，才可以选择与点数相当的PLC，在选择时最好留有10% ～ 15%的余量。

典型的小型PLC控制器见图3-4。

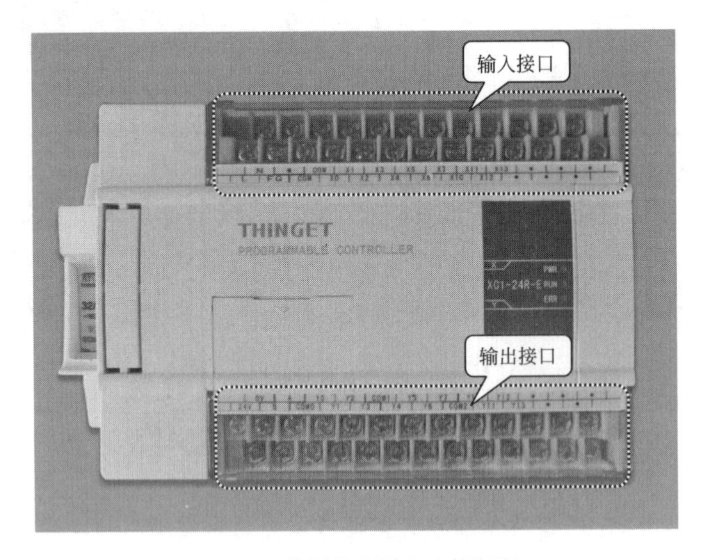

图3-4　典型的小型PLC控制器

小型PLC的I/O点数一般在256点以下，其特点是体积小、结构紧凑，整个硬件融为一体，除了开关量I/O以外，还可以连接模拟量I/O以及其他各种特殊功能模块。它能执行包括逻辑运算、计时、计数、算术运算、数据处理和传送、通信联网以及各种应用指令。

典型的中型PLC控制器见图3-5。

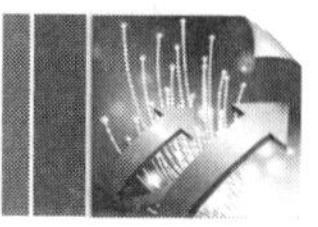

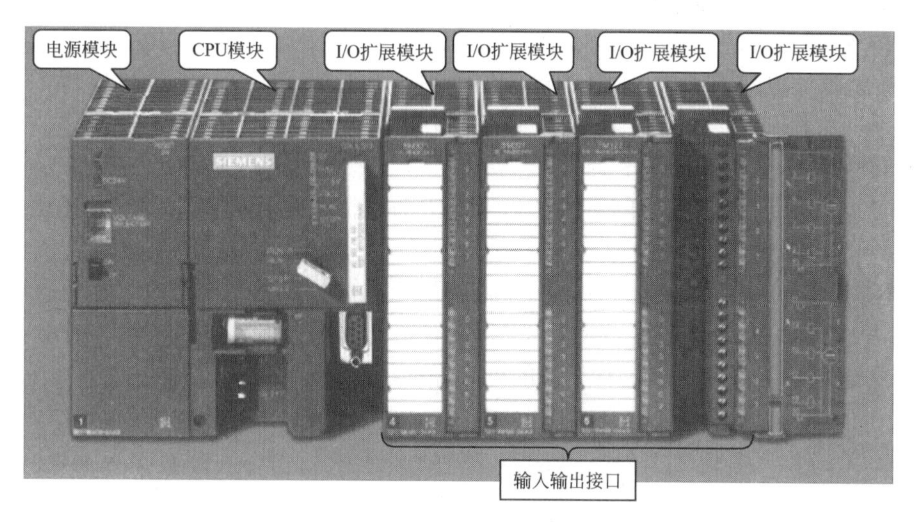

图3-5　典型的中型PLC控制器

中型PLC采用模块化结构，其I/O点数一般在256 ~ 1024点之间。I/O的处理方式除了采用一般PLC通用的扫描处理方式外，还能采用直接处理方式，即在扫描用户程序的过程中，直接读输入，刷新输出。它能连接各种特殊功能模块，

通信联网功能更强，指令系统更丰富，内存容量更大，扫描速度更快。

典型的大型PLC控制器见图3-6。

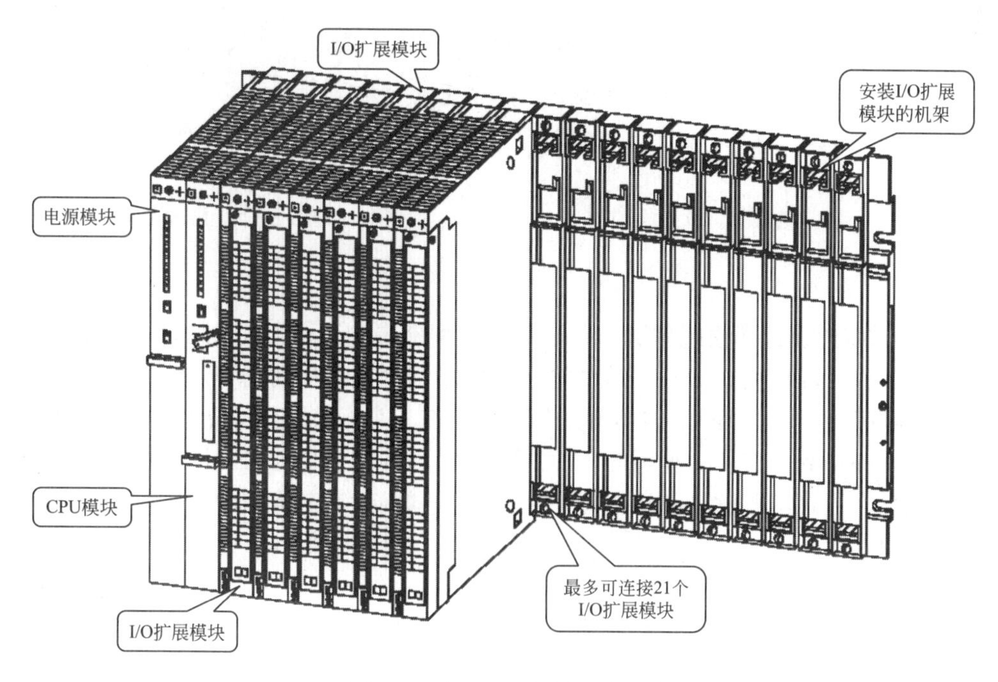

图3-6　典型的大型PLC控制器

一般I/O点数在1024点以上的称为大型PLC。大型PLC的软、硬件功能极强。具有极强的自诊断功能。通信联网功能强，有各种通信联网的模块，可以构成三级通信网，实现工厂生产管理自动化。大型PLC还可以采用三CPU构成表决式系统，使机器的可靠性更高。

（3）硬件和软件系统的设计

在确定了需控制的对象和PLC的类型后，下面就需要进行硬件系统的设计及连接，以及软件系统的设计和模拟调试。

① 硬件系统的设计及连接　在明白了需控制对象的控制任务和选择好PLC设备后，下面根据其要求，对PLC或其他控制器件进行设计，选择输入和输出的设备，并分配输入和输出接口的地址，下面就可以进行设备的连接操作。

典型硬件系统的设计及连接见图3-7。

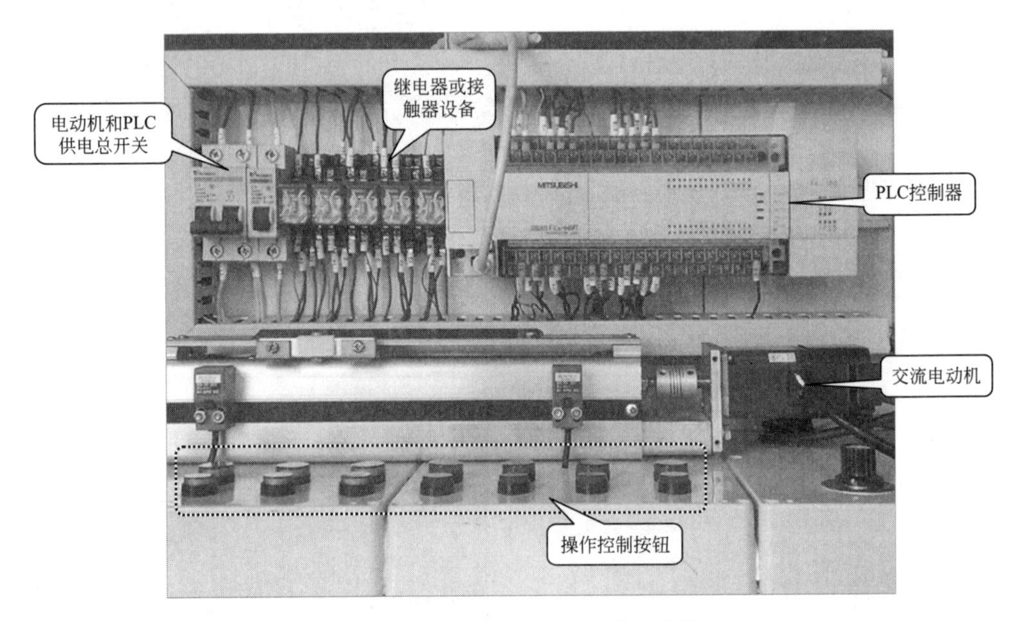

图3-7　典型硬件系统的设计及连接

② 软件系统的设计和模拟调试　在进行硬件系统的设计和连接的同时，可以进行软件系统的设计工作，即使用PLC编程软件进行程序的编写，编程的语言一般采用梯形图、指令语句表和顺序功能图的形式，其具体的编程方法在上个章节中已经介绍，在此不再复述。

程序编写完毕后，需要对编写的程序进行调试，目前不少的PLC厂商提供自己产品的模拟调试软件，通过这些软件便可以进行模拟的调试操作，在确定无误后，才可将PLC接入控制系统中。

（4）总装统调

最后进行系统的总装及调试，对转配的PLC设备外部连接线做仔细的检查，看连接是否准确，有无漏装或多装的连接线。为了安全，一般会将主电路断开，对系统进行预调，当控制电路动作无误后，再接通主电路进行调试，直到各电路能够正常的工作。

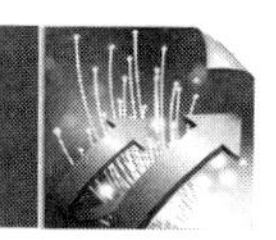

3.1.2 PLC系统的设计注意事项

在进行PLC系统的设计时，应注意以下几个注意事项，以免在设计的过程中出现不必要的麻烦。

（1）保护电路的设计

进行PLC系统的设计时，安全性是最重要的一点，即在外部电源出现异常，PLC出现故障或操作失误时，也能保证整个系统工作在安全的状态下，因此在PLC的外部应设计有保护电路，例如紧急停止电路、保护电路、正转逆转操作的相反连锁电路，定位的上限/下限连锁电路等。

（2）设计方便的安装方式

PLC的硬件的安装方式有很多种，不同种类的硬件安装方式也有所不同，因此在对PLC的硬件系统进行安装时，尽量选择安装简单、组装容易的方式。

对于大型的PLC而言，一般外部设有接线器，接线比较简单，更换所控制的设备时，若接线需要改变，只需将接线器安装在新的模块中即可，再使用软件编程设定，设计好软件程序后即可使用。对于中小型的PLC设备，多采用整体式，其接线端子也比较少，因此在安装时，只需将外部的连接线与接线端子进行连接即可。

（3）PLC的CPU设置监视定时器等自检功能

PLC的CPU一般带有监视定时器等自检功能，CPU检测系统中出现异常的现象时，则会关闭全部的输出，使其在安全的状态下运行，因此在进行PLC系统的设计时，应设计有监视定时器的电路及机构，PLC的CPU检测出输入或输出控制部分的异常时，就不输出控制信号，使整机得到保护。

（4）外置传感器电源的设计注意事项

在进行PLC系统电路的设计时，由于传感器会消耗一定的电量，其负荷越大，则供电电压会自动下降，除PLC输入不工作之外，将PLC的输出都关闭，因此需设计外电路和机构，使其在安装状态下工作。

（5）负载类型和存储容量的设计

根据PLC输出端所带的负载是直流型还是交流型，是大电流还是小电流，以及PLC输出动作的频率和负载的性质（电感性、电阻性）等，确定PLC输出端的类型是采用继电器输出还是晶体管输出，或晶闸管输出。

在存储容量与速度的设计上，一般存储容量越大、速度越快的PLC价格就越高，应根据系统的大小合理设计PLC系统。

3.2 PLC的设计方法

在进行PLC系统的设计前，应首先了解PLC硬件系统和软件系统的设计方法，首先对PLC的系统进行设计，然后根据设计的线路和连接图，再进行设备的连接与安装。

3.2.1 PLC的硬件系统设计

PLC的硬件系统设计是指在对硬件系统进行安装前，对所有的硬件设备的连接进行设计，画出草图，根据草图对硬件系统进行连接，以减少在实际的连接中，由于反复对线路进行拆卸，造成不必要的麻烦。

典型PLC的硬件系统见图3-8。

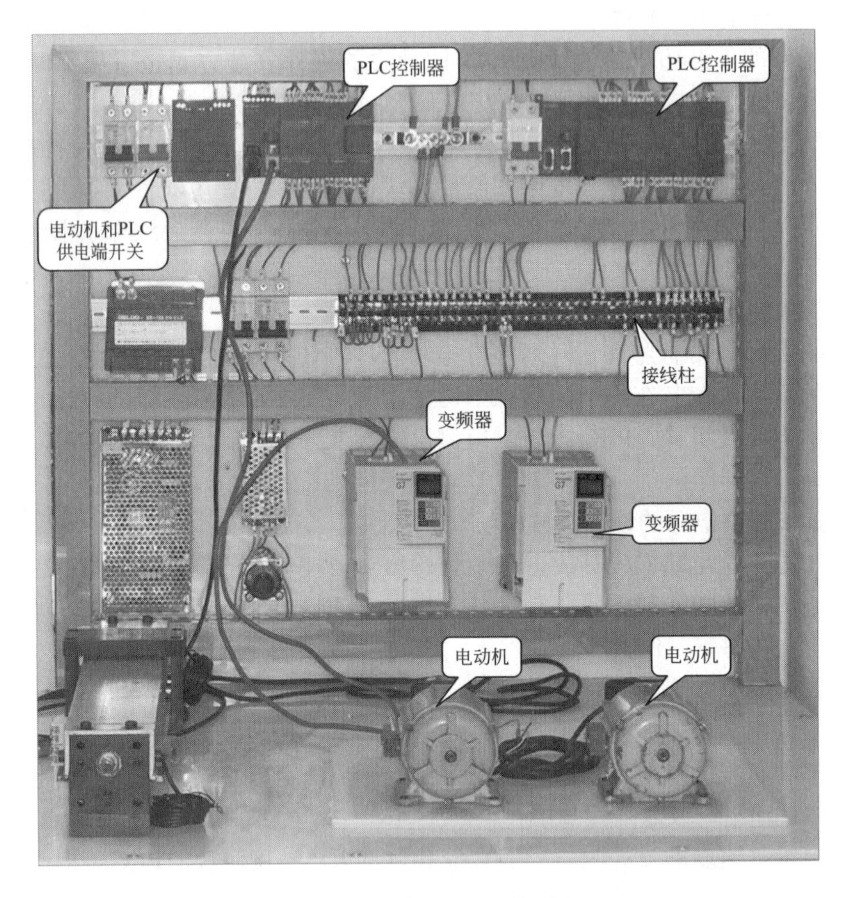

图3–8　典型的PLC硬件系统

图3-8为一个典型的PLC硬件系统组成图，该图中使用两个变频器控制电动机进行工作，并使用PLC对变频器进行控制，电源和PLC开关、PLC、变频器、接线柱等组成了PLC的硬件系统，使电动机能够根据人工设定的方向和转速进行旋转。

在进行PLC硬件系统设计之前，应首先了解硬件系统的组成部件，以及需要控制的设备的控制方式。在了解了这些资料后，才能对硬件系统进行设计。下面以三相异步电动机的顺序控制电路为例，介绍其硬件系统的设计方法。

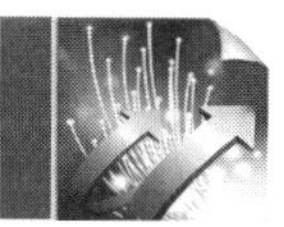

三相异步电动机顺序控制电路见图3-9。

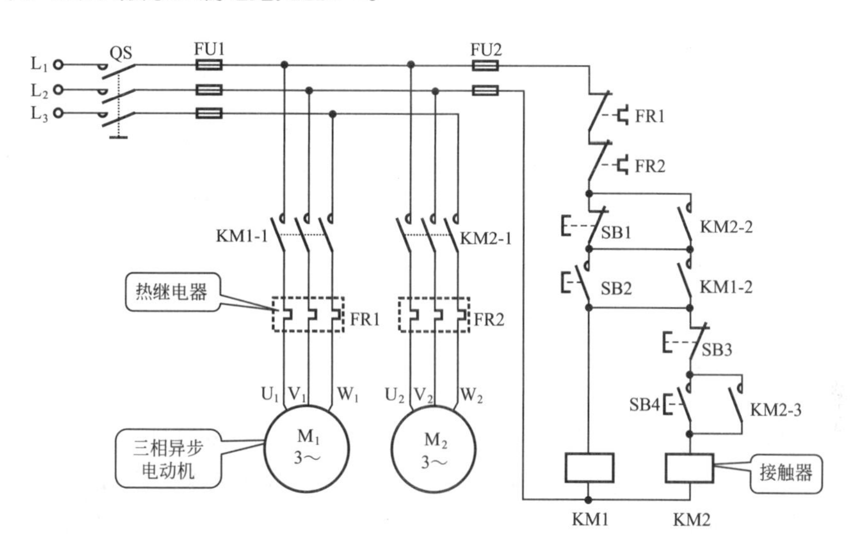

图3-9 三相异步电动机顺序控制电路

图中，三相异步电动机顺序旋转，即电动机M_1开始工作后，M_2才能工作。而停止时，电动机M_2停止工作后，M_1才能停止工作。

该电路的工作过程是：当按下电动机M_1的启动按钮SB2后，接触器KM1得电吸合，其常开触点KM1-1和KM1-2闭合，M_1得电工作，控制部分的交流电源经SB1和KM1-2后继续为KM1供电，保持线圈得电状态，KM1-1继续闭合，M_1继续旋转。

当按下电动机M_2的启动按钮SB4后，接触器KM2得电吸合，其常开触点KM2-1、KM2-2和KM2-3闭合，M_2得电工作，此时控制部分的交流电源经SB1、KM2-2、KM1-2、SB3和KM2-3后继续为接触器KM2的线圈供电，保持KM2-1的闭合状态。

在进行停机时，首先按下电动机M_2的停止按钮SB3，此时接触器KM2的线圈部分失电，其常开触点变为开路状态，电动机M_2失电，停止工作。再按下电动机M_1的停止按钮SB1后，接触器KM1的线圈失电，其常开触点变为开路状态，电动机M_1失电，停止转动。FR1和FR2为热继电器，待电动机过热后，其常闭触点断开，使电动机失电，起到保护的作用。

根据该电路的结构和功能可知，该电路通过接触器控制三相异步电动机的转动与停止，并设置有热继电器，对该电路进行保护。利用PLC进行控制时，便可以省去各种按钮，将电路进行简化。

使用PLC控制的三相异步电动机顺序控制电路见图3-10。

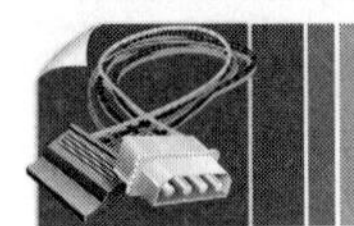

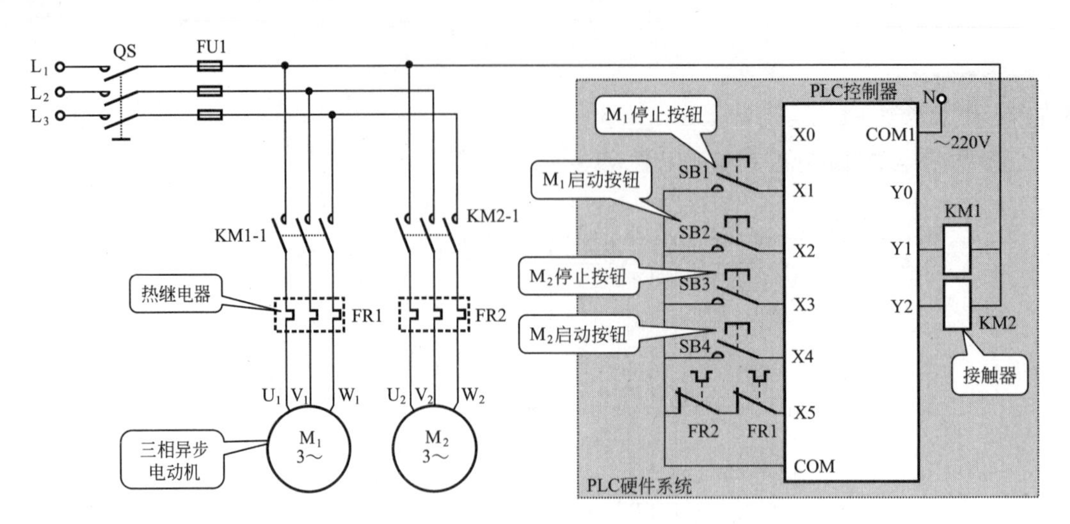

图3-10　使用PLC控制的三相异步电动机顺序控制电路

该电路的PLC硬件系统主要是由PLC控制器，控制PLC的按钮SB1、SB2、SB3、SB4以及接触器KM1、KM2等组成的，其中M_1停止按钮SB1与PLC控制器的X1端连接，M_1启动按钮SB2与X2端连接，M_2停止按钮SB3与X3端连接，M_2启动按钮SB4与X4端连接，热继电器FR2、FR1与X5端进行连接，另外一端与COM端连接。接触器KM1和KM2分别和PLC的Y1和Y2端进行连接。

3.2.2　PLC的软件系统设计

由前面的章节可知，PLC的生产厂商主要可以分为三菱、西门子和欧姆龙，根据其生产厂家的不同，其编程软件也不相同，下面就以典型的三菱和西门子的编程软件为例，介绍PLC的软件系统设计方法。为了体现出两者的区别，在此选用同一个电路进行程序的编写。

（1）使用三菱PLC编程软件的设计方法

使用三菱PLC编程软件（三菱FN_{2N}系列）进行编程时，首先要确定控制I/O接口的分配关系，并对输入点和输出点进行编号，三相异步电动机顺序控制电路的I/O接口分配见表3-1。

表3-1　三相异步电动机顺序控制电路的I/O接口分配

输入信号			输出信号		
名称	代号	输入点地址编号	名称	代号	输出点地址编号
M_1停止按钮	SB1	X1	M_1接触器	KM1	Y1
M_1启动按钮	SB2	X2	M_2接触器	KM2	Y2
M_2停止按钮	SB3	X3			
M_2启动按钮	SB4	X4			
M_1、M_2热继电器	FR1、FR2	X5			

下面进行PLC接线图和PLC控制梯形图的设计。

三相异步电动机PLC接线图和PLC控制梯形图见图3-11。

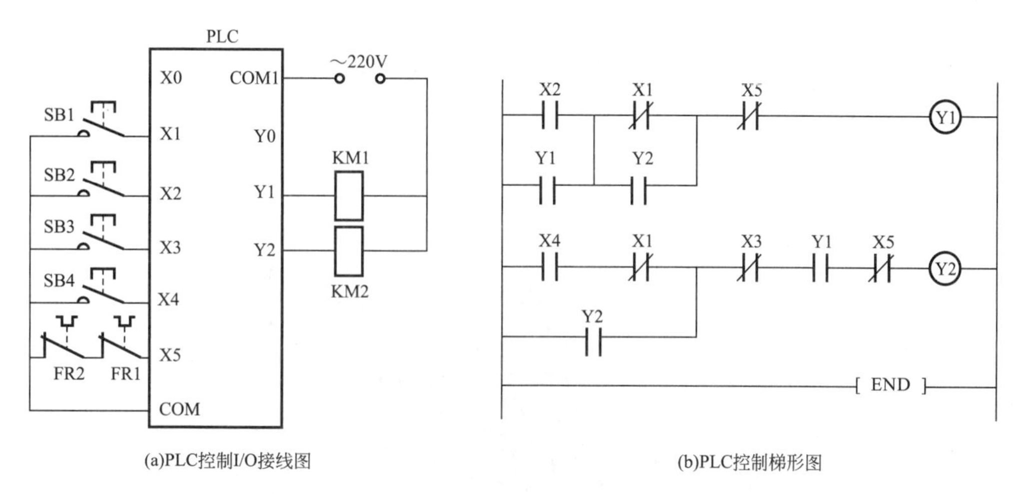

图3-11 三相异步电动机PLC接线图和PLC控制梯形图

设计完毕梯形图后，根据所设计的梯形图，使用相应的三菱PLC编程软件进行编写。下面用GX Developer Version 8编程软件来进行程序的编写。

GX Developer Version 8编程软件的主界面见图3-12。

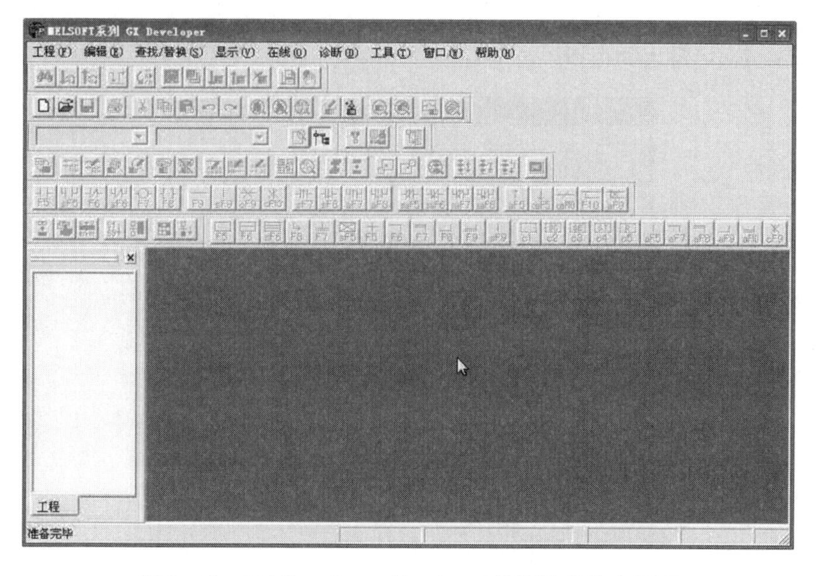

图3-12 GX Developer Version 8编程软件的主界面

在打开的界面中，可以进行新建工程和打开工程等操作。下面就通过上面的梯形图，使用该软件进行程序的编写。

新建工程的操作见图3-13。

MELSOFT系列 GX Developer
工程(F) 编辑(E) 查找/替换(S) 显示(V) 在线(O) 诊断(D) 工具(T) 窗口(W) 帮助(H)
创建新工程(N)... Ctrl+N
打开工程(O)... Ctrl+O
关闭工程(C)
保存工程(S) Ctrl+S
另存工程为(A)...
删除工程(D)...
校验(K)...
复制(T)...
编辑数据(F)
改变PLC类型(H)...
读取其他格式的文件(I)
写入其他格式的文件(E)
宏(M)
FB(B)
安全操作(L)
打印设置(R)...
打印(P)... Ctrl+P
1 三相异步电动机顺序控制梯形图
2 E:\a\a
另启动一个GX Developer (G)
GX Developer关闭(X)
创建工程。

图3-13　新建工程的操作

执行“工程”菜单下的“创建新工程”命令，也可使用快捷键“Ctrl+N”，进行新建工程的操作。

执行该命令后，会弹出“创建新工程”的对话框。

创建新工程的对话框见图3-14。

创建新工程
PLC系列
QCPU(Qmode)
PLC类型
Q02(H)
确定
取消
程序类型
梯形图
SFC　MELSAP-L
ST
标签设定
不使用标签
使用标签
(使用ST程序、FB、结构体时选择)
生成和程序名同名的软元件内存数据
工程名设定
设置工程名
驱动器/路径　C:\MELSEC\GPPW
工程名　浏览...
索引

图3-14　创建新工程的对话框

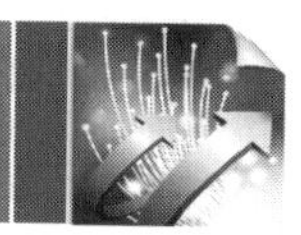

在创建新工程的对话框中，选择PLC的系列及类型，在此选择PLC系列为“QCPU”，PLC的类型为“Q02（H）”，并选择程序的类型为梯形图。

选择完毕后点击“确定”按钮，即可新建一个工程。

创建新工程后的主界面见图3-15。

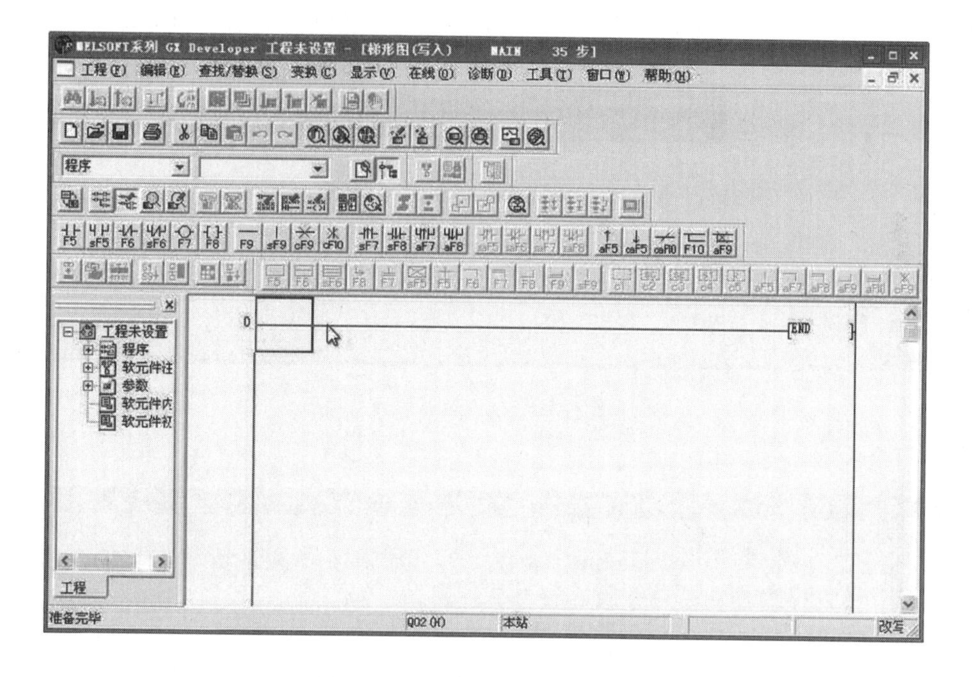

图3-15　创建新工程后的主界面

创建新工程后，界面中的许多灰显按钮变为可用模式，即可使用这些按钮进行程序的编写操作。

下面就将梯形图的程序编写入该程序中。

插入常开触点见图3-16。

点击工具栏上的“常开触点”按钮，将弹出梯形图输入对话框，在该对话框内，便可以选择插入的类型。

然后将输入点的编号输入到对话框内。

在梯形图输入对话框内输入相应的编号见图3-17。

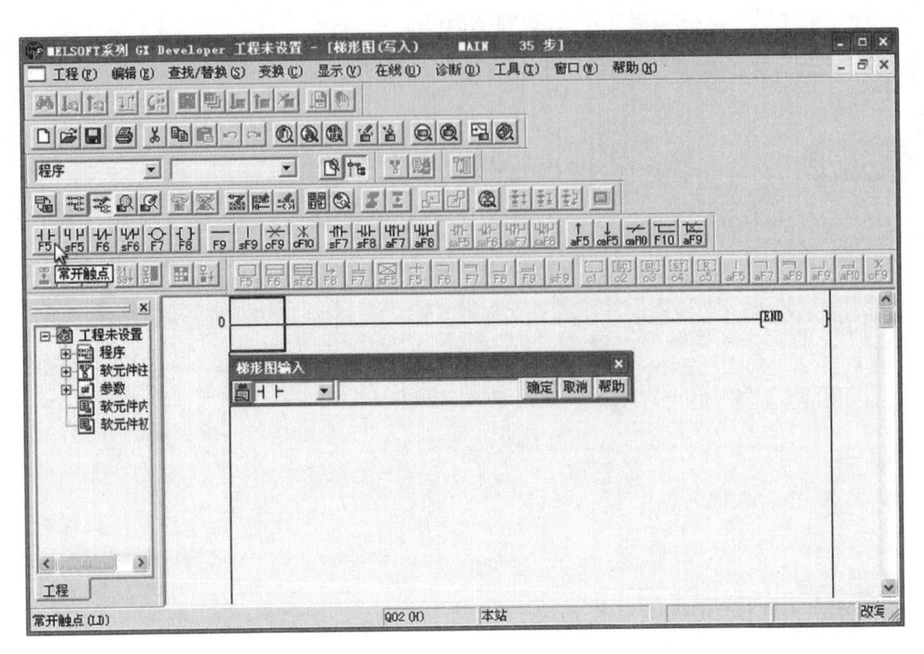

图3-16　插入常开触点

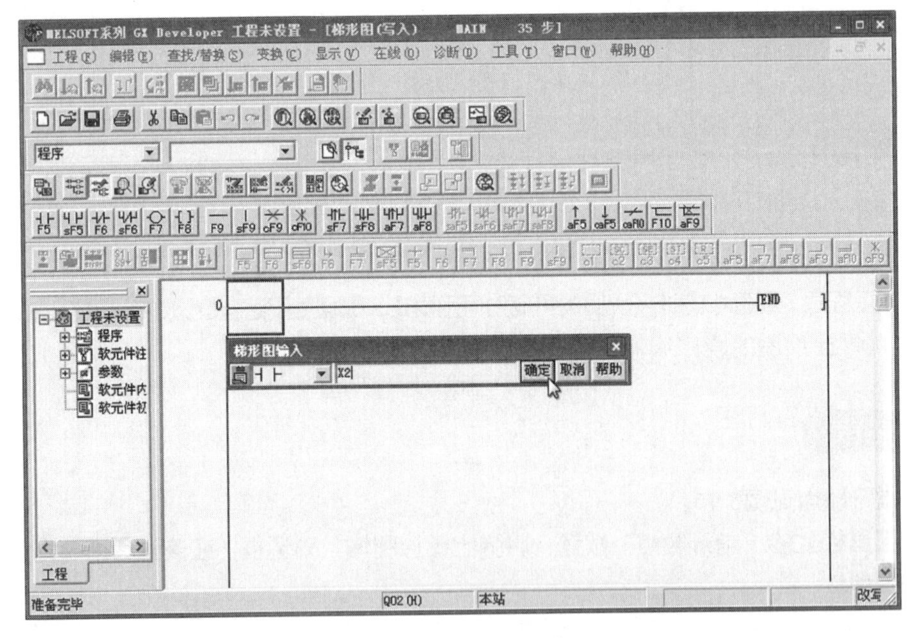

图3-17　在梯形图输入对话框内输入相应的编号

输入相应的输入点编号后，单击“确定”按钮，即可将该编程元件输入到工程内。接着，用同样的方法将串联的常闭触点插入到该程序中。

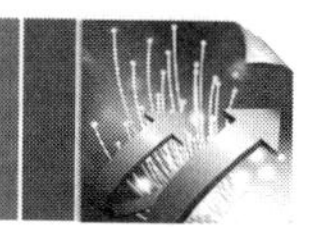

常闭触点的插入方法见图3-18。

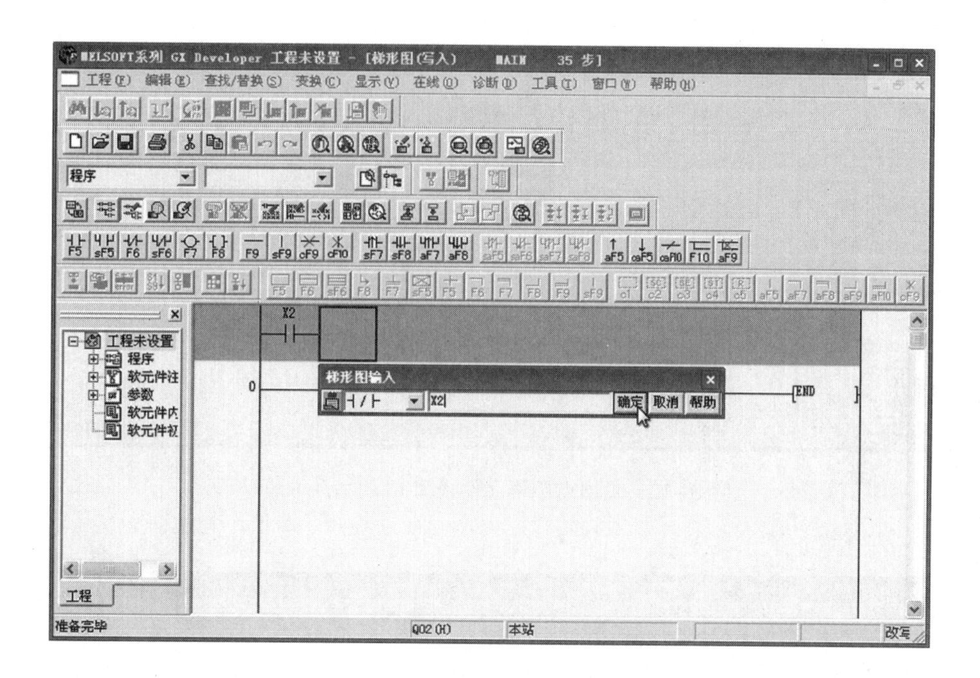

图3-18　常闭触点的插入方法

单击工具栏上的“常闭触点”按钮，在弹出的对话框中输入相应的输入点编号，并单击“确定”按钮，即可将常闭触点插入到程序中。

接着用同样的方法将常闭触点（输入点编号X5）插入到程序中，再进行继电器KM1线圈输出点编程元件的插入。

输出点编程元件线圈Y1的插入方法见图3-19。

单击工具栏上的“线圈”按钮，在弹出的对话框内输入相应的输出点编号，并单击“确定”按钮即可。

至此，第一行的语句编写完毕，下面进行并联语句的编写。

接触器KM1常开触点编程元件的插入见图3-20。

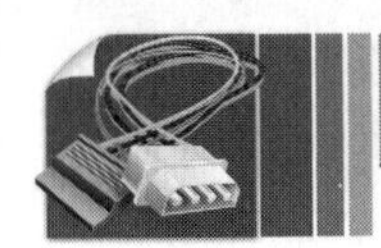

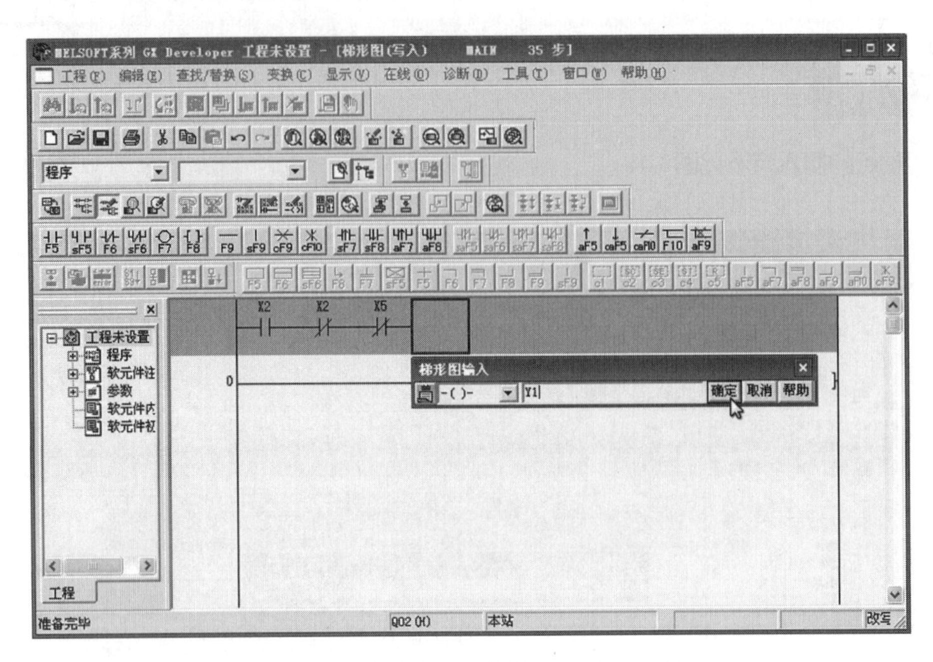

图3-19　输出点编程元件线圈Y1的插入方法

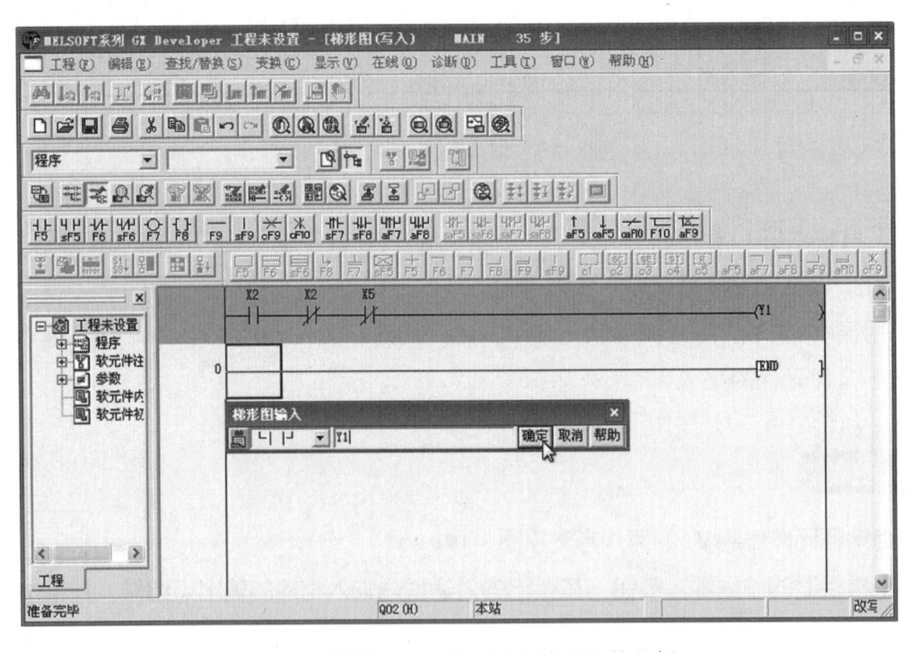

图3-20　接触器KM1常开触点编程元件的插入

将光标定位到输入点地址编号X1的下方，单击工具栏上的“并联常开触点”按钮，在弹出的对话框内输入接触器KM1的编号（Y1）后，单击“确定”按钮，将并联的编程元件插入。

用上述方法将接触器KM2的常开触点（编号为Y2）插入后，即完成该段语句的编写，下面对第二条语句进行编写。

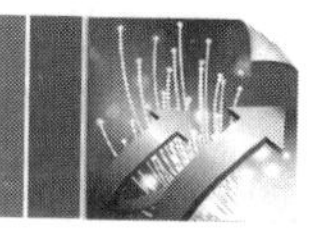

第二条语句第一行的编写见图3-21。

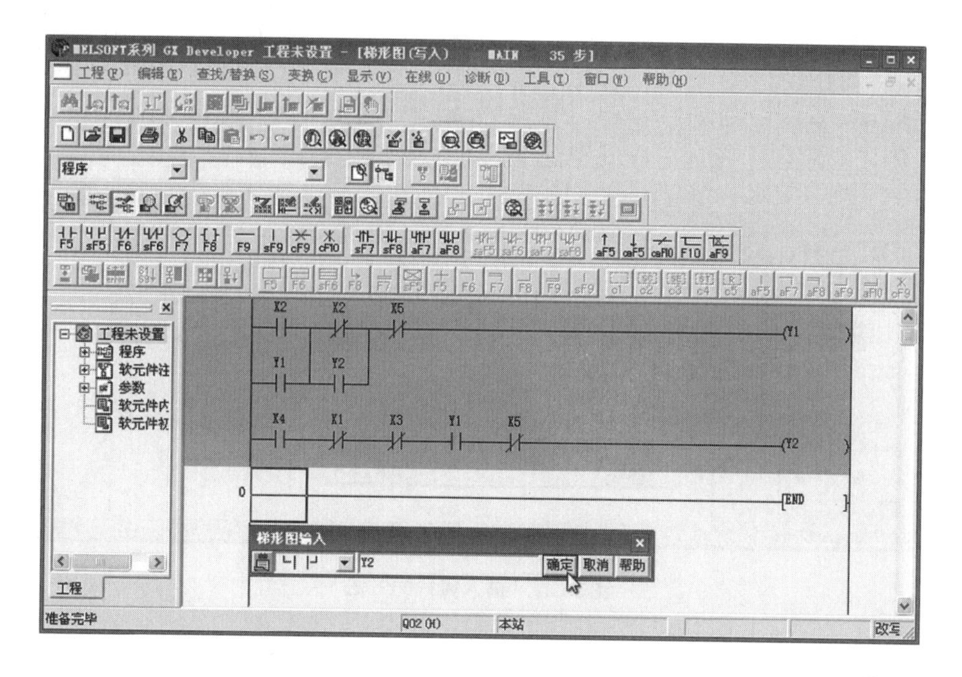

图3-21　第二条语句第一行的编写

将光标定位在Y1的下面，将X4、X1、X3、Y1、X5以及Y2等相继写入程序中，然后将光标定位在X4的下方，插入继电器Y2的常开触点编号，单击“确定”按钮。

由于此时程序为X4和Y2并联，因此还需将X1并联进去。

插入横线的方法见图3-22。

将光标定位在Y2的后方，然后单击工具栏上的“画横线”按钮，在弹出的对话框中单击“确定”按钮，即可将横线插入。

下面进行竖线的增加和删除操作。

插入竖线的方法见图3-23。

将光标定位在X3上，然后单击工具栏中的“画竖线”按钮，在弹出的对话框中单击“确定”按钮，即可将竖线插入。

此时，在流程图中多了一条竖线，应将其删除。

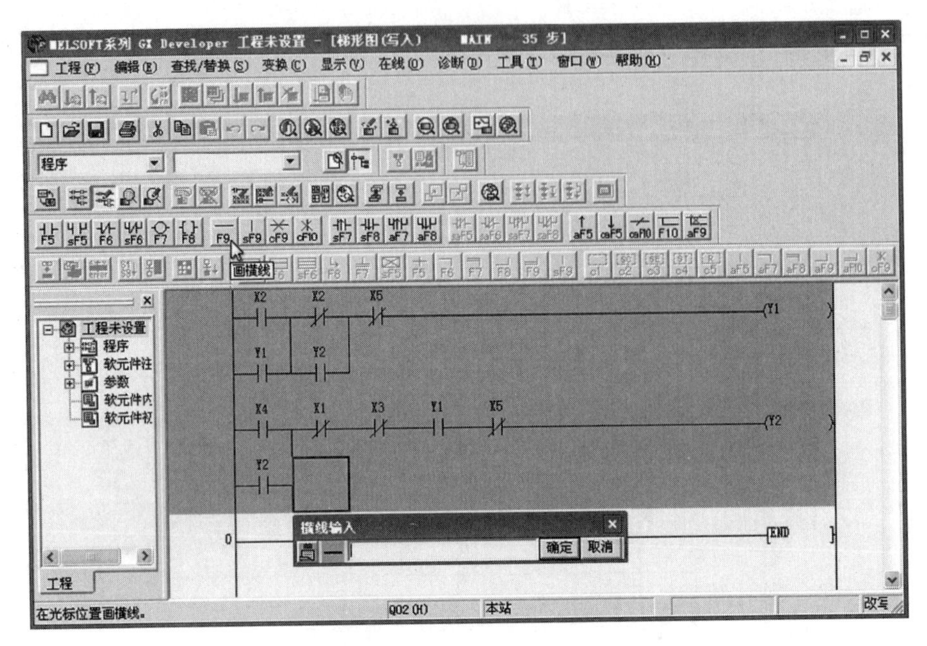

图3-22　插入横线的方法

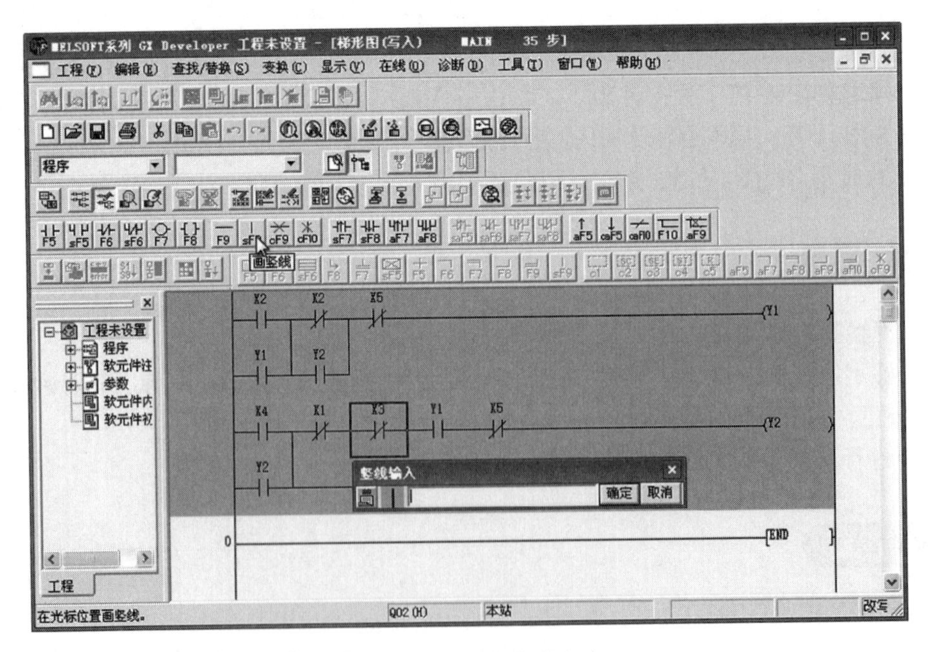

图3-23　插入竖线的方法

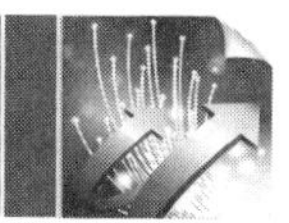

竖线的删除方法见图3-24。

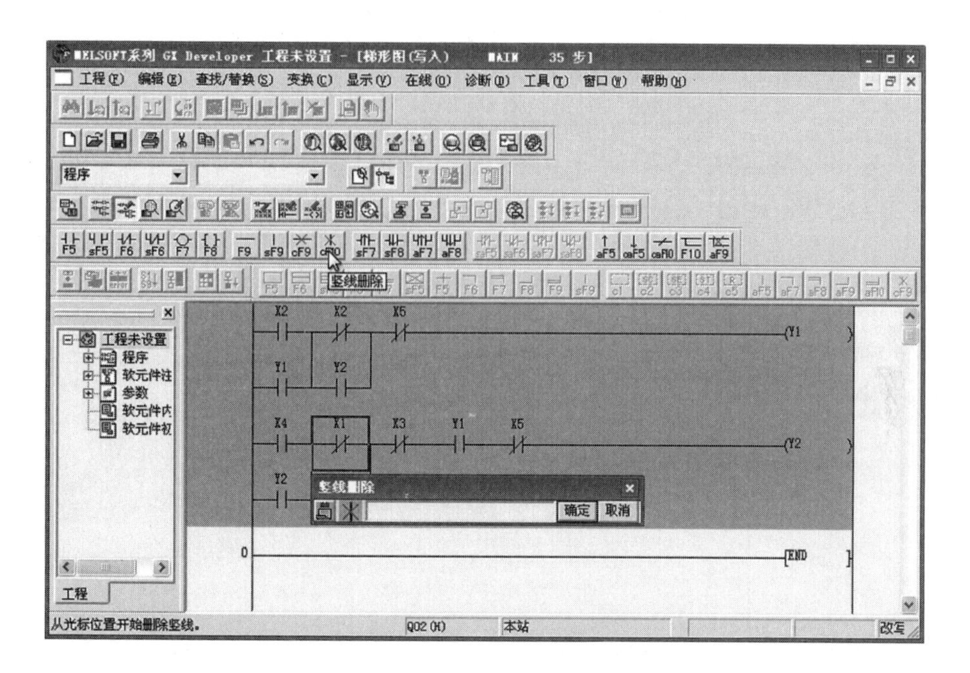

图3-24 竖线的删除方法

将光标定位在X1上，然后单击工具栏上的“竖线删除”按钮，在弹出的对话框中单击“确定”按钮，即可将竖线删除。

至此，PLC程序编写完毕，下面进行变换和保存等操作。

编写程序的变换见图3-25。

执行“变换”菜单里的“变换（编辑中的全部程序）”命令，便可以将编写完成后的语句全部转换为程序，以便于存储。

接下来进行编写程序的存储操作。

编写程序的存储见图3-26。

执行“文件”菜单里的“保存工程”命令，即可弹出“另存工程为”对话框，选择相应的路径，输入相应的工程名后，单击“保存”按钮即可。

单击“保存”按钮后，便可以弹出是否新建工程的对话框。

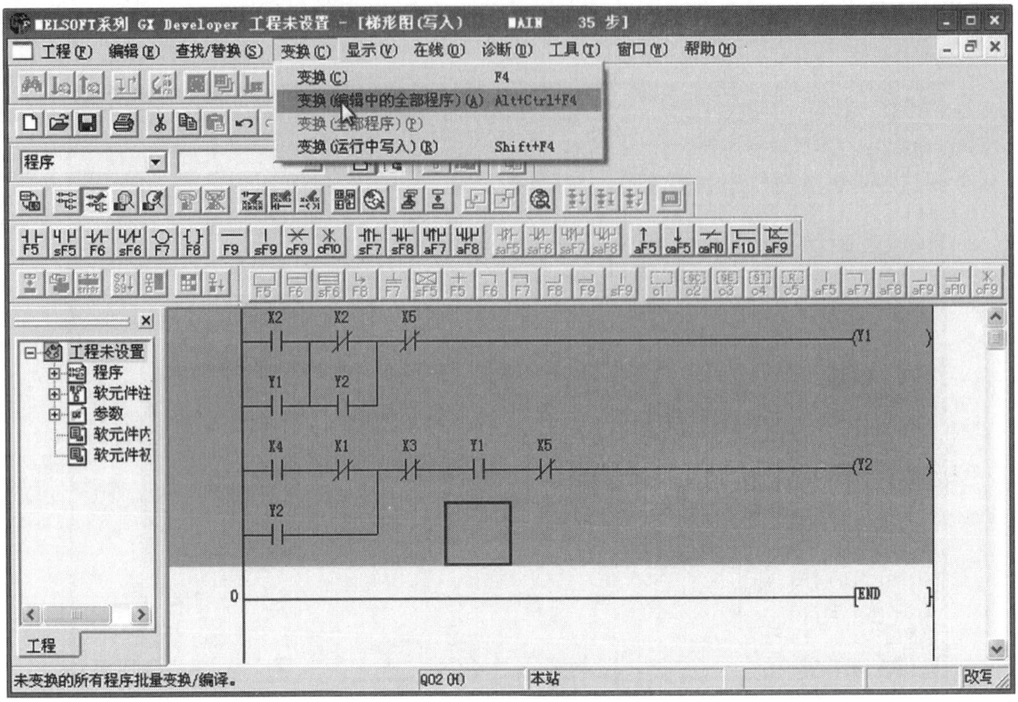

图3-25　编写程序的变换

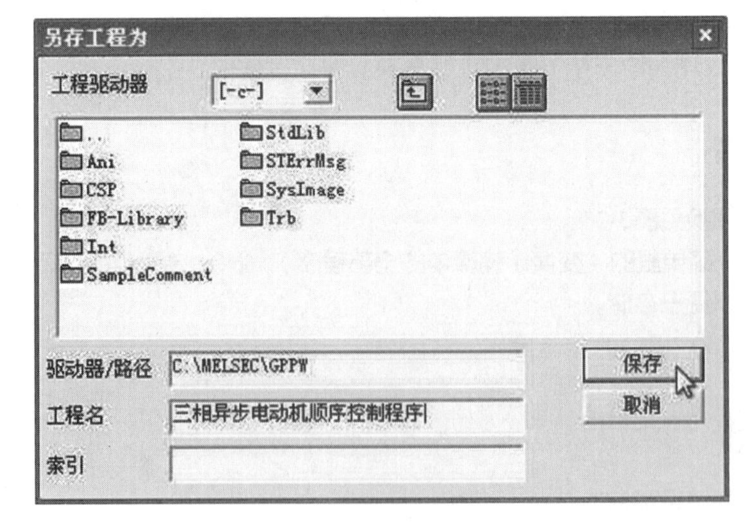

图3-26　编写程序的存储

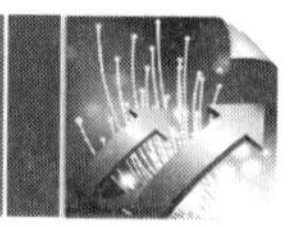

弹出是否新建工程的对话框见图3-27。

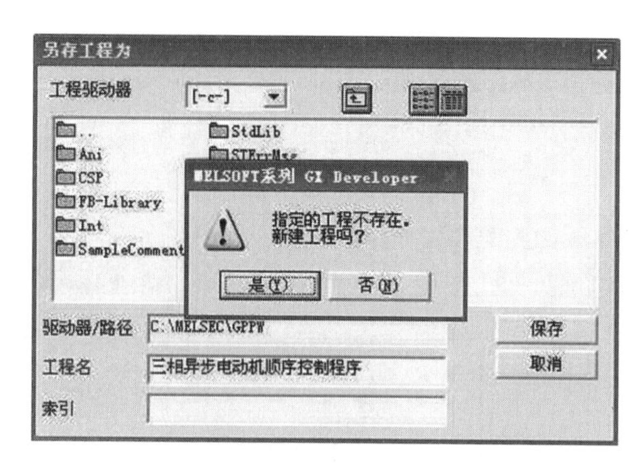

图3-27 弹出是否新建工程的对话框

单击对话框内的“是”按钮，即完成了程序的存储，以便于以后重新对程序进行调用。

扩展

此外，该软件内还带有自动检测PLC设备及编写的程序是否正确的功能，执行“工具”菜单下的“程序检查”命令，便可以弹出“程序检查”对话框，选择相应的选项，单击“执行”按钮，如图3-28所示。若程序编写正确，在下面的对话框中会出现“没有错误”的提示。

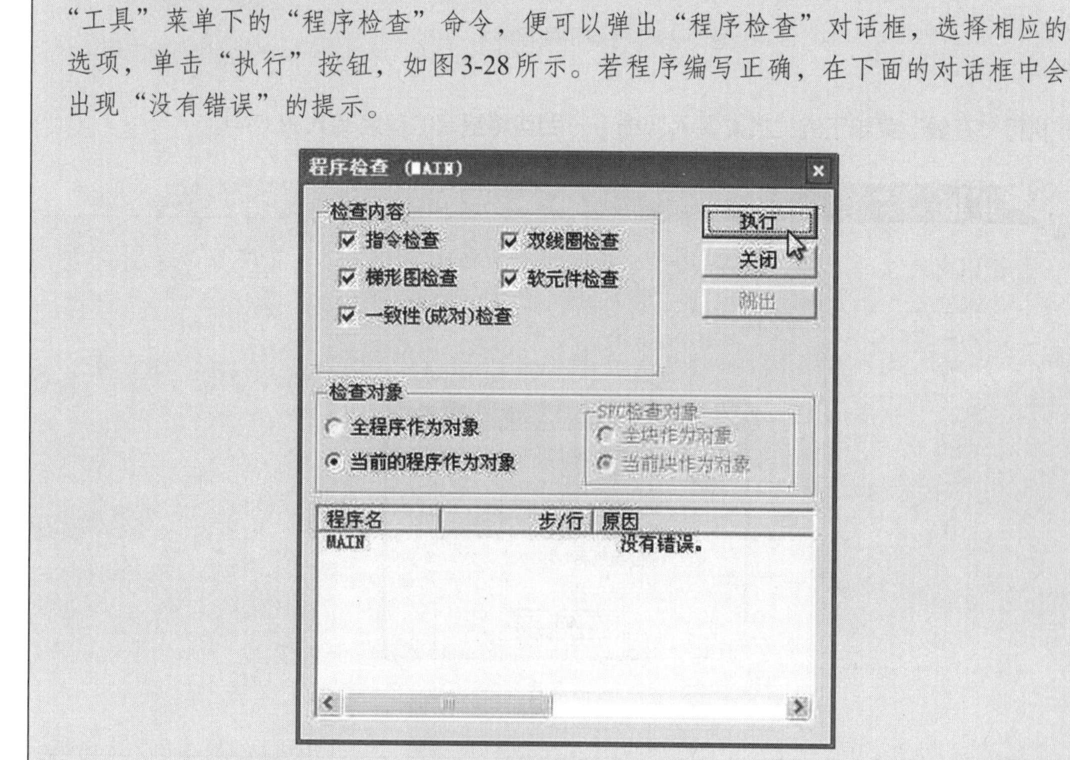

图3-28 “程序检查”对话框

将编写的程序写入PLC（见图3-29）。

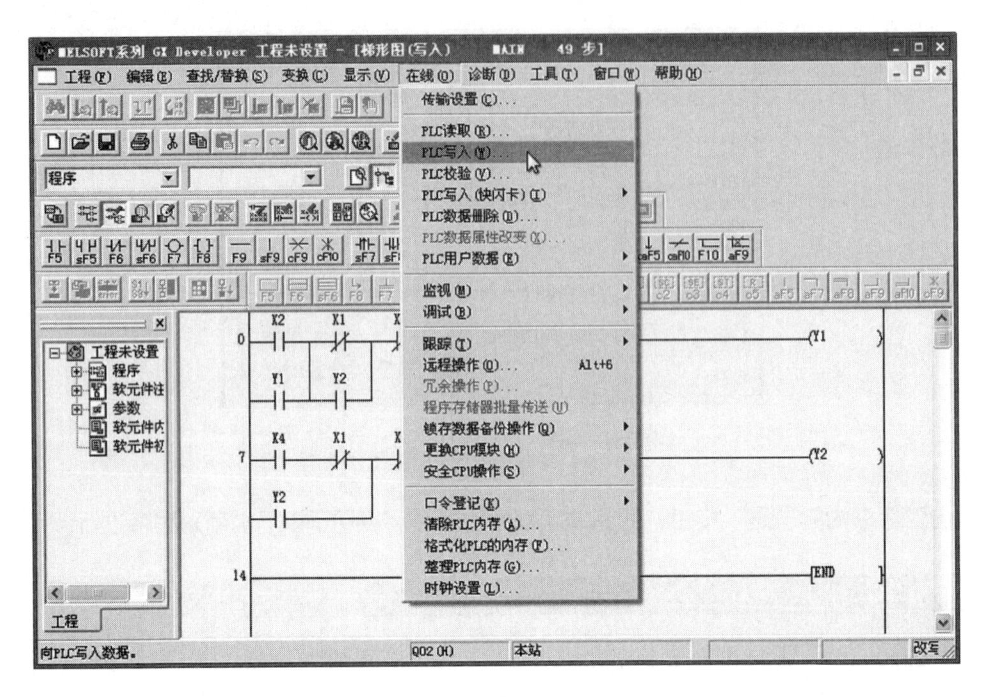

图3-29　将编写的程序写入PLC

执行“在线”菜单下的“PLC写入”命令，即可将编写的程序写入PLC中。

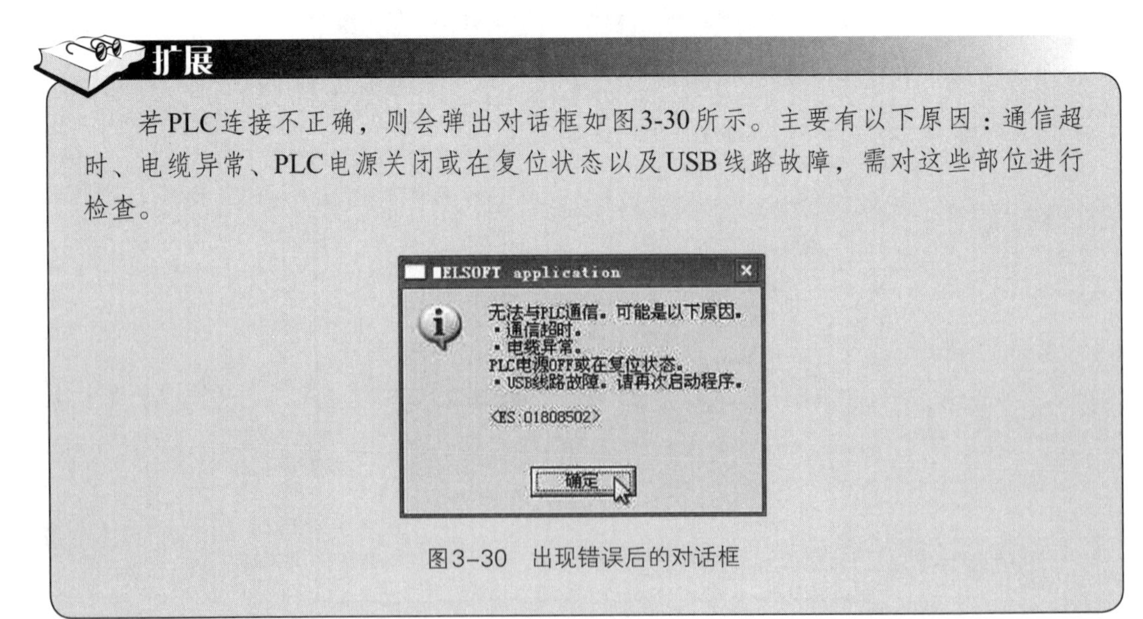

扩展

若PLC连接不正确，则会弹出对话框如图3-30所示。主要有以下原因：通信超时、电缆异常、PLC电源关闭或在复位状态以及USB线路故障，需对这些部位进行检查。

图3-30　出现错误后的对话框

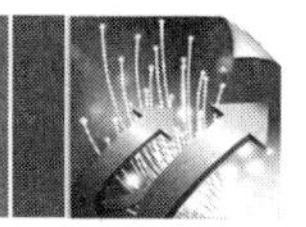

(2) 使用西门子PLC编程软件的设计方法

使用西门子PLC编程软件（S7-200型PLC）进行编程时，首先要确定控制I/O接口的分配关系，并对输入点和输出点进行编号，三相异步电动机顺序控制电路的I/O接口分配见表3-2。

表3-2　三相异步电动机顺序控制电路的I/O接口分配表

输入信号			输出信号		
名称	代号	输入点地址编号	名称	代号	输出点地址编号
M_1停止按钮	SB1	I0.1	M_1接触器	KM1	Q0.1
M_1启动按钮	SB2	I0.2	M_2接触器	KM2	Q0.2
M_2停止按钮	SB3	I0.3			
M_2启动按钮	SB4	I0.4			
M_1、M_2热继电器	FR1、FR2	I0.5			

下面进行PLC接线图和PLC控制梯形图的设计。

三相异步电动机PLC控制梯形图见图3-31。

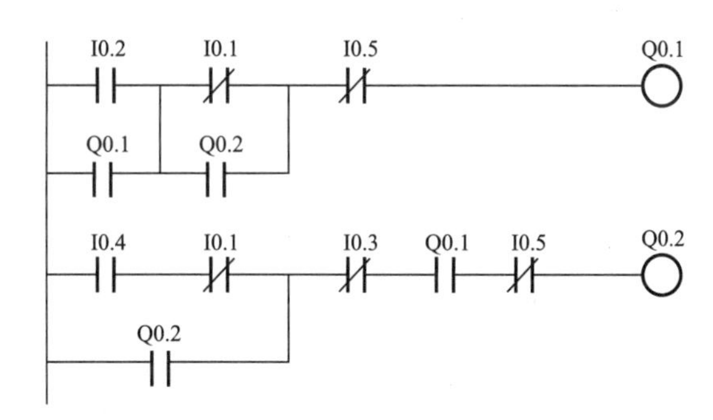

图3-31　三相异步电动机PLC控制梯形图

设计完毕梯形图后，根据所设计的梯形图，使用相应的西门子PLC编程软件进行编写。下面用SETP 7 V5.4编程软件来进行程序的编写。打开该软件后，若第一次使用，则应使用软件自带的“新建项目”向导功能新建一个工程，然后再插入新的对象。

插入新对象的方法见图3-32。

在界面的空白处单击鼠标右键，在弹出的选项中选择“插入新对象”里的“S7程序”命令，新建一个程序。

所有编写的程序都需在新建的程序内进行。

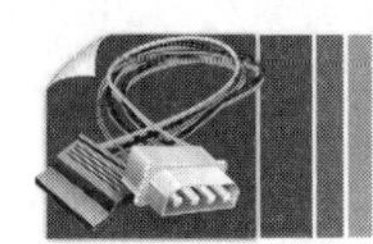

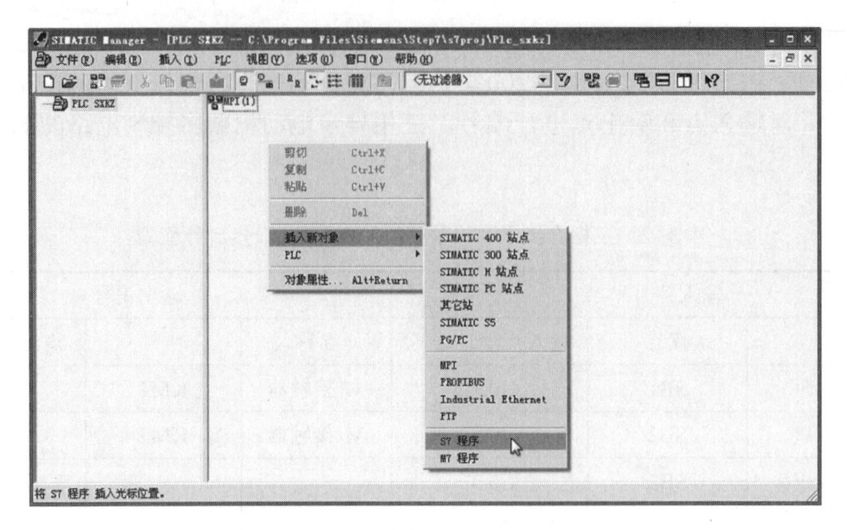

图3–32　插入新对象的方法

打开程序中相应的块见图3-33。

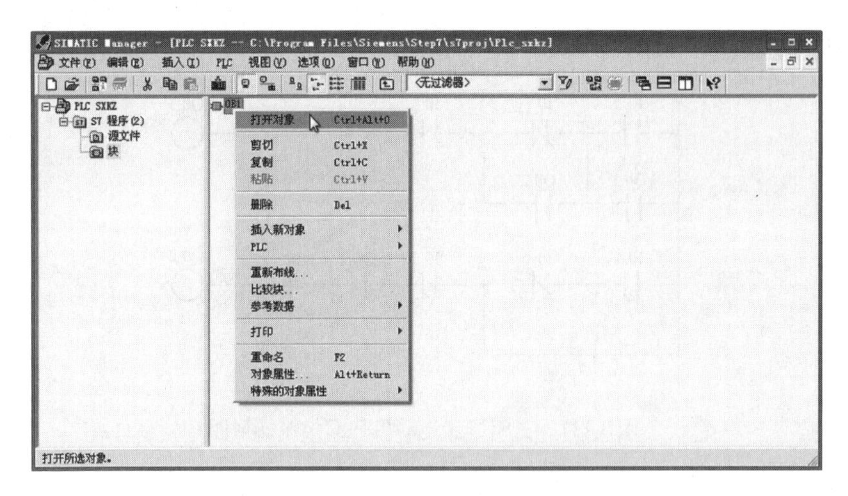

图3–33　打开程序中相应的块

选中块中的DB1，然后单击鼠标右键，选择“打开对象”命令，即可在该对象中进行程序的编写。

此外，通过双击鼠标，也可以打开对象，打开对象后，就可以进行视图的选择，该编程软件既可使用梯形图，也可使用指令语句进行程序的编写。

选择视图为梯形图见图3-34。

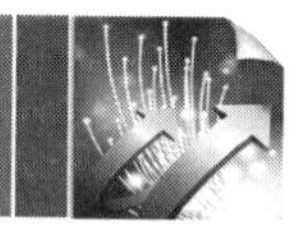

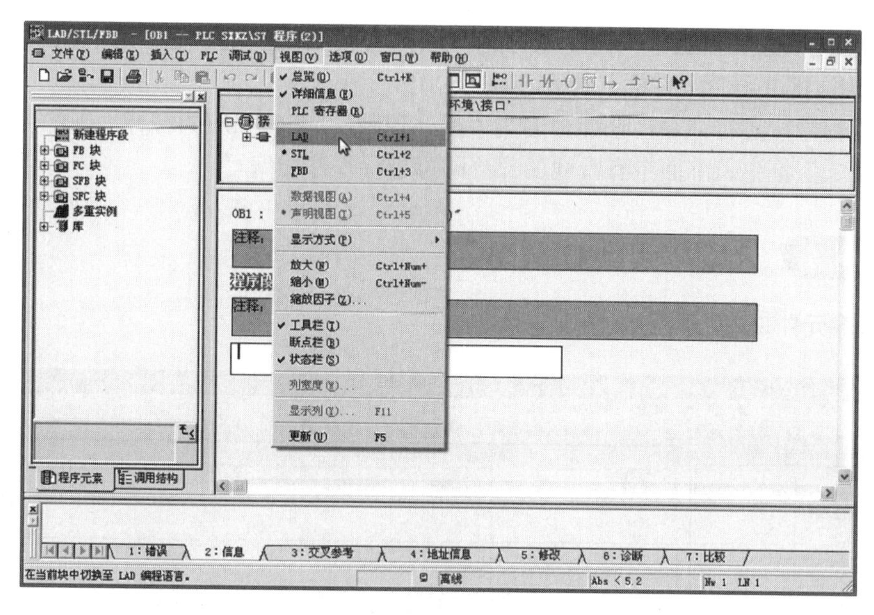

图3-34 选择视图为梯形图

在打开的界面中，选择“视图”菜单下的“LAD”命令，即可使用梯形图模式进行程序的编写。

由于STEP 7 V5.4编程软件为分段式编程模式，其默认的程序段为“程序段1”。

打开位逻辑中的子目录见图3-35。

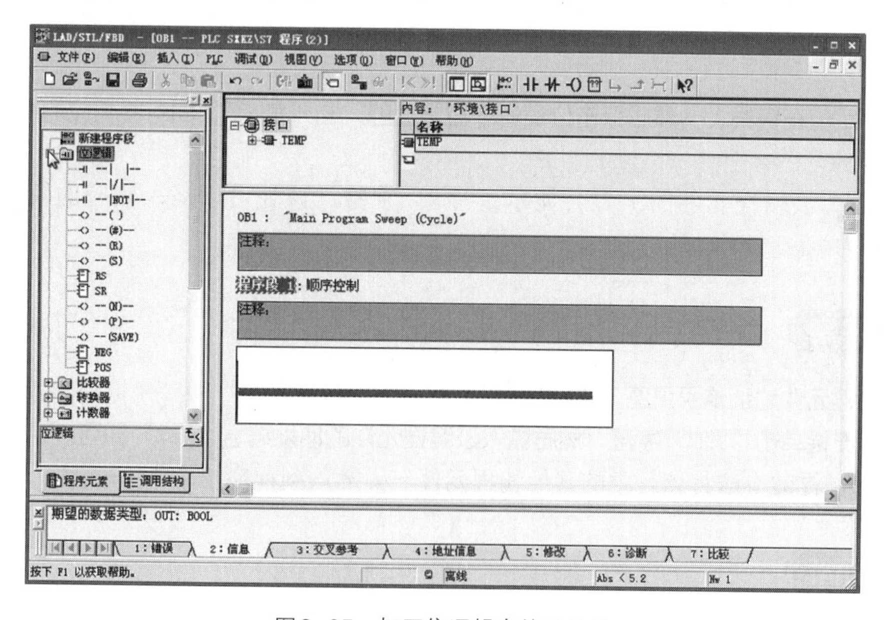

图3-35 打开位逻辑中的子目录

点击界面左侧位逻辑的“+”号，即可将子目录打开，里面有各种程序元件的图标，通过双击图标便可将相应的程序元件插入到语句中。

然后为程序段进行命名，在此命名为“顺序控制”，若有相应的注释，则注释语句可以写在“注释：”框中。下面带有母线的部分即可进行程序的编写。

插入程序元件I0.2见图3-36。

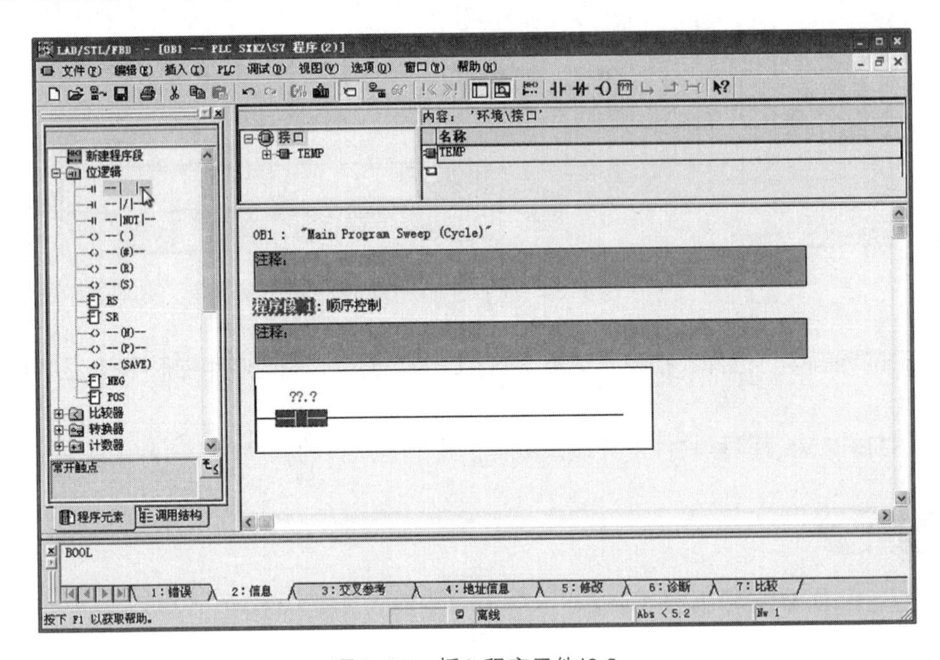

图3-36 插入程序元件I0.2

将光标定位在横线上，然后双击位逻辑子目录上的“常开触点”，即可将相应的编程元件插入到程序中。

插入后在该编程元件的上方会显示“??.?”字符，该处可以插入相应的输入点地址编号。

赋予编程元件地址编号见图3-37。

用鼠标左键单击“??.?”字符，然后输入该编程元件的地址编号“I0.2”即可。

然后用同样的方法将该行中的其他编程元件一一插入到程序中。

并联编程元件的插入见图3-38。

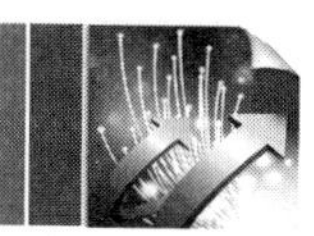

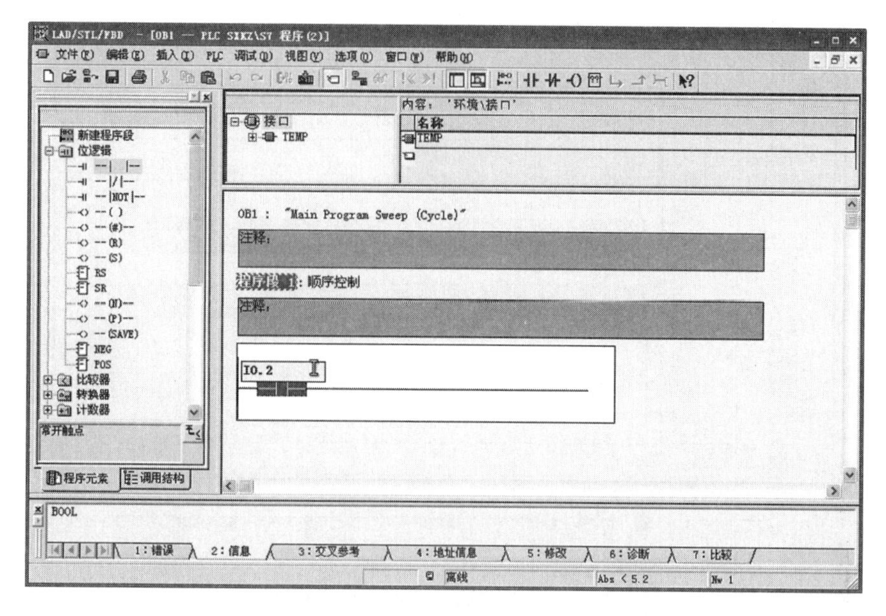

图3-37 赋予编程元件地址编号

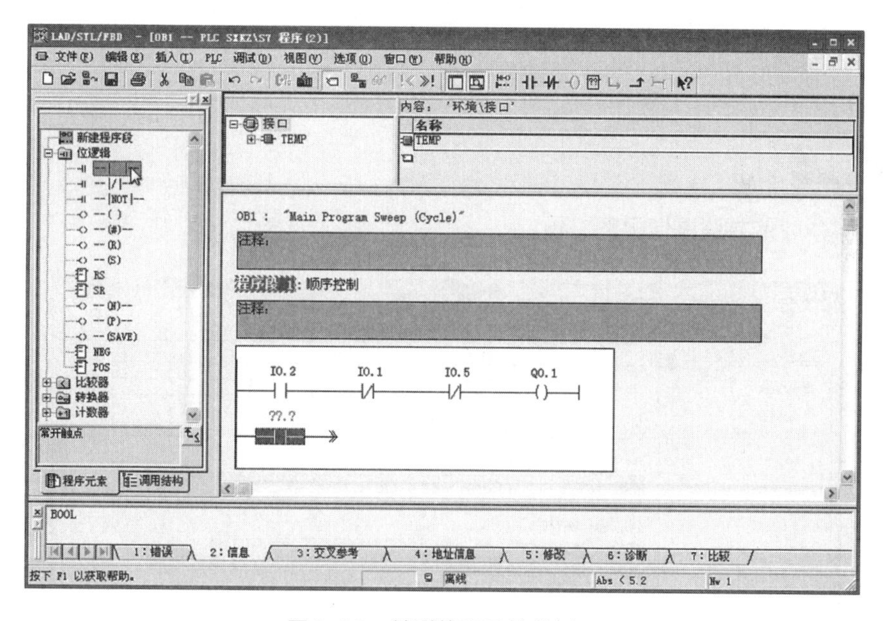

图3-38 并联编程元件的插入

将光标定位到母线上，然后双击位逻辑子目录上的“常开触点”，并输入相应的地址编号。

接下来，进行并联编程元件的闭合操作。

并联编程元件的闭合操作见图3-39。

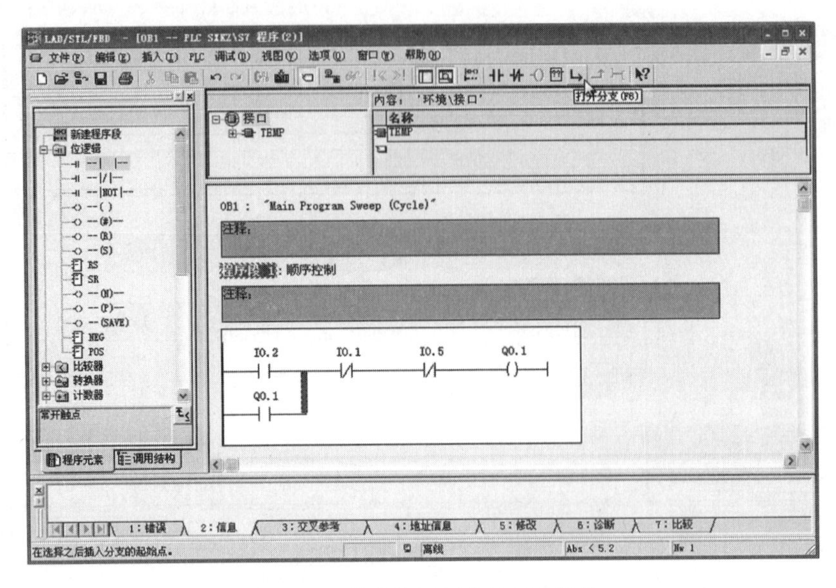

图3-39　并联编程元件的闭合操作

将光标定位在"—»"上，然后单击工具栏上的"关闭分支"按钮，即可将Q0.1与I0.2进行并联。

接下来进行并联元件Q0.2的并联操作。

并联元件Q0.2的并联操作见图3-40。

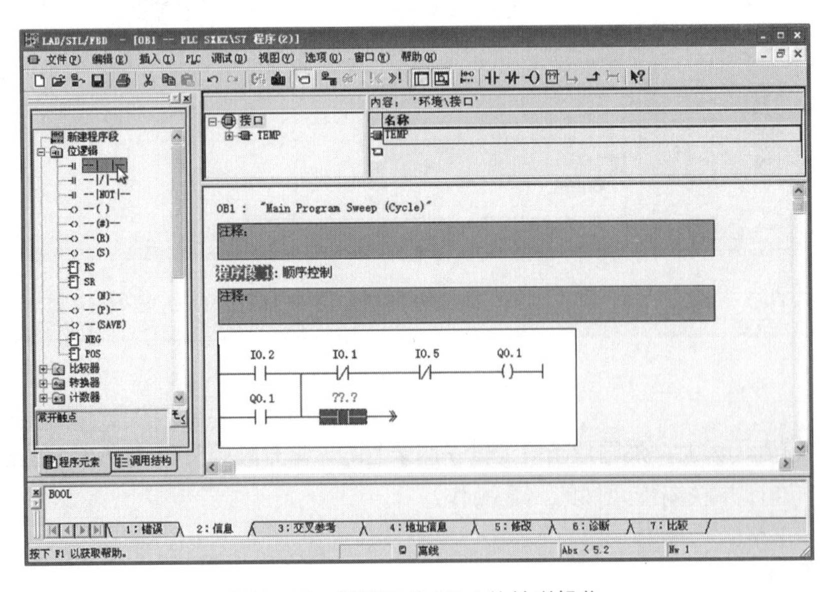

图3-40　并联元件Q0.2的并联操作

将光标定位在编程元件Q0.1右边的竖线上，鼠标左键双击位逻辑子目录中的"常闭触点"，

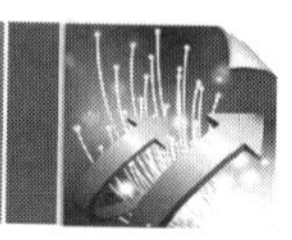

插入编程元件后，再用同样的方法将并联编程元件Q0.2与I0.1进行并联。

至此，程序段1编写完毕，下面进行程序段2的编写。

新建程序段2见图3-41。

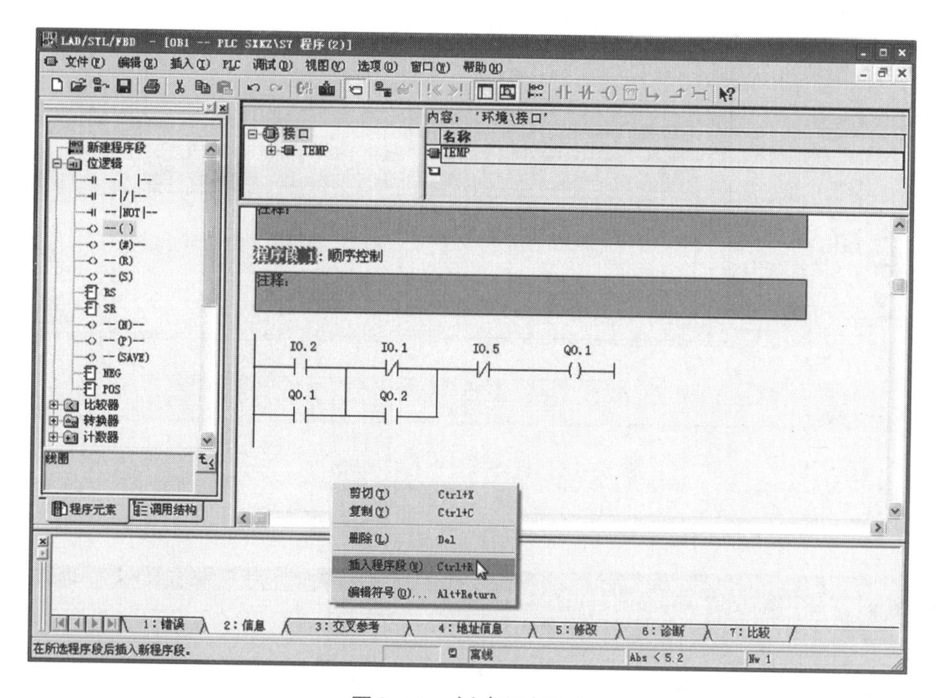

图3-41 新建程序段2

使用鼠标右键单击窗口的空白处，然后在弹出的菜单中选择“插入程序段”命令，即可将程序段2插入到该程序块中。

在新建的程序段2中，即可进行下一段程序的编写。

程序段2中程序的编写见图3-42。

将程序段2命名为“顺序控制2”，然后用同样的方法将相应的程序元件插入到程序中即可。

接下来进行程序的保存和写入PLC操作。保存时执行“文件”菜单下的保存命令，或用快捷键“Ctrl+S”，即可将程序存入计算机中。

将程序下载到PLC中见图3-43。

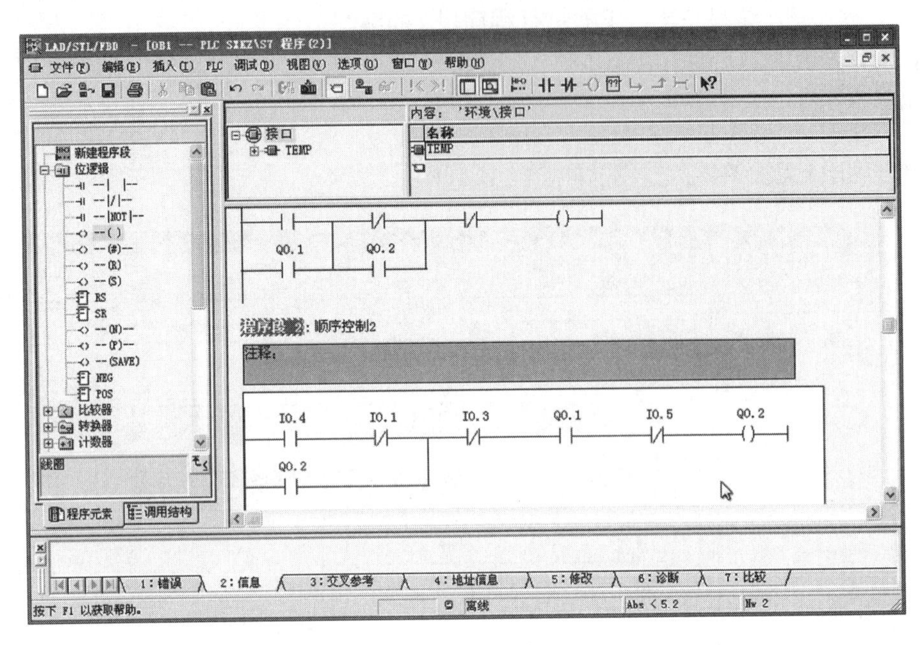

图3-42　程序段2中程序的编写

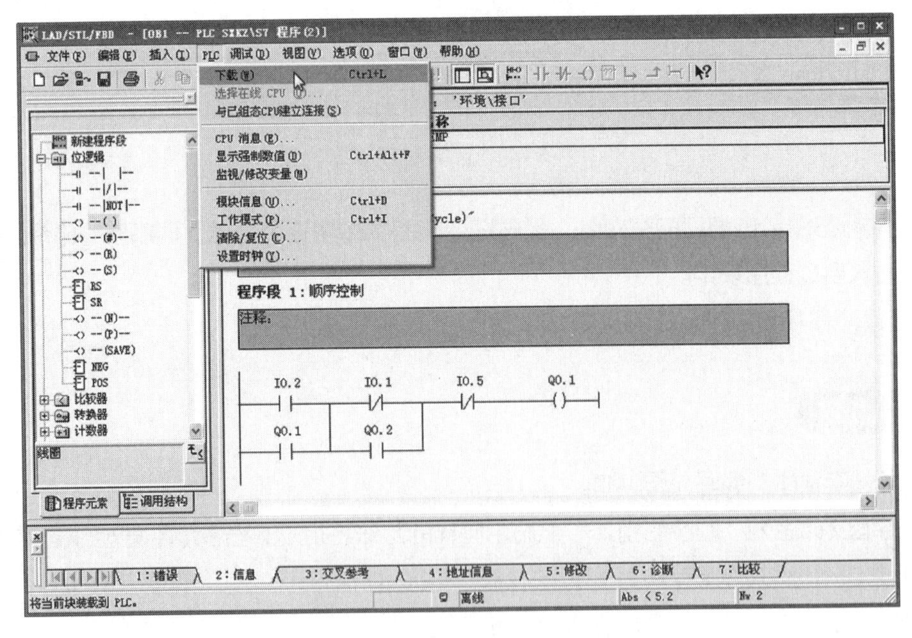

图3-43　将程序下载到PLC中

在PLC设备与计算机连接正确的情况下，执行“PLC”菜单中的“下载”命令，即可将所编写的程序写入PLC中。

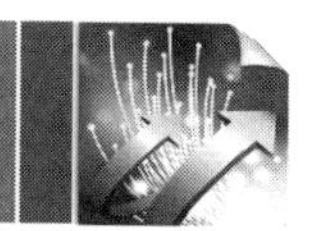

扩展

若PLC连接不正确，则会弹出如图3-44所示对话框，提示用户不能在PC/PG和PLC之间建立连接。主要原因有通信电缆异常、PLC电源关闭或在复位状态以及USB线路故障，需对这些部位进行检查。

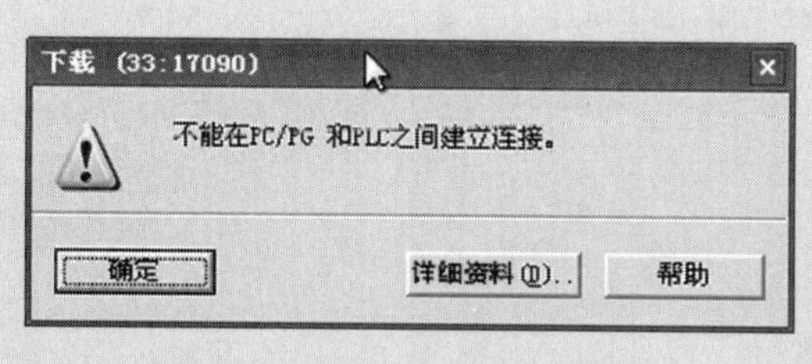

图3-44 出现错误后的对话框

3.3 PLC的安装

PLC的安装是指通过PLC的设计方案，将PLC的硬件系统进行连接，以及将软件进行安装，以保证PLC系统能够正常的对设备进行控制。

3.3.1 PLC的安装要求

PLC属于新型自动化控制装置的一种，在传统的继电器控制技术的基础上，添加了新型的计算机技术和通信技术，具有使用方便、通用性强、可靠性高等优点，有取代继电器控制技术、软启动器控制技术以及变频器控制技术的趋势。

但由于PLC属于电子设备，是由基本的元器件等组成的，且使用环境比较恶劣、干扰源也比较多，因此为了保证PLC系统的稳定性，对于PLC使用和安装环境，也有一定的要求。

(1) PLC安装环境的要求

PLC的硬件系统在设计时，为了避免环境的影响，已经采取了一定的措施，这些措施可以保证PLC在基本的环境下进行工作。但由于PLC一般用于一些工矿企业等环境比较恶劣的场合，因此在对PLC的硬件系统进行安装时，还需要注意以下几点。

● 太阳光不能直接照射，且温度不能超过0 ~ 50℃，当温度过高或过低时，其内部的元器件便会工作失常。

● 空气中的湿度不能过大（85 %以下），也不能安装在有露水凝聚的地方，湿度太大会使PLC内部元器件的导电性增强，可能会出现元器件击穿损坏的现象。

● PLC不能安装在振动比较频繁的环境里（振动频率为10 ~ 55 Hz、幅度为0.5 mm），若振动过大则可能会使PLC内部的固定螺钉或元器件脱落、焊点虚焊。

● 环境里不能有氯化氢、硫化钾、铁屑、灰尘等污物，以及腐蚀性和易燃性气体，以免腐蚀PLC内部的元器件或部件。

典型PLC硬件系统的控制柜见图4-45。

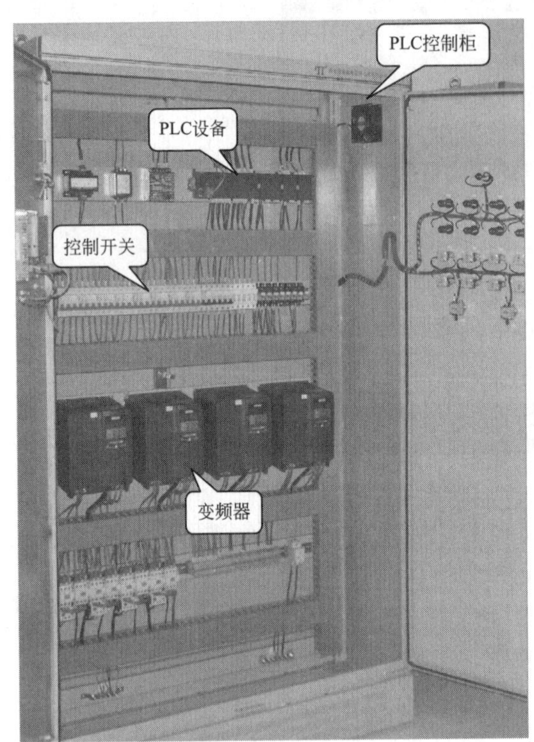

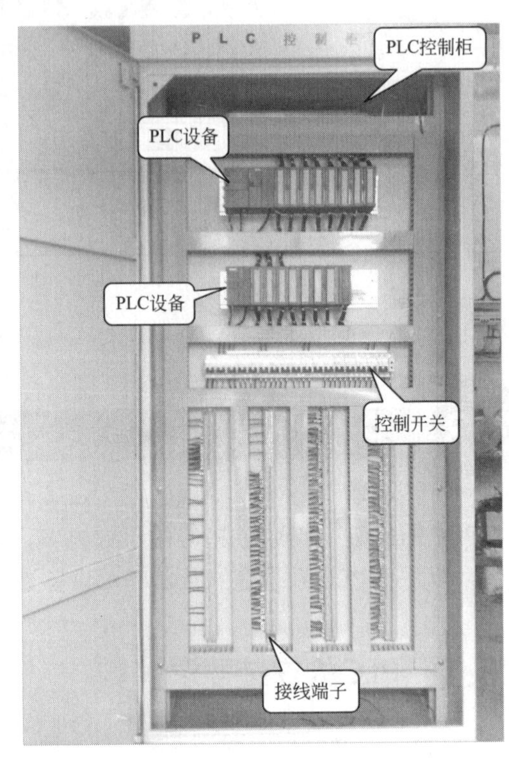

图3-45 典型PLC硬件系统的控制柜

PLC硬件系统一般安装在PLC控制柜内，防止灰尘、油污、水滴等进入PLC内部，造成电路短路，从而造成PLC损坏。为了保证PLC在工作状态下其温度保持在规定环境温度范围内，安装PLC的控制柜应有足够的通风空间，PLC的基本单元和扩展单元之间要有30 mm以上间隔。如果周围环境温度超过55℃，要安装电风扇，强迫通风。

（2）PLC供电的安装要求

PLC若要正常的工作，最重要的一点就是要保证其供电线路的正常。一般情况下PLC供电电源的要求为交流220 V/50 Hz，三菱FX系列的PLC还有一路24 V的直流输出引线，用来连接一些光电开关、接近开关等传感器件。

在电源突然断电的情况下，PLC的工作应在小于10 ms时不受影响，以免电源电压突然的波动影响PLC工作。在电源断开时间大于10 ms时，PLC应停止工作。

PLC设备本身带有抗干扰能力，可以避免交流供电电源中的轻微的干扰波形，若供电电源中的干扰比较严重时，则需要安装一个1 ∶ 1的隔离变压器，以减少干扰。

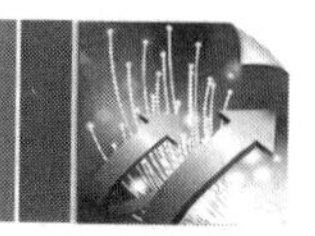

(3) PLC接地的安装要求

有效地接地可以避免脉冲信号的冲击干扰，因此在对PLC设备或PLC扩展模块进行安装时，应保证其良好的接地，以免脉冲信号损坏PLC设备。

在连接PLC设备的接地端时，应尽量避免与电动机或其他设备的接地端相连，以免受其他设备的干扰，且接地端应尽量靠近PLC。

(4) PLC输入端的安装要求

PLC一般是使用限位开关、行程开关等进行控制，且输入端一般与外部传感器进行连接，因此在对PLC输入端的接口进行接线时，应注意以下两点。

● 输入端的连接线不能太长，应限制在30 m以内，若连接线过长，则会使输入设备对PLC的控制能力下降，影响控制和信号输入的精度。

● PLC的输入端引线和输出端的引线不能使用同一根电缆，以免造成干扰，或引线绝缘层损坏时造成短路故障。

(5) PLC输出端的安装要求

PLC设备的输出端一般用来连接控制设备，例如继电器、晶闸管、晶体管等，在对输出端的引线或设备进行连接时，需要注意以下几点。

● 若PLC的输出端连接继电器设备时，应尽量选用工作寿命比较长（内部开关动作次数）的继电器，以免负载（电感性负载）影响到继电器的工作寿命。

● 在连接PLC输出端的引线时，应将独立输出和公共输出分别进行分组连接。在不同的组中，可采用不同类型和电压输出等级的输出电压；而在同一组中，只能选择同一种类型、同一个电压等级的输出电源。

● 输出元件端应安装熔断器进行保护，由于PLC的输出元件安装在印制电路板上，使用连接线连接到端子板，若错接而将输出端的负载短路，则可能会烧毁电路板。安装熔断器后，若出现短路故障则熔断器快速熔断，保护电路板。

● PLC的输出负载可能产生噪声干扰，因此要采取措施加以控制。

● 除了使用PLC中设置控制程序防止对用户造成伤害，还应设计外部紧急停止工作电路，在PLC出现故障后，能够手动或自动切断电源，防止危险发生。

● 直流输出引线和交流输出引线不应使用同一个电缆，且输出端的引线要尽量远离高压线和动力线，避免并行或干扰。

3.3.2 PLC的安装操作

前面的章节中，介绍了PLC硬件系统和软件系统的设计方法，因此在对应的PLC系统中，其安装操作也主要分为硬件系统的安装操作和软件系统的安装操作两种。软件系统的安装就是指将需要的编程软件安装在电脑上即可，该软件在网络或PLC的生产厂家可以获得，其安装方法比较简单，下面重点介绍PLC硬件系统的安装和连线方法。

PLC的硬件系统主要是由CPU和扩展模块（I/O接口模块或电源供电模块）、输入设备、输出设备等组成的，这些设备通常安装在PLC控制柜内，避免灰尘、污物等侵入，并通过数据线与电脑进行连接，用来进行程序的写入和PLC的控制操作。

(1) CPU和扩展模块的安装与连接

大多数的PLC主要是由CPU和扩展模块（I/O接口模块或电源供电模块）组成的，因此应首先将这些设备安装在PLC控制柜内，使CPU与扩展模块进行连接。

PLC的CPU与扩展模块的安装方法见图3-46。

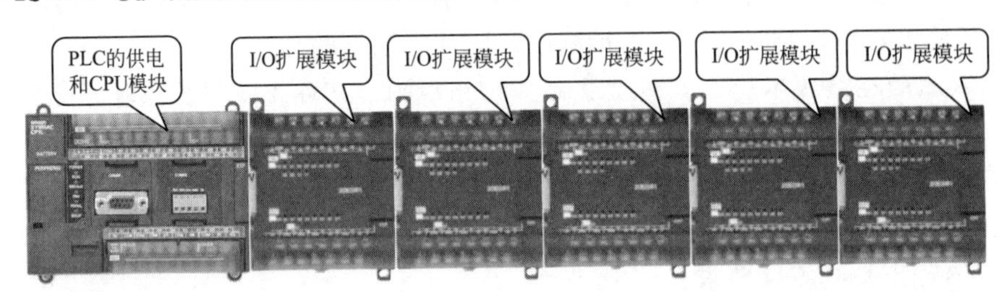

(a)CPU与扩展模块的直接连接

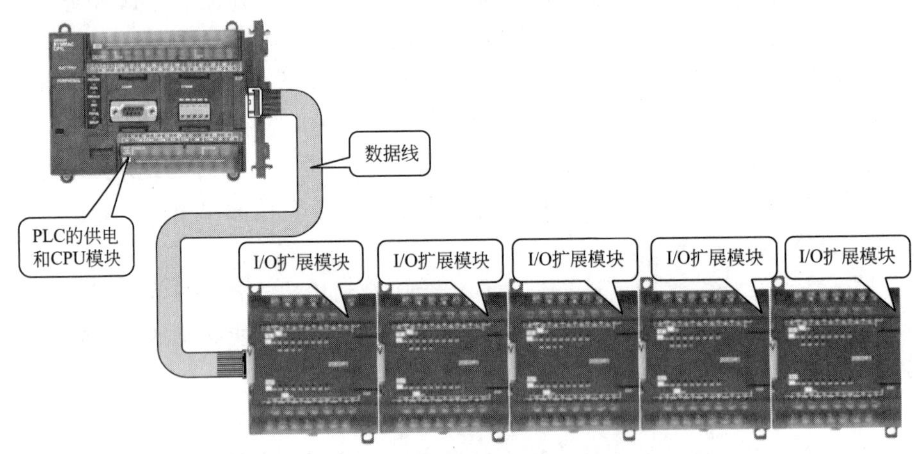

(b)CPU与扩展模块使用数据线连接(一)

(c)CPU与扩展模块使用数据线连接(二)

图3-46 PLC的CPU与扩展模块的安装方法

PLC的CPU与扩展模块的连接方式主要有两种，即直接连接和使用数据线连接，其连接方

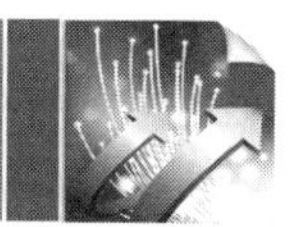

式见图3-46。直接连接可以将PLC的CPU与扩展模块安装在一排上，而使用数据线进行连接时，可以使PLC的CPU与扩展模块分排连接，用来满足不同PLC控制柜的规格。

提示

使用数据线进行CPU模块与扩展模块的安装时，不可以随意的安装，如图3-47所示为两种错误的连接方式。

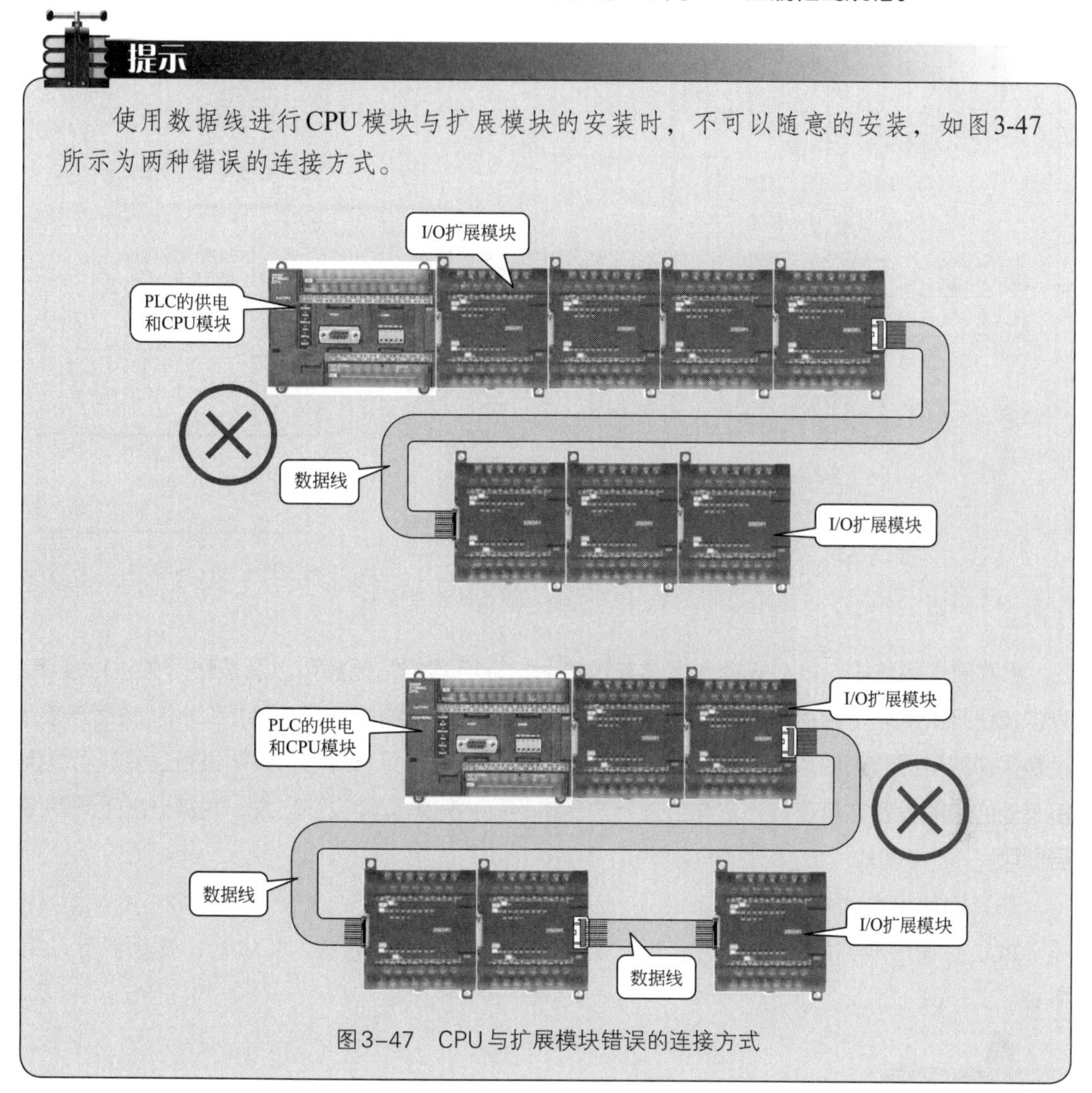

图3-47　CPU与扩展模块错误的连接方式

（2）输入设备的安装

PLC的输入端常与输入设备进行连接，即控制PLC工作状态的设备，例如控制按钮、过热保护继电器，因此在进行输入设备的安装时，要将输入设备与PLC的输入端接口和COM（公共）端进行连接。

图解

PLC与输入设备的连接安装见图3-48。

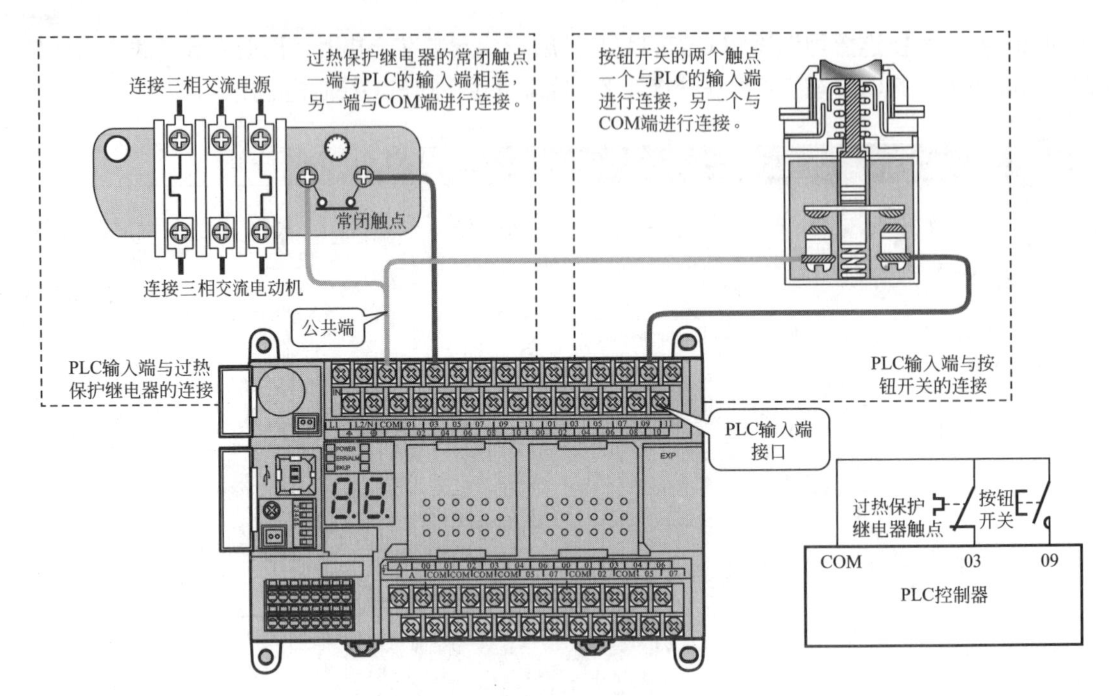

图3-48　PLC与输入设备的连接安装

PLC硬件系统中，PLC的输入端常与过热保护继电器的常闭触点以及按钮开关进行连接。其中按钮开关的一个触点与输入端的接口进行连接，另一个触点与公共端（COM）进行连接；过热保护继电器常闭触点的一端与输入端的接口进行连接，另一端与公共端进行连接。若需连接其他的控制设备，其连接方法与上述方法基本相同，只需按照设计方案，为其分配不同的编号即可。

（3）输出设备的安装

PLC的输出端外接控制（输出）设备，例如接触器、继电器、晶体管、变频器等，用来控制其工作。

PLC与输出设备的连接安装见图3-49。

进行PLC输出端设备的连接时，应首先了解被接设备的类型，例如连接接触器或继电器时，只需将线圈串联接入220 V火线中，再与PLC的输出端端子连接，零线连接PLC的COM端。而在连接变频器时，只需将PLC的控制信号输出端与变频器的控制信号输入端使用连接线进行连接即可，编程时其端子编号要与梯形图中的编号相对应。

（4）PLC与电脑主机的安装连接

大多数PLC所需程序的编写都是借助于电脑，在编程软件上编写的，因此在程序编写完毕后，还需将PLC与电脑主机进行连接，将编写的程序写入PLC中，PLC才能根据这些指令输出控制信号。

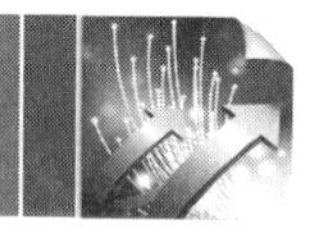

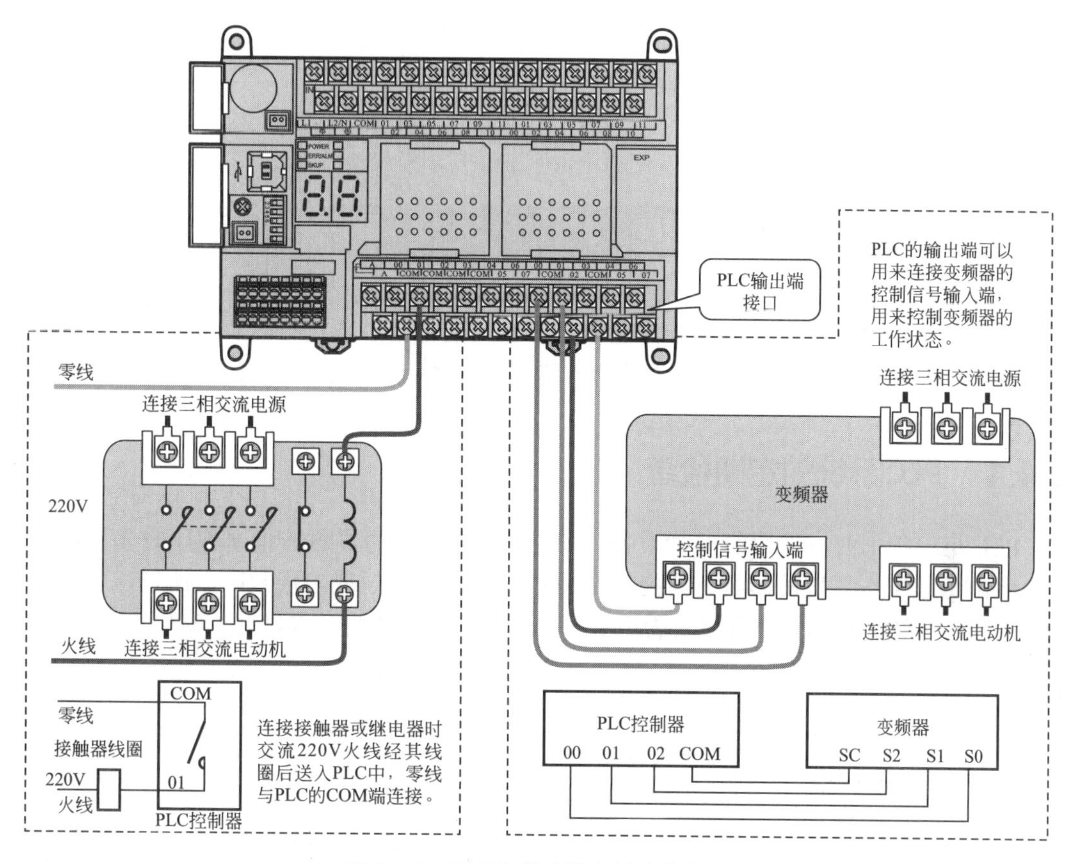

图3-49　PLC与输出设备的连接安装

PLC与电脑主机的安装连接方法见图3-50。

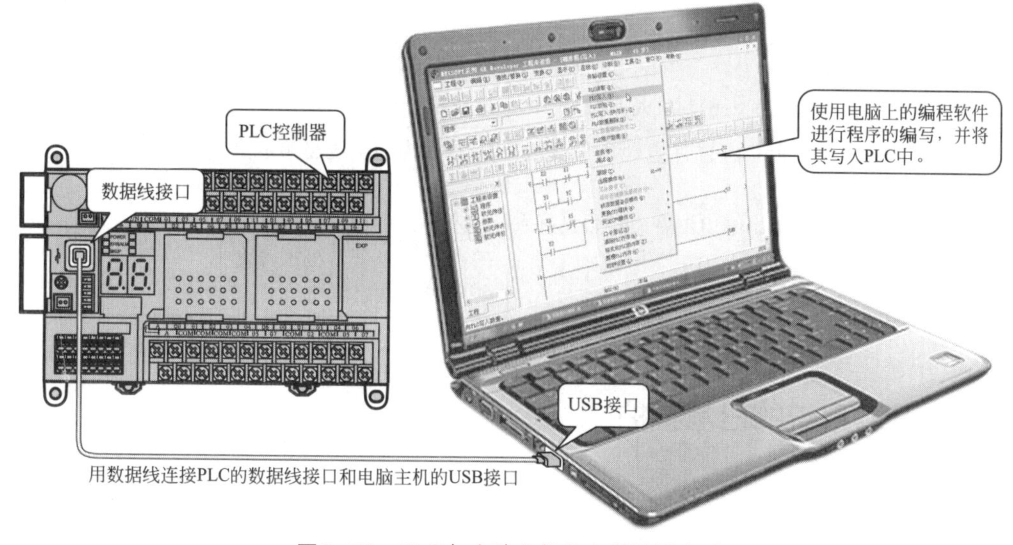

图3-50　PLC与电脑主机的安装连接方法

将数据线的一侧与电脑主机上的USB或并行数据传输接口进行连接，另一端与PLC上的数据线接口进行连接，然后将所需的程序下载到PLC中即可。

3.4 PLC系统的维护

为了保障PLC系统的正常运行，在PLC系统安装完毕后或运行过程中，应定期对PLC系统进行检查和维护，及时对出现的故障或隐患进行排除。

3.4.1 PLC系统的定期检查

PLC是一种工业中使用的控制设备，在出厂时尽管在可靠性方面采取了许多的防护措施，但由于其工作环境的影响，可能会造成PLC寿命的缩短或出现故障，所以应定期地对PLC做检查，看PLC的工作环境是否符合标准，PLC的定期检查项目见表3-3。

表3-3 PLC的定期检查项目

维护和检查项目	维护和检查内容	判断标准	处理方法
电源检查	① 电源端子上的电压是否为额定值 ② 电压是否出现频繁的变化	电源电压必须在工作电压范围内，其波动不能超过10%	检查供电线路
环境条件	① 周围温度是否适当 ② 周围湿度是否适当 ③ 是否有灰尘、污物	① 温度在0～50℃之间 ② 湿度在85%之内，无结霜现象 ③ 无灰尘、污物	① 降低或升高温度 ② 适度将水分烘干 ③ 清理灰尘和污物
安装状态	① 各单元连接是否良好 ② 连接线有无松动、断裂或破损等现象 ③ 控制柜密封性是否良好	各单元及连接线连接良好，无松动、断裂和破损的现象；控制柜密封性良好	重新对连接线进行连接；更换断裂或破损的连接线；更换PLC控制柜
寿命元件	① PLC内置锂电池电压是否正常 ② 输出继电器寿命是否良好	① 锂电池电压在额定范围之内 ② 输出继电器电气寿命在30万次以下，机械寿命在1000万次以下	

3.4.2 PLC系统的日常维护

在PLC系统中，除了PLC内置的锂电池和继电器的输出触点外，并无其他易损元器件，因此在日常的维护中，重点应对锂电池和继电器进行维护。锂电池的寿命大约为5年，在

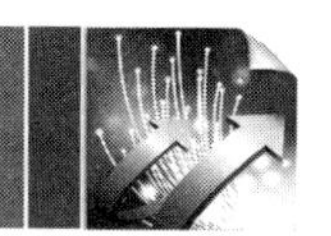

恶劣的使用环境下，其寿命会缩短，因此当锂电池的电压下降到一定程度时，应对锂电池进行更换。

在进行锂电池的更换时，应首先让PLC通电15 s以上，再断开PLC的交流电源，将旧电池拆下，装上新电池即可。在更换电池时，一般不允许超过3min，若等待时间过长，则存储器中存储的程序将消失，还需重新写入。

此外，若发现PLC模块的周围有污物、灰尘等现象，应及时进行清理。若模块与模块之间有污物、氧化等造成接触不良的现象时，则应使用干净的纯棉布蘸工业酒精后进行清理，清理干净后再进行安装。

PLC在电动机控制电路中的应用

目标

目前，继电器/接触器被广泛应用于电动机的各种控制电路中，本章将详细为读者介绍有关PLC在电动机控制电路中的应用，通过实际案例对各种电动机的PLC控制原理进行讲解。

通过本章的学习，读者应重点掌握各种电动机控制电路的电气原理图，通过对电器图的分析，绘制出与其对应的PLC控制电路、PLC梯形图。并对PLC梯形图中各种器件的功能及工作状态进行正确的分析。

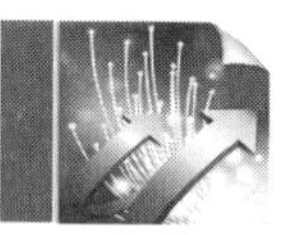

4.1 三相交流感应电动机连续控制线路的PLC控制

4.1.1 三相交流感应电动机连续控制线路的电气结构

（1）三相交流感应电动机的基本结构

三相交流感应电动机是利用三相交流电源供电的电动机，一般供电电压为380V。三相交流感应电动机根据其运行方式可分为三相异步电动机和三相同步电动机。其中三相异步电动机的应用较为广泛。

三相交流感应电动机的实物外形见图4-1。

图4-1　三相交流感应电动机实物外形

三相交流感应电动机是由静止的定子和转动的转子两个主要部分构成的。其中定子部分包含了定子绕组、定子铁芯和外壳，而转子部分包含了转子、转轴、轴承等。该电动机具有运行可靠、过载能力强及使用、安装、维护方便等优点，广泛应用于工农业机械设备中。

三相交流感应电动机的内部结构、剖面示意图及整机分解见图4-2。

定子铁芯是电动机磁路的一部分，由0.35 ~ 0.5 mm厚并且表面涂有绝缘漆的薄硅钢片叠压而成。由于硅钢片较薄而且片与片之间是绝缘的，所以减少了由于交变磁通通过而引起的铁芯涡流损耗。

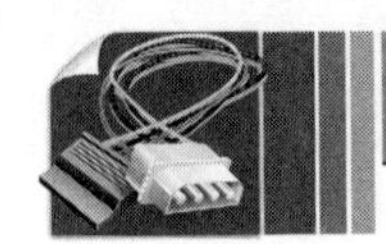

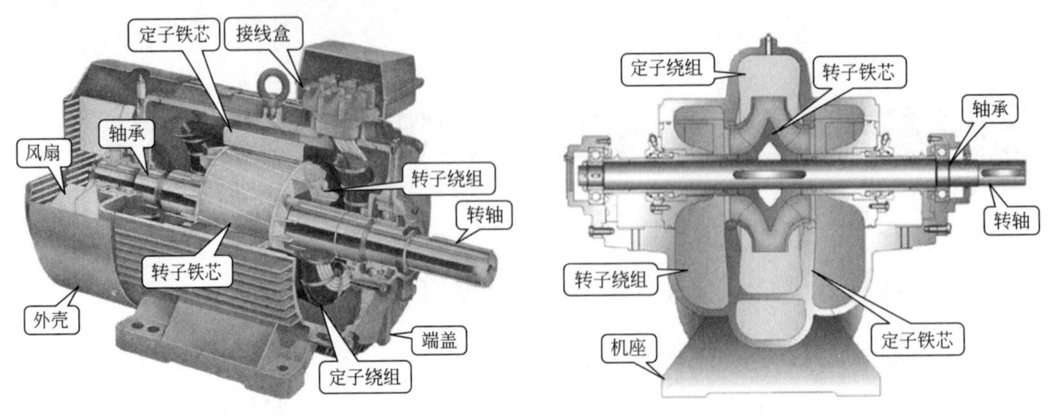

(a)三相交流感应电动机内部结构图

(b)三相交流感应电动机剖面示意图

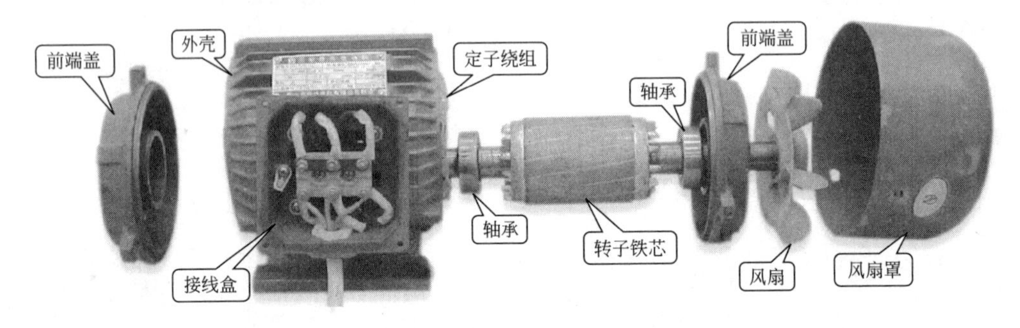

(c)三相交流感应电动机整机分解图

图4-2　三相交流感应电动机的内部结构、剖面示意图及整机分解

定子绕组是定子中的电路部分，其作用是通入三相交流电后产生旋转磁场。三相交流感应电动机有三相独立的绕组，每个绕组包括若干线圈，当通入三相电流时，就会产生旋转磁场。

三相交流感应电动机的转子是电动机的旋转部分，由转子铁芯、转子绕组、转轴和轴承等部分组成。转轴一般是用中碳钢制成的，轴的两端用轴承支撑。

三相交流感应电动机除了定子和转子部件外，还有端盖和轴承盖。端盖的作用是支撑转子，它把定子和转子连成一个整体，使转子能在定子铁芯内膛中转动。轴承盖与端盖连在一起，它主要起固定轴承位置和保护轴承的作用。

此外，在三相交流感应电动机的定子和转子之间还存在一定的气隙（空隙），气隙的大小对电动机性能的影响很大，气隙过大，电动机空载电流大，电动机输出功率下降；气隙太小，定子、转子之间容易相互碰撞而转动不灵活，一般气隙在0.2 ~ 1 mm为宜。

（2）三相交流感应电动机连续控制线路的电气结构

电动机的连续控制线路也是由电动机供电电路和启/停控制电路构成的，所谓连续控制是指按下电动机启动键后再松开，控制电路仍保持接通状态，电动机能够继续正常运转，在运转状态按下停机键，电动机停止运转，松开停机键，复位后，电动机仍处于停机状态，上述这种控制方式也称为自锁控制。

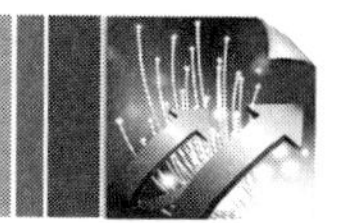

三相交流感应电动机连续控制线路的电气结构见图4-3。

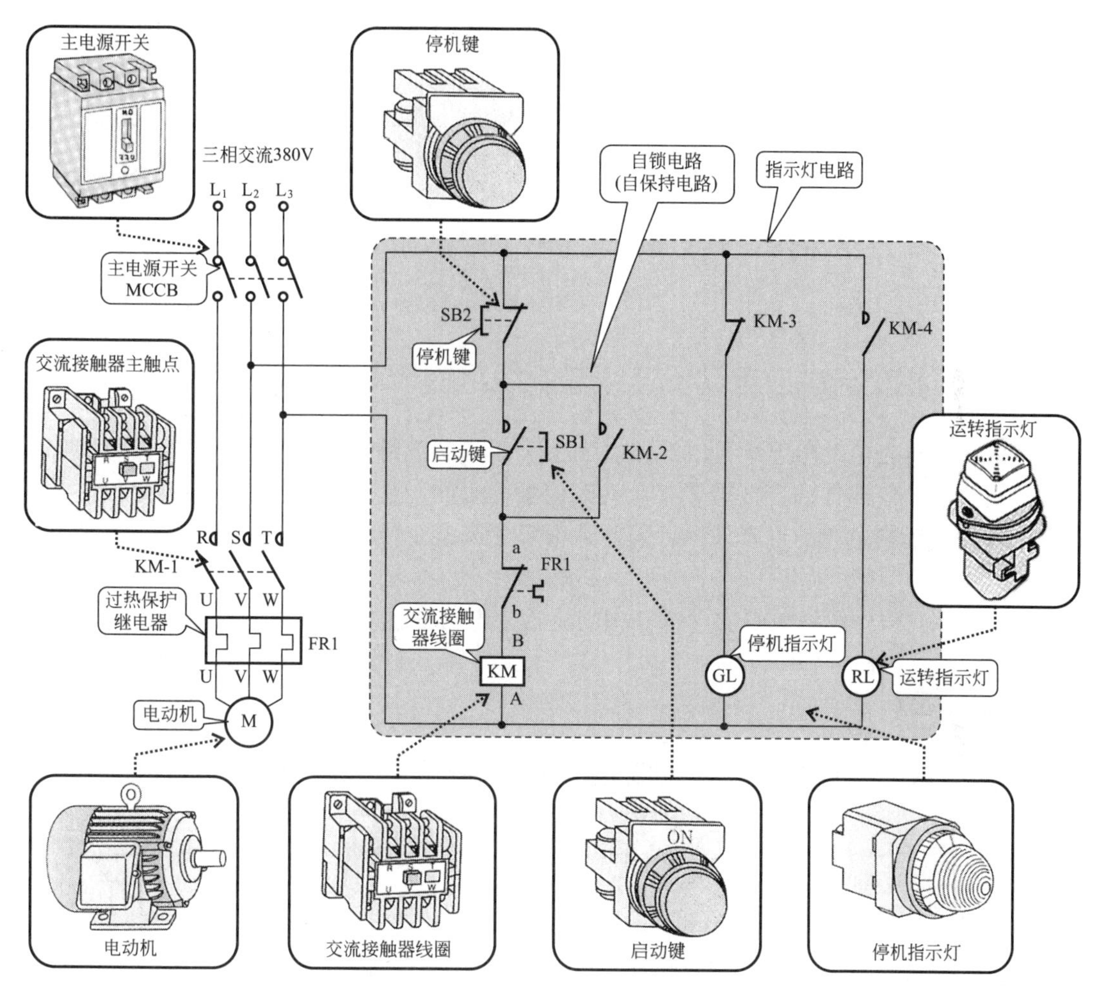

图4–3　三相交流感应电动机连续控制线路的电气结构

该电路是一种典型的三相交流感应电动机的连续控制电路。它主要是由主电源开关、交流接触器、过热保护继电器、启动键、停机键以及启停指示灯等部分构成的。

主电源开关用于接通或切断交流三相380 V电源。

交流接触器主要用于控制接通或断开送给电动机供电的电源。

过热保护继电器接在电动机的供电电路中，在温度过高的情况下自动切断电动机的供电，进行自动保护。

启动键用于为交流接触器提供启动电压，使电路进入启动运转状态。

停机键的功能是切断交流接触器的供电通道，通过交流接触器使电动机停机。

指示灯为操作者提供工作状态的指示。

该线路主要分为电源供电电路、控制电路和过流、过热保护电路四部分。

① 电源供电电路　电源供电电路主要由380 V交流电压、交流接触器KM的常开触点KM-1、过热保护继电器FR1及三相交流电动机等部件构成。经控制电路的控制，由380 V电压为三相交流电动机进行供电，实现电动机的启/停运转。

② 控制电路　控制电路主要是由启动键、停止键和交流接触器KM等部件组成的。电动机的连续控制是通过启动键、停止键与交流接触器的线圈串联，并在启动键两端并联交流接触器的常开辅助触点实现的。

③ 过流保护过程　交流接触器本身具有过流检测和过流保护功能，当出现过流情况时，交流接触器会自动切断为电动机供电的触点开关，电动机停转，从而实现过流保护。

④ 过热保护过程　当温度超过85℃时，过热保护继电器（FR1）会动作，使接在交流接触器供电电路中的触点开关（FR1的a～b端）断开，交流接触器便断电，从而使电动机进入停机状态。

4.1.2　三相交流感应电动机连续控制线路的PLC控制原理

三相交流感应电动机连续控制线路基本上采用了交流继电器、接触器的控制方式，该控制方式由于电气部件的连接过多存在人为因素的影响，具有可靠性低、线路维护困难等缺点，将直接影响企业的生产效率。因此，很多生产型企业中采用PLC控制方式对其进行控制。

下面我们具体介绍用PLC实现对三相交流感应电动机连续控制的原理。

三相交流感应电动机的PLC连续控制电路见图4-4。

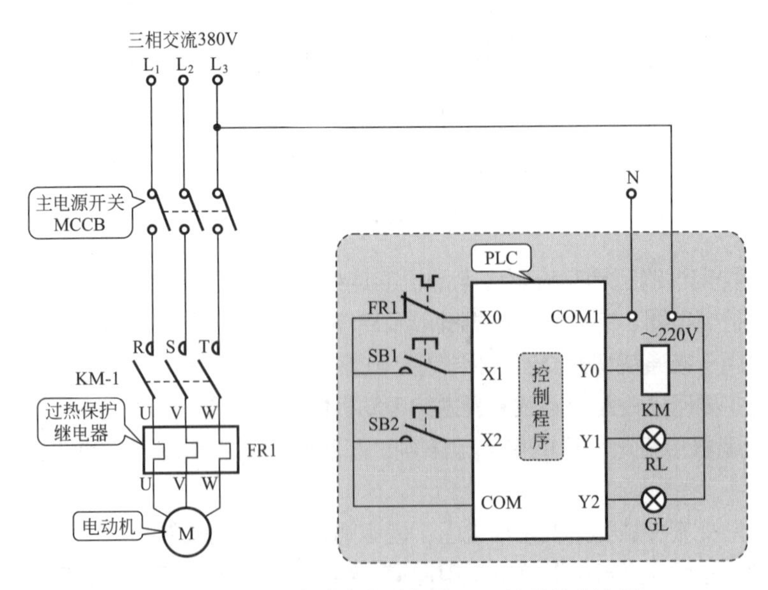

图4–4　三相交流感应电动机的PLC连续控制电路

该控制电路采用三菱FX2N系列PLC，电路中PLC控制I/O分配表见表4-1。

表4-1　三相交流感应电动机三菱FX2N系列PLC控制I/O分配表

输入信号及地址编号			输出信号及地址编号		
名称	代号	输入点地址编号	名称	代号	输出点地址编号
过热保护继电器	FR1	X0	交流接触器	KM	Y0
启动键	SB1	X1	运行指示灯	RL	Y1
停机键	SB2	X2	停机指示灯	GL	Y2

图4-4中，通过PLC的I/O接口与外部电器部件进行连接，提高了系统的可靠性，并能够有效地降低故障率，维护方便。当使用编程软件向PLC中写入控制程序，便可以实现外接电器部件及负载电动机等设备的自动控制。想要改动控制方式时，只需要修改PLC中的控制程序即可，这大大提高了调试和改装效率。

三相交流感应电动机三菱FX2N系列PLC连续控制梯形图见图4-5。

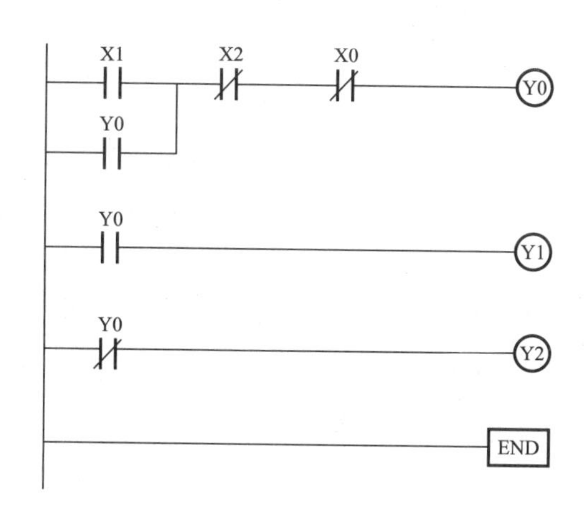

图4-5　三相交流感应电动机三菱FX2N系列PLC连续控制梯形图

根据梯形图识读该PLC的控制过程，首先可对照PLC控制电路和I/O分配表，在梯形图中进行适当文字注解，然后再根据操作动作具体分析启动和停止的控制原理。

（1）三相交流感应电动机连续控制线路的启动过程

三相交流感应电动机三菱FX2N系列PLC连续控制电路的启动过程见图4-6。

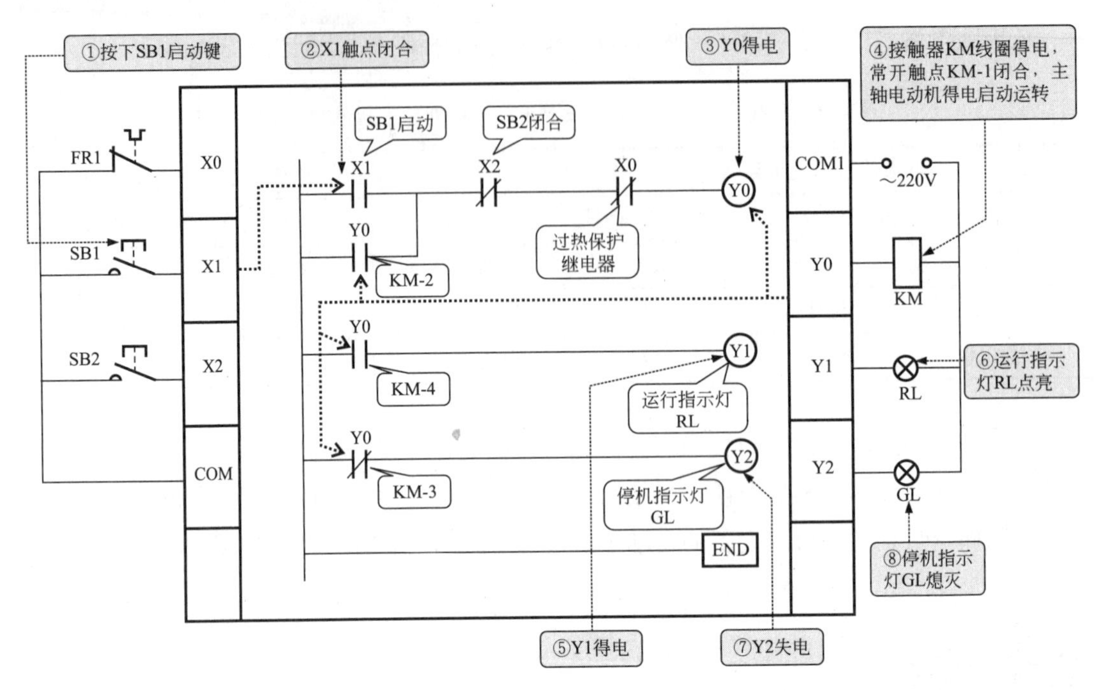

图4-6 PLC连续控制下三相交流感应电动机的启动过程

该控制线路中电动机的启动过程如下：

当按下启动键SB1时，其将PLC内的X1置“1”，即该触点接通，使得Y0得电，控制PLC外接交流接触器KM线圈得电。

Y0得电，常开触点Y0（KM-2）闭合自锁，使启动按钮断开，电动机仍然会保持运行，因此启动键常采用点动式开关，按一下即可启动，手松开后电动机仍保持运行，有效降低启动部件电气损耗和安全性、可靠性；控制Y0的常开触点Y0（KM-4）接通，Y1得电，运行指示灯RL点亮；常闭触点Y0（KM-3）断开，Y2失电，停机指示灯GL熄灭。

同时，KM1线圈得电，常开触点KM-1闭合，接通电动机电源，电动机启动运转。

（2）三相交流感应电动机连续控制线路的停止过程

三相交流感应电动机三菱FX2N系列PLC连续控制电路的停止过程见图4-7。

具体控制过程为：

当按下停机键SB2时，其将PLC内的X2置“0”，即该触点断开，使得Y0失电，PLC外接交流接触器线圈KM失电。

Y0失电，常开、常闭触点Y0（KM-2、KM-3、KM-4）复位，Y1失电，Y2得电，运行指示灯RL熄灭，停机指示灯GL点亮。

KM失电，主电路中的常开触点KM-1断开，电动机停止运转。

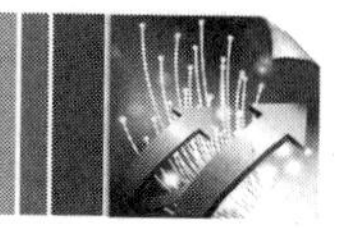

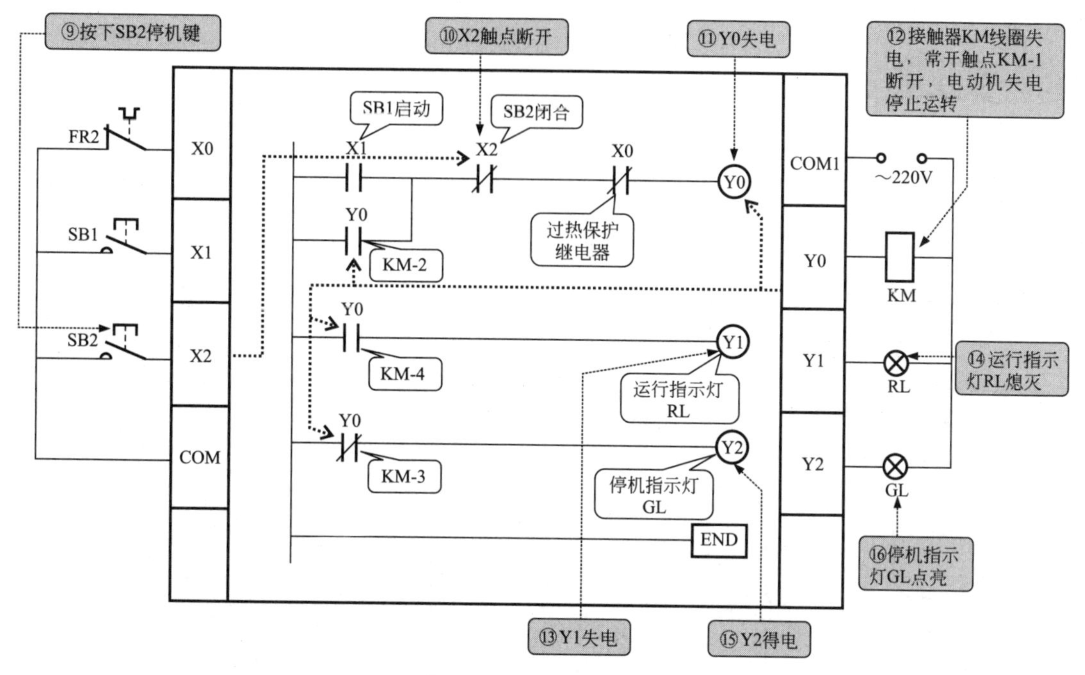

图4-7 PLC连续控制下三相交流感应电动机的停止过程

4.2 三相交流感应电动机降压启动控制线路的PLC控制

电动机按其启动方式不同可分为全电压直接启动和降压启动两种方式。其中，采用全压直接启动的方式时，电动机定子绕组所加的电压为电动机的额定电压。但有些容量在10 kW以上的电动机或由于其他原因不允许直接启动时，电动机应采用降压启动方式。

所谓降压启动，是指在电动机启动时，加在定子绕组上的电压小于额定电压，当电动机启动后，再将在定子绕组上的电压升至额定电压，从而大大减小了启动电流的启动方式。

常见的降压启动方式主要有定子串电阻降压启动、Y-△降压启动、自耦变压器降压启动、延边三角形降压启动等，下面我们以定子串电阻降压启动方式和Y-△降压启动方式为例，介绍其控制线路的结构原理以及PLC控制原理。

4.2.1 三相交流感应电动机降压启动控制线路的电气结构

定子绕组串电阻降压启动是指，在电动机定子电路中串入电阻器，启动时利用串入的电阻器起到降压限流作用，当电动机启动完毕后，再通过电路将串联的电阻短接，从而使电动机进入全压正常运行状态。

采用定子串电阻式降压启动控制线路的电气结构图见图4-8。

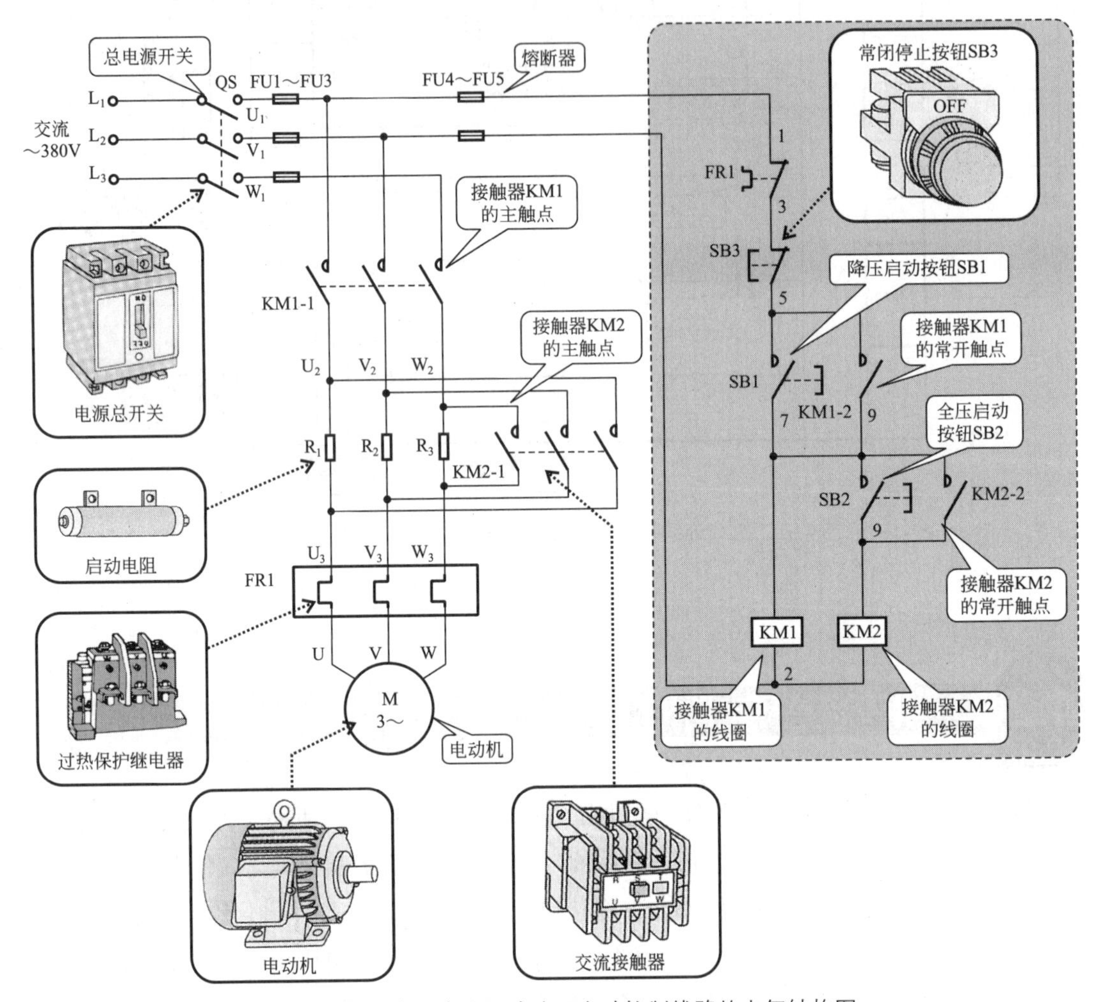

图4-8 采用定子串电阻式降压启动控制线路的电气结构图

该电路主要由供电电路和控制电路两部分构成。供电电路是由总电源开关QS、熔断器FU1 ~ FU3、交流接触器KM1、KM2的主接触点（KM1-1、KM2-1）、启动电阻R_1 ~ R_3、过热保护继电器FR1以及电动机M等构成的。控制电路是由熔断器FU4、FU5，控制电路部分的常闭停止按钮SB3、全压启动按钮SB2、降压启动按钮SB1、交流接触器KM1、KM2的线圈以及常开触点（KM1-2、KM2-2）等构成的。

其电路的控制流程如下。

（1）电动机的降压启动过程

首先合上总电源开关QS后，按下降压启动按钮SB1后，交流接触器KM1线圈得电吸合，接触器KM1的常开触点KM1-2闭合自锁，接触器KM1的主触点KM1-1闭合，此时电动机串联电阻线路接通，降压启动。

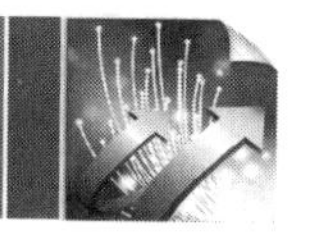

（2）电动机的全压启动过程

当电动机转速升至接近额定转速时，按下全压启动按钮SB2，交流接触器KM2的线圈通电吸合，接触器KM2的常开触点KM2-2闭合自锁，接触器KM2的主触点KM2-1闭合，此时启动电阻R被短接，电动机在全压状态下开始运行。

在上述电路过程中，全压启动按钮SB2和降压启动按钮SB1具有顺序控制的能力，电路中KM1的常开触头串接在SB2、KM2线圈支路中起顺序控制的作用，也就是说只有KM1线圈先接通后，KM2线圈才能够接通，即电路先进入降压启动状态后，才能进入全压运行状态，达到降压启动、全压运行的控制目的。

（3）电动机的停机过程

当需要电动机停止工作时，只要按下控制线路部分的停机按钮SB3后，接触器KM1、KM2的线圈将同时失电断开，接着接触器的主触点KM1-1、KM2-1同时断开，电动机停止运转。

4.2.2 三相交流感应电动机降压启动控制线路的PLC控制原理

下面我们具体介绍用PLC实现对三相交流感应电动机降压启动的控制原理。

三相交流感应电动机降压启动的PLC控制电路见图4-9。

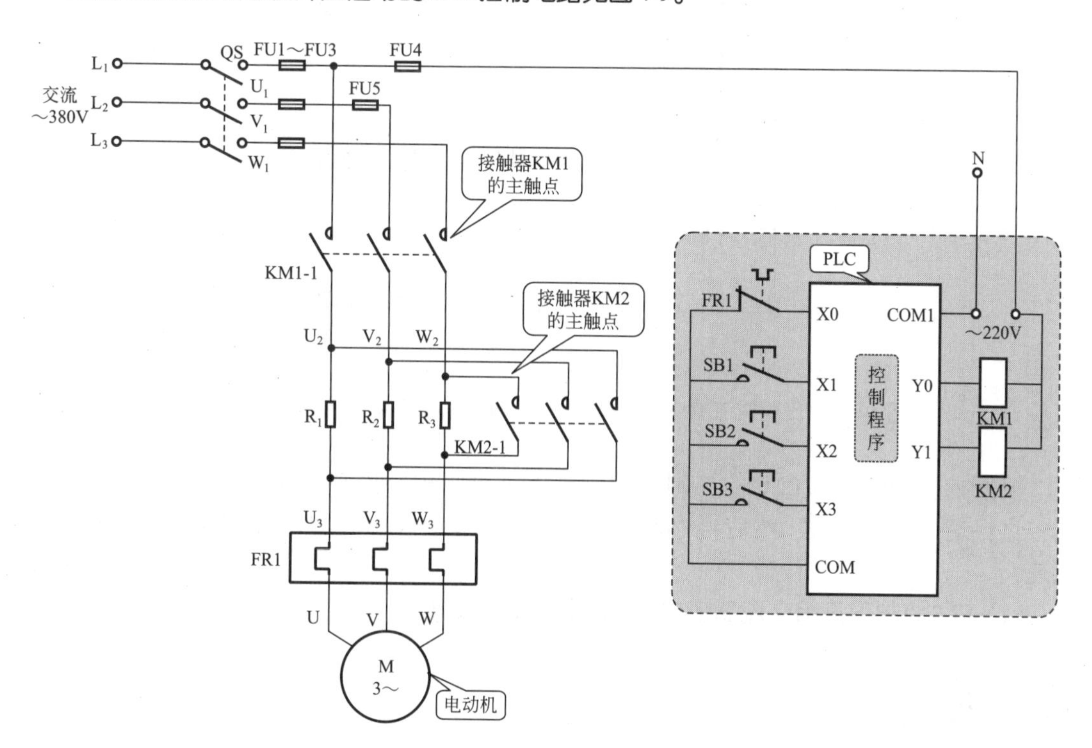

图4-9　三相交流感应电动机降压启动的PLC控制电路

该控制电路采用三菱FX2N系列PLC，电路中PLC控制I/O分配表见表4-2。

表4-2　三相交流感应电动机降压启动的三菱FX2N系列PLC控制I/O分配表

输入信号及地址编号			输出信号及地址编号		
名称	代号	输入点地址编号	名称	代号	输出点地址编号
过热保护继电器	FR1	X0	降压启动接触器	KM1	Y0
降压启动按钮	SB1	X1	全压启动接触器	KM2	Y1
全压启动按钮	SB2	X2			
停机按钮	SB3	X3			

图4-9中，通过PLC的I/O接口与外部电器部件进行连接，提高了系统的可靠性，并能够有效地降低故障率，维护方便。当使用编程软件向PLC中写入控制程序时，便可以实现外接电器部件及负载电动机等设备的自动控制。想要改动控制方式时，只需要修改PLC中的控制程序即可，大大提高了调试和改装效率。

三相交流感应电动机三菱FX2N系列PLC降压启动控制梯形图见图4-10。

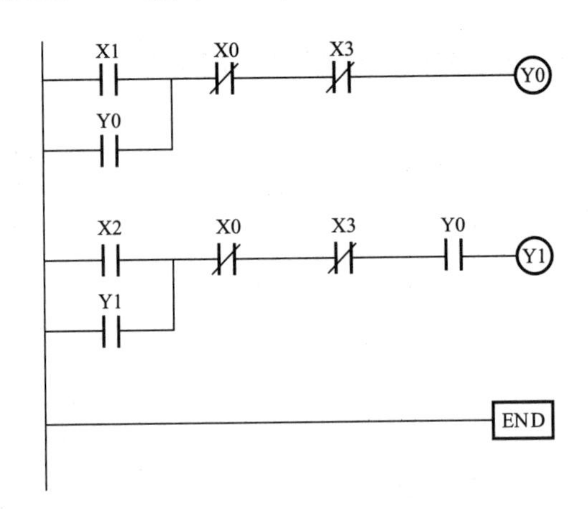

图4-10　三相交流感应电动机三菱FX2N系列PLC降压启动控制梯形图

根据梯形图识读该PLC的控制过程，首先可对照PLC控制电路和I/O分配表，在梯形图中进行适当文字注解，然后再根据操作动作具体分析降压启动、全压启动和停止的控制原理。

（1）PLC控制下三相交流感应电动机的降压启动过程

三相交流感应电动机三菱FX2N系列PLC控制电路的降压启动过程见图4-11。

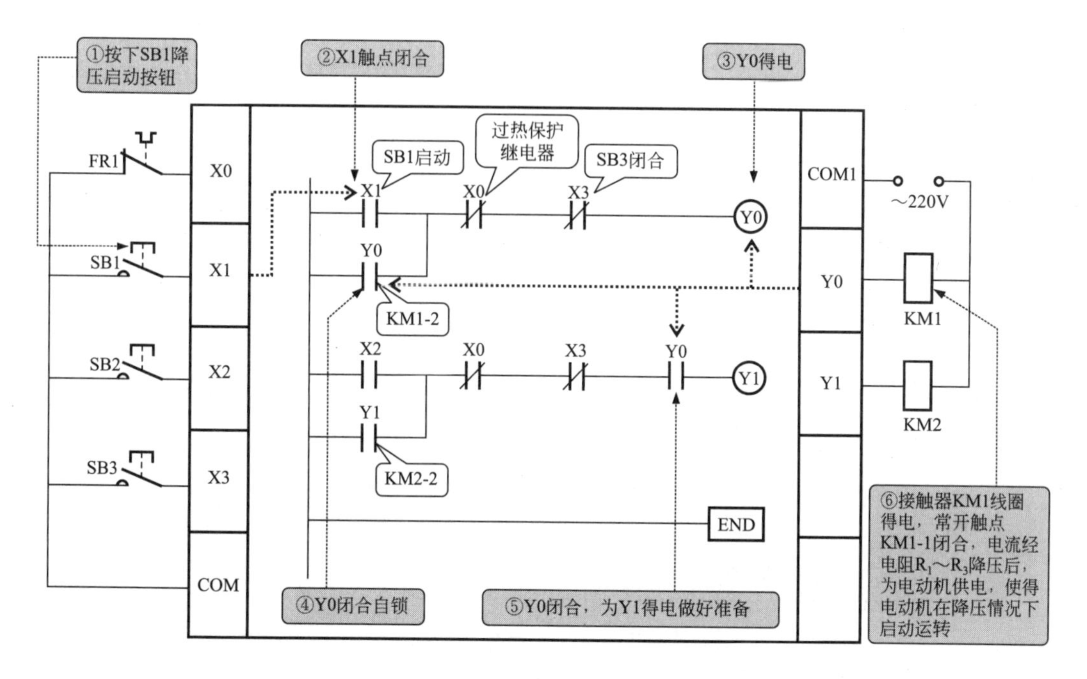

图4-11　PLC控制下三相交流感应电动机的降压启动过程

具体过程为：

当按下降压启动按钮SB1时，其将PLC内的X1置“1”，即该触点接通，使得Y0得电，控制PLC外接交流接触器KM1线圈得电。

Y0得电，常开触点Y0（KM1-2）闭合自锁；Y1线路上的Y0闭合，为Y1的得电做好准备，即为全压启动做好准备。

KM1得电，常开触点KM1-1闭合，电流经电阻R_1 ～ R_3降压后，为电动机供电，使得电动机在降压情况下启动运转。

（2）PLC控制下三相交流感应电动机的全压启动过程

三相交流感应电动机三菱FX2N系列PLC控制电路的全压启动过程见图4-12。

具体过程为：

当按下全压启动按钮SB2时，其将PLC内的X2置“1”，即该触点接通，使得Y1得电，控制PLC外接交流接触器线圈KM2得电。

Y1得电，常开触点Y1（KM2-2）闭合自锁；KM2得电，常开触点KM2-1闭合，此时启动电阻R_1 ～ R_3被短接，电流经接触器常开触点KM1-1、KM2-1，过热保护继电器FR1后，为电动机进行全压供电。

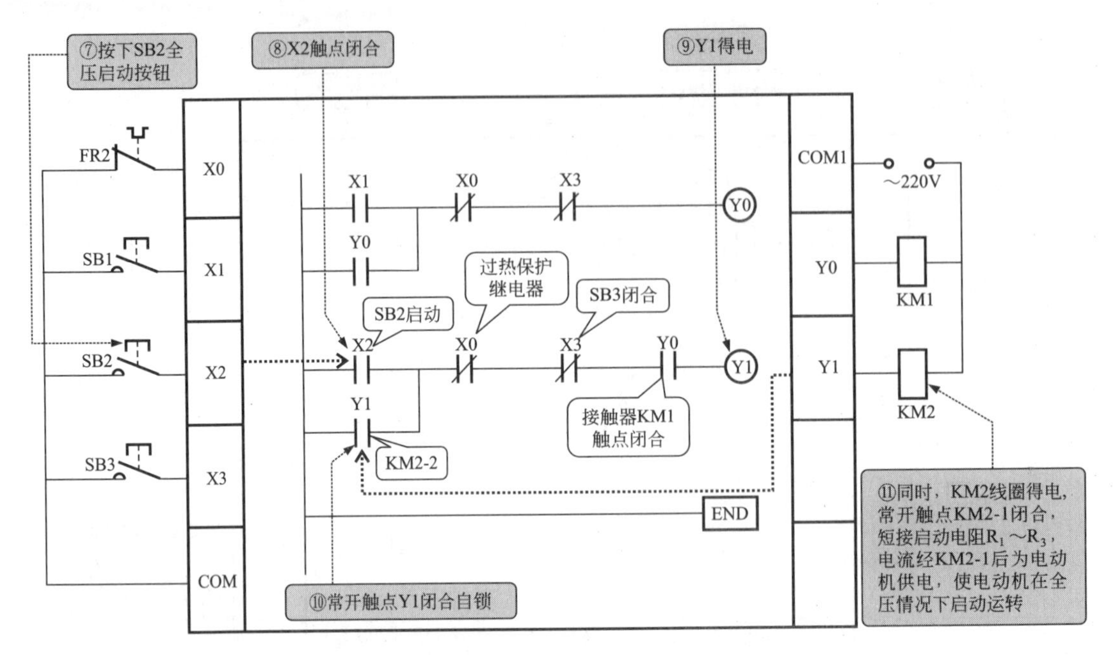

图4-12　PLC控制下三相交流感应电动机的全压启动过程

（3）PLC控制下三相交流感应电动机的停止过程

三相交流感应电动机三菱FX2N系列PLC控制电路的停止过程见图4-13。

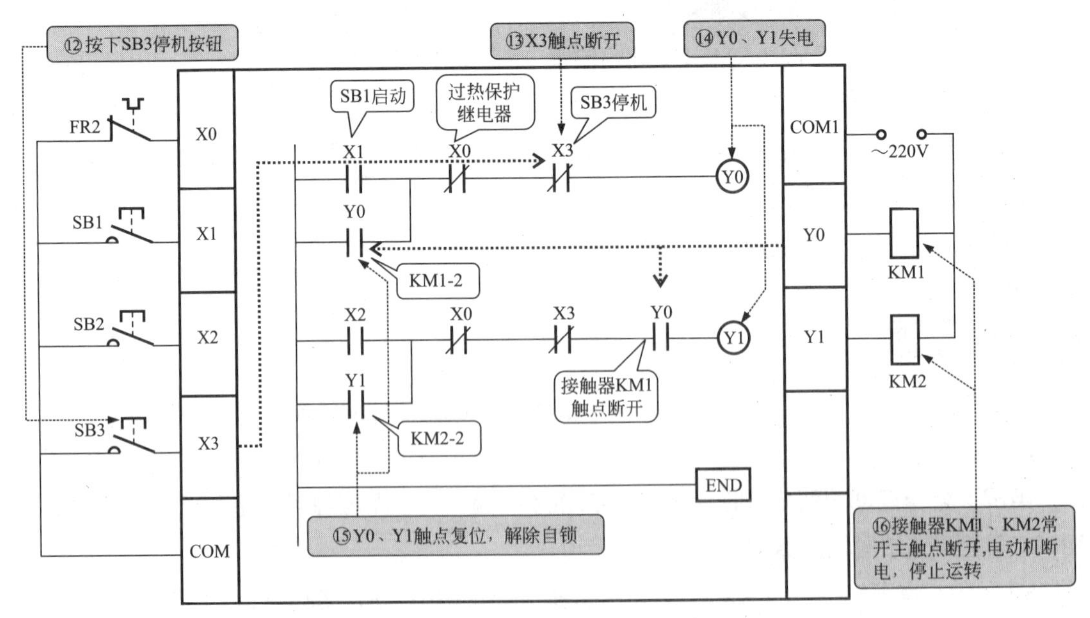

图4-13　PLC控制下三相交流感应电动机的停止过程

具体控制过程为：

当按下停机按钮SB3时，其将PLC内的X3置“0”，即该触点断开，使得Y0、Y1失电，常

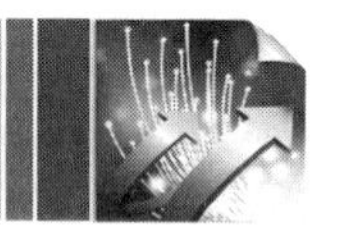

开触点Y0（KM1-2）、Y1（KM2-2）复位断开，接触自锁。PLC外接交流接触器线圈KM1、KM2失电，主电路中的主触点KM1-1、KM2-1复位断开，切断电动机电源，电动机停止运转。

4.3 三相交流感应电动机Y-△降压启动控制线路的PLC控制

三相交流感应电动机的接线方式主要有星形连接（Y）和三角形连接（△）两种方式。对于接在电源电压为380 V的电动机来说，当电动机星形连接时，电动机每相承受的电压为220 V，当电动机采用三角形接线方式时，电动机每相承受的电压为380 V。

对于电动机的Y-△降压启动是指电动机启动时，由电路控制定子绕组先连接成星形方式，待转速达到一定值后，再由电路控制定子绕组换接成三角形，此后电动机进入全压正常运行状态。

4.3.1 三相交流感应电动机Y-△降压启动控制线路的电气结构

（1）三相交流感应电动机Y-△的连接方式

普通电动机一般将三相绕组的端子共6根导线引出到接线盒内。电动机的接线方法一般有两种，星形（Y）和三角形（△）接法。

三相交流感应电动机星形和三角形接线方法见图4-14。

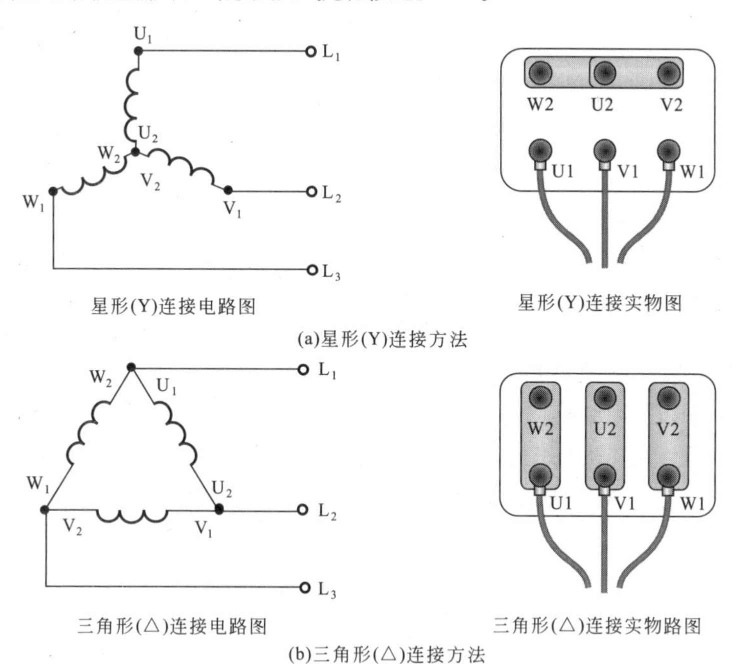

(a)星形(Y)连接方法

(b)三角形(△)连接方法

图4-14 三相交流感应电动机星形和三角形接线方法

(2) 三相交流感应电动机Y-△降压启动控制线路的电气结构

三相交流感应电动机Y-△降压启动控制线路的电气结构见图4-15。

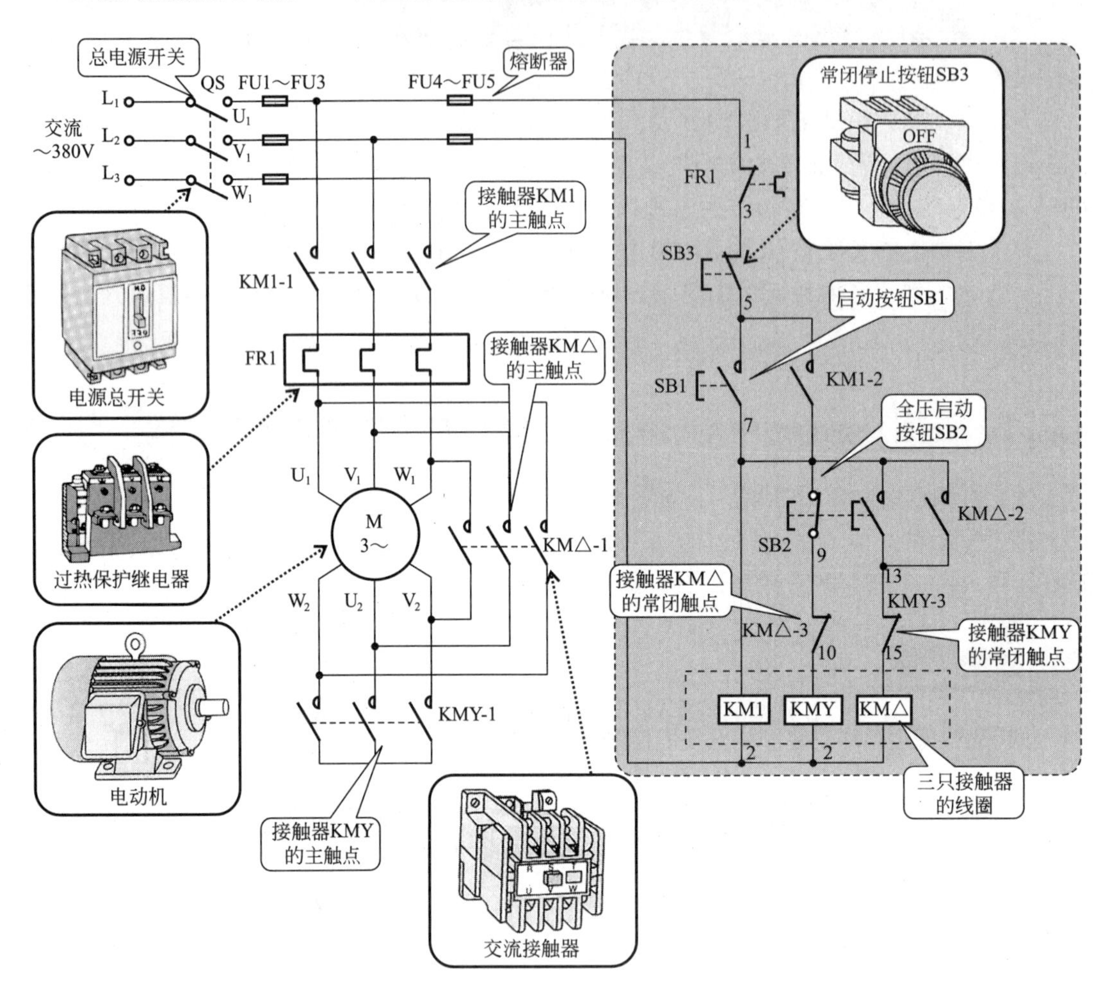

图4-15　三相交流感应电动机Y-△降压启动控制线路的电气结构

该电路主要由供电电路和控制电路两部分构成。供电电路是由总电源开关QS、熔断器FU1 ~ FU3、过热保护继电器FR1、交流接触器KM1、KM△、KMY的主接触点（KM1-1、KM△-1、KMY-1）以及电动机M等构成的。控制电路是由熔断器FU4、FU5，控制电路部分的常闭停止按钮SB3、启动按钮SB1、全压启动按钮SB2（复合按钮）、三只交流接触器（KM1、KM△、KMY）的线圈、KM1的常开自锁触点KM1-2、KM△的常开自锁触点KM△-2等构成的。

其电路的控制流程如下。

① 电动机的降压启动过程　首先合上总电源开关QS，按下启动按钮SB1，交流接触器KM1线圈得电吸合，常开触点KM1-2闭合自锁，常开主触点KM1-1闭合，为电动机的启动做好准备；同时，交流接触器KMY线圈也得电吸合，常闭触点KMY-3断开，保证KM△

的线圈不会得电，常开主触点KMY-1闭合，此时电动机以星形（Y）方式接通电路，降压启动。

② 电动机的全压运转过程　当电动机转速升至接近额定转速时，按下全压运转按钮SB2，SB2的常闭触点断开，常开触点闭合。

当SB2常闭触点断开时，接触器KMY线圈因断电而断开，其常开触点KMY-1断开，电动机停止降压启动，同时SB2的常开触点闭合，接通接触器KM△的线圈。此时KM△的线圈得电吸合，常闭触点KM△-3断开，KM△的主触点闭合，此时电动机为三角形方式接通电路，开始在全压状态下运转。

③ 电动机的停机过程　当需要电动机停止工作时，只要按下控制线路部分的停止按钮SB3后，接触器KM1、KM△的线圈将同时失电断开，接着接触器的主触点KM1-1、KM△-1同时断开，电动机停止运转。

4.3.2　三相交流感应电动机Y-△降压启动控制线路的PLC控制原理

下面我们具体介绍用PLC实现对三相交流感应电动机Y-△降压启动的控制原理。

三相交流感应电动机Y-△降压启动的PLC控制电路见图4-16。

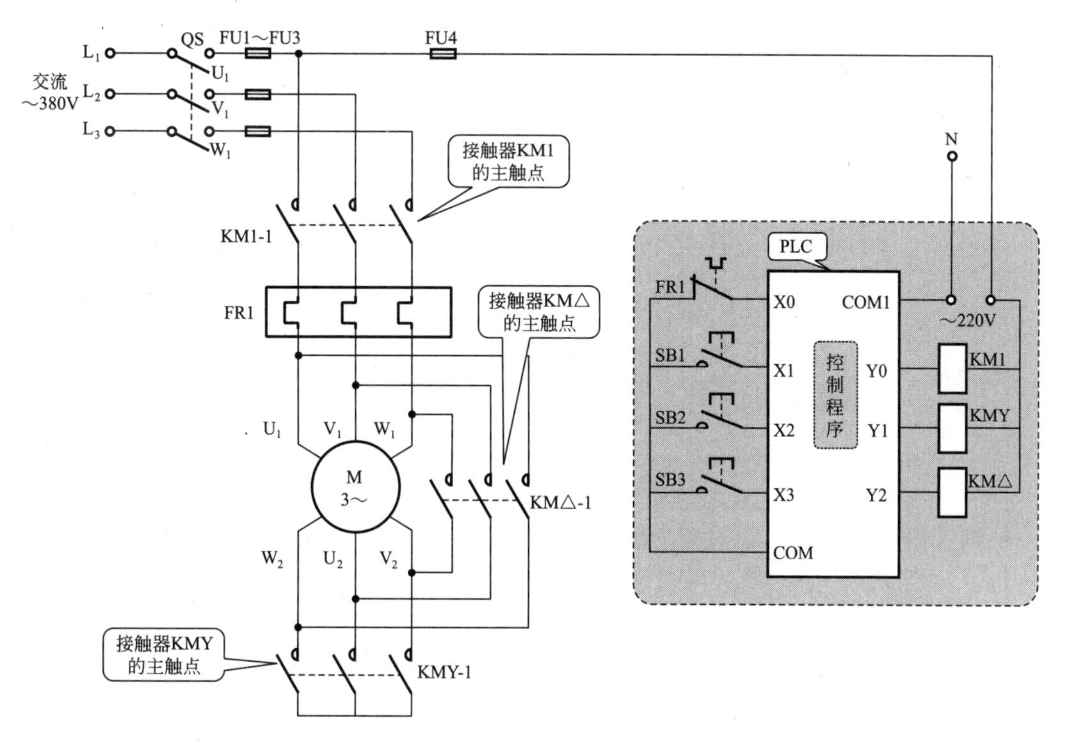

图4-16　三相交流感应电动机Y-△降压启动的PLC控制电路

该控制电路采用三菱FX2N系列PLC，电路中PLC控制I/O分配表见表4-3。

表4–3　三相交流感应电动机Y-△降压启动的三菱FX2N系列PLC控制I/O分配表

输入信号及地址编号			输出信号及地址编号		
名称	代号	输入点地址编号	名称	代号	输出点地址编号
过热保护继电器	FR1	X0	主电动机接触器	KM1	Y0
Y形降压启动按钮	SB1	X1	Y形电动机接触器	KMY	Y1
△形全压启动按钮	SB2	X2	△形电动机接触器	KM△	Y2
停止按钮	SB3	X3			

图4-16中，通过PLC的I/O接口与外部电器部件进行连接，提高了系统的可靠性，并能够有效地降低故障率，维护方便。当使用编程软件向PLC中写入控制程序，便可以实现外接电器部件及负载电动机等设备的自动控制了。想要改动控制方式时，只需要修改PLC中的控制程序即可，大大提高了调试和改装效率。

三相交流感应电动机Y-△三菱FX2N系列PLC降压启动控制梯形图见图4-17。

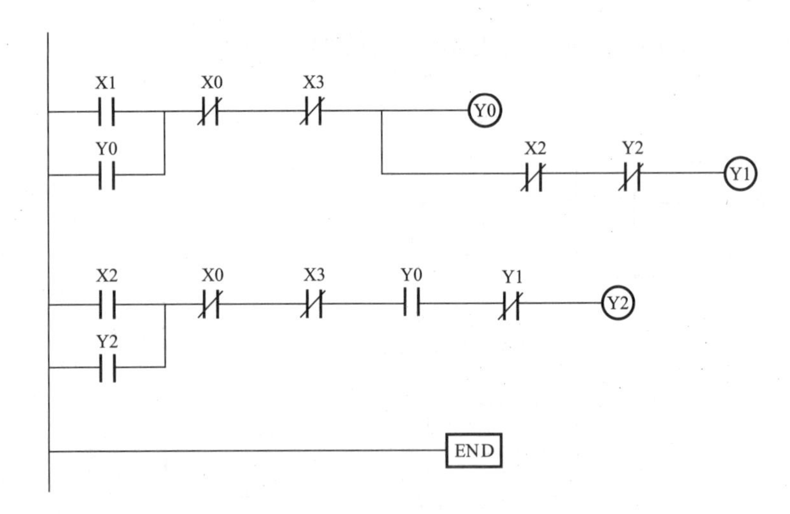

图4–17　三相交流感应电动机Y–△三菱FX2N系列PLC降压启动控制梯形图

根据梯形图识读该PLC的控制过程，首先可对照PLC控制电路和I/O分配表，在梯形图中进行适当文字注解，然后再根据操作动作具体分析降压启动、全压启动和停止的控制原理。

（1）PLC控制下三相交流感应电动机Y形降压启动过程

三相交流感应电动机Y形三菱FX2N系列PLC控制电路的降压启动过程见图4-18。

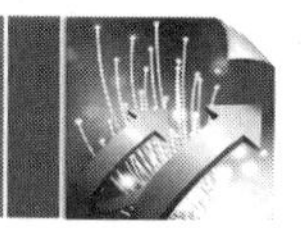

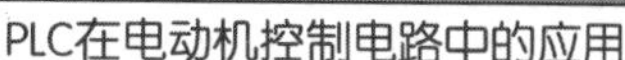

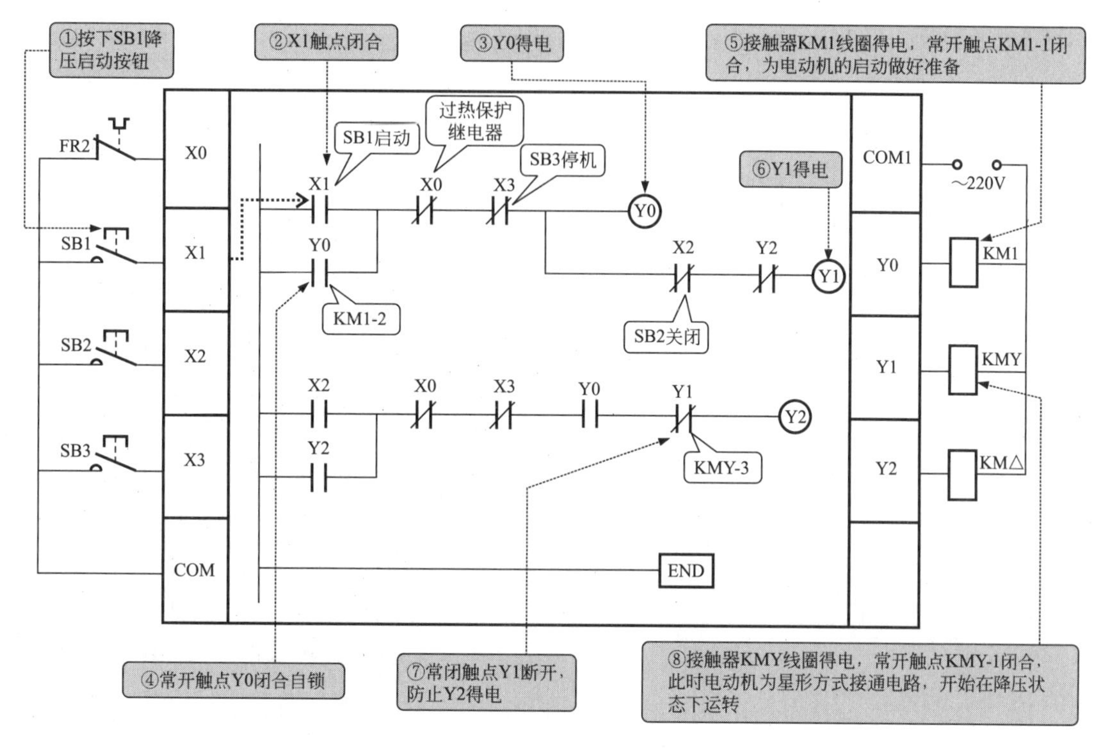

图4-18 PLC控制下三相交流感应电动机Y形的降压启动过程

具体过程为：

当按下降压启动按钮SB1时，其将PLC内的X1置“1”，即该触点接通，使得Y0得电，控制PLC外接交流接触器线圈KM1得电，

Y0得电，常开触点Y0（KM1-2）闭合自锁，即使启动按钮断开，电动机仍然会保持运行。

KM1得电，常开主触点KM1-1接通，为电动机的启动做好准备。

此时，Y1也得电，常闭触点Y1（KMY-3）断开，防止Y2得电，即防止KM△得电，电动机进入全压启动；同时PLC外接交流接触器KMY线圈得电，常开触点KMY-1闭合，实现三相交流感应电动机Y形的降压启动过程。

（2）PLC控制下三相交流感应电动机△形的全压启动过程

三相交流感应电动机△形三菱FX2N系列PLC控制电路的全压启动过程见图4-19。

具体过程为：

当按下全压启动按钮SB2时，其将PLC内的X2的常闭触点置“0”，该触点断开，Y1失电，触点复位，KMY失电，触点复位，电动机停止降压启动；X2的常开触点置“1”。即该触点接通，Y2得电，常开触点Y2（KM△-2）闭合自锁，常闭触点Y2（KM△-3）断开，防止Y1得电，同时PLC外接交流接触器KM△得电，主电路中的常开主触点KM△-1闭合，接通电动机电源，电动机全压启动运转。

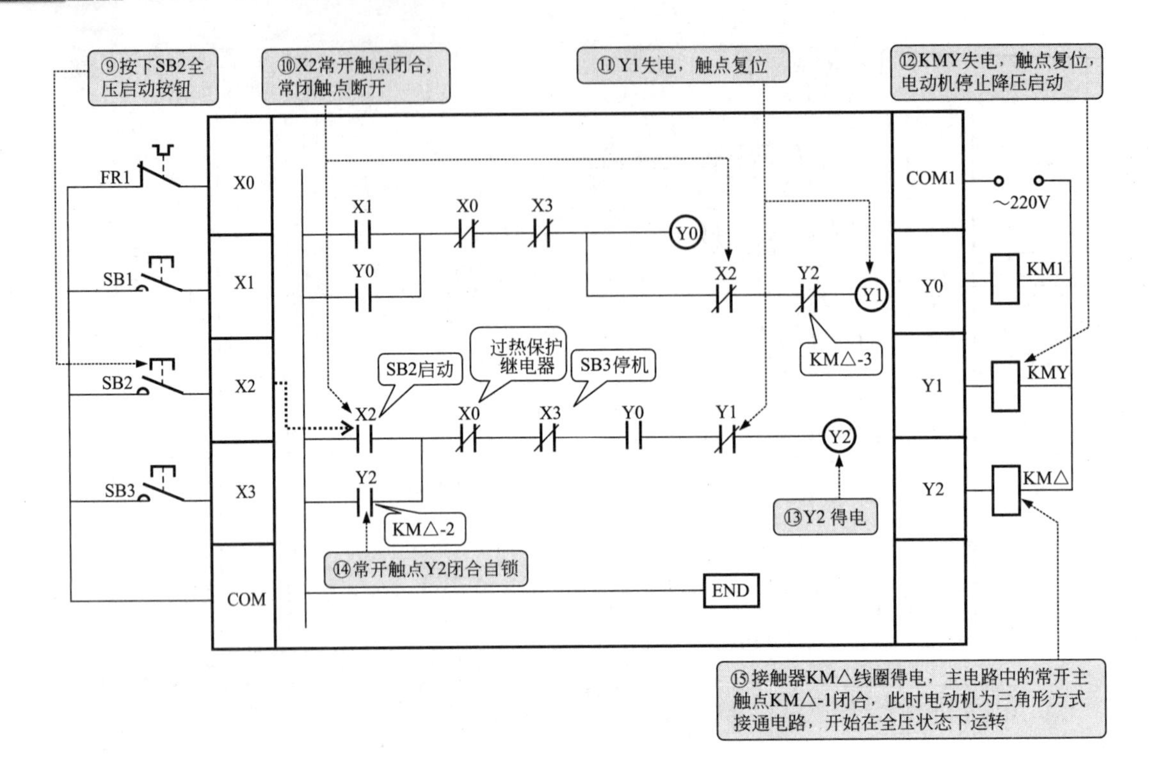

图4-19　PLC控制下三相交流感应电动机△形的全压启动过程

(3) PLC控制下三相交流感应电动机Y-△的停止过程

三相交流感应电动机Y-△三菱FX2N系列PLC控制电路的停止过程见图4-20。

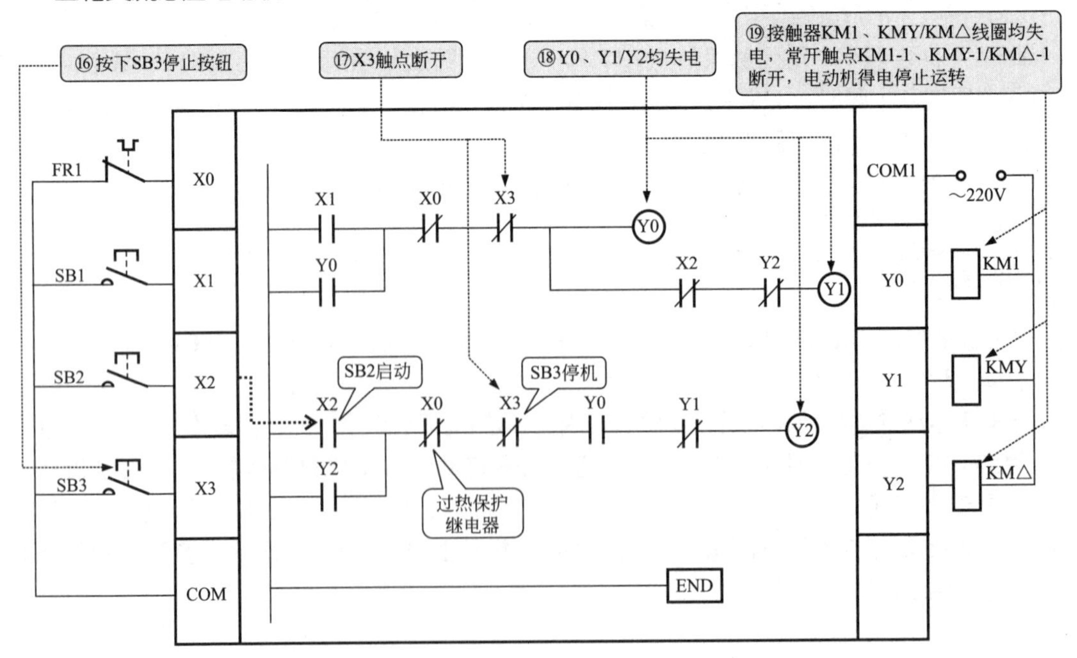

图4-20　PLC控制下三相交流感应电动机Y-△的停止过程

具体控制过程为：

当按下停止按钮SB3时，其将PLC内的X3置“0”，即该触点断开，使得Y0、Y1/Y2均失电，PLC外接交流接触器线圈KM1、KMY/KM△均失电，主电路中的常开主触点KM1-1、KMY-1/KM△-1均复位断开，切断电动机电源，电动机停止运转。

扩展

三相电动机定子绕组的连接方法除本例介绍的简单△形和Y形接法外，常见的还有低速△形接法和高速YY接法，具体方法见图4-21。

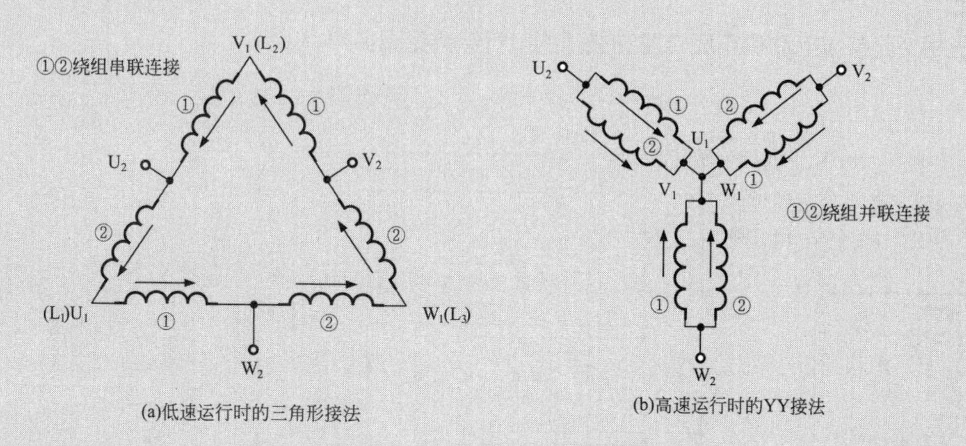

图4-21　双速电动机定子绕组的连接方法

图4-21（a）所示为低速运行时电动机定子的三角形（△）连接方法。这种接法中，电动机的三相定子绕组接成三角形，三相电源线L_1、L_2、L_3分别连接在定子绕组三个出线端U_1、V_1、W_1上，且每相绕组的中点接出的接线端U_2、V_2、W_2悬空不接，此时电动机三相绕组构成了三角形连接，此时每相绕组的①、②线圈相互串联，电路中电流方向如图中的箭头所示。若此时电动机磁极为4极，则同步转速为1500r/min。

图4-21（b）所示为高速运行的YY连接。这种连接是指将三相电源L_1、L_2、L_3连接在定子绕组的出线端U_2、V_2、W_2上，且将接线端U_1、V_1、W_1连接在一起，此时电动机每相绕组的①、②线圈相互并联，电流方向如图中箭头方向。此时电动机磁极为2极，同步转速为3000r/min。

4.4 三相交流感应电动机正反转控制线路的PLC控制

在工业生产中常常需要运动部件进行正反两个方向的运动，如起重机悬吊重物时的上升与下降，机床工作台的前进与后退，车床主轴的正转与反转等，这些工作都要求拖动机械设备的电动机能灵活实现正、反两个方向的运转，能够实现这种控制方式的接线形式称为电动机的正、反转控制电路。

4.4.1 三相交流感应电动机正反转控制线路的电气结构

电动机的正、反转控制通常采用改变接入电动机绕组的电源相序来实现。

三相交流感应电动机正反转控制线路的电气结构见图4-22。

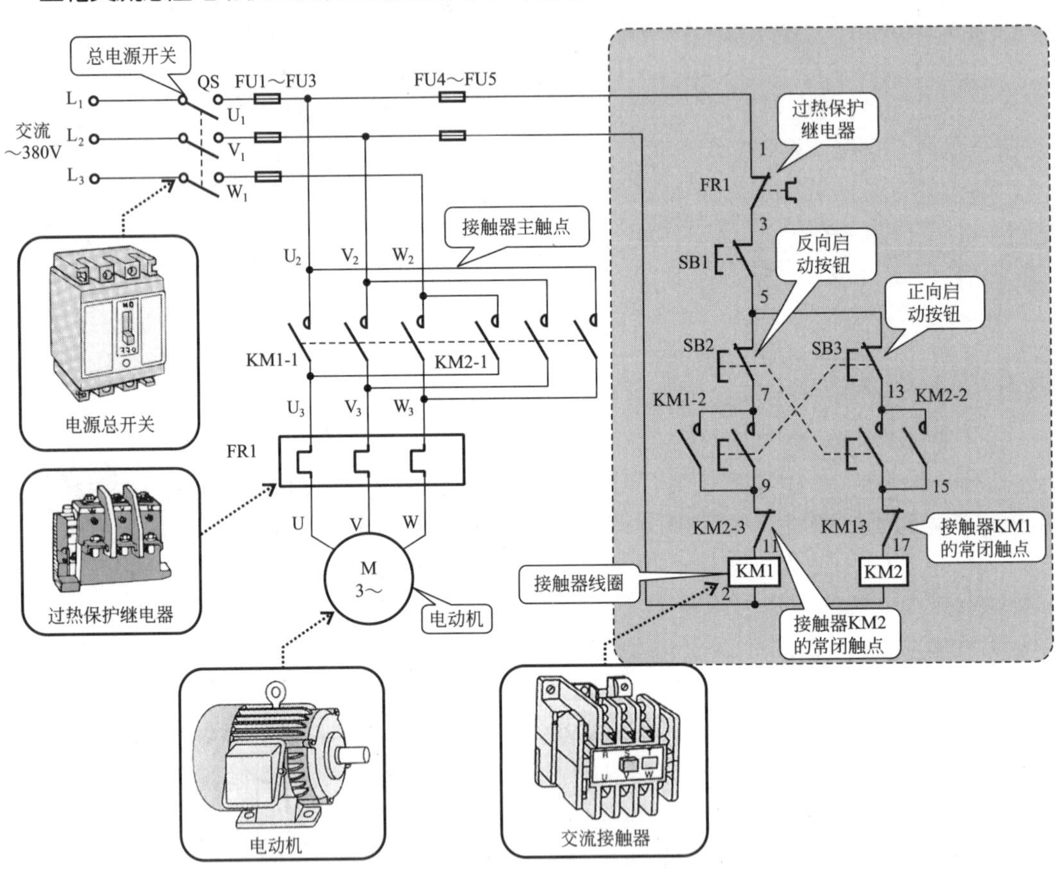

图4-22 三相交流感应电动机正反转控制线路的电气结构

该电路主要由电动机供电电路和控制电路构成。供电电路是由总电源开关QS、熔断器FU1 ~ FU3、交流接触器KM1、KM2的主接触点（KM1-1、KM2-1）、过热保护器FR1以及电动机M等构成的。控制电路由熔断器FU4、FU5、控制电路部分的停止按钮SB1，正、反向启动按钮SB2、SB3，交流接触器KM1、KM2的线圈自锁触点（KM1-2、KM2-2）和常闭触点（KM1-3、KM2-3）等构成。

电路中采用了两只交流接触器（KM1、KM2）来换接电动机三相电源的相序，同时为保证两个接触器不能同时吸合（否则将造成电源短路的事故），在控制电路中采用了按钮和接触器联

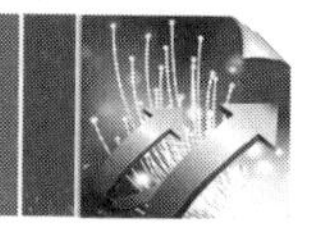

锁方式，即在接触器KM1线圈支路中串入KM2的常闭触点，KM2线圈支路中串入KM1常闭触点，并将正反转启动按钮SB2、SB3的常闭触点分别与对方的常开触点串联。

其电路的控制流程如下。

（1）电动机的正向启动过程

首先合上总电源开关QS，接通三相电源，按下正向启动按钮SB3后，SB3常闭触点断开，常开触点闭合；接触器KM1的线圈通电吸合，此过程中，KM1的自锁触点KM1-2闭合；常闭触点KM1-3断开，使接触器KM2断开电路；主触点KM1-1闭合，电动机接通电源相序L_1、L_2、L_3正向启动运行。

（2）电动机的反向启动过程

在该电路中，实现电动机反向启动控制时，松开SB3按钮，然后按下反向启动按钮SB2，此时，KM1线圈断电释放，断开正向电源，KM2线圈通电吸合，常开触点KM2-2闭合自锁，KM2-3触点断开，KM2主触点KM2-1闭合接通电动机，此时电动机接入三相电源的相序为L_3、L_2、L_1，即实现反向运转。

（3）接触器、按钮的联锁操作

① 接触器的互锁　在该典型电路中，接触器KM1的线圈回路中串入了接触器KM2的常闭触点KM2-3，KM2线圈回路中串入了KM1的常闭触点KM1-3。当正转接触器KM1线圈通电吸合动作后，KM1-3断开了接触器KM2的线圈的供电电路。当KM1-1得电吸合，KM2-1应断电释放，KM2-3常闭触头复位，由此有效防止了KM1、KM2同时吸合造成三相电源短路的故障，又实现接触器的互锁功能。

② 正反向启动按钮的互锁　按钮SB2、SB3是具有一对常开触点和一对常闭触点的按钮开关。当电路连接时，按钮SB2的常开触点与接触器KM2的线圈串联，SB2的常闭触点与接触器KM1线圈串联；按钮SB3的常开触点与接触器KM1的线圈串联，SB3的常闭触点与接触器KM2线圈串联。在这种连接方式下，当按下SB2时，接触器KM2的线圈通电吸合而KM1断电；当按下SB3时，接触器KM1的线圈通电吸合而KM2断电；若同时按下SB2和SB3则两只线圈均不能通电，达到线路按钮互锁的作用。

（4）电动机的停机过程

若要求机械设备停止作业时，则需按下按钮停机键SB1。此时，不论电动机处于正向运转状态还是反向运转状态，都可实现断开电路停机的作用。

（5）电路的过载、过流保护

电路中熔断器FU1～FU3为三相供电电路中的过流保护器件；FU4、FU5为控制电路部分的过流保护器件；过热保护继电器FR1作为电动机的过热保护器件。

4.4.2　三相交流感应电动机正反转控制线路的PLC控制原理

下面我们具体介绍用PLC实现对三相交流感应电动机正反转的控制原理。

三相交流感应电动机正反转的PLC控制电路见图4-23。

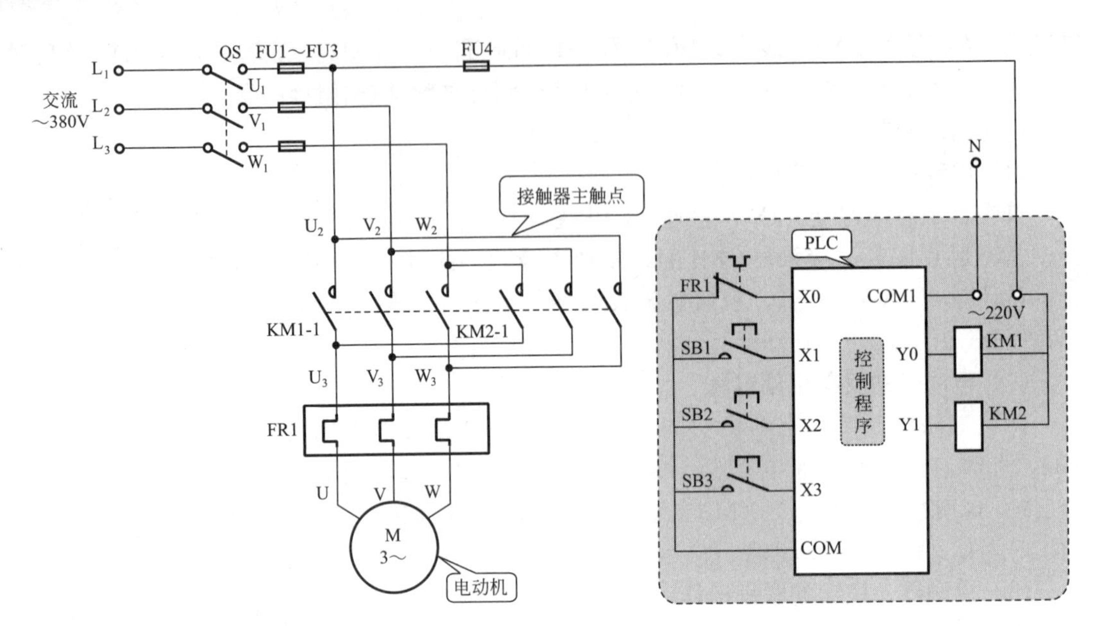

图4-23　三相交流感应电动机正反转的PLC控制电路

该控制电路采用三菱FX2N系列PLC，电路中PLC控制I/O分配表见表4-4。

表4-4　三相交流感应电动机正反转的三菱FX2N系列PLC控制I/O分配表

输入信号及地址编号			输出信号及地址编号		
名称	代号	输入点地址编号	名称	代号	输出点地址编号
过热保护继电器	FR1	X0	正向启动接触器	KM1	Y0
停止按钮	SB1	X1	反向启动接触器	KM2	Y1
反向启动按钮	SB2	X2			
正向启动按钮	SB3	X3			

图4-22中，通过PLC的I/O接口与外部电器部件进行连接，提高了系统的可靠性，并能够有效地降低故障率，维护方便。当使用编程软件向PLC中写入控制程序，便可以实现外接电器部件及负载电动机等设备的自动控制。想要改动控制方式时，只需要修改PLC中的控制程序即可，大大提高了调试和改装效率。

三相交流感应电动机三菱FX2N系列PLC正反转控制梯形图见图4-24。

根据梯形图识读该PLC的控制过程，首先可对照PLC控制电路和I/O分配表，在梯形图中进行适当文字注解，然后再根据操作动作具体分析正、反向启动和停止的控制原理。

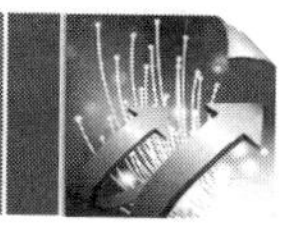

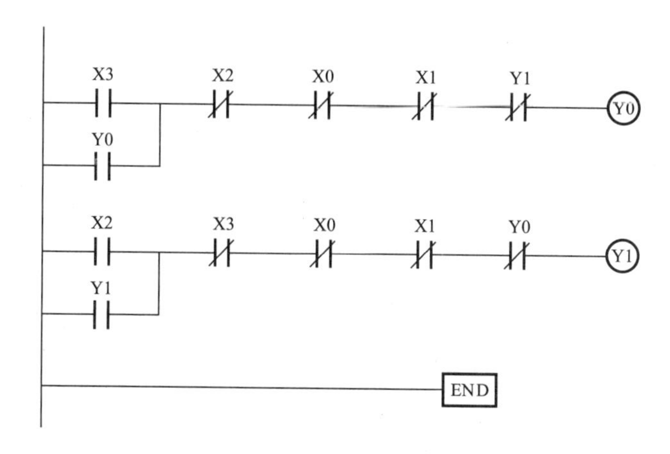

图4-24 三相交流感应电动机三菱FX2N系列PLC正反转控制梯形图

（1）PLC控制下三相交流感应电动机的正向启动过程

三相交流感应电动机三菱FX2N系列PLC控制电路的正向启动过程见图4-25。

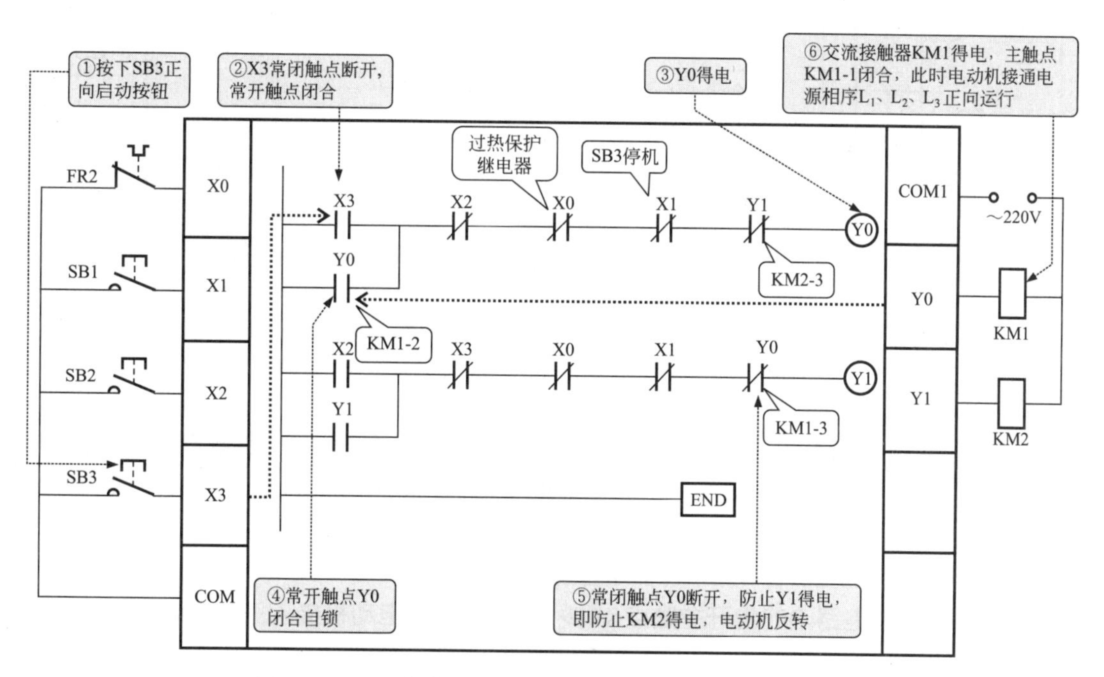

图4-25 PLC控制下三相交流感应电动机的正向启动过程

具体过程为：

当按下正向启动按钮SB3时，其将PLC内的X3的常闭触点置“0”，即该触点断开，防止Y1得电，即防止KM2得电，电动机反转，其常开触点X3置“1”，使其闭合，Y0得电，PLC外接的交流接触器KM1的线圈得电。

Y0得电后，其自锁触点Y0（KM1-2）闭合；常闭触点Y0（KM1-3）断开，防止Y1得电，使接触器KM2断开电路；

KM1线圈得电，主电路中的常开主触点KM1-1闭合，此时电动机接通电源相序为L_1、L_2、L_3正向运行。

（2）PLC控制下三相交流感应电动机的反向启动过程

三相交流感应电动机三菱FX2N系列PLC控制电路的反向启动过程见图4-26。

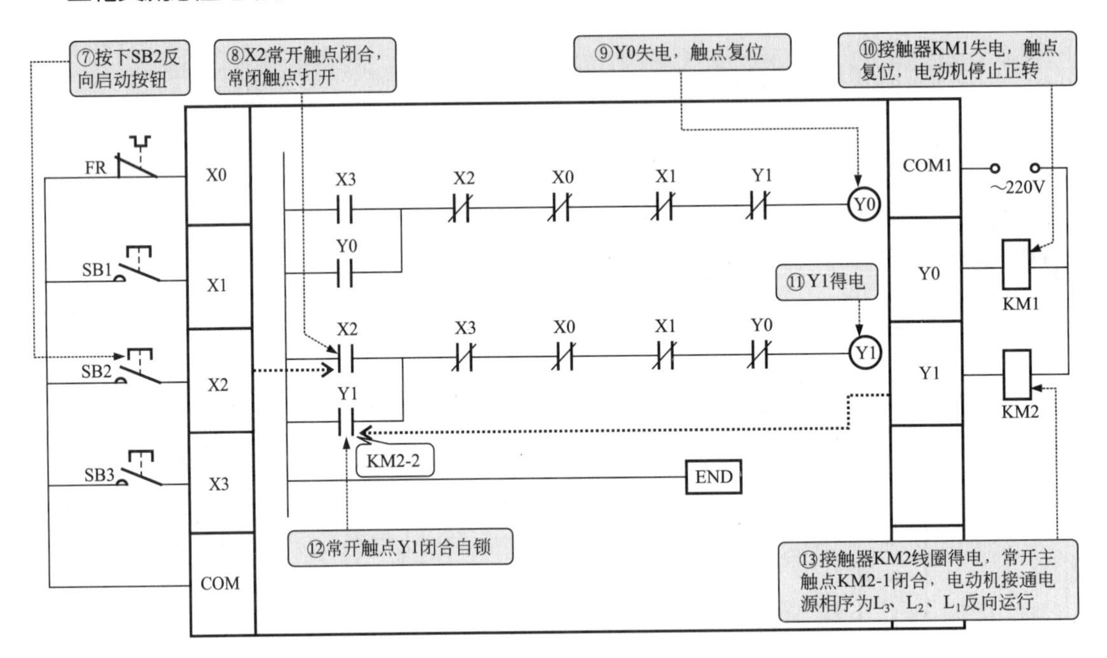

图4-26 PLC控制下三相交流感应电动机的反向启动过程

具体过程为：

当按下反向启动按钮SB2时，其将PLC内的X2的常闭触点置“0”，即触点断开，使其Y0失电，断开正向电源；常开触点X2置“1”，即触点闭合，Y1得电，PLC外接交流接触器KM2得电。

Y1得电，其常闭触点Y1（KM2-2）闭合自锁。

KM2得电，主电路中的常开主触点KM2-1闭合，此时电动机接入三相电源的相序为L_3、L_2、L_1，即实现反向运转。

（3）PLC控制下三相交流感应电动机的停止过程

三相交流感应电动机三菱FX2N系列PLC控制电路的停止过程见图4-27。

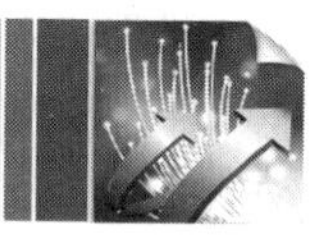

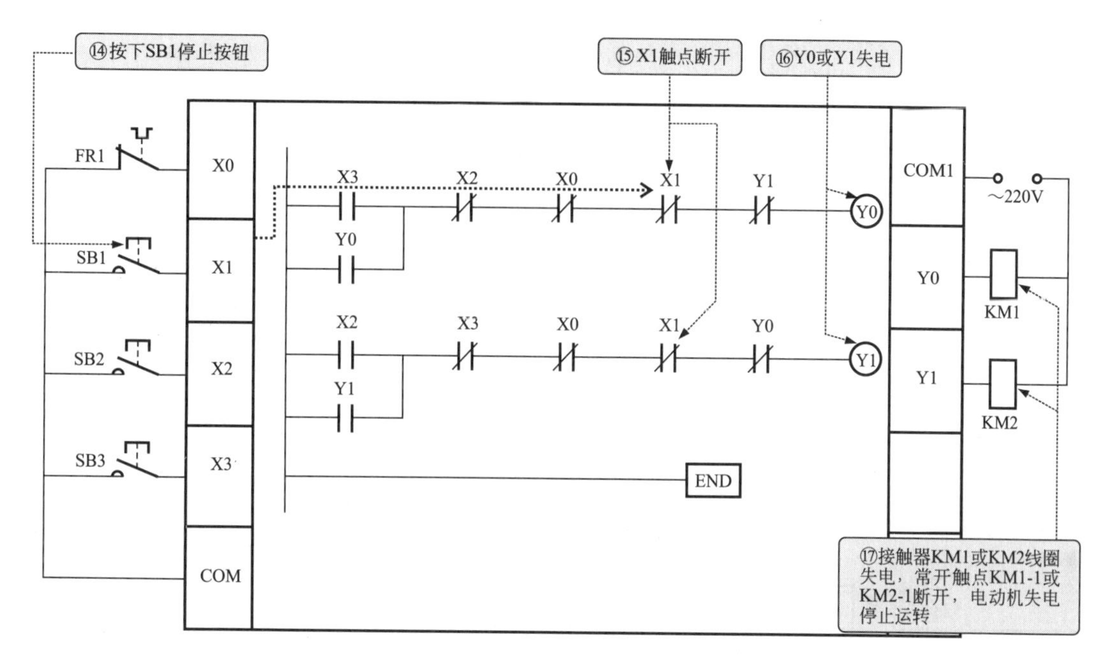

图4-27 PLC控制下三相交流感应电动机Y-△的停止过程

具体控制过程为：

当按下停止按钮SB1时，其将PLC内的X1置“0”，即该触点断开，使得Y0或Y1失电，PLC外接交流接触器线圈KM1或KM2失电，切断电动机电源，电动机停止运转。

4.5 两台电动机顺序启/停控制线路的PLC控制

电动机顺序启动，反顺序停机控制电路是指两台电动机启动时，需先启动第一台电动机工作，第二台电动机才可启动，但停机时，需先断开第二台电动机，第一台电动机才可断开。

4.5.1 两台电动机顺序启/停控制线路的电气结构

两台电动机顺序启/停控制线路的电气结构见图4-28。

该电路主要由电源总开关QS，熔断器FU1 ~ FU5，过热保护继电器FR1、FR2，三相交流感应电动机M_1、M_2，启动按钮SB2、SB4，停止按钮SB1、SB3，交流接触器KM1、KM2等构成。

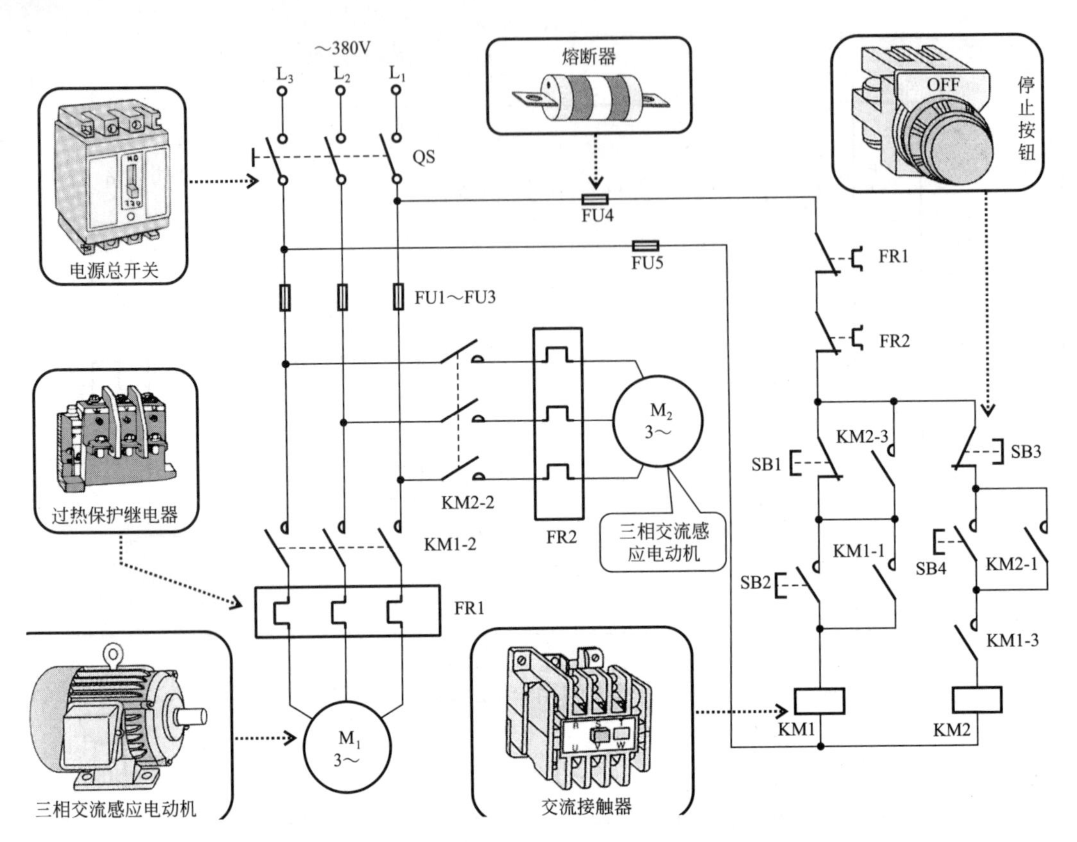

图4-28　两台电动机顺序启/停控制线路的电气结构

其电路的控制流程如下。

（1）**启动过程**

合上电源总开关QS，按下启动按钮SB2，交流接触器KM1线圈得电，常开触点KM1-1接通实现自锁功能；KM1-2接通，电动机M_1开始运转；KM1-3接通，为电动机M_2启动做好准备，也用于防止接触器KM2线圈先得电，使电动机M_2先运转，起顺序启动的作用。当需要电动机M_2启动时，按下启动按钮SB4，交流接触器KM2线圈得电，常开触点KM2-1接通实现自锁功能；KM2-2接通，电动机M2开始运转；KM2-3接通，锁定停机按钮SB1，用于防止当启动电动机M_2时，按下电动机M_1的停止按钮SB1，而关断电动机M_1，起反顺序停机的作用。

（2）**停机过程**

当需要电动机停机时，按下停止按钮SB3，交流接触器KM2线圈失电，常开触点KM2-2断开，电动机M_2停止运转，KM2-3断开，取消对停止按钮SB1的锁定，此时按下停止按钮SB1，交流接触器KM1线圈失电，常开触点KM1-2断开，电动机M_1停止运转。

4.5.2　两台电动机顺序启/停控制线路的PLC控制原理

下面我们具体介绍用PLC实现对两台电动机顺序启/停控制线路的控制原理。

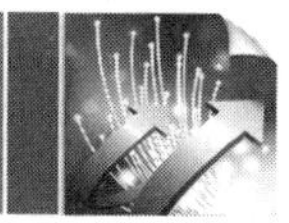

两台电动机顺序启/停的PLC控制电路见图4-29。

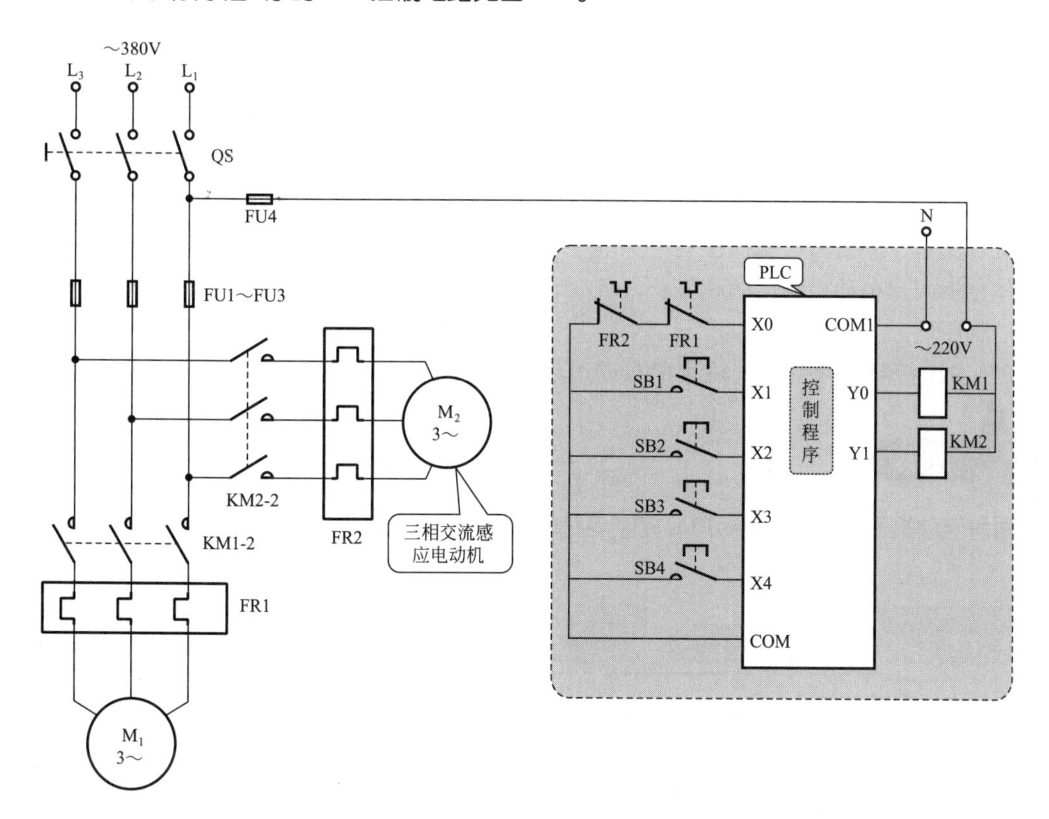

图4-29　两台电动机顺序启/停控制的PLC控制电路

该控制电路采用三菱FX2N系列PLC，电路中PLC控制I/O分配表见表4-5。

表4-5　两台电动机顺序启/停的三菱FX2N系列PLC控制I/O分配表

输入信号及地址编号			输出信号及地址编号		
名称	代号	输入点地址编号	名称	代号	输出点地址编号
过热保护继电器	FR2、FR1	X0	交流接触器	KM1	Y0
M_1停止按钮	SB1	X1	交流接触器	KM2	Y1
M_1启动按钮	SB2	X2			
M_2停止按钮	SB3	X3			
M_2启动按钮	SB4	X4			

图4-28中，通过PLC的I/O接口与外部电器部件进行连接，提高了系统的可靠性，并能够有效地降低故障率，维护方便。当使用编程软件向PLC中写入控制程序，便可以实现外接电器部件及负载电动机等设备的自动控制。想要改动控制方式时，只需要修改PLC中

的控制程序即可，大大提高了调试和改装效率。

两台电动机三菱FX2N系列PLC顺序启/停控制梯形图见图4-30。

根据梯形图识读该PLC的控制过程，首先可对照PLC控制电路和I/O分配表，在梯形图中进行适当文字注解，然后再根据操作动作具体分析两台电动机的启动和停止的控制原理。

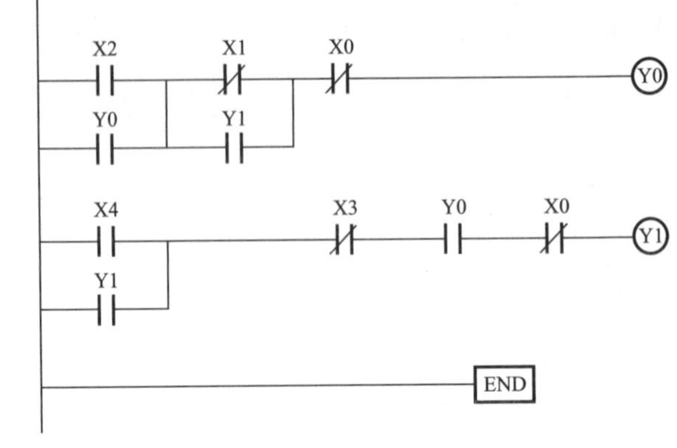

图4-30　两台电动机三菱FX2N系列PLC顺序启/停控制梯形图

（1）PLC控制下两台电动机顺序启动过程

两台电动机三菱FX2N系列PLC控制电路的顺序启动过程见图4-31。

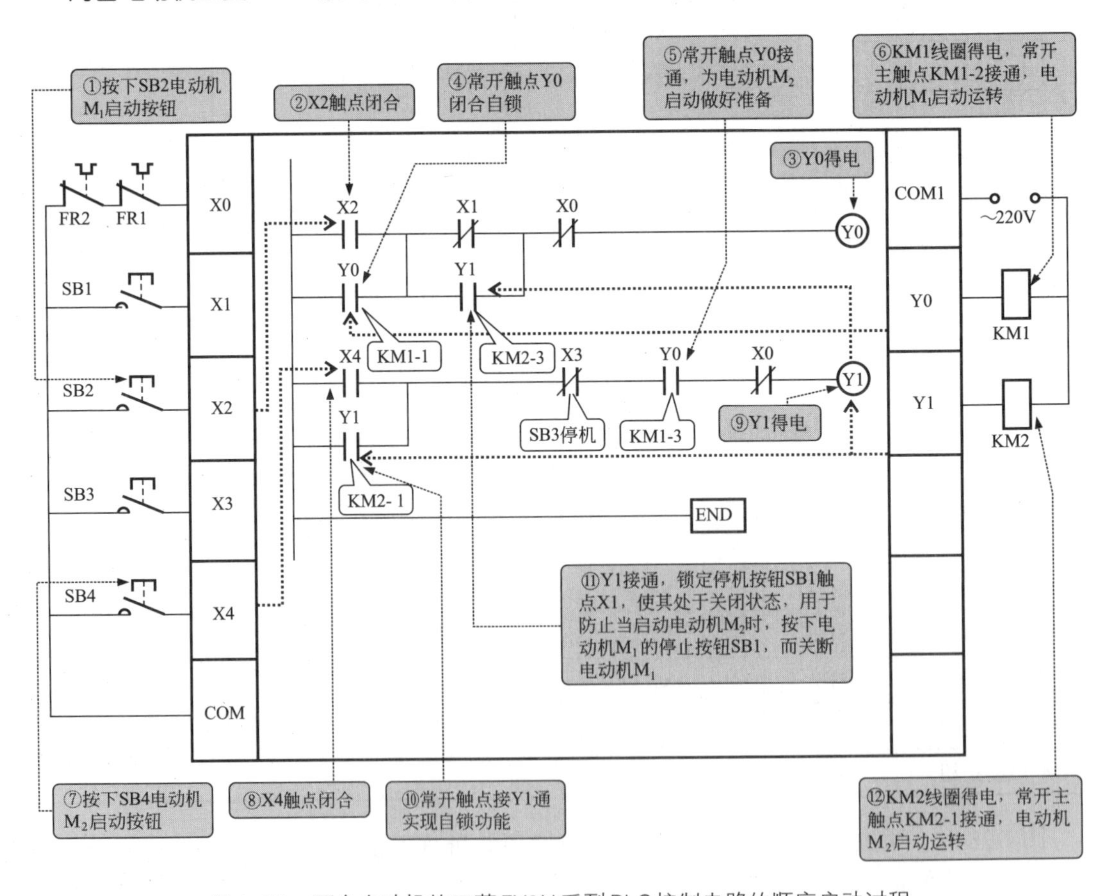

图4-31　两台电动机的三菱FX2N系列PLC控制电路的顺序启动过程

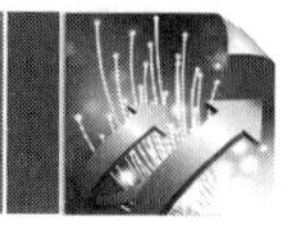

具体过程为：

当按下电动机M_1启动按钮SB2时，其将PLC内的X2置“1”，即该触点接通，使得输出继电器Y0得电，控制PLC外接交流接触器线圈KM1得电。

Y0得电，其常开触点Y0（KM1-1）闭合自锁，控制Y1线路的常开触点Y0（KM1-3）接通，为Y1得电，即KM2得电，为电动机M_2启动做好准备，也用于防止接触器KM2线圈先得电，使电动机M_2先运转，起顺序启动的作用。

KM1线圈得电，主电路中的主触点KM1-2闭合，接通电动机M_1电源，电动机M_1启动运转。

当按下电动机M_2启动按钮SB4时，其将PLC内的X4置“1”，即该触点接通，使得Y1得电，控制PLC外接交流接触器线圈KM2得电。

Y1得电，其常开触点Y1（KM2-1）闭合自锁，Y0线路上的常开触点Y1（KM2-3）闭合，锁定X1，即锁定停机按钮SB1，用于防止当启动电动机M_2时，按下电动机M_1的停止按钮SB1，而关断电动机M_1，起反顺序停机的作用。

KM2线圈得电，主电路中的常开主触点KM2-2闭合，接通电动机M_2电源，电动机M_2启动运转。

（2）PLC控制下两台电动机顺序停转过程

两台电动机的三菱FX2N系列PLC控制电路的顺序停转过程见图4-32。

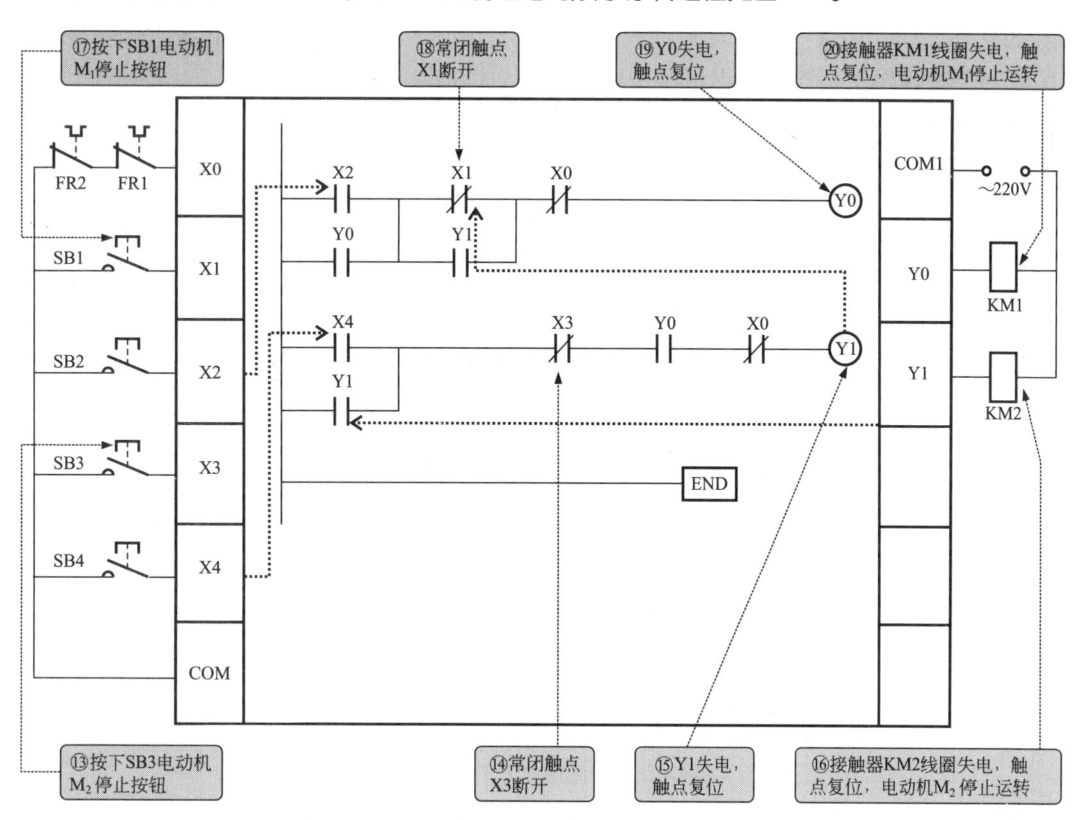

图4-32　PLC控制下两台电动机的顺序停转过程

具体控制过程为：

当按下电动机M_2停止按钮SB3时，其将PLC内的X3置“0”，即该触点断开，使得Y1失电，PLC外接交流接触器线圈KM2失电，主电路中的常开主触点KM1-2复位断开，切断电动机M_2电源，电动机M_2停止运转。

当电动机M_2停止运转后，按下电动机M_1停止按钮SB1时，其将PLC内的X1置“0”，即该触点断开，Y0失电，实现电动机M_1的停转。

4.6 三相交流感应电动机反接制动控制电路的PLC控制

电动机的反接制动是指通过改变转动中的电动机定子绕组的电源相序，使电子绕组产生反向的旋转磁场，使转子受到与原旋转方向相反的制动力矩而迅速停转。该制动方法具有制动迅速、设备简单等优点，但其制动冲击较大，制动能耗大，不宜频繁制动。

4.6.1 三相交流感应电动机反接制动控制电路的电气结构

（1）速度继电器的基本结构

速度继电器又称反接制动继电器，在电动机的反接制动电路中，通常将速度继电器与接触器配合使用，用来实现电动机的反接制动，在实际应用中，速度继电器的转轴与电动机装在同一根转轴上，当速度继电器停转时，电动机也同时迅速停转。

典型速度继电器的实物外形见图4-33。

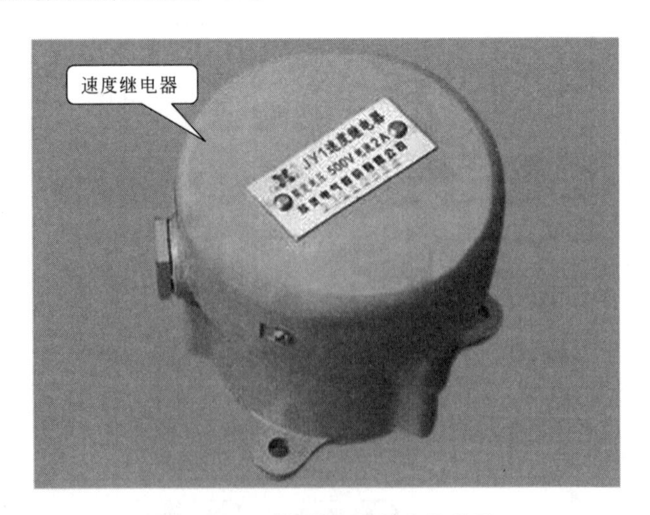

图4-33 速度继电器的实物外形

速度继电器的常见型号有JY1系列和JFZ0系列。

JY1系列速度继电器的内部结构见图4-34。

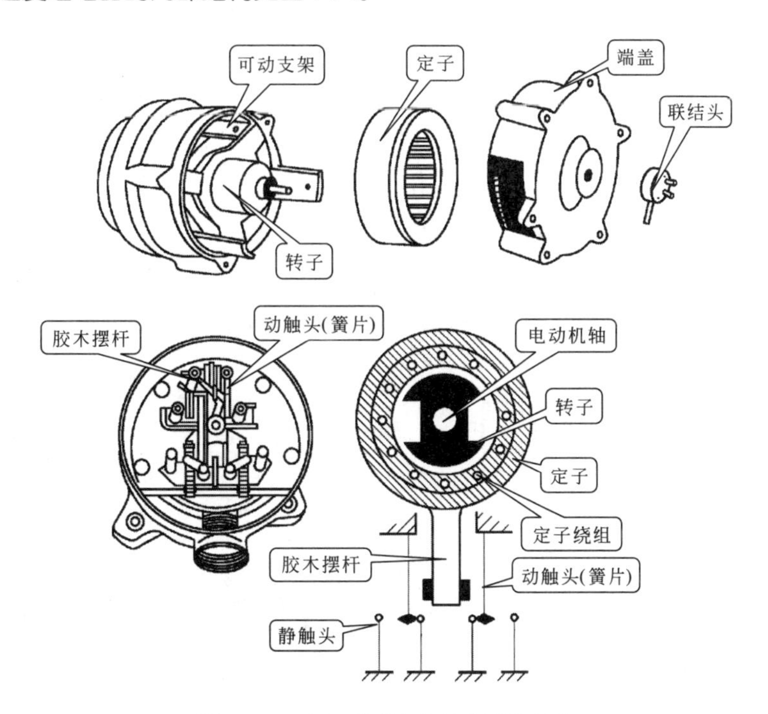

图4-34　JY1系列速度继电器的结构

JY1系列速度继电器主要由转子、定子、支架、胶木摆杆、簧片等部分组成。

（2）三相交流感应电动机反接制动控制电路的电气结构

三相交流感应电动机反接制动控制电路的电气结构见图4-35。

该电路主要由电源总开关QS，熔断器FU1 ~ FU5，启动按钮SB1，停止按钮SB2，交流接触器KM1、KM2，限流电阻器R_1 ~ R_3、过热保护继电器FR，速度继电器的KS及三相交流感应电动机等构成。

其电路的控制流程如下。

① 启动过程　合上电源总开关QS，按下启动按钮SB1，交流接触器KM1线圈得电，常开触点KM1-2接通，实现自锁功能；常闭触点KM1-3断开，防止接触器KM2线圈得电，实现联锁功能；常开触点KM1-1接通，电动机接通交流380 V电源开始运转。同时速度继电器KS-2与电动机连轴同速度运转，KS-1接通。

② 制动过程　当电动机需要停机时，按下停止按钮SB2，常闭触点SB2-1断开，接触器KM1线圈失电，常开触点KM1-2断开，解除自锁功能；常闭触点KM1-3接通，解除联

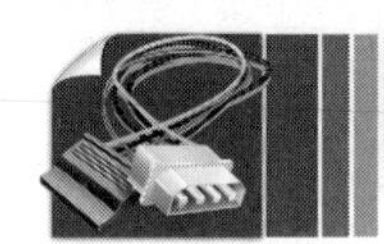

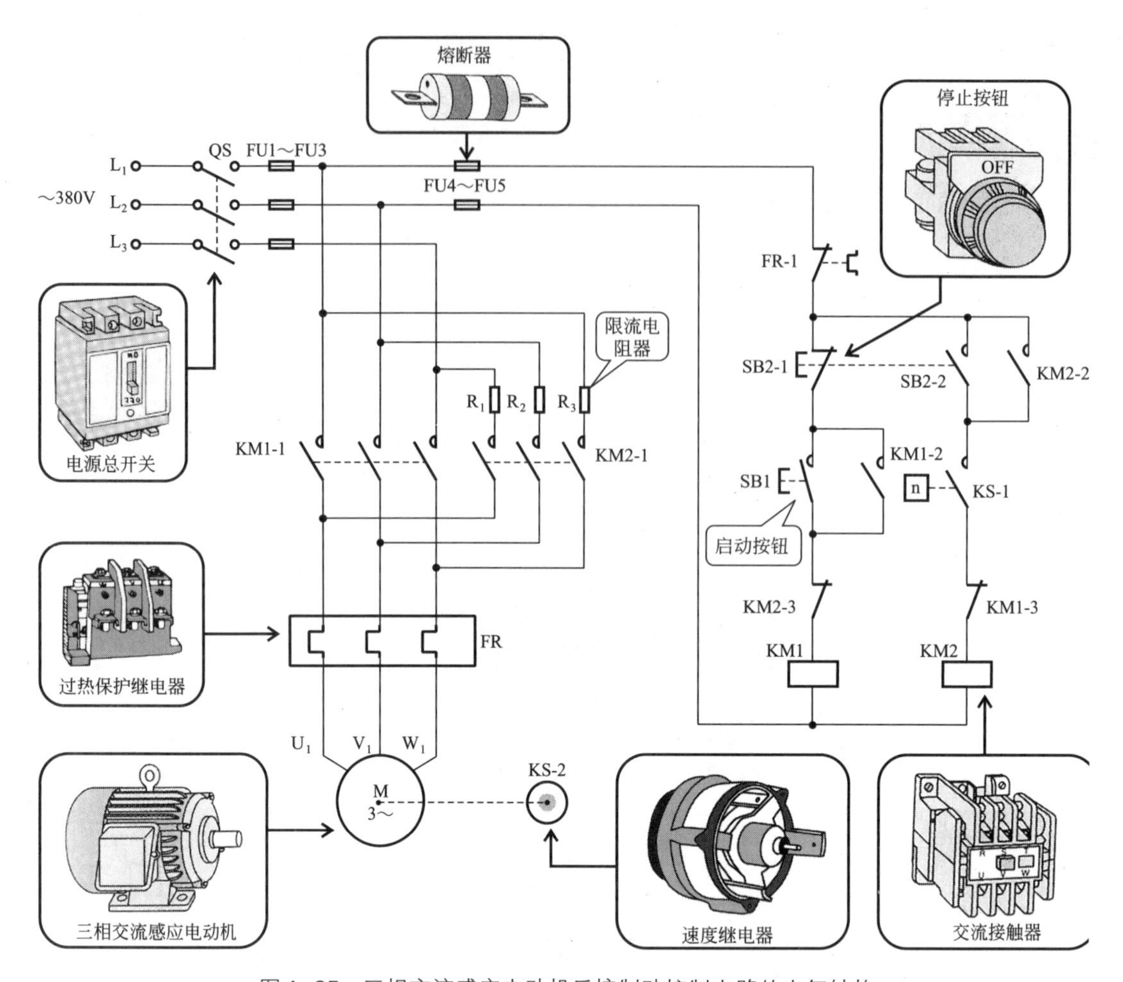

图4–35　三相交流感应电动机反接制动控制电路的电气结构

锁功能；常开触点KM1-1断开，电动机断电作惯性运转。同时，SB2的常开触点SB2-2接通，交流接触器KM2线圈得电，常开触点KM2-2接通，实现自锁功能；常闭触点KM2-3断开，防止接触器KM1线圈得电，实现联锁功能；常开触点KM2-1接通，电动机串联限流电阻器R_1～R_3后反接制动。

③ 停机过程　按下停止按钮SB2后，由于制动作用使电动机和速度继电器转速减小到零，速度继电器KS-2常开触点KS-1断开，切断电源，接触器KM2线圈失电，常开触点KM2-2断开，解除自锁功能，KM2-3接通复位，KM2-1断开，电动机切断电源，制动结束，电动机停止运转。

提示

当电动机在反接制动力矩的作用急速下降到零后，若反接电源不及时断开，电动机将从零开始反向运转，电路的目标是制动，因此电路中也必须具备及时切断反接电源的作用。

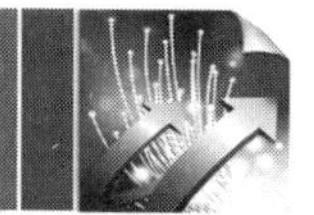

4.6.2 三相交流感应电动机反接制动控制电路的PLC控制原理

下面我们具体介绍用PLC实现对三相交流感应电动机反接制动控制的原理。

三相交流感应电动机的PLC反接制动控制电路见图4-36。

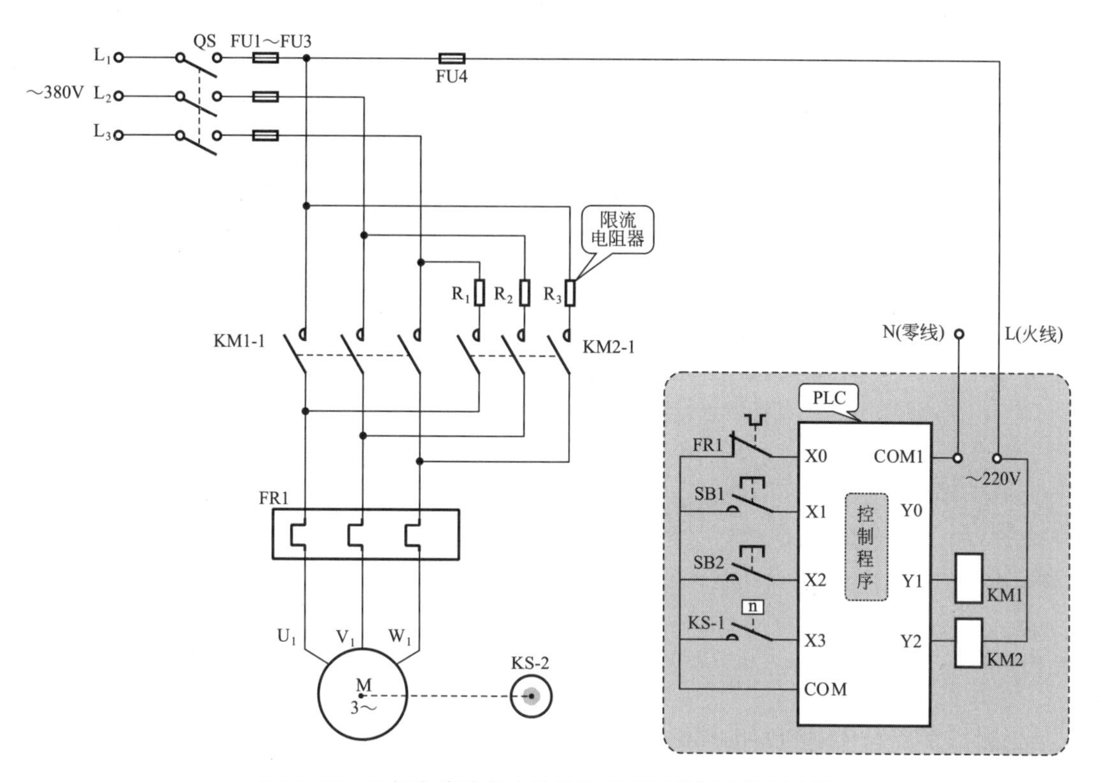

图4-36 三相交流感应电动机的PLC反接制动控制电路

该控制电路采用三菱FX2N系列PLC，电路中PLC控制I/O分配表见表4-6。

表4-6 三相交流感应电动机三菱FX2N系列PLC反接制动控制I/O分配表

输入信号及地址编号			输出信号及地址编号		
名称	代号	输入点地址编号	名称	代号	输出点地址编号
过热保护继电器	FR-1	X0	交流接触器	KM1	Y1
启动按钮	SB1	X1	交流接触器	KM2	Y2
停止按钮	SB2	X2			
速度继电器常开触点	KS-1	X3			

图4-36中，通过PLC的I/O接口与外部电器部件进行连接，提高了系统的可靠性，并

能够有效地降低故障率，维护方便。当使用编程软件向PLC中写入控制程序，便可以实现外接电器部件及负载电动机等设备的自动控制。想要改动控制方式时，只需要修改PLC中的控制程序即可，大大提高了调试和改装效率。

三相交流感应电动机三菱FX2N系列PLC连续控制梯形图见图4-37。

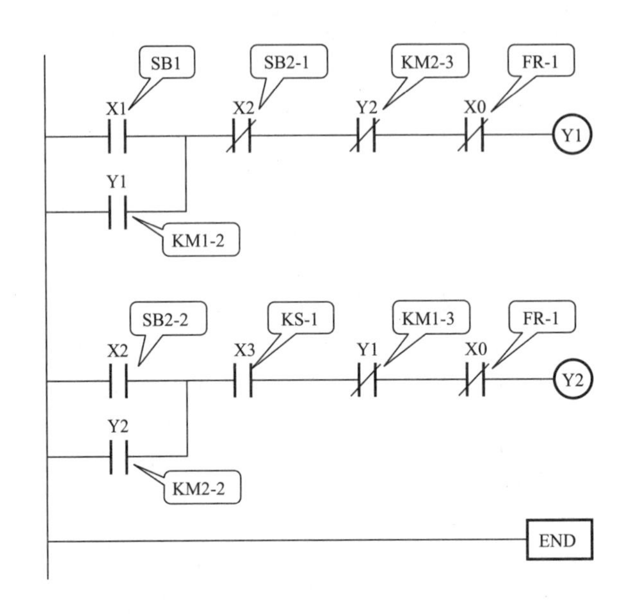

图4-37　三相交流感应电动机三菱FX2N系列PLC连续控制梯形图

根据梯形图识读该PLC的控制过程，首先可对照PLC控制电路和I/O分配表，在梯形图中进行适当文字注解，然后再根据操作动作具体分析启动、制动和停止的控制原理。

（1）三相交流感应电动机反接制动控制线路的启动过程

三相交流感应电动机三菱FX2N系列PLC反接制动控制电路的启动过程见图4-38。

该控制线路中电动机的启动过程如下：

当按下启动按钮SB1时，其将PLC内的X1置“1”，即该触点接通，使得Y1得电，控制PLC外接交流接触器线圈KM1得电。

Y1得电，常开触点Y1（KM1-2）闭合自锁，使启动按钮断开，电动机仍然会保持运行。常闭触点Y1（KM1-3）断开，防止Y2得电，即防止接触器线圈KM2得电。

KM1得电，主电路中的常开主触点KM1-1闭合，接通电动机电源，电动机启动运转，同时速度继电器KS-2与电动机连轴同速运转，KS-1接通，PLC内部触点X3接通。

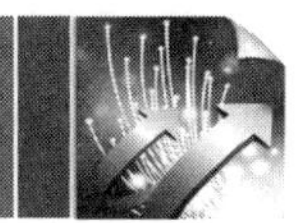

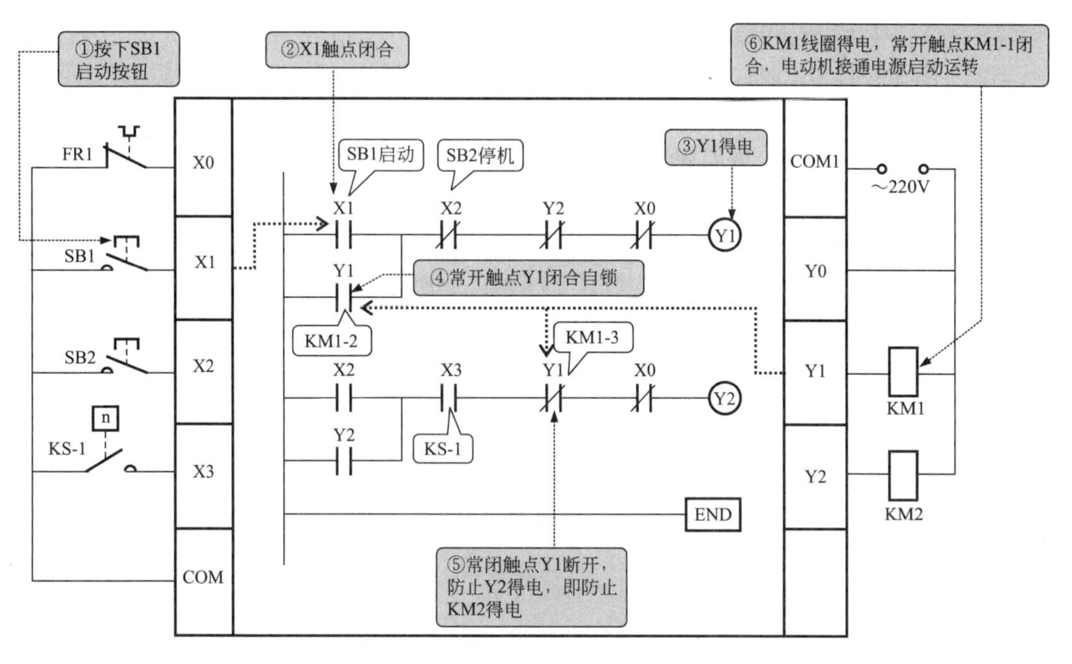

图4-38　PLC连续控制下三相交流感应电动机的启动过程

（2）三相交流感应电动机反接制动控制线路的制动过程

三相交流感应电动机三菱FX2N系列PLC反接制动控制电路的制动过程见图4-39。

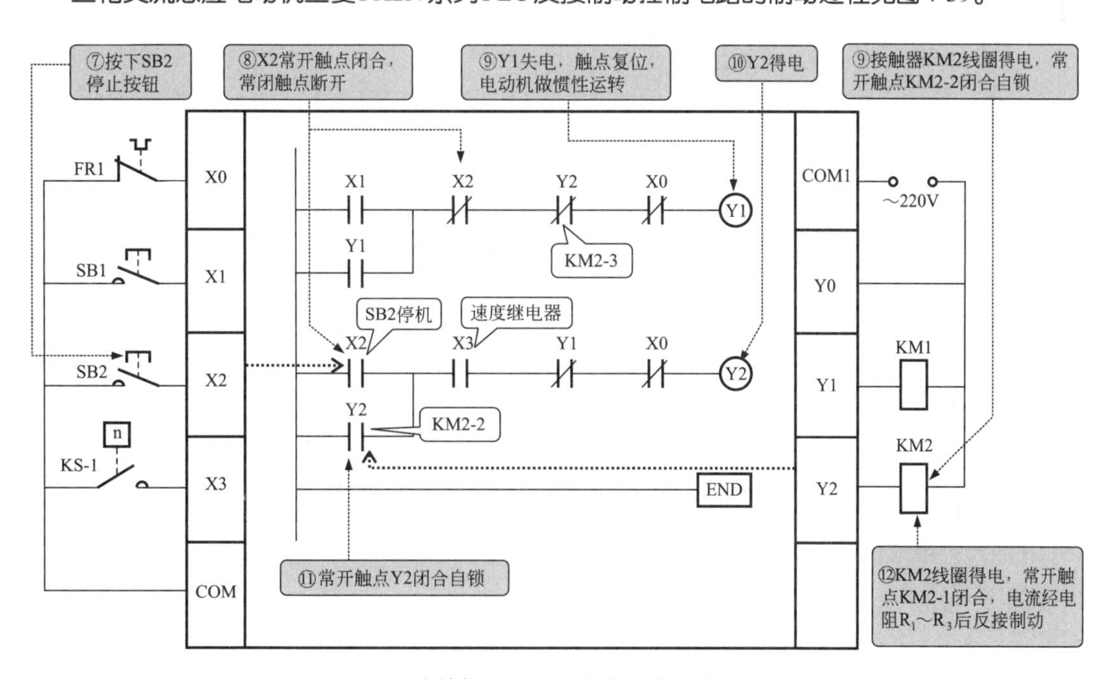

图4-39　PLC连续控制下三相交流感应电动机的制动过程

该控制线路中电动机的启动过程如下：

当按下停止按钮SB2时，其将PLC内的X2的常闭触点置“0”，常开触点置“1”，使得Y1失电，控制PLC外接交流接触器线圈KM1失电。

接触器KM1线圈失电，触点复位断开，电动机断电作惯性运转。

同时，Y2得电，控制PLC外接交流接触器线圈KM2得电。

Y2得电，常开触点Y2（KM2-2）接通，实现自锁功能，使启动按钮断开，电动机仍然会保持运行。常闭触点Y2（KM2-3）断开，防止Y1得电，即防止接触器KM1线圈得电。

接触器KM2线圈得电，常开触点KM2-1接通，电动机串联限流电阻器R_1 ~ R_3后反接制动。

（3）三相交流感应电动机反接制动控制控制线路的停机过程

三相交流感应电动机三菱FX2N系列PLC连续控制电路的停机过程见图4-40。

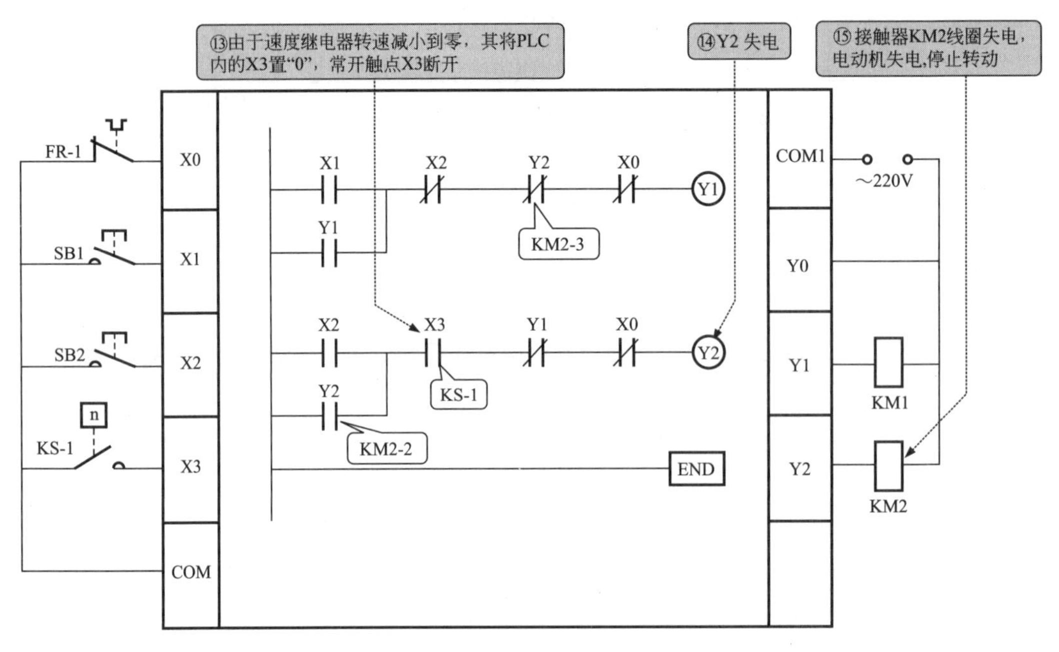

图4-40　PLC连续控制下三相交流感应电动机的停机过程

具体控制过程为：

按下停止按钮SB2后，由于制动作用使电动机和速度继电器转速减小到零，其将PLC内的X3置“0”，其常开触点X3（KS-1）断开，切断电源，Y2失电，常开触点Y2（KM2-2）断开，解除自锁功能，常闭触点Y2（KM2-3）接通复位，交流接触器KM2线圈失电，常开主触点KM2-1断开，电动机切断电源，制动结束，电动机停止运转。

第5章 PLC在机床电气控制电路中的应用

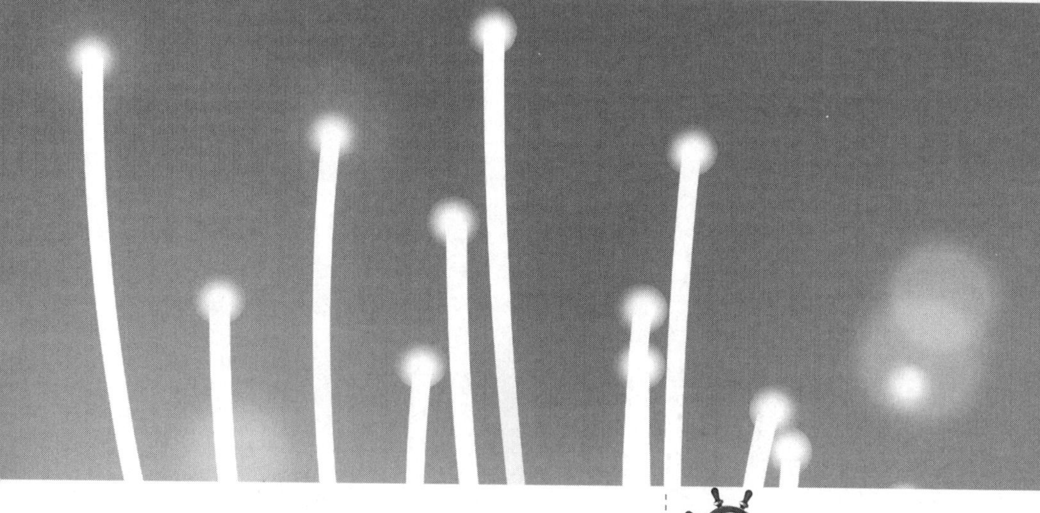

了解并掌握PLC在机床电气控制电路中的各种应用，能够分析PLC控制的各种应用电路。

5.1 C620-1型卧式车床的PLC控制

5.1.1 C620-1型卧式车床的结构

（1）C620-1型卧式车床的基本结构

C620-1型卧式车床是一种典型的机床设备，其主要是由变换齿、主轴变速箱、刀架、尾座、丝杆、光杆等部分组成。

C620-1型卧式车床的基本外形结构见图5-1。

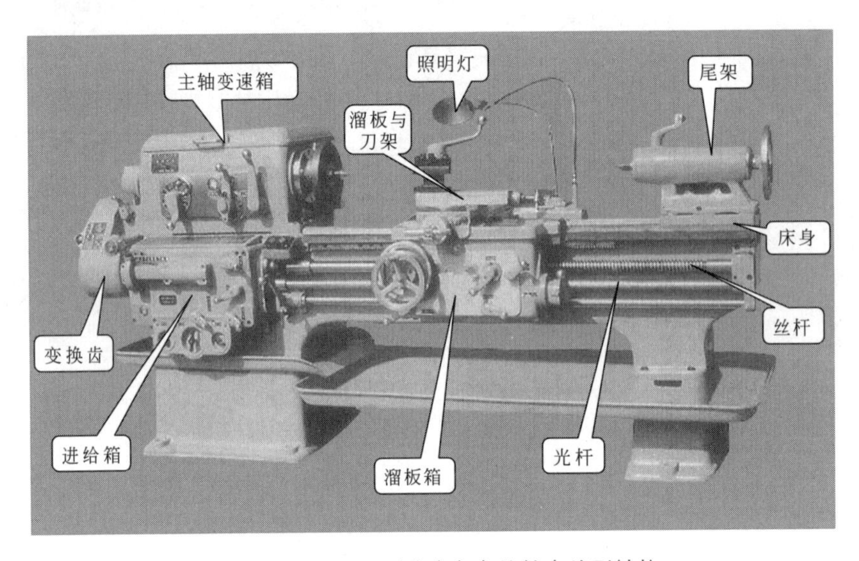

图5-1　C620-1型卧式车床的基本外形结构

刀架的纵向或横向直线运动是车床的进给运动，其传动线路是由主轴电动机经过主轴箱输出轴、挂轮箱传动到进给箱，进给箱通过丝杆将运动传入溜板箱，在通过溜板箱的齿轮与床身上的齿条或通过刀架下面的光杆分别获得纵横两个方向的进给运动。主运动和进给运动都是由主电动机带动的。

主电动机一般选用三相异步电动机，通常不采用电气调速而是通过变速箱进行机械调速。其启动、停止采用按钮操作，并采用直接启动方式。

车削加工时，需要冷却液冷却工件，因此必须有冷却泵和驱动电动机。当主电动机停止时，冷却泵电动机也停止工作。主轴电动机和冷却泵电动机的驱动控制电路中设有短路和过载保护部分。当任何一台电动机发生过载故障时，两台电动机都不能工作。

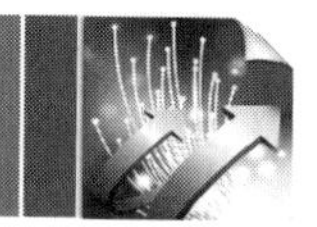

(2) C620-1型卧式车床的电气结构

C620-1型卧式车床通常采用带有过热保护继电器的单向启动控制线路。

C620-1型卧式车床的电气结构见图5-2，该线路分为主电源供电电路、控制电路和照明电路三部分。

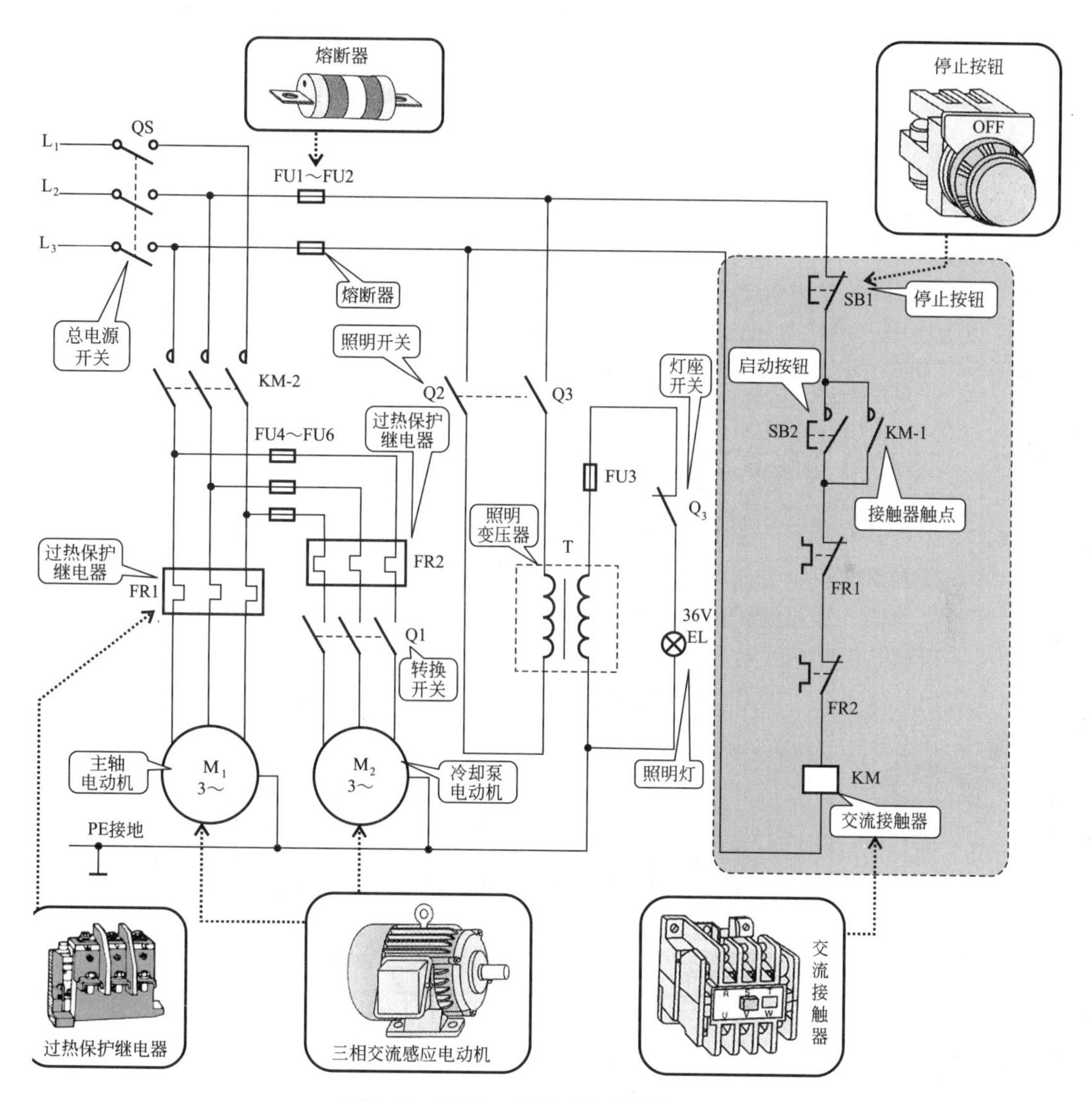

图5-2 C620-1型卧式车床的电气结构

工作时，先接通总电源开关QS，交流380 V供电送到电动机驱动电路和控制电路，整个机床处于待机状态。按下启动按钮SB2，就接通了交流接触器KM的供电电源，于是交流接触器KM动作，使KM-1（常开触点）和KM-2（主触点）吸合，KM-2的三个触点闭合就接通了主电动机M_1的供电电源，M_1进入正常旋转状态。KM-1触点闭合为KM提供供电的自锁通路，即使

启动开关断开也能维持KM的供电通道，电动机M1持续旋转。在M1旋转过程中，如果按下停止按钮SB1，就切断了KM的供电通道，KM复位，KM的触点也复位，于是KM-2断开，切断电机M1的供电，电动机停转，触点KM-1也断开，车床重新处于待机状态。

该线路主要分为主电源供电电路、控制电路和照明电路三部分。

① 主电源供电电路　主电源供电电路主要由主轴电动机M1和冷却泵电动机M2供电电路组成，主轴电动机M1主要作用是驱动主轴旋转，同时驱动车床刀架的进给运动。冷却泵电动机M2主要作用是驱动冷却泵，为车床提供冷却液。

主轴电动机M1和冷却泵电动机M2的容量均小于10 kW，采用全压直接启动，且为单方向旋转。

② 控制电路　控制电路主要由交流接触器KM、转换开关Q1、过热保护继电器FR1、FR2、熔断器FU1 ～ FU6等元件组成。交流接触器KM起到失电压和欠低压保护的作用，同时还可以控制电动机M1的启停；转换开关Q1控制电动机M2，并在电动机M1启动后才可开动；过热保护继电器FR1、FR2实现电动机长期过载保护；熔断器FU1 ～ FU3实现主电路、控制电路以及照明线路的短路保护。

③ 照明电路　照明电路由照明变压器T提供36 V电源电压，经照明开关Q2和灯座开关Q3控制照明灯EL。

5.1.2　C620-1型卧式车床的PLC控制原理

C620-1型卧式车床是一种传统机床，在图5-2所示的电气结构中，其基本上采用了交流继电器、接触器的控制方式，该种控制方式由于电气部件的连接过多存在人为因素的影响，具有可靠性低、线路维护困难等缺点，将直接影响企业的生产效率。由此，很多生产型企业中采用PLC控制方式对其进行控制。

下面我们具体介绍用PLC实现对C620-1型卧式车床的控制原理。

C620-1型卧式车床的PLC控制电路见图5-3。

该控制电路采用三菱FX2N系列PLC，电路中PLC控制I/O分配表见表5-1。

表5-1　C620-1型车床三菱FX2N系列PLC控制I/O分配表

输入信号及地址编号			输出信号及地址编号		
名称	代号	输入点地址编号	名称	代号	输出点地址编号
过热保护继电器	FR1、FR2	X0	主轴电动机接触器	KM1	Y1
主轴电动机启动按钮	SB1	X1			
主轴电动机停止按钮	SB2	X2			

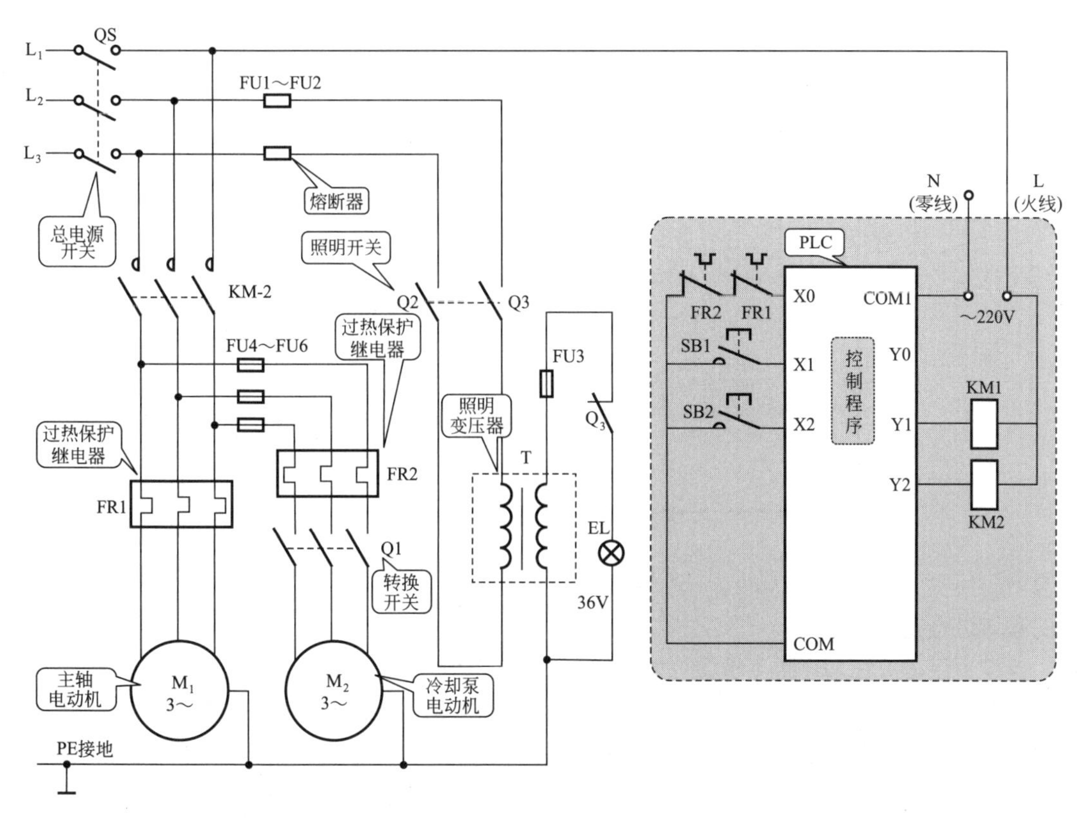

图5-3　C620-1型卧式车床的PLC控制电路

图5-3中，通过PLC的I/O接口与外部电器部件进行连接，提高了系统的可靠性，并能够有效地降低故障率，维护方便。当使用编程软件向PLC中写入控制程序时，便可以实现外接电器部件及负载电动机等设备的自动控制。想要改动控制方式时，只需要修改PLC中的控制程序即可，大大提高了调试和改装效率。

C620-1型卧式车床三菱FX2N系列PLC控制梯形图见图5-4。

根据梯形图识读该PLC的控制过程，首先可对照PLC控制电路和I/O分配表，在梯形图中进行适当文字注解，然后再根据操作动作具体分析启动和停止的控制原理。

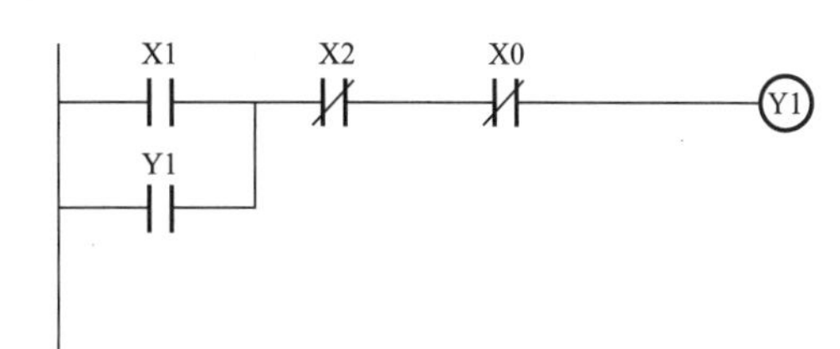

图5-4　C620-1型车床三菱FX2N系列PLC控制梯形图

(1) PLC控制下C620-1型卧式车床主轴电动机的启动过程

C620-1型卧式车床三菱FX2N系列PLC控制电路的启动过程见图5-5。

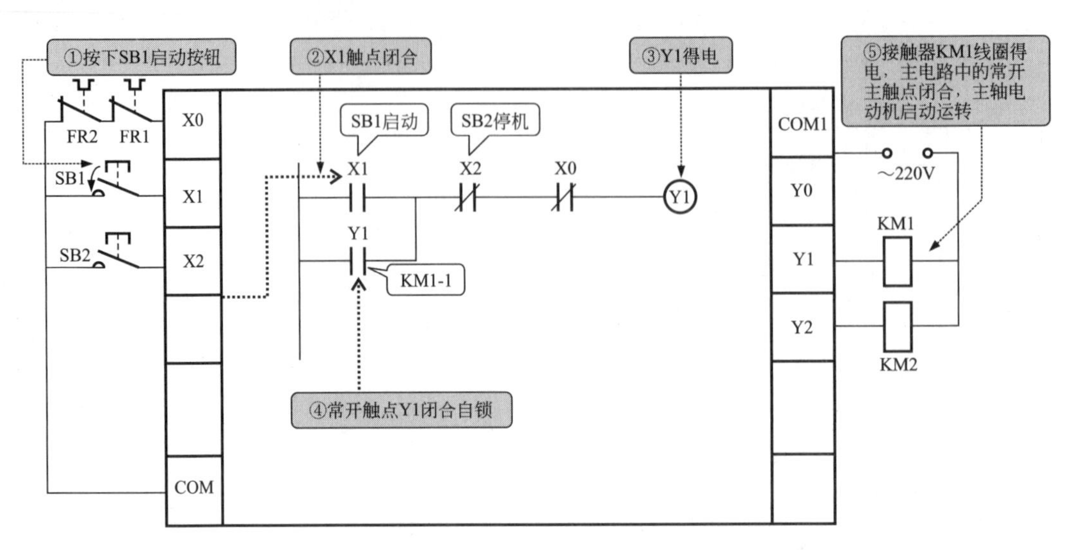

图5-5　PLC控制下C620-1型车床主轴电动机的启动过程

具体过程为：

当按下启动按钮SB1时（步骤①），其将PLC内的X1置“1”，即该触点接通（步骤②），使得Y1得电（步骤③），控制PLC外接交流接触器线圈KM得电。Y1得电其常开触点Y1闭合自锁（步骤④），即使启动按钮断开，电动机仍然会保持运行，因此启动按钮常采用按钮式开关，按一下即可启动，手松开后电动机仍保持运行，有效降低启动部件电气损耗和安全性、可靠性。KM得电，主电路中的主触点闭合，接通电动机电源，电动机启动运转（步骤⑤）。

（2）PLC控制下C620-1型卧式车床主轴电动机的停止过程

C620-1型卧式车床三菱FX2N系列PLC主轴电动机的停止过程见图5-6。

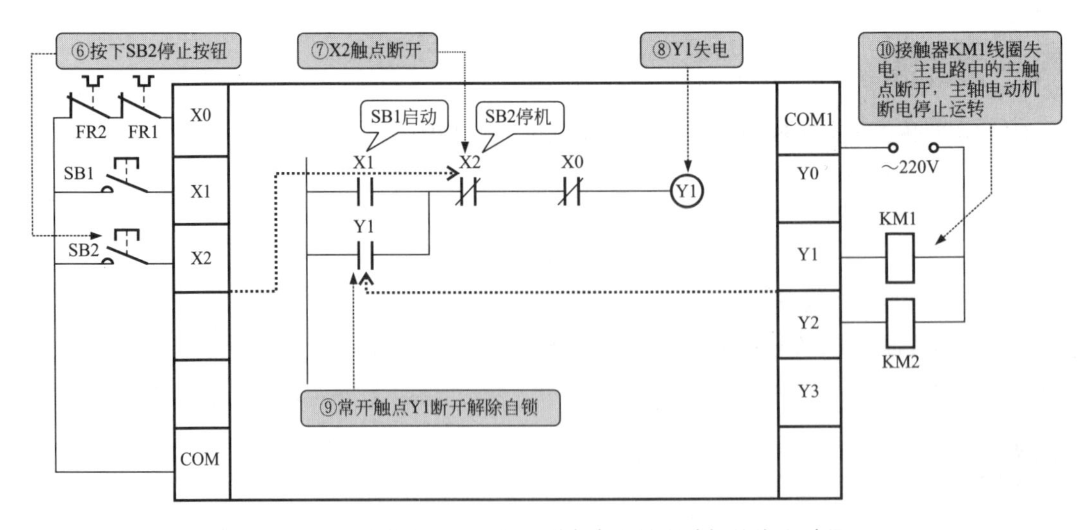

图5-6　PLC控制下C620-1型车床主轴电动机的停止过程

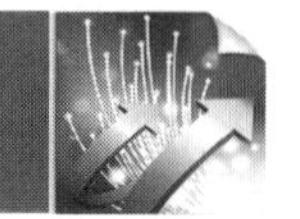

具体控制过程为：

当按下停止按钮SB2时（步骤⑥），其将PLC内的X2置“0”，即该触点断开（步骤⑦），使得Y1失电（步骤⑧），常开触点Y1断开，解除自锁（步骤⑨），PLC外接交流接触器线圈KM失电，同时其主电路中的常开主触点复位断开，切断电动机电源，电动机停止运转（步骤⑩）。

提示

在C620-1型卧式车床中，主轴电机启动后，可通过转换开关直接对其冷却泵电动机进行启停控制。

5.2 Z35型摇臂钻床的PLC控制

5.2.1 Z35型摇臂钻床的结构

（1）Z35型摇臂钻床的基本结构

钻床主要作用是对工件进行钻孔、扩孔、铰孔、镗孔以及攻螺纹等。常见的钻床有台式钻床、立式钻床和摇臂钻床等形式，下面我们以典型的Z35型摇臂钻床为例介绍其基本的电气结构。

图解

Z35型摇臂钻床的实物外形见图5-7。

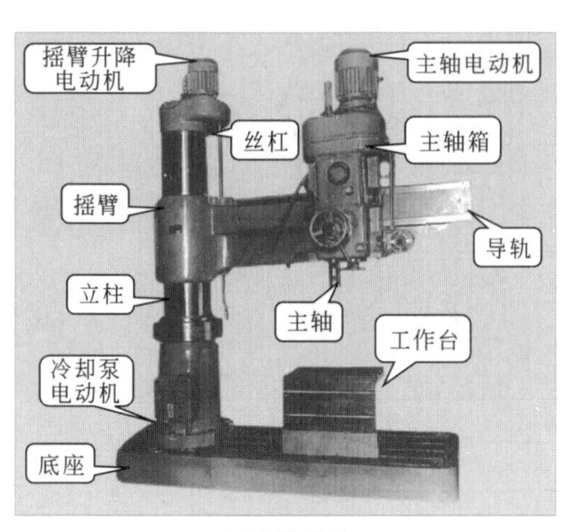

(a)实物外形

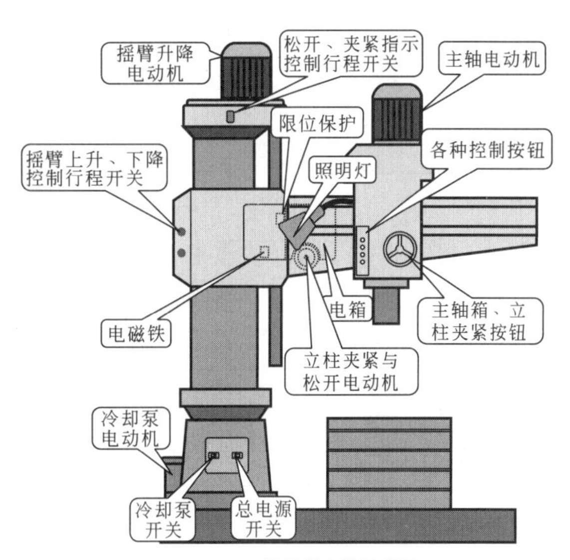

(b)控制电器示意图

图5-7　Z35型摇臂钻床的实物外形

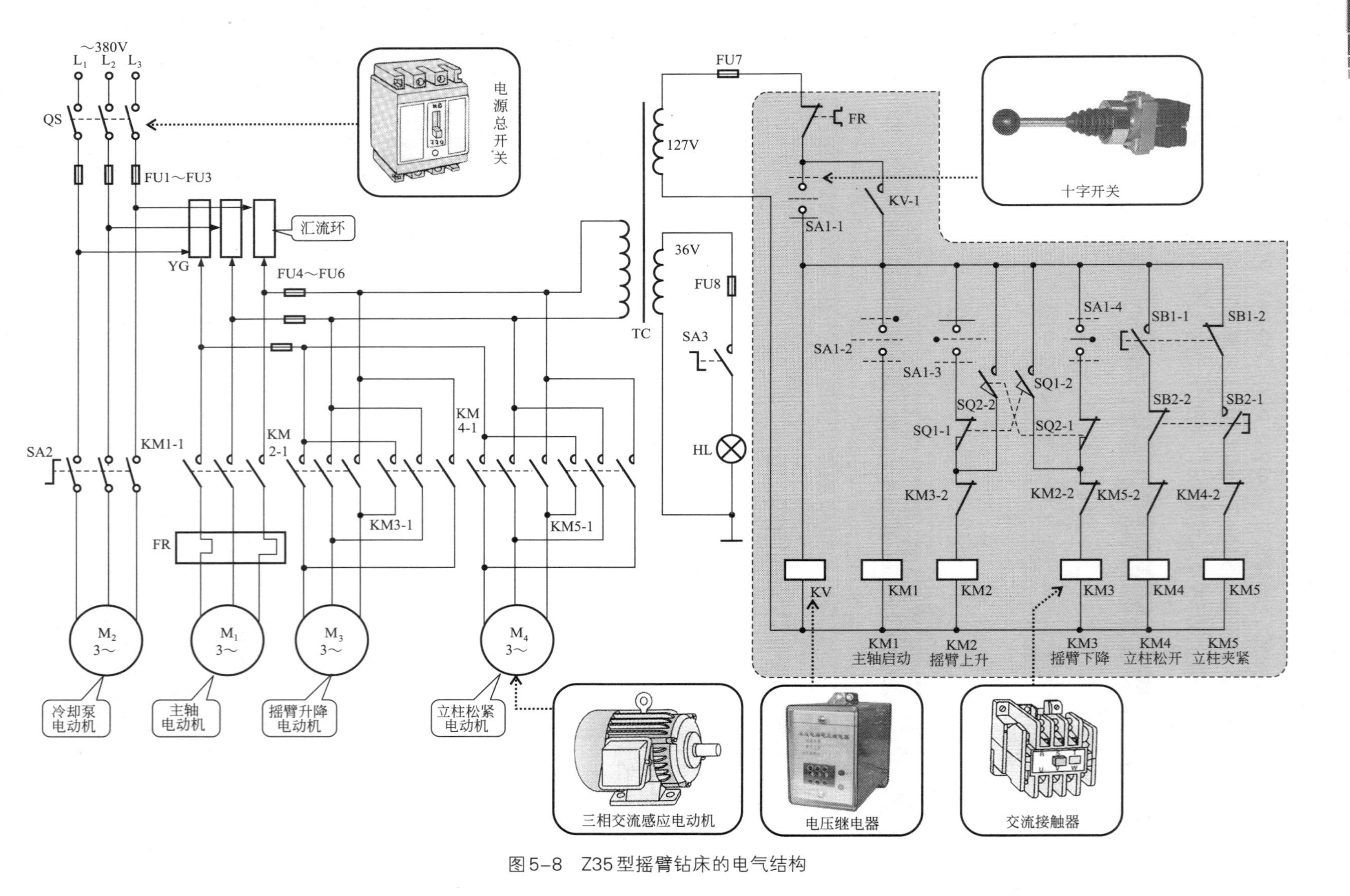

图5-8 Z35型摇臂钻床的电气结构

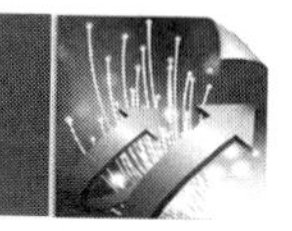

该型号的钻床主要用于加工镗孔、攻螺纹、套螺纹、钻孔、铰孔、扩孔等。它采用机械传动、机械夹紧、机械变速，且具有摇臂自动升降、主轴自动进刀等特点，从而提高了生产效率。

摇臂钻床的主运动是由主轴带动钻头旋转的，进给运动是钻头的上下移动。辅助运动是主轴箱摇臂导轨水平移动、摇臂沿外立柱上下移动和摇臂连同外立柱一起相对于内立柱的回转。

（2）Z35型摇臂钻床的电气结构

Z35型摇臂钻床的电气结构主要是由控制继电器、接触器和各种控制按钮构成的。

Z35型摇臂钻床的电气结构见图5-8。

从图可看出，该摇臂钻床控制电路采用的是十字开关SA操作，它有控制集中的优点。十字开关SA1由十字手柄和四个行程开关SA1-1～SA1-4构成，根据工作时的需要，将手柄分别扳到五个不同的位置，即左、右、上、下和中间位置，操作手柄每次只可扳在一个位置上。当手柄处在中间位置时，全部处于断开状态。十字开关SA1的四个行程开关处于不同位置的工作情况见表5-2。

表5-2　十字开关操作说明

手柄位置	按通微动开关的触点	工作情况
中	都不通	停止
左	SA1-1	控制电路电源接通触点
右	SA1-2	主轴运转触点
上	SA1-3	摇臂上升触点
下	SA1-4	摇臂下降触点

① 主轴电动机M_1的控制　主轴电动机M_1只做单方向运转，由接触器KM1的常开主触头控制，当需要启动主轴电动机时，合上电源总开关QS，交流电压经汇流环YG为电动机提供工作电压，并将其交流电压输入控制变压器TC中。

然后将十字开关SA拨至左端，常开触点SA1-1接通，经变压器降压后的直流电压加到过压保护继电器KV线圈上，常开触点KV-1接通，实现自锁功能，为各电动机的控制电路的接通做好准备。

再将十字开关SA拨至右端，常开触点SA1-2接通，接触器KM1线圈得电，常开触点KM1-1接通，主轴电动机M_1启动运转。

当需要主轴电动机M_1停止运转时，将十字开关SA拨至中间位置，触点复位，接触器KM1线圈失电，常开触点KM1-1断开，主轴电动机M_1停止运转。

提示

将主轴箱上的摩擦离合器拨至不同的位置可控制旋转方向。当钻床工作时，十字开关不在左边，这时若电源失电，KV失电，其自锁触头断开；电源恢复时，KV不会自行吸合，控制电路仍不通电，以防止工作中电源中断又恢复而造成的危险。

② 冷却泵电动机M_2的控制　冷却泵电动机M_2是通过转换开关SA2直接进行控制，当钻床工作工程中，需要为其提供冷却液，可将转换开关SA2拨至接通位置，接通冷却泵电动机M_2的供电电源，电动机启动运转，若需要冷却泵电动机M_2停机时，再将转换开关SA2拨至停机位置，即切断冷却泵电动机M_2的供电电源，电动机停止运转。

③ 摇臂升降电动机M_3的控制　摇臂钻床正常工作前，摇臂应夹紧在立柱上，因此在摇臂上升或下降之前，首先应松开夹紧装置，当摇臂上升或下降到指定位置时，夹紧装置又必须将摇臂夹紧。这种松开——升降——夹紧的过程是由电气和机械机构联合配合下实现自动控制的。

将十字开关SA1扳向左边，为控制回路送电，再将十字开关扳向上边，行程开关SA1-3接通，接触器KM2线圈得电，常闭触点KM2-2断开，起联锁保护作用，常开触点KM2-1接通，摇臂升降电动机M_3正向运转，通过机械传动，使辅助螺母在丝杆上旋转上升，带动了夹紧装置松开，触头SQ1-2接通，为摇臂上升后的夹紧动作做准备。

摇臂松开后，辅助螺母将继续上升，带动一个主螺母沿丝杆上升，主螺母则推动摇臂上升。当摇臂上升到预定高度时SQ1-1断开，将十字开关SA1拨至中间位置，十字开关SA1触点复位，上升接触器KM2失电，其常闭触点KM2-2接通，常开触点KM2-1断开，摇臂升降电动机M_3停止运转，摇臂即停止上升。

由于摇臂上升时触点SQ1-2接通，所以KM2失电后，下降接触器KM3得电吸合，其常开触点KM3-1接通，摇臂升降电动机M_3反转，这时电动机通过辅助螺母使夹紧装置将摇臂夹紧，但摇臂并不下降。当摇臂完全夹紧时，SQ1-2触点随即断开，接触器KM3失电，电动机M_3停转，摇臂上升动作全过程结束。

提示

摇臂的下降过程同上升过程相同，可参照上升过程进行分析，在此不再赘述。

④ 立柱松紧电动机M_4的控制　立柱松紧电动机M_4需要做正反向运动，通过接触器KM4、KM5进行控制。当摇臂和外立柱需绕内立柱转动时，按下按钮SB1，常开触点SB1-1接通，接触器KM4线圈得电，常开触点KM4-1接通，立柱松紧电动机接通电源正向启动运转，此时，油压泵在齿式离合器的带动下送出高压油，经油路系统和传动机构使立柱松开，同时常闭触点SB1-2断开，防止立柱夹紧接触器KM5线圈得电，起联锁保护作用。

若需要摇臂和外立柱停止旋转时，松开按钮SB1，触点复位，接触器KM4线圈失电，触点复位，立柱松紧电动机M_4停止运转。

当摇臂和外立柱转到所需的位置时，按下按钮SB2，常开触点SB2-1接通，接触器KM5线圈得电，常开触点KM5-1接通，立柱松紧电动机接通电源反向启动运转，在液压系统推动下夹紧外立柱，同时常闭触点SB2-2断开，防止立柱松开接触器KM4线圈得电，起联锁保护作用。

当松开SB2时，触点复位，接触器KM5线圈失电，触点复位，立柱松紧电动机M_4停止运转。

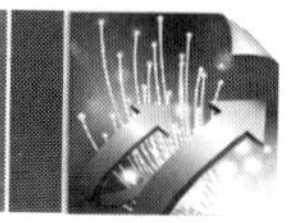

5.2.2　Z35型钻床的PLC控制原理

在图5-8所示的电气结构中，其基本上采用了交流继电器、接触器的控制方式，该种控制方式由于电气部件的连接过多存在人为因素的影响，具有可靠性低、线路维护困难等缺点，将直接影响企业的生产效率。因此，很多生产型企业中采用PLC控制方式对其进行控制。

下面我们具体介绍用PLC实现对Z35型钻床的控制原理。

Z35型钻床的PLC控制电路见图5-9。

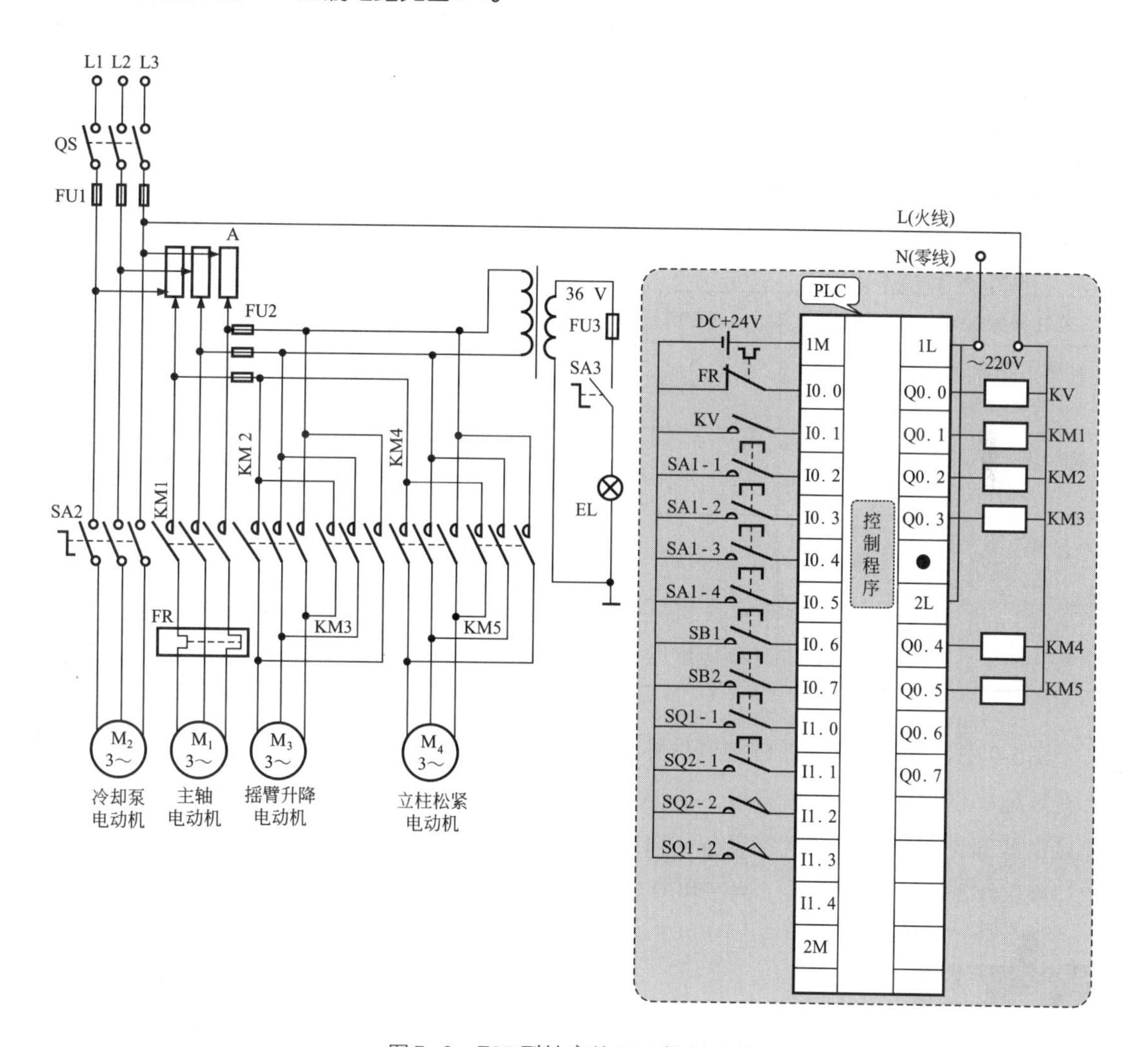

图5-9　Z35型钻床的PLC控制电路

该控制电路采用西门子S7-200型PLC，电路中PLC控制I/O分配表见表5-3。

表5-3　Z35型钻床西门子S7-200型PLC控制I/O分配表

输入信号及地址编号			输出信号及地址编号		
名称	代号	输入点地址编号	名称	代号	输出点地址编号
过热保护继电器	FR	I0.0	电压继电器	KV	Q0.0
电压继电器	KV	I0.1	主轴电动机M_1接触器	KM1	Q0.1
十字开关的控制电路电源接通触点	SA1-1	I0.2	摇臂升降电动机M_3上升接触器	KM2	Q0.2
十字开关的主轴运转触点	SA1-2	I0.3	摇臂升降电动机M_3下降接触器	KM3	Q0.3
十字开关的摇臂上升触点	SA1-3	I0.4	立柱松紧电动机M_4放松接触器	KM4	Q0.4
十字开关的摇臂下降触点	SA1-4	I0.5	立柱松紧电动机M_4夹紧接触器	KM5	Q0.5
立柱放松按钮	SB1	I0.6			
立柱夹紧按钮	SB2	I0.7			
摇臂上升上限位行程开关	SQ1-1	I1.0			
摇臂下降下限位行程开关	SQ2-1	I1.1			
摇臂下降夹紧行程开关	SQ2-2	I1.2			
摇臂上升夹紧行程开关	SQ1-2	I1.3			

图5-9中，通过PLC的I/O接口与外部电器部件进行连接，提高了系统的可靠性，并能够有效地降低故障率，维护方便。当使用编程软件向PLC中写入控制程序时，便可以实现外接电器部件及负载电动机等设备的自动控制。想要改动控制方式时，只需要修改PLC中的控制程序即可，大大提高了调试和改装效率。

Z35型钻床西门子S7-200系列PLC控制梯形图见图5-10。

根据梯形图识读该PLC的控制过程，首先可对照PLC控制电路和I/O分配表，在梯形图中进行适当文字注解，然后再根据操作动作具体分析启动和停止的控制原理。

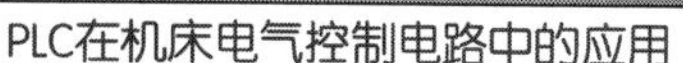
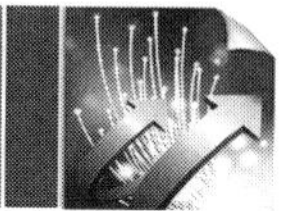

I0.2 Q0.0
I0.0 I0.1 I0.3 Q0.1
I0.4 I1.0 Q0.3 Q0.2
I1.2
I0.5 I1.1 Q0.2 I0.0 I0.1 Q0.3
I1.3
I0.6 I0.7 Q0.5 I0.0 I0.1 Q0.4
I0.6 I0.7 Q0.4 I0.0 I0.1 Q0.5

图5–10　Z35型钻床西门子S7–200系列PLC控制梯形图

（1）PLC控制下Z35型钻床主轴电动机的控制过程

西门子S7-200PLC控制下Z35型钻床主轴电动机的控制过程见图5-11。

具体过程为：

当将十字开关SA1拨至左端，常开触点SA1-1接通（步骤①），PLC内部的常开触点I0.2闭合（步骤②），Q0.0得电（步骤③），其常开触点I0.1闭合（步骤④），为各电动机控制电路的接通做好准备。

当将十字开关SA拨至右端，常开触点SA1-2接通（步骤⑤），PLC内部的输入继电器I0.3触点闭合（步骤⑥），Q0.1得电（步骤⑦），接触器KM1线圈得电吸合，带动其主电路的常开触点KM1-1吸合，主轴电动机M_1启动（步骤⑧）。

（2）PLC控制下Z35型钻床摇臂升降电动机的控制过程

西门子S7-200 PLC控制下Z35型钻床摇臂升降电动机M_3的控制过程见图5-12。

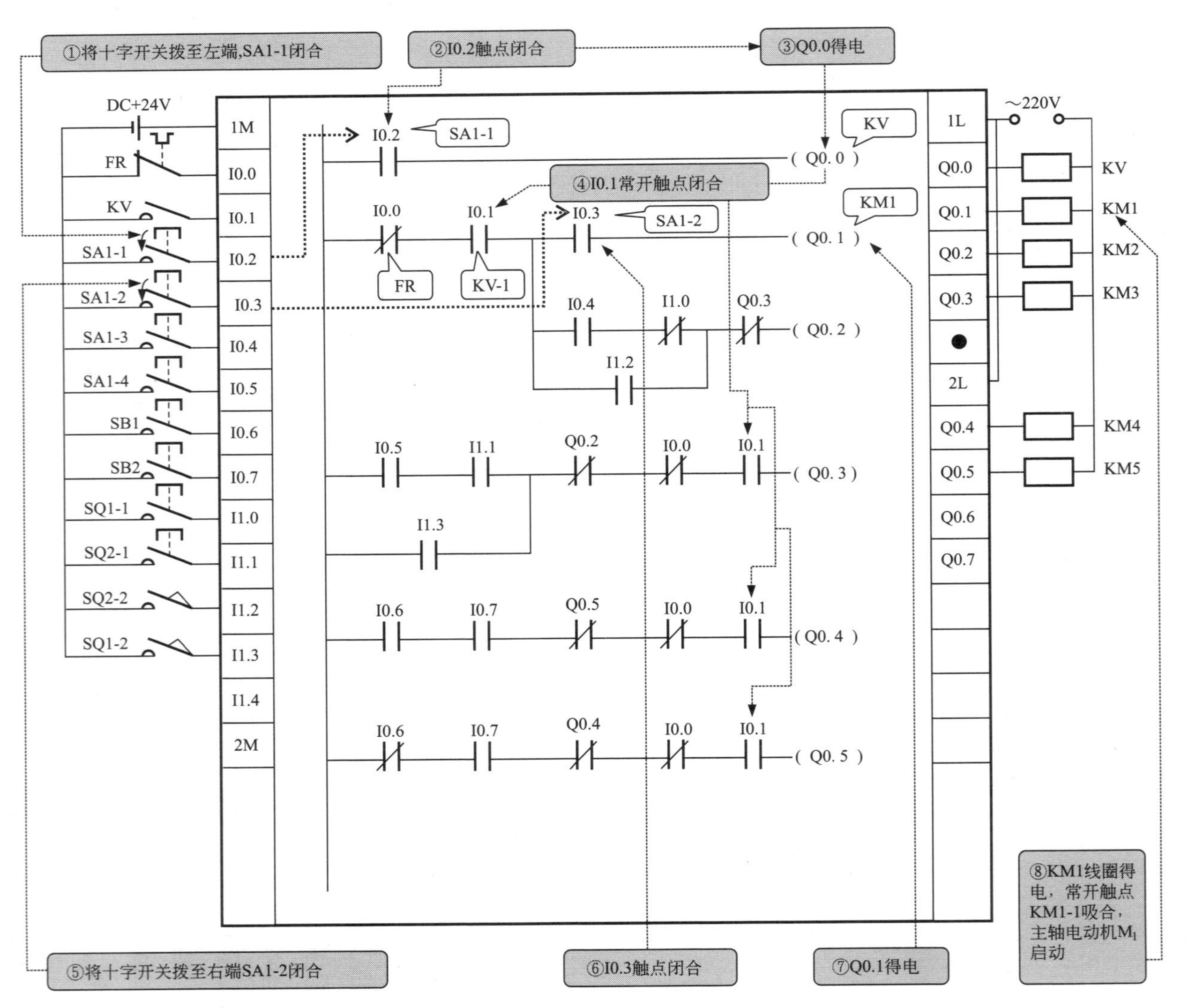

图5-11 西门子S7-200PLC控制下Z35型钻床主轴电动机的控制过程

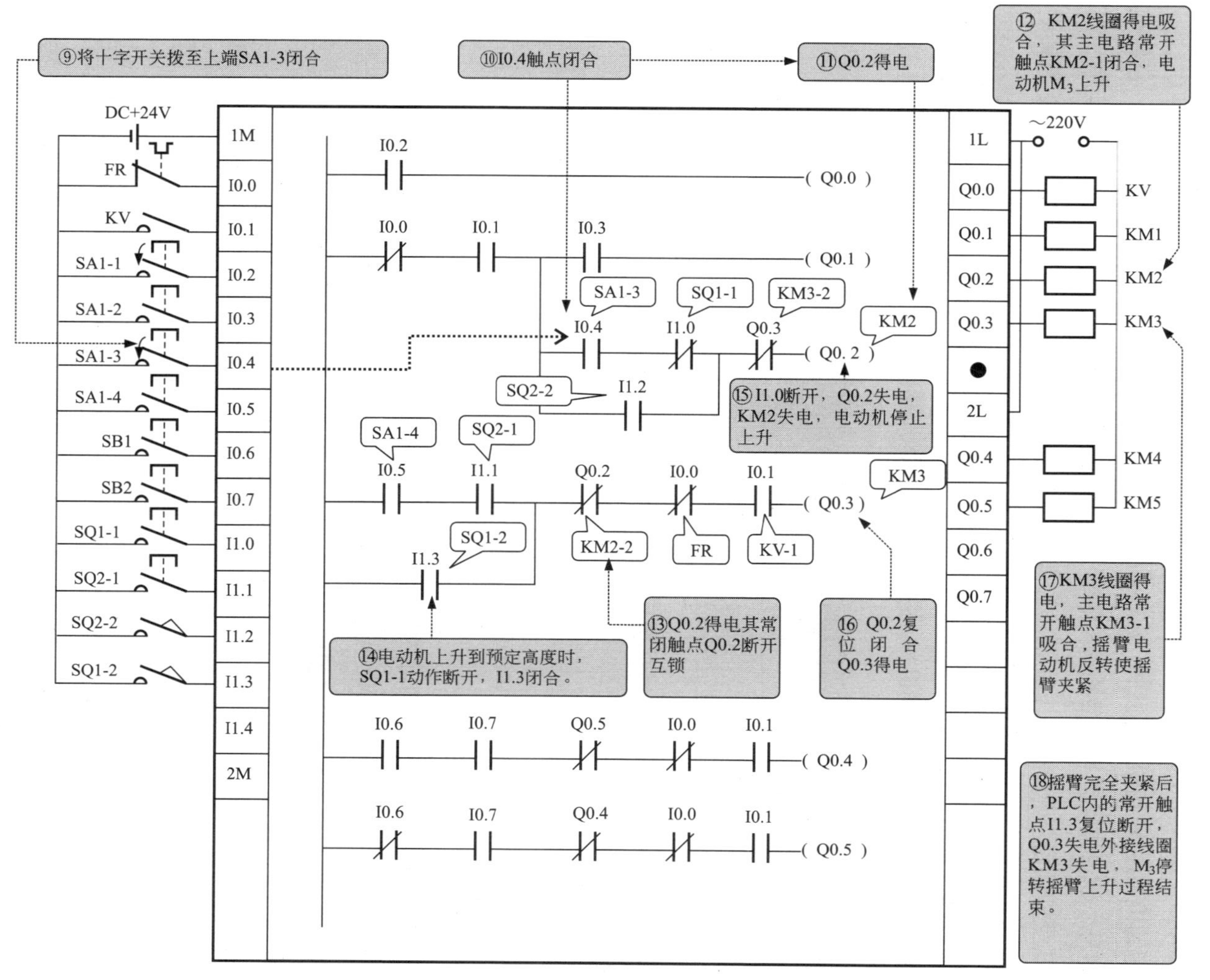

图5-12　PLC控制下Z35型钻床摇臂升降电动机M_3的控制过程

摇臂升降电动机上升及夹紧的具体过程为：

首先将十字开关拨至左端，为控制回路送电，然后再拨至上端，行程开关SA1-3闭合接通（步骤⑨），PLC内部的I0.4触点闭合（步骤⑩），输出继电器Q0.2得电（步骤⑪），外接线圈KM2得电吸合，其主电路的常开触点KM2-1闭合，电动机M_3开始上升（步骤⑫）。

与此同时，Q0.2得电，其常闭触点断开，实现联锁保护（步骤⑬）。

当电动机M_3上升到预定高度时，SQ1-1动作，其联动常开触点I1.3吸合（步骤⑭），常闭触点I1.0断开，Q0.2失电，其外接线圈KM2失电，电动机停止上升（步骤⑮）；Q0.2失电后，其触点Q0.2复位闭合，Q0.3得电（步骤⑯），其外接线圈KM3得电吸合，摇臂电动机开始反转使摇臂夹紧（步骤⑰）。

当摇臂完全夹紧后，上升夹紧行程开关SQ1-2动作，PLC内常开触点I1.3复位断开，Q0.3失电，外接KM3线圈失电，电动机M_3停止转动，摇臂电动机上升过程结束（步骤⑱）。

提示

摇臂电动机M3的下降及夹紧过程与上述控制相同，这里不再重复，读者可尝试自己参照分析。

（3）PLC控制下Z35型钻床立柱松紧电动机的控制过程

西门子S7-200 PLC控制下Z35型钻床立柱松紧电动机M_4的控制过程见图5-13。

立柱松开的控制过程：

按下按钮SB1（步骤⑲），PLC内部常开触点I0.6接通，同时常闭触点I0.6断开，防止Q0.5得电，即防止立柱夹紧接触器KM5线圈得电，起联锁保护作用（步骤⑳）。常开触点I0.6接通，Q0.4得电（步骤㉑），PLC外接的接触器KM4线圈得电，主电路的常开触点KM4-1吸合，立柱松紧电动机接通电源正向启动运转，立柱松开（步骤㉒）。

松开按钮SB1，触点I0.6复位，Q0.4失电，接触器KM4线圈失电，触点复位，立柱松紧电动机M_4停止运转（步骤㉓）。

立柱夹紧的控制过程：

按下按钮SB2（步骤㉔），PLC内部常开触点I0.7接通，同时常闭触点I0.7断开，防止Q0.4得电，即防止立柱夹紧接触器KM4线圈得电，起联锁保护作用（步骤㉕）。常开触点I0.7接通，Q0.5得电（步骤㉖），PLC外接的接触器KM5线圈得电，主电路的常开触点KM5-1吸合，立柱松紧电动机接通电源反向启动运转，立柱夹紧（步骤㉗）。

松开按钮SB2，触点I0.7复位，Q0.5失电，接触器KM5线圈失电，触点复位，立柱松紧电动机M_4停止运转（步骤㉘）。

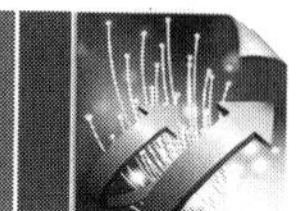

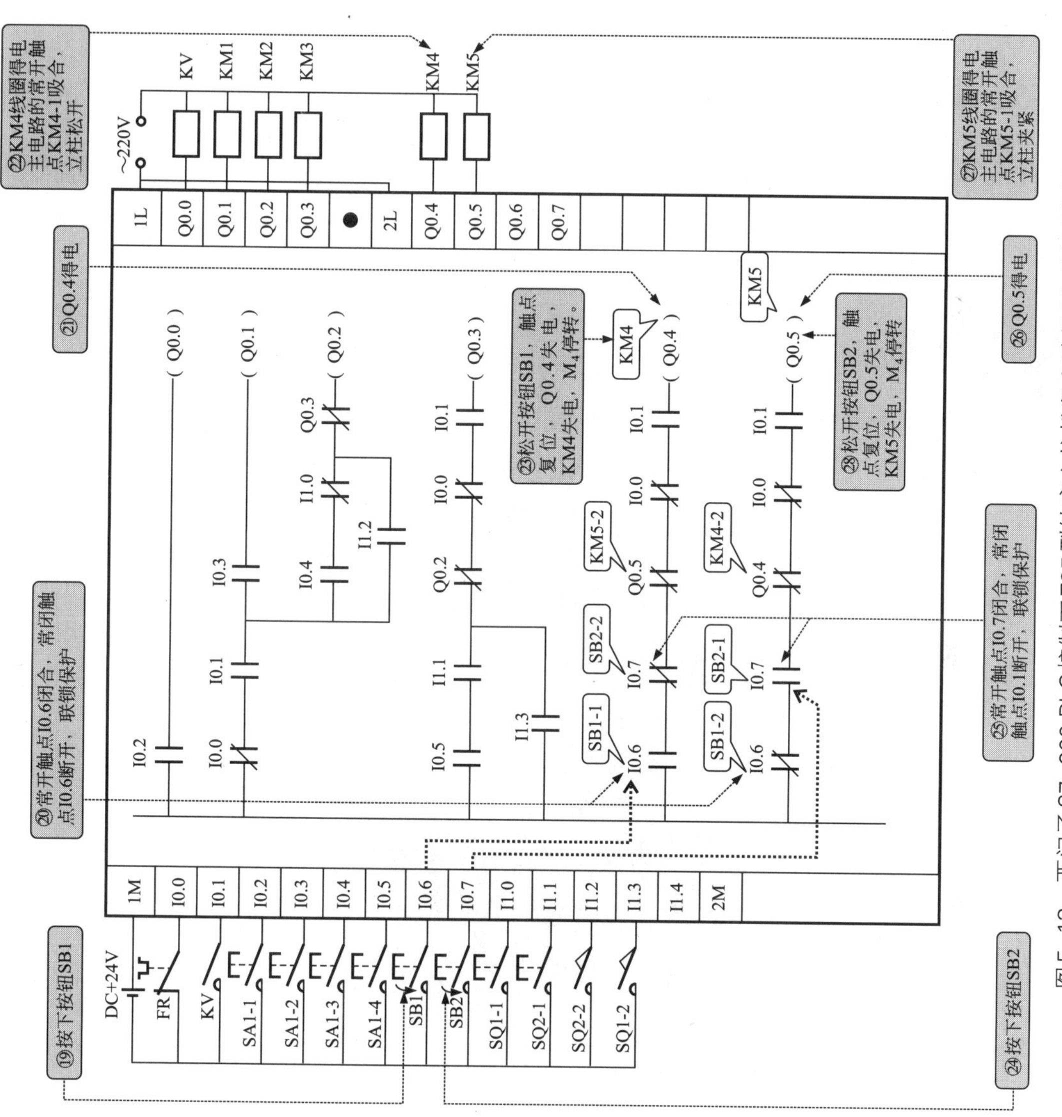

图 5-13　西门子 S7-200 PLC 控制下 Z35 型钻床立柱松紧电动机 M_4 的控制过程

5.3 X52K型立式升降台铣床的PLC控制

5.3.1 X52K型立式升降台铣床的结构

（1）X52K型立式升降台铣床的基本结构

铣床是使用铣刀对加工工件进行铣削加工，如加工工件表面、曲面、齿轮、沟槽等。铣床的主运动是主轴带动刀杆和铣刀的旋转运动，铣床的进给运动是工件相对于铣刀的移动，铣床的辅助运动是工作台在6个方向的快速移动。下面我们以X52K型立式升降台铣床为例介绍其基本的电气结构。

X52K型立式升降台铣床的实物外形见图5-14。

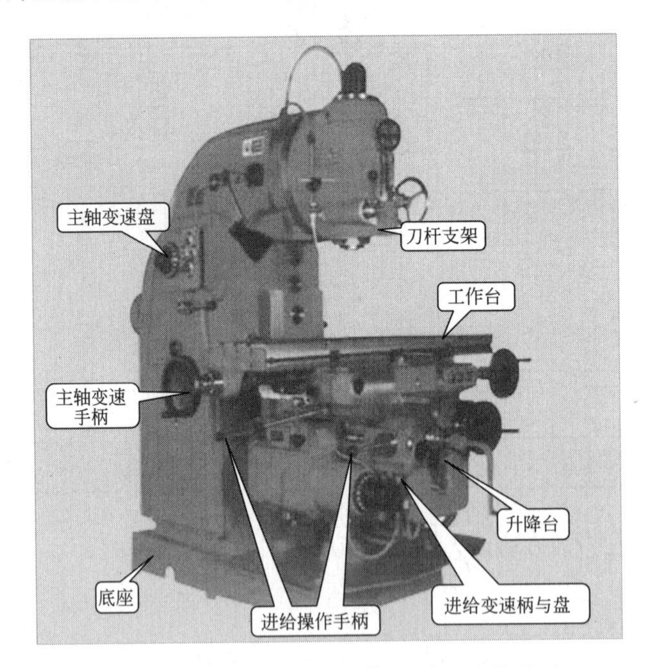

图5-14 X52K型立式升降台铣床的实物外形

X52K型立式升降台铣床用于加工中小型零件的平面、斜度平面及成型表面。

（2）X52K型立式升降台铣床的电气结构

X52K型立式升降台铣床的电气结构主要是由控制继电器、接触器和各种控制按钮构成的。

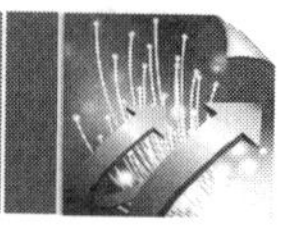

X52K型立式升降台铣床的电气结构见图5-15。

① 主轴电动机M_1的控制　主轴电动机M_1具有正反转运行功能，该运行方式直接通过转换开关SA1进行控制。

a. 启动过程。按下启动按钮SB1或SB2，接触器KM1线圈得电，常开触点KM1-1接通，实现自锁功能；KM1-2接通，主轴电动机M_1接通三相电源启动运转；常闭触点KM1-3断开，防止接触器KM5线圈得电，触点动作，对主轴电动机M_1进行制动操作；常开触点KM1-4接通，接通工作台控制电路电源。

b. 停机过程。当需要主轴电动机M_1停机时，按下停止按钮SB3或SB4，常闭触点SB3-2、SB4-2断开，接触器KM1线圈失电，触点复位，主轴电动机M_1做惯性运转，同时，常开触点SB3-1、SB4-1接通，接触器KM5线圈得电，常开触点KM5-1、KM5-2接通，交流电压经变压器T_2降压后，再经桥式整流堆VD1 ～ VD4整流后输出的直流电压加到主轴电动机M_1的定子绕组上，对电动机进行能耗制动操作。松开停止按钮SB3或SB4后，触点复位，接触器KM5线圈失电，触点复位，主轴电动机M_1制动结束，停止运转。

c. 主轴变速的冲动控制。主轴变速应在主轴电动机M_1停机时进行，按下变速手柄，并将其拉出后，转动变速盘选择所需的转速，再把变速手柄以连续较快的速度推回至原来的位置，在此过程中，由于机械联动机构的动作，冲动行程开关SQ1瞬间被压合，常开触点SQ1-1接通，接触器KM1线圈得电，常开触点KM1-1接通实现自锁功能，KM1-2接通，主轴电动机M_1启动运转；同时常闭触点SQ1-2断开，解除接触器KM1线圈的自锁功能。当变速手柄推回至原来的位置时，冲动开关SQ1被释放，触点复位，接触器KM1线圈失电，触点复位，主轴电动机M_1停止运转，此时主轴电动机M_1便完成一次变速冲动操作，使齿轮合上。

② 进给电动机M_3的控制　进给电动机M_3用于驱动工作台进行上、下、左、右、前、后6个方向的进给运动，在进给操作室，若不使用圆工作台进行工作时，可将转换开关SA2拨至停止位置，使其断开圆工作台。

a. 工作台向左和向右进给运动的控制。工作台的向左和向右进给运动是通过纵向进给操作手柄进行控制的，当需要工作台向左运动时，将纵向操作手柄拨至向左的位置，在机械上接通纵向离合器，并且使行程开关SQ2被压合，常闭触点SQ2-2断开，常开触点SQ2-1接通，接触器KM4线圈得电，常开触点KM4-1接通，进给电动机M_3反向启动运转，此时工作台向左进给动作，常闭触点KM4-2断开，防止接触器KM3线圈得电，起联锁保护作用。

当需要工作台向右运动时，将纵向操作手柄拨至向右的位置，在机械上仍接通了纵向离合器，但却使行程开关SQ3被压合，常闭触点SQ3-2断开，常开触点SQ3-1接通，接触器KM3线圈得电，常开触点KM3-1接通，进给电动机M_3正向启动运转，此时工作台向右进给动作，常闭触点KM3-2断开，防止接触器KM4线圈得电，起联锁保护作用。

当工作台的左右运动到达极限位置时，安装在工作台两端的限位撞块就会撞击手柄，使它回到中间位置，进给电动机M_3停机，工作台停止运转，实现纵向终端保护。

b. 工作台向上（后）和向下（前）进给运动控制。工作台的向上（后）和向下（前）进给运动是通过十字操作手柄进行控制的，当需要工作台向上（后）运动时，将十字操作

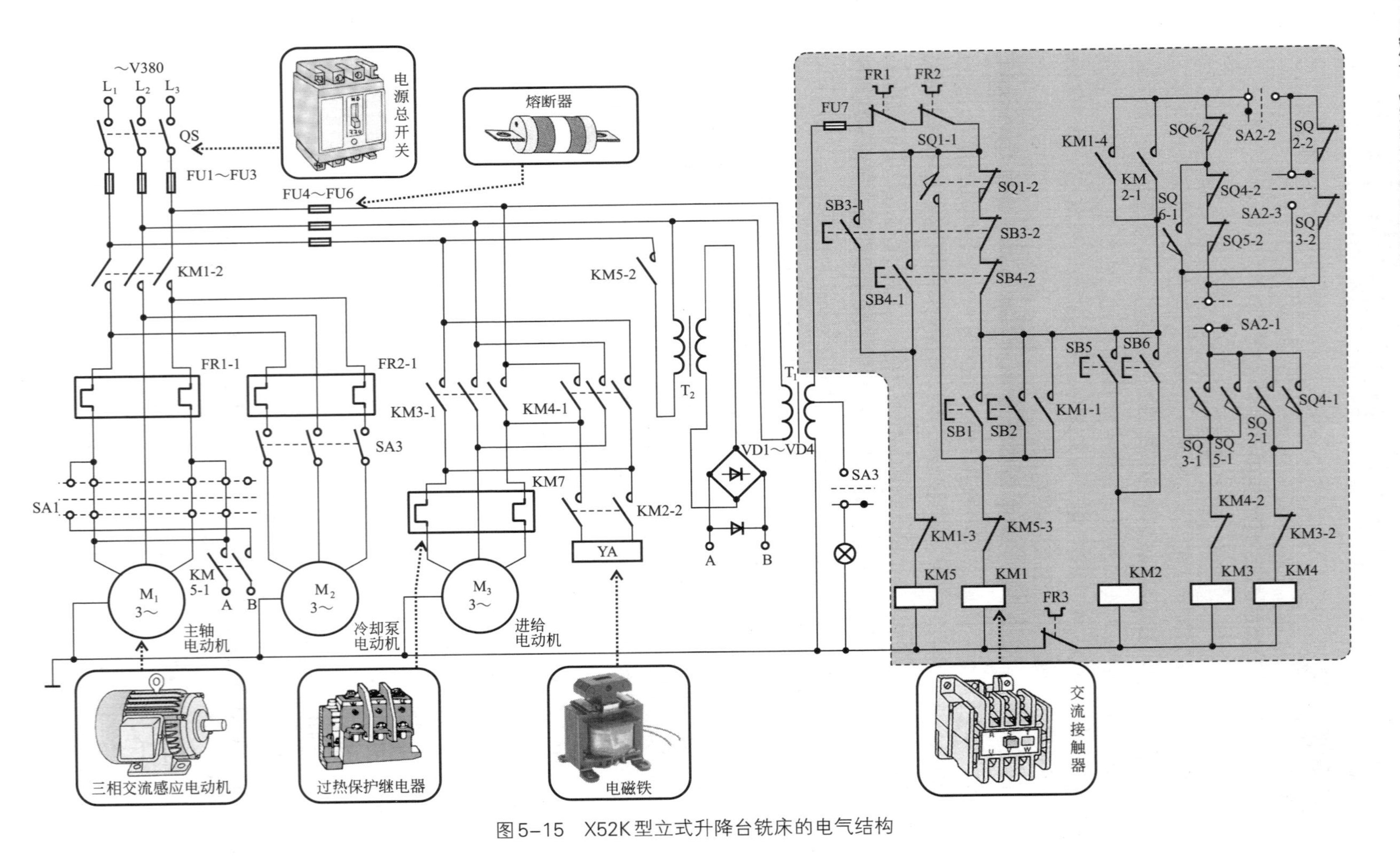

图5-15　X52K型立式升降台铣床的电气结构

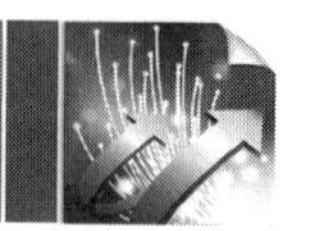

手柄拨至向上（后）位置，联动机构接通垂直离合器，行程开关SQ4被压合，常闭触点SQ4-2断开，常开触点SQ4-1接通，接触器KM4线圈得电，常开触点KM4-1接通，进给电动机M_3反向启动运转，此时工作台向上（后）进给动作，常闭触点KM4-2断开，防止接触器KM2线圈得电，起联锁保护作用。

当需要工作台向下（前）运动时，将纵向操作手柄拨至向下（前）的位置，在机械上仍接通了垂直离合器，但却使行程开关SQ5被压合，常闭触点SQ5-2断开，常开触点SQ5-1接通，接触器KM3线圈得电，常开触点KM3-1接通，进给电动机M_3正向启动运转，此时工作台向下（前）进给动作，常闭触点KM3-2断开，防止接触器KM4线圈得电，起联锁保护作用。

当工作台的上、下、前、后运动到达极限位置时，安装在工作台4个方向的限位撞块就会撞击手柄，使它回到中间位置，进给电动机M_3停机，工作台停止运转，实现终端保护。

c. 工作台变速的冲动控制。当需要工作台变速时，应将主轴电动机M_1启动运转，按下变速手柄，并将其拉出后，转动变速盘选择所需的进给转速，拉到极限位置后再把变速手柄以连续较快的速度推回至原来的位置，在此过程中，由于机械联动机构的动作，冲动开关SQ6瞬间被压合，常开触点SQ6-1接通，接触器KM3线圈得电，触点动作，进给电动机M_3启动运转，同时常闭触点SQ6-2断开，接触器KM3线圈失电，触点复位，进给电动机M_3停止运转，此时进给电动机M_3便完成一次变速冲动操作，使齿轮合上。

d. 工作台的快速移动过程。工作台在进给动作时，可进行快速移动控制，当工作台需要向任意方向进行快速移动时，操作手柄，选择移动方向后，按下快速移动按钮SB5或SB6，接触器KM2线圈得电，常开触点KM2-2接通，快速移动电磁铁YA得电，接通工作台的快速移动传动机构，KM2-1接通，工作台控制线路中的接触器KM3或KM4线圈得电，触点动作，工作台按照选定的方向快速移动。

当需要工作台停止快速移动时，松开快速移动按钮SB5或SB6，接触器KM2失电，触点复位，快速移动电磁铁YA失电，工作台停止快速运转。

e. 圆工作台进给运动的控制。圆工作台安装于水平工作台上，也是通过进给电动机M_3进行驱动控制的。同样通过转换开关SA2实现对圆工作台和水平工作台的联锁控制。

启动圆工作台进行工作时，先将转换开关SA2拨至接通位置，使其圆工作台可以启动工作。再将两个操作手柄拨至中间位置，使行程开关SQ2～SQ5不受压，并将工作台变速冲动开关SQ6置于正常工作位置后，按下启动按钮SB1或SB2，接触器KM1线圈得电，常开触点KM1-1接通，实现自锁功能；KM1-4接通，控制电路电源接通；常闭触点KM1-3断开，切断电磁制动器YB的供电；常开触点KM1-2接通，主轴电动机M_1正向启动运转。

当接通控制电路电源后，接触器KM3线圈得电，常开触点KM3-1接通，进给电动机M_3正向启动运转，圆工作台在电动机的带动下做定向回转运动，但接触器KM4线圈不能得电，因此圆工作台不能做双向回转，只能进行单方向回转运动。

当需要圆工作台停止时，按下停止按钮SB3或SB4后松开，接触器KM1和KM5线圈均失电，触点复位，主轴电动机M_1和进给电动机M_3均停止运转，则主轴和圆工作台同时停止工作。

③ 冷却泵电动机M_2的控制　冷却泵电动机M_2需在主轴电动机M_1启动后才能启动运转，主轴电动机M_1启动后，可通过转换开关SA3直接进行启停控制，将转换开关SA3拨至启动位置时，冷却泵电动机M_2接通三相电源启动运转，当不需要冷却泵电动机启动时，可

将转换开关SA3拨至停止位置，断开电源，电动机停止运转。

5.3.2 X52K型立式升降台铣床的PLC控制原理

在图5-15所示的电气结构中，其基本上采用了交流继电器、接触器的控制方式，该种控制方式由于电气部件的连接过多存在人为因素的影响，具有可靠性低、线路维护困难等缺点，将直接影响企业的生产效率。由此，很多生产型企业中采用PLC控制方式对其进行控制。

下面我们具体介绍用PLC实现对X52K型立式升降台铣床的控制原理。

X52K型立式升降台铣床的PLC控制电路见图5-16。

该控制电路采用西门子S7-200型PLC，电路中PLC控制I/O分配表见表5-4。

表5-4 X52K型立式升降台铣床西门子S7-200型PLC控制I/O分配表

输入信号及地址编号			输出信号及地址编号		
名称	代号	输入点地址编号	名称	代号	输出点地址编号
主轴电动机M1启动按钮	SB1、SB2	I0.0	主轴、冷却泵电动机接触器	KM1	Q0.0
主轴电动机M1停止按钮	SB3、SB4	I0.1	进给电动机接触器	KM2	Q0.1
快速进给按钮	SB5、SB6	I0.2	向左、向下（前）接触器	KM3	Q0.2
主轴变速冲动行程开关	SQ1	I0.3	向右、向上（后）接触器	KM4	Q0.3
向左限位行程开关	SQ2	I0.4	主轴制动接触器	KM5	Q0.4
向右限位行程开关	SQ3	I0.5			
向上（后）限位行程开关	SQ4	I0.6			
向下（前）限位行程开关	SQ5	I0.7			
进给变速冲动行程开关	SQ6	I1.0			
六个方向进给开关	SA2	I1.1			
圆工作台行程开关	SA2	I1.2			
主轴和冷却泵电动机过热继电器	FR1、FR2	I1.3			
进给电动机过热继电器	FR3	I 1.4			

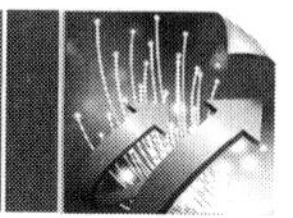

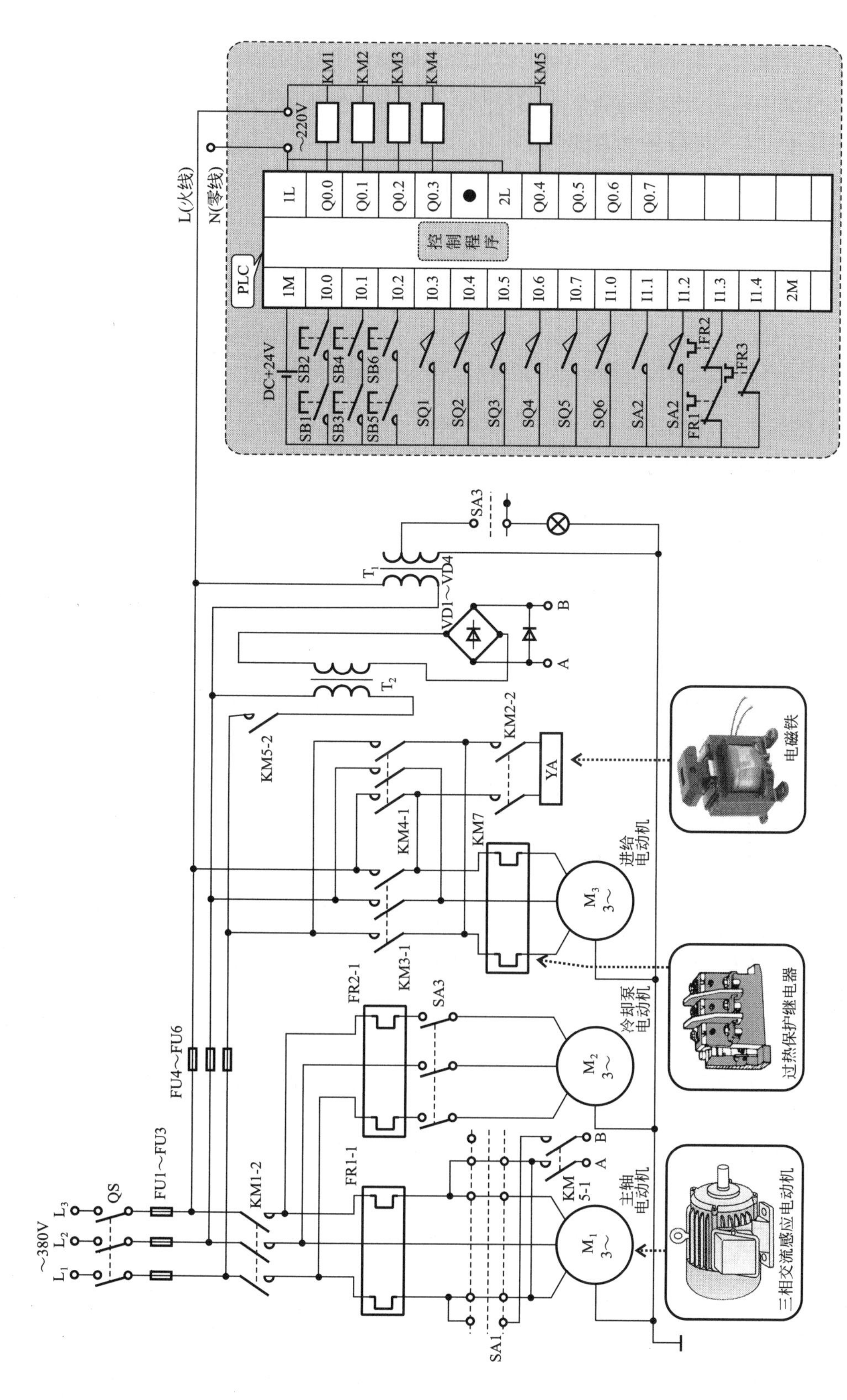

图5-16　X52K型立式升降台铣床的PLC控制电路

图5-16中，通过PLC的I/O接口与外部电器部件进行连接，提高了系统的可靠性，并能够有效地降低故障率，维护方便。当使用编程软件向PLC中写入控制程序时，便可以实现外接电器部件及负载电动机等设备的自动控制。想要改动控制方式时，只需要修改PLC中的控制程序即可，大大提高了调试和改装效率。

X52K型立式升降台铣床的西门子S7-200系列PLC控制梯形图见图5-17。

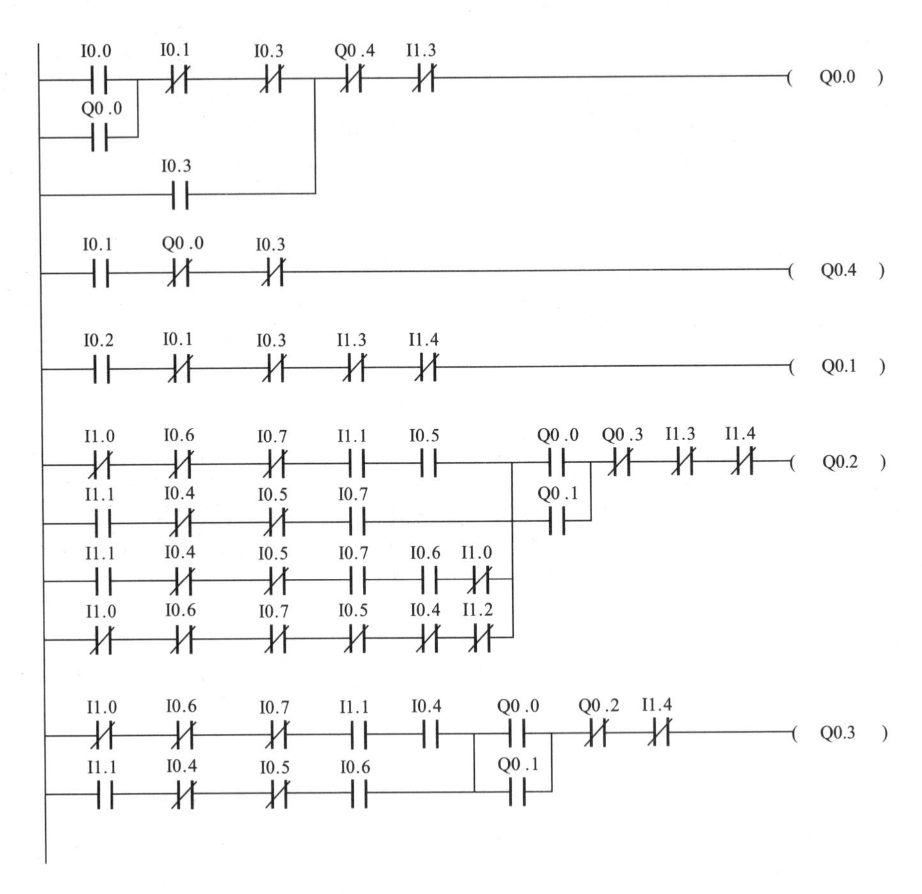

图5-17　X52K型立式升降台铣床的西门子S7-200系列PLC控制梯形图

根据梯形图识读该PLC的控制过程，首先可对照PLC控制电路和I/O分配表，在梯形图中进行适当文字注解，然后再根据操作动作具体分析启动和停止的控制原理。

（1）PLC控制下X52K型立式升降台铣床主轴电动机的启停控制过程

西门子S7-200PLC控制下X52K型立式升降台铣床主轴电动机的启停控制过程见图5-18。

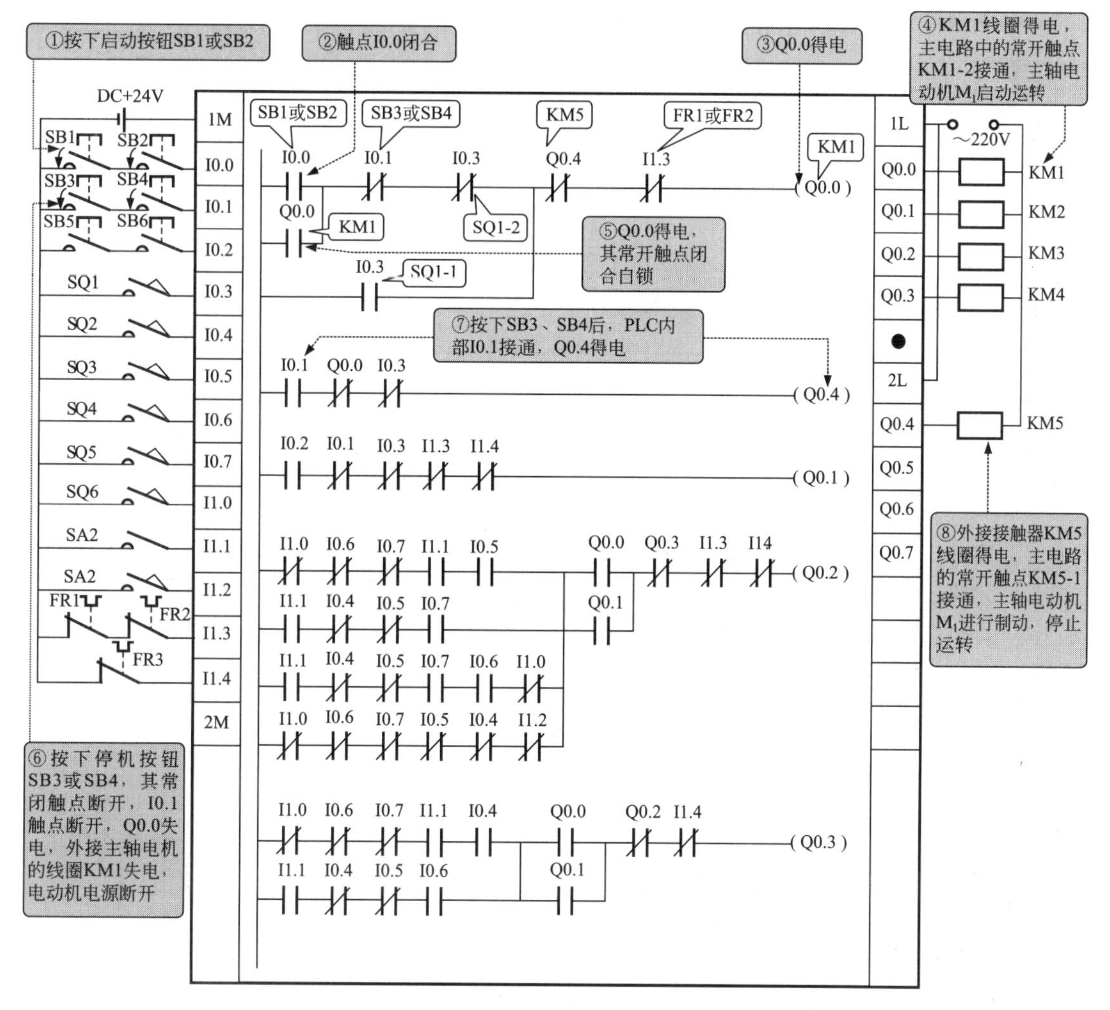

图5-18　西门子S7-200PLC控制下X52K型立式升降台铣床主轴电动机的启停控制过程

主轴电动机的具体启停控制过程如下。

主轴电动机的启动：

按下启动按钮SB1或SB2（步骤①），PLC内I常开触点0.0闭合（步骤②），使Q0.0得电（步骤③），其外接接触器线圈KM1得电，主电路的常开触点KM1-2接通，电动机M_1开始启动运转（步骤④）。与此同时，常开触点Q0.0接通，实现自锁（步骤⑤）；常闭触点Q0.0断开，防止Q0.4得电（即防止接触器KM5线圈得电）。

主轴电动机的停机和制动：

按下停止按钮SB3或SB4，PLC内常开触点I0.1断开，Q0.0失电，接触器KM1线圈失电，触点复位，电动机电源被切断（步骤⑥）。

在操作SB3或SB4时，PLC内常开触点I1.0接通，Q0.4得电（步骤⑦），接触器KM5线圈得电，主电路的常开触点KM5-1接通，主轴电动机M_1制动，停止运转（步骤⑧）。

（2）PLC控制下X52K型立式升降台铣床主轴电动机的变速冲动控制过程

西门子S7-200PLC控制下X52K型立式升降台铣床主轴电动机变速冲动的控制过程见图5-19。

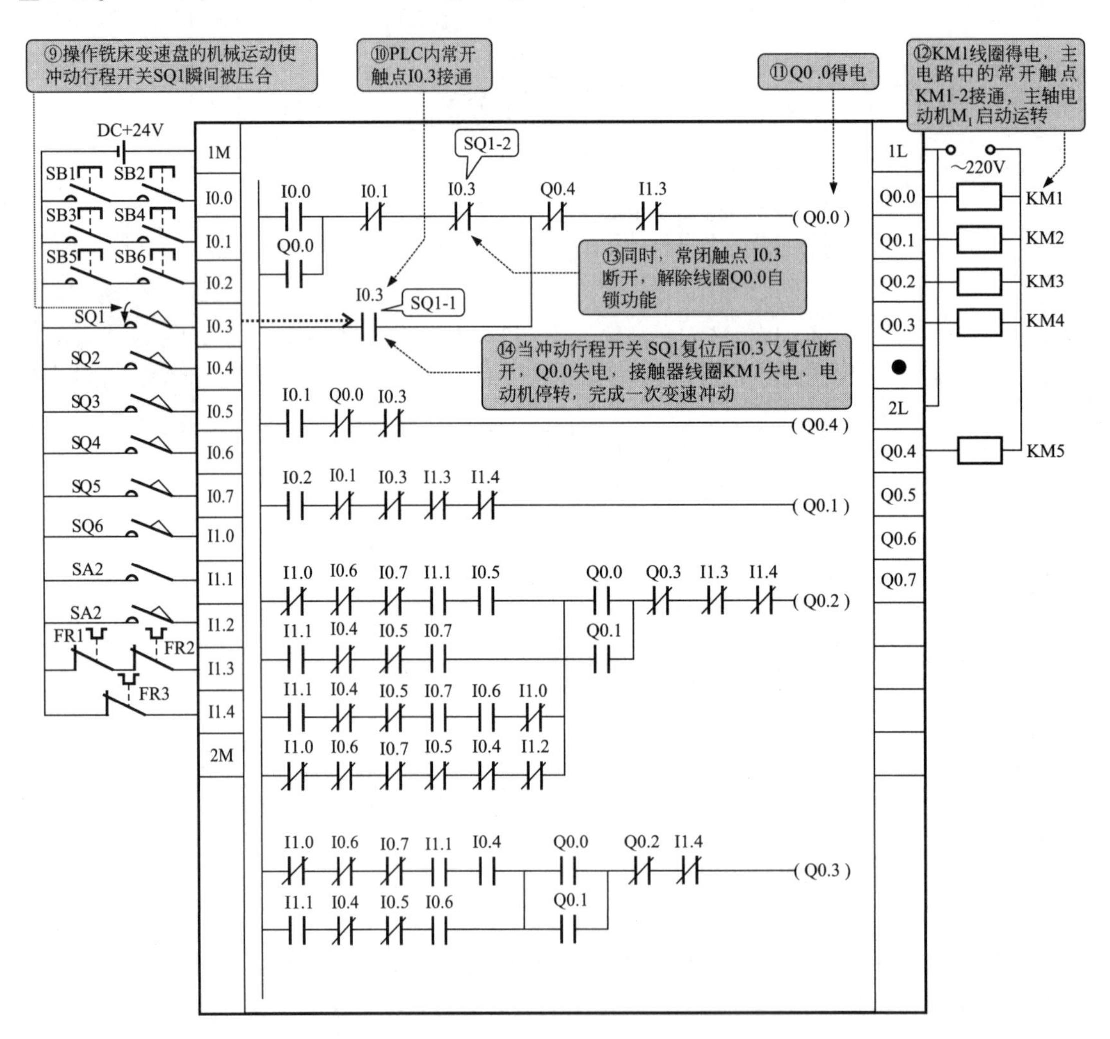

图5-19 西门子S7-200PLC控制下X52K型立式升降台铣床主轴电动机变速冲动的控制过程

主轴电动机的具体变速冲动控制过程如下。

操作铣床变速盘的机械运动使冲动行程开关SQ1瞬间被压合（步骤⑨），PLC内常开触点I0.3接通（步骤⑩），Q0.0得电（步骤⑪），PLC输出端接触器线圈KM1得电，主电路中的常开触点KM1-2接通，主轴电动机M_1启动运转（步骤⑫）；

同时，I0.3的常闭触点断开，解除Q0.0的自锁功能，Q0.0的常开触点会随着Q0.0得电而闭合自锁）（步骤⑬）。

当冲动行程开关SQ1复位后常开触点I0.3复位断开，Q0.0失电，接触器KM1断电，电动机停止转动，完成一次变速冲动操作（步骤⑭）。

（3）PLC控制下X52K型立式升降台铣床工作台向左向右运动控制过程

X52K型立式升降台铣床工作台的运动是通过进给电动机M_3进行控制的，对工作台的运动的控制即实现对电动机M_3动作的控制过程。

西门子S7-200PLC控制下X52K型立式升降台铣床工作台向左控制过程见图5-20。

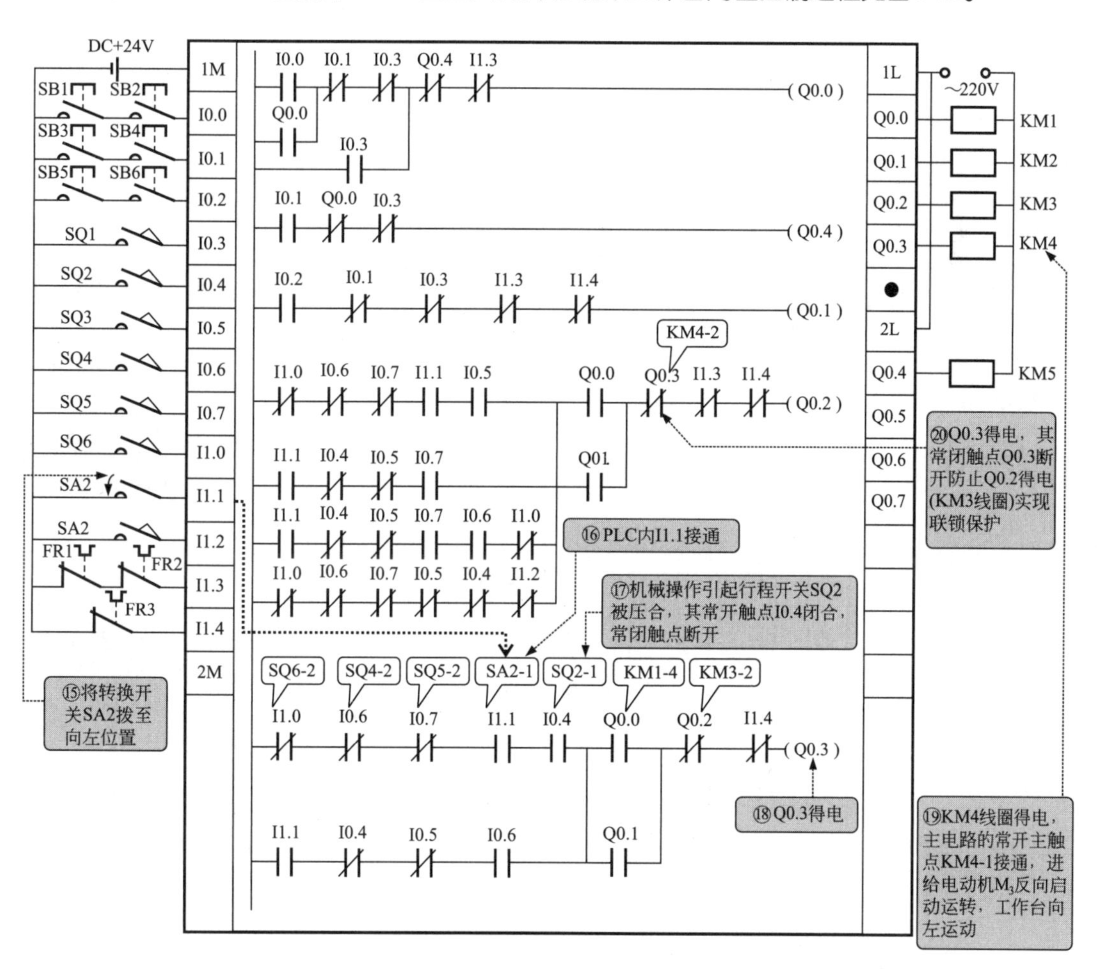

图5-20　西门子S7-200PLC控制下X52K型立式升降台铣床工作台向左控制过程

工作台向左的具体控制过程如下。

首先要按下SB1或SB2使电动机M_1启动，同时为工作台控制电路接通电源（Q0.0接通）。操作转换开关SA2，将其拨至左端（步骤⑮），PLC内常开触点I1.1接通（步骤⑯）。由于转换开关的机械操作引起行程开关SQ2被压合，常开触点I0.4接通（步骤⑰），此时Q0.3得电（步骤⑱），线圈KM4得电，主电路的常开触点KM4-1接通，进给电动机M_3反向启动运转，工作台向左运动（步骤⑲）。

与此同时，Q0.3得电后，其常闭触点Q0.3断开，防止Q0.2得电，即防止KM3线圈得电，实现联锁保护（步骤⑳）。

西门子S7-200PLC控制下X52K型立式升降台铣床工作台向右控制过程见图5-21。

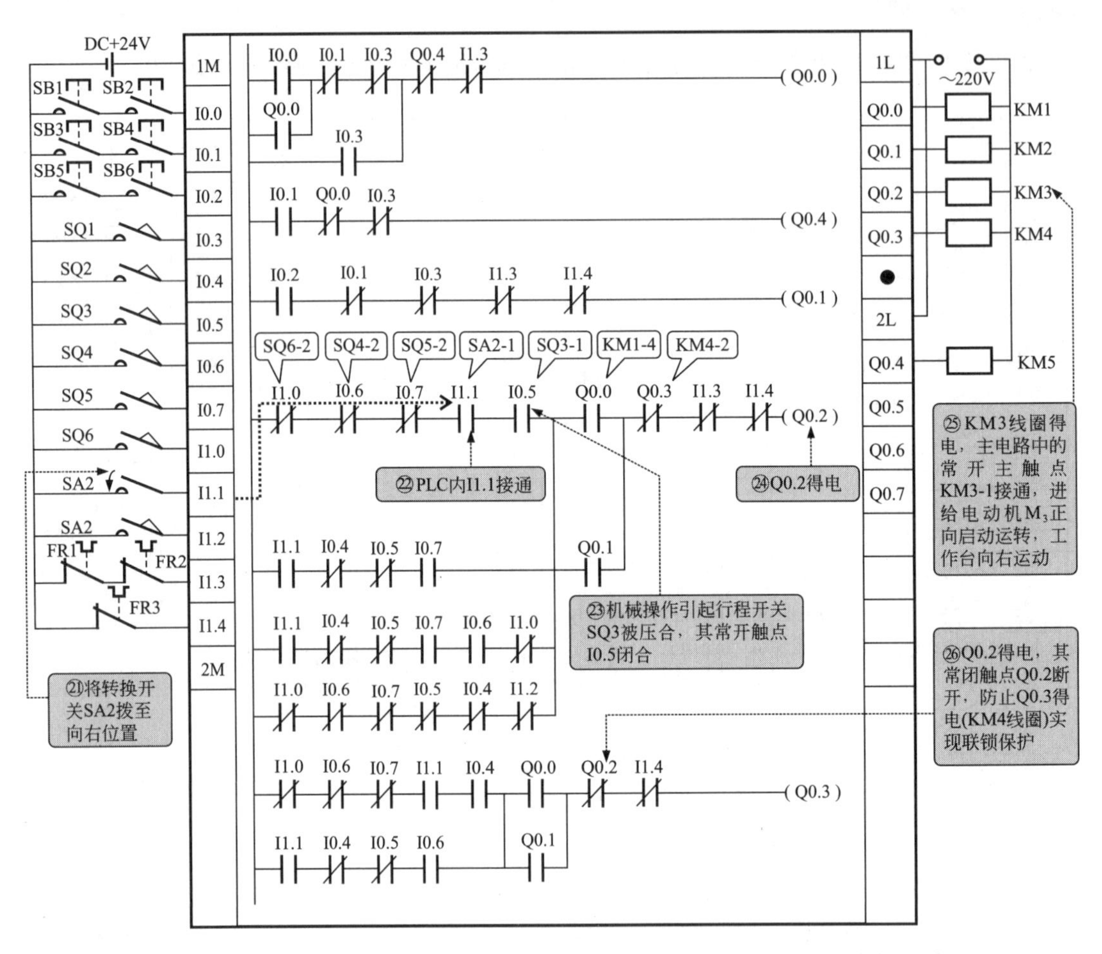

图5-21 西门子S7-200PLC控制下X52K型立式升降台铣床工作台向右控制过程

工作台向右的具体控制过程如下。

同样先要按下启动按钮SB1或SB2使电动机M1启动，同时为工作台控制电路接通电源Q0.0接通。操作转换开关SA2，将其拨至右端（步骤㉑），PLC内常开触点I1.1（SA2-1）接通（步骤㉒）。由于转换开关的机械操作引起行程开关SQ3被压合，常开触点I0.5接通（步骤㉓），此时Q0.2得电（步骤㉔），线圈KM3得电，主电路中的常开触点KM3-1接通，进给电动机M_3正向启动运转，工作台向右运动（步骤㉕）。

与此同时，Q0.2得电后，其常闭触点Q0.2断开，防止Q 0.3得电，即防止KM4线圈得电，实现联锁保护（步骤㉖）。

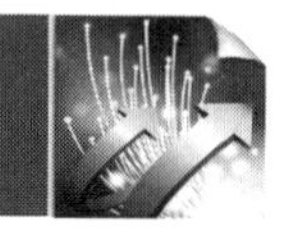

提示

该铣床进给电动机向上（后）和向下（前）的控制过程与上述控制过程基本相同，这里不再重复，读者可参照上述分析过程完成对梯形图的识读，在该过程中，需要注意的是，了解控制线路的电气原理的基本要求是对其中继电器和接触器的控制和联动关系牢牢掌握，由此对照识读梯形图，在梯形图中对相对应的输入继电器和输出继电器进行文字的标识说明，再进行识读和理解其PLC控制原理便容易多了。

5.4 M1432A型万能外圆磨床的PLC控制

5.4.1 M1432A型万能外圆磨床的结构

（1）M1432A型万能外圆磨床的基本结构

磨床是一种用砂轮为刀具来精确而有效地进行工件表面的加工，砂轮相对于工件做高速旋转的磨削运动和低速的进给动作，工件经磨削后，可达到较高的精度和较小的表面粗糙度。下面我们以M1432A型万能外圆磨床为例介绍其基本的电气结构。

图解

M1432A型万能外圆磨床实物外形见图5-22。

图5-22　M1432A型万能外圆磨床实物外形

该磨床主要用于磨削普通精度的轴类、套筒类工件的外圆柱面和锥面以及台阶轴端面等。

（2）M1432A型万能外圆磨床的电气结构

M1432A型万能外圆磨床的电气结构主要是由控制继电器、接触器、各种控制按钮和5台电动机等部分构成的。

M1432A型万能外圆磨床的电气结构见图5-23。

M1432A型万能外圆磨床配置了5台电动机，在磨削加工操作时，应先启动油泵电动机M_1进行工作后，其他电动机才可启动运转，实现磨削加工，其中头架电动机M_2采用调速控制，控制加工工件的直径及磨削精度。

① 油泵电动机M_1的控制　油泵电动机M_1是用来带动液压油泵为液压传动系统提供压力油的，只有先启动该电动机为液压传动系统提供压力油，才能接通其他电动机的供电电路，该功能是通过接触器KM1的常开触点KM1-1实现的。

合上电源总开关QS，按下启动按钮SB2，接触器KM1线圈得电，常开触点KM1-1接通，实现自锁功能，并接通其他电动机的供电电路；KM1-2接通，油泵电动机M_1接通三相电源启动运转；KM1-3接通，指示灯HL2接通6V电压点亮，指示油泵电动机M_1已启动工作。

② 头架电动机M_2和冷却泵电动机M_5的控制　头架电动机M_2用于在磨削工作中带动头架旋转使用，该电动机采用调速控制，电动机的转速（头架的转速）需根据加工工件的直径及磨削精度的不同进行调节。冷却泵电动机M_5用于为砂轮和工件提供冷却液的电动机，当头架电动机M_2启动时，冷却泵电动机M_5也将同时启动，为砂轮和工件提供冷却液。

a. 低速运转过程。将调速开关SA1拨至低挡位，当油泵电动机M_1启动后，液压传动系统驱动砂轮架快速前进，当砂轮架接近工件时，行程开关SQ1被压合，接触器KM2线圈得电，常闭触点KM2-1断开，防止接触器KM3线圈得电，起联锁保护作用；常开触点KM2-2接通，常闭触点KM2-3断开，头架电动机M_2定子绕组成△形，电动机开始低速运转；常开触点KM2-4接通，接触器KM6线圈得电，常开触点KM6-1接通，冷却泵电动机M_5接通三相电源启动运转。

b. 高速运转过程。当头架需要高速运转时，将调速开关SA1拨至高挡位，当油泵电动机M_1启动后，液压传动系统驱动砂轮架快速前进，当砂轮架接近工件时，行程开关SQ1被压合，接触器KM3线圈得电，常闭触点KM3-1断开，防止接触器KM2线圈得电，起联锁保护作用；常开触点KM3-2接通，常开触点KM3-3接通，头架电动机M_2定子绕组成YY形，电动机开始高速运转；常开触点KM3-4接通，接触器KM6线圈得电，常开触点KM6-1接通，冷却泵电动机M_5接通三相电源启动运转。

当磨削完成后，砂轮架退回原位，释放行程开关SQ1，接触器KM2、KM3线圈失电，头架电动机M_2和冷却泵电动机M_5停止运转。当需要对工件进行校正和调整时，按下低速点动按钮SB3即可实现。

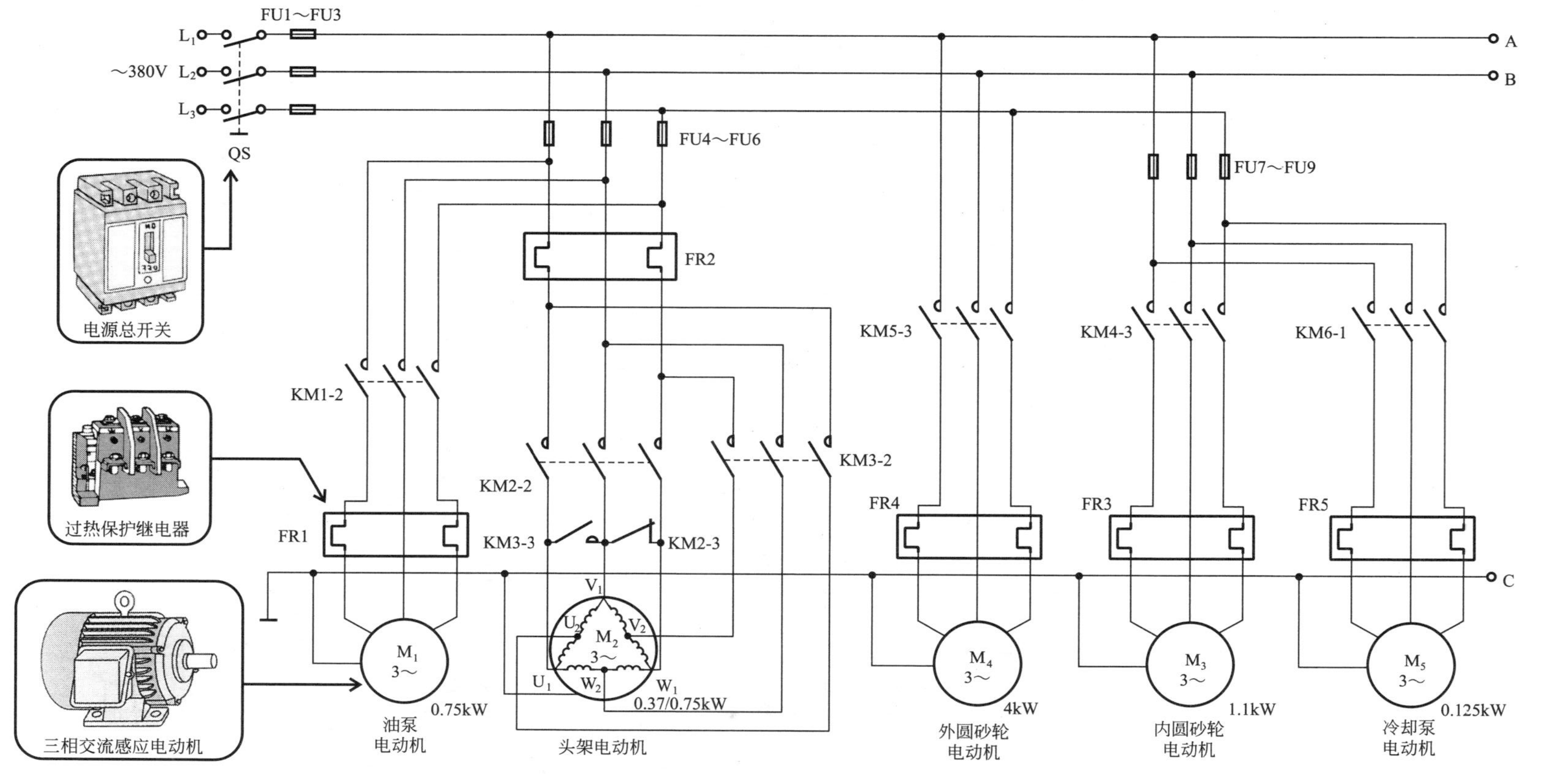

(a)M1432A型万能外圆磨床的主电路部分

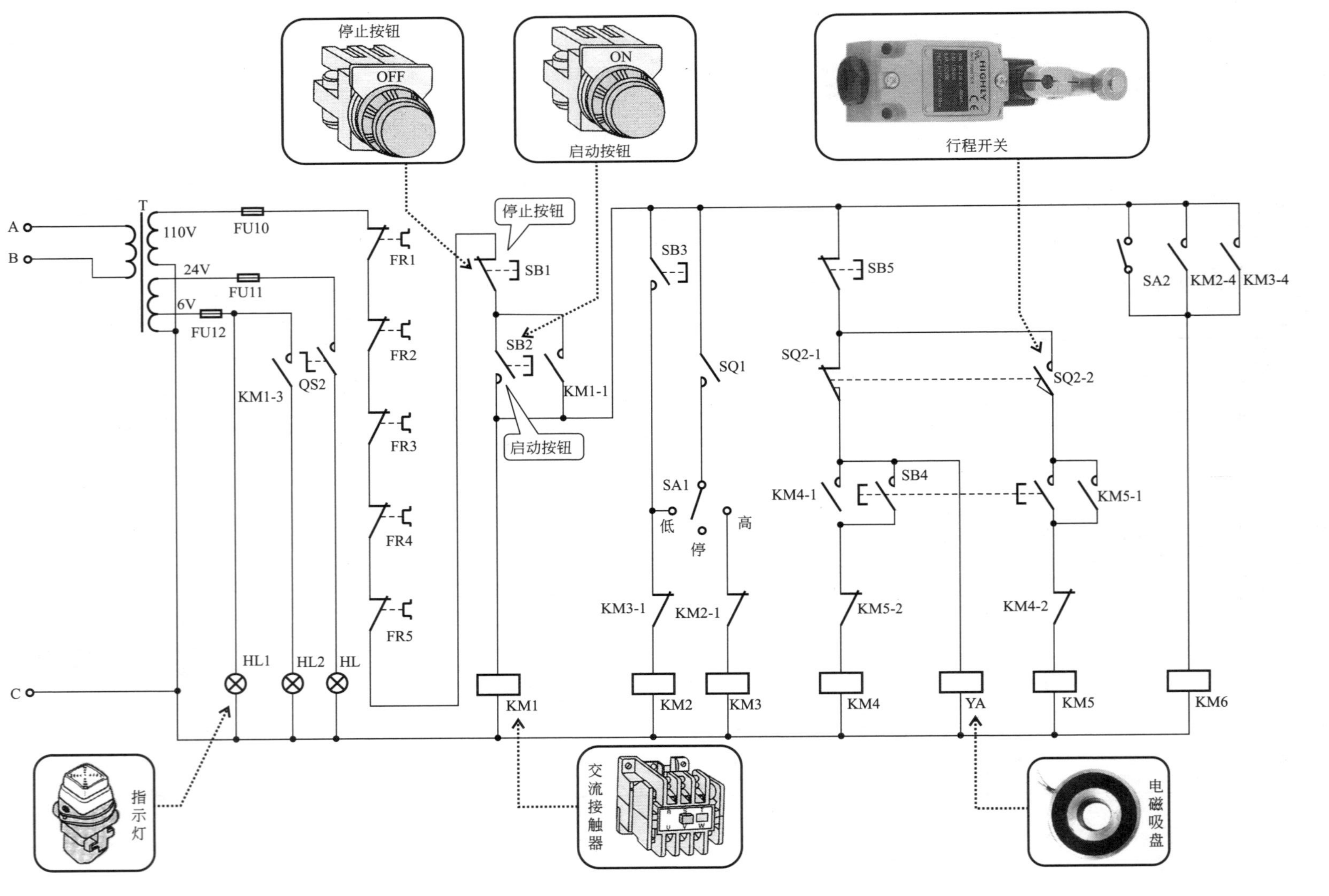

(b)M1432A型万能外圆磨床的电气控制电路部分

图5-23　M1432A型万能外圆磨床的电气结构

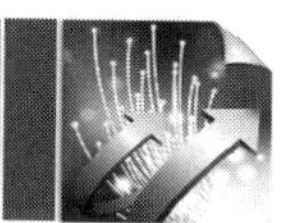

转换开关SA2用于接通接触器KM6线圈，使冷却泵电动机M_5在未启动头架电动机M_2时进行启动工作。

③ 内圆砂轮电动机M_3的控制　内圆砂轮电动机M_3用于对工件进行内圆磨削，当进行内圆砂轮磨削时，将砂轮架上的内圆磨具往下翻，按下启动按钮SB4，接触器KM4线圈得电，常开触点KM4-1接通，实现自锁功能；常闭触点KM4-2断开，防止接触器KM5线圈得电，实现联锁功能；常开触点KM4-3接通，内圆砂轮电动机M_3接通三相交流电源启动运转。

④ 外圆砂轮电动机M_4的控制　外圆砂轮电动机M_4用于对工件进行外圆磨削，当进行外圆砂轮磨削时，将砂轮架上的内圆磨具往上翻，其行程开关SQ2被压合，常闭触点SQ2-1断开，接触器KM4线圈失电，触点复位，内圆砂轮电动机M_3停止运转；常开触点SQ2-2接通，按下启动按钮SB4，接触器KM5线圈得电，常开触点KM5-1接通，实现自锁功能；常闭触点KM5-2断开，防止接触器KM4线圈得电，实现联锁功能；常开触点KM5-3接通，外圆砂轮电动机M_4接通三相交流电源启动运转。

当需要停止内圆砂轮磨削或外圆砂轮磨削时，按下停止按钮SB5，接触器KM4或KM5线圈失电，触点复位，内圆砂轮电动机M_3或外圆砂轮电动机M_4停止运转，停止磨削操作。

电磁铁YA是为了防止砂轮架快速退回而设计的，当进行内圆磨削时，电磁铁线圈得电吸合，液压回路被砂轮架快速进退操作手柄锁住，砂轮架不能快速退回。

5.4.2 M1432A型万能外圆磨床的PLC控制原理

在图5-23所示的电气结构中，其基本上采用了交流继电器、接触器的控制方式，该种控制方式由于电气部件的连接过多存在人为因素的影响，具有可靠性低、线路维护困难等缺点，将直接影响企业的生产效率。因此，很多生产型企业中采用PLC控制方式对其进行控制。

下面我们具体介绍用PLC实现对M1432A型万能外圆磨床的控制原理。

M1432A型万能外圆磨床的PLC控制电路见图5-24（只画出了PLC的I/O接线部分，省略了主电路）。

该控制电路采用三菱FX_{2N}系列PLC，电路中PLC控制I/O分配表见表5-5。

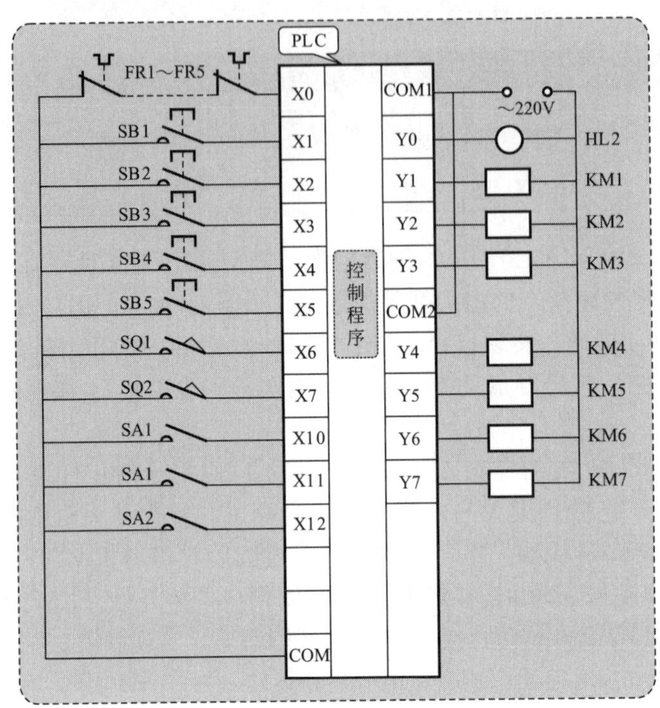

图5-24 M1432A型万能外圆磨床的PLC控制电路

表5-5 M1432A型万能外圆磨床FX2N系列PLC控制I/O分配表

输入信号及地址编号			输出信号及地址编号		
名称	代号	输入点地址编号	名称	代号	输出点地址编号
过热保护继电器	FR1～FR5	X0	油泵电动机M_1接触器	KM1	Y1
油泵电动机停止按钮（总）	SB1	X1	头架电动机M_2低速接触器	KM2	Y2
油泵电动机M_1启动按钮	SB2	X2	头架电动机M_2高速接触器	KM3	Y3
头架电动机M_2点动按钮	SB3	X3	内圆砂轮电动机M_3接触器	KM4	Y4
内圆和外圆电动机M_3、M_4的启动按钮	SB4	X4	外圆砂轮电动机M_4接触器	KM5	Y5
内圆和外圆电动机M_3、M_4的停止按钮	SB5	X5	冷却泵电动机M_5接触器	KM6	Y6
限位行程开关	SQ1	X6	电磁铁	YA	Y7
限位行程开关	SQ2	X7	油泵指示灯	HL2	Y0
调速开关高位	SA1	X10			
调速开关低位	SA1	X11			
冷却泵M_5电动机手动开关	SA2	X12			

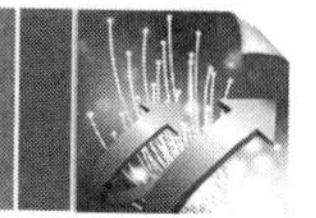

图5-24中，通过PLC的I/O接口与外部电器部件进行连接，提高了系统的可靠性，并能够有效地降低故障率，维护方便。当使用编程软件向PLC中写入控制程序时，便可以实现外接电器部件及负载电动机等设备的自动控制。想要改动控制方式时，只需要修改PLC中的控制程序即可，大大提高了调试和改装效率。

M1432A型万能外圆磨床的三菱FX2N系列PLC控制梯形图见图5-25。

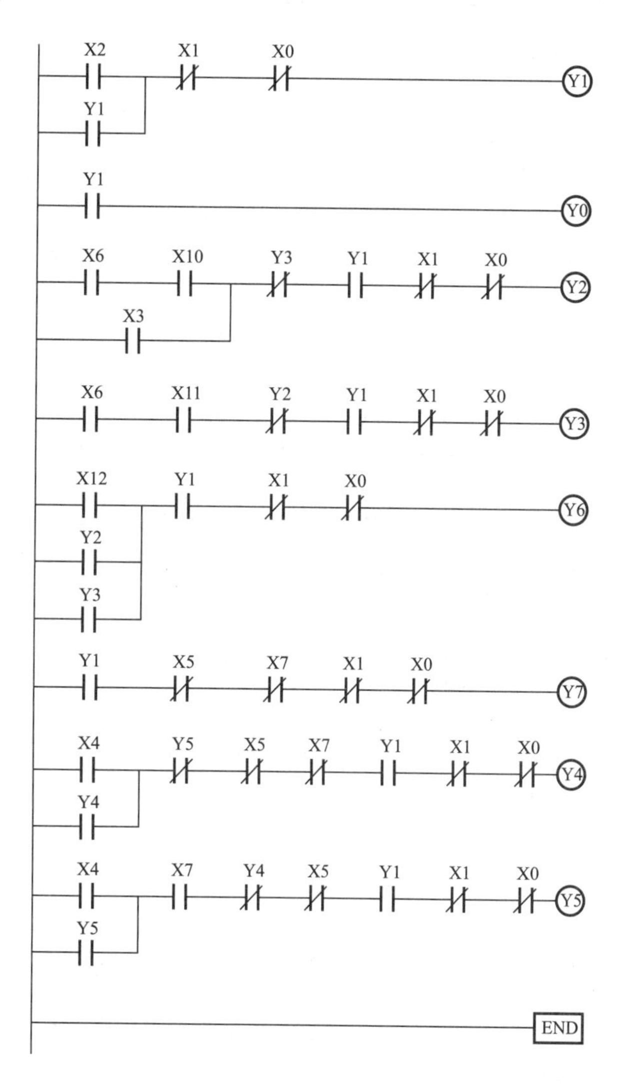

图5-25　M1432A型万能外圆磨床的三菱FX2N系列PLC控制梯形图

根据梯形图识读该PLC的控制过程，首先可对照PLC控制电路和I/O分配表，在梯形图中进行适当文字注解，然后再根据操作动作具体分析启动和停止的控制原理。

（1）PLC控制下M1432A型万能外圆磨床油泵电动机M_1及指示灯的控制过程

三菱FX2N系列PLC控制下M1432A型万能外圆磨床油泵电动机M_1及指示灯的控制过程见图5-26。

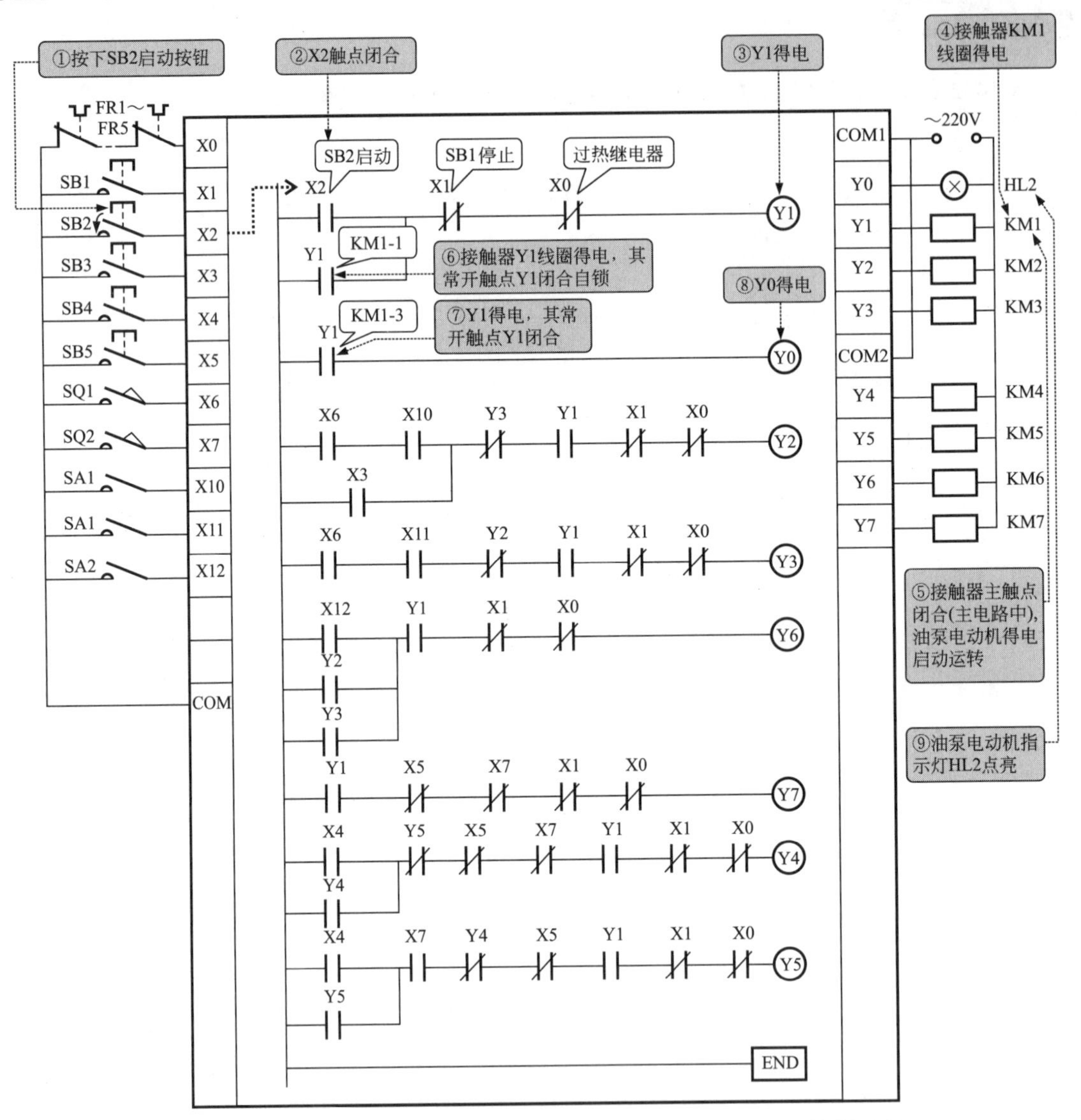

图5-26 M1432A型万能外圆磨床油泵电动机M_1及指示灯的控制过程

油泵电动机M_1的具体控制过程：

当按下启动按钮SB2后（步骤①），PLC内的常开触点X2接通（步骤②），Y1得电（步骤③），PLC外接接触器KM1线圈得电（步骤④），因此接触器的主触点闭合，油泵电动机得电启动运转（步骤⑤）。同时Y1的常开触点闭合实现自锁功能（步骤⑥），并接通其他电动机的供电电路。

油泵指示灯的控制过程：

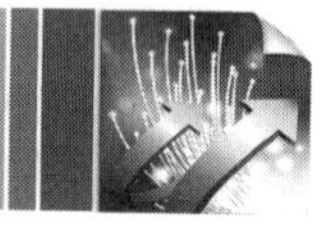

Y1得电，其常开触点Y1闭合（步骤⑦），使Y0得电（步骤⑧），外接油泵指示灯HL2点亮，指示油泵电动机的启动工作状态。

（2）PLC控制下M1432A型万能外圆磨床头架电动机M_2低速运转的控制过程

三菱FX2N系列PLC控制下M1432A型万能外圆磨床头架电动机M_2低速运转的控制过程见图5-27。

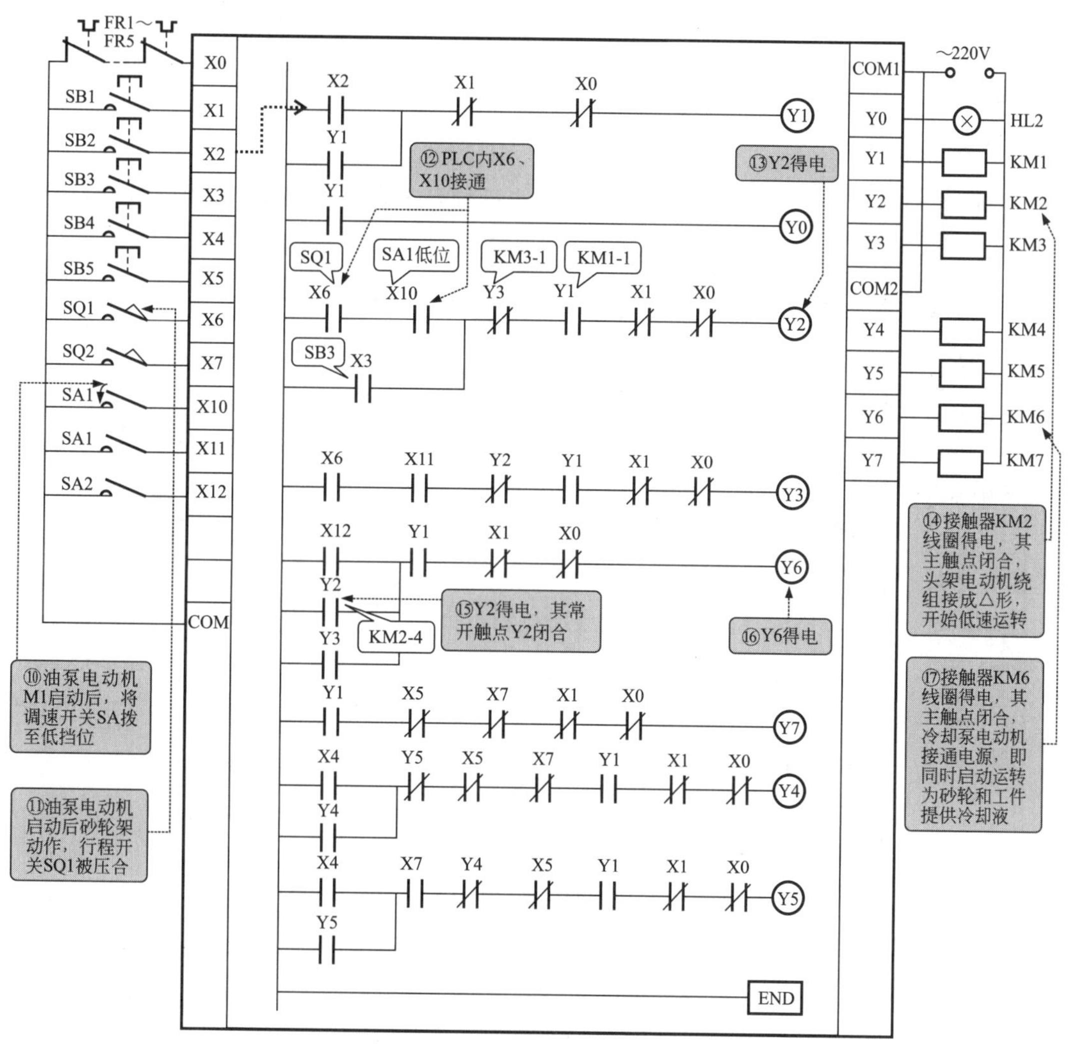

图5-27 M1432A型万能外圆磨床头架电动机M_2低速运转的控制过程

头架电动机M_2低速运转控制过程：

当油泵电动机启动后，首先为其他电动机的启动接通电源，即常开触点Y1闭合。此时将调速开关SA拨至低挡位（步骤⑩），油泵电动机启动后砂轮架动作，使行程开关SQ1被压合（步骤⑪），PLC内的X6、X10接通（步骤⑫），由此Y2得电（步骤⑬），其外接接触器KM2线圈得电，其主触点闭合，头架电动机M_2的绕组接成△形，开始低速运转（步骤⑭）。

与此同时，Y2得电后，常开触点闭合，常闭触点断开，即梯形图中常开触点Y2闭合（步骤⑮），由此Y6得电（步骤⑯），其外接接触器KM6线圈得电，其常开触点闭合，冷却泵电动机M_5启动运转，为砂轮和工件提供冷却液（步骤⑰）。

提示

头架电动机M_2高速运转的控制过程与上述低速控制过程基本相同，读者可参考上述的识读过程，具体了解头架电动机M_2高速运转的PLC原理。

（3）PLC控制下M1432A型万能外圆磨床内圆砂轮电动机M_3的控制过程

三菱FX2N系列PLC控制下M1432A型万能外圆磨床内圆砂轮电动机M_3的控制过程见图5-28。

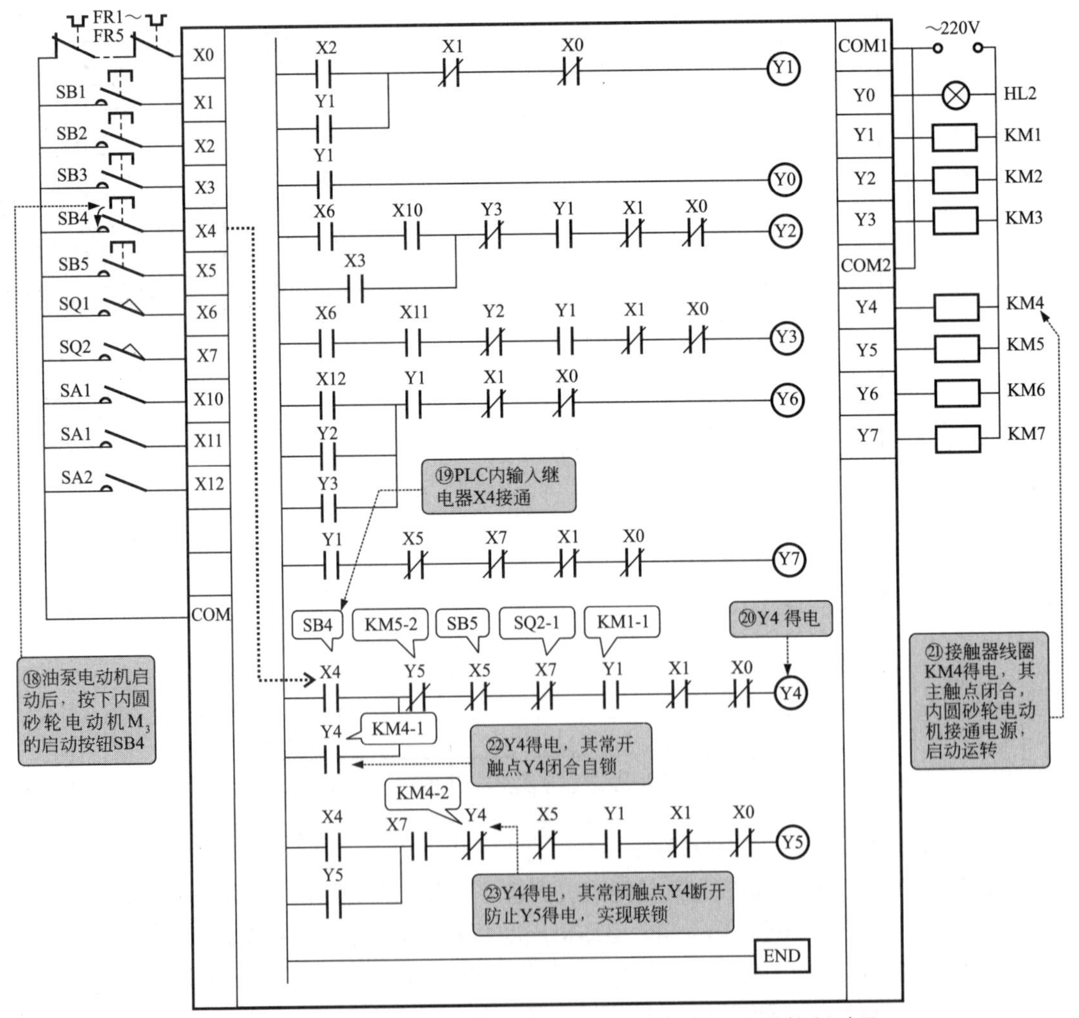

图5-28　M1432A型万能外圆磨床内圆砂轮电动机M_3的控制过程

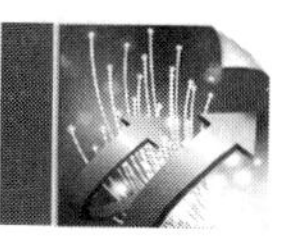

内圆砂轮电动机M_3控制过程：

当油泵电动机启动后，首先为其他电动机的启动接通电源条件，即常开触点Y1闭合。此时按下内圆砂轮电动机M_4的启动按钮SB4（步骤⑱），PLC内的常开触点X4接通（步骤⑲），由此Y4得电（步骤⑳），其外接接触器KM4线圈得电，其主触点闭合，内圆砂轮电动机M_3电源接通，启动运转（步骤㉑）。

与此同时，Y4得电后，其常开触点闭合，常闭触点断开，即梯形图中常开触点Y4闭合（步骤㉒），实现自锁功能；常闭触点Y4断开，防止Y5得电，实现联锁功能（步骤㉓）。

提示

外圆砂轮电动机M_4的控制过程与上述控制过程相似，读者可参考上述的识读过程，具体了解外圆砂轮电动机M_4的PLC控制原理。

5.5 B690型液压牛头刨床的PLC控制

5.5.1 B690型液压牛头刨床的结构

(1) 典型牛头刨床的基本结构

刨床是指一种用刨刀加工工件表面的机床，通常可以实现对工件的平面、沟槽或成型表面进行刨削，该类机床的刀具比较简单，因此多应用于小批量生产或机修车间。一般在大批量生产中往往被铣床所代替。

图解

典型牛头刨床的实物外形见图5-29。

(a)B6065A牛头刨床实物外形

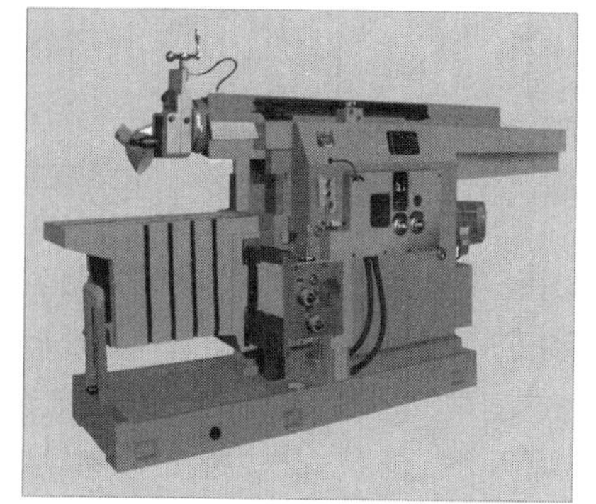

(b)BY60100C液压牛头刨床实物外形

图5-29 典型牛头刨床的实物外形

在刨床上可以刨削水平面、垂直面、斜面、曲面、台阶面、燕尾形工件、T形槽、V形槽，也可以刨削孔、齿轮和齿条等。下面我们以B690液压牛头刨床为例介绍其基本的电气结构。

（2）B690型液压牛头刨床的电气结构

B690型液压牛头刨床的电气结构主要是由控制继电器、接触器、各种控制按钮和2台电动机等部分构成的。

B690型液压牛头刨床的电气结构见图5-30。

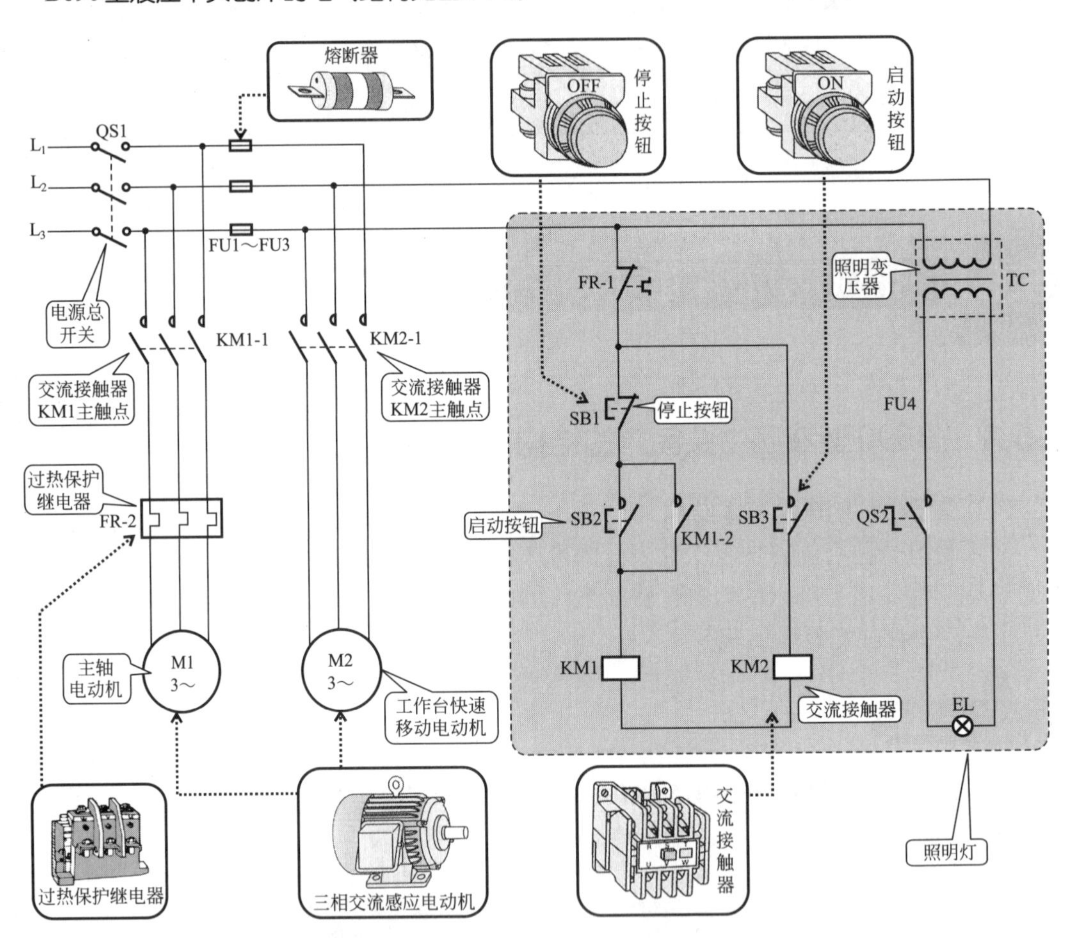

图5-30　B690型液压牛头刨床的电气结构

B690型液压牛头刨床配置了2台电动机，在刀削加工操作时，主轴电动机为连续运行，工作台快速电动机M_2只能点动运行。

① 主轴电动机M_1的启动控制　合上电源总开关QS1，按下启动按钮SB2，接触器KM1线圈得电，常开触点KM1-2接通，实现自锁功能；常开主触点KM1-1接通，主轴电动机M_1接通三相电源启动运转。

② 主轴电动机M_1的停止控制　按下停止按钮SB1，接触器KM1线圈失电，其常开触

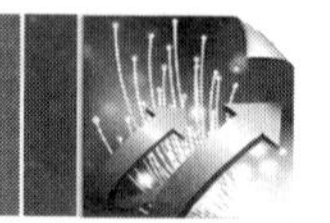

点复位，即KM1-2复位断开解除自锁；常开主触点KM1-1断开，主轴电动机M_1电源被切断，电动机停止运转。

③ 工作台快速移动电动机M_2的点动控制　按一下点动控制按钮SB3，接触器KM2线圈得电，常开主触点KM2-1接通，工作台快速移动电动机M_2接通三相电源启动运转。当手抬起，点动控制按钮SB3断开，此时接触器KM2线圈又失电，常开主触点KM2-1复位断开，工作台快速移动电动机M_2切断电源，停止运转，实现点动控制过程。

5.5.2 B690型液压牛头刨床的PLC控制原理

在图5-30所示的电气结构中，其基本上采用了交流继电器、接触器的控制方式，该种控制方式由于电气部件的连接过多存在人为因素的影响，具有可靠性低、线路维护困难等缺点，将直接影响企业的生产效率。因此，很多生产型企业中采用PLC控制方式对其进行控制。

下面我们具体介绍用PLC实现对B690型液压牛头刨床的控制原理。

B690型液压牛头刨床的PLC控制电路见图5-31。

该控制电路采用三菱FX2N系列PLC，电路中PLC控制I/O分配表见表5-6。

表5-6　B690型液压牛头刨床三菱FX2N系列PLC控制I/O分配表

输入信号及地址编号			输出信号及地址编号		
名称	代号	输入点地址编号	名称	代号	输出点地址编号
过热保护继电器	FR	X0	主轴电动机接触器	KM1	Y1
主轴电动机M_1停止按钮（总）	SB1	X1	工作台快速移动电动机M_2点动按钮	KM2	Y2
主轴电动机M_1启动按钮	SB2	X2			
工作台快速移动电动机M_2点动按钮	SB3	X3			

图5-31中，通过PLC的I/O接口与外部电器部件进行连接，提高了系统的可靠性，并能够有效地降低故障率，维护方便。当使用编程软件向PLC中写入控制程序时，便可以实现外接电器部件及负载电动机等设备的自动控制。想要改动控制方式时，只需要修改PLC中的控制程序即可，大大提高了调试和改装效率。

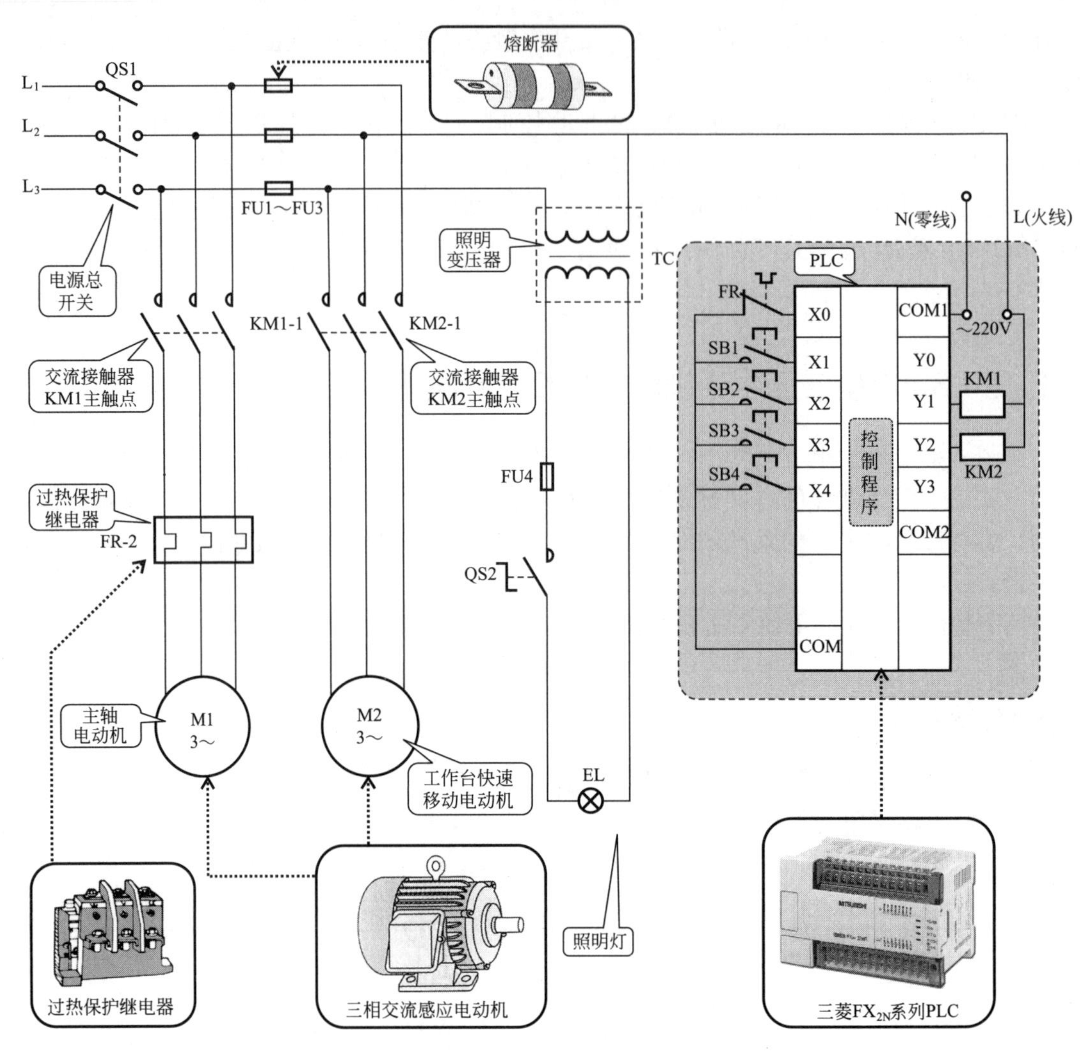

图5-31　B690型液压牛头刨床的PLC控制电路

B690型液压牛头刨床三菱FX2N系列PLC控制梯形图见图5-32。

根据梯形图识读该PLC的控制过程，首先可对照PLC控制电路和I/O分配表，在梯形图中进行适当文字注解，然后再根据操作动作具体分析启动和停止的控制原理。

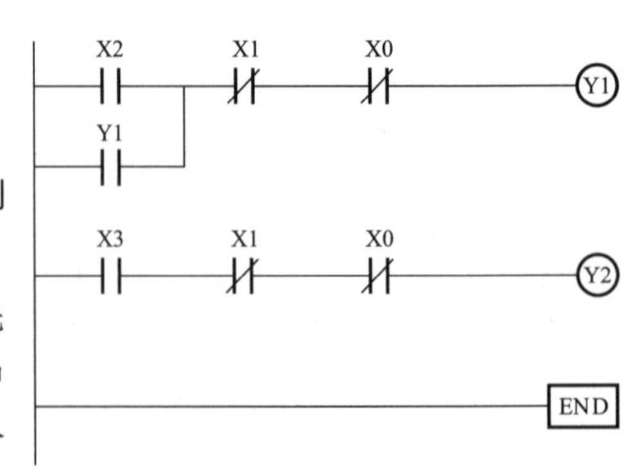

图5-32　B690型液压牛头刨床三菱FX2N系列PLC控制梯形图

(1) PLC控制下B690型液压牛头刨床主轴电动机M_1的控制过程

PLC控制下B690型液压牛头刨床主轴电动机的启停控制过程见图5-33。

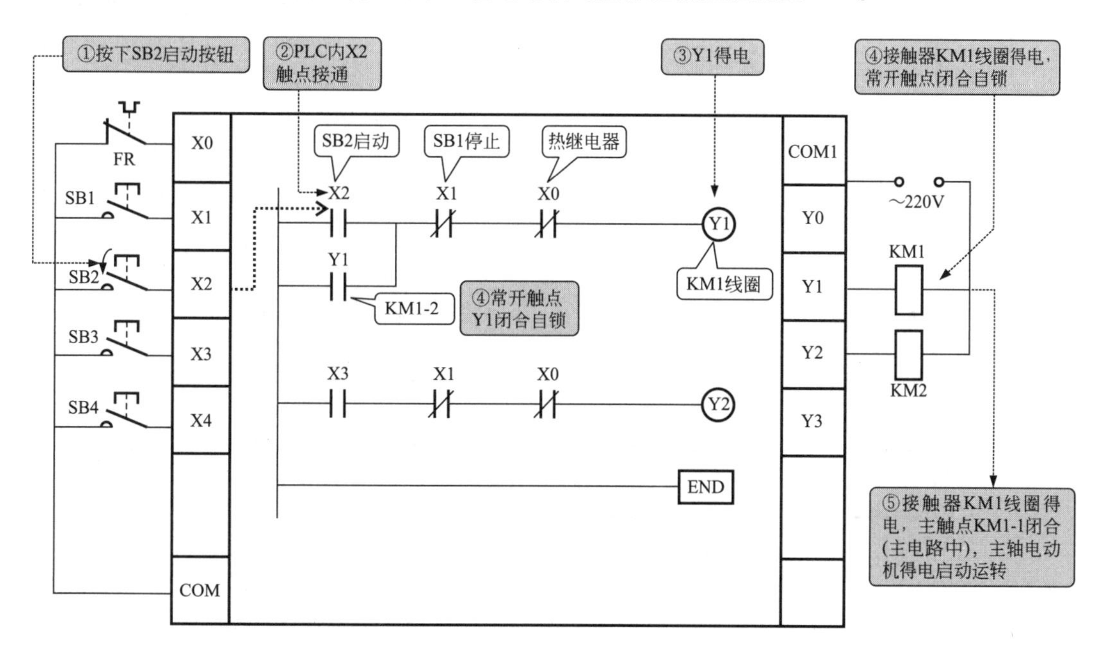

图5-33　PLC控制下B690型液压牛头刨床主轴电动机的启停控制过程

具体过程为：

当按下启动按钮SB2时（步骤①），其将PLC内的X2置“1”，即该触点接通（步骤②），使得Y1得电（步骤③），其常开触点Y1闭合自锁（步骤④），控制PLC外接交流接触器线圈KM1得电，主电路中的主触点KM1-1闭合，接通主轴电动机M_1电源，电动机启动运转（步骤⑤）。

由于Y1闭合自锁，即使启动按钮断开，电动机仍然会保持运行，因此启动键常采用按钮式开关，按一下即可启动，手松开后电动机仍保持运行，有效降低启动部件电气损耗和安全性、可靠性。

其停止过程与上述启动过程相反，读者可参照启动过程原理进行分析和验证。

(2) PLC控制下B690型液压牛头刨床工作台快速移动电动机M_2的控制过程

PLC控制下B690型液压牛头刨床工作台快速移动电动机M_2的控制过程见图5-34。

具体控制过程为：

当按下点动启动按钮SB3时（步骤⑥），其将PLC内的X3置“1”，即该触点接通（步骤⑦），使得Y2得电（步骤⑧），控制PLC外接交流接触器线圈KM2得电，主电路中的主触点KM2-1闭合，接通工作台快速移动电动机M_2电源，电动机启动运转（步骤⑨）。

由于按钮SB3为点动按钮，当手抬起后，SB3复位，PLC内部的X3也复位断开，Y2失电，外接接触器KM2断电，其主触点KM2-1也断开，电动机停转（步骤⑩）。

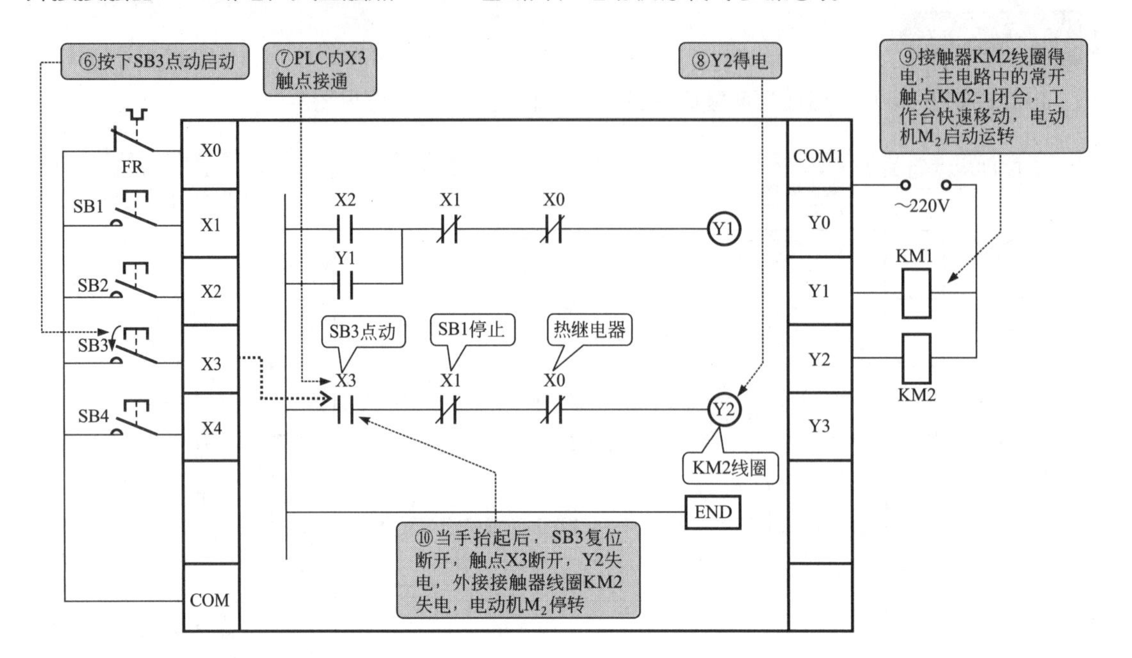

图5-34　B690型液压牛头刨床工作台快速移动电动机M_2的控制过程

第6章 PLC在其他电路中的应用

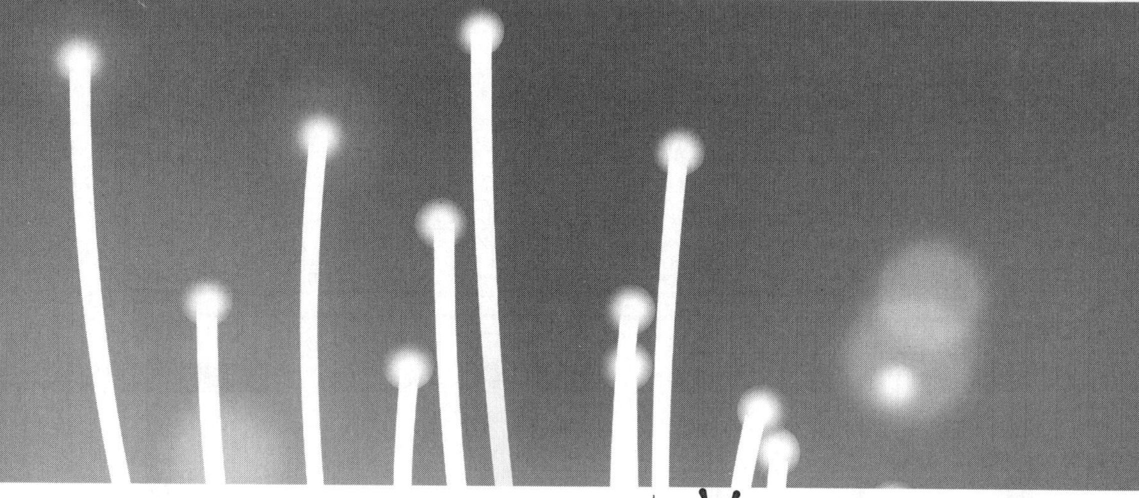

目标

6.1 电动葫芦的PLC控制

6.1.1 电动葫芦的结构

（1）电动葫芦的基本结构

电动葫芦是起重运输机械的一种，主要用来提升或下降重物，并可以在水平方向平移重物。电动葫芦具有起重小、结构简单、操作方便等特点，但一般只有一个恒定的运行速度，大多应用于工矿企业的小型设备的安装、吊动和维修中。

电动葫芦在电镀流水线的典型应用见图6-1。

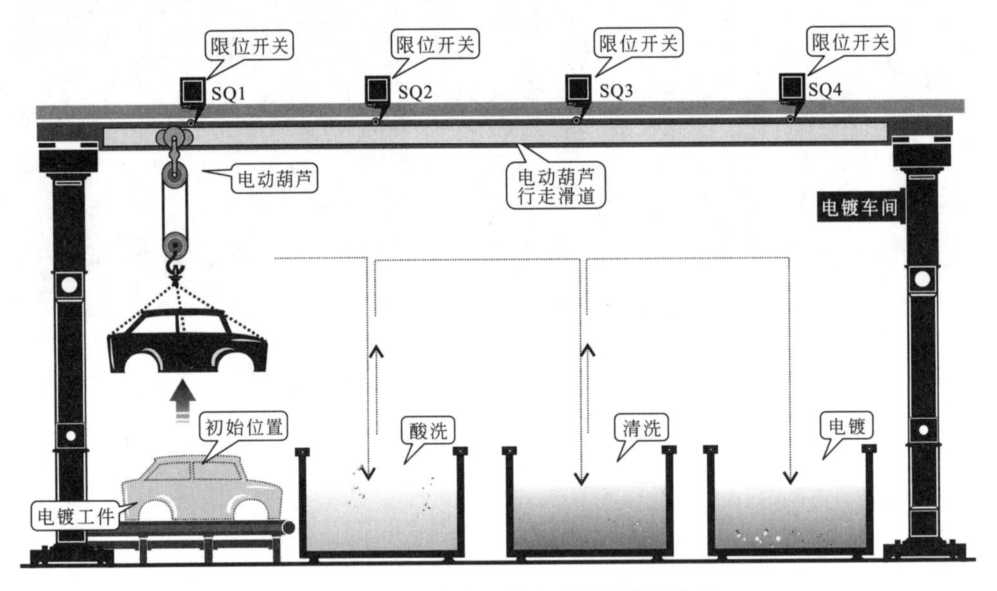

图6-1　电动葫芦在电镀流水线的典型应用

电动葫芦的基本外形结构见图6-2。

该设备中主要有两个电动机，分别用来控制挂钩的上下运动及电动葫芦的左右运动。

（2）电动葫芦的电气结构

电动葫芦通常采用带有限位开关的控制线路。

电动葫芦的电气结构见图6-3，该线路分为主电源供电电路、控制电路两部分。

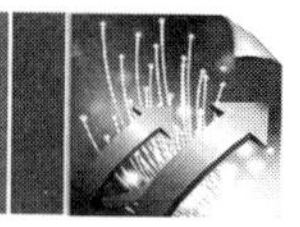

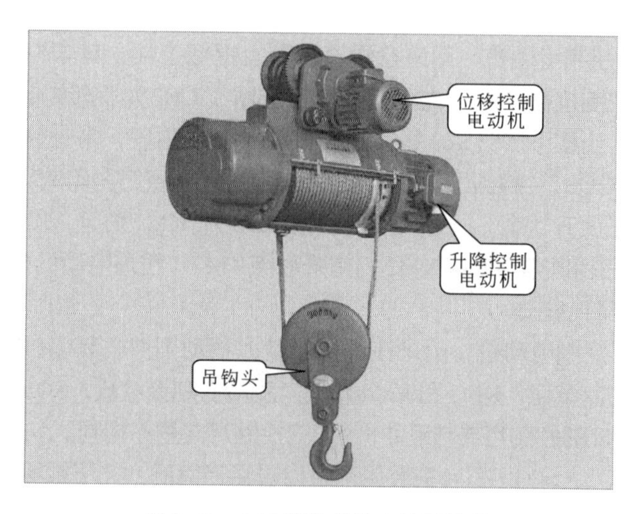

图6–2　电动葫芦的基本外形结构

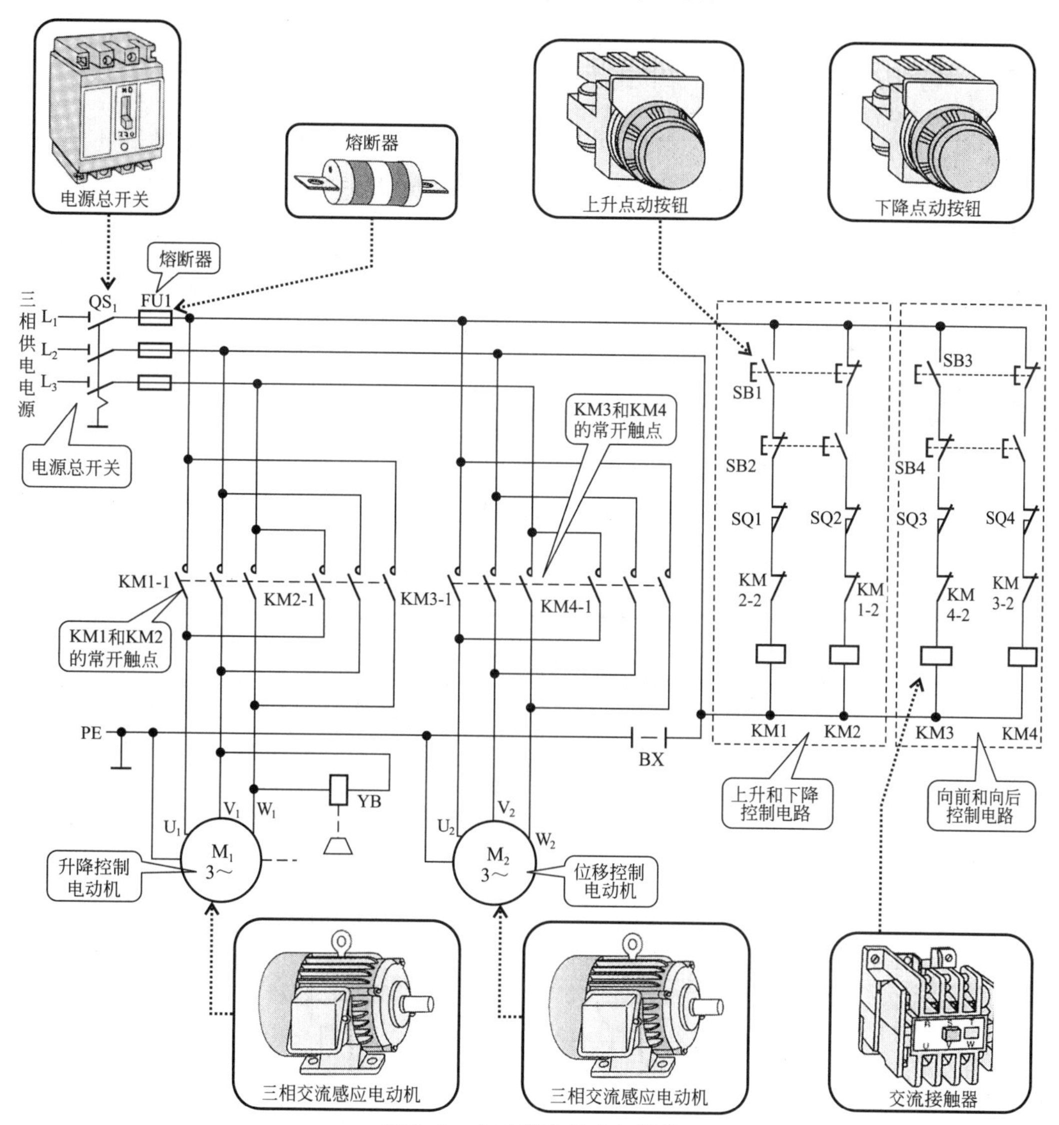

图6–3　电动葫芦的电气结构

电动机M_1为升降控制电动机，用来在垂直位置上提取工件，其中SB1为上升点动控制按钮，SB2为下降点动控制按钮，KM1为正转控制接触器，KM2为反转控制接触器，SQ1和SQ2为上下限位行程开关。当按下按钮SB1后，接触器KM1线圈得电，常开触点KM1-1闭合，三相供电电源经电源总开关QS1、熔断器FU1以及KM1的常开触点后为电动机M1供电，电动机开始正转，此时工件处于上升状态；同理，按下按钮SB2后，KM1失电，KM2的线圈得电，其常开触点KM2-1闭合，三相供电电源经KM2的常开触点KM2-1后为电动机M1供电，此时电动机开始反转，工件处于下降状态。

电动机M2为位移控制电动机，用来在水平位置上移动工件，其中SB3为向前点动控制按钮，SB4为向后点动控制按钮，KM3和KM4为正、反转控制接触器，SQ3和SQ4为水平位置限位行程开关。电动机M2的控制方式与电动机M1的控制方式基本相同。

限位开关SQ1、SQ2、SQ3、SQ4主要用来进行垂直方向的上、下限和水平方向的前、后限保护，确保工件不超过行程。

6.1.2 电动葫芦的PLC控制原理

在图6-2所示电动葫芦的电气结构中，其基本上采用了交流继电器、接触器的控制方式，该种控制方式由于电气部件的连接过多存在人为因素的影响，具有可靠性低、线路维护困难等缺点，将直接影响企业的生产效率。因此，很多生产型企业中采用PLC控制方式对其进行控制。

下面我们具体介绍用PLC实现对电动葫芦的控制原理。

电动葫芦的PLC控制电路见图6-4。

该控制电路采用三菱FX2N系列PLC，电路中PLC控制I/O分配表见表6-1。

表6-1 电动葫芦三菱FX2N系列PLC控制I/O分配表

输入信号及地址编号			输出信号及地址编号		
名称	代号	输入点地址编号	名称	代号	输出点地址编号
电动葫芦上升点动按钮	SB1	X1	电动葫芦上升接触器	KM1	Y1
电动葫芦下降点动按钮	SB2	X2	电动葫芦下降接触器	KM2	Y2
电动葫芦左移点动按钮	SB3	X3	电动葫芦左移接触器	KM3	Y3
电动葫芦右移点动按钮	SB4	X4	电动葫芦右移接触器	KM4	Y4
电动葫芦上升限位行程开关	SQ1	X5			

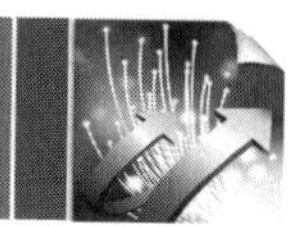

续表

输入信号及地址编号			输出信号及地址编号		
名称	代号	输入点地址编号	名称	代号	输出点地址编号
电动葫芦下降限位行程开关	SQ2	X6			
电动葫芦左移限位行程开关	SQ3	X7			
电动葫芦右移限位行程开关	SQ4	X10			

图6-4中，通过PLC的I/O接口与外部电器部件进行连接，提高了系统的可靠性，并能够有效地降低故障率，维护方便。当使用编程软件向PLC中写入控制程序时，便可以实现外接电器部件及负载电动机等设备的自动控制。想要改动控制方式时，只需要修改PLC中的控制程序即可，大大提高了调试和改装效率。

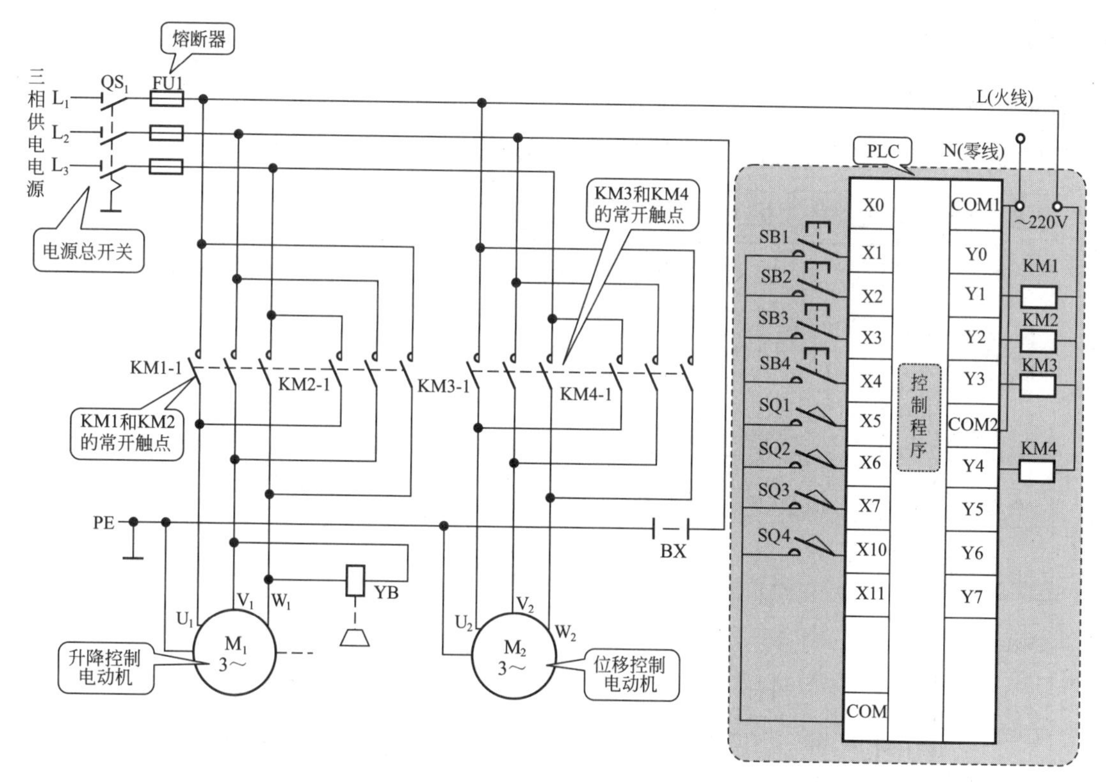

图6-4　电动葫芦的PLC控制电路

电动葫芦三菱FX2N系列PLC控制梯形图见图6-5。

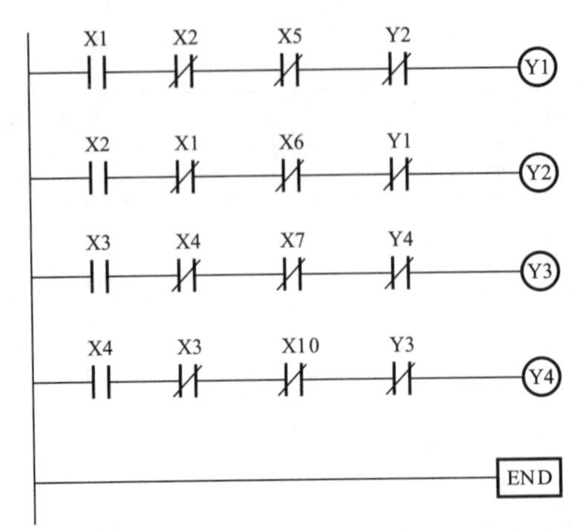

图6-5　电动葫芦三菱FX2N系列PLC控制梯形图

根据梯形图识读该PLC的控制过程，首先可对照PLC控制电路和I/O分配表，在梯形图中进行适当文字注解，然后再根据操作动作具体分析启动和停止的控制原理。

（1）PLC控制下电动葫芦的上升过程

电动葫芦三菱FX2N系列PLC控制电路的上升过程见图6-6。

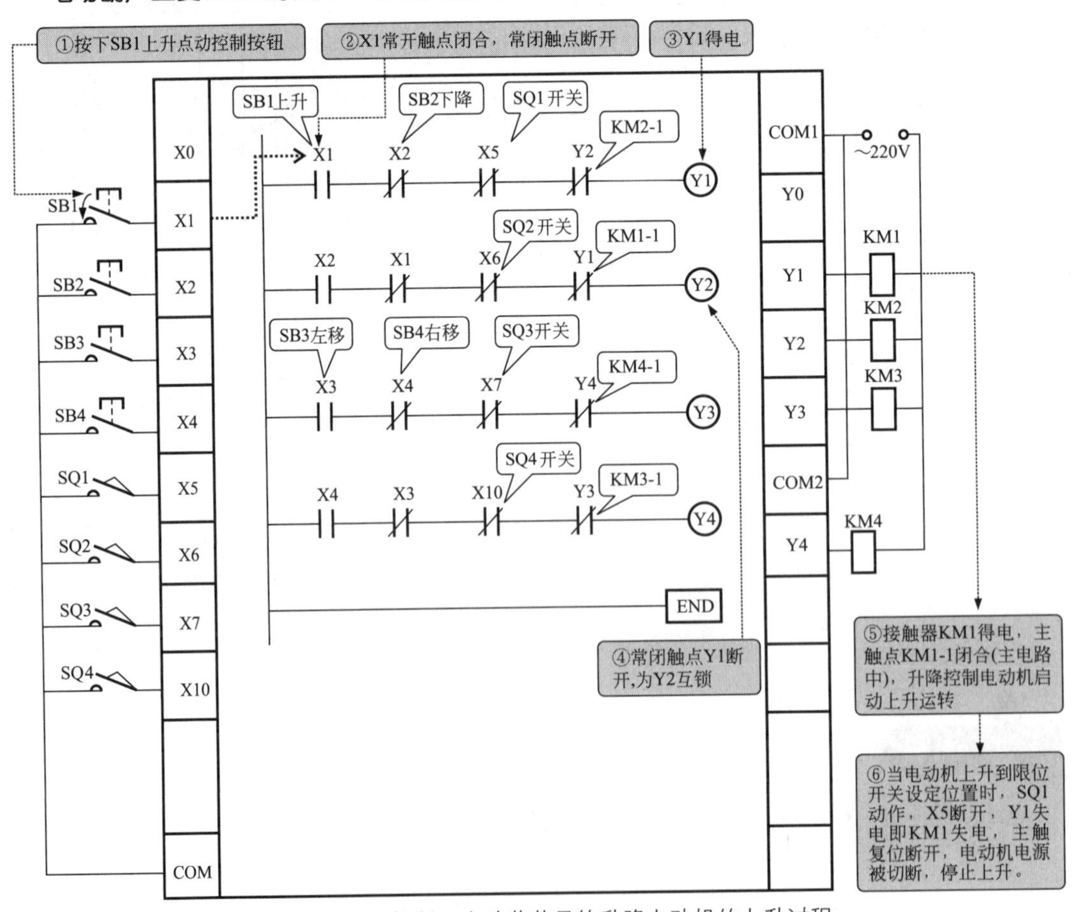

图6-6　PLC控制下电动葫芦吊钩升降电动机的上升过程

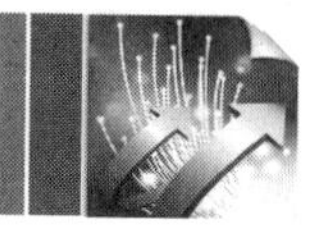

具体过程为：

当按下上升点动控制按钮SB1时（步骤①），其将PLC内的X1置“1”，即该触点接通（步骤②），使得Y1得电（步骤③），控制PLC外接交流接触器线圈KM得电，同时其常闭触点X1置“0”，即该触点断开防止Y2（KM2）得电，Y1得电，常闭触点Y1断开，Y2（KM2）互锁（步骤④）。主电路中的主触点KM1-1闭合，接通电动机电源，升降控制电动机启动开始上升运转（步骤⑤）。

当电动机上升到限位开关SQ1设定位置时，限位行程开关SQ1动作，将PLC内X5置“0”，即触点断开，Y1失电，接触器KM1线圈失电复位，主触点复位断开，电动机停止上升（步骤⑥）。

（2）PLC控制下电动葫芦的下降过程

电动葫芦三菱FX2N系列PLC控制电路的下降过程见图6-7。

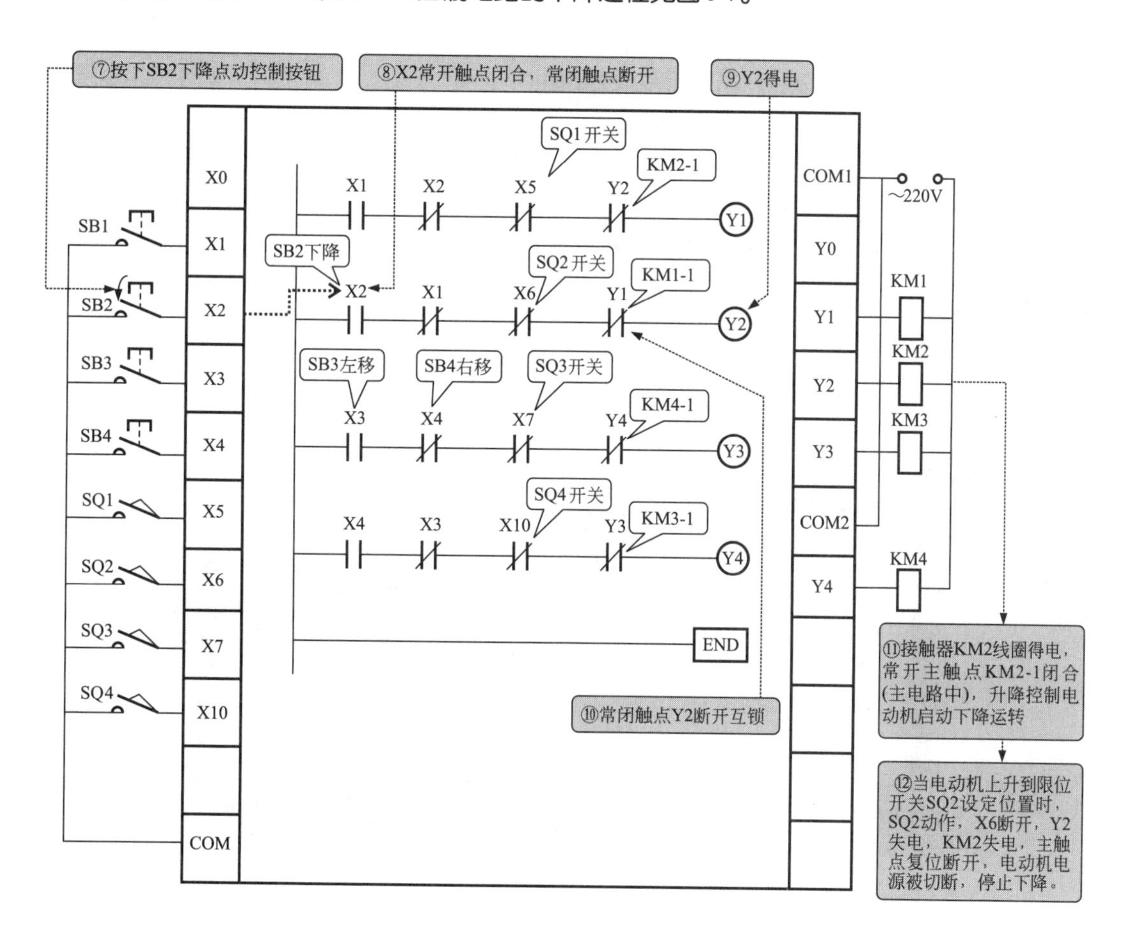

图6-7 PLC控制下电动葫芦吊钩升降电动机的下降过程

具体控制过程为：

当按下下降点动控制按钮SB2时（步骤⑦），其将PLC内的X2置“1”，即该触点接通（步骤⑧），使得Y2得电（步骤⑨），控制PLC外接交流接触器线圈KM2得电，同时其常闭触点X2置“0”，即该触点断开（步骤⑧），防止Y1（KM1）得电。Y2得电，常闭触点Y2断开与Y1（KM1）互锁（步骤⑩），KM2得电，主电路中的主触点闭合，接通电动机电源，升降控制电动机启动开始下降运转（步骤⑪）。

当电动机下降到限位开关SQ2设定位置时，限位行程开关SQ2动作，将PLC内X6置“0”，即该触点断开，Y2失电，即接触器KM2线圈失电复位，主触点复位断开，电动机停止下降（步骤⑫）。

电动葫芦的水平左移和右移控制原理与上升和下降的控制原理基本相同，这里不再重复。

6.2 运料小车往返运行的PLC控制

6.2.1 运料小车往返运行的基本结构

在一些工矿企业中，自动运行的运料小车是比较常见的，而使用PLC进行控制，可以节省大量的控制器件，并能够自动对小车的往返运行进行控制，避免人工操作时出现误操作的现象。下面就介绍一种运料小车往返运行电路的控制原理。

运料小车往返运行电路的典型应用见图6-8。

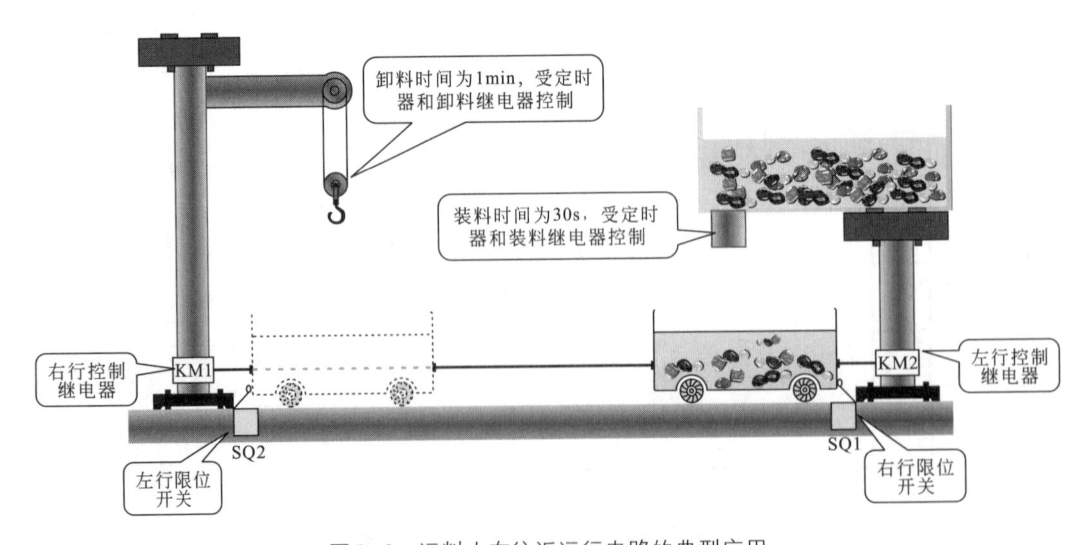

图6-8 运料小车往返运行电路的典型应用

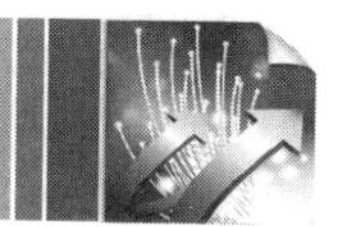

运料小车工作由启动和停止按钮进行控制，运料小车启动运行后，首先右行到限位开关SQ1处，此时小车停止进行装料，30s后装料完毕，小车开始左行；当小车左行至限位开关SQ2处时，小车停止进行卸料，1min后卸料结束，再右行，行至限位开关SQ1处再停止，进行装料，如此循环工作，直至按下停止按钮后，小车停止工作。

6.2.2 运料小车往返运行的PLC控制原理

在分析运料小车往返运行的PLC控制原理前，应首先了解其控制电路的结构，并了解该PLC的输入和输出端接口的具体分配方式。

运料小车往返控制PLC控制电路见图6-9。

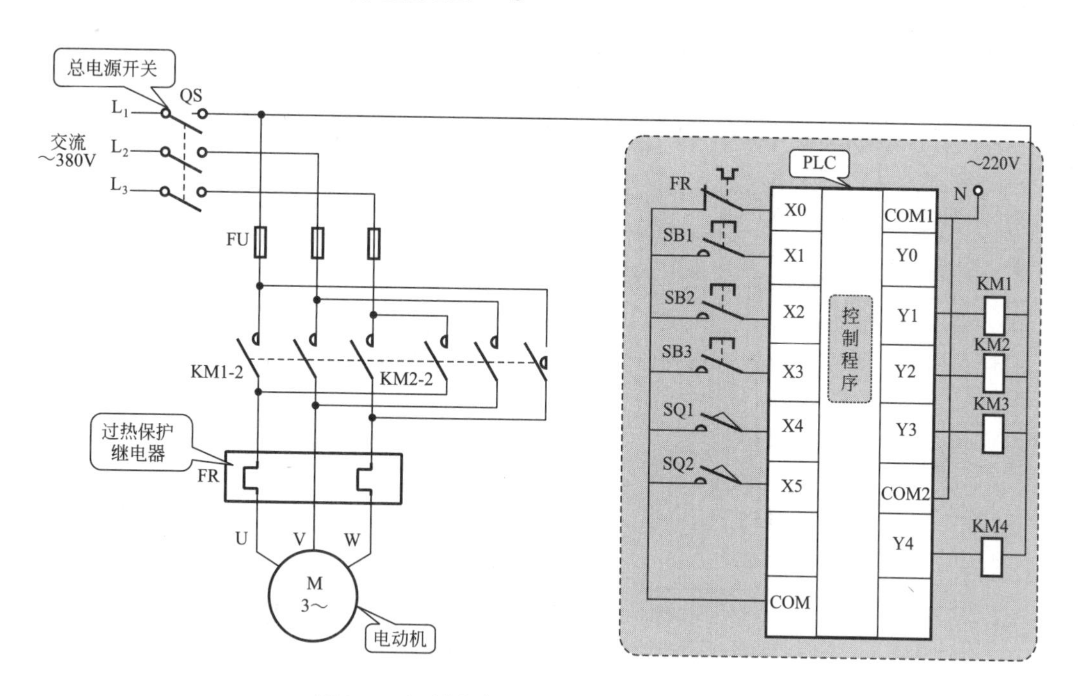

图6-9 运料小车往返控制PLC控制电路图

图中的SB1为右行启动按钮，SB2为左行启动按钮，SB3为停机按钮，SQ1和SQ2分别为右行和左行限位开关，KM1和KM2分别为右行和左行控制继电器，KM3和KM4分别为装料和卸料控制继电器。

该控制电路采用三菱FX2N系列PLC，电路中PLC控制I/O分配表见表6-2。

表6-2 电动葫芦三菱FX2N系列PLC控制I/O分配表

输入信号及地址编号			输出信号及地址编号		
名称	代号	输入点地址编号	名称	代号	输出点地址编号
过热保护继电器	FR	X0	右行控制继电器	KM1	Y1
右行控制启动按钮	SB1	X1	左行控制继电器	KM2	Y2
左行控制启动按钮	SB2	X2	装料控制继电器	KM3	Y3
停止按钮	SB3	X3	卸料控制继电器	KM4	Y4
右行限位开关	SQ1	X4			
左行限位开关	SQ2	X5			

采用三菱FX2N系列PLC控制梯形图见图6-10。

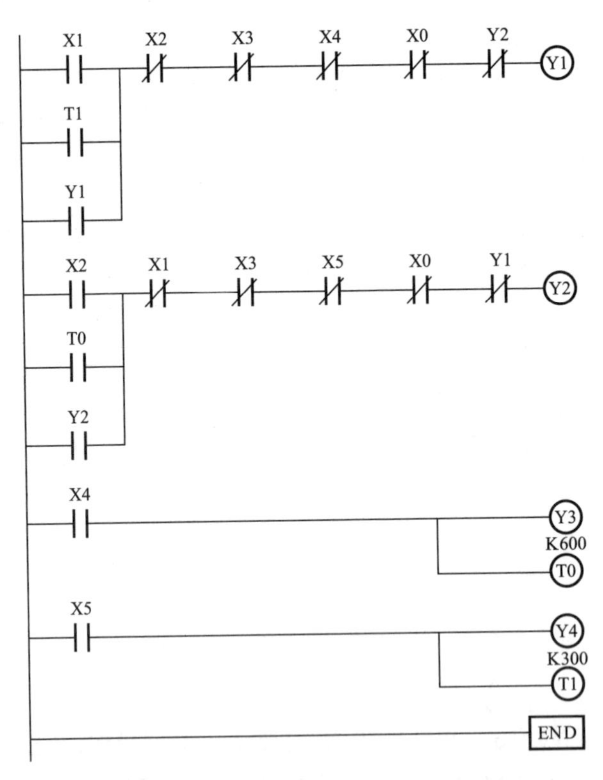

图6-10 采用三菱FX2N系列PLC的控制梯形图

根据梯形图识读该PLC的控制过程，首先可对照PLC控制电路和I/O分配表，在梯形图中进行适当文字注解，然后再根据操作动作具体分析启动和停止的控制原理。

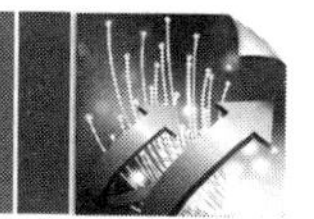

提示

三菱PLC定时器的设定值（定时时间T）=计时单位×计时常数（K）。其中计时单位有1ms、10ms和100ms，不同的编程应用中，不同的定时器，其计时单位也随之确定。因此在设置定时器时，可以通过改变计时常数（K），来改变定时时间。

三菱FN_{2X}型PLC中，一般用十进制的数来确定“K”值（0～32767），例如三菱FN_{2X}型PLC中，定时器的计时单位为100ms，其时间常数K值为50，则T=100ms×50=5000ms=5s。

（1）运料小车的右行和装料电路工作过程

在运料小车的工作过程中，首先要右行到装料点后，在定时器和装料继电器的控制下进行装料，下面我们就分析一下运料小车的右行电路工作过程。

图解

运料小车的右行和装料电路工作过程见图6-11。

按下右行控制启动按钮SB1后，将PLC内的X1常开触点闭合，常闭触点断开，实现联锁，此时Y1得电，使PLC外接的继电器KM1线圈得电。Y1得电其常开触点Y1闭合，进行自锁，常闭触点Y1断开，与Y2互锁，即防止KM2得电，小车左移，KM1得电，主电路中的常开主触点KM1-2闭合，电动机正向运转，此时小车开始向右移动。当移至右行限位开关SQ1处时，SQ1动作，PLC内常闭触点X4断开，Y1失电，即KM1失电，常开主触点KM1-2断开，电动机停止运转，使小车停止移动，同时常开触点X4闭合，装料继电器Y3和定时器T0得电，小车开始装料，30s后装料完毕，定时器时间到。

（2）运料小车的左行和卸料电路工作过程

运料小车右行和装料完毕后，通过继电器KM2控制其左行，并用卸料继电器和定时器进行控制，卸料后再右行进行装料。下面我们介绍一下运料小车左行和卸料的工作过程。

图解

运料小车的左行和卸料电路工作过程见图6-12。

装料完毕后，定时器T0的常开触点闭合，此时Y2得电，PLC外接的左行控制继电器KM2线圈得电，Y2得电，其常开触点Y2闭合自锁，常闭触点Y2断开，与Y1互锁，即与KM1互锁，此时操作SB1时，右行控制继电器KM1无法得电，小车不能向右行驶，KM2线圈得电，主电路中的常开主触点KM2-2闭合，电动机反向运转，小车向左运行。当小车行至左行限位开关SQ2处时，SQ2动作，PLC内部的X5常闭触点置“0”（断开），Y2失电，即KM2失电，触点复位，小车向左停止移动。常开触点置“1”（闭合）Y4和T1得电，其外接卸料继电器KM4和定时器T1开始工作，1min后卸料完毕后，T1的常开触点闭合，使Y1得电，右行控制继电器KM1得电，主电路的常开主触点KM1-2闭合，电动机再次正向启动运转，小车再次向右移动。如此反复，运料小车即实现了自动控制的过程。

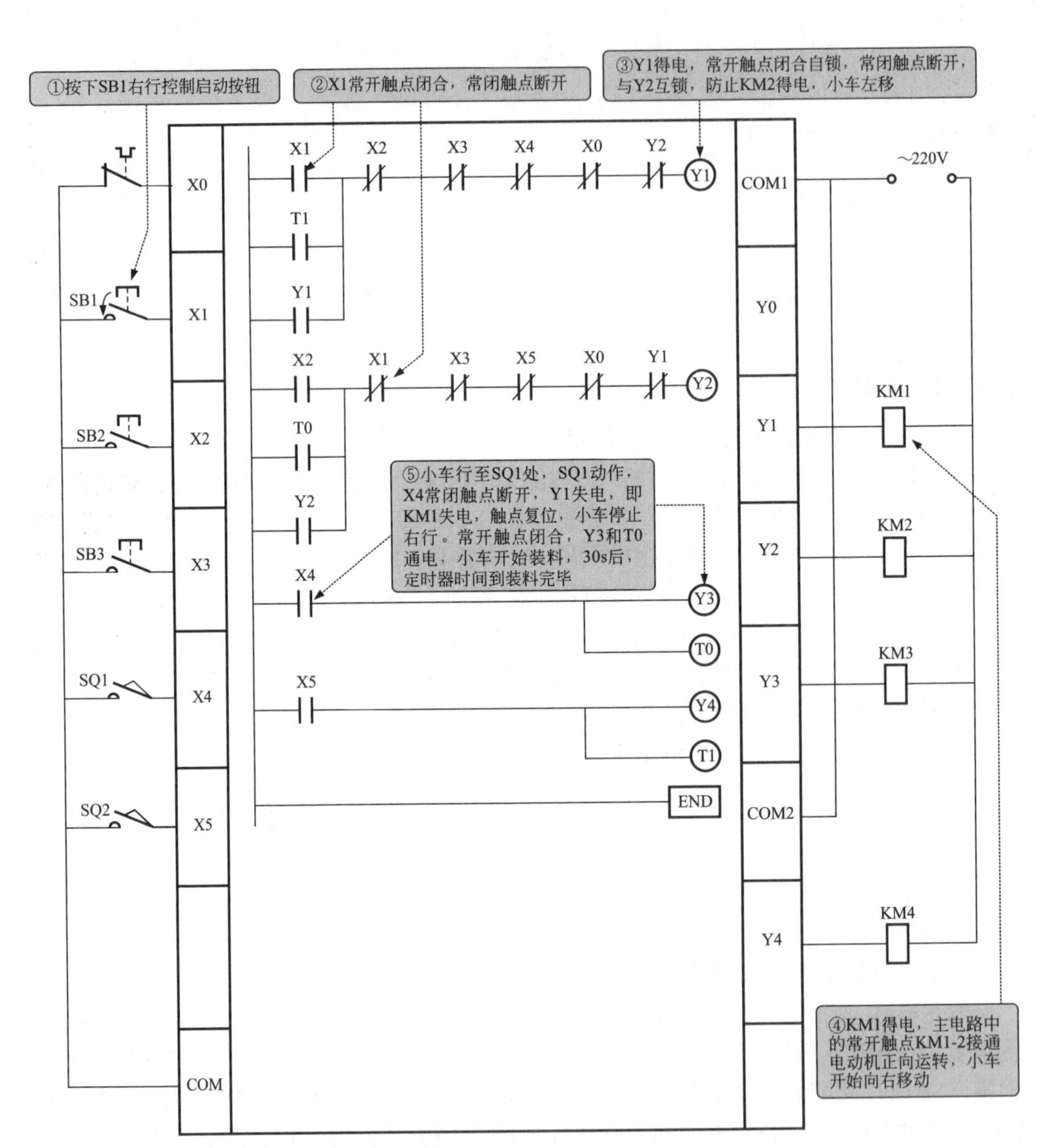

图6-11　运料小车的右行和装料电路工作过程

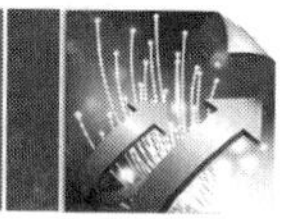

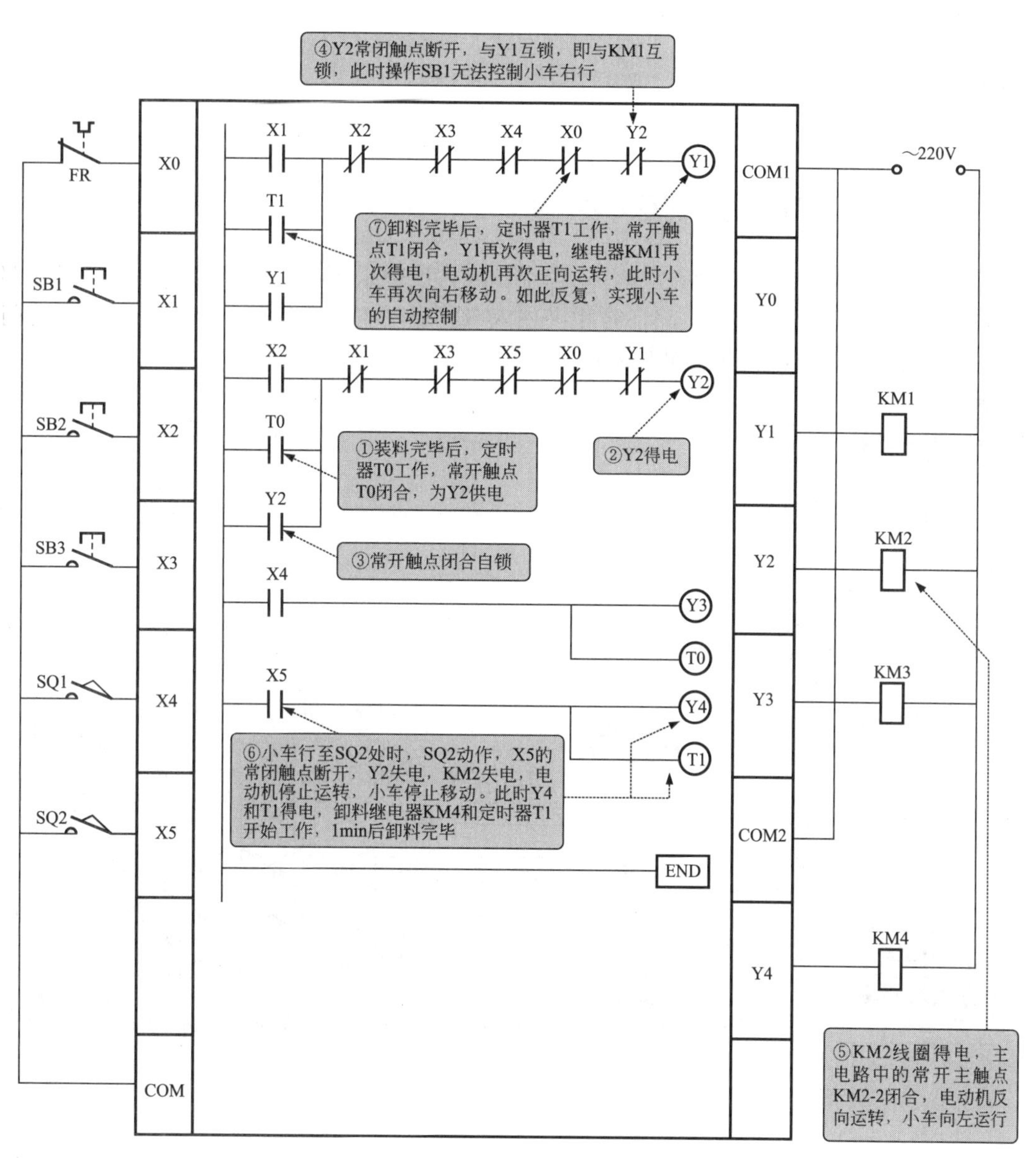

图6-12　运料小车的左行和卸料电路工作过程

当按下停止按钮SB3后，PLC内部的常闭触点X3置“0”，即常闭触点断开，Y1和Y2均失电，即左行控制继电器KM1和右行控制继电器KM2均断电，主电路中的常开主触点KM11-2、KM2-2均断开，电动机停止运转，此时小车停止移动。

6.3 自动门的PLC控制

6.3.1 自动门的PLC控制基本结构

随着自动化控制技术的不断进步，一些企业或大厦中采用自动门技术，通过门卫处的门开关进行控制，并设有保护电路，防止夹住人或物品，下面我们就以一种典型的自动门PLC控制电路为例，介绍其PLC的控制原理。

图解

自动门的PLC控制典型应用见图6-13。

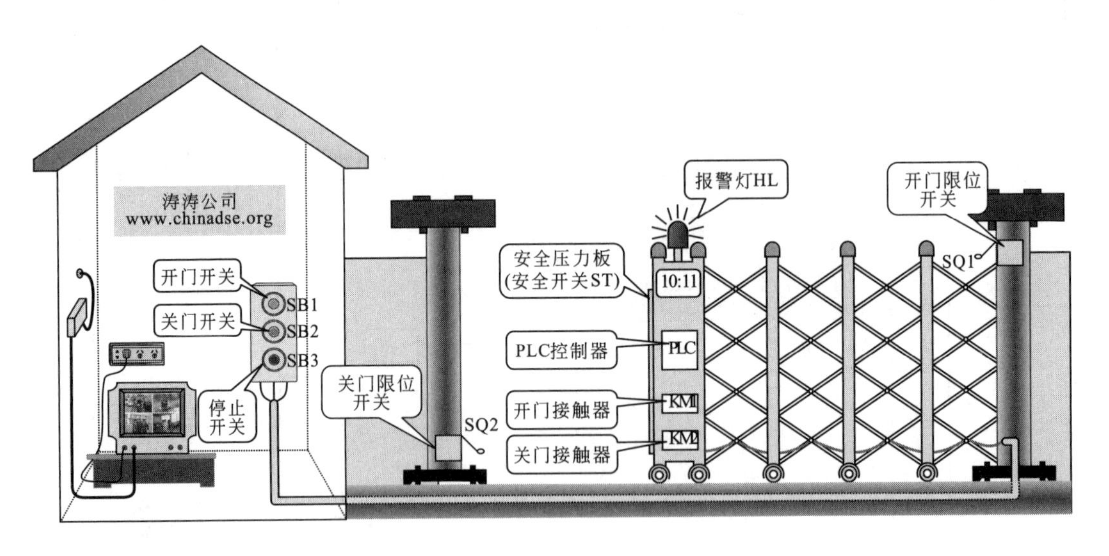

图6-13　自动门的PLC控制典型应用

门卫可以通过警卫室内的开门开关SB1、关门开关SB2和停止开关SB3来控制大门的工作状态，下面几条为PLC的控制要求。

① 当按下开门开关SB1后，报警灯HL开始闪烁（周期为0.4 s），5 s后开门接触器KM1得电，控制电动机正向旋转，大门开始打开，直到碰到开门限位开关SQ1，门停止运动，报警灯停止闪烁。

② 当按下关门开关SB2后，报警灯HL开始闪烁（周期为0.4 s），5 s后关门接触器KM2得

电，控制电动机反向旋转，大门开始关闭，直到碰到关门限位开关SQ2，门停止运动，报警灯停止闪烁。

③ 门在运动的过程中，只要按下停止开关SB3，门马上停止在当前的位置上，报警灯停止闪烁。

④ 门在关闭的过程中，只要门夹住人或其他物体，安全压力板（安全开关）就会受到额定压力，门立即停止运动，防止PLC控制系统或人、物品等受到伤害。

⑤ 当同时按下开门开关SB1和关门开关SB2时，门不移动。

6.3.2 自动门的PLC控制原理

在分析自动门的PLC控制梯形图的原理前，应首先了解其控制电路结构，并了解PLC的输入和输出端接口分配方式。

自动门的PLC控制电路见图6-14。

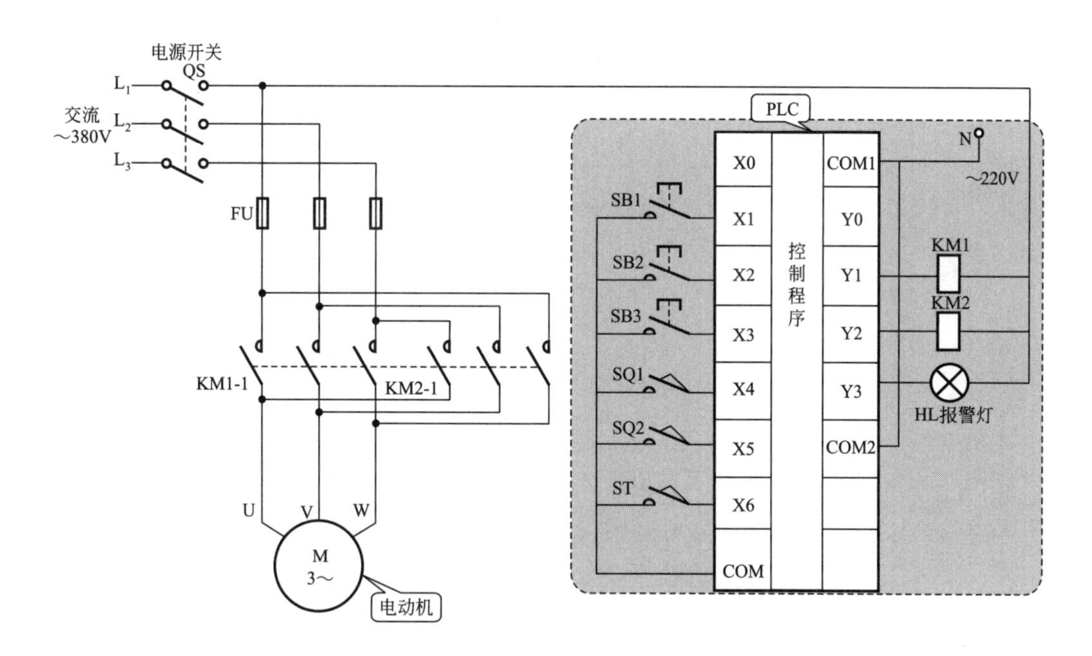

图6-14 自动门的PLC控制电路图

图中的电动机用来拖动门的移动，其正转时，门打开，其反转时，门关闭。按钮SB1为开门开关，SB2为关门开关、SB3为停止开关，SQ1和SQ2分别为开关和关门限位开关，ST为安全开关（安全压力板），接触器KM1和KM2分别为开门和关门接触器，HL为报警灯。

该控制电路采用三菱FX2N系列PLC，电路中PLC控制I/O分配表见表6-3。

表6-3　自动门的PLC控制FX2N系列PLC控制I/O分配表

输入信号及地址编号			输出信号及地址编号		
名称	代号	输入点地址编号	名称	代号	输出点地址编号
开门开关	SB1	X1	关门接触器	KM1	Y1
关门开关	SB2	X2	开关接触器	KM2	Y2
停止开关	SB3	X3	报警灯	HL	Y3
开门限位开关	SQ1	X4			
关门限位开关	SQ2	X5			
安全开关	ST	X6			

采用三菱FX_{2N}系列PLC自动门控制梯形图见图6-15。

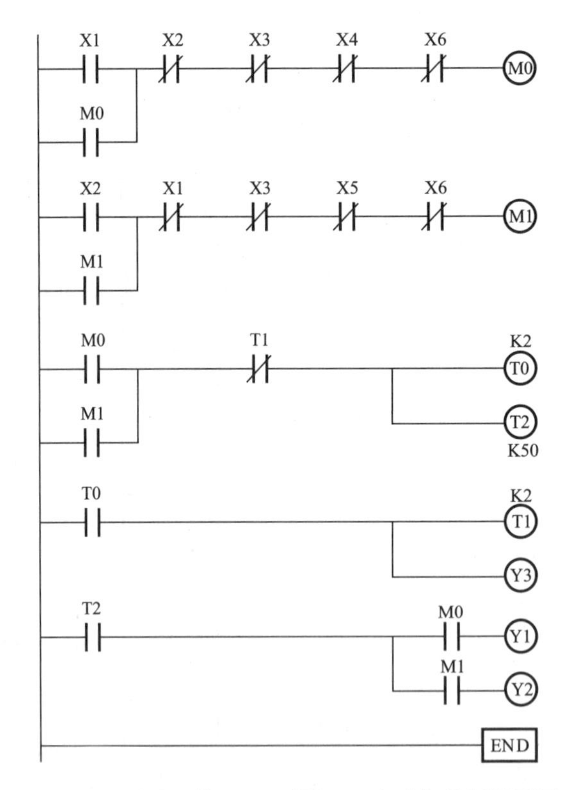

图6-15　采用三菱FX2N系列PLC自动门控制梯形图

根据梯形图识读该PLC的控制过程，首先可对照PLC控制电路和I/O分配表，在梯形图中进行适当文字注解，然后再根据操作动作具体分析控制原理。

（1）自动门开门的工作过程

自动门的开门是由开门开关SB1和开门接触器KM1控制的，按下SB1后，信号送入

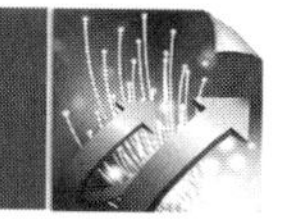

PLC中，再去控制开门接触器，其原理如下。

自动门开门的工作过程见图6-16。

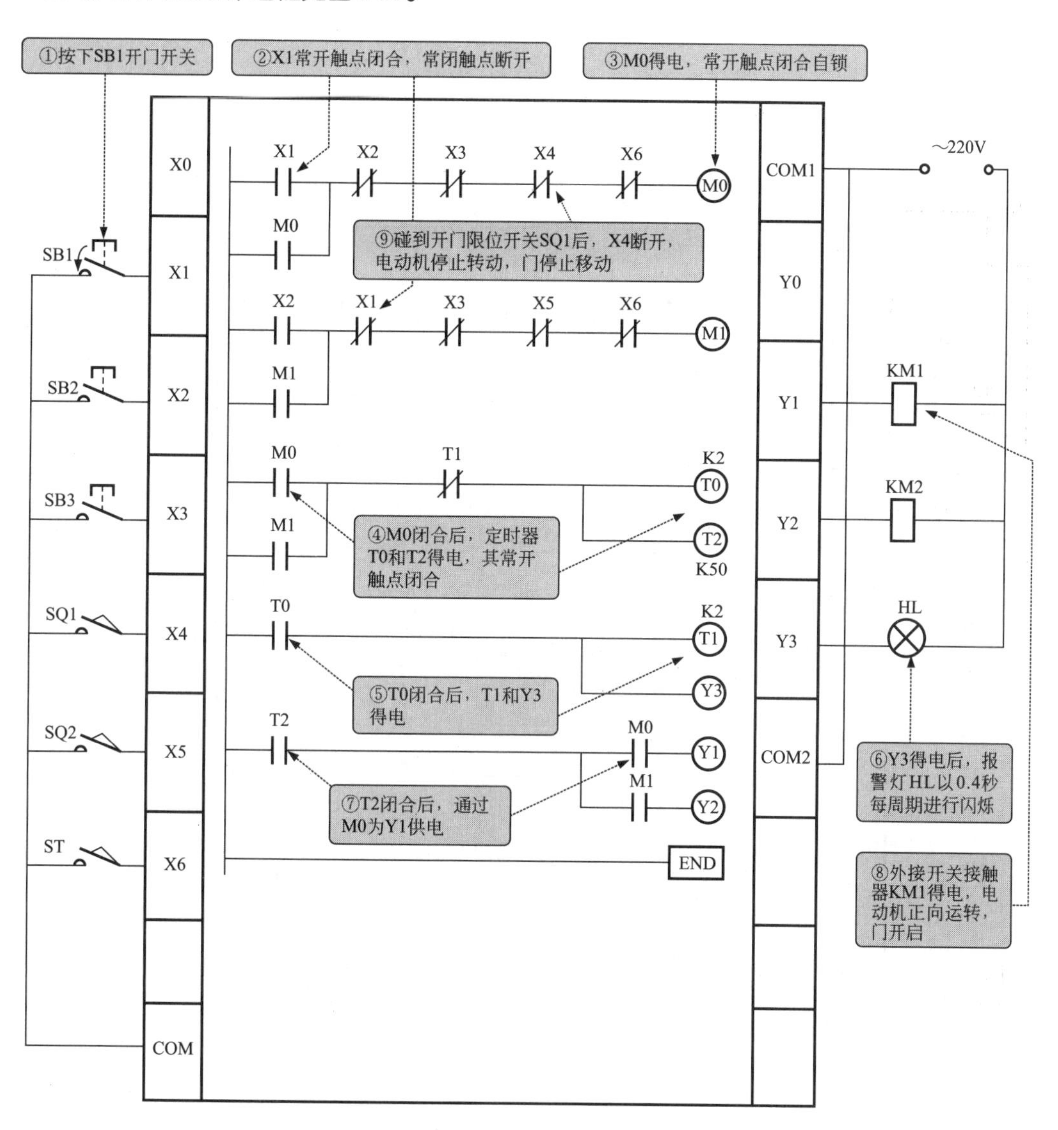

图6-16　自动门开门的工作过程

当按下开门开关SB1后，PLC内部的常开触点X1置“1”位（闭合），使M0得电，控制M0的常开触点闭合自锁，M0闭合后，经定时器T1的常闭触点为定时器T0和T2供电，T0的常开触点闭合，为定时器T1和Y3供电，使报警灯HL以0.4s每周期进行闪烁。

5秒后T2的常开触点闭合，此时M0的常开触点处于闭合状态，则Y1得电，其外接的开门接触器KM1得电工作，其主电路的常开主触点闭合，为电动机进行供电，电动机正转，控制大门打开。当碰到开门限位开关SQ1后，SQ1动作，X4置“0”位（断开），电动机停止转动，门停止移动。

（2）自动门关门的工作过程

自动门的关门是由关门开关SB2和关门接触器KM2控制的，按下SB2后，信号送入PLC中，再去控制关门接触器，其原理如下。

自动门关门的工作过程见图6-17。

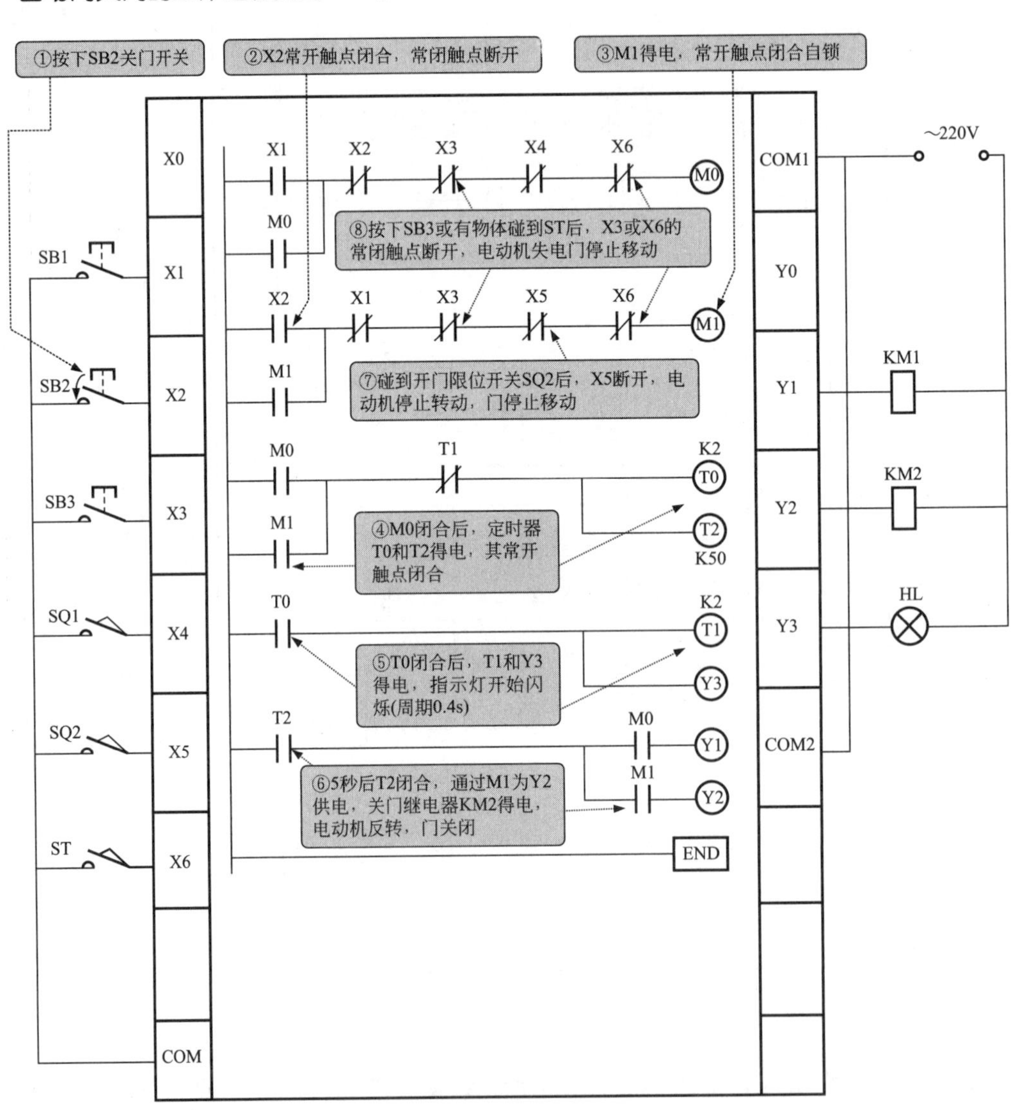

图6-17　自动门关门的工作过程

当按下关门开关SB2后，PLC内部的常开触点X2置“1”位（闭合），使M1得电，控制M1的常开触点闭合自锁，M1闭合后，经定时器T1的常闭触点为定时器T0和T2供电，T0的常开触点闭合，为定时器T1和Y3供电，使报警灯HL以0.4s每周期进行闪烁。

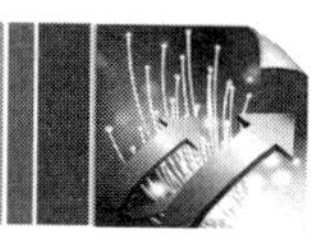

5秒后T2的常开触点闭合，此时M_1的常开触点处于闭合状态，则Y2得电，其外接的关门接触器KM2得电工作，其主电路的常开主触点闭合，为电动机进行供电，电动机反转，控制大门关闭。当碰到关门限位开关SQ2后，X5置“0”位（断开），电动机停止转动，门停止移动。

不管是在开门还是在关门的过程中，按下停止按钮SB3或有物体挤压安全开关ST时，PLC内部的X3或X6置“0”位（断开），此时电动机失电，门停止移动。

6.4 混凝土搅拌机控制电路的PLC控制

6.4.1 混凝土搅拌机控制线路的结构

（1）混凝土搅拌机的基本结构

在工业及建筑工程中，混凝土搅拌机被广泛使用，其可将一些沙石料进行搅拌加工，变成工程建筑物所用的混凝土。

混凝土搅拌机的实物外形如图6-18。

图6-18　混凝土搅拌机的实物外形

制成混凝土的相关沙石料从搅拌的进料口送入其内部，工作时，主要是通过操控箱中的相关按钮来实现对其内部电动机的控制，当电动机转轴转动后，将带动滚筒转动，实现对筒内部砂石料的搅拌，搅拌后形成的混凝土将从其出料口输出。

（2）混凝土搅拌机控制线路的电气结构

混凝土搅拌机控制线路是由电动机供电电路和启/停控制电路构成的，当按下相关按键后，能够实现对其内部电动机启/停操作，从而实现对搅拌机滚筒转动的控制。

混凝土搅拌机控制线路的电气结构见图6-19。

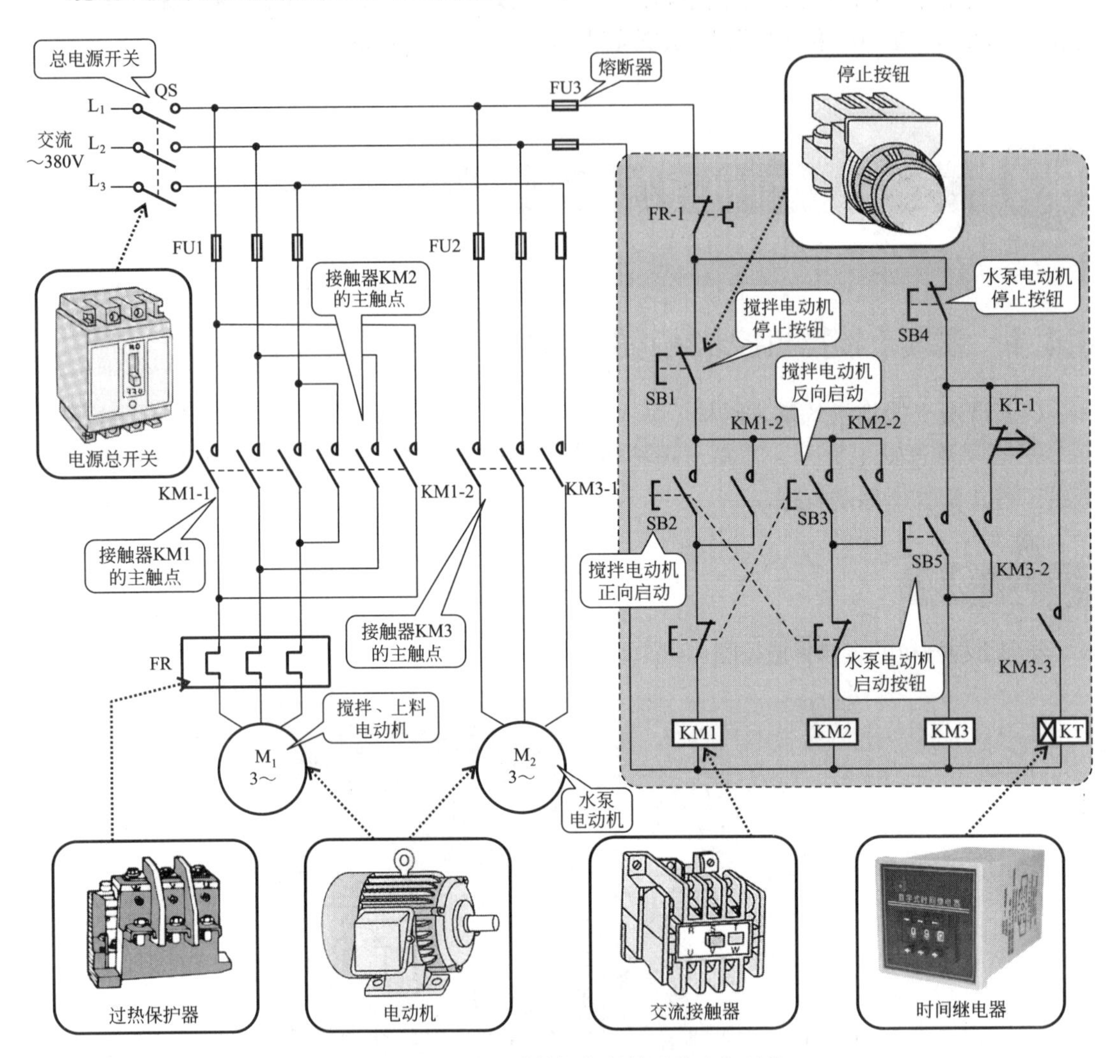

图6-19 混凝土搅拌机控制线路的电气结构

该电路主要由供电电路和控制电路两部分构成。供电电路是由电源总开关QS、熔断器FU1、FU2、交流接触器KM1、KM2、KM3的主接触点（KM1-1、KM2-1、KM3-1）、过热保护器FR以及搅拌、上料电动机M_1、水泵电动机M_2等构成的。控制电路是熔断器FU3、常闭停止按钮SB1、搅拌机正向启动按钮SB2、搅拌机反向启动按钮SB3、水泵电动机启动按钮SB5、水泵电动机停止按钮SB4、交流接触器KM1、KM2、KM3的线圈、时间继电器KT，以及交流接触器的常开触点（KM1-2、KM2-2、KM3-2）等构成的。

电路中采用了两个三相交流感应电动机，其中搅拌、上料电动机M_1主要实现对搅拌机滚筒正/反向转动的控制，而水泵电动机M_2则实现对内部供水的控制。

电路中采用了两只交流接触器（KM1、KM2）来换接电动机M_1三相电源的相序，同时为保证两个接触器不能同时吸合（否则将造成电源短路的事故），在控制电路中采用了按钮和接触器联锁方式，即在接触器KM1线圈支路中串入KM2的常闭触点，KM2线圈支路中串入KM1常闭触点，并将正反转启动按钮SB2、SB3的常闭触点分别与对方的常开触点串联。

交流接触器（KM3）则是对水泵电动机M_2进行控制，其与时间继电器KT配合使用，从而实现对搅拌机内部注水量多少的控制。

其电路的控制流程如下。

① 搅拌机的正向启动过程　首先合上电源总开关QS后，按下正向启动按钮SB2后，交流接触器KM1线圈得电吸合，接触器KM1的常开触点KM1-2闭合自锁，接触器KM1的主触点KM1-1闭合，使电动机M1开始运转，此时电动机M1接通的相序为L_1、L_2、L_3，电动机正向运行。

② 搅拌机的反向启动过程　在实现电动机M1反向启动控制时，松开SB2按钮，然后按下反向启动按钮SB3，此时，KM1线圈断电释放，断开正向电源，KM2线圈通电吸合并自锁，KM2主触点KM2-1闭合接通电动机，此时电动机M1接入三相电源的相序为L_3、L_2、L_1，即实现反向运转。

③ 搅拌机注水控制过程　当发现搅拌机内部缺水时，可按下水泵电动机启动按钮SB5，当按下该按钮后，交流接触器KM3线圈得电吸合，接触器KM3的常开触点KM3-2闭合自锁，接触器KM3的主触点KM3-1闭合，使水泵电动机M2开始运转，此时开始向搅拌机滚筒内部注水。

同时，当接触器KM3线圈得电吸合，常开触点KM3-3闭合时，时间继电器KT得电，开始对水泵电动机的运行时间进行计时，当时间到达后，其常闭触点KT-1断开，使接触器KM3线圈失电，KM3主触点KM3-1断开，停止水泵电动机的转动。

④ 搅拌机的停机过程　该水泥搅拌机的共有两个电动机，其采用两个停止按钮来分别实现对这两个电动机的停止过程。其中，若要求搅拌、上料电动机M1停止作业时，则需按下停止按钮SB1。此时，不论电动机处于正向运转状态还是反向运转状态，都可实现断开电路停机的作用。若需要强制停止对搅拌机内部注水时，可直接按下水泵电动机停止按钮SB4，当按下该按钮时，将停止对交流接触器KM3的供电，从而实现对水泵电动机的停机控制。

⑤ 电路的过载、过流保护　电路中熔断器FU1、FU2为三相供电电路中的过流保护器件；FU3为控制电路部分的过流保护器件；热保护继电器FR作为电动机的过热保护器件。

6.4.2　混凝土搅拌机控制线路的PLC控制原理

混凝土搅拌机控制线路基本上采用了交流继电器、时间继电器、接触器的控制方式，该种控制方式由于电气部件的连接过多存在人为因素的影响，具有可靠性低、线路维护困难等缺点，将直接影响企业的生产效率。因此，很多生产型企业中采用PLC控制方式对其进行控制。

下面我们具体介绍用PLC对混凝土搅拌机的控制原理。

混凝土搅拌机的PLC连续控制电路见图6-20。

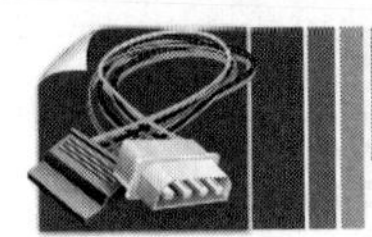

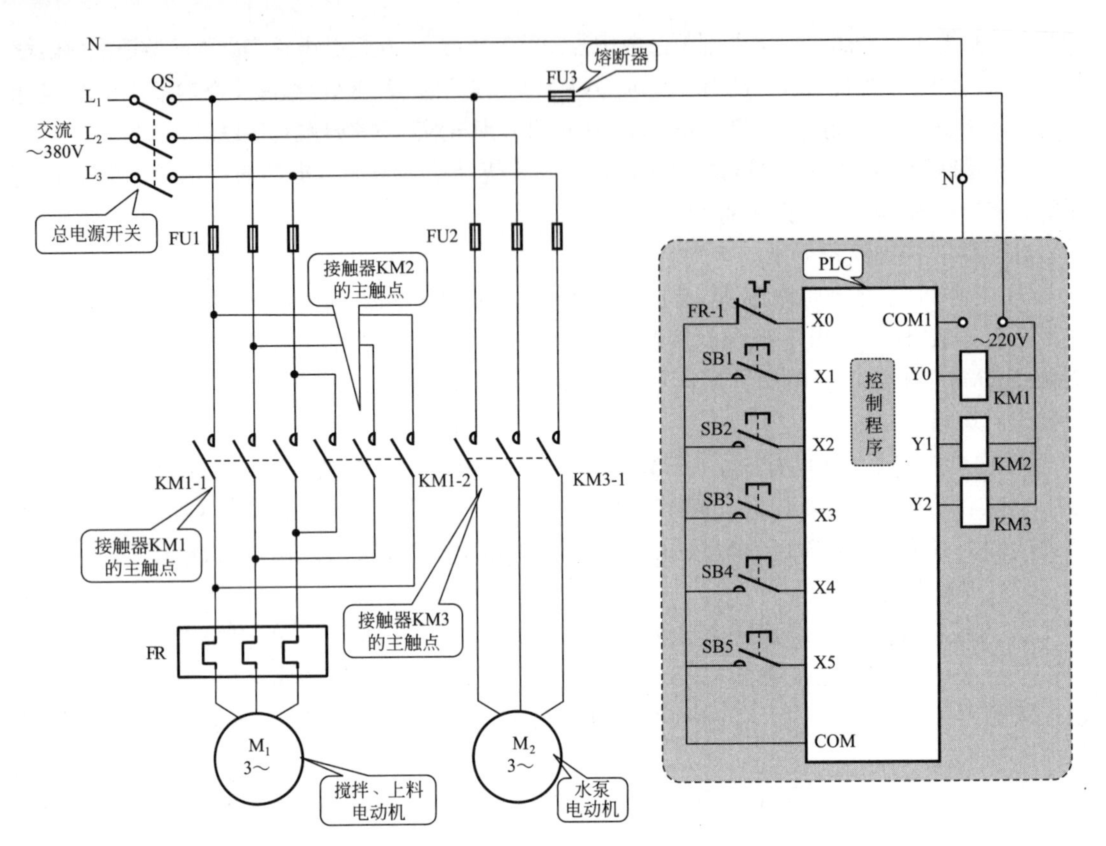

图6-20　混凝土搅拌机的PLC连续控制电路

该控制电路采用三菱FX2N系列PLC，电路中PLC控制I/O分配表见表6-4。

表6-4　混凝土搅拌机三菱FX2N系列PLC控制I/O分配表

输入信号及地址编号			输出信号及地址编号		
名称	代号	输入点地址编号	名称	代号	输出点地址编号
过热保护继电器	FR	X0	搅拌、上料电动机M_1正向转动接触器	KM1	Y0
搅拌、上料电动机M_1停止按钮	SB1	X1	搅拌、上料电动机M_1反向转动接触器	KM2	Y1
搅拌、上料电动机M_1正向启动按钮	SB2	X2	水泵电动机M_2接触器	KM3	Y2
搅拌、上料电动机M_1反向启动按钮	SB3	X3			
水泵电动机M_2停止按钮	SB4	X4			
水泵电动机M_2启动按钮	SB5	X5			

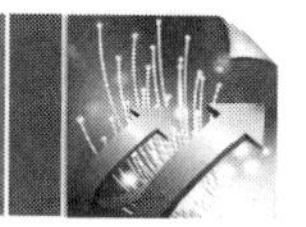

图6-20中，通过PLC的I/O接口与外部电器部件进行连接，提高了系统的可靠性，并能够有效地降低故障率，维护方便。当使用编程软件向PLC中写入控制程序，便可以实现外接电器部件及负载电动机等设备的自动控制了。想要改动控制方式时，只需要修改PLC中的控制程序即可，大大提高了调试和改装效率。

混凝土搅拌机三菱FX2N系列PLC控制梯形图见图6-21。

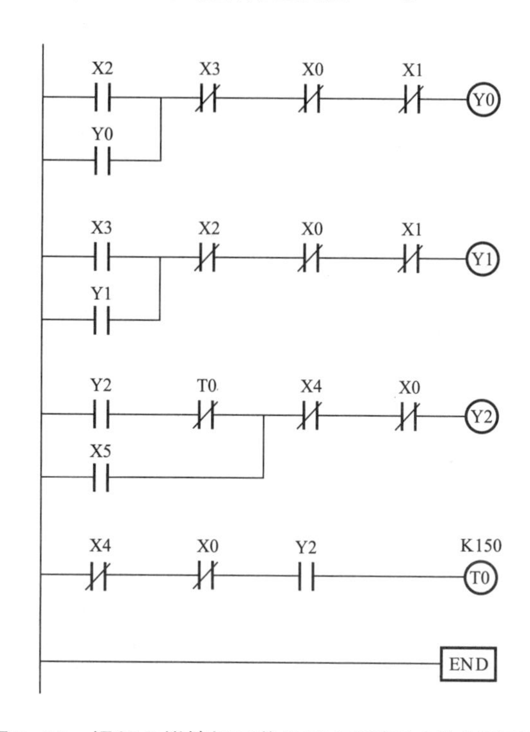

图6-21　混凝土搅拌机三菱FX2N系列PLC控制梯形图

根据梯形图识读该PLC的控制过程，首先可对照PLC控制电路和I/O分配表，在梯形图中进行适当文字注解，然后再根据操作动作具体分析启动和停止的控制原理。

（1）PLC控制下混凝土搅拌机的正向启动过程

混凝土搅拌机三菱FX2N系列PLC控制电路的正向启动过程见图6-22。

该控制线路中电动机M1的正向启动过程如下：

当按下正向启动按钮SB2时，其将PLC内的X2的常开触点置“1”，即该触点闭合，Y0得电，其常闭触点置“0”，使其断开，保证Y1不得电，即接触器KM2的线圈不得电。

Y0得电后，其自锁触点Y0闭合自锁，使在松开正向启动按钮SB2时，Y0仍得电；此时，主电路中接触器的主触点KM1-1闭合，使电动机开始运转，此时电动机接通的相序为L_1、L_2、L_3，电动机M_1正向运行。

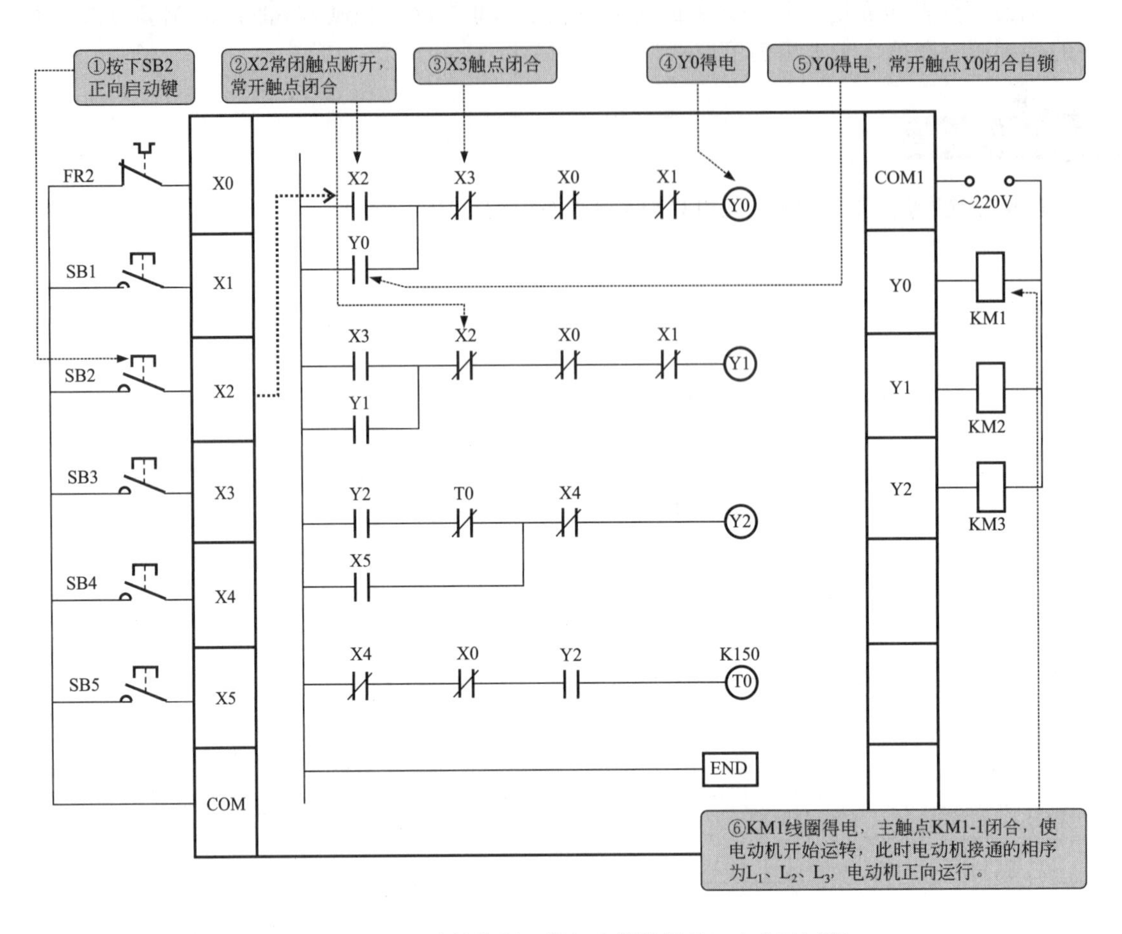

图6-22　PLC连续控制下混凝土搅拌机的正向启动过程

（2）PLC控制下混凝土搅拌机的反向启动过程

混凝土搅拌机三菱FX2N系列PLC控制电路的启反向动过程见图6-23。

该控制线路中电动机M_1的反向启动过程如下：

当按下反向启动按钮SB3时，其将PLC内的X3的常开触点置“1”，即触点闭合，Y1得电，常闭触点置“0”，即触点断开，Y0失电，即接触器KM1线圈失电，触点复位。，断开正向电源，电动机M_1停止正向运转。

Y1得电后，其常开触点Y1闭合自锁，此时交流接触器KM2线圈得电，常开触点KM2-1闭合，此时电动机M_1接入三相电源的相序为L_3、L_2、L_1，即实现反向运转。

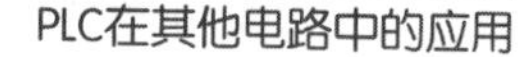

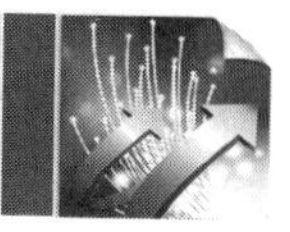

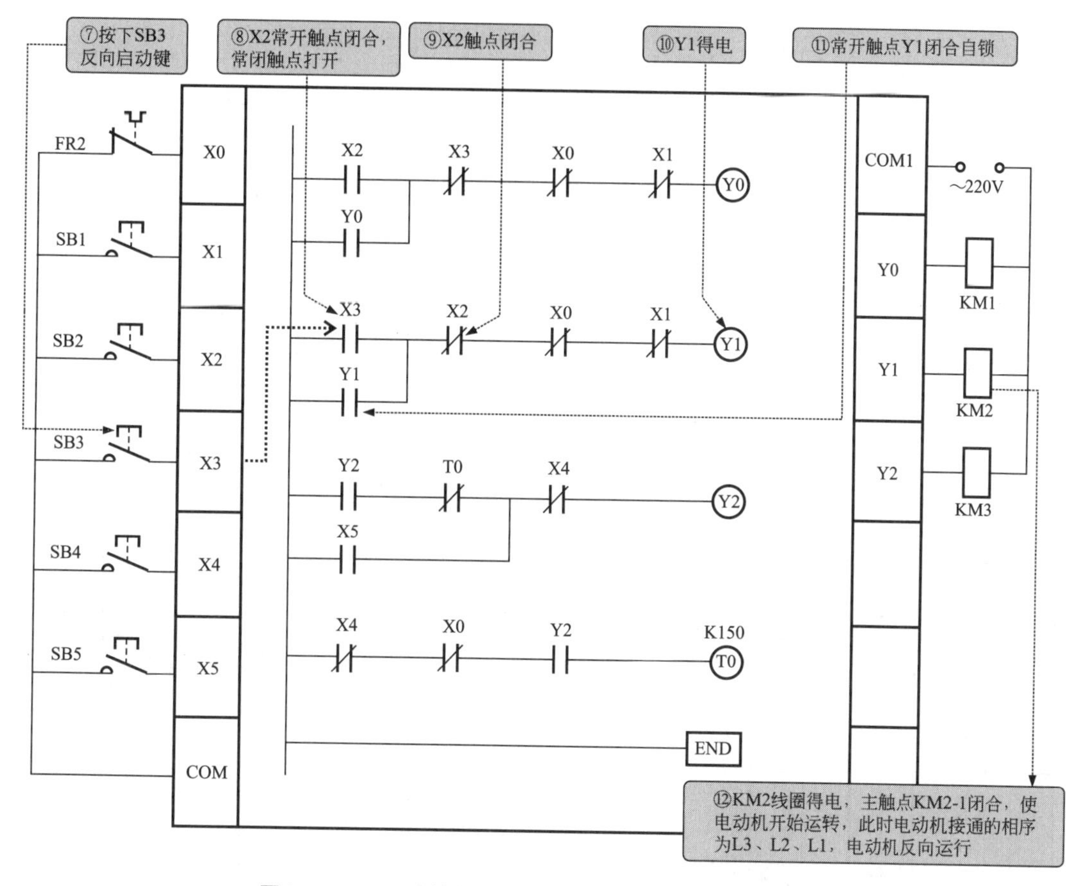

图6-23 PLC连续控制下混凝土搅拌机的反向启动过程

(3) PLC控制下混凝土搅拌机的注水控制过程

混凝土搅拌机三菱FX2N系列PLC控制电路的注水控制过程见图6-24。

该控制线路中电动机M_2的启动过程如下：

当按下水泵电动机开始按钮SB5时，其将PLC内的X5的常开触点置“1”，即触点闭合，Y2得电，其常开触点Y2闭合自锁，此时交流接触器KM3线圈得电，主触点KM3-1闭合，电动机M2开始运转。

当Y2得电的同时，其常开触点Y2闭合，使定时器T0得电，开始对水泵电动机的转动时间进行计时。

根据梯形图的了解，其设定值为K150，属于100ms通用定时器（T0 ~ T199）共200点，其中T192 ~ T199为子程序和中断服务程序专用定时器。这类定时器是对100ms时钟累积计数，设定值为1 ~ 32767，所以其定时范围为0.1 ~ 3276.7s。

当定时器得电后，定时器T150从0开始对10ms时钟脉冲进行累积计数，当计数值与设定值K150相等时，定时器的常闭触点T0断开，经过的时间为150×0.1s=15 s。当常闭触点T0断开后，Y2失电，交流接触器KM3线圈失电，其常开触点KM3-1断开，水泵电动机停止转动。同时，常开触点Y2断开，定时器T0复位，计数值变为0，其常闭触点T0闭合。

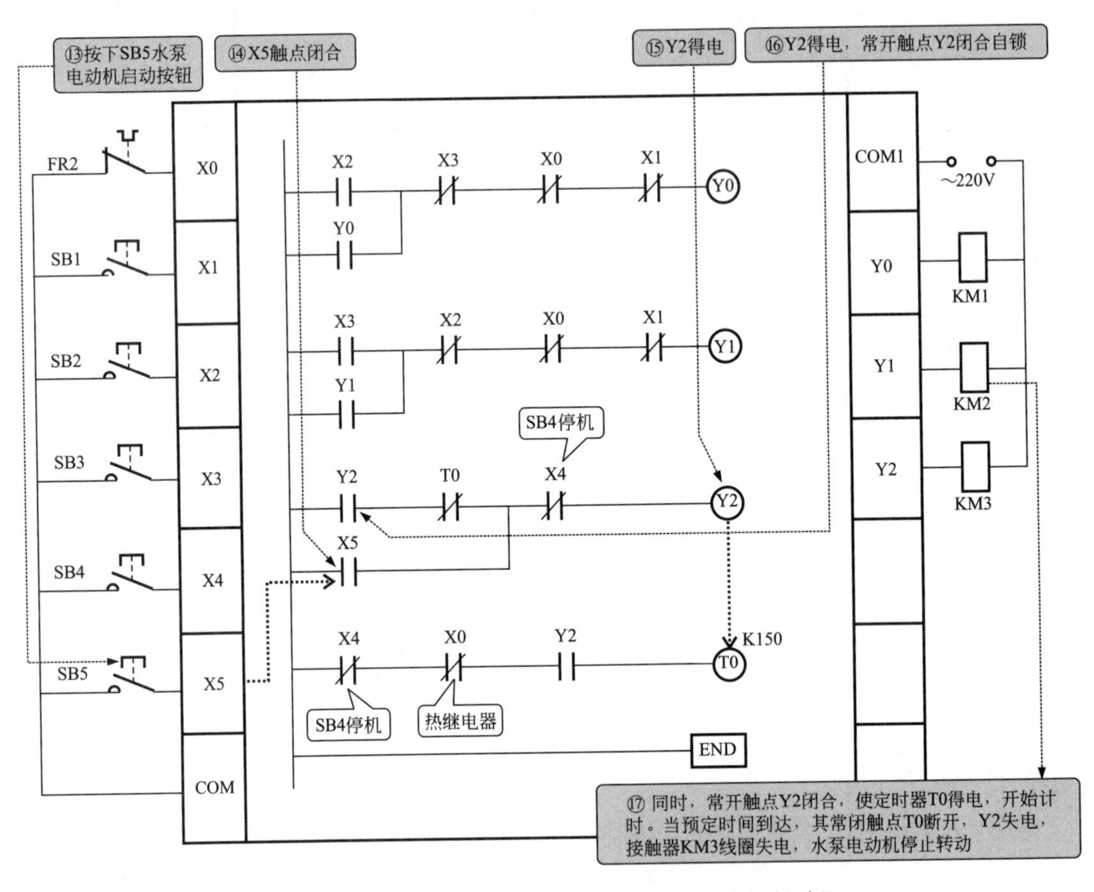

图6-24　PLC连续控制下混凝土搅拌机的注水控制过程

（4）PLC控制下混凝土搅拌机的停机过程

混凝土搅拌机三菱FX2N系列PLC控制电路的停机过程见图6-25。

具体控制过程为：

当按下搅拌、上料停机键SB1时，其将PLC内的X1置“0”，即该触点断开，Y0或Y1失电，同时常开触点复位断开，PLC外接交流接触器线圈KM1或KM2失电，主电路中的主触点复位断开，切断电动机M_1电源，电动机M_1停止正向或反向运转。

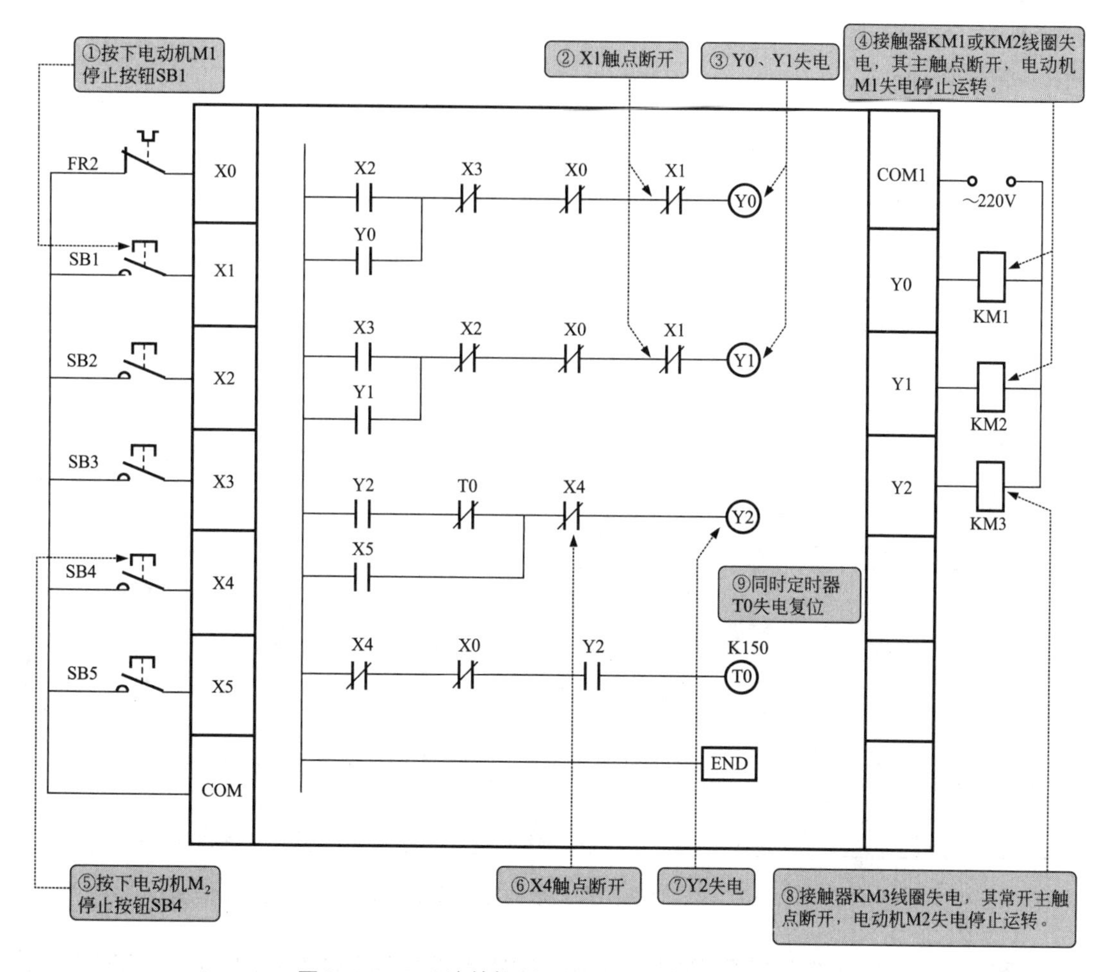

图6-25 PLC连续控制下混凝土搅拌机的停机过程

当按下水泵停止按钮SB4时，其将PLC内的X4置“0”，即该触点断开，Y2失电，同时其常开触点复位断开，PLC外接交流接触器线圈KM3失电，主电路中的主触点复位断开，切断电动机M_2电源，停止对滚筒内部进行注水。同时定时器T0失电复位。

6.5 蓄水池双向进排水控制线路的PLC控制

6.5.1 蓄水池双向进排水控制线路的功能结构

当前，有一蓄水池用于存储工厂日常的工业用水，为对蓄水池水量的多少进行控制调节，除为其设置了单向排水装置外，还在其附近建造了一个水塔，并通过进/出水管与蓄水池连接，来对蓄水池的水量进行有效的控制。

蓄水池双向进排水控制线路的功能结构见图6-26。

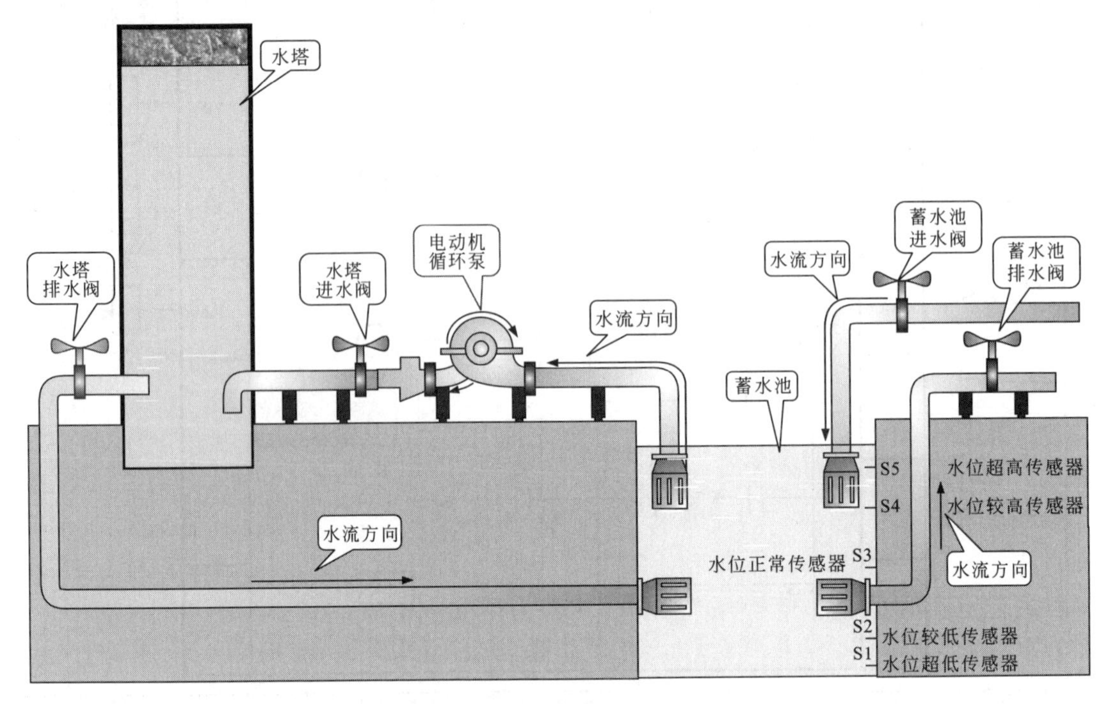

图6-26　蓄水池双向进排水控制线路的功能结构图

从图中可以看出，在整个蓄水池双向进排水线路中主要是由蓄水池、水塔、水塔进/排水阀、电动机循环泵、蓄水池进/排水阀等部分构成的。

其蓄水池水量的控制功能如下。

① 当蓄水池水位超低时（–50 mm以下），停止排水，开始双进水（蓄水池进水阀门打开，开始蓄水池进水，同时水塔开始向蓄水池排水）。

② 当蓄水池水位较低时（–40 ～ –20 mm），停止排水，开始单进水（水塔开始向蓄水池排水）。

③ 当蓄水池水位正常时（–10 ～ 10 mm），蓄水池不进水，不出水。

④ 当蓄水池水位较高时（40 ～ 20 mm），开始单进水（打开水塔进水阀，延迟1 s后再次打开电动机循环泵，开始向水塔进水）。

⑤ 当蓄水池水位超高时（50 mm以上），开始双排水（蓄水池排水阀门打开，开始蓄水池排水，同时水塔开始进水）。

值得注意的是，在水塔准备进水操作时，应先打开进水阀，延迟1 s后再次打开电动机循环泵；停止水塔进水操作，则需要先停止电动机循环泵，延迟1 s后再关闭进水阀。

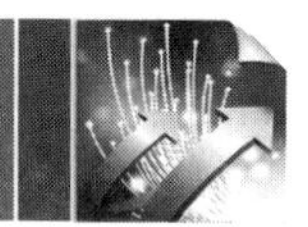

6.5.2 蓄水池双向进排水控制线路的PLC控制原理

下面我们具体介绍用PLC实现对蓄水池双向进排水的控制原理。

蓄水池双向进排水的PLC控制I/O接线图见图6-27。

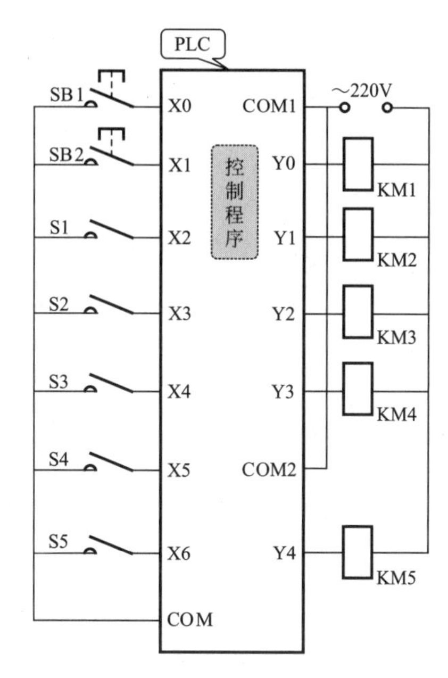

图6-27 蓄水池双向进排水的PLC控制I/O接线图

该控制电路采用三菱FX2N系列PLC，电路中PLC控制I/O分配表见表6-5。

表6-5 蓄水池双向进排水的三菱FX2N系列PLC控制I/O分配表

输入信号及地址编号			输出信号及地址编号		
名称	代号	输入点地址编号	名称	代号	输出点地址编号
系统启动按钮	SB1	X0	水塔排水阀接触器	KM1	Y0
系统停止按钮	SB2	X1	水塔进水阀接触器	KM2	Y1
蓄水池水位超低传感器	S1	X2	蓄水池进水阀接触器	KM3	Y2
蓄水池水位较低传感器	S2	X3	蓄水池排水阀接触器	KM4	Y3
蓄水池水位正常传感器	S3	X4	电动机循环泵接触器	KM5	Y4
蓄水池水位较高传感器	S4	X5			
蓄水池水位超高传感器	S5	X6			

图6-27中，通过PLC的I/O接口与外部电器部件进行连接，提高了系统的可靠性，并

能够有效地降低故障率，维护方便。当使用编程软件向PLC中写入控制程序时，便可以实现外接电器部件及负载电动机等设备的自动控制。想要改动控制方式时，只需要修改PLC中的控制程序即可，大大提高了调试和改装效率。

蓄水池双向进排水三菱FX2N系列PLC控制梯形图见图6-28。

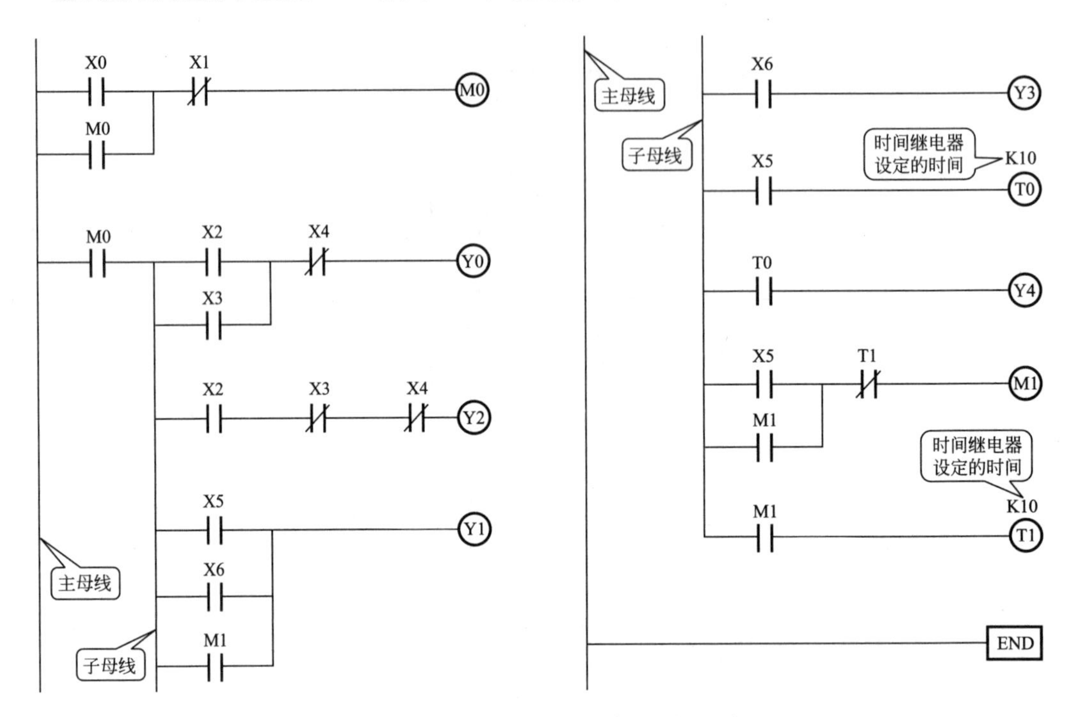

图6–28　蓄水池三菱FX2N系列PLC控制梯形图

根据该梯形图的结构可知，在梯形图中共有两条母线，其中，靠近最外侧的母线为主母线，其内部的一条线为子母线，只有当设置在主母线上的M0得电后，其子母线上的相关操作才可实现。

同时，根据蓄水池水塔进/排水控制线路的设计需求，需在电路中设计两个时间继电器，来对电动机循环泵与水塔进水阀先后控制的间隔时间进行设定，其间隔控制时间为1s。从该梯形图可看出，其时间继电器的设置时间为“K10”，即经过的时间为10×0.1s=1s。

在识读该PLC的控制过程，首先可对照PLC控制电路和I/O分配表，在梯形图中进行适当文字注解，然后再根据操作动作具体分析整个蓄水池双向进/排水线路的控制原理。

蓄水池三菱FX2N系列PLC控制电路的双向进排水过程见图6-29。

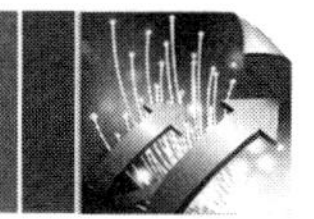

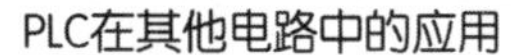

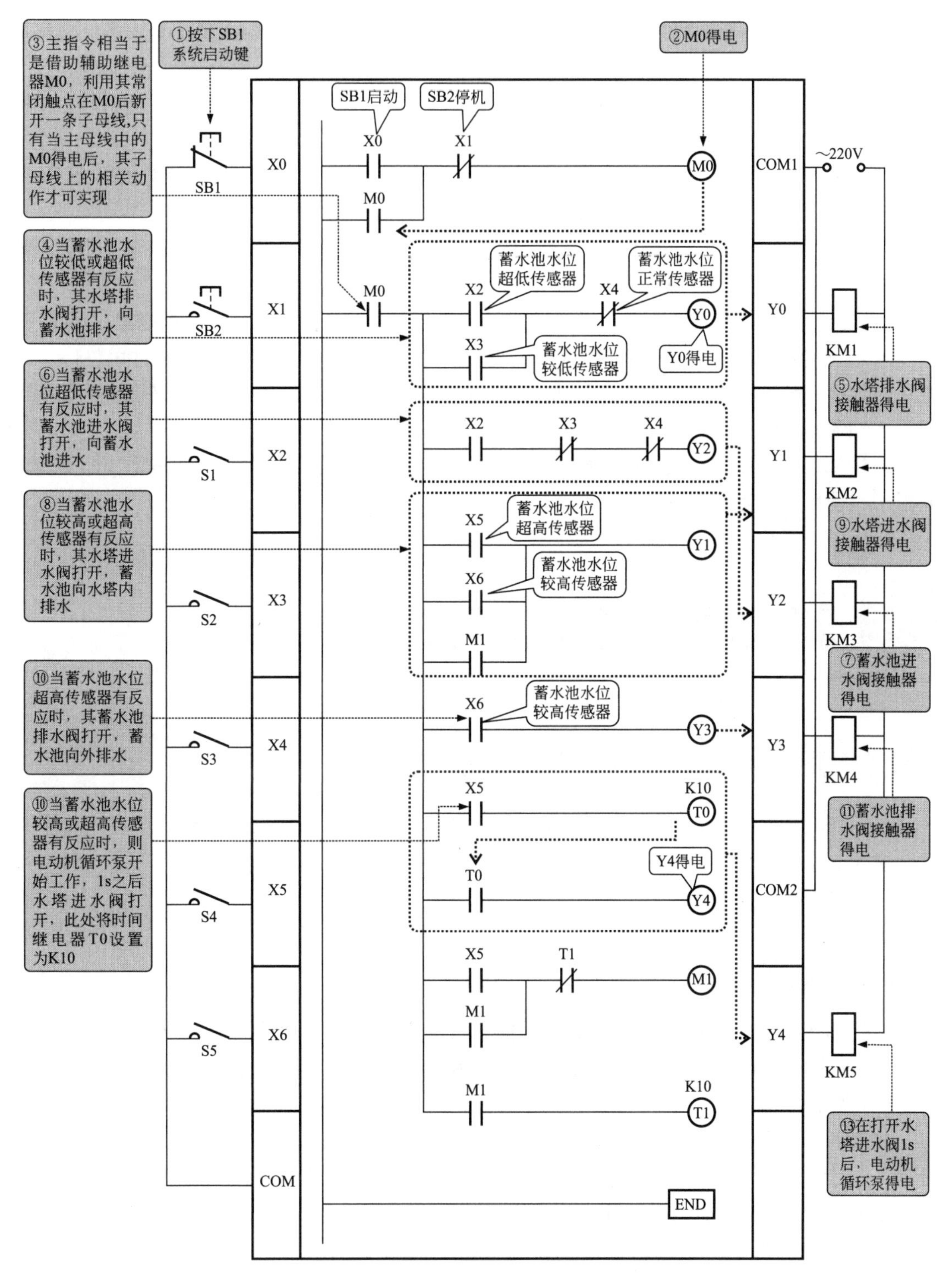

图6-29　PLC控制下蓄水池双向进排水过程

具体过程如下。

当按下系统启动按钮SB1，未按下系统停止按钮SB2时，其将PLC内的X0置“1”，即该触点接通，使得辅助继电器M0得电，其常开触点M0闭合自锁使其子母线上的所有设备均具备基本的工作条件。

同时，当松开系统启动按钮SB1，由于辅助继电器M0已闭合自锁，从而实现当松开启动按钮后，整个蓄水池进/排水系统仍继续工作。

当蓄水池水位超低或较低时，蓄水池水位传感器X2或X3得电接通，其水塔排水阀Y0得电，即交流接触器KM1得电开始向蓄水池排水。

当蓄水池水位超低时，蓄水池水位传感器X2得电接通，蓄水池进水阀Y2得电，即交流接触器KM3得电，由外部设备向进水阀送水。

当蓄水池水位超高或较高时，蓄水池水位传感器X6或X5得电接通，其水塔进水阀Y1得电，当Y1得电的同时，触发时间继电器T0开始得电，开始计时，其内部设定的时间为1 s，当时间到达后，常开触点T0接通，使电动机循环泵Y4得电，即交流接触器KM5得电，从而实现由蓄水池向水塔的进水过程。

当蓄水池水位超高时，蓄水池水位传感器X6得电接通，蓄水池排水阀Y3得电，即交流接触器KM4得电，开始向外部排水。

6.6 雨水利用系统的PLC控制

6.6.1 雨水利用系统的PLC控制的基本结构

目前随着水资源的贫乏，雨水就显得比较珍贵，雨水利用技术也是目前新兴的技术之一，它可以有效地对雨水资源进行利用，从而节省了水资源，下面我们就分析一种利用PLC技术控制的雨水利用系统。

雨水利用系统PLC控制电路的典型应用见图6-30。

在水泵和进水阀接触器的控制下，实现雨水和清水的混合，合理地利用水资源。该电路的控制要求如下。

① 气压罐的压力值低于设定值时，且蓄水池的液面高于底部水位传感器SQ4时，气压罐传感器SQ1无动作，水泵接触器KM2得电，控制水泵工作。当气压罐的压力值高于设定值时，气压罐传感器动作，10s后水泵停止工作。

② 蓄水池的液面低于底部水位传感器SQ4时，水泵不工作。

③ 蓄水池的液面低于中部水位传感器SQ3时，进水阀接触器KM1开始工作，为蓄水池注入清水。

④ 蓄水池的液面高于上部水位传感器SQ2时，进水阀接触器KM1停止工作，停止注入清水。

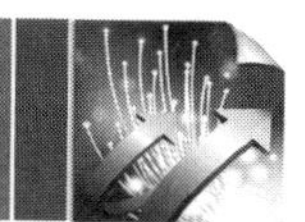

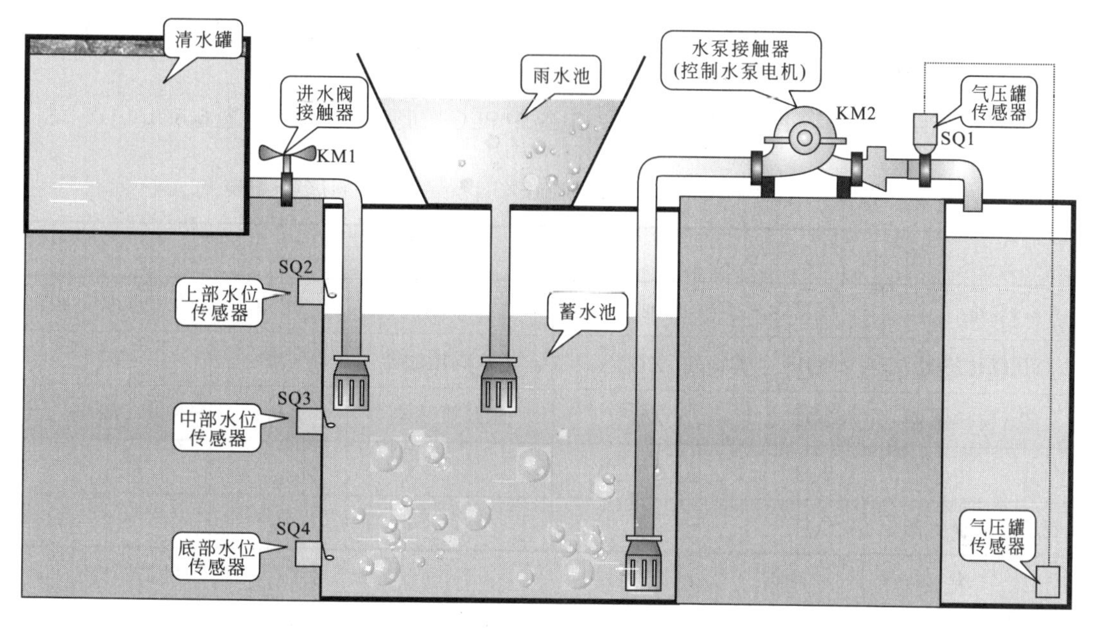

图6-30　雨水利用系统PLC控制电路的典型应用

6.6.2 雨水利用系统的PLC控制原理

在进行雨水利用的PLC控制梯形图的设计前，应首先了解其控制电路，并对输入和输出端接口进行分配。

雨水利用的PLC控制电路见图6-31。

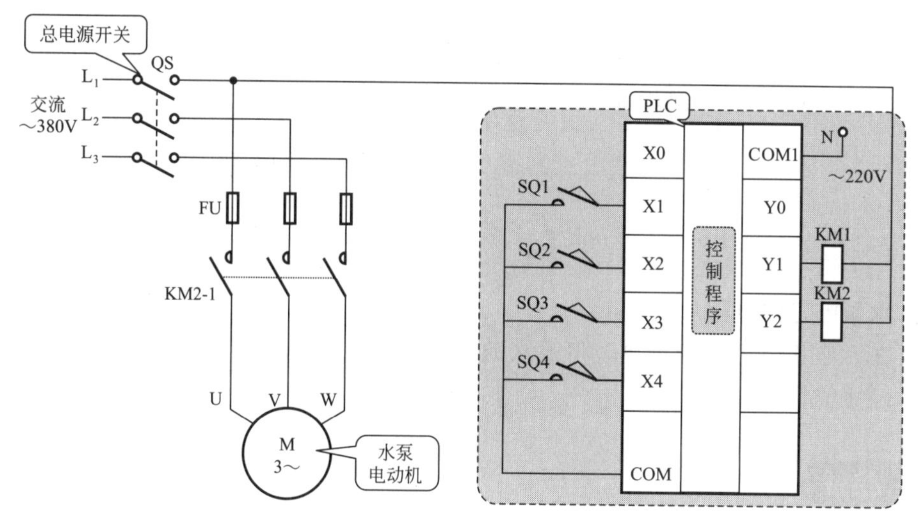

图6-31　雨水利用的PLC控制电路

图中的SQ1为气压罐传感器，SQ2为上部水位传感器，SQ3为中部水位传感器，SQ4为底部水位传感器，进水阀的控制接触器为KM1，水泵的控制接触器为KM2。

该控制电路采用三菱FX2N系列PLC，电路中PLC控制I/O分配表见表6-6。

表6-6　雨水利用系统的PLC控制FX2N系列PLC控制I/O分配表

输入信号及地址编号			输出信号及地址编号		
名称	代号	输入点地址编号	名称	代号	输出点地址编号
气压罐传感器	SQ1	X1	进水阀接触器	KM1	Y1
上部水位传感器	SQ2	X2	水泵接触器	KM2	Y2
中部水位传感器	SQ3	X3			
底部水位传感器	SQ4	X4			

采用三菱FX2N系列PLC雨水利用控制梯形图见图6-32。

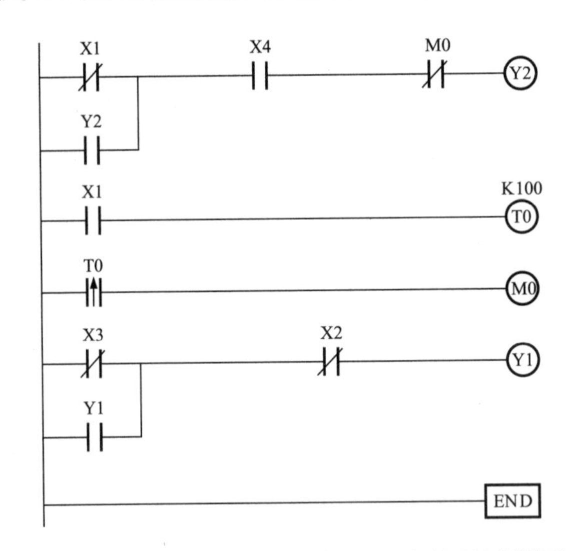

图6-32　采用三菱FX2N系列PLC雨水利用控制梯形

（1）水泵的工作过程

水泵在水泵接触器的控制下，将蓄水池中的水灌入气压罐中，并在PLC的控制下，实现启动和停止的状态。

水泵的工作过程见图6-33。

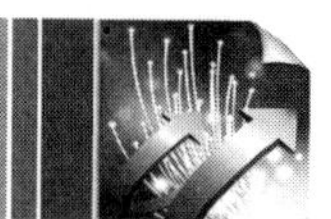

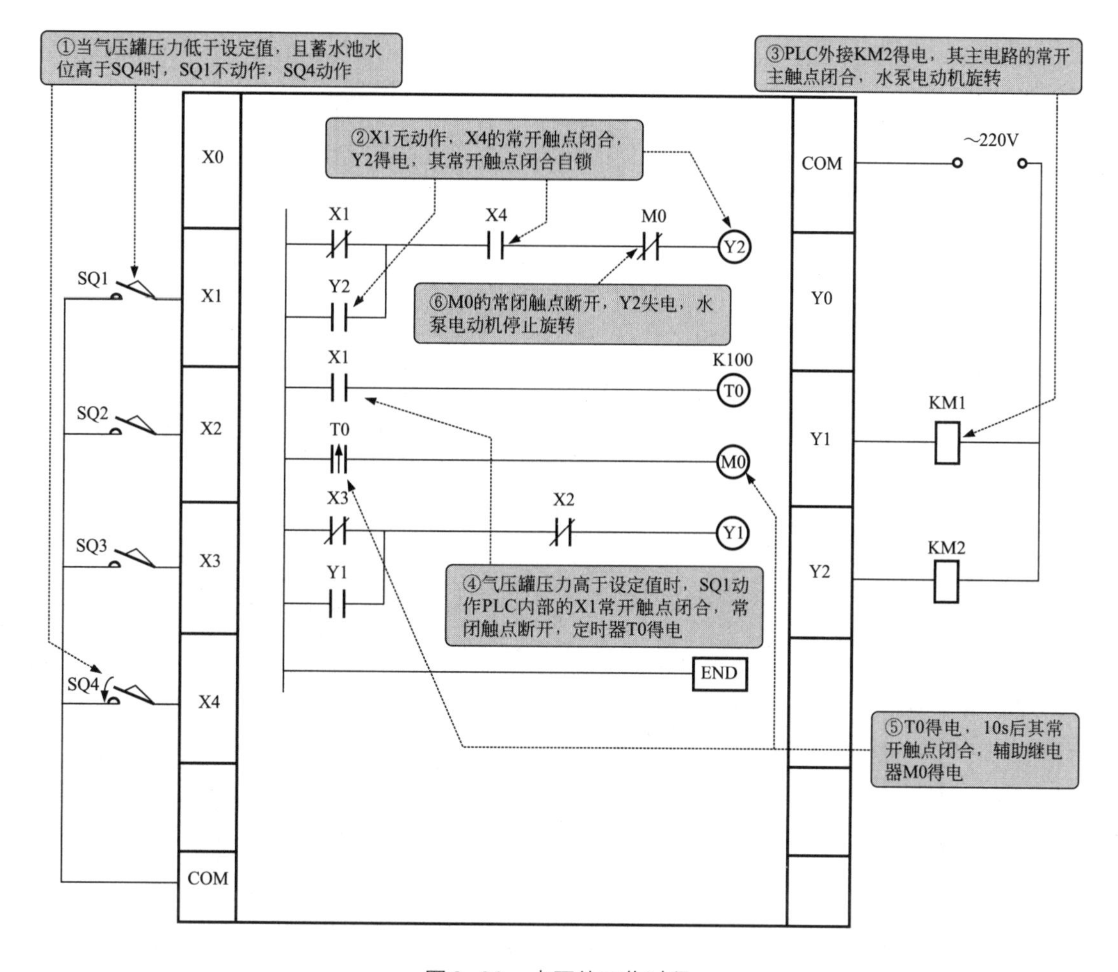

图6-33　水泵的工作过程

当气压罐中的压力值低于设定值时，SQ1不动作，此时若蓄水池中的水位高于SQ4时，SQ4动作，PLC内部的X4常开触点闭合，Y2得电，其常开触点闭合自锁，PLC外接的KM2线圈得电，其主电路的常开主触点闭合，水泵电动机得电，开始旋转。

若气压罐压力高于设定值时，SQ1动作，PLC内部的X1常闭触点断开，常开触点闭合，定时器T0得电，10秒后其常开触点闭合，辅助继电器M0得电，其常闭触点断开，Y2失电，即KM2失电，触点复位，水泵电动机停止旋转。

（2）进水阀的工作过程

进水阀主要用来在雨水不足的情况下，控制清水池为蓄水池注入清水，保持水泵电动机的工作以及气压罐中的压力。

进水阀的工作过程见图6-34。

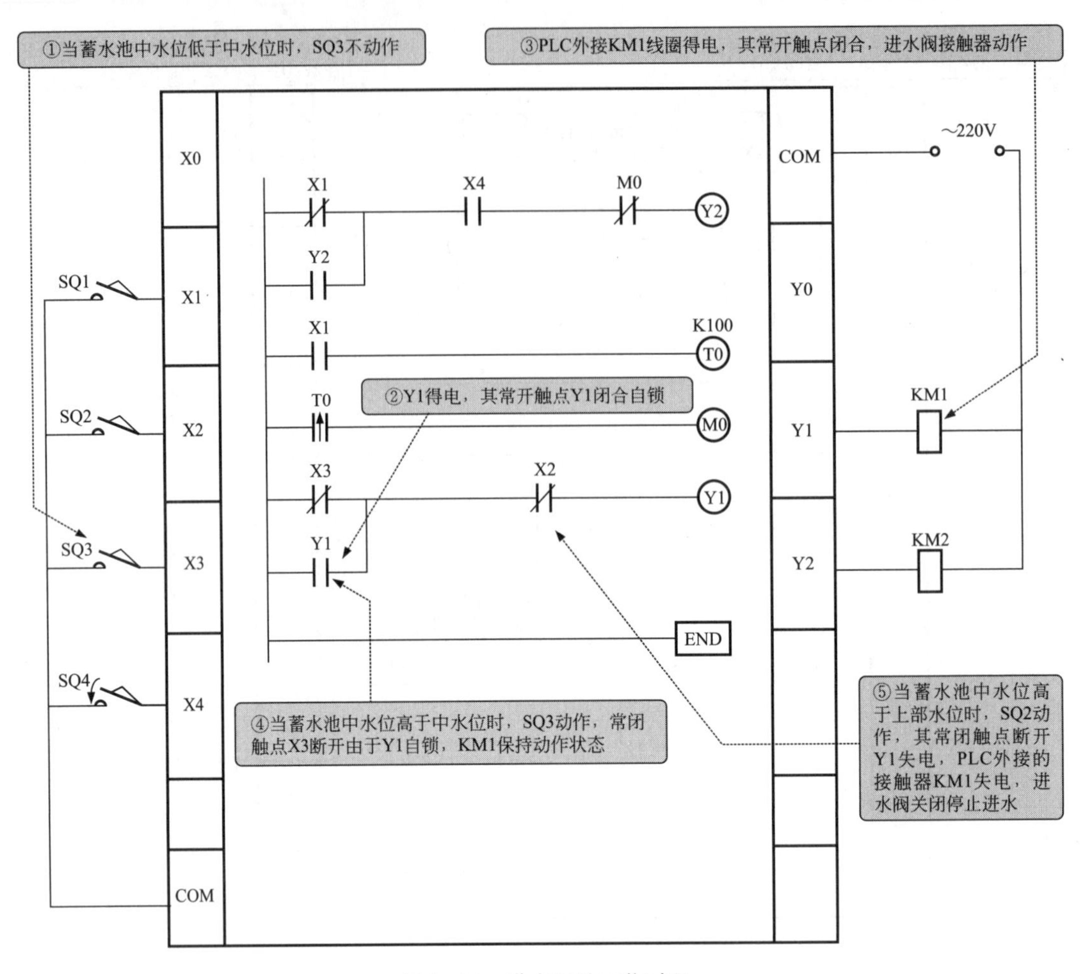

图6-34　进水阀的工作过程

当蓄水池中的水低于中部水位时，SQ3不动作，PLC内部的X3和X2均处于闭合状态，Y1得电，常开触点Y1闭合自锁，PLC外接的接触器KM1动作，其常开触点闭合，进水阀打开，清水由清水池流入蓄水池中。

当蓄水池中的水位高于中部水位时，由于Y1的常开触点闭合自锁，X3虽然断开，Y1继续得电，KM1保持动作状态。当蓄水池中的水位高于上部水位时，SQ2动作，其常闭触点X2断开，Y1失电，KM1失电，进水阀关闭，停止进水。

6.7 流水线分拣系统的PLC控制原理

6.7.1　流水线分拣系统的基本结构

目前，很多生产型企业中都采用流水线作业，在一些特定场合，通常需要对流水线上的产品进行自动分拣操作，下面我们以流水线分拣大小工件系统为例介绍其基本结构。

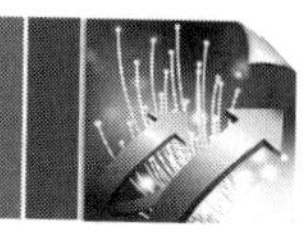

流水线分拣系统的基本结构见图6-35。

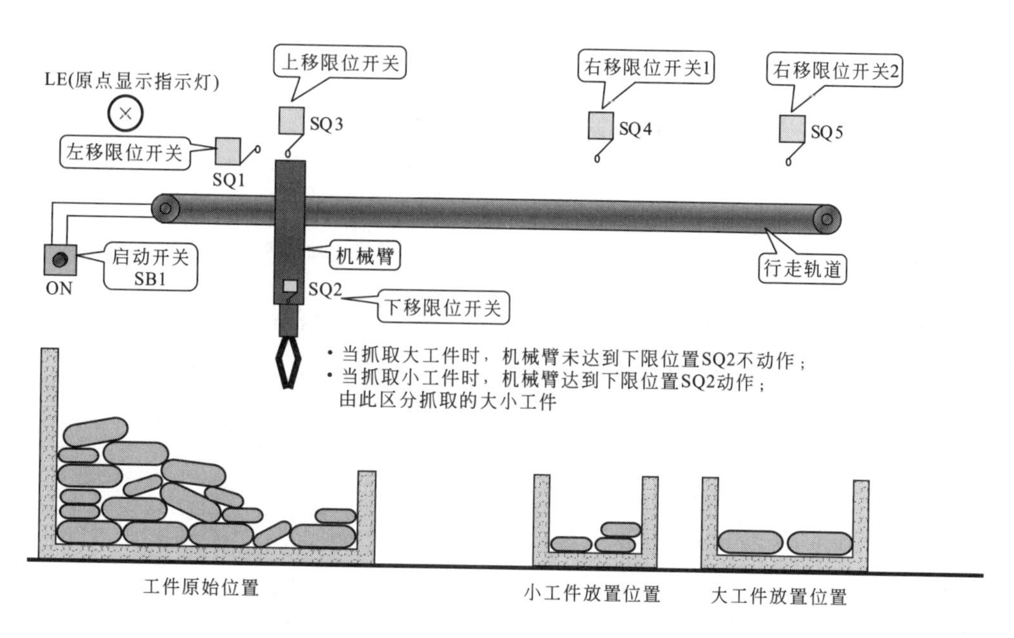

图6-35 流水线分拣系统的基本结构

该分拣系统的工作顺序为：分拣机械臂起始时处于原点，此时指示灯LE灯亮，按下启动运行开关后，机械臂向下抓取工件，若机械臂磁铁抓取的是大工件时，其机械臂未全部伸开，限位开关SQ2断开；然后向上，向右运行至限位开关SQ5处时，再向下释放工件，然后再向上，向左动作至原点；若机械臂磁铁抓取的是小工件时，其机械臂全部伸开，限位开关SQ2闭合；然后向上，向右运行至限位开关SQ4处时，再向下释放工件，然后再向上，向左动作至原点；具体操作顺序见图6-36。其中抓取和释放工件的时间均为1s。

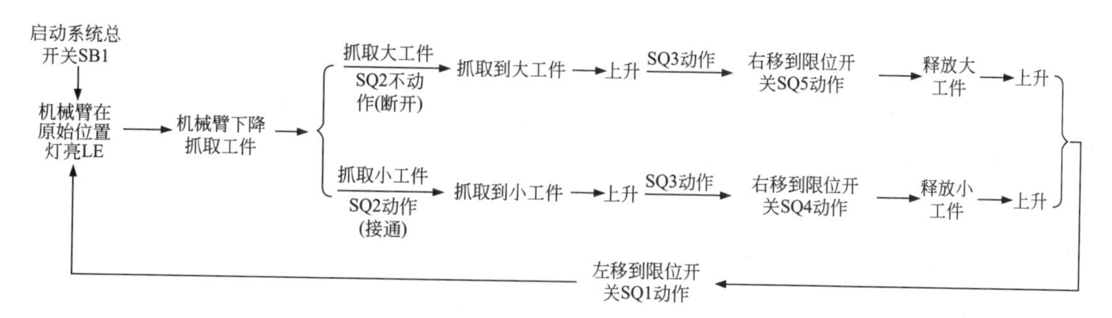

图6-36 分拣系统的具体工作顺序

6.7.2 流水线分拣系统的PLC控制原理

下面我们具体介绍用PLC实现对流水线分拣系统的控制原理。

流水线分拣系统的PLC控制I/O接线图见图6-37。

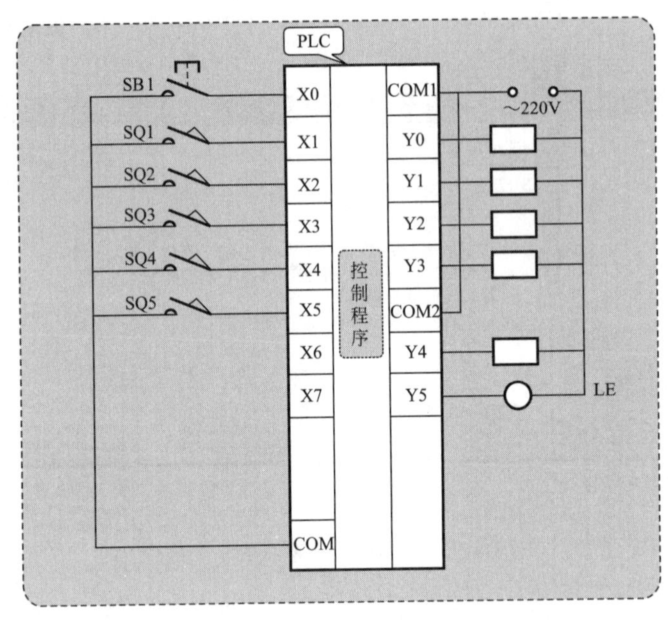

图6-37 流水线分拣系统的PLC控制I/O接线图

该控制电路采用三菱FX2N系列PLC，电路中PLC控制I/O分配表见表6-7。

表6-7 流水线分拣系统的三菱FX2N系列PLC控制I/O分配表

输入信号及地址编号			输出信号及地址编号		
名 称	代号	输入点地址编号	名 称	代号	输出点地址编号
系统启动开关	SB1	X0	机械臂下移	—	Y0
左移限位开关	SQ1	X1	机械臂抓取工件	—	Y1
下移限位开关	SQ2	X2	机械臂上移	—	Y2
上移限位开关	SQ3	X3	机械臂右移	—	Y3
右移限位开关1（释放小工件）	SQ4	X4	机械臂左移	—	Y4
右移限位开关2（释放大工件）	SQ5	X5	原点指示灯	LE	Y5

图6-X3中，通过PLC的I/O接口与外部电器部件进行连接，提高了系统的可靠性，并能够有效地降低故障率，维护方便。当使用编程软件向PLC中写入控制程序时，便可以实现外接电器部件及负载等设备的自动控制。想要改动控制方式时，只需要修改PLC中的控

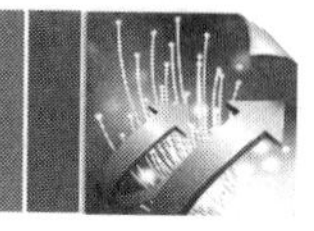

制程序即可，大大提高了调试和改装效率。

根据前述该控制系统的工艺要求，流水线分拣系统三菱FX2N系列PLC控制流程见图6-38。

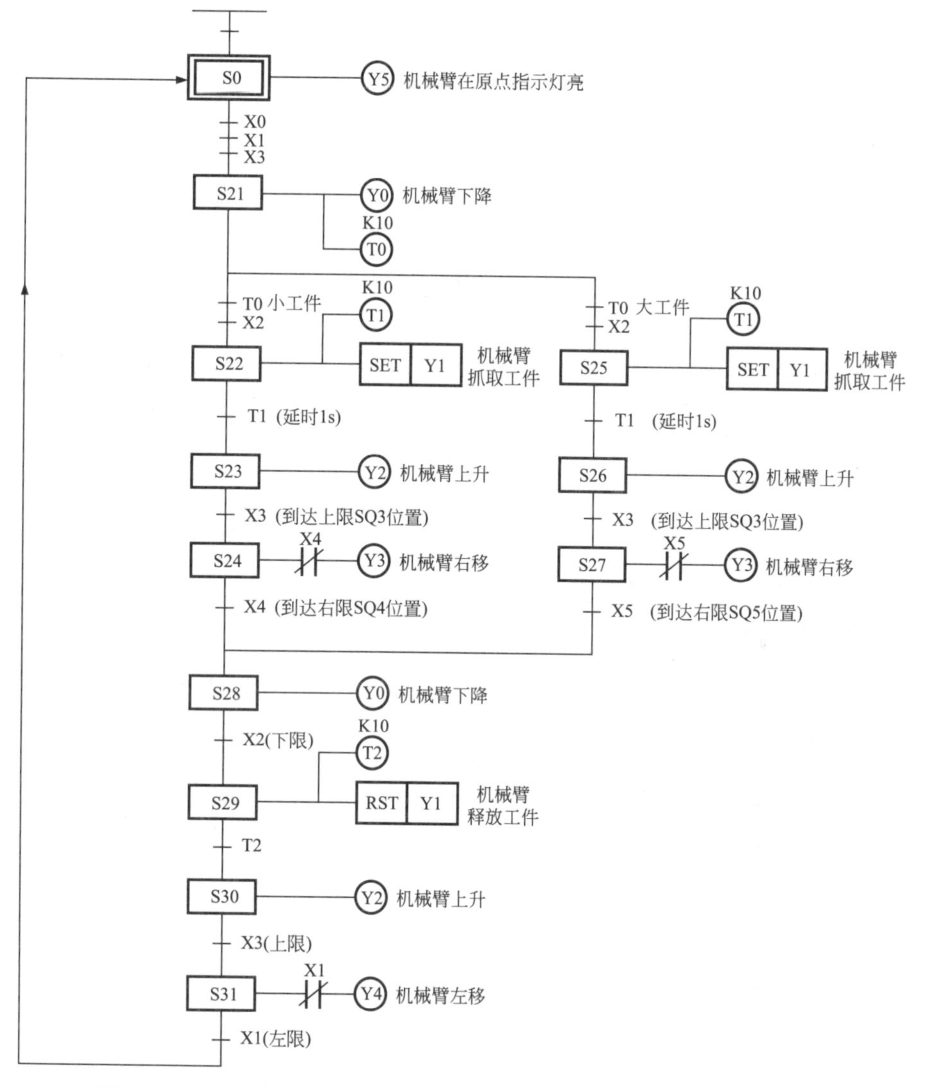

图6-38 流水线分拣系统三菱FX2N系列PLC控制流程（顺序功能图）

该控制流程对应的梯形图和指令语句表见图6-39。

结合顺序功能图与梯形图、指令语句表再去了解其具体控制过程就容易多了。

图6-38为选择序列的顺序功能图，图6-39为步进梯形指令进行编写的梯形图，对于该类梯形图的具体识读方法和过程可参照第3章中的具体过程，这里不再重复。

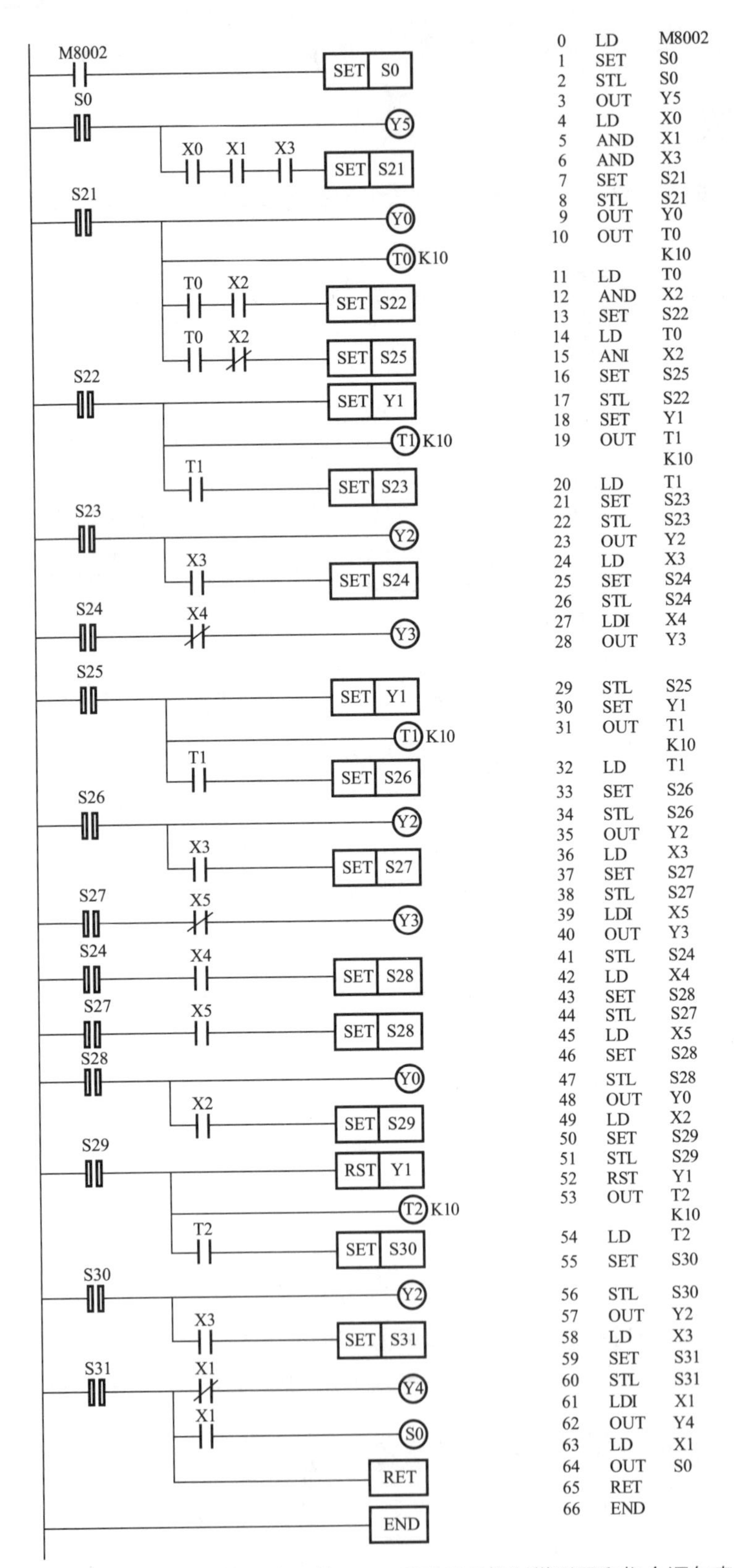

步	指令	元件
0	LD	M8002
1	SET	S0
2	STL	S0
3	OUT	Y5
4	LD	X0
5	AND	X1
6	AND	X3
7	SET	S21
8	STL	S21
9	OUT	Y0
10	OUT	T0 K10
11	LD	T0
12	AND	X2
13	SET	S22
14	LD	T0
15	ANI	X2
16	SET	S25
17	STL	S22
18	SET	Y1
19	OUT	T1 K10
20	LD	T1
21	SET	S23
22	STL	S23
23	OUT	Y2
24	LD	X3
25	SET	S24
26	STL	S24
27	LDI	X4
28	OUT	Y3
29	STL	S25
30	SET	Y1
31	OUT	T1 K10
32	LD	T1
33	SET	S26
34	STL	S26
35	OUT	Y2
36	LD	X3
37	SET	S27
38	STL	S27
39	LDI	X5
40	OUT	Y3
41	STL	S24
42	LD	X4
43	SET	S28
44	STL	S27
45	LD	X5
46	SET	S28
47	STL	S28
48	OUT	Y0
49	LD	X2
50	SET	S29
51	STL	S29
52	RST	Y1
53	OUT	T2 K10
54	LD	T2
55	SET	S30
56	STL	S30
57	OUT	Y2
58	LD	X3
59	SET	S31
60	STL	S31
61	LDI	X1
62	OUT	Y4
63	LD	X1
64	OUT	S0
65	RET	
66	END	

图6-39　流水线分拣系统三菱FX2N系列PLC控制梯形图和指令语句表

第2篇

变频技术速成全图解

第1章 变频技术的特点与应用

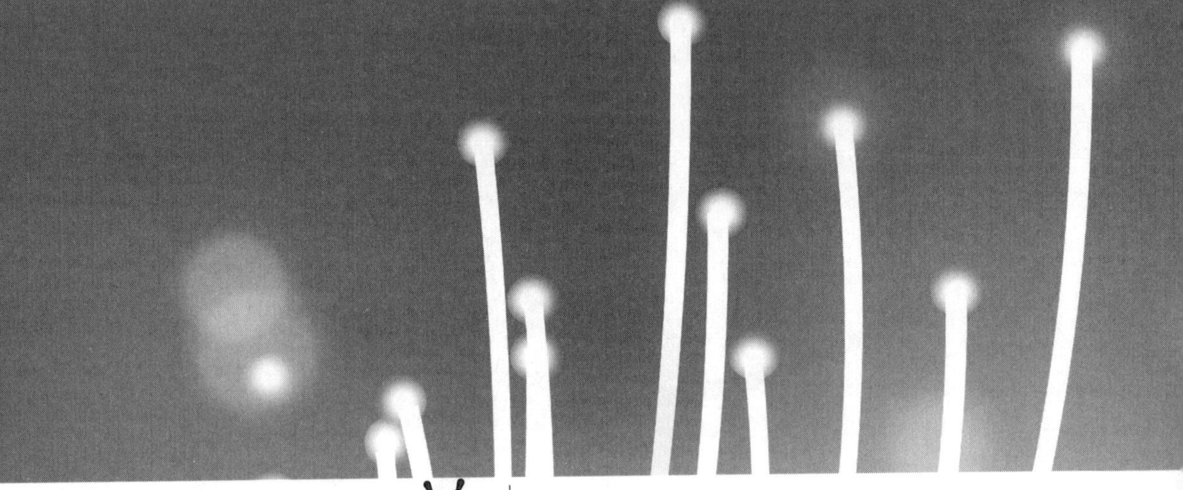

目标

通过对本章的学习，初步了解变频技术以及变频技术可以实现的功能。

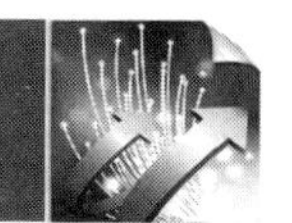

1.1 变频技术的特点

变频技术采用改变驱动信号频率的方式，控制电动机的转速。其电路部分是由漏极控制电路、功率输出电路（逆变电路）和电源供电电路等部分构成的，将这些电路制成一个独立的器件，称之为变频器。

1.1.1 变频的目的

在工业日益发展的今天，节能和自动化已经成为提高生产力的策略，经过长时间的发展，变频技术成为实现这一策略的手段，电动机和它的驱动控制电路是工业生产设备中不可缺少的设备。驱动电动机的变频技术及器件已经成为改造传统产业、改善工艺流程、提高生产自动化水平、提高产品质量、推动技术进步的重要手段，广泛应用于工业自动化的各个领域。

变频的基本作用就是调速和软启动控制。目前，变频调速已被公认为是最理想、最有发展前途的调速方式之一。变频调速的主要目的：

① 为了满足提高劳动生产率、改善产品质量、提高设备自动化程度、提高生活质量及改善生活环境等要求；

② 为了节约能源、降低生产成本。用户根据自己的实际工艺要求和运用场合选择不同类型的变频器。

扩展

采用变频技术生产出的变频器和电动机构成“变频速传动系统”，其功能如表1-1所列。

表1–1 “变频速传动系统”的功能

功能	用途	关键技术
节能	风机、鼓风机、泵	提高运行可靠性 多台控制和调速
提高生产率	起重机、自动仓库 注塑机 传送带	调速 提高可靠性 运行平稳，防止滑落
提高产品质量	机床 纸、膜、钢板加工 印刷版开孔机	平滑加减速 调速 力矩控制 定位控制

续表

功能	用途	关键技术
设备合理化 节省维护 工厂自动化	纤维机械 纸、膜、钢板加工	现有设备增速运行 力矩控制 多电动机一体控制 多电动机级联控制 提高可靠性
改善环境 耐恶劣环境	空调器 电梯	减小噪声 平滑加减速 防爆 安全性

1.1.2 变频的基本方法和工作原理

传统的电动机驱动方式是恒频的，即交流220 V或380 V电源的频率是50 Hz直接去驱动电动机，由于电源频率恒定，电动机的转速是不变的。如果需要满足变速的要求，就需要增加附加的减速或升速设备（变速齿轮箱等），这样会增加设备成本，还会增加能源消耗，其功能还受限制。采用变频的驱动方式，去驱动电动机可以实现宽范围的转速控制，还可以大大提高效率，具有环保节能的特点。

如图1-1 ～图1-3所示为变频的原理。

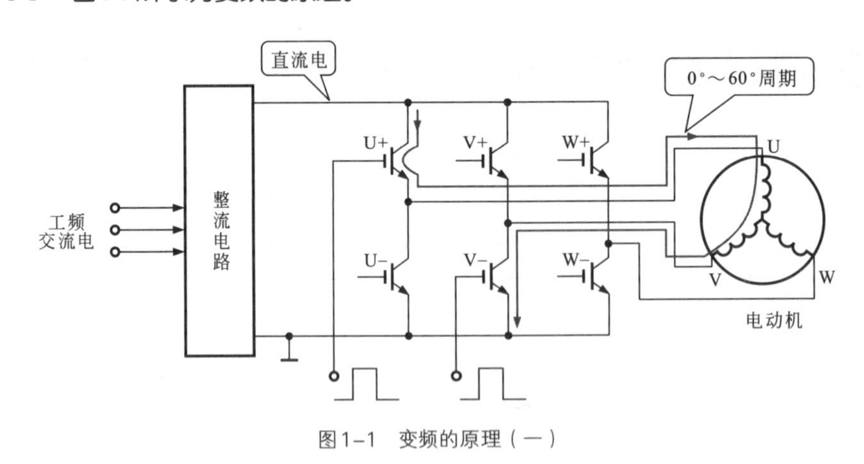

图1–1　变频的原理（一）

工频交流电经整流滤波电路输出直流电压，为功率输出电路（逆变电路）供电，在电动机旋转的0° ～ 60° 周期，控制信号同时加到IGBT管U＋和V－的控制极，使之导通，于是电流从U＋流出经电动机的绕组线圈U、线圈V、IGBT管V－到地形成回路。

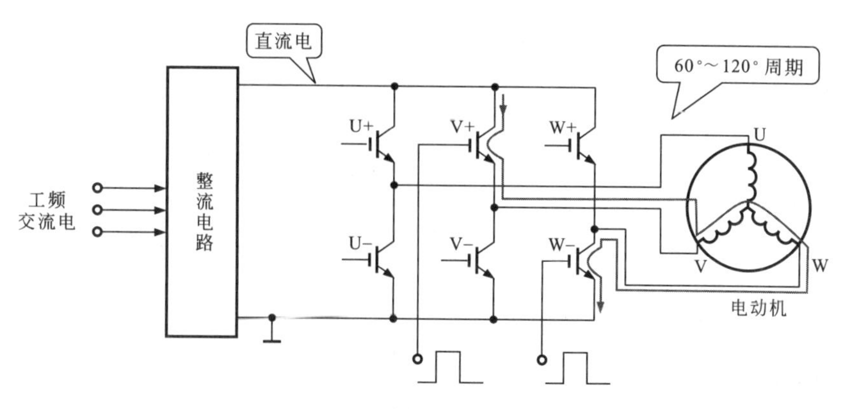

图1-2　变频的原理（二）

在电动机旋转的60°～120°周期，电路发生转换，IGBT管V＋和IGBT管W－控制极为高电平而导通，电流从IGBT管V＋流出经绕组V流入，从W流出，流过IGBT管W－到地形成回路。

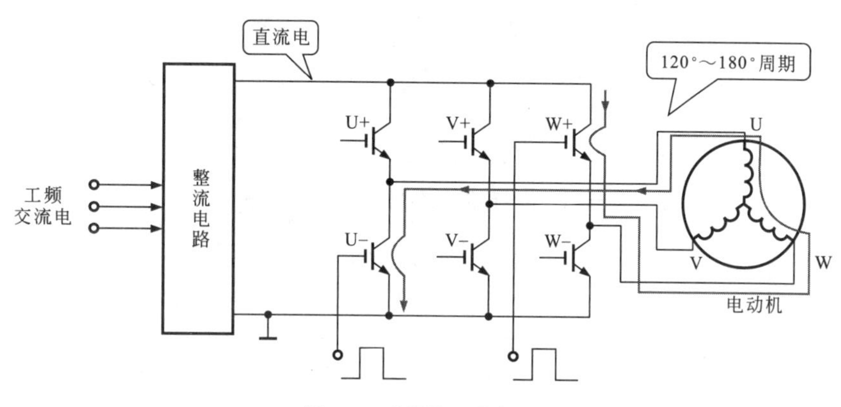

图1-3　变频的原理（三）

在电动机旋转的120°～180°周期，电路再次发生转换，IGBT管W＋和IGBT管U－控制极为高电平导通，于是电流从IGBT管W＋流出经绕组W流入，从绕组U流出，经IGBT管U－流到地形成回路，又完成一个流程，按照这种规律为电动机的定子线圈供电，电动机定子线圈会形成旋转磁场，使转子旋转起来，改变驱动信号的频率就可以改变电动机的转动速度，从而实现转速控制。

1.2 变频技术的应用

1.2.1 变频技术中的电动机

随着科学的发展，变频技术的使用也越来越广泛，不管是工业设备上还是家用电器上都会使用到变频器，可以说，只要有电动机的地方，就有变频技术的存在。

要熟练地掌握变频技术，必须先了解电动机的特性，因为变频技术与电动机有着密切的联系。

目前，采用变频技术的电动机主要有直流无刷电动机和三相异步电动机。

（1）直流无刷电动机

直流无刷电动机是直流电动机的一种，在制冷压缩机中应用最广泛，通过逆变电路驱动工作。

如图1-4所示为直流无刷电动机。

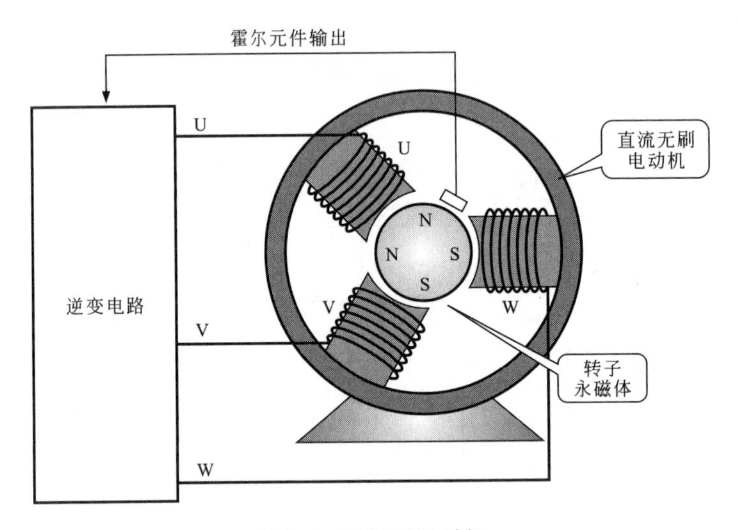

图1-4　直流无刷电动机

直流无刷电动机的转子是由永久磁钢构成的，线圈绕制在定子上，当逆变电路驱动工作时，定子线圈得电，磁钢受到定子磁场的作用而产生转矩并旋转。

图1-5　直流无刷电动机上的霍尔元件

提示

无刷电动机的转子是由永久磁钢（多磁极）制成的，线圈绕组设置在定子上，通常由定子上的霍尔传感器对转子磁极的相位进行检测，驱动电路根据转子的相位进行控制，实现线圈中电流方向的变化，并驱动转子旋转，如图1-5所示为直流无刷电动机上的霍尔元件。

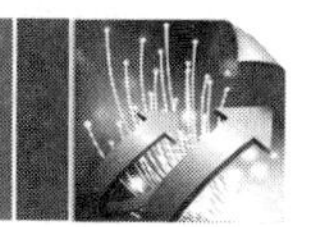

（2）三相异步电动机

三相异步电动机是交流感应电动机中的一种，它是相对于交流同步电动机而言的，交流同步电动机的转速与电源的频率同步，例如交流50 Hz电源，磁场转速为3000 r/min，电动机的转速也为3000 r/min，交流异步电动机其转速与电源的频率有一定的差异，电源频率50 Hz，异步电动机转速则为2800 r/min，但异步电动机具有效率高、驱动力矩大的特点。

① 三相异步电动机结构

如图1-6所示为三相异步电动机结构图。

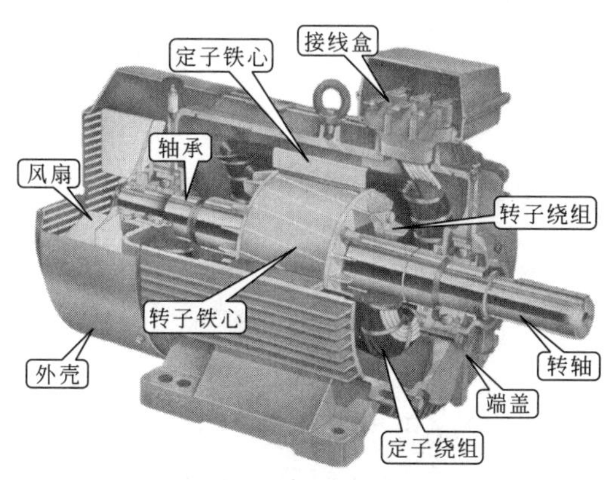

(a) 三相异步电动机内部结构图

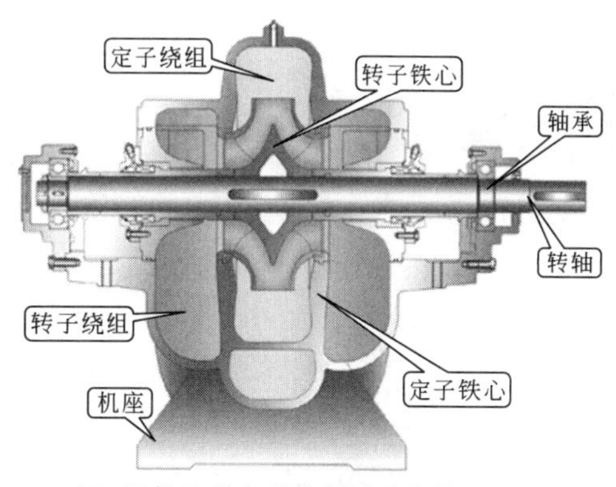

(b) 三相异步电动机剖面示意图

(c) 三相异步电动机整机分解图

图1–6　三相异步电动机结构图

三相异步电动机同样是由静止的定子部分和转动的转子两个主要部分构成的。其中定子部分包含了定子绕组、定子铁心和外壳部分；转子部分包含了转子、转轴、轴承等部分。

如图1-7所示为三相异步电动机定子部分结构图。

三相异步电动机的定子部分主要由定子铁心、定子绕组和外壳等部分构成。定子绕组是定子中的电路部分，其作用是通入三相交流电后产生旋转磁场。三相异步电动机有三相独立的绕组，每个绕组包括若干线圈，当通入三相电流时，就会产生旋转磁场。

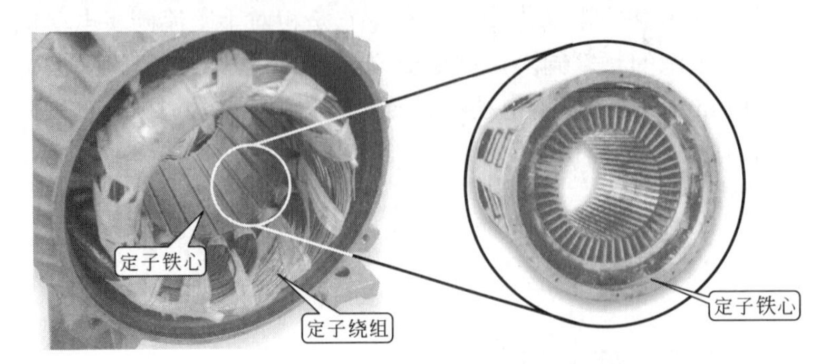

图1-7　三相异步电动机定子部分结构图

如图1-8所示为三相异步电动机转子部分结构图。

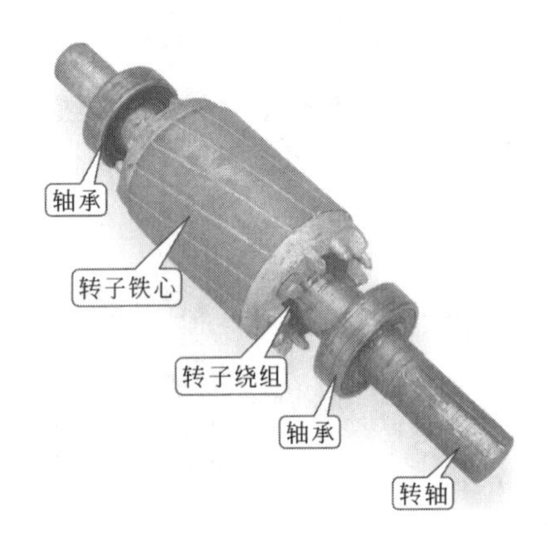

(a) 转子转轴和轴承

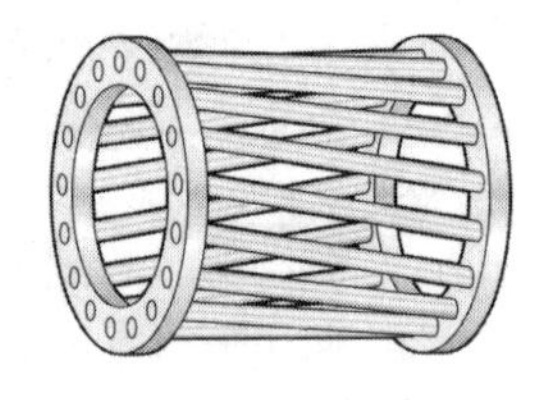

铜排鼠笼转子绕组

铸铝鼠笼转子绕组

(b) 转子绕组

图1-8　三相异步电动机转子部分结构图

三相异步电动机的转子是三相异步电动机的旋转部分，由转子铁心、转子绕组、转轴和轴承等部分组成。其中转轴一般是用中碳钢制成的，轴的两端用轴承支撑。而转子绕组多采用鼠笼式结构。

转子绕组是由嵌放在转子铁心槽内的铜条组成的，若去掉转子铁心，只剩下它的转子绕组，整个绕组的外形像一个鼠笼，故称鼠笼型绕组。

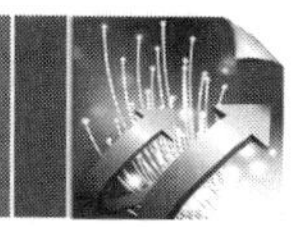

② 三相异步电动机工作原理

a. 三相异步电动机的转动原理

如图1-9所示为三相异步电动机的转动原理。

该图为三相鼠笼型异步电动机的定子与转子剖面图，图中6个小圆圈表示自成回路的转子导体。三相异步电动机主要是根据电磁感应原理和磁场对载流导体产生电磁力的作用，实现电能和机械能的转换，所以异步电动机也称为感应电动机。

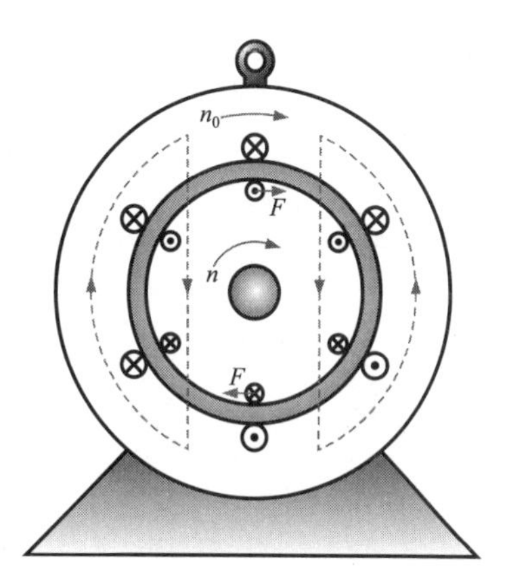

图1-9　三相异步电动机的转动原理

◆ 当电动机的三相定子绕组通入三相交流电时，将产生一个同步转速为n_0，按顺时针方向旋转的磁场。

◆ 在旋转磁场的作用下，磁力线切割转子导体，也就是转子导体反方向切割磁力线，于是在转子导体中产生感应电动势，由于转子导体自成闭合回路，所以转子导体中就会有电流流过。

◆ 当旋转磁场逆时针转动时，转子导体切割磁感应方向为顺时针方向，根据右手定则，该瞬间转子导体中的电流方向如图1-9所示。电流流过的转子导体将在旋转磁场中受电磁力F的作用，其方向用左手定则判定，如图1-9所示，该电磁力F在转子轴上形成电磁转矩，使异步电动机转子以转速n旋转。

◆ 三相电动机的转子转速n始终不会加速到旋转磁场的转速n_0。因为只有这样，转子绕组与旋转磁场之间才会有相对运动而切割磁力线，转子绕组导体中才能产生感应电动势和电流，从而产生电磁转矩，使转子按照旋转磁场的方向连续旋转。定子磁场对转子的异步转矩是异步电动机工作的必要条件，“异步”的名称也由此而来。

b. 三相异步电动机的旋转磁场

如图1-10所示为三相异步电动机的旋转磁场。

三相异步电动机转子之所以会旋转、实现能量转换，是因为转子气隙内有一个沿定子内圆旋转的磁场。下面来介绍一下旋转磁场的产生和方向。

三相异步电动机的三相定子绕组在空间内呈120°对称分布，图1-10（a）所示为三相绕组的分布剖面图，图中三个绕组的首尾U_1U_2、V_1V_2、W_1W_2端分布的位置，三个线圈的绕组结构在空间内互差120°角度，且完全对称。图1-10（b）所示为三相绕组星形连接的电路图，接到对称的三相电源上，在定子绕组中就有对称的三相电流通过。图1-10（c）所示为定子绕组流入的三相交流电波形图。

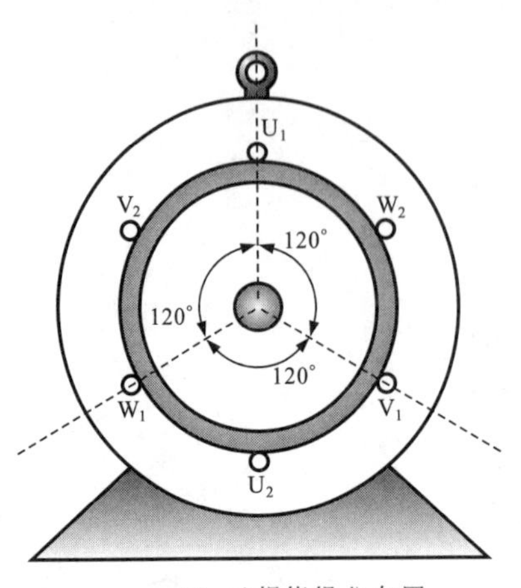

(a) 三相绕组分布图

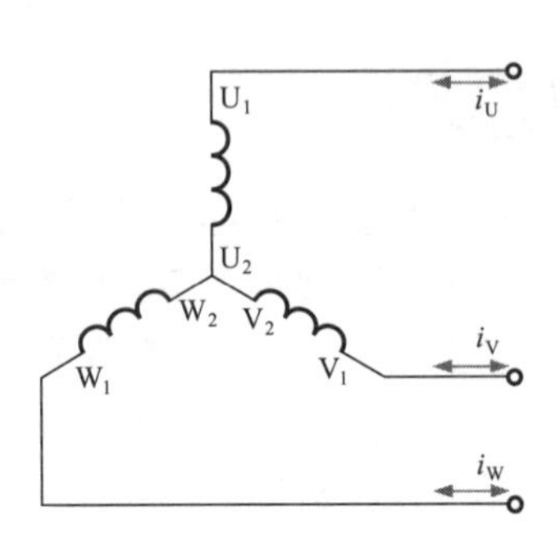

(b) 星形连接的三相绕组及电流方向

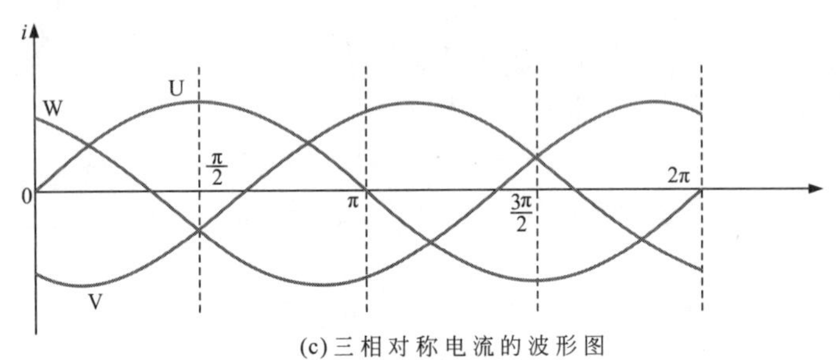

(c) 三相对称电流的波形图

图1-10 三相异步电动机的旋转磁场

如图1-11所示为三相异步电动机的三相定子绕组旋转原则。

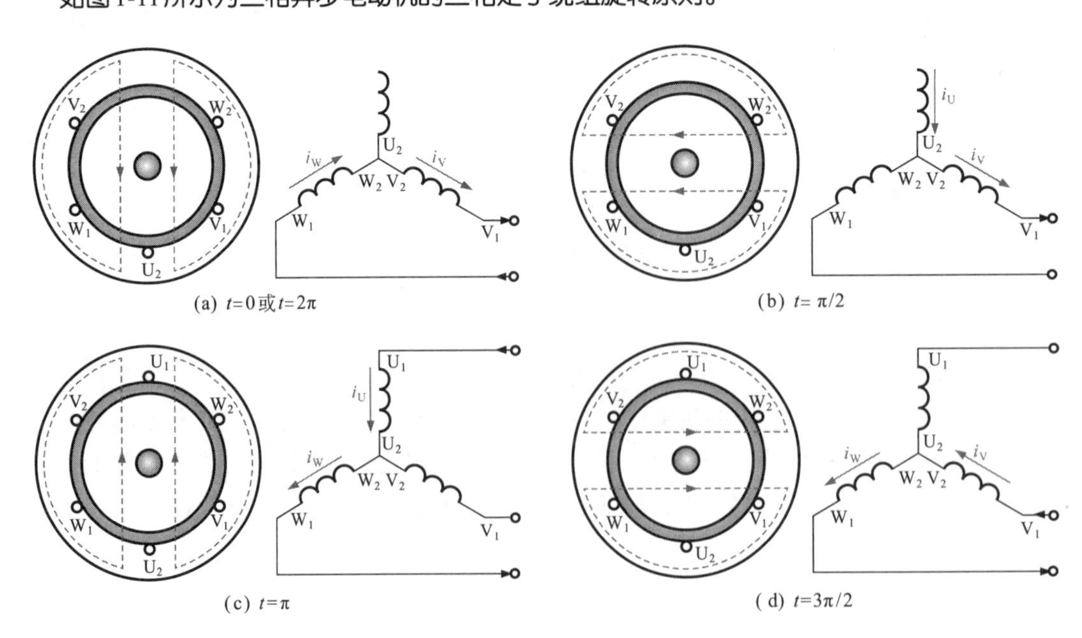

图1-11 三相异步电动机的三相定子绕组旋转原则

由于三相交流电动机加到三相绕组的相位差均为120°，每一瞬间流过三个线圈的电流都是变化的，这种有规律的变化会产生选择磁场。

◆ 当t=0时，i_U=0，U相绕组中没有电流流过，同时i_V为负值，V相绕组的电流从V_2端流入，V_1端流出。i_W为正值，W相绕组的电流从W_1端流入，W_2端流出，其磁场方向如图1-11（a）所示。

◆ 当t=π/2时，i_U为正值，电流由U_1端流入，U_2端流出。i_V为负值，电流由V_2端流入，V_1端流出。i_W=0。其磁场方向如图1-11（b）所示。

◆ 同理，当t=π、t=3π/2、t=2π时，其磁场方向如图1-1（c）、（d）、（a）所示，接下来则按照上述规律进行变化。

1.2.2 变频驱动的工作原理

（1）直流无刷电动机的变频调速

变频技术的目标就是对电动机进行调速，以达到节能的目的。直流电动机在进行连续调速或进行调速的应用方面，有很大的优势，采用变频技术可以实现智能控制。

如图1-12和图1-13所示为直流无刷电动机的变频调速原理。

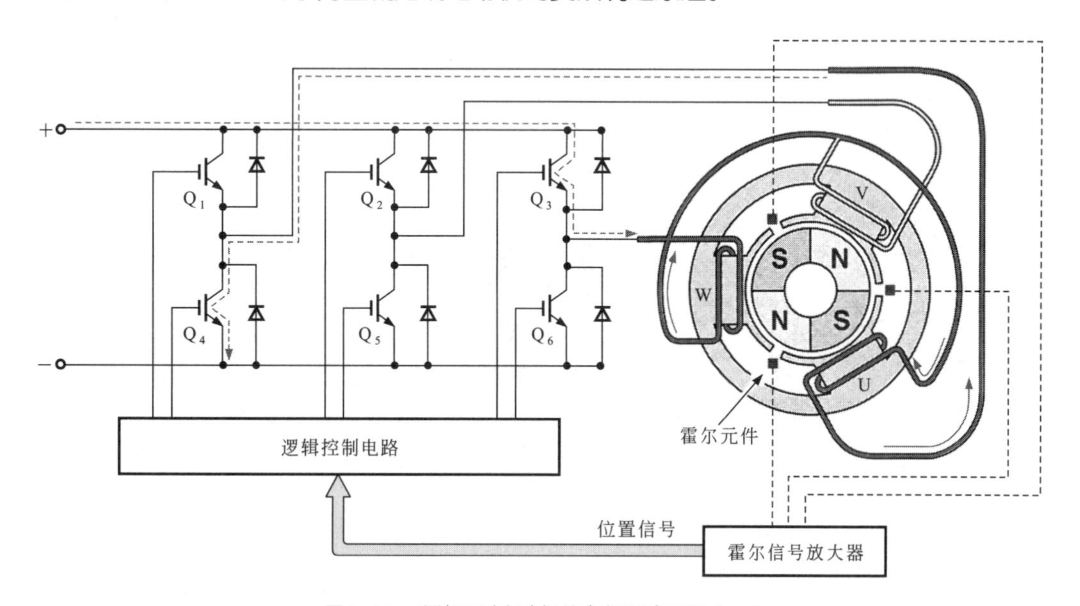

图1-12 直流无刷电动机的变频调速原理（一）

在初始状态时，Q_3、Q_4导通，电源的正极经Q_3线圈W→线圈U→Q_4→电源负极形成回路，定子磁极W线圈形成N极，U线圈形成S极，V线圈无电流。由于定子磁场对转子磁极的作用，转子逆时针转动。

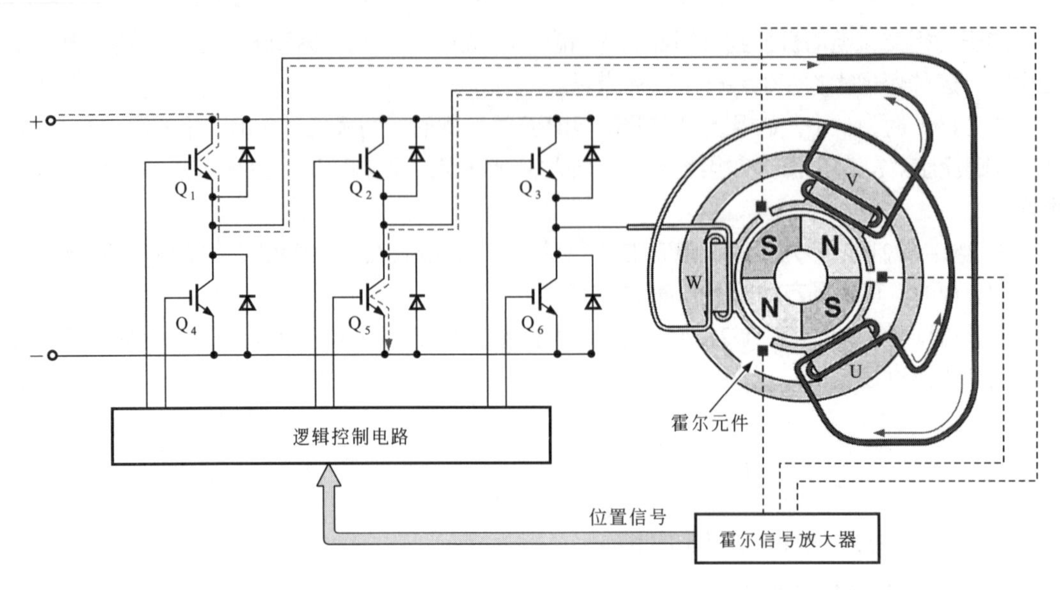

图1–13　直流无刷电动机的变频调速原理（二）

当转动60°后，Q_1、Q_5由截止变为导通状态，电流的通路发生变化，即电源正极→Q_1→线圈U→线圈V→Q_5→电源负极。线圈U处的磁场变为N极，线圈V处的磁场变为S极，这样使转子继续按逆时针方向旋转（60°），经过Q_1 ~ Q_6晶体管有序地切换就可以实现连续的转动。

（2）三相异步电动机的变频调速

传统的电力拖动设备中很难满足精准的调速要求，而为了实现这个功能，就需要比较复杂的电路，不但增加了安装的难度，更提高了维修的困难。而变频技术的应用，从根本上解决了这一难题。

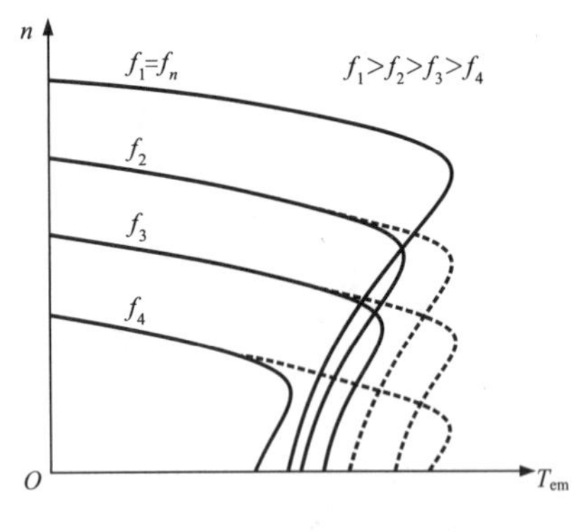

图1–14　变频调速特性曲线

图解

如图1-14所示为变频调速特性曲线。

从特性曲线中可以看出，如果能连续地改变电动机的电源频率，就可以连续地改变电动机同步转速，也就是说，电动机的转速可以在一个较宽的范围内连续地改变。

1.2.3　变频技术的应用

一般情况下，有电动机的地方就可以应用变频技术，而在实际应用方面，主要体现在家用电器和电力拖动设备上。

（1）变频技术在家用电器上的应用

目前家用电器应用变频技术最成熟的是空调器，可以在市场上看到，变频空调器已逐

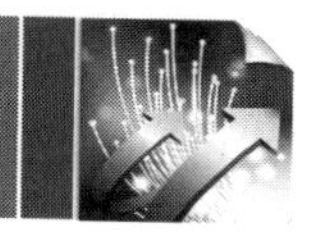

渐取代了恒频空调器，并且在调节室温上更加科学化。

同样是采用压缩机制冷工作的电冰箱也逐渐采用了变频技术，并且正逐步被用户所接纳。而一些其他家用电器从节能角度出发，也应用了变频技术。

（2）变频技术在电力拖动设备上的应用

电力拖动设备几乎都采用三相异步电动机，因此比较新的设备几乎都采用了变频技术，不但节能，而且简化操作，提高生产效率。即使是比较老旧的设备，也可以加入变频技术进行改造，以达到节能目的。

变频技术与变频器

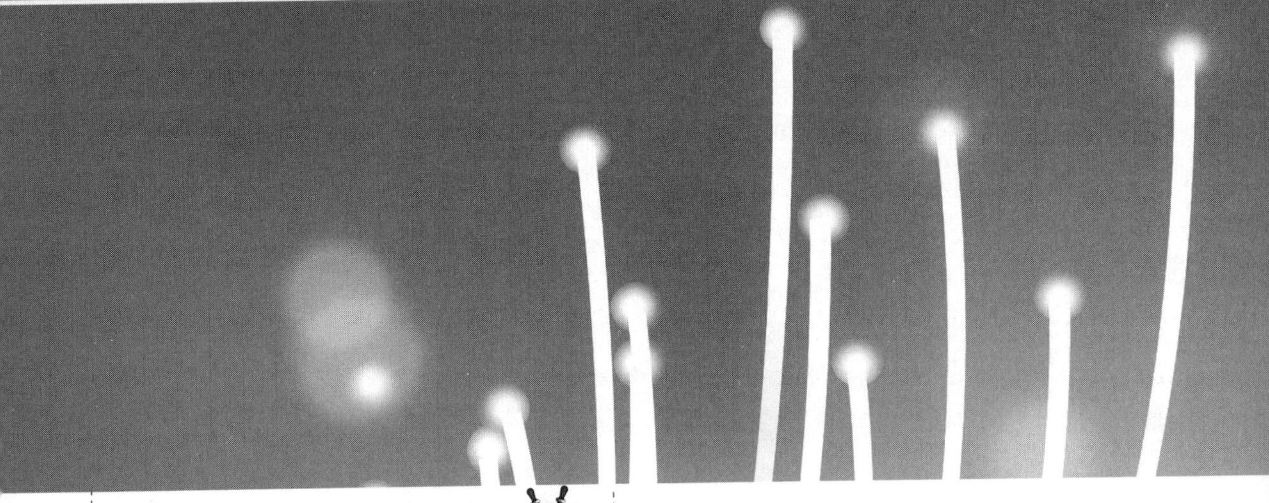

目标

通过对本章的学习，了解变频器的种类和结构特点，初步掌握变频器的相关知识以及不同领域的应用。

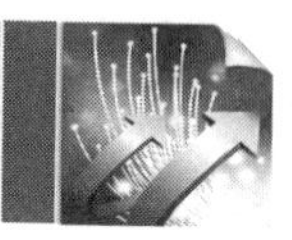

2.1 变频器的结构和分类

变频器是采用改变驱动信号频率（含幅度）的方式控制电动机的转速，它通常是由逻辑控制电路、功率驱动电路、电流检测电路以及控制指令输入电路等部分构成的。

提示

工频电源，是指工业上用的交流电源，单位为赫兹（Hz）。不同国家、地区的电力工业标准频率各不相同，中国电力工业的标准频率定为50 Hz。有些国家或地区（如美国等）则定为60 Hz。如表2-1所列，为亚洲、欧洲、美洲各地的工频。

表2-1　亚洲、欧洲、美洲各地的工频

亚洲			
国家或地区	工频	国家或地区	工频
中国内地	50 Hz	印度	50 Hz
中国香港	50 Hz	印尼	50 Hz
中国台湾	60 Hz	泰国	50 Hz
日本	60 Hz	马来西亚	50 Hz
韩国	60 Hz	越南	50 Hz
新加坡	50 Hz		
欧洲			
国家或地区	工频	国家或地区	工频
俄罗斯	50 Hz	意大利	50 Hz
英国	50 Hz	瑞士	50 Hz
法国	50 Hz	荷兰	50 Hz
德国	50 Hz	丹麦	50 Hz
爱尔兰	50 Hz	波兰	50 Hz
美洲			
国家或地区	工频	国家或地区	工频
美国	60 Hz	巴西	60 Hz
加拿大	60 Hz	哥伦比亚	60 Hz

变频器的英文简称为VFD或VVVF，是应用变频技术与微电子技术，通过改变电动机工作电源的频率和幅度的方式来控制电动机转速的元器件，能实现对交流异步电动机的软

启动、变频调速、提高运转精度、改变功率因素、过流/过压/过载保护等功能。

2.1.1 变频器的结构特点

目前，市场上流行的变频器种类繁多，型号各异，但其结构特点基本相似，有很强的通性。

（1）变频器外部结构

不同生产厂商的变频器的外形各异，即使是同一个厂商，不同型号的变频器的外形也各不相同。

变频器的控制对象是电动机。由于电动机的功率或应用场合不同，因而驱动控制用变频器的性能、尺寸、安装环境也会有很大的差别。如图2-1所示，为不同品牌、不同型号变频器的外部结构。

图2-1　变频器的外部结构图

变频器外部除了操作面板和各种接口以外，还有铭牌标识，标记着变频器的基本参数。

如图2-2所示为典型变频器的铭牌标识。

变频器铭牌标识没有统一的标准，不同厂商各自对产品命名，因此想要读懂某一品牌变频器的铭牌标识，需要先对该厂商的命名规则有一定的了解。

如图2-3所示为台海变频器的铭牌标识及其含义。

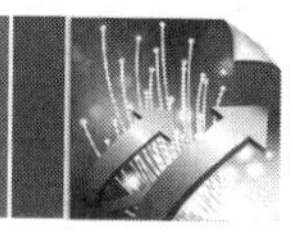

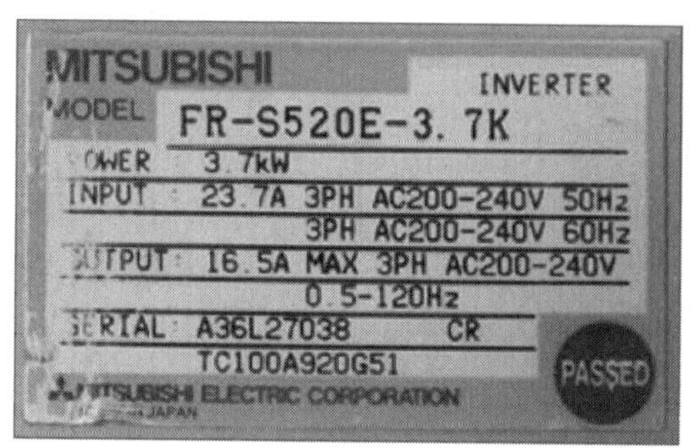

图2-2 典型变频器铭牌标识

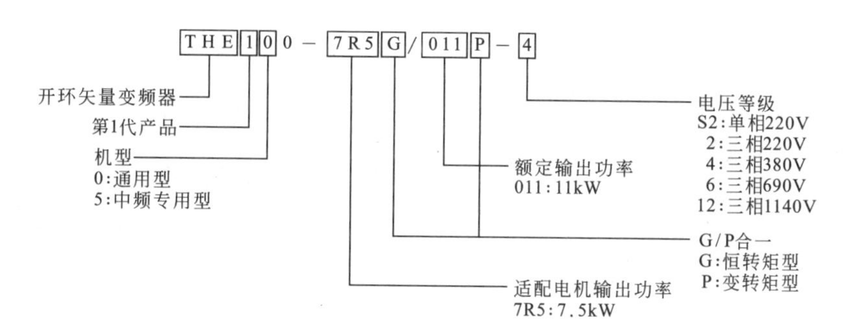

图2-3 台海变频器铭牌标识及其含义

如图2-4所示为威尔凯变频器的铭牌标识及其含义。

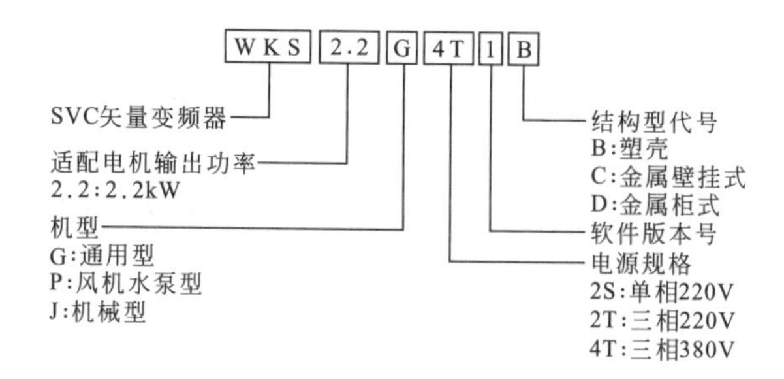

图2-4 威尔凯变频器铭牌标识及其含义

如图2-5所示为汇川变频器的铭牌标识及其含义。

如图2-6所示为三菱变频器的铭牌标识及其含义。

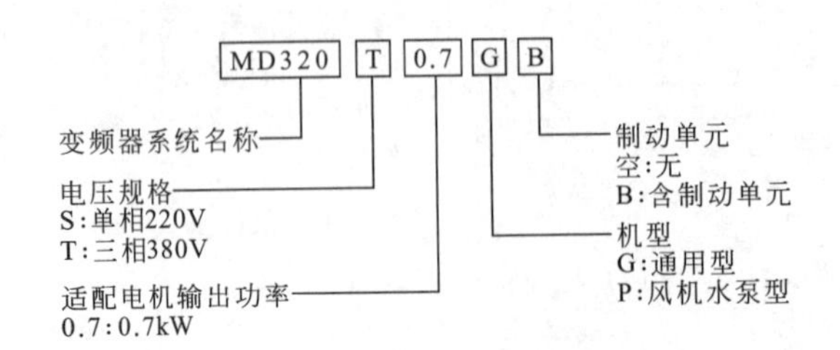

图2-5　汇川变频器铭牌标识及其含义

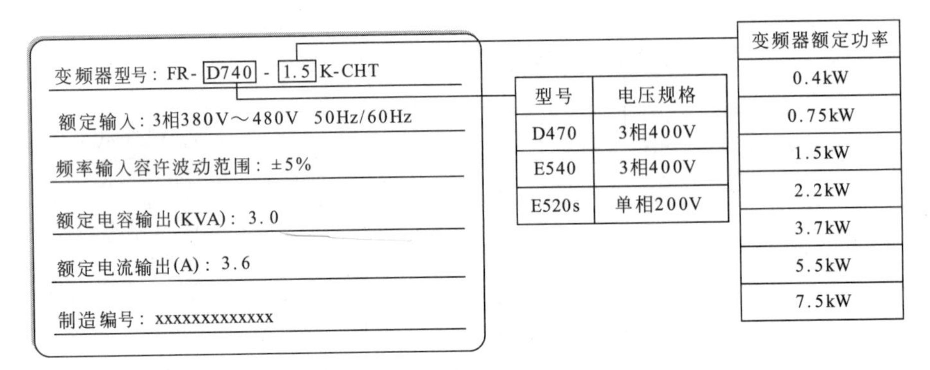

图2-6　三菱变频器铭牌标识及其含义

（2）变频器内部结构

尽管变频器的外部结构多种多样，但其内部组成通常可分为5部分：整流单元、高容量滤波电容、逆变单元、控制单元以及其他单元。

① 整流单元：可将工作频率固定的交流电转换为直流电。

② 高容量滤波电容：用于存储转换后的电能。

③ 逆变单元：也称逆变器、逆变电路或变频电路，是由大功率开关晶体管阵列组成的电子开关，将直流电转化成不同频率、宽度、幅度的方波。

④ 控制单元：按设定的程序工作，控制变频器的工作状态，例如输出方波的幅度与脉宽，使叠加为近似正弦波的交流电，驱动交流电动机。

⑤ 其他单元：如接线端子排、通信电路板等其他模块电路，用于连接变频器内部各电路单元。

如图2-7所示为变频器内部电路结构图。

如图2-8 ~图2-10所示为日立J300型变频器内部结构实物图。

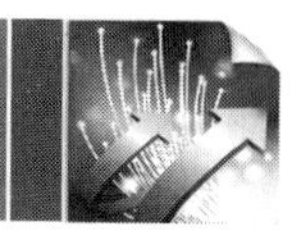

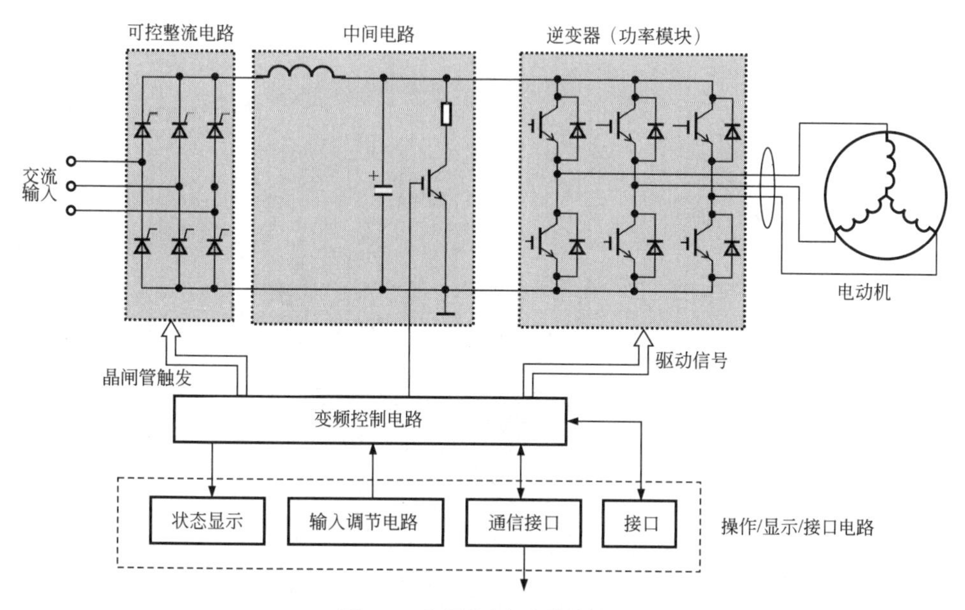

图2-7　变频器内部电路结构图

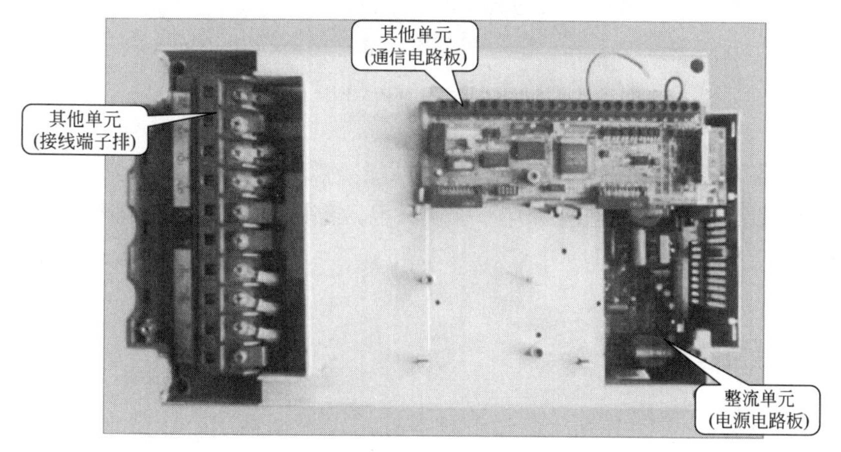

图2-8　日立J300型变频器内部结构实物图（一）

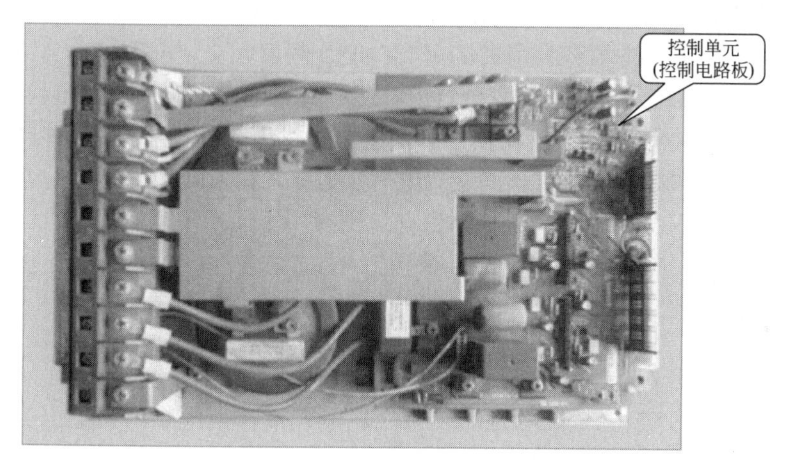

图2-9　日立J300型变频器内部结构实物图（二）

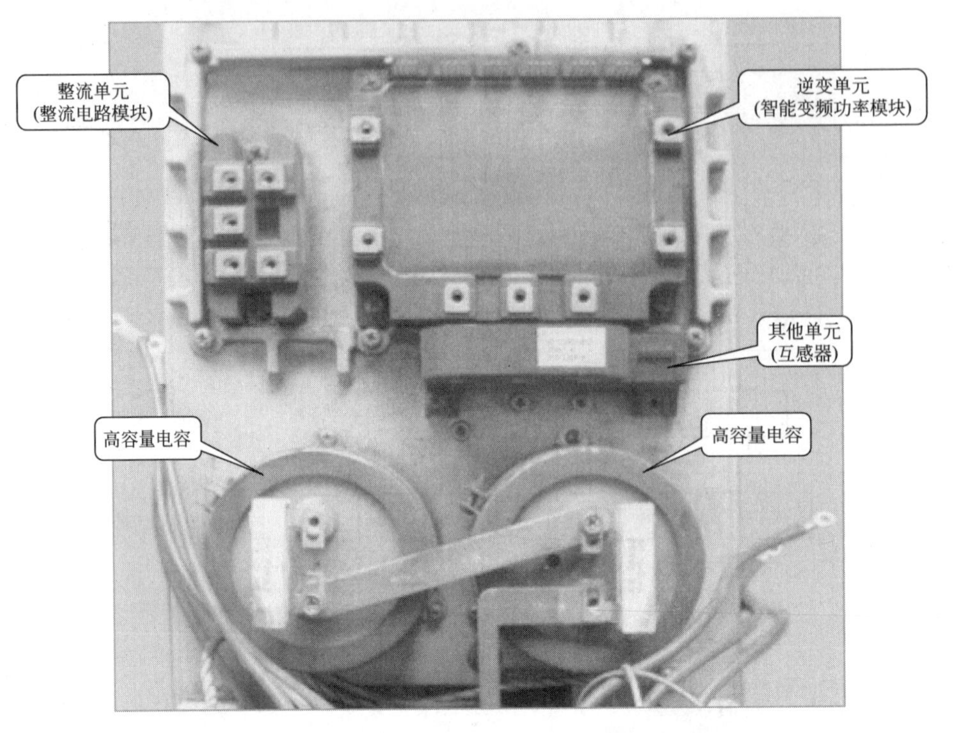

图2-10　日立J300型变频器内部结构实物图（三）

该变频器内部的逆变单元由整流电路模块和智能变频功率模块构成，其中整流电路模块将工频电源整流成直流电压，为智能变频功率模块供电。智能变频功率模块用来对负载（电动机）进行控制和驱动。

2.1.2　变频器的分类

变频器种类很多，其分类方式也是多种多样，可根据需求，按变换方式、电源性质、变频控制、调压方式、用途等多种方式进行分类。

（1）按变换方式分类

变频器按照变换方式主要分为两类：交-直-交变频器和交-交变频器。

① 交-直-交变频器　交-直-交变频器先将工频交流电通过整流单元转换成脉动的直流电，再经过中间电路中的电容平滑滤波，为逆变电路供电，在控制系统的控制下，逆变电路将直流电源转换成频率和电压可调的交流电，然后提供给负载（电动机）进行变速控制。

交-直-交变频器又称间接式变频器，目前广泛应用于通用型变频器。

如图2-11所示为交-直-交变频器结构。

② 交-交变频器　交-交变频器是将工频交流电直接转换成频率和电压可调的交流电，提供给负载（电动机）进行变速控制。

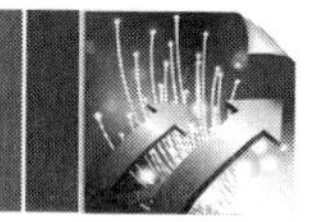

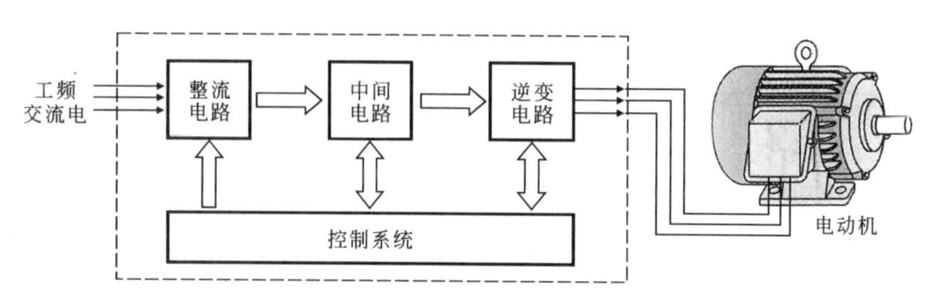

图2-11　交-直-交变频器结构

交-交变频器又称直接式变频器，由于该变频器只能将输入交流电频率调低输出，而工频交流电的频率本身就很低，因此交-交变频器的调速范围很窄，其应用也不广泛。

如图2-12所示为交-交变频器结构。

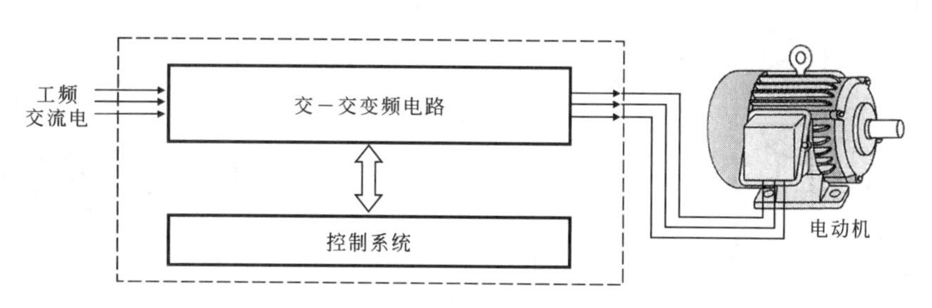

图2-12　交-交变频器结构

（2）按电源性质分类

根据交-直-交变频器中间电路的电源性质不同，可将变频器分为两大类：电压型变频器和电流型变频器。

① 电压型变频器　电压型变频器的特点是中间电路采用电容器作为直流储能元件，缓冲负载的无功功率。直流电压比较平稳，直流电源内阻较小，相当于电压源，故电压型变频器常选用于负载电压变化较大的场合。

如图2-13所示为电压型变频器结构。

② 电流型变频器　电流型变频器的特点是中间电路采用电感器作为直流储能元件，用以缓冲负载的无功功率，即扼制电流的变化，使电压接近正弦波，由于该直流内阻较大，可扼制负载电流频繁而急剧地变化，故电流型变频器常用于负载电流变化较大的场合。

如图2-14所示为电流型变频器结构。

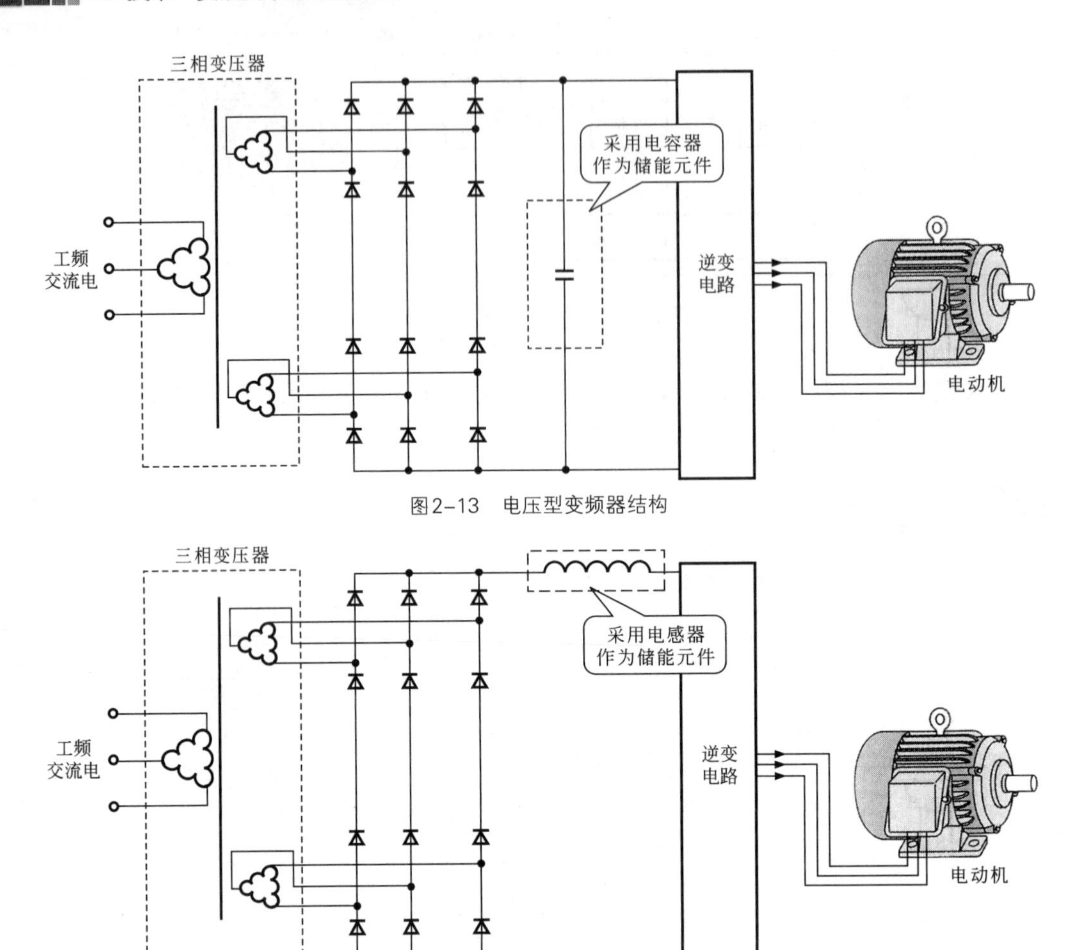

图2-13　电压型变频器结构

图2-14　电流型变频器结构

提示

如表2-2所列为电压型变频器与电流型变频器的对比。

表2-2　电压型变频器与电流型变频器的对比

特点名称	电压型变频器	电流型变频器
储能元件	电容器	电感器
波形的特点	电压波形为矩形波 矩形波电压 电流波形近似正弦波 基波电流+高次谐波电流	电压波形为近似正弦波 基波电压+换流浪涌电压 电流波形为矩形波 矩形波电流

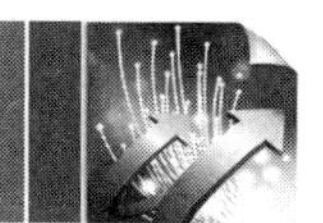

续表

特点名称	电压型变频器	电流型变频器
回路构成上的特点	有反馈二极管 直流电源并联大容量 电容（低阻抗电压源） 电动机四象限运转需要使用变流器	无反馈二极管 直流电源串联大电感 电感（高阻抗电流源） 电动机四象限运转容易
特性上的特点	负载短路时产生过电流 变频器转距反应较慢 输入功率因数高	负载短路时能抑制过电流 变频器转距反应快 输入功率因数低
使用场合	电压源型逆变器属恒压源，电压控制响应慢，不易波动，适于做多台电动机同步运行时的供电电源，或单台电动机调速但不要求快速启制动和快速减速的场合	不适用于多电动机传动，但可以满足快速启制动和可逆运行的要求

（3）按变频控制分类

由于电动机的运行特性，使其对交流电源的电压和频率有一定的要求，变频器作为控制电源，需满足对电动机特性的最优控制，从不同应用目的出发，采用多种变频控制方式。

① 压/频控制变频器　压/频控制变频器又称V/f控制变频器，是通过改变电压实现变频的方式。这种控制方式的变频器控制方法简单、成本较低，被通用型变频器采用，但又由于精确度较低的特性，使其应用领域有一定的局限性。

② 转差频率控制变频器　转差频率控制变频器又称SF控制变频器，它是采用控制电动机旋转磁场频率与转子转速率之差来控制转矩的方式，最终实现对电动机转速精度的控制。

SF控制变频器虽然在控制精度上比V/f控制变频器高。但由于其在工作过程中需要实时检测电动机的转速，使得整个系统的结构较为复杂，导致其通用性较差。

如图2-15所示为SF控制变频器控制方式。

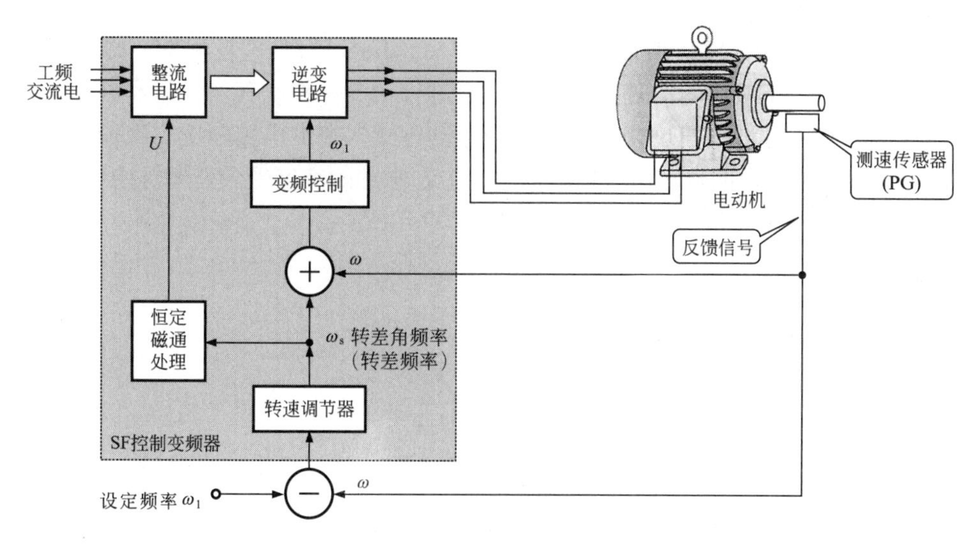

图2-15　SF控制变频器控制方式

③ 矢量控制变频器　矢量控制变频器又称VC控制变频器，是通过控制变频器输出电流的大小、频率和相位来控制电动机的转矩，从而控制电动机的转速。

④ 直接转矩控制变频器　直接转矩控制变频器又称DTC控制变频器，是目前最先进的交流异步电动机控制方式，非常适合重载、起重、电力牵引、大惯性电力拖动、电梯等设备的拖动。

(4) 按调压方法分类

变频器按照调压方法主要分为两类：PAM变频器和PWM变频器。

① PAM变频器　PAM是Pulse Amplitude Modulation（脉冲幅度调制）的缩写。PAM变频器是按照一定规律对脉冲列的脉冲幅度进行调制，控制其输出的量值和波形。实际上就是能量的大小用脉冲的幅度来表示，整流输出电路中增加开关管（门控管IGBT），通过对该IGBT管的控制改变整流电路输出的直流电压幅度（140 ～ 390 V），这样变频电路输出的脉冲电压不但宽度可变，而且幅度也可变。

如图2-16所示为PAM变频器结构。

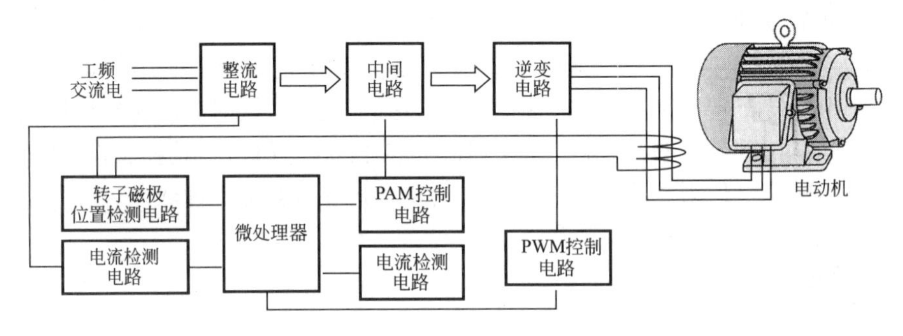

图2-16　PAM变频器结构

② PWM变频器　PWM是英文Pulse Width Modulation（脉冲宽度调制）的缩写。PWM变频器同样是按照一定规律对脉冲列的脉冲宽度进行调制，控制其输出量和波形的。实际上就是能量的大小用脉冲的宽度来表示，此种驱动方式，整流电路输出的直流供电电压基本不变，变频器功率模块的输出电压幅度恒定，控制脉冲的宽度受微处理器控制。

如图2-17所示为PWM变频器结构。

(5) 按用途分类

变频器按用途可分为通用变频器和专用变频器两大类。

① 通用型变频器　通用型变频器是指通用型较强，对其使用的环境没有严格的要求，以简便的控制方式为主。这种变频器的适用范围广，多用于精确度或调速性能要求不高的场合，具有体积小、价格低等特点。

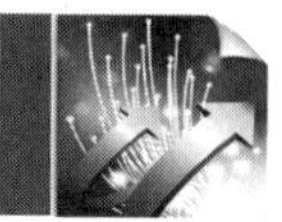

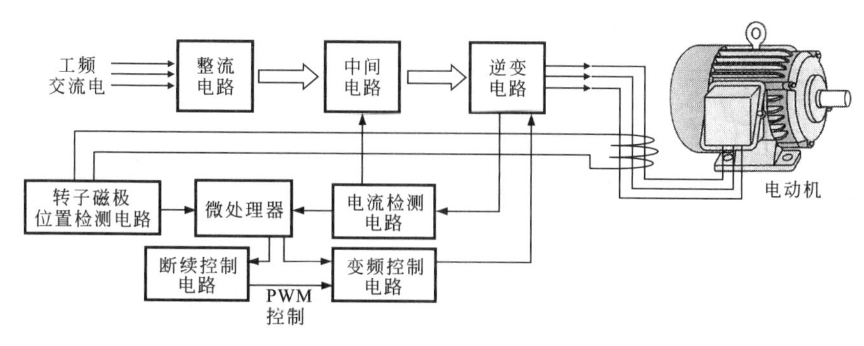

图2-17　PWM变频器结构

随着通用变频器的发展，目前市场上还出现了许多采用转矩矢量控制方式的高性能多功能变频器，其在软件和硬件方面的改进，除具有普通通用变频器的特点外，还具有较高的转矩控制性能，可使用于传动带、升降装置以及机床、电动车辆等对调速系统性能和功能要求较高的许多场合。

如图2-18所示为常见通用变频器的实物外形。

三菱D700型通用变频器

安川J1000型通用变频器

西门子MM420型通用变频器

图2-18　常见通用变频器的实物外形

提示

通用变频器是指在很多方面具有很强通用性的变频器，该类变频器简化了一些系统功能，并主要以节能为主要目的，多为中小容量变频器，一般应用于水泵、风扇、鼓风机等对于系统调速性能要求不高的场合。

② 专用型变频器　专用变频器通常指专门针对某一方面或某一领域而设计研发的变频器。该类变频器针对性较强，具有适用于所针对领域独有的功能和优势，从而能够更好的发挥变频调速的作用。例如，高性能专用变频器、高频变频器、单相变频器和三相变频器

等都属于专业型变频器，他们的针对性较强，对安装环境有特殊的要求，可以实现较高的控制效果，但其价格较高。

如图2-19所示为常见专用变频器的实物外形。

西门子MM430型水泵风机专用变频器

风机专用变频器

恒压供水（水泵）专用变频器

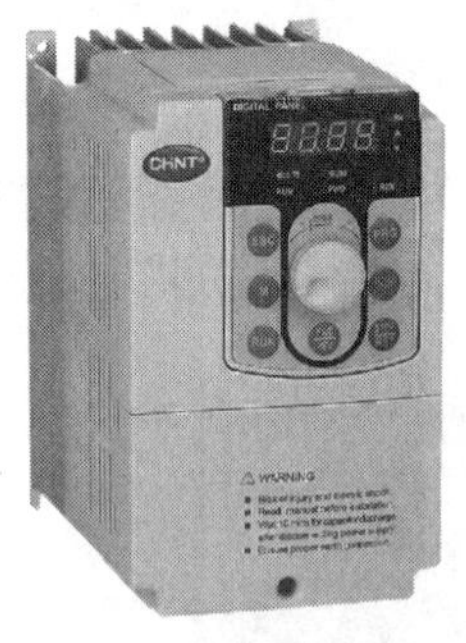

NVF1G-JR系列卷绕专用变频器

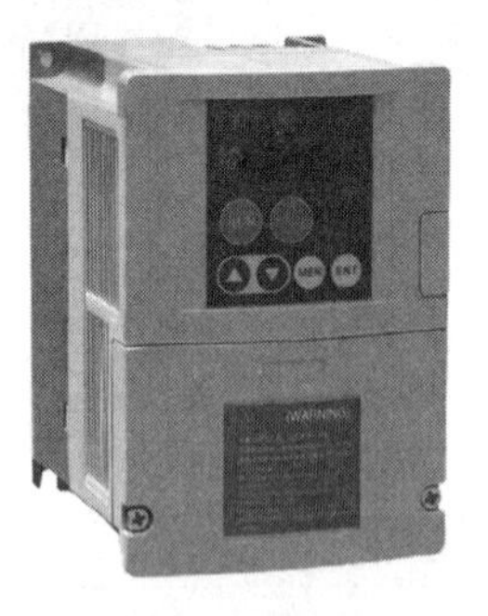

LB-60GX系列线切割专用变频器

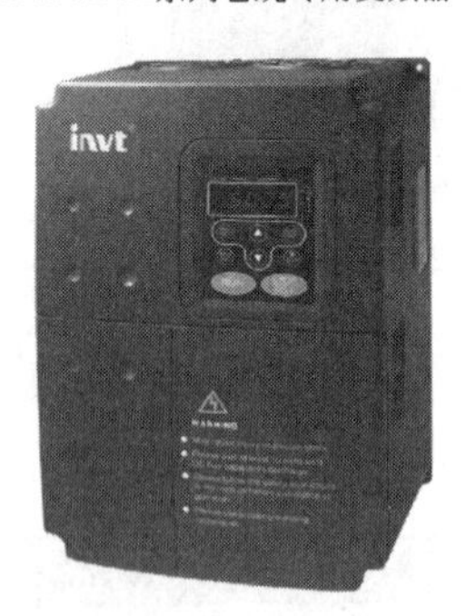

电梯专用变频器

图2-19　常见专用变频器的实物外形

提示

较常见的专用变频器主要有风型专用变频器、恒压供水（水泵）专用变频器、机床类专用变频器、重载专用变频器、注塑机专用变频器、纺织类专用变频器等。

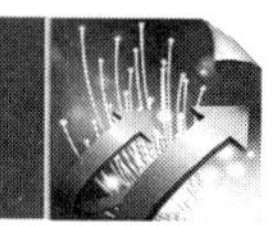

2.2 变频器的功能与应用

2.2.1 变频器的功能特点

(1)变频器的功能

变频器是依托于变频技术进行工业化生产而开发的产品。在工业日益发展的今天，变频器已经成为改造传统产业、改善工艺流程、提高生产自动化水平、提高产品质量、推动技术进步的重要手段，广泛应用于工业自动化的各个领域。

变频器的作用是改变电动机驱动电流的频率和幅值，进而改变其旋转磁场的周期，达到平滑控制电动机转速的目的。变频器的出现，使得复杂的调速控制简单化，用变频器与交流鼠笼式感应电动机的组合，替代了大部分原先只能用直流电动机完成的工作，缩小了体积，降低了故障发生的概率，使传动技术发展到新阶段。

变频器能够广泛应用，因其具有以下常见功能：

① 功率因数补偿功能　无功功率不但增加线损和设备的发热，更主要的是功率因数的降低会导致电网有功功率的降低，使大量的无功电能消耗在线路当中，设备的效率低下，浪费严重。使用变频调速装置后，由于变频器内部设置了功率因数补偿电路（滤波电容的作用)，从而减少了无功损耗，增加了电网的有功功率。

② 软启动功能　电动机硬启动会对电网造成严重的冲击，而且还会对电网容量要求过高，启动产生的大电流和震动对相关零部件（挡板和阀门）的损害极大，对设备、管路的使用寿命极为不利。而使用变频节能装置后，利用变频器的软启动功能将使启动电流从零开始，最大值也不超过额定电流，减轻了对电网的冲击和对供电容量的要求，延长了设备（阀门）的使用寿命，节省了设备的维护费用。

(2)变频器的特点

在变频器提高工作效率的情况下，要保证安全生产的可靠性，各种生产机械在设计配用动力驱动时，都留有一定的余量。当电动机不能在满负荷下运行时，除达到动力驱动要求外，多余的力矩会增加有功功率的消耗，这会造成电能的浪费。变频器的使用可以克服这种问题。

扩展

变频器应用在风机、水泵的驱动方面有显著的节能效果，风机、泵类等设备传统的调速方法是通过调节入口或出口的挡板、阀门开度来调节给风量和给水量，其输入功率大，且大量的能源消耗在挡板、阀门的截流过程中。当使用变频调速时，如果流量要求减小，通过降低泵或风机的转速，既可满足要求，又能避免电能浪费。

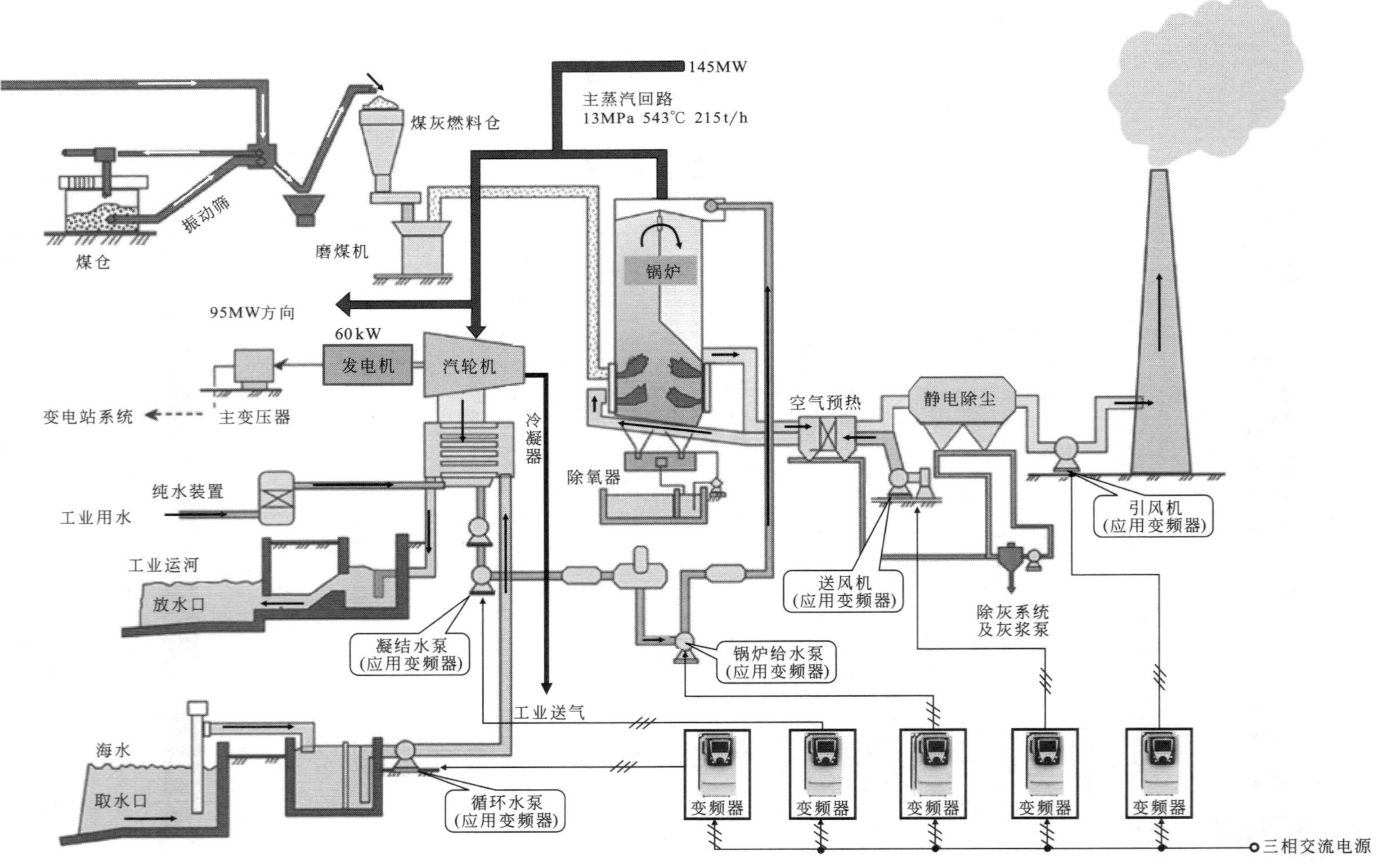

图2-20 发电厂使用变频器的节能应用

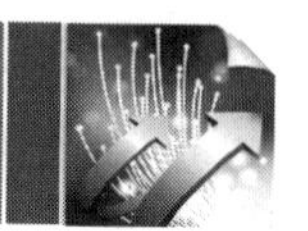

① 变频器节能原理　变频器通常都设在电动机的供电或调速电路中，一般情况下，从发电厂送来的交流电压频率是恒定的（50 Hz），而交流电动机的转速公式为：

$$N_1=\frac{60f_1}{P}\quad 当P=2时，N=60\times50/2=1500\text{r/min}$$

在该公式中N_1为电动机转速，f_1为电流频率，P为磁极对数，通过公式可知，电动机的转速与电流频率成正比。也就是说，当改变电源的频率即可改变电动机的转动速度，但公共电源的频率是固定不变的，因而用交流市电供电的电动机，其转速是不能任意改变的。

由流体力学可知，P（功率）＝Q（流量）×H（压力），流量Q与转速N的一次方成正比，压力H与转速N的平方成正比，功率P与转速N的立方成正比。

如果水泵的效率一定，当要求调节流量下降时，转速N可成比例地下降，而此时轴的输出功率P成立方关系下降。即水泵电动机的耗电功率与转速近似成立方比的关系。所以当所要求的流量Q减少时，可调节变频器输出频率使电动机转速N按比例降低。这时，电动机的功率P将按三次方关系大幅度地降低，比调节挡板、阀门节能40%～50%，从而达到节电的目的。

扩展

变频器应用到风机水泵的节能案例：一台离心泵电动机功率为55 kW，当转速下降到原转速的4/5时，其耗电量为28.16 kW，省电48.8%，当转速下降到原转速的1/2时，其耗电量为6.875 kW，省电87.5%。

② 变频器的节能特点

图解

如图2-20所示为某发电厂使用变频器的节能应用。

发电厂中的凝结水泵、循环水泵、锅炉给水泵、送风机和引风机等电动机设备，采用传统的运行方式，耗能100 MW。若采用变频器，耗能下降15% ~ 30%左右。

提示

如图2-21所示为变频器的智能化特点。

变频器中的控制电路采用了微处理器及软件控制系统，并增加了外部信息接口和通信接口，使变频器的工作更加智能化，还可通过识别磁卡进行指令控制。

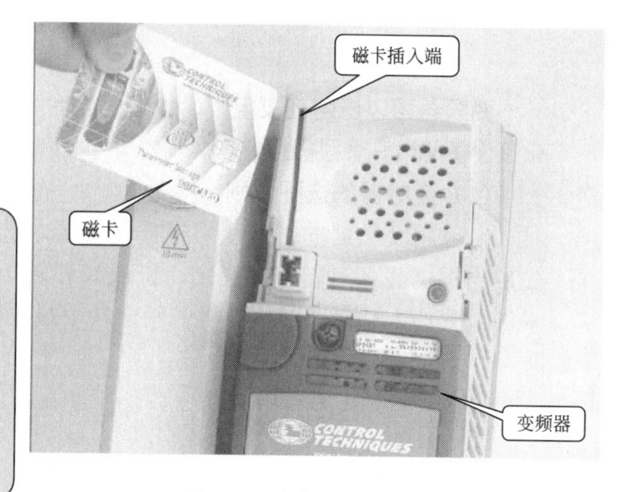

图2-21　变频器的智能化特点

2.2.2 变频器的实际应用

使用电动机的地方，几乎都可以应用变频器，尤其是风机和水泵。变频器在节能的同时，提高了设备的使用寿命，由于变频器自身对速度良好的控制能力，使输出效率得到提高。

如图2-22所示为变频器应用行业领域。

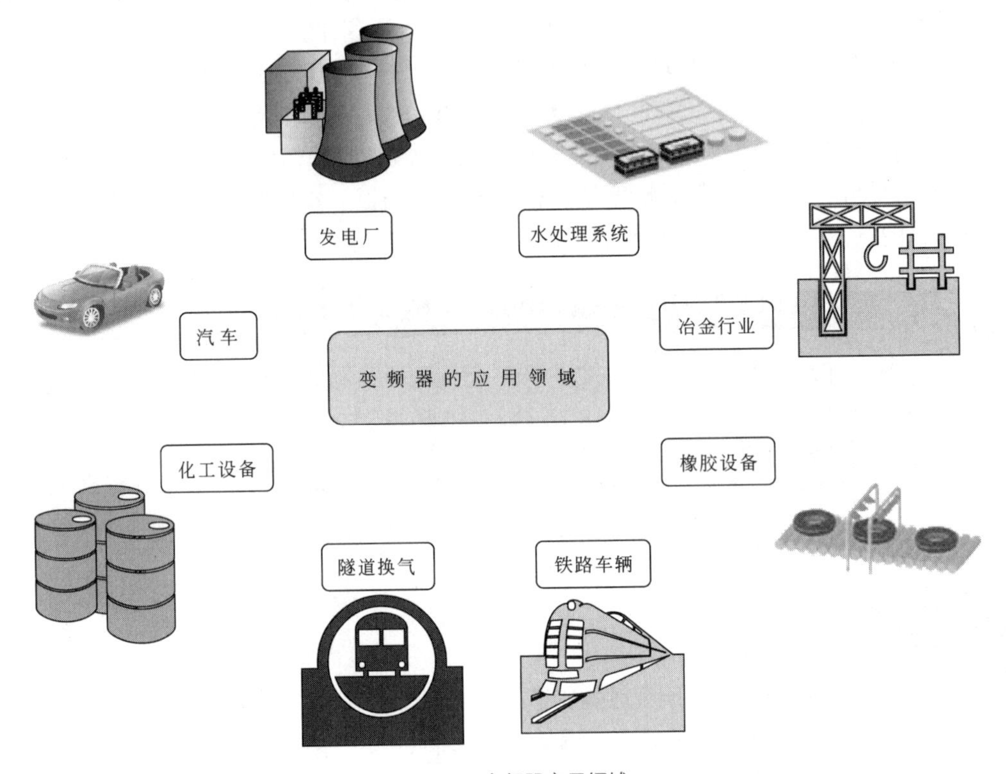

图2-22　变频器应用领域

变频器可以应用在发电厂、水处理、冶金行业、橡胶设备的制造、铁路车辆、隧道换气、化工设备和汽车等很多行业中。

（1）变频器的选配原则

在应用变频器的时候，要根据设备要求选择与之匹配的变频器。在选择变频器时，首先应当根据设备对转速（最高、最低）和转矩（启动、连续及过载）的要求，确定设备要求的最大输入功率（即电动机的额定功率最小值）。

参考公式：
$$P=\frac{nT}{9950}\ (\mathrm{kW})$$

式中　P——机械要求的输入功率，kW；

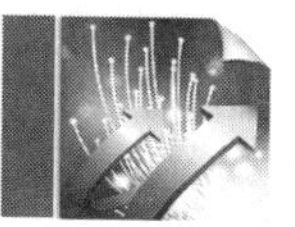

n——机械转速，r/min；

T——机械的最大转矩，N·m。

其次，根据变频器输出功率和额定电流稍大于电动机的功率和额定电流的原则来确定需要选用的变频器的参数与型号。

提示

在选择变频器的额定容量及参数时，需要注意海拔高度和环境温度，一般的海拔高度指1000 m以下，温度在40℃或25℃以下。若使用环境超出该规定，则在确定变频器参数、型号时要考虑到环境造成的降容因素。

扩展

如表2-3所列为电动机不同控制方式的调速对比。从表2-4中可知，对电动机进行调速的方式有很多种，但采用变频器对电动机进行调速（变频式调速），不但调速范围较为广泛，安装条件较为简单，而且节能率最高，更适合现代工业的需要。

表2-3　电动机不同控制方式的调速对比

调速方式	转子串联电阻式调速	定子调压式调速	电磁离合器式调速	液力耦合器式调速	液粘离合器式调速	变极式调速	串极式调速	变频式调速
调速方法	改变转子将其与电阻串联	改变定子输出，调整电压	改变离合器的励磁电流	改变耦合器的充油量	改变离合器摩擦片的间隙	改变定子极的对数	改变逆变器的逆变角度	改变定子输入的频率和电压
调速性质	有级	无级	无级	无级	无级	有级	无级	无级
调速范围	50%～100%	80%～100%	10%～80%	30%～97%	20%～100%	2、3、4挡转速	50%～100%	5%～100%
响应能力	慢	快	较快	慢	慢	快	快	快
电网干扰	无	大	无	无	无	无	较大	弱
节约能耗	中	中	中	中	中	高	高	高
初期投入	低	较低	较高	中	较低	低	中	高
故障处理	停车	不停车	停车	停车	停车	停车	停车	不停车
安装条件	简便	简便	较为简便	固定要求	固定要求	简便	简便	简便
适用范围	绕线型异步电动机	绕线型异步电动机 笼型异步电动机	笼型异步电动机	笼型异步电动机 同步电动机	笼型异步电动机 同步电动机	笼型异步电动机	绕线型异步电动机	异步电动机 同步电动机

（2）变频器的应用实例

变频器对电动机进行控制时，可以分级控制，也可以采用旁路控制。

① 变频器分级控制电动机

如图2-23所示为变频器分级控制电动机实际应用。

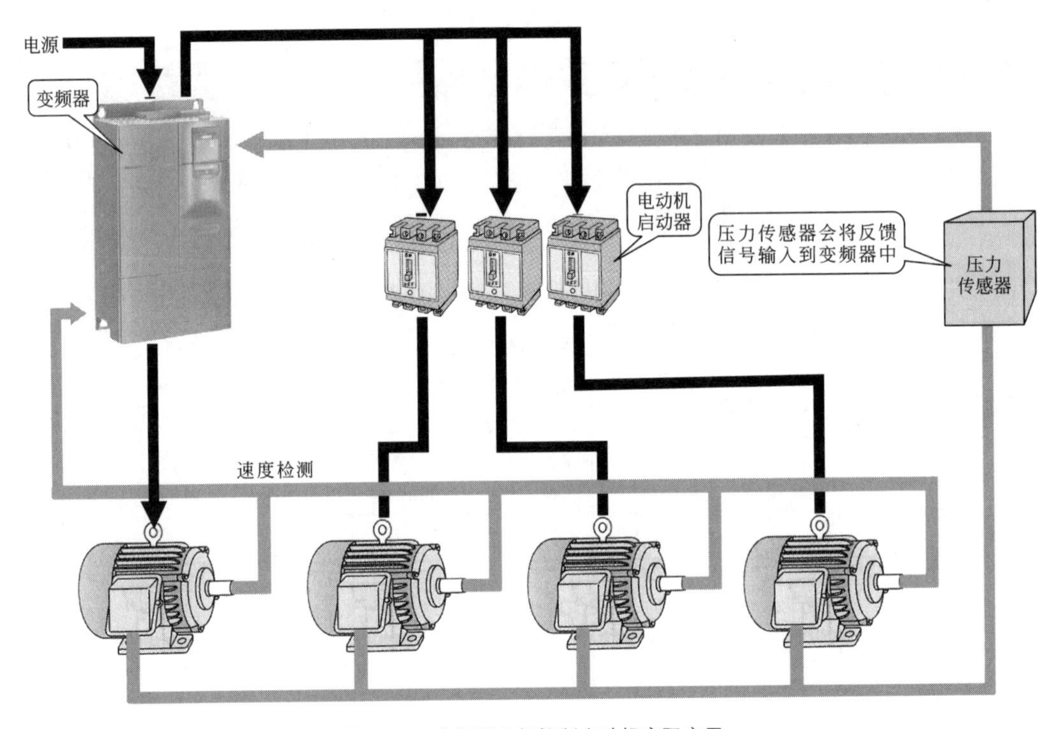

图2-23　变频器分级控制电动机实际应用

变频器分级控制电动机的特点是利用变频器中继电器输出接点控制多个辅助传动装置，实现多个电动机同时或分别启动。

② 变频器旁路控制电动机

如图2-24所示为变频器旁路控制电动机实际应用。

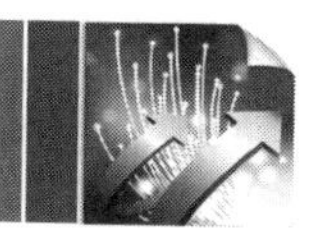

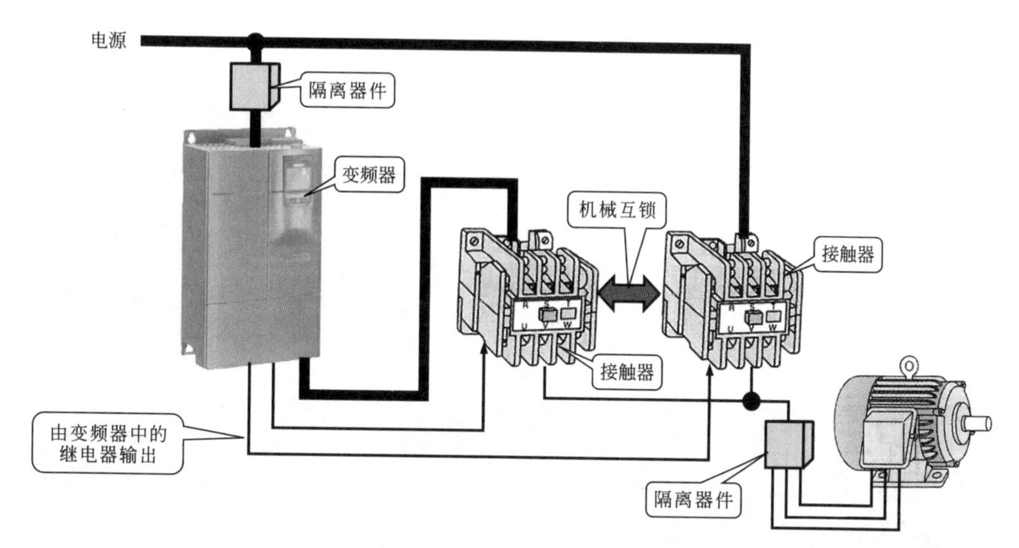

图2-24　变频器旁路控制电动机实际应用

变频器旁路控制电动机实际是由变频器的继电器输出接点控制两个机械上互相锁定的接触器。变频器可以数字输入信号和其频率的变化使接触器进行切换。

变频器的安装、调试与维修

目标

本章介绍典型变频器的安装连接方法、调试方法与维修方法，使读者通过本章的学习，学会安装、连接变频器，并能对不同型号的变频器进行调试与维修。

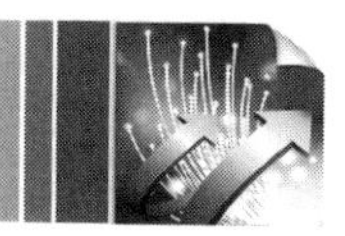

3.1 变频器的安装连接

变频器是驱动控制电机的设备，它将变频控制电路和功率输出电路制成一体，成为一个独立的设备，由于输出的功率大、耗能高、需要通风散热，因而对安装位置和具体的方法都有严格的要求。

3.1.1 变频器的安装方法

变频器的安装场所、安装方向及周围空隙都会影响到变频器的使用寿命，因此需掌握变频器正确的安装方法，才能提高变频器的使用寿命。下面以三菱FR-D500型变频器的安装方法为例进行介绍。

① 如图3-1所示为变频器的周围温度范围示意图。变频器应设置在不易受震动的场所，且周围温度不得超过变频器允许的温度范围，即–10℃～＋50℃之间，可按照图中的测量位置测量变频器的周围温度。

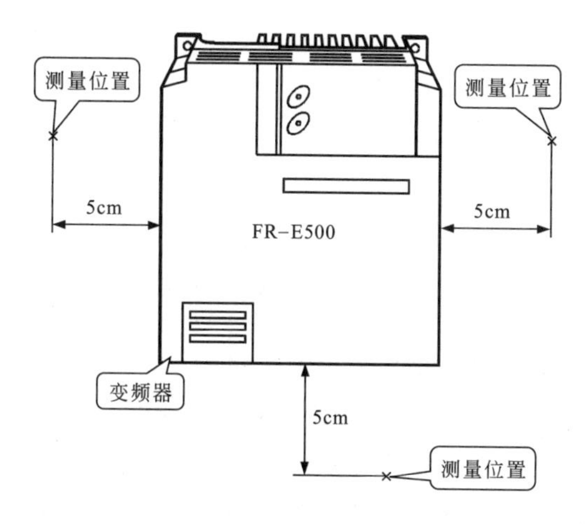

图3–1 变频器的周围温度范围

② 如图3-2所示为垂直安装变频器的示意图。变频器应垂直地安装在控制柜的固定板上，不得将其倒置或水平安装。

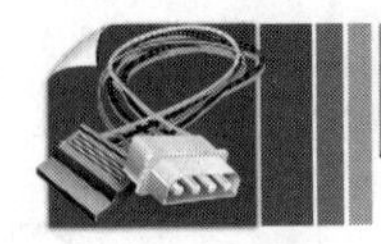

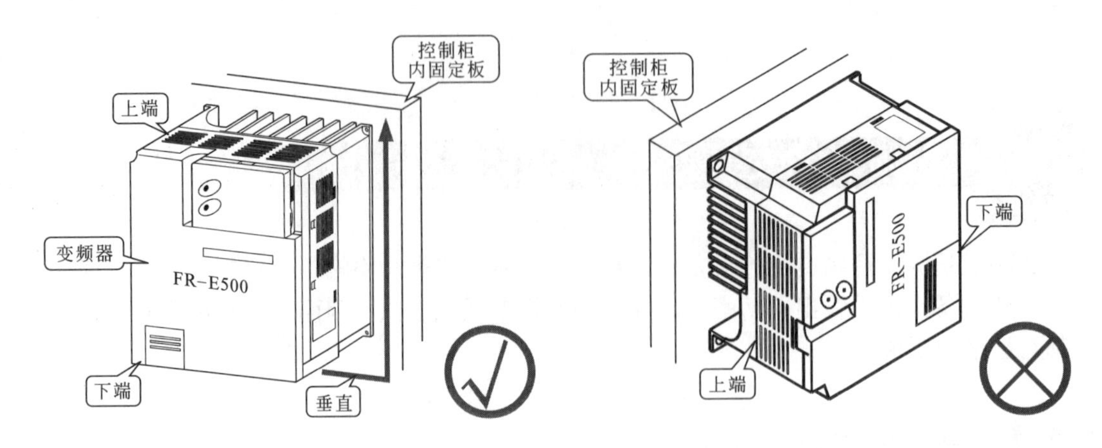

图3-2　垂直安装变频器

③ 如图3-3所示为变频器安装的周围间隙示意图。变频器在工作时，其内部温度很高，在安装时，应安装在不可燃材料的表面，同时为了散热及维护方便，变频器与其他装置或控制柜壁面应留有一定的空隙，确保周围空间至少大于图中所示的尺寸，其中变频器上部留有的空间为散热空间，下部留有的空间为接线空间。

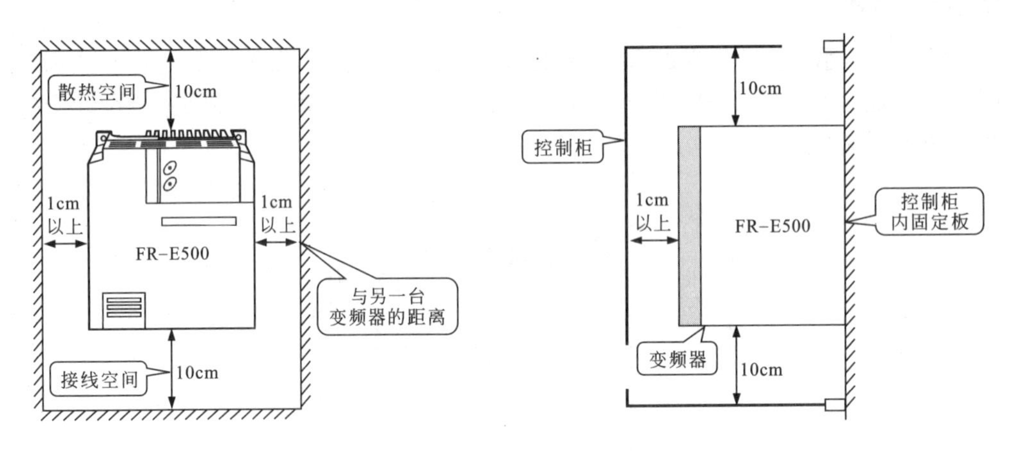

图3-3　变频器安装的周围间隙

④ 如图3-4所示为控制柜通风扇的安装位置示意图。变频器内置冷却风扇，将变频器内部产生的热量通过冷却风扇冷却，变为暖风从变频器的下部向上部流动，此时，需在控制柜中安装通风扇进行通风，安装时应通过风的流向，来决定通风扇的安装位置。图中在控制柜中设置了风扇和风道，使冷风吹向变频器由通风扇排出变频器产生的热风，实现换气。

⑤ 如图3-5所示为两台及多台变频器的安装方法示意图。若在同一个控制柜内安装两台或多台变频器时，应尽可能采用横排安装，安装时应注意变频器之间应留有一定的间隙，同时注意控制柜中的通风，使变频器周围的温度不超过允许值。若需安装多台变频器且控制器的空间较小，只能采用纵向摆放时，应在上部变频器与下部变频器之间安装防护板，防止下部变频器的热量引起上部变频器的温度上升，而导致变频器出现故障。

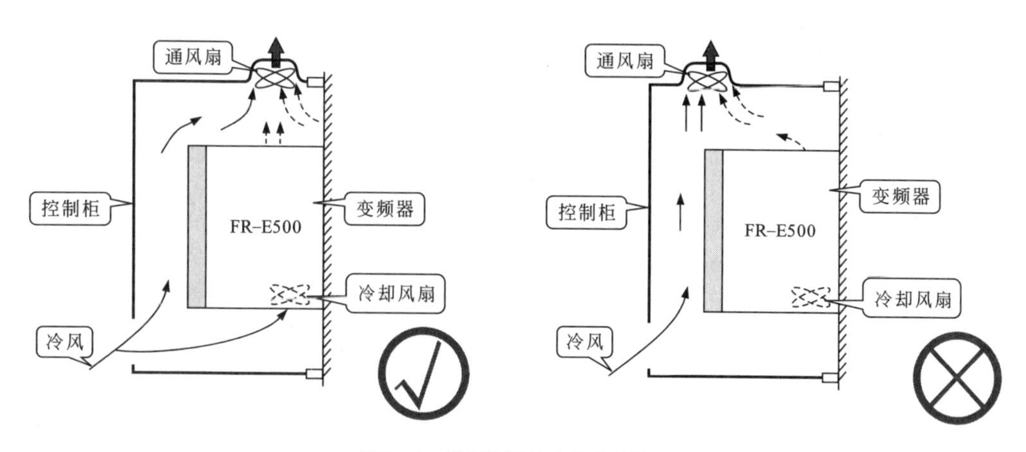

图3-4　控制柜通风扇的安装位置

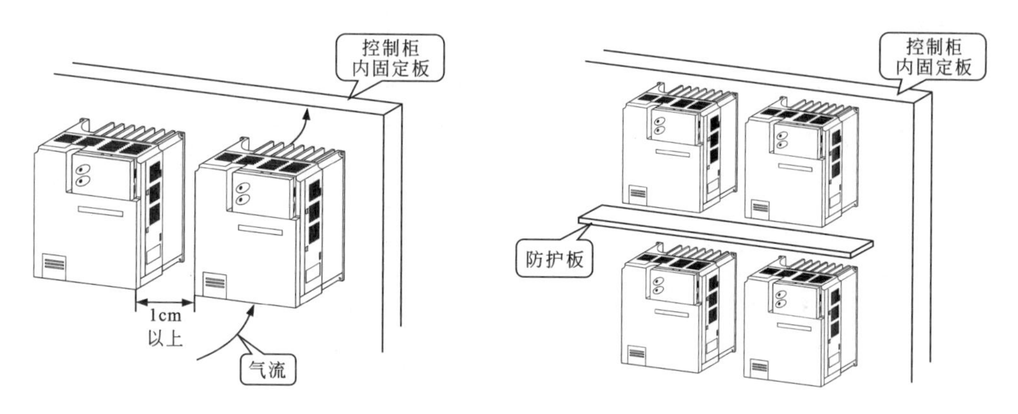

图3-5　两台及多台变频器的安装方法

⑥ 如图3-6所示为固定变频器的示意图。确定好变频器的安装位置后，按照变频器的安装孔，在控制柜的固定板中钻孔，并使用固定螺钉将变频器固定在控制柜的固定板上，即完成了变频器的安装。

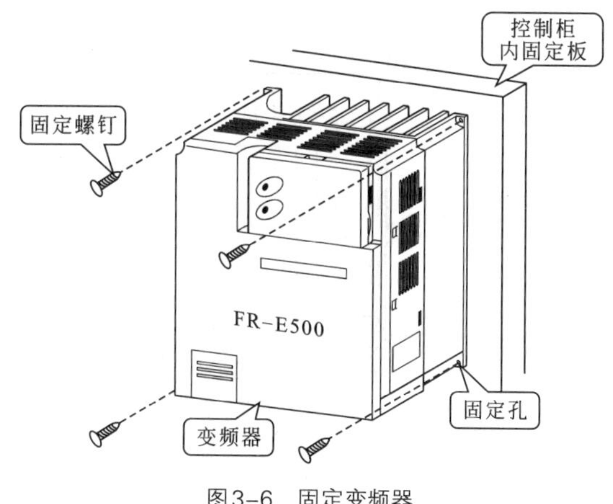

图3-6　固定变频器

扩展

将变频器安装在控制柜内应保证控制柜内具有良好的通风条件，下面介绍几种常见控制柜的结构。

① 采用自然冷却方式的控制柜　如图3-7所示为采用自然冷却方式的控制柜示意图。采用自然冷却方式的控制柜主要有封闭式和全封闭式两种。封闭式控制柜通过进风口和出风口实现自然换气，该控制柜的成本低，适用于小容量的变频器。该控制柜需根据变频器的容量进行选配，当变频器容量变大时，控制柜的尺寸也要相应增大。而全封闭控制柜则是通过控制柜向外进行散热，适用在有油雾、尘埃等的环境中使用。

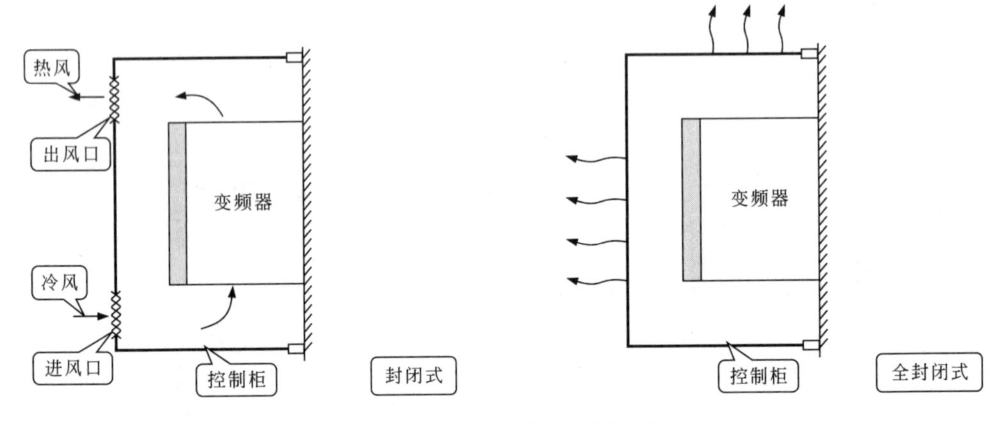

图3-7　采用自然冷却方式的控制柜

② 采用强制冷却方式的控制柜　如图3-8所示为采用强制冷却方式的控制柜示意图。采用强制冷却方式的控制柜主要有通风扇冷却方式、散热片冷却方式和冷却器冷却方式。通风扇冷却方式的成本较低，适用于室内安装控制；散热片冷却方式适用于小容量变频器，安装时应正确选择散热片的面积及安装部位；冷却器冷却方式也称为全封闭式冷却，它可实现控制柜的小型化。

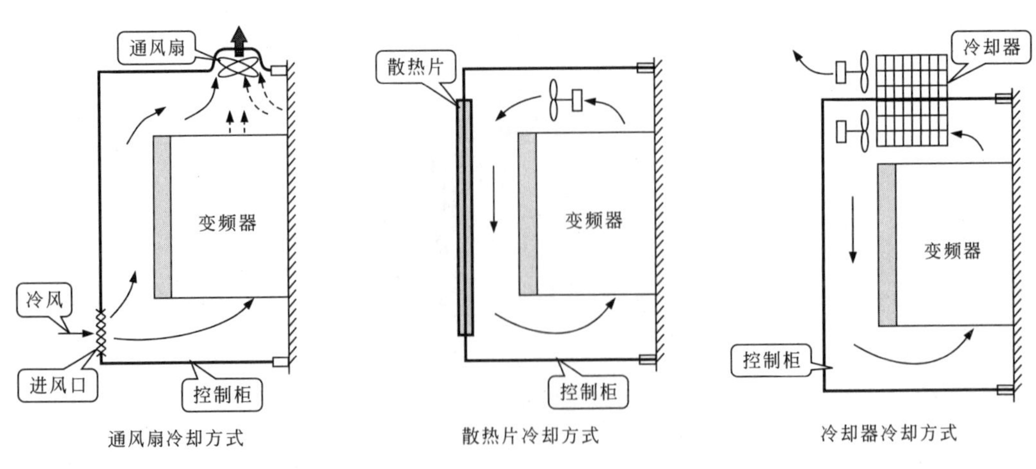

图3-8　采用强制冷却方式的控制柜

3.1.2 变频器的连接方法

变频器的控制对象是电机，输出端应与电机相连，变频器的能源是交流市电，需要由交流220 V或380 V电源为它供电。在连接变频器前，应先对其前盖板、配线盖板等进行拆卸，下面以FR-D740型变频器为例对其连接方法进行介绍。

① 如图3-9所示为拆卸变频器前盖板的示意图。使用合适的螺丝刀拧松前盖板的固定螺丝后，向前拉动并取下前盖板。

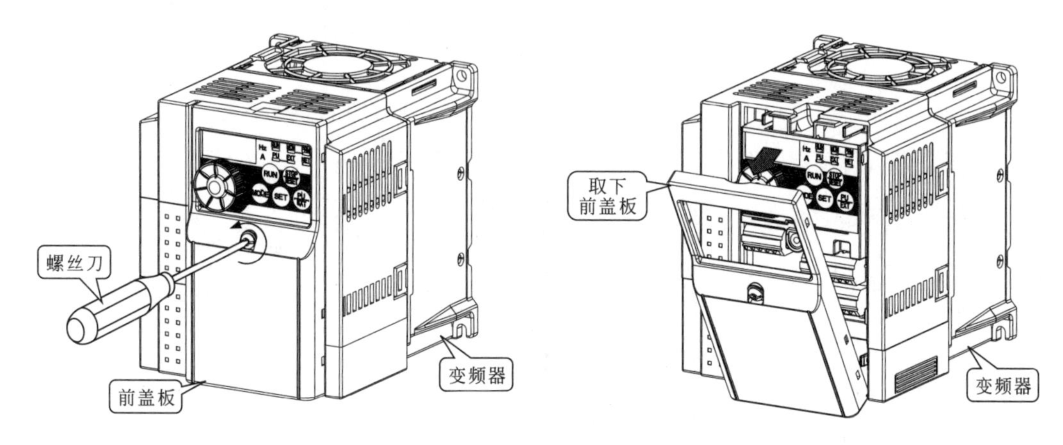

图3–9　拆卸变频器前盖板

② 如图3-10所示为取下变频器配线盖板的示意图。取下配线盖板时只需向下拉动配线盖板即可取下。取下变频器的前盖板和配线盖板后，即可看到变频器内部的接线端子及接口等部件。

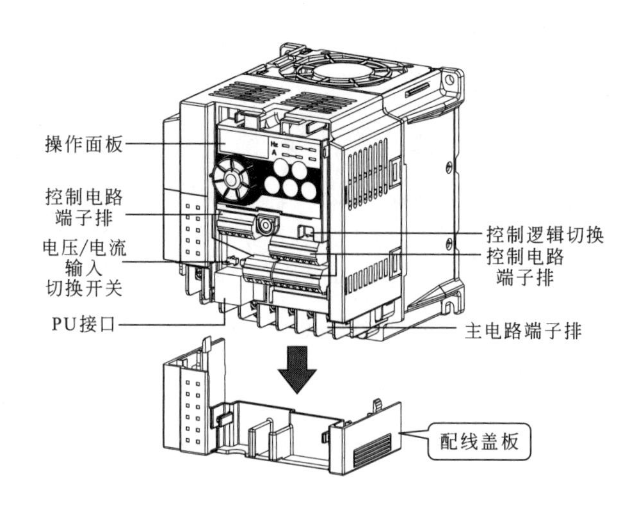

图3–10　取下变频器配线盖板

③ 如图3-11所示为FR-D740型变频器端子接线图。根据该变频器的接线图对变频器的各个

端子进行连接。

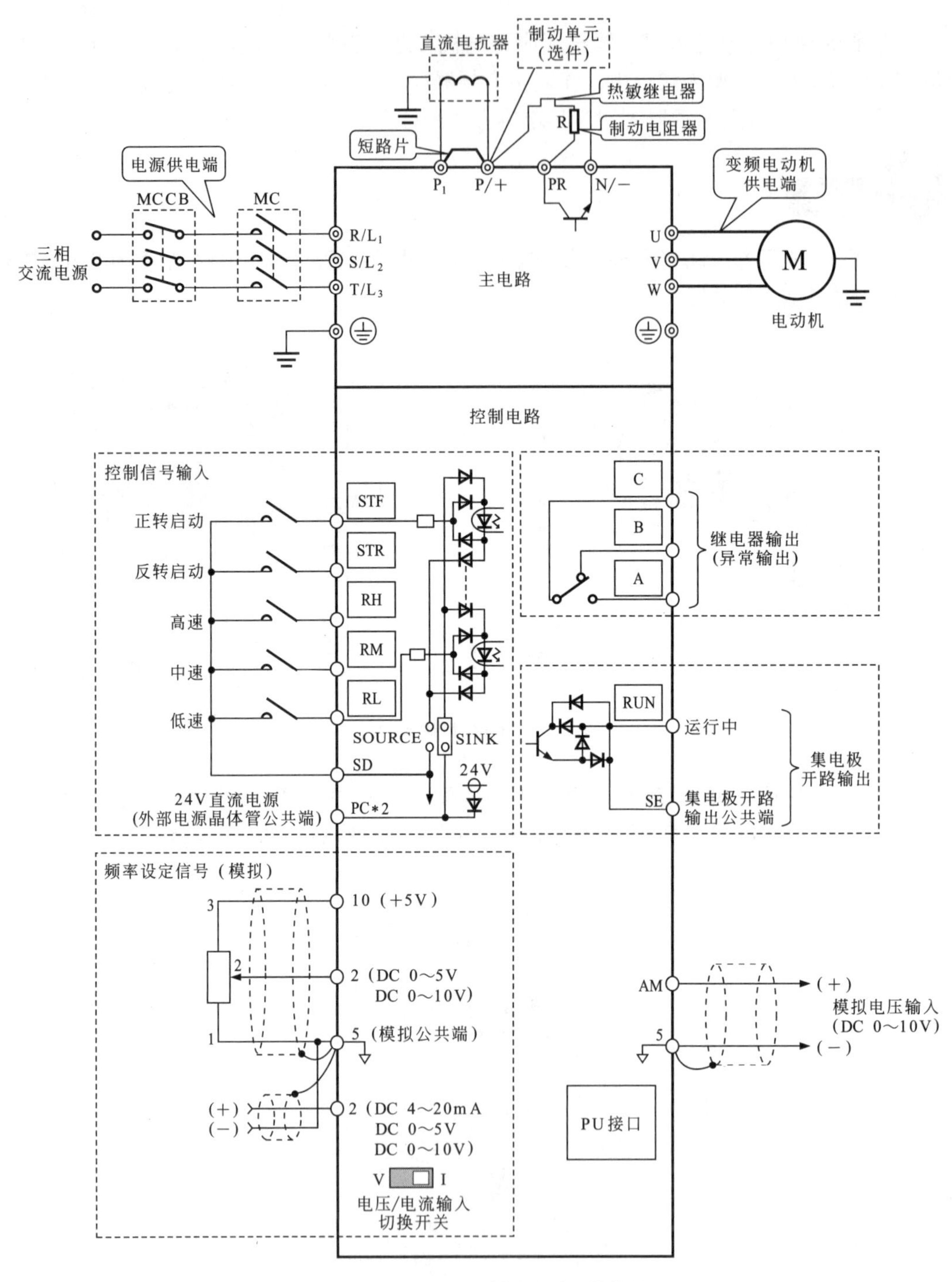

图3-11 FR-D740型变频器端子接线图

如表3-1所列为变频器各个端子的含义及功能。

表3-1 变频器各个端子的含义及功能

<table>
<tr><th colspan="2">端子号</th><th>端子名称</th><th colspan="2">端子功能</th></tr>
<tr><td rowspan="6">主电路端子</td><td>R/L_1、S/L_2、T/L_3</td><td>交流电源输入端</td><td colspan="2">用于连接电源，当使用高功率因数变流器（FR-HC）或共直流母线变流器（FR-CV）时该端子需断开，不能连接任何电路</td></tr>
<tr><td>U、V、W</td><td>变频器输出端</td><td colspan="2">用于连接三相交流感应电动机</td></tr>
<tr><td>P/＋、PR</td><td>制动电阻器连接端</td><td colspan="2">在P/＋、PR端子间连接制动电阻器（FR-ABR）</td></tr>
<tr><td>P/＋、N/－</td><td>制动单元连接端</td><td colspan="2">在P/＋、N/－端子间连接制动单元（FR-BU2）、共直流母线变流器（FR-CV）和高功率因数变流器（FRHC）</td></tr>
<tr><td>P/＋、P_1</td><td>直流电抗器连接端</td><td colspan="2">在P/＋、P_1端子间连接直流电抗器，连接时需拆下P/＋、P_1端的短路片，且只有连接直流电抗器时，才可拆下该短路片，否则不得拆下</td></tr>
<tr><td>⏚</td><td>接地端</td><td colspan="2">变频器接地</td></tr>
<tr><td rowspan="9">接点输入端子</td><td>STF</td><td>正转启动</td><td>STF信号ON时电动机为正转、OFF时为停止</td><td rowspan="2">STF信号和STR信号同时ON时电动机为停止状态</td></tr>
<tr><td>STR</td><td>反转启动</td><td>STR信号ON时电动机为反转、OFF时为停止</td></tr>
<tr><td>RH、RM、RL</td><td>多段速度选择</td><td colspan="2">用RH、RM和RL信号的组合可以选择多段速度</td></tr>
<tr><td rowspan="3">SD</td><td>接点输入公共端（出厂设定漏型逻辑）</td><td colspan="2">接点输入端子（漏型逻辑）的公共端</td></tr>
<tr><td>外部晶体管公共端（源型逻辑）</td><td colspan="2">源型逻辑当连接晶体管集电极开路输出时，防止因漏电引起的误动作</td></tr>
<tr><td>DC 24 V电源公共端</td><td colspan="2">DC 24 V，0.1 A电源（端子PC）的公共输出端，与端子5和端子SE绝缘</td></tr>
<tr><td rowspan="3">PC</td><td>外部晶体管公共端（出厂设定漏型逻辑）</td><td colspan="2">漏型逻辑当连接晶体管集电极开路输出时，防止因漏电引起的误动作</td></tr>
<tr><td>接点输入公共端（源型逻辑）</td><td colspan="2">接点输入端子（源型逻辑）的公共端</td></tr>
<tr><td>DC 24 V电源公共端</td><td colspan="2">可作为DC 24 V，0.1 A电源使用</td></tr>
</table>

续表

端子号		端子名称	端子功能
频率设定	10	频率设定用电源端	作为外接频率设定（速度设定）用电位器时的电源使用
	2	频率设定端（电压）	如果输入DC 0～5 V或DC 0～10 V，在5 V或10 V时为最大输出频率，输入输出成正比。
	4	频率设定（电流）	输入DC 4～20 mA或DC 0～5 V或DC 0～10 V时，在20 mA时为最大输出频率，输入输出成正比。只有AU信号为ON时该端子的输入信号才会有效（端子2的输入将无效）；电压输入DC 0～5V或DC 0～10 V时，需将电压/电流输入切换开关切换到“V”的位置
	5	频率设定公共端	频率设定信号中端子2、端子4、端子AM的公共端子，该公共端不能接地
继电器	A、B、C	继电器输出端（异常输出）	指示变频器因保护功能动作时输出停止信号 正常时：端子B-C间导通，端子A-C间不导通； 异常时：端子B-C间不导通、端子A-C间导通
集电极开路	RUN	变频器运行端	变频器输出频率大于或等于启动频率时为低电平，表示集电极开路输出用的晶体管处于ON状态（导通状态）；已停止或正在直流制动时为高电平，表示集电极开路输出用的晶体管处于OFF状态（不导通状态）
	SE	集电极开路输出公共端	RUN的公共端子
模拟	AM	模拟电压输出端	可以从多种监视项目中选择一种作为输出，当变频器复位中不被输出，输出信号与监视项目的大小成正比
RS-485	—	PU接口	通过PU接口与带有RS-485接口的计算机相连，用户可通过客户端程序对变频器进行控制、监视及读写变频器参数等操作 标准规格：EIA-485（RS-485）；传输方式：多站点通讯；通讯速率：4800～38400 bps；总长距离：500 m
生产厂家设定用端子	S1、S2、S0、SC		该端子是由生产厂家设定用的端子，不可连接任何设备，也不可拆下连接在端子S1与SC，S2与SC中间的短路线。若出现错误操作，将引起变频器无法运行的故障

④ 如图3-12所示为变频器主电路端子排与电机、电源的连接示意图。将电源线分别连接在主电路端子排的交流输入端R/L_1、S/L_2、T/L_3上，再将电动机的U、V、W端分别连接在主电路端子排的变频器输出端U、V、W端。图中的短路片只有在连接直流电抗器时，才可拆下。

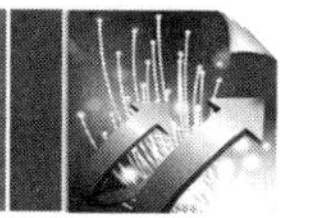

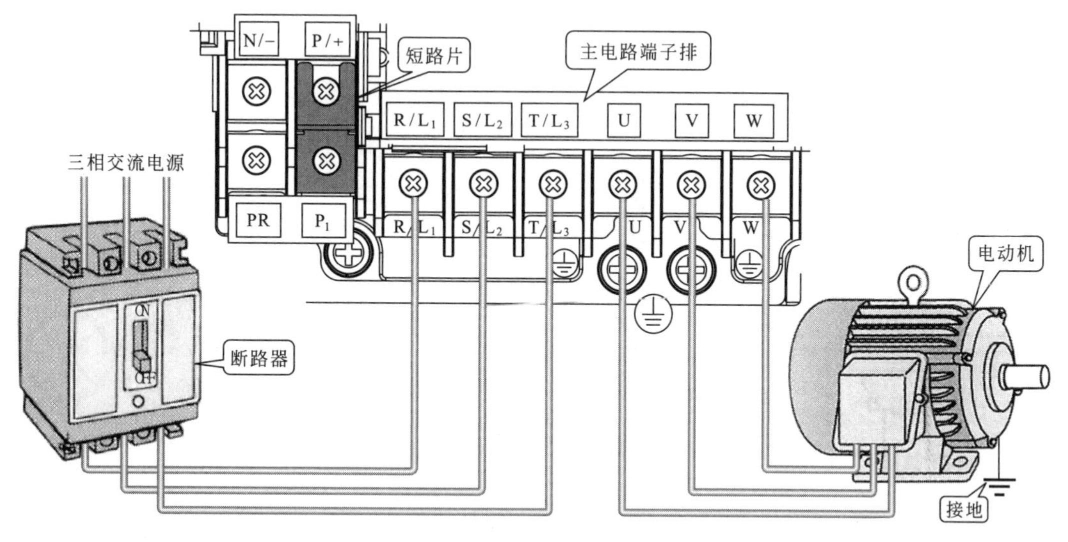

图3–12　变频器主电路端子排与电机、电源的连接

提示

变频器主电路端子排与电机、电源连接时，压接端子建议使用带有绝缘套管的端子，并且端子的紧固螺钉需按照变频器规定的转矩拧紧，防止变频器出现短路、误动作等故障。在长距离接线时，其变频器与电动机之间的连接线的最大长度应符合表3-2所列的标准值。

表3–2　变频器与电动机之间连接线长度

PWM频率选择设定值（载波频率）	变频器容量				
	0.4 kW	0.75 kW	1.5 kW	2.2 kW	3.7 kW或以上
1 kHz	200 m以下	200 m以下	300 m以下	500 m以下	500 m以下
2 ～ 14.5 kHz	30 m以下	100 m以下	200 m以下	300 m以下	500 m以下

如图3-13所示为变频器与电动机连接线总长度示意图。无论连接几台电动机，变频器与电动机的总长度都应符合表3-2中的长度。

⑤ 如图3-14所示为变频器与电动机（其他设备）的接地连接方法示意图。连接变频器与电动机时，应注意良好的接地，尽量采用专用接地或共用接地，不得采用共用接地线的方法进行接地，接地线应选择该变频器规定的尺寸或大于规定的尺寸进行接地。

⑥ 如图3-15所示为控制电路端子排的排列示意图。根据端子排上标记的端子号进行接线操作。接线时，应选用屏蔽线或双绞线进行连接，且电线尺寸应选在0.3 ～ 0.75 mm^2之间。

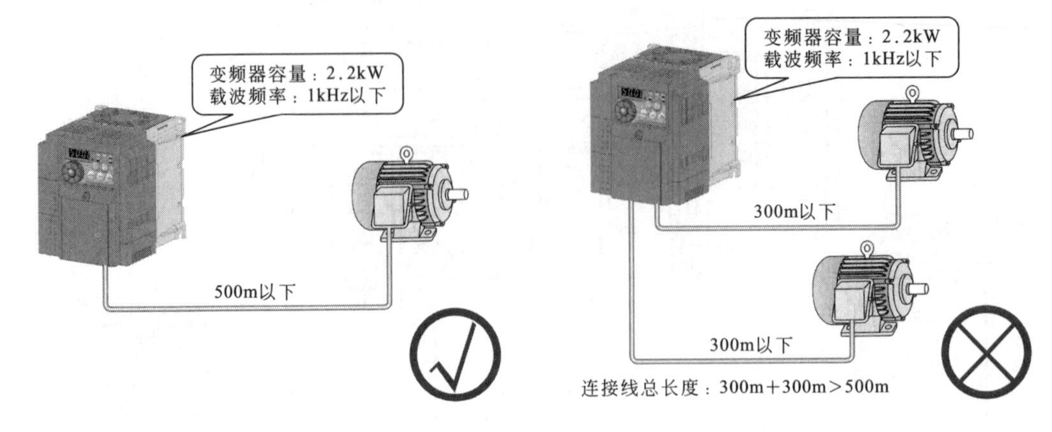

图3-13 变频器与电动机连接线总长度示意图

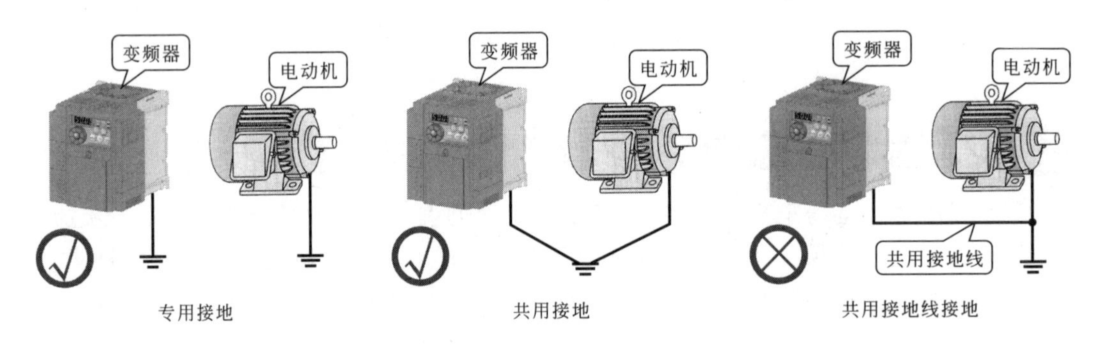

图3-14 变频器与电动机（其他设备）的接地连接方法示意图

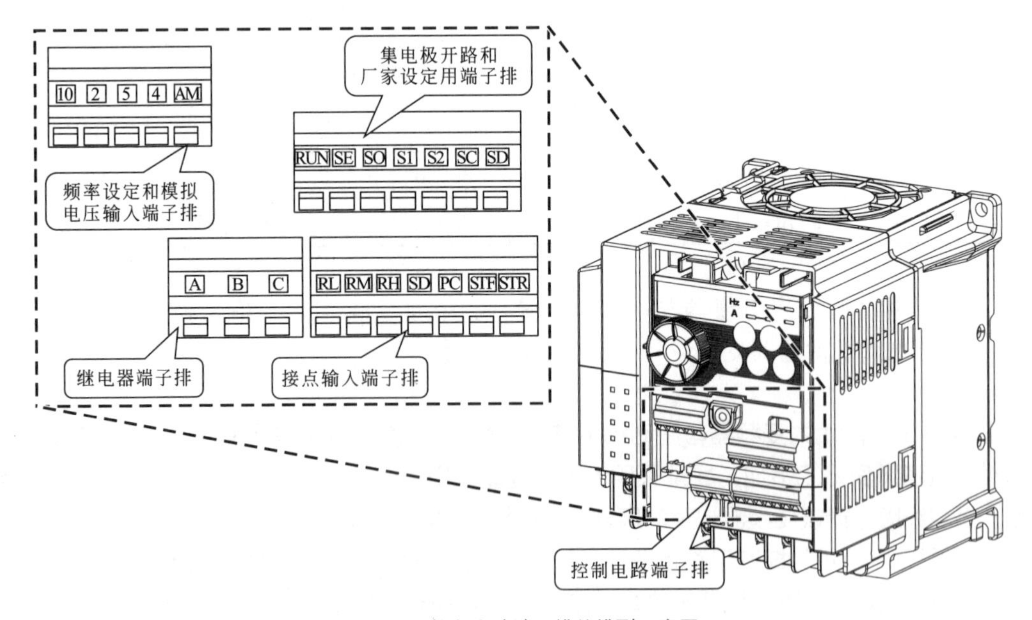

图3-15 控制电路端子排的排列示意图

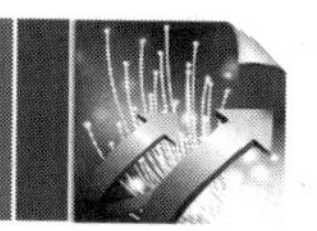

⑦ 如图3-16所示为控制电路连接线的加工示意图。连接控制电路时，需使用棒状连接端子，连接时，先将电线外皮拨开，露出10 mm的线芯，若线芯露出过长容易与临线造成短路，若过短导线可能会脱落。拨开线芯后按图3-16所示穿入棒状壳体与套管内，使线芯露出套管约0 ~ 0.5 mm。连接线加工完成后，检测套管表面是否有破损、变形等现象或线芯是否出现外露，若出现上述任一种情况，均不可使用。

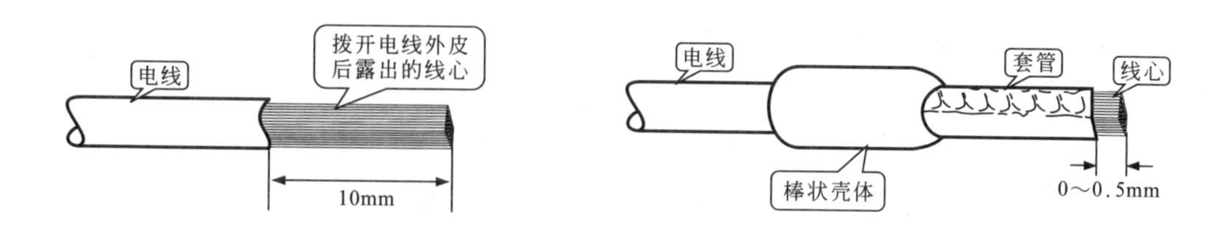

图3-16　控制电路连接线的加工

⑧ 如图3-17所示为控制电路连接示意图。将加工好的棒状连接端子插入到变频器控制电路端子排的端子上。

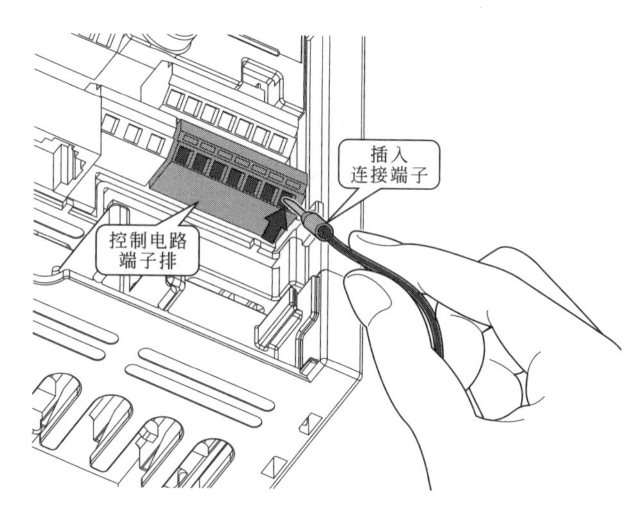

图3-17　控制电路连接

⑨ 如图3-18所示为连接完成的局部控制电路端子示意图。

扩展

如图3-19所示为拔下连接线示意图。若在连接控制电路时，连接错误，需要将电线拔出，此时需使用小型一字螺丝刀垂直按下开关按钮，将其按入深处，同时拔下电线即可。使用一字螺丝刀压下开关按钮时，切忌刀头滑动使变频器损坏。

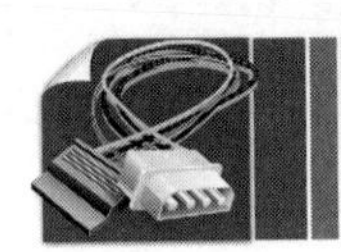

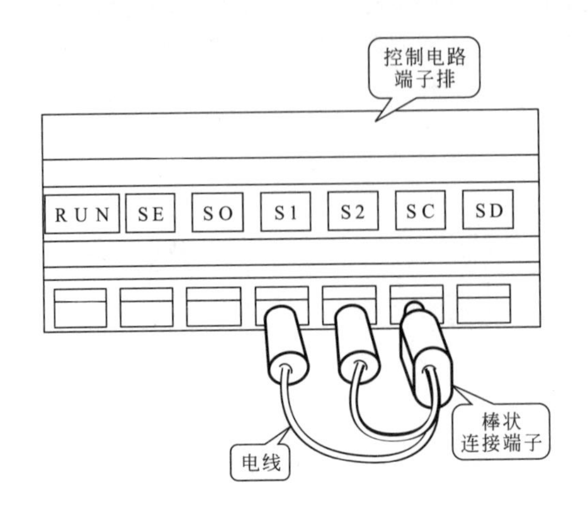

图3-18　连接完成的局部控制电路端子

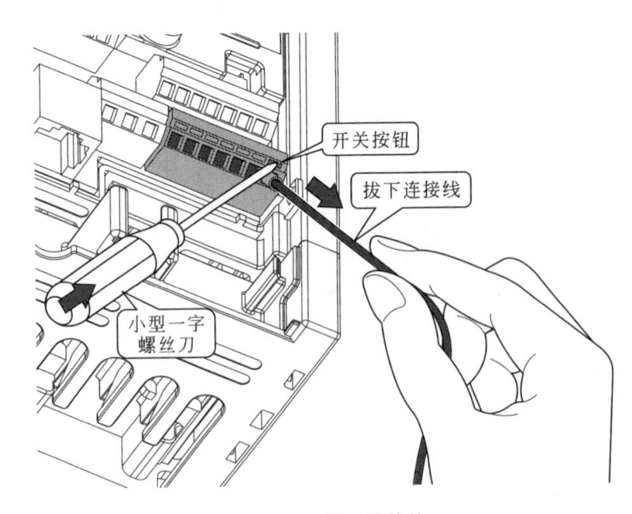

图3-19　拔下连接线

提示

如图3-20所示为控制电路的接点示意图。在选用控制电路接点时，应选择两个或两个以上并联或使用双接点，这是因为控制电路输入的为微电流信号，用于防止插入接点时接触不良。

接点输入端子SD、集电极开路输出端子SE、频率设定信号/模拟量输出公共端子，连接时不能接地，且各公共端子之间应互相绝缘。

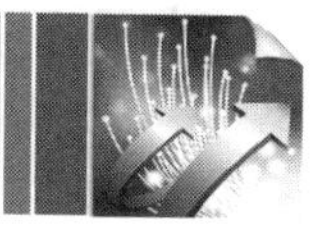

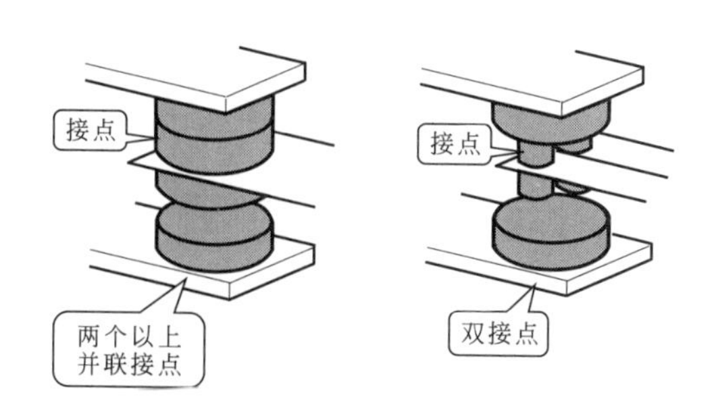

图3-20　控制电路的接点

⑩ 如图3-21所示为PU接口引脚排列示意图。通过连接PU接口，可实现变频器与参数单元、操作面板或计算机等进行信号传输。PU接口各引脚名称及功能如表3-3所列。

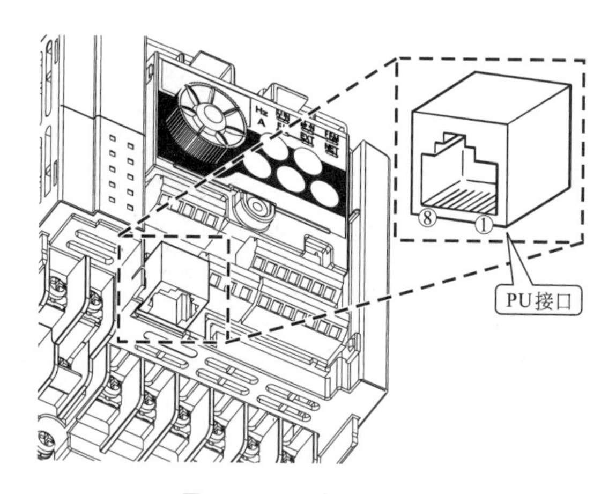

图3-21　PU接口引脚排列

表3-3　PU接口各引脚名称及功能

引脚	名称	功能	引脚	名称	功能
①	SG	接地与端子5打导通	⑤	SDA	变频器发送＋
②	P5S	参数单元电源	⑥	RDB	变频器接收－
③	RDA	变频器接收＋	⑦	SG	接地与端子5打导通
④	SDB	变频器发送－	⑧	P5S	参数单元电源

⑪ 如图3-22所示为PU接口与参数单元连接示意图。将连接电缆的一头插入PU接口中，另一头插入参数单元的接口中。

⑫ 如图3-23所示为PU接口与计算机的连接示意图。变频器通过与计算机连接，用户可通过客户端程序对变频器进行控制、监视及读写变频器参数等操作。

⑬ 如图3-24所示为PU接口与计算机RS-485接口的接线图。PU接口与计算机RS-485接口进行连接时，②脚和⑧脚不能够使用，因为该引脚用于为操作面板和参数单元提供电源。

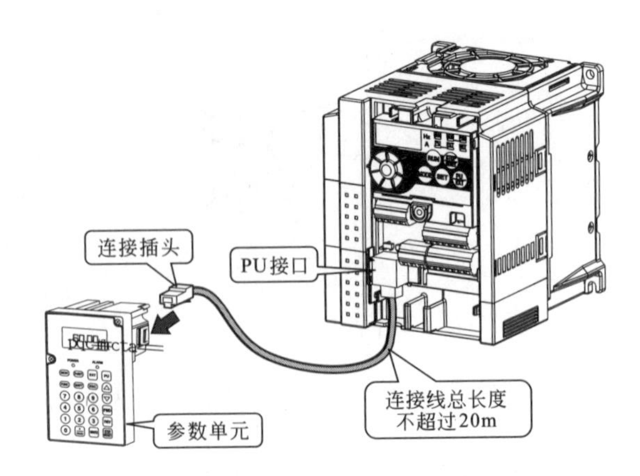

图3-22 PU接口与参数单元连接

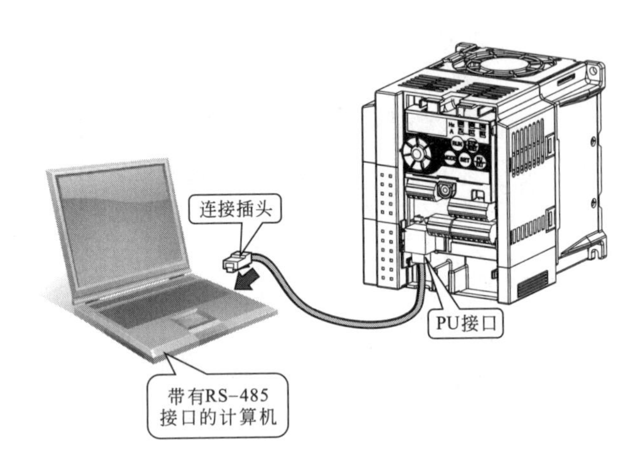

图3-23 PU接口与计算机的连接

计算机RS-485端子	
引脚名称	功能
RDA	接收数据
RDB	接收数据
SDA	发送数据
SDB	发送数据
RSA	请求发送
RSB	请求发送
CSA	可发送
CSB	可发送
SG	信号地
FG	外壳地

信号方向

变频器PU接口
引脚名称
SDA
SDB
RDA
RDB
SG

图3-24 PU接口与计算机RS-485接口的接线图

⑭ 如图3-25所示为计算机RS-485接口与多台变频器连接示意图及接线图。由于不同机端子号不同，安装时应按照计算机的使用说明进行。此外，在计算机RS-485接口与多台变频器连接时，传输速度、传输距离等因素会受到反射的影响，从而影响通信。因此，在连接时，需在终端（离计算机最远的变频器上）连接一个约100Ω的阻抗器。同时在进行多台连接时，需使用分配器。

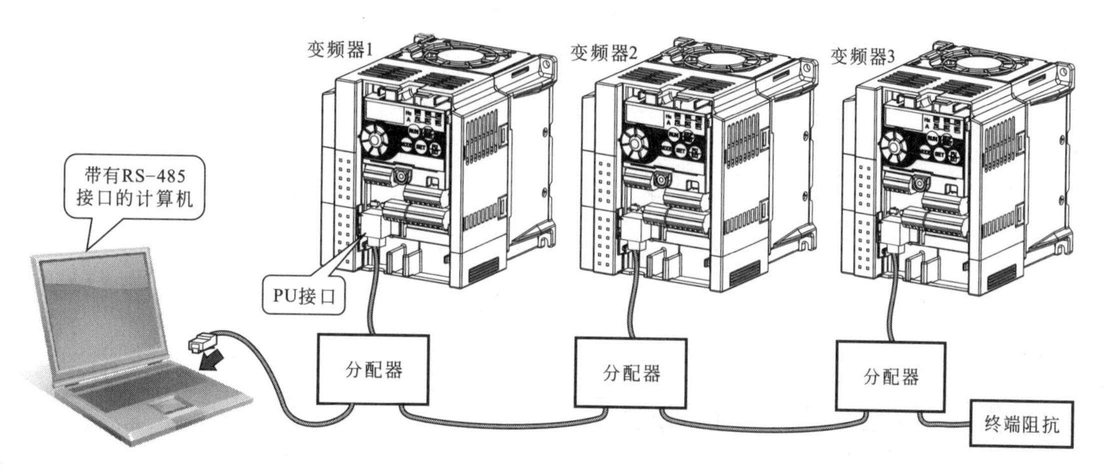

（a）计算机RS-485接口与多台变频器连接示意图

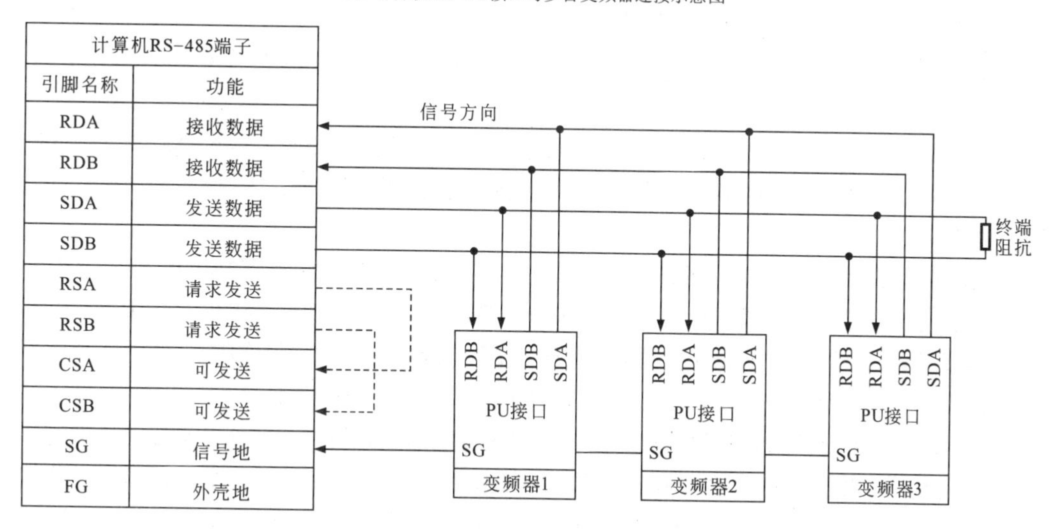

（b）计算机RS-485接口与多台变频器连接接线图

图3-25　计算机RS-485接口与多台变频器的连接

⑮ 如图3-26所示为制动电阻器的连接示意图。当电动机通过负载旋转或需要迅速减速时，需要在变频器的主电路端子排上连接变频器专用的制动电阻器。将制动电阻器的接线端子分别接在主电路端子排上的P/＋和PR端子上进行固定。

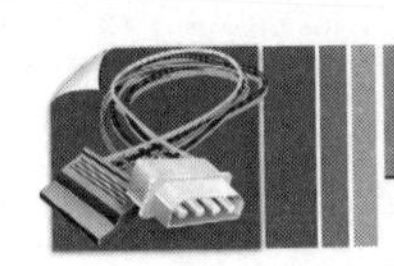

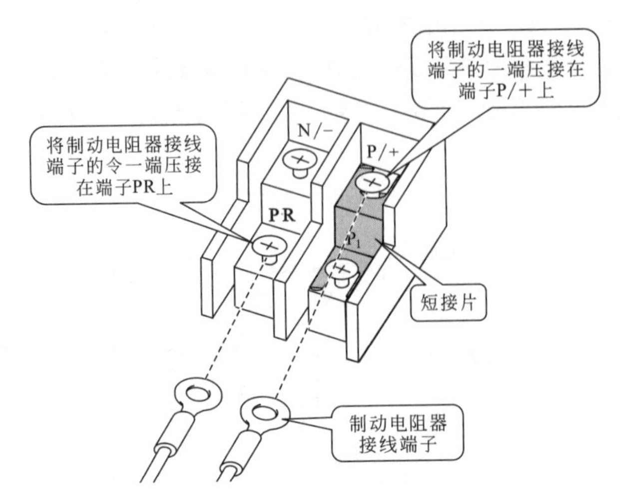

图3–26　制动电阻器的连接示意图

提示

在P/＋和PR端子上接有制动电阻器，为了防止在高频工作时制动电阻器容易发热，出现过热、烧坏等故障，需要使用热敏继电器切断电路。当变频器使用外接制动电阻器后，不可同时使用制动单元、高功率因数变流器、电源再生变流器等。

⑯ 如图3-27所示为制动单元的连接示意图。当电动机高速运转时，通过制动单元可使电动机迅速减速，提高制动能力。由于该制动单元与放电电阻器连接，因此，需将制动单元的制动模式设定为“1”。

首先将制动单元（FR-BU_2）的P/＋端和N/－端与变频器主电路端子排上的P/＋端和N/－端进行连接；然后按照图中制动单元（FR-BU_2）的端子标识，在PR端和P/＋端串接GRZG型放电电阻器和热敏继电器，热敏继电器是用于防止放电电阻器过热而设置的；最后将热敏电阻器的开关端和制动单元（FR-BU_2）的B端、C端进行串接，并连接电源。

对于400 V级电源，需要在电源端连接一个降压变压器，同时为了防止制动单元内部晶体管损坏，电阻器异常发热，需在变频器的电源输入端安装一个电磁接触器，使其在电路出现故障时自动断开，起到自动保护的作用。在连接时，变频器与制动单元、制动单元与放电电阻器之间的连接线距离应低于5 m。

⑰ 如图3-28所示为高功率因数变流器的连接示意图。高功率因数变流器用于抑制电源谐波，连接时，可按照图3-28的连接关系将各端子连接上，应注意变频器的电源输入端子R/L_1、S/L_2、T/L_3必须断开，由功率因数变流器直接给变频器提供直流电源。注意防止连接错误损坏变频器。

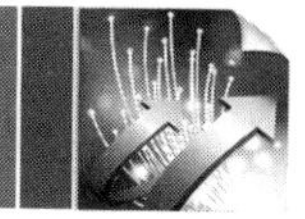

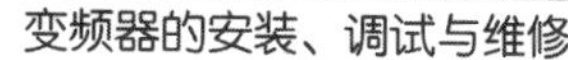

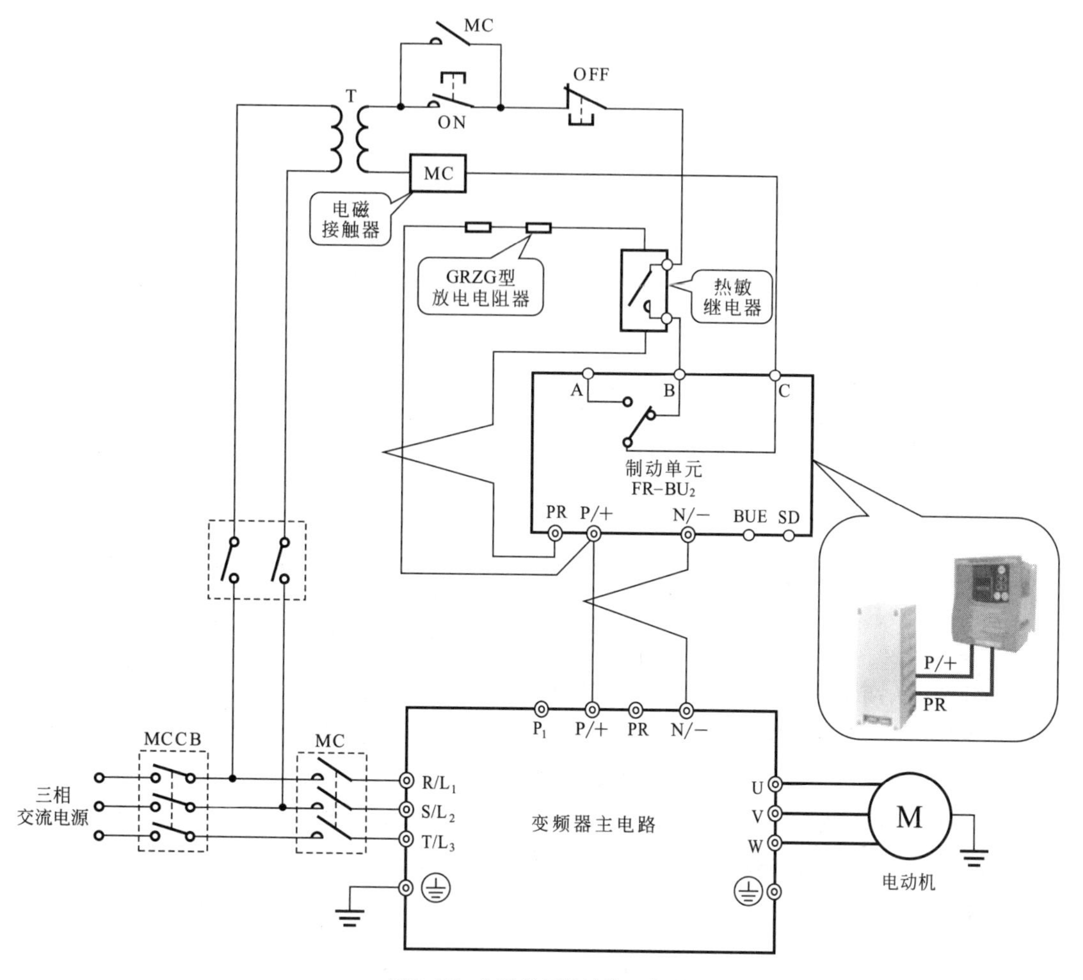

图3-27　制动单元的连接示意图

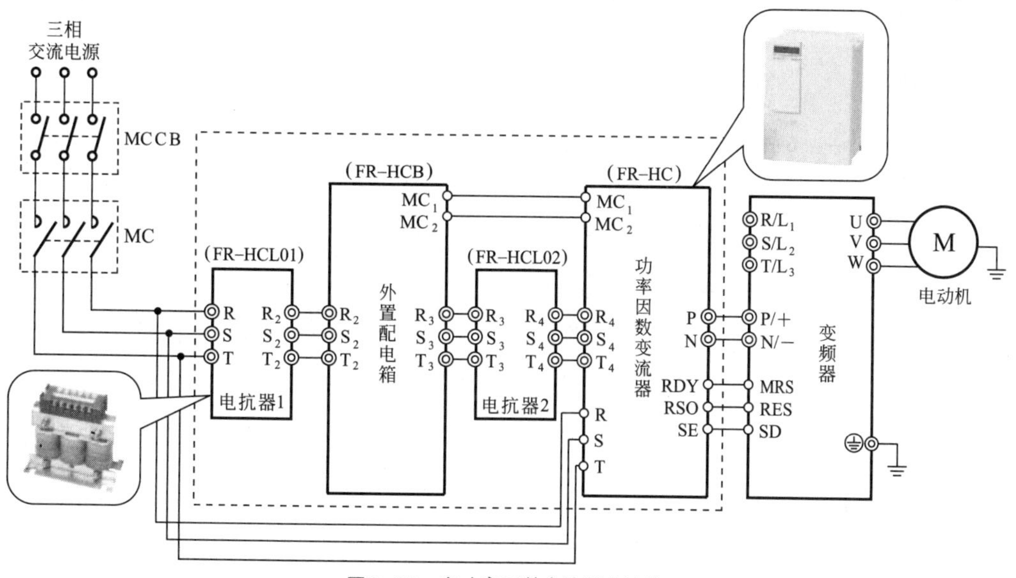

图3-28　高功率因数变流器的连接

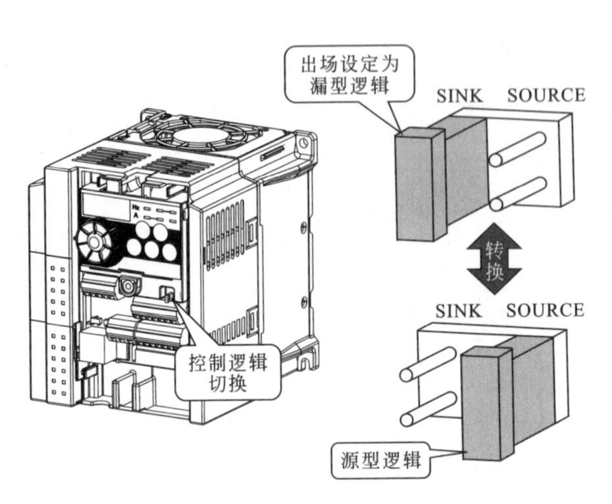

图3-29 控制逻辑电路的切换

如图3-29所示为控制逻辑电路的切换示意图。连接功率因数变流器时，应选择出厂设定的漏型逻辑（SINK）控制方式。不使用功率因数变流器的情况下，应采用源型逻辑（SOURCE）。设置变频器时，将变频器断电后，使用镊子将源型逻辑上的跨接器转换到漏型逻辑上。安装时应注意控制逻辑的切换上的跨接器不能同时安装在漏型逻辑和源型逻辑上，必须二选一。

⑱ 如图3-30所示为共直流母线变流器的连接示意图。这种方式是采用共直流母线变流器为变频器提供直流电源，共直流母线变流器有利于提高制动能力。连接时，可按照图3-30的连接关系将各端子连接上，将控制逻辑切换至出厂设置的漏型逻辑（SOUREC）端，且应注意变频器的电源输入端子R/L_1、S/L_2、T/L_3必须断开供电电源，防止连接错误损坏变频器，同时三相交流电源必须与专用独立电抗器中的R/L_{11}、S/L_{21}、T/L_{31}连接，防止损坏共直流母线变流器。

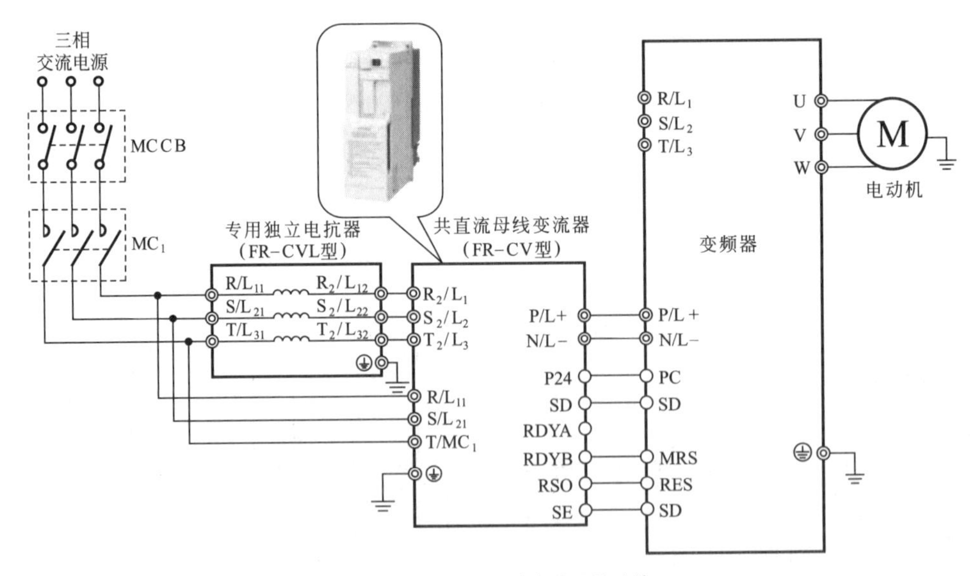

图3-30 共直流母线变流器的连接

⑲ 如图3-31所示为直流电抗器的连接示意图。拧下主电路端子排上的P/+端子和P_1端子上的固定螺丝，取下短接片，然后将直流电抗器的接线端子分别连接在P/+端子和P_1端子上。

⑳ 如图3-32所示为变频器及周边设备的连接完成示意图。

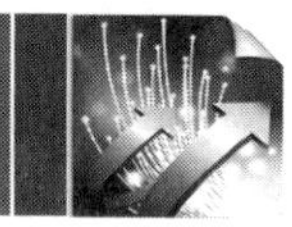

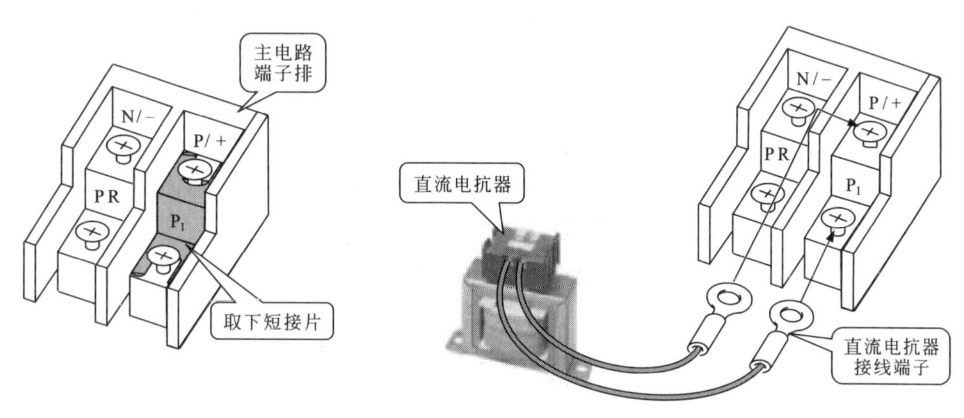

图3-31　直流电抗器的连接

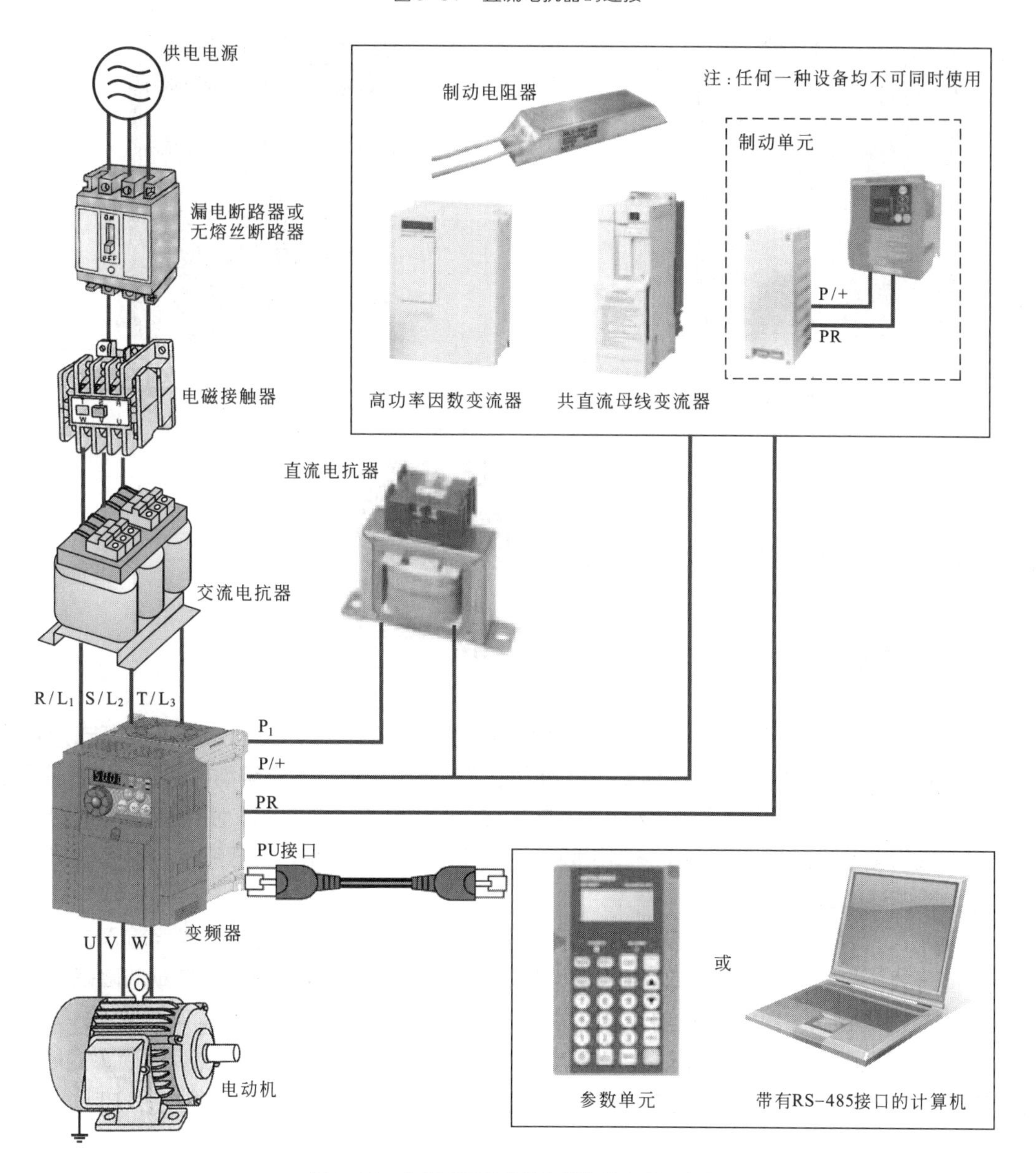

图3-32　变频器及周边设备的连接完成示意图

3.2 变频器的调试与使用

如图3-33所示为西门子MICROMASTER 430变频器的两种调试方法，该变频器的标准配件中带有SDP状态显示屏，利用SDP和厂商的缺省设置值即可使变频器投入使用，当缺省设置值不符合设备要求时，可通过选配该变频器的BOP-2基本操作屏进行调试，使变频器符合设备要求投入使用。

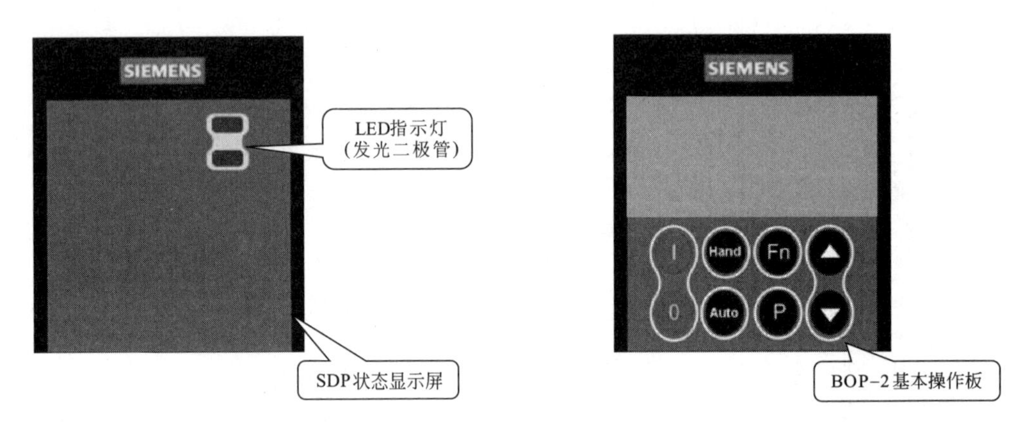

图3-33 西门子MICROMASTER 430变频器的两种调试方法

3.2.1 变频器SDP状态显示屏的调试方法

① 如图3-34所示为西门子MICROMASTER 430变频器的连接方框图。该连接方式为利用SDP和厂商的缺省设置值，通过此连接方法即可使变频器投入运行，对电动机的速度进行控制。

② 如图3-35所示为西门子MICROMASTER 430变频器调试连接图。使用变频器上安装的SDP可以进行电动机的启动和停止、固定频率、故障确认等的控制。按照图3-35进行连接，即可对电动机的速度进行控制。

数字输入1（DIN1）控制外接开关，实现电动机的正向运行和停机控制；数字输入2（DIN2）控制外接开关，实现电动机的反向运行；数字输入3（DIN3）控制外接开关，实现故障确认（复位控制）；数字输入4（DIN4）控制外接开关，实现固定频率的控制；数字输入5（DIN5）控制外接开关，实现固定频率的控制；数字输入6（DIN6）控制外接开关，实现固定频率的控制；数字输入7（经由AIN1），实现不激活控制；数字输入8（经由AIN2），实现不激活控制。

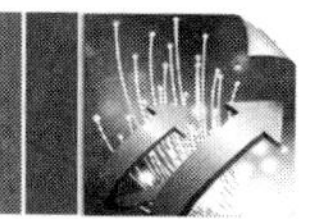

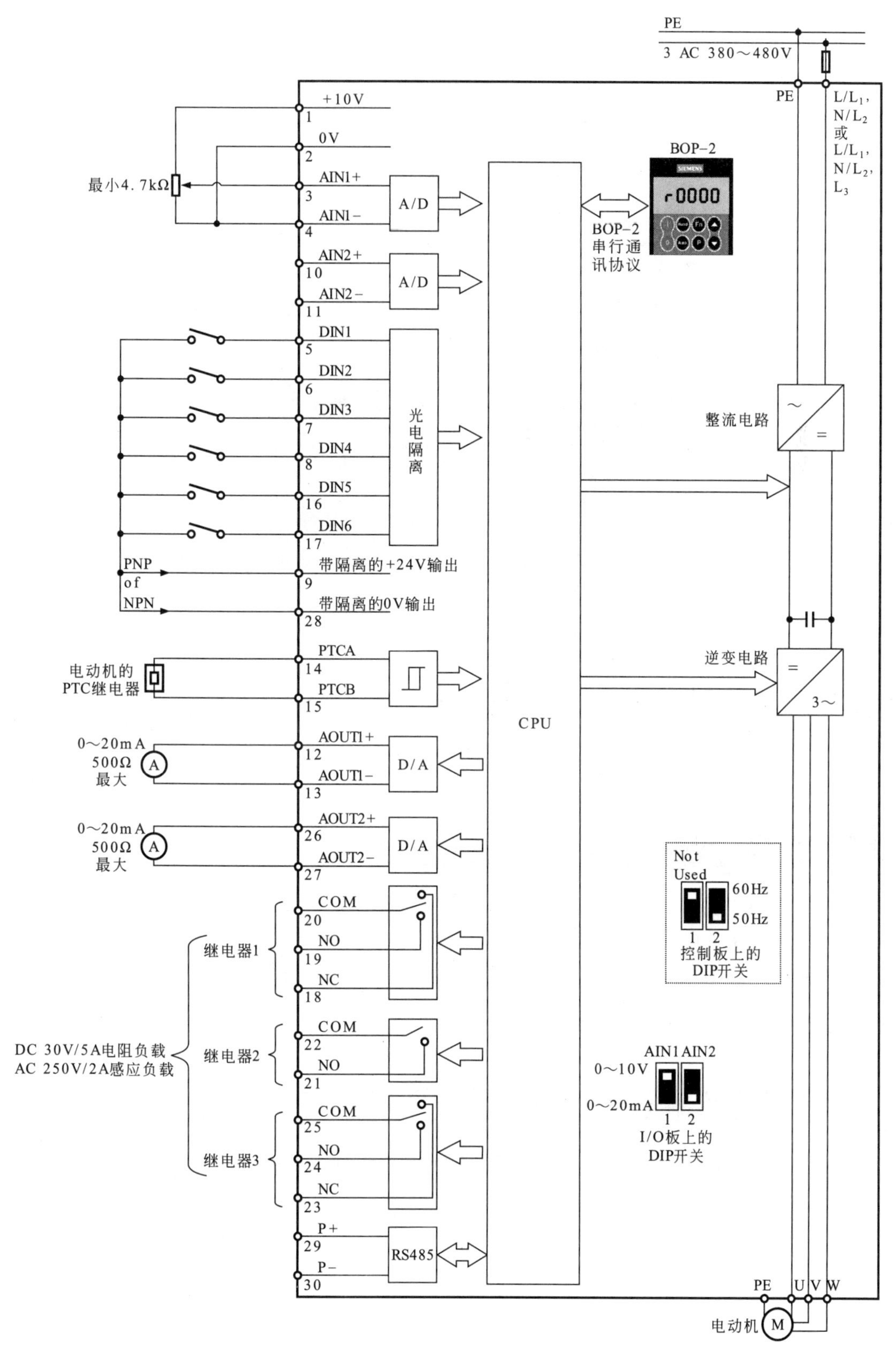

图 3-34 西门子 MICROMASTER 430 变频器的连接方框图

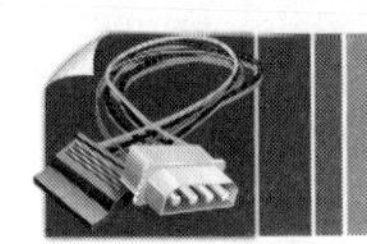

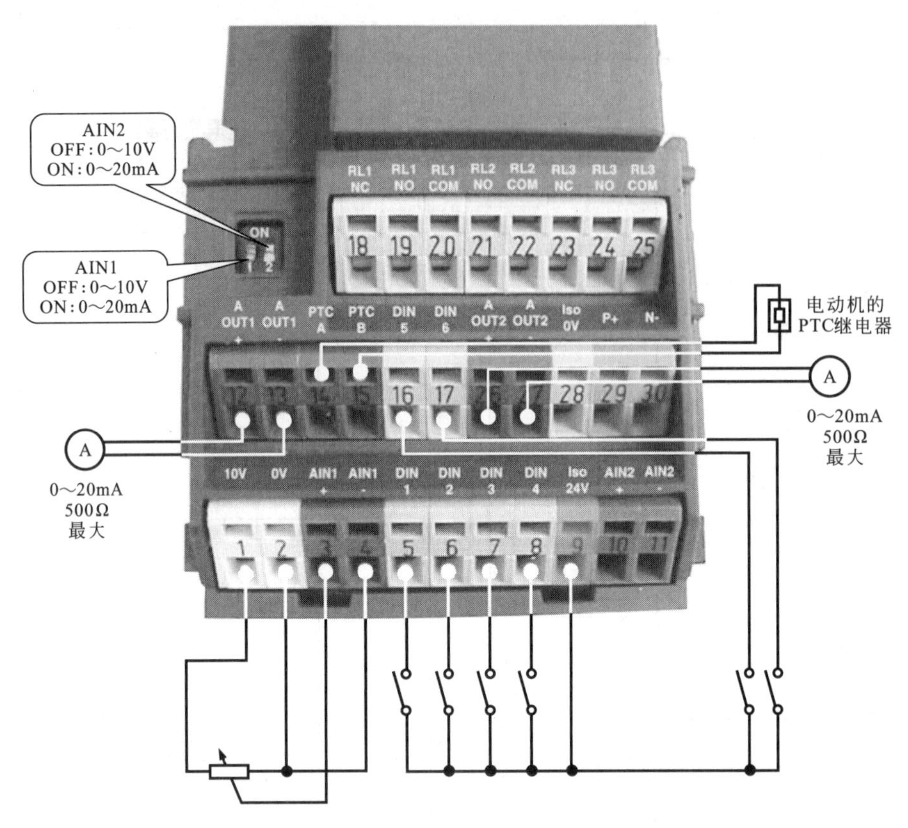

图3-35　西门子MICROMASTER 430变频器的调试连接图

提示

在采用SDP状态显示屏进行调试时，变频器的预设定值必须与电动机的额定功率、额定电压、额定电流及额定频率等进行兼容，且由模拟电位计控制电动机的运转速度（频率为50 Hz时，最大速度为3000 r/min，60 Hz时为3600 r/min），斜坡上升/下降时间为10 s。

扩展

如表3-4所列为西门子MICROMASTER 430变频器上SDP状态显示屏上LED指示的变频器状态。

如表3-5所列为SDP操作时的缺省设置值。通过该表可了解各数字输入端对应的端子号及控制的缺省操作。

表3-4　SDP状态显示屏上LED指示的变频器状态

指示状态	故障部位	指示状态	故障部位
灭 灭	电源未接通	亮 闪约1 s	变频器过温故障
亮 亮	运行准备就绪	闪约1 s 闪约1 s	电流极限报警（两个LED同时闪光）
灭 亮	变频器故障（以下故障除外）	闪约1 s 闪约1 s	其他报警（两个LED交替闪光）
亮 灭	变频器正在运行	闪约1 s 闪约0.3 s	欠电压报警、欠电压跳闸故障
灭 闪约1 s	过电流故障	闪约0.3 s 闪约1 s	变频器不在准备状态
闪约1 s 灭	过电压故障	闪约0.3 s 闪约0.3 s	ROM故障（两个LED同时闪光）
闪约1 s 亮	电动机过温故障	闪约0.3 s 闪约0.3 s	RAM故障（两个LED交替闪光）

表3-5　SDP操作时的缺省设置值

数字输入端	端子	参数	缺省操作
数字输入1（DIN1）	5	P0701＝‘1’	电动机停止、正向运转
数字输入2（DIN2）	6	P0702＝‘12’	反向运转
数字输入3（DIN3）	7	P0703＝‘9’	故障确认（复位）
数字输入4（DIN4）	8	P0704＝‘15’	固定频率
数字输入5（DIN5）	16	P0705＝‘15’	固定频率
数字输入6（DIN6）	17	P0706＝‘15’	固定频率
数字输入7	经由AIN1	P0707＝‘0’	不激活
数字输入8	经由AIN2	P0708＝‘0’	不激活

3.2.2 变频器BOP-2基本操作屏调试方法

（1）变频器BOP-2基本操作屏调试前的准备工作

① 如图3-36所示为SDP状态显示屏的拆卸。使用BOP-2基本操作屏进行调试前，应先将SDP状态显示屏取下，将BOP-2基本操作屏安装上，按图3-36所示按下SDP状态显示屏上端的固定卡扣，卡扣松开后，将SDP状态显示屏取下。

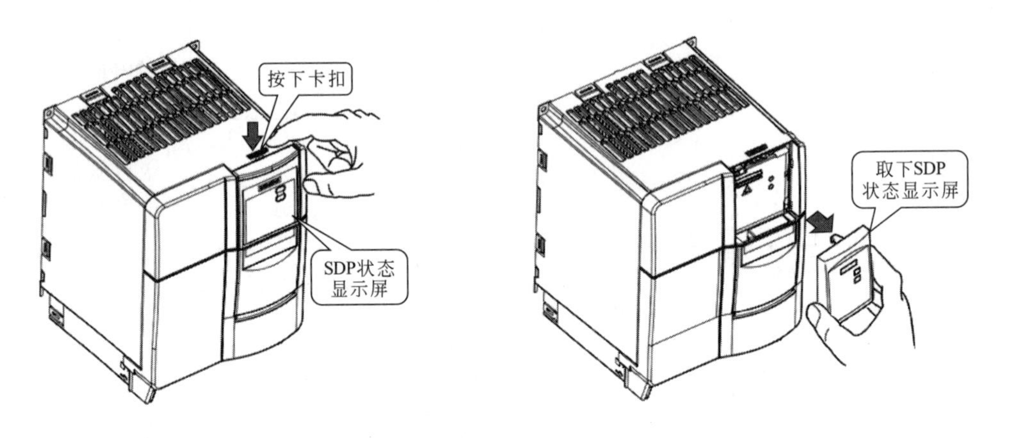

图3-36 SDP状态显示屏的拆卸

② 如图3-37所示为I/O板的拆卸方法。在机械和电器安装完成的条件下，使用BOP-2基本操作屏进行调试时，应先通过DIP开关2对电动机的频率进行设置，DIP开关2位于控制板上、I/O板的背部，因此调节DIP开关2时，需将I/O板取下，取下时应先将I/O板的前盖板取下，然后使用一字螺丝刀撬动I/O板上端的卡扣，卡扣松开后，即可取下I/O板。

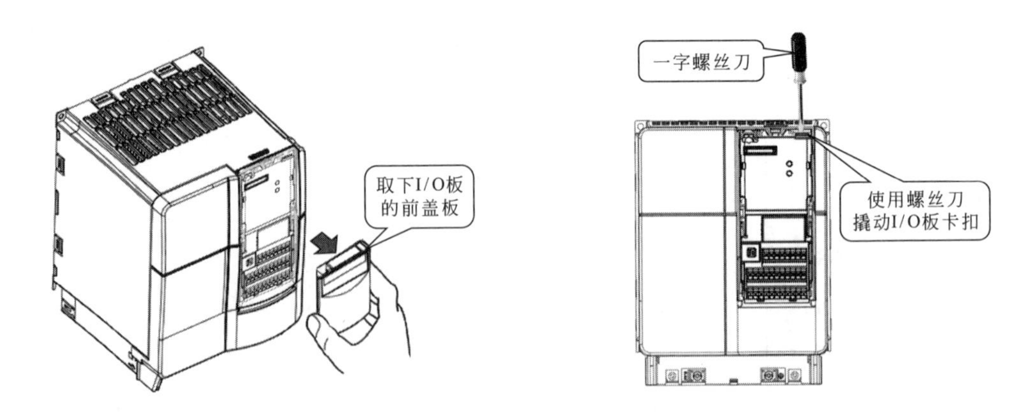

图3-37 I/O板的拆卸方法

③ 如图3-38所示为取下的I/O板示意图。取下I/O板后，即可看到位于控制板上的DIP开关

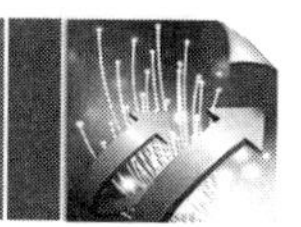

2，在I/O板带有一个DIP开关1，但此开关不供用户使用。

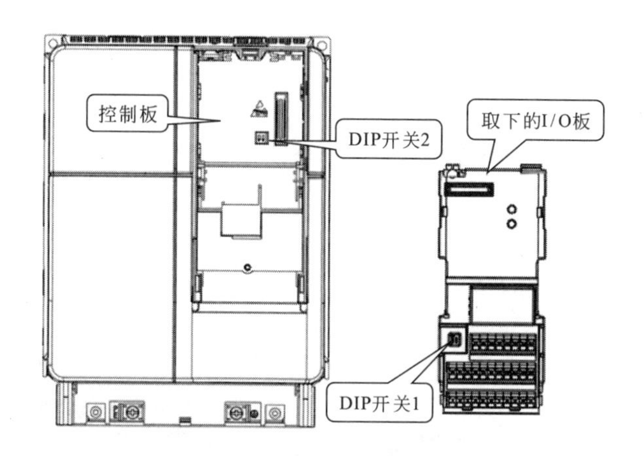

图3-38 取下的I/O板

④ 如图3-39所示为调节DIP开关2的示意图。DIP开关2具有两个调节位置，即OFF（50 Hz）、ON（60 Hz）。调节时，需根据不同的地区进行选择，在此将该开关调节至OFF的位置，即50 Hz的位置。

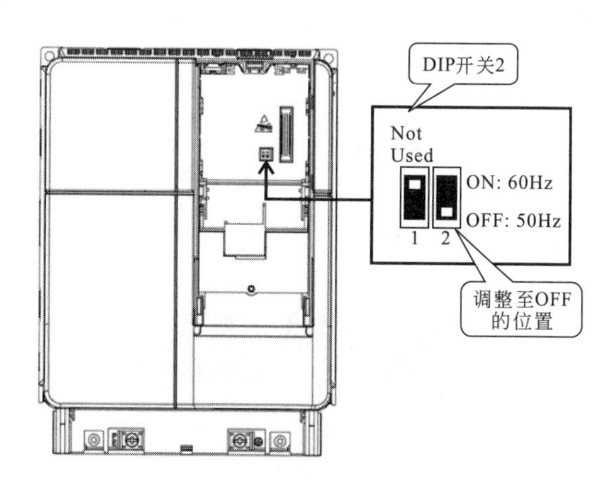

图3-39 调节DIP开关2

⑤ 如图3-40所示为BOP-2基本操作屏的安装示意图。DIP开关2调节完成后，将I/O板和其前盖板安装上，安装完成后，再将BOP-2基本操作屏放入操作屏的槽内，将上端卡扣卡在变频器上端的卡槽内。

⑥ 如图3-41所示为BOP-2基本操作屏的安装完成示意图。

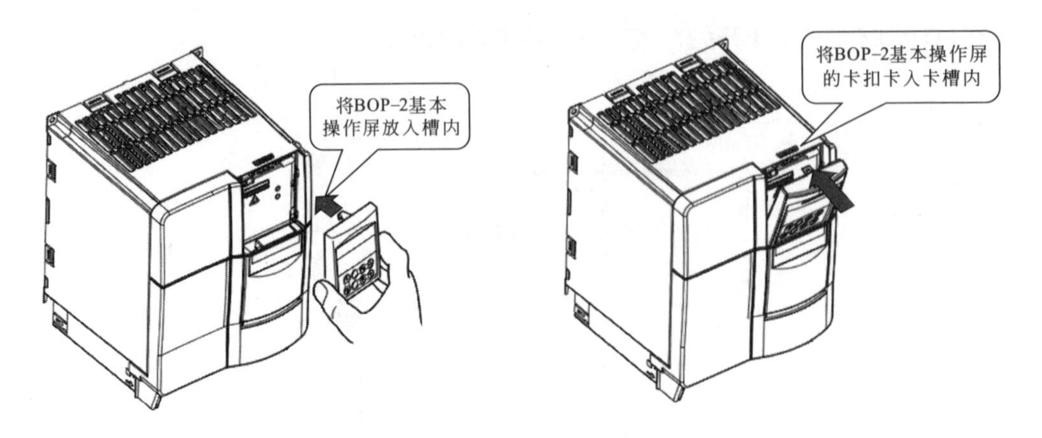

图3-40　BOP-2基本操作屏的安装示意图

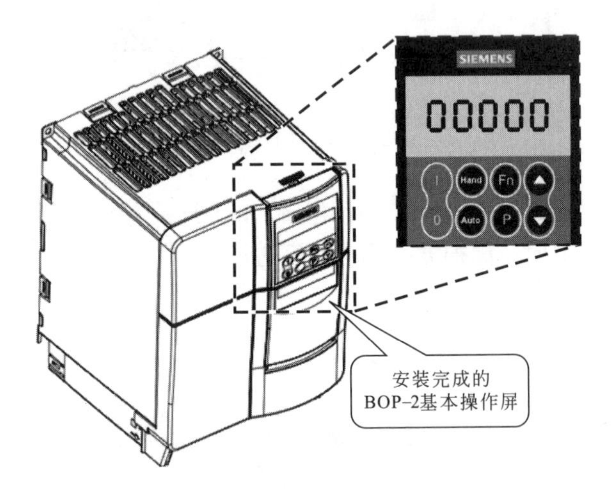

图3-41　BOP-2基本操作屏的安装完成示意图

⑦ 如图3-42所示为BOP-2基本操作屏的按钮功能示意图。其各按键的功能说明如表3-6所列。

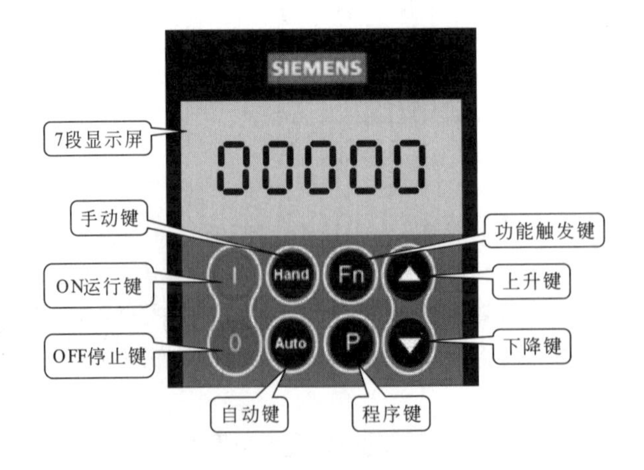

图3-42　BOP-2基本操作屏的按钮功能

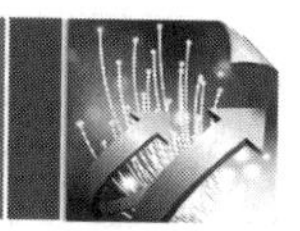

表3-6　各按键的功能

按键名称	功能	功能说明
7段显示屏	状态显示	通过LCD显示屏显示变频器当前的设定值
ON运行键	启动变频器	缺省值运行时，ON运行键被封锁，若使此键操作有效，应将参数P0700设置为“1”
OFF停止键	停止变频器	按动一次OFF停止键：变频器按选定的斜坡下降速率减速停车，缺省值运行时，OFF停止键被封锁，若使此键操作有效，应将参数P0700设置为“1” 按动两次OFF停止键（按动一次时时间要长）：电动机将在惯性作用下自由停车
手动键	手动方式	用户的端子板和BOP-2基本操作屏是手动命令源和设定值信号源
自动键	自动方式	用户的端子板或串行接口或现场总线接口是命令源和设定值信号源
功能触发键	功能选择	连续多次按下此按键，将轮流显示以下参数： 1. 直流回路电压：用d表示，单位V； 2. 输出电流：单位A； 3. 输出频率：单位Hz； 4. 输出电压：用O表示，单位V； 5. 由P0005选定的数值，如果P0005选择显示上述参数中的3、4、5任何一个，这里将不再显示 变频器运行过程中，在显示任何一个参数时，按下此键并保持2 s不动，将显示以上参数值 跳转功能：在显示任何一个参数（r××××或P××××）时，短时间按下此按键，将立即跳转到r0000，若需要可接着修改其他参数。若不需要修改，跳转到r0000后，按此按键将返回到原来的显示点。 退出：在变频器出现故障或报警时，按下此按键可将显示屏上显示的故障或报警信息复位
程序键	访问参数	按动此按键可访问参数
上升键	增加数值	按动此按键可增加显示屏上显示的参数数值
下降键	减少数值	按动此按键可减少显示屏上显示的参数数值

（2）快速调试的设置

如图3-43所示为该变频器连接电动机的铭牌标识。进行快速调试的设置时，应先查看电动机的铭牌标识上标有的数据，便于快速调速时输入参数值。图3-43的电动机铭牌标识中有两组参数，在调试中，可根据需要选择一组数值进行调试。

① 如图3-44所示为用户访问级的调试。变频器的参数有三个用户访问级，即1标准级、2扩展级、3专家级，访问等级由参数P0003来选择，访问等级较低的用户，看到的参数较少，对于大多数应用对象来说，只要访问1标准级或2扩展级即可，在此选择2扩展级。

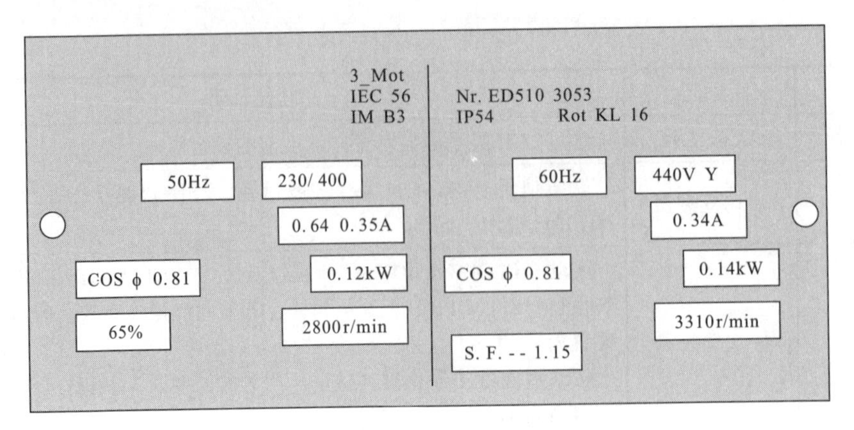

图3-43 变频器连接电动机的铭牌标识

操作	显示
① 按 P 访问参数	r0000
② 按 ▲ 直到显示出P0003	P0003
③ 按 P 进入参数数值访问级	in000
④ 按 P 显示当前设定值	0
⑤ 按 ▲ 设定所需要的数值	2
⑥ 按 P 确认并存储参数的数值	P0003
⑦ 按 ▼ 直到显示出r0000	r0000
⑧ 按 P 返回标准的变频器显示（用户定义）	

图3-44 用户访问级的调试

操作	显示
① 按 P 访问参数	r0000
② 按 ▲ 直到显示出P0010	P0010
③ 按 P 进入参数数值访问级	in000
④ 按 P 显示当前设定值	0
⑤ 按 ▲ 设定所需要的数值	1
⑥ 按 P 确认并存储参数的数值	P0010
⑦ 按 ▼ 直到显示出r0000	r0000
⑧ 按 P 返回标准的变频器显示（用户定义）	

图3-45 开始快速调试

② 如图3-45所示为开始快速调试。开始快速调试由参数P0010来选择，该参数共有三个参数值，即0准备运行、1快速运行、30工厂的缺省设置值。在此选择1快速调试。

③ 如图3-46所示为选择工作地区的调试。选择工作地区的调试由参数P0100来选择，该参数共有三个参数值，即0功率单位为kW，f的缺省值为50 Hz；1功率单位为hp，f的缺省值为60 Hz；2功率单位为kW，f的缺省值为60 Hz。在此选择0功率单位为kW，f的缺省值为50 Hz。

提示

在变频器BOP-2基本操作屏调试前的准备工作中可通过DIP开关2更改设定值0和1，在此选择的0功率单位为kW，f的缺省值为50 Hz。通过DIP开关2来更改，可使其设定的值不变，当电源断电后，DIP开关2的设定值也优先于参数设定值。

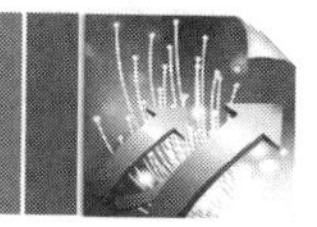

步骤	操作	显示
① 按 P	访问参数	r0000
② 按 ▲	直到显示出P0100	P0100
③ 按 P	进入参数数值访问级	in000
④ 按 P	显示当前设定值	0
⑤ 按 P	确认并存储参数的数值	P0100
⑥ 按 ▼	直到显示出r0000	r0000
⑦ 按 P	返回标准的变频器显示（用户定义）	

图3-46　选择工作地区的调试

步骤	操作	显示
① 按 P	访问参数	r0000
② 按 ▲	直到显示出P0205	P0205
③ 按 P	进入参数数值访问级	in000
④ 按 P	显示当前设定值	0
⑤ 按 P	确认并存储参数的数值	P0205
⑥ 按 ▼	直到显示出r0000	r0000
⑦ 按 P	返回标准的变频器显示（用户定义）	

图3-47　变频器应用对象的调试

④ 如图3-47所示为变频器应用对象的调试。变频器应用对象的调试由参数P0205来选择，该参数共有两个参数值，即0恒转矩（只对A、B型和单相C型外形尺寸的变频器有效）、1变转矩（只能用于平方V/f特性的负载，如水泵），由于该变频器选用的为C型外形尺寸的变频器，因此，应选择0恒转矩。

⑤ 如图3-48所示为选择电动机类型的调试。电动机类型的调试由参数P0300来选择，该参数共有两个参数值，即1异步电动机、2同步电动机（控制参数被禁止）。在此选择1异步电动机。

步骤	操作	显示
① 按 P	访问参数	r0000
② 按 ▲	直到显示出P0300	P0300
③ 按 P	进入参数数值访问级	in000
④ 按 P	显示当前设定值	0
⑤ 按 ▲	设定所需要的数值	1
⑥ 按 P	确认并存储参数的数值	P0300
⑦ 按 ▼	直到显示出r0000	r0000
⑧ 按 P	返回标准的变频器显示（用户定义）	

图3-48　选择电动机类型的调试

步骤	操作	显示
① 按 P	访问参数	r0000
② 按 ▲	直到显示出P0304	P0304
③ 按 P	进入参数数值访问级	in000
④ 按 P	显示当前设定值	380
⑤ 按 Fn	使“3或8”闪烁，使用上升/下降键修改参数	400
⑥ 按 P	确认并存储参数的数值	P0304
⑦ 按 ▼	直到显示出r0000	r0000
⑧ 按 P	返回标准的变频器显示（用户定义）	

图3-49　电动机额定电压的调试

⑥ 如图3-49所示为电动机额定电压的调试。电动机额定电压的调试由参数P0304来选择，该参数设定范围在10 ~ 2000 V之间，根据电动机铭牌标识上标注的额定电压400 V进行设置。

⑦ 如图3-50所示为电动机额定电流的调试。电动机额定电流的调试由参数P0305来选择，

该参数设定范围在0 ~ 2倍变频器的额定电流之间，根据电动机铭牌标识上标注的额定电流0.35 A进行设置。

步骤	操作	显示
① 按 P	访问参数	r0000
② 按 ▲	直到显示出P0305	P0305
③ 按 P	进入参数数值访问级	in000
④ 按 P	显示当前设定值	0.61
⑤ 按 Fn	使“6或1”闪烁，使用上升/下降键修改参数	0.35
⑥ 按 P	确认并存储参数的数值	P0305
⑦ 按 ▼	直到显示出r0000	r0000
⑧ 按 P	返回标准的变频器显示（用户定义）	

图3-50　电动机额定电流的调试

步骤	操作	显示
① 按 P	访问参数	r0000
② 按 ▲	直到显示出P0307	P0307
③ 按 P	进入参数数值访问级	in000
④ 按 P	显示当前设定值	0.01
⑤ 按 Fn	使“0或1”闪烁，使用上升/下降键修改参数	0.12
⑥ 按 P	确认并存储参数的数值	P0307
⑦ 按 ▼	直到显示出r0000	r0000
⑧ 按 P	返回标准的变频器显示（用户定义）	

图3-51　电动机额定功率的调试

⑧ 如图3-51所示为电动机额定功率的调试。电动机额定功率的调试由参数P0307来选择，该参数设定范围在0.01 ~ 2000 kW之间，根据电动机铭牌标识上标注的额定功率0.12 kW进行设置。

⑨ 如图3-52所示为电动机额定功率因数的调试。电动机额定功率因数的调试由参数P0308来选择，该参数设定范围在0.000 ~ 1.000 kW之间，根据电动机铭牌标识上标注的额定功率因数COS 0.81进行设置。该调试过程只有将参数P0100设置为“0或2”，电动机功率单位为kW时，才能看到。

步骤	操作	显示
① 按 P	访问参数	r0000
② 按 ▲	直到显示出P0308	P0308
③ 按 P	进入参数数值访问级	in000
④ 按 P	显示当前设定值	0.60
⑤ 按 Fn	使“6或0”闪烁，使用上升/下降键修改参数	0.81
⑥ 按 P	确认并存储参数的数值	P0308
⑦ 按 ▼	直到显示出r0000	r0000
⑧ 按 P	返回标准的变频器显示（用户定义）	

图3-52　电动机额定功率因数的调试

步骤	操作	显示
① 按 P	访问参数	r0000
② 按 ▲	直到显示出P0309	P0309
③ 按 P	进入参数数值访问级	in000
④ 按 P	显示当前设定值	59.0
⑤ 按 Fn	使“5或9”闪烁，使用上升/下降键修改参数	65.0
⑥ 按 P	确认并存储参数的数值	P0309
⑦ 按 ▼	直到显示出r0000	r0000
⑧ 按 P	返回标准的变频器显示（用户定义）	

图3-53　电动机额定效率的调试

⑩ 如图3-53所示为电动机额定效率的调试。电动机额定效率的调试由参数P0309来选择，该参数设定范围在0 ~ 99.9%之间，根据电动机铭牌标识上标注的额定效率65%进行设置。该调试过程只有将参数P0100设置为“1”，电动机功率单位为hp时，才能看到，在此不能进行此步骤的调试。

⑪ 如图3-54所示为电动机额定频率的调试。电动机额定频率的调试由参数P0310来选择，该参数设定范围在12 ~ 650 Hz之间，根据电动机铭牌标识上标注的额定频率50 Hz进行设置。

⑫ 如图3-55所示为电动机额定速度的调试。电动机额定速度的调试由参数P0311来选择，该参数设定范围在0 ~ 40000 r/min之间，根据电动机铭牌标识上标注的额定速度2800 r/min进行设置。

步骤	按键	操作	显示
① 按	P	访问参数	r0000
② 按	▲	直到显示出P0310	P0310
③ 按	P	进入参数数值访问级	in000
④ 按	P	显示当前设定值	60
⑤ 按	Fn	使“6”闪烁，使用下降键修改参数	50
⑥ 按	P	确认并存储参数的数值	P0310
⑦ 按	▼	直到显示出r0000	r0000
⑧ 按	P	返回标准的变频器显示（用户定义）	

图3-54 电动机额定频率的调试

步骤	按键	操作	显示
① 按	P	访问参数	r0000
② 按	▲	直到显示出P0311	P0311
③ 按	P	进入参数数值访问级	in000
④ 按	P	显示当前设定值	2500
⑤ 按	Fn	使“5”闪烁，使用上升键修改参数	2800
⑥ 按	P	确认并存储参数的数值	P0311
⑦ 按	▼	直到显示出r0000	r0000
⑧ 按	P	返回标准的变频器显示（用户定义）	

图3-55 电动机额定速度的调试

⑬ 如图3-56所示为电动机磁化电流的调试。电动机磁化电流的调试由参数P0320来选择，该参数设定范围在0 ~ 99.9%之间，是根据电动机铭牌标识上标注的额定电流0.35 A的百分值来进行磁化电流的设置。

⑭ 如图3-57所示为电动机冷却类型的调试。变频器冷却类型的调试由参数P0335来选择，该参数共有四个参数值，即0自冷、1强制冷却、2自冷和内置风机冷却、3强制冷却和内置风机冷却，在此选择0自冷。

⑮ 如图3-58所示为电动机过载因子的调试。电动机过载因子的调试由参数P0640来选择，该参数设定范围在10.0% ~ 400.0%之间，是根据电动机铭牌标识上标注的额定电流值0.35 A来进行过载因子的设置。

⑯ 如图3-59所示为命令源的选择调试。变频器命令源的选择调试由参数P0700来选择，该参数共有三个参数值，即0工厂设置值、1基本操作屏（BOP-2）、2端子（数字输入），在此选择1基本操作屏（BOP-2）。

操作	显示
① 按 P 访问参数	r0000
② 按 ▲ 直到显示出P0320	P0320
③ 按 P 进入参数数值访问级	in000
④ 按 P 显示当前设定值	61
⑤ 按 Fn 使“6或1”闪烁，使用上升/下降键修改参数	35
⑥ 按 P 确认并存储参数的数值	P0320
⑦ 按 ▼ 直到显示出r0000	r0000
⑧ 按 P 返回标准的变频器显示（用户定义）	

图3-56　电动机磁化电流的调试

操作	显示
① 按 P 访问参数	r0000
② 按 ▲ 直到显示出P0335	P0335
③ 按 P 进入参数数值访问级	in000
④ 按 P 显示当前设定值	1
⑤ 按 ▼ 设定所需要的数值	0
⑥ 按 P 确认并存储参数的数值	P0335
⑦ 按 ▼ 直到显示出r0000	r0000
⑧ 按 P 返回标准的变频器显示（用户定义）	

图3-57　电动机冷却类型的调试

操作	显示
① 按 P 访问参数	r0000
② 按 ▲ 直到显示出P0640	P0640
③ 按 P 进入参数数值访问级	in000
④ 按 P 显示当前设定值	61
⑤ 按 Fn 使“6或1”闪烁，使用上升/下降键修改参数	35
⑥ 按 P 确认并存储参数的数值	P0640
⑦ 按 ▼ 直到显示出r0000	r0000
⑧ 按 P 返回标准的变频器显示（用户定义）	

图3-58　电动机过载因子的调试

操作	显示
① 按 P 访问参数	r0000
② 按 ▲ 直到显示出P0700	P0700
③ 按 P 进入参数数值访问级	in000
④ 按 P 显示当前设定值	0
⑤ 按 ▲ 设定所需要的数值	1
⑥ 按 P 确认并存储参数的数值	P0700
⑦ 按 ▼ 直到显示出r0000	r0000
⑧ 按 P 返回标准的变频器显示（用户定义）	

图3-59　命令源的选择调试

⑰ 如图3-60所示为频率设定值的选择调试。频率设定值的选择调试由参数P1000来选择，该参数共有四个参数值，即1电动电位计设定值、2模拟设定值1、3固定频率设定值、7模拟设定值2，在此选择1电动电位计设定值。

⑱ 如图3-61所示为电动机最小频率的调试。电动机最小频率的调试由参数P1080来选择，该参数设定范围在0 ~ 650 Hz之间，根据工作需求在此输入12 Hz。

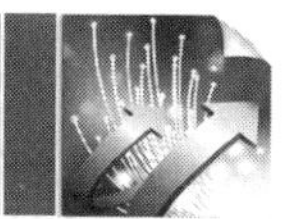

提示

若将参数P0700设置为“2”时，数字输入的功能将取决于参数P0701～P0708，参数P0701～P0708设置为“99”时，各个数字输入端按照BICO功能进行参数化。若将参数P1000设置为“1或3”时，频率设定值的选择也取决于参数P0701～P0708。

步骤	操作	显示
① 按 P	访问参数	r0000
② 按 ▲	直到显示出P1000	P1000
③ 按 P	进入参数数值访问级	in000
④ 按 P	显示当前设定值	2
⑤ 按 ▼	设定所需要的数值	1
⑥ 按 P	确认并存储参数的数值	P1000
⑦ 按 ▼	直到显示出r0000	r0000
⑧ 按 P	返回标准的变频器显示（用户定义）	

图3-60　频率设定值的选择调试

步骤	操作	显示
① 按 P	访问参数	r0000
② 按 ▲	直到显示出P1080	P1080
③ 按 P	进入参数数值访问级	in000
④ 按 P	显示当前设定值	0
⑤ 按 ▲	设定所需要的数值	12
⑥ 按 P	确认并存储参数的数值	P1080
⑦ 按 ▼	直到显示出r0000	r0000
⑧ 按 P	返回标准的变频器显示（用户定义）	

图3-61　电动机最小频率的调试

⑲ 如图3-62所示为电动机最大频率的调试。电动机最大频率的调试由参数P1082来选择，该参数设定范围在0～650 Hz之间，根据工作需求在此输入120 Hz。

⑳ 如图3-63所示为电动机斜坡上升时间的调试。电动机斜坡上升时间是指电动机从静止停车加速到最大电动机频率所需的时间，电动机斜坡上升时间的调试由参数P1120来选择，该参数设定范围在0～650 s之间，根据工作需求在此输入20 s。

㉑ 如图3-64所示为电动机斜坡下降时间的调试。电动机斜坡下降时间是指电动机从最大频率减速到静止停车所需的时间，电动机斜坡下降时间的调试由参数P1121来选择，该参数设定范围在0～650 s之间，根据工作需求在此输入20 s。

㉒ 如图3-65所示为OFF_3的斜坡下降时间的调试。OFF_3的斜坡下降时间是指得到OFF_3停止指令后，电动机从最大频率减速到静止停车所需的时间，OFF_3的斜坡下降时间的调试由参数P1135来选择，该参数设定范围在0～650 s之间，根据工作需求在此输入60 s。

㉓ 如图3-66所示为控制方式的调试。控制方式的调试由参数P1300来选择，该参数共有七个参数值，即0线性V/f控制、1带FCC（磁通电流控制）的V/f控制、2抛物线V/f控制、3可编程的多点V/f控制、5用于纺织工业的V/f控制、6用于纺织工业的带FCC功能的V/f控制、19带独立电压设定值的V/f控制，在此选择0线性V/f控制。

步骤	操作	显示
① 按 P	访问参数	r0000
② 按 ▲	直到显示出P1082	P1082
③ 按 P	进入参数数值访问级	in000
④ 按 P	显示当前设定值	0
⑤ 按 ▲	设定所需要的数值	120
⑥ 按 P	确认并存储参数的数值	P1082
⑦ 按 ▼	直到显示出r0000	r0000
⑧ 按 P	返回标准的变频器显示（用户定义）	

图3-62　电动机最大频率的调试

步骤	操作	显示
① 按 P	访问参数	r0000
② 按 ▲	直到显示出P1120	P1120
③ 按 P	进入参数数值访问级	in000
④ 按 P	显示当前设定值	0
⑤ 按 ▲	设定所需要的数值	20
⑥ 按 P	确认并存储参数的数值	P1120
⑦ 按 ▼	直到显示出r0000	r0000
⑧ 按 P	返回标准的变频器显示（用户定义）	

图3-63　电动机斜坡上升时间的调试

步骤	操作	显示
① 按 P	访问参数	r0000
② 按 ▲	直到显示出P1121	P1121
③ 按 P	进入参数数值访问级	in000
④ 按 P	显示当前设定值	0
⑤ 按 ▲	设定所需要的数值	20
⑥ 按 P	确认并存储参数的数值	P1121
⑦ 按 ▼	直到显示出r0000	r0000
⑧ 按 P	返回标准的变频器显示（用户定义）	

图3-64　电动机斜坡下降时间的调试

步骤	操作	显示
① 按 P	访问参数	r0000
② 按 ▲	直到显示出P1135	P1135
③ 按 P	进入参数数值访问级	in000
④ 按 P	显示当前设定值	0
⑤ 按 ▲	设定所需要的数值	60
⑥ 按 P	确认并存储参数的数值	P1135
⑦ 按 ▼	直到显示出r0000	r0000
⑧ 按 P	返回标准的变频器显示（用户定义）	

图3-65　OFF_3的斜坡下降时间的调试

㉔ 如图3-67所示为电动机数据自动检测方式的选择调试。电动机数据自动检测方式的选择调试由参数P1910来选择，该参数共有两个参数值，即0禁止自动检测、1所有参数都带参数修改的自动检测，在此选择1所有参数都带参数修改的自动检测。

步骤	操作	显示
① 按 P	访问参数	r0000
② 按 ▲	直到显示出P1300	P1300
③ 按 P	进入参数数值访问级	in000
④ 按 P	显示当前设定值	2
⑤ 按 ▼	设定所需要的数值	0
⑥ 按 P	确认并存储参数的数值	P1300
⑦ 按 ▼	直到显示出r0000	r0000
⑧ 按 P	返回标准的变频器显示（用户定义）	

图3-66　控制方式的调试

步骤	操作	显示
① 按 P	访问参数	r0000
② 按 ▲	直到显示出P1910	P1910
③ 按 P	进入参数数值访问级	in000
④ 按 P	显示当前设定值	0
⑤ 按 ▲	设定所需要的数值	1
⑥ 按 P	确认并存储参数的数值	P1910
⑦ 按 ▼	直到显示出r0000	r0000
⑧ 按 P	返回标准的变频器显示（用户定义）	

图3-67　电动机数据自动检测方式的选择调试

提示

电动机数据的自动检测需在冷态20℃下进行，若环境温度不允许，则需对电动机的运行环境温度的参数P0625的值进行修改。

㉕ 如图3-68所示为报警码的显示。当将参数P1910设置为“1”时，BOP-2基本操作屏上将显示A0541报警码，激活电动机数据自动检测功能。

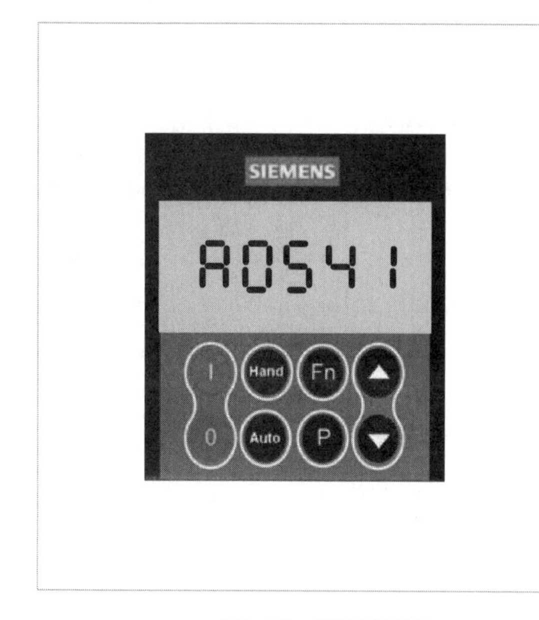

图3-68　报警码的显示

步骤	操作	显示
① 按 P	访问参数	r0000
② 按 ▲	直到显示出P3900	P3900
③ 按 P	进入参数数值访问级	in000
④ 按 P	显示当前设定值	0
⑤ 按 ▲	设定所需要的数值	1
⑥ 按 P	确认并存储参数的数值	P3900
⑦ 按 ▼	直到显示出r0000	r0000
⑧ 按 P	返回标准的变频器显示（用户定义）	

图3-69　结束快速调试

㉖ 如图3-69所示为结束快速调试。结束快速调试由参数P3900来选择，该参数共有四个参数值，即0结束快速调试，不进行电动机计算或复位为工厂缺省值；1结束快速调试，进行电动机计算和复位为工厂缺省设置值；2结束快速调试，进行电动机计算和I/O复位；3结束快速调试，进行电动机计算但不进行I/O复位。在此选择1结束快速调试，进行电动机计算和复位为工厂缺省设置值。

结束快速调试后，变频器进入了“运行准备就绪状态”。

（3）功能/等级设置

① 如图3-70所示为变频器功能/等级参数设置图。快速调试完成后，需通过P0004和P0003进行调试，设置变频器的功能/等级。

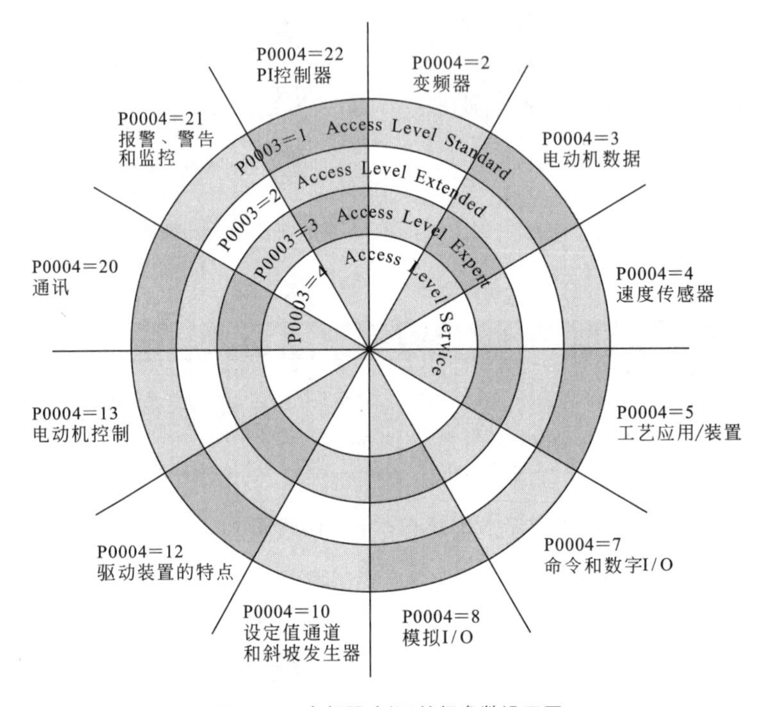

图3-70　变频器功能/等级参数设置图

② 如图3-71所示为变频器功能/等级参数含义。图3-71中是当过滤参数P0004＝4时，速度传感器的参数访问级。当P0004＝0时，无参数过滤功能，可直接访问参数。

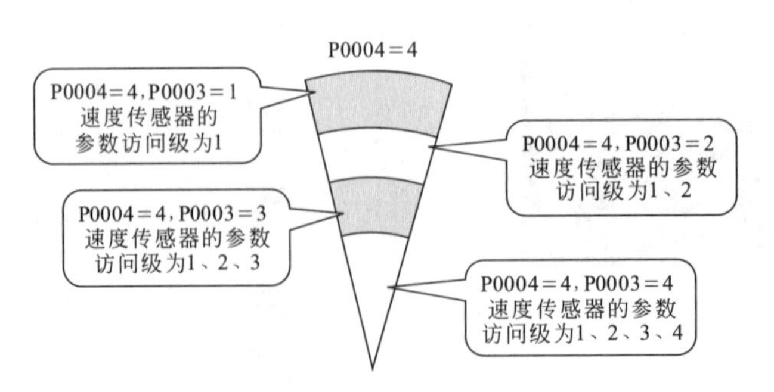

图3-71　变频器功能/等级参数含义

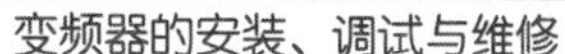
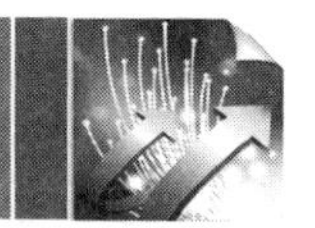

③ 如图3-72所示为改变参数过滤功能。参数过滤功能由参数P0004来选择，根据功能/等级参数设置图可选择不同的参数过滤功能，在此将P0004设置为“2”，对变频器的参数进行访问。

图3-72　改变参数过滤功能

提示

在修改参数数值时，BOP-2基本操作屏会显示BuSY，此时，表明变频器正忙于处理优先级较高的任务，若当前状态不能修改参数时，BOP-2基本操作屏会显示 ----- 。

扩展

变频器调试完成后，即可进行运行工作，其运行过程主要包括变频器的启动操作、变频器的升速/降速操作、变频器的制动停机操作。

① 如图3-73所示为变频器的启动操作。按下变频器BOP-2基本操作屏上的“功能触发键”直到操作屏上显示“Hz”标识，然后按下“ON运行键”，变频器即可进入启动状态，启动电动机工作。

② 如图3-74所示为变频器的升速/降速操作。按下变频器BOP-2基本操作屏上的“上升键”，使电动机升速到50 Hz，当电动机达到50 Hz时，按下“下降键”，使电动机降速降低。在运行过程中按动“手动键”和“自动键”可分别激活手动操作方式和自动操作方式。

③ 如图3-75所示为变频器的制动停机操作。当不需要使用电动机拖动负载时，需要对电动机进行停机操作，按下“OFF停止键”使电动机迅速停止转动。

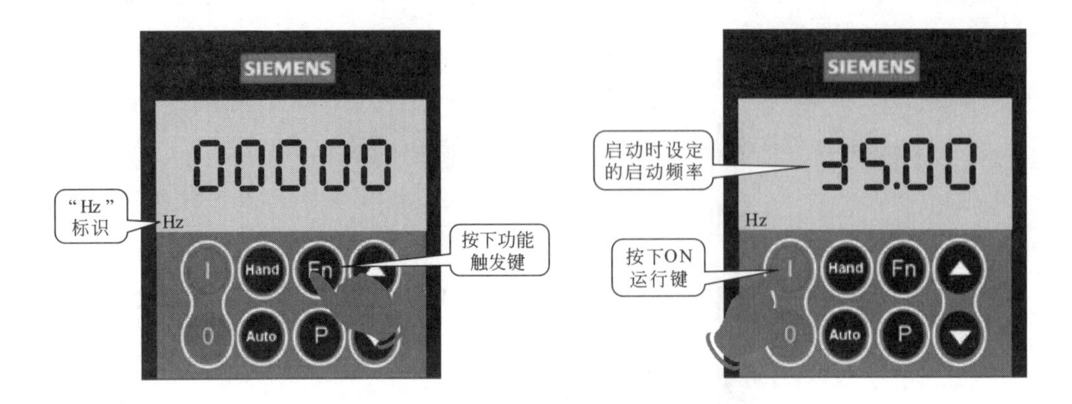

图3-73　变频器的启动操作

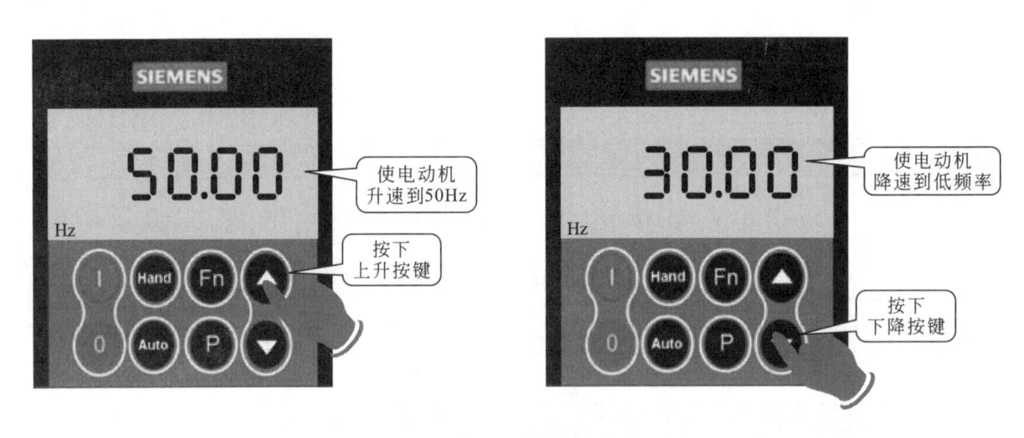

图3-74　变频器的升速/降速操作

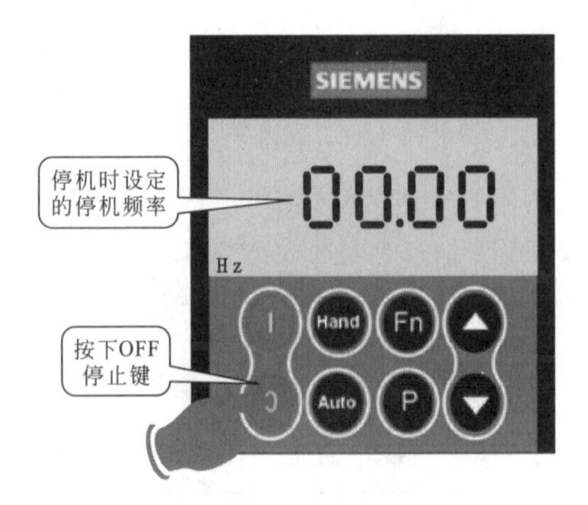

图3-75　变频器的制动停机操作

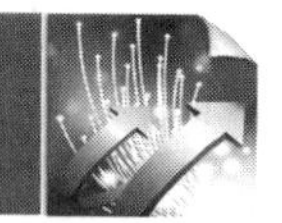

3.2.3 变频器的使用操作

如图3-76所示为三菱FR-A700型变频器的操作面板。该面板上安装有操作按键、监视器、操作状态指示灯等，通过操作按键便可对各种控制和功能等进行操作，并通过监视器和指示灯来观察工作状态。每台变频器的操作面板均有所不同，但通性较多，下面以该变频器为例对其变频器的使用方法进行介绍。

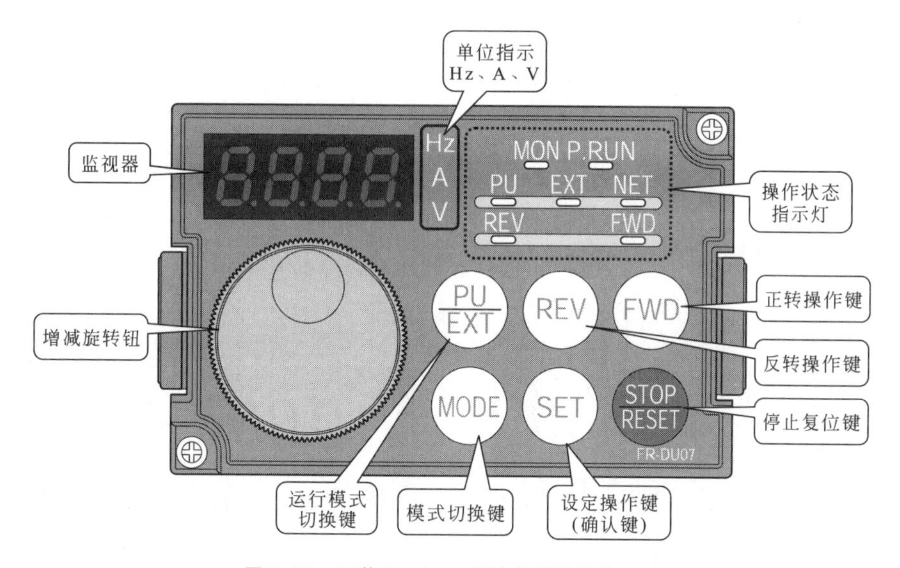

图3-76　三菱FR-A700型变频器的操作面板

（1）运行模式的选择

运行模式主要用来改变变频器的运行方式，即EXT（外部）运行模式、PU运行模式和PU点动运行模式。EXT运行模式是指控制信号由外部控制元件（如开关或继电器）等输入的运行模式；PU运行模式是指控制信号由PU接口输入（如操作面板）的运行模式；PU点动运行模式是指通过PU接口输入点动控制信号的运行模式。

如图3-77所示为运行模式的选择方法。通电初始状态时（默认状态），Hz指示灯亮、监视显示模式指示灯亮、EXT运行模式指示灯亮，选择时先按动运行模式切换键，可将模式切换到PU运行模式；第二次按动运行模式切换键，可将模式切换到PU点动运行模式；再次按动运行模式切换键，可将模式切换回EXT运行模式。

（2）监视显示模式的选择

如图3-78所示为监视显示模式的选择方法。监视显示模式主要用于显示变频器的工作情况，例如工作频率、电流大小、电压大小等。变频器通电初始状态即为监视器显示模式，通过反复使用SET键，即可改变监视显示模式，在频率监视、电流监视、电压监视等模式下进行切换。

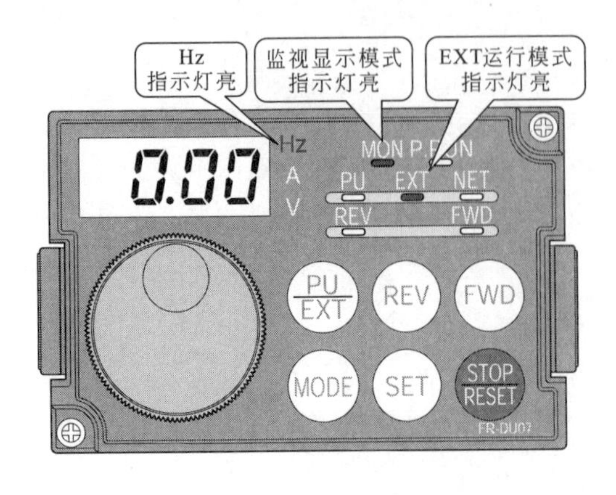

① 通电初始状态（EXT运行模式）

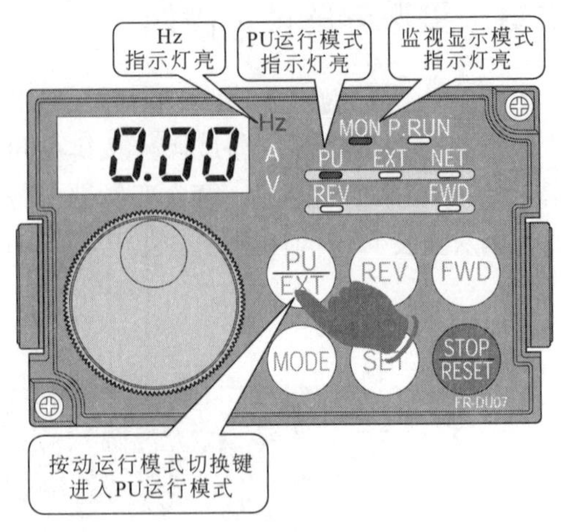

② PU运行模式

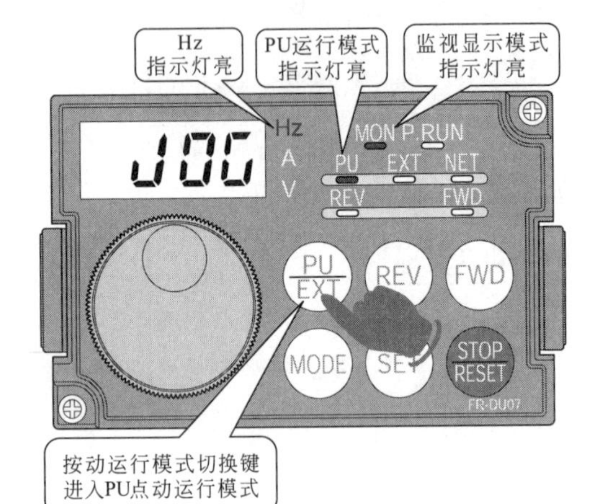

③ PU点动运行模式

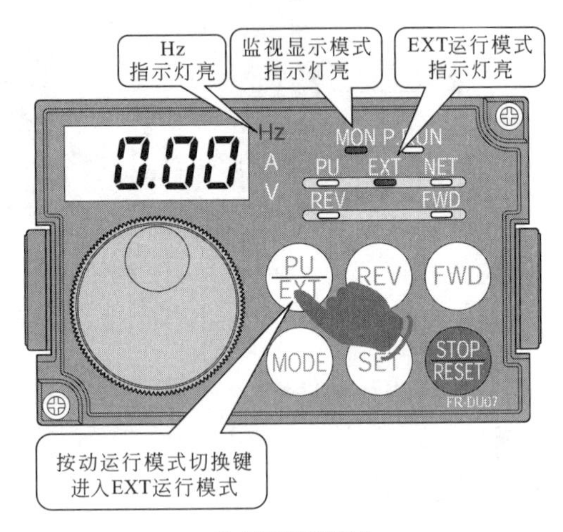

④ EXT运行模式

图3-77 运行模式的选择方法

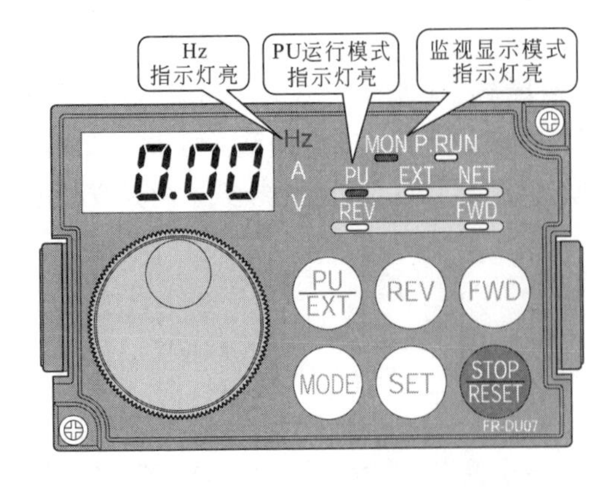

① 默认频率监视模式

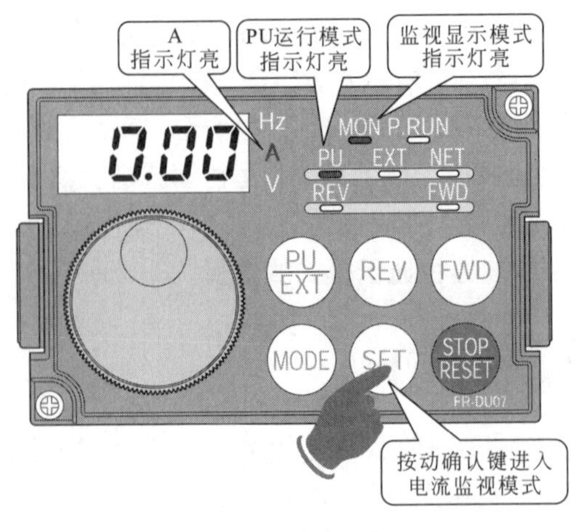

② 电流监视模式

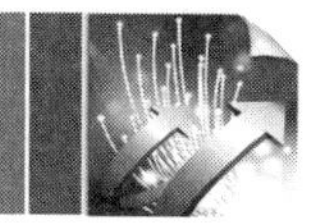

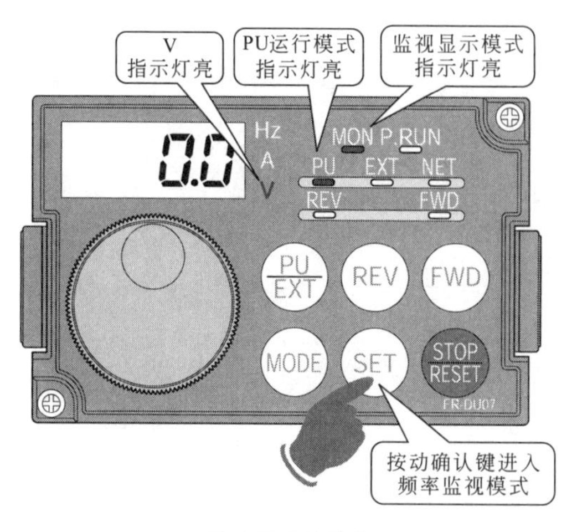

③ 电压监视模式

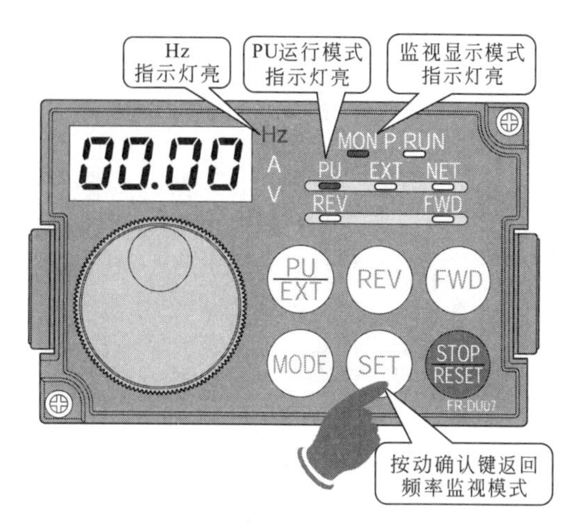

④ 返回监视模式

图3-78 监视显示模式的选择方法

（3）频率设置模式的使用

如图3-79所示为频率设置模式的使用方法。频率设置模式主要是用来设置变频器的工作频率，设置时首先使用运行模式切换键进入PU运行模式，然后使用模式切换键进入参数设定模式，并使用旋转钮调整参数编号，通过确认键读取当前设定值，最后旋转旋转钮设定频率，并按确认键进行确认，当参数与频率设定值交替显示时，表示频率设定完成。在该状态下按下模式切换键MODE，即可进入频率监视状态。

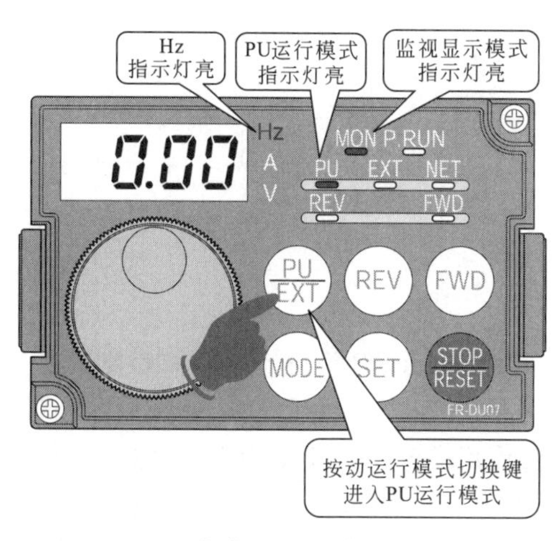

① 进入PU运行模式

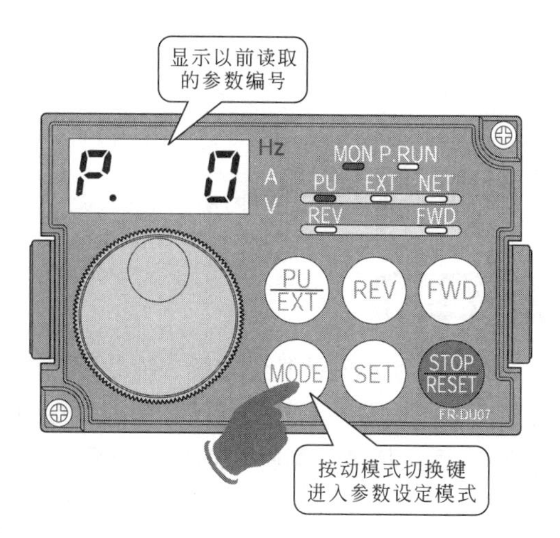

② 进入参数设定模式

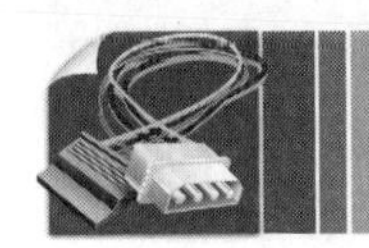

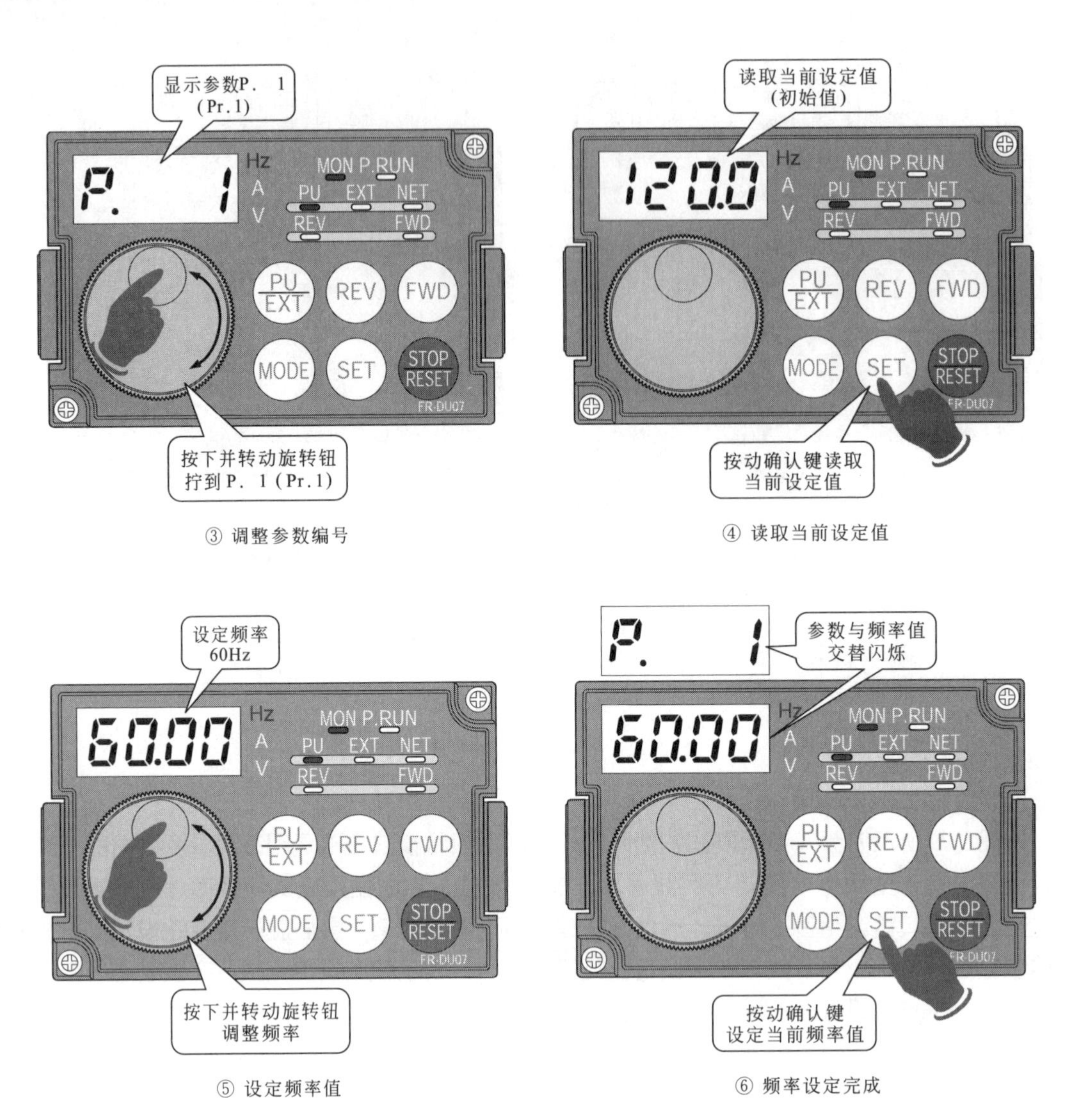

图3-79 频率设置模式的使用方法

（4）参数设置模式的使用

如图3-80所示为参数设置模式的使用方法。三菱FR-A700型变频器有近千种参数设置，每种参数又可以设置为不同的数值，每种参数相对应不同的功能。设置时首先使用运行模式切换键进入PU运行模式，然后使用模式切换键进入参数设定模式（此步操作可参照频率设置模式的使用方法中的①、②步），并使用旋转钮调整参数编号，通过确认键读取当前设定值，最后旋转旋转钮设定参数值，并按确认键进行确认，当参数与设定值交替显示时，表示参数设定完成。在该状态下按下模式切换键MODE，即可进入频率监视状态。

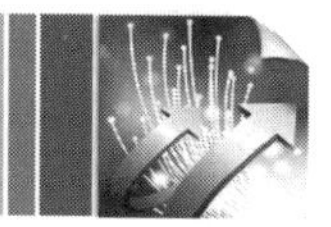

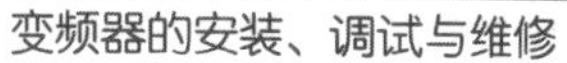

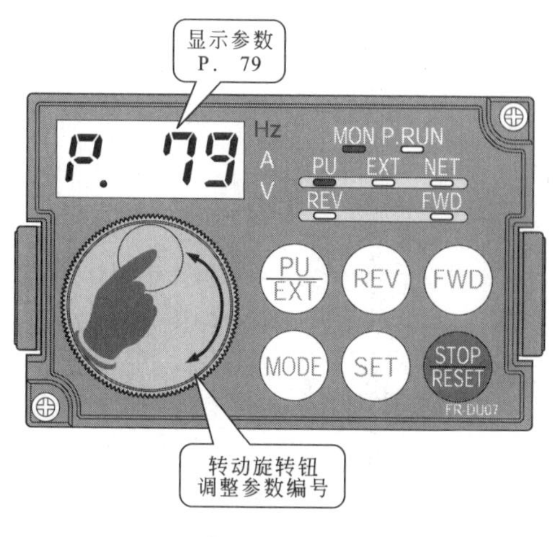

① 调整参数编号

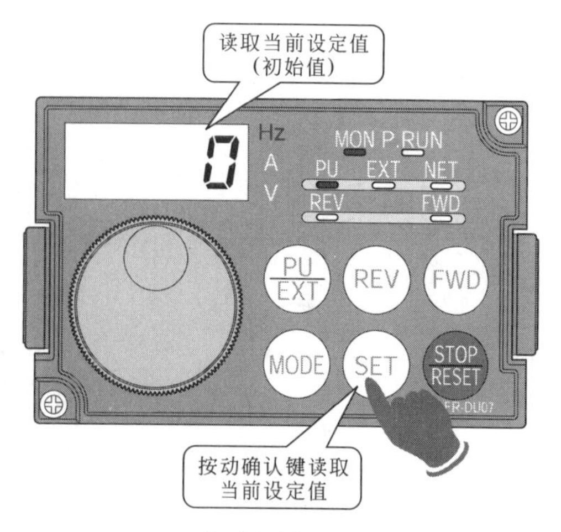

② 读取当前设定值

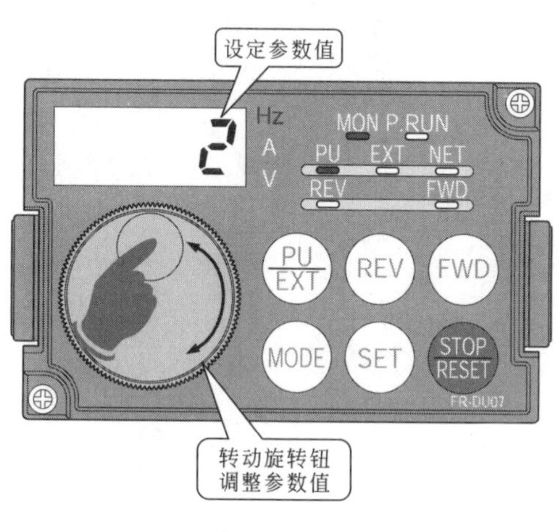

③ 设定参数值

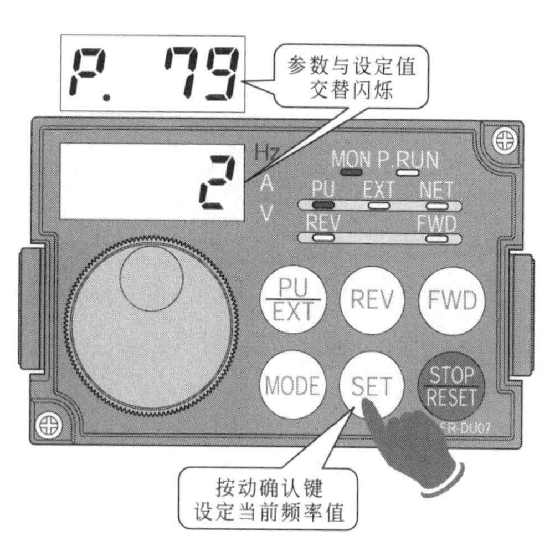

④ 参数设定完成

图3-80　参数设置模式的使用方法

（5）参数清除及拷贝的使用方法

参数清除及拷贝主要用来清除各种记录及参数等内容，设置时首先使用运行模式切换键进入PU运行模式，然后使用模式切换键进入参数设定模式（此步操作可参照频率设置模式的使用方法中的①、②步），并使用旋转钮调整参数编号，进入参数清除、参数全部清除、错误清除、参数拷贝等参数编号进行参数设置。

① 参数清除方法　如图3-81所示为参数清除方法。进入参数清除编号后，按下确认键读取当前设定值，然后转动旋转钮将其参数值调整为“1”，最后按下确认键，参数与设定值交替闪烁，参数设定完成。

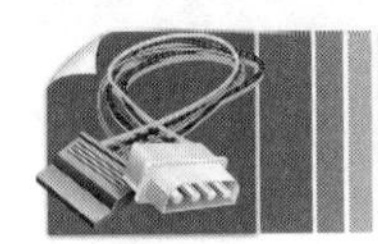

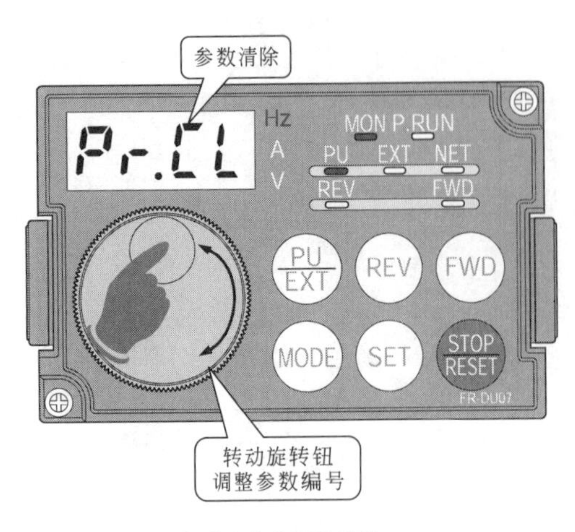

① 进入参数清除编号

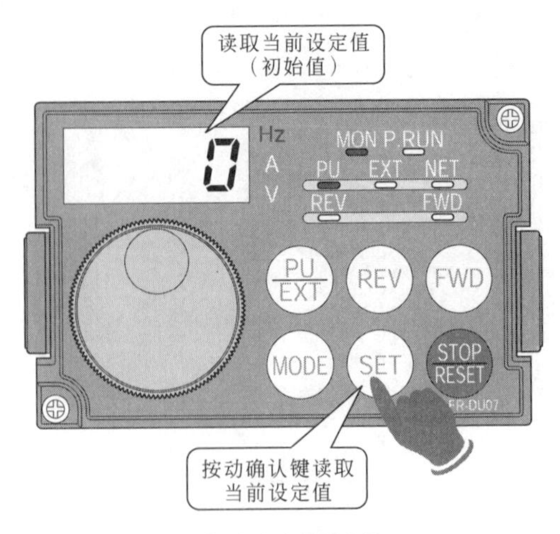

② 读取当前设定值

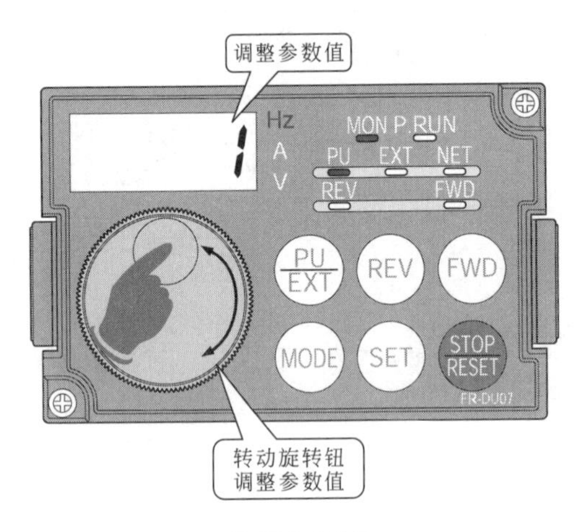

③ 设定参数值

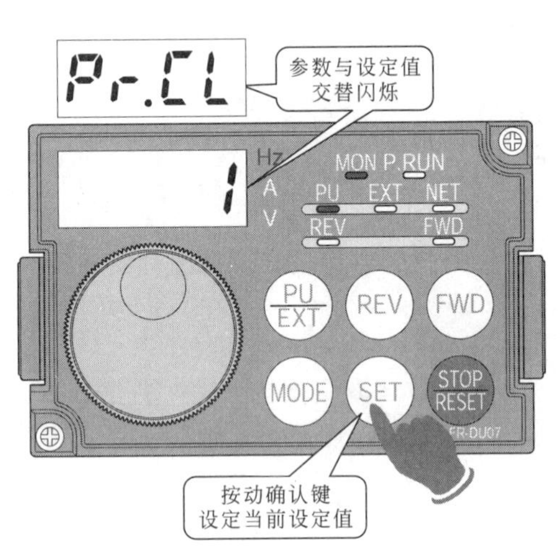

④ 参数设定完成

图3-81　参数清除方法

② 参数全部清除、错误清除方法　如图3-82所示为参数全部清除、错误清除方法。其清除方法与参数清除方法相同，可参照上述方法进行操作。

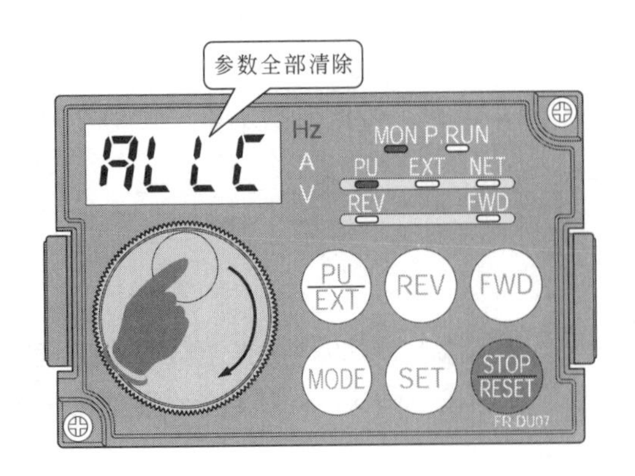

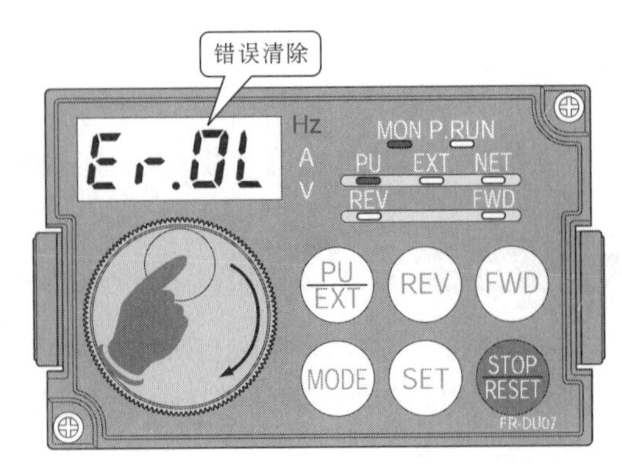

图3-82　参数全部清除、错误清除方法

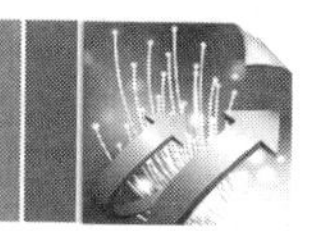

③ 参数拷贝方法　如图3-83所示为参数拷贝方法。先将拷贝源的变频器上连接上操作面板，在拷贝操作中需将变频器在停止状态下进行拷贝。

拷贝时首先使用运行模式切换键进入PU运行模式，然后使用模式切换键进入参数设定模式（此步操作可参照频率设置模式的使用方法中的①、②步），并使用旋转钮调整参数拷贝编号，通过确认键读取当前设定值，最后旋转旋转钮设定参数值，并按确认键进行确认，参数值闪烁30 s，30 s后参数值与参数拷贝编号交替闪烁，表示参数设定完成。

参数设定完成后，把设定好的操作面板连接到拷贝目标变频器中，再次进行参数设定（重复上述操作），将参数值设定为“2”，并按确认键进行确认，参数值“2”闪烁30 s，30 s后参数值与参数拷贝编号交替闪烁，表示参数拷贝完成。

参数拷贝到目标变频器后，必须对变频器进行复位，可通过使用切断电源等方法进行。

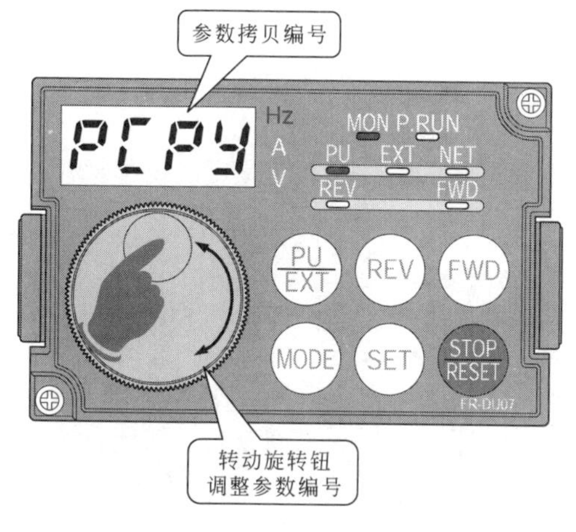

① 进入参数拷贝编号

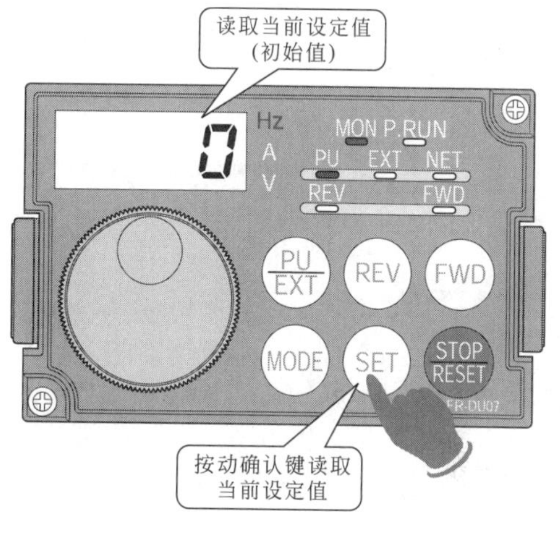

② 读取当前设定值

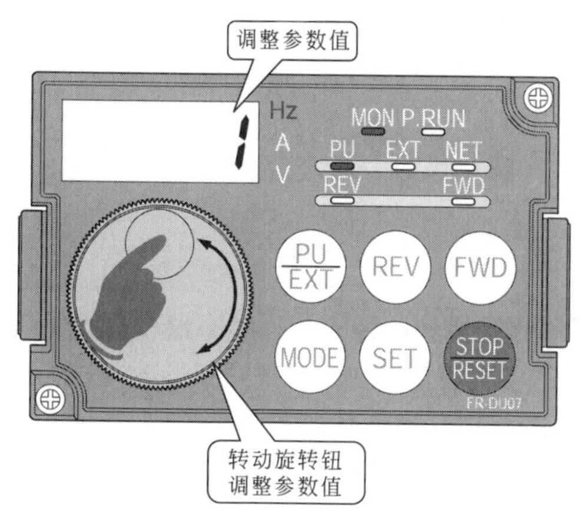

③ 设定参数值

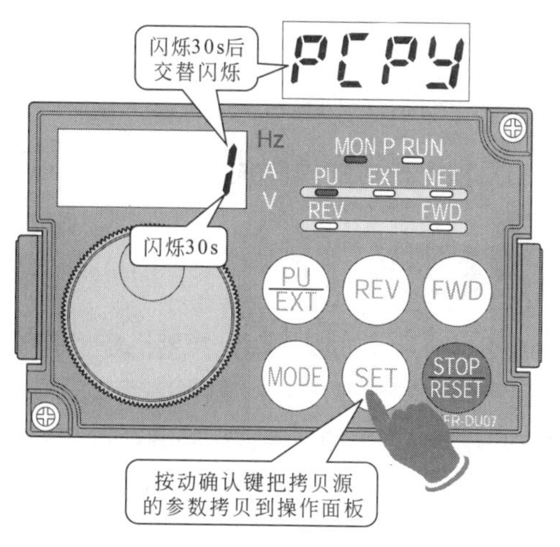

④ 参数设定完成

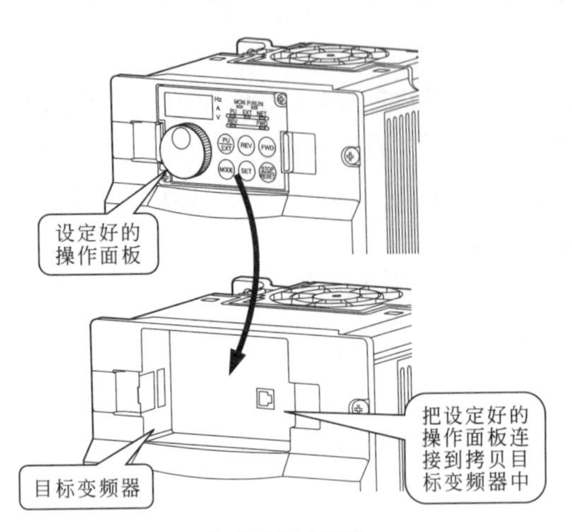

⑤ 连接操作面板

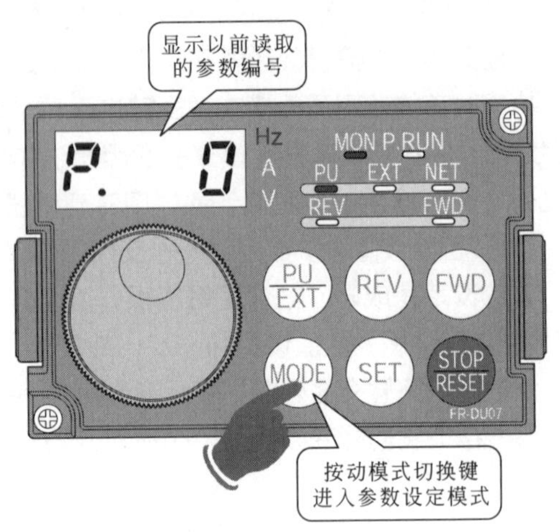

⑥ 进入参数设定模式

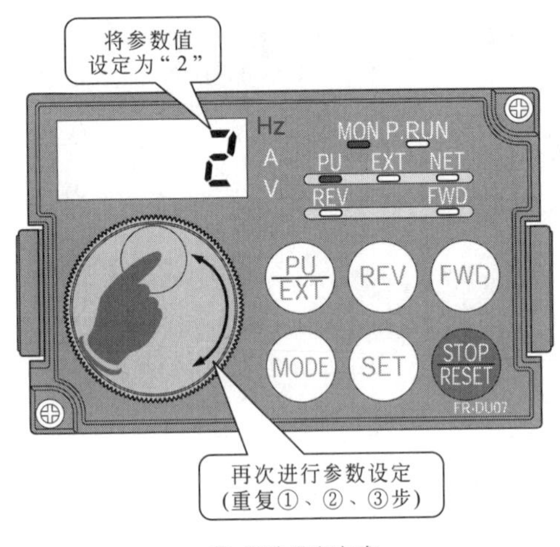

⑦ 参数设定完成

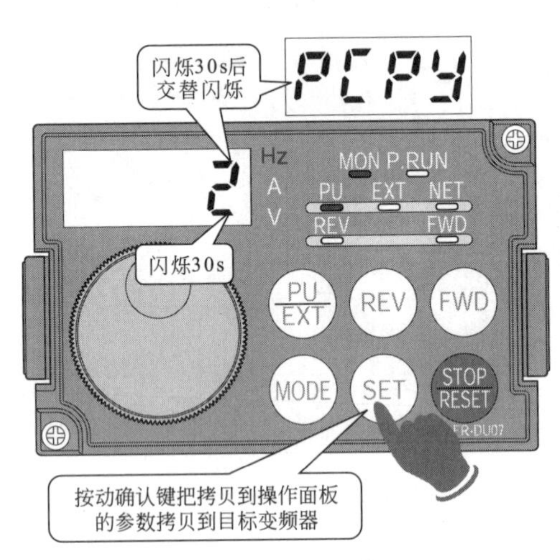

⑧ 参数拷贝完成

图3-83 参数拷贝方法

（6）报警历史的操作方法

如图3-84所示为查看有无报警历史的方法。查看报警历史时首先进入频率监视模式（参见监视显示模式的选择方法），然后使用模式切换键进入参数设定模式（参见频率设置模式的使用方法中的②步），再按动模式切换键查看有无报警记录。

如图3-85所示为报警历史记录的查看方法。若查看有报警记录时，转动旋转钮调整报警参数编号后，再按动旋转钮即可显示当前的报警记录的编号，最多可显示过去8次的报警记录，且最新的报警记录带有“•”。

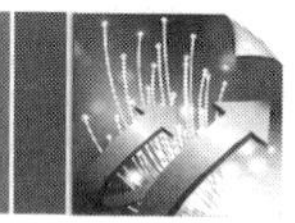

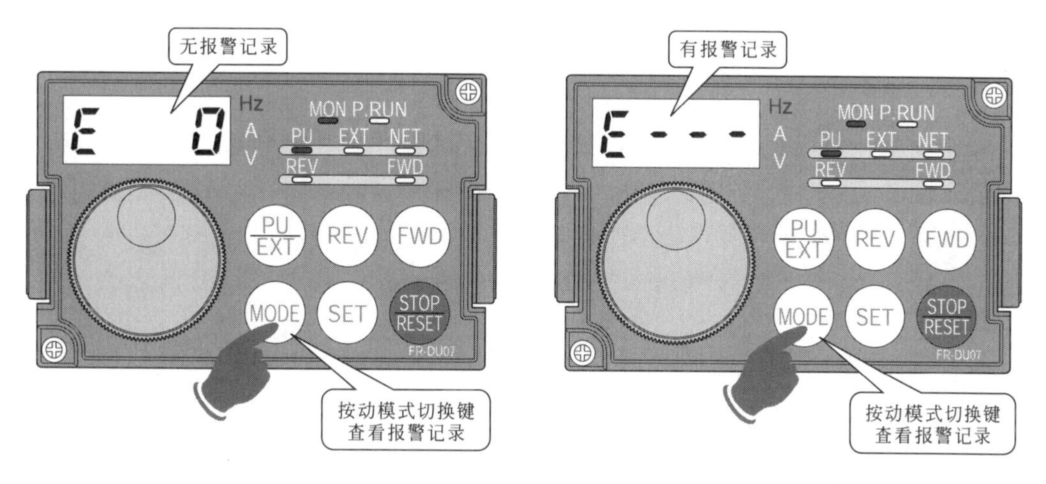

图3-84　查看有无报警历史的方法

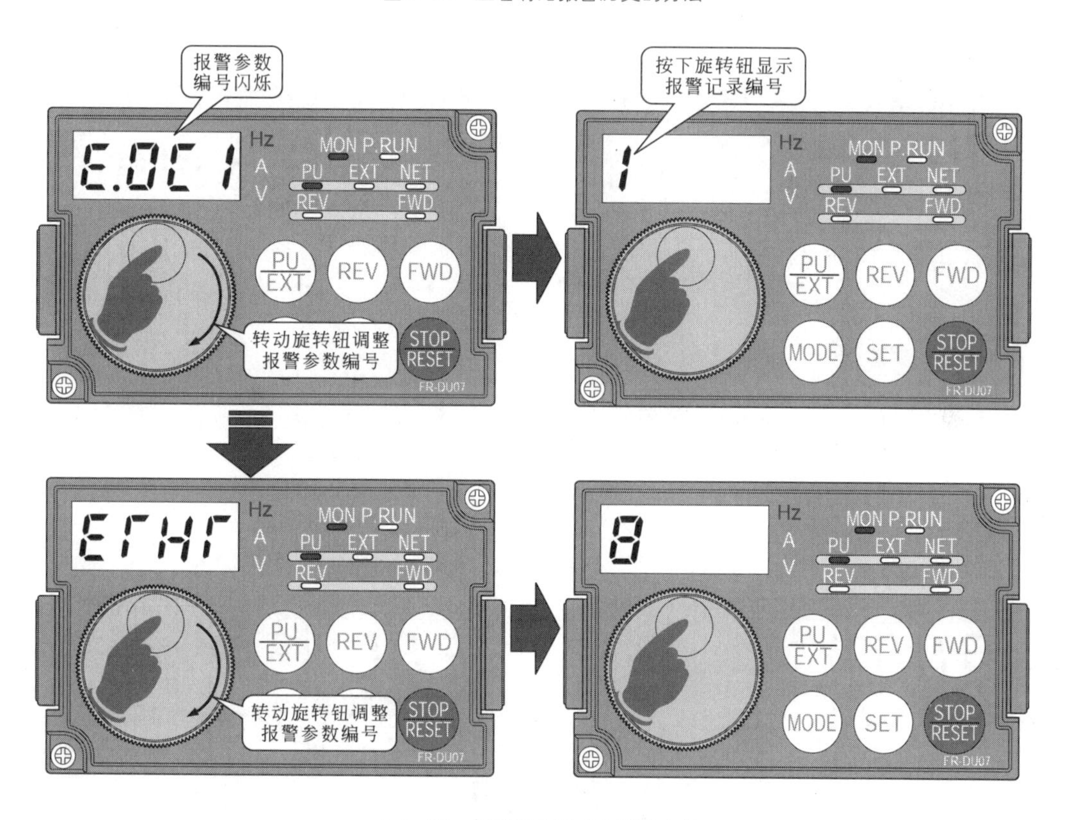

图3-85　报警历史记录的查看方法

如图3-86所示为报警信息的查看方法。通过查看报警信息，用户可了解对变频器的设定值是否正常，图3-86是以最新的报警信息查看方法进行介绍的。

如图3-87所示为报警记录的清除方法。在变频器通电初始状态下，按动模式切换键，进入参数设定模式后旋转旋转钮，进入报警历史清除参数编号；按动确认键，读取当前设定值；旋转旋转钮，调整报警历史清除参数值；调整完成后按确认键，设定当前设定值，当参数与设定值交替闪烁时，表示清除报警历史设定完成。

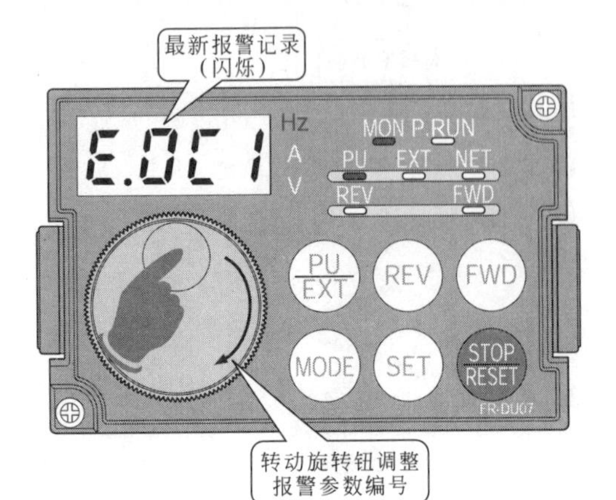

① 进入最新报警记录

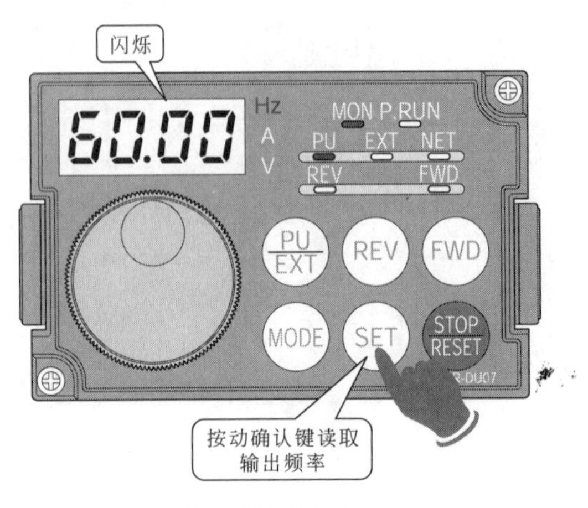

② 读取输出频率

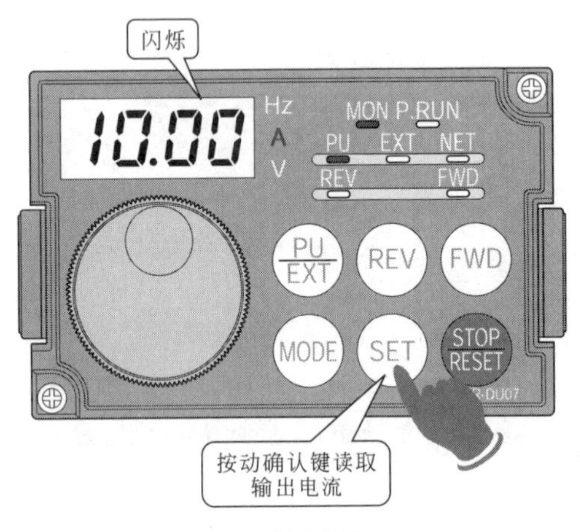

③ 读取输出电流

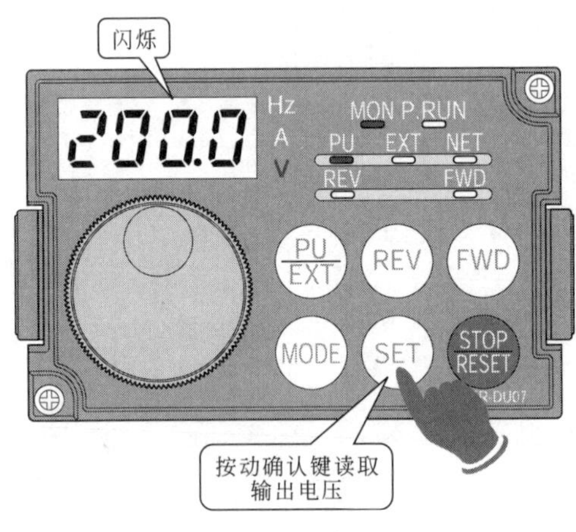

④ 读取输出电压

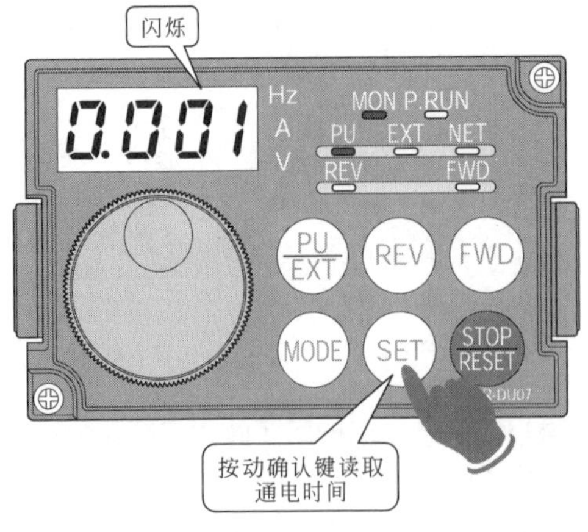

⑤ 读取通电时间

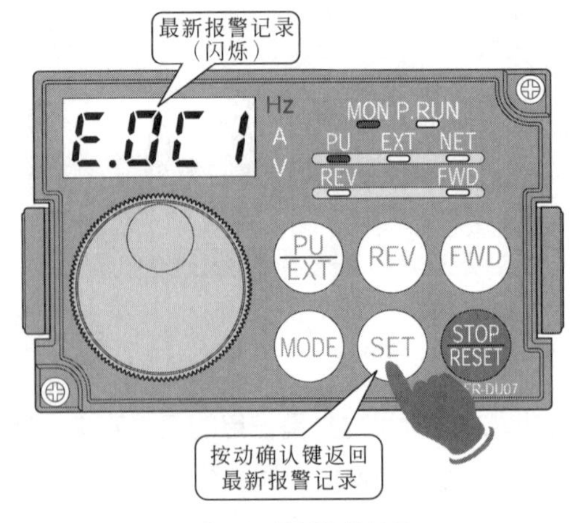

⑥ 返回最新报警记录

图3-86 报警信息的查看方法

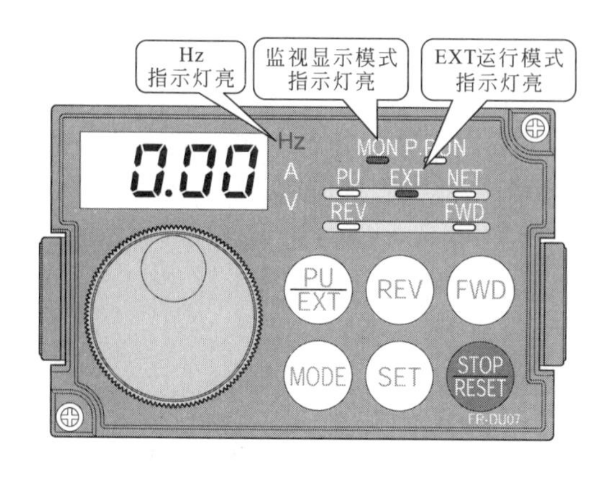

① 通电初始状态

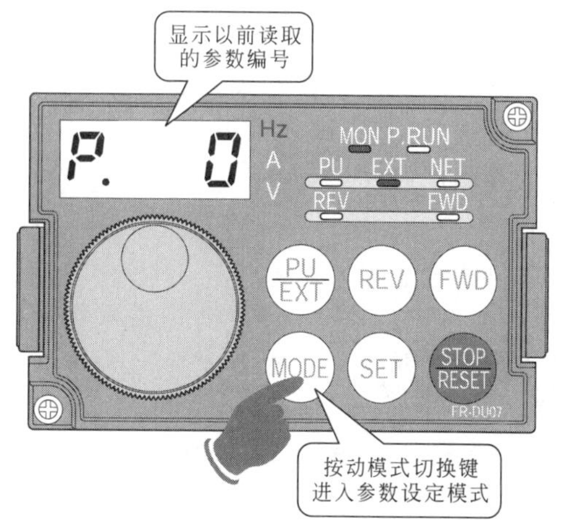

② 进入参数设定模式

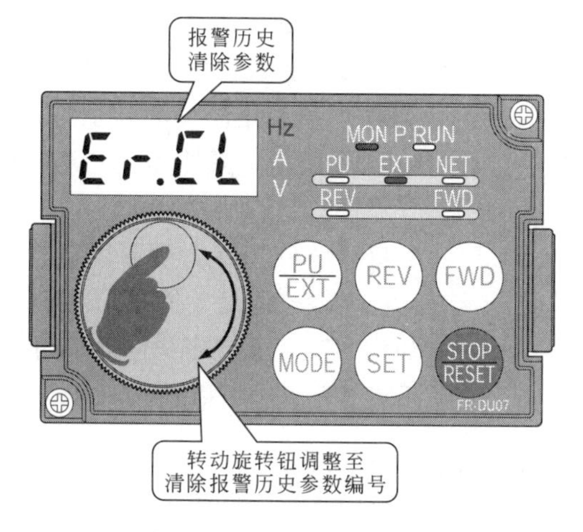

③ 进入清除报警历史参数编号

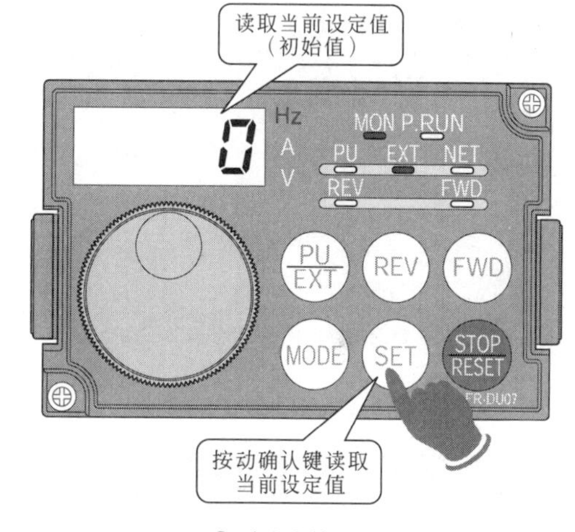

④ 读取当前设定值

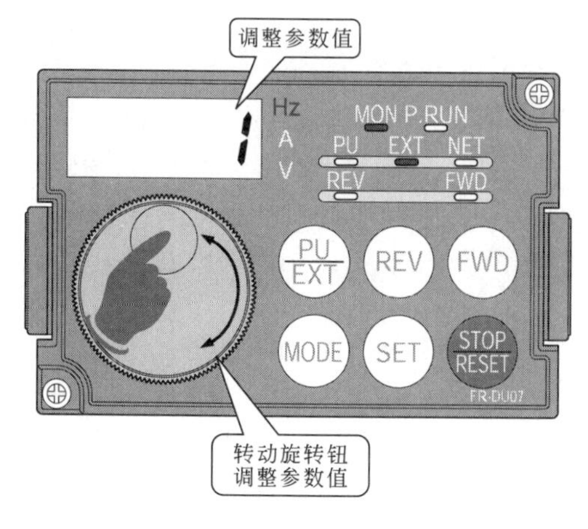

⑤ 设定参数值

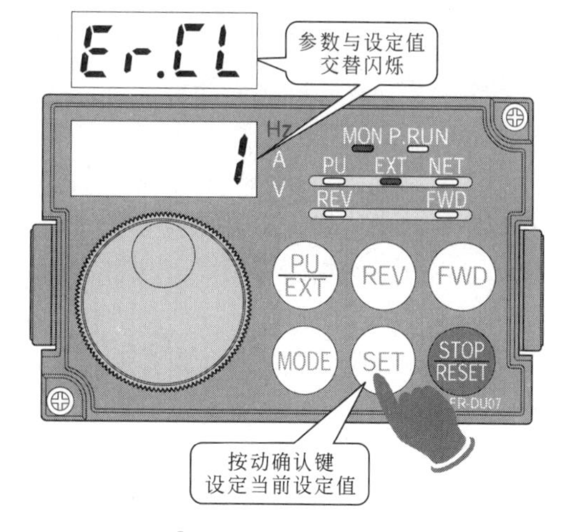

⑥ 清除报警历史设定完成

图3-87　报警记录的清除方法

（7）变频器的启动、升速/降速、停止的方法

变频器的操作运行方式主要有三种，即PU运行模式、EXT运行模式和PU点动运行模式。下面以PU运行模式为例，来具体介绍一下变频器的启动、运行或停止的方法。PU运行模式是指通过操作面板、电脑通信等输入控制信号，并从PU接口输入到变频器内部来控制运行。

① 变频器的启动方法

图解

a. 接通变频器的电源后，变频器的默认状态为EXT运行模式，此时需使用运行模式切换键，将其运行模式切换至PU运行模式（具体操作方法参见运行模式的选择）。

b. 使用模式切换键进入参数设定模式后，旋转钮调整参数编号，通过确认键读取当前设定值，最后旋转旋转钮设定频率，并按确认键进行确认，当参数与频率设定值交替显示时，表示频率设定完成（具体操作方法参见频率设置模式的使用）。

c. 如图3-88所示为变频器的启动方法。按下操作面板上的REV（反转）或FWD（正转）操作键来启动电动机，此时屏幕转换为监视模式。

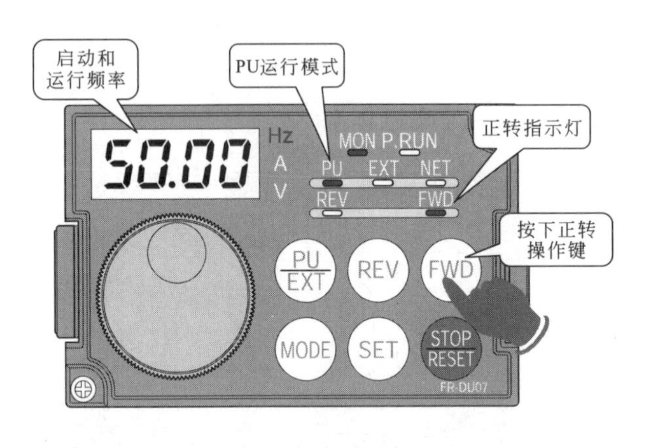

图3-88 变频器的启动方法

扩展

与变频器启动功能有关的参数主要有启动频率、启动前直流制动功能、启动锁定功能以及暂停升速功能等，在使用变频器前，应首先了解这些参数与功能的意义。

a. 启动频率：在使用变频器和电动机带动一些摩擦转矩较大、惯性较大的负载设备时，在启动时需要很高的冲击力才能启动，所以在使用变频器设置启动频率时，应使变频器在稍高的频率下启动，用来加大启动时的冲击力。

b. 启动前的直流制动功能：使用变频器系统时，要求电动机要在最低频率（0Hz）的时候启动，若在启动时电动机已经有了一定的转速，则可能会引起过流或过压的故障，使变频器损坏。大多数的变频器在启动前都具备直流制动功能，使旋转的电动机先停止，以保证电动机在完全停止的状态下启动。

c. 启动锁定：锁定功能是靠连锁频率控制的，连锁频率是由用户设定的，在变频器的输出频率超过连锁频率时，电动机就不能启动。

d. 暂停升速功能：用户可以通过对变频器设置升速暂停频率和暂停时间等参数，使拖动系统在低速的状态下运行一段时间，待旋转稳定后再继续升速，该功能常用于一些惯性较大、启动升速较慢的负载设备中。

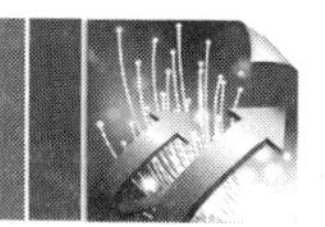

② 变频器的升速/降速操作

如图3-89所示为变频器的升速/降速操作方法。按动运行模式切换键，将变频器调整至PU运行模式，并通过模式切换键，进入参数设定模式（具体操作方法参见频率设置模式的①、②步）；转动旋转钮将参数调整至P.161；按动确认键，读取当前设定值；旋转旋转钮，调整参数值；调整完成后按确认键，设定当前设定值，当参数与设定值交替闪烁时，表示参数设定完成；参数设定完成后，两次按动模式切换键，进入频率监视模式；按下REV（反转）或FWD（正转）操作键，运行变频器；变频器运行后，转动旋转钮，将频率调整至50 Hz，闪烁的频率即为设定的频率，在此不用按下确认键。当变频器需要降速操作时，也可通过转动旋转钮，将频率调低。

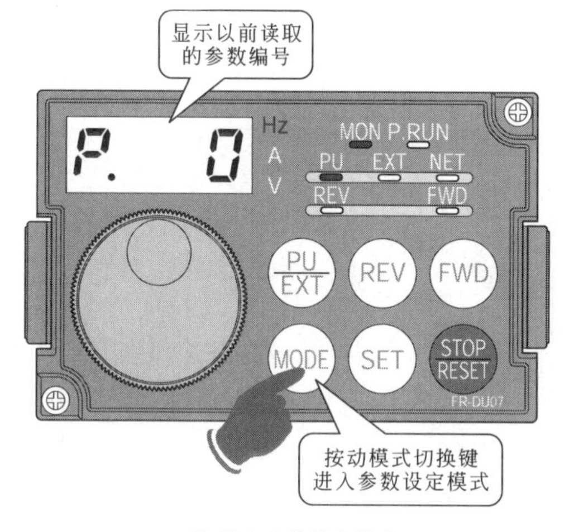

① 进入参数设定模式

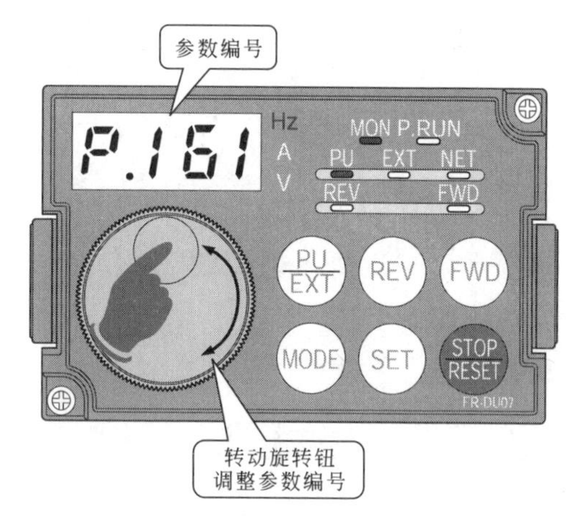

② 进入参数编号

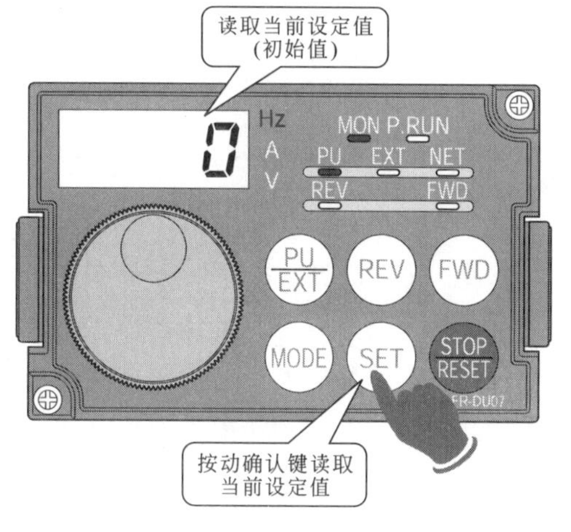

③ 读取当前设定值

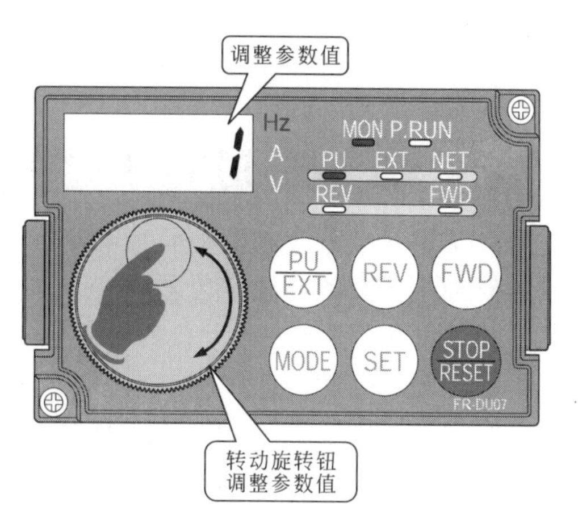

④ 设定参数值

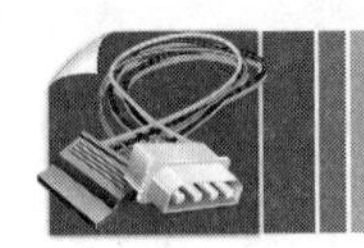

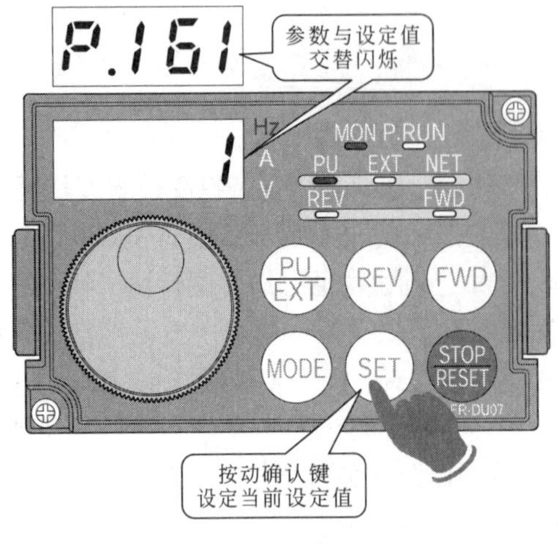

⑤ 参数设定完成

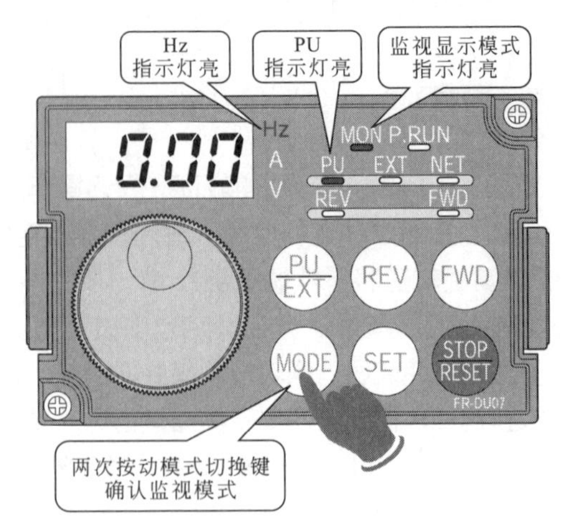

⑥ 确认监视模式

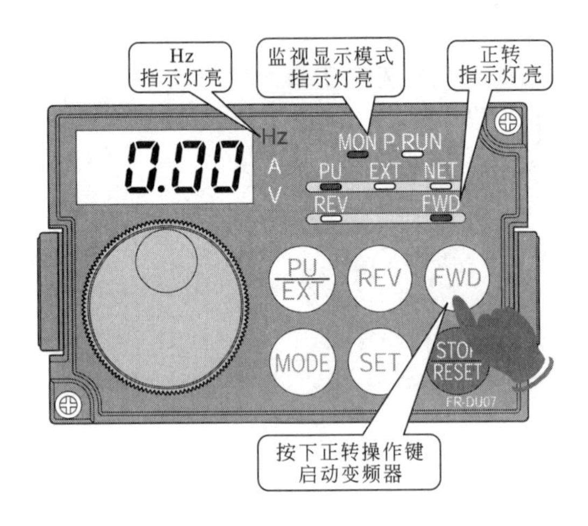

⑦ 启动变频器

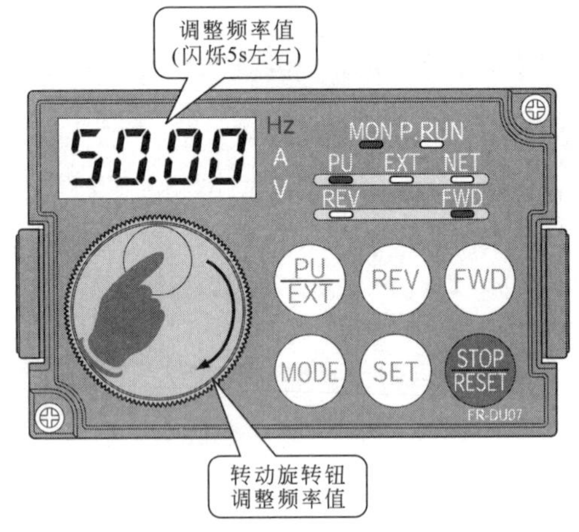

⑧ 调整频率值

图3-89 变频器的升速/降速操作方法

扩展

在使用变频器为电动机提供驱动信号时，变频器输出的频率和电压可从低频低压升至额定的频率和额定的电压，而上升时的快慢可以由用户自订，即改变上升频率。其基本原则是，在电动机的启动电流允许的条件下，尽可能缩短升速时间。

升速时间的定义有两种，一种是频率从最低（0Hz）上升到基本工作频率所需要的时间，另一种为频率从0Hz上升到最高频率所需要的时间，其频率都是由用户通过操作面板上的按键设定的。

如图3-90所示为变频器中常使用的升速方式。升速过程中，不同种类的变频器为用户提供的升速方式也不一样，大体上分为三种，即线性方式、S形方式和半S形方式。

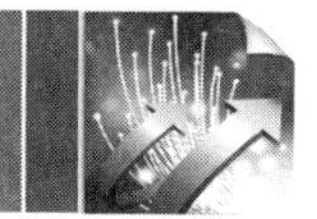

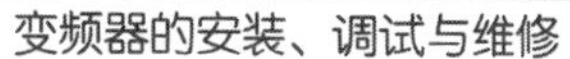

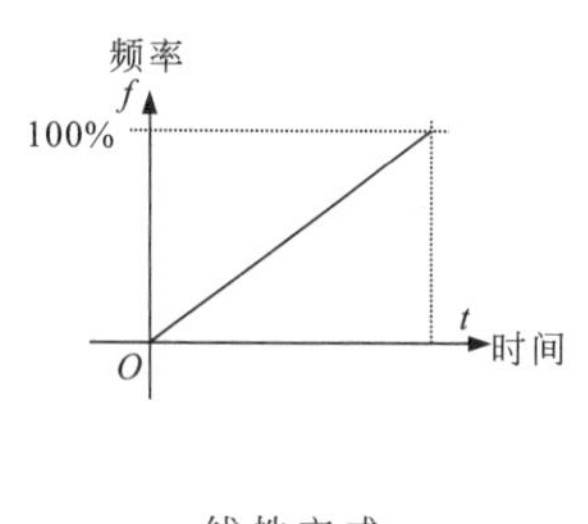

线性方式

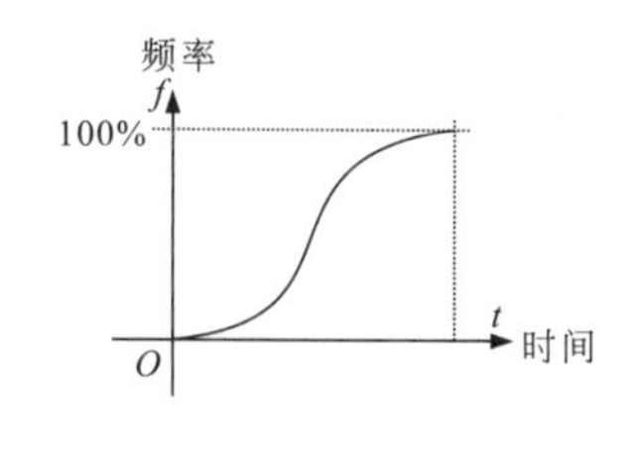

S形方式

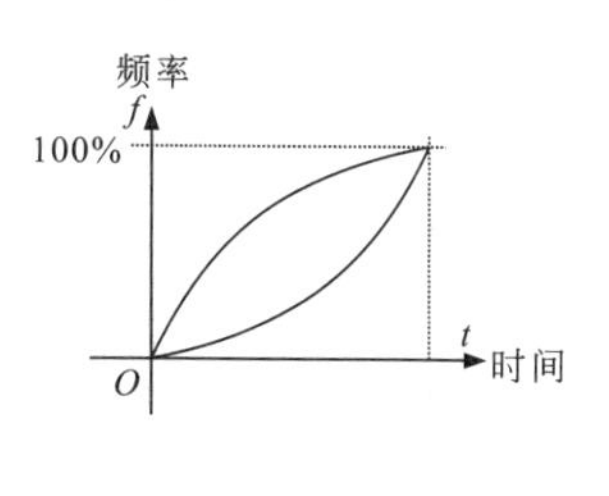

半S形方式

图3-90 变频器中常使用的升速方式

a. 线性方式：通常情况下都选用线性的升速方式，升速过程中的时间与频率成正比例上升。

b. S形方式：该方式适用于使用皮带传送的运输类负载设备中，用来避免货物在运送的过程中滑动。

c. 半S形方式：该方式分为两种，适用于鼓风机、泵类以及一些惯性较大的负载设备中。

并不是所有的变频器都可以自由地选择升速方式，这些设置都是由变频器设计时设定的，各种变频器升速方式的选择也不一致，用户应该根据需要选择不同种类的变频器。

变频器的降速方式同样有三种，即线性降速、S形降速和半S形降速。在降速时，需考虑拖动系统的惯性，惯性越大，其降速时间的设置应越长。

③ 变频器的停机操作

如图3-91所示为变频器的停机操作。对电动机进行停机时，按下停止复位键（STOP/RESET）即可，电动机减速后停止。

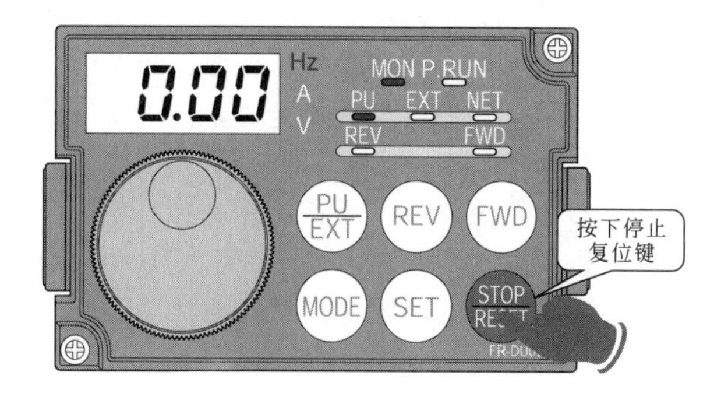

图3-91 变频器的停机操作

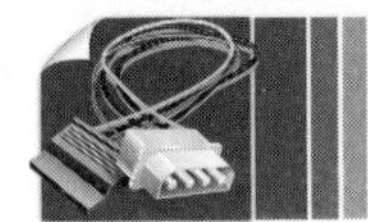

扩展

在停机的过程中，电动机由于自身惯性，会出现低速旋转的现象，而有些设备中必须要求电动机迅速停机，此时就需要使用制动功能来迫使电动机迅速或匀速停机，在变频器中经常使用的制动方式有直流制动、外接制动电阻器制动和制动单元制动等方式，分别用来满足不同用户的需要。

a. 直流制动功能：变频器的直流制动功能是指当电动机的工作频率下降到一定的范围时，变频器向电动机的绕组间接入直流电压，从而使电动机迅速停止转动。在直流制动功能中，用户需对变频器的直流制动电压、直流制动时间以及直流制动起始频率等参数进行设置。

b. 外接制动电阻器和制动单元：当变频器输出频率下降过快时，电动机将产生回馈制动电流，使直流电压上升，可能会损坏变频器。此时应在回馈电路中加入制动电阻器和制动单元，将直流回路中的能量消耗掉，以便保护变频器并实现制动。

3.3 变频器的维修

3.3.1 变频器的检测方法

（1）变频器常见故障表现及原因

变频器属于精密的电子元器件，若使用不当，受外围环境影响或部分元器件老化，都可能会造成变频器无法正常工作或损坏，从而使变频器控制的电动机无法正常转动（无法转动、转速不均、正转和反转控制失常等），此时需要对变频器本身或外围元器件进行检测，从而判断故障部位。下面对变频器的几种常见故障表现及原因进行介绍。

① 变频器参数设置类故障　变频器的有些故障是由于设置不当造成的，例如电动机参数设置与变频器不符，变频器控制方式设置不正确，启动方式设置不正确等。

a. 在使用变频器设定输出参数时，一般情况下变频器参数中设置的是电动机的功率、电流、电压、转速、最大频率等，这些参数在设定时要与电动机铭牌标识中的数据一致，否则会引起变频器不能正常工作的故障。

b. 变频器的启动方式若设置不正确，也可能会造成无法正常工作的故障。变频器在出厂时设定为面板启动，也可以根据实际的应用选择启动方式（面板、外部端子或通信方式等），变频器设置的启动方式应与相对应的给定参数及控制端子相匹配，否则会引起变频器不工作、不能正常工作或频繁发生保护动作甚至损坏的故障。

c. 变频器的控制方式（频率控制、转矩控制等）设置不正确，也会造成电动机无法正常旋转的故障。每一种控制方式都对应一组数据范围的设定，这些数据设置不正确，变频器无法正常工作。

d. 频率给定参数设置不正确，也可能会造成变频器不工作、频繁发生保护动作甚至损坏的故障。变频器的频率给定方式有多种，例如面板给定、外部给定、外部电压或电流给定、通信方式给定等，在参数设置正确后，还要保证信号源工作正常。

e. 若变频器因参数设置不正确而不能正常工作时，可根据故障代码或产品说明书进行参数修改，若无法修改，则应恢复出厂设置，重新对数值进行设定，若还是无法恢复正常运行，则可能是由于硬件故障造成的。

② 变频器外围电路故障　如图3-92所示为典型变频器的外围基本元件及功能，其外围元件损坏也会引起变频器无法正常工作的故障。

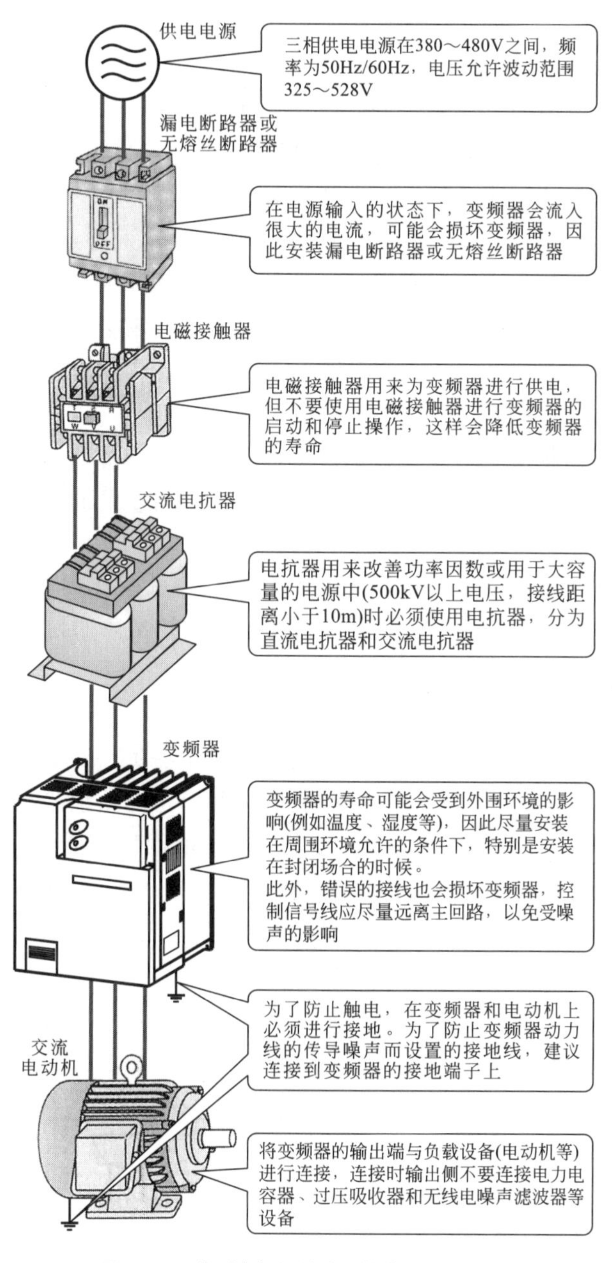

图3-92　典型变频器的外围基本元件及功能

下面以几种常见的外围电路故障为例对其故障原因进行分析。

a. 过电流或过载故障　变频器的过电流或过载故障是变频器的常见故障。过电流是指流过变频器的电流值超过其额定范围，其故障可分为加速、减速、恒速过电流等，其外部原因大多数是电动机负载突变、供电线路缺相、电动机内部短路等。如果断开负载变频器还是过流故障，说明变频器逆变电路已坏，需要更换变频器。

◆ 若变频器的供电电源缺相、输出端的线路断线或电动机绕组相间有对地短路性故障，则可能导致过电流现象。

◆ 电动机负载突变，可能会引起大的冲击电路流过变频器，从而造成过电流保护的现象，该故障在重新启动变频器后就会恢复正常，若变频器经常出现该故障，则应对负载进行检查，或更换较大容量的变频器。

◆ 电磁干扰会影响电动机或变频器的电路，变频器在工作中由于整流和变频，周围产生了很多的干扰电磁波，这些高频电磁波对附近的仪表、仪器有一定的干扰。同理，若外围电磁波干扰电动机，则会造成电动机中的漏电流过大，引起变频器过流保护；若电磁波干扰变频器，则可能会导致变频器输出的控制信号出错，从而导致过流现象。

◆ 电动机在运行的过程中，在绕组和外壳之间、电缆和大地之间，会产生较大的寄生电容，电流会通过寄生电容流向大地（漏电流），从而引起过电流的现象。

◆ 变频器的容量选择不当，与负载的容量不匹配时，则可能会引起变频器工作失常，从而出现过电流或过载的故障，甚至会损坏变频器。

◆ 过载故障包括变频器过载和电动机过载，造成过载故障的原因大多数是加速时间太短、直流制动量过大、电网电压太低、负载过重等，负载过重是指所选的变频器和电动机无法拖动负载。

◆ 变频器本身损坏（模块损坏、驱动电路损坏、电流检测电路损坏），也可能会造成过电流的现象。当变频器出现通电就跳闸，且无法复位的故障时，则可能是变频器本身损坏造成的过电流现象。

b. 过电压或欠电压故障

◆ 过电压故障是指变频器的供电电压超过其额定电压值，造成该故障的原因大多数是电源电压过高、降速时间设置太短或放电不理想，例如通用变频器的额定三相电压范围大约在323～506 V之间，当运行电压超过限定允许电压范围时，则会出现过电压的现象。若输入电压过高，则可能会引起变频器过电压保护。

◆ 欠电压故障是指变频器的供电电压低于其额定电压值，其故障原因与过电压故障正好相反，此故障会造成变频器欠电压保护的故障。

c. 过热保护故障　过热保护故障是指变频器由于温度过高而进行自动保护，造成该故障的原因大多是周围温度过高、冷却风扇电动机堵转、温度传感器性能不良或电动机过热等。

d. 输出不平衡的故障　输出不平衡的故障是指变频器的U、V、W端输出的电压不等，相差较多，该故障主要表现为电动机抖动、转速不稳，造成此类故障的原因大多是电抗器损坏、驱动电路损坏或逆变电路故障。

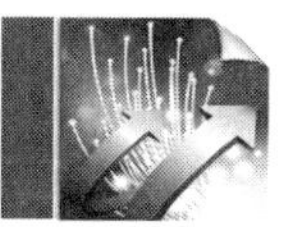

除了上述故障，变频器受外围元器件或环境的影响，例如前级电路中的漏电断路器或漏电报警器不动作、静电干扰、接地故障等，造成变频器不工作的故障。在对变频器进行检修时，一定要分清故障部位，排除外围元器件或环境的影响后，再对变频器本身进行检测。

③ 变频器本身故障　变频器的电路部分主要由主回路部分（电源电路、IPM逆变电路）、控制电路、保护电路及冷却风扇等几个部分组成。这些电路均是由电子元器件组成的，若有损坏的元器件，则可能会造成变频器无法工作的故障。

a. 主回路部分

如图3-93所示为变频器主回路部分。主回路部分主要是由整流电路模块、滤波电容器、逆变电路以及限流电阻器、继电器等组成的。变频器的大多数故障都是由滤波电容器损坏造成的，滤波电容器的寿命主要与加在其两端的直流电压和内部温度有关，变频器在设计时，已经选定了电容器的型号，因此变频器内部的温度对电解电容器的寿命起决定作用。由此滤波电容器会直接影响到变频器的使用寿命，一般温度超过额定范围10℃，电容器的寿命减半。因此一方面在安装时要考虑适当的环境温度，另一方面可以采取措施减少脉动电流，从而延长电解电容器的寿命。

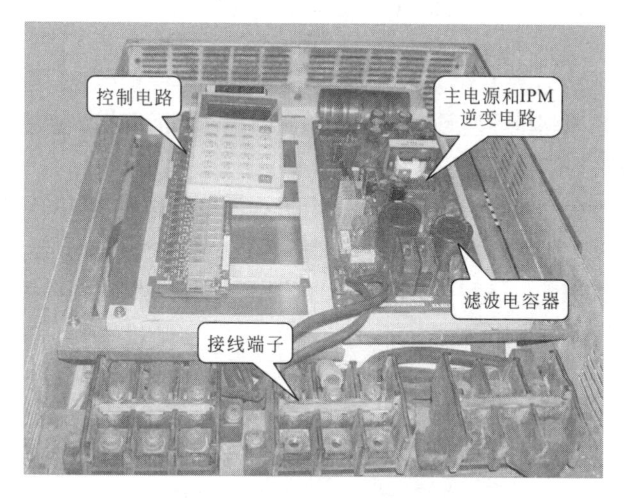

图3-93　变频器主回路部分

b. 控制电路部分

如图3-94所示为变频器的控制电路部分。控制电路部分是变频器的核心电路，该电路集中了微处理器（CPU、MPU）、存储器等大规模集成电路，一般情况下出现故障的概率很小，但由于集成芯片的各引脚之间的距离较小，集成度较高，因此要注意防止导电物质掉入，若变频器工作在粉尘大、湿度大的情况下，要注意防尘防潮，否则极易引起故障。

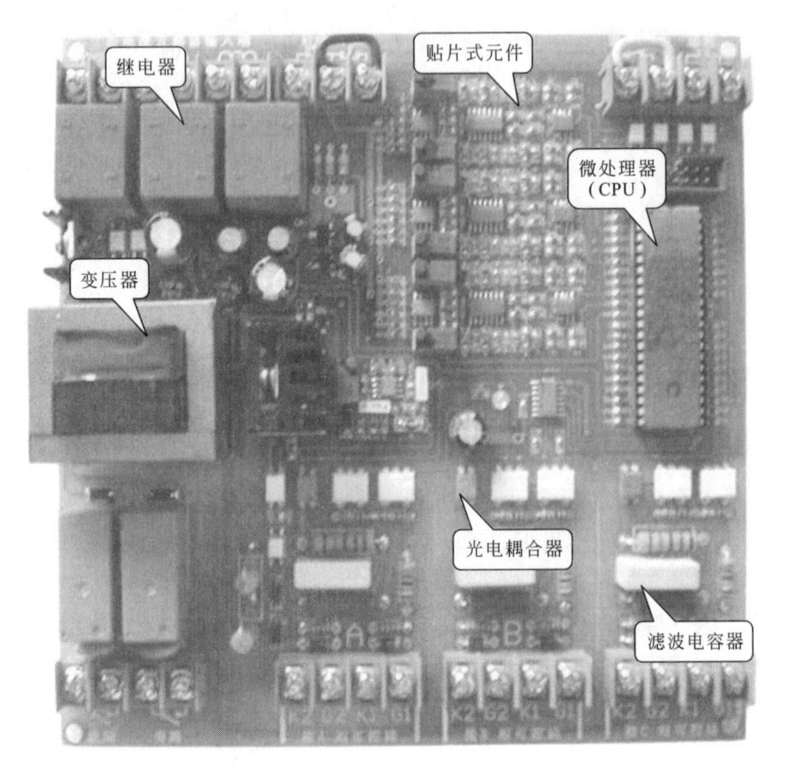

图3-94　变频器的控制电路部分

逆变电路中包含驱动和缓冲电路，以及过电压、缺相等保护电路。控制电路送来的驱动控制信号，通过光电耦合器将电压驱动信号输入逆变电路，因而在检测逆变电路的同时，还应检查控制电路和光耦送来的信号是否正常。

此外，在控制电路板上还安装有继电器、电阻器或电容器等大量的分立式或贴片式的元器件，若这些元器件损坏或引脚焊点有虚焊、脱焊等现象，都会造成变频器无法正常工作的故障，因此在对变频器进行检修前，一定要分清故障部位是出在主回路还是控制电路，以免造成不必要的麻烦。

c. 冷却部分

如图3-95所示为变频器的冷却风扇。冷却风扇具有一定的使用寿命，当使用寿命临近时，风扇产生很大的震动，从而导致变频器散热不良，造成过热保护的现象（跳闸）。冷却风扇的寿命由其轴承的质量来决定，通常情况下风扇的寿命大约在10000 ~ 35000 h之间。当变频器连续运转时，需要2 ~ 3年更换一次风扇或轴承。为了延长风扇的寿命，一些产品的风扇只在变频器运转时而不是电源开启时运行。

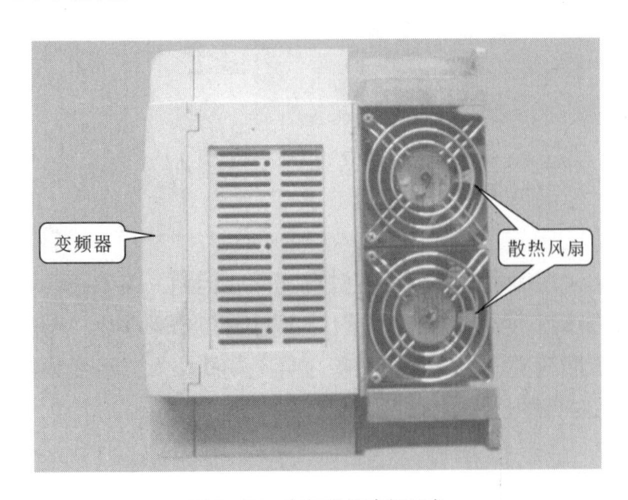

图3-95　变频器的冷却风扇

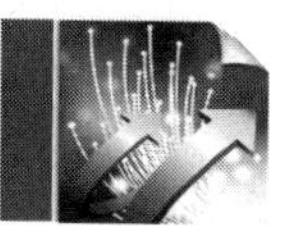

有些大功率的变频器安装有铝质散热片用来进行散热，以免机箱内的温度过高而损坏元器件或造成过热保护。

（2）通过变频器操作面板显示的故障代码判断排除故障

如表3-7所列为西门子420系列变频器的故障信息代码表示的含义及排查方法。当变频器显示故障代码或报警信息代码时，应根据变频器的型号查询相关故障代码含义及排查方法，对变频器进行检修，排除故障。

表3-7　西门子420系列变频器的故障信息代码表示的含义及排查方法

故障代码及含义	故障范围	排查方法
F001 过电流	1. 电动机的功率与变频器的功率不对应 2. 电动机的导线短路 3. 接地故障	1. 电动机的功率必须与变频器的功率相对应，即P0307和P0206的参数 2. 电缆的长度不得超过允许的最大值 3. 电动机的电缆和电动机内部不得有短路或接地故障 4. 输入变频器的电动机参数必须与实际使用的电动机参数相对应 5. 输入变频器的定子电阻值必须正确无误，即P0350的参数 6. 电动机的冷却风道必须畅通，电动机不得过载 7. 可通过增加斜坡时间减少“提升”的数值
F002 过电压	1. 直流回路的电压（r0026）超过了跳闸电平（P2172） 2. 由于供电电源电压过高，或者电动机处于再生制动方式下引起过电压 3. 斜坡下降过快，或者电动机由大惯量负载带动旋转，而处于再生制动状态下	1. 电源电压必须在变频器铭牌规定的范围以内，即P0210的参数 2. 直流回路电压控制器必须有效而且正确地进行了参数化，即P1240的参数 3. 斜坡下降时间必须与负载的惯量相匹配，即P1121的参数
F003 欠电压	1. 供电电源故障 2. 冲击负载超过了规定的限定值	1. 电源电压必须在变频器铭牌规定的范围以内，即P0210的参数 2. 检查电源是否短时掉电或有瞬时的电压降低
F004 变频器过温	1. 冷却风机故障 2. 环境温度过高	1. 变频器运行时冷却风机必须正常运转 2. 调制脉冲的额定频率必须设定为缺省值 3. 冷却风道的入口和出口不得堵塞 4. 环境温度可能高于变频器的允许值
F005 变频器I^2t过温	1. 变频器过载 2. 工作/停止间隙周期时间不符合要求 3. 电动机功率（P0307）超过变频器的负载能力（P0206）	1. 负载的工作/停止间隙周期时间不得超过指定的允许值 2. 电动机的功率必须与变频器的功率相匹配，即P0307和P0206的参数

续表

故障代码及含义	故障范围	排查方法
F0011 电动机I^2t过温	1.电动机过载 2.电动机数据错误 3.长期在低速状态下运行	1.检查电动机的数据 2.检查电动机的负载情况 3."提升"设置值过高，即P1310、P1311、P1312的参数 4.电动机的热传导时间常数必须正确 5.检查电动机的I^2t过温报警值
F0041 电动机定子电阻自动检测故障	电动机定子电阻自动检测故障	1.检查电动机与变频器的连接情况 2.检查输入变频器的电动机数据
F0051 参数EEPROM故障	存储不挥发的参数时，出现读/写错误	1.进行出厂复位并重新参数化 2.更换变频器
F0052 功率组件故障	读取功率组件的参数时出错，或数据非法	更换变频器
F0060 Asic超时	内部通信故障	1.确认存在的故障 2.如果故障重复出现，更换变频器
F0070 CB设定值故障	在通信报文结束时，不能从CB（通信板）接收设定值	1.检查CB板的连接线 2.检查通信主站
F0071 报文结束时USS（RS232-链路）无数据	在通信报文结束时，不能从USS（BOP链路）得到响应	1.检查通信板（CB）的接线 2.检查USS主站
F0072 报文结束时USS（RS485-链路）无数据	在通信报文结束时，不能从USS（BOP链路）得到响应	1.检查通信板（CB）的接线 2.检查USS主站
F0080 ADC输入信号丢失	1.断线 2.信号超出限定值	检查模拟输入的接线
F0085 外部故障	由端子输入信号触发的外部故障	封锁触发故障的端子输入信号
F0101 功率组件溢出	软件出错或处理器故障	1.运行自检测程序 2.更换变频器
F0221 PID反馈信号低于最小值	PID反馈信号低于P2268设置的最小值	1.改变P2268的设置值 2.调整反馈增益系数
F0222 PID反馈信号低于最小值	PID反馈信号低于P2267设置的最小值	1.改变P2267的设置值 2.调整反馈增益系数
F0450 BIST测试故障	1.故障部分的测试故障 2.控制板的测试故障 3.功能测试故障 4.I/O模块的测试故障 5.上电检测时内部RAM故障	1.变频器可以运行，但有的功能不能正常工作 2.更换变频器

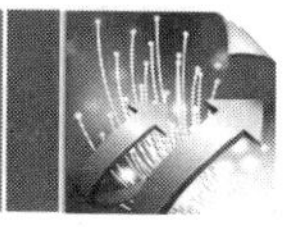

(3) 变频器的测试方法

变频器的测试方法主要有静态测试和动态测试两种。静态测试是指在变频器断电的情况下，使用万用表检测各元器件及各端子之间的阻值是否正常来判断故障点。当静态测试正常时，才可进行动态测试，即上电测试，检测变频器的输入/输出电压、输出波形是否正常等。

如图3-96所示为变频器的静态测试方法。以检测正转开关为例，对变频器进行静态测试时，断开电源总开关，将万用表调整至“R×1”挡，两只表笔分别搭在开关两端的引脚上，合上正转开关后，测得的阻值趋于零。若此时的阻值为无穷大，则说明开关已经损坏，应更换。同理开关在断开的情况下，两端的阻值应为无穷大，若有趋于零的情况，则说明开关已经损坏。

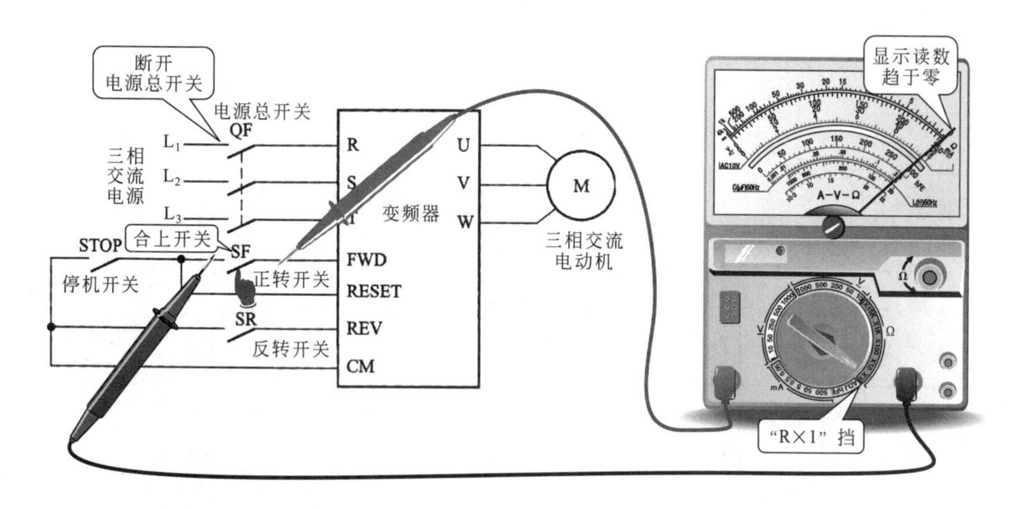

图3-96 变频器的静态测试方法

如图3-97所示为变频器的动态测试方法（供电电压的检测）。当变频器静态测试正常，进行动态测试时，首先合上电源总开关，使三相交流电源为变频器的R、S、T端进行供电。检测时，将万用表的量程调至“交流500 V”挡，使用两只表笔分别搭在三条供电线路的接线端（可接电源总开关输出端接线端）上，正常时，万用表显示的读数应趋于380 V，若无法检测出电压值，则应对电源总开关或供电线进行检测。

如图3-98所示为变频器的动态测试方法（输出电压的检测）。以检测变频器输出的驱动电压为例，在供电和控制电路都正常的情况下，闭合电源总开关和正转开关，对变频器U、V、W端输出的变频驱动电压进行检测。检测时，将万用表的量程调至“交流500 V”挡，使用两只表笔分别搭在变频器U、V、W端的任意两端，正常情况下可检测到260 V左右的电压。若无法检测到变频驱动电压，则说明变频器本身可能有故障。若输出的变频驱动电压正常，电动机无法旋转，则可能是电动机本身有故障。

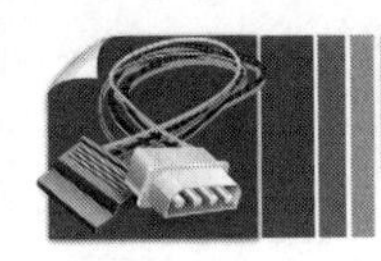

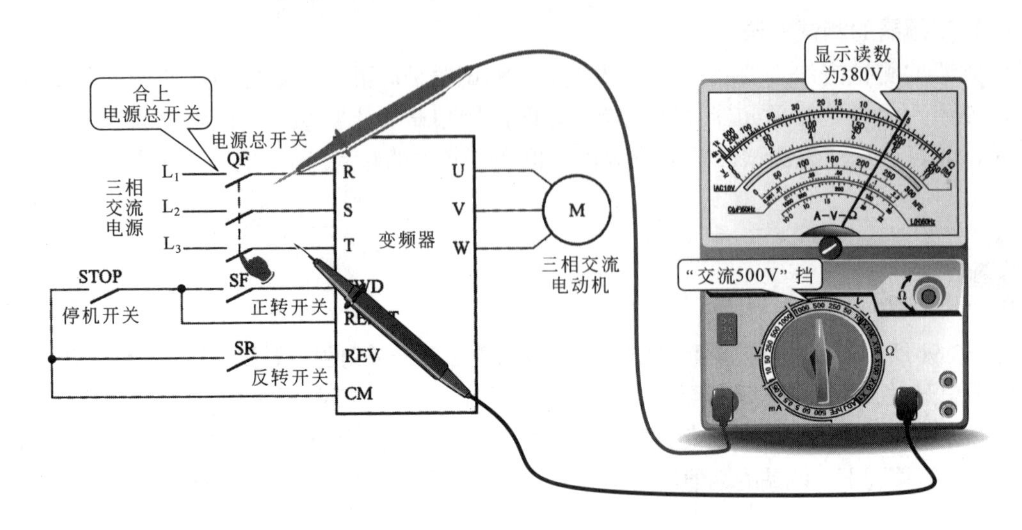

图3-97 变频器的动态测试方法（供电电压的检测）

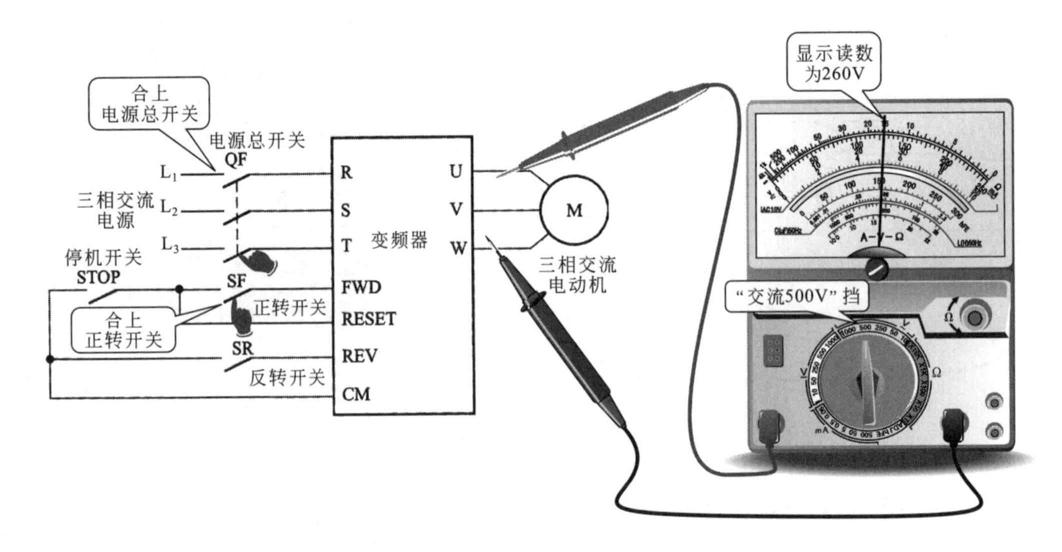

图3-98 变频器的动态测试方法（输出电压的检测）

3.3.2 变频器的代换方法

（1）变频器元件的代换方法

变频器由半导体元件和许多电子零件构成，当检修过程中发现故障元件时，需要对其进行更换。还有一些零件，如冷却风扇、平滑电容、继电器等，由于其构成和物理特性，在使用一定时间后会发生劣化，降低变频器的性能，甚至会引起故障。因此，为了预防维护变频器，需定期更换这些零件。下面以三菱FR-D740 5.5k以上的变频器为例对其冷却风扇的更换方法进行介绍。

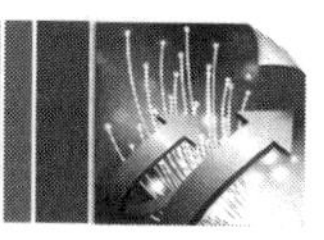

① 如图3-99所示为冷却风扇的拆卸方法示意图。按压风扇盖板两端的卡爪，将风扇盖板取下，取下后向上提取风扇，将其风扇连接器拔下，将损坏的风扇与变频器分离。

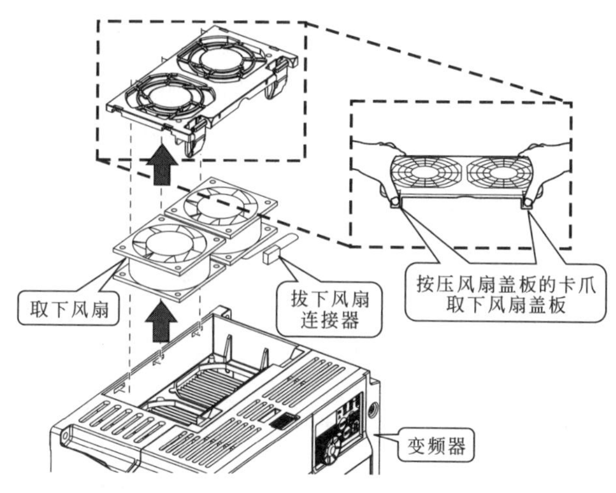

图3-99　冷却风扇的拆卸

② 如图3-100所示为冷却风扇的安装方法示意图。确认风扇的连接方向后，将风扇安装在变频器上，连接好连接器，连接时，注意风扇不要卡住连接线，风扇连接完成后，将风扇盖板的卡爪插入变频器安装孔内，插入后，听到“咔嚓”声，表明风扇盖板安装完成。

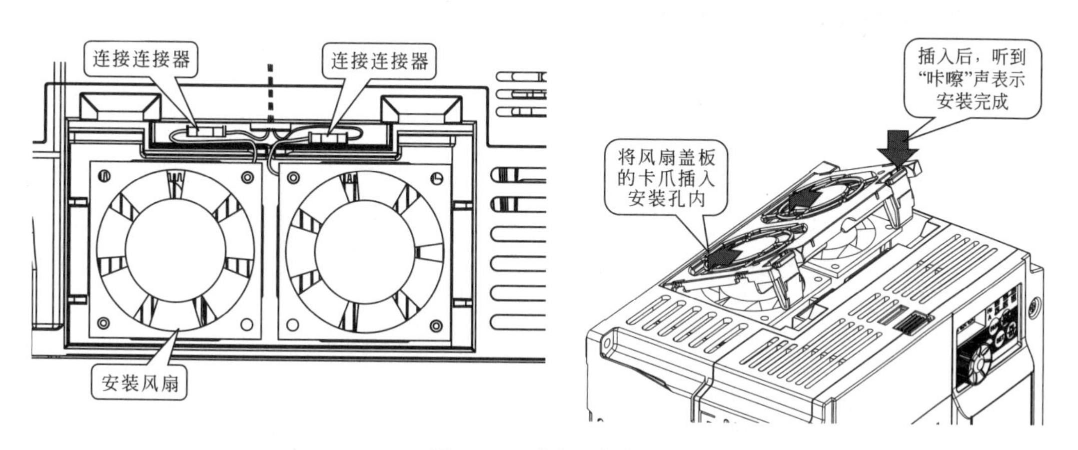

图3-100　冷却风扇的安装

提示

更换风扇时，应切断变频器的电源，切断电源后，由于变频器内部仍存有余电，容易引发触电，因此需在主机盖板装上的状态下进行更换操作。更换时，应注意风扇的风向，若风扇的风向错误，会缩短变频器的使用时间。

（2）变频器的代换方法

当需要更换整个变频器时，需在切断变频器电源10 min后，使用万用表测量无电压的情况下才可进行操作，下面以三菱FR-A700型变频器为例对其变频器的更换方法进行介绍。

① 如图3-101所示为变频器控制回路端子板的拆卸方法示意图。控制电路连线保持不动，将变频器的布线盖板拆卸后，使用合适的螺丝刀松开控制回路端子板底部的两个固定螺钉（该螺钉不可拧下），将端子板从控制回路端子的背面拉下，即可拆卸下端子板。

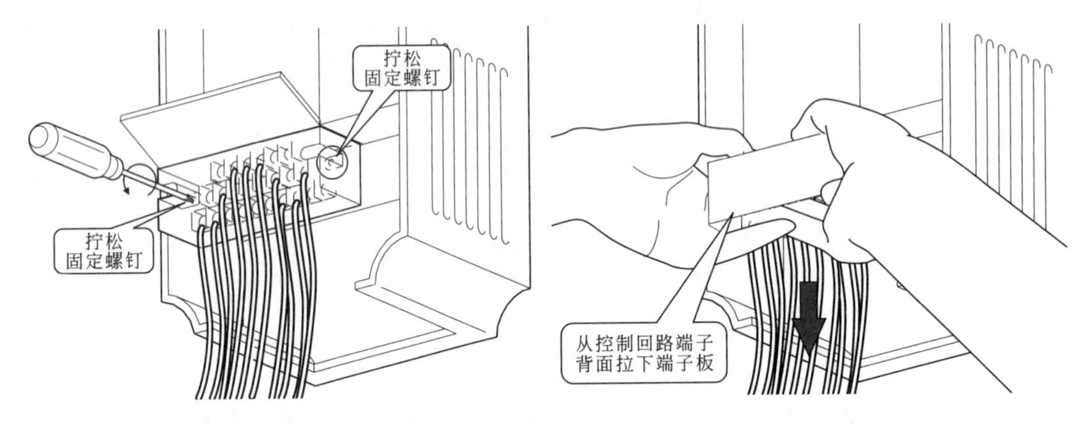

图3-101　变频器控制回路端子板的拆卸方法

② 如图3-102所示跳线插针示意图。将拆卸下来的控制回路端子板重新安装在更换的变频器上即可，拆卸或安装时，不要将控制电路上的跳线插针弄弯。

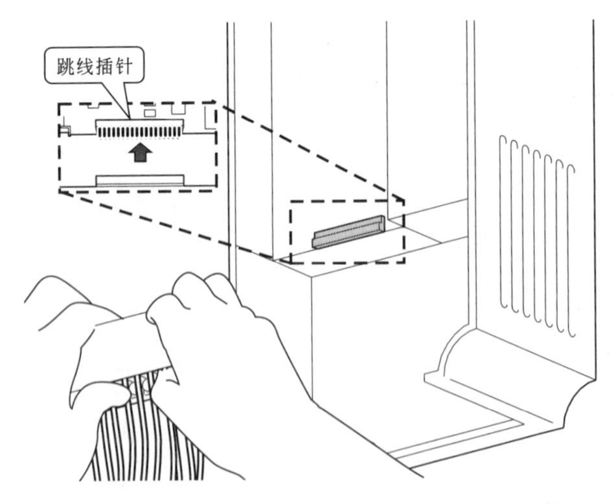

图3-102　跳线插针

第4章 变频电路中的主要元器件和核心电路

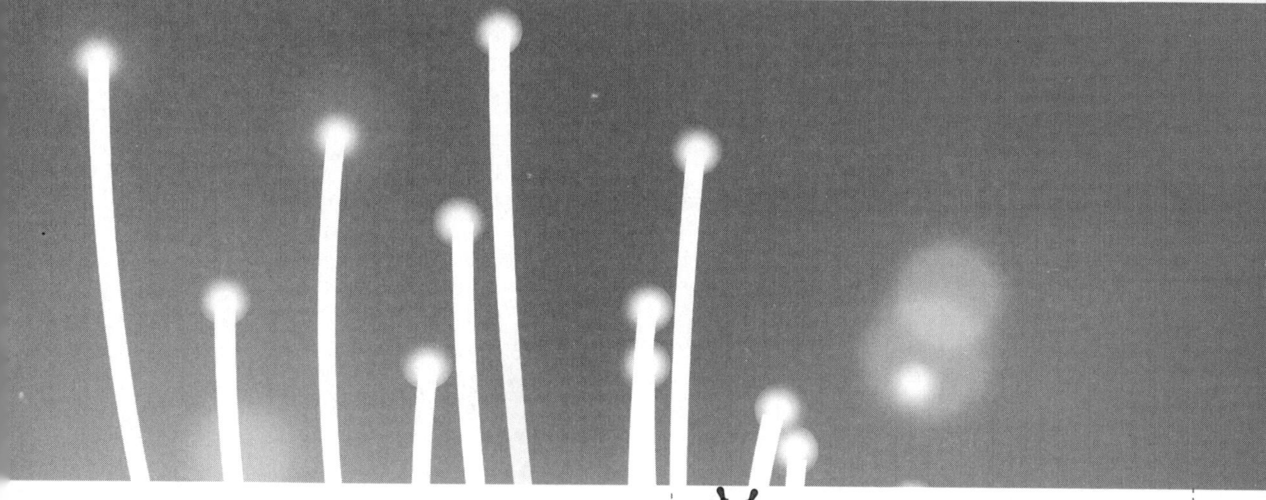

通过对本章的学习，对变频电路中的主要元器件和核心电路有一定的了解，掌握主要元器件的结构和功能特点，了解变频电路中的核心电路构成。

4.1 变频电路中的主要元器件

4.1.1 晶闸管的结构与功能特点

（1）晶闸管的结构

晶闸管（Silicon Controlled Rectifier，SCR），又称可控硅镇流器、可控硅，也是一种半导体元器件。

① 晶闸管的外形

如图4-1所示为晶闸管外形与电路符号。

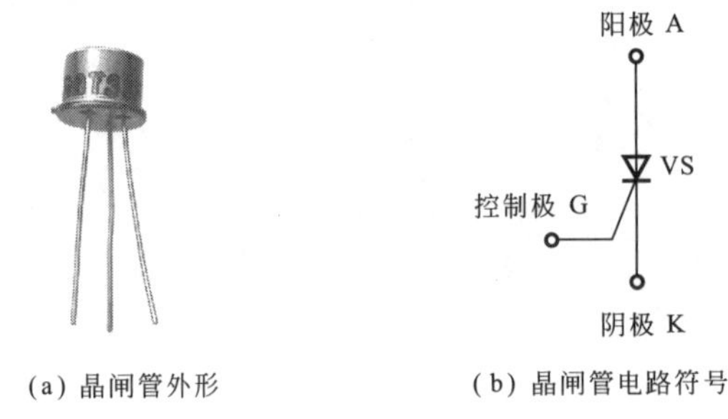

(a) 晶闸管外形　　(b) 晶闸管电路符号

图4-1　晶闸管外形与电路符号

晶闸管是一种可控镇流二极管，在电路中用字母“VS”表示。晶闸管有三个电极，分别为阳极（用A表示）、阴极（用K表示）和控制极（用G表示，又称栅极）。

② 晶闸管的内部结构

如图4-2所示为晶闸管内部结构。

晶闸管是由P型和N型半导体交替叠合成P-N-P-N四层而构成的。控制极G的位置不同，晶闸管可分阴极受控和阳极受控两类。

提示

如图4-3所示为晶闸管的等效图。

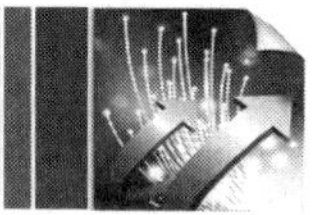

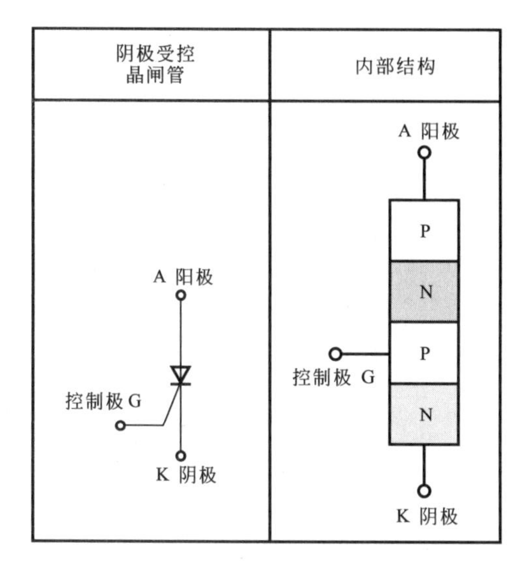

(a) 阴极受控晶闸管内部结构

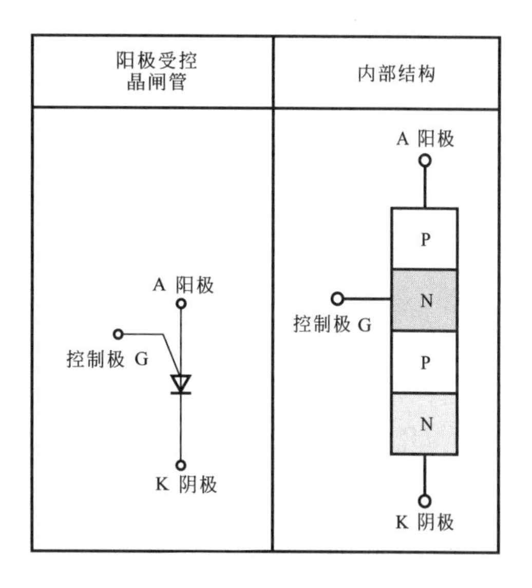

(b) 阳极受控晶闸管内部结构

图4-2 晶闸管的内部结构

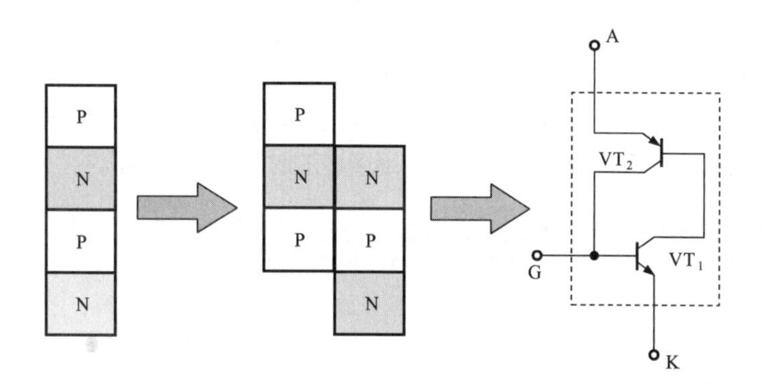

图4-3 晶闸管的等效图

晶闸管可等效于一个PNP晶体三极管和一个NPN晶体三极管交错的结构。

(2) 晶闸管的工作原理与特性曲线

如图4-4所示为晶闸管的工作原理和特性曲线。

当晶闸管的内部相当于两个晶体三极管互联的结构，其阳极A加正向电压时，晶体三极管VT_1和VT_2都承受正向电压，VT_2发射结正偏，VT_1集电结反偏。如果这时在控制极G加上较小的正向控制电压U_1，则有控制电流I_1流入VT_1的基极b_1。经过放大，晶体三极管VT_1的集电极c_1便有$I_{c_1}=\beta_1 I_1$的电流流进。此电流正是VT_2的基极电流I_{b_2}，经VT_2放大，VT_2的集电极

c_2便有$I_{c_2}=\beta_1\beta_2 I_1$的电流流过。而该电流又注入$VT_1$的基极$b_1$。如此反复，两个晶体三极管很快充分导通。

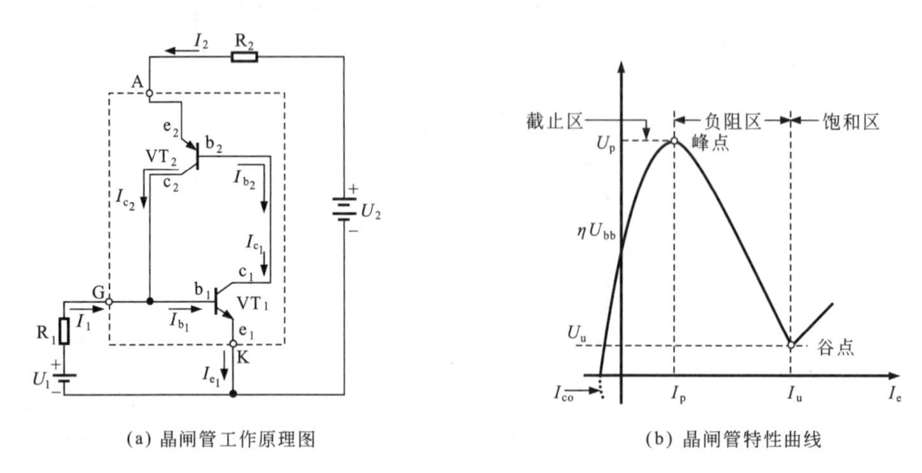

(a) 晶闸管工作原理图　　(b) 晶闸管特性曲线

图4-4　晶闸管的工作原理与特性曲线

当晶闸管导通后，VT_1的基极b_1始终有比I_1大得多的电流流过。因而即使控制电压消失，晶闸管可继续保持导通状态。

晶闸管是一种具有负阻特性的元器件，即当流经它的电流增加时，电压不是随之增加而是随之减小。从晶闸管特性曲线［图4-4（b）］可看出，随着发射极电流I_e不断增加，U_e不断下降，降至某一点时不再下降了，这一点称为谷点。谷点之后晶闸管进入了饱和区。在饱和区，发射极与第一基极间的电流达到饱和状态，所以U_e继续增加时，I_e增加不多。

扩展

晶闸管的命名规格：不同国家的晶闸管命名的方式有所不同，在我国晶闸管的型号命名由4个部分构成，而在日本晶闸管的命名是由3个部分构成，如图4-5所示。

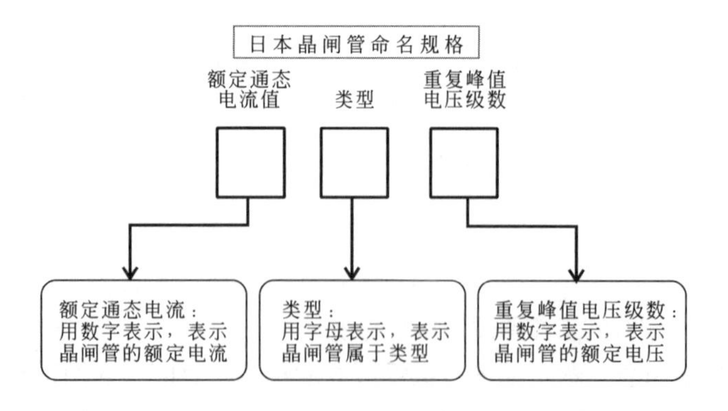

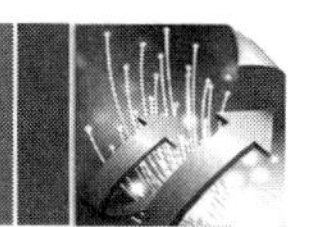

图4-5　晶闸管命名规格

国产晶闸管的类型，符号、意义对照表如表4-1所示。

表4-1　国产晶闸管类型的符号、意义对照表

符号	意义	符号	意义	符号	意义
P	普通反向阻断型	S	双向型	K	快速反向阻断型

国产晶闸管额定通态电流，符号、意义对照表如表4-2所示。

表4-2　额定通态电流的符号、意义对照表

符号	意义	符号	意义	符号	意义
1	1 A	20	20 A	200	200 A
2	2 A	30	30 A	300	300 A
5	5 A	50	50 A	400	400 A
10	10 A	100	100 A	500	500 A

国产晶闸管重复峰值电压级数的符号、意义对照表如表4-3所示。

表4-3　重复峰值电压级数的符号、意义对照表

符号	意义	符号	意义	符号	意义
1	100 V	5	500 V	9	900 V
2	200 V	6	600 V	10	1000 V
3	300 V	7	700 V	12	1200 V
4	400 V	8	800 V	14	1400 V

4.1.2 门极可关断晶闸管的结构与功能特点

（1）门极可关断晶闸管的结构

① 门极可关断晶闸管的外形　门极可关断晶闸管（Gate Turn-Off Thyrisror，GTO）是晶闸管的一种派生元器件，与普通晶闸管的触发功能相同。

如图4-6所示为门极可关断晶闸管外形与电路符号。

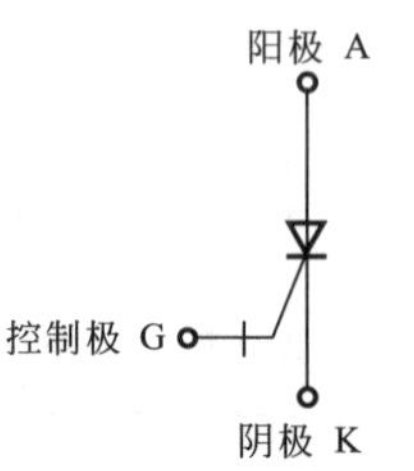

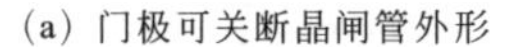

（a）门极可关断晶闸管外形　（b）门极可关断晶闸管电路符号

图4-6　门极可关断晶闸管外形与电路符号

门极可关断晶闸管三个引脚同样是阳极（用A表示）、阴极（用K表示）和控制极（用G表示，又称栅极），但在控制极G和阴极K之间外加反向电压即可将其关断。

② 门极可关断晶闸管的内部结构

如图4-7所示为门极可关断晶闸管内部结构和等效电路。

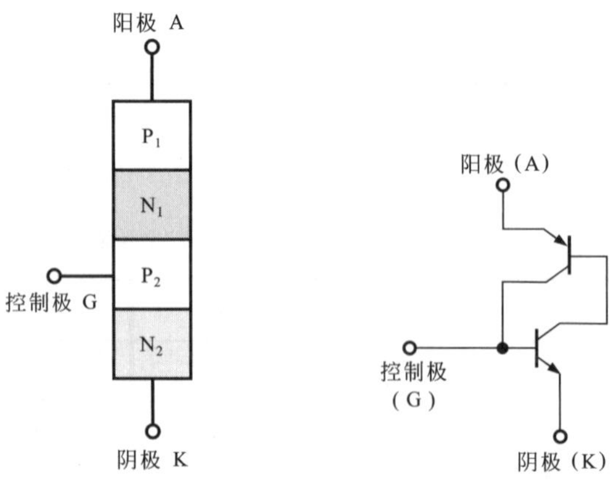

（a）门极可关断晶闸管内部结构　（b）门极可关断晶闸管等效电路

图4-7　门极可关断晶闸管内部结构和等效电路

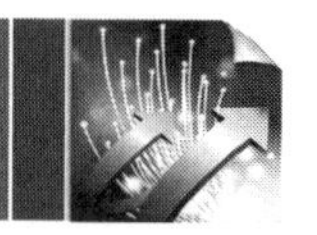

从门极可关断晶闸管的内部结构可以看出，它保留着普通晶闸管耐压高、电流大等优点。而且经过改良后具有自关断能力，使用方便，是理想的高压、大电流开关元器件。大功率可关断晶闸管已广泛用于斩波调速、变频调速、逆变电源等领域，显示出强大的生命力。

（2）门极可关断晶闸管的（GTO）工作原理

如图4-8所示为门极可关断晶闸管的工作原理。

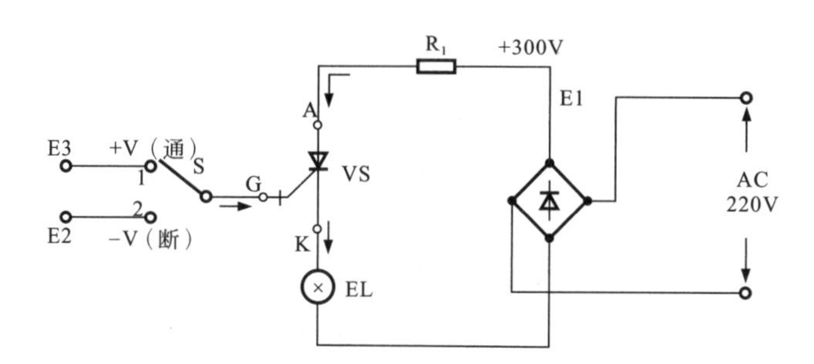

图4-8 门极可关断晶闸管的工作原理

在门极可关断晶闸管的电路中电源E1通过电阻器R1为门极可关断晶闸管的A、K极之间提供正向电压，电源E2、E3通过开关S为其G极提供正压或负压。当开关S处于1端时，电源E3为G极提供正电压，因为A、K极之间的电压大于零，使其导通，有电流从A极穿过VS由K极流出。当开关S处于2端时，电源E2为G极提供负压，因为A、K极之间的电压小于零，VS关断，无电流通过。

4.1.3 双向晶闸管的结构与功能特点

（1）双向晶闸管的结构

① 双向晶闸管的外形　双向晶闸管（BTT）又称双向可控硅，是一种双向可控整流器件。

如图4-9所示为双向晶闸管的外形与电路符号。

（a）双向晶闸管外形　（b）双向晶闸管电路符号

图4-9 双向晶闸管的外形与电路符号

双向晶闸管又称双向可控硅，可以控制双向导通。同样是有三个引脚，其引脚除控制极（G）外的另外两个电极不再区分阴极、阳极，而标称为主电极T_1、T_2。

② 双向晶闸管的内部结构

如图4-10所示为双向晶闸管内部结构和等效电路。

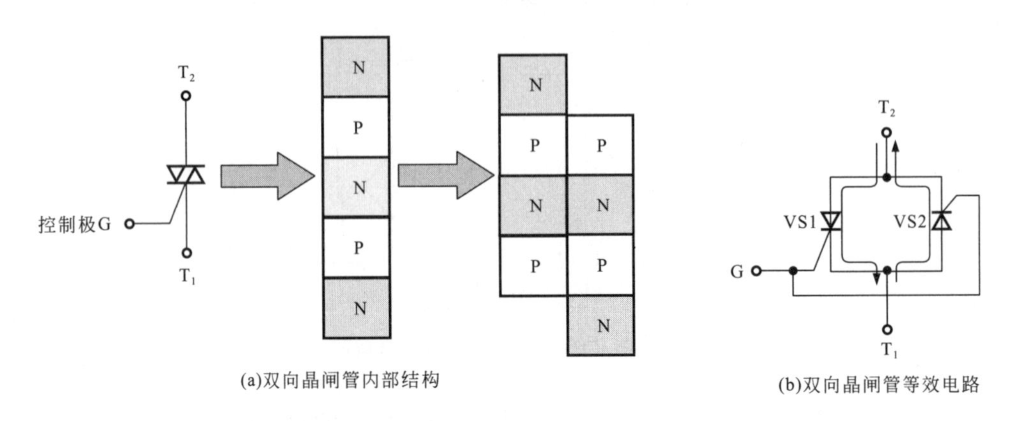

图4-10　双向晶闸管内部结构和等效电路

双向晶闸管等效于2个晶闸管正、反向并联，属于N-P-N-P-N五层半导体器件。双向晶闸管第一电极T_1与第二电极T_2间，无论所加电压极性是正向还是反向，只要控制极G和第一电极T_1间加有正、负极性不同的触发电压，就可触发导通呈低阻状态。双向晶闸管一旦导通，即使失去触发电压，也能继续保持导通状态。只有当第一电极T_1、第二电极T_2电流减小至小于维持电流或T_1、T_2间，当电压极性改变且没有触发电压时，双向晶闸管才截断，此时只有重新加触发电压方可导通。因此，双向晶闸管在电路中一般用于调节电压、电流，或用作交流无触点开关。

（2）双向晶闸管（BTT）的工作原理与特性曲线

如图4-11所示双向晶闸管的工作原理和特性曲线。

从图4-11（a）中可以看出，当双向晶闸管接在交流电路中，如控制极（G）无触发电压时，晶闸管处于截止状态，灯（EL）不亮。图4-11（b）中，交流电源为正半周时，给G极加触发电压（UG），则双向晶闸管导通，有电流流过晶闸管，灯（EL）发光，此状态如UG大于T_1端电压，小于T_2端电压，则会触发晶闸管使之导通，电流由T_2流向T_1。

图4-11（c）中，电源的极性为负半周时，给G极加触发电压UG，于是VS导通，电流从T_1流向T_2，灯发光，此状态，UG大于T_2，而小于T_1。

双向晶闸管的特性曲线如图4-11（d）所示。

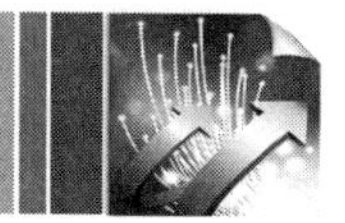

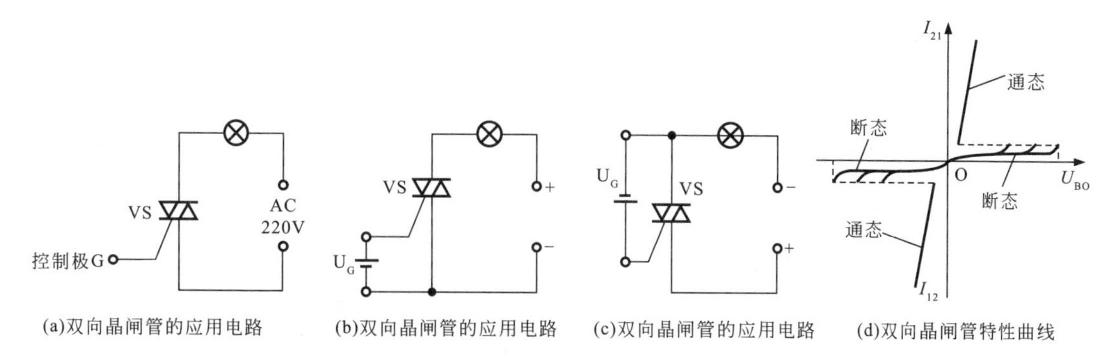

(a)双向晶闸管的应用电路　(b)双向晶闸管的应用电路　(c)双向晶闸管的应用电路　(d)双向晶闸管特性曲线

图4-11　双向晶闸管的工作原理

4.1.4　结型场效应管的结构与功能特点

(1) 结型场效应管的结构

结型场效应管（BJT）是场效应管的一种。它是在一块N型或P型的半导体材料两端分别扩散一个高杂质浓度的P型区或N型区，这样就说明它也是一种具有PN结构的半导体元器件，它与普通半导体晶体三极管的不同之处在于它是电压控制元器件。

① 结型场效应管的外形

如图4-12所示为结型场效应管的外形与电路符号。

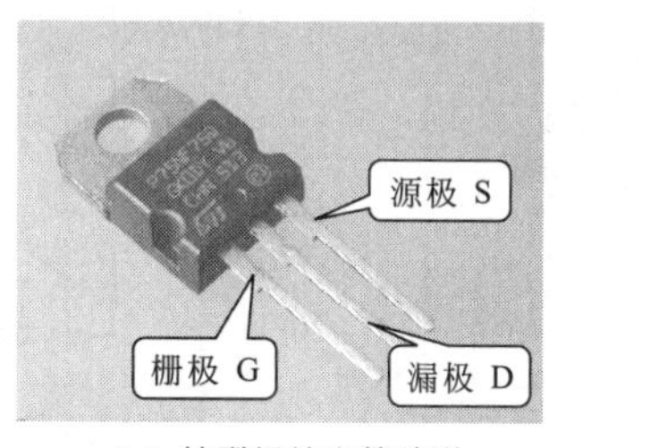

(a) 结型场效应管外形

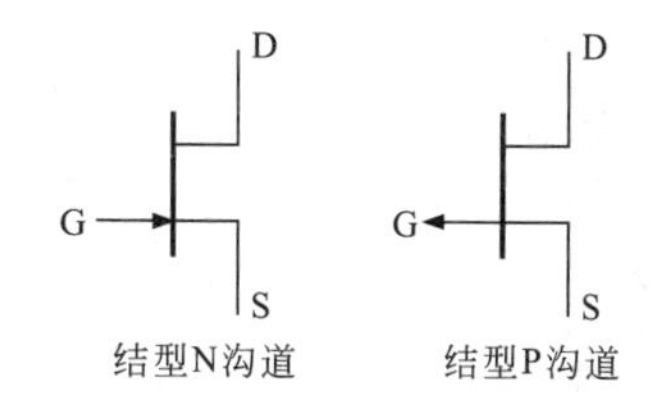

(b) 结型场效应管电路符号

图4-12　结型场效应管的外形与电路符号

② 结型场效应管的内部结构

如图4-13所示为结型场效应管内部结构。

结型场效应管中间的半导体相连接两个电极，称为漏极Drain（用D表示）和源极Source（用S表示），两侧的半导体引出的电极，称为栅极Gat（用G表示）。从图4-13（b）中可以看出，N沟道结型场效应管是由P型衬底、消耗层、N型导电沟道、氧化层、金属铝保护侧和栅极（G）、源极（S）、漏极（D）构成的。

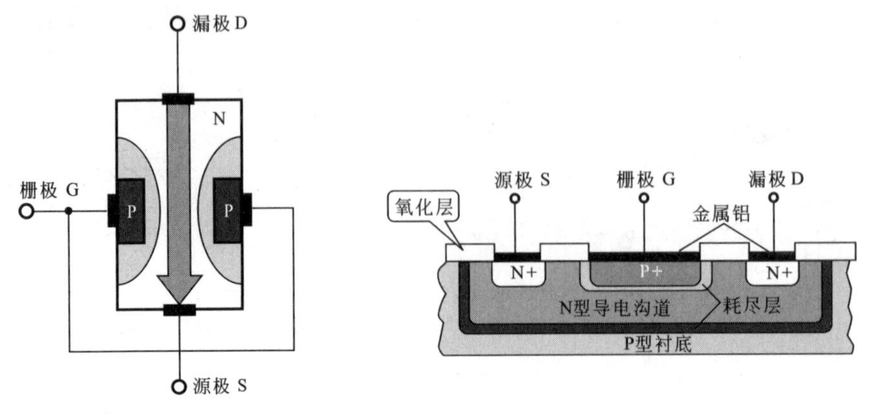

(a) 结型场效应管内部结构　　(b) N沟道结型场效应管剖面图

图4-13　结型场效应管内部结构

（2）结型场效应管的工作原理与特性曲线

① 结型场效应管的工作原理

如图4-14所示为结型场效应管的工作原理。

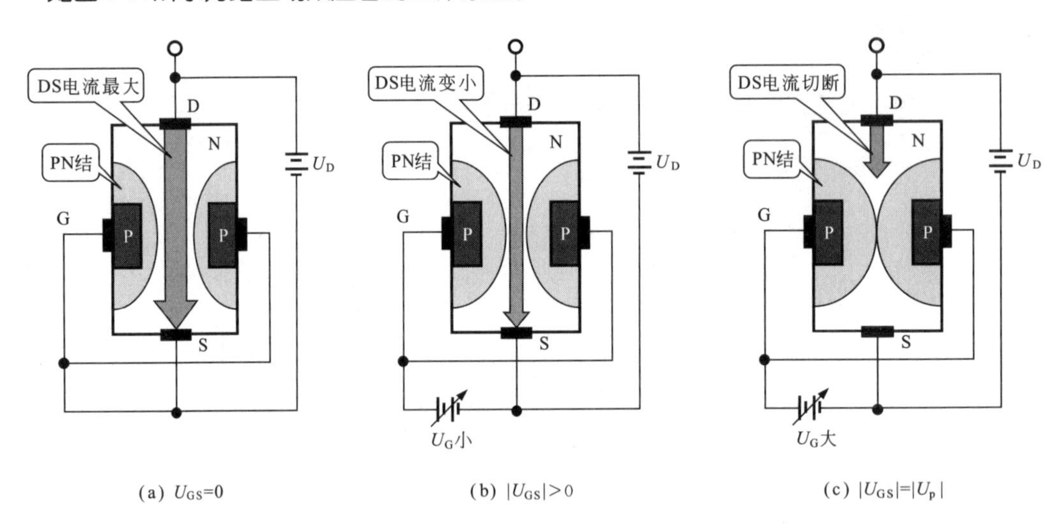

(a) $U_{GS}=0$　　(b) $|U_{GS}|>0$　　(c) $|U_{GS}|=|U_p|$

图4-14　结型场效应管的工作原理

当G、S间不加反向电压时（即$U_{GS}=0$），PN结（图中阴影部分）的宽度窄，导电沟道宽，沟道电阻小，I_D电流大；当G、S间加负向电压时，PN结的宽度增加，I_D电流变小，导电沟道宽度减小，沟道电阻增大；当G、S间负向电压进一步增加时，PN结宽度进一步加宽，两边PN结合拢（称夹断），没有导电沟道，电流I_D为0，沟道电阻很大。我们把导电沟道刚被夹断的U_{GS}值称为夹断电压，用U_p表示。可见结型场效应管在某种意义上是一个用电压控制的可变电阻。

提示

如图4-15所示为结型场效应管构成的放大器。

结型场效应管与晶体三极管的功能相似，可以作信号放大、振荡和调制等。由结型场效应管组成的放大器基本结构有3种，即共源极（S）放大器、共栅极（G）放大器和共漏极（D）放大器。

由于结型场效应管是一种电压控制元器件，栅极不需要控制电流，只需要有一个控制电压（例如天线感应的微小信号），整个放大电路即可工作。

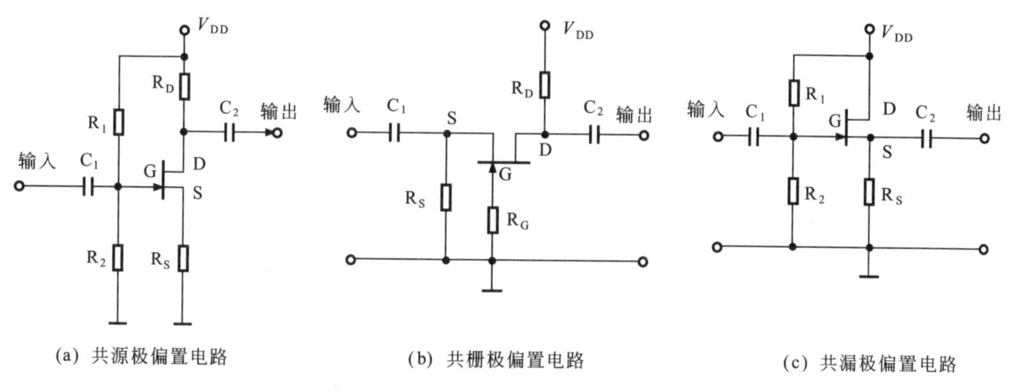

图4-15　结型场效应管构成的放大器

② 结型场效应管的特性曲线

图解

如图4-16所示为结型场效应管的转移特性曲线。

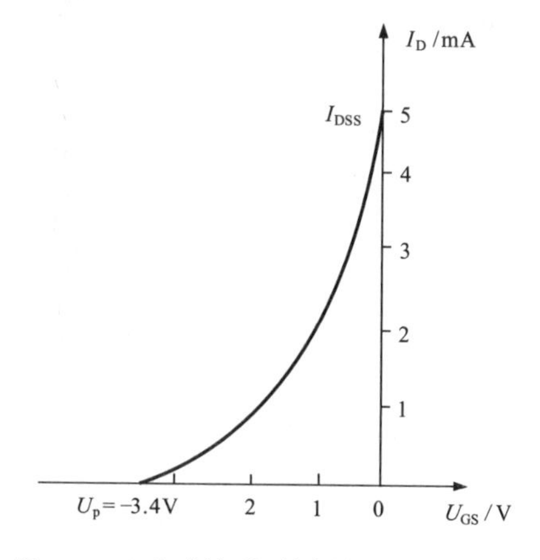

图4-16　N沟道结型场效应管的转移特性曲线

根据结型场效应管的转移特性曲线可以看出当U_{DS}值恒定时，反映I_D与U_{GS}之间关系。

图解

如图4-17所示为结型场效应管的输出特性曲线。

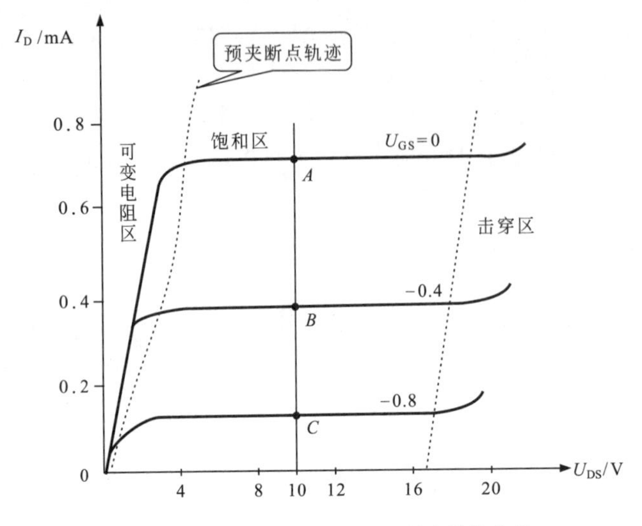

图4-17　N沟道结型场效应管的输出特性曲线

根据结型场效应管的输出特性的曲线可以看到，在U_{GS}一定时，反映电流I_D与电压U_{DS}之间的关系，即$I_D=f(U_{DS})/U_{GS}=$常数。由该图可以看出结型场效应管的工作状态可以分为三个区域。可变电阻区、饱和区和击穿区。

扩展

如图4-18所示为根据场效应管极性、材料、类型采取的命名规格标识，由于场效应管的命名规格是不固定的，型号、厂家等不同，命名规格的标识也就不同，但可以根据该方法进行简单的识别。

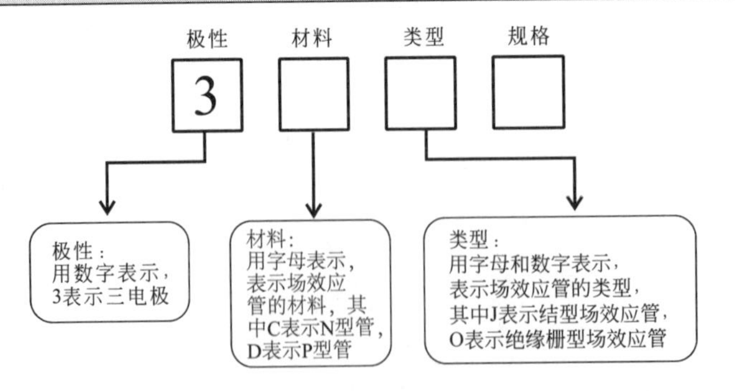

图4-18　根据场效应管极性、材料、类型采取的命名规格

如图4-19所示是根据场效应管的型号、序号采取的命名规格。

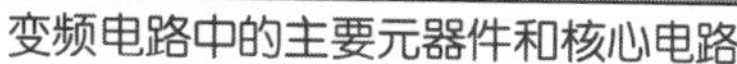

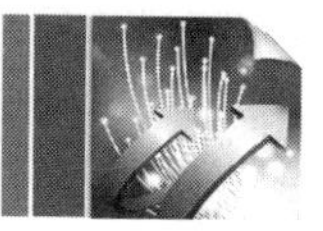

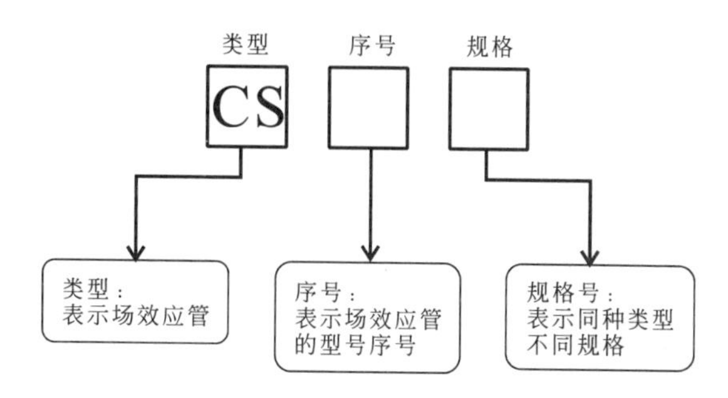

图4-19　根据场效应管的型号、序号采取的命名规格

如图4-20所示是根据场效应管的漏极电流、沟道等参数指标采取的命名规格。

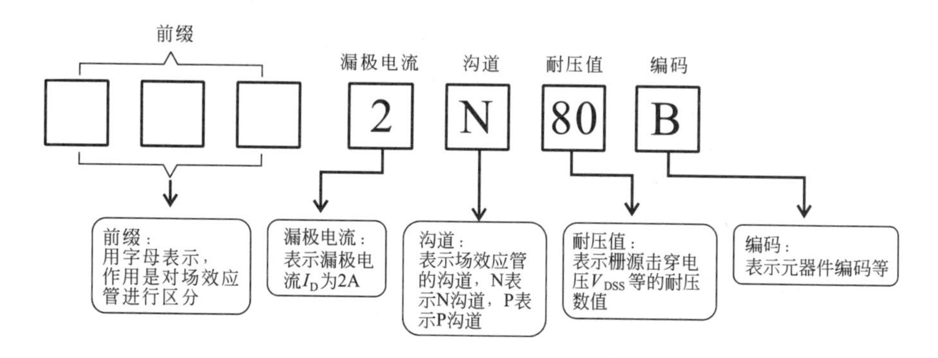

图4-20　根据场效应管的漏极电流、沟道等参数指标采取的命名规格

4.1.5　MOS型场效应管的结构与功能特点

（1）MOS型场效应管的结构

① MOS型场效应管的外形　MOS型场效应管（MOSFET，简称MOS）通常是指绝栅型场效应管。绝缘栅型场效应管是利用感应电荷的多少，改变沟道导电特性来控制漏极电流的。MOS型场效应管可以分为MOS耗尽型单栅N沟道、MOS增强型单栅N沟道、MOS耗尽型单栅P沟道、MOS增强型单栅P沟道。

如图4-21所示为MOS型场效应管的外形与电路符号。

② MOS型场效应管的内部结构

如图4-22所示为MOS型场效应管内部结构。

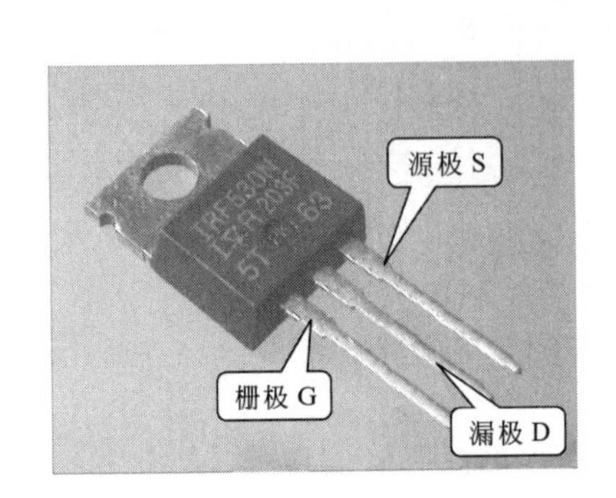

(a) MOS型场效应管外形

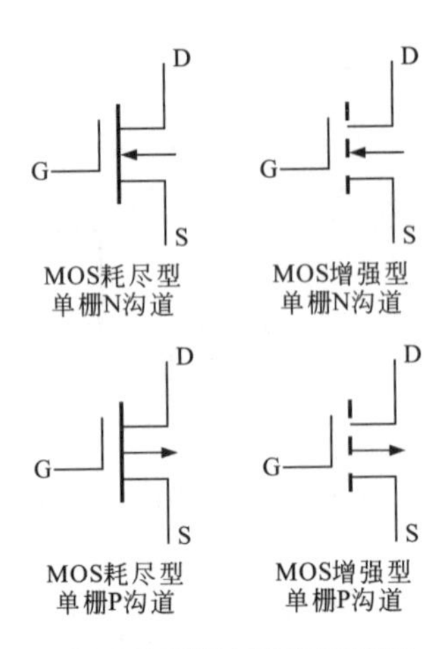

(b) MOS型场效应管电路符号

图4-21　MOS型场效应管（MOSFET）的外形与电路符号

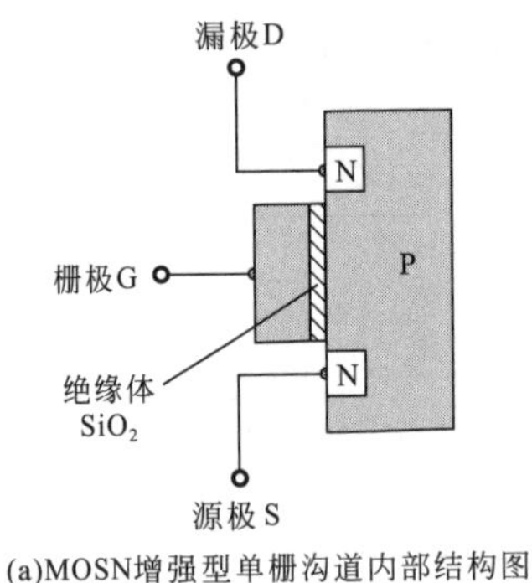

(a)MOSN增强型单栅沟道内部结构图

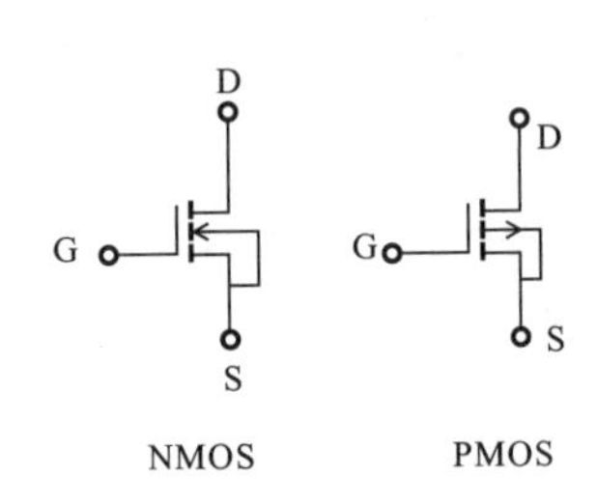

(b)MOS场效应晶体管的电路符号

图4-22　MOS型场效应管（MOSFET）的结构

以MOS增强型单栅N沟道场效应管的结构为例，图4-20（a）中所述是以P型硅片作为衬底，在衬底上制作两个含有很多杂质的N型材料，在其上面一层覆盖很薄的二氧化硅（SiO_2）绝缘层，在两个N型材料上引出两个铝电极，分别称为漏极（D）和源极（S），在两极中间的二氧化硅绝缘层上制作一层铝制导电层，该导电层为栅极（G）。

（2）MOS型场效应管（MOSFET）的工作原理与特性曲线

① MOS型场效应管（MOSFET）的工作原理

如图4-23所示为MOS型场效应管（MOSFET）的工作原理。

从图中可见，电源E2经电阻R2为漏极供电，电源E1经开关S为栅极提供偏压。当开关S断开时，G极无电压，D、S极所接的两个N区之间没有导电沟道，所以无法导通，D极电流为零；当开关S闭合时，G极获得正电压，与G极连接的铝电极有正电荷，它产生电场穿过SiO_2层，将P型衬底的很多电子吸引至SiO_2层，形成N型导电沟道（导电沟道的宽窄与电流量的大小成正比），使S、D极之间产生正向电压，电流通过该场效应管。

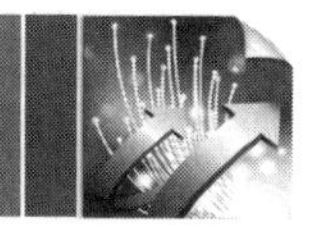

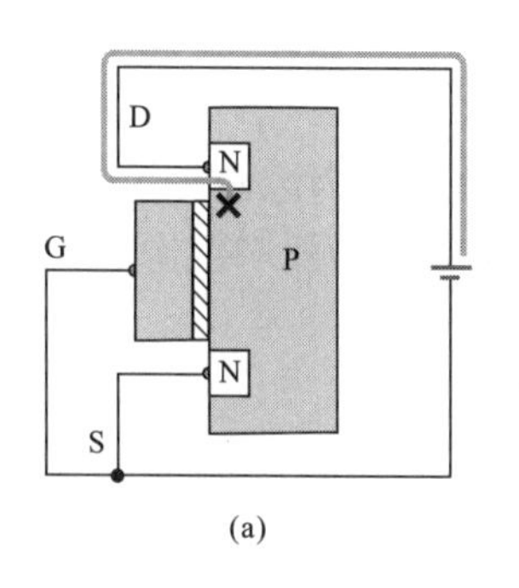

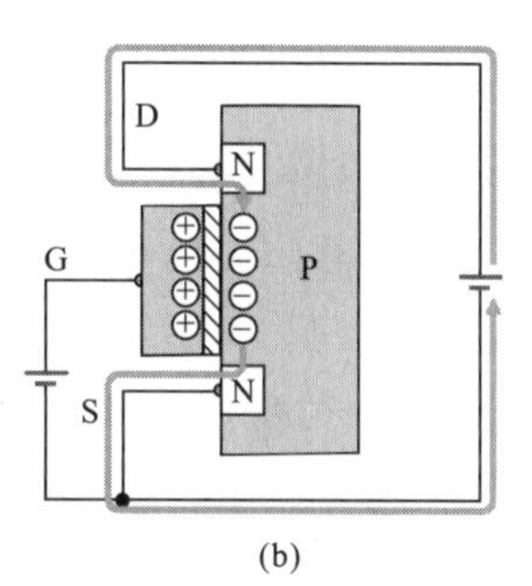

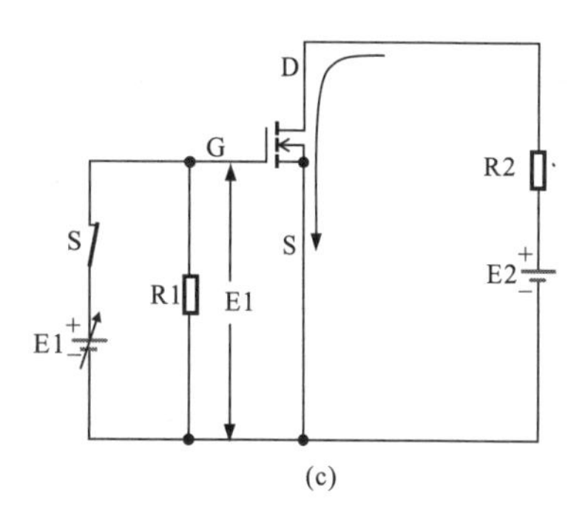

图4-23　MOS型场效应管（MOSFET）的工作原理

对于N沟道增强型MOS场效应管，G、S极之间应当加载正向电压，才会使D、S极之间形成沟道。对于P沟道增强型MOS场效应管，G、S极之间加反向电压，D、S极之间才有沟道形成。

② MOS型场效应管的特性曲线

如图4-24所示为MOS型场效应管（MOSFET）的转移特性曲线［以N沟道耗尽型MOS型场效应管（MOSFET）为例］。

根据N沟道耗尽型MOS型场效应管（MOSFET）的转移特性曲线可以看出当I_{DSS}值恒定时，反映I_D与U_{GS}之间关系。

如图4-25所示为MOS型场效应管（MOSFET）的输出特性曲线［以N沟道耗尽型MOS型场效应管（MOSFET）为例］。

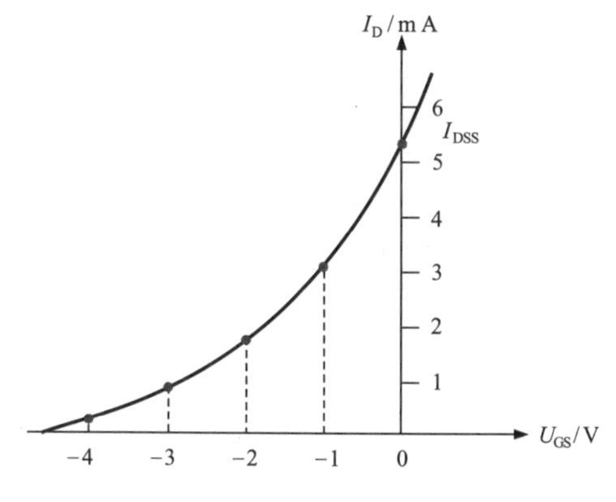

图4-24　N沟道耗尽型MOS型场效应管（MOSFET）的转移特性曲线

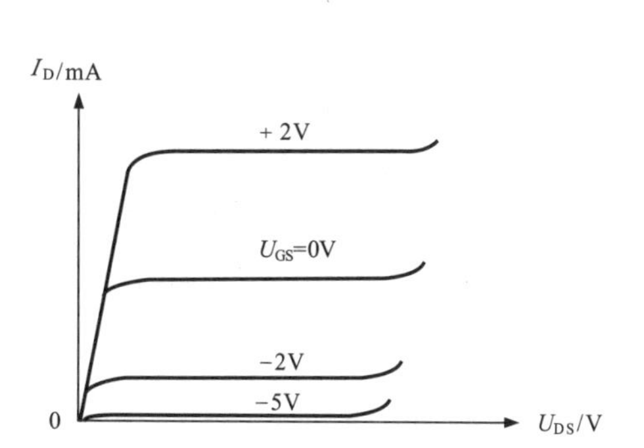

图4-25　N沟道耗尽型MOS型场效应管（MOSFET）的输出特性曲线

根据N沟道耗尽型的输出特性曲线可以看到，在U_{GS}一定时，反映电流I_D与电压U_{DS}之间的关系。

4.1.6 MOS控制晶体管的结构与功能特点

MOS控制晶体管（MGT）是MOS场效应管的一种。它的三个引脚为源极（用S表示）、栅极（用G表示）和漏极（用D表示），当栅极加入电压后可以使其内部产生沟道，进行导通。

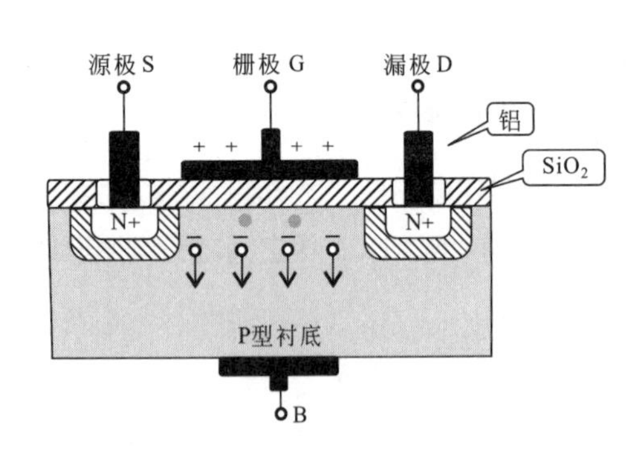

图4-26 MOS控制晶体管内部结构

如图4-26所示为MOS控制晶体管内部结构。

MOS控制晶体管的内部结构，是以P型硅片作为衬底，在衬底上制作两个含有很多杂质的N型材料，在其上面覆盖一层很薄的二氧化硅（SiO_2）绝缘层，在两个N型材料上引出两个铝电极，分别称为漏极（D）和源极（S），在两极中间的二氧化硅绝缘层上制作一层铝制导电层，该导电层为栅极（G）。

4.1.7 MOS控制晶闸管的结构与功能特点

MOS控制晶闸管是一种新型MOS控制双极复合器，简称为MCT（MOS Controlled Thyristor），兼有晶闸管电流、电压容量大与MOS管门极导通和关断方便的优点。MOS控制晶闸管可分为N型和P型，对称和不对称关断、单端或双端关断门极控制和不同的导通选择（包括光控导通）。

如图4-27所示为MOS控制晶闸管内部结构。

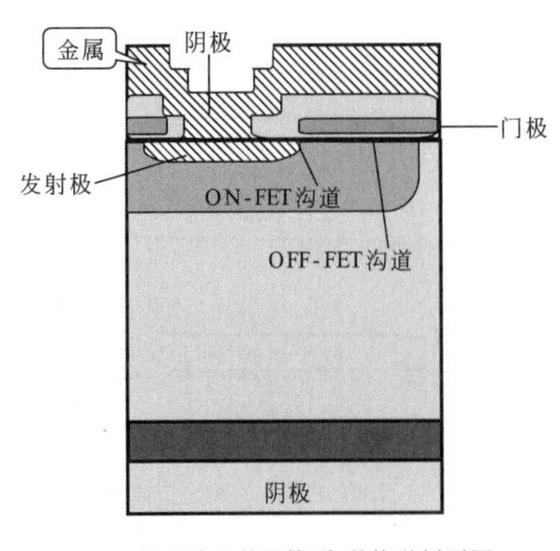

(a) 静电感应晶闸管P沟道的道剖面图

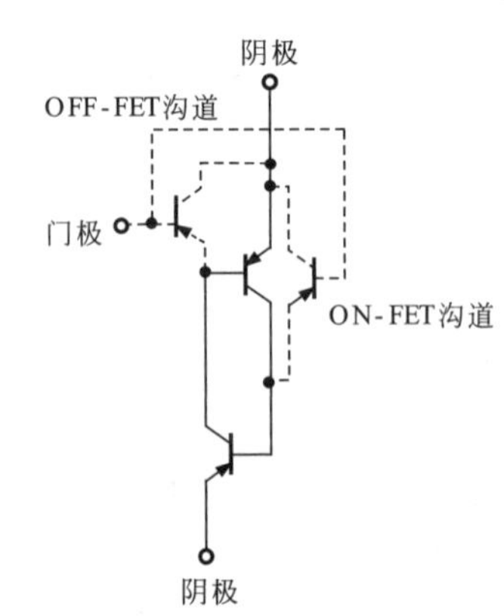

(b) 静电感应晶闸管P沟道的等效电路

图4-27 MOS控制晶闸管内部结构

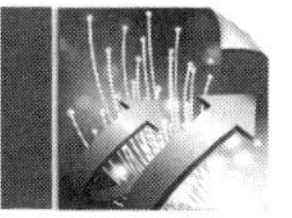

MOS控制晶闸管的结构是由阴极、门极、发射极构成，在其内部有ON-FET沟道和OFF-FET沟道。

4.1.8 静电感应晶体管的结构与功能特点

（1）静电感应晶体管的结构

静电感应晶体管（SIT）是结型场效应管的一种。它的功率和工作频率与MOS型场效应管（MOSFET）相似，而且还要稍微高一些，因此SIT常用在高频大功率的设施中，它的电路符号与N沟道的结型场效应管相同。

① 静电感应晶体管的外形

如图4-28所示为静电感应晶体管的外形与电路符号。

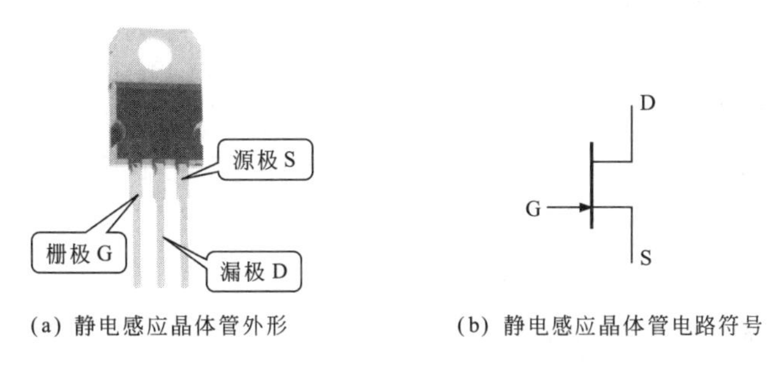

(a) 静电感应晶体管外形　(b) 静电感应晶体管电路符号

图4-28　静电感应晶体管的外形与电路符号

② 静电感应晶体管的内部结构

如图4-29所示为静电感应晶体管内部结构。

由静电感应晶体管的内部结构可以看出，底部是铝层，在其上部由两个硅作为积淀，在其上部还有N＋、P＋，再由SiO_2封装，铝层覆盖在P＋，N＋上。它的源极（S）的N＋型半导体被栅极（G）的P＋型半导体所围，漏极电流必须通过这一窄小的沟道。当栅极（G）与源极（S）之间加大负载电压时，会使沟道变窄。静电感应晶体管的栅极在不加任何信号时是导通的，若为其添加负偏压时它会关断，由于它的这种特征导致其使用不太方便，而且其通态电阻较大，使其损耗随之增大。

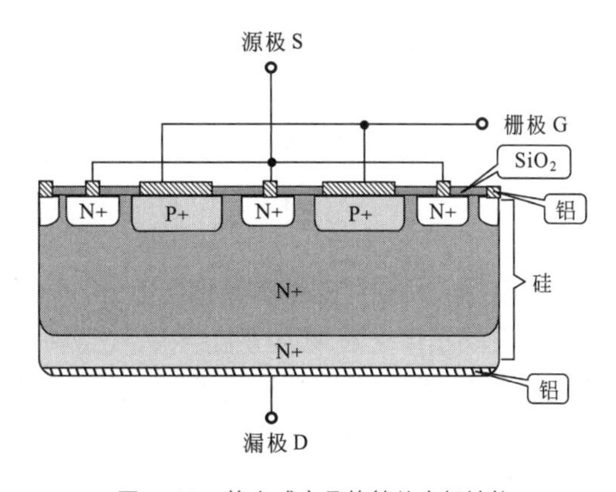

图4-29　静电感应晶体管的内部结构

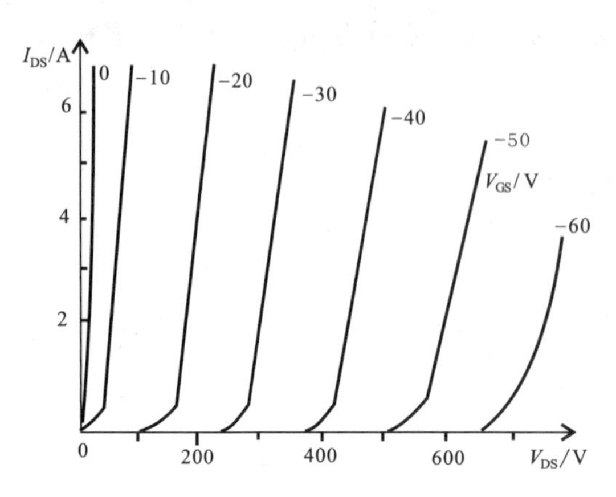

图4-30 静电感应晶体管的输出曲线

（2）静电感应晶体管的特性曲线

如图4-30所示为静电感应晶体管的输出曲线。

从静电感应晶体管的输出特性曲线可以看到在U_{GS}一定时，反映电流I_{DS}与电压U_{DS}之间的关系。

4.1.9 静电感应晶闸管的结构与功能特点

（1）静电感应晶闸管的结构

静电感应晶闸管（SITH）又被称为场控晶闸管（Field Controlled Thyristor，FCT），本质上是两种载流子导电的双极型元器件，具有电导调制效应，通态压降低、通流能力强。它其实就是由静电感应晶体管（STI）和门极可关断晶闸管（GTO）复合制成的。

如图4-31所示为静电感应晶闸管的内部结构。

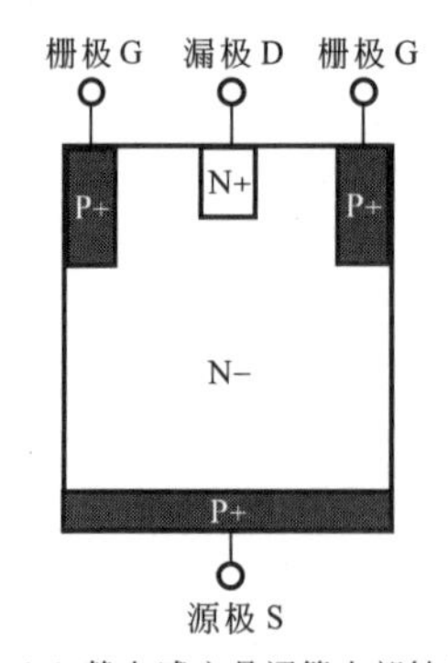

（a）静电感应晶闸管内部结构

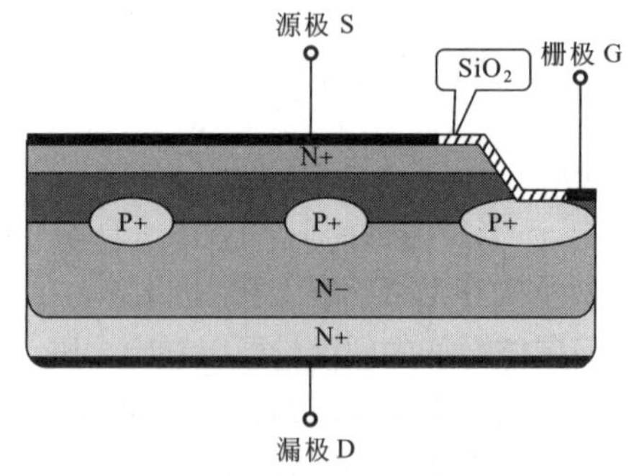

（b）静电感应晶闸管剖面图

图4-31 静电感应晶闸管的内部结构

静电感应元器件的基本结构可以分为：埋栅、表面栅、复合栅、绝缘盖栅、槽栅和双栅等。静电感应晶闸管一般采用埋栅结构。它有很大的有源区表面积，同时沟道厚度很小，具有更大的阻断增益。因为静电感应晶闸管的内部结构使其更适合使用在高耐压大功率元器件中。

（2）静电感应晶闸管的工作原理

当静电感应晶闸管的栅极在不加载电压时，它与静电感应晶体管一样处于导通状态，当对其栅极加载负电压时，会使其由导通状态转变为截止状态。因为静电感应晶闸管比静

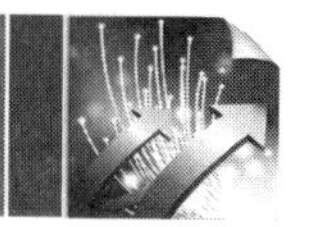

电感应晶体管多了一个注入功能的PN结，所以静电感应晶闸管属于两种载流导电的双极性功率元器件。在实际应用电路中，为确保工作可靠，导通时栅压通常为5～6 V的正栅压，截止时栅压为负极性偏压。

4.1.10 绝缘栅双极型晶体管的结构与功能特点

（1）绝缘栅双极型晶体管的结构

绝缘栅双极型晶体管（Insulated Gate Bipolar Transistor，IGBT）是一种高压、高速的大功率半导体元器件。

① 绝缘栅双极型晶体管的外形

如图4-32所示为绝缘栅双极型晶体管的外形与电路符号。

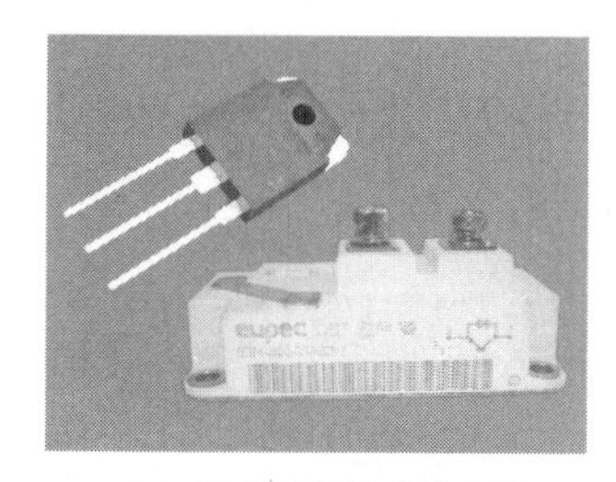

(a) IGBT型场效应管外形

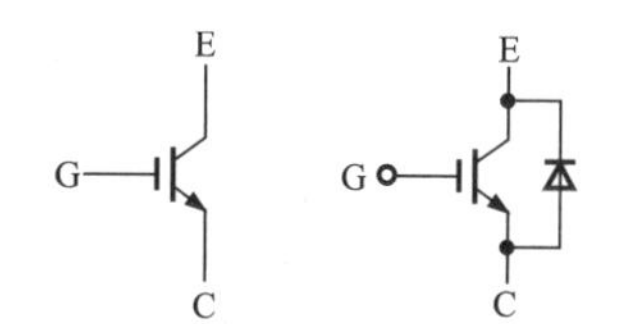

(b) IGBT型场效应管电路符号

图4-32　绝缘栅双极型晶体管的外形与电路符号

常见的IGBT管分为带有阻尼二极管和不带有阻尼二极管的。它有3个极，分别为栅极（用G表示，也称控制极）、漏极（用C表示，也称集电极）和源极（用E表示，也称发射极）。

② 绝缘栅双极型晶体管的内部结构

如图4-33所示为绝缘栅双极型晶体管内部结构。

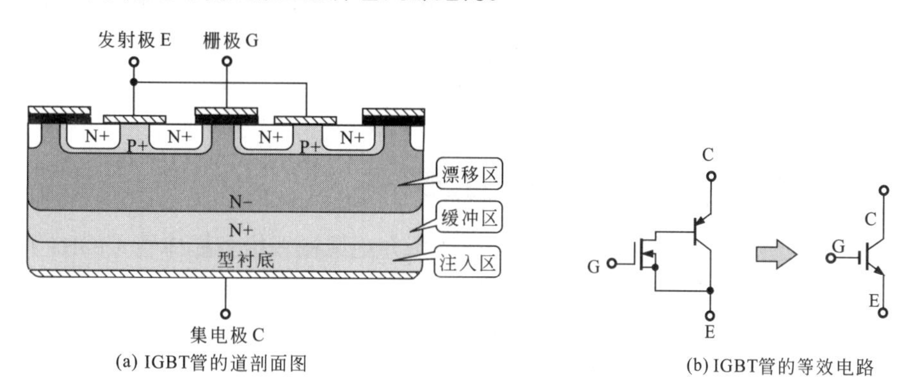

(a) IGBT管的道剖面图　　(b) IGBT管的等效电路

图4-33　绝缘栅双极型晶体管内部结构

绝缘栅双极型晶体管的结构，是以P型硅片作为衬底，在衬底上有缓冲区N＋和漂移区N–，在漂移区上有P＋层，在其上部有两个含有很多杂质的N型材料，在P＋层上有发射极（E），在两个P＋层中间有栅极（G），在该IGBT管的底部为集电极（C）。它的等效电路相当于N沟道的MOS管与晶体三极管复合而成的。

（2）绝缘栅双极型晶体管的工作原理与特性曲线

① 绝缘栅双极型晶体管的工作原理

如图4-34所示为绝缘栅双极型晶体管的工作原理。

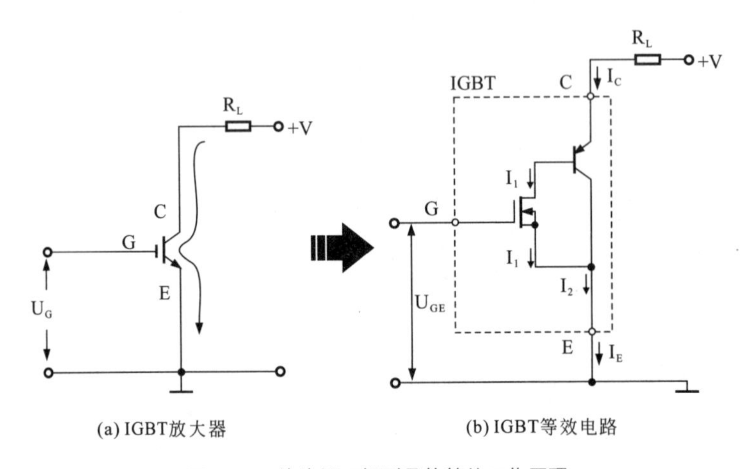

图4–34　绝缘栅双极型晶体管的工作原理

IGBT管是由PNP型晶体三极管和N沟道MOS管的复合体。驱动电压给IGBT管的G极和E极提供U_{GE}电压，电源+V经R_2为IGBT管的C极与E极提供U_C、U_E电压，当开关S闭合时，UGE端的电压大于开罐器电压（2 ~ 6 V），IGBT管内部MOS管内有导电沟道产生，MOS管D、S极之间导通，为晶体三极管提供电流使其导通，当电流I_C流入IGBT管后，经晶体三极管的发射极分为I_1、I_2两路，I_1电流流入MOS管，I_2电流从晶体三极管的集电极流出，I_1、I_2会合成I_E电流，这时说明IGBT管导通。若当开关S断开后，电压U_{GE}为0，MOS管内的沟道消失，IGBT管截止。

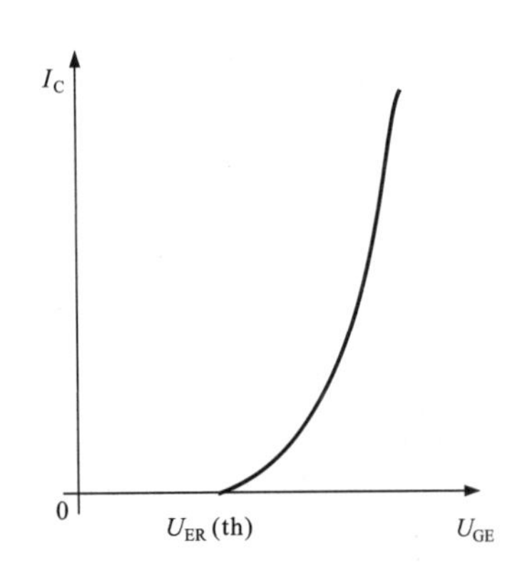

图4–35　绝缘栅双极型IGBT管的转移特性曲线

② 绝缘栅双极型晶体管（IGBT）的特性曲线

如图4-35所示为绝缘栅双极型晶体管（IGBT）的转移特性曲线。

绝缘栅双极型IGBT管是集电极电流I_C与栅射电压U_{GE}之间的关系。开启电压U_{GE}（th）是IGBT能实现电导调制而导通

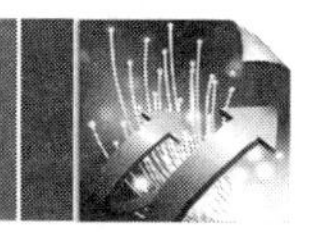

的最低栅射电压，随温度升高而略有下降。

如图4-36所示为绝缘栅双极型晶体管（IGBT）的输出特性曲线。

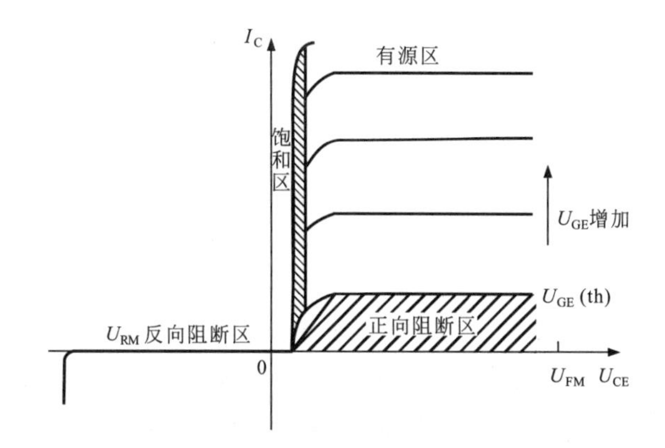

图4–36 绝缘栅双极型晶体管的输出特性曲线

从绝缘栅双极型IGBT管的输出特性曲线可以看出该曲线示意栅极发出的电压为参考值，电流I_C与集电极间的电压U_{CE}的变化关系。该输出曲线特征分为正向阻断区、有源区、饱和区、反向阻断区。当D电压$U_{CE}<0$时，该IGBT管为反向阻断工作状态。

4.1.11 耐高压绝缘栅双极型晶体管的结构与功能特点

耐高压绝缘栅双极型晶体管（HVIGBT）与晶体管相比有以下3种特点：

① 无缓冲回路也可以进行关断，由于可省略或缩小di/dt抑制用的阳极电抗器，因此，可实现半导体外部回路小型化。

② 可以降低触发电压及总损耗（包括元器件及外部回路），可以实现节能化。

③ 可以将关断的频率提高到2～3 kHz左右，由此，应用领域可以扩大到以下几个方面，例如：地铁等电气化铁路、有源滤波器、调速扬水发电站、开关装置、大容量工业变频器、逆变器等。

如图4-37所示为耐高压绝缘栅双极型晶体管的关断波形。

从波形可以看出，当进行关断时，电流I_c与供电电压V_{cc}之间的波形变化。

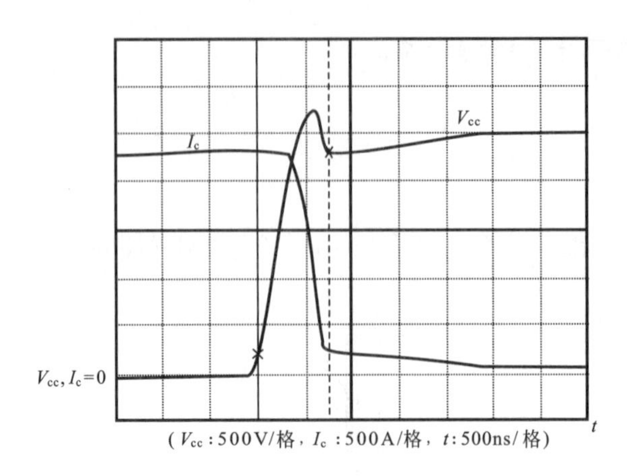

图4-37　3300 V/1200 A耐高压绝缘栅双极型晶体管的关断波形

4.2 变频电路中的核心电路

变频电路中的核心电路包括整流电路、中间电路和逆变电路三大部分。

4.2.1 整流电路

如图4-38所示为整流电路的工作原理。

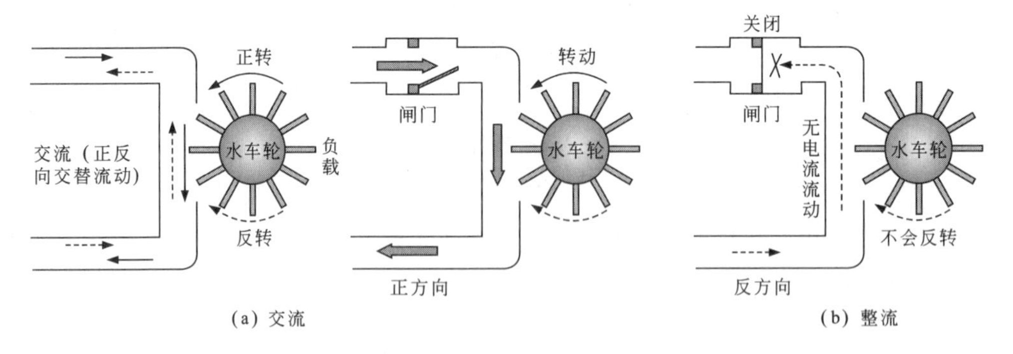

图4-38　整流电路的工作原理

交流是电流交替变化的电流，如水流推动水车一样，交变的水流会使水车正向、反向交替运转，如图4-38（a）所示。在水流的通道中设一闸门，正向水流时闸门打开，水流推动水车运转。如果水流反向流动时闸门自动关闭，如图4-38（b）所示。水不能反向流动，水车也不会反转。这样的系统中水只能正向流动，这就是整流的功能。

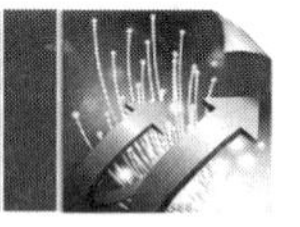

变频电路中的整流电路主要有不可控整流电路和可控整流电路两种。

（1）不可控整流电路

不可控整流电路是以具有单向导电特性的二极管或桥式整流堆作为整流元器件，将交流电压变成单向脉动电压。常见的整流电路有半波整流、全波整流和桥式整流等。

① 单相半波整流电路

如图4-39所示为单相半波整流电路。

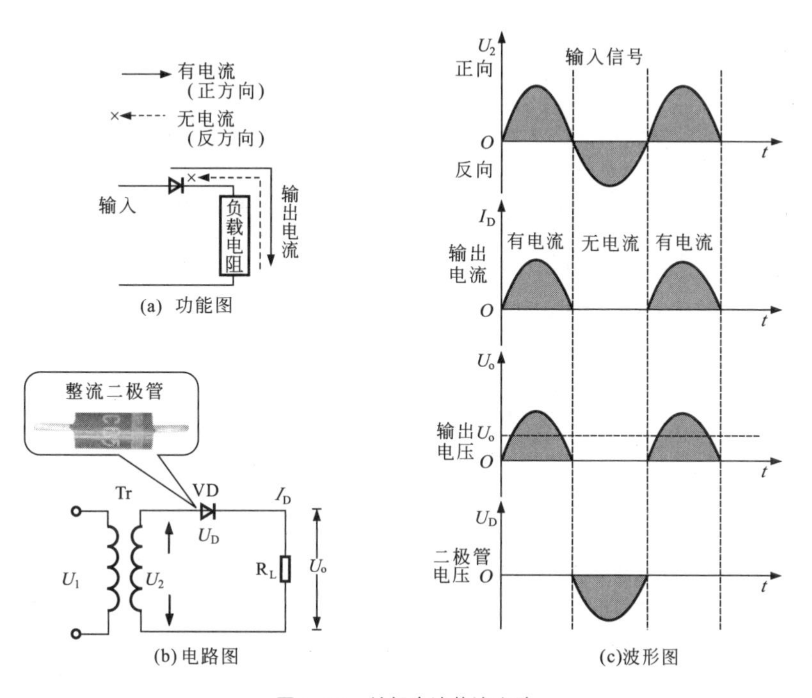

图4-39　单相半波整流电路

图4-39（b）所示电路是具有纯电阻负载的半波整流电路。图中Tr为电源变压器，VD为整流二极管，R_L代表所需直流电源的负载。

在变压器次级电压U_2为正［极性如图4-39（c）所示］的半个周期（称正半周）内，二极管正向偏置导通。电流经过二极管流向负载，在R_L上得到一个极性为上正下负的电压［如图4-39（c）所示］。而在U_2为负半周时，二极管反向偏置，电流基本上等于零。所以在负载电阻R_L两端得到的电压极性也是单方向的，如图4-39（c）所示。

扩展

单相半波整流电路的计算方法：

由于二极管的单向导电作用，使变压器次级交流电压变换成负载两端的单向脉冲电压，从而实现了整流。由于这种电路只在交流电压的半个周期内才有电流流过负载，故称半波整流。

在半波整流电路中，负载上得到的脉冲电压是含有直流成分的。这个直流电压U_o等于半波电压在一个周期内的平均值，它等于变压器次级电压有效值U_2的45%，即

$$U_o=0.45\ U_2$$

② 单相全波整流电路

如图4-40所示为单相全波整流电路。

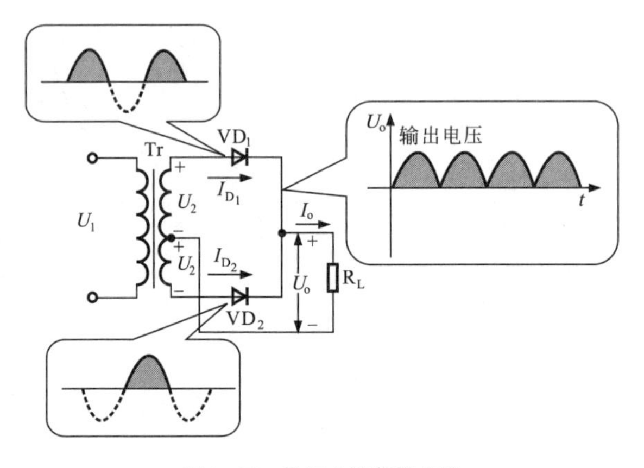

图4-40　单相全波整流电路

全波整流电路是在半波整流电路的基础上加以改进而得到的。它是利用具有中心抽头的变压器与两个二极管配合，使VD_1和VD_2在正半周和负半周内轮流导通，而且二者流过R_L的电流保持同一方向，从而使正、负半周在负载上均有输出电压。

扩展

图4-40所示是具有纯电阻负载的全波整流原理电路。图中变压器Tr的两次级电压大小相等，方向如图4-40所示。当U_2的极性为上正下负（即正半周）时，VD_1导通，VD_2截止，I_{D_1}流过R_L，在负载上得到的输出电压极性为上正下负；为负半周时，U_2的极性与图示相反。此时VD_1截止，VD_2导通。由图可以看出，I_{D_2}流过R_L时产生的电压极性与正半周时相同，因此在负载R_L上便得到一个单方向的脉冲电压。图4-41显示出了全波整流电路各主要电流、电压波形，由图4-40可见，负载上得到的电流、电压的脉冲频率为电源频率的两倍，其直流成分也是半波整流时直流成分的两倍：

$$U_o=0.9\ U_2$$

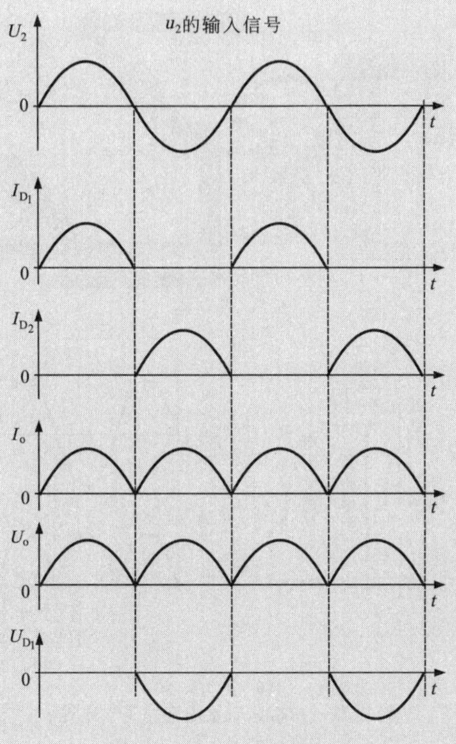

图4-41　全波整流电路波形

但是，在全波整流电路中，加在二极管上的反向峰值电压却增加了一倍。这是因为：在正半周时VD_1导通，VD_2截止，此时变压器次级两个绕组的电压全部加到二极管VD_2的两端，因此二极管承受的反峰电压值为

$$U_{RM}=2\sqrt{2}U_2$$

这就是说，全波整流电路对二极管的要求提高了。

③ 单相桥式整流电路

如图4-42所示为单相桥式整流电路工作原理。

桥式整流的原理如图4-42所示，当图4-42（a）中送来水的方向为上入下出的情况时（上为高压方），图4-42所示的两个闸门打开，另两个闸门关闭，水流使水车正向旋转。而当送来水的方向变成下入（高压方）上出时，如图4-42（b）所示，原来打开的闸门关闭了，原来关闭的闸门打开了，推动水车转动的水的流向不变。这就是一个桥式闸门控制的水系，送入的水流是变化的，但送出的水流方向是恒定不变的。利用上述原理构成的桥式整流电路原理图如图4-42（c）所示，输入、输出波形如图4-42（d）所示。

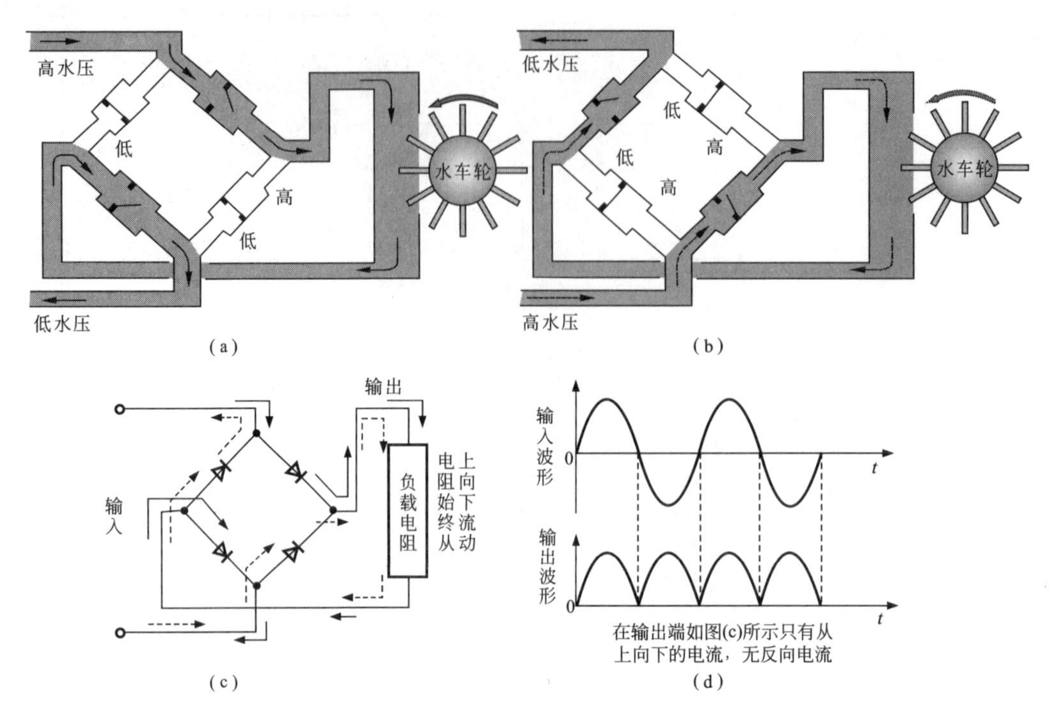

图4-42　单相桥式整流电路工作原理

扩展

图4-43（a）所示为典型桥式整流电路。整流过程中，四个二极管两两轮流导通，正负半周内都有电流流过R_L。例如，当U_2为正半周时［如图4-43（a）所示极性］，二极管VD_1和VD_2因加正向电压而导通，VD_3和VD_4因加反向电压而截止。电流I_1（如图中虚线所示）从变压器⊕端出发流经二极管VD_1、负载电阻R_L和二极管VD_2，最后流入变压器⊖端，并在负载R_L上产生电压降U_{o1}；反之，当U_2为负半周时，二极管VD_3、VD_4因加正向电压导通，而二极管VD_1和VD_2因加反向电压而截止，电流I_2（如图中实线所示）流经VD_3、R_L和VD_4，并同样在R_L上产生电压降U_{o2}。由于I_1和I_2流过R_L的电流方向是一致的，所以R_L上的电压U_o为两者的和，即$U_o=U_{o1}+U_{o2}$。桥式整流电路的几种主要波形与图4-41所示波形基本一样，因而其输出直流电压同样为

$$U_o=0.9\ U_2$$

而二极管反向峰值电压是全波整流电路的一半，即

$$U_{RM}=\sqrt{2}U_2$$

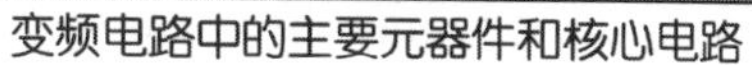

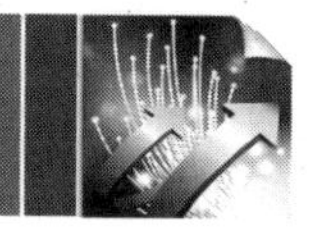

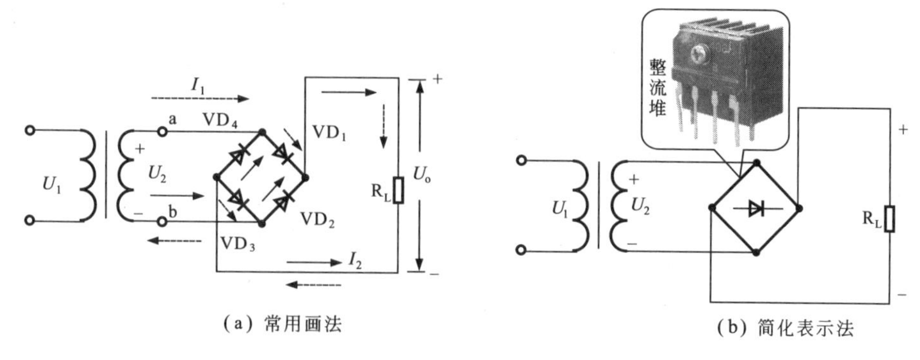

(a) 常用画法　　(b) 简化表示法

图4-43　桥式整流电路

④ 三相桥式整流电路

如图4-44所示为三相桥式整流电路。

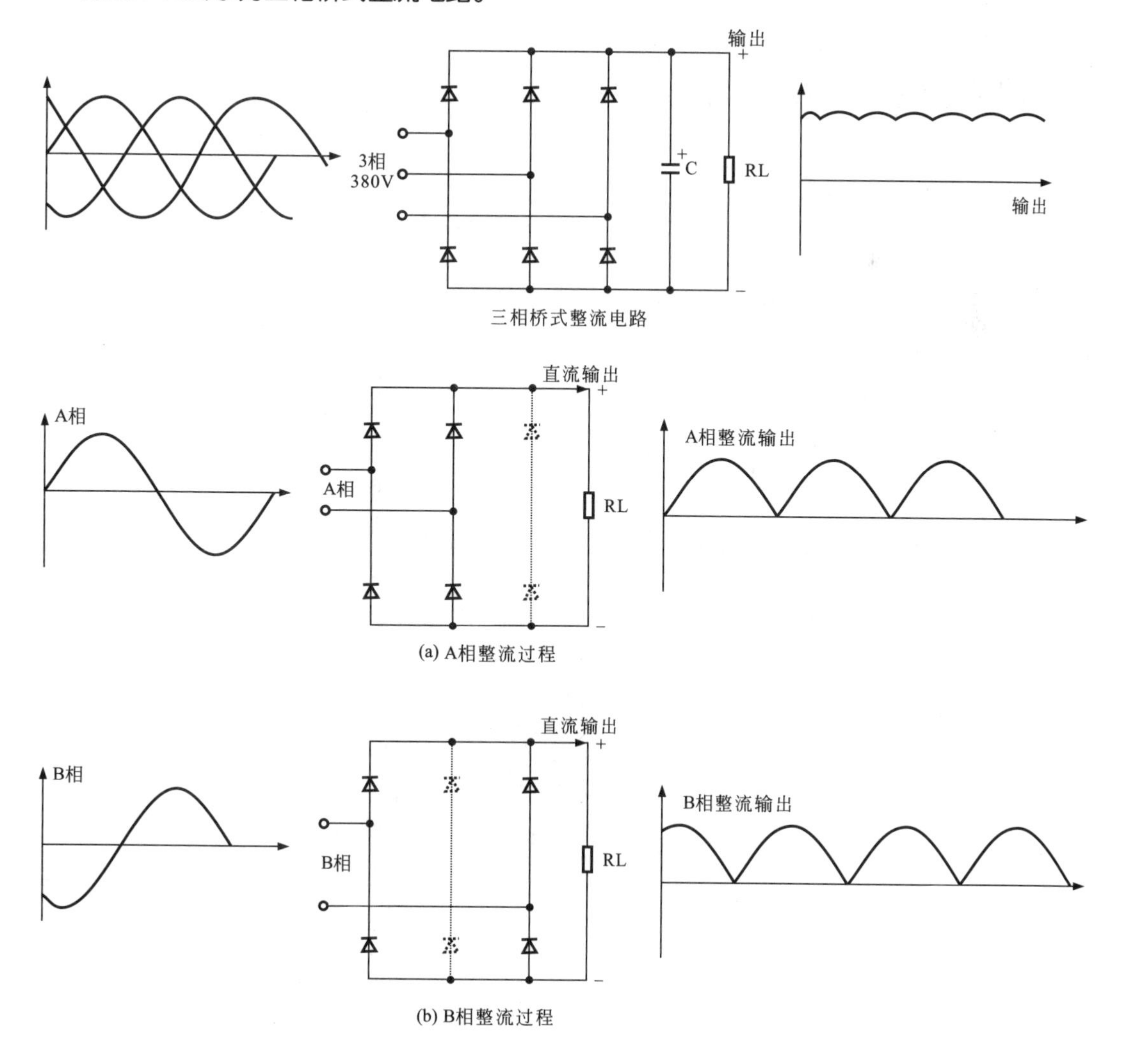

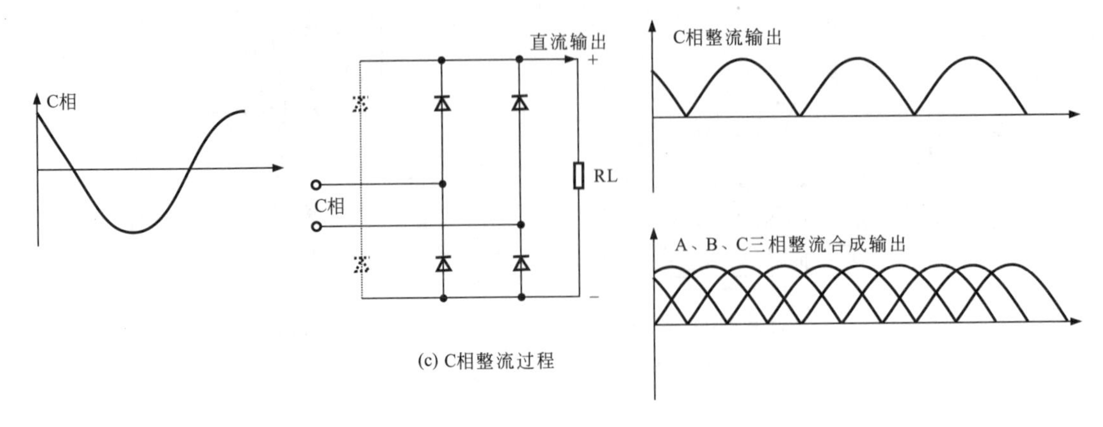

(c) C相整流过程

图4-44　三相桥式整流电路

三相桥式整流电路的工作原理如图4-45所示，可以将三相交流输入电源分解成三个单相整流电路的整流过程。每一相整流与输出和单相桥式整流电路的工作状态相同。三相整流的效果为三相整流合成的效果。

扩展

三相桥式整流电路的计算方法：

◆负载R_L的电压与电流计算

对于三相桥式整流电路，其负载R_L上的脉动直流电压U_L与输入流输入电压U_i有以下关系：

$$U_L = 2.34U_i$$

负载R_L流过的电流为：

$$I_L = \frac{U_L}{R_L} = 2.34\frac{U_i}{R_L}$$

◆整流二极管承受的最大反向电压及通过的平均电流

对于三相桥式整流电路，每只整流二极管承受的最大反向电压U_{RM}如下式：

$$U_{RM} = \sqrt{2} \times \sqrt{3}U_i \approx 2.45U_i$$

每只整流二极管在一个周期内导通1/3周期，故流过每只整流二极管的平均电流为：

$$I_F = \frac{1}{3}I_L \approx 0.78\frac{U_i}{R_L}$$

（2）可控整流电路

可控整理电路是在整流过程的基础上，增加开关器件，即晶闸管、IGBT管等，其中晶

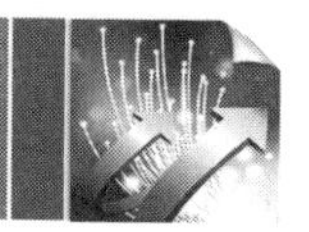

闸管可控直流电流为主流电路。可控整流电路其整流输出电压大小可以通过改变开关器件的导通、关断来调节。

全部由晶闸管构成的控制电流，称为全控整流电路，而由晶闸管与二极管混合构成的控制电路，则称为半可控整流电路。

① 单相可控半波整流电路

如图4-45所示为单相可控半波整流电路。

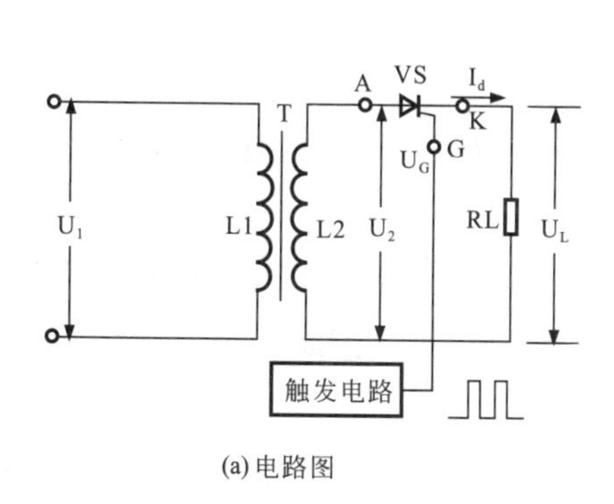

(a) 电路图

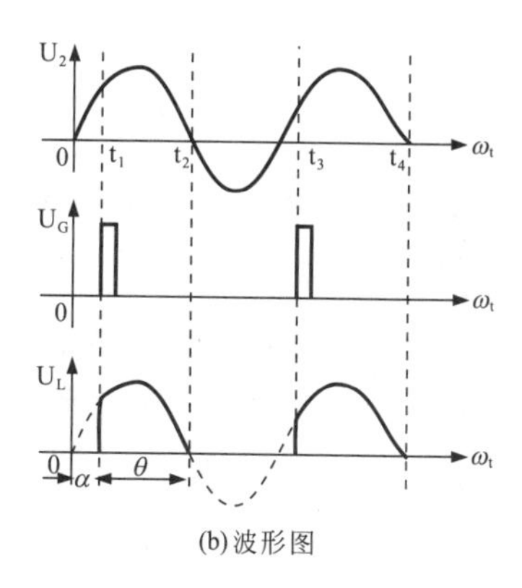

(b) 波形图

图4-45　单相可控半波整流电路

单相半波整流电路中将整流二极管用单向晶闸管VS代替，就构成了可控整流电路，也就是说在正半周无触发信号晶闸管也不会导通，在正半周器件有触发脉冲时晶闸管VS才导通，正半周结束后输入电压转为负半周时，晶闸管处于反向偏压状态，因而截止。在下一个正半周器件必须重新给予触发脉冲才能再次导通。

晶闸管输出的电流（能量）受触发脉冲的控制，在正半周脉冲出现的时间（相位）决定VS导通的时间，图中触发脉冲出现在t_1时刻，VS则在t_1 ~ t_2内导通，0 ~ t_1时间内VS不导通。t_1 ~ t_2的时间越长，VS输出的能量越多。因而可实现可控整流。

扩展

单相可控半波整流电路的计算方法：

$$U_L = 0.45U_2 \frac{(1+\cos\alpha)}{2}$$

② 单相半控桥式整流电路

如图4-46所示为单相半控桥式整流电路。

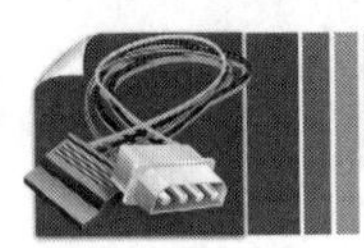

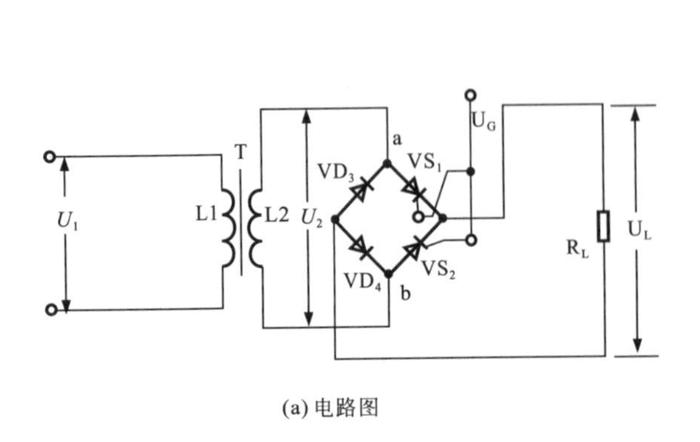

(a) 电路图

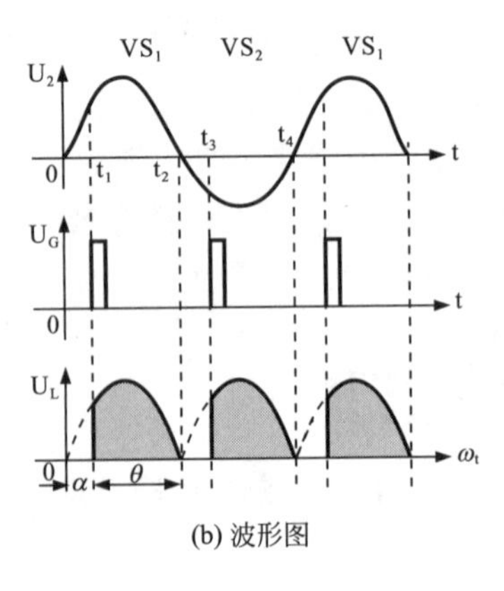

(b) 波形图

图4-46　单相半控桥式整流电路

图中VS_1、VS_2为单向晶闸管，它们的触发端G极连接在一起，触发信号U_G同时送到两个单相晶闸管的G极。

结合图4-46（b）进行分析，在0 ~ t_1期间，U_2电压在正半周，即a点的电压极性为正、b点的电压极性为负。由于没有触发信号加到晶闸管VS_1的G极，因此VS_1不导通；整流二极管VD_4也处于截止状态（不导通）。

在t_1 ~ t_2期间，U_2电压仍处于正半周。而t_1时刻有一个触发脉冲同时送到晶闸管VS_1和VS_2的G极，VS_1导通。随着VS_1的导通，整流二极管VD_4也会导通，电流从a点→VS_1→R_L→VD_4→b点，形成回路。而VS_2虽有触发信号，但由于电压极性原因，不能导通。

当到达t_2时刻，U_2电压为0V，晶闸管VS_1便从导通状态转为截止。

在t_2 ~ t_3期间，U_2电压变为负半周，即a点的电压极性为负、b点的电压极性为正。由于没有触发信号，晶闸管VS_1，VS_2均不能导通。

在t_3 ~ t_4时期，U_2电压仍处于负半周。而t_3时刻有一个脉冲信号同时送到两个晶闸管VS_1和VS_2的G极，此时由于电压极性关系，晶闸管VS_1虽有触发信号，但仍处于截止状态；只有晶闸管VS_2和整流二极管VD_3导通。电路从b点→VS_2→R_L→VD_3→a点，形成回路。

当到达t_4时刻，U_2电压为0V，晶闸管VS_2由导通转为截止。

此后，电路控制过程如0 ~ t_4期间的变化往复循环。负载R_L上的直流电压U_L的波形曲线如图4-46（b）所示。

扩展

单相半控桥式整流电路的计算方法：

改变触发脉冲的相位，电路整流输出的脉冲直流电压UL大小也会发生变化。

$$U_L = 0.9U_2\frac{(1+\cos\alpha)}{2}$$

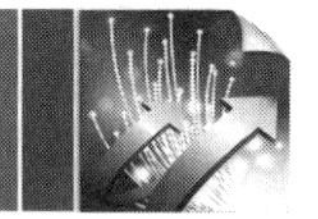

③ 三相全控桥式整流电路

如图4-47所示为三相全控桥式整流电路。

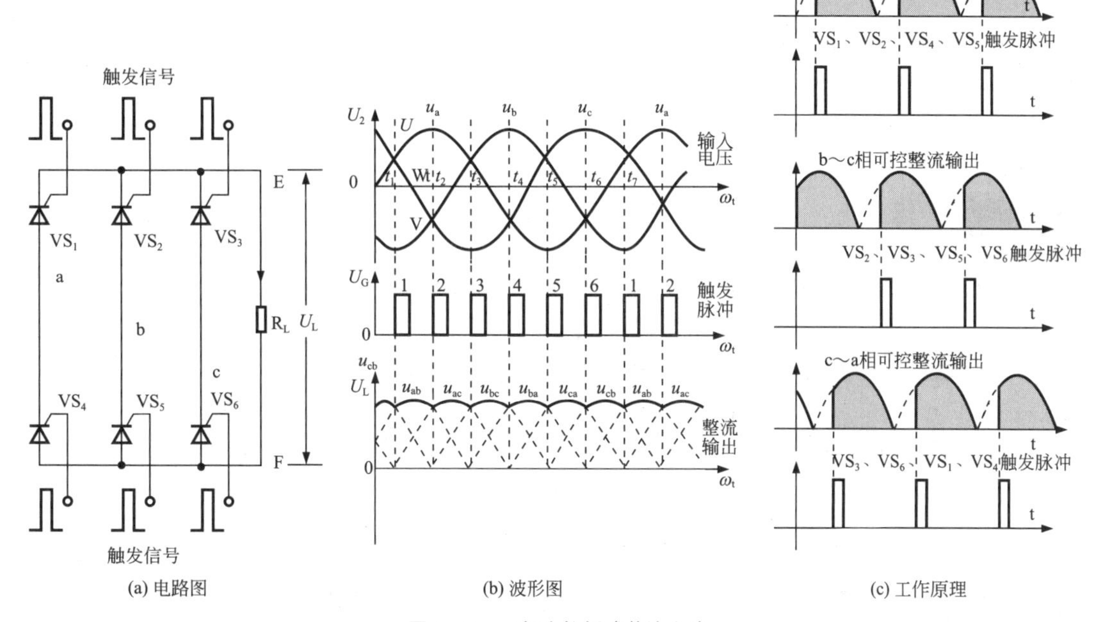

图4-47　三相全控桥式整流电路

图4-47（a）所示的三相全控桥式整流电路的结构与前述的三相桥式电路相比，其整流器件采用了单向晶闸管，每一相的整流输出都受触发脉冲的控制，即每相中的晶闸管在导通周期受到触发信号的作用才能导通，因而每个导通周期的导通时间是可控的，这样就可以控制整流电路输出的总能量（电流）。其工作原理如图4-48（c）所示，将三相整流电路分解为三个单相的整流电路，图中示出了触发脉冲和输出波形的关系，整个三相可控整流电路的输出为三个单相输出电流合成的效果，采用这种可控整流方式，可以控制整流输出的电压（或能量）。

扩展

三相全控桥式整流电路的计算方法：

一旦改变触发脉冲的相位，电流整流输出的脉动直流电压U_L大小就会发生变化。当$\alpha \leqslant 60^\circ$ 时，U_L电压大小可以用下面的公式计算：

$$U_L = 2.34U_2 \cos\alpha$$

当$\alpha > 60^\circ$ 时，U_L电压大小可以用下面的公式计算：

$$U_L = 2.34U_2\left[1+\cos\left(\frac{\pi}{3}+\alpha\right)\right]$$

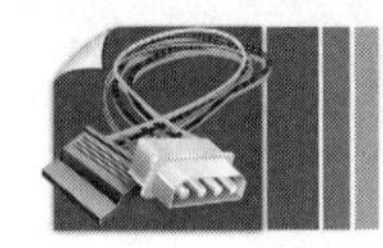

4.2.2 中间电路

变频电路的中间电路包括滤波电路和制动电路两部分，位于整流电路和逆变电路之间。

（1）滤波电路

滤波电路的功能是对整理电路输出的波形较大的电压或电流进行平滑，为逆变电路提供波动小的直流电压或电流。

中间电路采用的储能元器件不同，直接决定变频电路的性质，采用电容器的中间电路为逆变电路提供稳定的直流电压，故称之电压型变频器，而采用电感器（或电抗）的中间电路，为逆变电路提供稳定的直流电流，故称之电流型变频器。

① 电容滤波电路

如图4-48所示为电容滤波电路。

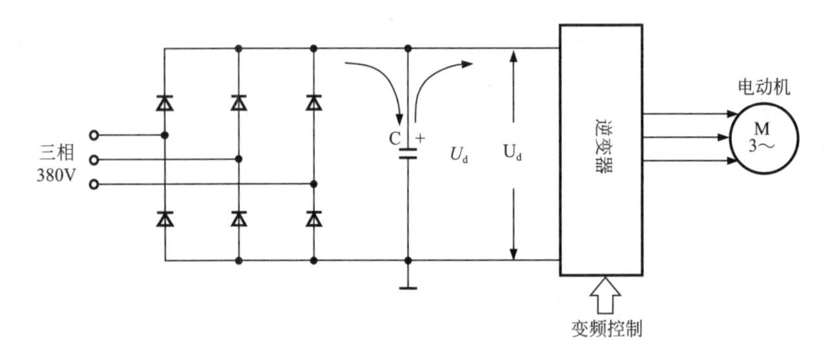

图4-48　电容滤波电路

电容器具有储存电荷的功能，它接在整流电路的输出端，当整流电路输出的电压较高时，会对电容充电，当整流电路输出的电压偏低时，电容器会对负载放电，因而会起到稳压的作用，其容量越大稳压效果越好。

扩展

对于采用电容器进行滤波的变频器电源电路，在开机瞬间，由于电容器中无电荷，因而充电电流很大，这样会使整流二极管的电流过大而损坏，为防止启动时的冲击电流对整流器件的危害，需采用抗冲击电路，其结构如图4-49所示。

提示

从图4-49可见，为了防止冲击电流，在整流电路的输出端加入一个限流电阻R和一个继电器。当启动电源时，继电器触点断路，整流电路输出的电流经限流电阻后再为电容充电，待充电完成后，继电器动作，触点接通，电流经触点为逆变器供

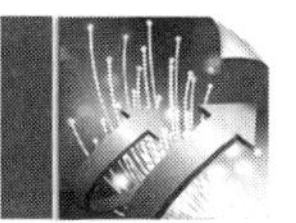

电，变频器进入正常工作状态。也可采用单向晶闸管取代继电器作为抗冲击电路，启动电源时晶闸管截止，电流经过限流电阻，启动完成后触发晶闸管VS，使之导通，将限流电阻短路，进入正常工作状态。

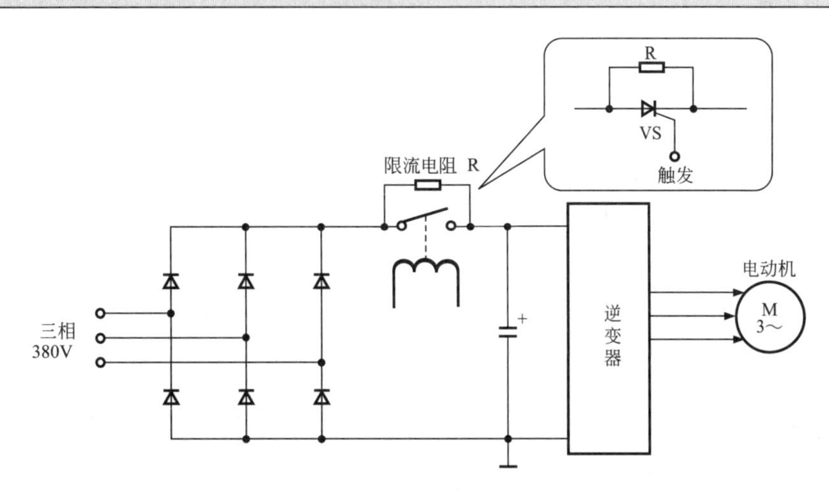

图4-49　几种常见的浪涌保护电路

② 电感滤波电路

如图4-50所示为电感滤波电路。

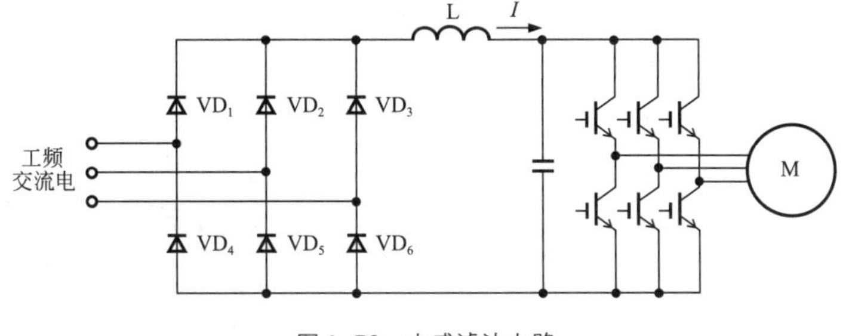

图4-50　电感滤波电路

电感滤波电路是在整流电路的输入端接入一个电感量很大的电磁线圈（电抗器）作为滤波元件。由于电感线圈具有阻碍电流变化的性能，当启动电源时，冲击电流首先进入线圈L，此时线圈会产生反电动势，而阻止电流的增强，从而起到抗冲击的作用，当外部输入电源波动时，电流有减小的情况，电感会产生正向电动势，维持电流，从而实现稳流作用。

（2）制动电路

在变频控制的系统中，电动机由正常运转状态转入停机状态时需要断电制动，由于惯性电动机会继续旋转，这种情况由于电磁感应的作用会在绕组线圈中产生感应电压，该电压会反向送到驱动电路中，并通过逆变电路对电容进行反充电。为防止反充电电压过高，提高减速制动的速度，需要在此期间对电机产生的电能进行吸收，从而顺利完成电动机的制动过程。

如图4-51所示为制动电路。

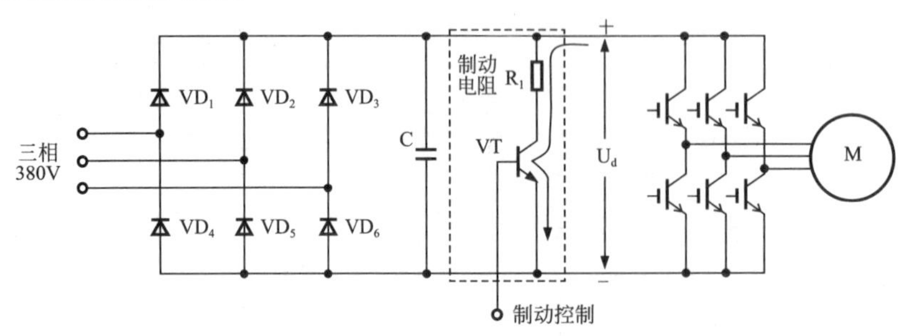

图4-51 制动电路

制动电路是在电动机制动时，吸收电能的电路。它是由制动电阻和功率晶体管组成，接在整流电路和逆变器之间，当开始对电动机实施制动控制时，在切断电源供电电路后立即给制动晶体管VT基极加一控制信号使之导通，于是电容器C上的电荷会经过制动电阻和晶体管VT短路到地，将电动机旋转产生的电荷放掉，不会存积在电容器上。

4.2.3 电动机转速控制电路

如图4-52所示为电动机转速控制电路。

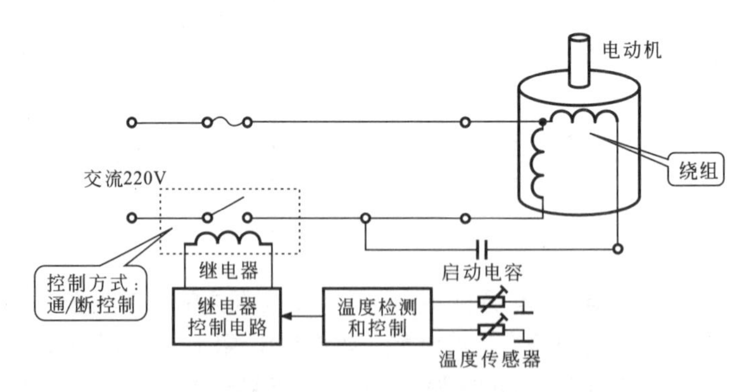

图4-52 电动机转速控制电路

直接用交流220 V、50 Hz的电源供电，经继电器变成断续供电的方式。电动机转速控制方式是交流电源断续（ON/OFF）控制方式，电动机多采用单相异步电动机，控制电路比较简单。220 V交流电经继电器为压缩机供电，在需要制冷时继电器接通220 V交流电并将其加到电动机绕阻上，电动机以全速旋转。当达到设定状态时，控制电路使继电

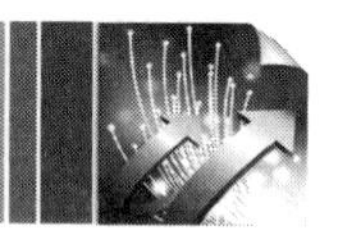

器切断220 V供电电源，电动机停机，需要再次启动时，继电器重新工作。这种方式电源供电的电压不变（220 V）、频率不变（交流50 Hz），电动机的旋转速度也不变。继电器只控制电源的通断。电动机的频繁启动会无谓的耗电，使效率降低，也会造成零部件的损坏。

为了提高效率、减低故障率，可采用另外一种控制方式，即控制电动机的转速。所谓变频是通过改变电动机的供电频率达到速度控制的目的，这种方式从供电方式上来分有两种，即交流供电方式和直流供电方式。从控制速度方式上来分，变频有以下控制方式：

a. PWM（Puse Width Modulation）方式，即脉冲宽度调制方式，简称脉宽调制，控制能量的大小用脉冲的宽度来表示。

b. PAM（Puse Amplitude Modulation）方式，即脉冲幅度调制的方式，控制能量的大小用脉冲的幅度来表示。

c. PWM+PAM的控制方式，即将上述两种方式结合起来对压缩机的电机进行控制。

（1）直流断续控制方式

如图4-53所示为电动机的直流断续控制方式示意图。

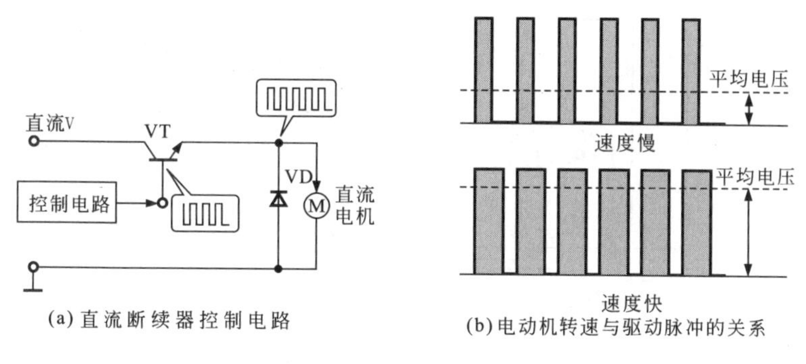

(a) 直流断续器控制电路

(b) 电动机转速与驱动脉冲的关系

图4–53　电动机的断续控制方式示意图

图4-53（a）所示为直流断续器控制方式，直流电源经晶体管三极管VT为直流电动机M供电。晶体管三极管VT受控制电路的控制，晶体管三极管VT导通时则为电动机供电，截止时则停止供电。当晶体管三极管基极加上脉冲信号时，电源经VT为电动机提供脉冲电压。

图4-53（b）所示为控制脉冲的宽度变化时，平均电压会发生变化，因为会使电动机转速发生变化。

（2）PWM方式

如图4-54所示为PWM方式的信号波形，每个脉冲的周期相等，但脉冲的宽度不等。这种信号脉冲的宽度越宽，平均电压则越高。

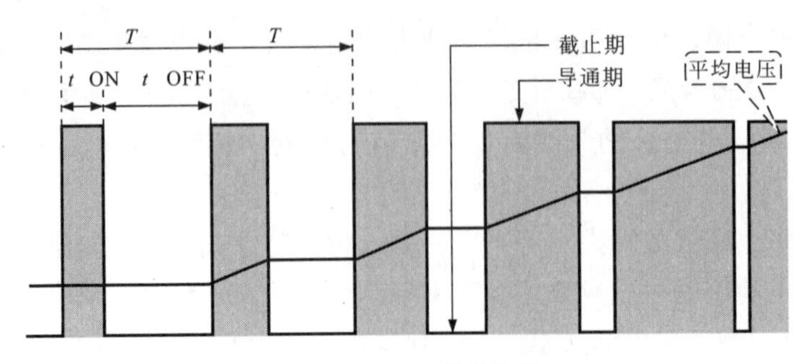

图4-54　PWM信号波形

（3）PAM方式

如图4-55所示为直流-交流变换电路，是PAM方式的电路，其控制波形见图。

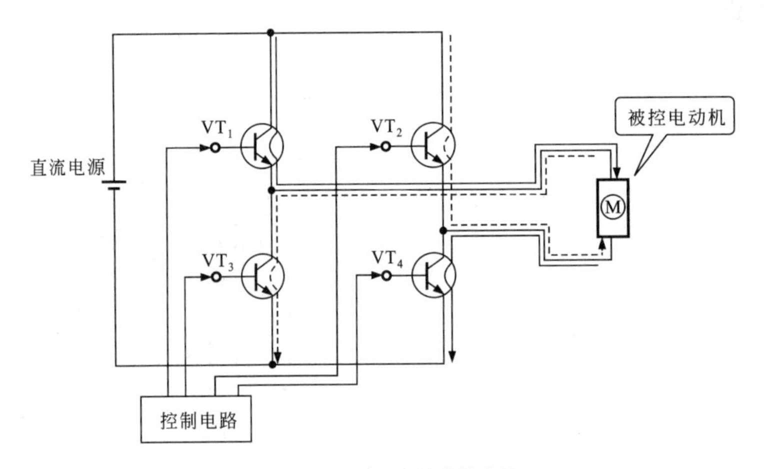

图4-55　直流－交流变换电路

PAM方式是通过控制脉冲信号的幅度实现对电动机的控制的，采用直流电源供电，当VT_1、VT_4导通时，电动机的供电电源从上向下流动；当VT_2、VT_3导通时，电动机的供电从下向上流动。输入的是直流电，输出的是交流电。通过逻辑控制可以使输出实现三值控制，即正电压、零电压和负电压，如图4-56所示。

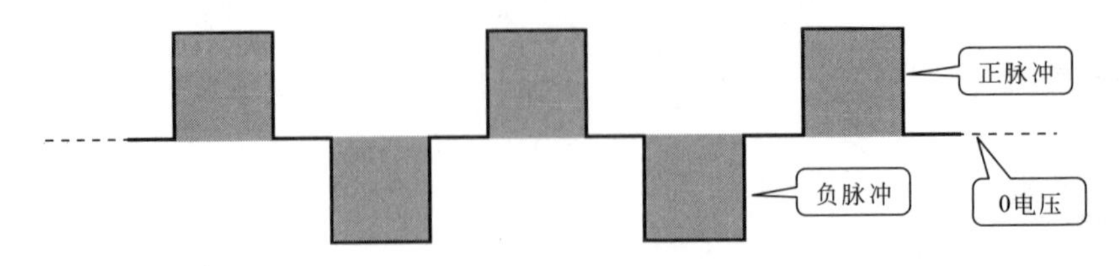

图4-56　三值电压控制波形

（4）拟似正弦波形控制方式

如图4-57所示，三值电压控制波形可以采用PWM方式变成正弦波的形状，利用这种正弦波形对交流感应电动机进行控制。

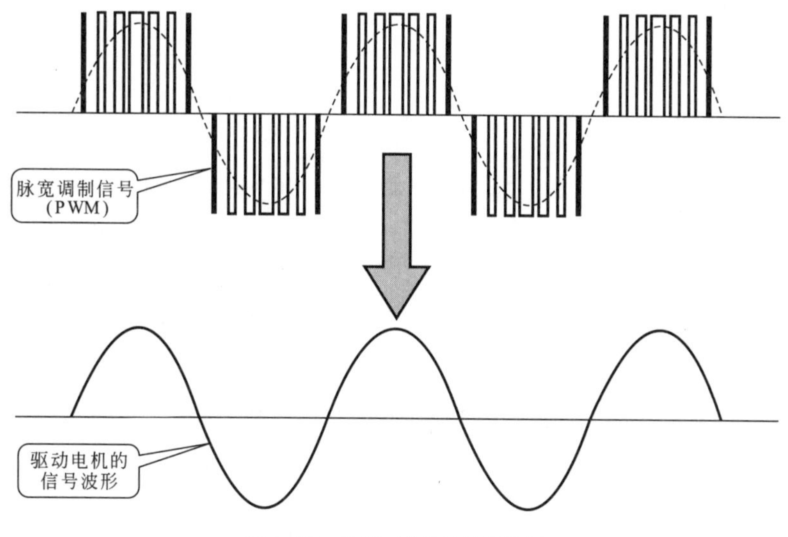

图4-57　拟似正弦波形输出信号

如图4-58所示为交流感应电动机的控制方式，它可以转换成电压的控制方式，也可以转换成频率的控制方式。脉冲信号的宽度变化会引起平均电压幅度的变化。脉冲组周期变化可以引起输出频率的变化。

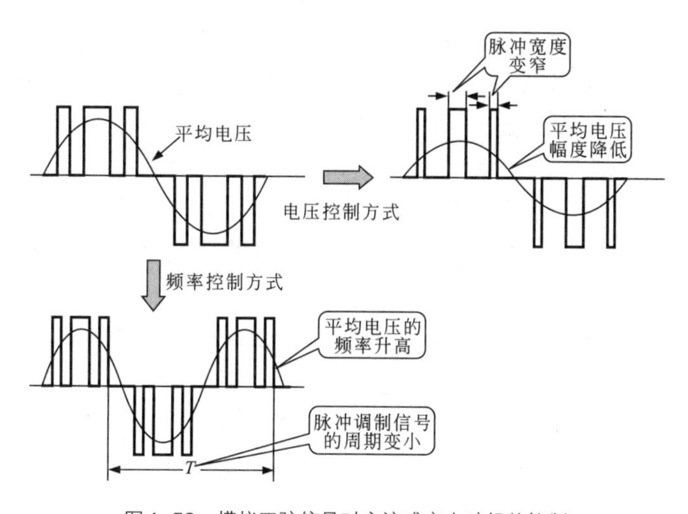

图4-58　模拟正弦信号对交流感应电动机的控制

（5）变频控制方式

如图4-59所示是变频控制电路简图，交流供电电压经整流电路先变成直流电压，再经过晶体管电路变成三相频率可变的交流电压去控制压缩机的三相感应电动机。逻辑控制电路通常由微处理器芯片及外围电路组成。

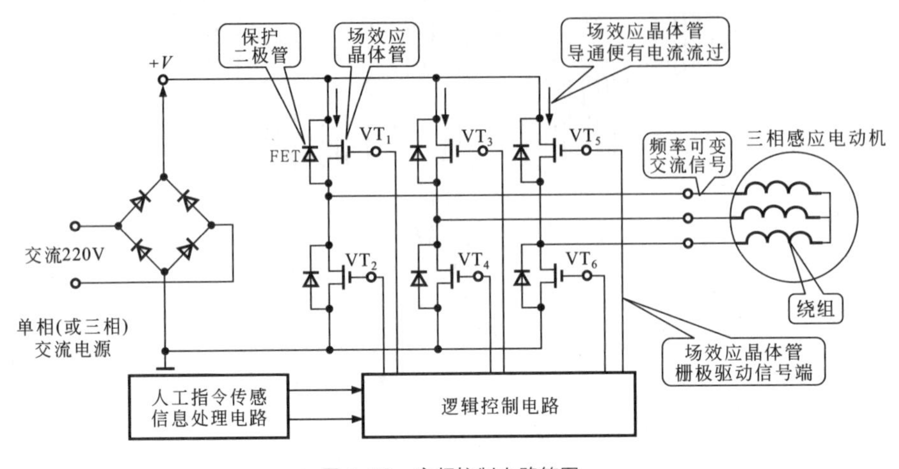

图4–59　变频控制电路简图

4.2.4　逆变电路

如前所述，PWM技术分为两大类，即电压控制型PWM技术和电流控制型PWM技术。

电压控制型PWM控制技术中以正弦脉冲宽度调制（SPWM）技术最成熟，使用最广泛。用脉冲宽度按正弦规律 而和正弦波等效的PWM波形即SPWM波形控制逆变器电路中的晶体管的通断，使其输出等效于正弦波。这样，逆变器输出电压的基波就是正弦波。通过改变调制波的频率和幅值，则可调节逆变电路输出电压的频率和幅度值。根据不同的主电路又衍生了不同的SPWM控制技术。如二极管钳位式多电平逆变器，应用载波层叠SPWM法（CD-SPWM）；级联式多电平逆变器，采用载波移相SPWM法（CDS-SPWM）；还可用上述两者相结合的SPO-SPWM法，可消除特定的谐波。

电流控制PWM法有滞环比较法、三角波比较法、预测电流控制法等。

滞环比较法动态性能好，输出电压不含特定频率的谐波分量，其缺点是开关频率不固定，会形成较为严重的噪声。

三角波比较法开关频率一定，因而克服了滞环比较法频率不固定的缺点，但这种方法电流响应不如滞环比较法快。

预测电流控制法具有较快的响应速度和精度，但需要更多的工作条件调节控制电路。

由于逆变电路中是实现变频技术的重点电路，因此大多数情况下，直接将逆变电路称为变频电路。

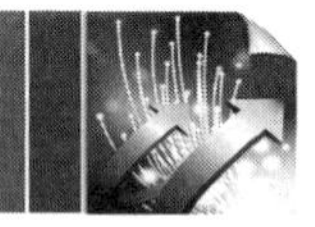

逆变电路的功能是将直流电转换为交流电，主要有方波逆变电路和正弦式脉宽调制SPWM逆变电路两种。

（1）方波逆变电路

如图4-60所示为方波逆变电路，整流滤波电路属于电压型供电电路。

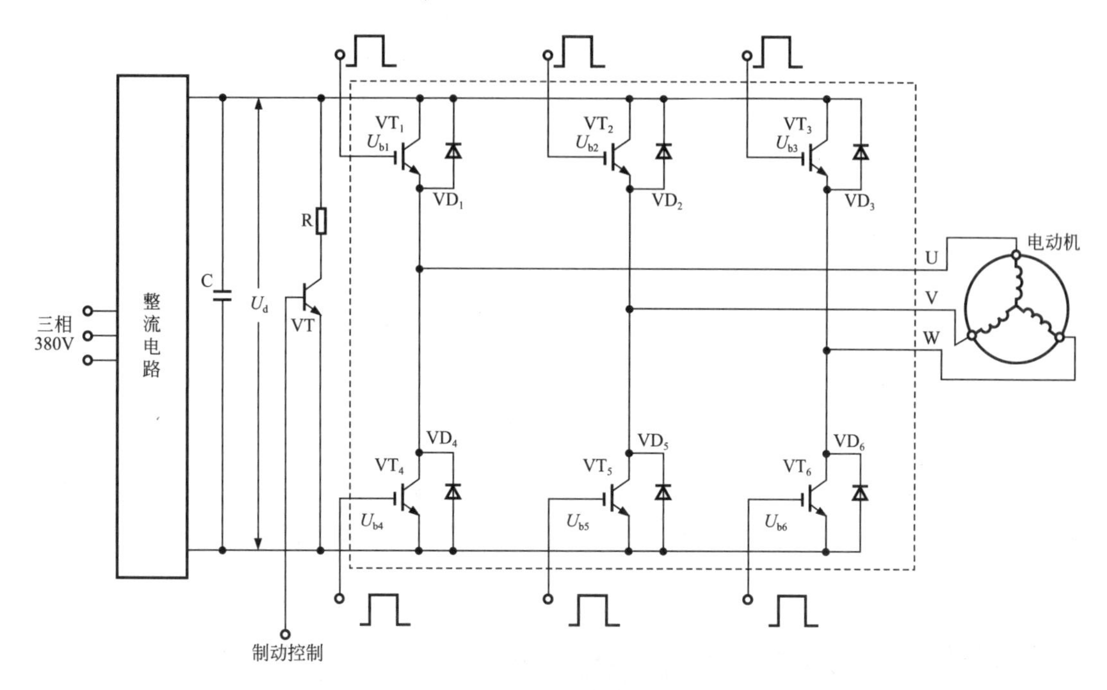

图4-60　方波逆变电路

方波逆变电路是指逆变器电路中的功率晶体管工作在开关状态，驱动信号是PWM脉冲，逆变器电路由6个晶体管接成桥式输出电路，6个晶体管相当于6个开关，通过不同的开关组合方式可以控制送给电动机三相绕组中电流的方向，从而形成旋转磁场。通过改变驱动信号的频率可实现变频控制。

扩展

由于方波逆变电路产生的是脉冲电流，脉冲电流的冲击性很强，其所含的谐波成分较多，会使电动机发热且转矩脉动大，在低速运转时速度不平稳。可采用以下方法解决这一问题：

① 采用多个方波逆变电路组成多重波逆变电路，产生接近正弦波的电流去驱动电动机；

② 采用近似正弦波的脉宽调制信号（SPWM）逆变电路产生与正弦波等效的SPWM波去驱动电动机。

（2）SPWM逆变电路

如图4-61所示为SPWM逆变电路。

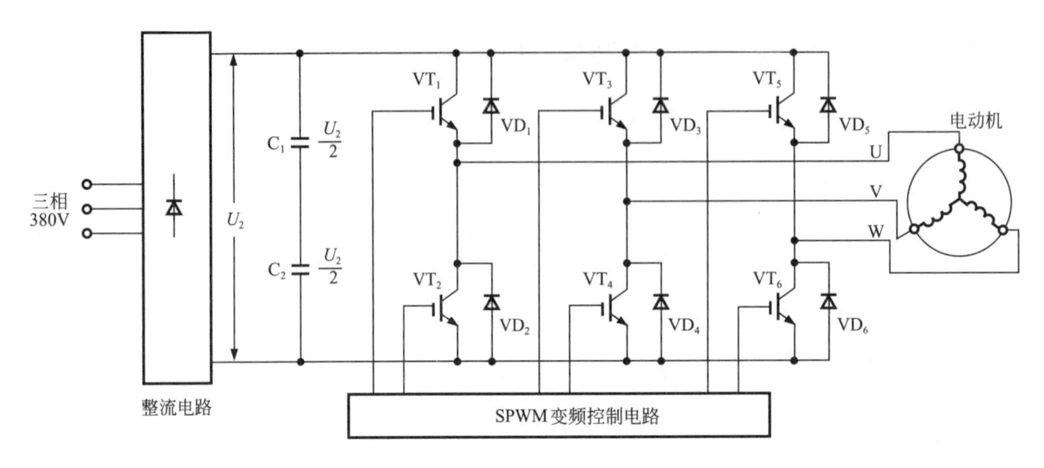

图4-61　SPWM逆变电路

SPWM变频器中的逆变电路与方波逆变电路基本相同，两者的不同主要在于变频控制电路，SPWM变频器的控制电路产生SPWM波去驱动电动机；而方波变频器的控制电路产生普通的脉冲方波去驱动电动机。

扩展

模拟正弦形脉宽调制（SPWM）波（Sinusoidal PWM）其波形按正弦规律使之变化，是PWM调制信号的一种。

变频控制电路产生脉冲宽度调制信号（PWM）去控制逆变电路，使之产生SPWM波提供给电动机。变频电路是将电动机的速度信号与基准信号相比较形成控制信号，然后变成频率信号去驱动电动机，变频控制电路对基准信号的处理方法不同，可分别使用计算法、调制法和跟踪法得到PWM波，实现对逆变电路的控制。

① 运算法PWM控制电路　运算法脉宽调制信号产生电路是根据当前电动机的速度信号和设定信号，参照基准正弦信号计算出SPWM脉冲的宽度和间隔，输出相应的PWM控制信号，去控制逆变电路，产生正弦波等效的SPWM波。

如图4-62所示为运算法PWM控制电路工作原理。

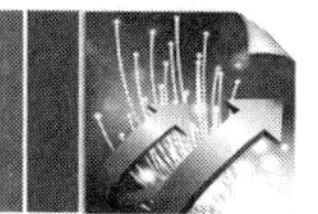

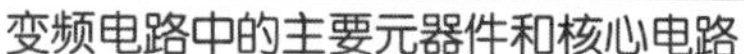

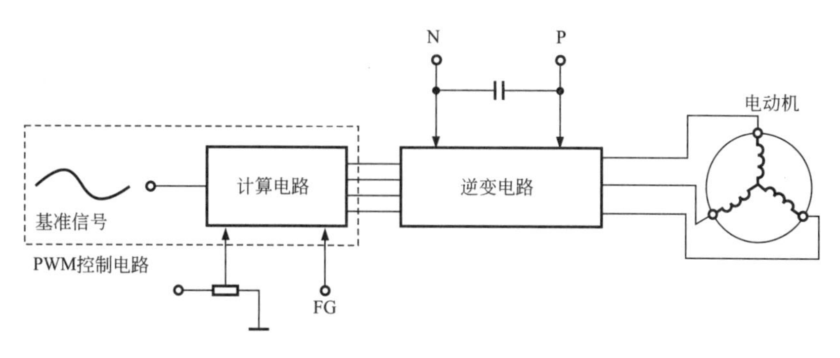

图4-62　运算法PWM控制电路工作原理

提示

上述运算法PWM控制电路结果比较复杂，调试过程比较繁琐，因此在PWM控制电路中较少采用。

② 正弦波调制法PWM控制电路　正弦波调制法PWM控制电路是以基准正弦波作为调制信号，以等腰三角波作为载波信号，用正弦波调制三角波来得到调制信号再转换成脉宽调制信号，去驱动逆变电路产生与正弦波近似的SPWM波。

如图4-63所示为正弦波调制法PWM控制电路工作原理。

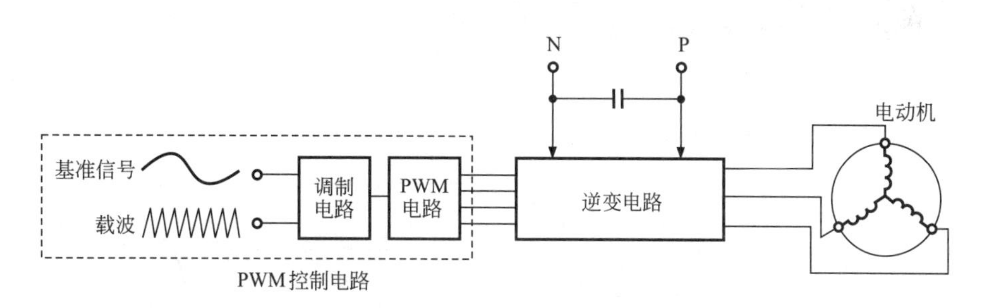

图4-63　调制法PWM控制电路工作原理

正弦波调制法根据载波和正弦波是否同步及载波比的变化情况，调制法可分为异步调制和同步调制两种。其中异步调制是指载波频率和信号波频率不保持同步的调制方式，而同步调制则是指载波频率和信号波频率保持同步的调制方式。

③ 跟踪法PWM控制电路　跟踪法PWM控制电路是将希望输出的波形作为指令信号，把实际的波形作为比较信号（反馈信号），通过瞬时比较产生PWM信号，去控制逆变器电路。

跟踪法PWM控制电路可分为滞环比较式跟踪法PWM逆变电路和三角波比较式跟踪法PWM逆变电路。

a. 滞环比较式跟踪控制PWM逆变电路　滞环比较式跟踪控制PWM逆变电路采用的是滞环比较器，根据反馈信号的不同，可分为电流型滞环比较式和电压型滞环比较式。

如图4-64所示为滞环比较式跟踪控制PWM逆变电路工作原理。

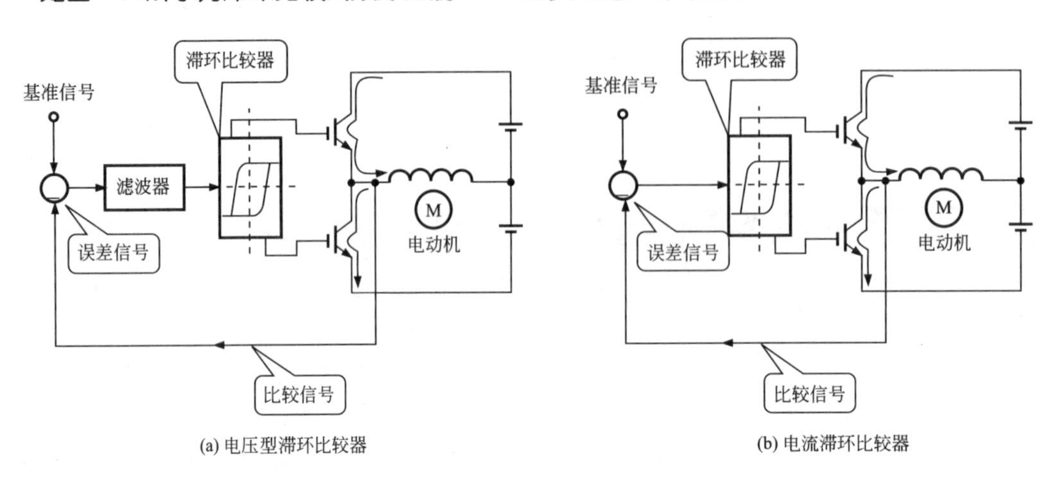

图4-64　滞环比较式跟踪控制PWM逆变电路工作原理

电压型滞环比较式跟踪控制PWM逆变电路比电流型增加了滤波器，用来滤除减法器输出误差信号中的高次谐波成分。

扩展

如图4-65所示为三相电流型滞环比较式跟踪控制PWM逆变电路。该电路需要3个基准电流信号。

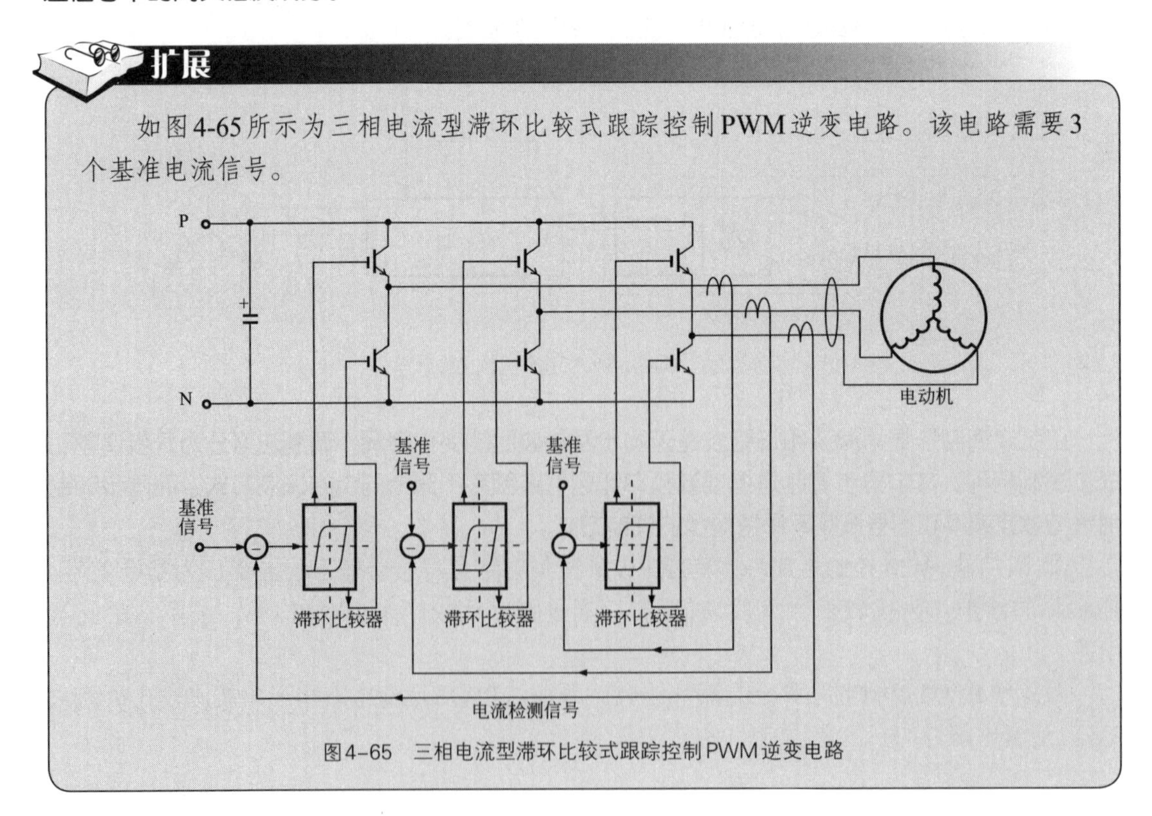

图4-65　三相电流型滞环比较式跟踪控制PWM逆变电路

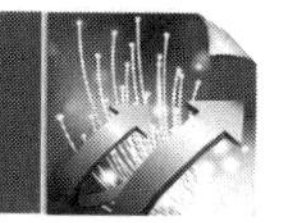

b. 三角波比较式跟踪控制PWM逆变电路

如图4-66所示三角波比较式跟踪控制PWM逆变电路工作原理。

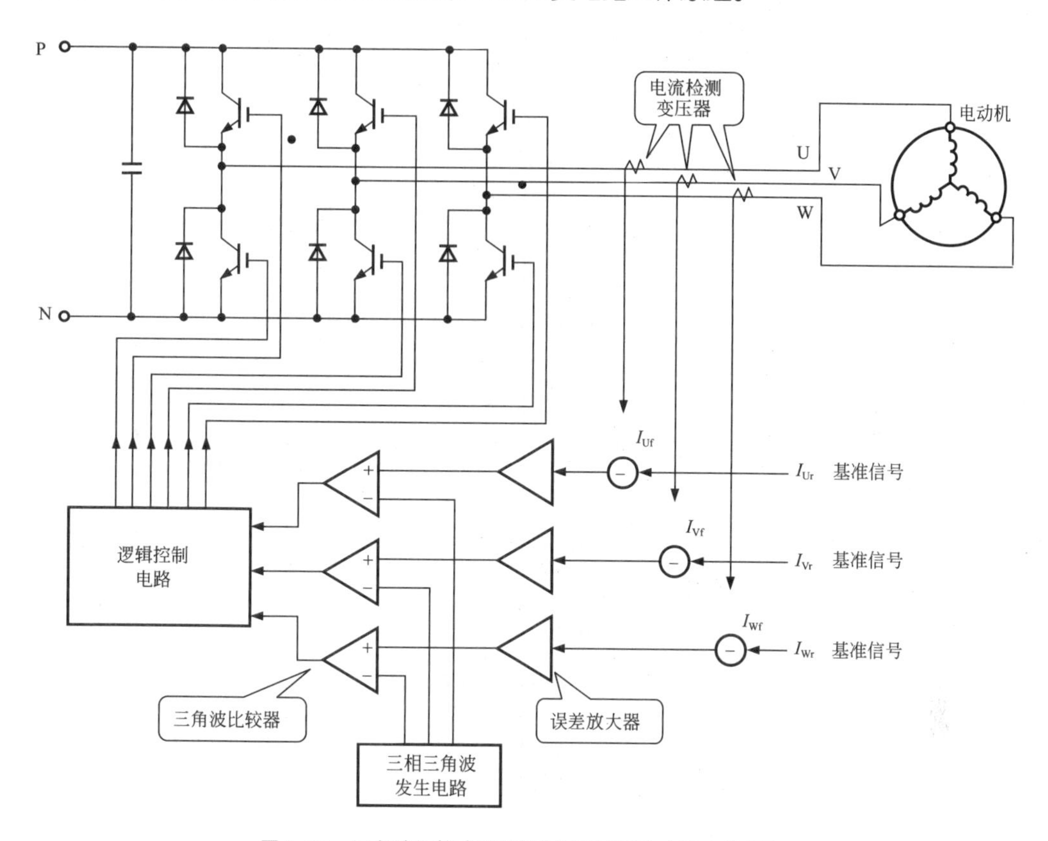

图4-66 三角波比较式跟踪控制PWM逆变电路工作原理

三角波比较式跟踪控制PWM逆变电路是由误差检测电路、误差放大电路、三角波比较电路、三角波发生电路以及逻辑控制电路等部分构成的，误差检测电路是用基准电流信号与反馈电流进行相减，得到的误差电流先由误差放大器进行放大，然后再送到三角波比较器与三角波进行比较后，输出相应的PWM控制信号，再经逻辑控制电路去控制逆变电路相应的开关器件的通断，使各相输出的电流接近基准电流，即反馈电流朝着与该相基准电流误差减小的方向变化。

（3）多台逆变器并联的系统

对于固定直流电压的变频器电路，由于直流电压不需要改变，可以将多台逆变器共用一套直流电源。

如图4-67所示为多台逆变器并联的电路结构。

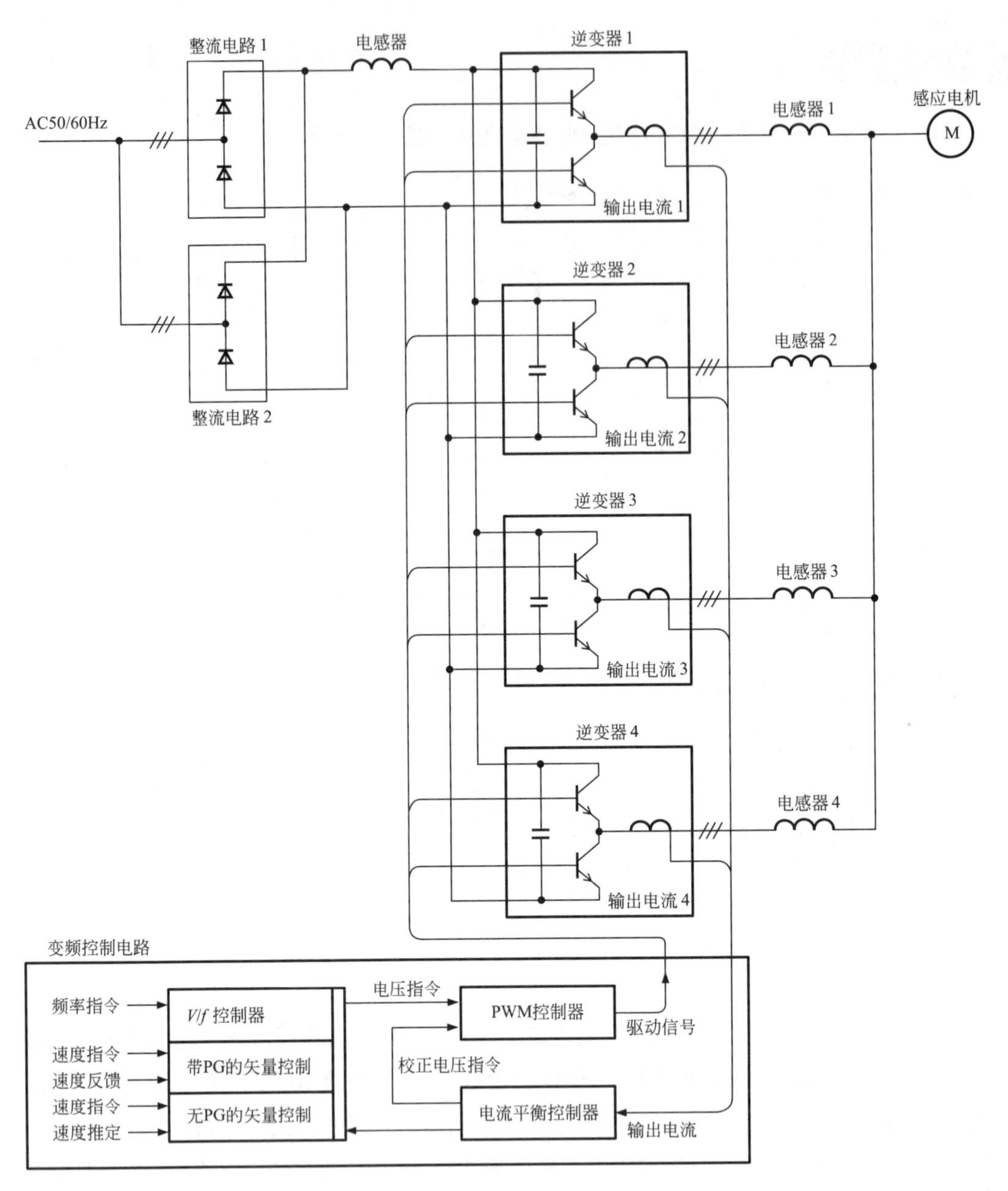

图4-67　多台逆变器并联的系统

（4）3电平控制的逆变器电路

前述的逆变器电路都是2电平控制的逆变器，为了减少冲击电流、降低辐射噪声和传导噪声、减少漏电流，可采用多电平控制的方式，其中3电平控制方式较多。

如图4-68所示为3电平控制的逆变电路结构。

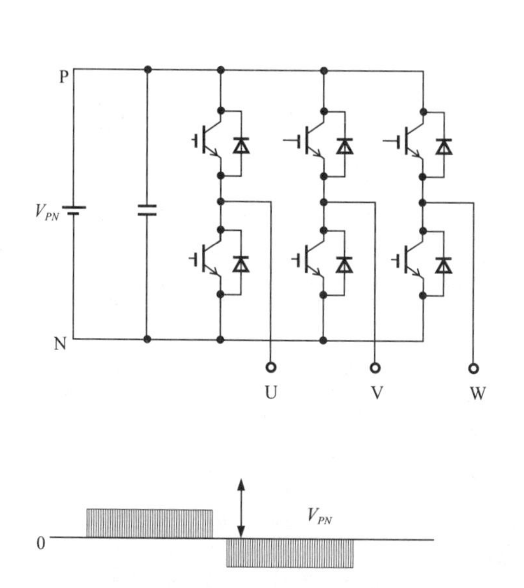

(a) 2电平控制方式和输出电压波形

(b) 3电平控制方式和输出电压波形

图4-68　3电平控制的逆变电路

提示

3电平控制方式的电路结构是用电容器将输入的直流电压一分为二，每相输出电路由4个晶体管串联连接，输出端可输出正、负和零三个电平的电压。于是开关晶体管输出的电压变化率相当于2电平时的1/2。因此，冲击电流、辐射噪声都会减小。

第5章 变频技术在制冷设备中的应用

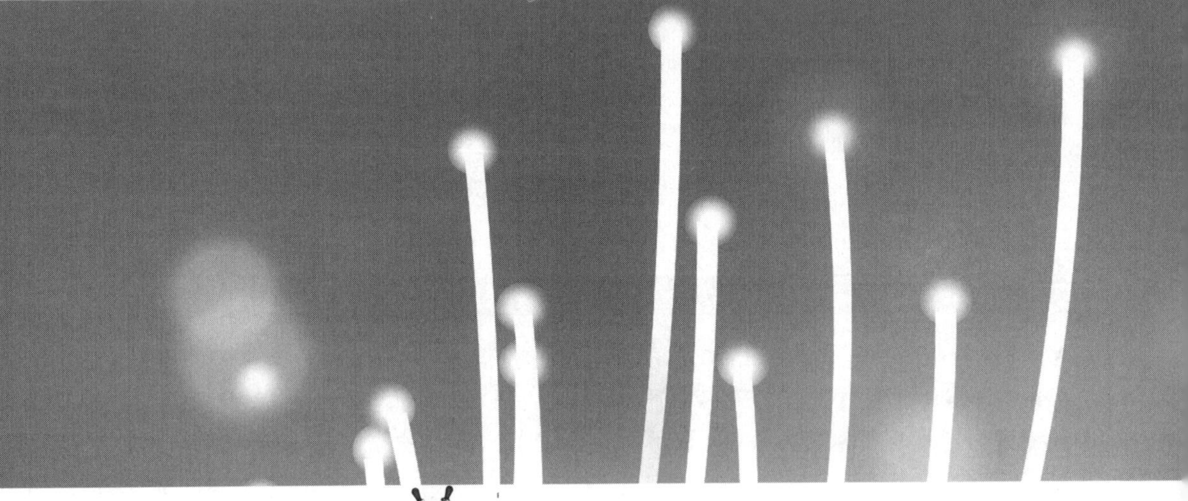

目标

了解并掌握变频技术在制冷设备中的各种应用，能够阅读并分析变频技术在各种制冷系统中的应用电路。

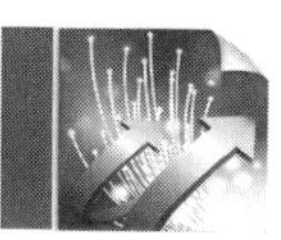

5.1 制冷设备中的变频电路

5.1.1 制冷设备中变频驱动电路的基本结构

制冷设备中应用变频技术比较常见的有中央空调、冰库、家用空调器和家用电冰箱等，下面以中央空调为例，详细讲解制冷设备中的变频驱动电路。

如图5-1所示为中央空调系统，主要由制冷主机、冷却水塔、蒸发器盘管（热交换系统）等部分组成。

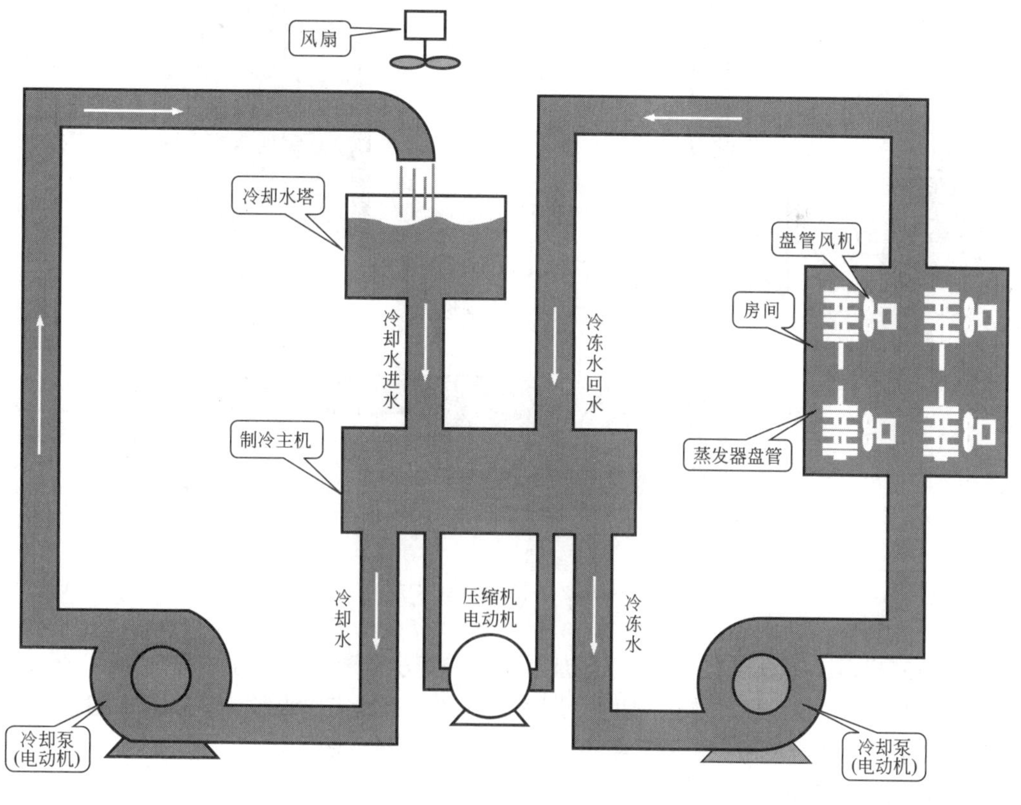

图5-1 中央空调系统

冷冻主机也叫制冷装置，是中央空调的“制冷源”，是一种制冷装置，又称为主机。这种空调系统是利用水作制冷剂进行热能交换。使水循环的动力源是压缩机电机和水泵。压缩机电机和泵电机的驱动控制电路采用了变频驱动控制技术。

一般来说，水泵属于二次方律负载，工作过程中消耗的功率与转速的二次方成正比。这是因为水泵的主要用途是供水。

中央空调的热交换系统由冷冻水循环系统和冷却水循环系统构成。

（1）冷冻水循环系统

如图5-2所示为中央空调冷冻水循环系统，该系统由冷冻泵及冷冻水管道组成。

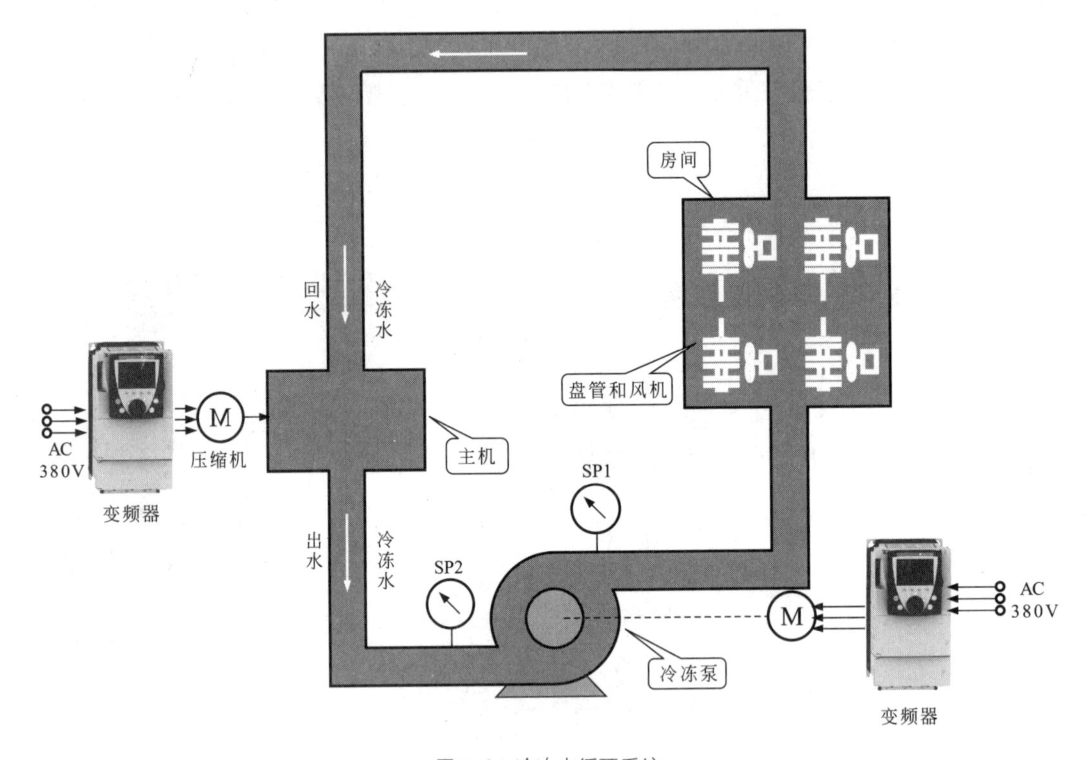

图5–2　冷冻水循环系统

从制冷主机流出的冷冻水，由冷冻泵加压送入冷冻水管道，通过各房间的盘管，带走房间内的热量，使房间内的温度下降。同时，房间内的热量被冷冻水吸收，使冷冻水的温度升高。温度升高了的循环水经制冷主机后又变成冷冻水，如此循环反复。

（2）冷却水循环系统

如图5-3所示为中央空调冷却水循环系统，该系统由冷却泵、冷却水管道及冷却塔组成。

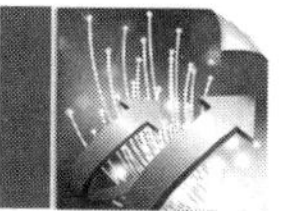

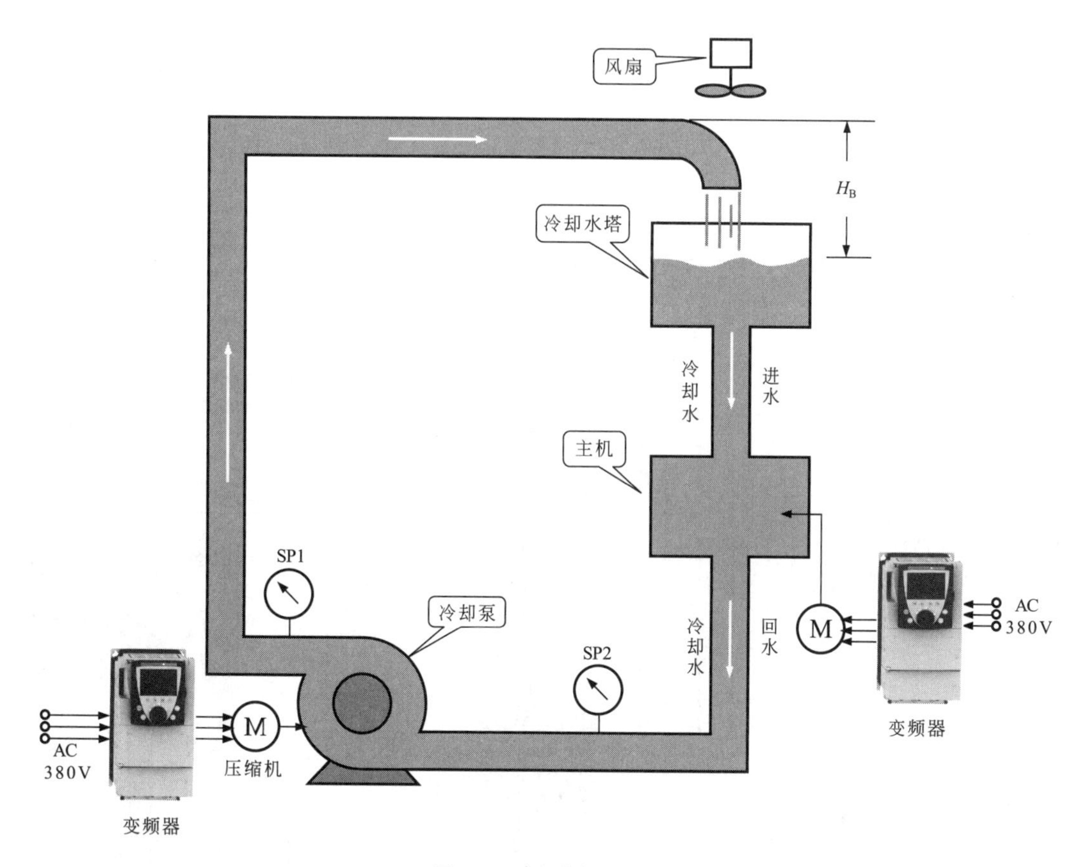

图5-3　冷却水循环系统

制冷主机在进行热交换、使冷冻水温冷却的同时，释放出大量的热量，该热量被冷却水吸收，使冷却水温度升高。冷却泵将升温的冷却水压入冷却塔，使之在冷却塔中与大气进行热交换，然后再将降了温的冷却水送回到冷冻机组。如此不断循环，带走了制冷主机释放的热量。

扩展

中央空调系统的工作过程是一个不断进行热交换的能量转换过程。冷冻水和冷却水循环系统是能量的主要传递者。因此，对冷冻水和冷却水循环系统的控制便是中央空调控制系统的重要组成部分。

5.1.2　制冷设备中的变频驱动电路及工作原理

中央空调的循环水系统，可通过改变压缩机电机的转速来调节流量，这里就应用到了变频技术。即电机的驱动电路为变频驱动控制电路。

（1）冷冻水循环系统中的变频技术

变频技术应用在冷冻水循环系统是通过压缩机电机或泵电机的变频驱动技术对压差和温度/温差进行控制，其中温度/温差控制实际上是控制回水温度，而压差控制则是控制出水和回水的压力。

如图5-4所示为变频技术对冷冻水循环系统控制的示意图。

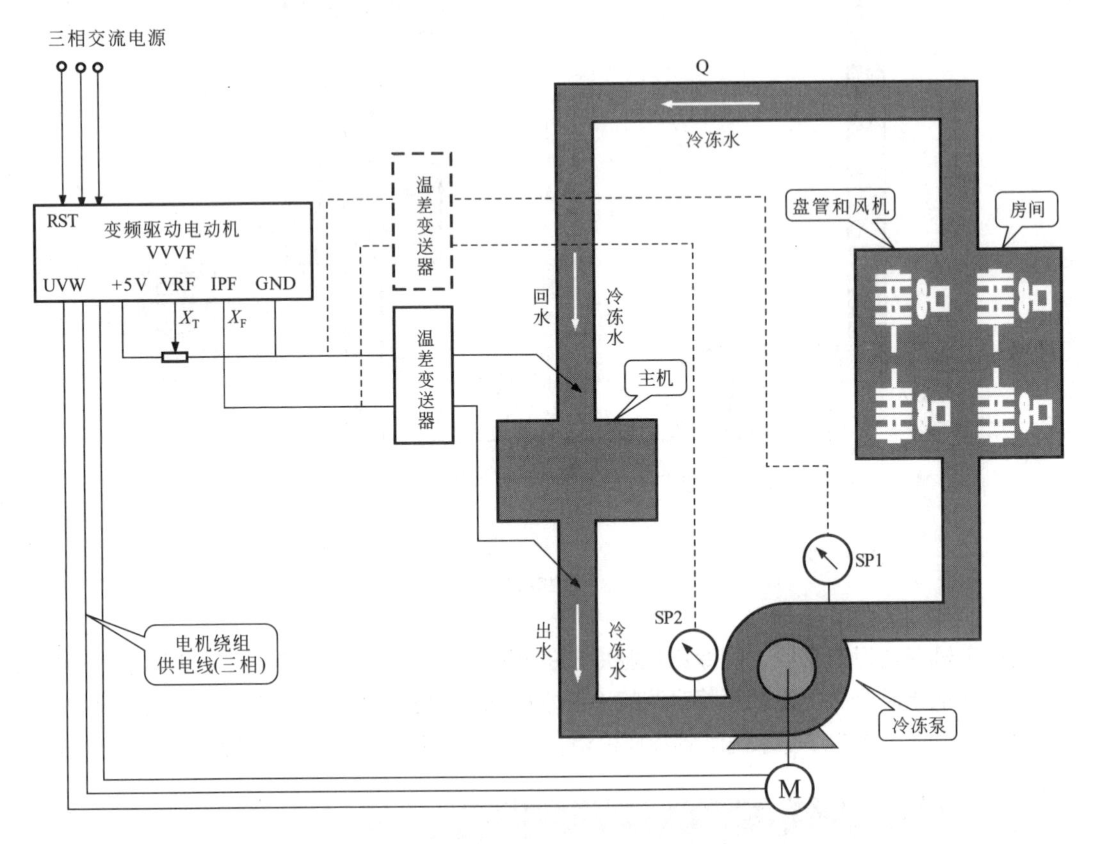

图5-4 变频技术对冷冻水循环系统的示意图

由于在冷冻水循环系统中采用变频技术驱动压缩机和泵电机，从而实现对压差和温度/温差进行控制，因此可以通过两种途径实现节能效果：

① 压差控制为主，温度/温差控制为辅　以压差信号为反馈信号，反馈到变频器电路中进行恒压差控制。而压差的目标值可以在一定范围内根据回水温度进行适当调整。当房间温度较低时，使压差的目标值适当下降一些，减小冷冻泵的平均转速，提高节能效果。

② 温度/温差控制为主，压差控制为辅　以温度/温差信号为反馈信号，反馈到变频器电路中进行恒温度/温差控制，而目标信号可以根据压差大小作适当调整。当压差偏高时，说明负荷较重，应适当提高目标信号，增加冷冻泵的平均转速，确保最高楼层具有足够的压力。

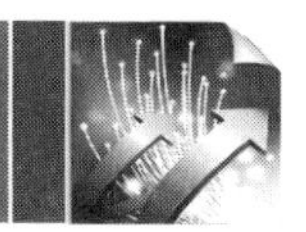

(2)冷却水循环系统中变频技术的应用原理

变频技术应用在冷却水循环系统中就是通过变频驱动控制电路对压缩机电机和泵电机的速度控制，实现对温度/温差进行控制。

如图5-5所示为变频技术对冷却水循环系统控制的示意图。

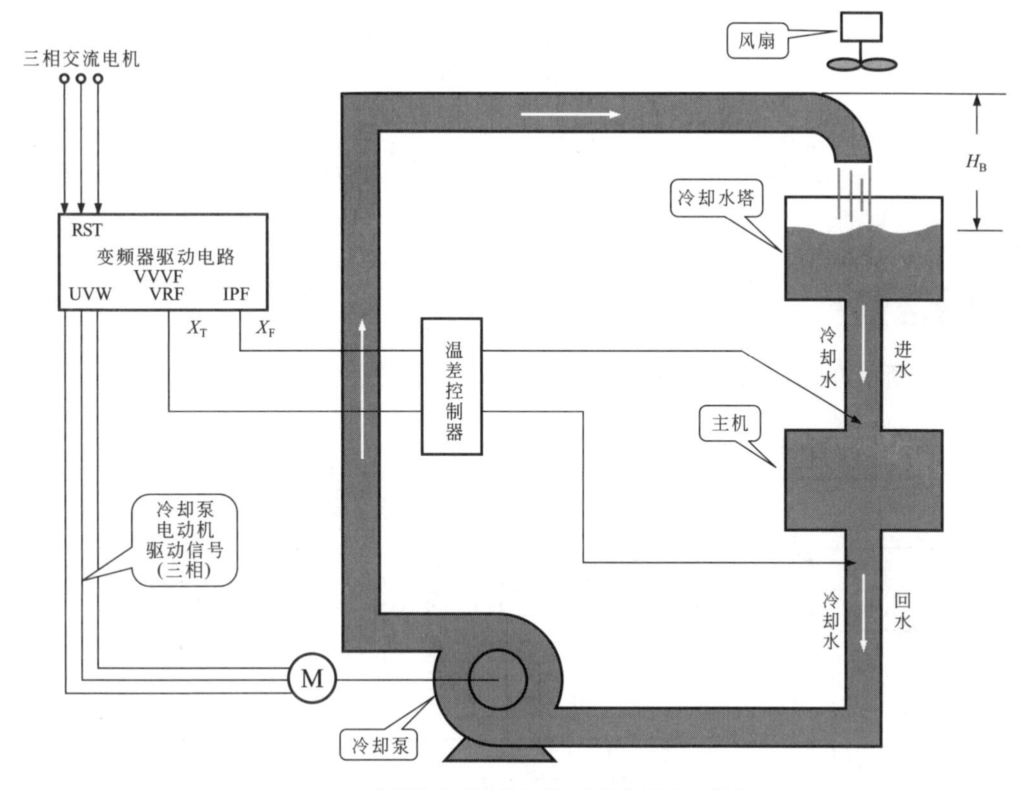

图5-5　变频技术对冷却水循环系统控制的示意图

变频技术在冷却水循环系统中分别对主机压缩机电机和冷却泵电机进行变频驱动，从而可实现对温度、温差的控制。

① 温度控制　冷却水的进水温度也就是冷却水塔内水的温度，它取决于环境温度和冷却风机的工作情况；回水温度主要取决于制冷主机的发热情况，但还与进水温度有关。

在进行温度控制时，需要注意以下两点：

a. 为了保护冷冻主机，当回水的温度超过一定值后，整个空调系统必须进行保护性跳闸。

b. 在实行变频调速时，应预置一个下限工作频率。

② 温差控制　最能反映冷冻主机的发热情况、体现冷却效果的是冷却回水温度t_0与冷却进水温度t_A之间的“温差”Δt。

温差大，说明主机产生的热量多，应提高冷却泵的转速，加快冷却水的循环；反之，温差小，说明主机产生的热量少，可以适当降低冷却泵的转速，减缓冷却水的循环。

进水温度低时，应主要着眼于节能效果，温差的目标值可适当地高一点；而在进水温度高时，则必须保证冷却效果，温差的目标值应低一些。

5.2 制冷设备中变频驱动控制电路的应用实例分析

5.2.1 家用空调器中的变频电路应用实例

空调器的压缩机电机采用变频控制技术，具有效率高、能耗低的特点，因而得到了快速的普及。由于各种环境对空调器的要求有很大差异，因而其变频控制电路的结构和元器件也是多种多样的。

如图5-6所示为变频器在分体式家用空调器中的应用实例。

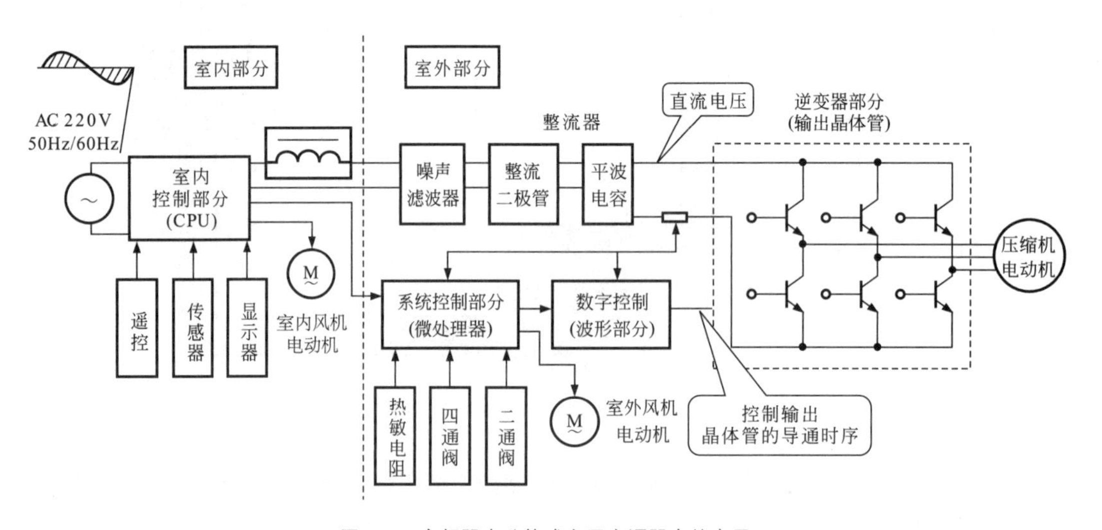

图5-6 变频器在分体式家用空调器中的应用

空调器的电路系统以室内控制部分（CPU）为中心，由遥控、传感器、显示器和风机电动机驱动电路组成。温度和湿度数据及运行模式等设定条件以数据信号的形式送往室外机。

室外机的系统控制部分以室外机微处理器为中心，由整流单元、变频器逆变单元、电流传感器、室外风机电动机及阀门控制部分组成。

空调器采用变频器控制技术可以达到以下效果：

① 利用变频器控制压缩机电机效率高，节省能源。

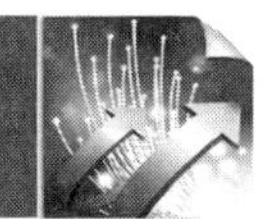

② 压缩机无频繁启停动作，损失减少。

③ 空调器的调温效果舒适性改善。

④ 消除50Hz/60Hz地区的影响。

⑤ 启动电流减小。

5.2.2 一拖三空调器中的变频控制电路实例

变频器也可应用在多重制冷控制系统中，可以控制冷气时的过热度、暖气时的过冷度，给适合各房间负载的最佳制冷剂，就能实现节能并提高舒适性。

如图5-7所示为变频器在多重制冷控制系统中的应用实例，该图例为一拖三变频空调器的应用。

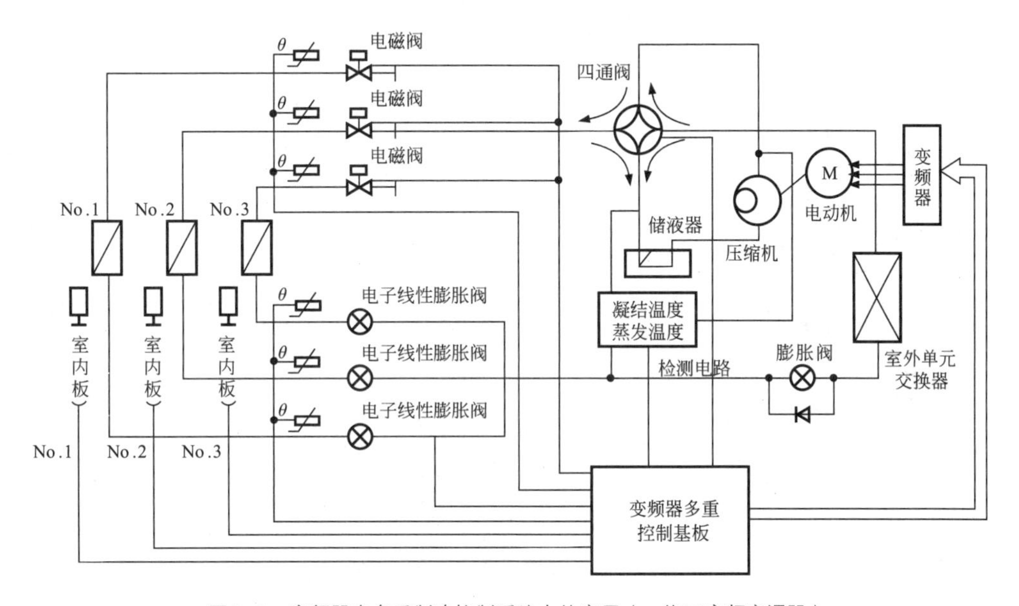

图5-7 变频器在多重制冷控制系统中的应用（一拖三变频空调器）

一拖三变频空调器的室外机有3组与制冷管路连接的液、气管接口，以及室内机连接线路接线板。变频器与同压缩机结合在一起的驱动电动机相连，运行信号由变频器多重控制基板提供。

变频器应用在多重制冷控制系统中的控制效果有以下几点：

① 用变频器控制压缩机转速，可发挥高效率的制冷/制热能力。

② 一台室外机带动三台室内机综合性能好、成本低。

③ 一拖三空调器中的三个室内机可独立操作，整体结构简单、成本低、操作方便、能耗低、环保。

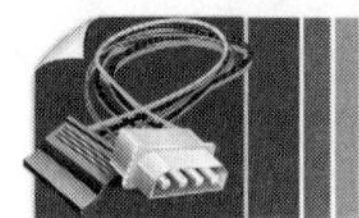

5.2.3 海尔BCD-550WYJ型变频电冰箱实例

海尔BCD-550WYJ型变频电冰箱是采用变频技术的电冰箱，它采用智能控制方式，具有效率高、能耗低、环保等特点。

如图5-8所示为海尔BCD-550WYJ型变频电冰箱室外机控制电路的应用实例。

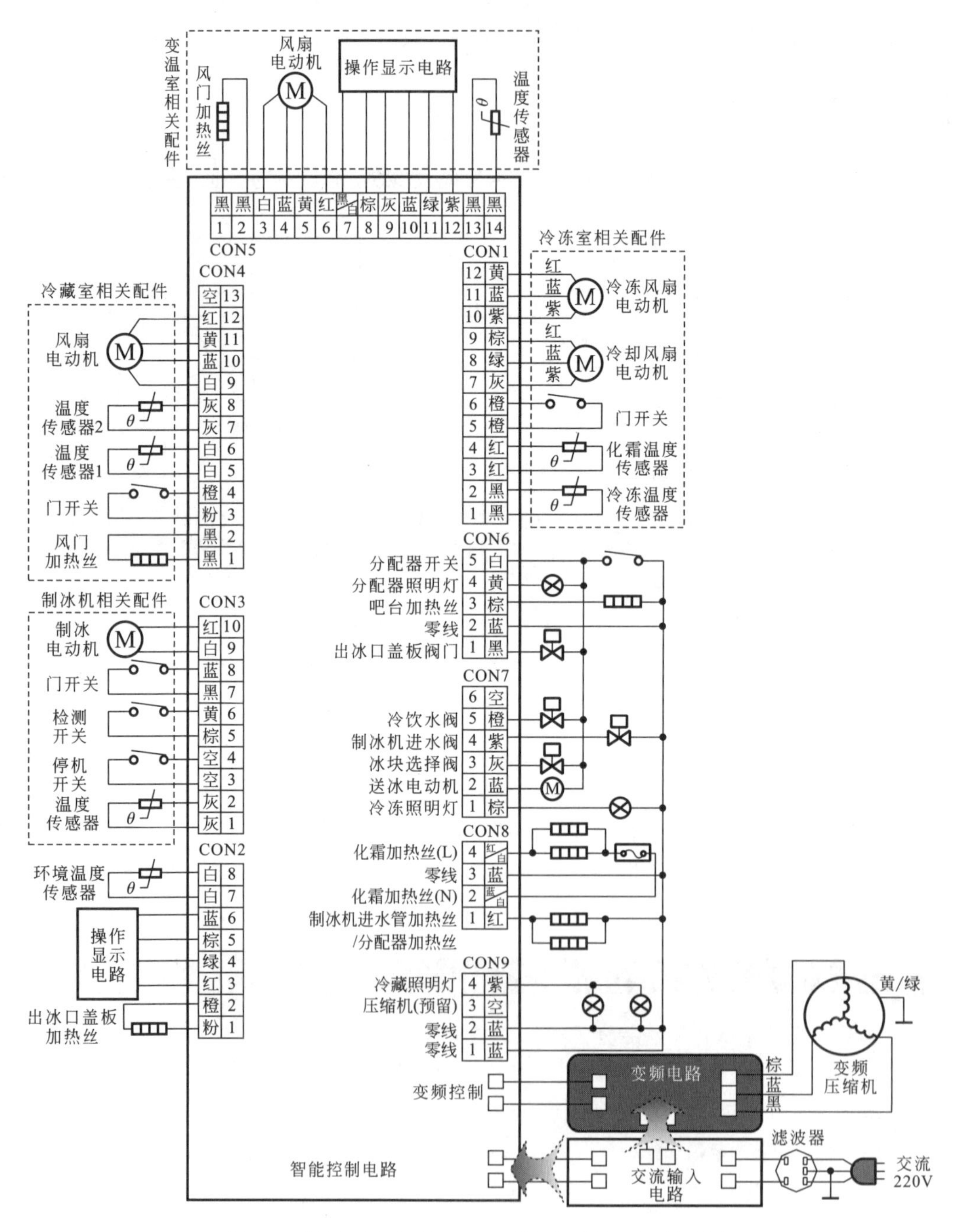

图5-8 变频器在海尔BCD-550WYJ型变频电冰箱中的应用

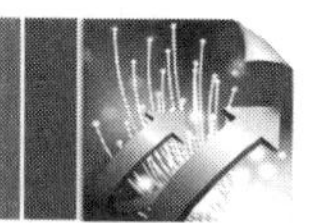

电冰箱的整机控制和制冷系统都与普通电冰箱基本相同，只是压缩机电机的驱动控制方式采用变频技术，交流220 V电源经整流后为变频器提供直流电源，微处理器控制电路将变频控制信号也送到变频电路中，经变频处理和功率模块去驱动压缩机电机。

如图5-9所示为海尔BCD-550WYJ型变频电冰箱的交流输入电路板。

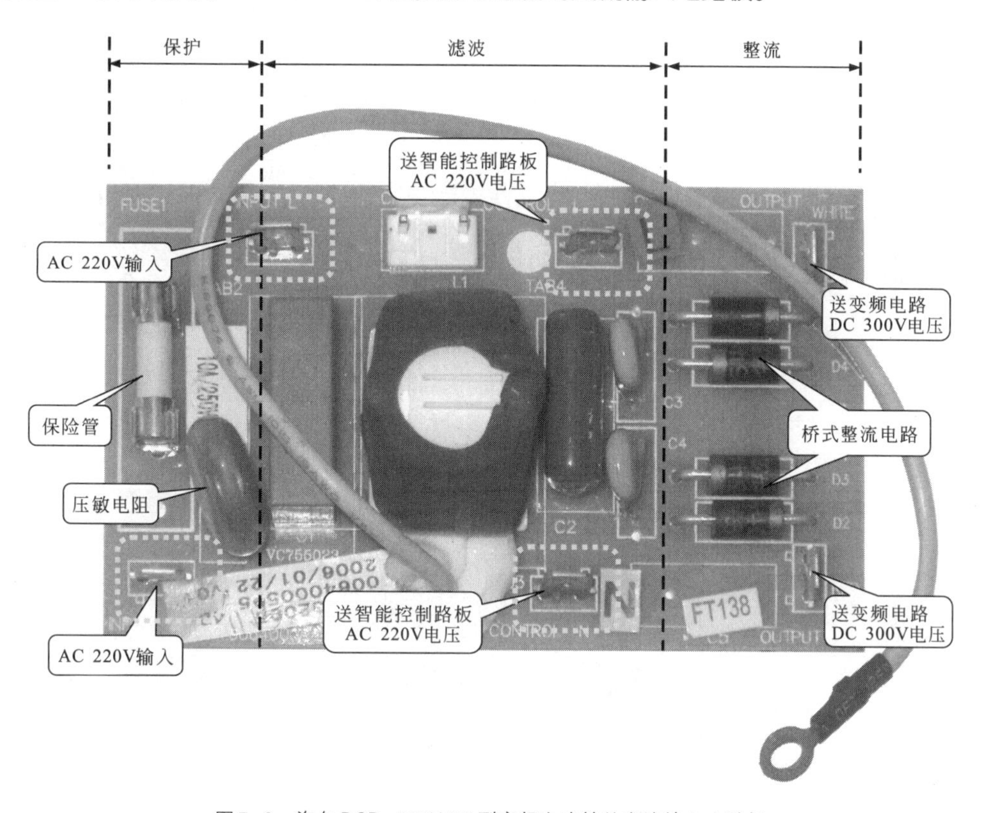

图5-9　海尔BCD-550WYJ型变频电冰箱的交流输入电路板

AC220 V电压输入后，将经过滤波后的220 V电压送到主机控制电路，交流220 V经过桥式整流后输出约300 V的直流电压送到变频模块中，为变频驱动电路供电。

如图5-10所示为海尔BCD-550WYJ型变频电冰箱的变频电路板。该电路专门为变频压缩机的电机提供驱动电流。

如图5-11所示为海尔BCD-550WYJ型变频电冰箱的电气控制电路板。

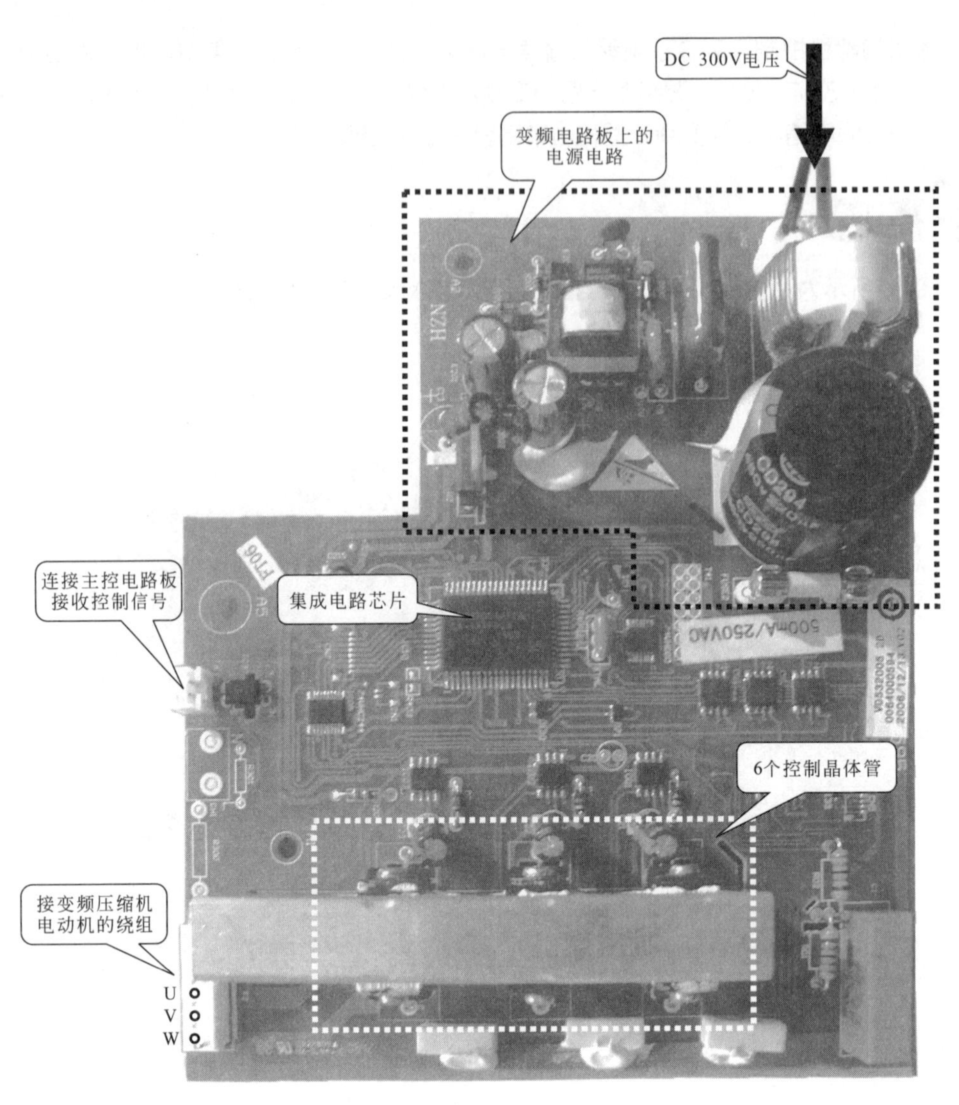

图5-10 海尔BCD-550WYJ型变频电冰箱的变频电路板

在电气控制电路中有专门的电源稳压电路，提供微处理器控制电路工作所需要的各种低压电源，电冰箱的控制电路输出的各种控制信号通过接口插件送给各种组件，电冰箱的控制电路板中的微处理器芯片是电冰箱实现智能化控制的核心电路。

如图5-12所示为海尔BCD-550WYJ型变频电冰箱的操作显示电路板。

操作显示电路板与主控电路板连接，可通过操作按键为主控微处理器提供人工制冷，也可通过液晶显示屏显示工作状态。

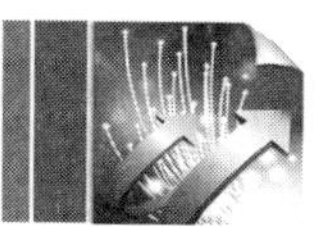

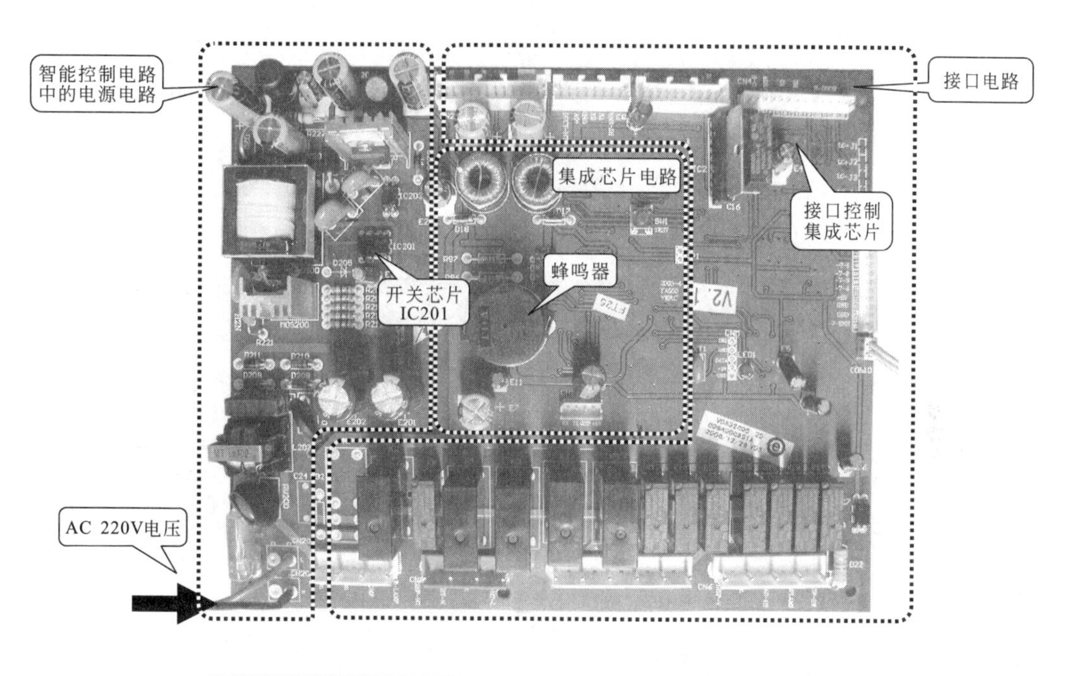

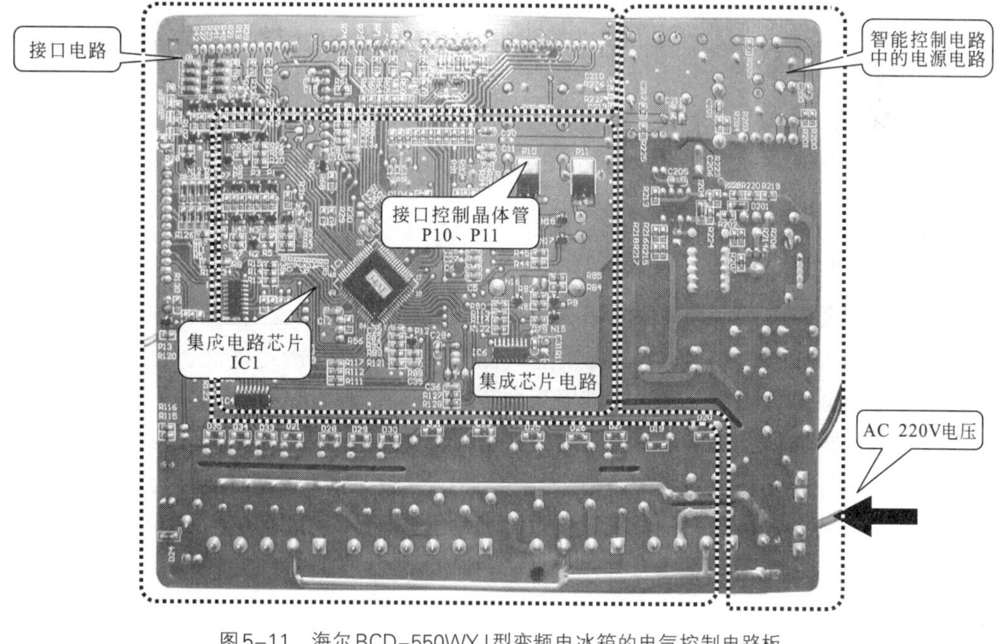

图5-11　海尔BCD-550WYJ型变频电冰箱的电气控制电路板

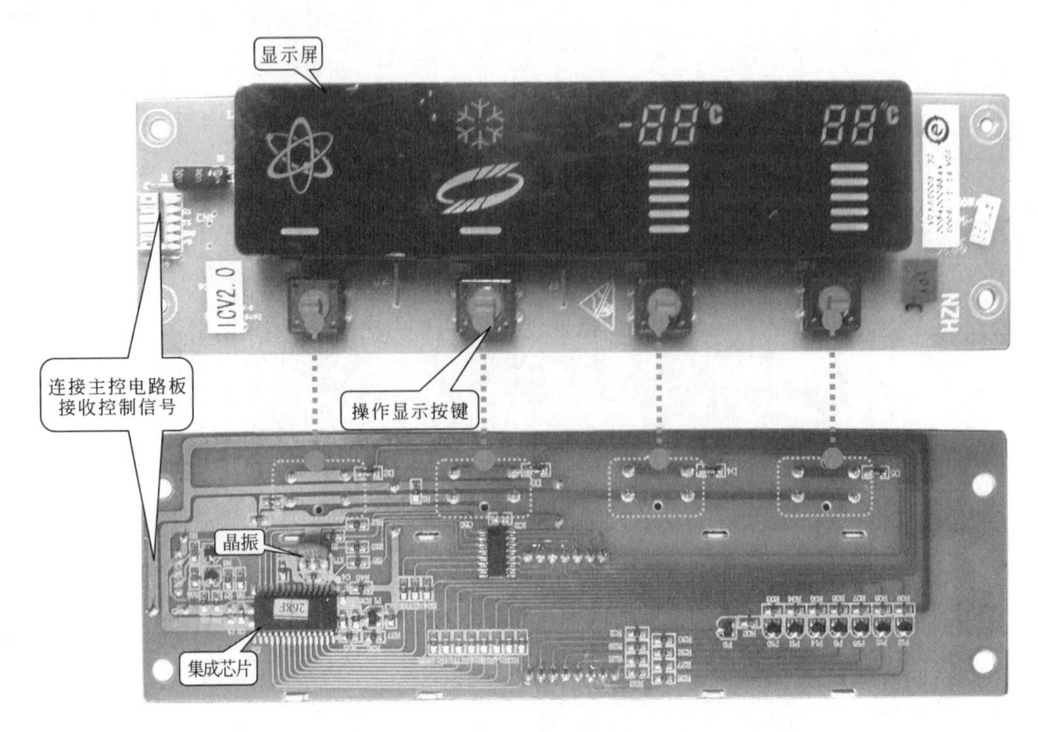

图5-12 海尔BCD-550WYJ型变频电冰箱的操作显示电路板

5.2.4 海信KFR-25GW/06BP空调器变频控制电路实例

海信KFR-25GW/06BP空调器在室外机的压缩机控制电路中采用了变频模块。室外机微处理器收到室内机微处理器的控制指令后对变频电路进行控制。

如图5-13和图5-14所示为变频器在海信KFR-25GW/06BP型变频空调器中的应用实例。其中图5-13为海信KFR-25GW/06BP型变频空调器室内机电路连接方框图，图5-14为海信KFR-25GW/06BP型变频空调器室外机电路连接方框图。

室内机微处理器是空调器的核心器件，通过接收到的用户指令信号，根据内部程序输出各种控制指令。并将显示信号、驱动信号通过各个接口传输到显示电路、驱动电路中。

室外机控制电路中的微处理器将变频电机驱动信号送入变频模块中，由变频模块为压缩机提供变频驱动信号使其工作。

如图5-15所示为海信KFR-25GW/06BP型变频空调器的变频电路。

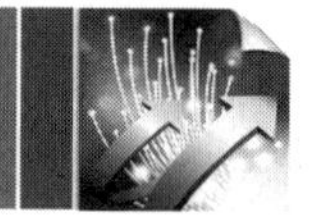

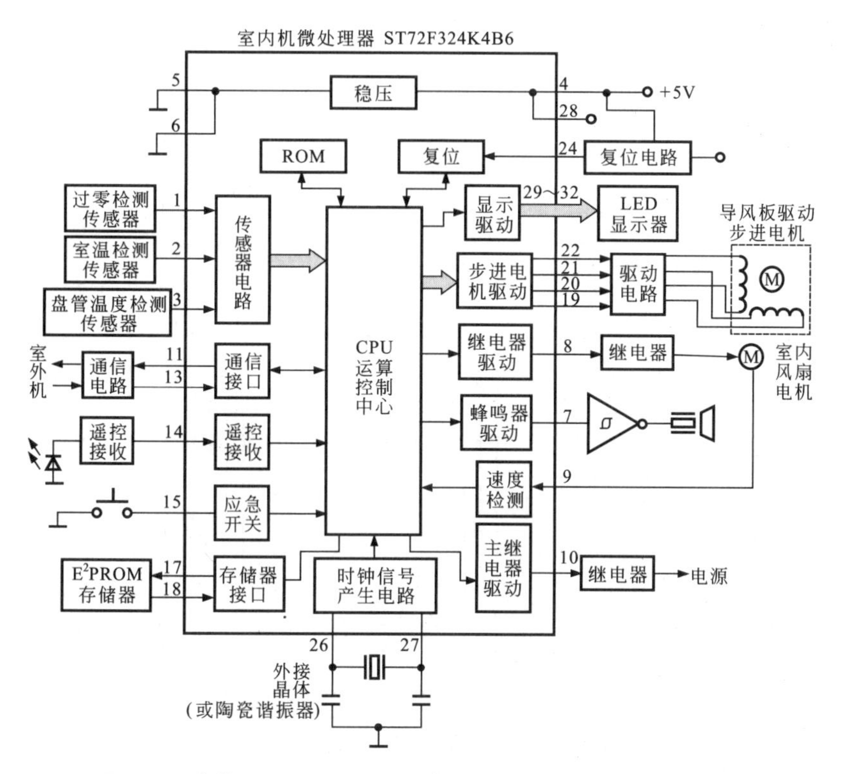

图5-13 海信KFR-25GW/06BP型变频空调器室内机电路连接方框图

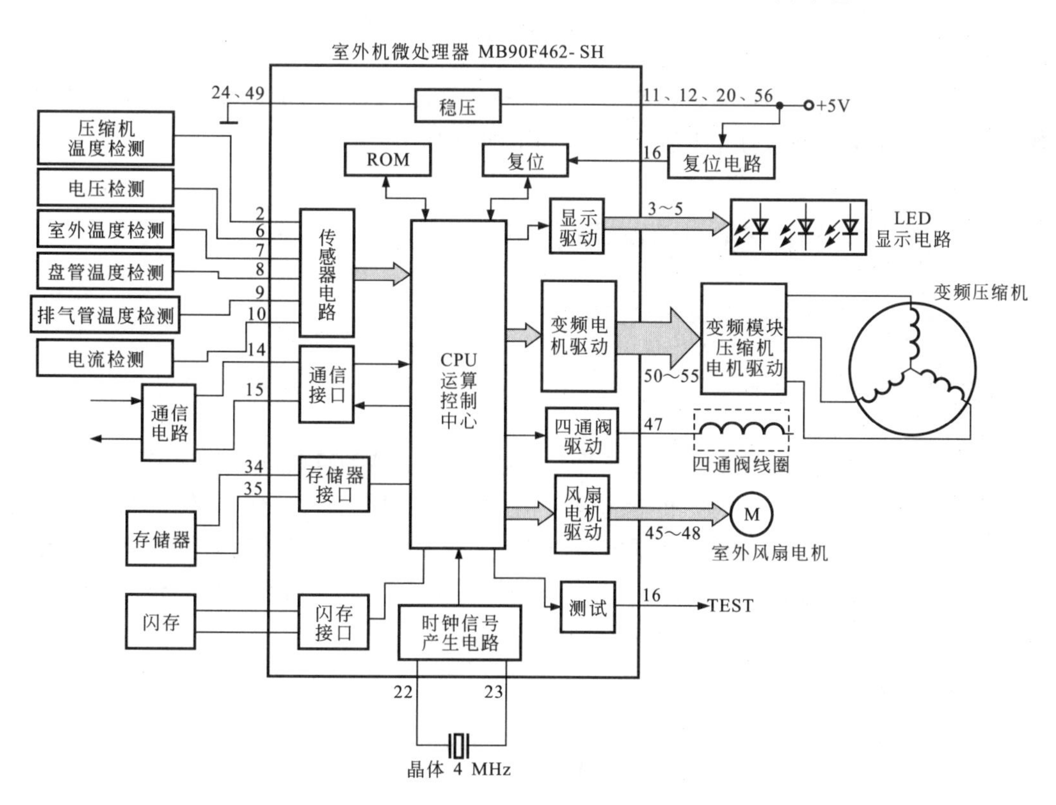

图5-14 海信KFR-25GW/06BP型变频空调器室外机电路连接方框图

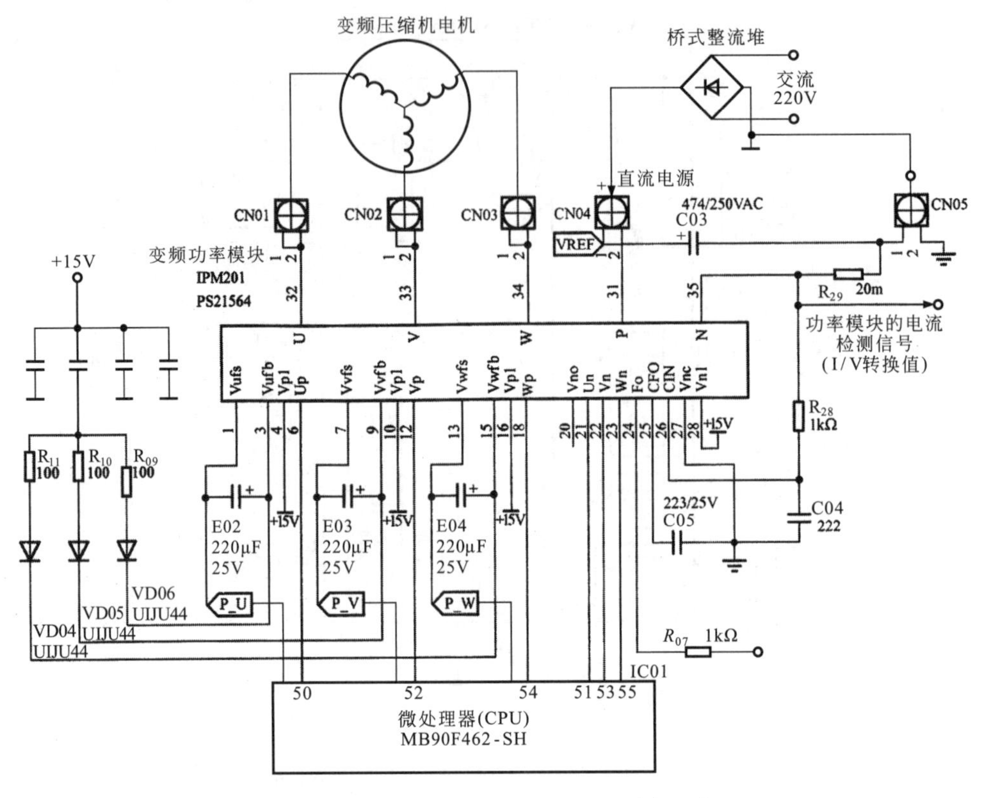

图5-15　海信KFR-25GW/06BP型变频空调器变频电路

变频功率模块用于驱动空调器的变频压缩机电机，微处理器为变频功率模块提供控制信号，使变频模块输出变频驱动信号并加到压缩机电机的绕组中。

5.2.5　变频制冷电路的应用实例分析

以长虹KFR-28GW/BC3型变频空调器为实例进行分析。

如图5-16所示为长虹KFR-28GW/BC3型变频空调器室外变频驱动电路的应用实例。

室外机的主控板接收到室内机传输的电源电压和控制信号后，为变频功率模块提供驱动信号。桥式整流堆将AC 220 V整流滤波后输出+300 V直流电压，为变频功率模块提供直流工作电压（PN端）。变频功率模块工作后，在室外机微处理器的控制下对变频压缩机进行驱动。

如图5-17所示为长虹KFR-28GW/BC3型变频空调器室内机控制电路的应用实例。

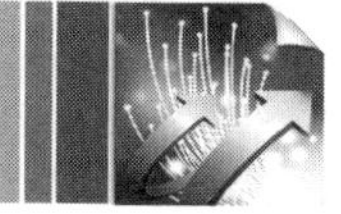

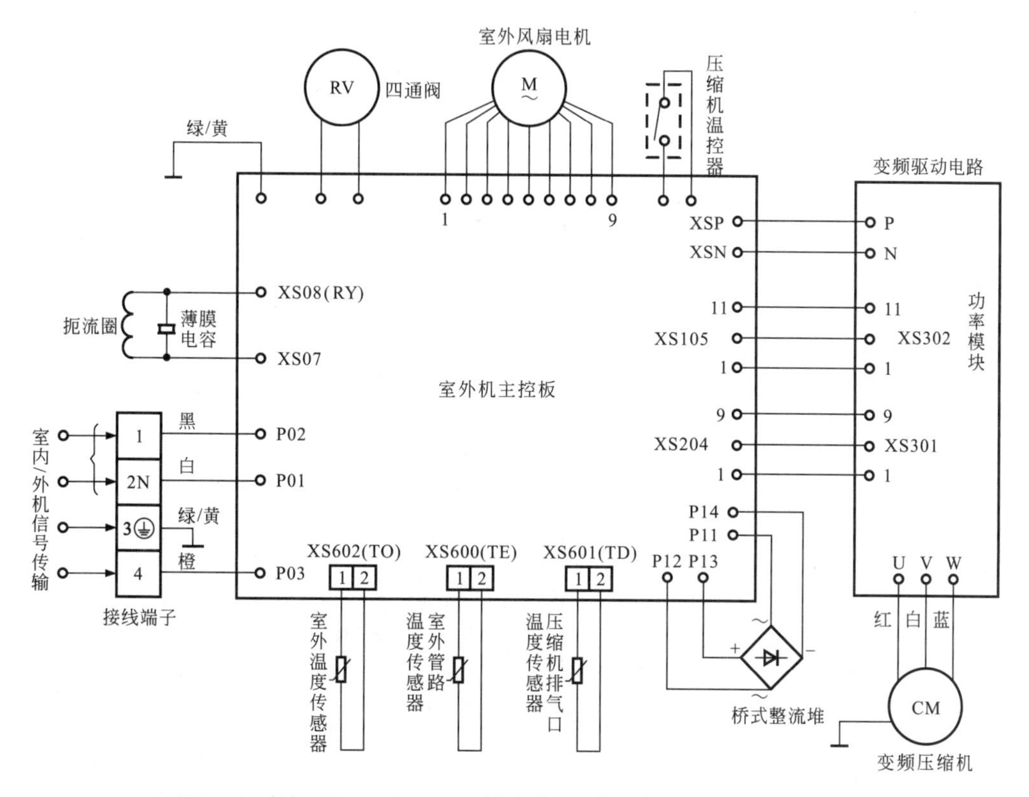

图5-16 长虹KFR-28GW/BC3型变频空调器室外变频驱动电路（室外机）

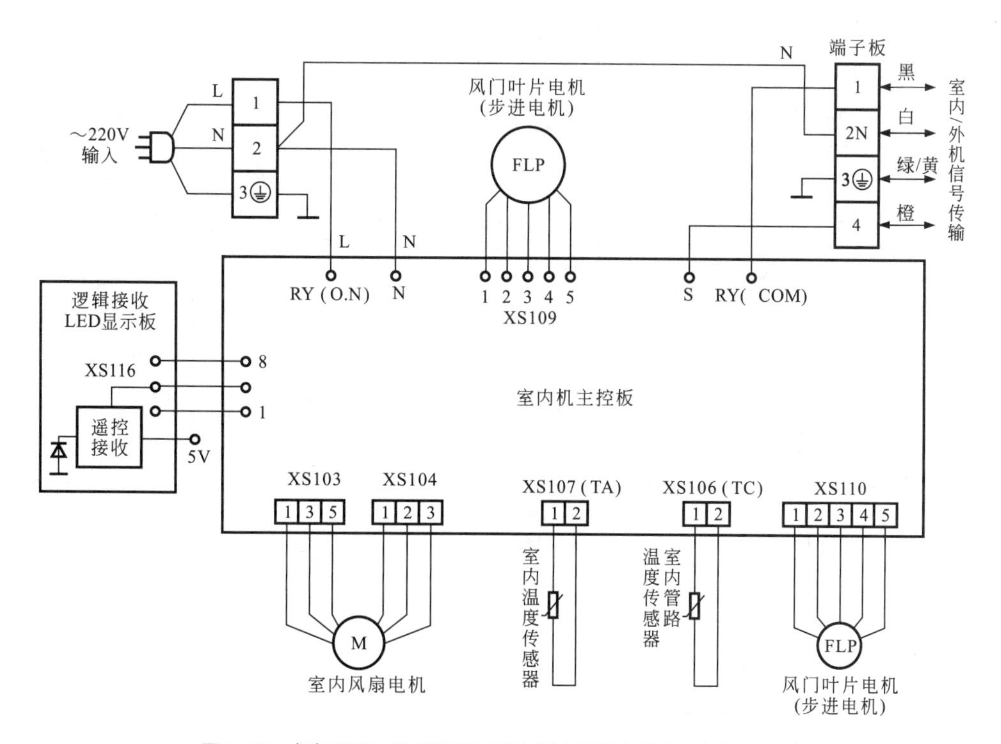

图5-17 长虹KFR-28GW/BC3型变频空调器中的室内机控制电路

室内机主控板上设有微处理控制电路用于控制空调器的室内机各主要器件，如室内风扇电机、风门叶片电机（步进电机）、LED显示板等，并将其控制信号经由端子板传输到室外机的主控板中。

5.2.6 LG-CRUN458S1型空调器的变频控制电路

如图5-18所示为LG-CRUN458S1型变频空调器室外机控制电路的应用实例。

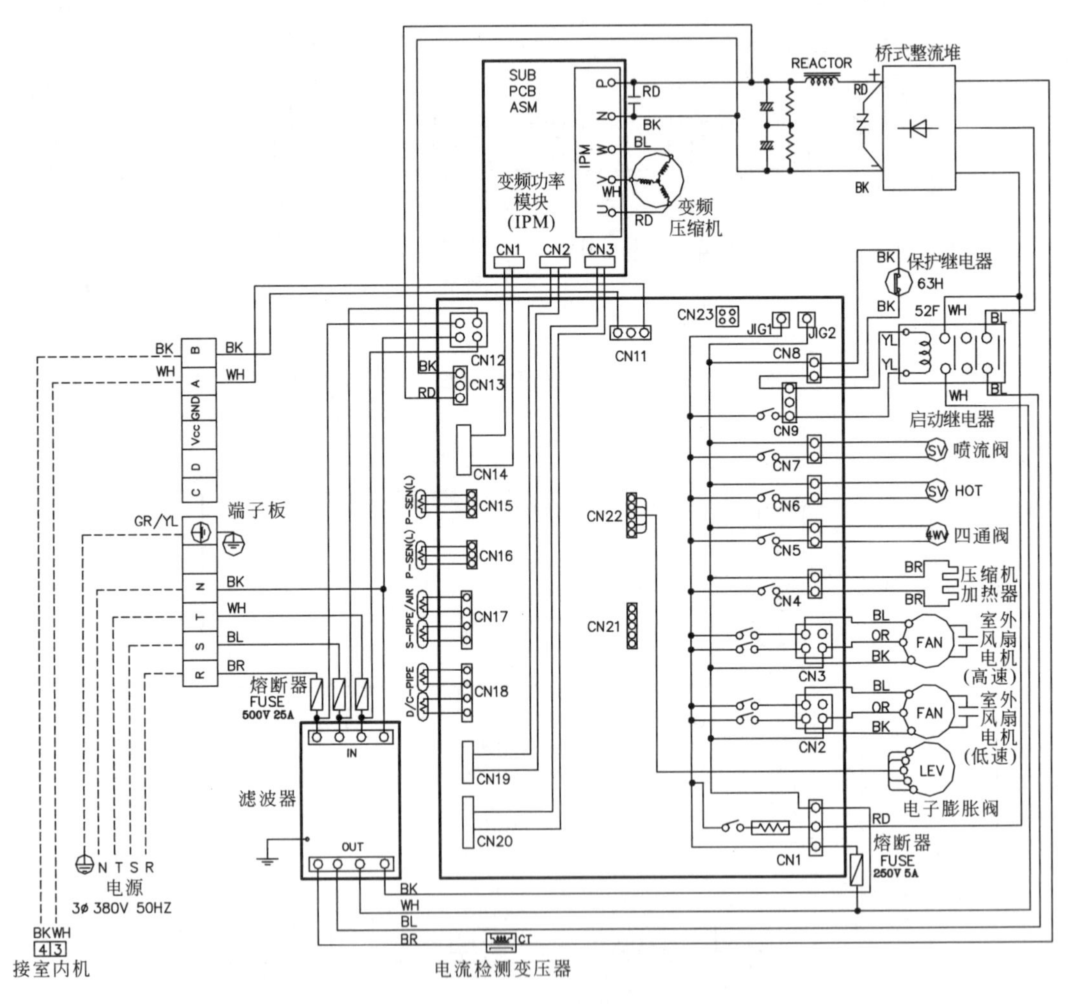

图5-18 LG-CRUN458S1型变频空调器室外机的控制电路

该室外机主要由变频功率模块、压缩机、桥式整流堆、保护继电器、四通阀、室外风扇电机、电子膨胀阀、滤波器、电流检测变压器等组成。

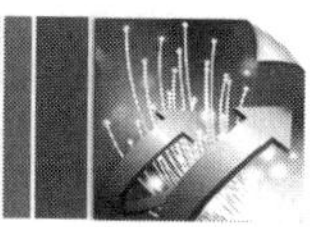

5.2.7 LG-CRUN1008T1型变频空调器的控制电路

如图5-19所示为LG-CRUN1008T1型变频空调器室外机控制电路的应用实例。

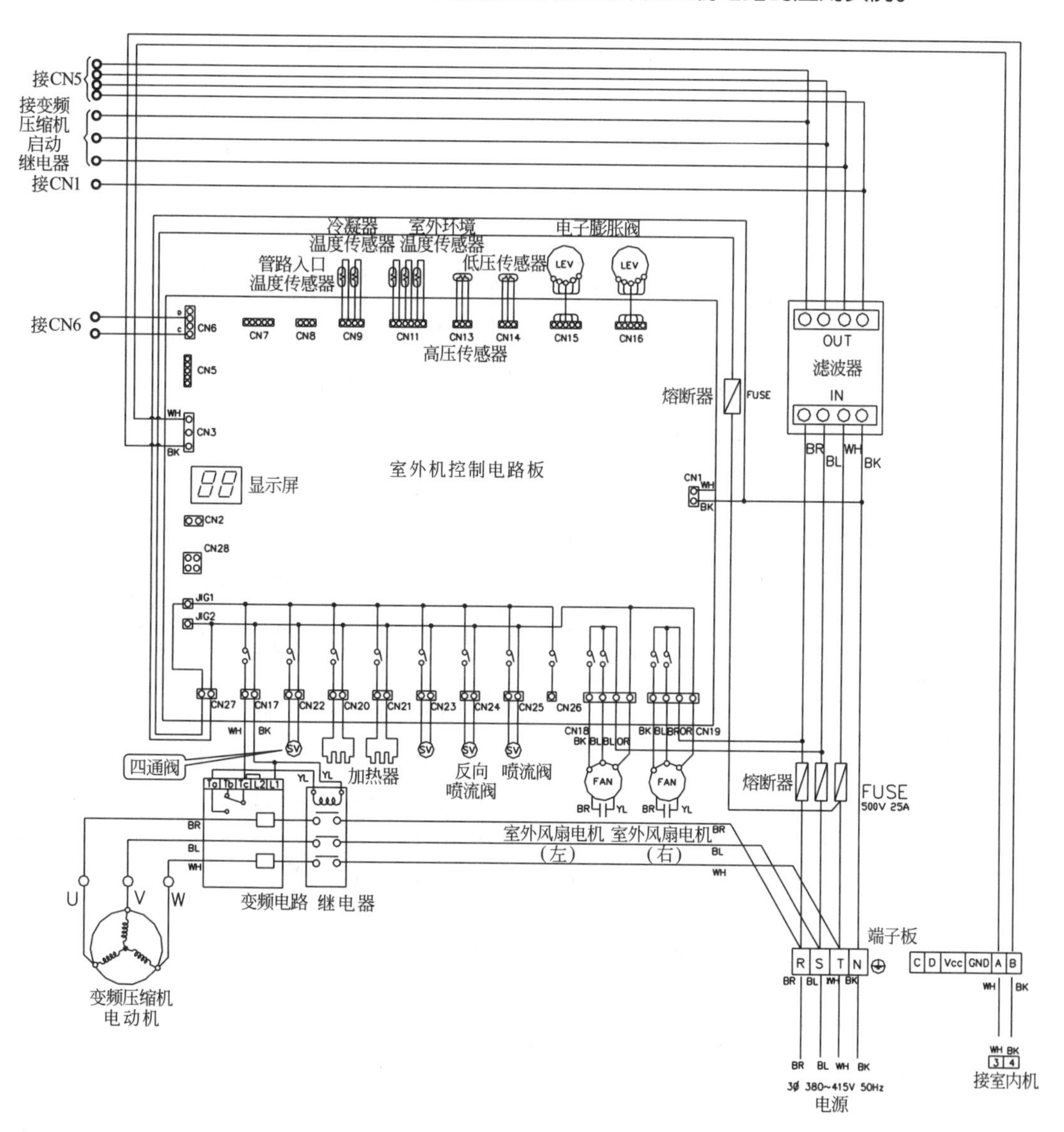

图5-19 变频器在LG-CRUN1008T1型变频空调器中的应用（室外机）

当用户操作遥控器启动空调器后，室内机电路向室外机电路传输电源和控制信号，此时室外机便有AC 220 V供电电压。室内机工作后，室内机和室外机的主要元器件同时开始运行。

5.2.8 LG-L3UV265TA0型变频空调器的控制电路

如图5-20所示为LG-L3UV265TA0型变频空调器室外机控制电路的应用实例。

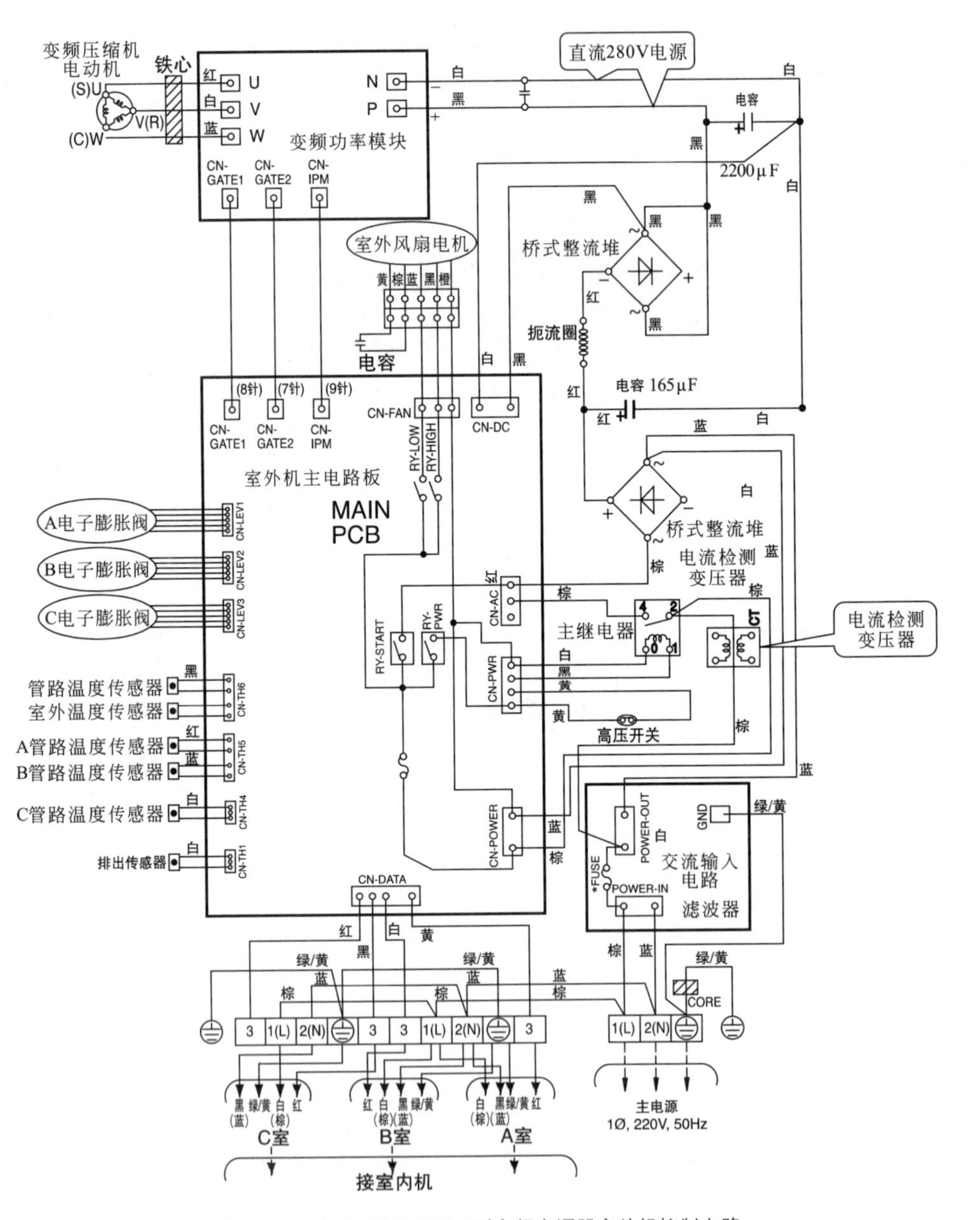

图5-20 LG-L3UV265TA0型变频空调器室外机控制电路

该室外机主要由主控电路板、交流输入电路、整流滤波电路等部分构成。变频功率模块、室外风扇电机、电子膨胀阀、主继电器等均受主控电路板的控制，温度传感器为控制电路提供各部位温度信息，接口端子与室内机相连，接收室内机送来的电源和控制信号。

5.3 制冷设备中的变频电路和功率元器件

5.3.1 制冷设备中变频电路的结构

（1）由门控管（IGBT）构成的变频驱动电路

如图5-21所示为6个IGBT管构成的变频驱动电路。

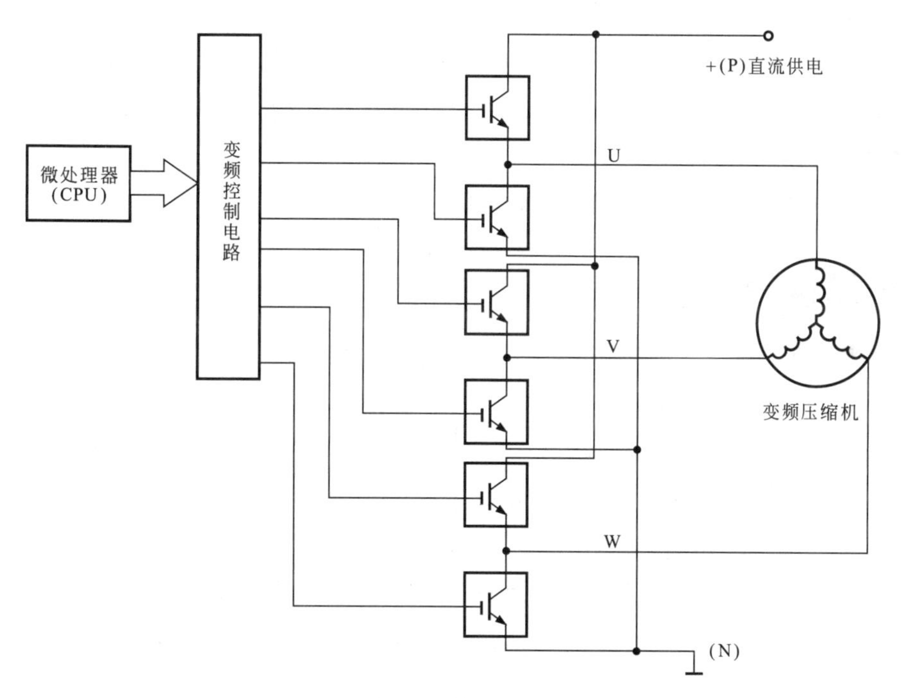

图5-21　6个IGBT管构成的变频驱动电路

微处理器将变频控制信号送到变频控制电路中，由变频控制电路输出6个功率管导通与截止的时序信号（逻辑控制信号），使6个功率晶体管为变频压缩机电机的绕组提供变频电流，从而控制电机的转速。

IGBT管（Insulated Gate Bipolar Transistor）是一种绝缘栅双极晶体管的简称，又称门控管。它可以看作是一个金属氧化物场效应晶体管（MOSFET）和一个双极型晶体管（BJT）的复合结构，是一种功率大、开关速度快的半导体元器件。

（2）由功率驱动模块构成的变频驱动电路

如图5-22所示为采用功率驱动模块构成的变频电路。

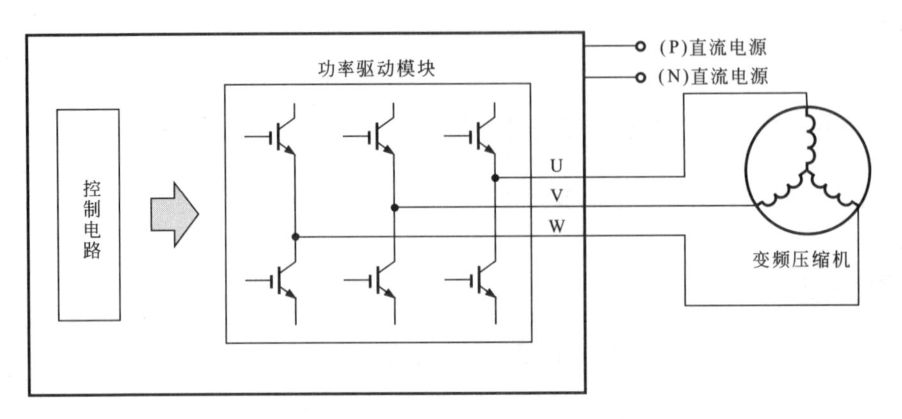

图5-22　功率驱动模块构成的变频电路

功率驱动模块是将6个IGBT管集成为一个集成芯片，用于放大变频驱动信号，简化了功率放大电路的结构。

（3）由智能变频模块构成的变频驱动电路

如图5-23所示为采用智能变频功率模块构成的变频电路。

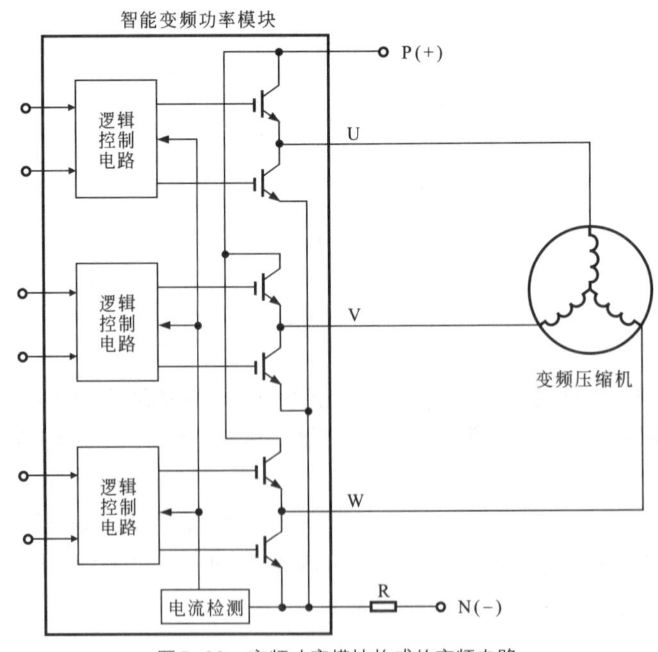

图5-23　变频功率模块构成的变频电路

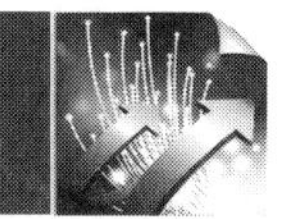

智能变频功率模块是将逻辑控制电路、电流检测和功率输出电路集成在一起的变频控制驱动模块，广泛应用在家用制冷设备中。

5.3.2 制冷设备常用功率驱动模块

（1）6MBI50L-060型功率驱动模块

如图5-24所示为6MBI50L-060型功率驱动模块。

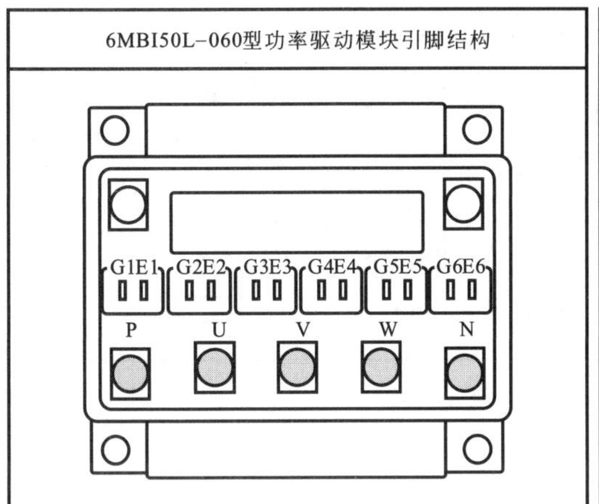

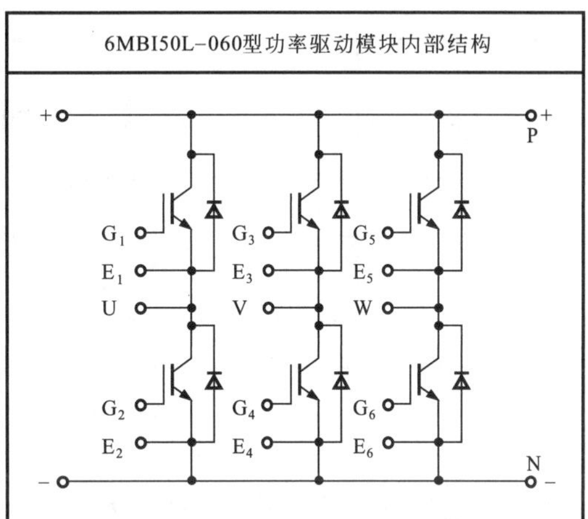

图5-24 6MBI50L-060型功率驱动模块

6MBI50L-060型功率驱动模块内部主要由6个IGBT管和6个阻尼二极管构成，在其外部可看到有12个较细的引脚（小电流信号端），分别为G_1～G_6和E_1～E_6，控制电路将驱动信号加到IGBT管的控制极（G_1～G_6），驱动其内部的IGBT管工作，而较粗的引脚（U、V、W输出端）则主要为变频压缩机的电机提供变频驱动信号，P、N端分别与直流供电电路的正负极连接，为功率模块提供工作电压。

（2）BSM20GP60型功率驱动模块

如图5-25所示为BSM20GP60型功率驱动模块。

BSM20GP60型功率驱动模块共有24个引脚，其内部主要是由温度检测元器件（NTC）、6个IGBT管和6个阻尼二极管、6个整流二极管等构成。由控制电路为其提供驱动信号，使内部的IGBT管输出驱动信号，从而驱动变频压缩机运转。

BSM20GP60型功率驱动模块引脚结构

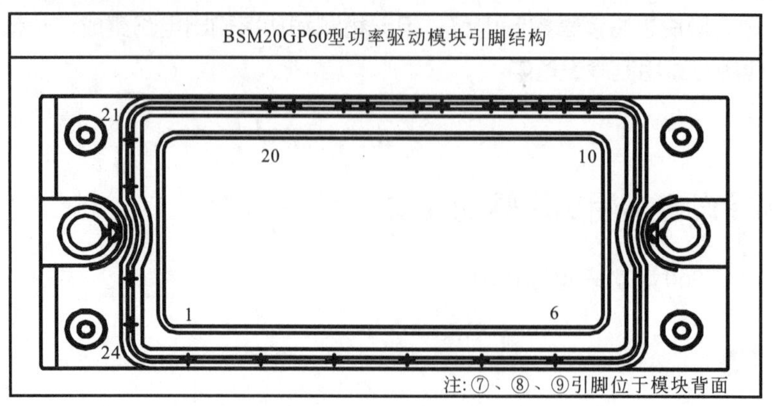

BSM20GP60型功率驱动模块内部结构

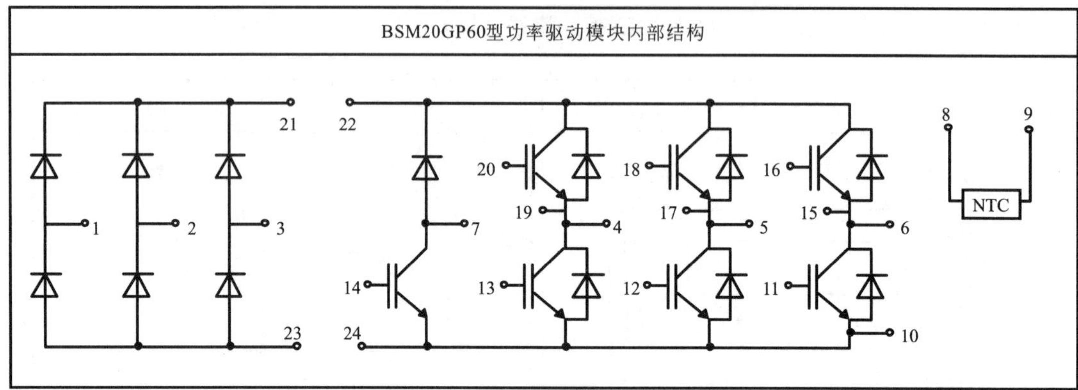

图5-25　BSM20GP60型功率驱动模块

(3) CM300HA-24H型功率驱动模块

如图5-26所示为CM300HA-24H型功率驱动模块。

CM300HA-24H型功率驱动模块引脚

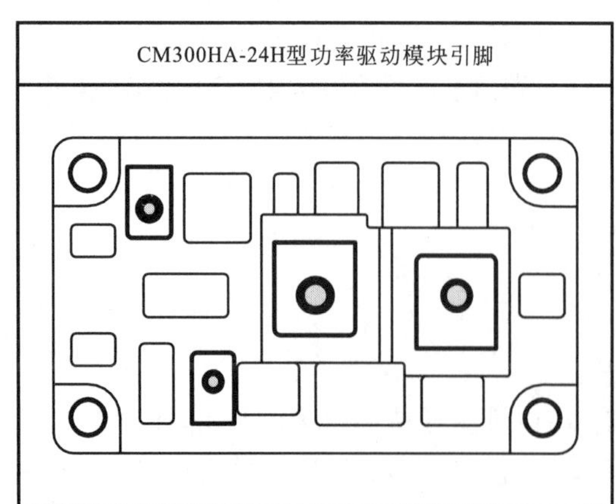

CM300HA-24H型功率驱动模块外形及内部电路

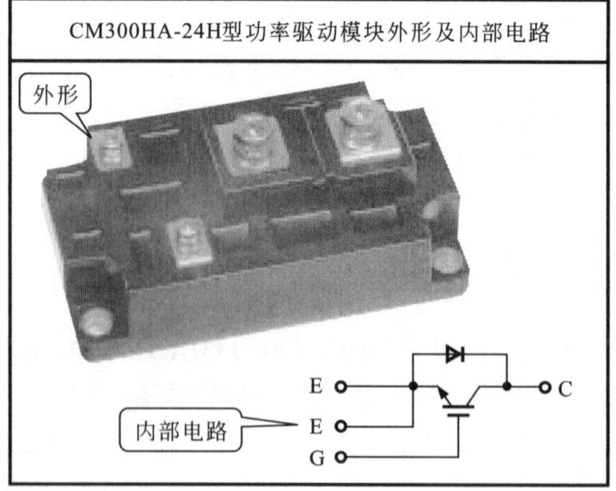

图5-26　CM300HA-24H型功率驱动模块

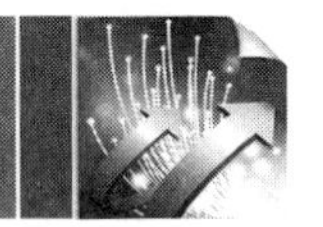

CM300HA-24H型功率驱动模块参数为300 A/1200 V，是单个功率管（IGBT）模块。其内部只有1个IGBT管和1个阻尼二极管，通常应用在电压值较高电流很大的驱动电路中。

（4）BSM100GB120DN2型功率驱动模块

如图5-27所示为BSM100GB120DN2型功率驱动模块。

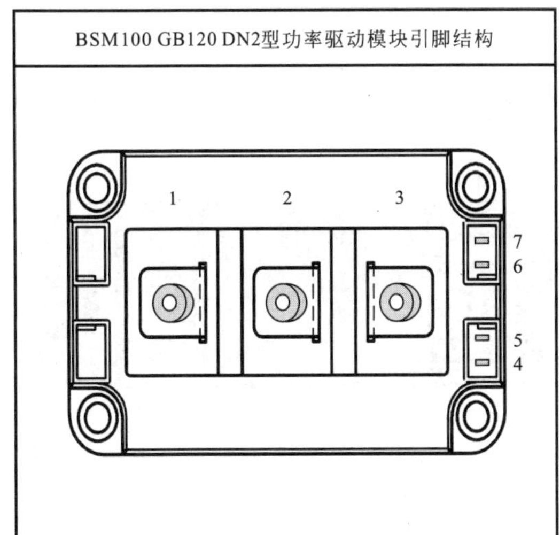

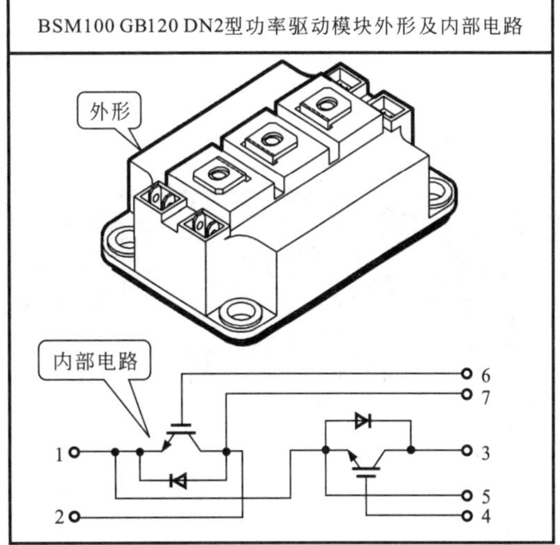

图5-27　BSM100GB120DN2型功率驱动模块

BSM100GB120DN2型功率驱动模块参数为150 A/1200 V，是一种双功率管(IGBT)模块，其内部共有2个IGBT管和2个阻尼二极管。通常在变频驱动电路中使用三个功率模块即可，通过控制电路为IGBT管提供驱动信号。通常应用在大功率变频驱动电路中。

（5）SKIM500GD 128DM型功率驱动模块

如图5-28所示为SKIM500GD 128DM型功率驱动模块。

SKIM500GD 128DM型功率驱动模块共有39个引脚，其内部主要是由6个IGBT管和6个阻尼二极管以及温度传感器（PTC）等构成。该功率模块其外部设有变频控制电路。由变频驱动电路为该电路中的IGBT管提供控制信号，使6个IGBT管按一定的逻辑顺序工作，并为变频电动机提供驱动信号。

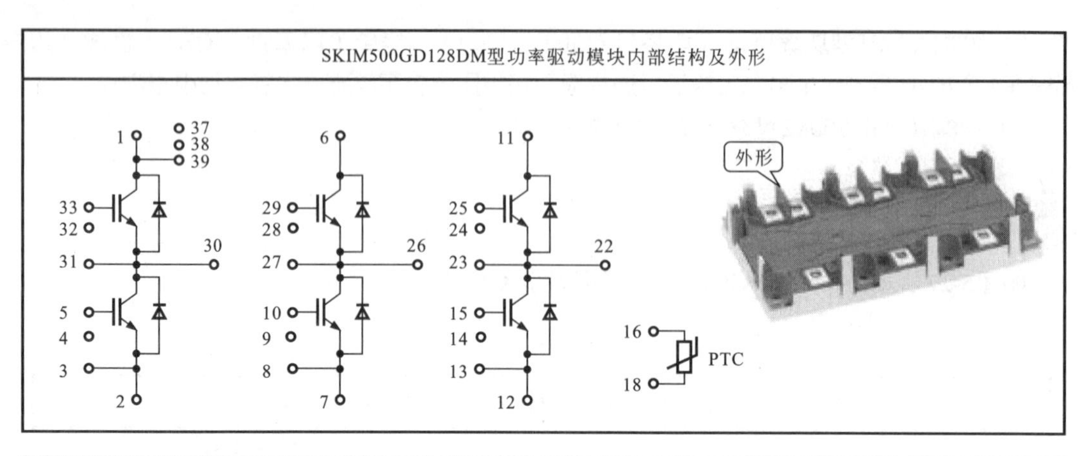

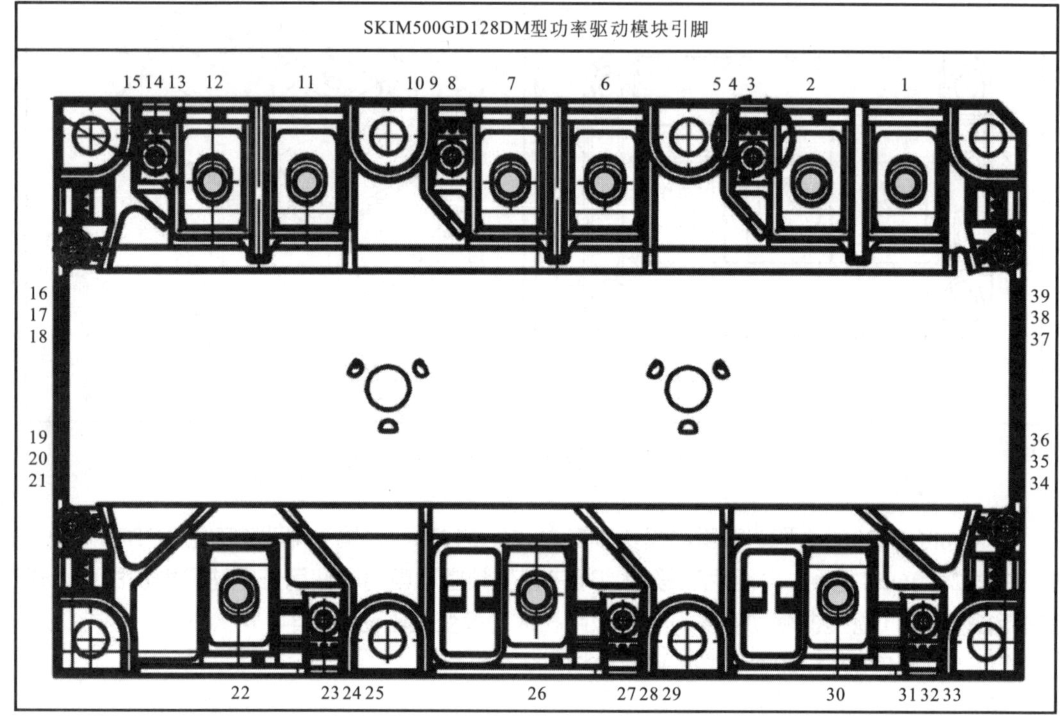

图5-28　SKIM500GD 128DM型功率驱动模块

5.3.3　智能变频功率模块的结构

所谓智能型变频功率模块是将逻辑控制电路和功率输出电路都集成在一个电路模块之中，它可以直接受微处理器的控制。

（1）FSBS15CH60型变频功率模块

如图5-29所示为FSBS15CH60型智能变频功率模块，该模块有27个引脚，参数为15 A/600 V，其引脚功能如表5-1所列。

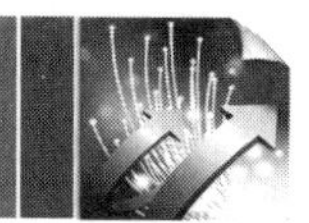

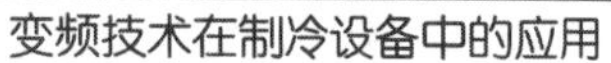

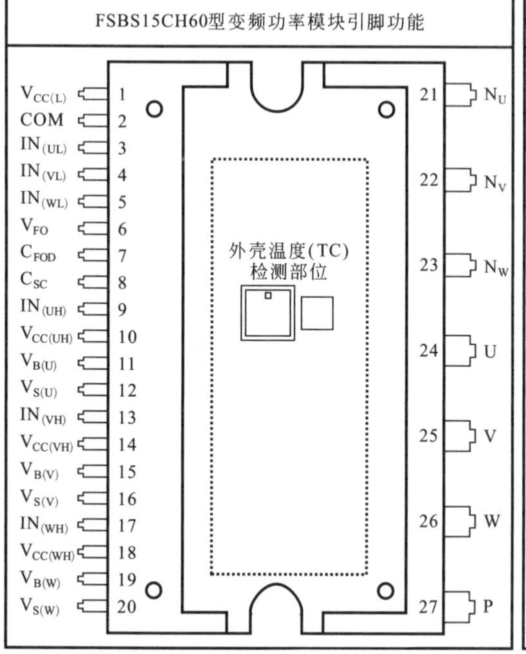

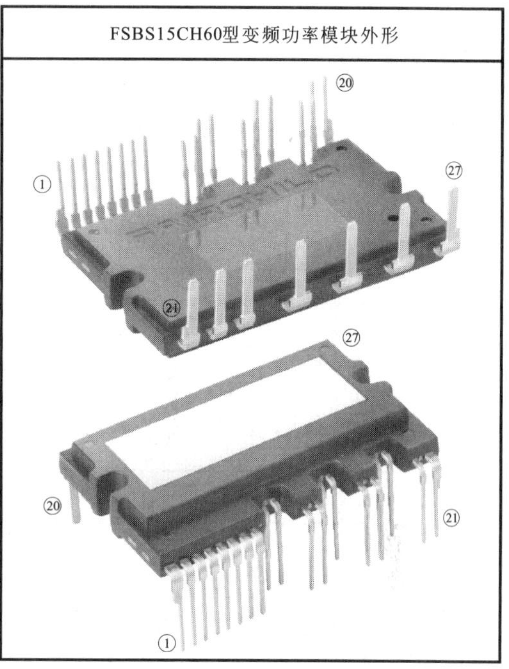

图5-29　FSBS15CH60型变频功率模块

表5-1　FSBS15CH60型变频功率模块引脚功能

引脚	字母代号	功能说明	引脚	字母代号	功能说明
①	$V_{CC(L)}$	低侧（IGBT）晶体管驱动电路（IC）供电端（偏压）	⑮	$V_{B(V)}$	高端偏压供电（V相IGBT管驱动）
②	COM	接地端	⑯	$V_{S(V)}$	接地端
③	$IN_{(UL)}$	信号接入端（低侧U相）	⑰	$IN_{(WH)}$	信号输入（高端W相）
④	$IN_{(VL)}$	信号接入端（低侧V相）	⑱	$V_{CC(WH)}$	高端偏压供电（W相驱动IC）
⑤	$IN_{(WL)}$	信号接入端（低侧W相）	⑲	$V_{B(W)}$	高端偏压供电（W相IGBT管驱动）
⑥	V_{FO}	故障输出	⑳	$V_{S(W)}$	接地端
⑦	C_{FOD}	故障输出电容（饱和时间选择）	㉑	N_U	U相晶体管（IGBT）发射极
⑧	C_{SC}	滤波电容端（短路检测输入）	㉒	N_V	V相晶体管（IGBT）发射极
⑨	$IN_{(UH)}$	高端信号输入（U相）	㉓	N_W	W相晶体管（IGBT）发射极
⑩	$V_{CC(UH)}$	高端偏压供电（U相驱动IC）	㉔	U	U相驱动输出（电动机）
⑪	$V_{B(U)}$	高端偏压供电（U相IGBT管驱动）	㉕	V	V相驱动输出（电动机）
⑫	$V_{S(U)}$	接地端	㉖	W	W相驱动输出（电动机）
⑬	$IN_{(VH)}$	信号输入（高端V相）	㉗	P	电源（＋300V）输入端
⑭	$V_{CC(VH)}$	高端偏压供电（V相驱动IC）			

图解

如图5-30所示为采用FSBS15CH60型变频功率模块构成的变频电路。

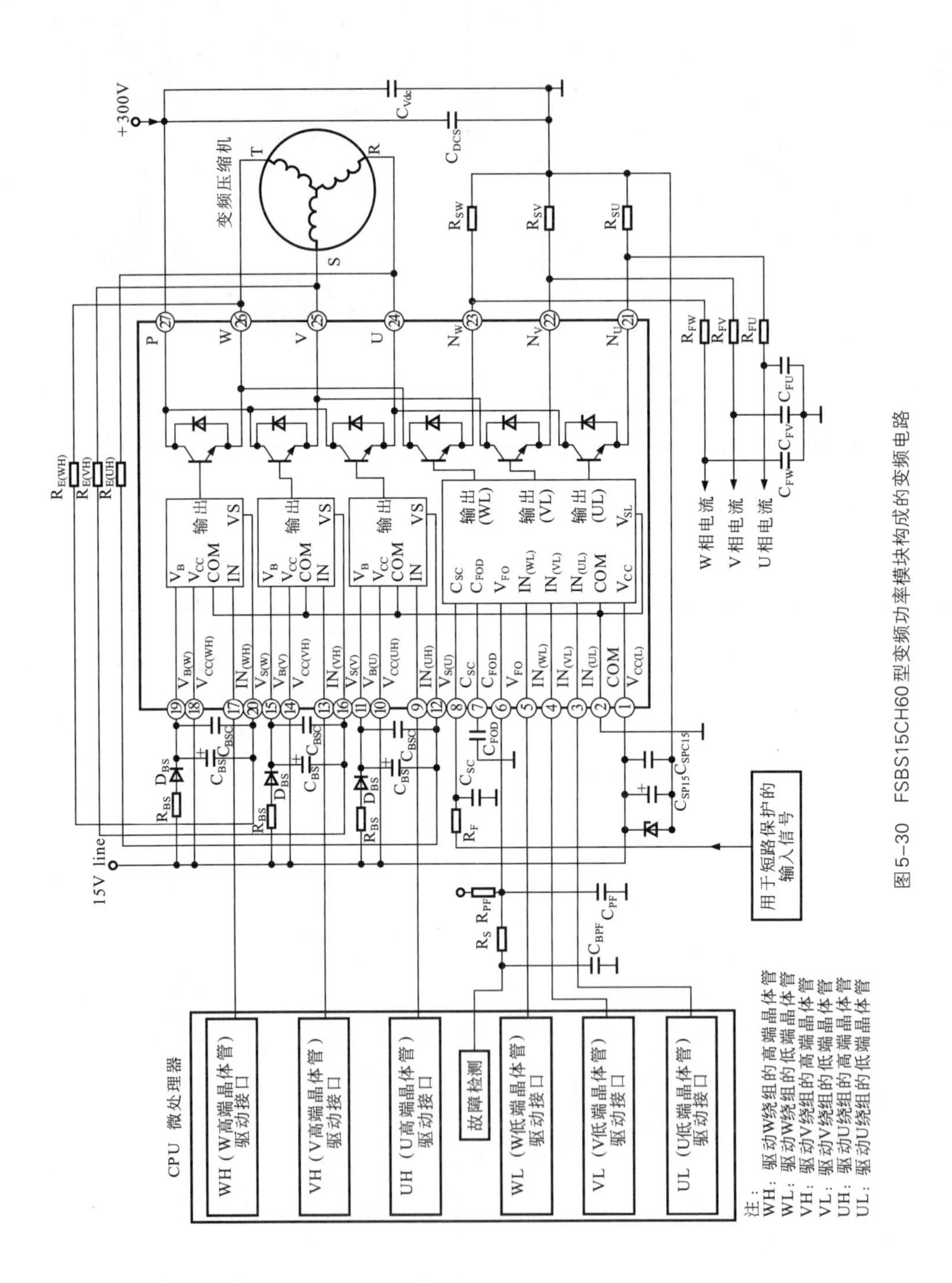

图5-30 FSBS15CH60型变频功率模块构成的变频电路

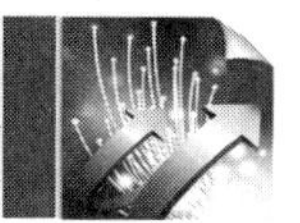

微处理器（CPU）控制电路将控制信号输送到FSBS15CH60型变频功率模块的控制信号输入端（IN），对变频功率模块进行控制。CPU内的“WH门控管驱动”电路与FSBS15CH60变频功率模块的⑰脚连接，为WH（W绕组高端驱动晶体管）输入端的电路提供驱动信号，驱动WH门控管工作，㉖脚为变频压缩机的W绕组驱动端；CPU“VH门控管驱动”电路为该模块的⑬脚提供驱动信号，驱动该内部电路中的门控管工作，㉕脚为变频压缩机V绕组驱动端；CPU的“UH门控管驱动”则为该变频功率模块的⑨脚提供驱动信号，驱动门控管工作，㉔脚为变频压缩机的U绕组驱动端。

（2）FSBB30CH60型变频功率模块

如图5-31所示为FSBB30CH60型变频功率模块。

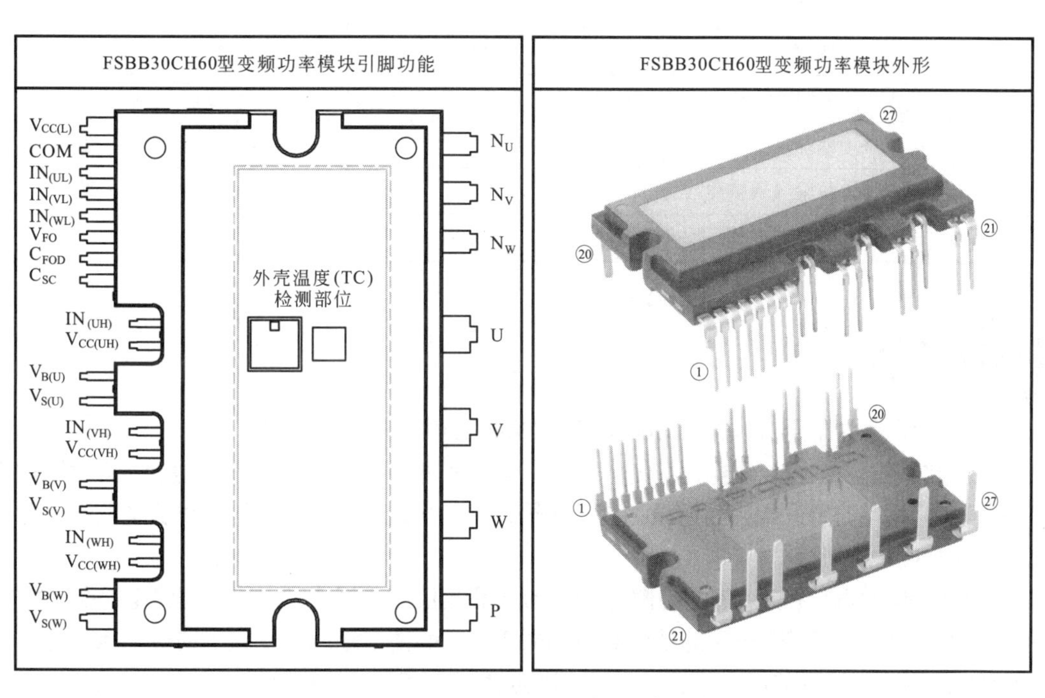

图5-31 FSBB30CH60型变频功率模块

FSBB30CH60型变频功率模块共有27个引脚，其参数为30 A/600 V，内部电路结构与上述模块相同，通过变频功率模块外形与引脚功能相对照判断出该模块的相关连接电路。由于变频功率模块设有外壳温度检测部位，通过温度检测，可对该变频功率模块进行保护，其引脚功能可参见表5-2。

表5-2　FSBB30CH60型变频功率模块引脚功能

引脚	标识	引脚功能	引脚	标识	引脚功能
①	$V_{CC(L)}$	低侧（IGBT）晶体管驱动电路（IC）供电端（偏压）	⑮	$V_{B(V)}$	高端偏压供电（V相IGBT管驱动）
②	COM	接地端	⑯	$V_{S(V)}$	接地端
③	$IN_{(UL)}$	信号接入端（低侧U相）	⑰	$IN_{(WH)}$	信号输入（高端W相）
④	$IN_{(VL)}$	信号接入端（低侧V相）	⑱	$V_{CC(WH)}$	高端偏压供电（W相驱动IC）
⑤	$IN_{(WL)}$	信号接入端（低侧W相）	⑲	$V_{B(W)}$	高端偏压供电（W相IGBT管驱动）
⑥	V_{FO}	故障输出	⑳	$V_{S(W)}$	接地端
⑦	C_{FOD}	故障输出电容（饱和时间选择）	㉑	N_U	U相晶体管（IGBT）发射极
⑧	C_{SC}	滤波电容端（短路检测输入）	㉒	N_V	V相晶体管（IGBT）发射极
⑨	$IN_{(UH)}$	高端信号输入（U相）	㉓	N_W	W相晶体管（IGBT）发射极
⑩	$V_{CC(UH)}$	高端偏压供电（U相驱动IC）	㉔	U	U相驱动输出（电动机）
⑪	$V_{B(U)}$	高端偏压供电（U相IGBT管驱动）	㉕	V	V相驱动输出（电动机）
⑫	$V_{S(U)}$	接地端	㉖	W	W相驱动输出（电动机）
⑬	$IN_{(VH)}$	信号输入（高端V相）	㉗	P	电源（＋300V）输入端
⑭	$V_{CC(VH)}$	高端偏压供电（V相驱动IC）			

如图5-32所示为采用FSBB30CH60型变频功率模块构成的变频电路。

该变频功率模块由微处理器为其传输控制，驱动其内部的IGBT管工作，进而使变频压缩机电动机工作。相电流是三相绕组电流的检测信号，该信号送到CPU中，当有过流情况时，对变频功率模块进行保护控制。

变频模块中设有6个功率输出门控管（IGBT）和相应的逻辑控制电路，逻辑电路在CPU的控制下，使6个门控管按照一定的规律导通和截止，从而使电源流入变频电动机三相绕组中的电流交替地切换，从而形成旋转磁场。电动机则按照控制信号的频率旋转。

（3）PM50CTJ060-3型变频功率模块

如图5-33所示为PM50CTJ060-3型变频功率模块。

PM50CTJ060-3型变频功率模块共有20个引脚，其参数为30 A/600 V，主要由4个逻辑控制电路、6个功率输出IGBT管、6个阻尼二极管构成。其引脚功能如表5-3所列。

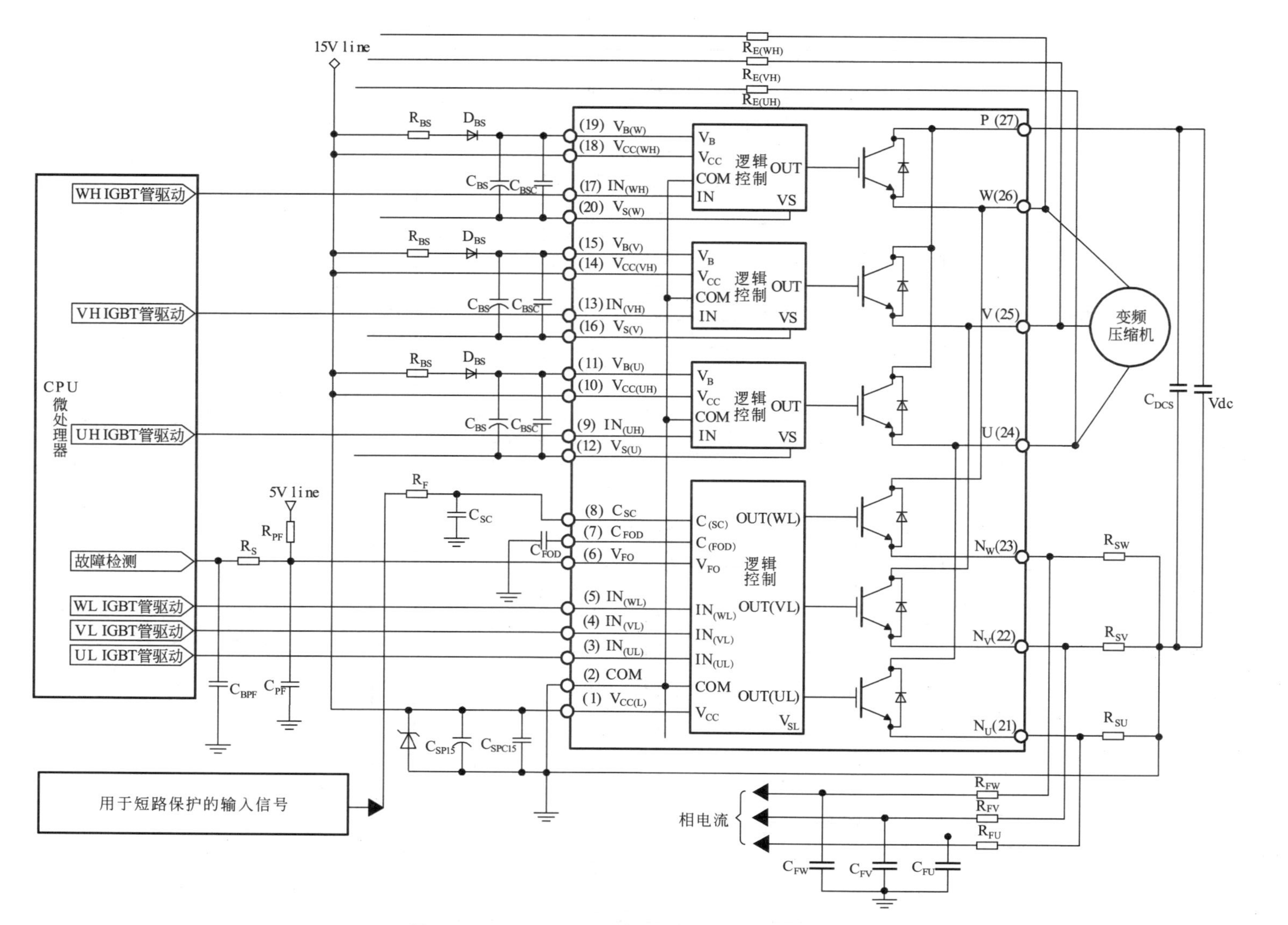

图 5-32　FSBB30CH60 型变频功率模块构成的变频电路

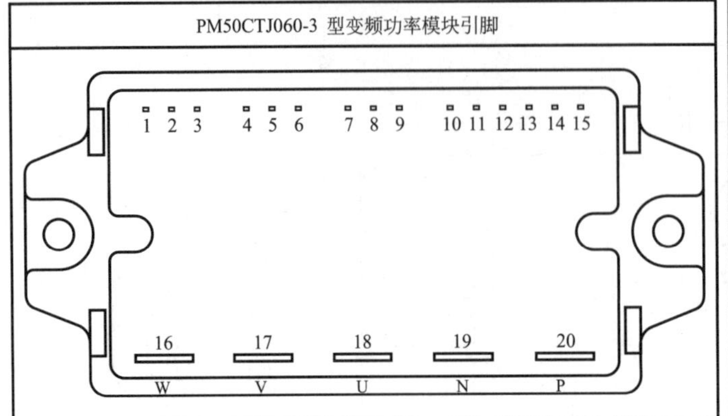

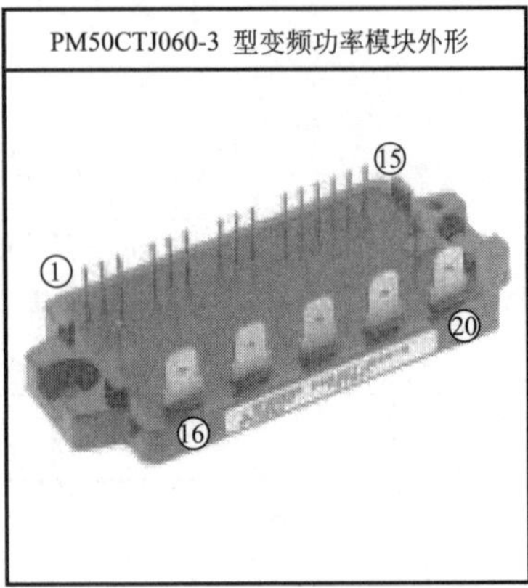

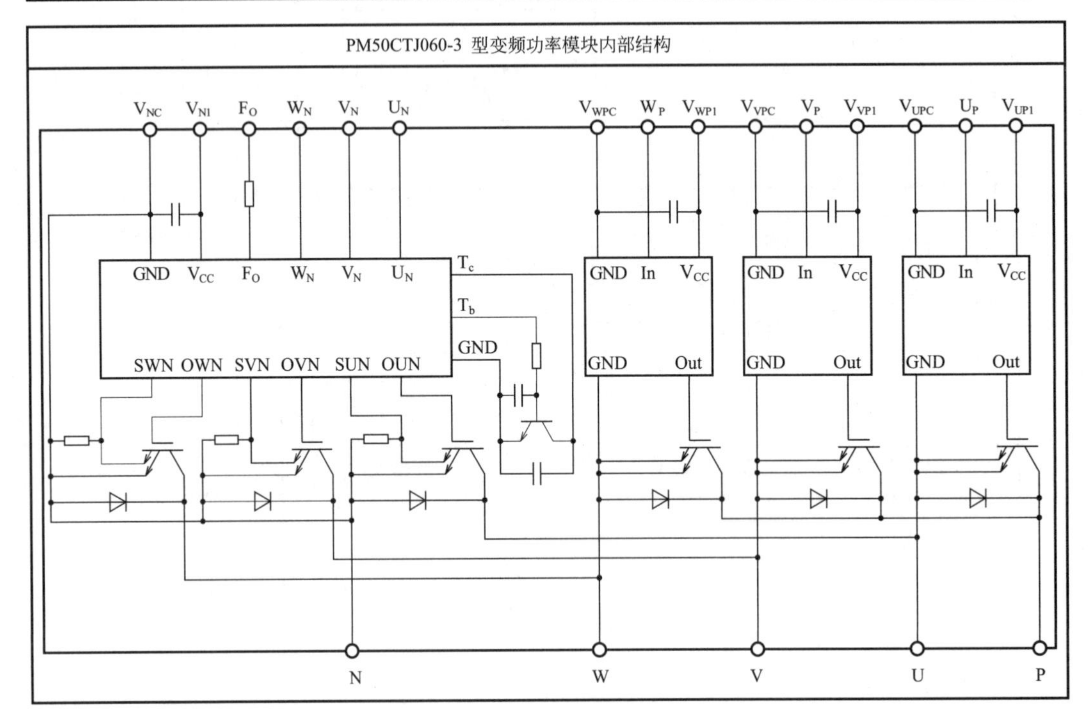

图5-33　PM50CTJ060-3型变频功率模块

表5-3　PM50CTJ060-3型变频功率模块引脚功能

引脚	标识	引脚功能	引脚	标识	引脚功能
①	V_{UPC}	接地	⑪	V_{N1}	欠压检测端
②	U_P	功率管U（上）控制	⑫	U_N	功率管U（下）控制
③	V_{UP1}	模块内IC供电	⑬	V_N	功率管V（下）控制
④	V_{VPC}	接地	⑭	W_N	功率管W（下）控制
⑤	V_P	功率管V（上）控制	⑮	F_O	故障检测
⑥	V_{VP1}	模块内IC供电	⑯	P	直流供电端
⑦	V_{WPC}	接地	⑰	N	直流供电负端
⑧	W_P	功率管W（上）控制	⑱	U	接电动机绕组U
⑨	V_{WP1}	模块内IC供电	⑲	V	接电动机绕组V
⑩	V_{NC}	接地	⑳	W	接电动机绕组W

如图5-34所示为采用PM50CTJ060-3型变频功率模块构成的变频电路。

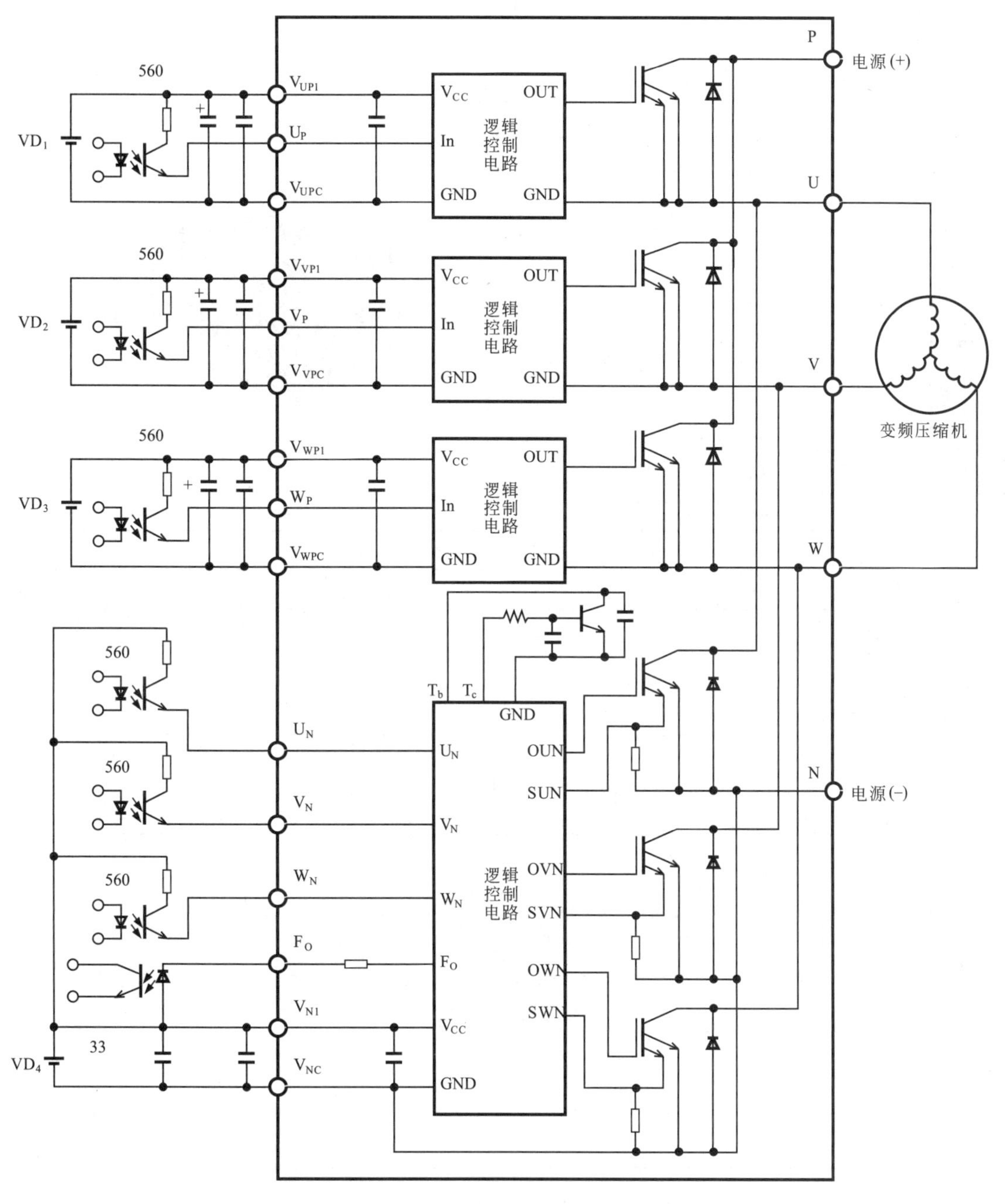

图5-34 PM50CTJ060-3型变频功率模块构成的变频电路

PM50CTJ060变频功率模块接收来自微处理器的控制信号，控制信号采用光电控制方式，将信号送到变频功率模块中，具有隔离性好的特点，使变频电路不影响微处理器的工作。

（4）PM50CSE060型变频功率模块

如图5-35所示为PM50CSE060型变频功率模块。

PM50CSE060型变频功率模块引脚功能

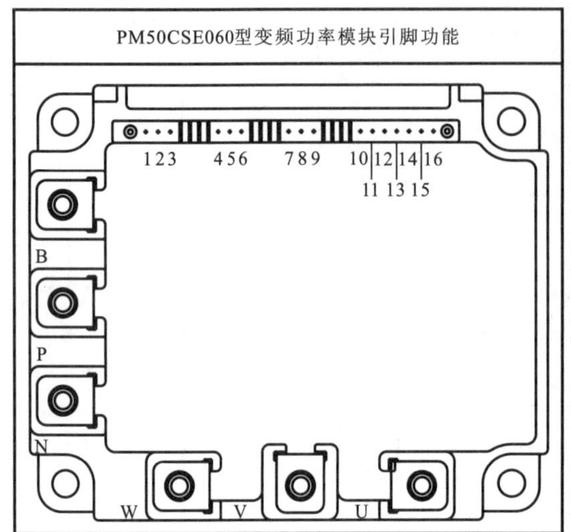

PM50CSE060型变频功率模块外形

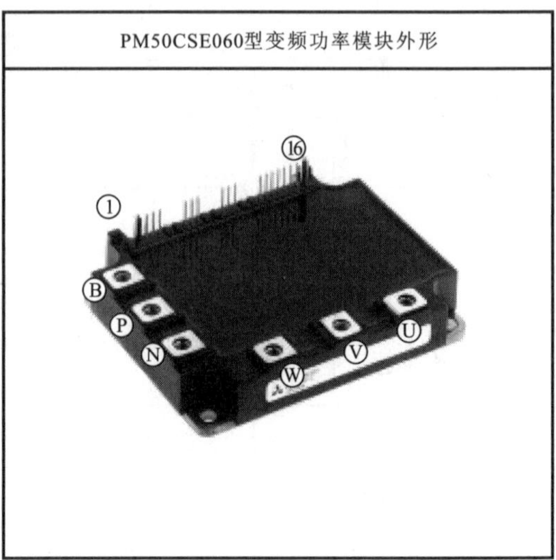

PM50CSE060型变频功率模块内部结构

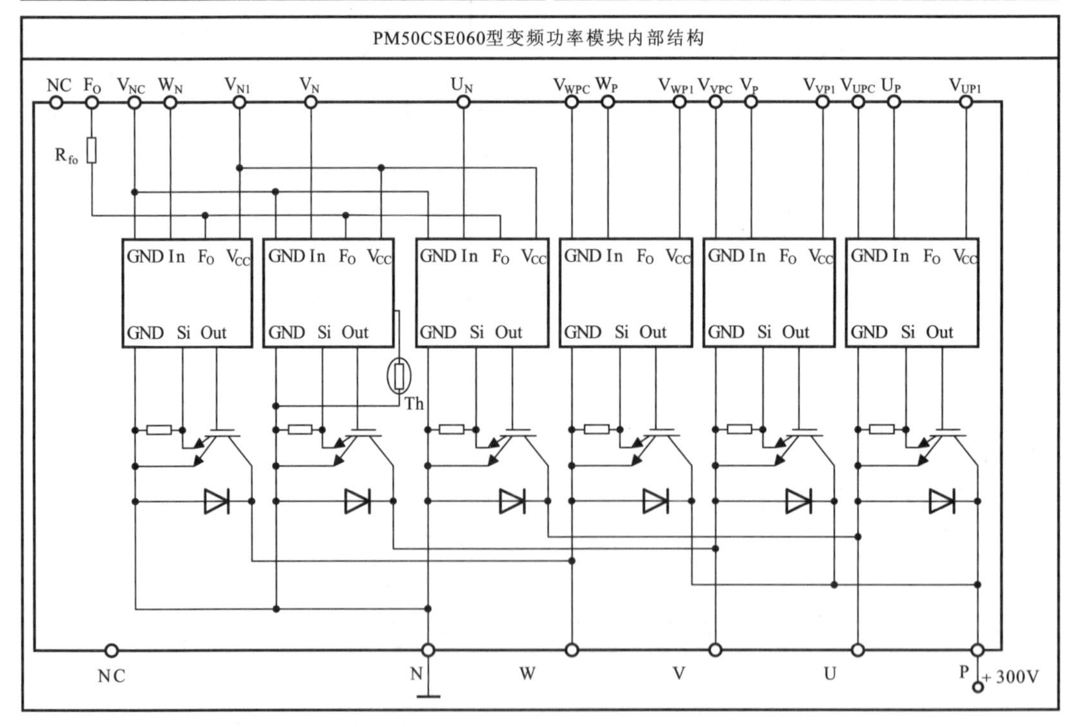

图5-35 PM50CSE060型变频功率模块

PM50CSE060型变频功率该模块共有16个引脚，其参数为50 A/600 V，主要是由6个逻辑控制电路、温度检测元器件、功率输出管和6个阻尼二极管等部分构成，由于功率较大，门控管

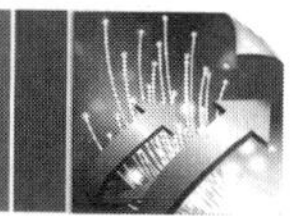

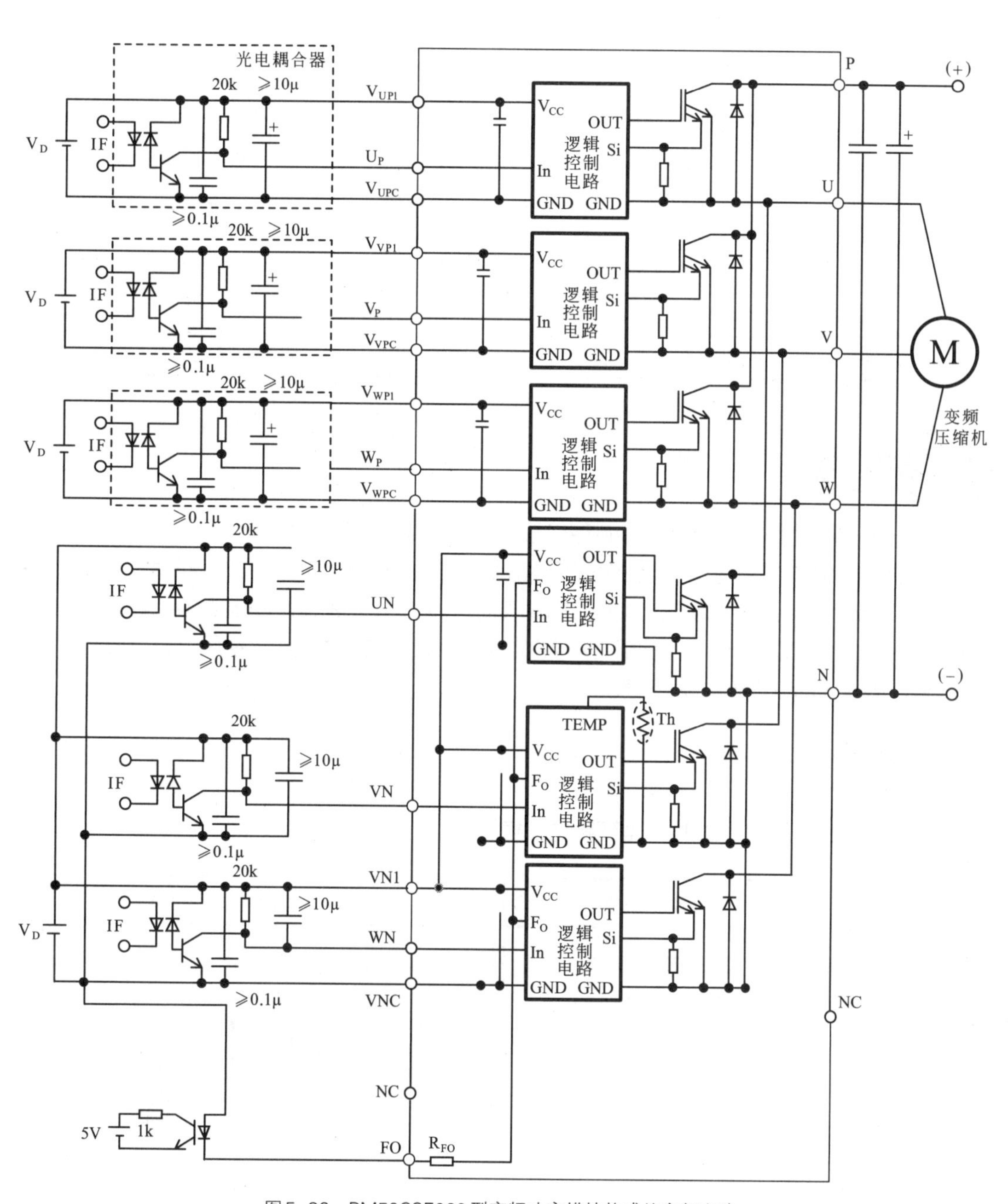

图5-36　PM50CSE060型变频功率模块构成的变频电路

采用双发射极结构，这种结构便于散热。其相关的引脚功能如表5-4所列。

表5-4　PM50CSE060型变频功率模块引脚功能

引脚	标识	引脚功能	引脚	标识	引脚功能
①	V_{UPC}	接地	⑨	V_{WP1}	接地
②	U_P	功率管U（上）控制	⑩	V_{NC}	接地
③	V_{UP1}	模块内IC供电	⑪	V_{N1}	欠压检测端
④	V_{VPC}	接地	⑫	NC	空脚
⑤	V_P	功率管V（上）控制	⑬	U_N	功率管U（下）控制
⑥	V_{VP1}	模块内IC供电	⑭	V_N	功率管V（下）控制
⑦	V_{WPC}	接地	⑮	W_N	功率管W（下）控制
⑧	W_P	功率管W（上）控制	⑯	F_O	故障检测

如图5-36所示为采用PM50CSE060型变频功率模块构成的变频电路。

该变频功率模块主要应用于电冰箱的压缩机电动机驱动电路中，由微处理器为其提供控制信号经光电耦合器电路后，送入PM50CSE060变频功率模块的逻辑控制电路中，经逻辑控制电路处理后驱动IGBT管工作，为变频压缩机电动机的绕组提供驱动电流，使压缩机运转。

（5）PM20CSJ060型变频功率模块

如图5-37所示为PM20CSJ060型变频功率模块。

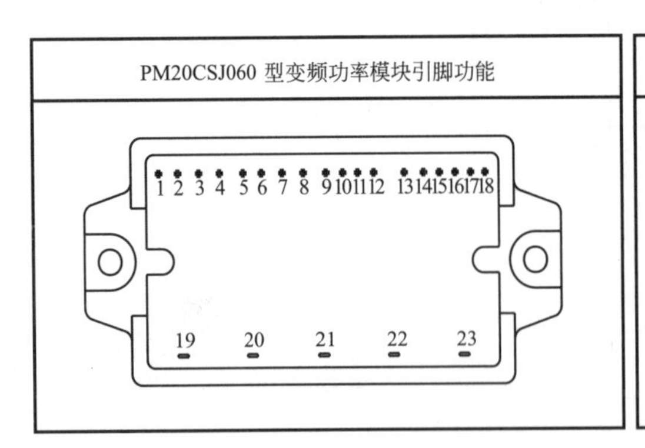

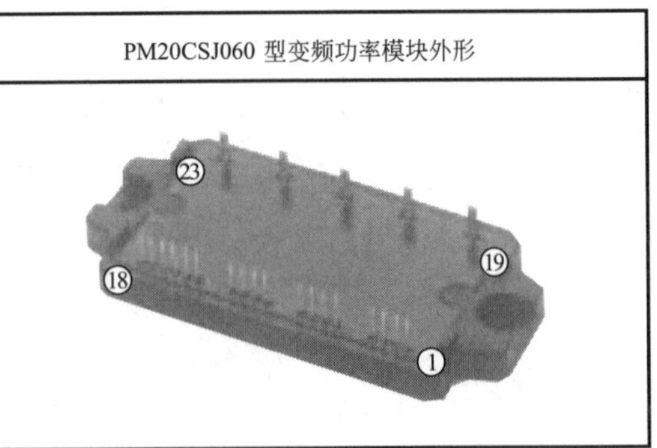

图5-37　PM20CSJ060型变频功率模块

PM20CSJ060型变频功率模块共有23个引脚，通过其外形结构与引脚功能相对照可快速判断出该变频功率模块的电路连接。其引脚功能如表5-5所列。

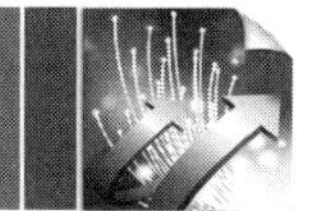

表5-5　PM20CSJ060型变频功率模块引脚功能

引脚	标识	引脚功能	引脚	标识	引脚功能
①	V_{UPC}	接地	⑬	V_{NC}	接地
②	U_{FO}	U相故障检测	⑭	V_{N1}	欠压检测端
③	U_P	功率管U（上）控制	⑮	U_N	功率管U（下）控制
④	V_{UP1}	模块内IC供电	⑯	V_N	功率管V（下）控制
⑤	V_{VPC}	接地	⑰	W_N	功率管W（下）控制
⑥	V_{FO}	V相故障检测	⑱	F_O	故障检测
⑦	V_P	功率管V（上）控制	⑲	P	直流供电端
⑧	V_{VP1}	模块内IC供电	⑳	N	直流供电负端
⑨	V_{WPC}	接地	㉑	U	接电动机绕组U
⑩	W_{FO}	W相故障检测	㉒	V	接电动机绕组V
⑪	W_P	功率管W（上）控制	㉓	W	接电动机绕组W
⑫	V_{WP1}	模块内IC供电			

如图5-38所示为采用PM20CSJ060型变频功率模块构成的变频电路。

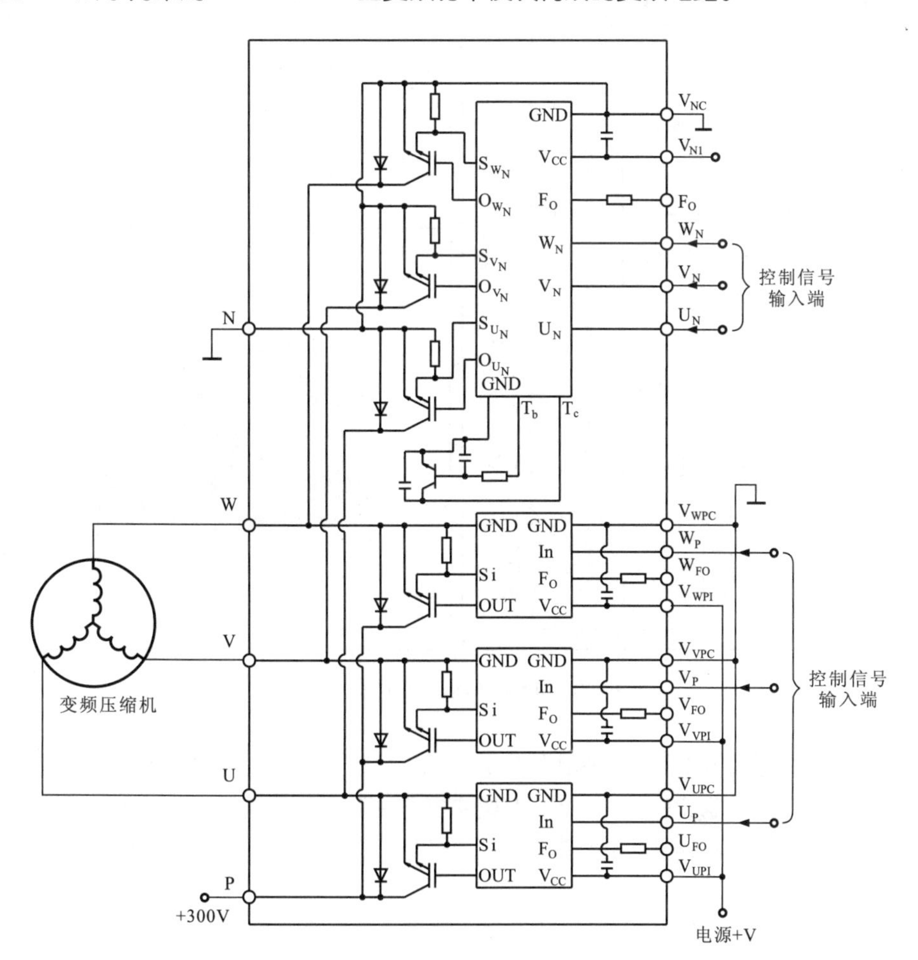

图5-38　PM20CSJ060型变频功率模块构成的变频电路

该变频功率模块内部主要是由4个逻辑控制电路、6个功率输出IGBT管和6个阻尼二极管构成。通过其信号接收引脚端接收由微处理器的控制信号对变频压缩机进行控制。

（6）PM50CSD060型变频功率模块

如图5-39所示为PM50CSD060型变频功率模块。

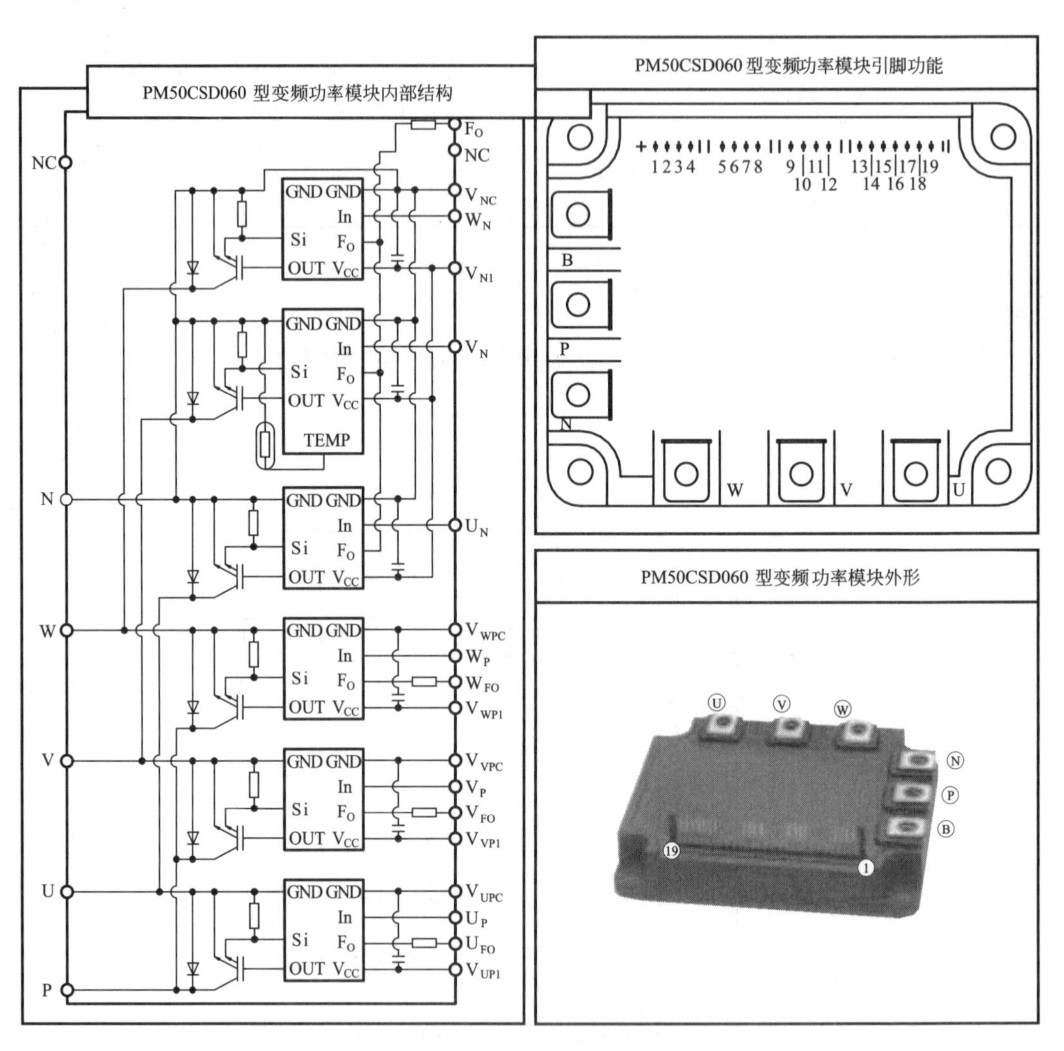

图5-39　PM50CSD060型变频功率模块

PM50CSD060型变频功率模块参数为50 A/600 V，其引脚中①～⑲脚较细，主要用于控制信号的输入，而未标明引脚的B、W、V、U则主要与变频压缩机绕组连接，P、N端则与直流供电电路连接，可通过其外形结构与引脚功能图对照判断引脚位置。其引脚功能如表5-6所列。

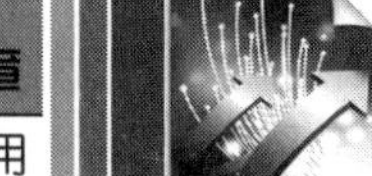

表5-6　PM50CSD060型变频功率模块引脚功能

引脚	标识	引脚功能	引脚	标识	引脚功能
①	V_{UPC}	接地	⑪	W_P	功率管W（上）控制
②	U_{FO}	U相故障检测	⑫	V_{WP1}	模块内IC供电
③	U_P	功率管U（上）控制	⑬	V_{NC}	接地
④	V_{UP1}	模块内IC供电	⑭	V_{N1}	欠压检测端
⑤	V_{VPC}	接地	⑮	NC	空脚
⑥	V_{FO}	V相故障检测	⑯	U_N	功率管U（下）控制
⑦	V_P	功率管V（上）控制	⑰	V_N	功率管V（下）控制
⑧	V_{VP1}	模块内IC供电	⑱	W_N	功率管W（下）控制
⑨	V_{WPC}	接地	⑲	F_O	故障检测
⑩	W_{FO}	W相故障检测			

（7）PM10CNJ060型变频功率模块

如图5-40所示为PM10CNJ060型变频功率模块。

该模块共有23个引脚，主要是由4个逻辑控制电路、功率输出与IGBT管和6个阻尼二极管等部分构成的。由①～⑱脚接收微处理器传输的控制信号，并经其内部的电路分析处理后再对IGBT管驱动控制，驱动IGBT管工作。其各引脚功能含义如表5-7所列。

表5-7　PM10CNJ060型变频功率模块引脚功能

引脚	标识	引脚功能	引脚	标识	引脚功能
①	V_{UPC}	接地	⑬	V_{NC}	接地
②	NC	空脚	⑭	V_{N1}	欠压检测端
③	U_P	功率管U（上）控制	⑮	U_N	功率管U（下）控制
④	V_{UP1}	U相IGBT管驱动	⑯	V_N	功率管V（下）控制
⑤	V_{VPC}	接地	⑰	W_N	功率管W（下）控制
⑥	NC	空脚	⑱	F_O	故障检测
⑦	V_P	功率管V（上）控制	⑲	P	直流供电端
⑧	V_{VP1}	V相IGBT管驱动	⑳	N	直流供电负端
⑨	V_{WPC}	接地	㉑	U	接电动机绕组U
⑩	NC	空脚	㉒	V	接电动机绕组V
⑪	W_P	功率管W（上）控制	㉓	W	接电动机绕组W
⑫	V_{WP1}	W相IGBT管驱动			

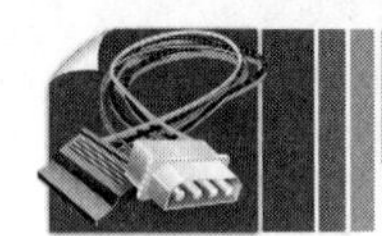

PM10CNJ060 型变频功率模块引脚

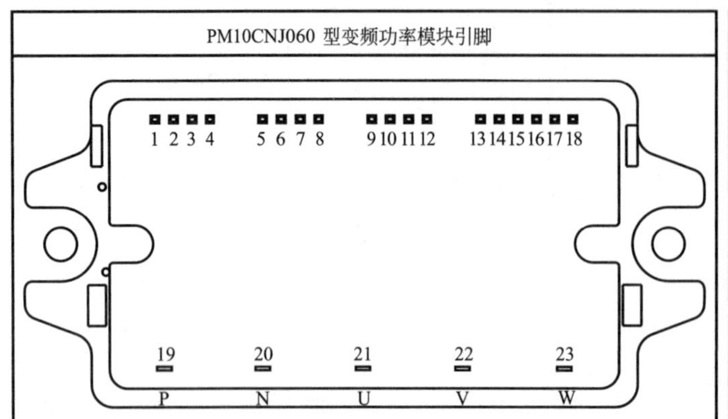

PM10CNJ060 型变频功率模块外形

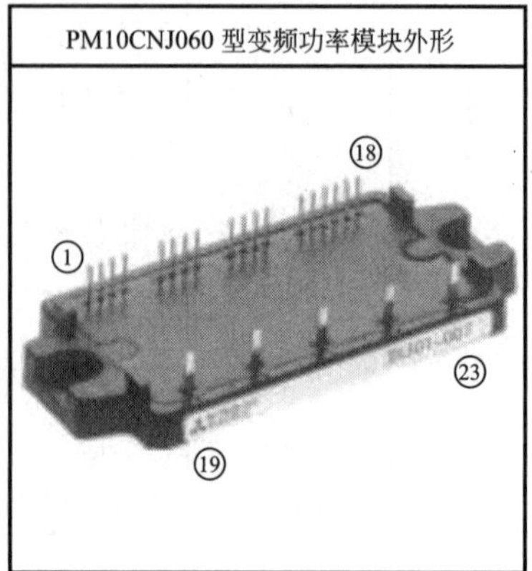

PM10CNJ060 型变频功率模块内部结构

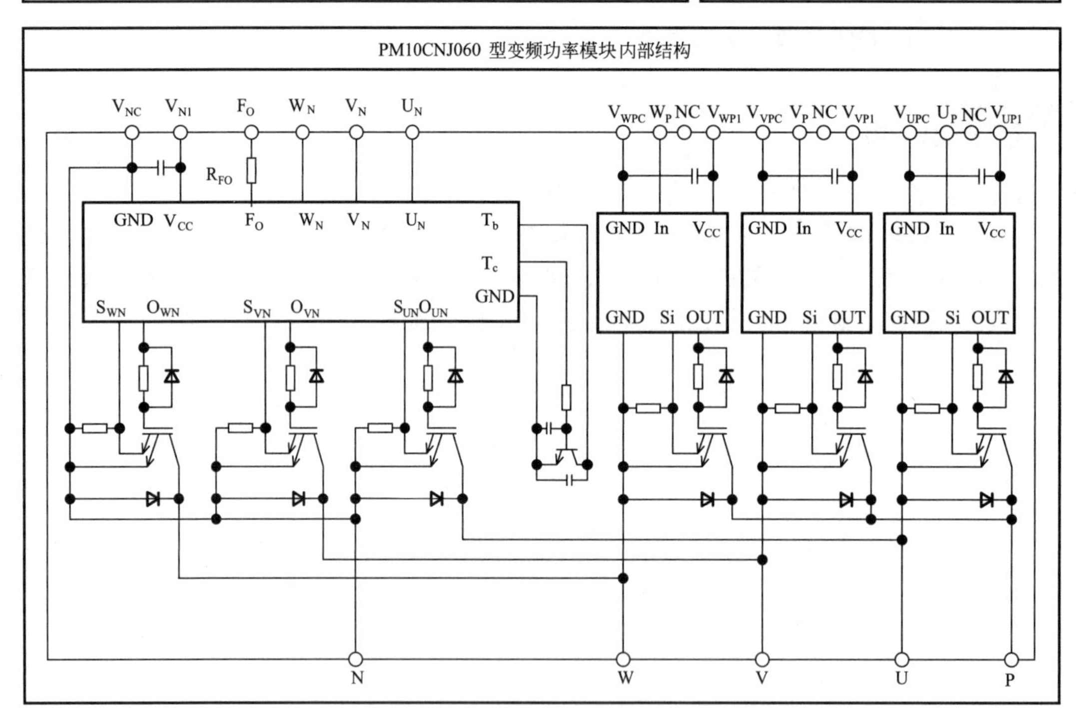

图5-40 PM10CNJ060型变频功率模块

如图5-41所示为采用PM10CNJ060型变频功率模块构成的变频电路。

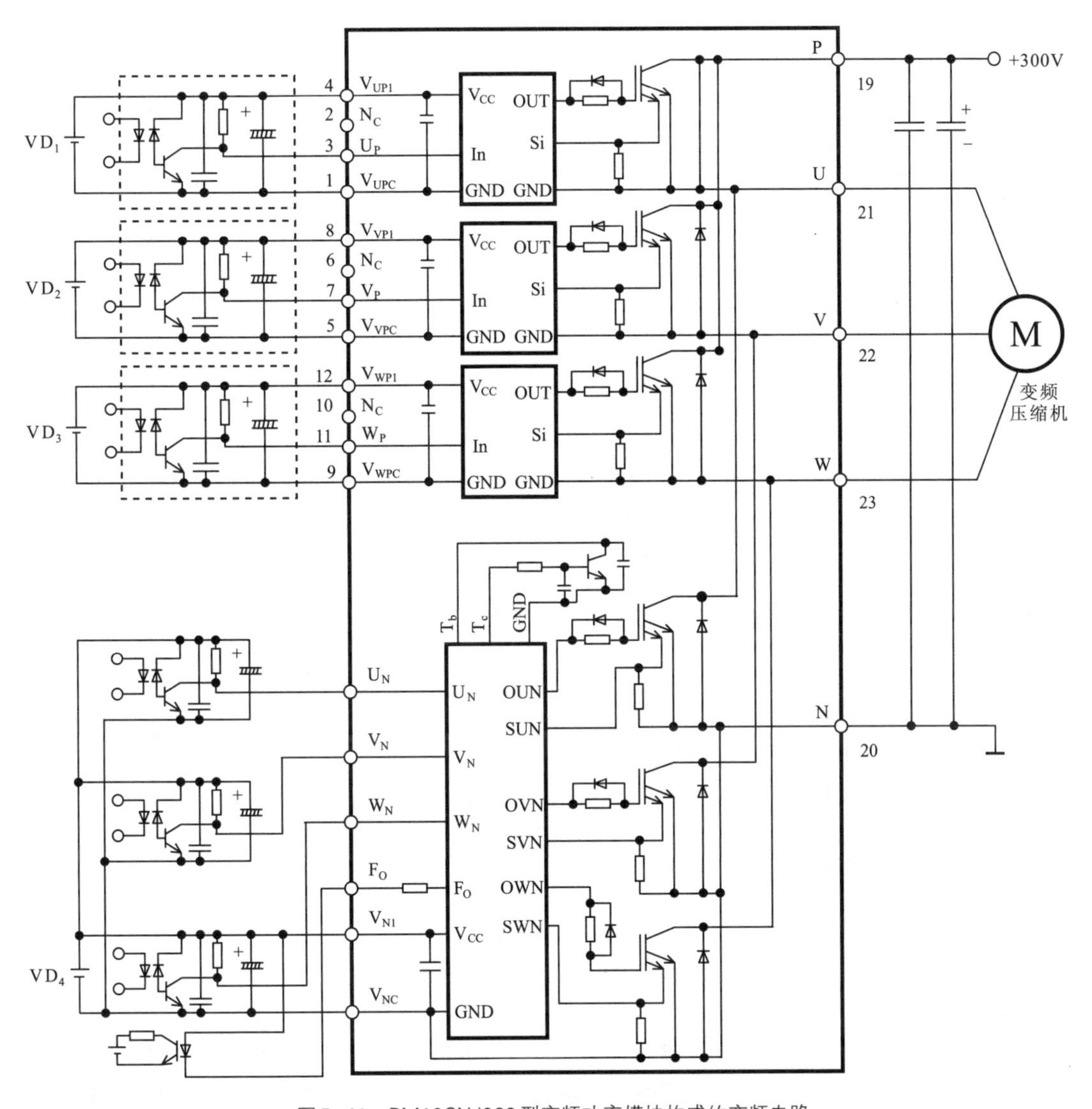

图5-41 PM10CNJ060型变频功率模块构成的变频电路

变频功率模块应用于变频电路中，由微处理器送入的控制信号经功率放大电路放大后送入变频功率模块中。变频功率模块将驱动信号分析处理后，驱动IGBT管工作，为变频压缩机电动机输入控制信号。

（8）STK621-041型变频功率模块

如图5-42所示为STK621-041型变频功率模块内部结构。

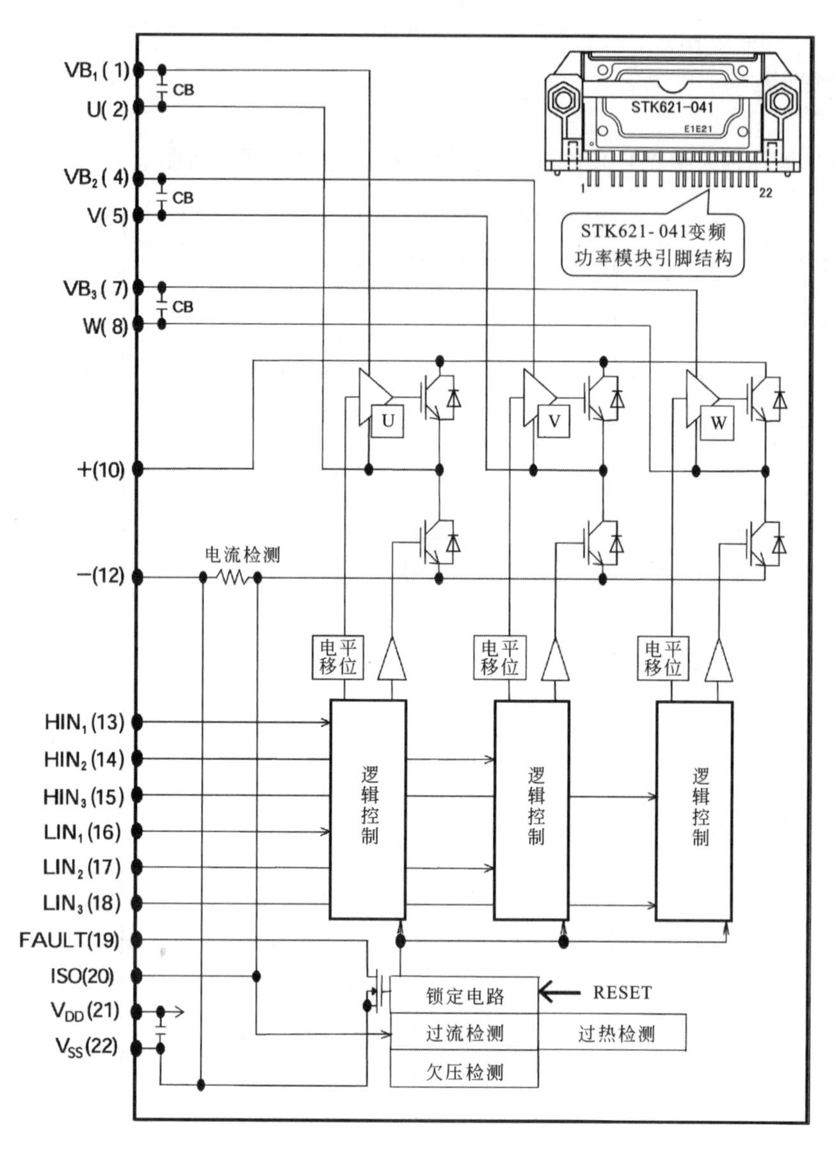

图5-42　STK621-041型变频功率模块

STK621-041型变频功率模块共有22个引脚，其内部主要由三个逻辑控制电路、6个IGBT管和6个阻尼二极管构成，通过接收由微处理器传输的控制信号驱动其内部的IGBT管工作。

如图5-43所示为采用STK621-041型变频功率模块构成的变频电路。

该模块内部还设有过热检测、过流检测、欠压检测和锁定电路，对变频功率模块进行控制和保护。

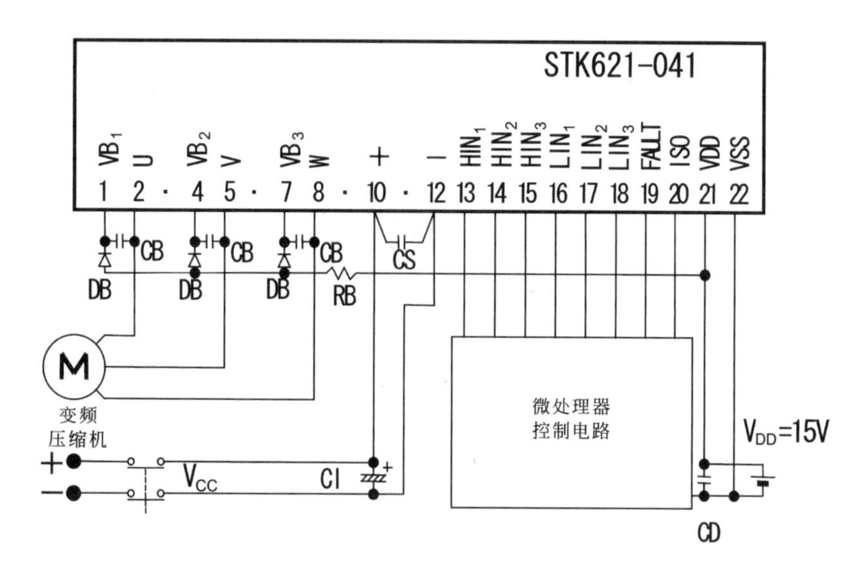

图5-43　STK621-041型变频功率模块构成的变频电路

(9) PS21246-E型变频功率模块

如图5-44所示为PS21246-E型变频功率模块。

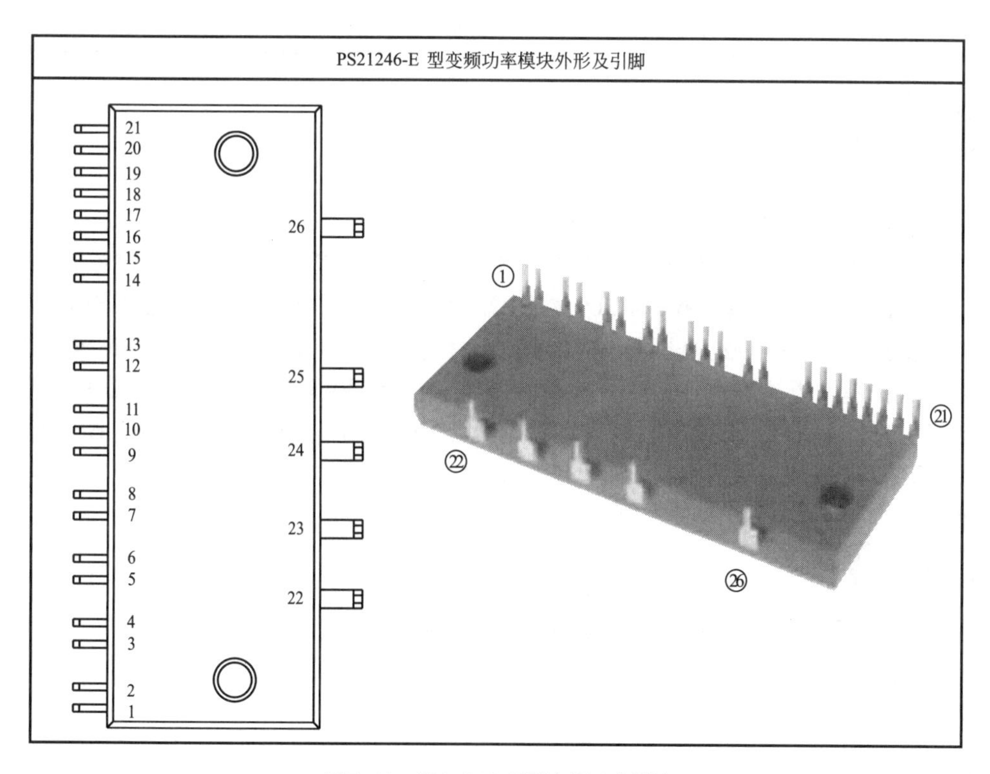

图5-44　PS21246-E型变频功率模块

PS21246-E型变频功率模块有26个引脚，其中①~⑬脚为数据信号输入端，⑭~⑱脚为信号检测端，而⑲~㉖脚与变频压缩机电动机的绕组连接，用于信号的输出，其引脚功能如表5-8所列。

表5-8　PS21246-E型变频功率模块引脚功能

引脚	标识	引脚功能	引脚	标识	引脚功能
①	U_P	功率管U（上）控制	⑭	V_{N1}	欠压检测端
②	V_{P1}	模块内IC供电+15V	⑮	V_{NC}	接地
③	V_{UFB}	U绕组反馈信号输入	⑯	C_{IN}	过流检测
④	V_{UFS}	U绕组反馈信号	⑰	C_{FO}	故障输出（滤波端）
⑤	V_P	功率管V（上）控制	⑱	F_O	故障检测
⑥	V_{P1}	模块内IC供电+15V	⑲	U_N	功率管U（下）控制
⑦	V_{VFB}	V绕组反馈信号输入	⑳	V_N	功率管V（下）控制
⑧	V_{VFS}	V绕组反馈信号	㉑	W_N	功率管W（下）控制
⑨	W_P	功率管W（上）控制	㉒	P	直流供电端
⑩	V_{P1}	模块内IC供电+15V	㉓	U	接电动机绕组U
⑪	V_{PC}	接地	㉔	V	接电动机绕组V
⑫	V_{WFB}	W绕组反馈信号输入	㉕	W	接电动机绕组W
⑬	V_{WFS}	W绕组反馈信号	㉖	N	直流供电负端

如图5-45所示为PS21246-E变频功率模块的内部结构。

从图可看出该模块内部主要是由$HVIC_1$、$HVIC_2$、$HVIC_3$和LVIC 4个逻辑控制电路，6个IGBT管和6个阻尼二极管构成的。+300 V的P端为IGBT管提供电源电压，由供电电路为其提供+5V的工作电压。由微处理器为PS21246输入控制信号，经功率模块内部的逻辑处理后为IGBT管控制极提供驱动信号，U、V、W端为压缩机绕组提供驱动电流。LVIC逻辑控制电路主要用于对PS21246-E变频功率模块的电压、电流等进行检测，并将检测信号送入微处理器中，及时对变频功率模块进行保护控制。

如图5-46所示为采用PS21246-E变频功率模块构成的变频电路。

（10）PS21867型变频功率模块

如图5-47所示为PS21867型变频功率模块。

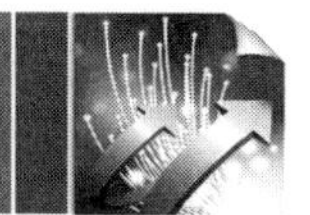

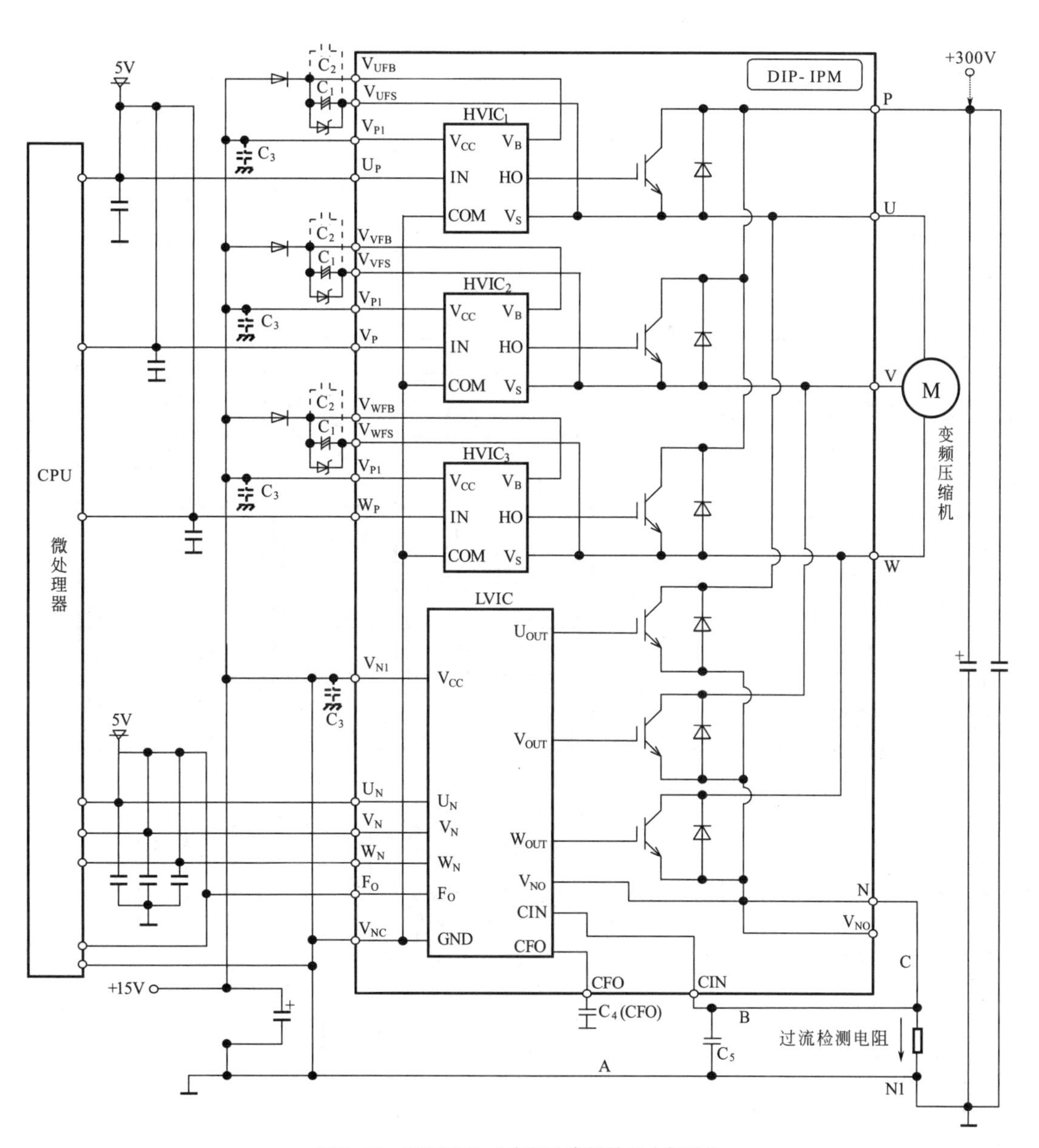

图5-45 PS21246-E变频功率模块的内部结构

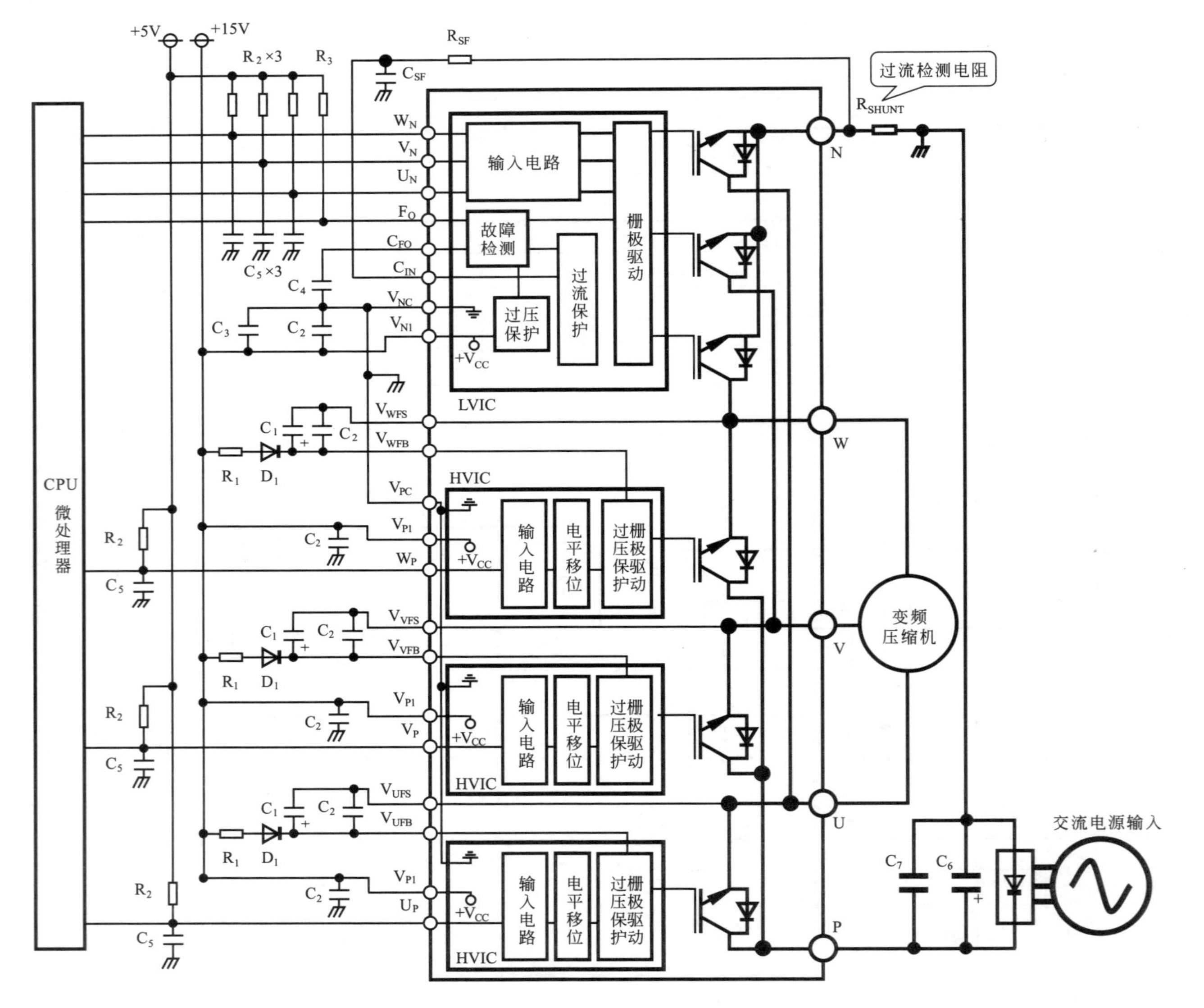

图5-46 PS21246-E变频功率模块构成的变频电路

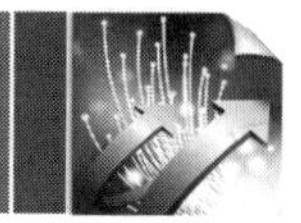

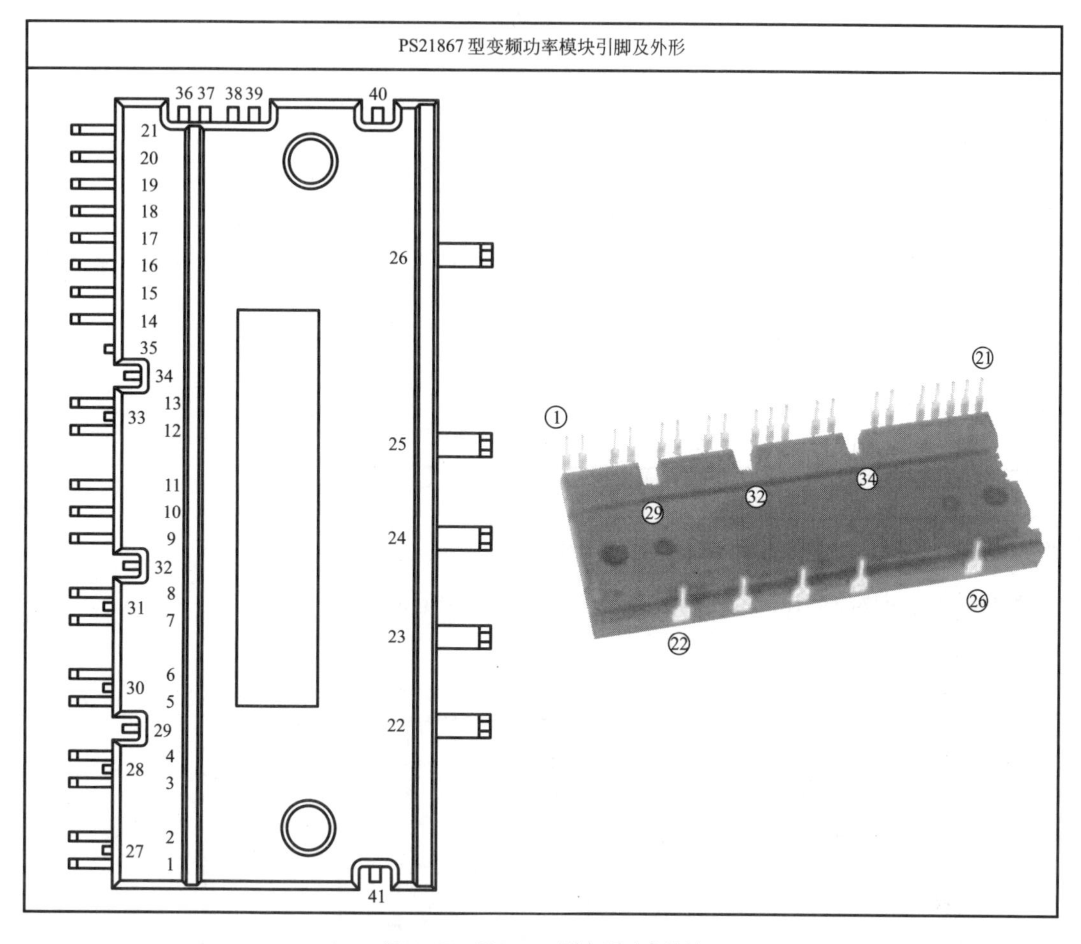

图5-47　PS21867型变频功率模块

PS21867型变频功率模块参数为30 A/600 V，共有41个引脚，其中① ~ ㉑脚为数据信号输入端，㉒ ~ ㉖脚与变频压缩机绕组连接，用于信号的输出，而㉗ ~ ㊶脚则为空脚。其引脚功能如表5-9所列。

表5-9　PS21867型变频功率模块引脚功能

引脚	标识	引脚功能	引脚	标识	引脚功能
①	U_P	功率管U（上）控制	⑨	W_P	功率管W（上）控制
②	V_{P1}	模块内IC供电＋15V	⑩	V_{P1}	模块内IC供电＋15V
③	V_{UFB}	U绕组反馈信号输入	⑪	V_{PC}	接地
④	V_{UFS}	U绕组反馈信号	⑫	V_{WFB}	W绕组反馈信号输入
⑤	V_P	功率管V（上）控制	⑬	V_{WFS}	W绕组反馈信号
⑥	V_{P1}	模块内IC供电＋15V	⑭	V_{N1}	欠压检测端
⑦	V_{VFB}	V绕组反馈信号输入	⑮	V_{NC}	接地
⑧	V_{VFS}	V绕组反馈信号	⑯	C_{IN}	过流检测

续表

引脚	标识	引脚功能	引脚	标识	引脚功能
⑰	C_{FO}	故障输出（滤波端）	㉚	NC	空脚
⑱	F_O	故障检测	㉛	NC	空脚
⑲	U_N	功率管U（下）控制	㉜	NC	空脚
⑳	V_N	功率管V（下）控制	㉝	NC	空脚
㉑	W_N	功率管W（下）控制	㉞	NC	空脚
㉒	P	直流供电端	㉟	NC	空脚
㉓	U	接电动机绕组U	㊱	NC	空脚
㉔	V	接电动机绕组V	㊲	NC	空脚
㉕	W	接电动机绕组W	㊳	NC	空脚
㉖	N	直流供电负端	㊴	NC	空脚
㉗	NC	空脚	㊵	NC	空脚
㉘	NC	空脚	㊶	NC	空脚
㉙	NC	空脚			

如图5-48所示为PS21867型变频功率模块构成的变频电路。

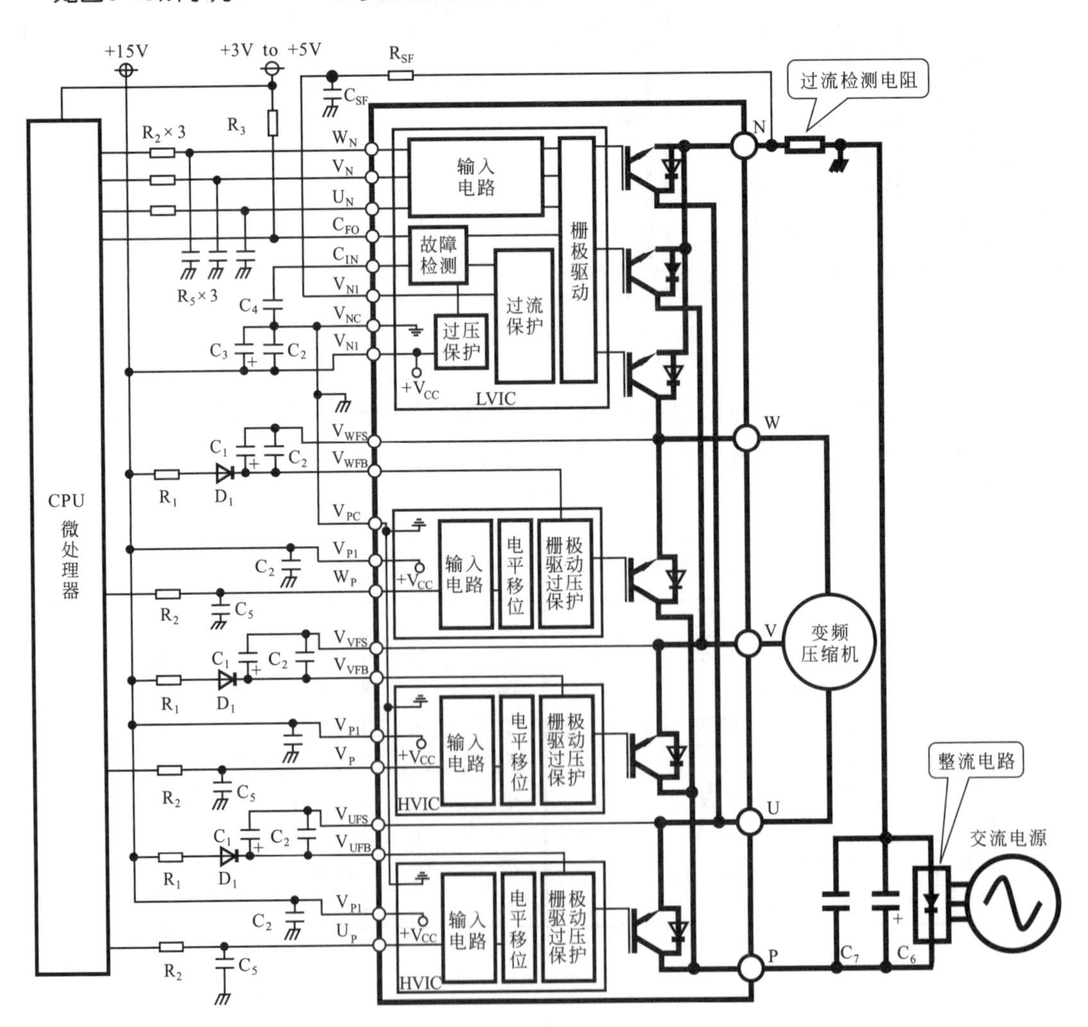

图5-48　PS21867型变频功率模块构成的变频电路

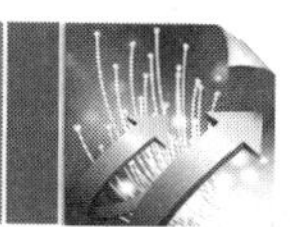

PS21867型变频功率模块内部主要是由3个HVIC和LVIC 4个逻辑控制电路、6个IGBT管和6个阻尼二极管等部分构成的。CPU微处理器为变频功率模块提供驱动信号，经由变频功率模块内部的逻辑电路分析处理后，为IGBT管提供驱动信号，使IGBT管工作，+300 V经由P端为IGBT管提供电源电压，为IGBT管提供工作条件，IGBT管得到驱动信号后，便为变频压缩机提供驱动信号使其工作。在工作过程中，变频功率模块中的故障检测、电流保护、电压保护电路则实时对变频功率模块的工作进行保护控制。

（11）PS21767/5型变频功率模块

如图5-49所示为PS21767/5型变频功率模块。

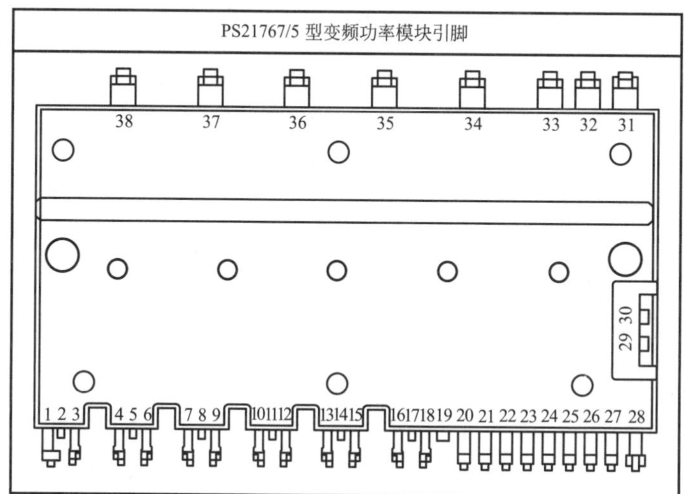

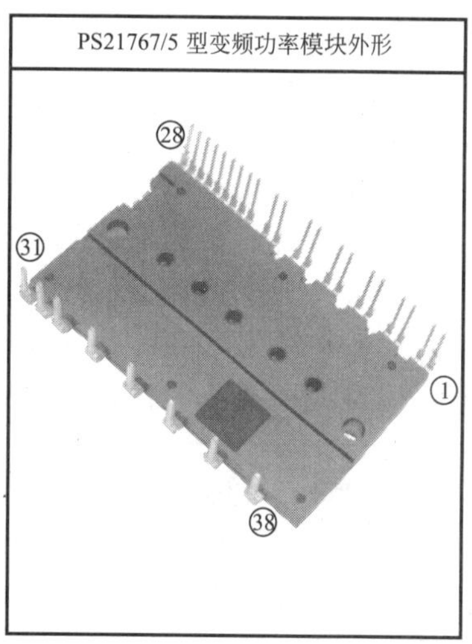

图5-49 PS21767/5型变频功率模块

PS21767/5型变频功率模块共有28个引脚，其引脚功能如表5-10所列。PS21767/5型变频功率模块外形及内部结构与PS21767相同，但其规格参数不同，PS21767变频功率模块为30 A/600 V，而PS21767/5变频功率模块则为20 A/600 V。在检修更换元器件时，要注意区分两个模块。

如图5-50所示为采用PS21767/5型变频功率模块构成的变频电路。

CPU微处理器将控制信号送入该模块的逻辑电路LVIC、HVIC中，经逻辑电路处理后控制变频功率模块工作。

表5-10　PS21767/5型变频功率模块引脚功能

引脚	标识	引脚功能	引脚	标识	引脚功能
①	V_{UFS}	U绕组反馈信号	⑳	V_{NO}	接地
②	U_{PG}	空脚	㉑	U_N	功率管U（下）控制
③	V_{UFB}	U绕组反馈信号输入	㉒	V_N	功率管V（下）控制
④	V_{P1}	模块内IC供电＋15V	㉓	W_N	功率管W（下）控制
⑤	COM	空脚	㉔	F_O	故障检测
⑥	U_P	功率管U（上）控制	㉕	C_{FO}	故障输出（滤波端）
⑦	V_{VFS}	V绕组反馈信号	㉖	C_{IN}	过流检测
⑧	V_{PG}	空脚	㉗	V_{NC}	接地
⑨	V_{VFB}	V绕组反馈信号输入	㉘	V_{N1}	欠压检测端
⑩	V_{P1}	模块内IC供电＋15V	㉙	W_{NG}	空脚
⑪	COM	空脚	㉚	V_{NG}	空脚
⑫	V_P	功率管V（上）控制	㉛	N_W	W相晶体管（IGBT管）发射极
⑬	V_{WFS}	W绕组反馈信号	㉜	N_V	V相晶体管（IGBT管）发射极
⑭	W_{PG}	空脚	㉝	N_U	U相晶体管（IGBT管）发射极
⑮	V_{WFB}	W绕组反馈信号输入	㉞	W	接电动机绕组W
⑯	V_{P1}	模块内IC供电＋15V	㉟	V	接电动机绕组V
⑰	COM	空脚	㊱	U	接电动机绕组U
⑱	W_P	功率管W（上）控制	㊲	P	直流供电端
⑲	U_{NG}	空脚	㊳	NC	空脚

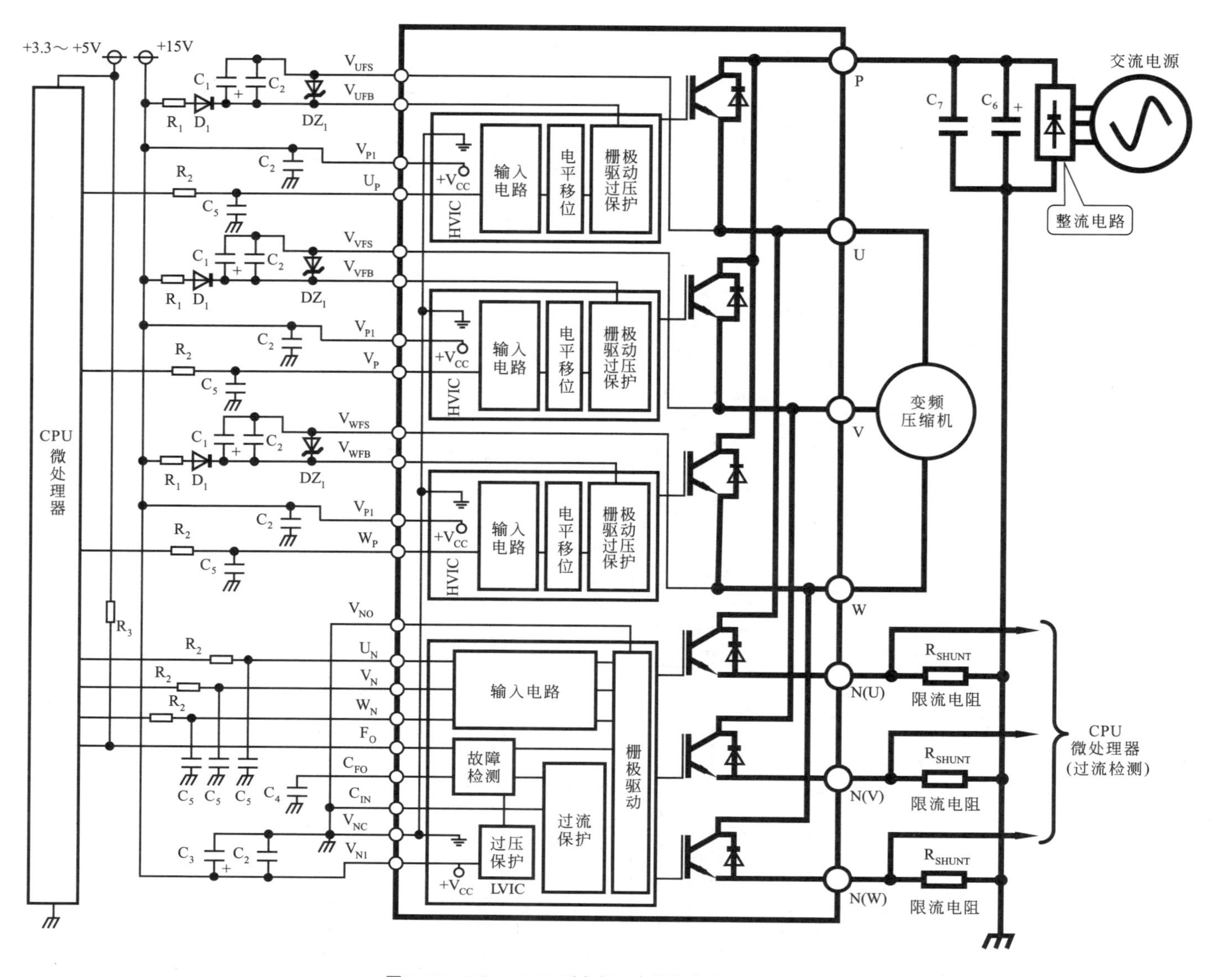

图5-50　PS21767/5型变频功率模块构成的变频电路

（12）PS21564型变频功率模块

如图5-51所示为PS21564型变频功率模块，该模块共有35个引脚，其引脚功能如表5-11所列。

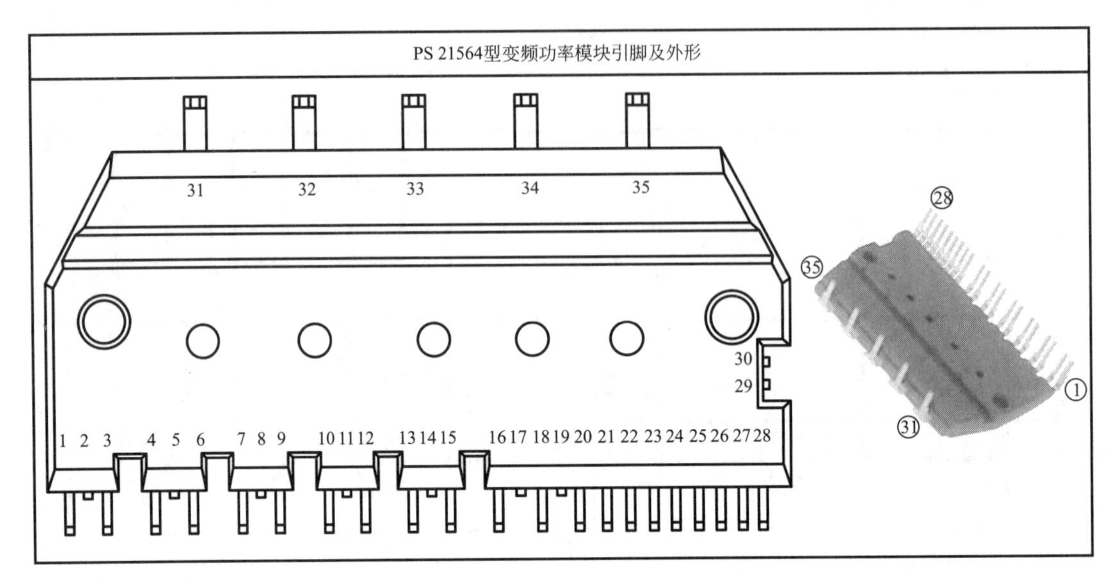

图5-51　PS21564型变频功率模块

表5-11　PS21564型变频功率模块引脚功能

引脚	标识	引脚功能	引脚	标识	引脚功能
①	V_{UFS}	U绕组反馈信号	⑲	NC	空脚
②	NC	空脚	⑳	NC	空脚
③	V_{UFB}	U绕组反馈信号输入	㉑	U_N	功率管U（下）控制
④	V_{P1}	模块内IC供电＋15V	㉒	V_N	功率管V（下）控制
⑤	NC	空脚	㉓	W_N	功率管W（下）控制
⑥	U_P	功率管U（上）控制	㉔	F_O	故障检测
⑦	V_{VFS}	V绕组反馈信号	㉕	C_{FO}	故障输出（滤波端）
⑧	NC	空脚	㉖	C_{IN}	过流检测
⑨	V_{VFB}	V绕组反馈信号输入	㉗	V_{NC}	接地
⑩	V_{P1}	模块内IC供电＋15V	㉘	V_{N1}	欠压检测端
⑪	NC	空脚	㉙	NC	空脚
⑫	V_P	功率管V（上）控制	㉚	NC	空脚
⑬	V_{WFS}	W绕组反馈信号	㉛	P	直流供电端
⑭	NC	空脚	㉜	U	接电动机绕组W
⑮	V_{WFB}	W绕组反馈信号输入	㉝	V	接电动机绕组V
⑯	V_{P1}	模块内IC供电＋15V	㉞	W	接电动机绕组U
⑰	NC	空脚	㉟	N	直流供电负端
⑱	W_P	功率管W（上）控制			

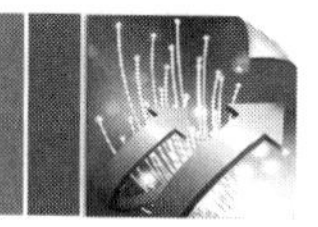

如图5-52所示为采用PS21564型变频功率模块构成的变频电路。

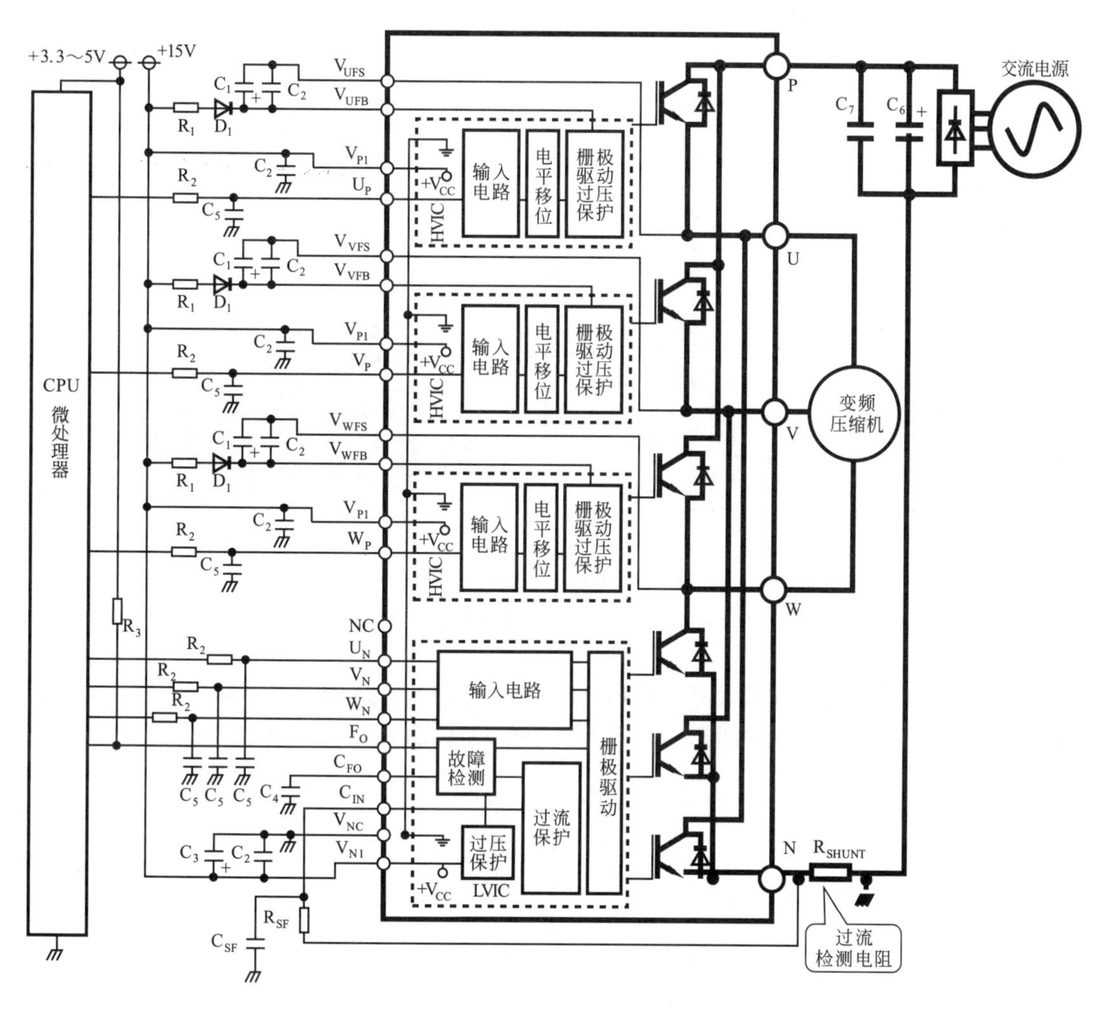

图5-52　PS21564型变频功率模块构成的变频电路

交流电源输送的电压经整流滤波电路处理后，为变频功率模块提供工作电压，CPU微处理器将控制信号送入，变频功率模块的信号送入PS21564变频功率模块的信号输入端，经过其内部的HVIC、LVIC四个逻辑电路处理后，为变频压缩机提供驱动信号，使其工作。

（13）PS21964型变频功率模块

如图5-53所示为PS21964型变频功率模块。

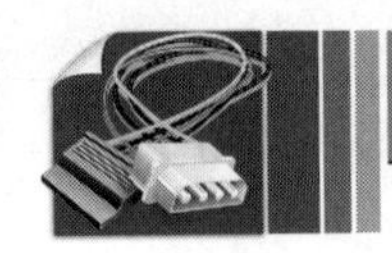

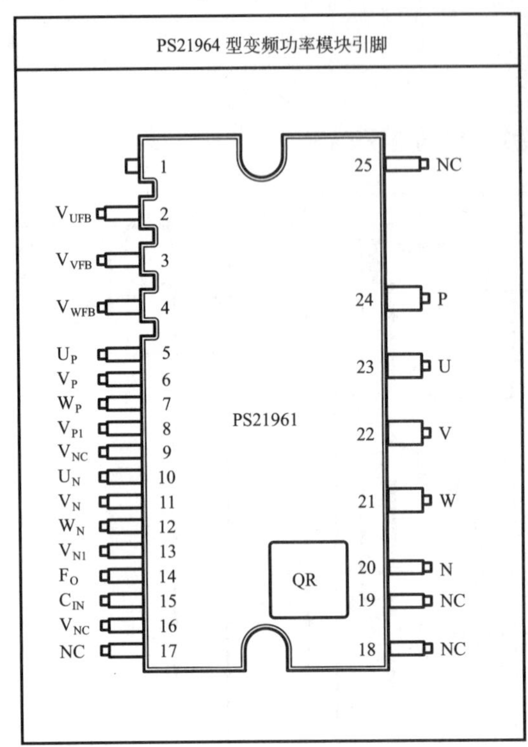

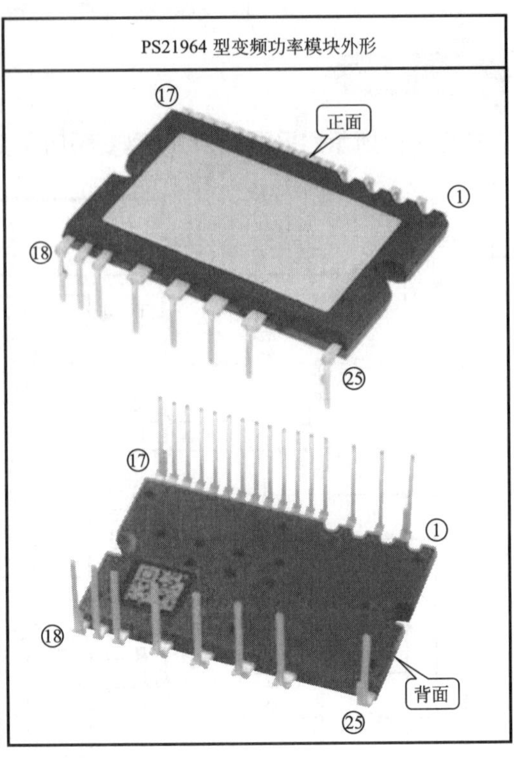

图5-53　PS21964型变频功率模块

PS21964型变频功率模块共有25个引脚，其中①～⑫脚为数据信号输入端；而⑬～⑮脚为检测信号输入端；⑰～⑲脚为空脚；⑳～㉔脚为供电及驱动端。其具体引脚功能如表5-12所列。

表5-12　PS21964型变频功率模块引脚功能

引脚	标识	引脚功能	引脚	标识	引脚功能
①	NC	空脚	⑭	F_O	故障检测
②	V_{UFB}	U绕组反馈信号输入	⑮	C_{IN}	过流检测
③	V_{VFB}	V绕组反馈信号输入	⑯	V_{NC}	接地
④	V_{WFB}	W绕组反馈信号输入	⑰	NC	空脚
⑤	U_P	功率管U（上）控制	⑱	NC	空脚
⑥	V_P	功率管V（上）控制	⑲	NC	空脚
⑦	W_P	功率管W（上）控制	⑳	N	直流供电负端
⑧	V_{P1}	模块内IC供电＋15V	㉑	W	接电动机绕组W
⑨	V_{NC}	接地	㉒	V	接电动机绕组V
⑩	U_N	功率管U（下）控制	㉓	U	接电动机绕组U
⑪	V_N	功率管V（下）控制	㉔	P	直流供电端
⑫	W_N	功率管W（下）控制	㉕	NC	空脚
⑬	V_{N1}	欠压检测端			

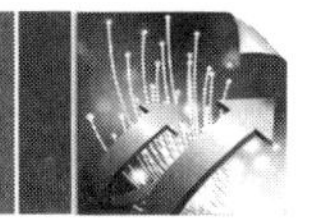

如图5-54所示为PS21964变频功率模块的内部结构。

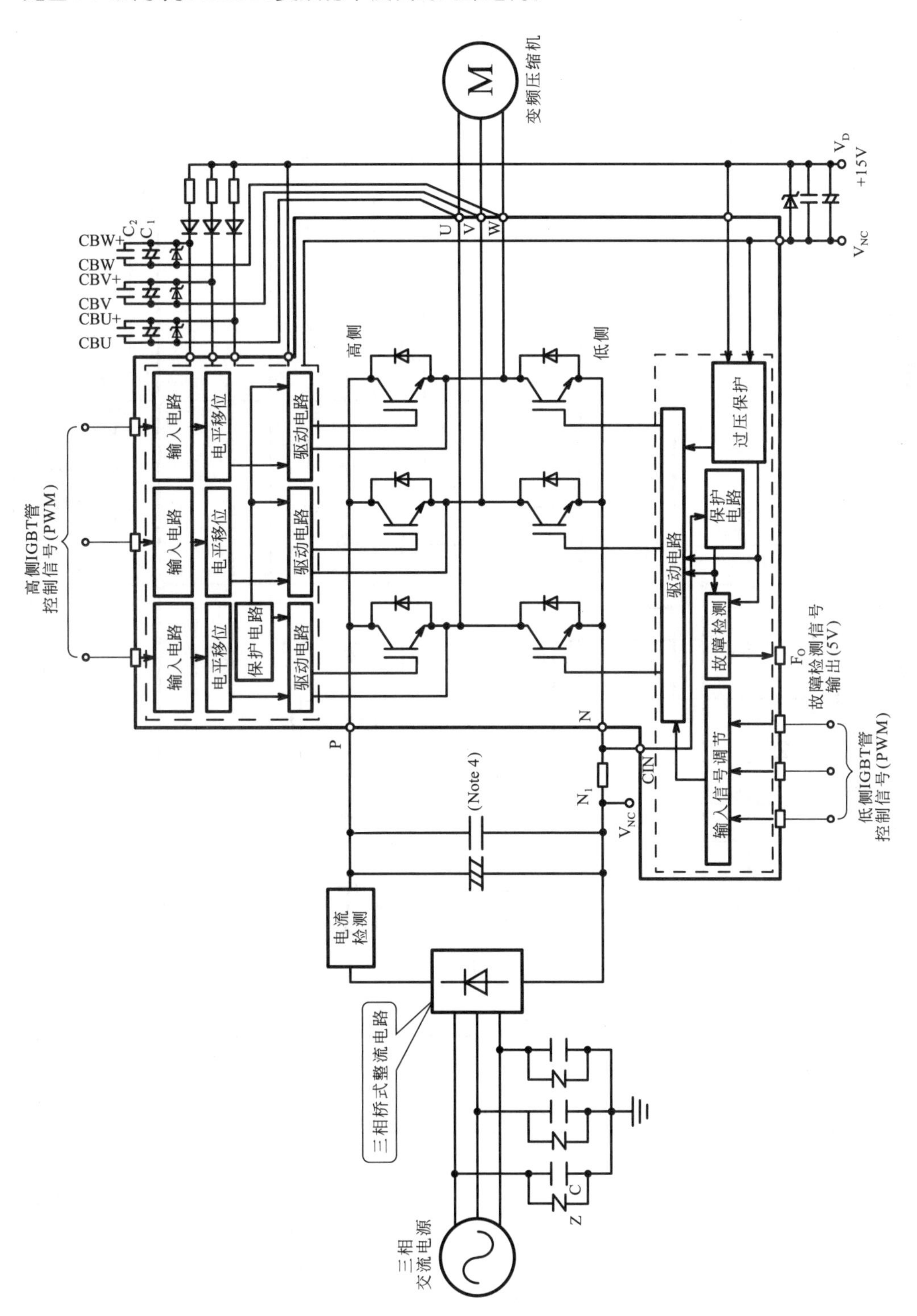

图5-54　PS21964变频功率模块的内部结构

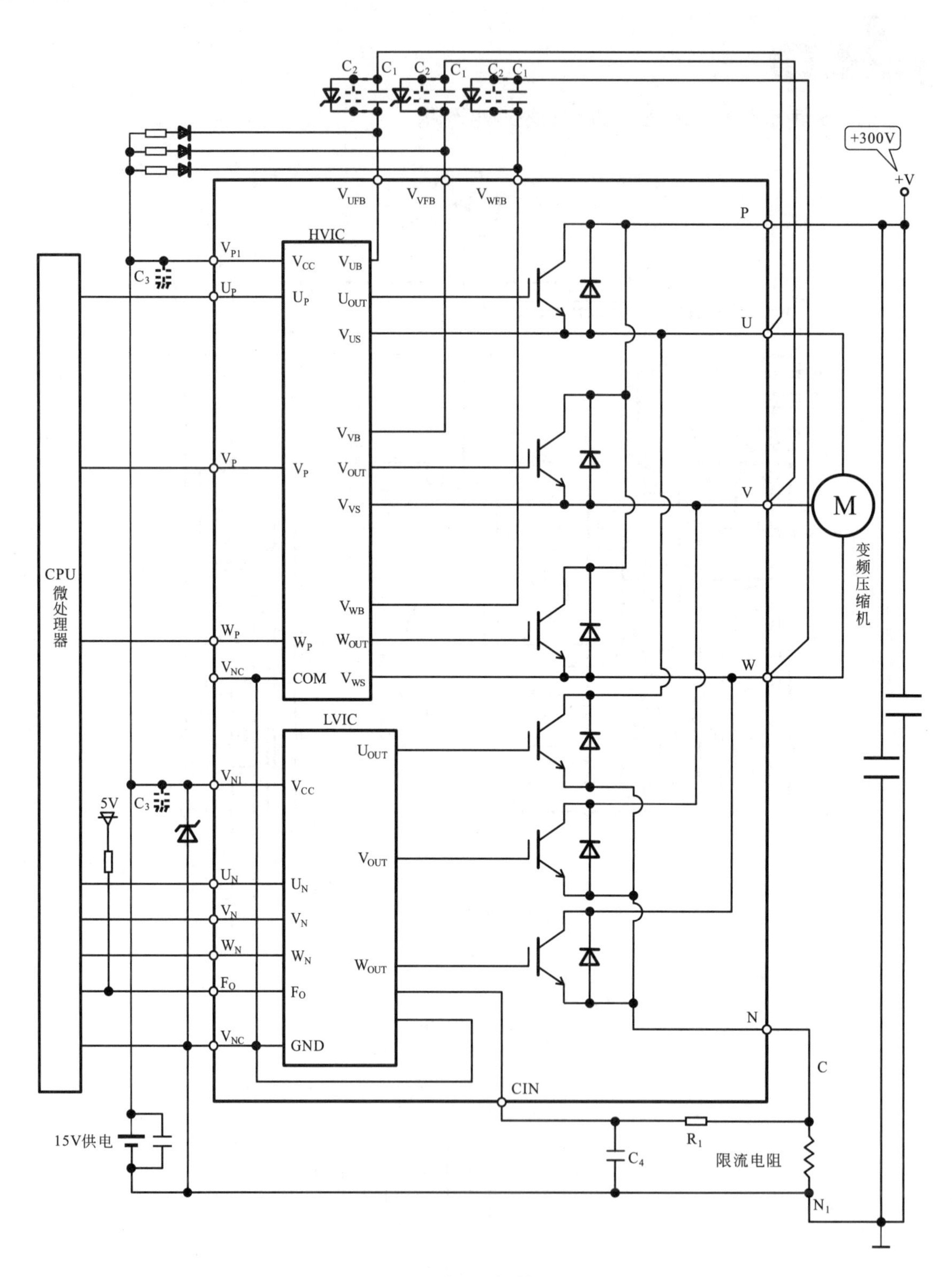

图5-55　PS21964变频功率模块的外部控制电路

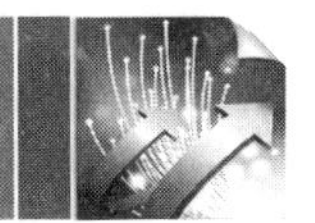

从图5-54可看出该模块内部主要由输入电路、电平移位、保护电路、驱动电路、输入信号调节电路、故障检测电路、过压保护电路等构成。交流电源经滤波整流后，为变频功率模块提供工作电压。而变频功率模块接收由微处理器传输的控制信号，并由其内部的输入电路、电平移位、驱动电路等处理后，驱动IGBT管导通。

如图5-55所示为PS21964变频功率模块的外部控制电路。

该变频功率模块内部主要由两个逻辑控制电路、6个IGBT管和6个阻尼二极管等部分构成。供电电压经P端为PS21964变频模块供电。CPU微处理器为PS21964变频模块输入控制信号，经其内部逻辑处理后，为IGBT管提供驱动信号。

（14）PS21961/62/63型变频功率模块

如图5-56所示为PS21961/62/63型变频功率模块。

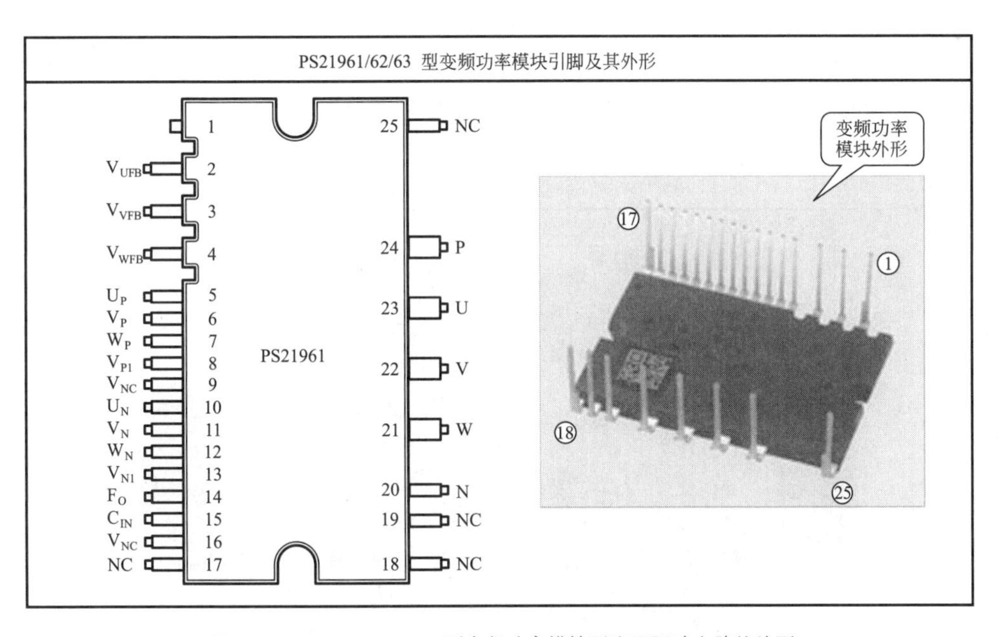

图5-56　PS21961/62/63型变频功率模块引脚及驱动电路的外形

PS21961/62/63型变频功率模块，3种型号的变频功率模块外形结构及内部结构基本相同，均有25个引脚，其中①～⑳脚是较细的引脚，主要用于数据信号的输入，而㉑～㉓脚与变频压缩机的绕组相连，用于信号的输出，㉔脚、㉕脚则为电源端。其引脚功能如表5-13所列。

如图5-57所示，PS21961/62/63型变频功率模块与变频驱动电路安装在电路板中，通过变频

表5-13　PS21961/62/63型变频功率模块引脚功能

引脚	标识	引脚功能	引脚	标识	引脚功能
①	NC	空脚	⑭	F_O	故障检测
②	V_{UFB}	U绕组反馈信号输入	⑮	C_{IN}	过流检测
③	V_{VFB}	V绕组反馈信号输入	⑯	V_{NC}	接地
④	V_{WFB}	W绕组反馈信号输入	⑰	NC	空脚
⑤	U_P	功率管U（上）控制	⑱	NC	空脚
⑥	V_P	功率管V（上）控制	⑲	NC	空脚
⑦	W_P	功率管W（上）控制	⑳	N	直流供电负端
⑧	V_{P1}	模块内IC供电＋15V	㉑	W	接电动机绕组W
⑨	V_{NC}	接地	㉒	V	接电动机绕组V
⑩	U_N	功率管U（下）控制	㉓	U	接电动机绕组U
⑪	V_N	功率管V（下）控制	㉔	P	直流供电端
⑫	W_N	功率管W（下）控制	㉕	NC	空脚
⑬	V_{N1}	欠压检测端			

驱动电路，为变频功率模块输入驱动信号，驱动变频功率模块工作。

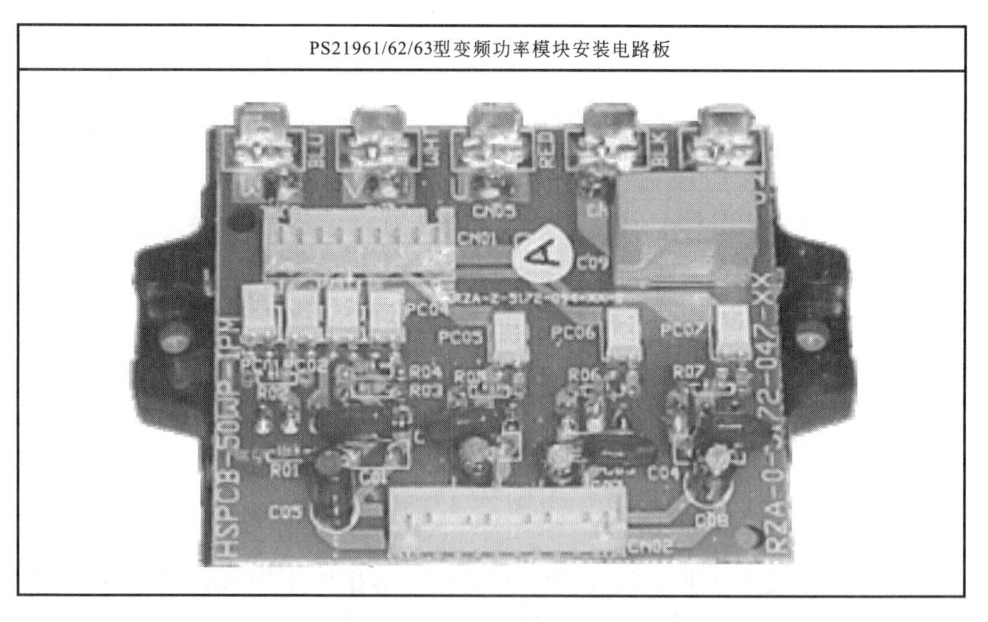

图5-57　PS21961/62/63型变频功率模块安装电路板

图解

如图5-58所示为变频功率模块PS21961/62/63的内部结构及外部控制电路。

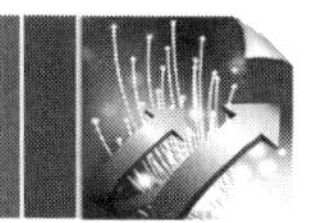

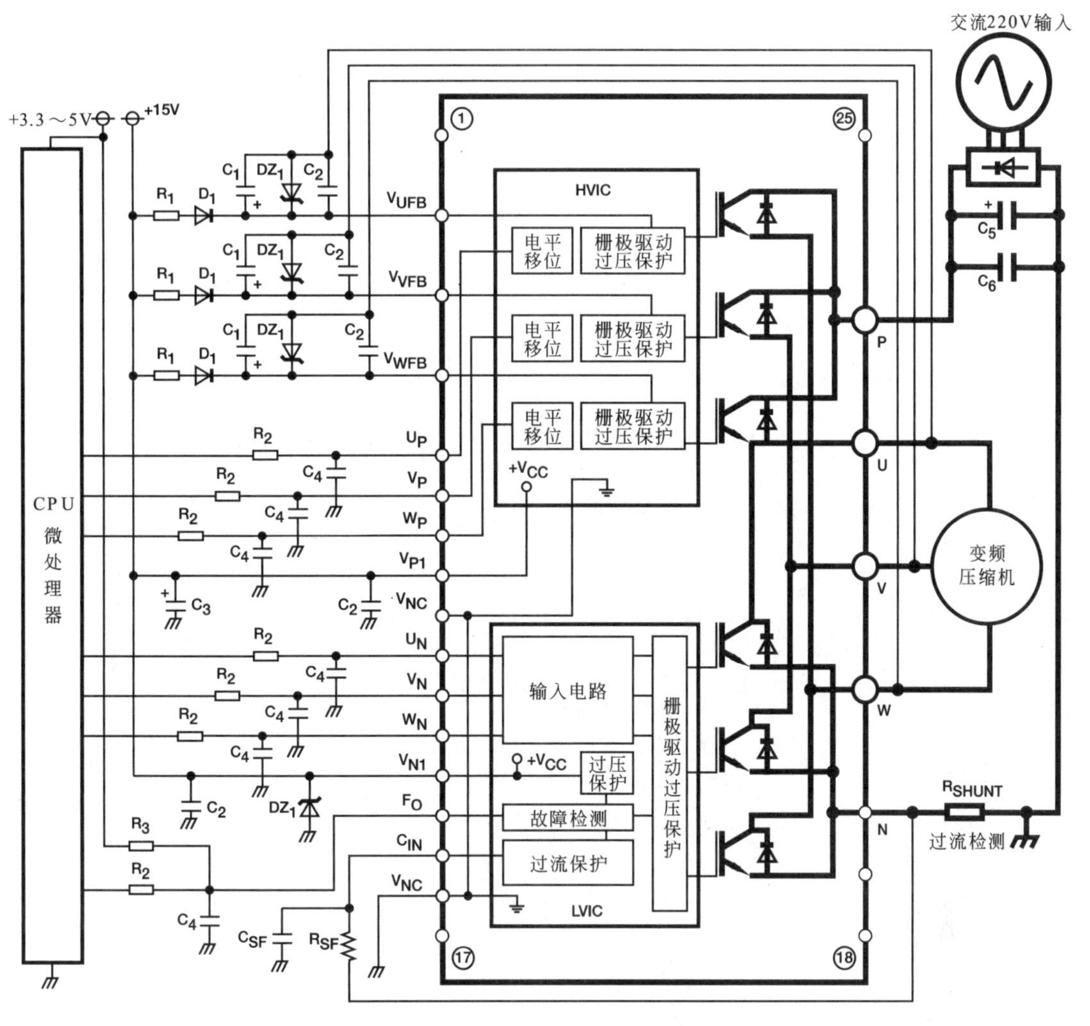

图5-58　变频功率模块PS21961/62/63的内部结构及外部控制电路

该模块内部主要是由HVIC、LVIC逻辑控制电路、功率输出管与IGBT（门控管）和6个阻尼二极管等部分构成的。由供电电路为其提供＋15V的供电电压，并由CPU微处理器为其输入控制信号，经其内部的逻辑电路处理后，为IGBT控制极提供驱动信号，而变频功率模块PS21961/62/63的U、V、W为变频压缩机绕组提供驱动信号，驱动电动机工作。

第6章 变频技术在电力拖动系统中的应用

目标

了解并掌握变频器在工业中的各种应用，能够分析变频器调速控制的各种应用电路。

6.1 电力拖动系统中的变频电路

6.1.1 水泵电动机的变频控制系统

(1) 水泵电动机控制系统中的变频器

如图 6-1 所示为水泵供水系统结构图。

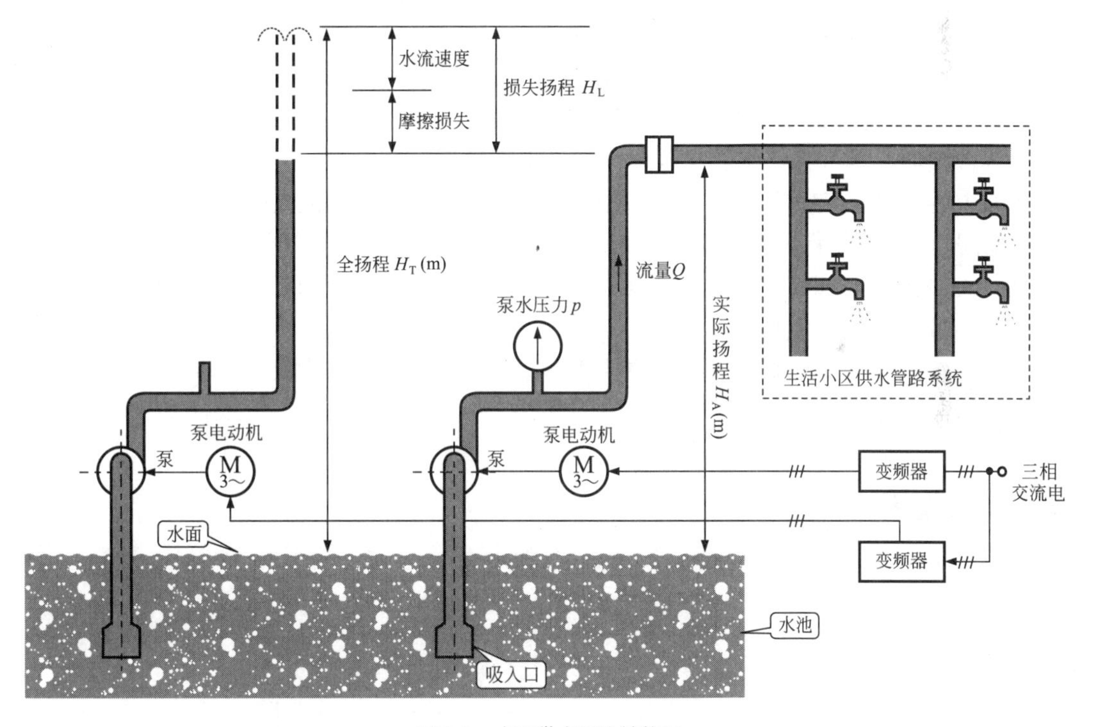

图6-1 水泵供水系统结构图

扩展

供水系统中的主要参数：

◆流量，指单位时间内流过管道内某一截面的水量，符号是Q。

◆扬程，单位质量的水被水泵上扬时所获得的能量，称为扬程，符号是H，常用单位是m。

◆全扬程，也称为总扬程或水泵的扬程。它是说明水泵的泵水能力的物理量，包括把水从水池的水面上扬到最高水位所需的能量，以及克服管阻所需的能量和保持流速所需的能量。

◆实际扬程，即通过水泵实际提高的水位所需的能量。

◆损失扬程，为全扬程与实际扬程之差。

◆管阻，表示管道系统（包括水管、阀门等）对水流阻力的物理量，符号是R。

◆压力，表示供水系统中某个位置（某一点）水压的物理量。

在供水系统中，最根本的控制对象是流量。因此，想要节能，就必须从考察调节流量的方法入手。常见的方法有阀门控制法和转速控制法两种。

① 阀门控制法　就是通过关小或开大阀门来调节流量，而转速则保持不变（通常为额定转速）。阀门控制法的实质是：水泵本身的供水能力不变，而是通过改变水路中的阻力大小来改变供水的能力（反映为供水流量），以适应用户对流量的需求。这时，管路特性将随阀门开度的改变而改变，但扬程特性则不变。

② 转速控制法　就是通过改变水泵的转速来调节流量，而阀门开度则保持不变（通常为最大开度）。转速控制法的实质是通过改变水泵的全扬程来适应用户对流量的需求。当水泵的转速改变时，扬程特性将随之改变，而管阻特性则不变。

比较上述两种调节流量的方法可以看出，在所需流量小于额定流量的情况下，转速控制时的扬程比阀门控制时小得多，所以转速控制方式所需的供水功率也比阀门控制方式小得多。

转速控制方式与阀门控制方式相比，水泵的工作效率要大得多。这是变频调速供水系统具有节能效果的第二个方面。

在此系统中采用变频器对电动机的转速进行控制，可以实现节能。

（2）水泵的变频系统电路原理

如图6-2所示为水泵变频系统中的恒压供水系统框图。

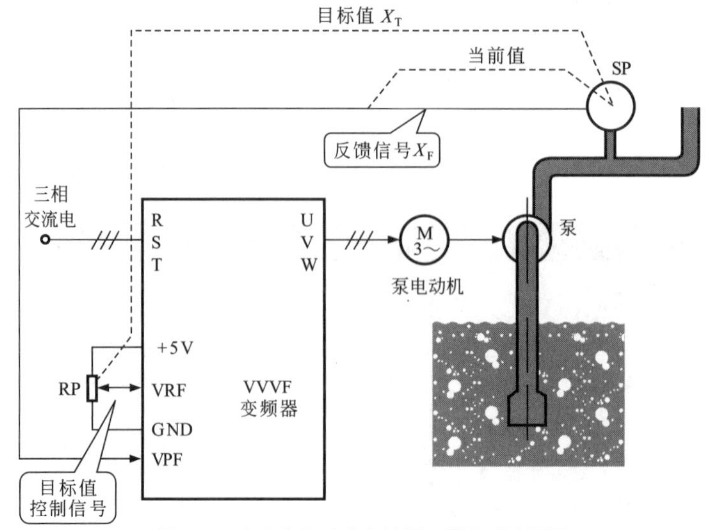

图6-2　水泵变频系统中的恒压供水系统框图

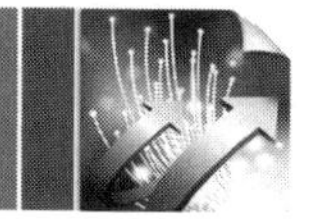

由图6-2可知，变频器有两个控制信号，目标信号和反馈信号。其中目标信号为X_T，即给定VRF上得到的信号，该信号是一个与压力的控制目标相对应的值，通常用百分数表示。目标信号也可以由键盘直接给定，而不必通过外接电路来给定。另一个反馈信号为X_F，是压力变送器SP反馈回来的信号，该信号是一个反映实际压力的信号。

如图6-3所示为恒压供水系统中使用的变频器内部框图，该变频器具有PID调节功能。

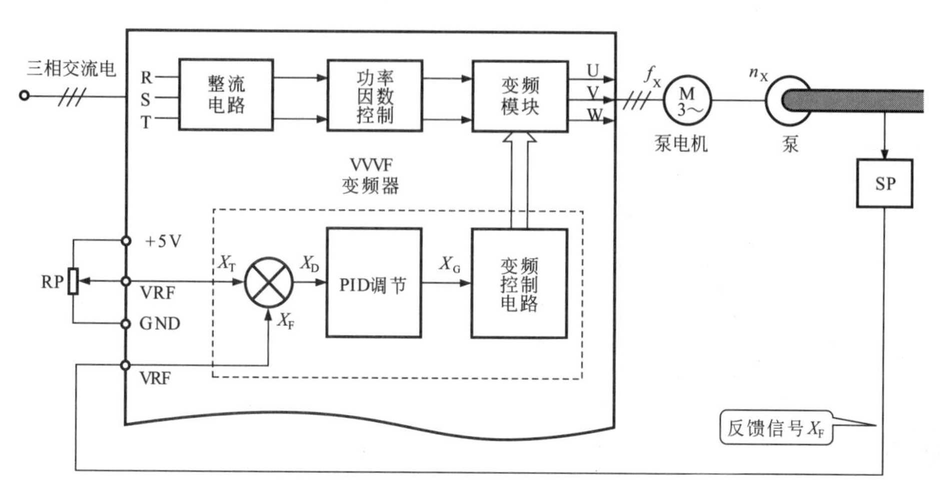

图6-3　恒压供水系统中变频器内部框图

当用水流量减小时，供水能力Q_G大于用水量Q_U，则压力上升，X_F↑→合成信号（X_T-X_F）↓→变频器输出频率f_X↓→电动机转速n_X↓→供水能力Q_G↓，供水能力与用水量又重新达到平衡（$Q_G=Q_U$）（供水能力与用水量相适应）；反之，当用水流量增加，$Q_G<Q_U$时，则X_F↓→（X_T-X_F）↑→f_X↑→n_X↑→Q_G↑→$Q_G=Q_U$，达到新的平衡，即供水能力自动增加满足用水量的需求。变频器可自动根据用水量调整泵电动机速度，满足用水需求。

扩展

目前，市场上有专门的“风机、水泵专用型”变频器，一般情况下可直接选用。但对于用在杂质或泥沙较多场合的水泵，应根据其对过载能力的要求，考虑选用通用型变频器。此外，齿轮泵属于恒转矩负载，应选用V/f控制方式的通用型变频器为宜。大部分变频器都给出两条“负补偿”的V/f线。对于具有恒转矩特性的齿轮泵以及应用在特殊场合的水泵，则应以带得动为原则，根据具体工况进行设定。

选择变频器，首先要了解变频器的功能参数：

◆ 最高频率。水泵属于二次方律负载，当转速超过其额定转速时，转矩将按平方规律增加。

◆ 上限频率。以等于额定频率为宜，但有时也可预置得略低一些，原因主要有两个：①由于变频器内部往往具有转差补偿的功能，因此，同是在50 Hz的情况下，水泵在变频运行时的实际转速高于工频运行时的转速，从而增大了水泵和电动机的负载。②变频调速系统在50 Hz下运行时，还不如直接在工频下运行为好，可以减少变频器本身的损失。所以，将上限频率预置为49 Hz或49.5 Hz是适宜的。

◆ 下限频率。在供水系统中，转速过低，会出现水泵的全扬程小于基本扬程（实际扬程），形成水泵"空转"的现象。所以在多数情况下，下限频率应定为30～35 Hz。在其他场合，根据具体情况，也有定得更低的。

◆ 启动频率。应适当预置启动频率，使其在启动瞬间有一点冲力。

◆ 升速与降速时间。升速时间和降速时间可以适当地预置得长一些。降速时间只需和升速时间相等即可。

◆ 暂停（睡眠与苏醒）功能。在生活供水系统中，夜间的用水量常常是很少的，即使水泵在下限频率下运行，供水压力仍可能超过目标值，这时可使主水泵暂停运行。

6.1.2 风机的变频控制系统

（1）风机的变频控制系统的电路结构

如图6-4所示为某厂燃煤炉鼓风机变频器的控制电路图。

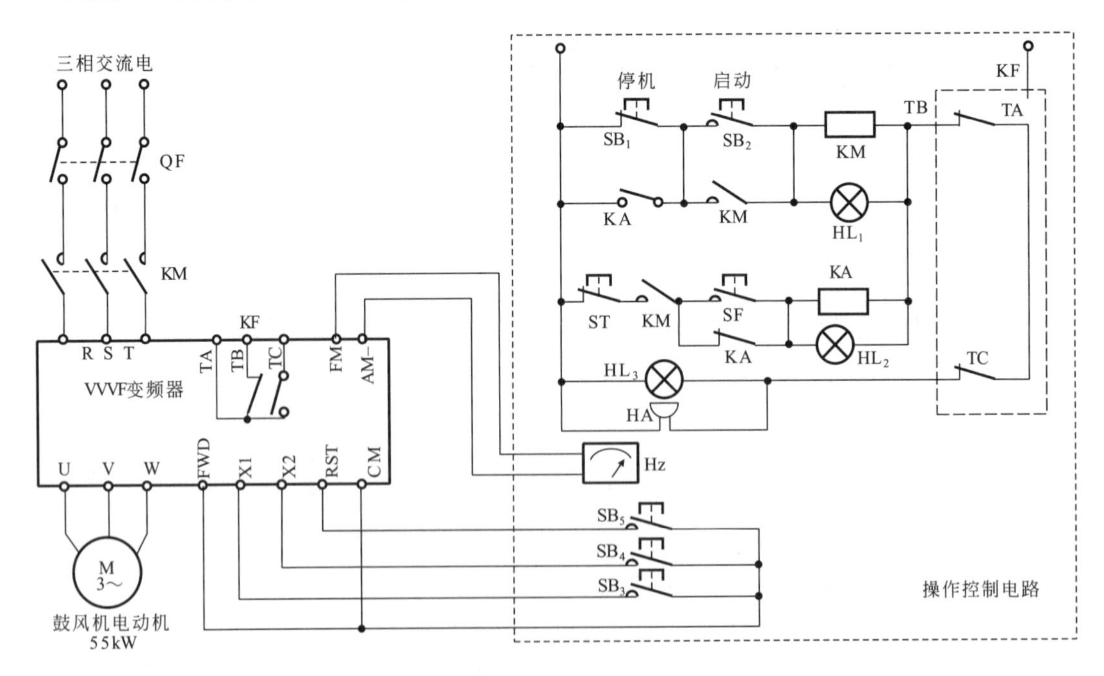

图6-4　某厂燃煤炉鼓风机变频器的控制电路图

该风机中的电动机容量为55 kW，采用变频调速实现风量调节。风速大小要求由司炉工操

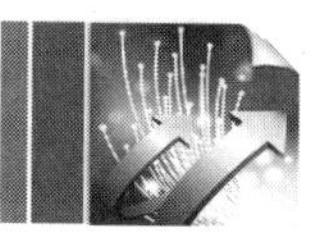

作，因炉前温度较高，故要求变频器放在较远处的配电柜内。

扩展

风机是一种压缩和输送气体的机械。通过风机后排出风的压力较小者为通风机，较大者为鼓风机，统称风机。

如图6-5所示为典型风机内部结构图。由图可知，在机壳内有两个形状相同的叶轮，安装在互相平行的两根轴上，两轴上装有完全相同且互相啮合的一对齿轮，一为主动轮，另一个为从动轮，两轮相对运转，实现强力鼓风。

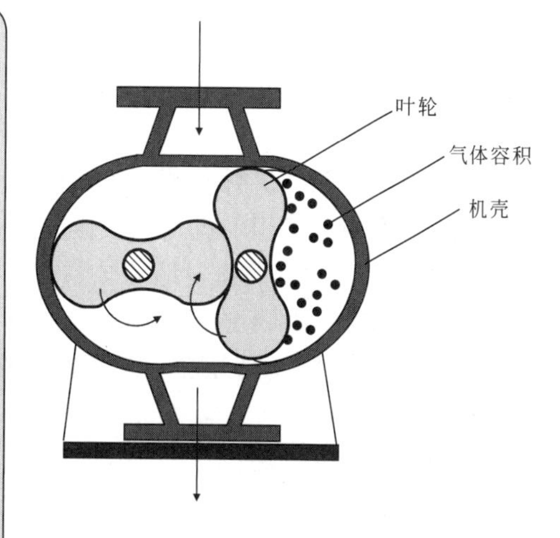

图6-5　典型风机内部结构

（2）风机的变频系统电路原理

图解

如图6-6所示为风机运行工作的简图。

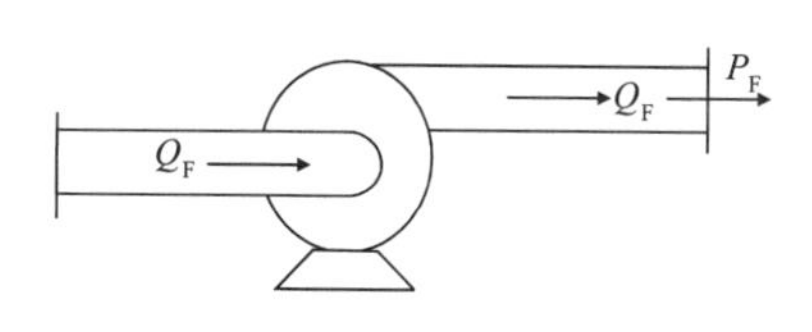

图6-6　风机运行工作的简图

风压和风量是风机运行过程中的两个重要参数。其中风压（P_F）是管路中单位面积上风的压力；风量（G_F）即空气的流量，指单位时间内排出气体的总量。

在转速不变的情况下，风压P_F和风量Q_F之间的关系曲线称为风压特性曲线，风压特性与水泵的扬程特性相当，但在风量很小时，风压也较小。随着风量的增大，风压逐渐增大，当其增大到一定程度后，风量再增大，风压又开始减小。故风压特性呈中间高、两边低的形状。

调节风量大小的方法有如下两种：

① 调节风门的开度。转速不变，故风压特性也不变，风阻特性则随风门开度的改变而改变。

② 调节转速。风门开度不变，故风阻特性也不变，风压特性则随转速的改变而改变。

在所需风量相同的情况下，调节转速的方法所消耗的功率要小得多，其节能效果是十分显著的。

6.1.3　机床电动机的变频系统

金属切削机床的种类很多，主要有车床、铣床、磨床、钻床、刨床、镗床等。金属切削机床的基本运动是切削运动，即工件与刀具之间的相对运动。切削运动由主运动和进给运动组成。

在切削运动中，承受主要切削功率的运动称为主运动。在车床、磨床和刨床等机床中，主运动是工件的运动；而在铣床、镗床和钻床等机床中，主运动则是刀具的运动。

金属切削机床的主运动都要求对驱动电动机进行调速，并且调速的范围往往较大。金属切削机床主运动驱动电动机的调速，一般都在停机的情况下进行，在切削过程中是不能进行调速的。

这里以刨床为例，讲解变频系统在机床中的应用。

刨床的动力源是三相电机，在工作过程中有以下几点控制要求。

① 控制程序　刨床的往复运动必须能够满足刨床驱动电动机的转速变化和控制要求。

② 转速的调节　刨床的刨削率和高速返回的速率都必须能够十分方便地进行调节。

③ 点动功能　刨床必须能够点动，常称为"刨床步进"和"刨床步退"，以利于切削前的调整。

④ 连锁功能　a. 与横梁、刀架的连锁。刨床的往复运动与横梁的移动、刀架的运行之间，必须有可靠的连锁。b. 与油泵电动机的连锁。一方面，只有在油泵正常供油的情况下，才允许进行刨床的往复运动；另一方面，如果在刨床往复运动过程中，油泵电动机因发生故障而停机，刨床将不允许在刨削中间停止运行，而必须等刨床返回至起始位置时再停止。

（1）机床的变频系统电路结构

如图6-7所示为刨床拖动系统中的变频调速。

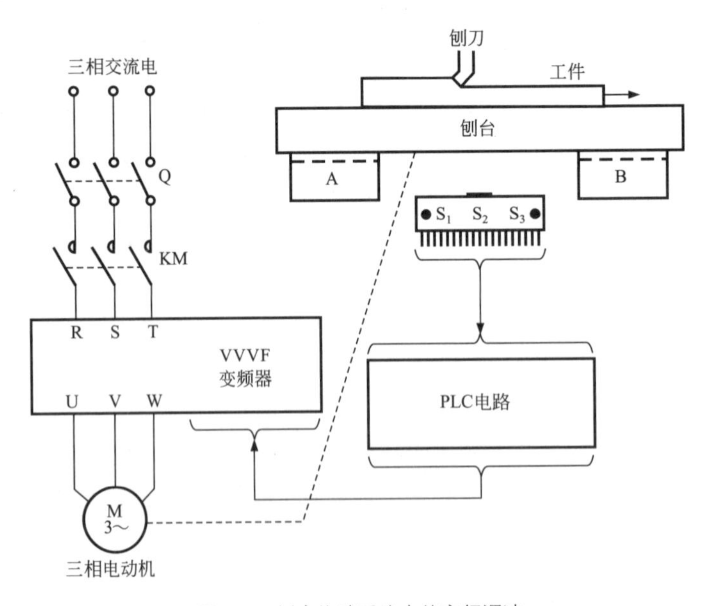

图6-7　刨床拖动系统中的变频调速

主拖动系统需要一台异步电动机，调速系统由专用接近开关得到的信号，接至PLC的输入端，PLC的输出端控制变频器，以调整刨床在各时间段的转速。可见，控制电路也比较简单明了。

采用变频调速的主要优点有以下几点。

① 减小了静差度　由于采用了有反馈的矢量控制，电动机调速后的机械特性很“硬”，静差度可小于3%。

② 具有转矩限制功能　下垂特性是指在电动机严重过载时，能自动地将电流限制在一定范围内，即使堵转也能将电流限制住。新系列的变频器都具有“转矩限制”功能。

③“爬行”距离容易控制　各种变频器在采用有反馈矢量控制的情况下，一般都具有“零速转矩”，即使工作频率为0，也有足够大的转矩，使负载的转速为0，从而可有效地控制刨床的爬行距离，使刨床不越位。

④ 节能效果可观　拖动系统的简化使附加损失大为减少，采用变频调速后，电动机的有效转矩线十分贴近负载的机械特性，进一步提高了电动机的效率，故节能效果是十分可观的。

扩展

刨床选择变频器时，可参考以下几点。

◆变频器的容量应比正常的配用电动机容量加大一挡。

◆变频器控制方式的选择

① V/f控制方式。车床除了在车削毛坯时负荷大小有较大变化外，以后的车削过程中，负荷的变化通常是很小的。因此，就切削精度而言，选择V/f控制方式是能够满足要求的。但在低速切削时，需要预置较大的V/f，在负载较轻的情况下，电动机的磁路常处于饱和状态，励磁电流较大。因此，从节能的角度看，V/f控制方式并不理想。

② 无反馈矢量控制方式。新系列变频器在无反馈矢量控制方式下，已经能够做到在0.5 Hz时稳定运行，所以完全可以满足普通车床主拖动系统的要求。由于无反馈矢量控制方式能够克服V/f控制方式的缺点，故是一种最佳选择。

③ 有反馈矢量控制。有反馈矢量控制方式虽然是运行性能最为完善的一种控制方式，但由于需要增加编码器等转速反馈环节，不但增加了费用，对编码器的安装也比较麻烦。所以，除非该机床对加工精度有特殊需求，一般没有必要采用此种控制方式。

如图6-8所示为采用外接电位器的刨床电动机的变频驱动和控制电路。

接触器KM用于接通变频器的电源，由SB_1和SB_2控制。继电器KA_1用于正转，由SF和ST控制；KA_2用于反转，由SR和ST控制。

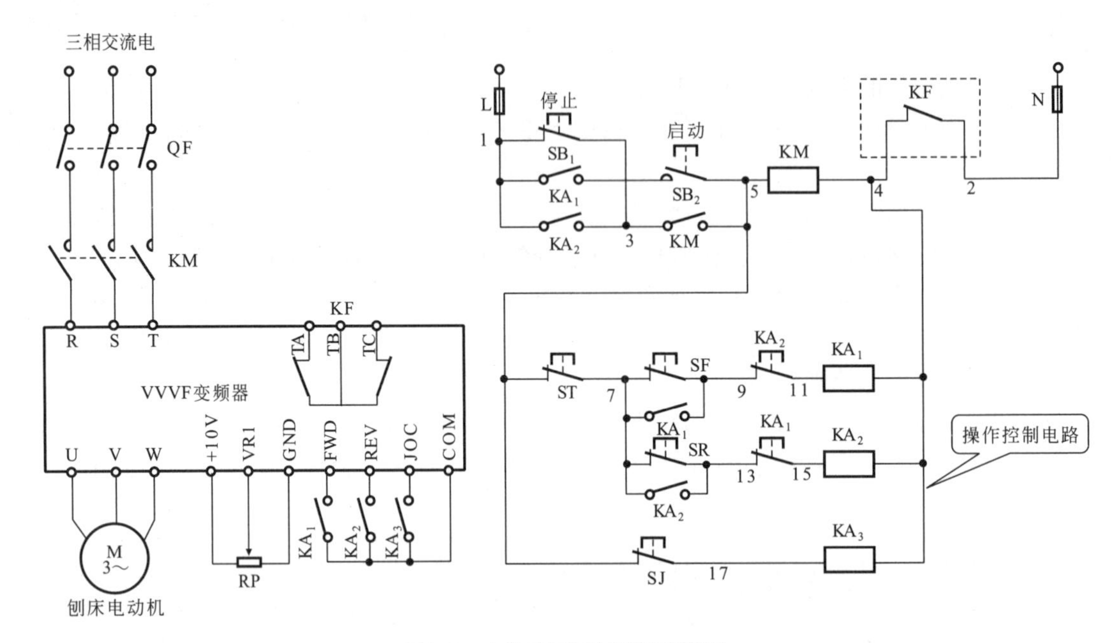

图6-8　电位器刨床的变频调速系统

如图6-9所示为采用PLC的刨床控制电路。

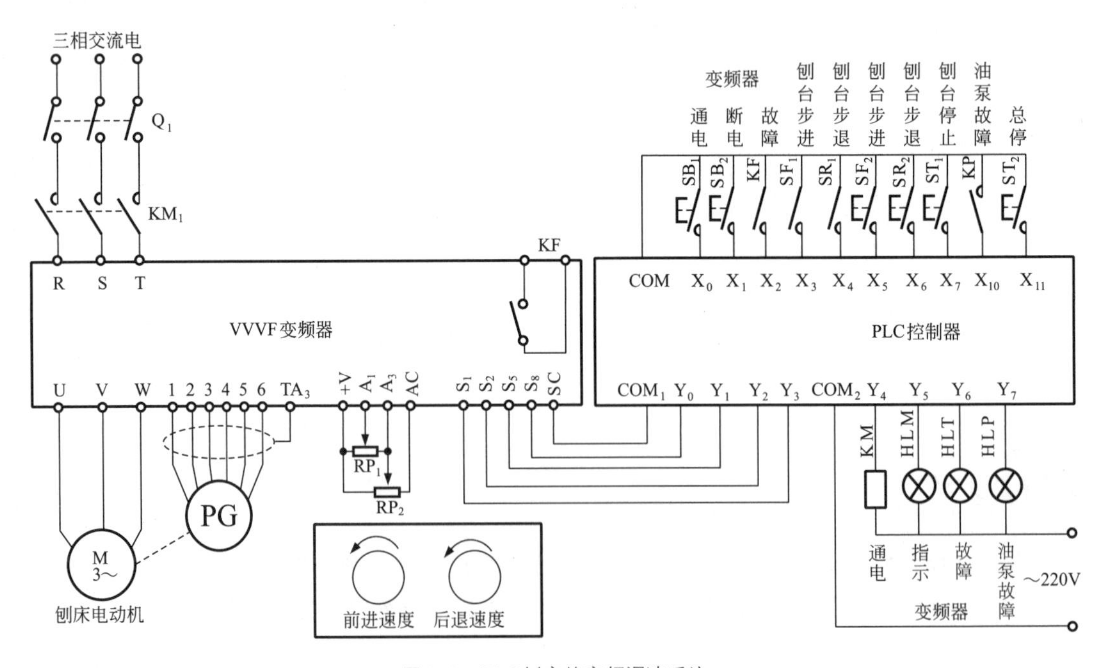

图6-9　PLC刨床的变频调速系统

◆ 变频器的通电。当空气断路器合闸后，由按钮SB_1和SB_2控制接触器KM，进而控制变频器的通电与断电，并由指示灯HLM进行指示。

◆ 刨床的刨削速度和返回速度分别通过电位器RP_1和RP_2来调节。刨床步进和步退的转速由变频器预置的点动频率决定。

◆ 往复运动的启动。通过按钮SF_2和SR_2来控制，具体按哪个按钮，须根据刨床的初始位置来决定。

◆ 故障处理。一旦变频器发生故障，触点KF闭合，一方面切断变频器的电源，同时指示灯HLT亮，进行报警。

◆ 油泵故障处理。一旦变频器发生故障，继电器KP闭合，PLC将使刨床在往复周期结束之后，停止刨床的继续运行。同时指示灯HLP亮，进行报警。

◆ 停机处理。正常情况下按ST_2，刨床应在一个往复周期结束之后才切断变频器的电源。如遇紧急情况，则按ST_1，使整台刨床停止运行。

（2）机床的变频系统电路原理

如图6-10所示为分段调速变频器的频率给定电路及工作原理。

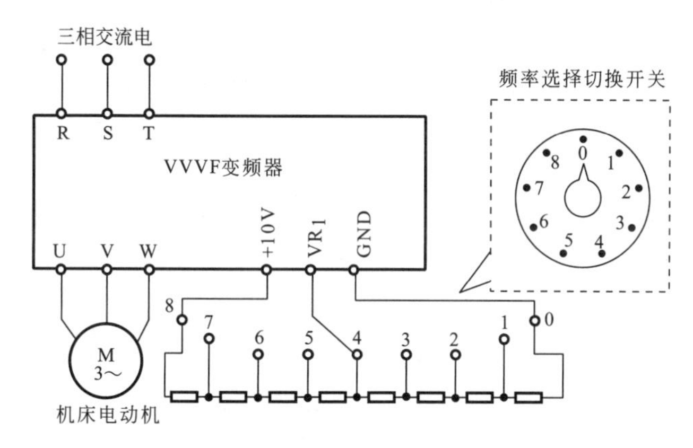

图6-10　分段调速变频器的频率给定电路及工作原理

机床可采用旋转手柄作为调速装置，即一个有9个位置的旋转手柄（包括0位）控制4个电磁离合器来进行调速。为了便于使用和操作，使调节转速的操作方法与不采用变频器的机床相同，故采用电阻分压式给定方法。

如图6-11所示为变频器配合PLC的分段调速频率给定工作原理。

如果机床需要进行较为复杂的程序控制，应用可编程序控制器（PLC）结合变频器的多挡转速功能来实现。转速挡由按钮开关（或触摸开关）来选择，通过PLC控制变频器的外接输入端子X_1、X_2、X_3的不同组合，可得到8挡转速。图6-11中电动机的正转、反转和停止分别由按钮开关SF、SR、ST来进行控制。

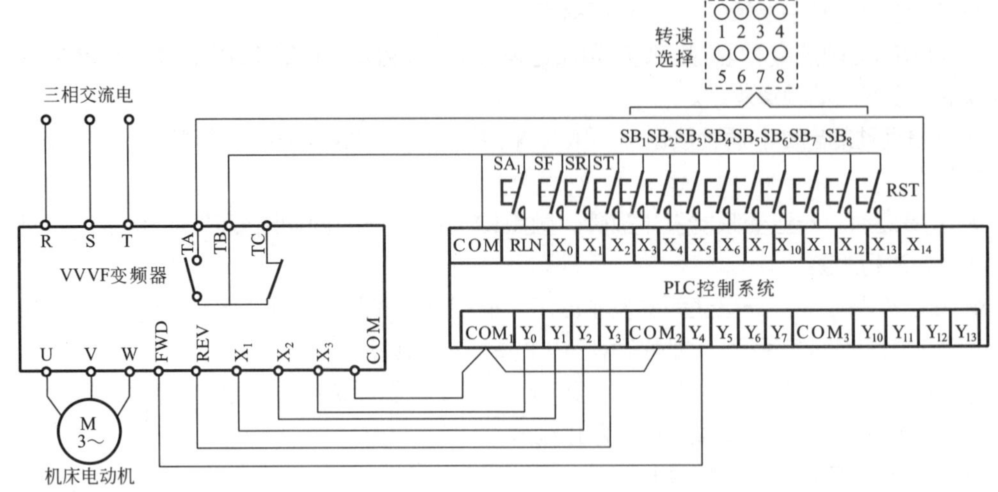

图6-11　变频器配合PLC的分段调速频率给定工作原理

扩展

如图6-12所示为数控机床的变频调速系统。

数控车床一般是用时间控制器确认电动机达到指令速度后才进刀，而变频器由于智能控制功能，具有速度一致信号（SU），所以可以按指令信号自动进刀，从而提高工作效率。

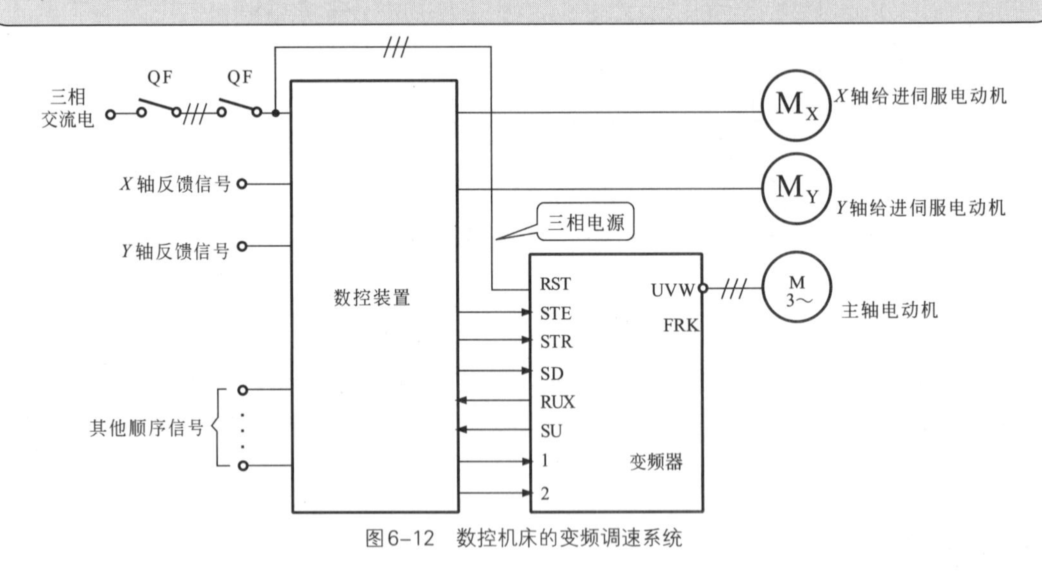

图6-12　数控机床的变频调速系统

6.1.4 吊车电动机的变频驱动系统

（1）运输吊车的变频系统电路结构

如图6-13所示为吊钩驱动电动机变频调速结构图。

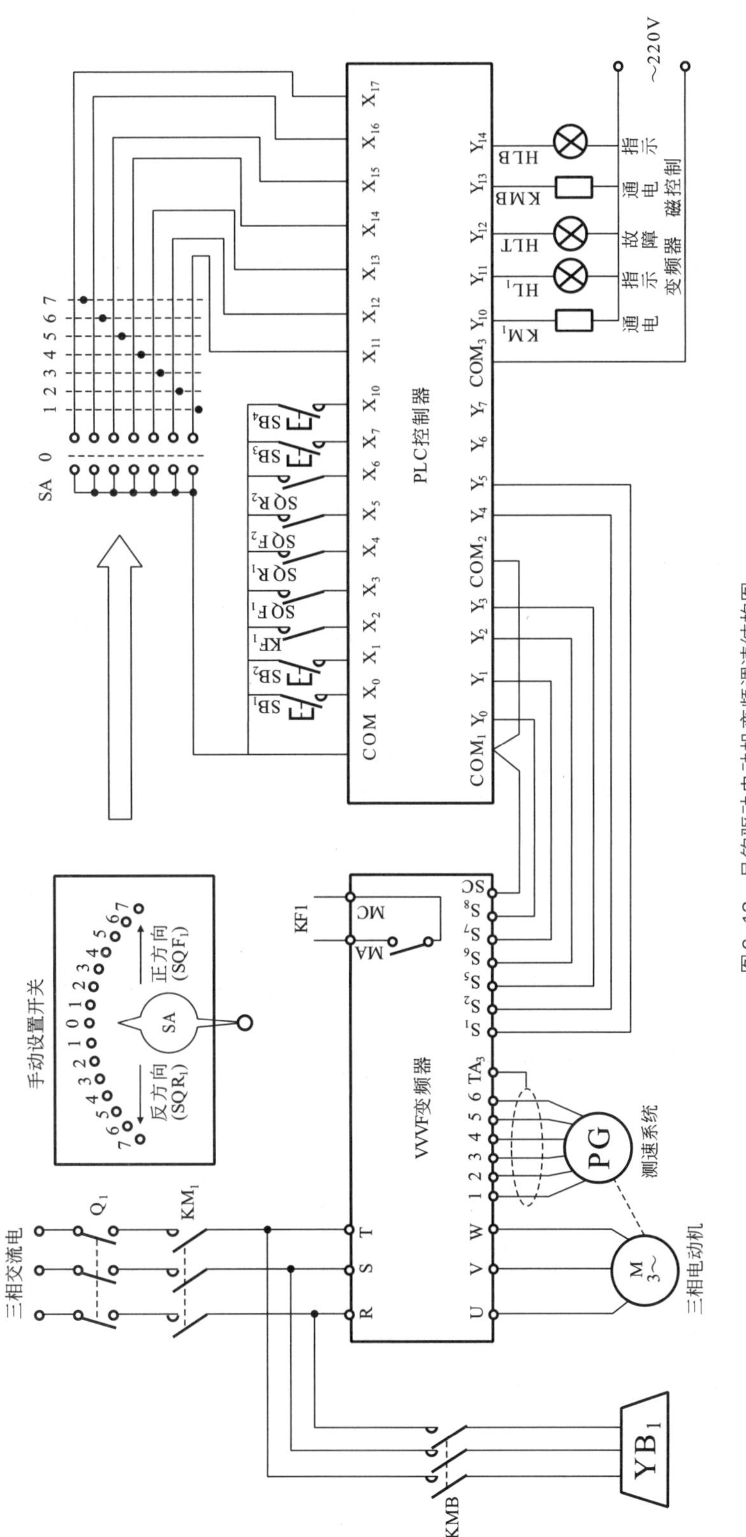

图6-13　吊钩驱动电动机变频调速结构图

图6-13是以日本安川G7系列变频器并结合PLC控制器，实现吊钩牵引电动机的变频调速控制。由按钮开关SB_1和SB_2通过接触器KM1控制变频器是否通电工作。由PLC控制变频器的输入端子S_1和S_2来实现电动机的正、反转及停止的控制。YB_1是制动电磁铁，由接触器KMB控制其是否通电，KMB的动作则根据在起升或停止过程中的需要来控制。SA是操作手柄，正、反两个方向各有7挡转速。正转时接近开关SQF_1动作，反转时接近开关SQR_1动作。SQF_2是吊钩上升时的限位开关。开关SB_3和SB_4是正、反两个方向的点动按钮。PG是速度反馈用的旋转编码器，这是有反馈矢量控制所必需的。

（2）运输吊车吊钩驱动电动机的变频系统电路原理

图6-13吊钩变频系统中的变频器在选择时，要考虑到起升机构对运行的可靠性要求较高，故选用具有带速度反馈矢量控制功能的变频器。

运输吊车采用变频技术可实现以下控制要点：

◆ 控制模式。一般地，为了保证在低速时能有足够大的转矩，最好采用带转速反馈的矢量控制方式。

◆ 启动方式。为了满足吊钩从“床面”上升时，需先消除传动间隙，将钢丝绳拉紧的要求，应采用S形启动方式。

◆ 制动方法。采用再生制动、直流制动和电磁机械制动相结合的方法。

◆ 点动制动。点动制动是用来调整被吊物体空间位置的，应能单独控制。点动频率不宜过高。

6.1.5 印染生产线驱动电动机的变频系统

印染生产线驱动电动机是布料生产中的关键设备之一，其机身长80多米，主要分车身和车头两大部分。车身由上浆、染色、水洗和烘干四个部分组成，在给定的工艺条件下，要求同步拖动电动机的转速恒定在（2000±20）r/min范围内，才能达到设备的要求。在进行正常工作时，电动机的转速要求在（50±4）r/min左右，因此对电动机有较宽的调速范围要求。变频器可以实现这一工作需求。

（1）印染生产线驱动电动机的变频系统电路结构

如图6-14所示为印染生产线驱动电动机自动控制原理框图。

印染生产线驱动电动机自动控制系统主要由经线导辊群、鼠笼异步电动机、变频器、PI调节器、速度传感器五部分组成。

（2）印染生产线驱动电动机的变频系统电路原理

为了协调车身与车头集中有分散的情况，控制系统引入可编程序控制器PLC，使车身与车头之间实现了协调控制。

可编程序控制器PLC将来自车身和车头操作台的信号进行协调处理后，分别给出车身恒转矩变频调速系统和车头自适应恒张力控制系统的给定信号。当车头换轴时，可编程序控制器将发出命令，停止车头自适应恒张力控制系统的工作，降低车身恒转矩变频调速系

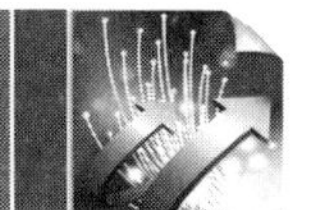

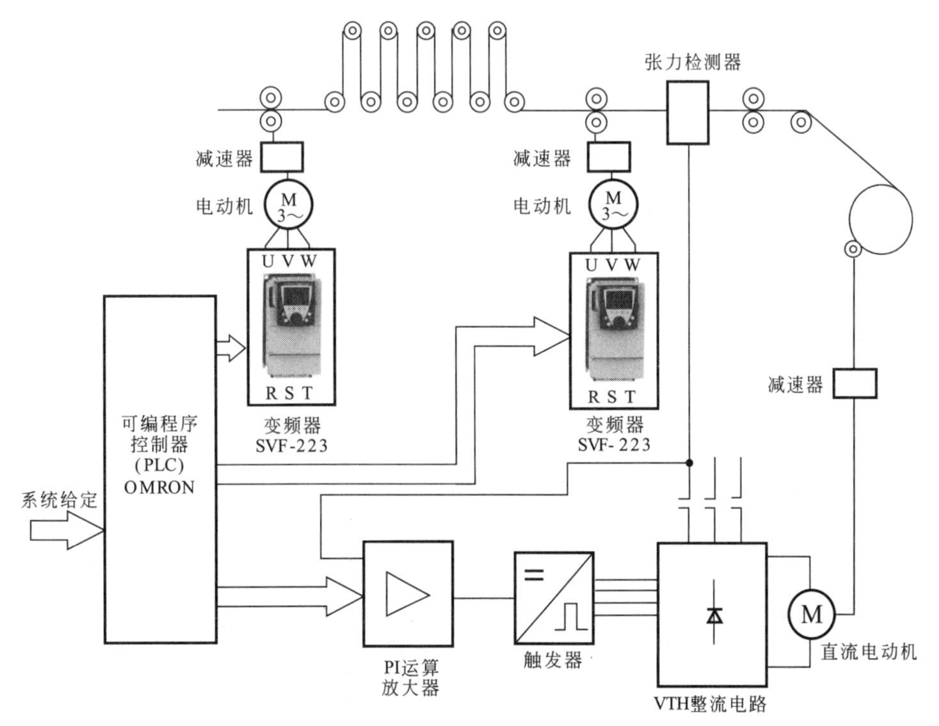

图6-14　印染生产线驱动电动机自动控制原理框图

统的转速。如果在规定的时间内车头换轴不能结束，就发出命令停止车身恒转矩变频调速系统工作。当车身需要低速运行处理跳线时，可编程序控制器又将发出命令降低车身恒转矩变频调速系统的转速，同时降低车头自适应控制系统的经线轴卷绕速度。根据闭环抑制定理，经线轴卷绕速度变化不会影响经线轴卷绕张力。

在车身恒转矩变频调速系统内，PI调节器将来自速度传感器的信号与可编程序控制器给定值进行比较后，输入到变频器，控制变频器的输出频率，调节电动机转速，改变经线的线速度，使经线速度稳定在期望值内。改变给定信号即可调节经线的线速度。

在车头微机恒张力控制系统内，微处理器将来自张力传感器、速度传感器的信号和可编程序控制器给定值，按照保持张力恒定的特定数学模型计算出一个双闭环控制系统的给定信号，再用双闭环控制系统控制调节电动机。

6.2 电力拖动系统中变频器的应用实例

6.2.1 电泵驱动系统中的变频控制电路实例

如图6-15所示为电泵驱动系统中的变频控制电路实例。高压三相电（1140 V，50Hz）输入

整流电路，变成直流高压，为变频驱动功率电路提供工作电压，其中变频电路中的IGBT管由变频驱动系统控制，为三相电动机提供变频电流。

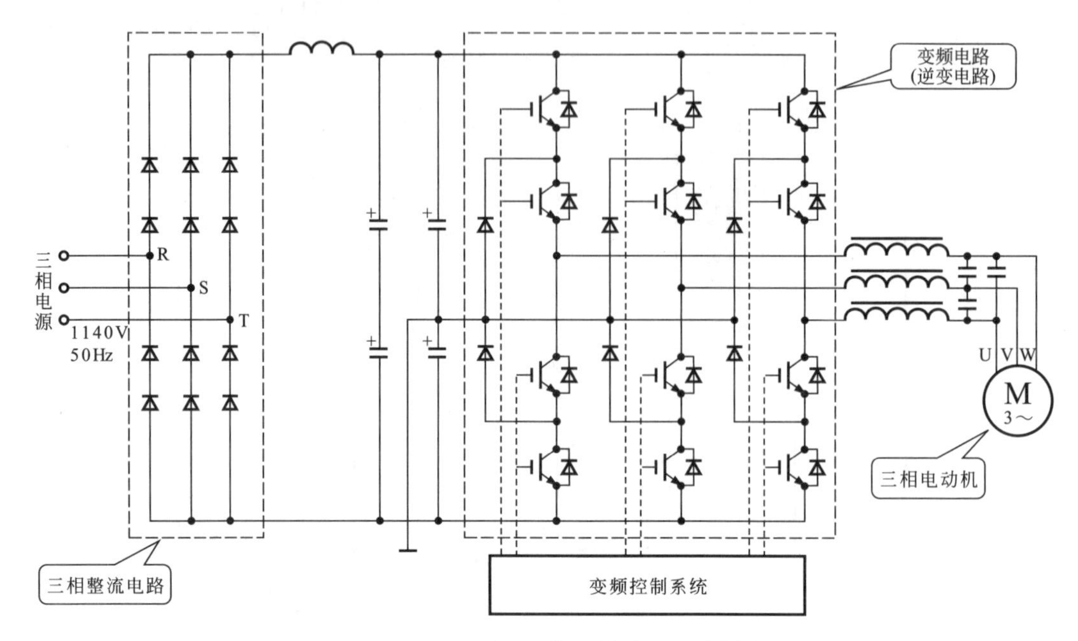

图6-15　电泵驱动系统中的变频控制电路实例

6.2.2　提升机电动机驱动系统中的变频电路实例

如图6-16所示为提升机电动机驱动系统中的变频电路实例。该电路包括三相整流电路、滤波电路、刹车电路、变频电路（逆变电路）、反馈逆变电路。

6.2.3　变频器在三相交流电动机驱动系统中的应用实例

如图6-17所示为变频器在三相交流电动机驱动系统中的应用实例。

三相交流电源加到变频器的R、S、T端，在变频器中经整流滤波后，为功率输出电路提供直流电压，变频器中的控制电路根据人工指令，即正反向操作（N_1）和启停操作（N_2）键，为变频功率模块提供驱动信号，变频器的U、V、W端输出驱动电流送到三相电动机的绕组。

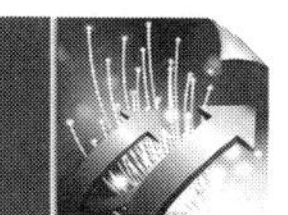

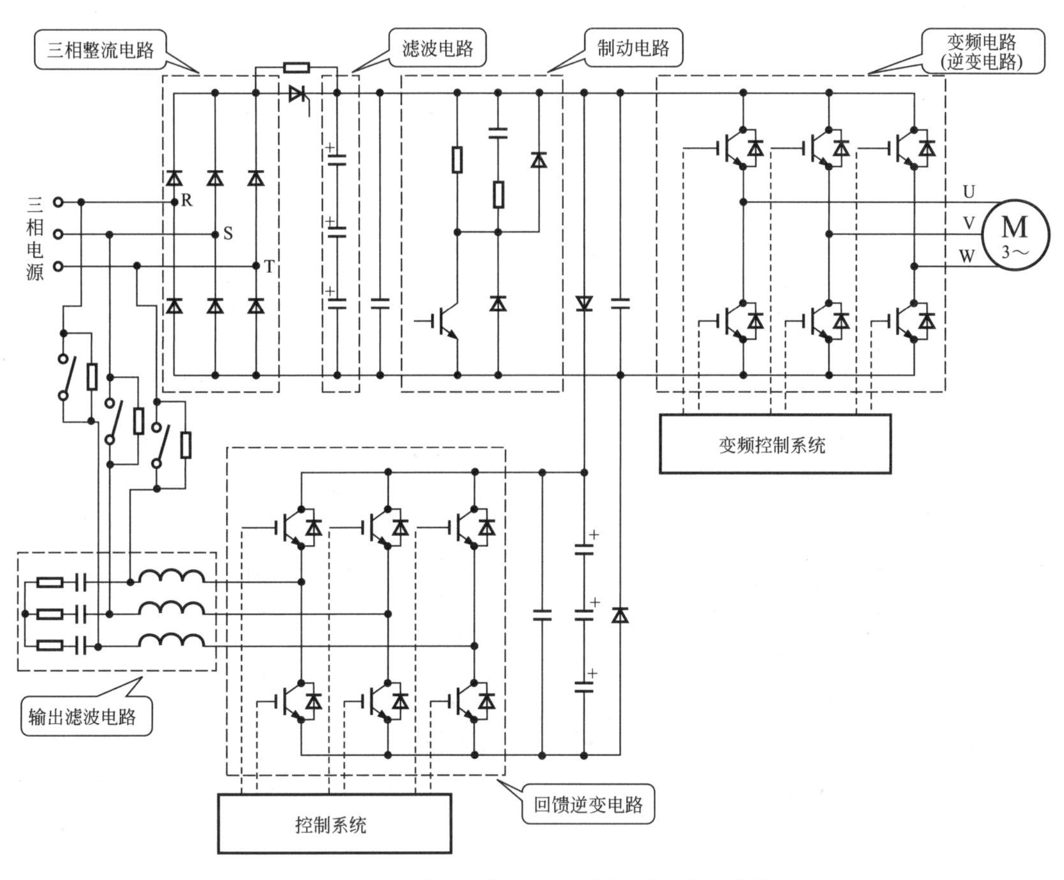

图6-16　提升机电动机驱动系统中的变频电路实例

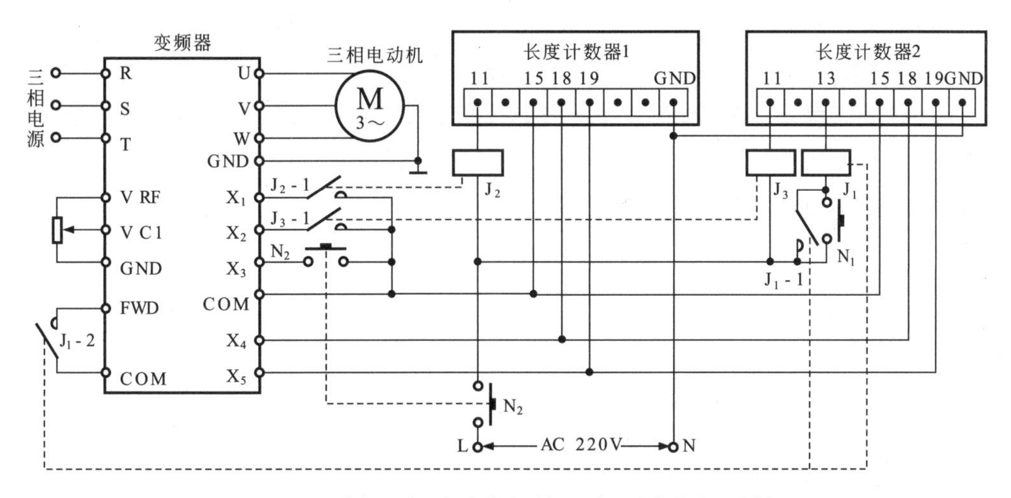

图6-17　变频器在三相交流电动机驱动系统中的应用实例

6.2.4 变频器在桥式吊车中的应用实例

如图6-18所示为变频器在桥式吊车中的应用实例。

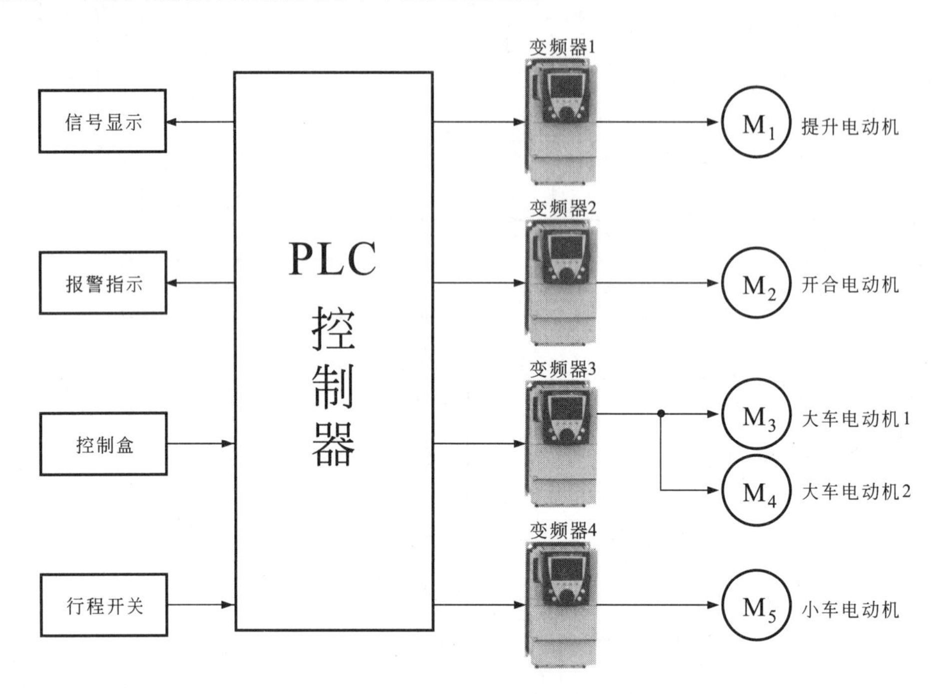

图6-18 变频器在桥式吊车中的应用实例

桥式吊车的驱动系统中设有5个电动机，在工作时，进行协调运动，为此需要具有统一控制的PLC控制器（可编程控制器），分别控制4个变频器，其中变频器3驱动两个电动机运转。控制盒为PLC控制器输入人工指令，经PLC后，控制各变频器，行程开关为PLC提供状态信号（机械行程的位置信号）。吊车运行时，显示电路显示工作状态，如有异常，会有报警提示信号。

6.2.5 变频器在工业锅炉中的应用实例

如图6-19所示为变频器在工业锅炉中的应用实例。

该锅炉系统中设有3个电动机，统一由一个变频器控制，三相交流电源给变频器供电，经变频器后转换为频率和电压可变的驱动信号加给电动机。电动机的运转情况经速度检测电路反馈到PLC控制电路。锅炉系统中的检测（传感）信号和选择控制信号都送到PLC中。PLC的控制信号经转换装置后，送给变频器作为控制信号。这样就构成了工业锅炉的自动控制系统。

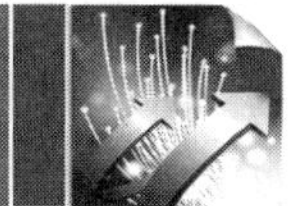

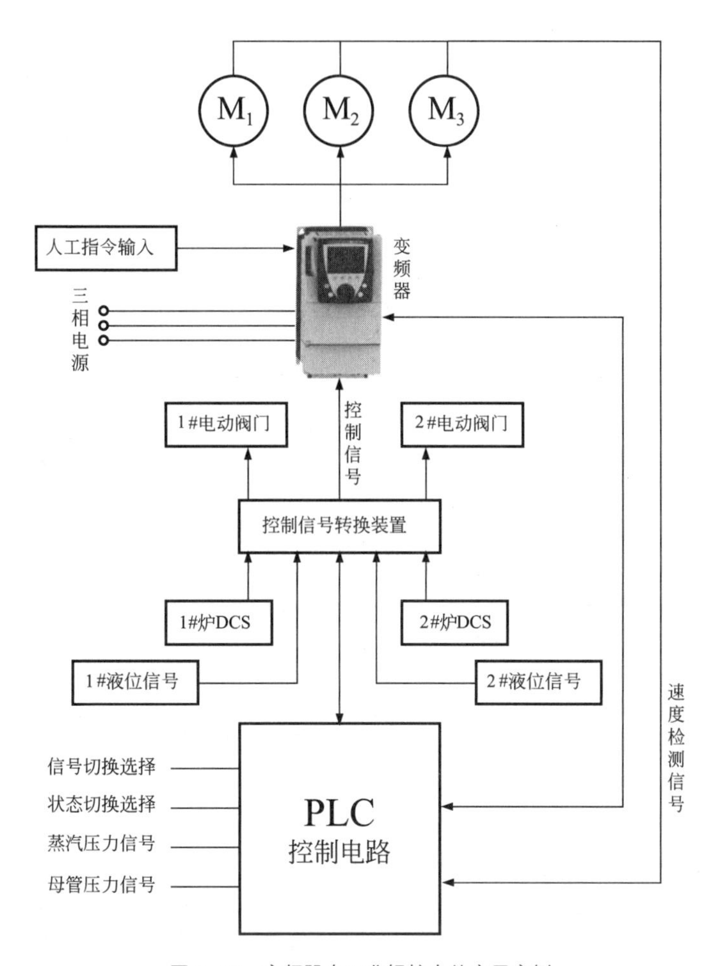

图6-19　变频器在工业锅炉中的应用实例

6.2.6　变频器在焦化厂风机驱动系统中的应用实例

如图6-20所示为变频器在焦化厂风机驱动系统中的应用实例。

该系统中风机驱动电动机的控制采用了变频器，这样就可以在原设备不变的情况下，只对电动机的供电电路进行改造，用变频器取代恒频、恒压控制，具有省能的效果。这样根据电动机的功率，选择通用变频器即可。三相交流电源经变频器变换后为电动机供电。

6.2.7　变频器在电梯驱动系统中的应用实例

如图6-21所示为变频器在电梯驱动系统中的应用实例。

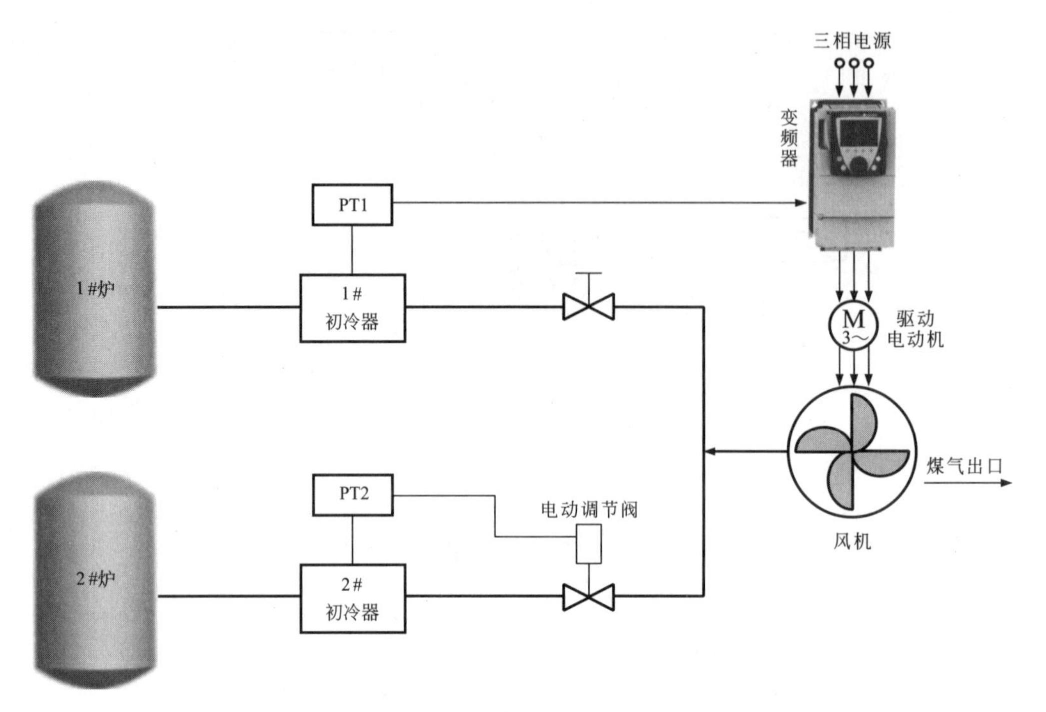

图6-20　变频器在焦化厂风机驱动系统中的应用实例

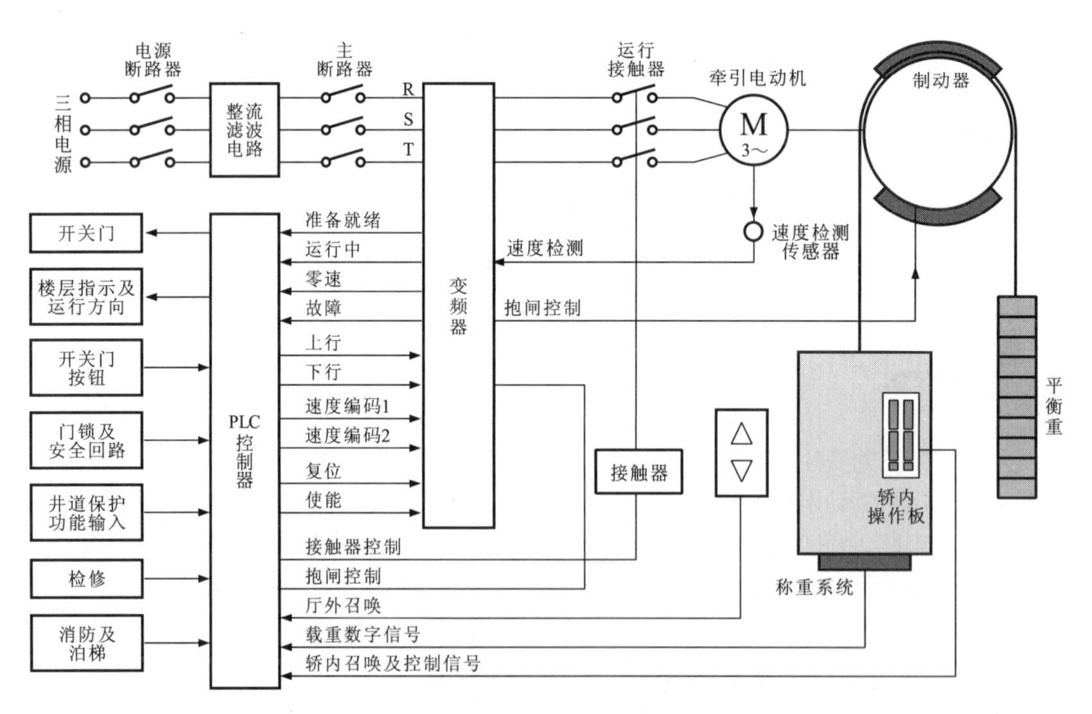

图6-21　变频器在电梯驱动系统中的应用实例

电梯的驱动是电动机，电动机在驱动过程中运转速度和运转方向都有很大的变化，电梯内每层楼都有人工指令输入装置，电梯在运行时必须有多种自动保护环节。

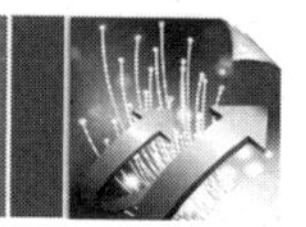

（1）主电源供电

三相交流电源经断路器、整流滤波电路、主断路器加到变频器的R、S、T端，经变频器变频后输出变频驱动信号，经运行接触器为牵引电动机供电。

（2）PLC控制器

为了实现多功能多环节的控制和自动保护功能，在控制系统中设置了PLC控制器，指令信号、传感信号和反馈信号都送到PLC中，经PLC后为变频器提供控制信号。

6.2.8 变频器在卷纸系统中的应用实例

如图6-22所示为变频器在卷纸系统中的应用实例。

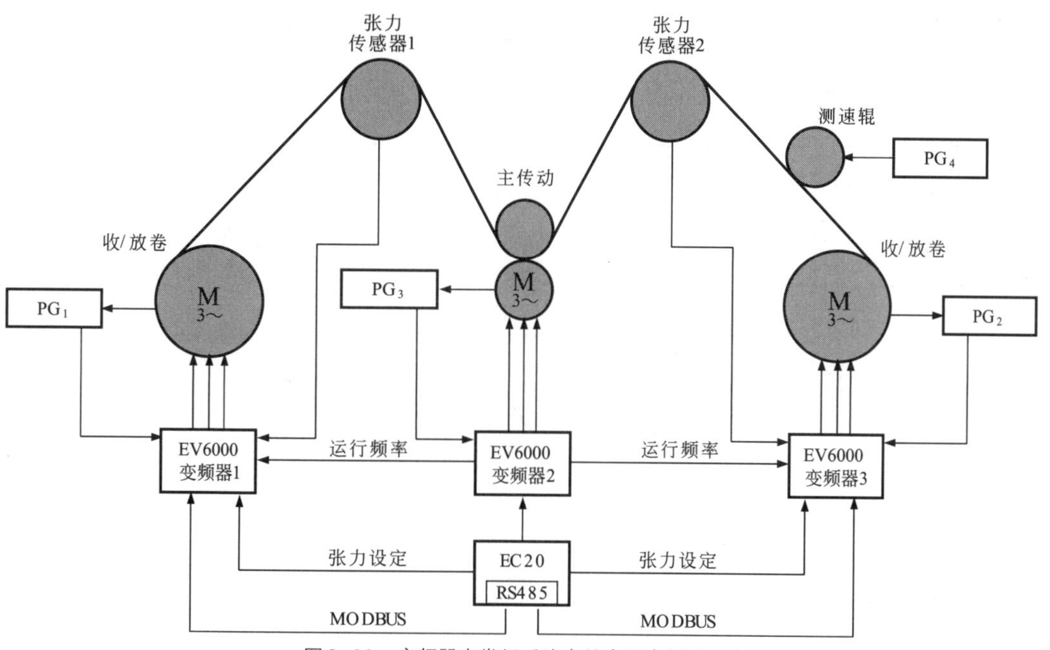

图6-22 变频器在卷纸系统中的应用实例（一）

上述变频控制系统的电路结构如图6-23所示，一台主轴电动机和工台收卷电动机都是由MD320变频器驱动的。操作控制电路是由启停控制键（SB_1、SB_2）、其他控制键（SB_3 ～ SB_5）和交流接触器构成的。

6.2.9 变频器在锅炉和水泵驱动电路中的应用实例

如图6-24所示为变频器在锅炉和水泵驱动电路中的应用实例。

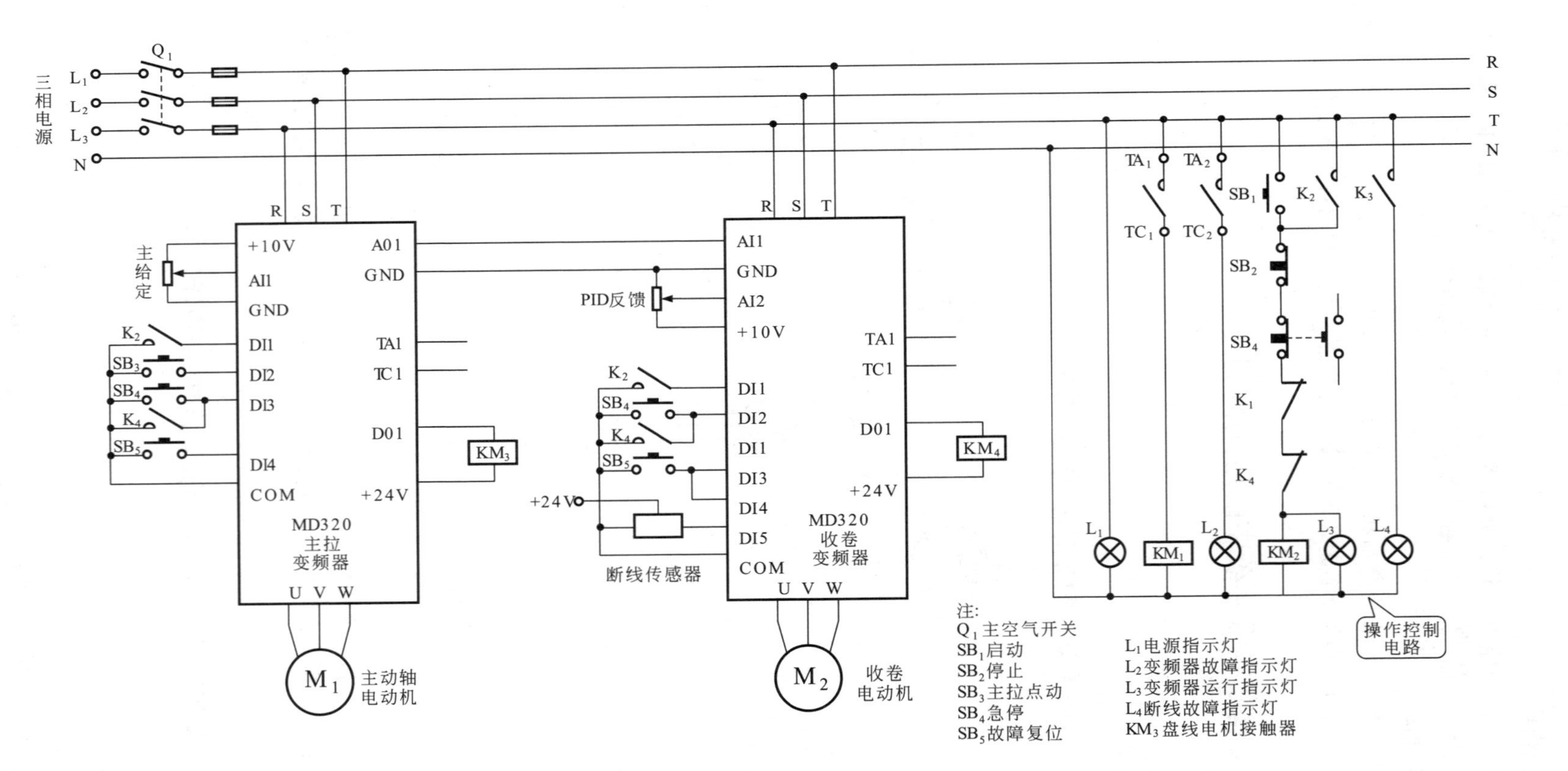

图6-23 变频器在卷纸系统中的应用实例（二）

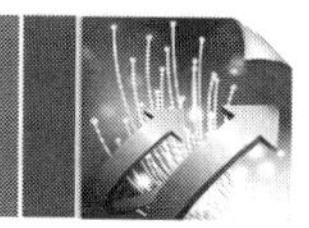

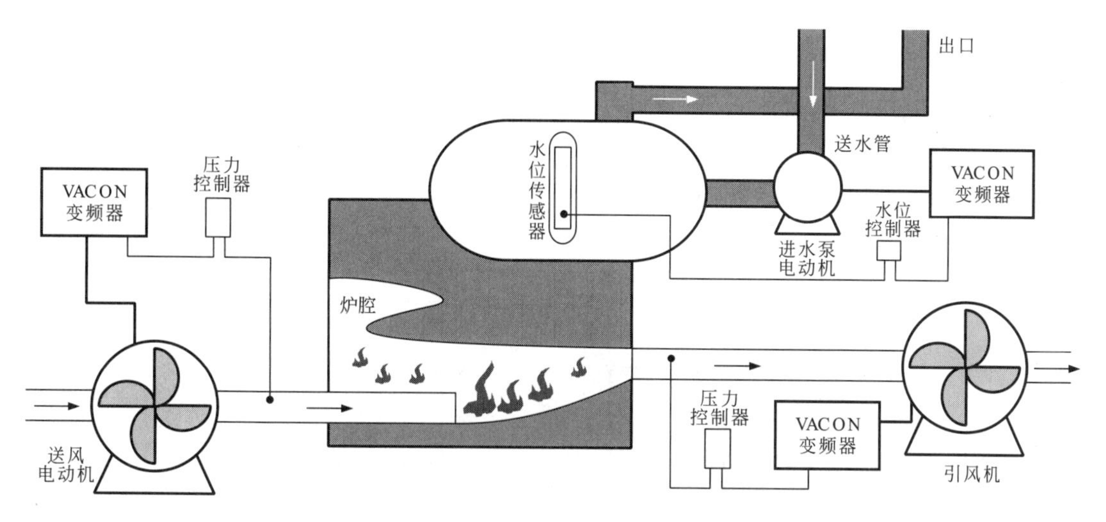

图6-24 变频器在锅炉和水泵驱动电路中的应用实例

该系统中有两台风机驱动电动机和一台水泵驱动电动机，这三台电动机都采用了变频器驱动方式，大大节省了能耗，提高了效率。每台电动机的驱动连接方法与前述的通用变频器相同。

6.2.10 变频器在普通交流电动机驱动电路中的应用实例

如图6-25所示为变频器在普通交流电动机驱动电路中的应用实例。

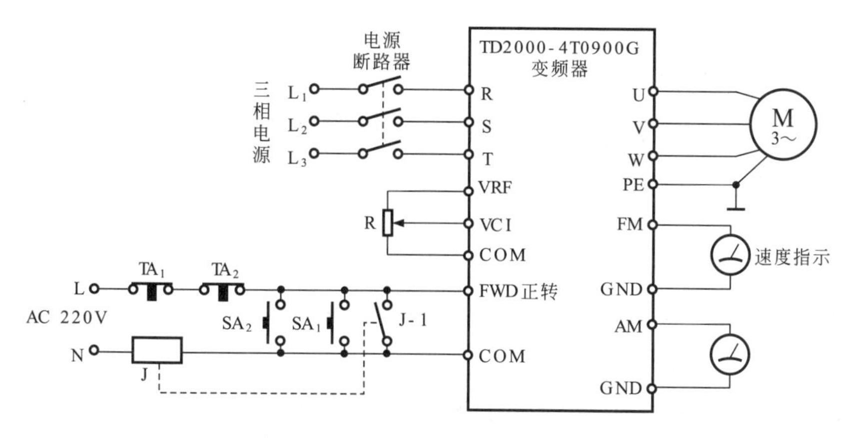

图6-25 变频器在普通交流电动机驱动电路中的应用实例

该系统中三相电源的供电方式和变频器与电动机的连接方式基本相同，只是在变频器的FWD（正转）控制端，加入了继电器J和人工操作键，使电动机的控制可以加入人工干预。

6.2.11 变频器在电力拖动系统中的应用实例

如图6-26所示为变频器在电力拖动系统中的应用实例。

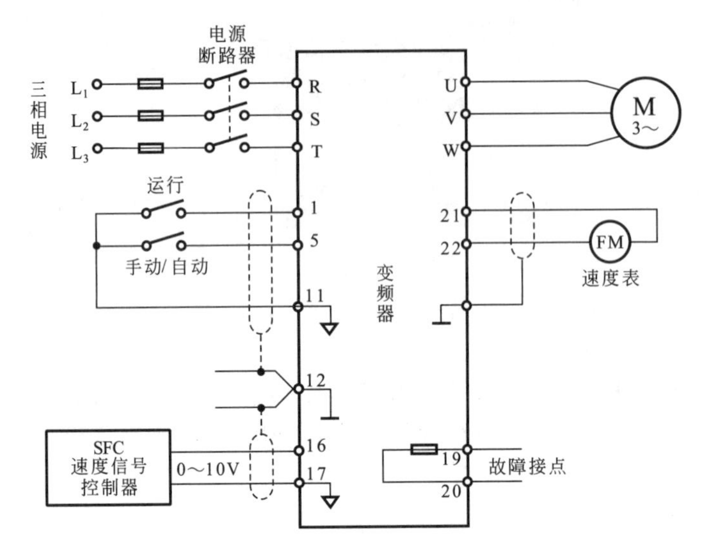

图6-26 变频器在电力拖动系统中的应用实例

该系统中采用了通用变频器为电动机供电，三相交流电源经保险丝和电源断路器为变频器供电，将三相电源加到变频器的R、S、T端，经变频器转换控制后，变成频率可变的驱动过电流，为电动机供电，由变频器的U、V、W端为电动机送电。速度信号控制器为变频器提供控制信号，变频器的①、⑤脚外接人工操作开关输入端，为变频器提供运行指令。㉑、㉒端外接速度表，指示电动机运行的速度。

6.2.12 变频器在潜水泵驱动系统中的应用实例

如图6-27所示为变频器在潜水泵驱动系统中的应用实例。

6.2.13 变频器在双电动机驱动系统中的应用实例

如图6-28所示为变频器在双电动机驱动系统中的应用实例。

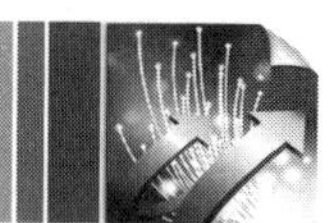

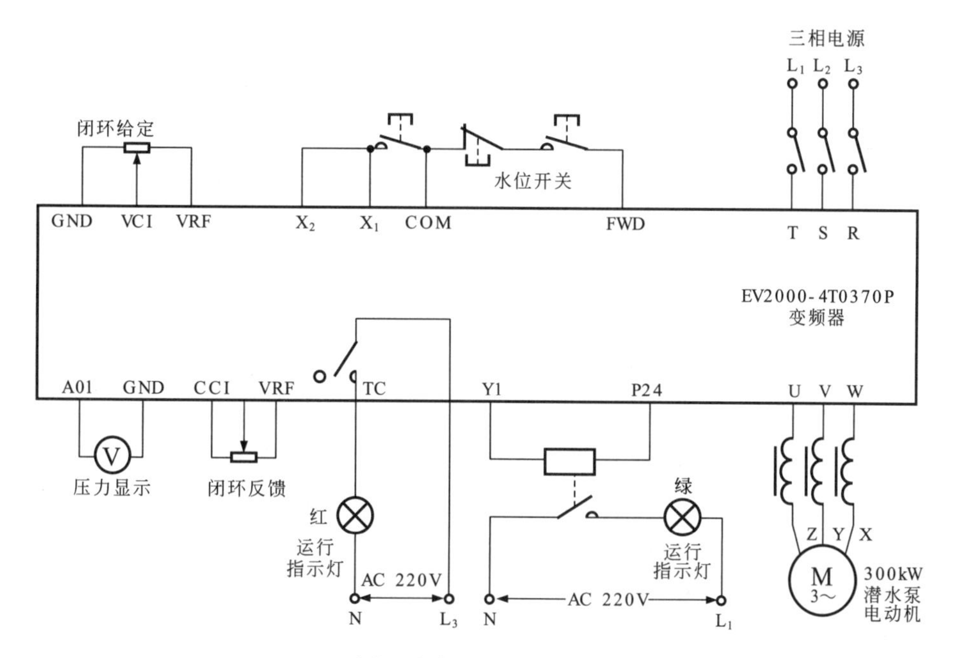

图6-27 变频器在潜水泵驱动系统中的应用实例

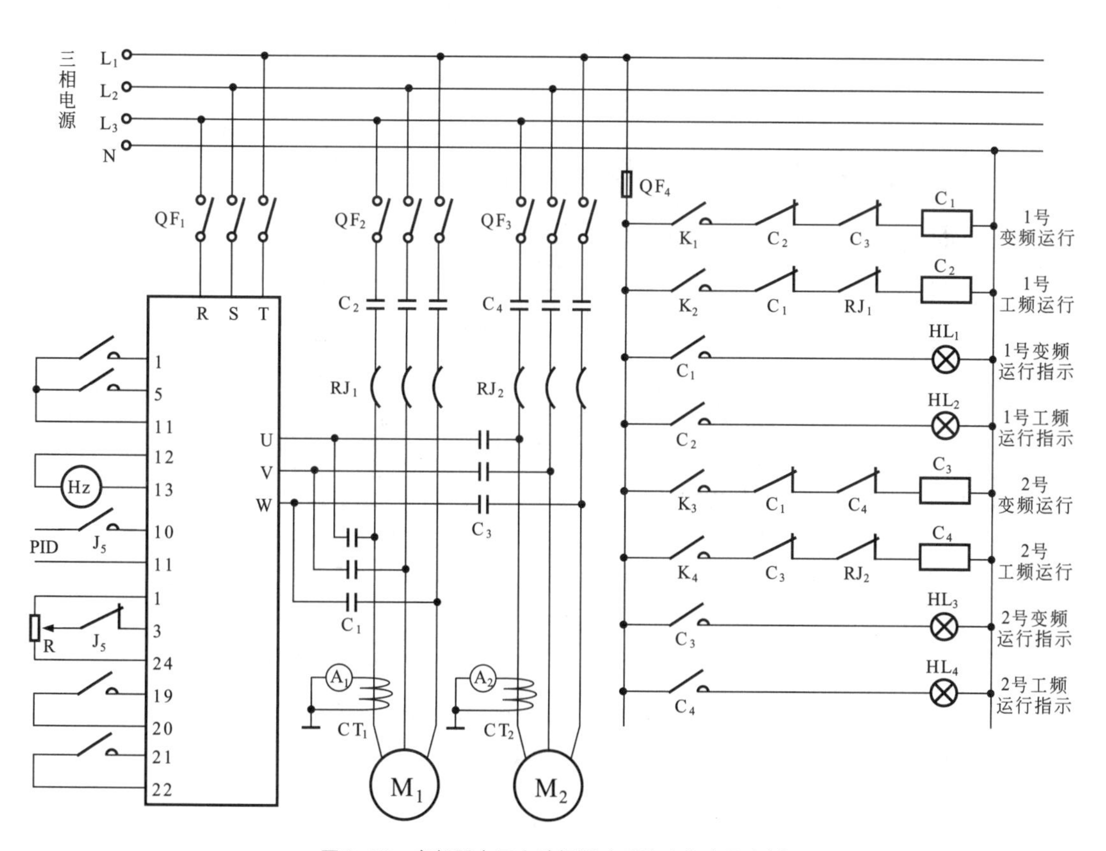

图6-28 变频器在双电动机驱动系统中的应用实例

6.2.14 变频器在计量泵驱动系统中的应用实例

如图6-29所示为变频器在计量泵驱动系统中的应用实例。

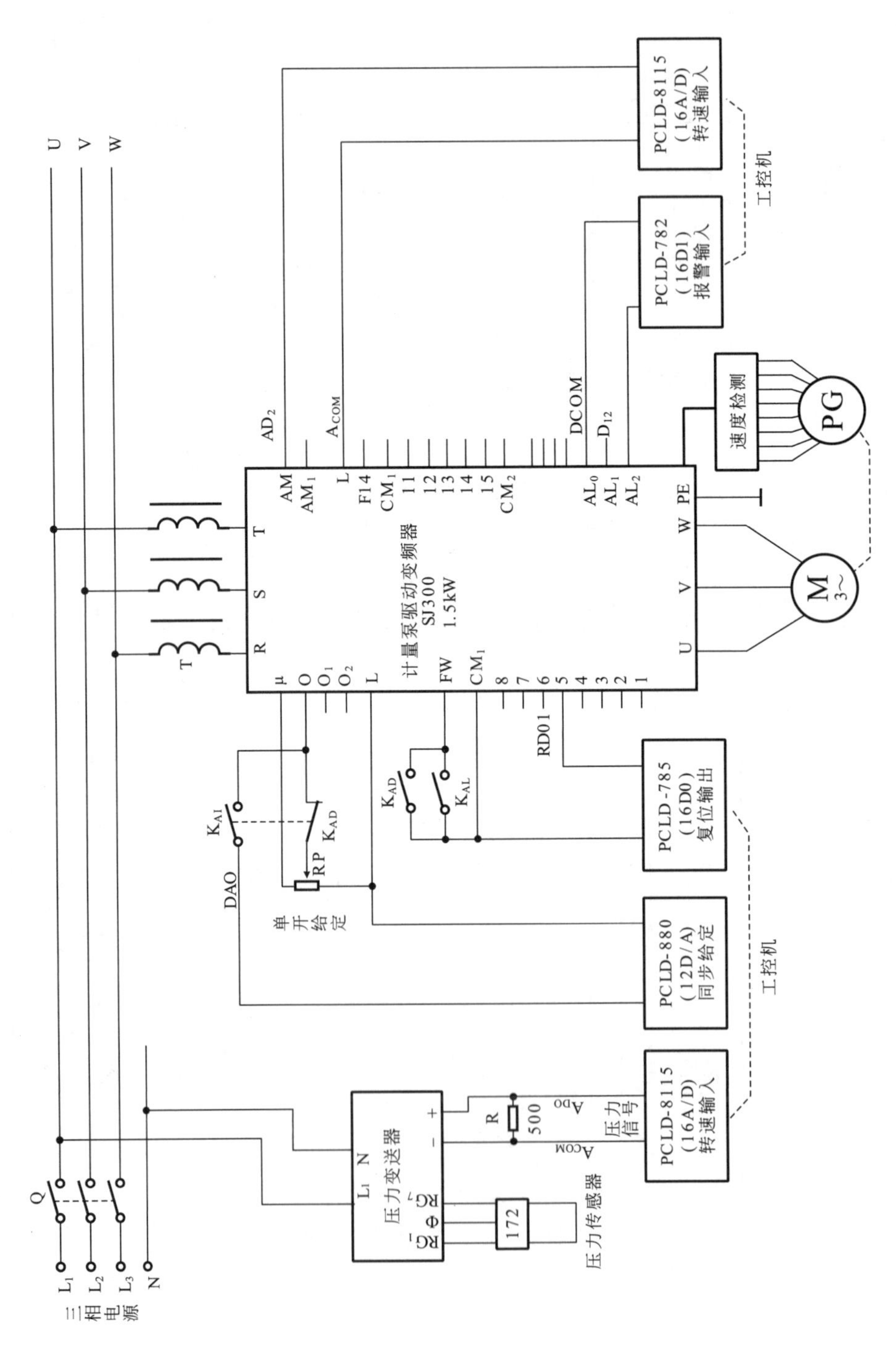

图6-29 变频器在计量泵驱动系统中的应用实例

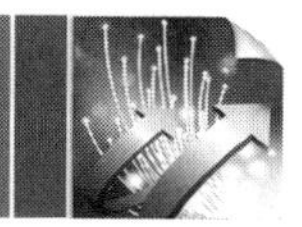

6.2.15 智能变频驱动控制电路的应用实例

如图6-30所示为智能变频驱动控制电路的应用实例。

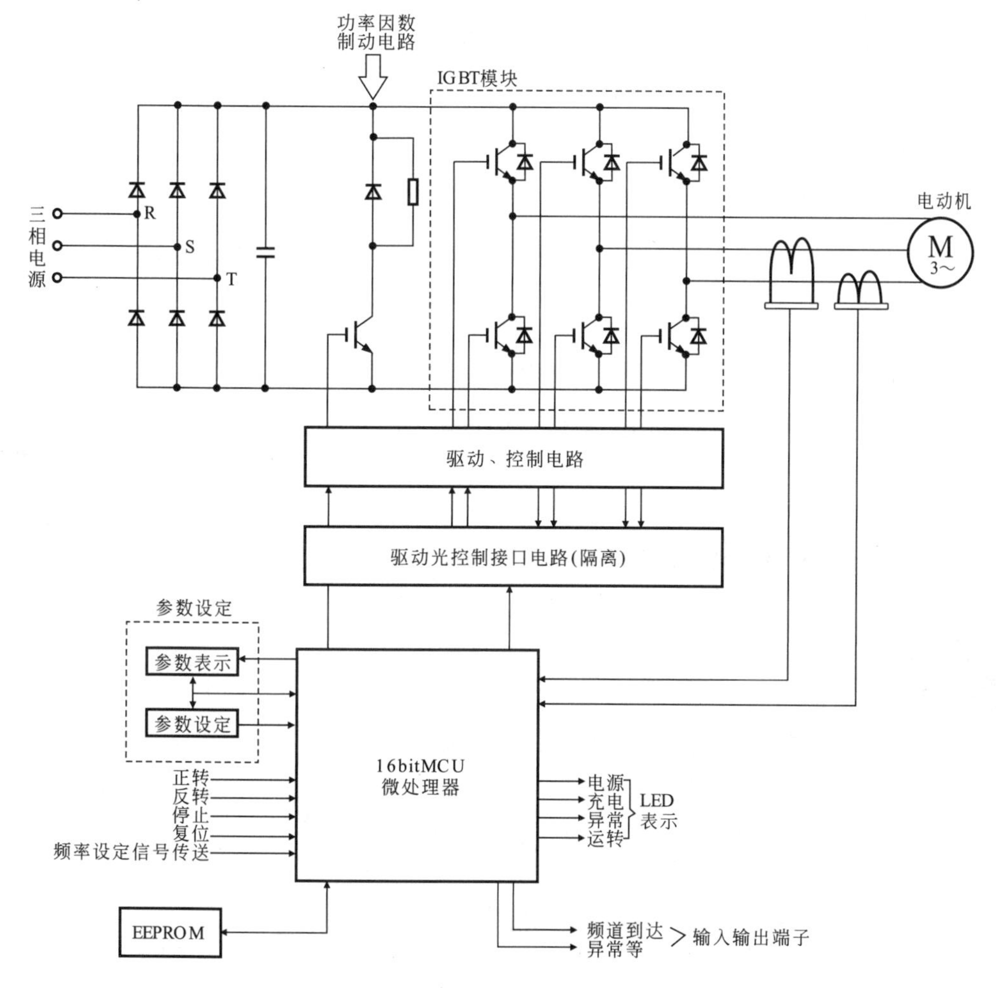

图6-30 智能变频驱动控制电路的应用实例

6.2.16 变频器在农用机械中的应用实例

如图6-31所示为变频器在农用机械中的应用实例。

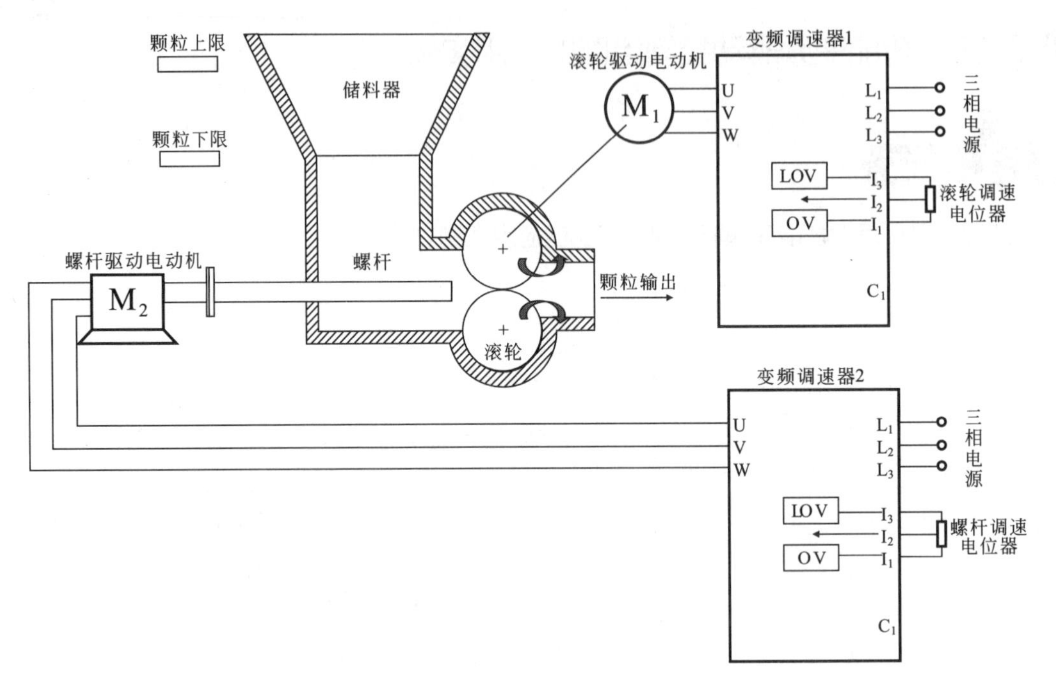

图6-31　变频器在农用机械中的应用实例

6.2.17　变频器在输纸机构中的应用实例

如图6-32所示为变频器在输纸机构中的应用实例。

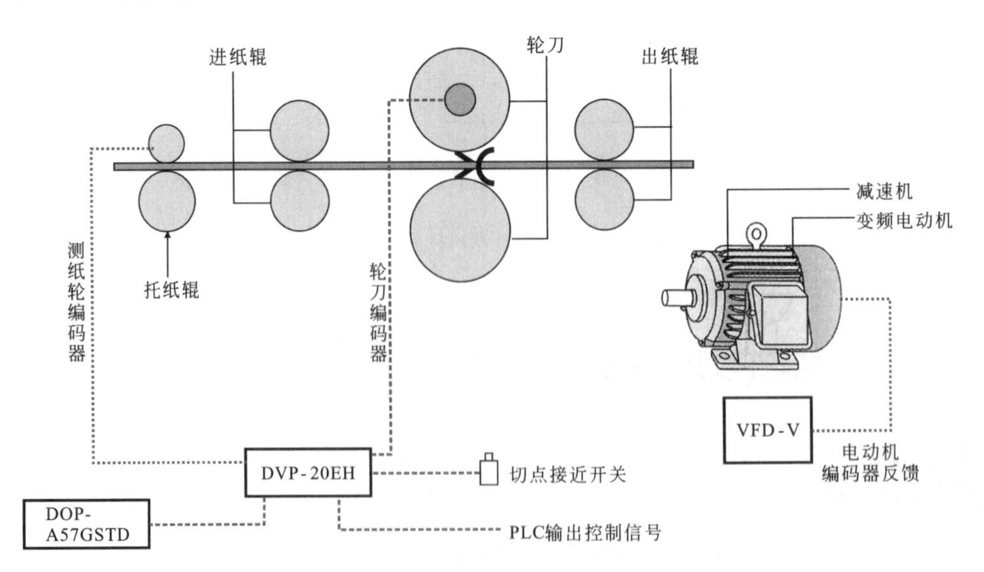

图6-32　变频器在输纸机构中的应用实例

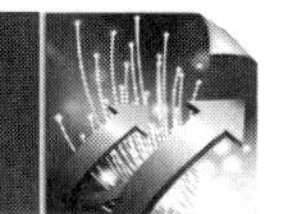

6.2.18 变频系统中的功率模块

如图6-33所示为变频系统中的功率模块。

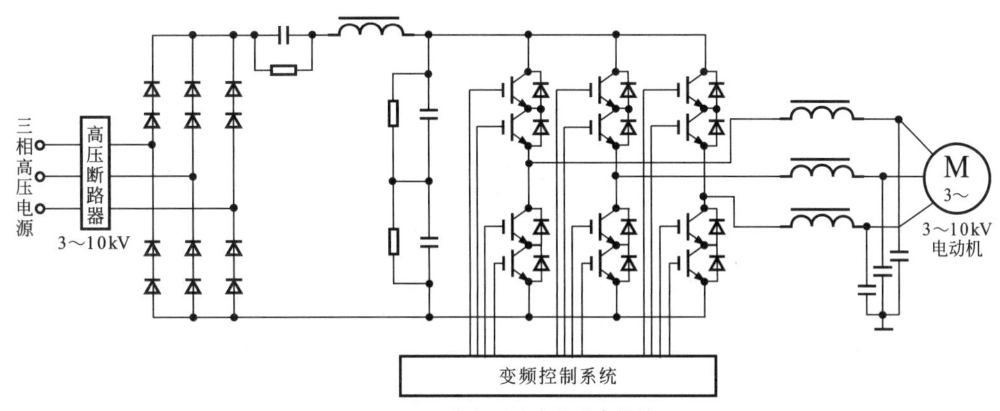

图6-33 变频系统中的功率模块

6.2.19 变频器在供料车驱动电路中的应用实例

如图6-34所示为变频器在供料车驱动电路中的应用实例。

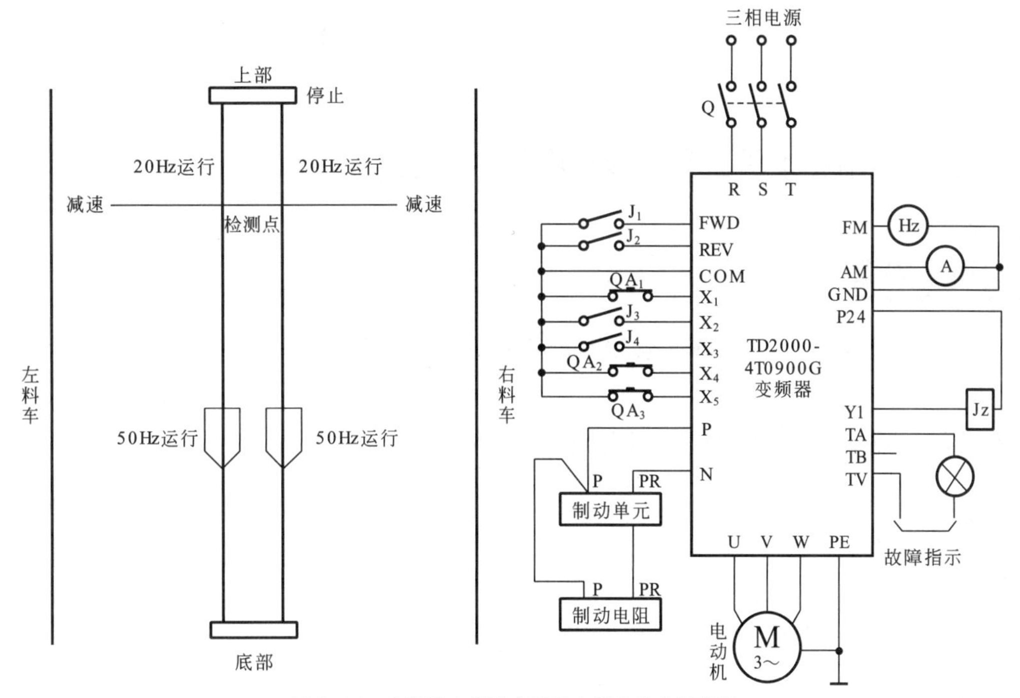

图6-34 变频器在供料车驱动电路中的应用实例

6.2.20 通用变频器在电力拖动电路中的应用实例1

如图6-35所示为通用变频器在电力拖动电路中的应用实例1。

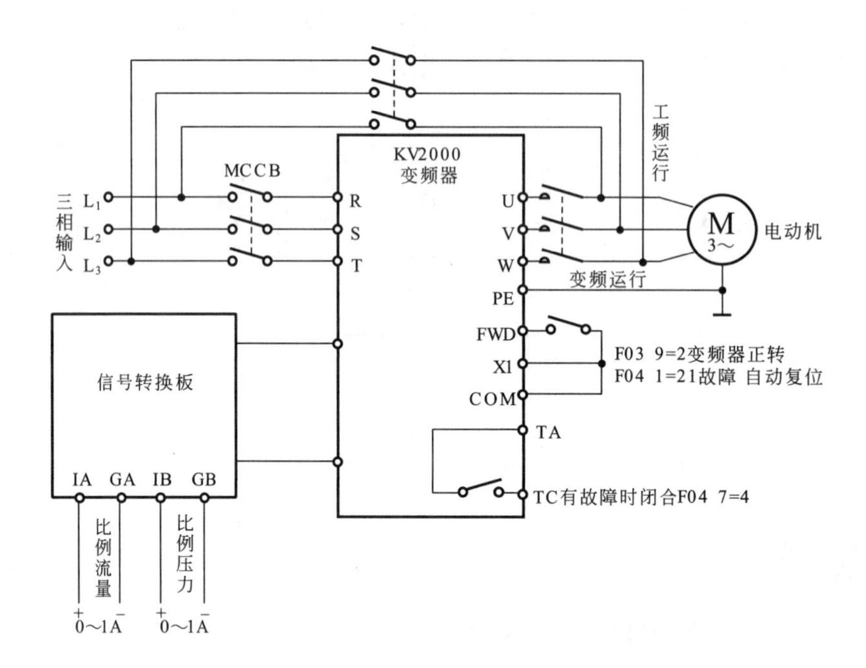

图6-35 通用变频器在电力拖动电路中的应用实例1

6.2.21 通用变频器在电力拖动电路中的应用实例2

如图6-36所示为通用变频器在电力拖动电路中的应用实例2。

6.2.22 典型变频器的接口电路

如图6-37所示为典型变频器的接口电路。

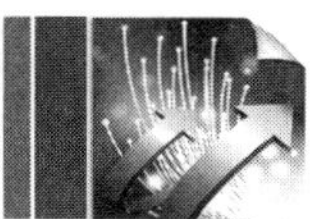

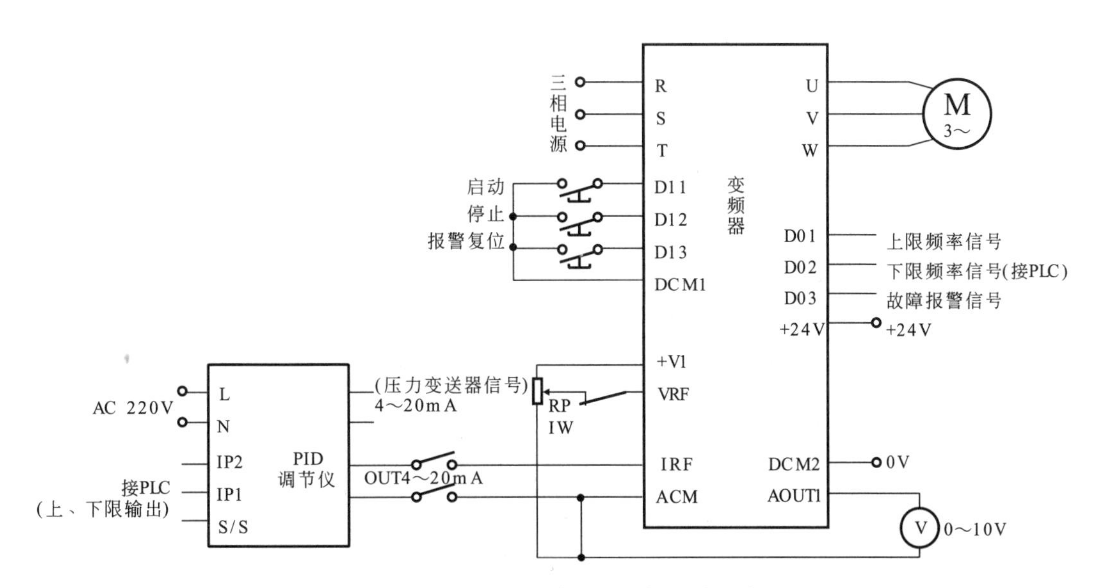

图6-36　通用变频器在电力拖动电路中的应用实例2

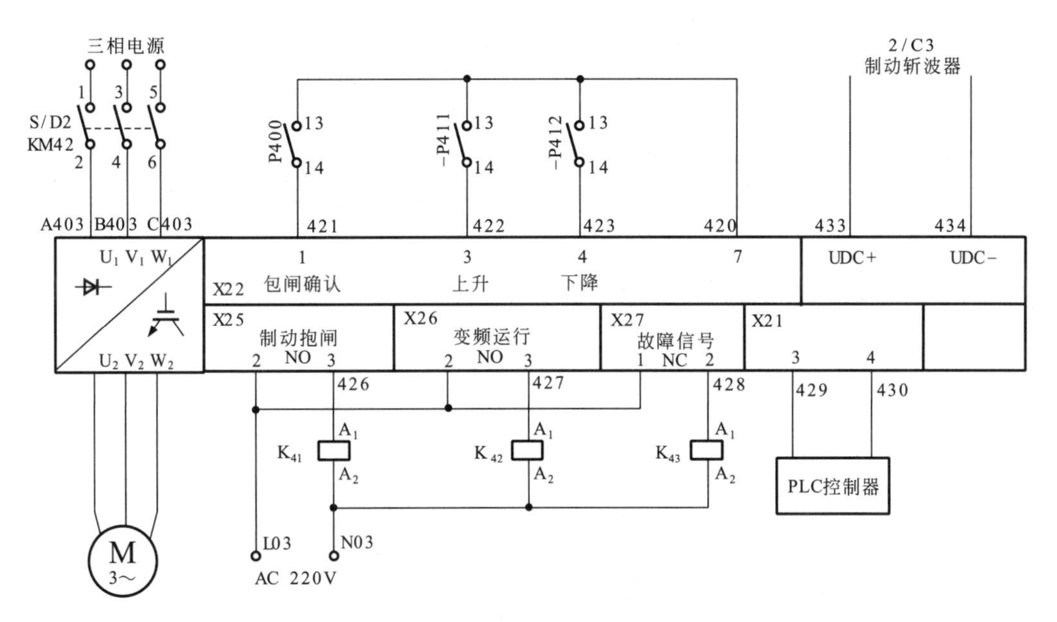

图6-37　典型变频器的接口电路

6.2.23　变频器在多电动机驱动系统中的应用实例

如图6-38所示为变频器在多电动机驱动系统中的应用实例。

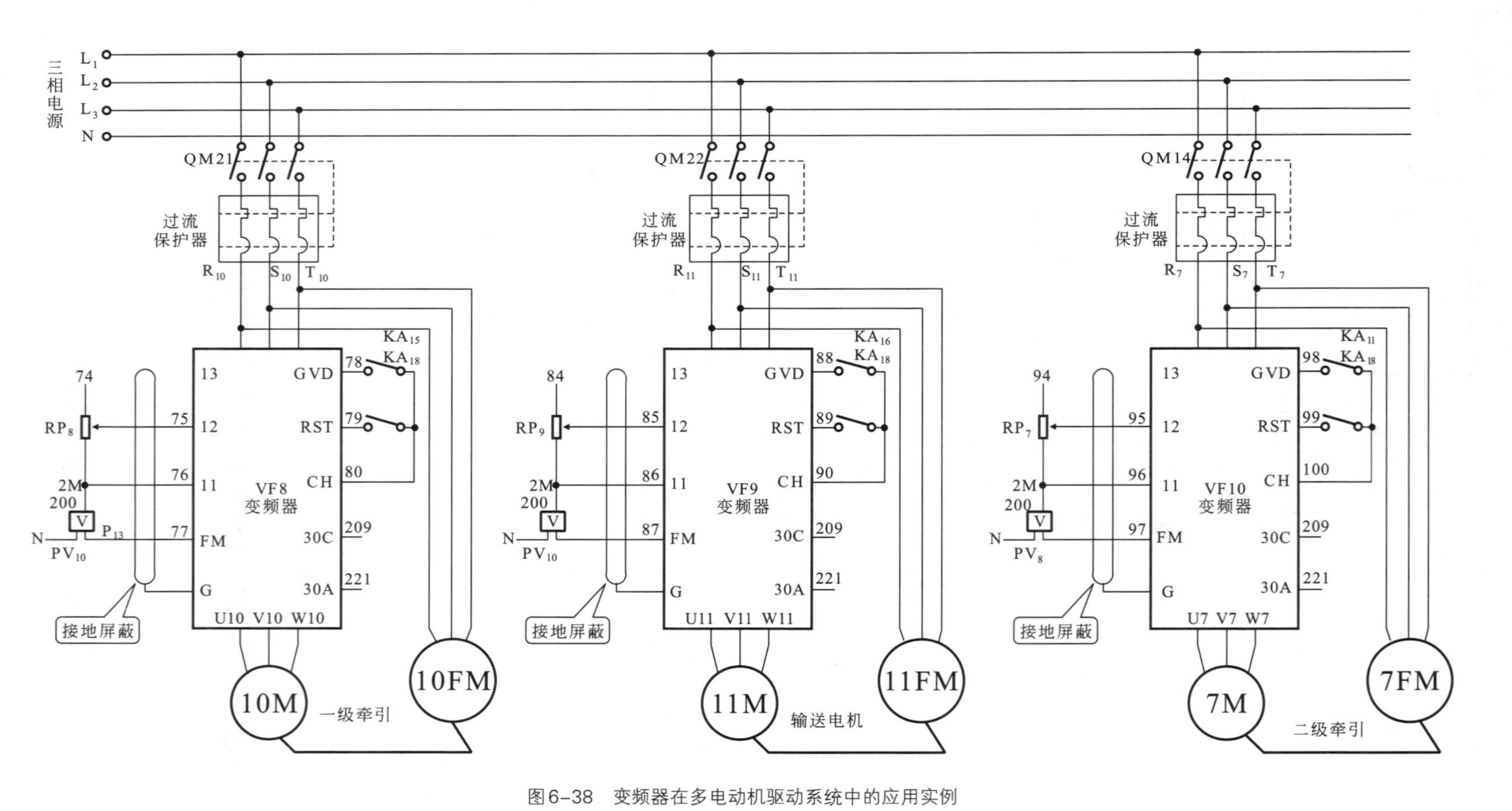

图6-38 变频器在多电动机驱动系统中的应用实例

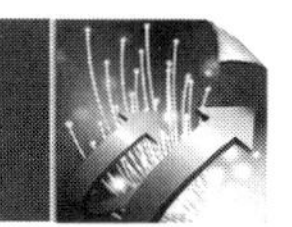

6.2.24 变频器在高压水泵驱动系统中的应用实例

如图6-39所示为变频器在高压水泵驱动系统中的应用实例。

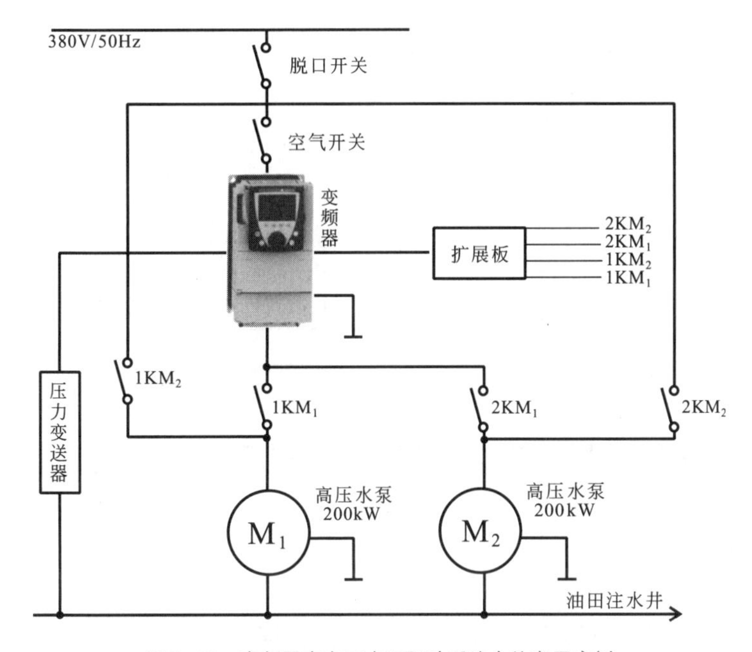

图6-39 变频器在高压水泵驱动系统中的应用实例

6.2.25 变频器在传输带驱动系统中的应用实例

如图6-40所示为变频器在传输带驱动系统中的应用实例。

该系统是由VVVF变频器、PLC可编程控制器、外围电路和进料电动机等部分构成的。

三相交流电源为变频器供电，该电源在变频器中经整流滤波电路和功率输出电路后，由U、V、W端输出变频驱动信号，并加到电动机的三相绕组上。

变频器内的微处理器根据PLC的指令或外部设定开关，为变频器提供变频控制信号，电动机启动后，传输带的转速信号经速度检测电路检测后，为PLC提供速度反馈信号，并为PLC提供参考信号。由PLC变频器提供实时控制信号。

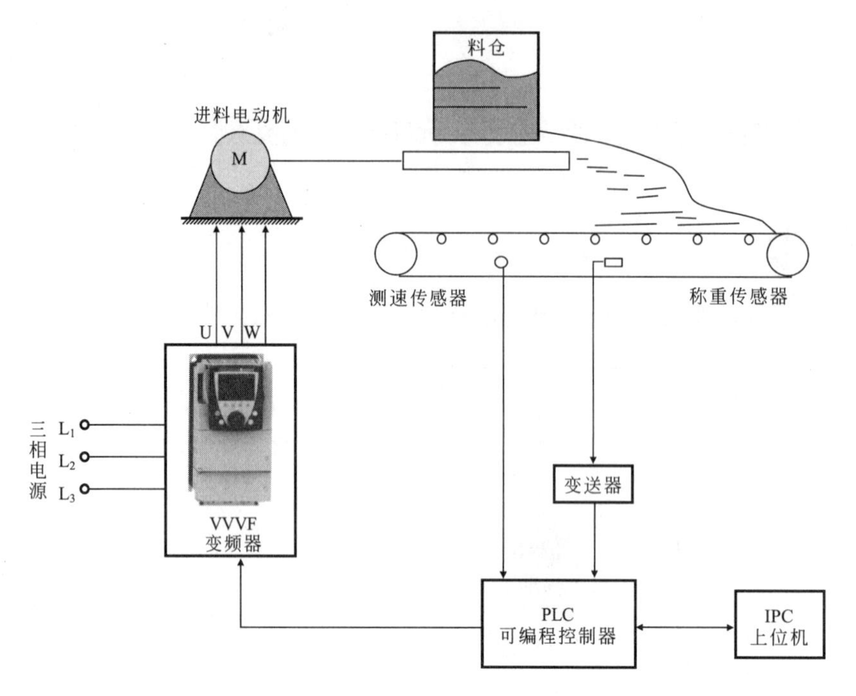

图6-40　变频器在传输带驱动系统中的应用实例

6.2.26　变频器在双电动机控制电路中的应用实例

如图6-41所示为变频器在双电动机控制电路中的应用实例。

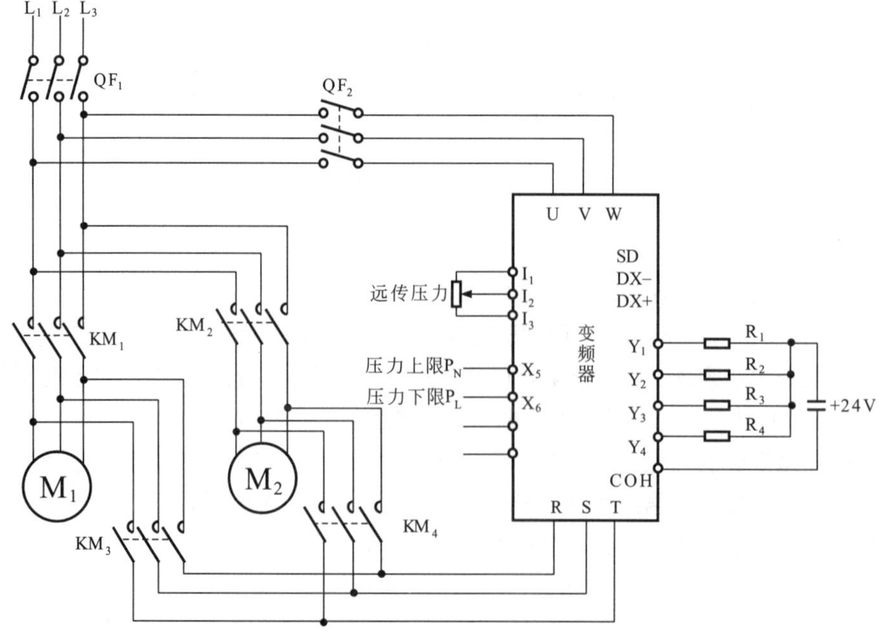

图6-41　变频器在双电动机控制电路中的应用实例

6.2.27 变频器与PLC组合控制电路的应用实例

如图6-42所示为变频器与PLC组合控制电路的应用实例。

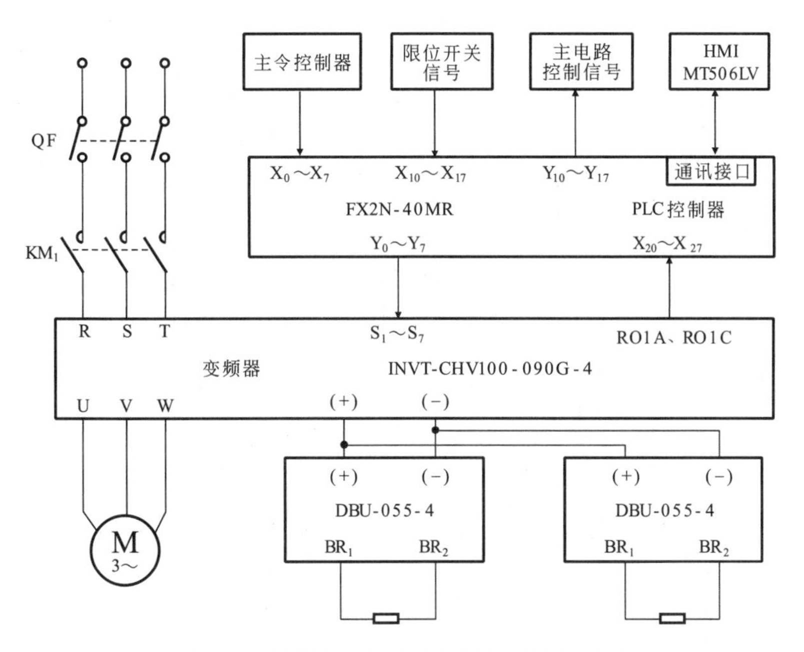

图6-42 变频器与PLC组合控制电路的应用实例

该系统是由VVVF变频器、PLC可编程控制器、外围电路和进料电动机等部分构成的。

三相交流电源经总开关QF和电源断路器KM_1为变频器供电，该电源在变频器中经整流滤波电路和功率输出电路后，由U、V、W端输出变频驱动信号，并加到电动机的三相绕组上。

变频器内的微处理器根据PLC的指令或外部设定开关，为变频器提供变频控制信号，电动机启动后，传输带的转速信号经速度检测电路检测后，为PLC提供速度反馈信号，并为PLC提供参考信号。由PLC变频器提供实时控制信号。

6.2.28 变频器在多泵系统中的应用实例

如图6-43所示为变频器在多泵系统中的应用实例。

该泵站系统中设有3个驱动水泵的电动机，统一由一个变频器UF控制，三相交流电源经总电源开关（QM）、接触器和保险管给变频器供电，经变频器后转换为频率和电压可变的驱动信号，加给三台电动机。电动机的运转情况经压力传感器反馈到PLC控制电路和变频器。PLC的控制信号送给变频器作为控制信号。这样就构成了泵站系统的自动控制系统。

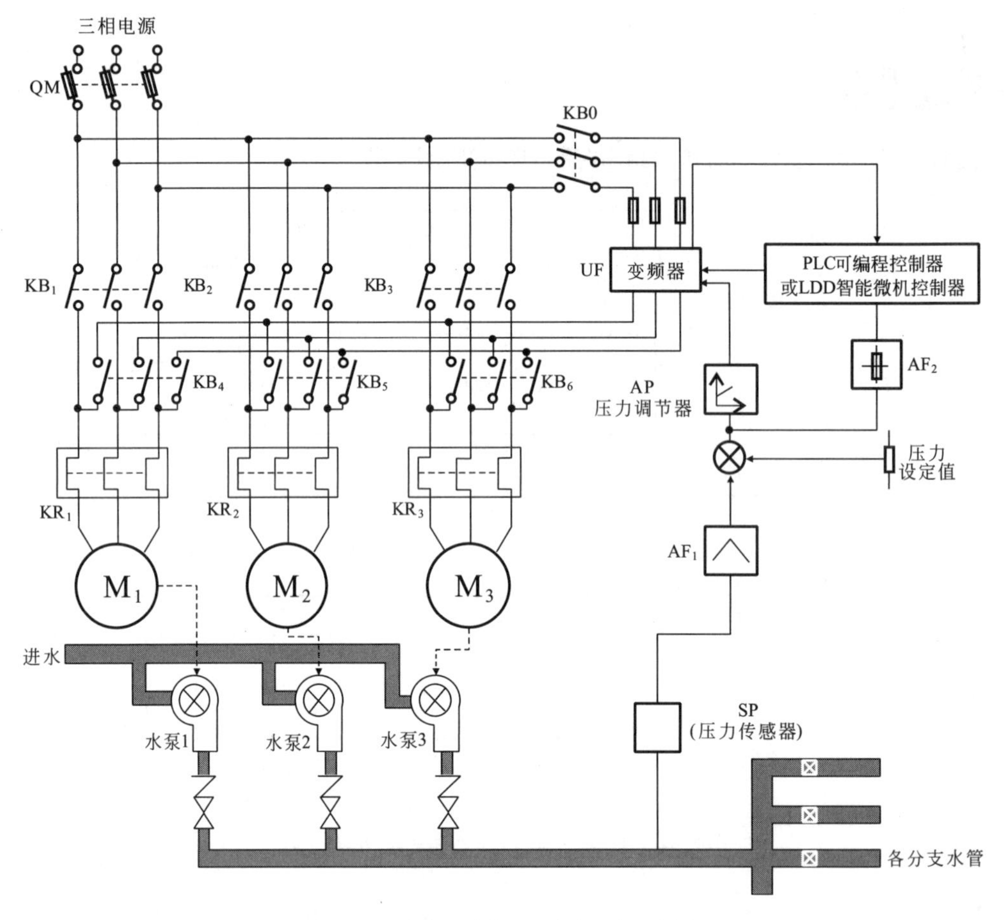

图6-43 变频器在多泵系统中的应用实例

6.2.29 SAJ-8000变频器的应用实例

如图6-44所示为SAJ-8000变频器的应用实例。

6.2.30 变频器与外部设备的接口电路

如图6-45所示为变频器与外部设备的接口电路。

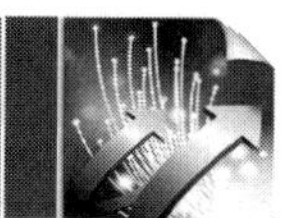

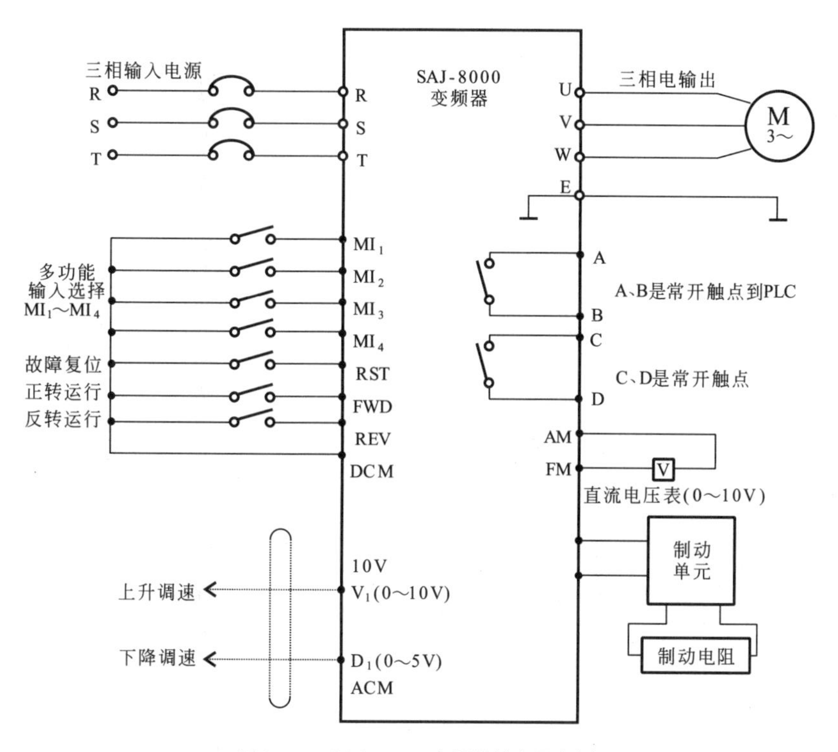

图6-44　SAJ-8000变频器的应用实例

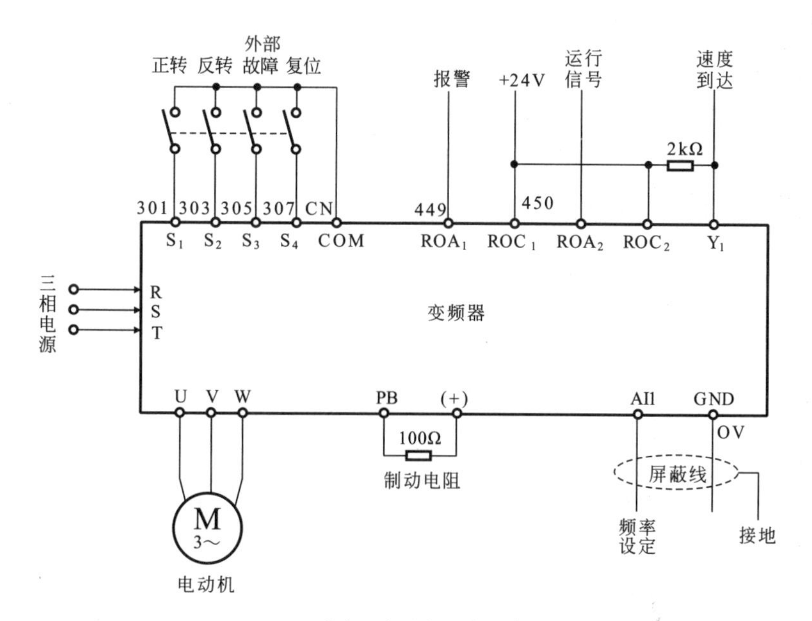

图6-45　变频器与外部设备的接口电路

6.2.31 变频器对水泵组电动机的控制实例

如图6-46所示为变频器对水泵组电动机的控制实例。

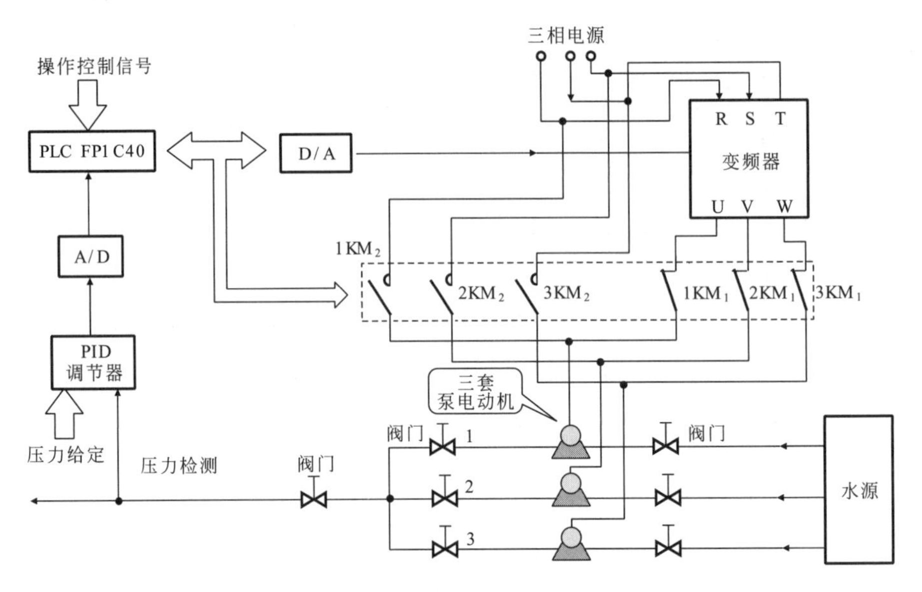

图6-46 变频器对水泵组电动机的控制实例

该系统中设有3台泵电动机，由一套变频器进行变频驱动，也可由电源直接驱动，由开关转换。变频器受PLC控制器（EPIC40）控制，供水系统管路中的压力经PID和A/D反馈到PLC中，PLC根据反馈信息和人工指令对变频器进行控制。

6.2.32 EV1000-4T0055G变频器的应用实例

如图6-47所示为EV1000-4T0055G变频器的应用实例。

6.2.33 变频器在主从电动机控制系统中的应用实例

如图6-48所示为变频器在主从电动机控制系统中的应用实例。

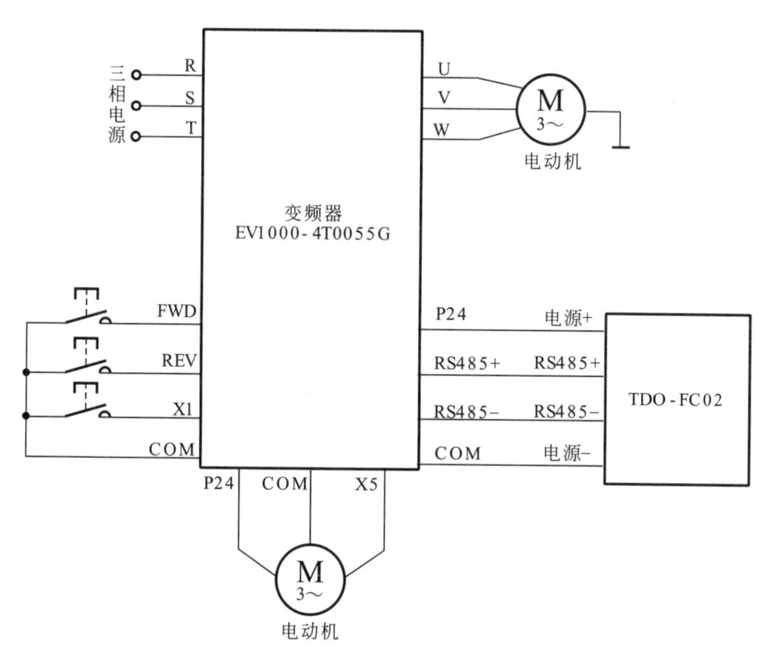

图6-47　EV1000-4T0055G变频器的应用实例

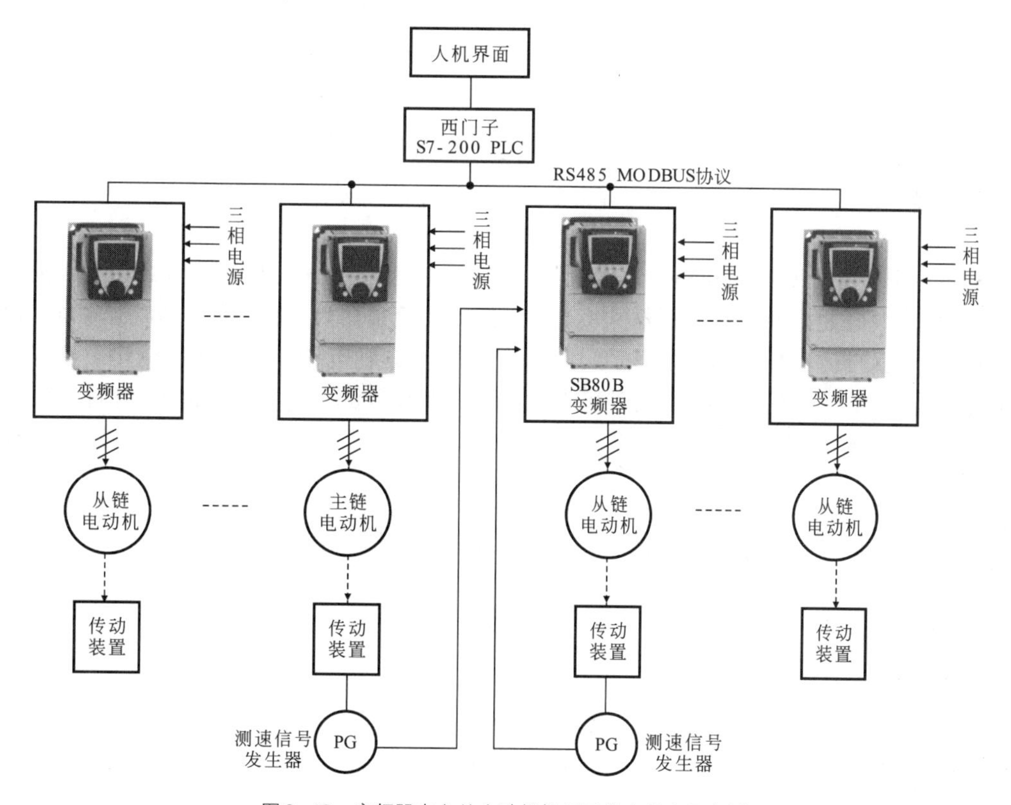

图6-48　变频器在主从电动机控制系统中的应用实例

该系统中设有一台主电动机控制系统，多台从电动机系统，每台电动机的驱动分别由一台变频器驱动，所有的变频器都由PLC控制器（西门子S7-200）统一控制。

6.2.34 EDS2000/2800变频器的应用实例

如图6-49所示为EDS2000/2800变频器的应用实例。

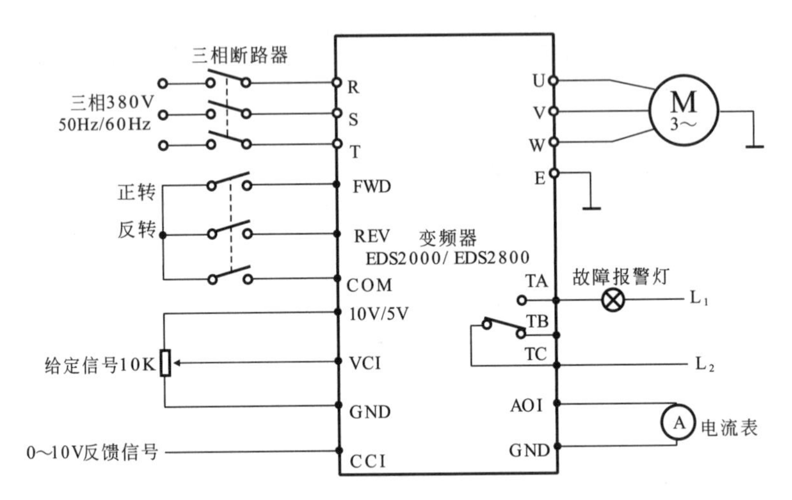

图6-49 EDS2000/2800变频器的应用实例

该系统中采用了EDS2000/2800通用变频器为电动机供电，三相交流电源经三相断路器为变频器供电，将三相电源加到变频器的R、S、T端，经变频器转换控制后，变成频率可变的驱动过电流为电动机供电，由变频器的U、V、W端输出送到电动机的三相绕组中。变频器的FWD（正转）、REV（反转）键作为外接人工操作开关输入端，为变频器提供运行指令。AOI端外接电流表，指示电动机运行的电流。

6.2.35 变频器在大功率电动机驱动系统中的应用实例

如图6-50所示为变频器在大功率电动机驱动系统中的应用实例。

变频器与数字信息处理器（DIS）和操作控制电路组合可实现对大功率电动机（110kW）的调速控制。

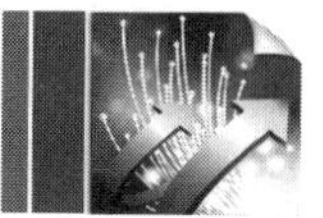

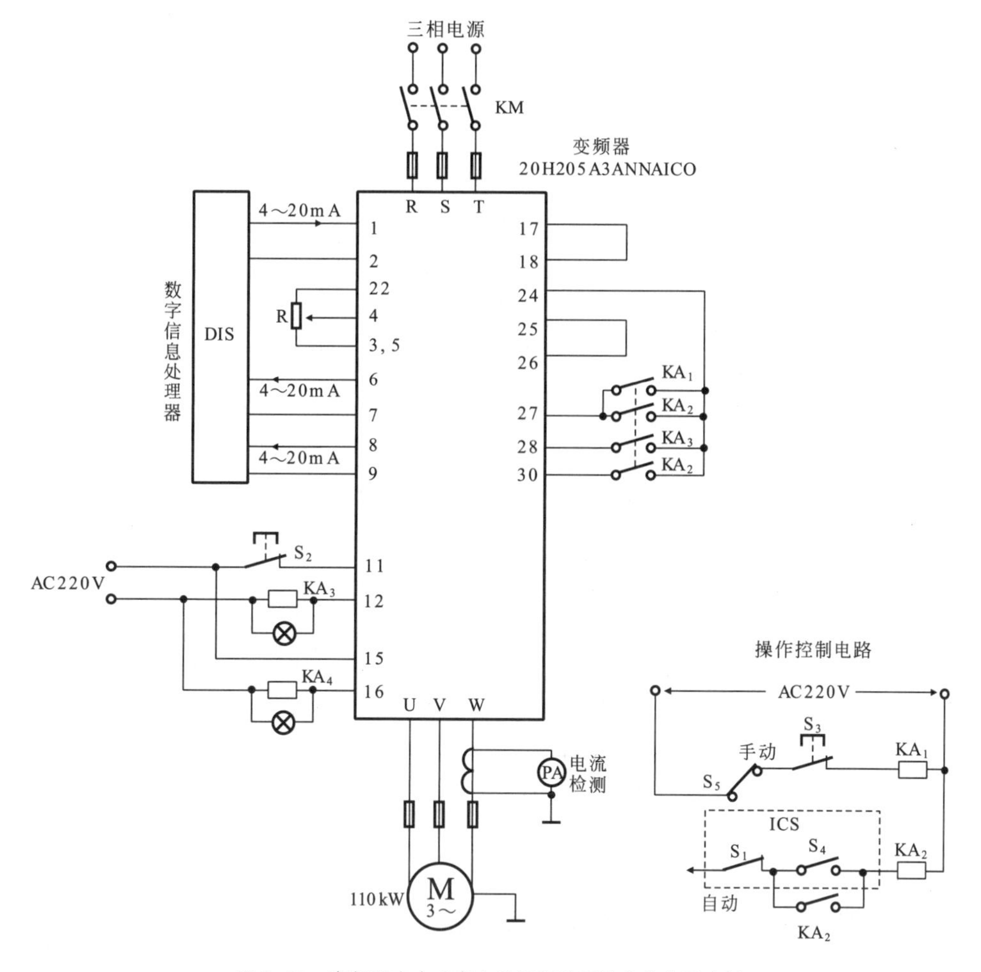

图6-50　变频器在大功率电动机驱动系统中的应用实例

6.2.36　变频器在正反转驱动系统中的应用实例

如图6-51所示为变频器在正反转驱动系统中的应用实例。

该系统中采用了主轴电动机驱动变频器为电动机供水，三相交流电源为变频器供电，将三相电源加到变频器的R、S、T端，经变频器转换控制后，变成频率可变的驱动过电流为电动机供电，由变频器的U、V、W端输出，加到主轴电动机的三相绕组上。主轴编码器为变频器提供速度检测信号，变频器的①、②脚外接人工操作开关输入端，为变频器提供正转或反转运行指令。㉕、㉖脚外接指示器，指示电动机运行的速度和状态。

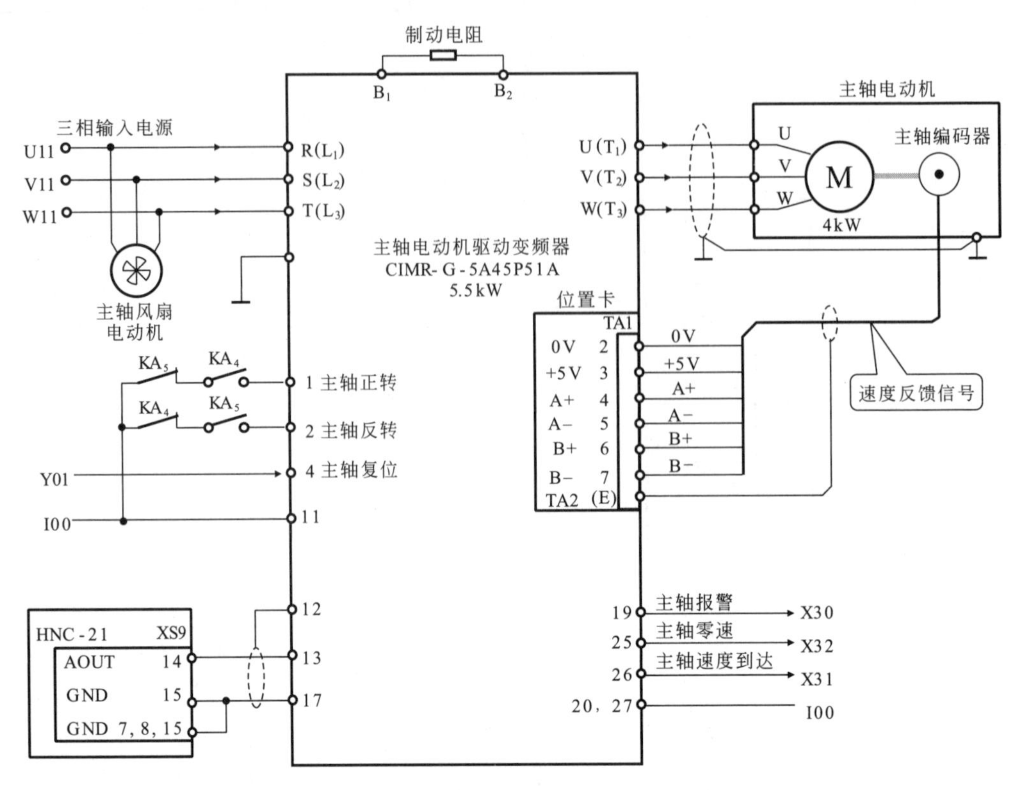

图6-51　变频器在正反转驱动系统中的应用实例

6.2.37　变频器在冲压机中的应用实例

如图6-52所示为变频器在冲压机中的应用实例。

该系统中采用了VVVF05通用变频器为电动机供电，三相交流电源经主电源开关F051为变频器供电，将三相电源加到变频器的U_1、V_1、W_1端，经变频器转换控制后，变成频率可变的驱动过电流为电动机供电，由变频器的U_2、V_2、W_2端输出加到电动机的三相绕组上。测速信号发生器PG为变频器提供速度信号。

6.2.38　TD3000变频器的应用实例

如图6-53所示为TD3000变频器的应用实例。

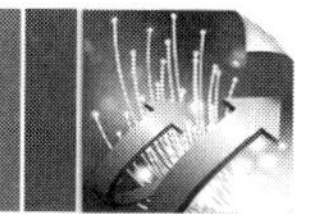

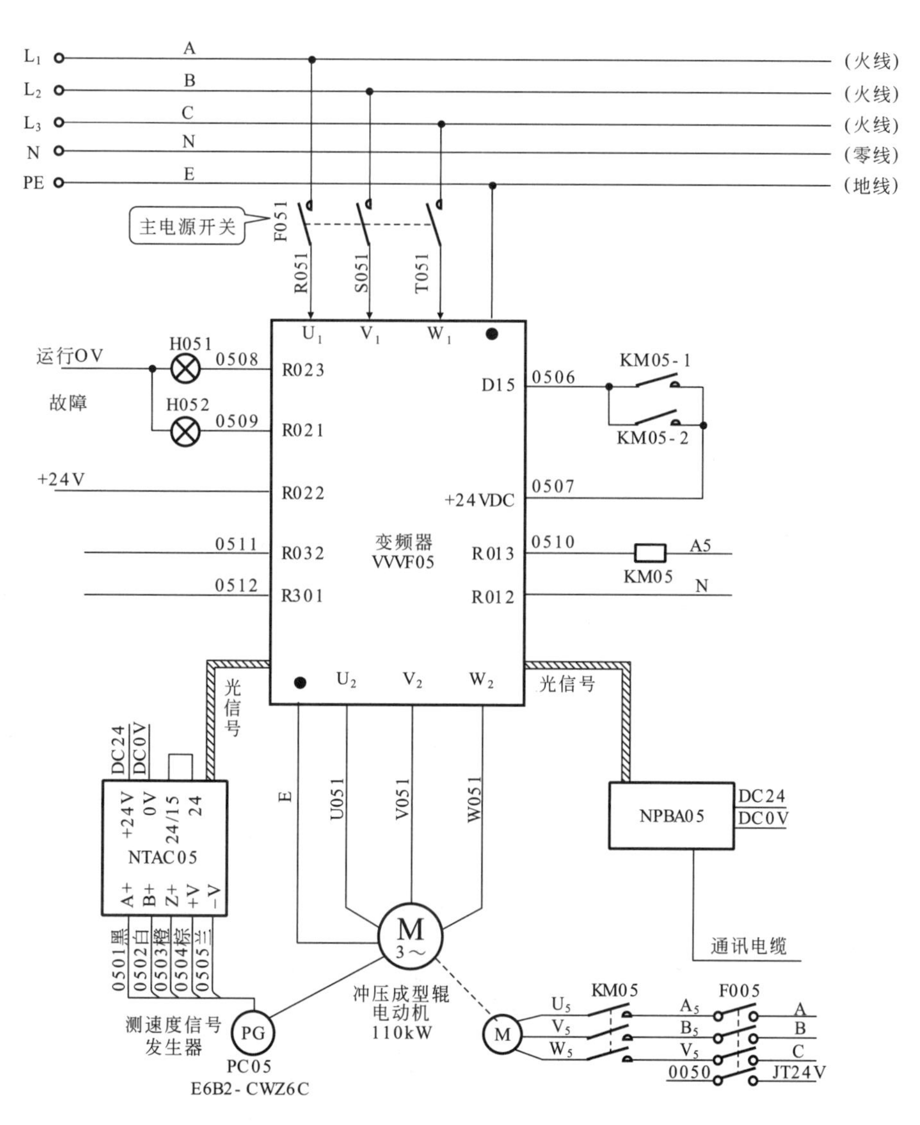

图6-52　变频器在冲压机中的应用实例

该系统中采用了TD3000通用变频器为电动机供电，三相交流电源经电源断路器KM为变频器供电，将三相电源加到变频器的R、S、T端，经变频器转换控制后，变成频率可变的驱动过电流为电动机供电，由变频器的U、V、W端输出，接到电动机的三相绕组上。速度信号发生器为PLC控制器提供测速信号，PLC控制器为变频器提供运行控制指令。

6.2.39 BT40/SB60P/61P变频器的应用实例

如图6-54所示为BT40/SB60P/61P变频器的应用实例。

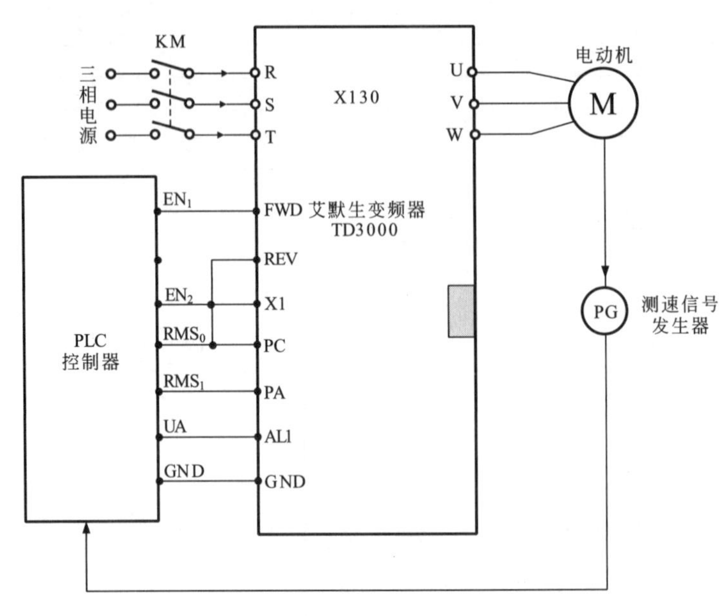

图6-53　TD3000变频器的应用实例

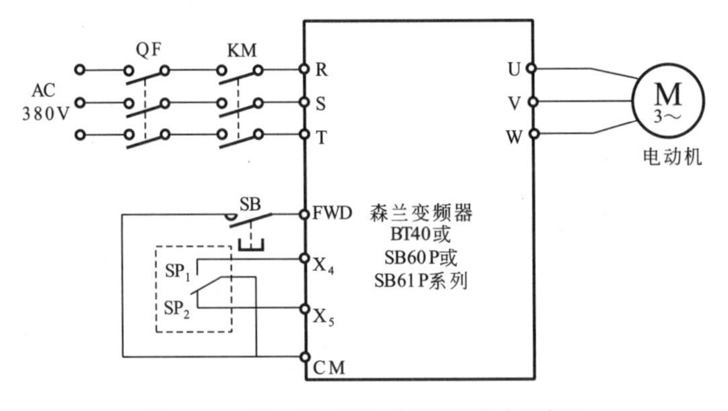

图6-54　BT40/SB60P/61P变频器的应用实例

该系统中采用了BT40/SB60P/SB61P通用变频器为电动机供电，三相交流电源经总电源开关QF和电源断路器KM为变频器供电，将三相电源加到变频器的R、S、T端，经变频器转换控制后，变成频率可变的驱动过电流为电动机供电，由变频器的U、V、W端输出，加到电动机的三相绕组上。正向转动启动按钮安装在FWD端。

6.2.40　变频器中的高压功率模块

如图6-55所示为变频器中的高压功率模块。

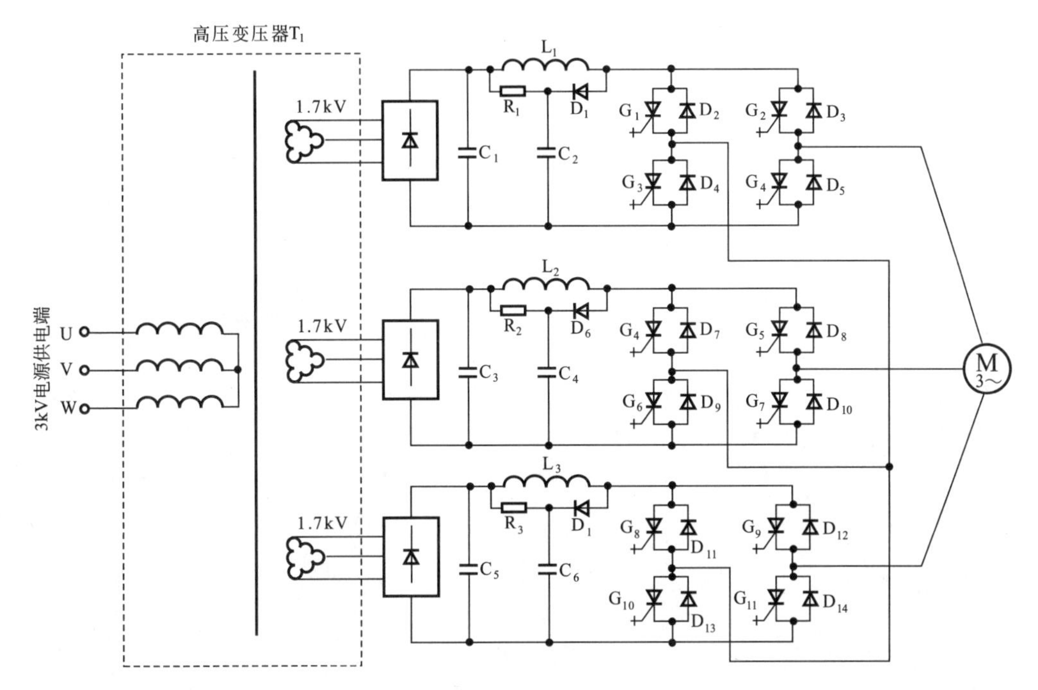

图6-55　变频器中的高压功率模块

3 kV高压电源经高压变压器T_1降压后，输出三相1.7 kV的三相交流电压，分别经桥式整流电路变成三路直流高压，经逆变器为三相交流电动机提供变频驱动过电流。逆变器是由晶闸管构成的，晶闸管的触发信号由变频控制器提供。这种方式可实现高压大功率电动机变频驱动。

变频电路的检修实例

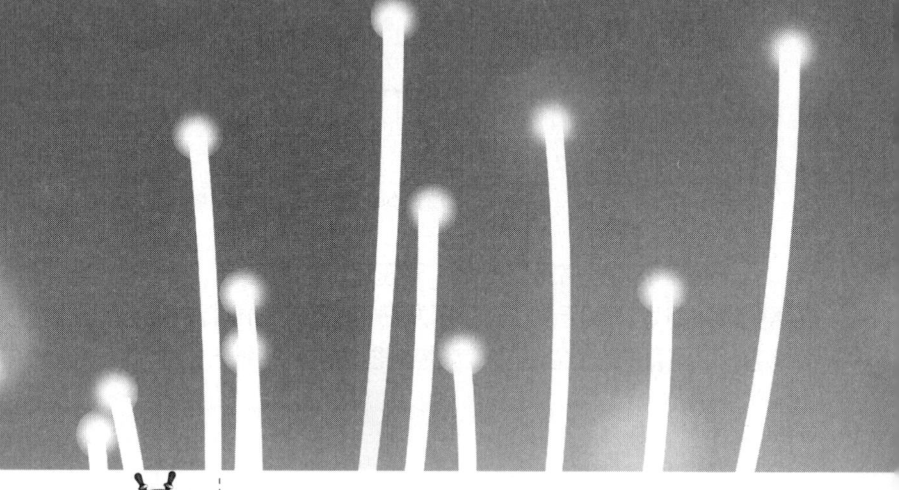

目标

本章通过变频器各种故障检修实例，介绍变频器的检修方法，通过对本章的学习，使读者能够独立分析不同变频器的故障，并能够对故障进行排查、检修。

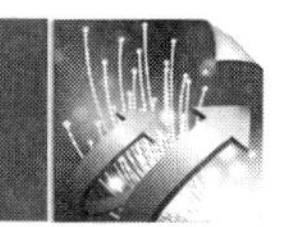

7.1 三菱1500W小型通用变频器的检修实例

三菱1500 W小型通用变频器适用于小功率场合使用，它由PM150RSA120智能变频功率模块构成，当将变频器开机运行而无法启动负载（电动机）工作时，怀疑变频器的供电电路或变频功率模块可能出现故障。

① 如图7-1所示为智能变频功率模块输出的电动机驱动信号的检测。PM150RSA120智能变频功率模块的U、V、W端为电动机驱动信号输出端，将万用表的两只表笔分别搭在U、V、W的任意两端，检测智能变频功率模块输出的控制电压是否正常，经检测智能变频功率模块的U、V、W端无电压输出，因此需要对其进行下一步检修。

提示

PM150RSA120智能变频功率模块内部集成了7个IGBT管及控制电路，其中6个IGBT管用于驱动变频电动机，另一个则用于控制制动电阻器的接入。

② 如图7-2所示为智能变频功率模块P、N端输入的直流电压的检测。由于检测智能变频功率模块的U、V、W端无信号输出，此时，需使用万用表检测其P、N端是否有直流电压输入（也可检测整流电路中的电压传感器LV_1的P、N输出端）。经检测P、N端无电压，因此，怀疑整流电路中可能存在故障元器件，应首先对其交流输入电路中的各主要元器件进行检测。

③ 如图7-3所示为整流滤波电路的检测。将万用表的黑表笔搭在电路板的接地端，红表笔搭在整流电路的输出端，正常时应有约800 V的直流电压。此时需对相关电路进行检测。

④ 再次检测智能变频功率模块的U、V、W输出，经检测U、V、W之间的输出电压不正常，因此，怀疑功率模块的控制及供电出现故障。

⑤ 如图7-4所示为智能变频功率模块供电及控制信号的检测。将万用表的黑表笔搭在智能变频功率模块的接地端，红表笔分别检测控制W端输出的控制模块中的供电电压（V_N端）及输入的控制信号（W_N端）是否正常，经检测均正常。

⑥ 如图7-5所示为智能变频功率模块PM50RSA120的实物外形。经检测控制W端输出的控制模块中的供电电压（V_N端）及输入的控制信号（W_N端）均正常，但U、V、W端仍无驱动信号输出，因此可判断智能变频功率模块中的控制部分出现故障，从图7-5可看出IGBT管及控制电路均集成在智能变频功率模块中，因此当其任意一部分出现故障，都应更换整个智能变频功率模块。

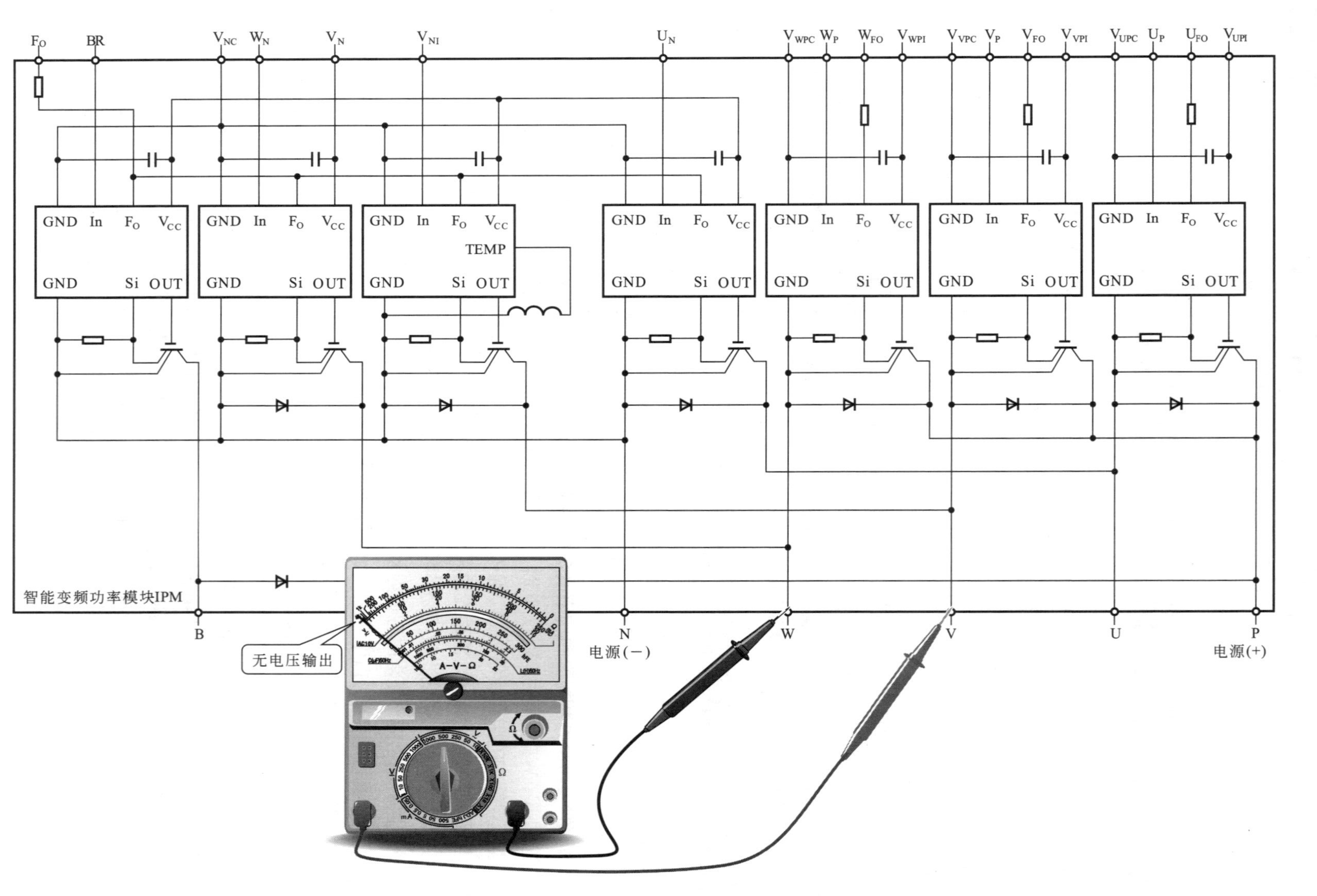

图7-1　变频功率模块输出的电动机驱动信号的检测

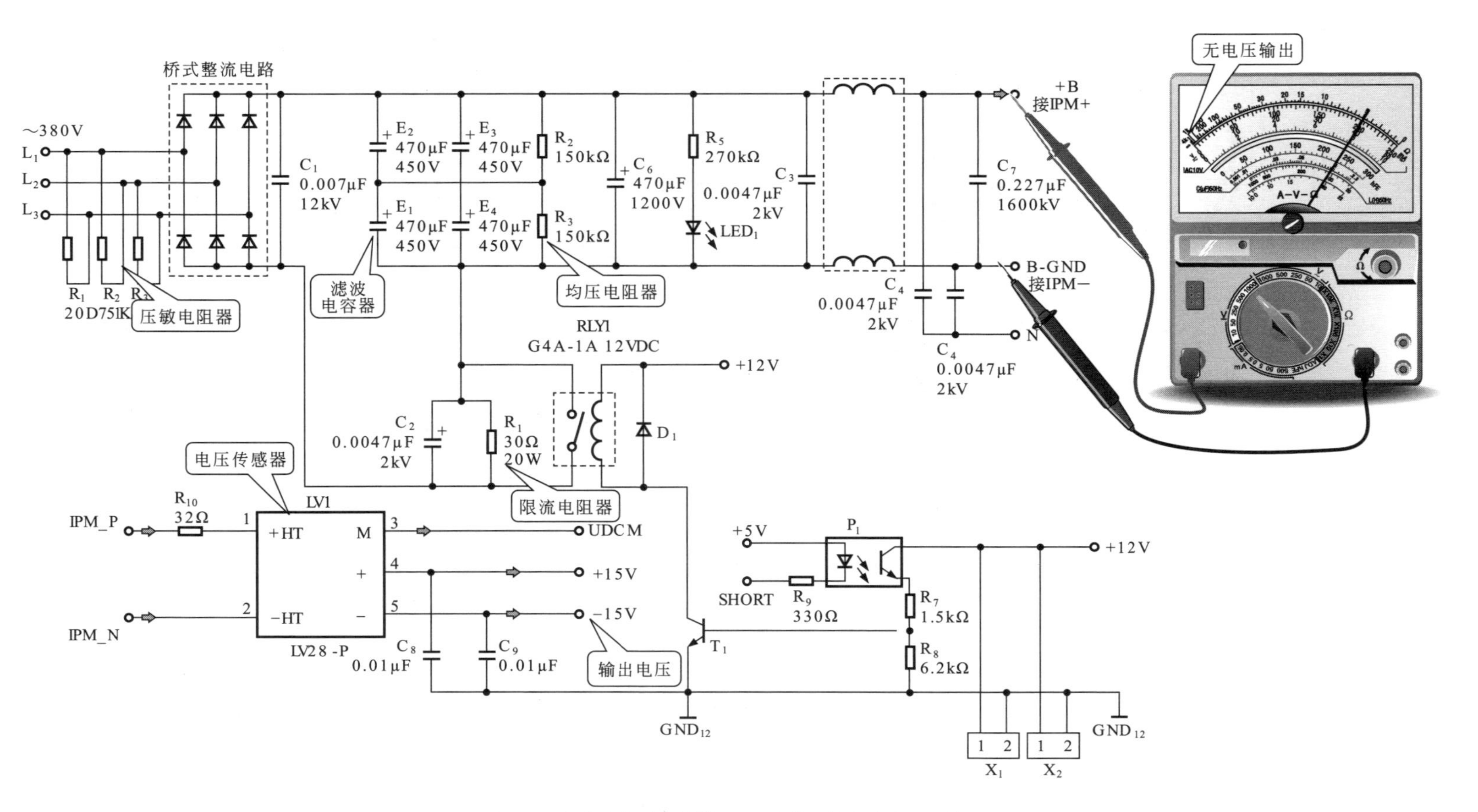

图7-2 智能变频功率模块P、N端输入的直流电压的检测

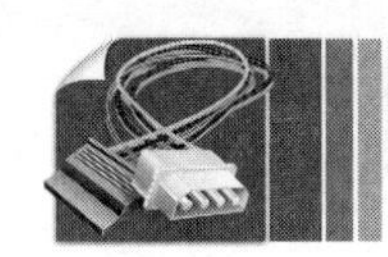

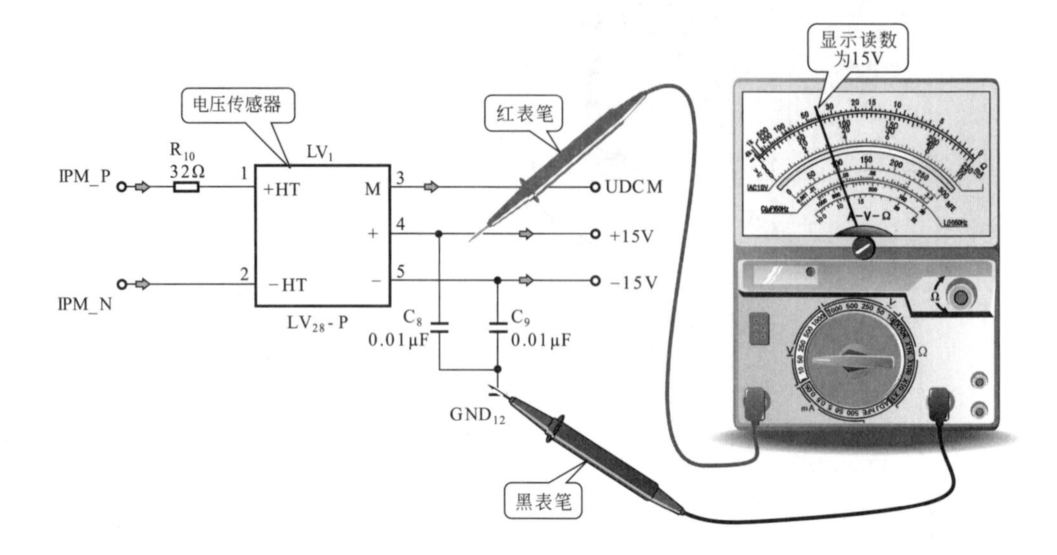

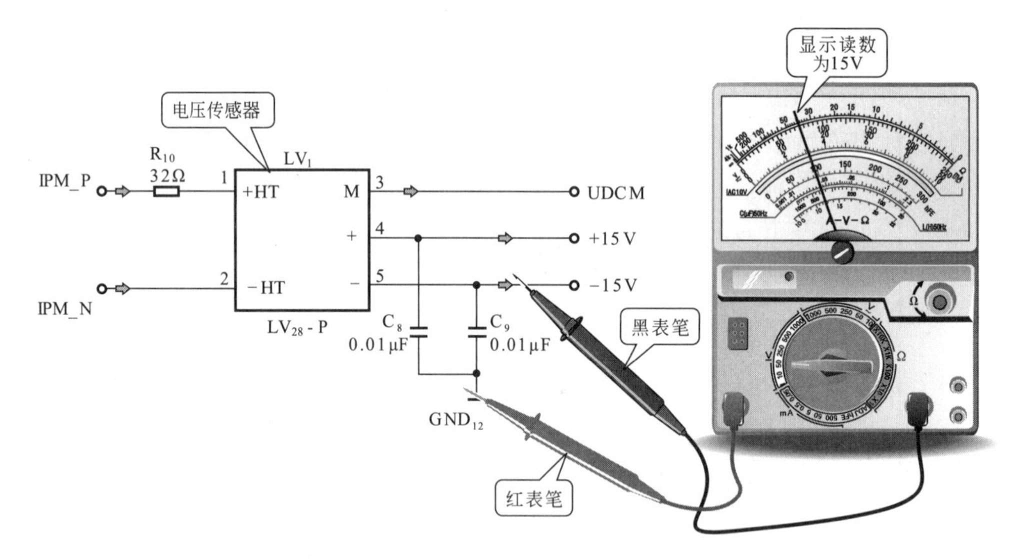

图7-3　整流滤波电路的检测

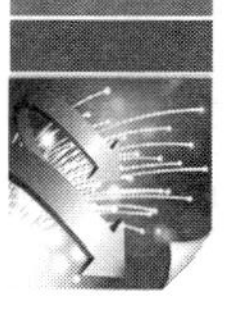

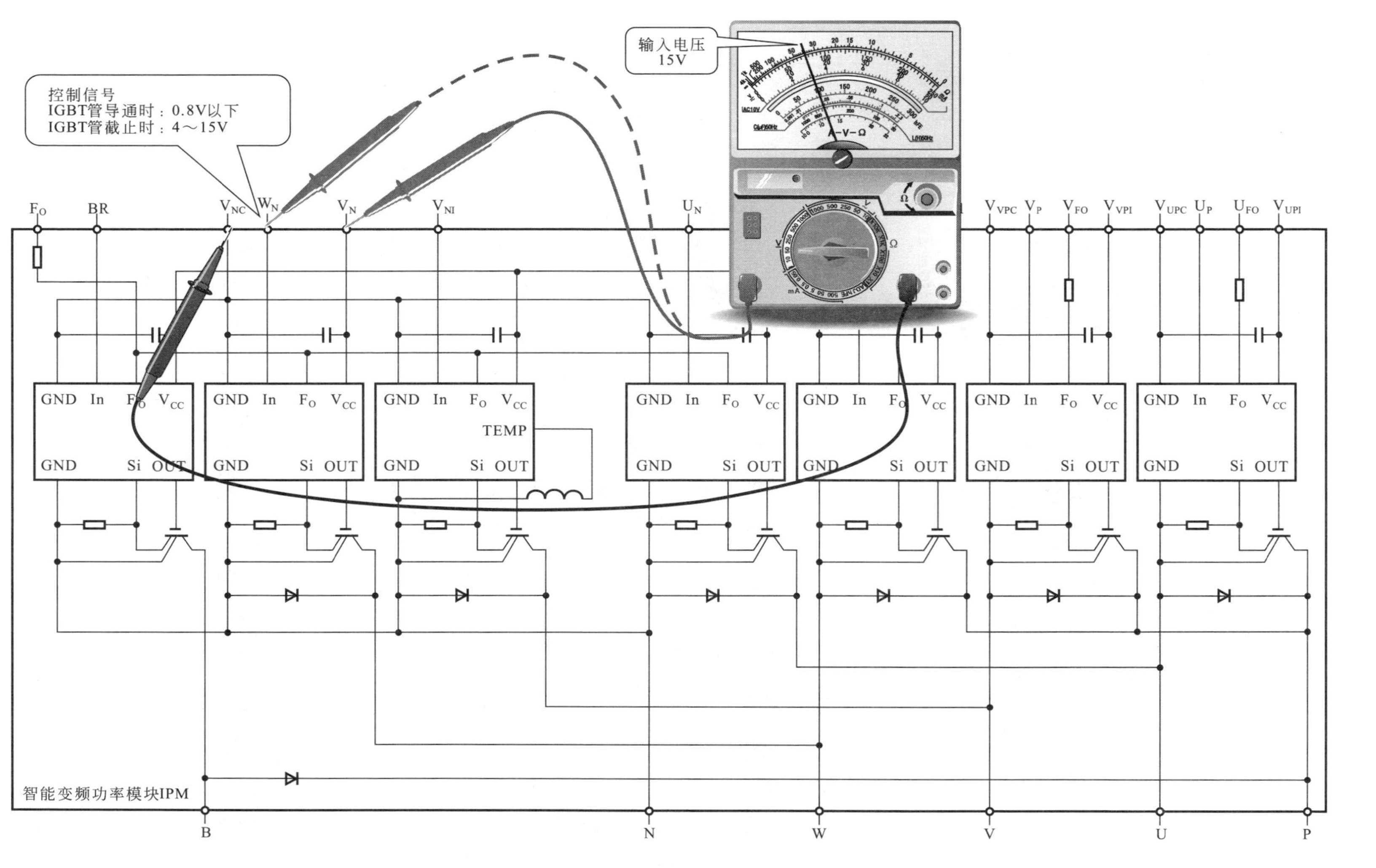

图7-4 智能变频功率模块供电及控制信号的检测

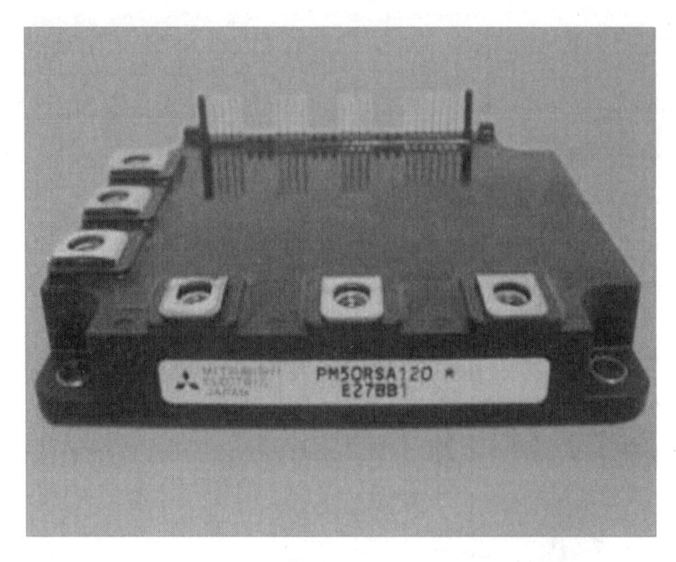

图7-5　智能变频功率模块PM50RSA120的实物外形

⑦ 更换智能功率模块将变频器还原后，通电启动，负载电动机运转正常，故障排除。

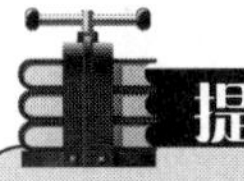

提示

如PM50RSA120智能变频功率模块的低压供电电压不正常时，需对开关电源电路进行检测，检测其输出的各低压直流电压是否正常。

图7-6是开关电源的电路图，由整流滤波输出的+B电压加到开关变压器T01的①脚，经初级绕组①、②脚为开关晶体管MOSI的漏极供电。同时经R6为开关振荡集成电路TL3842P的⑦脚供电，使之起振，起振后T01的正反馈绕组③脚输出，经整流滤波为开关振荡集成电路⑦脚提供正反馈电压，维持⑦脚的电压。开关振荡集成电路⑥脚输出PWM开关脉冲信号，驱动开关振荡晶体管、振荡开关电源进入振荡状态，次级输出经整流滤波后输出+5 V、+12 V和+15 V直流电压。

如全压直流输出则重点查开关晶体管和开关振荡集成电路。

7.2 康沃CVF-G-5.5kW变频器的检修实例

康沃CVF-G-5.5kW变频器启动工作一段时间后，出现停机的故障，通过观察，发现变频器的其中一个冷却风扇不运转，说明变频器处于过热保护状态。由于变频器工作中另一个冷却风扇运转正常，说明CPU输出的风扇的驱动信号和开关电源电路输出的供电电压均正常，此时，怀疑该风扇的驱动电路、风扇电动机或风扇接口可能损坏。

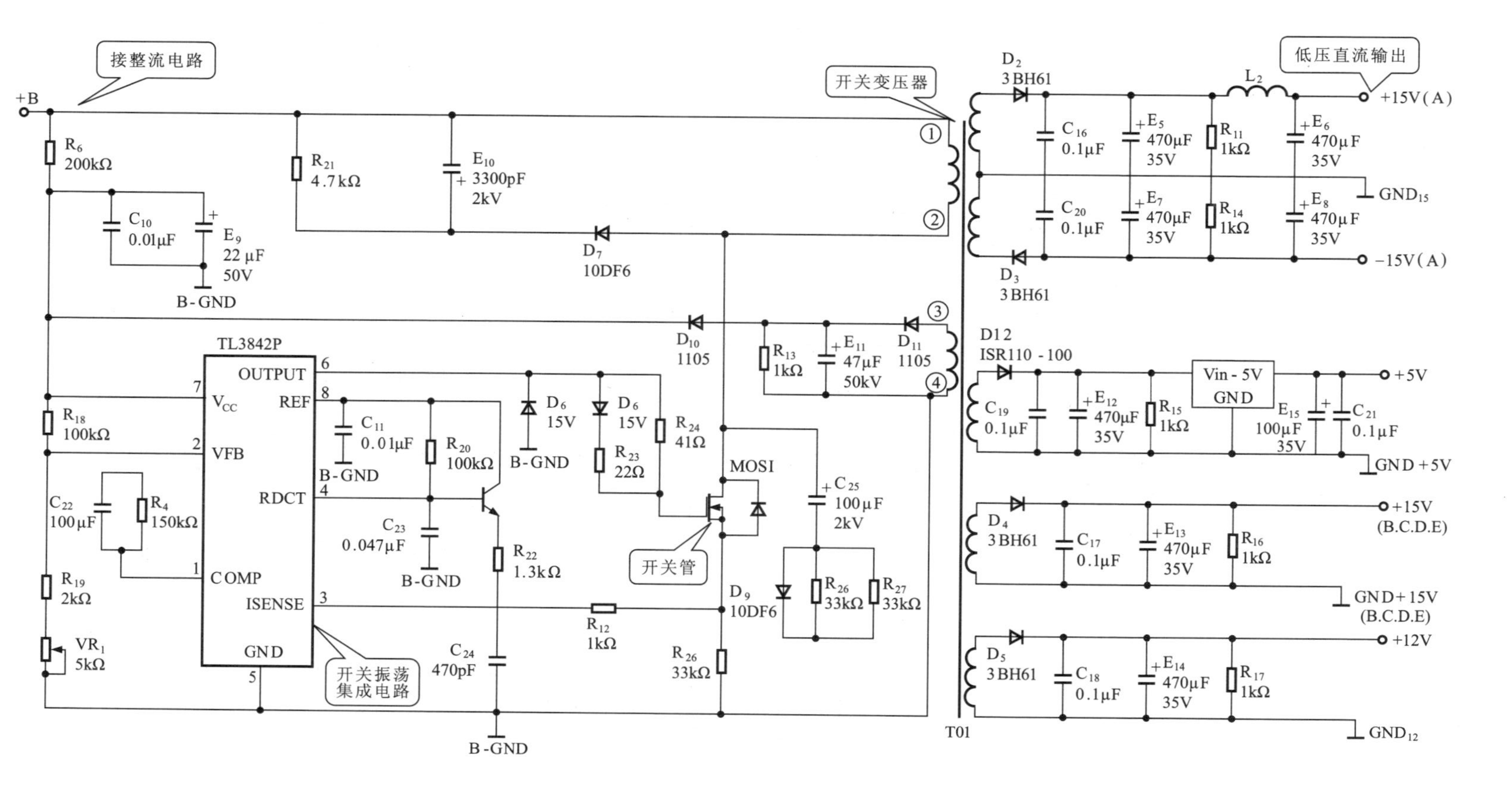
接整流电路
开关变压器
低压直流输出
开关管
开关振荡集成电路
+B
TL3842P
OUTPUT
REF
RDCT
VCC
VFB
COMP
ISENSE
GND
MOSI
T01
B-GND
+15V(A)
GND15
−15V(A)
+5V
GND+5V
+15V (B.C.D.E)
GND+15V (B.C.D.E)
+12V
GND12
Vin-5V
GND
D12 ISR110-100

图7-6　开关电源电路

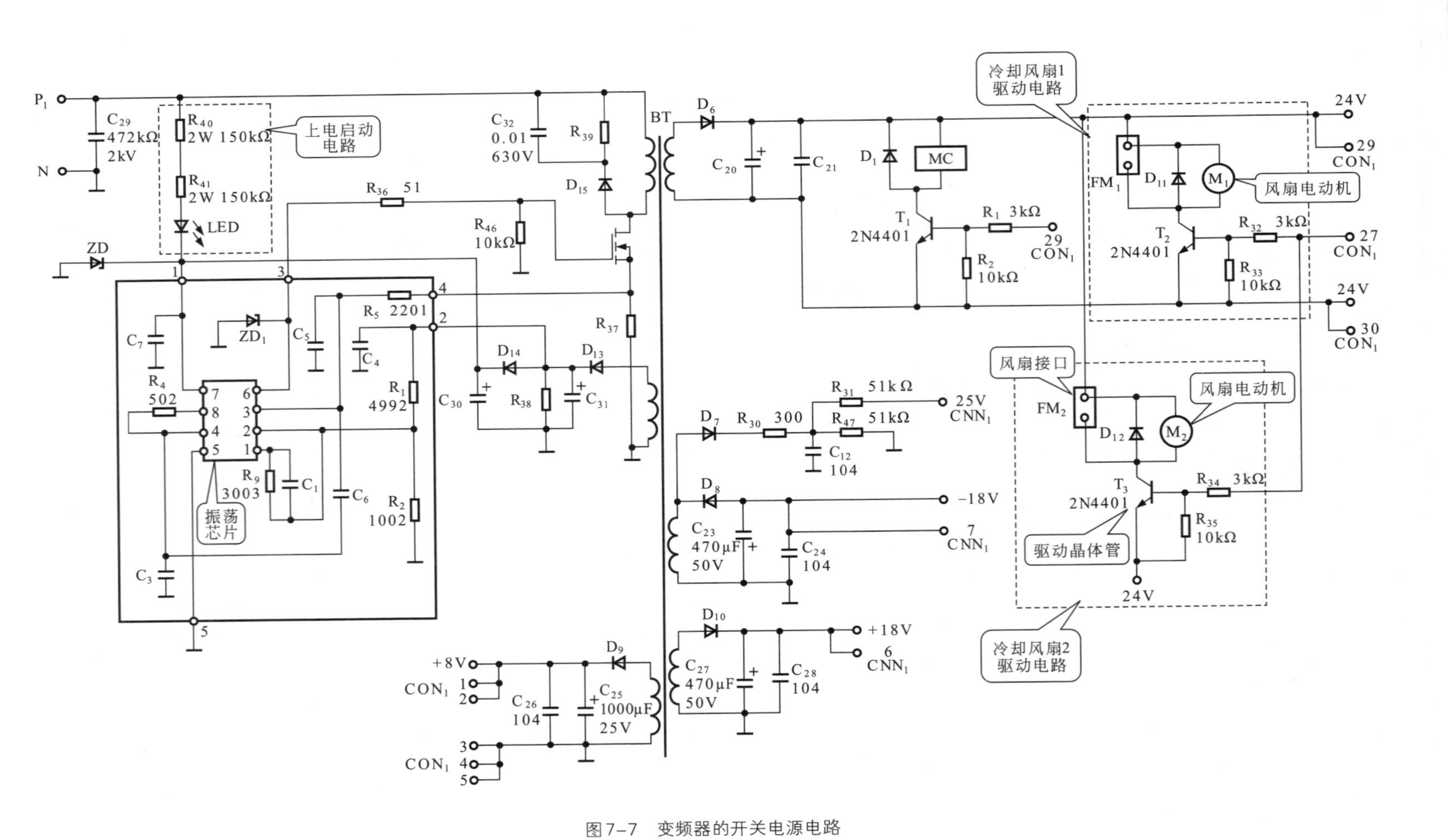

图7-7 变频器的开关电源电路

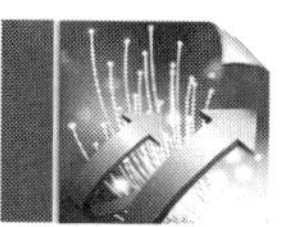

① 如图7-7所示为变频器的开关电源电路。从开关电源电路中可找到冷却风扇1、2的驱动电路，根据故障现象分析，冷却风扇1运转正常，而冷却风扇2不运转，因此需对冷却风扇2的驱动电路进行检修。

② 如图7-8所示为风扇驱动晶体管的检修方法。风扇驱动晶体管是风扇驱动电路中较容易损坏的元器件，检修时应首先对驱动晶体管T3进行检测。将万用表的黑表笔搭在驱动晶体管T3的基极，红表笔搭在集电极引脚处，经检测其阻值为无穷大，说明驱动晶体管T3断路损坏，需要对其进行更换。

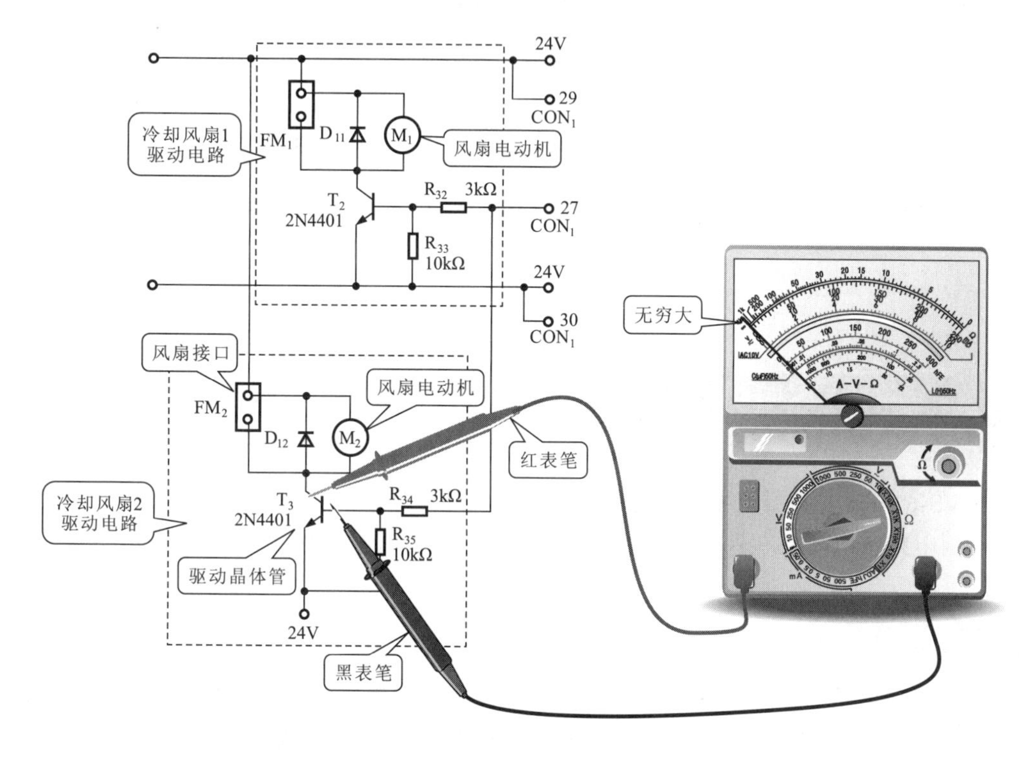

图7-8 风扇驱动晶体管的检修方法

③ 更换损坏的驱动晶体管T3后，通电试机正常，故障排除。

扩展

如图7-9所示为康沃CVF-G-5.5kW变频器的主电路部分。从图7-9中可看出变频功率驱动模块BSM15GP120的内部设有模块温度检测电路，当模块温度上升异常时，该模块内的温度检测电路就会将温度检测信号输送给微处理器CPU，由CPU发出控制指令，实施停机保护，从而实现变频器的过热保护。

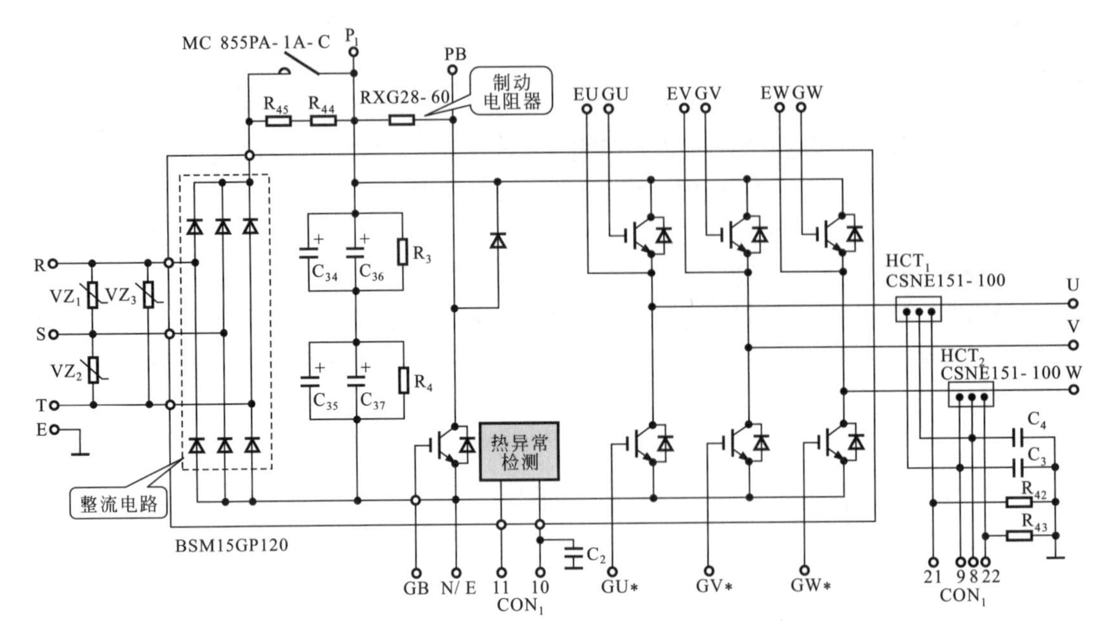

图7-9 康沃CVF-G-5.5kW变频器的主电路部分

7.3 安川VS-616G5变频器的检修实例

安川VS-616G5变频器应用于电梯主电路中，电梯出现了不运行的故障，怀疑电动机的驱动及控制电路或电动机本身损坏，需要对其进行检修，排除故障。

① 如图7-10所示为变频模块U、V、W端信号波形的检测方法。首先使用万用表分别检测变频模块的U、V、W端是否有电动机的驱动信号输出，经检测变频模块U、V、W端输出的驱动电压均正常，但电机端无电压，因此怀疑是由于运行接触器不能正常闭合造成的电动机无法启动运转的故障。

② 更换运行继电器CY后试运行，故障排除。

如图7-11所示为运行接触器的检测方法。若想进一步确定运行接触器是否损坏，可在断电情况下分别检测接触器的线圈及触点的阻值，来判断接触器是否损坏。运行接触器CY采用的是交流接触器，在断电情况下，其线圈阻值趋于0，而常开触点的阻值趋于无穷大，若实测接触器偏差较大，则说明该接触器损坏，需要对其进行更换。

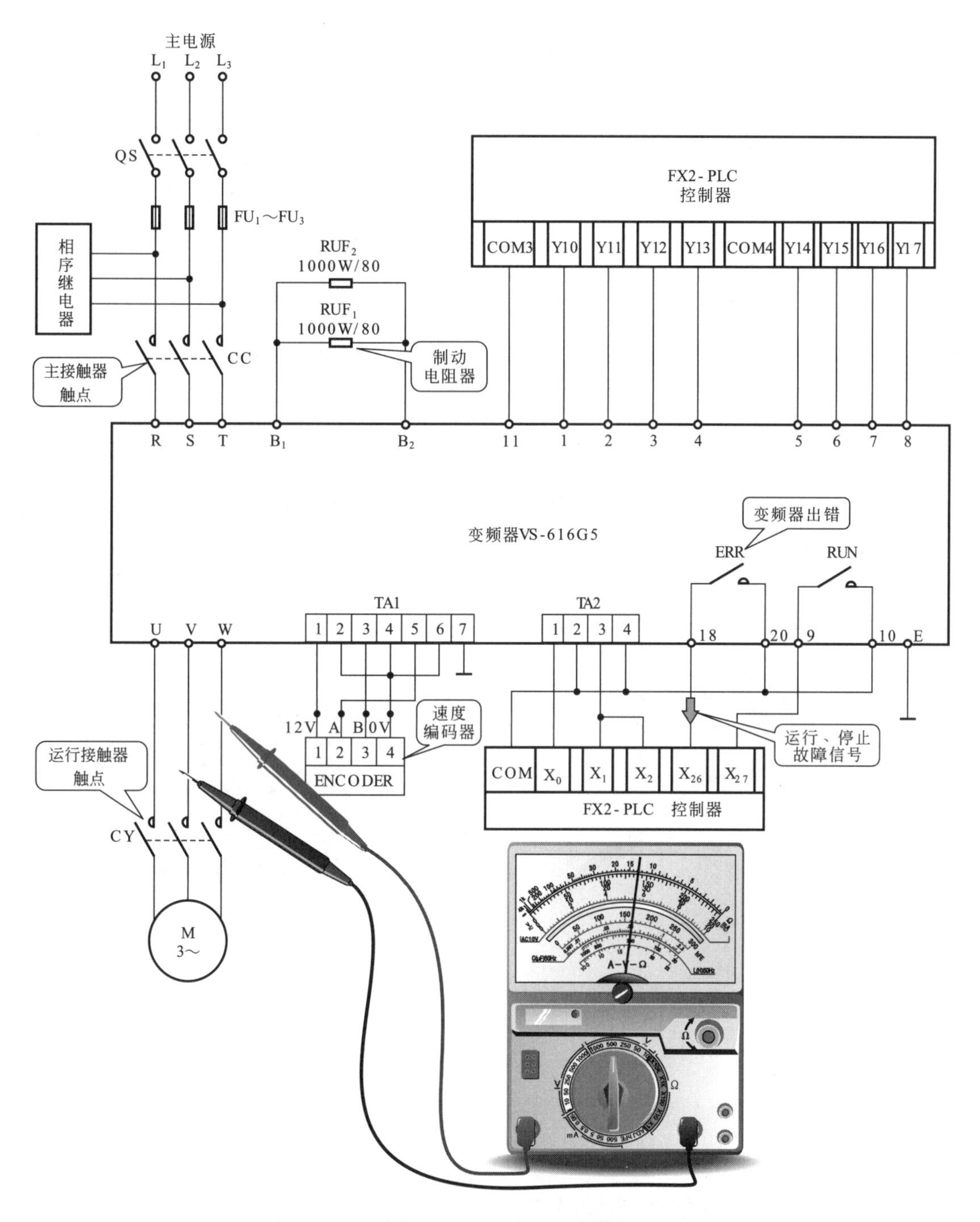

图7-10　变频模块U、V、W端信号波形的检测方法

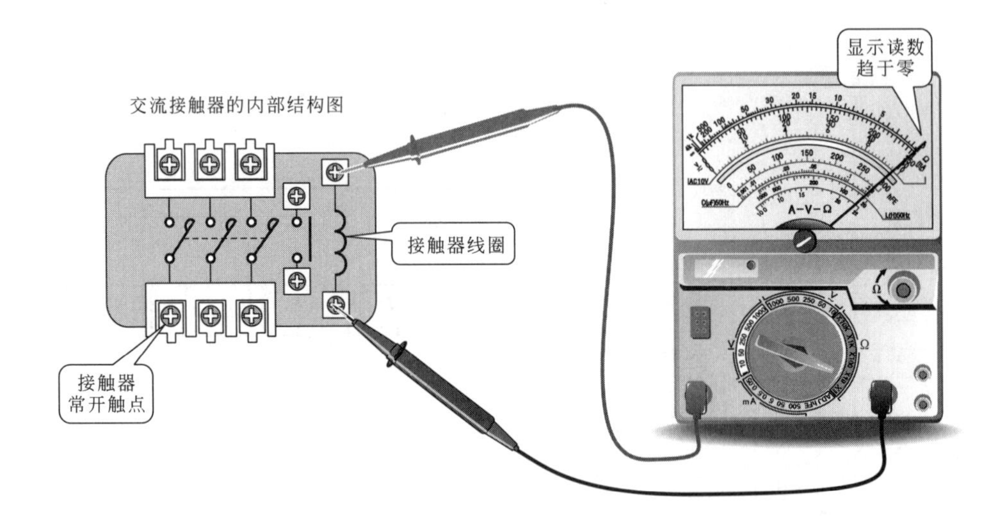

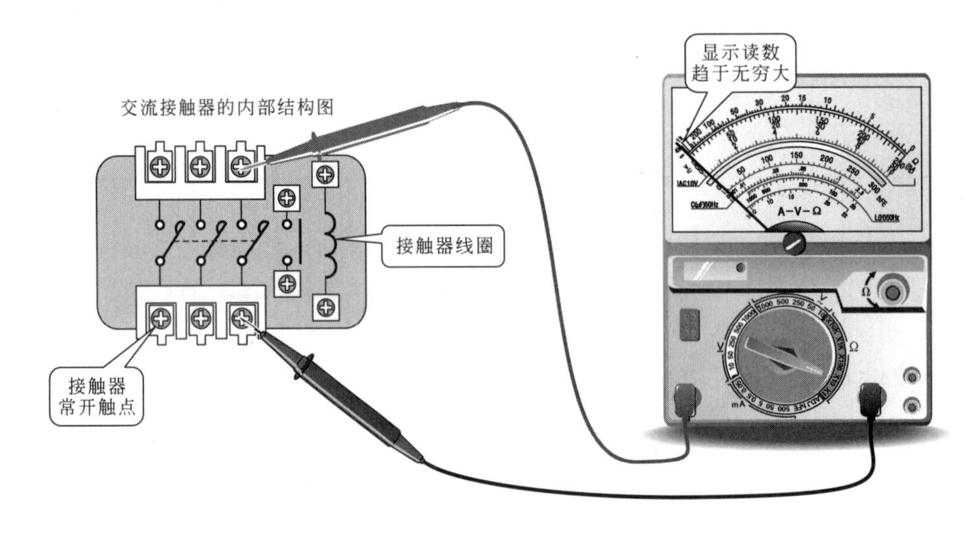

图7-11　运行接触器的检测方法

7.4 三菱FR-E500变频器检修实例

三菱FR-E500变频器带动负载运动时，无法进行正向运转，而反向运转正常，因此，怀疑正转启动按钮可能失灵，需要对其进行检修。

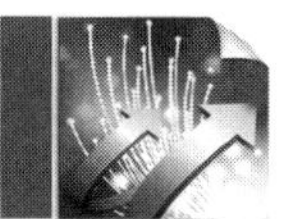

① 如图7-12所示为正转启动按钮的检测。检测正转启动按钮时，需将变频器断电，万用表挡位调整至欧姆挡，红、黑表笔分别搭在正转启动按钮的两端，按下正转启动按钮，正常情况下其阻值趋于0，按钮接通，但经检测其阻值趋于无穷大，因此可判断正转启动按钮已损坏，需要对其进行更换。

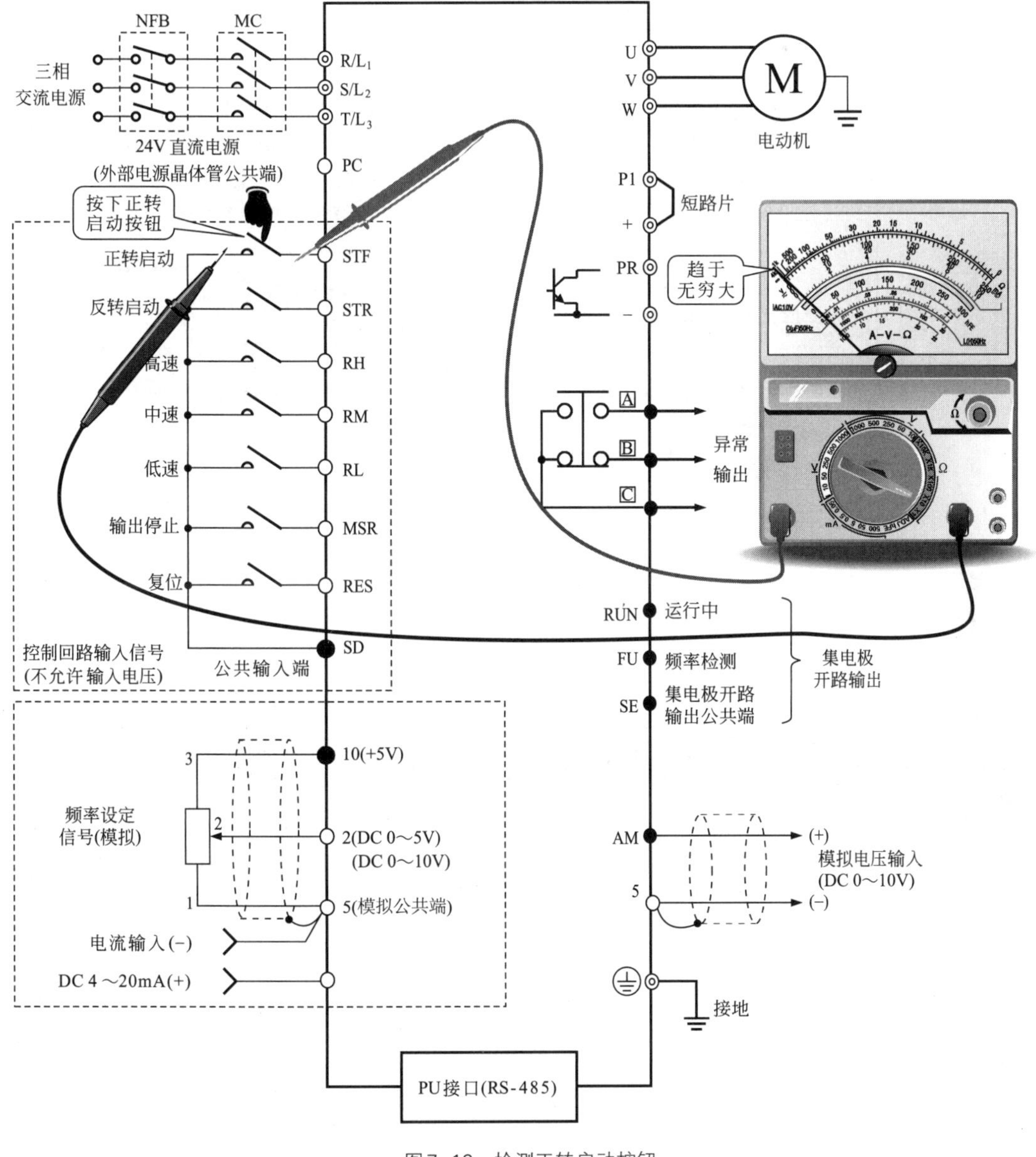

图7-12　检测正转启动按钮

② 更换正转启动按钮后试机，故障排除。

扩展

如图7-13所示为正转启动按钮的具体检测方法。检测时需将万用表调至电阻"R×10"挡，进行调零校正。将万用表的两只表笔分别搭在启动按钮两端的引脚上，此时检测的阻值应趋于零（按下状态）。若出现无穷大的情况，则证明启动按钮已经损坏。

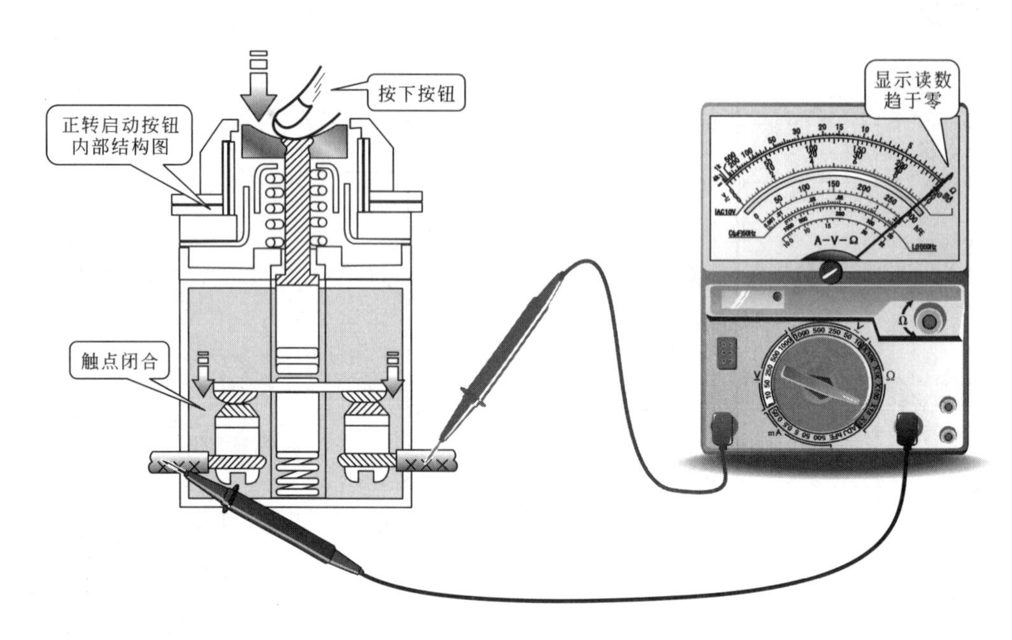

图7–13　正转启动按钮的具体检测方法

7.5 TYVERT系列高压变频器检修实例

TYVERT系列高压变频器通电启动后，负载运转正常，但监视器不亮，无任何显示，此时，怀疑监视器的驱动电路或监视器本身可能损坏。

① 如图7-14所示为TYVERT系列高压变频器接口电路板的连接。根据该接口电路板的标识，首先找到监视器的供电端，通过检测判断是否由于监视器的供电异常而导致的监视器不亮的故障。

② 如图7-15所示为监视器供电电压的检测方法。将万用表的黑表笔搭在接地端，红表笔分别检测监视器接口XS4的④脚和⑥脚的电压，正常情况下可检测到＋5 V和＋15 V的直流电压，但经检测两引脚间均无电压输出。

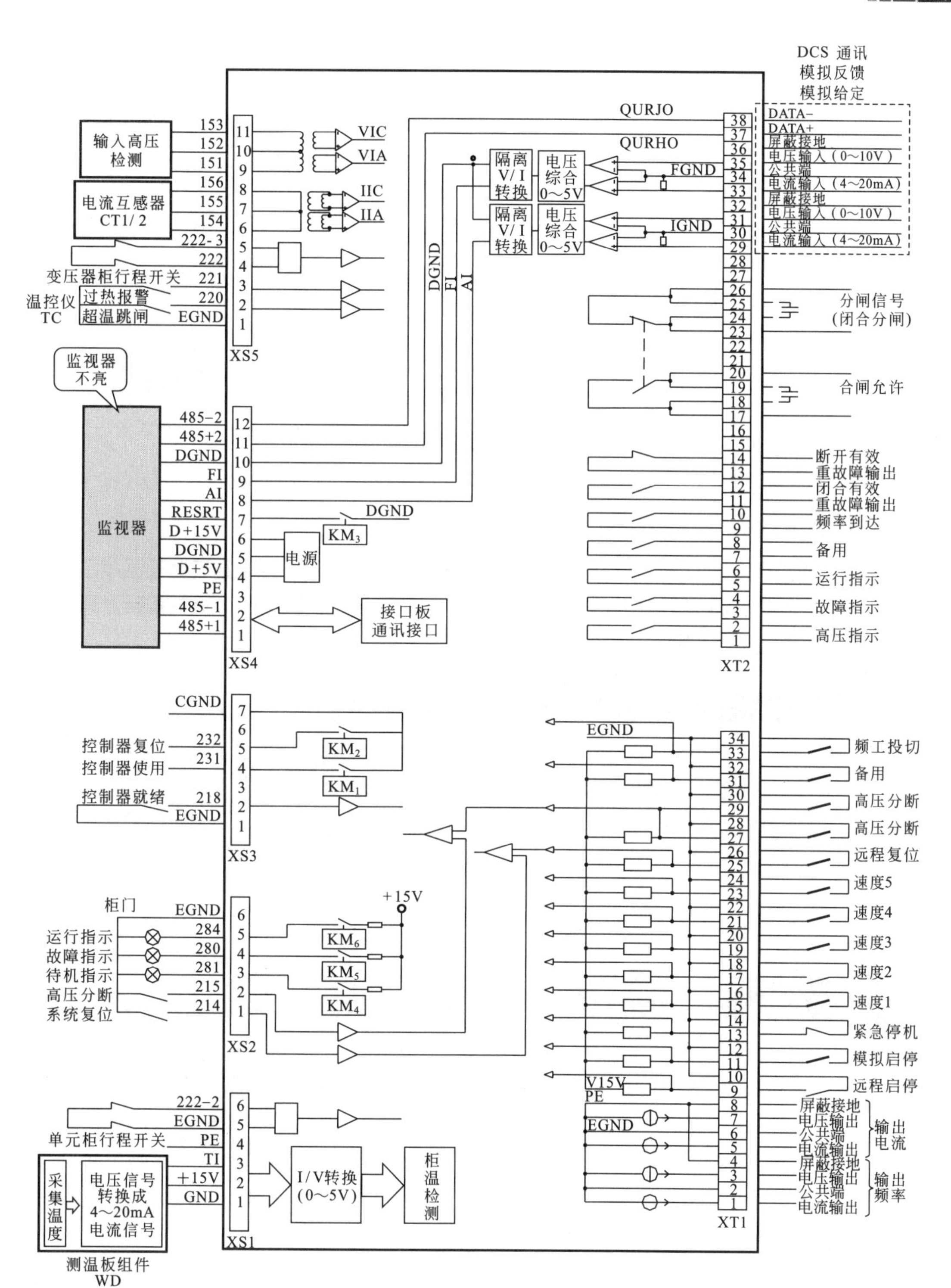

图7-14　TYVERT系列高压变频器接口电路板的连接

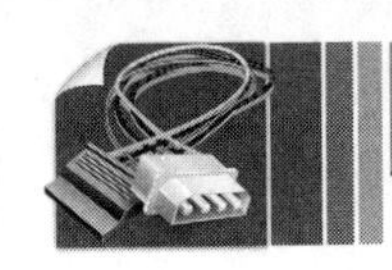

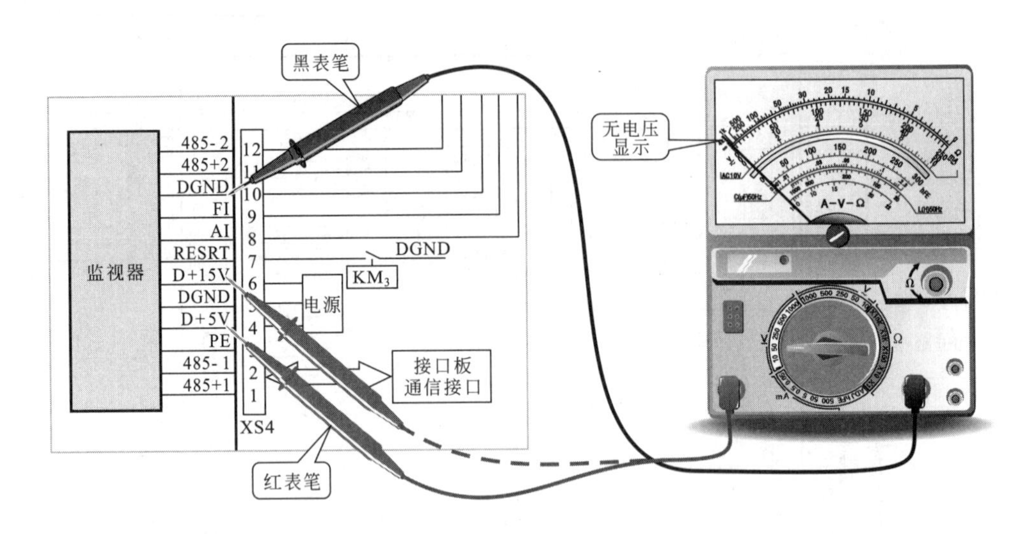

图7-15　监视器供电电压的检测方法

③ 经检测监视器接口XS4的④脚和⑥脚均无电压输出，怀疑电源电路或监视器接口XS4出现故障，经观察发现监视器接口XS4的引脚虚焊，不能正常地输送电压，需要重新对其进行焊接，焊接后试机，故障排除。

提示

若监视器接口正常，则需对电源电路进行检修，检测其电压输出端是否有电压输出，若无电压输出，则需对其内部元器件进行逐一检测，更换监视器电源供电单元，排除故障。

7.6 西门子MICROMASTER440变频器的检修实例

西门子MICROMASTER440变频器应用在水表自动化检测校验系统中，通过变频器控制电动机带动水泵对水表检测控制装置进行自动恒压给水，在使用过程中接通电源按下启动按钮后，电动机无法启动运转，此时怀疑电动机本身损坏或变频模块、控制电路部分可能出现故障。

图解

① 如图7-16所示为变频模块U、V、W端电压的检测方法。将万用表的黑表笔接地，红表笔分别检测变频模块U、V、W端输出的驱动电压，经检测U、V、W端均无电压输出，因此可判断故障可能出在控制电路或变频模块上，需要进一步地检修。

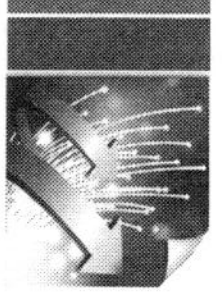

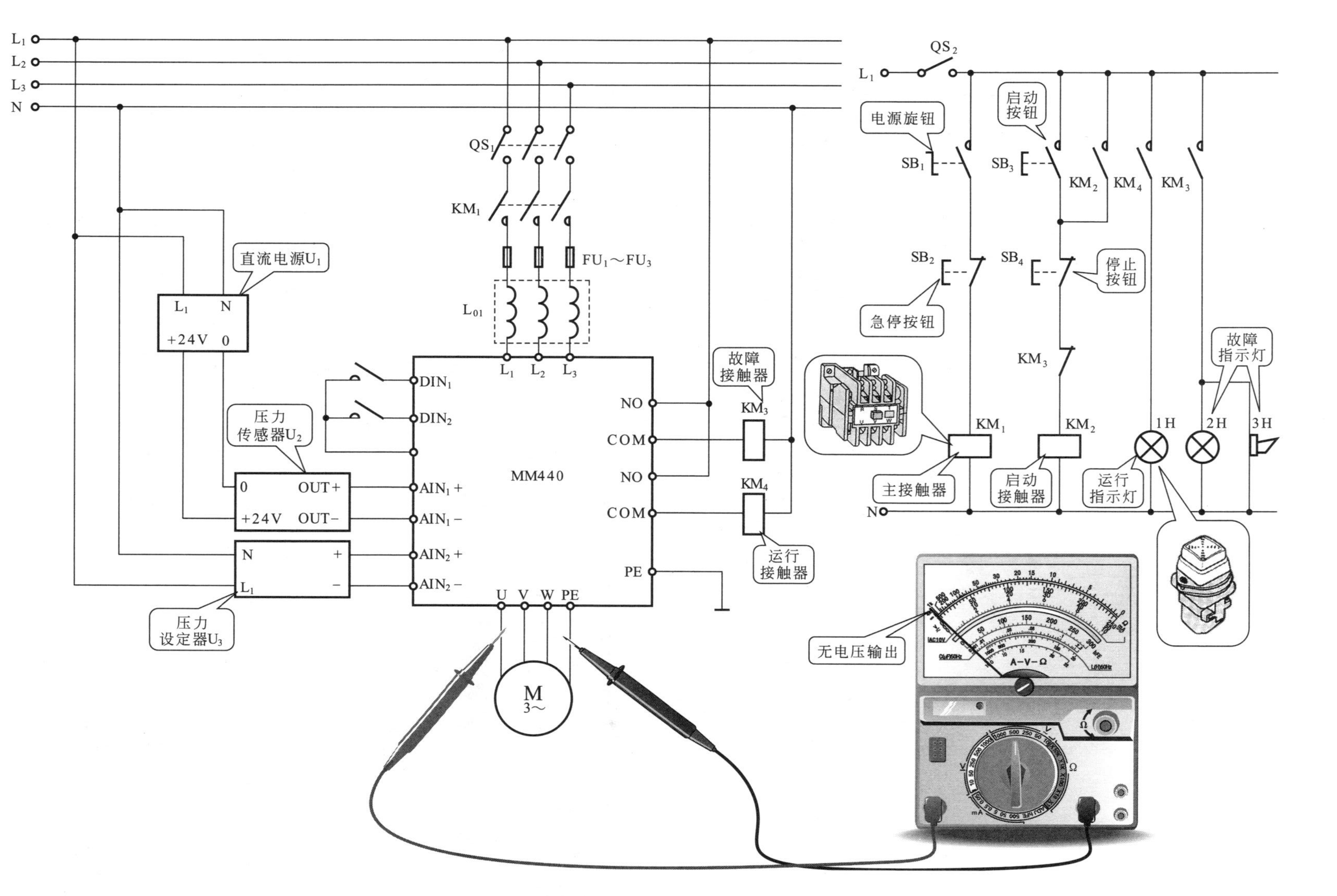

图7-16 变频模块U、V、W端电压的检测方法

② 如图7-17所示为启动按钮SB_3的检测方法。使设备处于断电状态，将万用表的红、黑表笔分别搭在启动按钮的两触点端，按下启动按钮，万用表指针立刻从无穷大摆动到0的位置，启动按钮能够正常地接通与断开，因此可判断启动按钮正常。

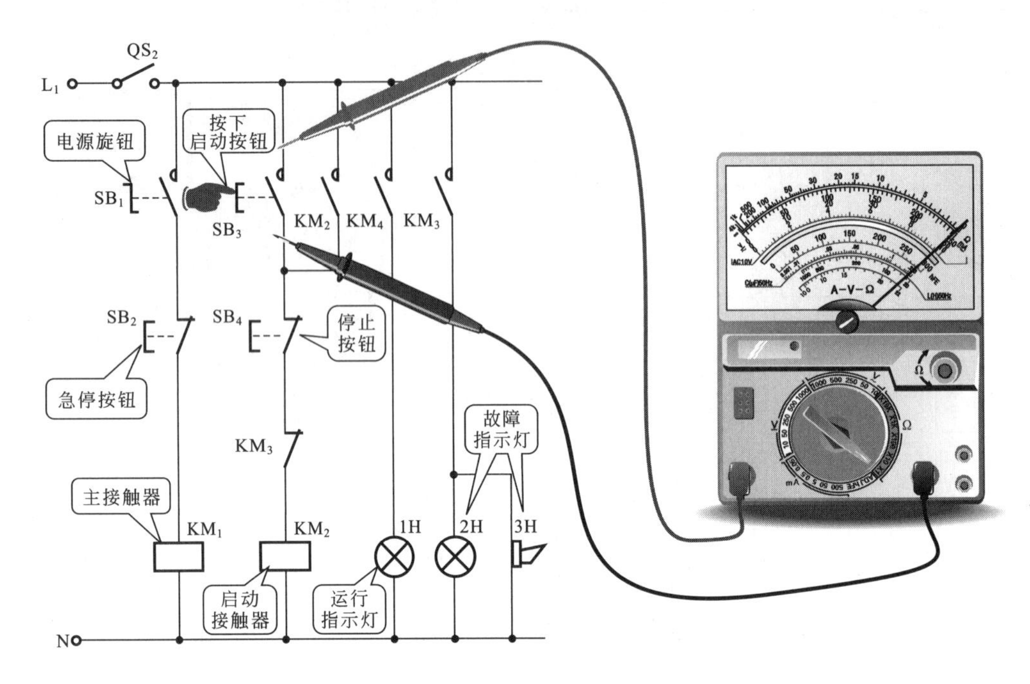

图7-17　启动按钮的检测方法

③ 如图7-18所示为启动接触器KM_2的检测方法。在断电情况下，将万用表的红、黑表笔分别搭在启动接触器线圈的两端，其阻值趋于0，再将两表笔分别搭在接触器KM_2的常开触点端，其阻值为无穷大，因此可判断启动接触器KM_2也正常。

提示

启动接触器KM_2的另外两个常开触点的检测方法与上述检测方法相同，检修时，也需对其进行检测，在此不再赘述。

④ 如图7-19所示为主接触器KM_1的检测方法。变频器正常工作，需要主接触器的线圈得电，常开触点KM_1闭合，才能接通变频器的供电电压，因此，该接触器的检修也是十分重要的，其检测方法同启动接触器相同，经检测其线圈阻值为无穷大，因此判断主接触器线圈烧坏，无法使常开触点闭合，而无法接通变频器的供电，使变频器无法启动工作，从而导致电动机无法启动运转的故障。

⑤ 更换损坏的主接触器，再次检测变频模块U、V、W端输出驱动电压正常，故障排除。

提示

若经检测电动机控制电路的元器件均正常，则说明变频器本身可能出现故障，需要对其变频模块各引脚的输入、输出信号及外围元器件进行检测。

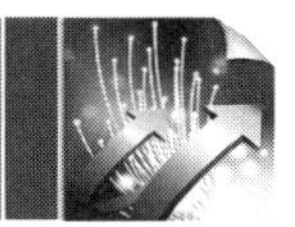

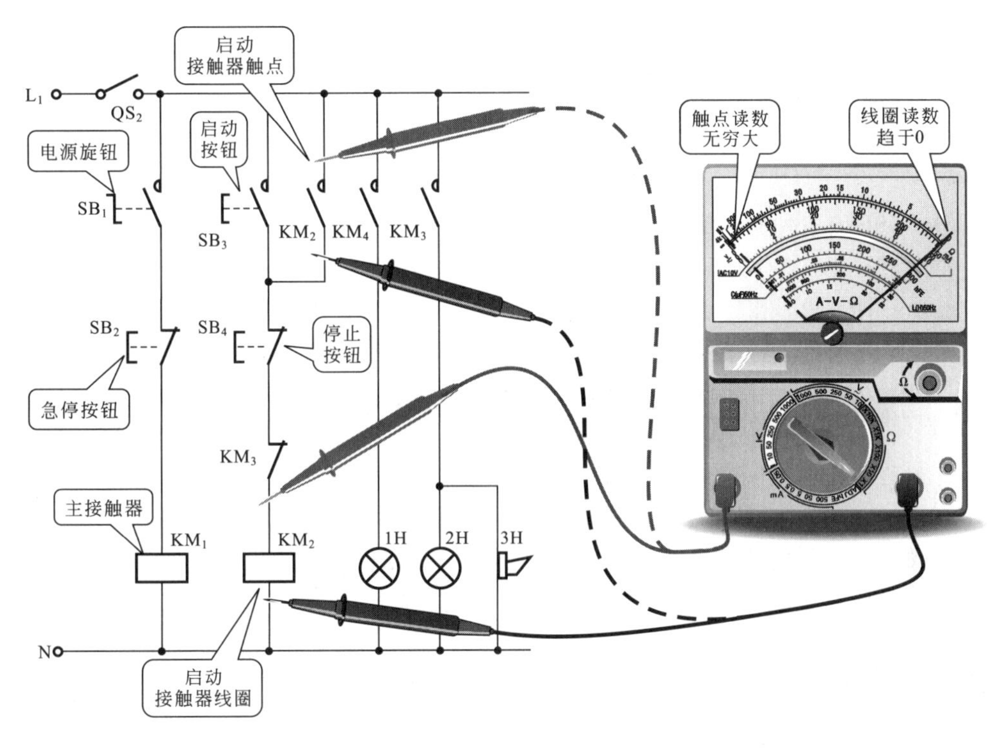

图7-18　启动接触器的检测方法

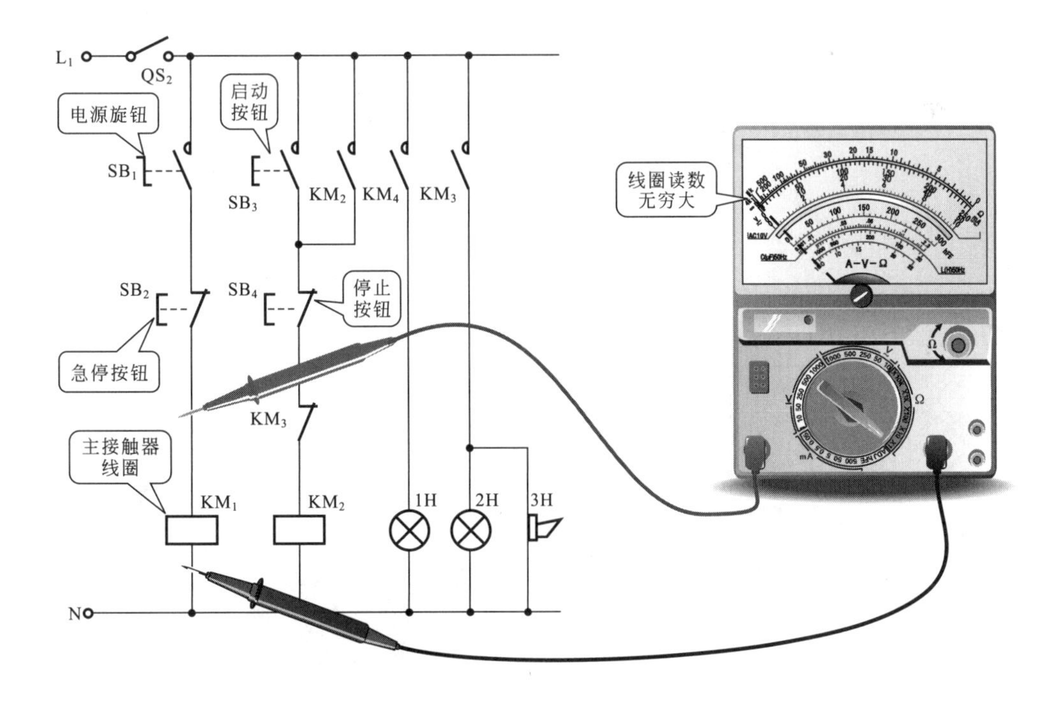

图7-19　主接触器KM_1的检测方法

7.7 西门子6SE70变频器的检修实例

西门子6SE70系列变频器应用于化纤行业，粘胶短纤维生产线上的纺丝机和牵伸机上，在使用生产过程中，受周围环境条件，如温度、湿度、粉尘、硫化氢腐蚀性气体等因素的影响，出现各种故障、报警现象。

7.7.1 操作控制面板PMU液晶显示屏上显示字母“E”，并有报警声的故障

当变频器的操作控制面板PMU液晶显示屏上显示字母“E”时，有报警声，变频器停止工作。此时，按下按键【P】或是重新通电，均无效，此时，可将故障范围确定在CUVC通信板和底板上。采用代换法，更换一块新的CUVC通信板，通电开机后，仍提示故障代码“E”，说明CUVC通信板没有故障，应重点检测底板。

① 如图7-20所示为底板电源模块N_2的⑪脚输入电压检测方法。

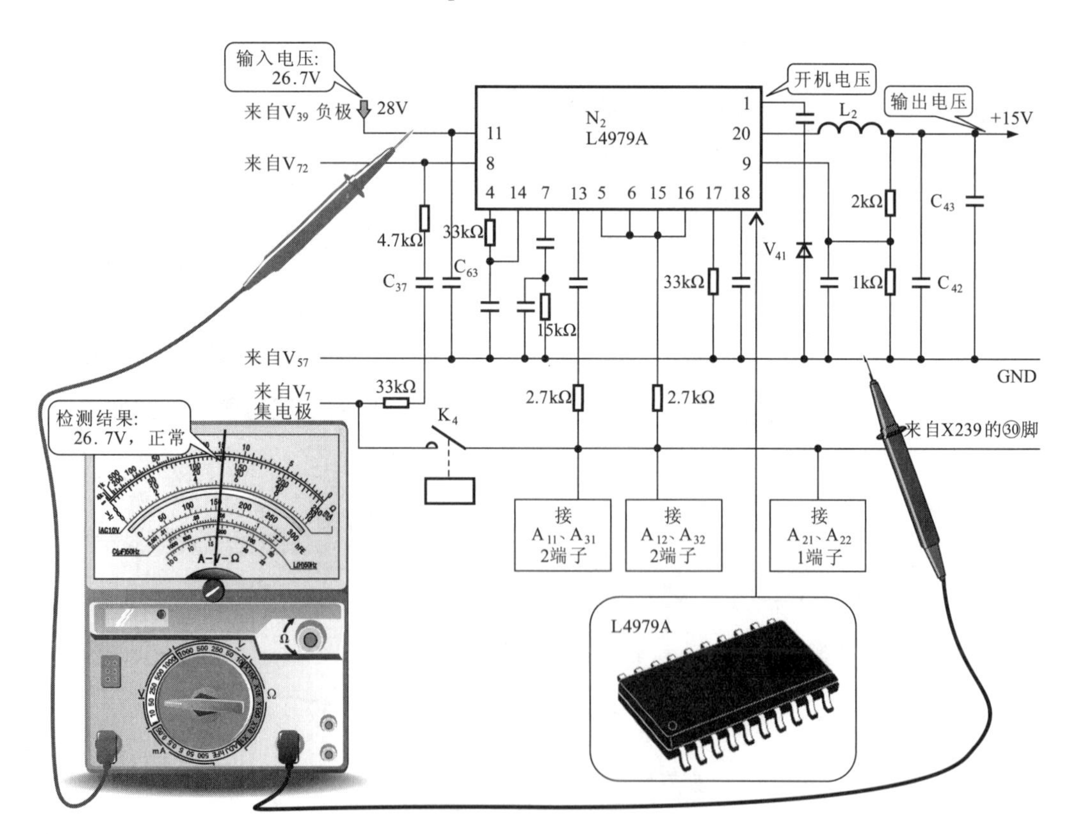

图7-20 电源模块N_2的⑪脚输入电压检测方法

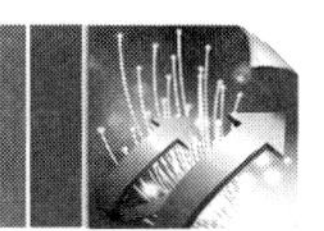

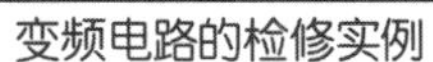

② 集成芯片N_3和电源模块N_2的输入电压都是来自V_{39}的负极，因此，当检测到集成芯片N_3的①脚输入电压异常，需要检测电源模块N_2的⑪脚输入电压，可用来判断引起故障的原因。

③ 经检测，发现电源模块N_2的⑪脚输入电压为26.7 V，与表7-1所列的数据相符，即输入电压正常，因此可判定供电电路正常，应重点检测电源模块N_2或集成芯片N_3构成的相关电路。

表7-1　电源模块N_2各引脚电压参数（L4979）

引脚	①	②	③	④	⑦	⑧	⑨	⑩
电压	26.7 V	3.1 V	15 V	5.1 V	4 V	3.85 V	5 V	0.8 V
引脚	⑪	⑫	⑬	⑭	⑰	⑱	⑲	⑳
电压	27.7 V	0.45 V	5 V	12 V	10.5 V	2.3 V	0.3 V	15 V

扩展

如图7-21所示为低压差稳压器L4979D的内部结构及各引脚功能。

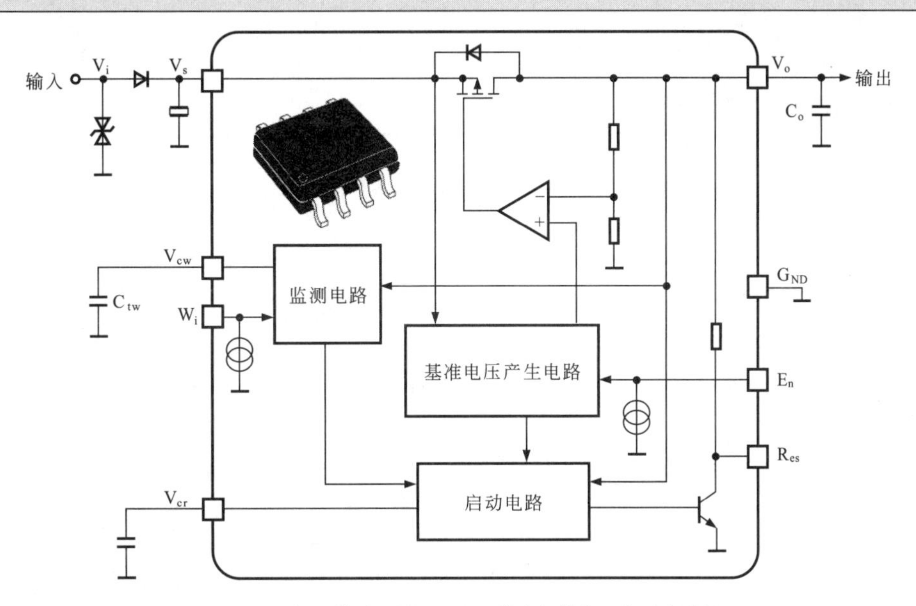

图7-21　低压差稳压器L4979D的内部结构及各引脚功能

④ 如图7-22所示为底板电源模块N_2的⑧脚电压检测方法。

由于检测到集成芯片N_3的①脚输入电压异常，此时使用万用表检测电源模块N_2的⑧脚电压，根据表7-1所列的数据对比，发现该引脚检测到的0.2 V电压值，明显偏低于表7-1中所列的3.85 V。

⑤ 如图7-23所示为底板电源模块N_2的①脚开机电压检测方法。

经检测，发现电源模块的①脚开机电压为11.32 V，根据表7-1所列的数据对比，低于26.7 V，偏低。

⑥ 经检测发现集成芯片输入电压、输出电压异常，而电源模块N_2的输入电压正常，各引脚输出电压异常，怀疑继电器K_4控制电路故障。

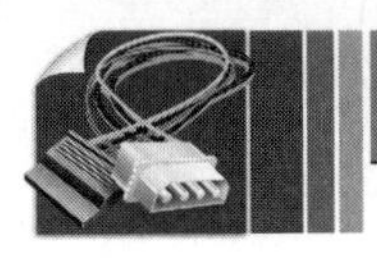

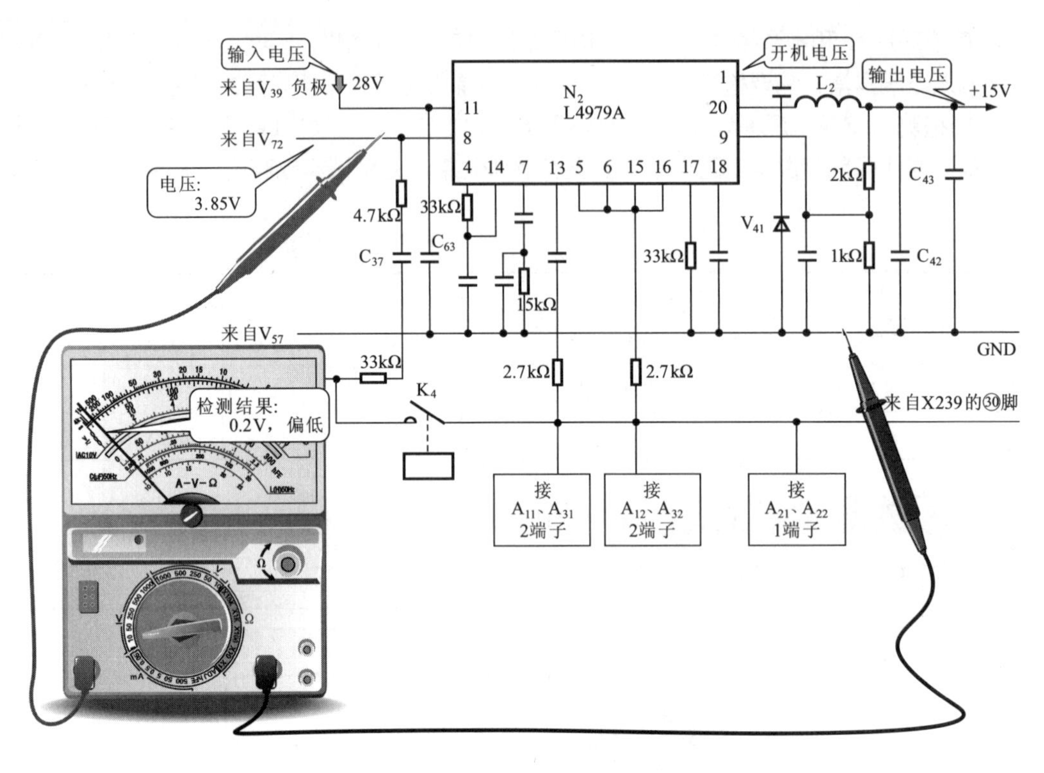

图7-22　电源模块N_2的⑧脚电压检测方法

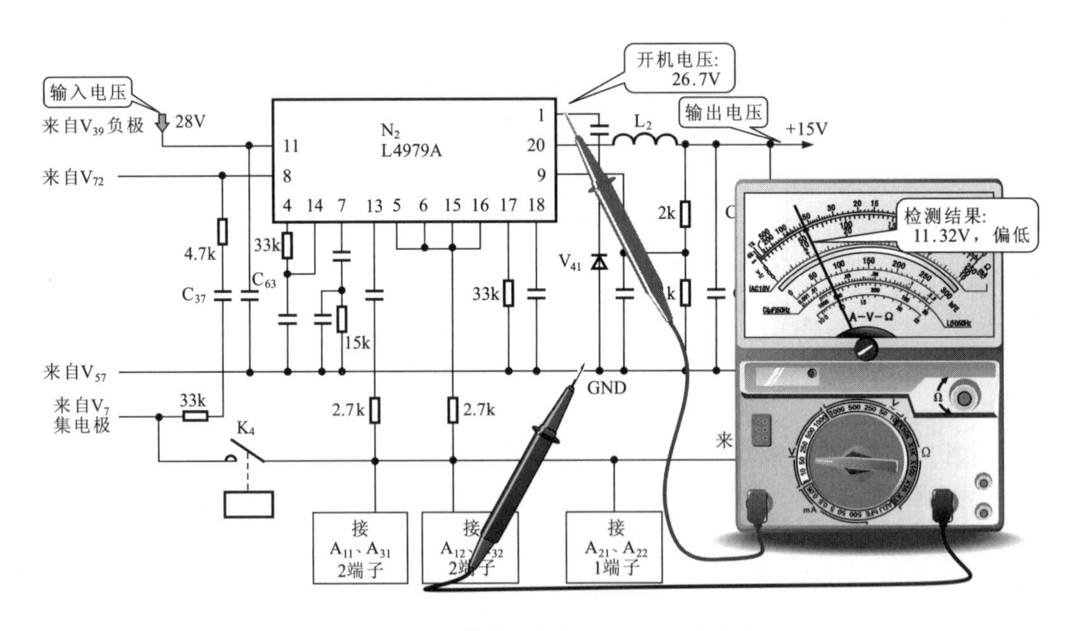

图7-23　电源模块N_2的①脚开机电压检测方法

⑦ 如图7-24所示为继电器K_4线圈控制电路检测方法。

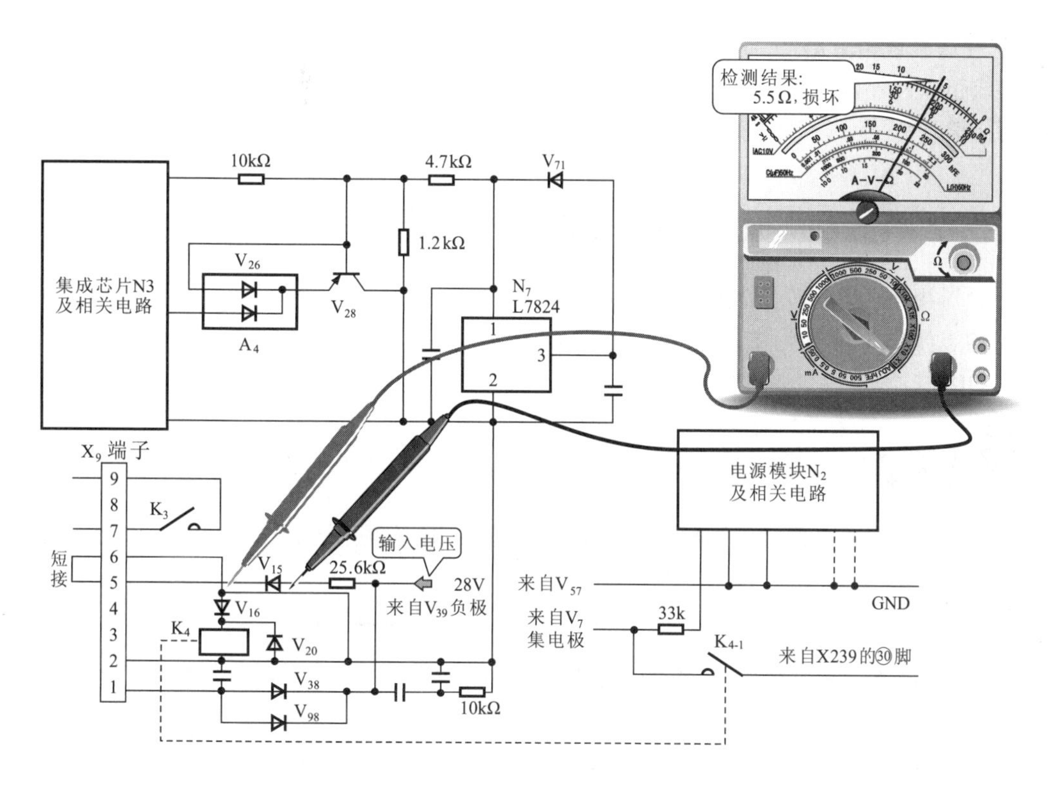

图7-24 继电器K_4线圈控制电路检测方法

继电器K_4的线圈电路与两个二极管串联，经检测发现二极管V_{16}、V_{15}的阻值分别为3.67Ω和5.5Ω，失去正向导通、反相截止特性，已经损坏。

⑧ 如图7-25所示为集成芯片N_7外围电路的检测方法。

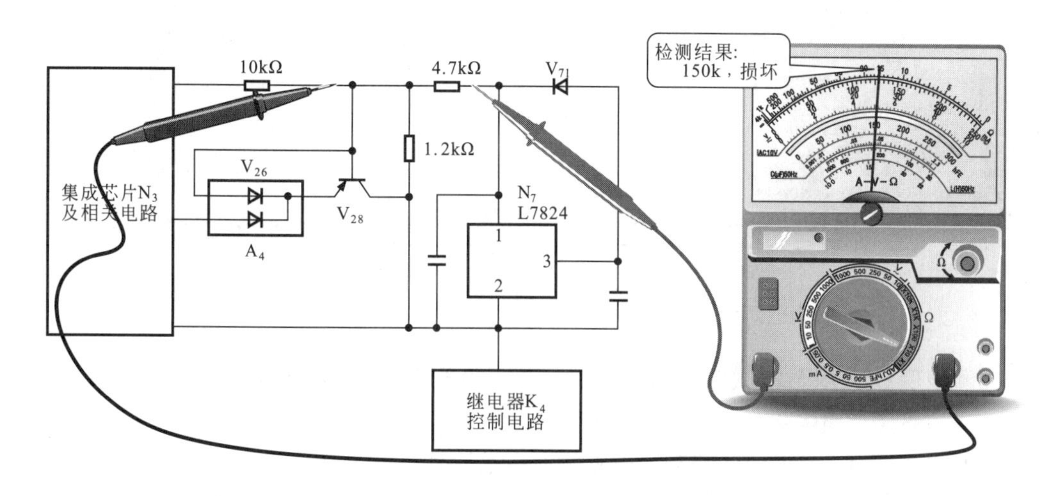

图7-25 集成芯片N_7外围电路的检测方法

继续检测发现，为继电器K_4送来控制信号的集成芯片N_7外围电路中晶体三极管V_{28}的偏置电阻损坏，检测结果为150 kΩ，偏离标称值4.7 kΩ，已经损坏。

⑨ 经过上述检测得知，晶体三极管V_{28}基极偏置电阻变值，导致V_{28}截止，造成电源模块N_2、集成芯片N_3不能正常工作，继电器KM_4控制失灵。更换损坏的元器件后，故障排除，变频器运行正常。

7.7.2 操作控制面板PMU液晶显示屏“黑屏”的故障

变频器出现“黑屏”故障时，应将故障范围确定在电源电路部分，西门子6SE70系列变频器的电源电路可分为主电源电路和触发电源电路，尤其是主电源电路部分出现故障的可能性更大些。

① 如图7-26所示为底板电源模块N_2的输入、输出电压检测方法。

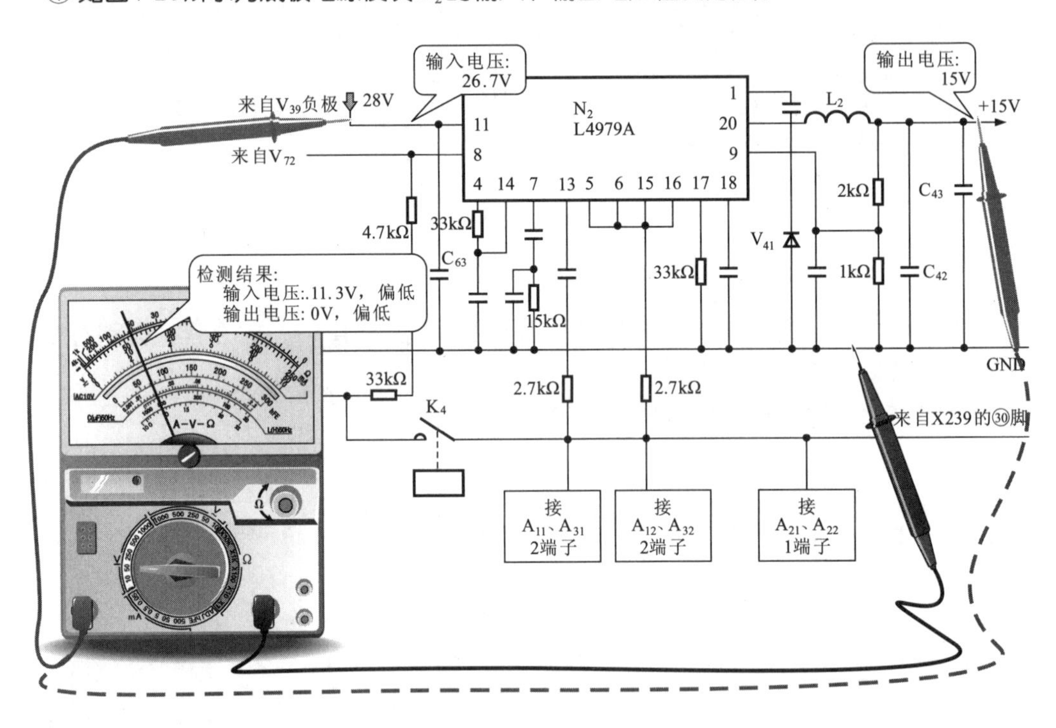

图7-26 底板电源模块N_2的输入、输出电压检测方法

经检测发现，电源模块N_2的输入电压为11.3 V，低于正常值26.7 V，输出电压为0 V，低于正常值15 V，怀疑供电电路或外围控制电路故障。

② 如图7-27所示为西门子6SE70系列变频器主电源电路。

主电源电路由开关管V_{34}、PWM脉宽调制芯片N_4、电源变压器T_6等元器件构成，DC +540 V电源电压经主电源电路处理后，由电源变压器次级输出各种低压直流，为其他模块电路供电，其中二极管V_{39}负极输出的电压为28 V，为电源模块N_2提供输入电压。

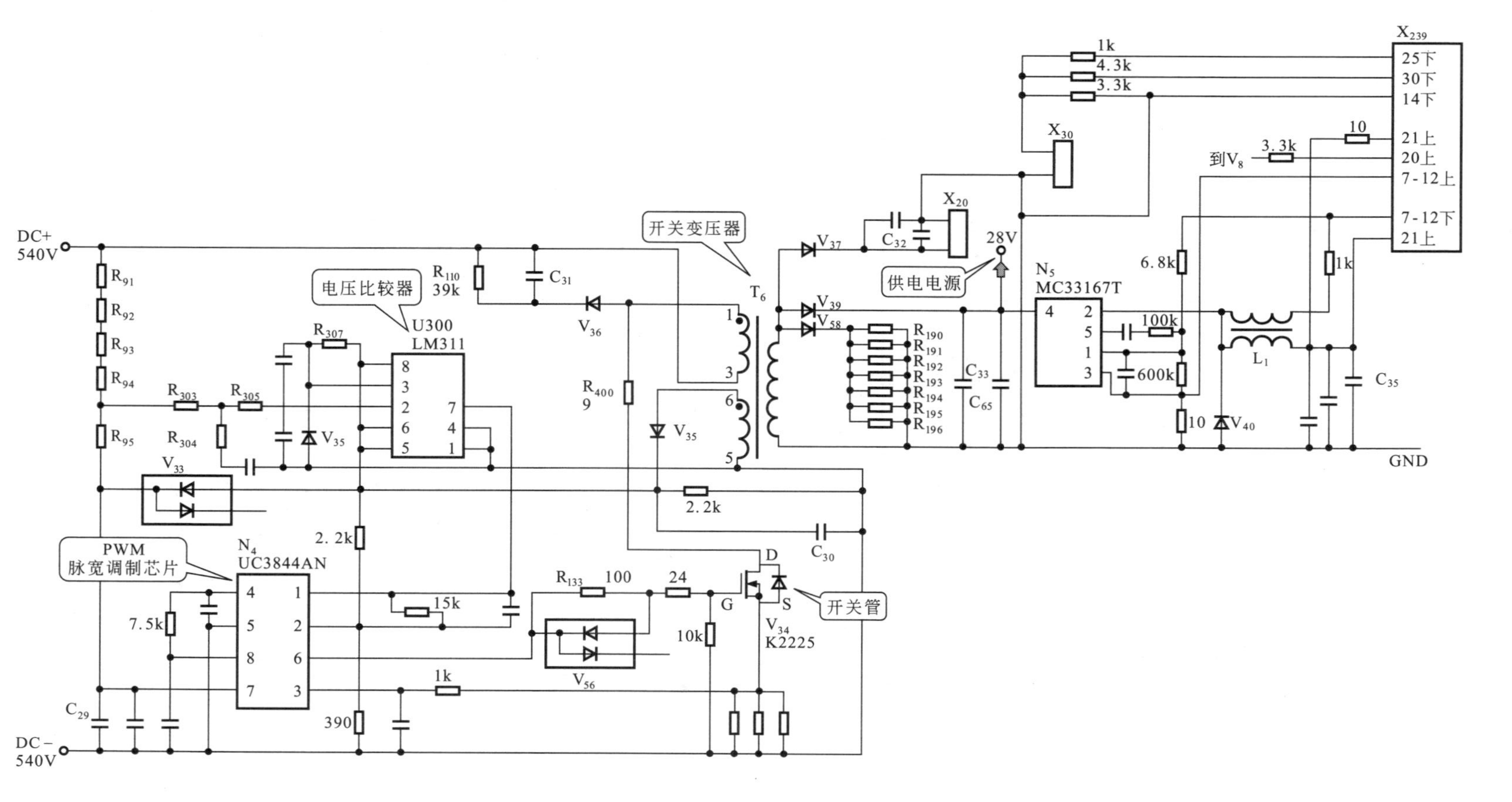

图7-27　西门子6SE70系列变频器主电源电路

扩展

如图7-28所示为PWM脉宽调制芯片UC3844AN的内部结构及各引脚功能图。

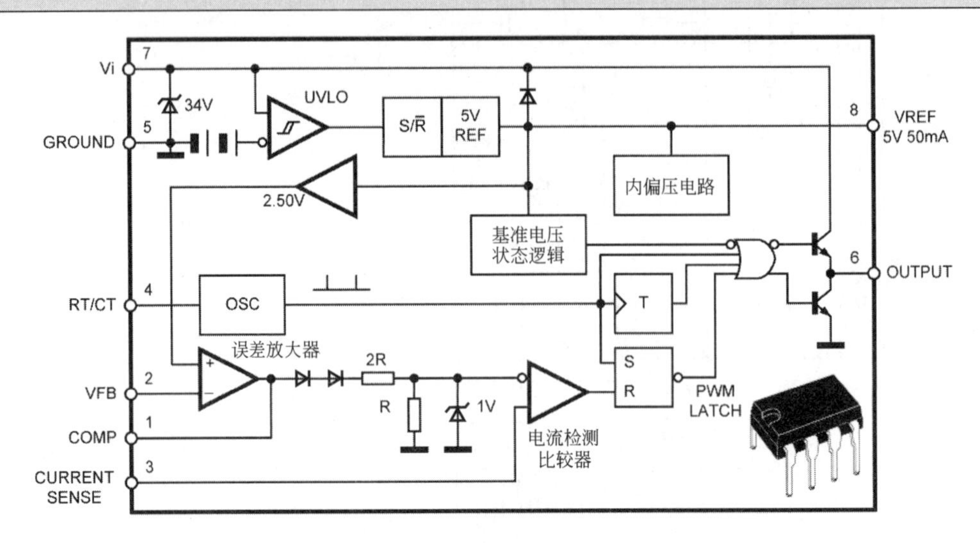

图7–28　PWM脉宽调制芯片UC3844AN的内部结构及各引脚功能

如图7-29所示为电压比较器LM311的引脚功能示意图。

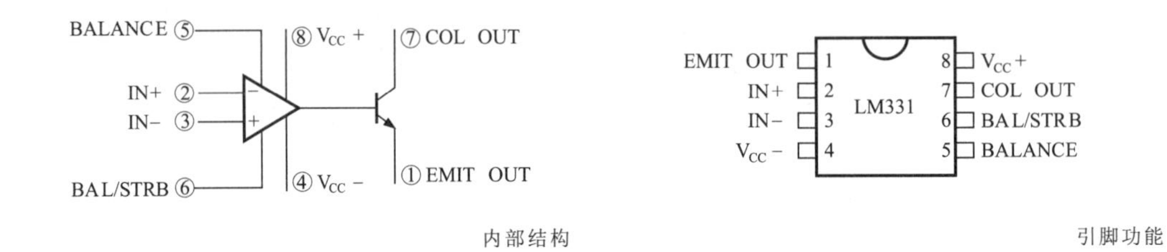

内部结构　　　　　　　　引脚功能

图7–29　电压比较器LM311的引脚功能示意图

如图7-30所示为开关稳压器MC33167T芯片的内部结构图。

③ 如图7-31所示为主电源电路输出电压检测方法。

通过电路分析，集成芯片N_3和电源模块N_2需要的输入电压由二极管V_{39}负极提供，经过检测发现，二极管V_{39}的负极无法提供正常的28 V电压。

④ 如图7-32所示为电源变压器次级电路检测方法。

经检测发现，电源变压器次级并联的多个100Ω的电阻中，有两个发生变值，分别为3.3Ω、10Ω，说明已经损坏，需要更换。

⑤ 如图7-33所示为开关管电路检测方法。

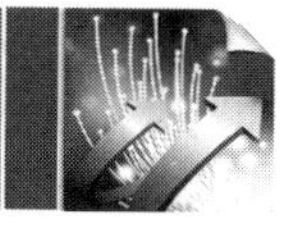

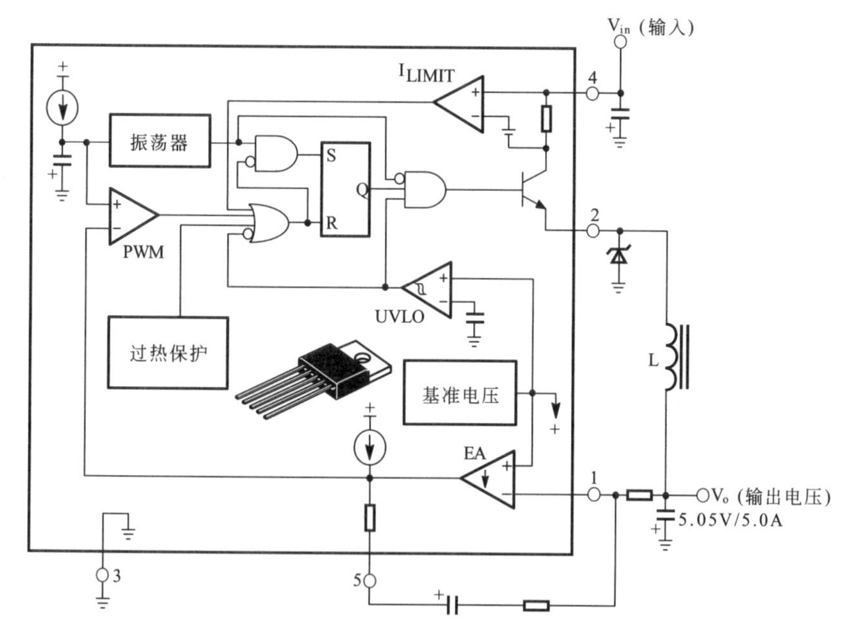

图7-30　开关稳压器MC33167T芯片的内部结构

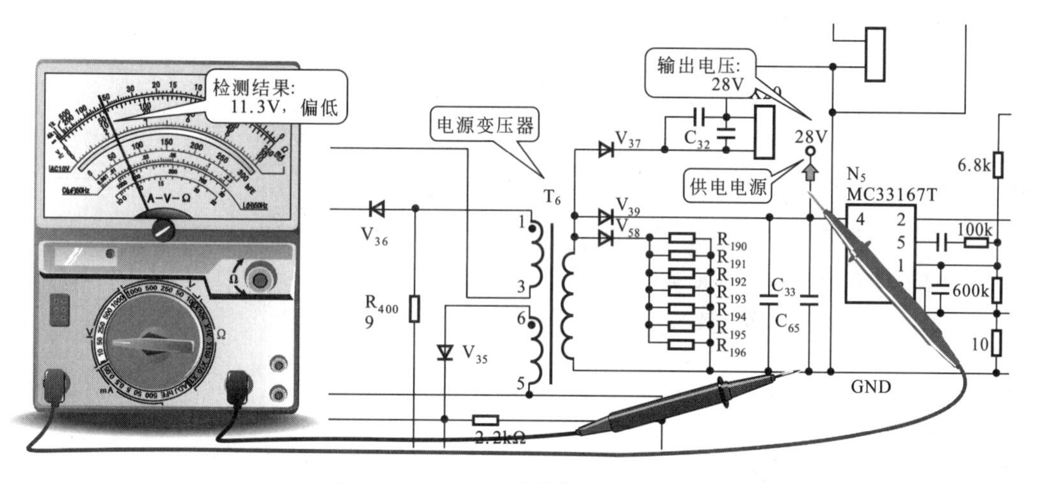

图7-31　主电源电路输出电压检测方法

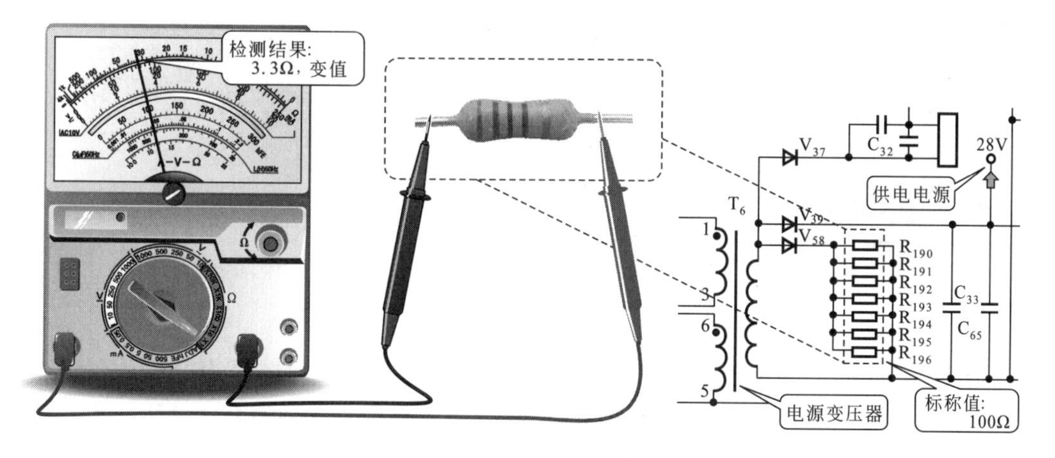

图7-32　电源变压器次级电路检测方法

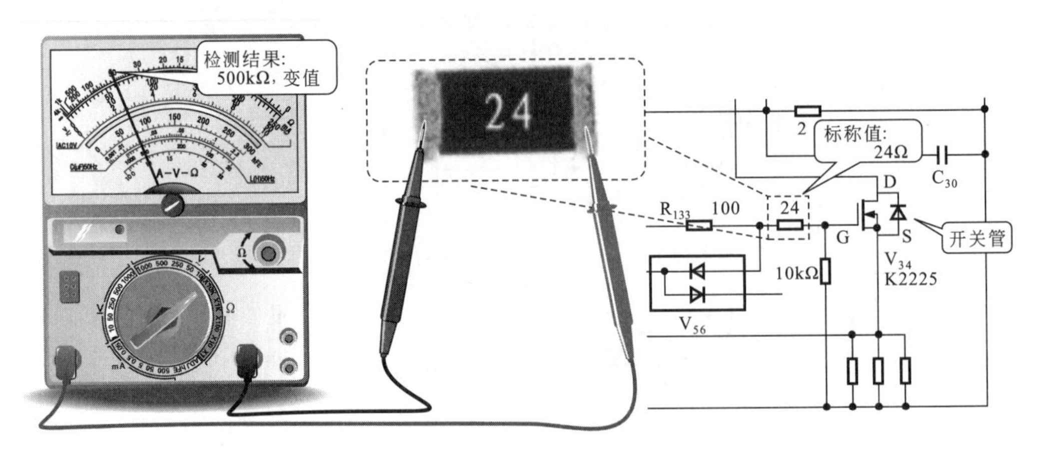

图7-33　开关管电路检测方法

继续检测发现，电源变压器初级绕组侧的开关管V_{34}控制极的偏置电阻为500kΩ，偏离标称值24Ω，已经变值损坏，需要更换。

扩展

西门子6SE70系列变频器出现操作控制面板PMU液晶显示屏“黑屏”故障，大多数是与主电源电路中开关管V_{34}控制极的保护电阻变值有关，变值后的电阻为500 kΩ ～1 MΩ，甚至为无穷大。

⑥ 损坏的电阻更换完成后，变频器仍“黑屏”，继续排查，如集成芯片N_3构成的电路、PWM脉宽调制电路或电流电压检测电路等。

⑦ 如图7-34所示为集成芯片N_3检测方法。

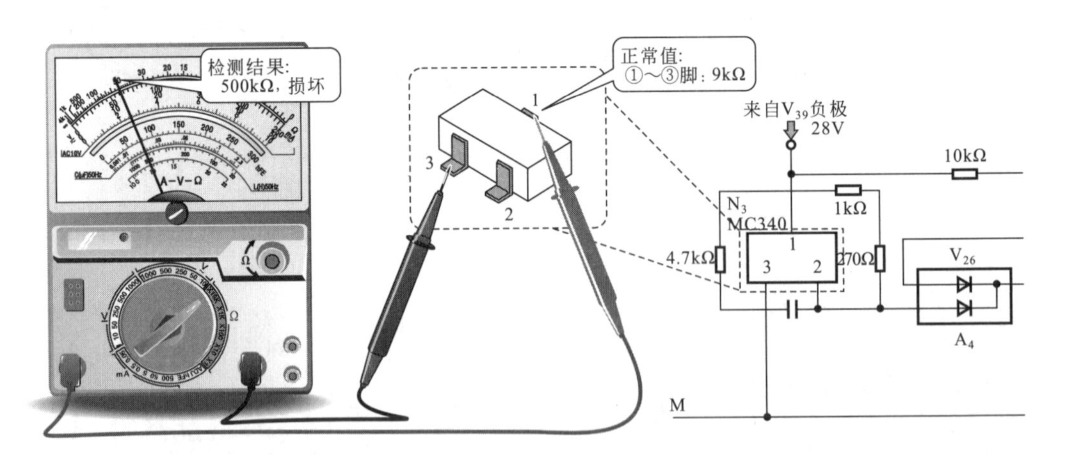

图7-34　集成芯片N_3检测方法

检测集成芯片N_3的外围部件，没有发现故障点，此时应使用热风焊台将集成芯片N_3从电路板上焊下，检测各引脚之间的阻值。经检测发现，②脚和③脚之间的阻值为84Ω，属于异常；

①脚和③脚之间的阻值为9kΩ，偏离正常值500 kΩ。需要更换。

⑧ 如图7-35和图7-36所示为PWM脉宽调制解调电路检修方法。

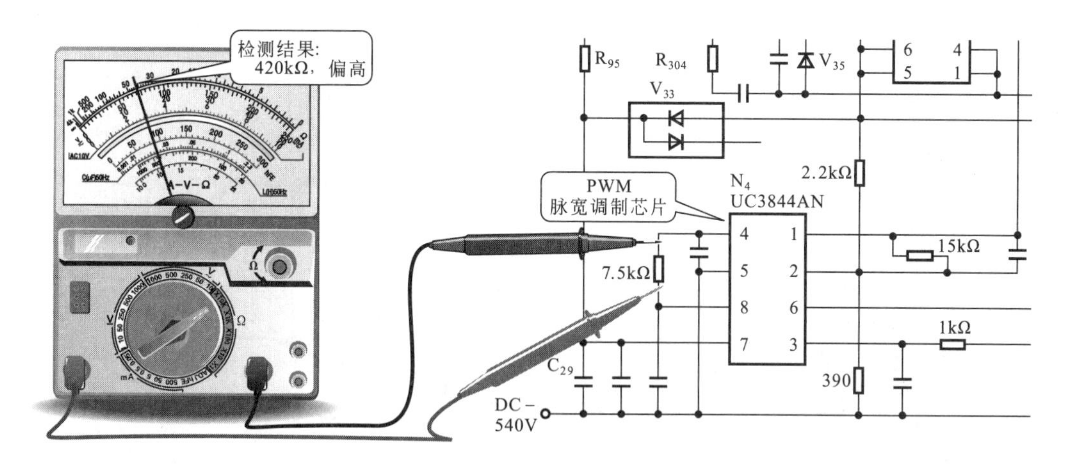

图7-35　PWM调制解调电路检修方法（一）

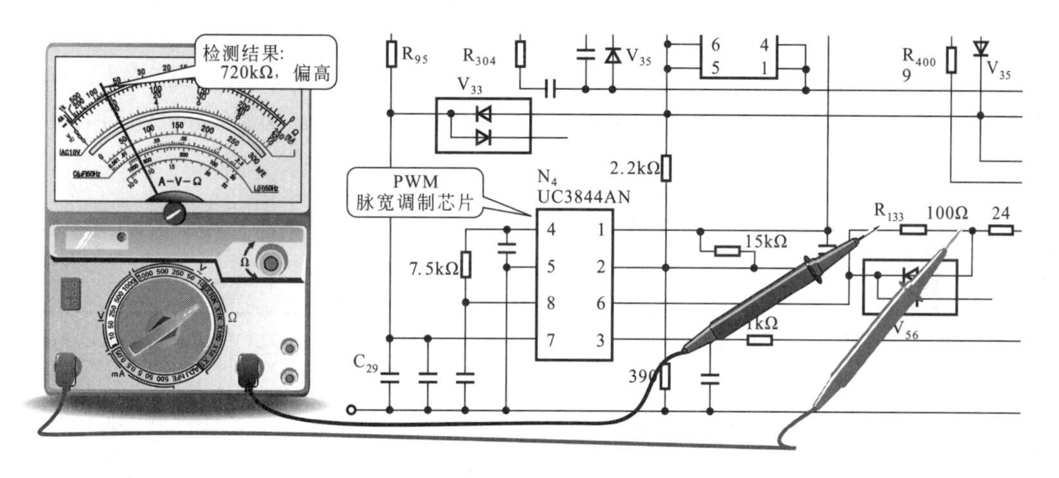

图7-36　PWM调制解调电路检修方法（二）

分别检测PWM脉宽调制解调芯片N_4的④脚和⑧脚之间的电阻和⑥脚外接的电阻R_{133}，经检测，发现阻值都偏高，说明已损坏，需要更换。

扩展

PWM脉宽调制芯片N_4的各引脚电压数据如表7-2所列。

表7-2　PWM脉宽调制芯片N_4各引脚电压参数（UC3844AN）

引脚	①	②	③	④	⑤	⑥	⑦	⑧
电压	1.7 V	2.48 V	0 V	1.83 V	0 V	1.8 V	16 V	4.97 V

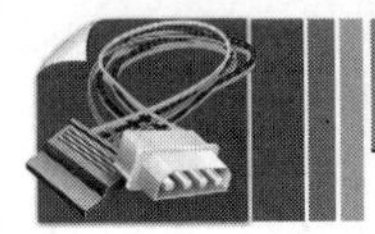

⑨ 如图7-37所示为主电源输出电压检测方法。

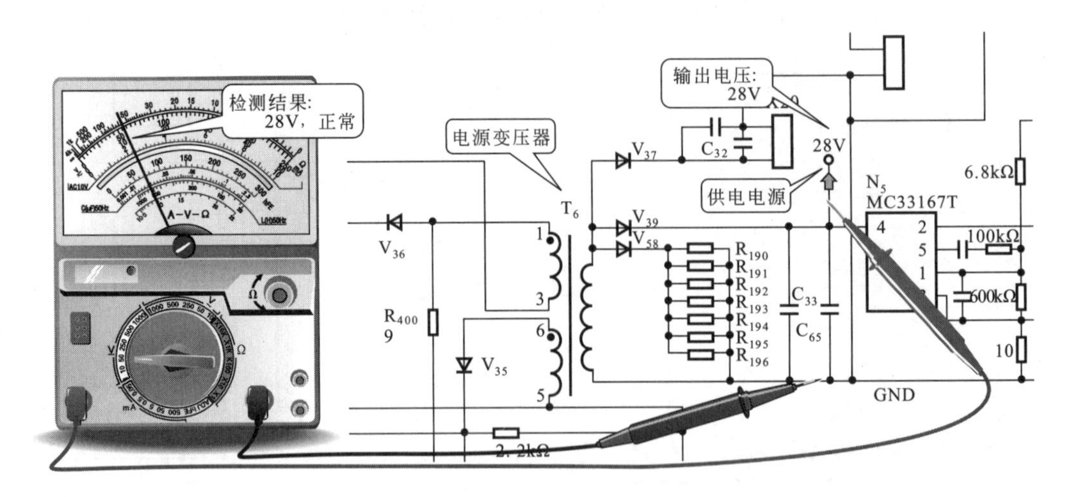

图7-37　主电源输出电压检测方法

主电源电路中的易损元器件逐一检测、更换后，在二极管V_{39}的负极可以检测到28 V输出电压。

⑩ 经过上述检测发现，主电源电路可以输出28 V电压，可判定该电路中的故障已经排除。如变频器仍然存在“黑屏”故障，则应继续检测电流电压检测电路。如图7-38所示为电流检测电路。

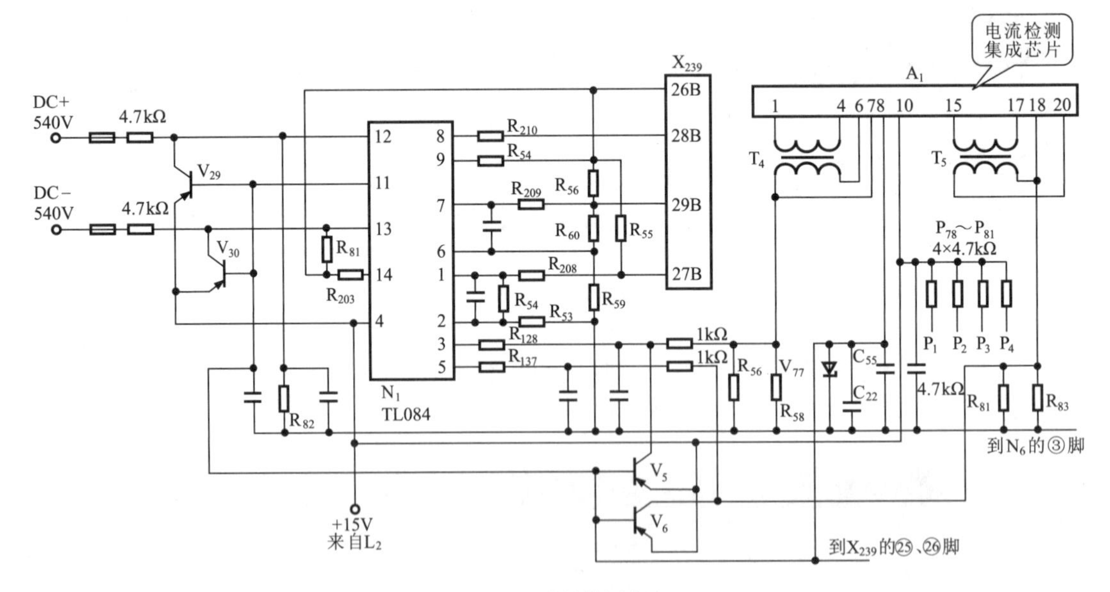

图7-38　电流检测电路

⑪ 如图7-39所示为电流检测电路检测方法。

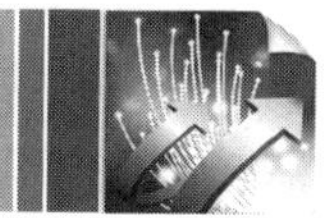

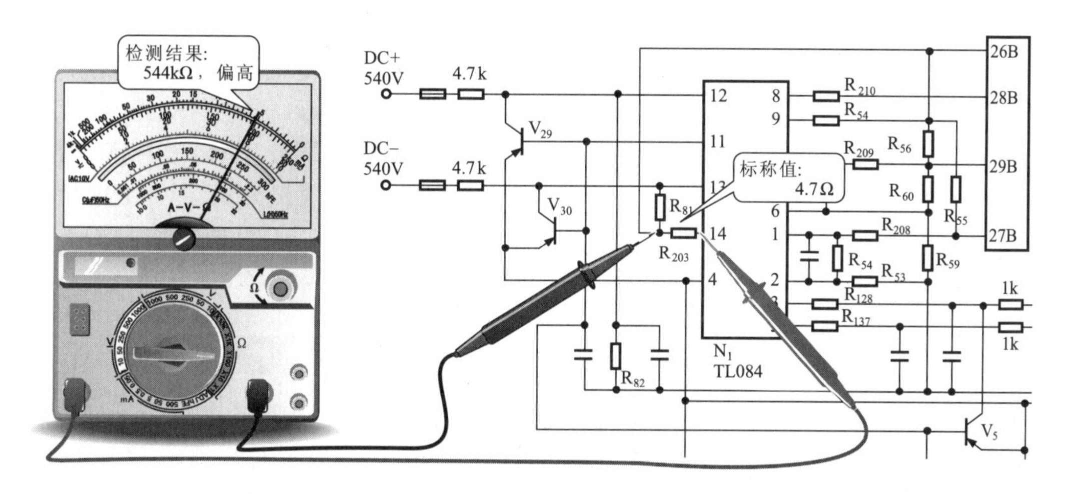

图7-39　电流检测电路检测方法

经检测发现，电流检测电路中的集成芯片N_1的⑭脚外接电阻R_{203}由正常时的47Ω变成544 kΩ，说明已经损坏，需要更换。

如图7-40所示为TL0814芯片的内部结构及各引脚功能图。

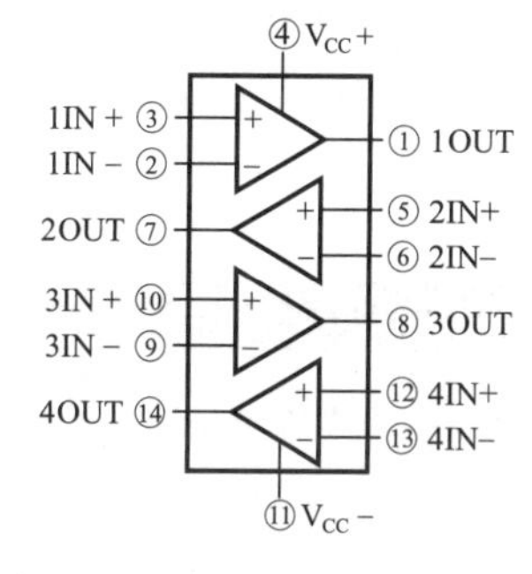

图7-40　TL0814芯片的内部结构及各引脚功能

⑫ 如图7-41所示为电流检测集成芯片A_1检测方法。

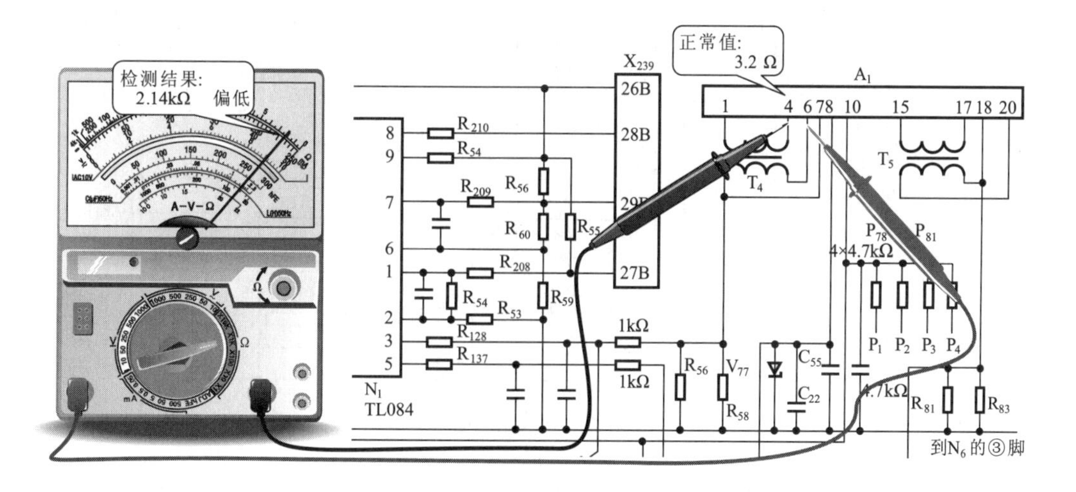

图7-41　电流检测集成芯片A_1检测方法

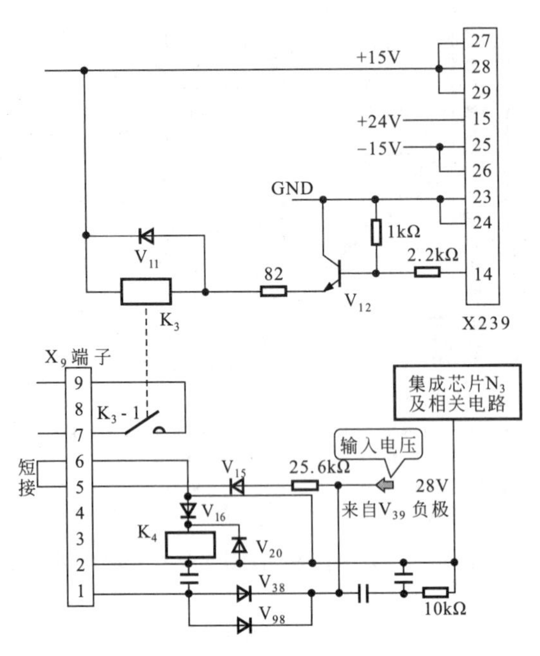

图7-42 继电器K_3的相关电路

此时给变频器通电，会进行自检，并且能听到继电器吸合一下就跳开的声音，经过判断，为插件X_9的⑦脚和⑨脚之间的继电器K_3发出来的声音。经检测发现，电流检测集成芯片A_1的④脚和⑥脚阻值由3.2 kΩ变值为2.14 kΩ，说明已损坏。

扩展

如图7-42所示为西门子6SE70系列变频器中继电器K_3的相关电路，该电路通过继电器K_3，将与插接件X_{239}和X_9相连的电路关联起来，进行控制。

⑬ 将电流检测集成芯片A_1进行更换后通电，变频器能够通过自检并进行工作，故障排除。

扩展

如果上述检测都不能排查出变频器“黑屏”的故障点，则应重点检查触发电源电路，如图7-43所示。逆变开关管V_2栅极的限流电阻属于易坏元器件，正常值为10Ω，经常会变值为590 kΩ，开路检测为11 MΩ。

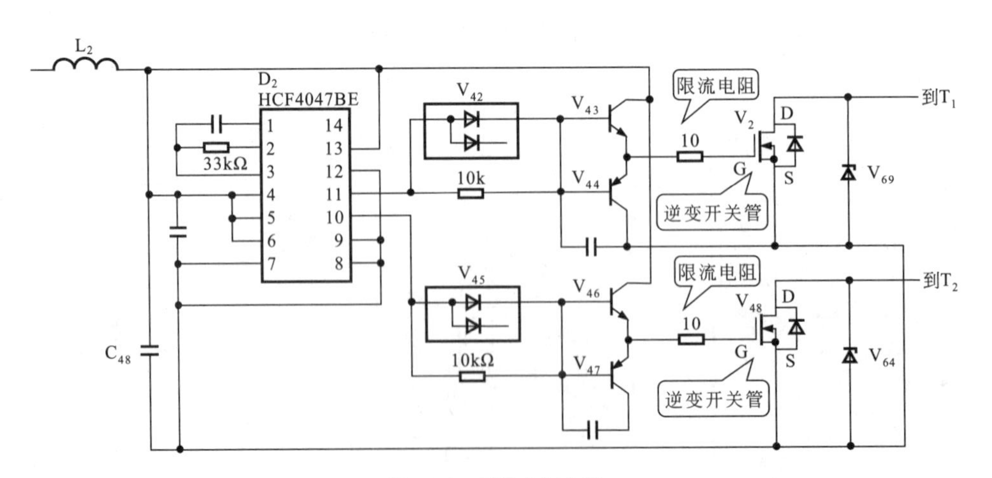

图7-43 触发电源电路

如图7-44所示为单稳/非稳多谐振荡器的实物外形、引脚功能及内部结构。

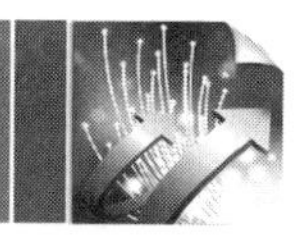

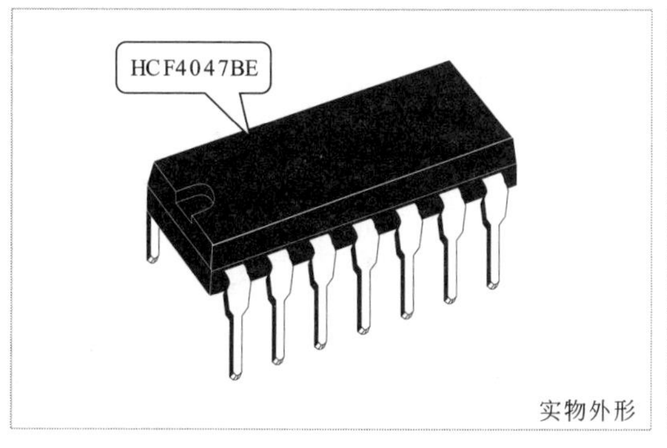

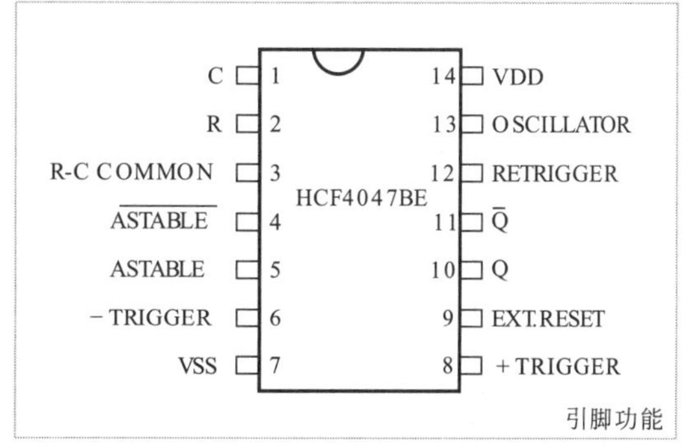

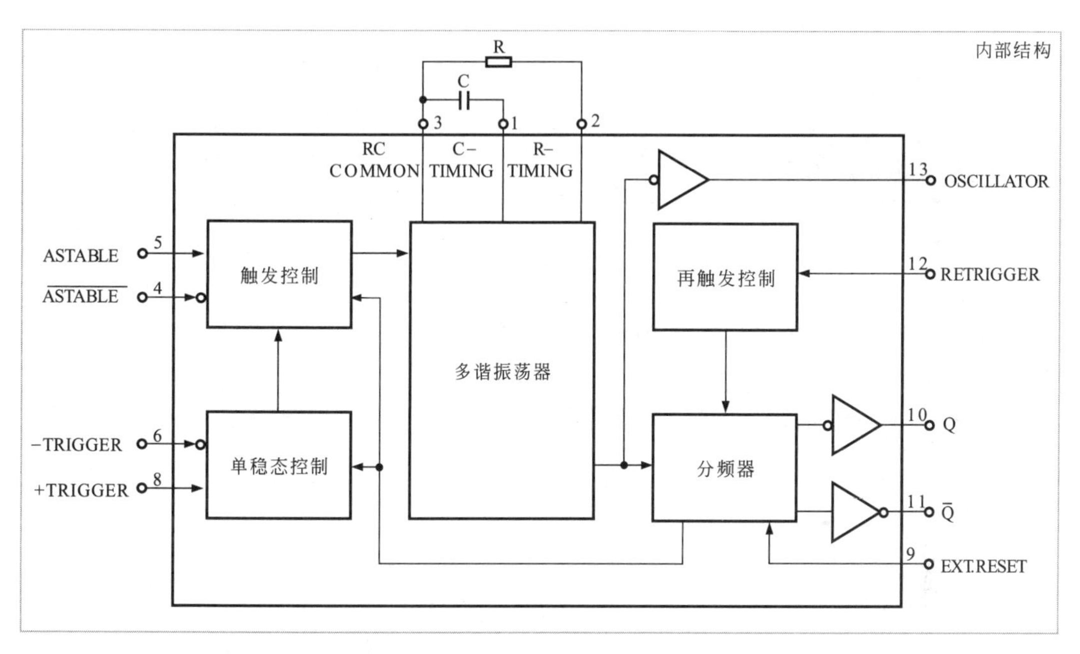

图7-44 单稳/非稳多谐振荡器的实物外形、引脚功能及内部结构

7.7.3 操作控制面板PMU液晶显示屏上显示“008”，开机封锁

变频器通电自检完成后，PMU液晶显示屏上显示“008”，其含义是启动封锁。变频器出现该故障，可先通过设置调整进行故障排查，如：将【使能】、【ON/OFF】置0；查【OFF2】是否置0了；硬件的【紧急停车】端开路；功率定义错误。当检测各项设置都正常，应检查变频器内部电路板。

① 如图7-26所示，为底板电源模块N_2的输入、输出电压检测方法。检查底板电源电路，其中集成芯片N_3正常，电源模块N_2的输出电压为14.5 V，比正常值15.3 V稍微偏低。

② 检测为电源模块N_2提供输入电压的主电源电路，经检测发现，集成芯片N_5的②脚输出电压为5.6 V，并伴随有“吱吱”的响声。进一步检测发现，集成芯片N_5的⑤脚外接的100 kΩ

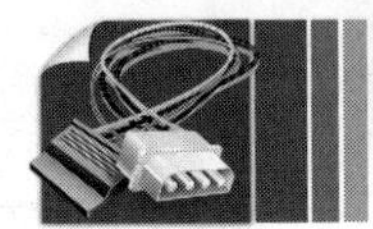

电阻烧坏。

③ 如图7-45所示为CUVC通信板连接插件X239A检测方法。

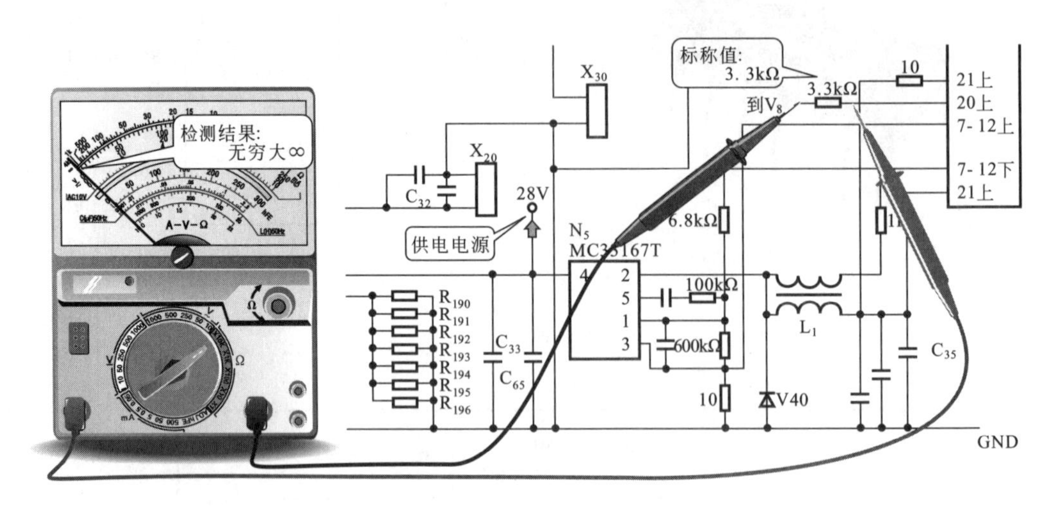

图7-45　CUVC通信板连接插件X239A检测方法

继续检测发现，CUVC通信板连接插件X239A的⑳脚外接3.3 kΩ 电阻阻值为无穷大，说明已损坏，需要更换。

④ 如图7-46、图7-47所示为触发板电路和触发板集成芯片A_{21}检测方法。

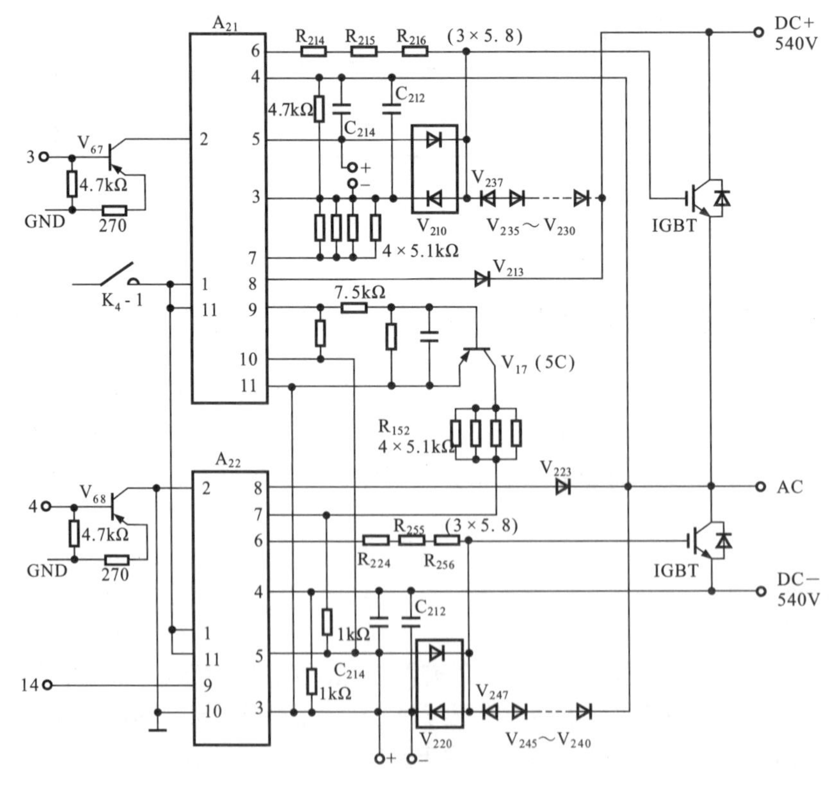

图7-46　触发板电路

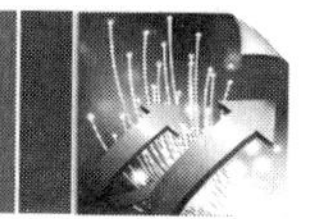

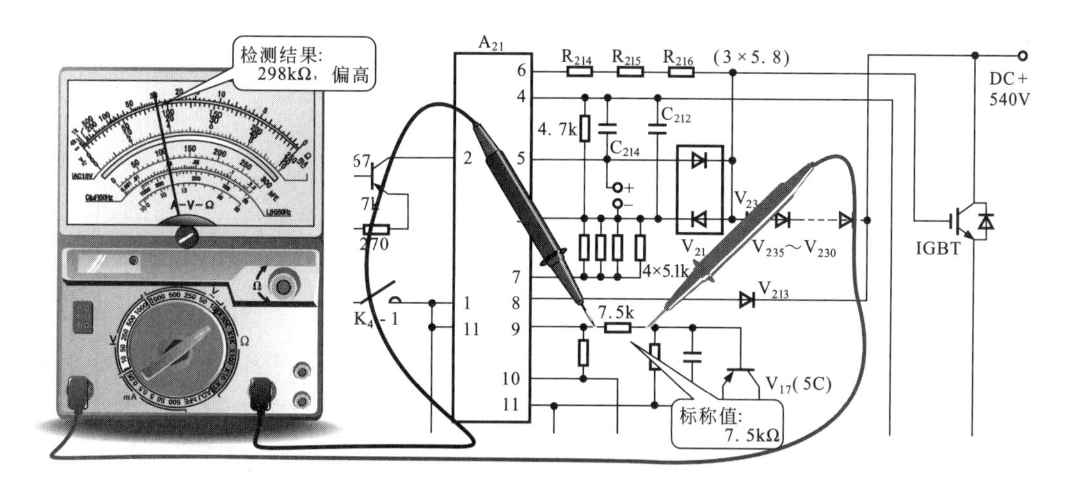

图7-47　触发板集成芯片A_{21}检测方法

检测触发板集成芯片A_{21}及其外围电路发现，集成芯片A_{21}的⑨脚外接7.5 kΩ电阻变值为298 kΩ，已经损坏。

⑤ 如图7-48所示为继电器K_3控制电路检测方法。

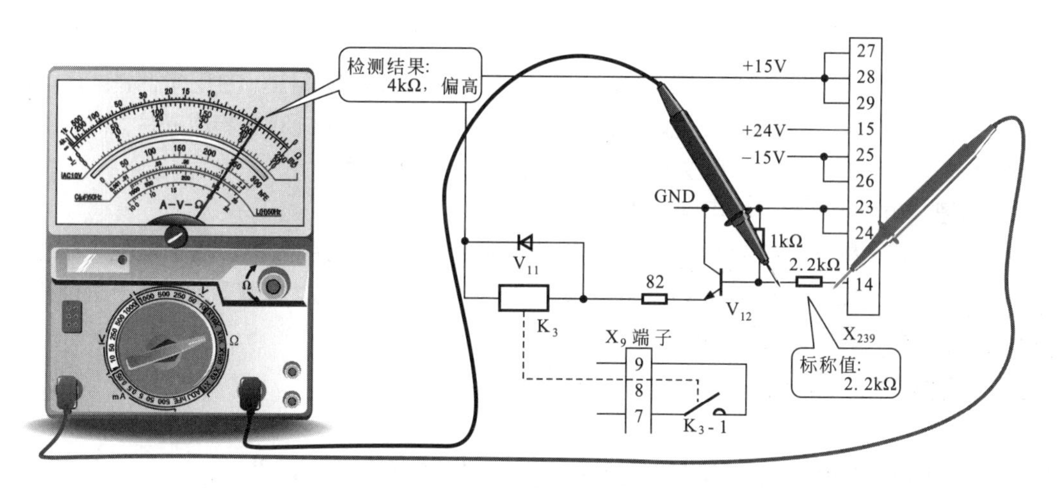

图7-48　继电器K_3控制电路检测方法

更换上述损坏的电阻将变频器重新初始化、输入参数后，操作控制面板PMU显示“009”，进入开机准备状态。变频器负载上带电，工作正常，但是运行5 min之后，继电器K_3出现断续掉电声。经检测发现，继电器K_3的控制晶体三极管V_{12}基极2.2 kΩ电阻变值为4 kΩ，已经损坏。

⑥ 更换损坏的元器件后，故障排除，变频器运行正常。

7.7.4　操作控制面板PMU液晶显示屏上显示“F008”

变频器上电自检完成后，操作控制面板PMU液晶显示屏上显示“F008”，复位后显示“009”，随后显示“008”，仍不能启动工作。

① 如图7-49所示为电流检测电路检测方法。

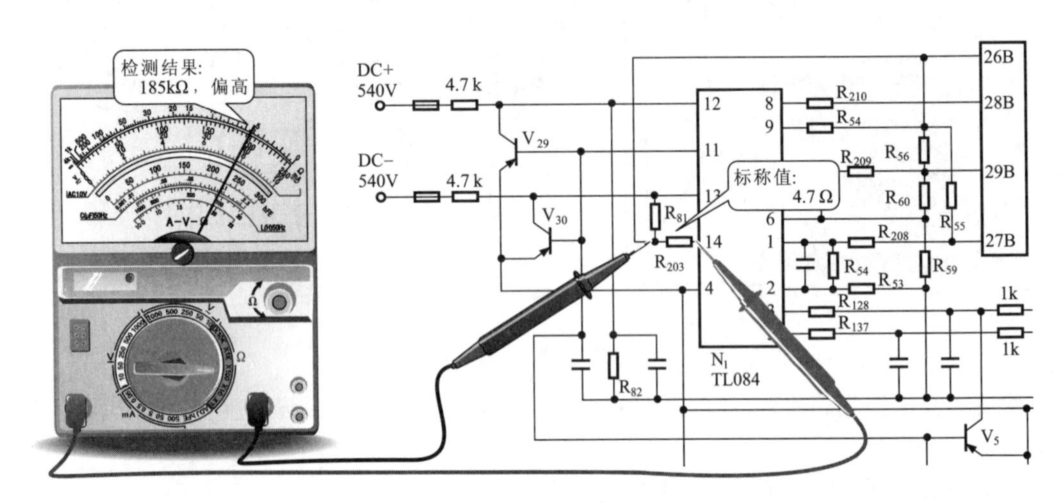

图7-49　电流检测电路检测方法

经检测发现，电流检测电路中的集成芯片N_1的⑭脚外接电阻R_{203}由正常时的47 Ω 变成185k Ω ；集成芯片N_1的⑦脚外接电阻R_{209}由正常时的47 Ω 变成888 k Ω ；集成芯片N_1的③脚外接电阻R_{56}由正常时的900 Ω ，变成4.3 k Ω ，均已损坏，需要更换。

② 如图7-50所示为触发板电路检测方法。

经检测发现，晶体三极管V_{17}集电极连接的电阻R_{152}的阻值发生变值。由于电阻R_{152}是4个5.1 k Ω 电阻并联而成，当检测到变值的情况后，将其一一从电路板上焊解下来，逐一进行检测，发现其中一个电阻烧坏，需要更换。

③ 更换损坏的元器件后，故障排除，变频器运行正常。

7.7.5 操作控制面板PMU液晶显示屏上显示“F011”

变频器上电自检完成后，操作控制面板PMU液晶显示屏上显示“F011”，并且不能复位，还带有焦煳味。

① 如图7-51和图7-52所示为电源模块电路检测方法。

经检测发现是，电源模块N_2的输出电压为5.1 V，开机电压为16.5 V，均低于正常值。

② 如图7-53所示为电源模块外围电路检测方法。

检测电源模块N_2的外围电路，发现⑨脚外接的1 k Ω 电阻烧坏，需要更换。

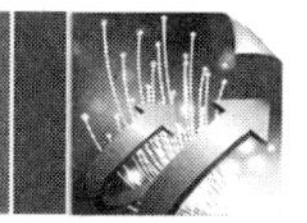

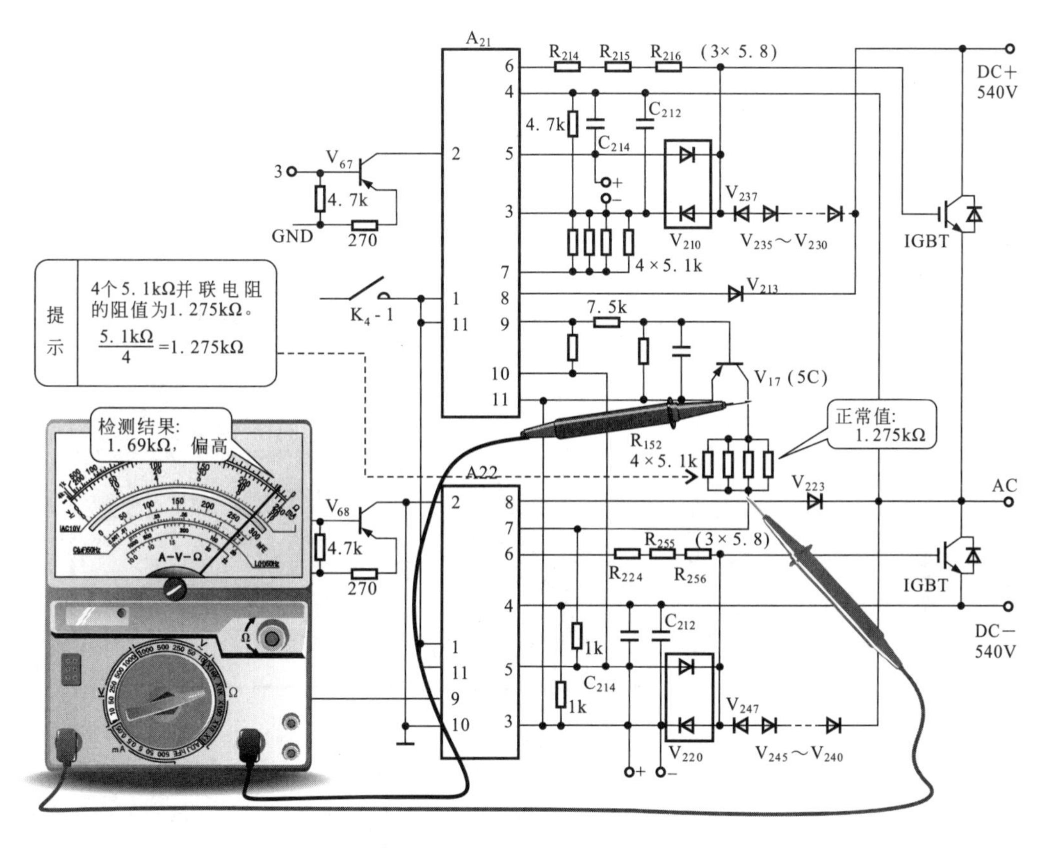

图7-50　触发板电路检测方法

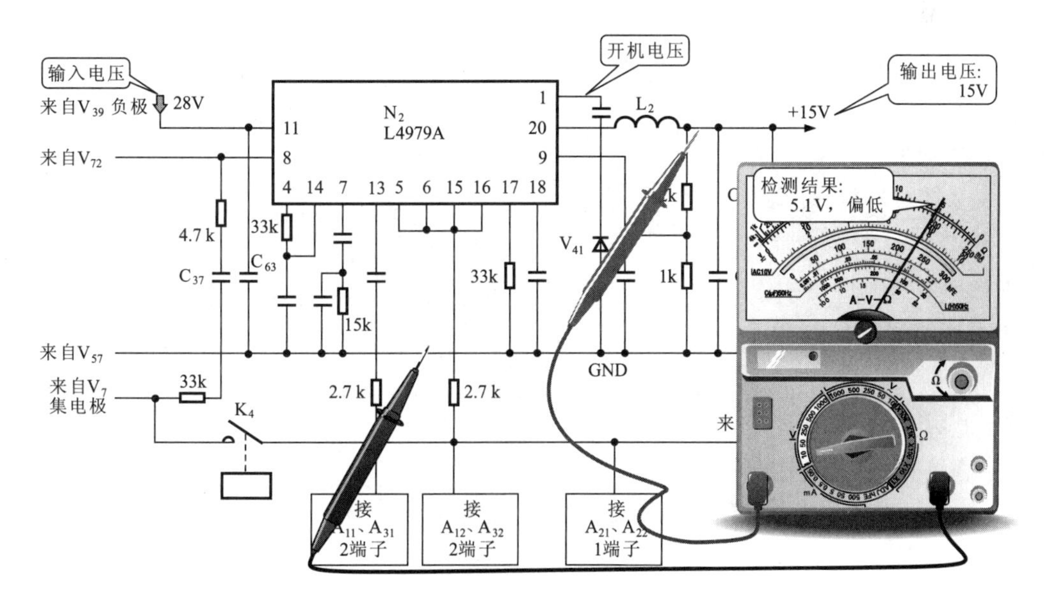

图7-51　电源模块电路检测方法（一）

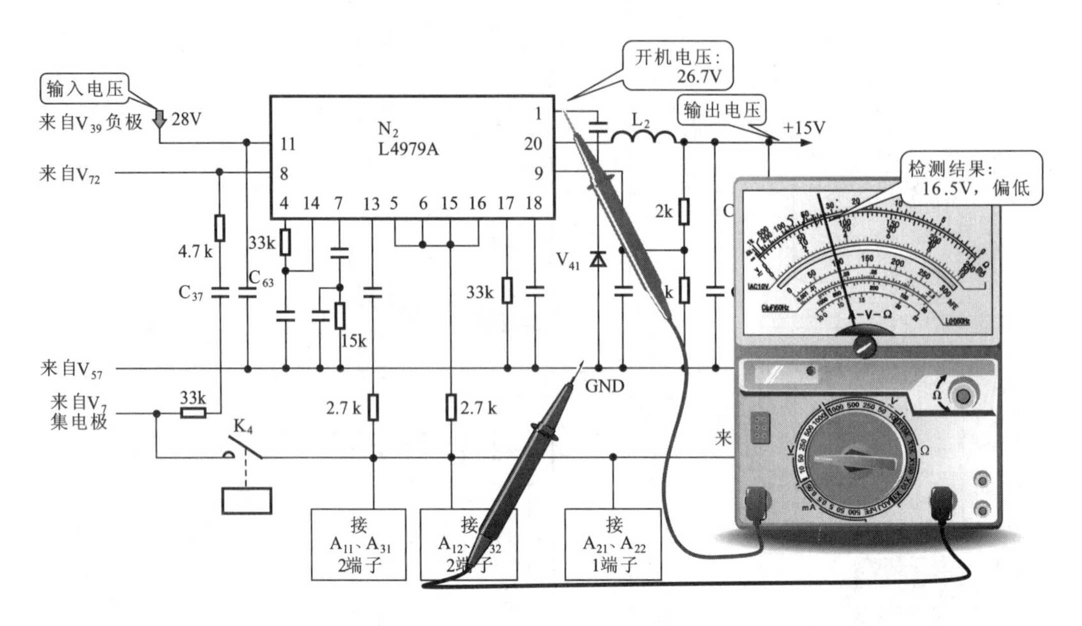

图7-52　电源模块电路检测方法（二）

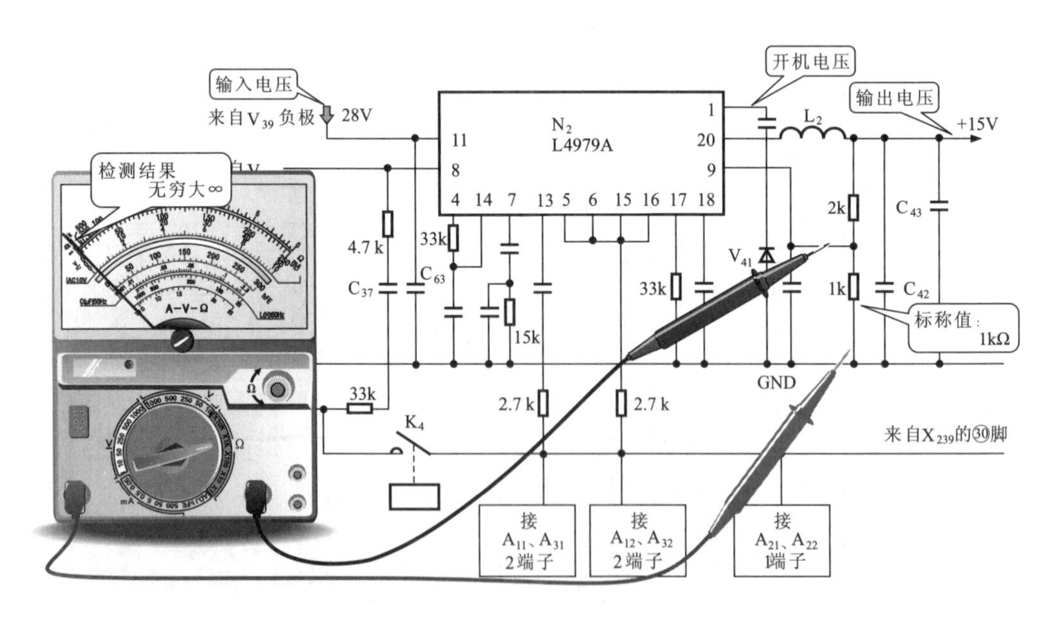

图7-53　电源模块外围电路检测方法

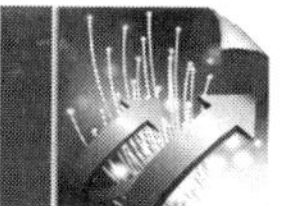

③ 如图7-54所示为主电源集成芯片N_5相关电路检测方法。

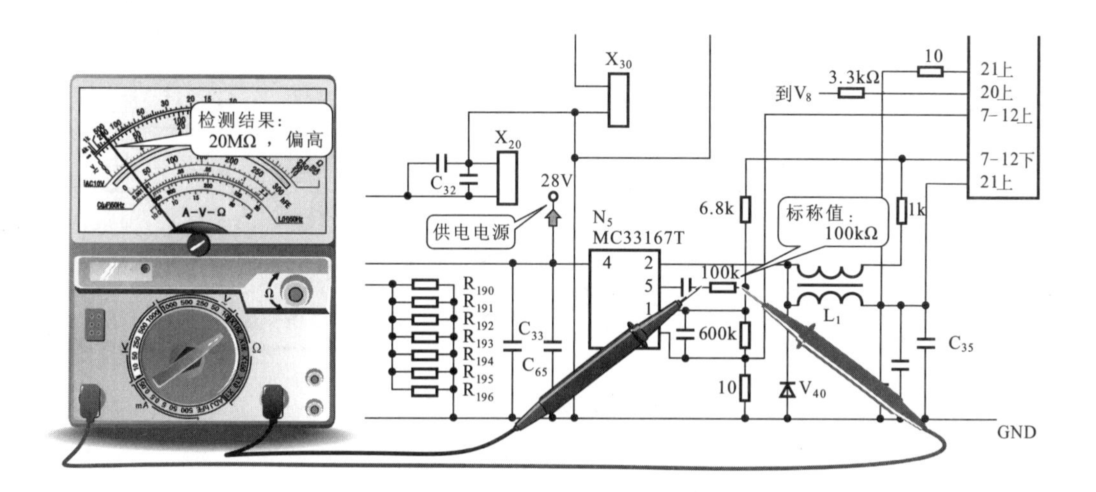

图7-54　主电源集成芯片N_5相关电路检测方法

检测主电源集成芯片N_5的外围电路，发现⑤脚外接100 kΩ 电阻发生变值，需要更换。

④ 如图7-55所示为电流检测电路检修方法。

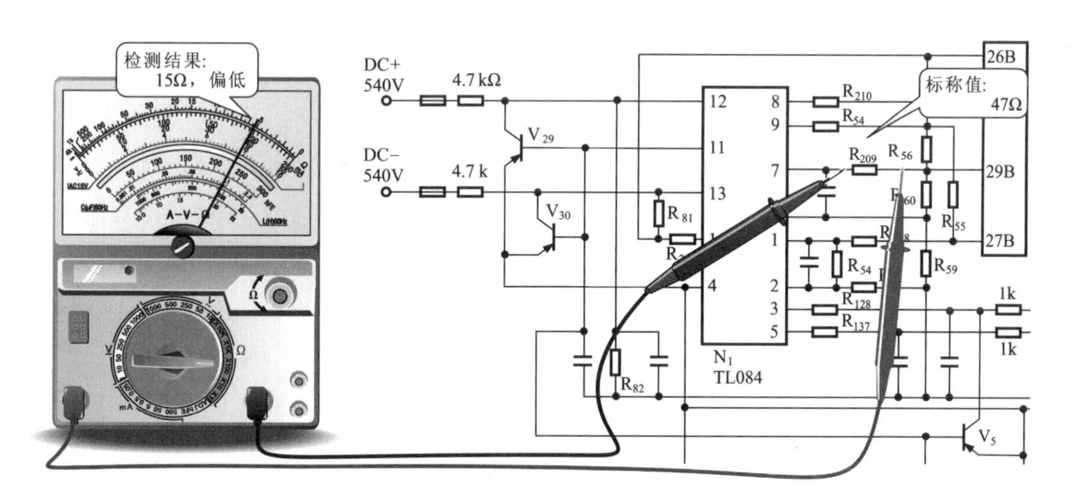

图7-55　电流检测电路检修方法

由于电源电路出现损坏元器件，接下来对电流检测电路进行检测。经过检测发现，集成芯片N_1的⑦脚外接电阻R_{209}的阻值由47Ω 变为15Ω，变值损坏。

⑤ 如图7-56所示为触发板电路检修方法。

检测电源电路、电流检测电路仍不能排除故障，应重点检测触发板电路。经检测发现，触发模块A_{22}的④脚和③脚之间的1 kΩ 电阻烧坏。

⑥ 逐一更换检测到的损坏元器件，通电自检，故障排除，变频器正常工作。

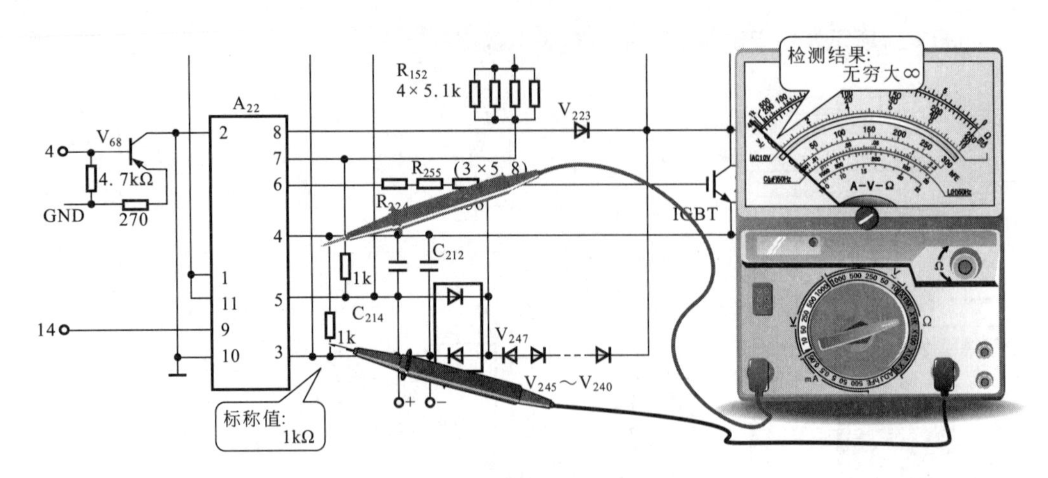

图7-56　触发板电路检修方法

相关图书推荐

书名	定价/元	书号
欧姆龙CP1H系列PLC完全自学手册	88	978-7-122-16997-6
精选实用电工线路260例	39	978-7-122-13626-8
12天学通电子元器件及电路	29	978-7-122-15379-1
图解家装电工技能完全掌握	38	978-7-122-16432-2
电动机绕组全彩色图集：嵌线·布线·接线展开图	78	978-7-122-16490-2
就业金钥匙——家装电工上岗一路通	29	978-7-122-15160-5
就业金钥匙——电工上岗一路通（图解版）	29	978-7-122-15161-2
就业金钥匙——变频器技术一点通（图解版）	29	978-7-122-15257-2
就业金钥匙——水电工上岗一路通（图解版）	36	978-7-122-15187-2
就业金钥匙——电工识图一点通（图解版）	26	978-7-122-13449-3
就业金钥匙——维修电工上岗一路通（图解版）	26	978-7-122-13596-4
就业金钥匙——PLC技术一点通（图解版）	26	978-7-122-13560-5
就业金钥匙——变频器技术一点通（图解版）	29	978-7-122-15257-2
图解西门子S7-300/400PLC技术快速入门与提高	48	978-7-122-15253-4
图解电工快速入门与提高	48	978-7-122-15340-1
图解家装电工技能完全掌握	38	978-7-122-16432-2
图解易学电子元器件识别、检测与应用（双色版）	46	978-7-122-12816-4
图解易学变频技术（双色版）	48	978-7-122-13415-8
图解易学PLC技术及应用（双色版）	46	978-7-122-12185 -8
完全图解电工技能从入门到精通	48	978-7-122-13082-2
水电工实用手册	68	978-7-122-12564-4
西门子PLC工业通信完全精通教程（附光盘）	68	978-7-122-16005-8
西门子S7-200PLC完全精通教程（附光盘）	49	978-7-122-13836-1
三菱FX系列PLC完全精通教程（附光盘）	48	978-7-122-13007-5
电工电子技术全图解丛书——电工识图速成全图解	39	978-7-122-10812-8
电工电子技术全图解丛书——家电维修技能速成全图解	46	978-7-122-10807-4
电工电子技术全图解丛书——变频技术速成全图解	46	978-7-122-10808-1
电工电子技术全图解丛书——电工技能速成全图解	39	978-7-122-10827-2
电工电子技术全图解丛书——电子电路识图速成全图解	38	978-7-122-10818-0
电工电子技术全图解丛书——家装电工技能速成全图解	38	978-7-122-10811-1
电工电子技术全图解丛书——示波器使用技能速成全图解	38	978-7-122-10806-7
电工电子技术全图解丛书——电子技术速成全图解	46	978-7-122-10817-3
电工电子技术全图解丛书——PLC技术速成全图解	38	978-7-122-12416-2
西门子PLC S7-200/300/400/1200应用案例精讲（附光盘）	56	978-7-122-10896-8